中国行星物理学学科建设之路
——万卫星团队的十年探索

魏 勇 主编

科 学 出 版 社
北 京

内 容 简 介

行星物理学是研究行星及其卫星的物理状况和化学性质的学科。我国的深空探测起步较晚，在长期缺乏国家需求牵引和探测数据的情况下，我国的行星科学研究一直没有形成规模。21 世纪的第二个十年，万卫星先生前瞻布局，披荆斩棘，带领自己的团队探索出了一条有中国特色的行星物理学学科建设之路。本书主要回顾了过去 10 年万卫星团队从空间物理学到行星物理学拓展的历程，对万卫星院士在过去 10 年中在行星物理学领域取得的进展进行了回顾总结，并规划了团队未来的发展。

本书主要适合行星物理学及相关领域的研究者阅读。

图书在版编目(CIP)数据

中国行星物理学学科建设之路：万卫星团队的十年探索/魏勇主编．—北京：科学出版社，2021.4

ISBN 978-7-03-068611-4

Ⅰ.①中…　Ⅱ.①魏…　Ⅲ.①天体物理学-文集　Ⅳ.①P14-53

中国版本图书馆 CIP 数据核字（2021）第 070616 号

责任编辑：焦　健　韩　鹏／责任校对：王　瑞

责任印制：肖　兴／封面设计：北京图阅盛世

科学出版社 出版

北京东黄城根北街 16 号

邮政编码：100717

http://www.sciencep.com

北京九天鸿程印刷有限责任公司 印刷

科学出版社发行　各地新华书店经销

*

2021 年 4 月第　一　版　开本：787×1092　1/16

2021 年 4 月第一次印刷　印张：36

字数：850 000

定价：498.00 元

（如有印装质量问题，我社负责调换）

本书编委会

序

20 世纪 60 年代，人类开始迈出深空探索的脚步，太阳系内的其他行星、天然卫星、彗星等天体成为深空探索的重要目标，一系列人造卫星飞往这些天体，并获得了大量的观测数据。基于这些数据，学术界开始使用地球科学的研究方式去研究行星，催生了行星科学这一新兴交叉学科。在此过程中，行星物理学迅速发展起来，并成长为行星科学的一个重要分支。相对于欧美发达国家，我国的深空探测起步较晚，在长期缺乏国家需求牵引和第一手深空探测数据的情况下，我国的行星科学研究一直没有形成规模。21 世纪初启动的“嫦娥工程”为我国的行星科学发展提供了重要契机，行星物理研究也在此时开始孕育。

1999 年中国科学院从世界科技发展趋势出发，决定将“中国科学院地质研究所”和“中国科学院地球物理研究所”整合成为“中国科学院地质与地球物理研究所”。丁仲礼所长敏锐地意识到研究所的空间物理方向亟待引进人才，而万卫星作为空间物理学最优秀的学科带头人，是最合适的人选。为此，丁仲礼所长和我三赴武汉，克服了重重困难，最终我们的诚意打动了老万。2004 年初春，老万带领他的研究团队整建制调入中国科学院地质与地球物理研究所，并出任地磁与空间物理研究室主任。历经数年艰辛，老万所领导的研究室已经发展成为国际上最重要的空间物理学研究团队之一，老万也于 2011 年当选中国科学院院士。

老万是创新路上永不停歇的典范。早在 2009 年他就认为，人类在认识地球过程中所获得的知识是理解宇宙演化的钥匙，反过来通过研究行星演化，又会加深我们对宜居地球过去、现在与未来的认识，敏锐地提出要开拓行星科学研究。2010 年年初，老万组织了第一次小型国际研讨会，特地邀请了加拿大蒙特利尔大学嵇少丞教授和奥地利科学院空间研究所张铁龙研究员做学术报告。在这次研讨会上，老万呼吁海内外有志青年学者组成“先锋队”，投入到我国行星科学研究领域中来。就这样我们几乎是“白手起家”。老万首先让自己的博士生专门研究火星电离层，继而又把研究范围拓展到金星，并且在 2010 年年底派遣自己的博士后到德国马普太阳系研究所深造，进行有关火星与金星的研究。多年来在老万不遗余力的推动下，当时参加研讨会的青年科研人员中有许多已经成为行星科学领域的中流砥柱，我想这与老万的人格魅力和精神感召力密不可分。

2012 年，老万带领地磁与空间物理研究室以中国科学院地球科学领域第一名的优异成绩通过中国科学院新建重点实验室验收评审。2013 年 6 月，中国科学院正式发文，成立“中国科学院电离层空间环境重点实验室”，老万为主任，下辖电离层与高层大气物理研究组、电离层空间天气研究组、磁层电离层耦合研究组、行星空间环境研究组、台站与地基探测研究组以及空间探测传感器研发组。实验室正式成立之初，老万就开始在学科拓展方面积极布局，重点培育行星物理学，提出从空间探测、行星研究中认识地球，将团队主要研究方向从地球空间环境向行星空间环境研究拓展。老万提出，实验室的未来发展方向为从系统地球科学角度研究电离层–地球耦合，从比较行星学角度探索地球/行星空间变化性。实际上，这就是国内行星物理学科的开端。老万以开展行星空间物理研究作为行星物理方向拓展的切入点，并先后引进了多位具有空间物理背景的博士后，进行行星空间物理开拓研究，并逐步把他们培养成为实验室行星物理研究的骨干。

2014 年 4 月，为了深化和拓展地球系统科学及行星物理学的创新研究，顺应地球科学的发展趋势，满足国家战略需求，研究所从地球系统研究的角度出发，将“中国科学院地球深部研究重点实验室”和“中国科学院电离层空间环境重点实验室”进行整合，成立“中国科学院地球与行星物理重点实验室”。研究所聘请老万担任首届实验室主任，并且该实验室在当年中国科学院实验室评估中获地球科学领域第一名。实验室的定位是“围绕地球的起源与演化等重大科学问题，面向资源环境、防灾减灾和深空探测等重大国家需求，以地幔、地核及其衍生的电离层、磁层为主要对象，聚焦于地球内部过程，比较研究太阳系其他行星的内部与空间环境，认识理解行星地球中物质和能量的输运及转换”。实验室确立了 4 个主要研究方向，即地球与行星内部物质组成、地球与行星内部结构和动力学、地球与行星空间环境、内部过程与行星环境的关联。新建成的实验室拥有一支优秀的人才队伍。老万领导的行星物理学研究团队进入了一个蓬勃发展的新阶段，成为我国第一支具有国际影响力的行星物理研究团队。

经过老万的多年努力，中国科学院地球与行星物理重点实验室在行星物理领域的研究团队已经成形，分别在行星水的演化、行星电离层粒子逃逸、行星磁场等研究方向上取得了重要成果。老万被聘为中国首次火星探测首席科学家，开始探索国家战略指引下的有中国特色的行星科学研究与深空探测工程的融合之路。老万还帮助创建了我国第一份行星英文期刊 *Earth and Planetary Physics*（简称 *EPP*），并担任首任主编，加快了 *EPP* 的国际化发展进程，为我国空间科学与行星物理学科研成果的国际化展示提供了重要平台。老万创建了中国地球物理学会行星物理专业委员会并担任主任，这是中国第一个行星物理学术组织。老万积极推进行星科学一级学科的建设论证，吸引和凝聚一批国内外相关学科的研究力量，打造我国地球和行星科学研究中心，解决地球科学和行星科学面临的重大科学问题。老万还担任中国科学院大学地球与行星科学学院空间物理学教研室主任，主持设立了“行星物理学”课程，拉开了中国行星物理学人才培养的序幕。在老万的号召下，全国多家相关单位的行星物理研究都呈现出迅猛发展之势，目前我国行星物理学学科雏形已经显现。

就在我们憧憬着老万带领下的行星科学未来发展前景之时，2017 年 9 月坏消息从天而降，老万被确诊为肿瘤晚期，过度劳累严重损害了老万的身体健康。即便如此，老万在他生病治疗的两年多时间里，积极乐观，常与我们讨论中国行星科学未来发展之路，还坚持在治疗空隙参加学术活动。作为中国首次火星探测计划首席科学家，老万开创了永不停歇的“天问之路”。斯人已去，风范长存。

万卫星先生千古！

中国科学院院士

2021 年 4 月 20 日

前　言

2020 年 5 月 20 日，是一个让我们永生铭记的日子。这一天，万卫星先生永远离开了我们，中国失去了一位卓越的空间科学与行星物理学家。在先生逝世一周年之际，我们完成了本书的编写工作，缅怀先生为中国行星物理学学科发展做出的卓越贡献。

万卫星先生是我国行星物理学学科奠基人。在本世纪的头十年，嫦娥工程的成功实施为我国的行星科学学科建设提供了最重要的条件，行星物理研究也在这一时期开始孕育。在中国科学院地质与地球物理研究所的大力支持下，先生前瞻布局，披荆斩棘，带领自己的团队探索出了一条有中国特色的行星物理学学科建设之路。在先生的号召下，全国多家相关单位的行星物理研究都呈现出迅猛发展之势。目前我国行星物理学学科雏形已经显现，基本具备了成立新学科的条件。

出版本书是万卫星先生的一个遗愿。2019 年 1 月 25 日，《中国科学：地球科学》副主编傅绥燕主持召开了空间物理编委会议，先生作为前副主编应邀参会。编委们共同讨论了庆祝新中国成立七十周年空间物理学评述论文的组织工作，会后通过微信群继续讨论相关事项。讨论至 3 月 4 日，大家一致赞同先生提出的文章名称《探索中前行——中国空间物理研究 70 年》。文章分为若干方向，每个方向只允许列少量参考文献，行星物理学方面也不例外。我在写作时遇到极大困难，代表性文献难以取舍。大约 4 月的一天，在闲聊时向先生抱怨篇幅不够，先生听后，提出可以另作一文来回顾。2020 年 1 月，先生做了最后一个学术报告，阐述了他关于金星探测的构想。我在会后送先生回家时提起，从 2010 年开始论证金星探测，正好十年了。先生听到后，表情非常凝重，很认真地跟我讲，应该总结一下十年的探索和奋斗。未承想，先生走得如此匆忙，竟没有来得及和我们讨论如何总结。2020 年 6 月 23 日，先生五七，我写了一封邮件发给本书的作者们，说了先生的这个提议，并恳求大家共同完成先生的这个遗愿。在科学出版社的大力支持下，经过大家的共同努力，完成了本书。

本书由 21 篇文章组成，概述了 2010～2020 年万卫星先生带领团队在我国行星物理学学科建设方面的探索和取得的成果。大体分为三部分：第一部分主要介绍了万卫星先生领导团队从地球电离层物理学研究向行星物理学研究扩展的历程；第二部分综述了行星物理学研究进展；第三部分阐述了万卫星团队对于未来行星物理学发展的前瞻性布局。本书的出版，不仅是为了表达我们对万卫星先生的缅怀，也是为了激励后人，向广大青年科技工作者系统介绍万卫星先生在过往十年中对行星物理学建设之路的思考、在行星物理学研究中取得的丰硕成果，以及对未来行星物理学发展的前瞻性布局。本书由任志鹏研究员牵头组织工作，宁百齐、刘立波、丁锋、乐新安等老中青三代作者们齐心协力，化悲痛为力量，共同完成了先生的遗愿。先生天上有知，定会感到欣慰。

本书是一个总结，也是一个开始。万卫星先生的精神永驻，先生的精神是整个团队的凝聚力、创新力和生命力的源泉。

魏　勇

2021 年 4 月 20 日

目　录

第一部分

科技报国：从电离层物理学到行星物理学

万卫星与电离层物理学

宁百齐，刘立波

中国科学院地质与地球物理研究所，北京 100029

摘 要

万卫星先生是中国科学院地质与地球物理研究所研究员，我国著名空间科学与行星物理学家，中国科学院院士，第十三届全国人大常委会委员，九三学社第十四届中央委员会委员，中国首次火星探测任务“天问一号”首席科学家。1978年，他作为我国改革开放后恢复高考的第一届大学生，考入武汉大学空间物理系学习，1982年从武汉大学空间物理系毕业，作为中国科学院武汉物理研究所第一届研究生，师从我国著名空间物理学家李钧先生，开始从事电离层物理专业学习和科学研究。1994年成为学术带头人领导武汉物理研究所电离层科学团队。2004年中国科学院学科调整，万卫星团队整体从武汉来到北京，进入中国科学院地质与地球物理研究所。40年来，万卫星先生心无旁骛，始终坚持电离层物理科学研究，他和他的科学团队在电离层物理科研道路上不断拼搏，勇于创新，取得了多项重要研究和应用成果。在电离层探测诊断方面，研发了多种先进的自主观测仪器，特别是即将建成的大型相控阵非相干散射雷达，使我国电离层探测技术和能力走到了世界的前列。在电离层物理研究方面，通过数据分析、物理过程和模式化研究，他发表了一系列重要学术论文。“电离层变化性的驱动过程”获2015年度国家自然科学奖二等奖，2012年之后的数年里，万卫星团队在国际空间物理著名杂志 *Journal of Geophysical Research*（*JGR*）和 *Geophysical Research Letters*（*GRL*）上，按单位发表的电离层物理有关论文数为世界第一，成为国际知名电离层物理研究团队。在电离层应用研究方面，在“北斗一号”电波修正、短波自动定时系统和电离层TEC现报、预报模型等应用研究中做出了重要贡献，获得国防科学技术进步奖和国家科学技术发明奖，成果在我国国防工程和空间天气预报中得到实际应用。

1 引言

电离层（ionosphere）是受太阳紫外线、X 射线等辐射被部分电离的行星高层大气区域。地球电离层从离地面约 60 km 开始一直伸展到约 1000 km 高度，其中存在相当多的自由电子和离子，能显著改变无线电波的传播特性。

电离层物理学是观测研究电离层中各种物理过程和作用机制的一门科学，包括电离层中电子、离子和波的产生、迁移和消失，热平衡和热量运输，扩散平衡，热层风、发电机和电场及其驱动的漂移等过程，以及它们之间的相互作用机制。

人类对电离层的认识从地球电离层开始，起始于19世纪。Gauss和Kelvin观测到地磁场中存在较小的周日变化，推测这些变化可能来源于地球高空中的导电层。同时期电磁波理论的提出导致了无线电科学的兴起。1901年Marconi成功进行了从英格兰到加拿大东海岸的跨越大西洋无线电传输试验。次年，Kennelly和Heaviside指出，地球高空大气中存在的导电层反射无线电波是Marconi跨越大西洋通信成功的原因。1924年，Appleton等通过对无线电波回波的接收，证实了高空导电层的存在。Waston于1926年首次使用“电离层”术语描述高空导电层，从此开始了电离层观测与研究。这些实验工作的开展，迅速推动了电离层相关理论的建立，Hulburt和Chapman关于大气层电离及电离层形成理论是公认的电离层现代理论的起点。1932年，Appleton等建立了完整的磁离子理论，并提出了计算电波折射指数的A-H公式，为研究无线电波在电离层中的传播奠定了理论基础。

中国的电离层观测研究开始于20世纪30年代。老一辈科学家陈茂康、任之恭、桂质廷和梁百先等在早期中国电离层观测与理论研究中做出过杰出的工作，特别是1938年桂质廷和梁百先等先生在武汉建立了中国首个常规电离层垂直探测站，开展电离层观测研究，并利用武汉电离层观测资料与国际学者同时发现电离层赤道异常，为电离层科学发展做出了重大贡献（梁百先等，1994）。1956年，为了迎接国际地球物理年，在赵九章先生的建议和领导下，中国科学院地球物理研究所与武汉大学合作，在武昌珞珈山建立武汉电离层观象台，梁百先为首任台长。武汉电离层观象台引进新的观测设备，将武汉大学原来使用的手动垂直探测仪更新为当时国际先进水平的自动垂测仪，并发展出一系列新的高空大气观测手段，观测研究人员也得到很大发展，最多时武汉电离层观象台各类人员有100余人。作为梁百先先生的研究生，李钧院士也是这个时期来到武汉电离层观象台。经过20世纪50年代后期和60年代前期的发展，60年代后期和70年代受“文化大革命”影响的单位调整，直到20世纪70年代末，武汉电离层观象台作为一个研究室成为中国科学院武汉物理研究所的第三研究室，李钧成为武汉电离层观象台的主任和学术带头人。

作为中国恢复高考后毕业的第一届大学生，1982年初，万卫星从武汉大学空间物理系电波传播专业本科毕业，考取李钧的硕士研究生，开始了万卫星的空间物理科学人生。当时的武汉电离层观象台正进入恢复和发展的新阶段。1991年，李钧当选我国空间物理学科首位院士，中国的空间物理科学事业迎来发展的大好时机。1994年，李钧院士在出差途中，心脏病突发不幸逝世。万卫星接过导师留下的重担，带领团队继续推进武汉电离层学科的发展，不断取得新的成绩，有力提升了我国的电离层观测与研究水平。2004年，中国科学院学科调整，万卫星带领武汉电离层科学团队，整体调整到中国科学院地质与地球物理研究所，组建新的地磁与空间物理研究室。2013年，研究室成为中国科学院电离层空间环境重点实验室。2014年，实验室与中国科学院地球深部结构与过程重点实验室合并成立新的中国科学院地球与行星物理重点实验室，万卫星一直都是这些实验室的主任和学科带头人。三十多年来，万卫星传承我国老一辈科学家精神，伴随我国改革开放和科学事业日新月异的机遇，面向世界科技发展前沿，脚踏祖国大地，奋力拼搏，勇于创新。他和他的团队在电离层观测、研究和应用等方面取得了一个又一个成果，为祖国的电离层科学事业和国家需求贡献力量，为丰富空间环境的知识宝库添砖加瓦。

本文将主要介绍万卫星先生从 1994 年开始领导电离层研究团队，围绕电离层物理科学研究和应用开展的工作和取得的主要成果，内容涵盖电离层探测与数据处理、电离层耦合过程和多尺度变化研究、电离层应用研究和电离层模式化研究等四个部分，最后对本文进行总结。

2 电离层探测与数据处理

电离层物理是一门以观测为基础的科学，通过观测获取数据，分析研究电离层物理过程和机制，同时电离层物理的研究也对观测技术发展起着重要推动作用。万卫星团队一直十分重视电离层实验观测等基础性工作，这不仅是电离层科学研究的需要，也是传承我国老一辈科学家在开创武汉电离层常规观测，继承和发展武汉电离层观象台。万卫星团队开发了多个国内或国际首个电离层观测系统和新的电离层诊断分析技术，如 1993 年建立了 GPS 电离层 TEC 测量分析系统，1994 年开发了数字电离层测高仪运动剖面和扰动探测模式，1996 年建立了短基线 GPS 电离层 TEC 扰动观测网，2002 年建成了全天空无线电流星雷达，2003 年建立了“北斗一号”电离层观测系统，2009 年建成了电离层相干散射/流星双模 VHF 雷达，2010 年建成了中国空间环境综合观测台链，2011 年研制成功 PDI 敏捷数字电离层测高仪，2020 年建成三亚相控阵非相干散射雷达，以及正在建设的海南 3 站相控阵非相干散射雷达和低纬高频雷达。这些探测系统记录了万卫星团队在电离层探测设备和技术上不断发展的辉煌足迹。

2.1 电离层高频无线电探测

利用高频无线电波探测电离层是电离层探测的一种重要经典方法。1924 年 Appleton 和 Breit 利用高频无线电探测方法，几乎同时证实了电离层的存在。他们通过实验发现不同频率的高频无线电信号回波从不同高度上反射回来，并发明了经典的电离层高频探测仪器——电离层重测仪（又称电离层测高仪）。该仪器通过从地面垂直向上发射扫频高频脉冲波，测量电离层反射回波到达接收机的时间延迟，获得各频率点电离层虚高随频率的变化图，即电离图。通过度量电离图获取电离层各层临近频率、虚高等各种电离层参量，通过反演虚高积分方程可获得电离层峰下电子浓度剖面。

电离层高频垂直探测一直是万卫星团队电离层观测的基本重要手段。早在 1956 年，武汉电离层观象台从匈牙利进口了 IPX56 电离层自动垂测仪；1978 年，引进澳大利亚的 IPS42 便携式电离层自动垂测仪；1990 年，引进美国的 DGS256 数字电离层测高仪；1984 年，李钧院士建成中国首个高频多普勒电离层扰动观测台阵。20 世纪 90 年代以来，万卫星团队围绕电离层高频垂直探测技术和诊断方法，开展了一系列工作，取得了多项研究成果：①提出了电离层扰动剖面的高频广义射线反演原理及电离层小不均匀体统计特性剖面的反演原理，并给出多种高精度算法（万卫星和李钧，1987；Wan and Li，1993）。在世界上首次解决了数字电离层测高仪新模式观测的多普勒和到达角数据的分析问题，极大地发挥了台站观测设备的潜力。该方法以相对简易的高频探测手段，获得可与耗资巨大的非相干散射雷达相媲美的同类电离层扰动高度剖面探测结果，在电离层动力学研究中具有重要意义。②提出了一套诊断电离层高度上风场信息的方法（Liu et al.，2003），在电离层动力学研究中具有重要意义。采用该方法，从电离层垂测探测资料中获得了东亚区域和全球电离层高度上风场的气候学特征。③万卫星团队运行的观测站多年来使用的电离层测高仪是从国外引进的，包括美国的 DGS256 和 DPS4D 数字电离层测高仪，加拿大的 CADI 数字电离层测高仪等。2011 年，在国家自然科学基金科学仪器基础研究项目“敏捷数字电离层垂直探测技术与系统研制”的支持下，团队开发研制成功 PDI 敏捷数字电离层测高仪，该仪器较好地解决了电离层高频垂直探测系统难以流动观测和缺乏对电离层扰动多频高分辨连续观测等问题，实现了可移动观测、系统参数快速捷变与自适应处理，以及电离层扰动高分辨连续探测模式。实际运行结果表明，该系统综合性能指标达到国际先进水平，在流动观测和连续多频高分辨扰动探测方面具有重要创新。与目前同类广泛使用的美国 DPS4D 数字电离层测高仪系统相比，系统占用场地和天线高度均减少至约六分之一，探测速度提高 4 倍，具有良好的抗干扰能力，采用数米高的小型天线获得了高质量频高图，其电离层扰动探测模式的时间分辨率优于 1 min，多普勒分辨率达到 0.04 Hz。从 2012 年开始，研制的 PDI 敏捷数字电离层测高仪先后在北京、武汉、邵阳和三亚等观测站连续运行工作，取得了大量观测数据，实现了从使用国外仪器到自主研制有特色的数字电离层测高仪的跨越（Lan et al.，2018）。目前正在利用自主研制的敏捷数字电离层测高仪建设我国低纬海南地区短基线观测网络，将与已经建立的 GNSS 电离层观测网和即将建成的三亚相控阵非相干散射雷达一道，对中国低纬电离层结构和变化开展多参量、多层次观测分析研究，将大大提升低纬电离层观测研究水平。

2.2 空间环境综合观测台链

2004 年，万卫星团队从中国科学院武汉物理与数学研究所调整到中国科学院地质与地球物理研究所。在院所支持下，对地质与地球物理所的地磁台链和原武汉的电离层观测站进行整合，建立了覆盖我国南北的空间环境综合观测链。主要开展了 3 个方面的工作：①在观测站布局上，利用地质与地球物理所空间环境观测台链在漠河、北京、武汉和三亚的台站，通过添置和更新改造台站观测设备，形成在我国大陆南北跨度最大，以地球经圈为主线，布局合理的，能对我国空间环境进行综合观测的子午台链。利用我国在地球南北极的观测平台，在南极中山站和北极黄河站建立有关地磁和电离层观测设备。②在观测仪器建设上，在科学问题牵引下，选择性配置观测设备，形成地磁与磁层波动观测、中高层大气观测、电离层结构观测和电离层 TEC 观测 4 种可长期连续观测手段为主体的观测链。针对我国空间环境地域特性，在我国南部建立电离层 VHF 相干散射雷达和 GNSS 电离层闪烁探测手段，加强对我国低纬地区电离层不均匀体的观测研究。③在运行管理上，利用网络通信和计算机技术，开发相应的监控技术和数据分析处理软件，实现对各观测仪器的远程监控和数据传输，对仪器运行状态进行监控和故障处理，在研究所数据中心实现数据实时处理发布，开展数据共享。同时，建立了野外站电子值班和管理系统，大大提高了仪器的运行效率和各观测站的日常管理水平。图 1 给出了 2010 年建成的空间环境综合观测链仪器布局和分布。

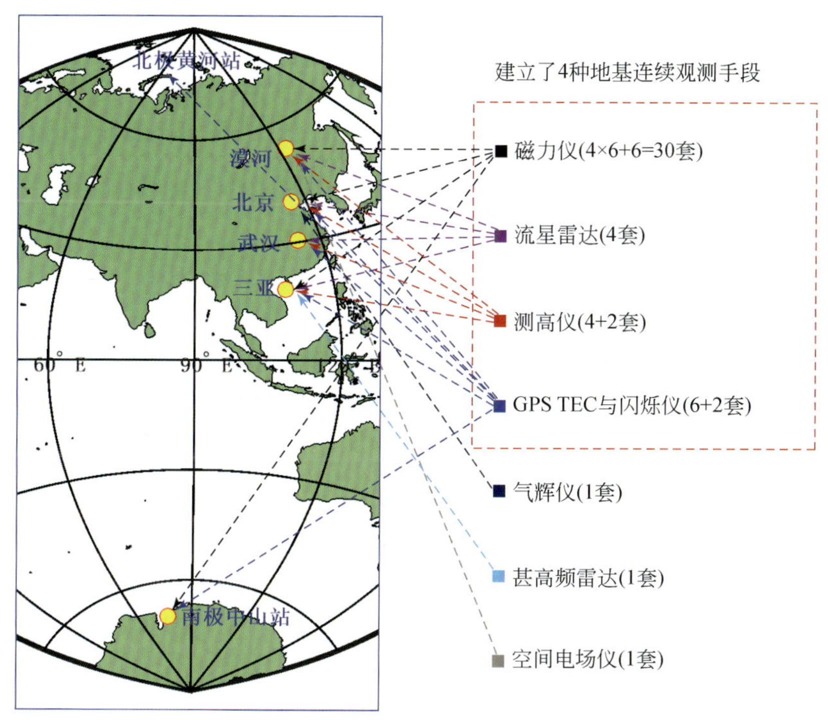

图 1　中国科学院地质与地球物理研究所空间环境综合观测链

通过采取这些措施，建成了拥有数字地磁仪、数字电离层测高仪、GNSS 电离层 TEC 与闪烁观测仪、VHF 相干散射雷达和全天空流星雷达等众多先进设备的观测研究基地，探测区域覆盖地球磁场、中高层大气和电离层，探测参量包含地磁场、电离层电子密度与特征参量高层大气温度与风场等，为我国空间物理基础研究和空间天气应用服务积累了丰富的观测数据，有力地支撑了研究所和我国空间物理学科的发展。

2.3　三亚 VHF 电离层相干散射–全天空流星雷达

2002 年，万卫星团队在武汉建立我国首个全天空无线电流星雷达时，就提出了在我国低纬地区建设 VHF 电离层相干散射雷达的技术方案。2004 年团队加入中国科学院地质与地球物理研究所后，一方面建立横跨我国南北的中国空间环境综合观测台链；同时，结合国际上电离层探测趋势和研究需要，进一步提出了电离层相干散射探测和全天空流星探测双模式探测技术方案。在 2009 年 2 月，建成了我国首台同时也是世界首台电离层相干散射探测和全天空流星探测双模式的 VHF 雷达。2012 年，对 VHF 雷达进行天线扩展和收发系统改造，实现了电离层不均匀体空间干涉成像功能。图 2 给出三亚 VHF 雷达主机、天线和技术指标。

参数	流星模式	电离层模式
天线阵	1根发射天线 5根接收天线	24根发射/接收天线 (波束天顶角23°)
频率	47.5 MHz	
功率	24 kW	
距离分辨率	0.9 km	
脉波重复频率	500 Hz	
测量时间	1 min	1 min

图 2　三亚 VHF 电离层相干散射-全天空流星雷达

三亚 VHF 电离层相干散射-全天空流星雷达已连续运行 11 年，积累大量观测数据，取得了一系列重要研究进展，有力推动了我国低纬电离层观测研究（Li et al., 2020）。

2.4　三亚相控阵非相干散射雷达

2013 年，万卫星根据国家技术进步和电离层科学发展的需要，提出了在我国低纬地区建立大型非相干散射雷达的建议。当时，美国已经建立了第二代先进模块相控阵电离层非相干散射雷达（AMISR）。相比第一代采用集中功放的非相干散射雷达，第二代雷达连续运行时间大幅提高，从每年运行 1000 h 左右提升到约 7000 h，运行稳定性、系统灵活性和探测功能均有很大提升。欧盟也正在提出研制新一代的 ESCIAT 3D 非相干散射雷达，它采用相控阵和一发多收实现对极区电离层三维结构探测和成像。我国在“子午工程”支持下，从国外进口大功率集中放大器，通过改造老旧大功率雷达，实现了电离层非相干散射探测，但该雷达在连续探测能力和功能上明显落后，无法满足我国空间物理探测研究的要求。另外，近年来我国的雷达技术，特别是大型相控阵雷达技术取得了长足进步。基于这些情况，万卫星带领团队开展了大量工作，于 2015 年获得国家重大科研仪器研制项目“三亚非相干散射雷达”资助，启动了研制和建设三亚相控阵非相干散射雷达项目。

三亚相控阵非相干散射雷达（SYISR）项目是为了探索和研究“低纬大气层/电离层/磁层耦合机制、电离层多尺度动力学过程特性与机理”等当前空间物理和空间天气学中重大科学问题，研制一套具有国际先进水平和多项技术创新的大型数字相控阵非相干散射雷达系统，作为东亚和全球低纬电离层探测能力最强大的地基空间环境探测手段。SYISR 采用模块化有源相控阵技术、全固态发射技术、数字接收技术和数字波束合成（DBF）技术，进行系统软件化设计和系统功能模块标准化设计，从而保证雷达具有单一波束和多个波束快速合成、连续长期运行、远程控制和故障诊断等功能。

在三亚相控阵非相干散射雷达的研制过程中，如何将提出的科学目标和探测要求，结合技术和工程来实现是项目组面临的重要问题。为此，万卫星领导项目组在组织管理、科学与技术结合和工程实现等方面开展了多项工作：①与中国电子科技集团公司第十四研究所（简称南京十四所）工程技术团队开展定期会议和现场交流，执行项目组每两周至少开一次例会的制度。②采用 T/R 组件单通道天线直连设计，有效降低了系统前端噪声系数，使系统噪声从 190 K 下降到 120 K，有效提高了雷达的探测能力。③考虑到系统模块设计可扩充性和日常运行维护方便，设计采用平躺全电扫、风冷散热方式。④在江苏句容试验

图 3　即将建成的三亚相控阵非相干散射雷达（2020 年 6 月）

图 4　1987 年万卫星参观美国麻省理工学院磨石山观测站非相干散射雷达

左 1 为万卫星，右 2 为万卫星导师李钧院士

场先期进行了8个小面阵构成的子阵系统长期运行试验，释放技术风险，为大系统建设积累了经验。

2020年6月，已完成4096个天线单元的全阵面安装，启动设备安装和整机联调（图3）。在2020年年底建成，进行试观测。遗憾的是，万卫星没能等到三亚相控阵非相干散射雷达的运行。1987年，他在美国第一次看到电离层非相干散射雷达时，心里的梦想就是要在中国的大地上建立具有国际先进水平的电离层非相干散射雷达（图4）。

2.5 中国电离层资料的分析和编研

万卫星团队重视各种先进的实验观测手段和分析方法的开发和建设，同时也十分注重对历史观测资料的数字化、再分析和信息挖掘。在科技部科技基础性工作专项“电离层历史资料整编和电子浓度剖面及区域特征图集编研”（项目编号：2008FY120100）支持下，团队对中国地区有关电离层历史资料，特别对武汉60年的电离层垂直观测资料（包括纸质、胶卷电离图等）进行数字化处理，并按国际标准统一进行度量、处理、参数提取和编研，形成了各站电离层数据集、特性曲线和中国地区电离层特性变化图，从而全面地反映中国电离层时间和空间变化特性，为我国电离层物理基础科学研究和应用提供重要的基础性资料，也抢救了我国一批早期的电离层历史资料。取得的主要成果有：①发展了一套电离层频高图历史原始观测记录的处理方法和技术，处理分析了1957～1991年武汉站胶片频高图114万张，并对胶片频高图进行坐标和记录信息标定，形成电离层数字频高图。②通过对我国南部电离层北驼峰区流动观测和国内及周边有关台站数据收集整理，获得了中国及周边16个台站共计415站年的电离层观测资料，形成电离层参数49万条，电离层电子浓度剖面19万个。③编研武汉参数报表及特性曲线图46卷、中国地区其他9个台站电离层参数特性曲线图9卷、中国地区电离层特性图集2卷。④建立电离层数据入库管理标准和规范，并建成一套管理项目数据的电离层专题数据库。

通过这些工作，形成了我国历史最久、连续性最好、符合国际标准规范的电离层特性数据集和图集，全面地反映了我国电离层时间和空间变化特性，为我国电离层地区特性等基础科学研究，提供了重要的基础性资料，同时也为我国地球空间环境预报和相关空间技术研究，提供了多种电离层参量信息保障，对于我国电离层科学研究有着极其重要的科学意义和应用价值。图5给出了编研的中国电离层资料。图6是利用武汉站1947～2017年观测数据，进行人工神经网络建模，去除掉太阳活动、地磁活动等因素的影响，得到温室气体增加和地磁场变化造成的电离层长期变化趋势，发现武汉站临界频率和峰值高度呈长期下降的趋势，平均幅度大约是-0.002 MHz/a和0.1 km/a。并进一步结合理论模式模拟，区分二者的相对贡献。

由于电离层探测历史还不到100年，为了从更长的时间尺度研究包括电离层在内的空间环境演变特性，万卫星团队利用古代朝鲜对地球极光观测记录资料，进行整理分析，以天为分辨率，整理出2211条极光记录（魏勇和万卫星，2020）。这些记录以专著《古代朝鲜极光年表》出版，将电离层观测资料时间延长到一千多年，对研究空间环境演化具有独一无二的价值，也为电离层长期变化研究提供了宝贵的历史观测数据。

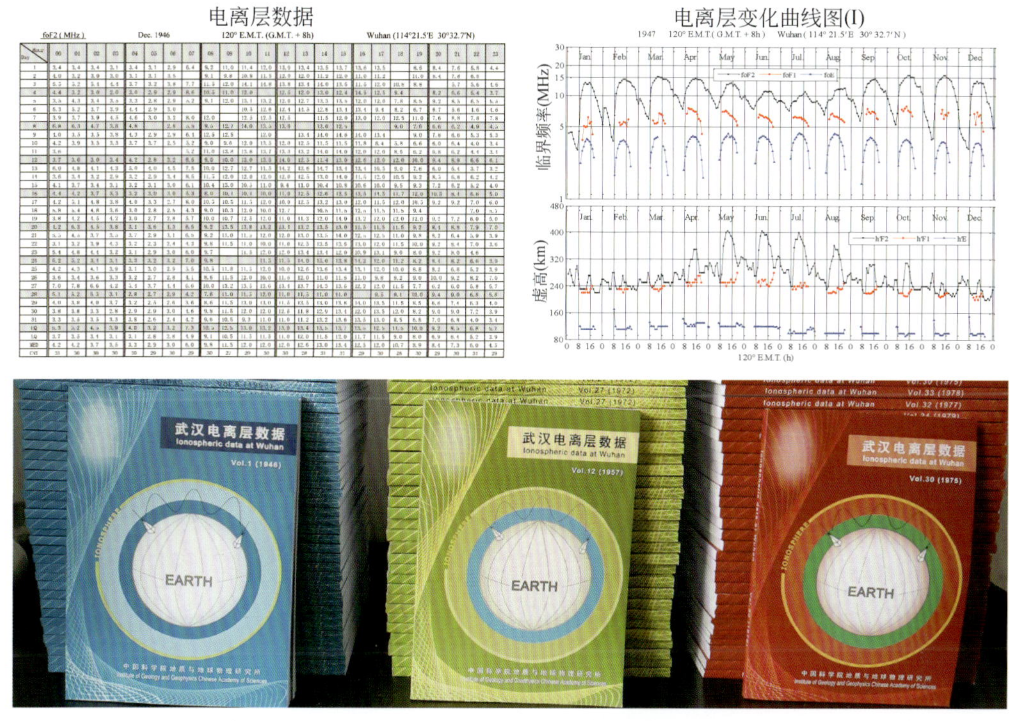

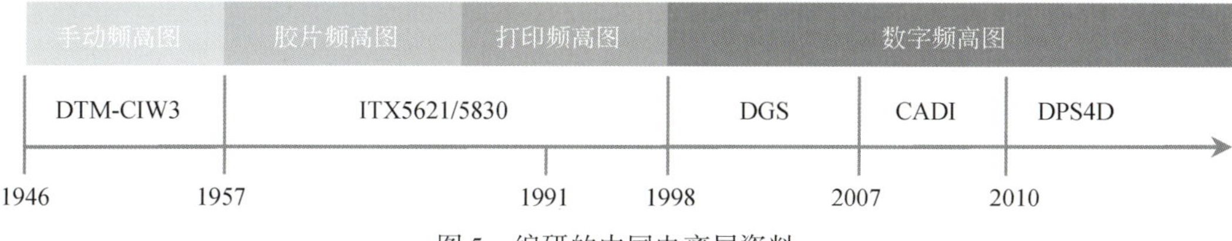

图 5 编研的中国电离层资料

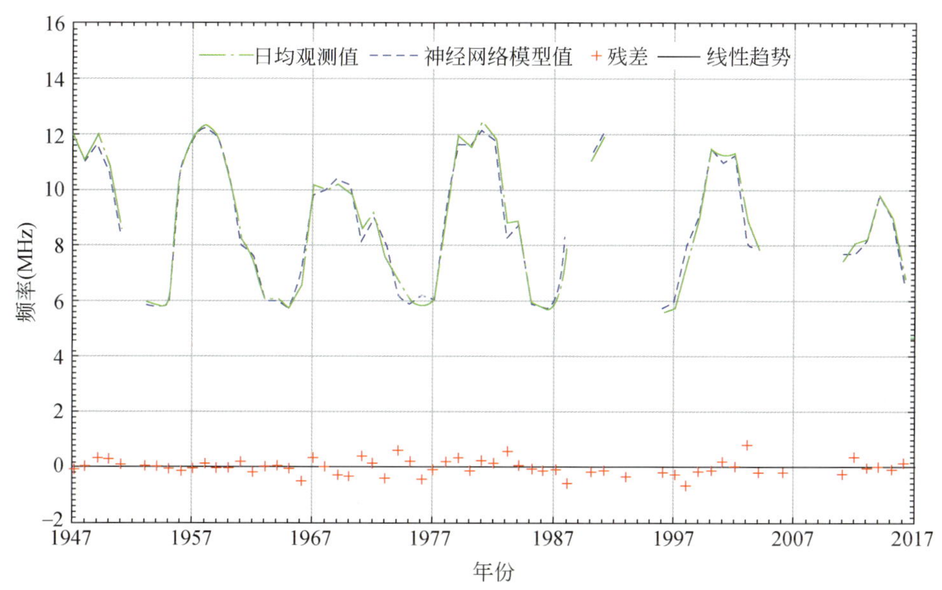

图 6 武汉站电离层 F2 层临界频率 1947～2017 年长期变化（Yue et al., 2018）

2.6 数据共享和数据中心建设

万卫星团队不仅注重自主观测、获取和整理第一手资料，而且也积极推进数据共享和交流合作工作。早在1999年，团队通过国际合作开发有关技术和方法，在国内率先实现了武汉数字电离层测高仪数据实时网上发布，数据实时采集、处理和传输到实验室数据服务器，开展数据共享和交流。随着计算机和网络通信技术发展，实验室在国内外建立越来越多的观测站点，万卫星团队通过加强数据中心建设，开发数据收集、分析和共享技术，有力地推动了与国内外同行的数据共享和交流合作。

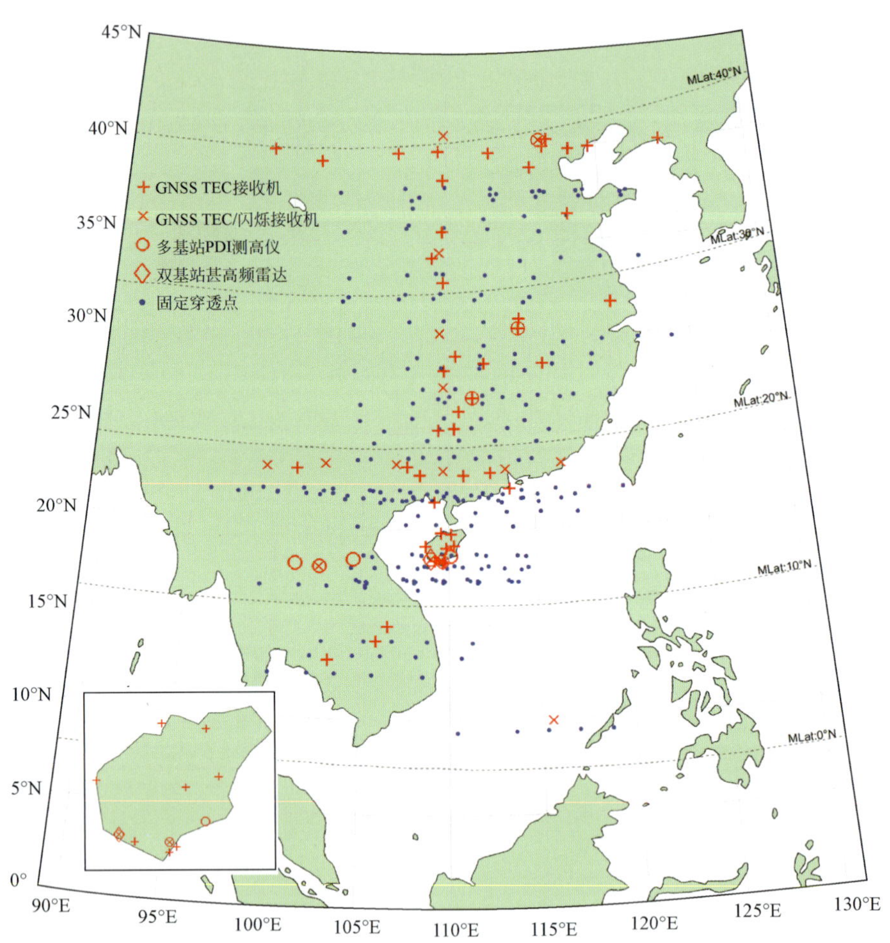

图7 东亚、东南亚地区电离层不均匀体与闪烁观测网络（IONISE）观测站点

经过近10年的建设，团队建立了野外站实时监控平台、数据服务中心和观测资料室，为国内外相关领域提供数据共享服务。建立了东亚、东南亚地区电离层不均匀体与闪烁观测网络（IONISE，http://ionise.geophys.ac.cn/，图7）、中国GNSS电离层观测网实时数据发布平台（http://gnss.stern.ac.cn/）、WDC中国地球物理学科中心（http://wdc. geo-

电离层的耀斑效应，还通过细化 E 区的化学、物理过程建立了一个电离层 E 区的精确模式。

从 1999 年开始，团队利用算子分裂算法发展了一个适用于赤道与低纬地区的二维电离层理论模式，并模拟了电离层夜间现象、电离层日食效应及电离层赤道异常特性等物理问题。在此基础上，通过进一步发展磁通管跟踪与插值算法，将该模式发展成一个新版本（TIME-IGGCAS 模式）。利用 TIME-IGGCAS 模式，模拟了电离层峰高与电离层电场之间的关系，电离层的日食效应及地磁场的变化引起的电离层长期变化。同时，团队利用 MSIS00 和 IRI2000 作为输入参数，建立了一个三维时变的热层风场理论模式，用于模拟电离层高度的中性风分布；在偶极地磁场下，建立了一个中低纬度电离层电场理论模式，用来研究电离层的半年变化，并进一步将该模式推广到真实地磁场模型下，发展了一个新版本的电场模式 TIDM-IGGCAS-II，并模拟了电离层的经度结构。

万卫星团队在上述发展的电离层理论模式、电离层电场模式和热层风场模式的基础上，2009 年建立了一个三维电离层/热层/电动力学耦合模式 GCITEM-IGGCAS，实现了电离层和热层参数的同步自洽求解，并应用于一系列电离层/热层物理问题的模拟研究，如图 22。

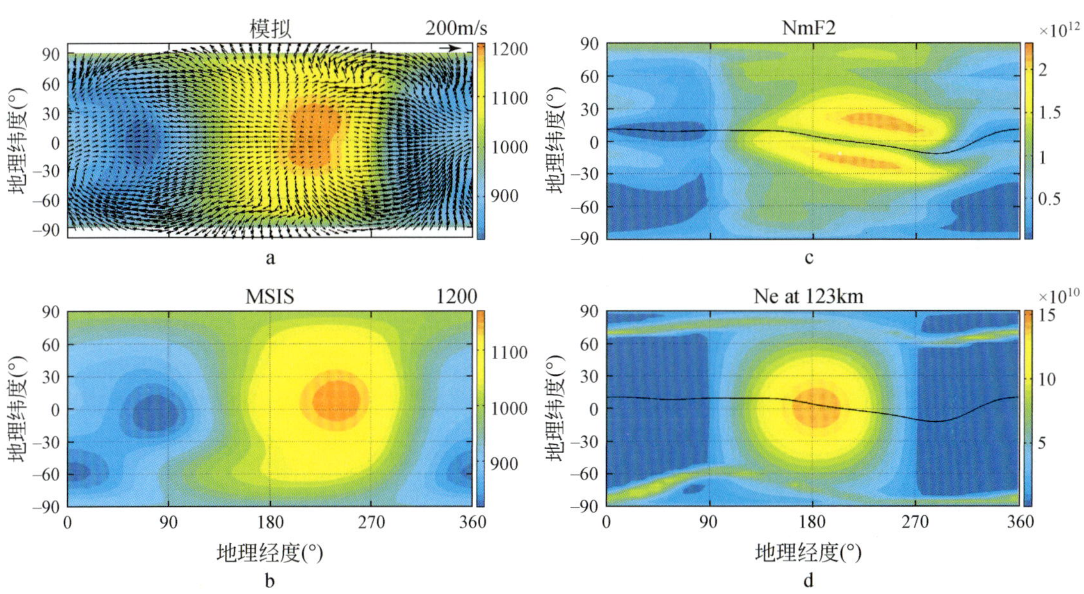

图 22　理论模式 GCITEM-IGGCAS 预测的热层电离层参数与经验模式结果的对比（据 Ren et al.，2009）

a. 理论模式 GCITEM-IGGCAS 预测的热层温度和风场；b. 经验模式（MSIS）输出结果；
c. 理论模式 GCITEM-IGGCAS 预测的电离层峰值电子浓度；d. E 区电子浓度

5.3　电离层数据同化模式

从 2004 年开始，万卫星团队开始发展电离层数据同化算法，尝试了最小二乘法、变分法、Kalman 滤波法和集合 Kalman 滤波法等各种常用同化算法。例如，利用一维中纬电离层理论模型，把非相干散射雷达观测利用最小二乘法同化到模型中，估算磁暴期间中纬电离层的风场和成分扰动，并利用估算的参量对电离层暴时扰动机制进行详细研究；进一步利用一维电离层理论模型，首次尝试电离层领域的集合 Kalman 滤波同化；利用二维中低纬电离层理论模型和非线性最小二乘法，估算中低纬电离层电场漂移速度，进行观测系统模拟实验和实测数据实验；基于全球电离层经验模型和理论模型，创造性地引入稀疏矩阵法解决超大规模计算与存储问题，建立全球 Kalman 滤波和集合 Kalman 滤波电离层数据同化模型，研究电离层暴时扰动特性、电离层再分析、各参量优化对电离层短临预报效果评估（图 23），以及中国地区多源电离层观测的观测系统模拟实验等。

目前，万卫星团队在电离层模式化研究和应用中，主要向两个方面发展：①从单一电离层模式向耦合电离层模式的发展。其内容包括：一是将单一参量的电离层模式发展成含有多个参量的耦合电离层模式，二是将单一电离层高度的模式发展成包括电离层、大气层、等离子体层等在内的耦合电离层模式。②数字电离层建设，即综合利用中国已有及即将建成的空地多源立体探测体系，在电离层模式化研究的基础上，通过数据融合和数据同化，用数字化方式描述电离层状态参量过去、现在和未来的状况，统筹高效解决工程应用中对不同电离层参量的需求。

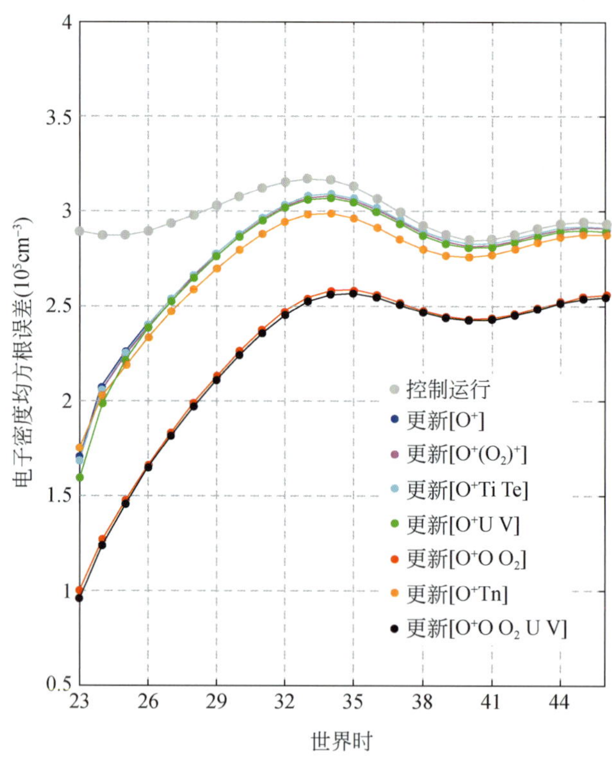

图 23 更新不同热层电离层状态参量对电子密度预报的影响（据 He et al.，2019）

6 结束语

从 1978 年到 2020 年，我国改革开放已经 42 年。我们作为中国改革开放的亲历者，见证了国家发展强大、科学事业成长，特别是我国空间物理事业的繁荣。万卫星团队能在这样一个好时代，为我国的电离层物理科学事业发展尽一份力量，为人类科学宝库添砖加瓦，值得自豪和骄傲。40 年来，万卫星先生心无旁骛，始终坚持电离层物理科学研究，他和他的科学团队一道，伴随着祖国科学事业的成长和发展。他们勇于创新，奋力拼搏，无悔无怨，将青春年华无私地奉献给祖国的电离层物理科学事业，在祖国大地上书写了一个又一个辉煌；他们从在武汉利用国外进口的电离层测高仪探测电离层开始，发展建立覆盖我国南北的空间环境综合观测链，自主研制多种先进的电离层仪器，特别是 2020 年年底建成的大型相控阵非相干散射雷达，使我国电离层探测技术和能力走到了世界的前列；他们基于自主观测，努力奋斗，广泛与国内外同行合作交流，从 2012 年开始后数年，万卫星团队在国际空间物理著名杂志 *JGR* 和 *GRL* 上，按单位发表的电离层物理有关论文数为世界第一，成为国际知名的电离层物理研究团队；他们立足基础研究，不忘国家需求，在“北斗一号”电波修正、短波自动定时系统和电离层 TEC 现报、预报模型等应用研究中做出了重要贡献，在我国国防工程和空间天气预报得到实际应用；他们在深耕电离层物理研究同时，放眼世界地球学科、空间科学发展趋势和国家发展需要，适时提出行星物理发展方向，使电离层物理学科出现了一片新的天地；他们中间走出了近百位硕士、博士，如今已散布于祖国和世界各地，在电离层物理、空间物理和行星物理等领域发挥重要作用，有的已成为有关学科的领军人才。万卫星先生虽然已经离我们而去，但他对祖国科学事业的执着和热爱，脚踏实地和不断创新的精神，将会激励他的科学团队在电离层物理和行星物理的科学研究中不断进取，取得新的更大的成绩。

致谢

本文记载了万卫星和他领导的团队近 30 年来在电离层物理科学研究取得的进展和成果，在此特向他们深表谢意！回想与万卫星先生一道走过的岁月，看似平常，却有很多值得铭记和骄傲的成果。由于涉及的内容过多加之著者水平有限，很难把万卫星团队在电离层物理研究成就各个方面完整地展示出来，如有遗漏和不妥，敬请谅解。本文在写作工作中得到了魏勇、丁锋、赵必强、任志鹏、余优和胡连欢等的帮助和支持，乐新安和李国主对全文进行了修订和补充，赵秀宽对本文有关图片等进行了处理，在此一并表示感谢！

参考文献

陈艳红，万卫星，刘立波，李利斌 . 2002. 武汉地区电离层电子浓度总含量的统计经验模式研究，空间科学学报，22（1）：27-35.

梁百先，李钧，马淑英 . 1994. 我国的电离层研究 . 地球物理学报，37（增刊 1）：51-73.

万卫星，李钧 . 1987. 由高频无线电波反射回波参数反演电离层运动和结构的高度剖面 . 空间科学学报，2：85-94.

万卫星，宁百齐，刘立波，丁锋，毛田，李国主，熊波 . 2007. 中国电离层 TEC 现报系统 . 地球物理学进展，4：1040-1045.

万卫星，任志鹏，乐新安，乐会军，刘立波，宁百齐 . 2010. 电离层模式化：IGGCAS 的近期研究 . 国家安全地球物理丛书（六）——空间地球物理环境与国家安全：1-7.

魏勇，万卫星 . 2020. 古代朝鲜极光年表 . 北京：科学出版社 .

Ding F，Wan W，Liu L，Afraimovich E L，Voeykov S V，Perevalova N P. 2008. A statistical study of large-scale traveling ionospheric disturbances observed by GPS TEC during major magnetic storms over the years 2003-2005. Journal of Geophysical Research-Space Physics，113，A00A01，doi：10. 1029/2008JA013037.

He J H，Yue X N，Wang W B，Wan W X. 2019. Enkf ionosphere and thermosphere data assimilation algorithm through a sparse matrix method. Journal of Geophysical Research-Space Physics，124（8）：7356-7365.

Lan J，Ning B，Li G，Zhu Z，Sun W. 2018. Observation of short-period ionospheric disturbances using a portable digital ionosonde at sanya. Radio Science，53（12）：1521-1532.

Li G，Ning B，Hu L，Liu L，Yue X，Wan W，Zhao B，Igarashi K，Kubota M，Otsuka Y，Xu J S，Liu J Y. 2010. Longitudinal development of low-latitude ionospheric irregularities during the geomagnetic storms of July 2004. Journal of Geophysical Research，115，A04304，doi：10. 1029/2009JA014830.

Li G，Ning B，Abdu M A，Wan W，Wang C，Yang G，Liu K，Liu L，Yan C. 2017. First observation of presunset ionospheric F region bottom type scattering layer. Journal of Geophysical Research- Space Physics，122：3788-3797.

Li G，Ning B，Otsuka Y，Abdu M A，Abadi P，Liu Z，Spogli L，Wan W. 2020. Challenges to equatorial plasma bubble and ionospheric scintillation short- term forecasting and future aspects in east and southeast asia. Surv Geophys. https://doi. org/10. 1007/s10712-020-09613-5.

Liu C，Zhang M L，Wan W，Liu L，Ning B. 2008. Modeling M（3000）F2 based on empirical orthogonal function analysis method. Radio Science，43，RS1003，doi：10. 1029/2007RS003694.

Liu L，Luan X，Wan W，Ning B，Lei J. 2003. A new approach to the derivation of dynamic information from ionosonde measurements. Annales Geophysicae，21（11）：2185-2191.

Liu L，Wan W，Ning B. 2004. Statistical modeling of ionospheric foF2 over Wuhan. Radio Science，39，RS2013，doi：10. 1029/2003RS003005.

Liu L，Wan W，Ning B，Zhang M L. 2009a. Climatology of the mean total electron content derived from GPS global ionospheric maps. Journal of Geophysical Research- Space Physics，114，A06308，https://doi. org/10. 1029/2009ja014244.

Liu L，Zhao B，Wan W，Ning B，Zhang M L，He M. 2009b. Seasonal variations of the ionospheric electron densities retrieved from Constellation Observing System for Meteorology，Ionosphere，and Climate mission radio occultation measurements. Journal of Geophysical Research，114，A02302，doi：10. 1029/2008JA013819.

Liu L，Chen Y，Le H，Kurkin V I，Polekh N M，Lee C-C. 2011. The ionosphere under extremely prolonged low solar activity. Journal of Geophysical Research，116，A04320，doi：10. 1029/2010JA016296.

Mao T，Wan W，Liu L. 2005. An EOF based empirical model of TEC over Wuhan. Chinese Journal of Geophysics，48（5）：827-834.

Mao T，Wan W，Yue X，Sun L，Zhao B，Guo J. 2008. An empirical orthogonal function model of total electron content over China. Radio Science，43，RS2009，doi：10. 1029/2007RS003629.

Ning B，Li J. 1988. Propagation-delay observation of BPM time signal with a continuous display system. Chinese Journal of Geophysics，31（3）：391-399.

Ren Z，Wan W，Liu L. 2009. GCITEM- IGGCAS：A new global coupled ionosphere-thermosphere-electrodynamics model. Journal of Atmospheric and Terrestrial Physics，doi：10. 1016/j. jastp. 2009. 09. 015.

She C，Wan W，Xu G. 2008. Climatological analysis and modeling of the ionospheric global electron content. Chinese Science Bulletin，53（2）：282-288.

Wan W, Li J. 1993. Spectral behaviour of TIDs detected from rapid sequence ionograms. Journal of Atmospheric and Terrestrial Physics, 55 (1): 47-55.

Wan W, Yuan H, Ning B, Liang J, Ding F. 1998. Traveling ionospheric disturbances associated with the tropospheric vortexes around Qinghai-Tibet Plateau. Geophysical Research Letters, 25 (20): 3775-3778.

Wan W, Liu L, Pi X, Zhang M L, Ning B, Xiong J, Ding F. 2008. Wavenumber-4 patterns of the total electron content over the low latitude ionosphere. Geophysical Research Letters, 35, L12104, doi: 10.1029/2008GL033755.

Wan W, Xiong J, Ren Z, Liu L, Zhang M L, Ding F, Ning B, Zhao B, Yue X. 2010. Correlation between the ionospheric WN4 signature and the upper atmospheric DE3 tide. Journal of Geophysical Research-Space Physics, 115, 11, https://doi.org/10.1029/2010ja015527.

Yu Y, Wan W, Ning B, Liu L, Wang Z, Hu L, Ren Z. 2013. Tidal wind mapping from observations of a meteor radar chain in December 2011. Journal of Geophysical Research-Space Physics, 118 (5): 2321-2332.

Yu Y, Wan W, Ren Z, Xiong B, Zhang Y, Hu L, Ning B, Liu L. 2015. Seasonal variations of MLT tides revealed by a meteor radar chain based on Hough mode decomposition. Journal of Geophysical Research-Space Physics, 120 (8): 7030-7048.

Yue X, Wan W, Liu L, Ning B. 2006. An empirical model of ionospheric foE over Wuhan. Earth Planets Space, 58: 323-330.

Yue X, Hu L, Wei Y, Wan W, Ning B. 2018. Ionospheric trend over Wuhan during 1947-2017: comparison between simulation and observation. Journal of Geophysical Research-Space Physics, 123 (2): 1396-1409.

Zhang M L, Liu C, Wan W, Liu L, Ning B. 2009. A global model of the ionospheric F2 peak height based on EOF analysis. Annales Geophysicae, 27: 3203-3212.

Zhang M L, Liu C, Wan W, Liu L, Ning B. 2010. Evaluation of global modeling of M (3000) F2 and hmF2 based on alternative empirical orthogonal function expansions. Advances in Space Research, 46 (8): 1024-1031.

Zhao B, Wan W, Liu L. 2005. Responses of equatorial anomaly to the October-November 2003 superstorms. Annales Geophysicae, 23 (3): 693-706.

万卫星先生的团队建设

丁　锋[1,2]，宁百齐[1]

1. 中国科学院地质与地球物理研究所，北京　100029

2. 中国科学院大学地球与行星物理学院，北京　100049

摘　要

本文对万卫星先生27年的团队建设历程进行了回顾。1994年，万卫星先生担任中国科学院武汉物理研究所电离层物理研究室主任。先生整合研究力量，培养青年学生，历经10年艰苦创业，领导的队伍发展成为国内电离层物理方面研究实力最强的团队。2004年，先生率领研究室骨干和学生整体调动到中国科学院地质与地球物理研究所，在这里，青年骨干人才迅速成长，队伍逐渐发展成为国际上最重要的空间物理学研究团队之一。2011年，先生当选中国科学院院士。次年，先生领导的团队以地学领域第一名的优异成绩通过了新建中国科学院电离层空间环境重点实验室评审。2014年，中国科学院地球与行星物理重点实验室成立。先生在学科拓展方面积极布局，从平台建设和人才引进着手，将团队主要研究方向从地球空间环境向行星空间环境研究拓展。到2020年先生逝世前，先生领导的实验室作为国内地球和行星领域第一个专门研究机构，凝聚了一支以青年人才为主的、勇于创新的、在国际学术舞台上活跃的优秀研究队伍。在万卫星先生逝世一周年之际，回顾先生的团队建设历程，对我们团队具有非常重要的教育意义。

1　引言

1982年，万卫星先生从武汉大学空间物理系毕业后，进入中国科学院武汉物理研究所（后改名为中国科学院武汉物理与数学研究所）电离层物理研究室，师从中国科学院学部委员（中国科学院院士）、空间物理学家李钧先生，开始了他的空间物理学术生涯。1994年，万卫星先生接过导师李钧先生的重担，继任中国科学院武汉物理研究所电离层物理研究室（三室）主任。万卫星先生励精图治，历经27年，把当初一个科研人员加学生只有十几人的研究室，发展成为一个具有国内国际重要影响的中国科学院重点实验室，培养出了众多的空间物理和行星物理青年人才。

万卫星先生27年的团队建设历史可以分为三个阶段：第一阶段为团队的艰苦创业时

期，时间是从1994年先生担任中国科学院武汉物理研究所电离层物理研究室主任，到2004年率领团队整体调离武汉；第二阶段为团队茁壮成长时期，从2004年下半年团队调动到中国科学院地质与地球物理研究所，一直到2013年组建中国科学院电离层空间环境重点实验室；第三阶段为团队蓬勃发展时期，从2014年中国科学院电离层空间环境重点实验室与中国科学院地球深部研究重点实验室合并，成立中国科学院地球与行星物理重点实验室，到2020年万卫星先生逝世。下面分节记述这三个时期的团队建设历史。

2 万卫星先生团队建设的三个阶段

2.1 艰苦创业时期（1994～2004年）

从1980到1990年代初，随着我国科学事业的恢复和发展，在学科带头人李钧先生带领下，中国科学院武汉物理研究所电离层物理研究室蓬勃发展，成为我国从事电离层观测与研究的专门机构，是我国四个空间物理博士学位授予点之一（其他三个分别是中国科学院空间科学与应用研究中心、北京大学和武汉大学）。李钧等老一辈科学家非常注重对青年人才的培养。在李钧先生领导下，研究室涌现出一个空间物理学方面引人注目的青年博士群，这些青年骨干包括易帆、黄朝松、万卫星、宁百齐、张顺荣、苏元智、伍光辉、李文涛等。

1994年，万卫星从导师李钧先生手中接任电离层物理研究室主任，研究室副主任为宁百齐。这时国内改革开放已进行了十几年，随着国门打开，大批科研骨干出国。中国科学院作为国家级最高科研机构，其改革和发展也在90年代中期遭遇阶段性瓶颈。在这样的大环境下，万卫星先生所在的电离层物理研究室也存在科研骨干流失，科研经费紧张的问题。1994年4月，学科带头人李钧先生不幸去世。此时，研究室青年科研骨干仅剩下万卫星、宁百齐、张顺荣、袁洪、梁君五位。黄信榆、李利斌、吴振华和梁尚琪等老同志也即将退休。其中袁洪和梁君是李钧先生生前招收的博士生。1994年李钧先生逝世后，万卫星先生继任袁洪和梁君的导师。1995年，万卫星先生获国家杰出青年科学基金资助，成为空间物理学专业获此资助的第一位青年科学家。

万卫星先生开始在三个研究方向布局人员，开展工作。第一方向是电离层台站探测及方法研究。这方面工作由研究室副主任宁百齐主管，参加人员包括李利斌、吴振华、梁尚琪、王炳康和胡建平等老职工。第二方向为电离层物理学基础研究，由万卫星先生主抓，参加人员包括张顺荣、袁洪和梁君等。其中，袁洪于1995年博士毕业，留所做博士后；张顺荣于90年代末出国工作。第三方向为电离层电波传播应用研究。这方面涉及电离层电波传播研究，以及导航系统中的电离层电波修正，由万卫星先生主抓，参与人员为袁洪。

从1995年到1998年，万卫星先生团队先后招收入所的学生包括：1995年入所的硕士生丁锋和韩浔，1996年入所的在职学生林晨和谭辉，1997年入所博士后刘立波、博士生王一举，以及1998年入所的硕士生余涛、袁志刚和汤秋林。他们分别参与到上述三方向研究中。

万卫星先生在创业之初，就极为重视实验观测技术的发展。早期的电离层观测仪器主要是高频多普勒和测高仪。80 年代，李钧先生主持建立了位于湖北省天门、安陆、武汉三地的高频多普勒阵，通过接收陕西天文台的 BPM 信号，实现对电离层扰动的高分辨率探测。该高频多普勒阵于 90 年代中期停止观测，积累了 11 年的观测数据。90 年代前的测高仪主要使用胶卷照片形式记录每个观测时间的频高图。90 年代后期，宁百齐研究员通过引进开发，在国内第一个实现对电离层数字测高仪数据的实时度量分析、远程监控和数据发布共享。

这一时期，万卫星先生带领学生在电离层无线电诊断原理与方法研究方面也做出了丰硕的成果。先生提出了电离层扰动剖面的高频广义射线反演原理及电离层小不均匀体统计特性剖面的反演原理，并给出多种高精度数字算法。这一工作成功地解决了新型数字测高仪一类设备的多普勒和到达角频高图等新探测数据的分析方法问题，是这一领域中的开拓性工作。先生首次提出了适用于非平稳非单一电离层扰动场传播参量的时频分析方法。这一工作首先创造性地导出了电离层扰动的台阵探测、单站多参量探测以及观测点处于运动状态的短基线 GPS 电离层扰动探测时的观测方程，在此基础上，引入最大熵谱分析方法和小波分析方法，用于分析非平稳非单一电离层扰动场，提高了探测数据的可用性和精度。

与此同时，电离层物理基础研究主要围绕电离层扰动的地区特性来进行。万卫星先生和袁洪等利用多年的多普勒台阵观测数据，采用上述新发展的分析方法，分析研究了我国中部地区电离层扰动的传播，首次系统地揭示了我国电离层扰动特性。为了解释我国电离层扰动的地区特性，在万卫星先生指导下，梁君、丁锋、汤秋林等对电离层声重波扰动传播进行了理论、模拟和实验观测综合研究，在证实背景风场对重力波传播的方向性滤波的基础上，提出了一种重力波远距离传播的背景风场反射制导传播新模式。

电离层电波传播应用研究是这段时期的另一个亮点。万卫星先生将电离层及电波传播的研究成果应用于实际应用领域，在某国家专项工程项目中，组织主攻 GPS 动态定位原理和算法研究，在短基线动态定位中达到比较高的定位精度。其次，万卫星先生负责承担了某工程中的电波修正子系统的工程研制任务，他创造性地提出了一种大面积电离层电波传播修正方案，该方案充分利用系统本身的资源，巧妙运用数学模型，高精度、高可靠性地解决了系统的电波修正问题。

1998 年，中国科学院开展知识创新工程试点。万卫星先生抓住这一契机，开始扩大招生。从 1999 到 2004 年，先后有三十余名学生来到万卫星先生团队。这些人包括陈艳红、左小敏（1999 年），黄智、雷久侯、栾晓莉、赵必强（2000 年），毛田、牛晓娟、夏淳亮、赵光欣（2001 年），陈斌、陈金松、姜国英、李国主、曲江华、乐新安、徐桂荣（2002 年），陈华娇、丁宗华、梅冰、孙凌峰、王保民、王敏、魏勇、熊波、朱正平（2003 年），姜葵、乐会军、刘三军、卢琳伶、任志鹏（2004 年）等。

学生是万卫星团队的重要组成部分。万卫星先生在团队组建的开始阶段，就营造一种开放、包容、兼收并蓄的科研环境，指导学生根据自己的知识结构和兴趣，找到发挥特长的研究方向。在繁重的科研工作之余，万卫星花了大量精力培养学生，言传身教，培养他们独立解决问题的能力。武汉时期招收的这批学生毕业后，有不少成长为国内各科研单位空间物理学和行星物理学领域的中坚力量，如国家杰出青年科学基金获得者雷久侯、魏勇、袁志刚，国家优秀青年科学基金获得者任志鹏、李国主、乐会军、陈一定等。

在学生数量迅速增加的同时，团队骨干也在成长。在研究室内部，万卫星先生主管全局，同时负责部分具体研究工作；研究室副主任宁百齐研究员分管空间探测研发，同时协助研究室日常事务管理；袁洪、刘立波先后博士后出站留所，并相继评上研究员。袁洪从90年代中期开始，逐渐成长为国内卫星导航电波修正方向的研究主力。刘立波十分注重观测数据整理积累和论文产出，带动了研究室论文数量快速增长。丁锋于2001年博士毕业后留所做博士后。同年，原五室的熊建刚副研究员也加入到万卫星团队。

从1998年到2004年，在团队不断发展壮大的同时，万卫星先生对研究方向进行了拓展。在探测方面，团队的宁百齐等将武汉电离层观象台发展成为电离层和中高层大气综合观测台站，建立了武汉短基线GPS阵，并在国内第一个引进了数字测高仪和流星雷达等设备，用于电离层和中高层大气风场观测；在基础研究方面，先生带领刘立波等将电离层研究拓展为电离层模式和预报研究、电离层中小尺度扰动研究和电离层气候学研究三个方向。在应用研究和应用基础研究方面，先生带领袁洪及部分学生，深度参与了导航定位系统的研制和系统调试工作，参与解决了系统电波修正问题。以承担一批国家重大科研项目并取得一批重要研究成果为标志，万卫星团队在90年代末到21世纪初初步发展起来。到2004年整体调动到北京之前，中国科学院武汉物理与数学研究所电离层物理研究室已经成长为国内电离层物理方面研究实力最强的团队。

2.2 茁壮成长时期（2004～2013年）

2004年，在中国科学院学科调整中，万卫星团队被整体调整到中国科学院地质与地球物理研究所。历史上，中国科学院武汉物理与数学研究所电离层物理研究室的前身是独立的中国科学院武汉电离层观象台，成立于1957年。观象台曾经发展成高空物理研究所（100余人的建制），后经学科调整与其他单位合并，进入中国科学院测量与地球物理研究所（简称测地所），形成该所电离层物理研究室，并在“文革”中随该所一道划归地方地震局。“文革”后期，观象台于1975年先于测地所从地震局回归中国科学院，被就地调整到原中国科学院武汉物理研究所，仍保持研究室建制。2001年取消研究室建制，改建成实验室。

电离层物理与中高层大气物理学科属于地球物理学领域，而中国科学院武汉物理与数学研究所归口为数理天文领域。一直以来，存在研究室跟研究所的学科差异及中国科学院管理部门专业不对口的限制。因此，2004年，根据中国科学院空间物理学科调整的部署，万卫星先生领导的电离层物理实验室被整体调整到中国科学院地质与地球物理研究所。这一调整有利于理顺管理关系，并利用知识创新工程带来的契机，集中力量，加强中国科学院在空间物理研究中的传统优势地位。

2004年8月，万卫星带领师生三十余人来到北京，与中国科学院地质与地球物理所的原地磁研究室合并，成立“地磁与空间电磁环境研究室”。包括3名研究员在内的一个研究室异地整体调离，需要解决诸多具体细微的问题，难度非常大。先生排除万难，实现了整体搬迁的目标。2008 年，研究室改名为“地磁与空间物理研究室”。

此时的万卫星团队，在研究方向的部署、研究骨干的配置及学生培养上，已经形成一套成熟的机制。2004 年来京后，万卫星先生将地磁与空间物理研究室分为三个研究单元，分别是：电离层与高层大气物理学科组，万卫星先生任组长，组员包括宁百齐、刘立波、熊建刚、丁锋、张满莲等；地磁学科组，组长陈耿雄，组员包括徐文耀、杜爱民、洪明华、彭丰林等；空间探测学科组，组长宁百齐，组员包括郝喜庆、常首民、吴宝元、窦绍普、李来顺、黄照国等。

在团队管理上，万卫星先生特别注重知人善用。他对研究室每一位科研人员工作能力、个性特质有充分的了解，并清晰定位他们的岗位与具体职责，让每个成员都能够扬长避短，充分发挥自己的专长。

万卫星先生培养学生的特点，首先是给学生创造一个活跃、宽松的科研氛围。在这个团队中，大家能够充分、及时地交流数据和信息，共享相关资源，解答学生的疑惑。其次是先生以身作则，始终战斗在科研第一线，掌握相关学科领域的前沿信息，不仅把握学生的科研方向，而且亲自给学生调程序、改文章。在学生眼里，先生平易近人，豁达睿智，对现象后面的物理过程有着深刻的洞察力，善于把一个复杂的问题简洁化。在繁忙的工作之余，先生经常在出差途中，甚至在飞机上给学生修改论文，学生们也常常在凌晨时分收到万老师的邮件回复。最后先生对学生的培养，一般根据学生的知识结构和兴趣，给定一个明确的研究方向，并提供一个宽松的环境，让学生有一个自由发挥的空间。先生站得高看得远，对于当前的科研热点具有敏锐的洞察力，能够给学生在恰当的时机予以最为合适的指导。

2006 年，万卫星先生提出“多重尺度电离层变化研究”的概念。针对电离层时空尺度分布范围及其广泛的现象，提出既要分析不同尺度电离层变化的特性，又要找出它们之间的关联关系，以便系统地揭示电离层变化的机理。先生根据宁百齐发展起来的 GNSS 台链实时观测，于当年建成了我国首个电离层电子浓度总含量现报系统，在网上实时发布覆盖我国全境的电离层参量。作为这一工作的副产品，先生根据他的算法得到了中国区域电离层历史 TEC 数据的连续时空分布。这解决了此前的中国区域 GNSS 数据由于观测点分布不均匀，难以直接应用到电离层气候学变化及大尺度空间天气研究中的问题。先生将这一数据库共享到研究室，指导团队成员根据各自的研究方向选用数据进行各种不同尺度电离层变化的具体研究。这之后几年，团队成员采用该数据库产出了大量研究成果。在做出这一开创性工作后，先生自己则又将研究兴趣转移到大气层-电离层耦合研究方向，利用全球 GNSS 数据进行电离层四波结构研究，从波动角度给出了大气层-电离层耦合的直接证据。

这一时期，在万卫星先生及团队骨干指导下，武汉时期开始培养的学生，在来到北京后开始迅速成长，取得了一系列重要科研成果。例如，赵必强（万卫星博士生，2006 年毕业）对电离层暴的研究，李国主（宁百齐博士生，2007 年毕业）对电离层不规则体的研究，乐新安（万卫星博士生，2008 年毕业）的数据同化研究，魏勇（万卫星博士生，2008 年毕业）的太阳风-磁层-电离层电场的观测与模拟，任志鹏（万卫星博士生，2009 年毕业）的热层-电离层耦合模式，乐会军（刘立波博士生，2009 年毕业）的日食和耀斑期间电离层模拟，陈一定（刘立波博士生，2009 年毕业）的太阳辐射变化对电离层影响等，均是这一时期的优秀工作。

2011 年，万卫星先生当选中国科学院院士。2012 年，先生的团队以中国科学院地学领域第一名的优异成绩通过了新建中国科学院电离层空间环境重点实验室验收评审。2013 年 6 月，中国科学院正式发文，成立“中国科学院电离层空间环境重点实验室”，万卫星先生为主任，下辖电离层与高层大气物理研究组、电离层空间天气研究组、磁层电离层耦合研究组、行星空间环境研究组、台站与地基探测研究组及空间探测传感器研发组，实验室固定人员 38 人，其中研究员 9 名、副研究员 10 名、助理研究员 5 人、技术支撑人员 12 名和管理 2 名，学科分布在电离层、地磁与磁层、中高层大气、空间探测等学科领域。

良好的团队建设带来了大量的科研产出。在观测方面，实验室将原有的地磁台站发展成为一个沿东经 120°子午线，横跨我国南北、并延伸到南北两极的空间环境综合探测台链。该台链中，观测手段覆盖无线电及光学波段，观测区域覆盖地磁、电离层和中高层大气环境，从北到南的漠河、北京、武汉和三亚 4 个综合观测站，以及南极中山站和北极黄河站有关观测一起构成实验室的空间环境综合观测台链。形成了地磁观测，中高层大气观测，电离层结构观测和电离层 TEC 观测 4 种可长期连续观测手段为主体的观测网，并针对我国空间环境地域特性，在我国南部建立 VHF 电离层雷达和电离层闪烁观测（GPS 信标接收）手段，加强对我国低纬地区电离层不均匀结构现象的观测研究。

在研究方面，2004 ~ 2013 年，万卫星先生领导的团队所涉及的领域从传统的电离层、地磁和磁层拓展到中高层大气、行星空间环境等新的研究方向。在太阳活动驱动的电离层变化性、磁层-电离层耦合、电离层-大气层耦合以及电离层模式化工作中取得了一批具有国际影响的科学发现，发表了一批有重要影响力的论文。2015 年，万卫星团队的研究成果“电离层变化性的驱动过程”获国家自然科学奖二等奖。万卫星先生领导的科学团队成为国际上最重要的空间物理学研究团队之一。

2.3 蓬勃发展时期（2014 ~ 2020 年）

2013 年，在中国科学院电离层空间环境重点实验室成立之初，万卫星先生就开始在学科拓展方面积极布局，重点培育比较行星学，提出从空间探测、行星研究中认识地球，将团队主要研究方向从地球空间环境向行星空间环境研究拓展，并前瞻性地布局了地磁卫星和金星探测预研。为此，万卫星先生提出，实验室的未来发展方向为从系统地球科学角度研究电离层-地球耦合，从比较行星学角度探索地球/行星空间变化性。实际上，这便是国内行星物理学科的开端。实验室定位为：以地球电离层及行星空间环境为主要研究对象，发展空间探测实验手段，从系统地球科学的角度研究电离层与固体地球及其他空间层次间的耦合过程，从比较行星学的角度探索地球与行星空间环境的变化特性，将实验室建设成具有重要国际影响的空间物理和行星科学研究基地。

万卫星先生以开展行星空间物理研究作为行星物理方向拓展的切入点，并先后聘用了戎昭金、钟俊、柴立晖等具有空间物理背景的博士后，进行行星空间物理开拓研究，他们均已成为实验室行星物理研究的骨干。此外，先生十分重视引进国外人才拓展，从 2012

到2013年，先后从国外引进张辉、魏勇、葛亚松、乐新安等。由魏勇负责组建新的“行星空间物理”学科组，开展相关研究工作。先生的团队毕业的优秀学生开始挑起大梁，成为各个研究方向的主力。

2014年4月，为了深化和拓展地球系统科学及比较行星学的创新研究，顺应地球科学的发展趋势，满足国家战略需求，万卫星先生将原“中国科学院地球深部研究重点实验室”和原“中国科学院电离层空间环境重点实验室”进行整合，组建了“中国科学院地球与行星物理重点实验室”，并担任首届主任，潘永信、林杨挺、刘立波、魏勇为副主任。实验室的定位是“围绕地球的起源与演化等重大科学问题，面向资源环境、防灾减灾和深空探测等重大国家需求，以地幔、地核及其衍生的电离层、磁层为主要对象，聚焦于地球内部过程，比较研究太阳系其他行星的内部与空间环境，认识理解行星地球中物质和能量的输运及转换”。实验室确立了4个主要研究方向，即地球与行星内部物质组成、地球与行星内部结构和动力学、地球与行星空间环境、内部过程与行星环境的关联。新建成的实验室拥有一支优秀的人才队伍，有固定人员85人，其中高级职称53人，包括了2位中国科学院院士、9位国家杰出青年科学基金获得者，7位中国科学院“百人计划”入选者，3位新世纪百千万人才工程国家级人选，以及1个国家自然科学基金创新研究群体。万卫星团队进入了一个蓬勃发展的新阶段。

中国科学院地球与行星物理重点实验室成立以来，分别在行星水的演化、行星电离层粒子逃逸、行星磁场等研究方向上取得了重要成果。实验室主任万卫星院士被聘为中国首次火星探测首席科学家，相关课题组研制了其中的关键载荷——磁强计，用于火星表面的磁场测量；主持创刊出版了新的地球与行星物理期刊（*Earth and Planetary Physics*），新成立了地球物理学会行星物理专业委员会，积极推进行星科学一级学科的建设论证，吸引和凝聚一批国内外相关学科的研究力量，打造我国地球和行星科学研究中心，解决地球科学和行星科学面临的重大科学问题。

万卫星先生在引进人才的同时，也以增强实验室探测能力作为学科拓展的有力抓手，并投入相当精力进行大型科研装备研制。如2015年，国家重大科研仪器研制项目“三亚非相干散射雷达”启动，万卫星先生为项目负责人，并以此雷达为基础获得了子午工程二期海南三站式非相干散射雷达的立项建设。2016年，中国科学院专项重大仪器研发项目“火星表面磁场探测仪研制”启动，负责人杜爱民。2018年，中国科学院战略性先导科技专项（A类）“临近空间探测实验与科学研究”（又简称鸿鹄专项）启动，魏勇任首席科学家。在以上平台项目执行过程中，万卫星先生从国内外吸纳了相当数量的科研人员和工程师加入团队，以加强新学科和仪器研发方面的力量。如有光学背景的何飞加入开展行星光学研究，引进尧中华从事类木行星研究，有雷达背景的曾令旗、郝红连、王俊逸、张宁等工程师加入团队进行雷达研发。

到2020年，万卫星团队凝聚了地质与地球物理研究所的地震学、地磁学与古地磁学、比较行星学、空间物理学、分子和第一性原理模拟、地球动力学数值模拟、高温高压实验等方面优势力量，已形成一支以地球物理学为主、人才年龄结构合理、学术活跃的科研团队。研究人员中包括中国科学院院士3名、国家杰出青年科学基金获得者9名、中国科学院“百人计划”入选者8人、新世纪百千万人才工程国家级人选4人、中国青年科技奖获得者 4 人等。在学科和研究力量的配备上，已具备开展地球与行星物理创新研究能力。实验室的一大特色是队伍年轻化，40 岁以下固定人员 62 人，占实验室总人数比例 65%。近 5 年，40 岁以下的科研人员承担的科研项目占总数量的 42%，发表的科研论文占 50%，包括在 *Nature Physics*、*Nature Astronomy*、*PNAS* 等顶级期刊发表的多篇论文。本实验室作为国内地球和行星领域第一个专门研究机构，凝聚了一支以青年人才为主的、勇于创新的、在国际学术舞台上活跃的优秀研究队伍。

3 结语

从 1994 年担任电离层研究室主任，到 2020 年逝世，短短的 27 年里，万卫星先生为什么能取得这么多重大的成就？万卫星先生豁达宽容的品格，对学科前沿的高瞻远瞩，对研究的执着和身体力行，以及来京后研究所提供的良好科研环境，都是重要因素。成功的团队建设则是一个必不可少的重要因素。

本文对万卫星先生的团队建设历程做了一个简短回顾。李钧先生等老一辈科学家对青年人才培养的注重，在万卫星先生身上得到很好的传承。先生不仅投入大量精力指导学生，在学生毕业以后，不管留下来还是到别的单位工作，他始终关心和支持自己学生的发展。也正是这批青年人才，近年纷纷成长起来，成为实验室主要学科的带头人和骨干。人才引进和平台建设，是万卫星先生扩大团队的重要手段。为了开拓行星物理学科，万卫星先生从欧美相关科研机构大力引进人才，促进了新学科的建立。为了非相干散射雷达、鸿鹄专项等平台建设，万卫星先生大力引进相关领域科研人员和工程师，促进了平台建设的顺利进行，为传统优势学科的进一步发展打下基础。

“深空探测看当代，行星科学靠未来”

——万卫星先生与行星物理学

魏 勇[1,2]

1. 中国科学院地质与地球物理研究所，北京 100029
2. 中国科学院大学地球与行星科学学院，北京 100049

摘 要

万卫星先生是我国首次火星探测任务“天问一号”首席科学家。我国的深空探测起步较晚，在长期缺乏国家需求牵引和探测数据的情况下，我国的行星科学研究一直没有形成规模。在中国科学院地质与地球物理研究所的大力支持下，万卫星先生前瞻布局，披荆斩棘，带领自己的团队探索出了一条有中国特色的行星物理学学科建设之路。在先生的号召下，全国多家相关单位的行星物理研究都呈现出迅猛发展之势。目前我国行星物理学学科雏形已经显现，基本具备了成立新学科的条件。

1957 年人造卫星上天，标志着人类进入空间时代。人造卫星携带的各种仪器能够对地球空间进行就位探测或遥感探测，极大地拓展了人类对地球空间的感知能力。自 20 世纪 60 年代开始，许多带有动力系统的人造卫星（或称为人造飞船）飞往太阳系各个行星、天然卫星、彗星等天体，使得人们可以用地球科学的研究方式去研究行星，催生了行星科学这一新兴交叉学科。在此过程中，行星物理学迅速发展起来，并成长为行星科学的一个支柱分支学科。

我国的深空探测起步较晚，在长期缺乏国家需求牵引和探测数据的情况下，我国的行星科学研究一直没有形成规模。在 21 世纪的第一个十年，嫦娥工程的成功实施为我国的行星科学学科建设提供了最重要的条件。行星物理研究也在这一时期开始孕育。通过与欧美相关单位的合作交流，有些学者开展了行星空间环境研究，并发表了高水平的科研成果。2006 年，我国行星探测任务和技术途径进入立项研究阶段，万卫星先生在投入到论证工作的同时，研究兴趣也逐渐从地球空间环境拓展到其他行星的空间环境。利用欧洲航天局 Mars Express 搭载的 MARSIS 雷达的火星电离层观测数据，他对火星电离层的变化特性进行了深入研究。这些研究结果曾多次在全国性的重要学术会议上宣讲，并留下了一些接近完成的论文手稿。他在 2008 年录取了一位硕博连读研究生，研究方向为火星电离层及其空间火星等离子体边界层；在 2010 年招收了一位硕士生，研究方向为火星电离层一维模式及数据同化。

21 世纪的第二个十年，在中国科学院地质与地球物理研究所的大力支持下，万卫星先生前瞻布局，披荆斩棘，带领自己的团队探索出了一条有中国特色的行星物理学学科建设之路。在先生的号召下，全国多家相关单位的行星物理研究都呈现出迅猛发展之势。目前我国行星物理学学科雏形已经显现，基本具备了成立新学科的条件。创业之艰辛，只有创业者才能体会。我跟随万卫星先生工作十七年，是学生也是助手，一直在尽力协助先生，并引以为豪。然而，近日在整理先生留给我的遗物时，竟然发现先生在很多重要的事情上都是亲力亲为，而我对这些事情一无所知。先生本人和先生的事业都是一部厚重的书，我还需要很多时间去读去学。为了在约定时间内完成本文，下面我仅选取一些我参与过的事情简要介绍一下。

2010 年之前，中国科学院地质与地球物理研究所里潜心钻研行星物理的科学家可能仅先生一人。然而到了本世纪第二个十年，发表过行星物理论文的研究员和副研究员已经有二十多人，以行星物理为研究方向的研究生当多于此数。虽然设置了一个名为“行星物理学”的学科组，也仅 7 位研究员和副研究员而已，更多的研究人员分布在中国科学院地球与行星物理重点实验室的各个学科组中。发表的论文多见于 *APJL*、*APJ*、*GRL*、*JGR* 等主流期刊，亦有多篇见于 *Nature Astronomy*、*PNAS*、*NSR* 等声誉极高的期刊。2020 年 5 月研究所对全所几十个学科组进行 2017 ~ 2020 年总结评估，行星物理学学科组发表的“Nature Index”收录论文数量位列第一名，综合表现也名列前茅。在没有学科设置和人才培养体制的情况下，先生建设起了一支高水平行星物理学队伍。我一直认为先生创造了一个奇迹：这么大的研究员和副研究员团队，几乎没有一个人在攻读博士学位时研究过地球以外的行星，但全部成功拓展了研究方向。我经常会思考，先生何以创造这样的奇迹？如果说外在原因是深空探测国家战略需求的出现，那么内在原因就应当是先生培养人才的思路。

以我个人之愚见，万卫星先生培养人才的思路可以归纳为四个字：“顺其自然”。他总是能够帮助团队成员找到自己的兴趣点所在，并鼓励他们跟随自己的兴趣去做，而不是要说服或强加一个研究方向给对方。我每次在学术道路上迷惘踌躇的时候去征求先生建议时，先生听完陈述后的第一句话一定会是“你自己是怎么考虑的？”先生当了火星探测首席科学家之后，从未强制要求任何人转向火星研究；当了全国人大常委会委员之后，也并没有强制任何人放弃国家战略以外的研究。鼓励和支持每个人按照自己的个性发展，这是先生的一个非常明确的原则。整个团队在先生生病甚至去世以后仍然保持住了上升势头，这充分说明，先生已将他的精神内化到团队中了。他没有离去，一直在团队里。

2014 年，中国科学院地质与地球物理研究所成立了中国科学院地球与行星物理重点实验室，先生担任主任，潘永信院士、林杨挺研究员、刘立波研究员和我担任副主任，我同时兼任秘书长。实验室由原“中国科学院地球深部研究重点实验室”和原“中国科学院电离层空间环境重点实验室”及“北京空间环境国家野外科学观测研究站”整合而成。实验室是非常特殊的，它的历史实际可以追溯到多个研究领域的起源。实验室前身可追溯到 20 世纪 50 年代，我国地磁学和电离层奠基人桂质廷、陈宗器等老一辈地球物理学家发起建立的我国最早的电离层和地磁观测站。50 年代末，我国地球物理学奠基人赵九章先生倡导和创建了空间科学和探测。60 年代，地震学先驱傅承义先生建立了核爆地震监测研究室，大力发展地震波传播理论应用。90 年代末，地质与地球物理所建立我国第一个地球深部研究的专门研究室，致力于地球深部的物质组成、结构和动力学。实验室继承了这些学术血脉，并在时任所长朱日祥院士的主持下，全面向行星研究拓展。

实验室 2014 年 4 月成立，9 月 15 日下午在中国科学院物理所（以下简称物理所）参加全院评估，我们是下午时段的第一个。当时我刚拿到驾照不久，不敢开车载人，其他副主任均无驾照，于是先生开车带着我们四位副主任一起去物理所。我们几个副主任本来是去给先生做后勤保障的，结果让先生当了司机，大家很是过意不去。然而先生一句话就化解了大家的尴尬："你们有所不知，我喜欢开车，开车是放松，是一种休息。"一进答辩会场，就看到朱日祥院士已经在场了，他给了我们一个坚定的眼神来鼓励。答辩时，我靠墙坐在随行人员的专用椅子上，手扶膝盖端坐。40 分钟下来，手心出汗，膝盖都湿了。然而先生神态自若，巧妙地把评委的一个个高难度问题都转化为展示实验室优势的机会。这一轮答辩，拿了第一名。一个月后，10 月 18 日，进行了现场评估，再次拿到第一名。先生有个习惯，对于重要的报告一定会提前撰写演讲稿。我从先生的遗物中找到了现场评估的演讲稿，附在文后。

回顾实验室这 6 年的发展，正如先生所言，空间和内部耦合的研究理念已经深入人心。在先生的领导下，实验室人才队伍建设取得了辉煌的成果。实验室现有固定人员 100 名（研究员 30 名，副研/高工 41 名），流动人员 160 名。中国科学院院士 2 人，国家杰出青年科学基金项目获得者（以下简称杰青）8 人，优秀青年科学基金项目获得者（以下简称优青）10 人，是国内规模最大的一支地球与行星物理研究队伍。先生对此非常自豪，每次参加两会他都会接受电视台采访，节目播出时先生的名字下面只有一个头衔，那就是"中国科学院地球与行星物理重点实验室主任"。面对全国电视观众，先生总会略带湖北口音满脸自豪地讲："我们实验室……"。先生的这一班岗，一直站到了生命最后一刻。

学科建设包括很多方面，人才队伍固然是最重要的，但也须得有平台。先生发起成立了中国地球物理学会行星物理专业委员会，并担任 *Earth and Planetary Physics* 期刊的首任主编。这两个平台的成立仪式都是在 2017 年 10 月举行的，而先生是在 9 月份被确诊患上肿瘤，不能不说是一个历史性的遗憾。

任务带学科一直是我国科技界的一个经典发展模式。先生大约从 2006 年起开始投入到国家的深空探测事业中去。虽然金星一直不在国家规划的探测目标之列，但它对于理解地球的演化至关重要。2009 年，朱日祥院士作为项目负责人提出论证金星探测，由先生负责组织了多轮研讨，并于 2010 年向中国科学院提交了论证报告。当时参会人员中绝大多数没有研究过行星，都是在先生的带领下边学习边研讨。现在再看当时参会人员名单，贺怀宇、杜爱民、汪毓明、刘立波、戎昭金等很多人均已经成为中国行星科学研究的主力。我本人也正是在此期间下定决心要到德国去做行星研究，并得到了先生的大力支持。2020 年 1 月，先生做了人生最后一场报告，讲述了金星探测的思想。

先生生病后，我接替先生参与鸿鹄专项的科学研究，后来在项目负责人蔡榕研究员和重任局领导们的支持下，担任了首席科学家。先生叮嘱我，这么重要的项目，一定要跟随国家战略，利用好这个平台，把行星科学做起来。近三年来，按照先生的嘱托，我们确实做到了，锻炼培养了何飞、林巍、任志鹏等一大批青年行星科学人才。

2019 年的 7 月 20 日，人类登月 50 周年纪念日，我到格致论道讲坛做演讲。准备演讲材料的时候，我问先生，能否以全国人大常委会委员、火星探测首席科学家的身份给青少年们讲一句话。先生沉吟半天说：“深空探测看当代，行星科学靠未来。”我懂这句话的含义有多么深重，难以在此言表。2017 年 5 月先生曾经在北京大学阐述过他的“过去、现在和未来”（演讲稿附在文后）。当时，先生可能已经生病，但一直坚持工作到9 月，错过了最佳治疗时间。演讲那天，当先生的照片和话语出现在我背后的大屏幕上的时候，我突然有了一种使命感，那就是继续先生奠基的事业，像先生一样把科技报国作为自己毕生的追求。

演讲稿一：2014 年 10 月 18 日中国科学院地球与行星物理重点实验室现场评估，万卫星先生撰写的答辩演讲稿（数字代表对应的 PPT 文件页码）

1. 我代表实验室做评估报告。实验室依托于中国科学院地质与地球物理研究所。

2. 下面将就背景、成果、队伍、平台和规划等问题进行汇报，首先是实验室的学科背景情况。

3. “地球与行星物理重点实验室”由两个院重点实验室整合而成，一个是“地球深部研究院重点实验室”（以下简称“深部室”），主要研究地球内部的地核地幔，2007 年成立，2009 年评估结果为 A。另一个是“电离层空间环境院重点实验室”（以下简称“空间室”），主要研究地球空间的电离层磁层，2007 年成立国家野外科学观测研究站，2012 年通过院遴选，地学口排名第一。将两个运行良好的实验室整合，主要基于下面的 3 个原因。

4. 第一个原因，是基于地球内部与地球空间之间存在着密切的联系。第一，内部的地幔通过去气过程产生大气，在太阳辐射下产生空间的电离层；第二，内部的地核通过地球发电机产生磁场，在太阳风的作用下产生空间的磁层。总之，地球内部产生并控制空间环境，空间环境携带和反映地球内部的信息。

5. 第二个原因，是“深部室”发展的需要。原“深部室”在学科交叉中，尝试通过与“空间室”交叉，开展全球高时空分辨的空间磁场观测，反演研究地球内部结构与演化，以改变地球内部结构研究中仅靠单一地震数据的现状。同时还在学科拓展中，“深部室”开展比较行星学研究，利用行星样品和行星内部模型，研究地球内部的成分及其演化，以缓解地球内部成分研究中样品匮乏的困难。

6. 第三个原因，是“空间室”发展的需要。原“空间室”在学科交叉中，尝试通过与“深部室”交叉，利用地球内部与空间环境之间的联系，研究空间环境的长期变化，以解决研究中没有长时间跨度观测资料问题。同时，“空间室”在学科拓展中开展比较行星空间环境研究，利用单一的行星空间环境对比研究复杂的地球空间环境，以认识地球内部与空间的联系，并深化对磁层电离层耦合的理解（这里需要解释，单一的行星空间环境指火星金星上没有磁场只有大气，因而也只产生电离层；水星只有磁场没有大气，所以只产生磁层；复杂的地球空间环境指地球上既有大气又有磁场，所以同时存在电离层和磁层，存在并电离层和磁层相互耦合的复杂情况）。

7. 由此可以看到，两个实验室在研究部署和学科发展过程中，出现了互补性的交叉部分，即地球内部与地球空间的联系；同时也拓展到相同的研究领域，及行星物理和比较行星学研究。因此，有整合的需求和愿望。根据研究所的部署，经院主管部门批准，两个实验室进行整合，成立了新的“地球与行星物理重点实验室”。整合后的实验室进行了新的战略布局，首先，加强内部与空间的交叉研究，主要是利用空间探测优势研究地球内部结构与演化，利用地球内部研究成果探索地球空间环境长期变化，达到“从空间看地球”、“从地球看空间”的战略目标。其次，在学科拓展中，加强比较行星学研究，比较行星内部结构与演化，比较行星空间环境的演化与耦合，深化对“行星地球”的内部与空间环境的认识，达到“从行星看地球”的战略目标。

8. 整合后的实验室重新进行了定位：在领域上，研究地幔、地核及衍生的电离层、磁层，并比较研究其他行星的内部与空间环境，以深入理解行星地球的形成和演化，满足国家在资源环境、防灾减灾、深空探测等方面的战略需求；在学科上，以地球物理学科为主，通过与地球化学、比较行星学等多学科的交叉融合，致力于建设特色鲜明、水平一流的国际化地球与行星物理研究中心。实际上，我们主要做三件事：一是将地球内部与空间联系起来；二是将地球物理拓展到行星物理；三是利用行星物理成果深化对地球系统的理解。

9. 下面介绍实验室的科研成果。

10. 在过去5年里，实验室共承担222项重要科研项目，总经费2.3亿元。发表了306篇SCI论文，这些论文被SCI引用2026次。此外，实验室的5项发明专利获得已批准；出版了4本专著，包括两本中文、1本英文和1本译著；编辑了3本国际期刊专辑。

11. 过去5年实验室的研究取得了较好的突破和进展。在实验室整合之前，我们分别在地球内部物质成分、地球内部结构、地球空间环境变化等方面取得了多项突破；整合之后又在地球与空间的联系、地球系统与行星系统的比较等方面迈出了研究步伐，并取得了很好进展。申请书列出了5项代表性成果，限于时间，我们只对前三项成果中的个别工作进行简单介绍。其中，第二、三项代表性成果还会在之后的学术报告中展开。

12. 第一项成果是，地核与地幔物质成分的计算。这里涉及地核与地幔成分，是一个重大科学问题，也可以说是地球科学终极性问题之一。我们的主要研究对象有：地核轻元素含量、地核结构、地幔成分等，这里只介绍地核轻元素含量这一工作。我们通过计算核幔分异过程中，元素在核幔之间的分配来解决问题，采用的研究方法是两相法第一原理分子动力学，而非传统的分子动力学。我们利用量子力学计算原子排列问题。

13. 这一工作的主要成果是，建立了地核元素含量图谱。这里列出了地核中7种轻元素含量的模拟计算结果，利用这些结果可得到大量关于地核成分的新认识：我们第一次获得了碳的配分系数；我们发现硅和氧能同时进入地核，而传统上认识是，硅只能在还原条件下进入地核，氧只能在氧化条件下进入地核；我们还发现，氢和氮不能大量进入地核，而传统的观点是，地核是重要的氢库和氮库。从我们的地核元素含量图谱中得到的这些认识为地球内部的演化研究，以及地核发电机研究提供了坚实基础。

14. 这项研究工作引起了国际学术界的反响，被多个主流学术网站所报道和充分肯定，比如，著名的卡耐基深碳观察组织，在其网站上第一时间对该成果进行了报道，指出我们首次将地核中碳元素的含量精度提高了一个量级；“亚洲科学家网站”则以科学家解决了地核密度之谜为标题进行了报道，高度肯定了我们的研究结果。

15. 著名的物理学网站的新闻标题是：科学家模拟地球创始，解决“核心”问题，这里记者用“核心”一词的双关语，因为core还含有地核的意思。在这篇报道中，评论我们的工作“发现地球最大的碳库在地核”，“深化了对地球年龄的认识”等等。这一网站的另一篇专题特写中还指出我们“用分子动力学模拟精确分析出地核成分”。

16. 我们的工作还为构建核幔相互作用提供了关键数据。近期，*Nature Geoscience*中的一篇论文就利用我们给出的数据，将他们实验研究的氦配分系数数据延拓到高压情况，这也是地核高压条件下的唯一数据。

17. 成果二是，西太平洋及邻近地区的深部结构。我们要解决的是地球内部三维精细结构，这一科学问题是认识地幔和地核动力学的关键。我们的主要研究对象包括：核幔边界精细结构、地幔转换带精细结构、俯冲带成像与结构，这里只介绍核幔边界精细结构这一工作。我们知道，研究地球内部精细结构靠地震的三维层析成像，但是，现有层析成像结果分辨率严重不足，这是核幔边界精细结构所面临的最主要的问题。

18. 为此，我们在数据与方法两个方面进行了创新，在数据上，我们依托密集地震台阵观测资料，特别是使用了我们自己的流动地震台阵在华北地区的观测数据；在方法上采用多震相分析加波形拟合技术。这样极大地扩展了信息来源，提高了结果的分辨率。

19. 根据上述观测与数据分析，结合数值模拟，我们得到了太平洋异常区精细结构，发现精细结构由若干低速块体组成，进一步模拟表明，块体为不同密度和不同黏滞系数的热化学异常结构。西太平洋区块体边界陡峭，是亚稳态结构，密度较低；北太平洋区块体边界平缓，是稳态结构，密度较高。这些结果展示出极为复杂的地球内部动力学过程，是下一步深入研究的基础。

20. 我们的这一工作为构建地球内部动力学提供了关键约束，美国著名地球物理学家 Gurnis 引用了我们的文章，指出我们的工作首次将太平洋异常分为两个区域，并给出了三维精细结构。

21. 著名地球物理学家、美国科学院院士 Lay 在 2011 的综述文章中进一步指出，我们的工作发现，太平洋超大规模低速异常实际上是由两个低速区构成。

22. 我们的工作还为板块重建提供了重要约束，例如，发表在 *Nature Geoscience* 上的一篇文章中把我们的发现作为验证他们板块模型的关键依据。

23. 成果三，粒子逃逸对行星水和大气演化的影响。这副火星表面地形图具有清晰的河床地貌，表明火星上曾经有过大量的水，但现在都已经逃逸光了。我们的研究涉及行星水的含量与逃逸问题，这是一个非常重要的科学问题，是探索生命起源、理解行星内部演化的关键。这项成果的主要研究对象包括：火星水含量与逃逸证据、火星水/氧气逃逸机理、地球水/氧气逃逸与物种灭绝。

24. 第一项工作是分析火星陨石中水的含量和氢的同位素成分，这一陨石来自火星幔。我们首先在维纳分析的平台上，发展了新的分析方法，包括高分辨水成分分析新方法，以及精确定年新方法；同时还提出了标准物质研制的新思路。这是我们分析中用到的水含量校正曲线。

25. 我们分别测量了火星陨石中两种单元的水含量氢同位素比值：一是磷灰石，反映来自火星慢的水含量，得到火星幔的水含量为 38 ~ 75 ppm（0.0038%~0.0075%），较地球值小一个量级以上，因此结论是火星幔很“干”；二是熔融包裹体，主要来自火星大气降水，测量氘/氕比值很大，是地球值的 7 倍，表明火星上强烈的水逃逸造成同位素分馏，火星水的逃逸比地球剧烈得多。这样，我们的结果分别给出了火星水含量及水逃逸证据。

26. 为了解释上面的分析结果，即火星水的逃逸比地球剧烈得多，我们需要研究火星水逃逸的机理。为此，我们首先假定火星水分解、并电离成氧离子和氢离子，对比分析了火星快车和地球 Cluster 卫星观测数据，发现在同一次太阳风事件时，火星大气氧离子（水）逃逸率比地球高一个量级以上。在此基础上我们提出并证实了太阳风的剥蚀和磁场的消失加剧火星水逃逸的主要因素。

27. 我们还将火星水逃逸的机理用于地球，发现显生宙期间地磁倒转与大气氧含量降低有明显相关关系，我们的解释是：倒转期间地磁场强度减弱，导致氧离子逃逸加剧，进一步引起大气氧含量下降，由此，也许还可以解释显生宙物种灭绝事件。

28. 上述成果得到了很好的国际反响，其中，欧洲航天局的地球空间环境研究部门给予我们工作很高的评价，充分肯定我们的学术贡献和研究方法的创新性。他们指出，我们的工作第一次测量到同一太阳风高速流所导致的地球和火星的大气损失，这一发现确认了地球磁场能够保护大气免遭太阳风剥蚀，消除了近些年的质疑。

29. 本成果的作者受邀在欧洲地球科学学会年会上做邀请报告，论文被遴选为“特别关注的论文”。作者本人获得了欧洲地球科学学会的“杰出青年科学家奖”，获奖理由为“找到了新颖的方法来比较太阳对类地行星的影响”。该奖项为全球性奖励，每年在整个地球科学领域遴选 8 人。

30. 此外，我们在分析火星陨石水含量时所发展的分析方法还被用于地幔水含量研究。这是最近的一篇 *Nature* 文章采用我们方法的例子。

31. 最后我们顺便指出，实验室还进行了大量的学术交流和国内外合作，包括主办国际会议和学术沙龙，发起或参与重大国际科学研究计划，进行双边和多变国际合作研究等。

32. 下面介绍实验室的队伍建设情况。

33. 实验室现有固定人员 85 人，其中研究员 21 人。杰出人才有院士 2 人，包括 5 年内新增的 1 人；国家杰出青年科学基金获得者 9 人，新增 2 人；国家优秀青年科学基金获得者 4 人都是新增的。实验室的管理团队中，学术委员会主任由杨元喜院士担任，我本人担任实验室主任，实验室副主任潘永信、林杨挺、刘立波、魏勇，均为国家杰出青年基金项目获得者。实验室还新增了两个创新群体和团队，一个国家自然科学基金创新研究群体，一个中国科学院创新国际团队。下面以国家自然科学基金创新群体为例进行简单介绍。

34. 国家自然科学基金创新群体，主要进行“电离层变化性及相关物理过程”研究，近年来在电离层的太阳活动依赖性、电离层磁层耦合、电离层大气层耦合等方面取得了较好的系列成果。

35. 在评估期间的 5 年内，这个群体发表了大量的高水平学术论文，其中，在本学科最好的专业期刊 *JGR*、*GRL* 上发表了 67 篇论文。5 年来发表的论文被引用 1230 次。5 年来发表的论文被 1 本教科书、2 本专著、3 篇专题综述文章 18 次引用，直接采用两幅原图。

36. 这个群体的学术水平具有较高国际知名度，5 年来在顶级刊物 *JGR* 的“电离层”栏目上发表 52 篇论文，约占同期论文总数的 5%，在全世界电离层研究团队中的论文数排名第一。以“电离层”为关键词，群体的 2 篇论文进入 *JGR* 与 *GRL* 论文（共 2409 篇）单篇引用前十；4 篇论文进入 SCI 论文（共 12370 篇）单篇引用前 1%，18 篇论文进入前 5%。

37. 下面介绍实验室在平台建设方面的工作。

38. 实验室的园区占地 150 亩，科研用房达到 5500 km^2。实验室的设备总值达 1.35 亿元，在近 5 年新增了 14 套/件设备，价值达 7100 万元。

39. 遵循实验室的战略布局，我们在科学目标引领下建设三个实验平台，野外观测平台包括空间环境探测和流动地震台阵；测试分析平台包括行星物质分析、地磁与古地磁；实验模拟平台包括数值计算模拟、高温高压实验。这三个平台覆盖和支撑了实验室定位的主要研究领域。

40. 空间环境观测台链由国内的漠河、北京、武汉、三亚 4 个野外观测站，以及北极黄河站、南极中山站的两个观测点构成，各站中具有多种空间环境观测手段，构成一条子午观测链。

41. 实验室的流动地震台阵包括 382 套宽频带地震仪，是国内最早建设的大规模流动地震台阵观测平台。

42. 在测试分析平台中，我们建立了微纳分析系统，它包括纳米离子探针、聚焦离子束-扫描电镜、透射电镜和稀有气体质谱。测试分析平台中建立得国际一流的微纳分析和稀有气体分析平台，实现了对地球内部和行星物质的高精度高分辨成分分析，用于探讨行星组成、形成条件和演化历史。

43. 古地磁与年代学实验装置，其中超导磁力仪，用来测量地质样品剩磁，研究地磁极性倒转过程、倒转频率、古强度、地磁漂移、长期变和精确年代学等。

44. 模拟平台中的高温高压实验装置，温度可达到 4000 K，压力达到 100 GPa，目前能够模拟下地幔温压条件。大规模并行计算，峰值速度超过每秒 50 万亿次浮点运算，支撑了量子力学、地震学、地核发电机、地球动力学模拟。

45. 最后介绍实验室的近期规划。

46. 依据实验室的战略部署，从空间看地球，从行星看地球。为实现实验室的目标，实验室制定了近期研究规划，研究重点是：进行地球与行星内部的成分与结构、磁场与动力学研究；进行地球/行星的空间环境与太阳风耦合的研究；进行行星内部与空间环境的关联研究，包括空间磁场反演外核对流与地幔结构，地核地幔驱动的空间环境演变等。在近期，我们将着重积极推动三个计划。

47. 第一个计划，是中国地磁卫星计划。通过卫星磁测，获取高分辨磁场数据，与地震学、计算模拟和高温高压试验等手段结合，研究地球内部结构、成分和动力学。计划将分两期实施：2016 年，在一个由 13 颗星构成的小卫星编队上搭载磁通门磁强计；2022 年，研制一个 4+1 颗星的磁测星座，4 颗极轨星，1 颗赤道星。目前的进展：已经落实搭载任务，完成中国磁测 4+1 星座与载荷方案。

48. 第二个计划，是三亚非相干散射雷达，将在三亚建设大功率相控阵非相干散射雷达，开拓“低纬大气层-电离层-磁层耦合”新领域，研究地球磁场与大气对电离层、磁层的控制等科学问题。计划明年开工，3 年建成，5 年验收。目前已完成国家重大科研仪器研制项目申请，通过了答辩和现场评估。

49. 第三个计划，是火星物理观测站计划，利用我国深空探测计划，研制磁强计等有效载荷，在火星环绕器上探测火星空间磁场，利用火星巡视器建立火星物理观测站，探测火星表面磁场与火星震，研究火星空间环境的内部结构。计划首先在 2018 年的嫦娥三号的巡视器中搭载，2020 年在火星探测中使用。目前正在立项准备中。

演讲稿二：2017 年 5 月 8 日，万卫星先生以研究中心学术委员会主任的身份，在北京大学行星与空间科学研究中心成立大会的致辞

尊敬的各位专家、老师：

大家早上好！

首先请允许我代表全体学术委员及我本人，热烈祝贺北京大学行星与空间科学研究中心成立。

2007 年 10 月 24 日我国成功发射嫦娥一号月球探测卫星，标志着我国深空探测的开始。嫦娥一号成功发射，到今年已经整整十年。这十年以来，我国发射了嫦娥二号探月卫星，嫦娥三号也已经在月表成功着陆，计划明年（2018 年）发射的嫦娥四号将在月球背面进行着陆探测，计划 2019 年 11 月份发射的嫦娥五号将在月表采取2 kg的月球样品。我们知道，我国火星探测计划已经立项，计划 2020 年发射火星探测卫星，将一次性对火星实施环绕、着陆、巡视探测。目前，木星探测、小行星探测等也处于论证之中。可以说，在短短的十年之内从嫦娥一号到三号，我国的探月工程取得了巨大成就；未来几年，从月球到火星、木星，我国的深空探测也将会继续取得辉煌成就。

另一方面，我们也必须清楚地意识到，我国的行星科学起步比较晚，与美国、欧盟等航天大国与组织相比较，还相差较远。其实与我们的邻国日本相比较，我们在月球科学研究方面也有很大的差距。虽然我们探月工程圆满成功，但是在对月球的科学认识方面，我们取得的原创性成果并不多。譬如，我们统计一下近年来在 *AGU* 期刊发表的关于美国、日本、中国月球探测成果的文章，会发现我们存在着数量级的差别。我一直在思考为什么会有这样的差距，除了我们的探测仪器存在一定问题之外，一个重要的原因是我国月球与行星科学研究还仅仅处于起步阶段，在嫦娥一号发射之前，中国还几乎没有月球与行星科学研究力量。我们知道，基础科学研究需要长时间积累，不是一蹴而就的。这是中国探月工程在科学方面取得较少成果的原因之一。

今天，我很高兴北京大学能够成立行星与空间科学研究中心。北京大学是我国历史最悠久的高等学府之一，也是国内顶尖大学之一。作为综合性大学，北京大学有传统地质、岩石矿物学、地球化学、地球物理、空间科学、遥感与地理信息、大气科学、天文系等多个专业。我们知道，行星与空间科学是一个综合性基础学科，需要多个基础性学科进行交叉。在北京大学开展行星与空间科学研究，具有天然的多学科优势。我也很高兴看到，北京大学在空间物理、行星大气、系外行星宜居性、月球与行星科学等基础研究方面，已经取得了一些优异的成绩，参与了多项国家空间探测、嫦娥一至三号计划等多个项目。很高兴北京大学校领导、地球与空间科学学院领导等有战略性眼光，能抓住国内行星与空间科学发展的大好时机，成立行星与空间科学研究中心。

我们相信这个中心的老师和同学，能在未来我国行星科学、空间科学、深空探测等方面，为我们国家提供智力支持，并能源源不断地培养行星与空间科学研究的基础人才。

最后再次祝贺我们的行星与空间科学研究中心成立，也祝愿我们的中心能茁壮成长，为我国的行星与空间科学事业贡献力量。

谢谢大家。

第二部分

十年一剑：行星物理学团队的研究进展 2010–2020

水星空间物理研究进展

钟　俊[1]，孙为杰[2]，戎昭金[1]，张　驰[1]

1. 中国科学院地质与地球物理研究所，北京　100029

2. 密歇根大学气候和空间科学与工程系（Department of Climate and Space Sciences and Engineering，University of Michigan），安阿伯　48105

摘　要

水星弱行星磁场和轨道处强太阳风驱动相互作用形成太阳系中尺度最小、动力学特征最活跃的行星磁层。水星空间环境代表了太阳系行星空间环境的一个极端情况。本文主要介绍行星物理学团队基于 MESSENGER 卫星的磁场和等离子体观测数据，在水星磁层大尺度动力学变化、空间磁场重联、近磁尾磁场特征、等离子体加速与加热等研究方向上的相关研究进展。

1　引言

人类对水星空间物理的认识始于20世纪70年代的“水手10号”（Mariner 10）探测计划。该飞行器于1974年和1975年两次穿越水星-太阳风相互作用区，发现了水星具有类似地球的内禀偶极磁场。虽然磁场大小仅为地球的1%，但仍能把太阳风阻挡在水星表面以上，形成类似地球的磁层结构。由于“水手10号”探测数据量的限制，在接下来几十年里，人们对水星空间物理的认知主要还停留在理论研究中。21世纪初，美国国家航空航天局（NASA）“信使号”（Mercury Surface，Space Environment，Geochemistry，and Ranging mission，MESSENGER）卫星在经历三次飞越水星（2008年1月、10月和2009年9月）后，于2011年3月正式入轨水星，成为人类首颗环绕水星探测卫星，为系统研究水星空间物理过程提供了充分的数据基础，掀起了水星空间物理观测研究的热潮。

MESSENGER 卫星持续约4年的数据观测丰富了对水星空间环境的认识和理解。水星的磁偶极矩（195 ± 10 nT）$\times R_M^3$（1 $R_M = 2440$ km，水星半径），约为地球的千分之五，偶极子轴几乎与自转轴平行（夹角小于3°），而偶极中心则向北偏移了 484 ± 11 km。水星轨道处强太阳风驱动和弱行星磁场的相互作用，使水星空间成为太阳系中尺度最小且动力学特征最活跃的行星磁层空间（图1）。辐射带、电离层、等离子层及大气层等明显消失，由此导致行星空间环境显著不同于地球。研究水星磁层动力学过程及空间环境特征是认识太阳风向弱磁层空间传输能量和物质一般规律的重要途径，同时对理解地球空间、认知电离层和磁层尺度对空间环境影响等都具有重要意义。

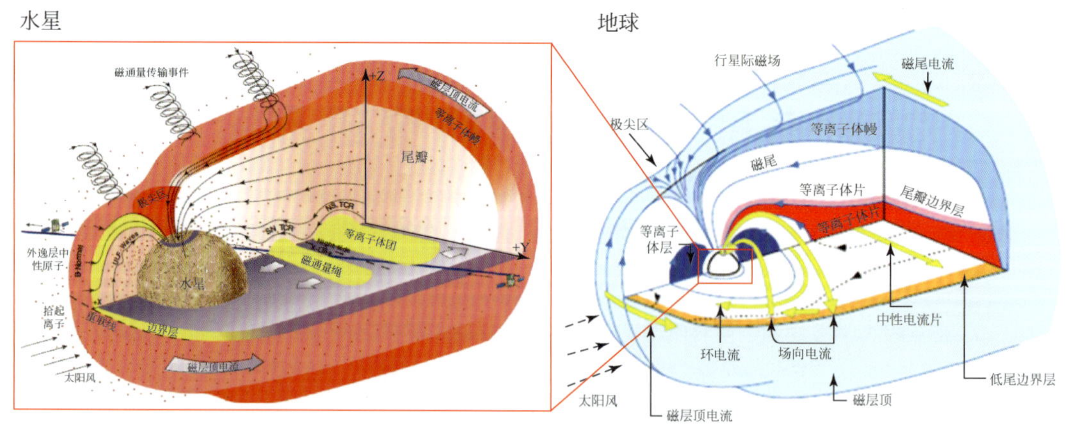

图 1　水星与地球空间环境对比

2　水星磁层大尺度动力学变化

行星磁层顶是太阳风和行星磁场相互作用的边界层，是太阳风向行星磁层传输等离子体和能量的主要区域。行星磁层顶是磁层物理学和行星空间物理学重要的研究课题。其中，卫星实地探测磁层顶动态变化是理解太阳风和行星相互作用的关键。行星物理学团队基于 MESSENGER 卫星的磁场和等离子体观测数据，建立了水星磁层顶、弓激波等边界的完整数据库，并对水星磁层顶的三维特征及动态变化特征开展了相关观测研究。

2.1　磁层顶的三维特征

基于 5694 个水星磁层顶观测事例，建立了水星磁层顶三维经验模型（Zhong et al., 2015a）：

$$r(\theta,\varphi)=r_0\left(\frac{2}{1+\cos\theta}\right)^{\alpha+\beta\cdot\cos^2\varphi}-r_{\text{ind}}(\theta,\varphi)$$

式中，右侧第一项描述了磁层顶在方位角上的不对称性，第二项描述了南北半球磁层顶的极区凹陷：

$$r_{\text{ind}}(\theta,\varphi)=d_0\cdot\exp\left[-\frac{1}{2}\left(\frac{\theta-\theta_0}{\Delta\theta}\right)^2\right]\cdot\sum_{\varphi_0=\pm\pi/2}\exp\left[-\frac{1}{2}\left(\frac{\varphi-\varphi_0}{\Delta\varphi}\right)^2\right]$$

该模型给出了水星弱偶极磁层形态的一般特征（图 2）。包括：①极尖区深度凹陷，在极尖区中心凹陷深度可达约 0.64 R_M、展宽覆盖了大部分日侧区域，日侧磁层顶在东西方向拉伸。②磁尾晨昏收缩，磁尾南北方向尺度要大于东西向尺度，其线性尺度在磁尾 1.5 水星半径处尺度分别为 2.6 R_M 和 2.2 R_M。这种区别于地球的近磁尾磁层顶不对称特征并不能简单利用行星际磁场的作用加以解释。文章提出可能是由水星弱磁场本身决定的，赤道区行星磁场较弱使得太阳风在晨昏方向上严重压缩。③闭合磁尾，模型参数 $\alpha+\beta\cdot\cos^2\varphi$ 反映了磁尾张开程度，在子午面为 $\alpha=0.49$，在赤道面为 $\alpha+\beta=0.39$，该数值小于

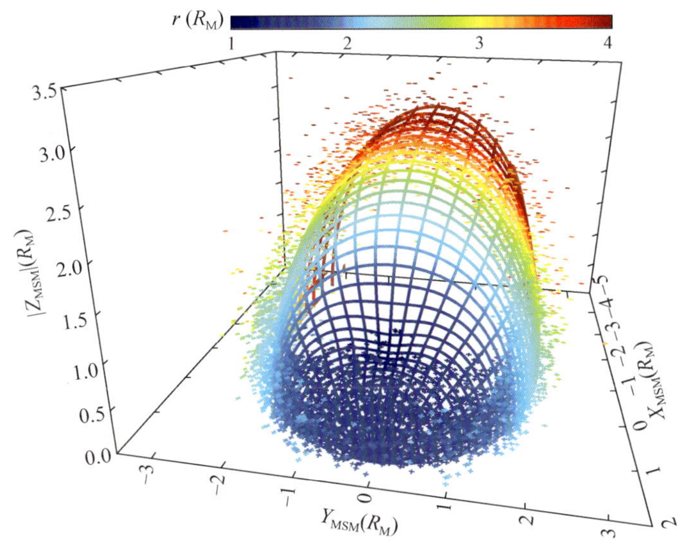

图 2 MESSENGER 观测近水星空间磁层顶位置的三维分布

网格线为三维模型结果，颜色表示距离偶极场中心距离。模型拟合结果：$r_0=1.51\ R_M$，$\alpha=0.49$，$\beta=-0.10$，$d_0=0.64\ R_M$，$\theta_0=1.00$（57.4°），$\Delta\theta=0.29$（16.6°），$\Delta\varphi=0.48$（27.4°）

0.5 说明水星呈现闭合磁尾的特征。

水星空间环境研究的核心科学问题是：水星弱偶极磁场能否像地磁场一样有效屏蔽太阳风粒子的直接轰击星体。早期不同学者从理论上得到截然相反的结论。争论的焦点在于水星内核感应效应和磁重联效应哪个起主导作用。前者认为内核感应效应可以阻挡太阳风的压缩，从而起到保护行星的作用；而后者认为磁重联会“剥蚀”向阳侧磁层使太阳风直接轰击水星表面。后者的研究进展通过模型分析，发现水星弱偶极磁场并不能像当前地球一样有效屏蔽太阳风粒子的直接轰击，即使在正常太阳风条件下，太阳风仍可在南半球中纬区域与水星直接相互作用（图 3）。这一由极尖区深度凹陷及水星内禀磁场中心偏离导

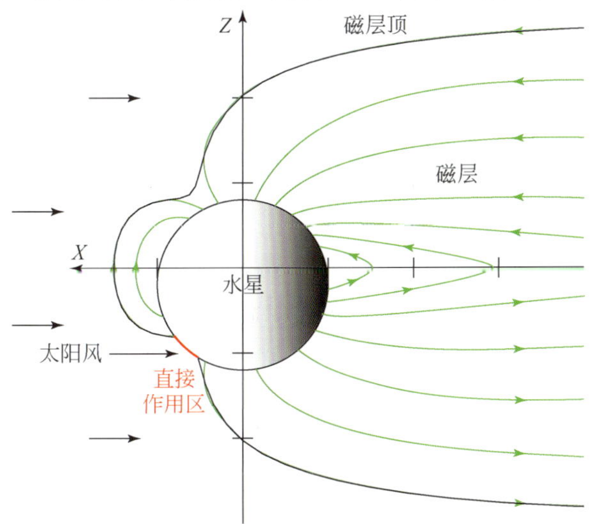

图 3 太阳风与水星直接相互作用区

致的直接相互作用区并未在过去理论研究中被注意到。该研究同时首次报道了少数极端情况下向阳侧磁层可能消失的观测事例并进行分析和探讨。指出在这些极端太阳风条件下，北半球中纬区域也可能是太阳风直接轰击的区域，甚至整个向阳侧磁层消失。太阳风与水星直接相互作用会导致在行星表面发生离子溅射、电荷交换等物理化学反应，从而改变风化层的物理化学特性、外逸层环境乃至整个行星空间环境的变化。由此推断，太阳风与水星直接相互作用区的局地空间环境类似于太阳风与月球的相互作用，可能对水星空间环境起着重要的影响。

2.2 磁层的压缩性

在水星三维不对称磁层顶经验模型基础上，我们考虑了水星轨道偏心率大的特点，利用长达 12 个水星年的轨道数据，分析了水星磁层尺度对太阳风动压轨道周期变化的响应。发现水星离日距离对水星向阳侧磁层起着重要的影响，磁层尺度的轨道周期变化明显大于瞬时太阳风动压带来的磁层尺度变化（图 4，Zhong et al.，2015b）。

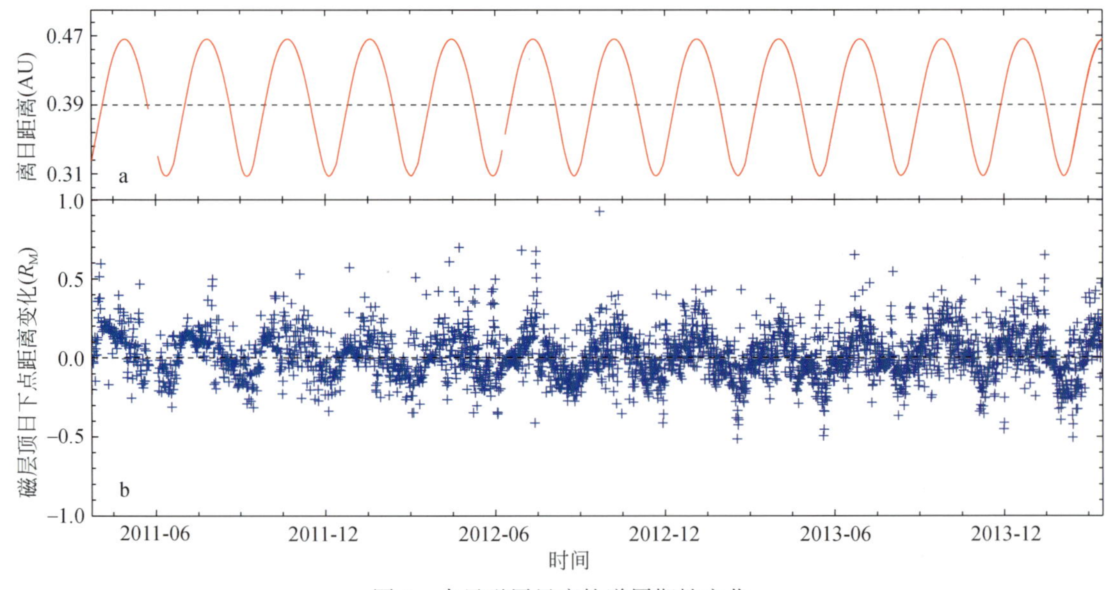

图 4 水星磁层尺度轨道周期性变化

向阳侧磁场重联和行星内核感应电流是影响磁层尺度的两个重要因素。高效的磁场重联会显著地“剥蚀”磁层空间，而内核感应电流则阻止磁层的快速收缩。该工作利用太阳风动压随离日距离的变化规律，基于观测数据拟合获得磁层顶日下点距离与离日距离关系（图 5a）。发现在远日点观测拟合结果接近内核感应模型，而在近日点小于内核感应模型的结果，略大于偶极场与太阳风压力平衡观测计算结果。由此推断，在远日点，太阳风动压较小、阿尔芬马赫数较大导致水星内核感应电流效应比磁场重联“剥蚀”效应更重要；而在近日点附近，重联效率显著增强，但内核感应电流效应仍然可以抵消重联带来的磁层收缩。该研究从观测上证实了内核感应场的存在。

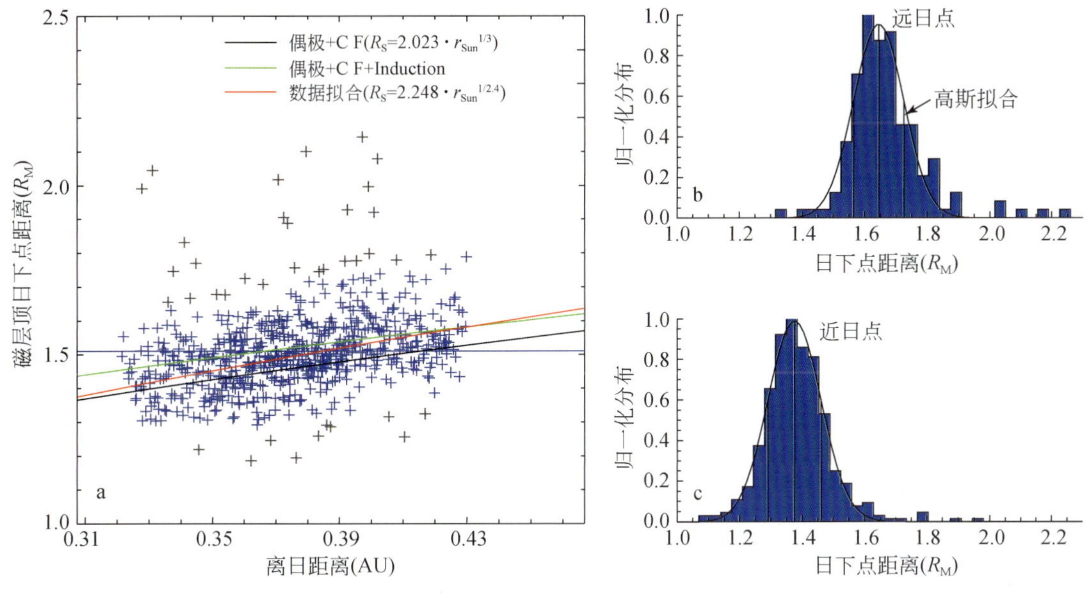

图 5　水星磁层顶日下点尺度

红色曲线是观测数据拟合结果；黑色曲线是将地球轨道处太阳风动压归一化到水星所在位置根据压力平衡得到的平均值；绿色曲线是考虑水星内核感应电流效应后的模型结果。

在近日点附近磁层顶日下点距离比远日点附近小 0. 27 R_M，日侧磁层空间缩小近 40%（图 5c）。同时，推断在近日点附近，内磁层顶日下点距离压缩至 1. 2 水星半径以内的概率为 2. 5%，即可能出现向阳侧磁层消失。少数极端情况下向阳侧磁层可能消失的观测事例进一步验证了这一推断。因此，内核感应效应对行星起到了很好的保护作用，这对于我们理解弱地磁时期空间环境提供了重要的观测依据（Zhong et al.，2014）。

2. 3　行星际磁场及轨道效应对磁层尺度的控制

磁层顶的动态变化主要受控于太阳风动压和行星际磁场（IMF）。与太阳风动压相比，IMF 对磁层顶动态变化的控制相对复杂，牵涉到更多的磁层基本物理过程及行星内禀磁场本身特性。当前对 IMF 控制磁层顶的规律的认识主要局限于地球空间的观测。由于“水手 10 号”探测数据量的限制，长期以来，IMF 是如何控制弱磁场水星磁层顶一直未得到深入的探讨。

从磁层顶数据库中挑选典型磁层顶位置，包括日下点距离、flank 侧翼距离及磁尾南北方向的半径（图 6a、b，Zhong et al.，2020a），来表征磁层全球性尺度。通过对比分析这些特征尺度的离日距离的变化，发现当水星从远日点运行到近日点磁层线性尺度全球性缩小 15% 左右（图 6c）。该磁层收缩主要由轨道太阳风动压增强引起。通过磁层尺度归一化到特定离日距离，如 0. 39AU，来减少轨道太阳风动压的因素影响并用来分析 IMF 对磁层尺度控制。分析发现 IMF 锥角（cone angle）对磁层尺度的影响和轨道效应相当。在准平行 IMF 情况下磁层全球性膨胀，而垂直 IMF 情况下磁层收缩小于平均尺度（图 7）。通过对比分析 IMF 南北向数据，发现和地球不同的是，在水星空间 IMF 南北向对向阳侧磁层尺度影响不明显。推断由于水星磁层顶张角较小和弱行星磁场导致的磁层太阳风压缩效应主导了向阳侧磁重联的“剥蚀”效应。但是，当 IMF 北向时，南半球磁尾尺度或半径明显减小；IMF 南向时磁尾半径接近平均状态。可能是当 IMF 北向时，磁重联发生在磁尾高纬区域，重联相关的热压压缩效应可能在磁层顶压力平衡中起着重要作用。由于 MESSENGER 轨道的限制，现阶段无法对磁尾北半球进行充分观测。类似的 IMF 锥角效应分布不对称特征可能同样会出现在 IMF 南向情况下的磁尾北半球。

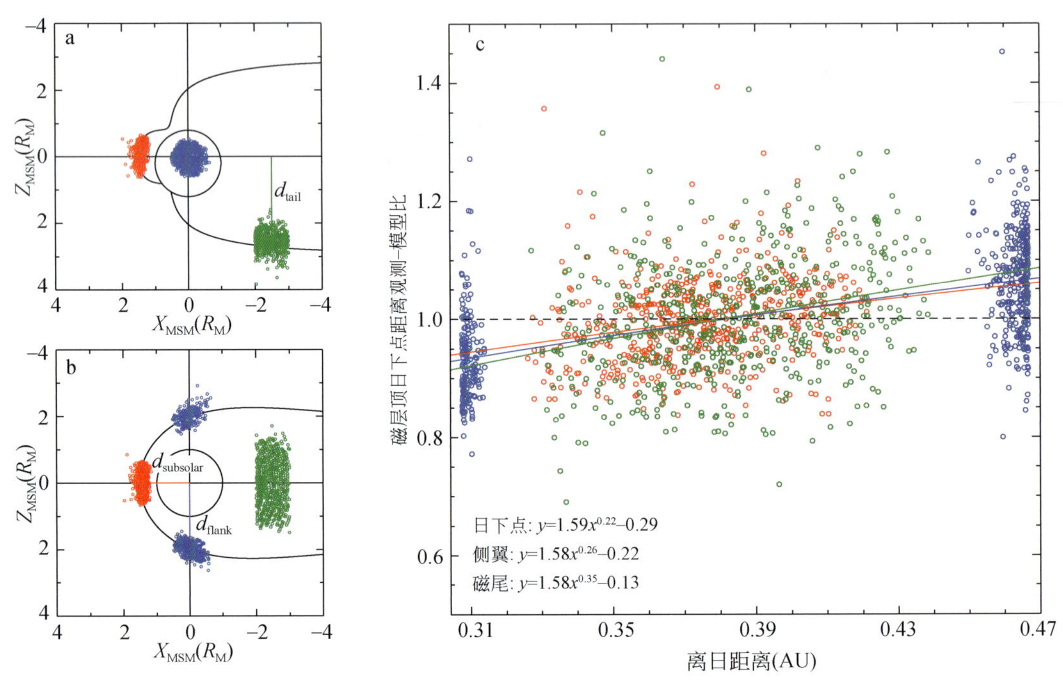

图 6 水星磁层顶典型位置观测

a. 日夜分界面；b. 赤道面；c. 磁层顶日下点距离观测-模型比

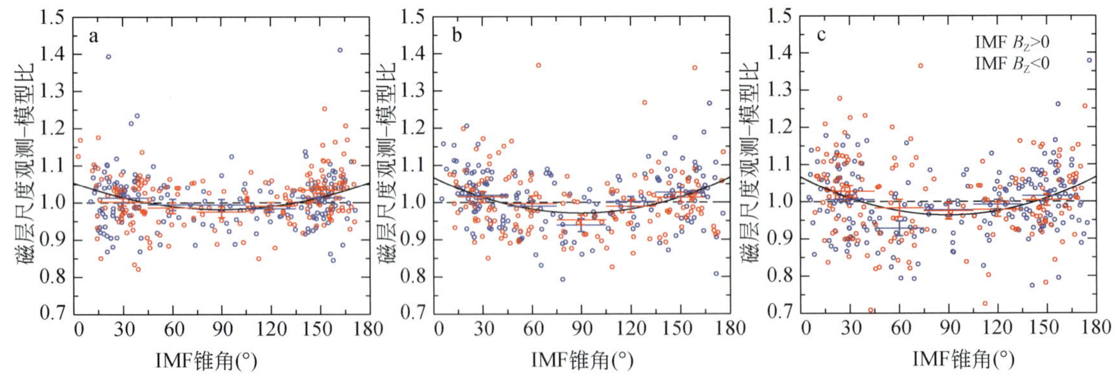

图 7 磁层特征尺度收缩率与 IMF 锥角关系

a. 日下点磁层尺度；b. flank 侧翼区域尺度；c. 磁尾半径。红色为 IMF 南向数据；蓝色为北向数据；黑色曲线为抛物线拟合结果基于观测分析和前期磁层顶平均模型，将离日距离和 IMF 锥角进行参数化。其中表征磁层顶张开程度的参数 α 和 β 由日下点距离、flank 侧翼距离及 $X_0=-2.5\ R_M$ 处磁尾半径等特征尺度关系来获得：

$$d_{\text{flank}}=d_{\text{subsolar}}\cdot 2^{\alpha+\beta}$$

$$r_{\text{tail}}=d_{\text{subsolar}}\cdot\left(\frac{2}{1+X_0/r_{\text{tail}}}\right)^{\alpha}$$

$$r_{\text{tail}}=d_{\text{subsolar}}\cdot\left(\frac{2}{1+X_0/r_{\text{tail}}}\right)^{\alpha}\text{，其中 } r_{\text{tail}}=(d_{\text{tail}}^2+X_0^2)^{0.5}$$

考虑轨道效应和 IMF 效应，观测拟合给出这些特征尺度：

$$d=d_0\cdot(a_0\cdot r_{\text{SUN}}^{a_1}+a_2)\cdot[a_3\cdot(\theta_C-90)^2+a_4]$$

式中，r_{SUN} 为离日距离，θ_C 为 IMF 锥角，$d_0=1.51\ R_M$，$1.98\ R_M$ 和 $2.72\ R_M$ 分别为三个特征尺度模型平均值，a_0，a_1，…，a_4 为拟合系数。模型可以给出磁层全球性尺度及磁层顶张角参数的轨道变化和 IMF 锥角影响范围，见图 8。表 1 给出了典型 IMF 条件下水星磁层特征尺度。

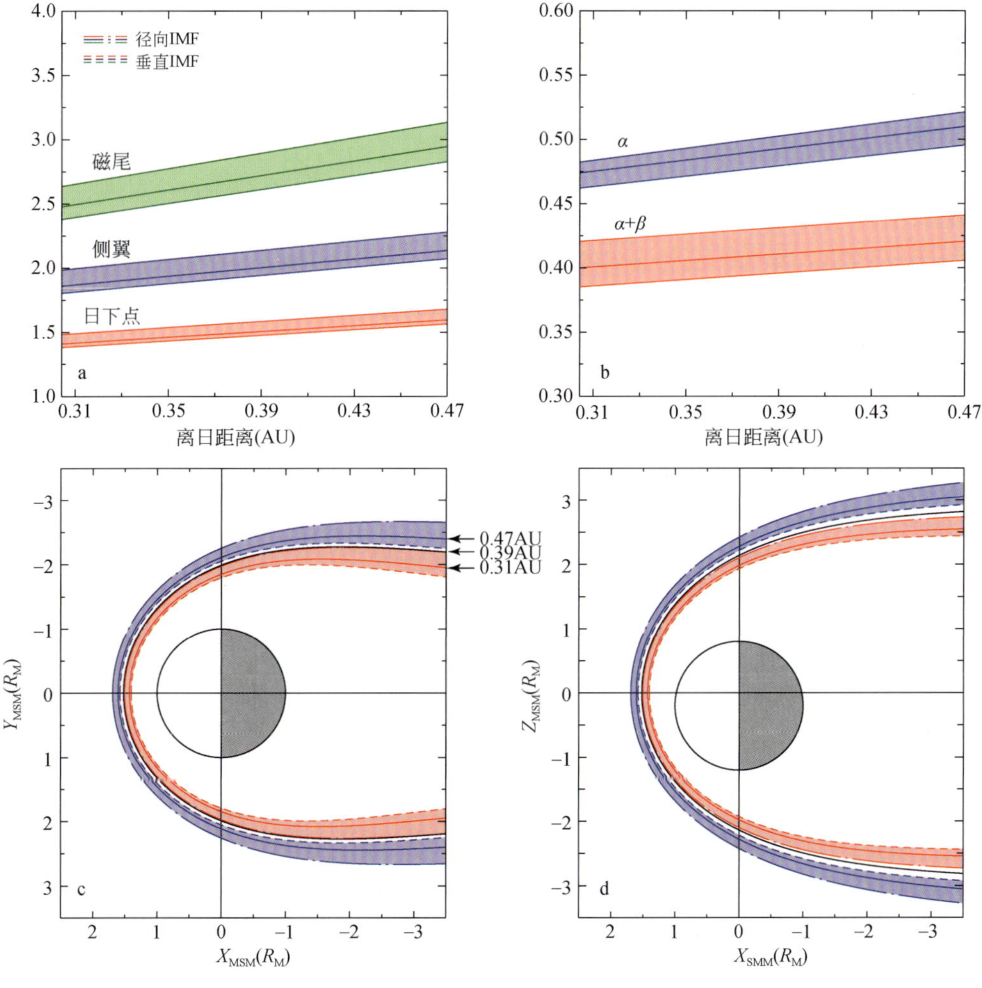

图 8 水星磁层顶模型

a. 磁层特征尺度（磁层顶日下点距离、侧翼尺度、磁尾半径）与离日距离的关系；b. 磁尾磁层顶张合参数与离日距离关系；c、d 分别为赤道面和子午面磁层顶位型，阴影区域为 IMF 锥角控制范围

表1 典型IMF条件下水星磁层特征尺度

	平均值			径向IMF			垂直IMF		
	0.31AU	0.39AU	0.47AU	0.31AU	0.39AU	0.47AU	0.31AU	0.39AU	0.47AU
日下点（R_M）	1.43	1.52	1.60	1.50	1.60	1.69	1.40	1.49	1.57
侧翼（R_M）	1.85	1.99	2.11	1.97	2.13	2.26	1.79	1.93	2.05
磁尾半径（R_M）	2.50	2.74	2.95	2.67	2.93	3.15	2.41	2.64	2.84

观测和模型反映出了水星磁层大尺度动力学过程受行星轨道的周期性调制，同时受IMF锥角的显著控制。对于水星的弱磁层空间，这些大尺度的动态变化过程将会引起相应的磁层-逃逸层-星体直接的耦合过程。这一研究进展直接反映出水星磁层顶动态变化研究对于认识水星空间环境的演化具有重要的意义。

3 水星空间磁场重联

磁场重联是天体物理中普遍存在的一种能量快速释放的基本物理过程，也是太阳风向行星磁层传输物质和能量的重要机制。类似地球，太阳风磁场通量通过向阳侧磁层顶磁重联被传输进入水星磁层；磁尾磁重联将磁能进行释放，其中一部分通过对流回到向阳侧磁层顶，形成一种名为“Dungey 循环”的空间等离子体大尺度对流循环，从而导致行星空间与行星际物质和能量的交换运输。在地球空间，该循环的周期为1～3 h，但是在水星空间周期为2～3 min。由于行星空间内部环境及太阳风条件的差异，太阳风通过磁场重联控制行星磁层的程度迥异，研究不同行星的磁场重联对于检验和深入理解地球磁层物理中的一些概念和理论，梳理行星磁层的一般变化规律。行星物理团队通过分析 MESSENGER 数据，对水星空间磁重联物理过程进行了系统性观测研究，并获得相关研究进展。

3.1 强驱动磁场重联过程

首次报道了水星空间的磁重联区及其快速演化过程，并指出磁尾的强驱动快速脉冲式重联特征（Zhong et al.，2018）。主要的观测结果包括：

（1）发现重联扩散区的观测证据——Hall 磁场四极结构（图9f）。卫星由南向北穿越重联区尾侧中性片（图10a、b），观测到导向场方向磁场先正后负的变化，与 Hall 重联磁场四极结构一致。

（2）短磁场重联时间尺度，呈现瞬时、爆发性特征。在35 s的时间观测里，出现多个尾向传输的重联锋面（reconnection front）和次级磁通量绳（secondary flux rope）结构（图9g）。例如，重联锋面观测持续时间为1～3 s，而在地球磁尾重联扩散区类似结构的观测时间为2 min左右。重联时间尺度为秒量级，显著小于地球空间观测的分钟量级尺度。该过程显示出磁尾的强驱动快速脉冲式重联的演化特征（图10c）。

（3）高重联效率。例如，在相对稳态的T2时间段内重联率平均值接近0.2，是地球空间观测平均值的2倍，呈现快速磁重联特征。

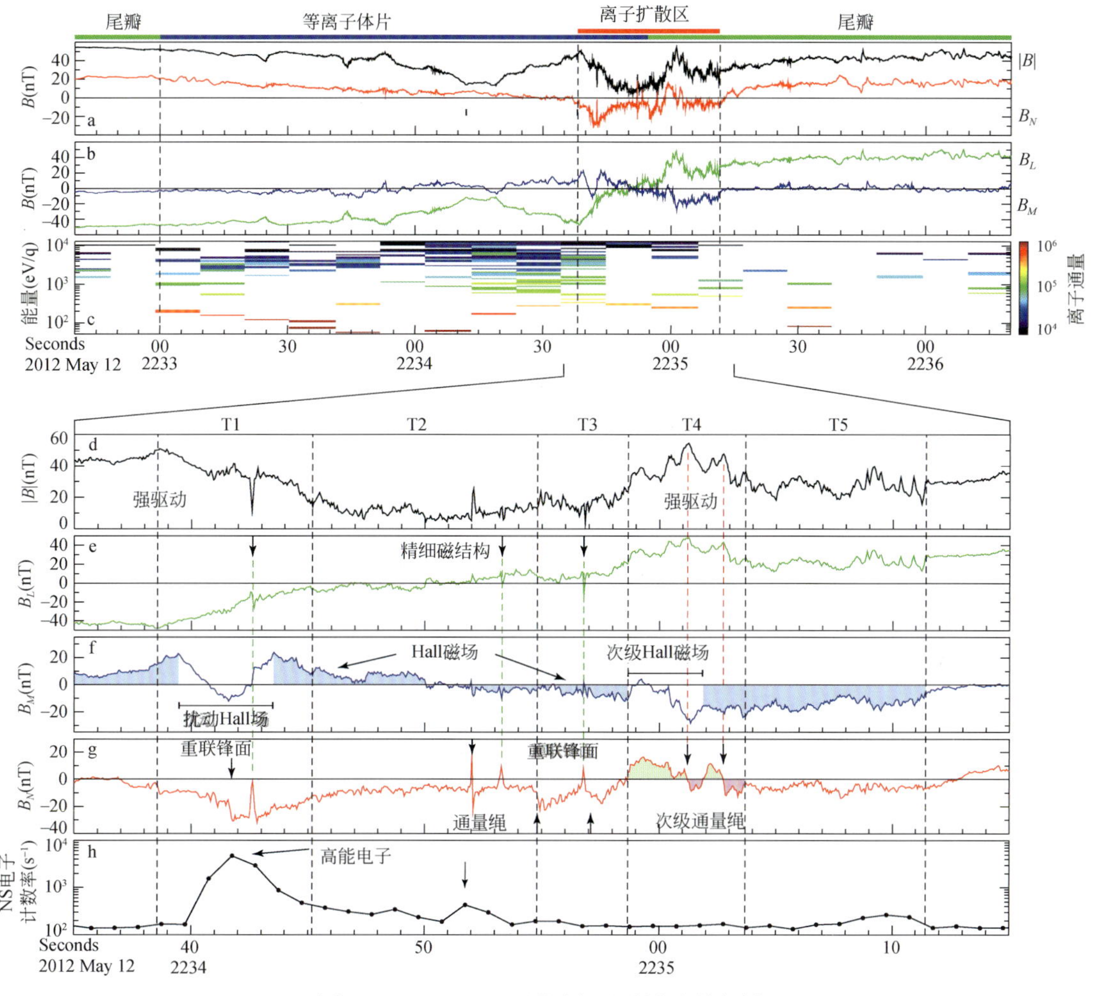

图 9 MESSENGER 观测水星磁尾重联事例

a–c 为穿越磁尾电流片的概况；d–i 为穿越电流片中心重联扩散区的详细数据。a、b. 磁场强度及在 MSM 坐标系（类似地球 GSM 坐标系）下三分量；c. 离子能谱数据；d–g. 磁场强度及在局地电流片 LMN 坐标系下三分量；h. NS 仪器探测高能电子（>20～40 keV）计数率；根据 B_N 磁场结构及变化特征，离子扩散区可以划分为 5 个不同特征的时间段：T1–T5

此外，中子质谱仪（Neutron Spectrometer）探测器探测到相对论电子（20～40 keV）的爆发性现象（图 9h）。这些高能电子主要集中在第一个重联锋面和 T2 时间段的磁通量管内，表明这些高能电子的产生直接与非稳态重联相关。关于水星磁层高能粒子的起源，早期“水手 10 号”卫星首次探测到水星磁层出现短暂的（5～10 s）、爆发性高能电子（>35 keV）事件，被称作为“energetic electron bursts”。长期以来，电子如何在水星“迷你”磁层短时间尺度里被迅速加速到相对论能量引起了学术界广泛的关注和争议。为此，MESSENGER 配备了多个不同高能粒子探测仪器来重新审视这一具有争论性的重要科学问题。该观测结果提供了水星磁尾高能电子起源于非稳态重联的观测证据，证实了在小尺度磁层空间磁重联也可以直接产生相对论电子，为早期“水手 10 号”水星磁层高能电子探测线索提供了一种起源证据。

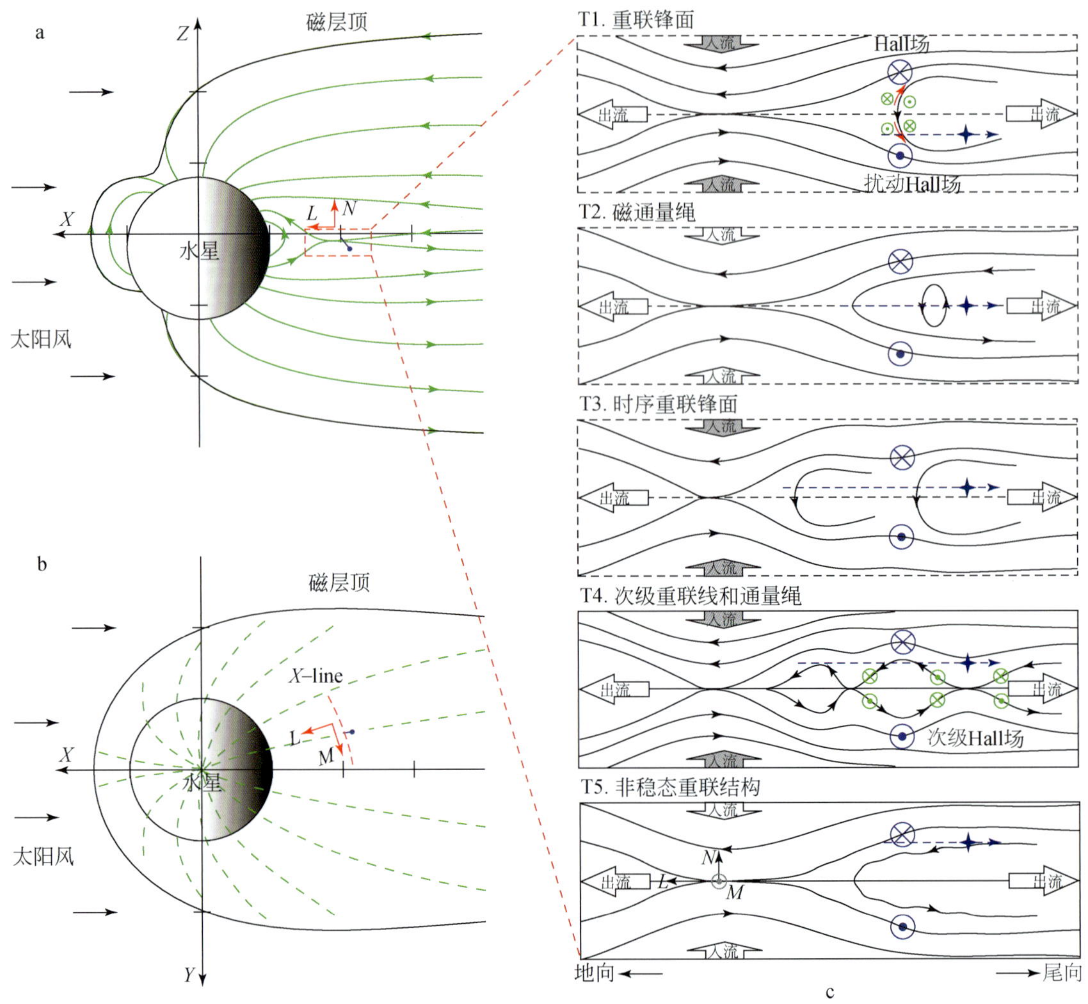

图 10　水星磁尾重联示意图

左侧 a、b 分别为 MSM 坐标系下磁层子午面和磁赤道面切图。在 MSM 坐标系下，X 指向太阳；Z 沿着磁偶极矩指向北；Y 近似沿着水星轨道速度的反方向，磁偶极中心向北偏离地理中心约 0.2 水星半径（水星半径为 2440 km）。黑色虚线来自水星三维不对称磁层顶模型。c 为对应 a 中 T1–T5 时间段重联区磁结构在 LM 平面的快速演化示意图

该事例观测研究显示出水星磁尾重联具有类似地球的重联结构特征，但表现形式上又有所区别。短暂的时间尺度、瞬时与爆发性特征、变化及高效的重联率、爆发性高能电子等特征极可能与水星磁层动力学急剧变化的过程存在着直接的联系，为理解水星磁层空间急剧的大尺度动力学过程提供了重要的观测基础。

3.2　大尺度磁通量绳的发现与形成机理

磁通量绳或磁岛是磁重联的重要产物，普遍存在于行星磁层空间，在太阳风与磁层耦合、能量传输过程中是重要的角色。MESSENGER 长期探测显示水星磁层充满大量的磁通量绳结构。这些磁结构观测持续时间在 1 s、发生周期在 10 s 左右，空间尺度和离子回旋

半径相当。行星物理学团队通过分析 MESSENGER 数据，对水星空间磁重联物理过程进行了系统性观测研究，发现了水星空间超大磁通量绳的存在证据，并提出了相应的形成机理。这些大尺度磁通量绳或磁岛空间尺度与水星直径相当，显著区别于之前普遍探测到的离子尺度结构，在磁层能量传输和行星物质损失等过程中可能起着至关重要的作用。

在磁层顶，磁通量绳结构一般称作磁通量传输事件（FTEs），是连接太阳风和磁层的重要通道。地球磁层顶 FTEs 已被广泛地进行观测研究，多种理论模型，包括肘状模型、单 X 线模型、多 X 线模型等，被提出用于解释其形成机制。我们报道了在水星磁层边界层观测到的宏观大尺度 FTEs 事件，伴随的磁重联 Hall 场表明这些大尺度 FTEs 可能处于形成和演化阶段（Zhong et al.，2020b）。通过行星磁层尺度类比，水星空间大尺度 FTEs 对应于地球磁层 10～15 地球半径的空间尺度，而现有的 FTEs 理论模型很难解释其形成。

通过对水星磁层顶重联相关的事例进行观测细致分析（图 11），提出了大尺度 FTEs 形成机理。即磁层顶电流片通过强烈压缩，发生撕裂模不稳定性产生众多离子尺度磁通量绳；这些离子尺度磁通量绳在磁层顶传输过程中相互作用、多步骤合并从而产生宏观大尺度 FTEs（图 12a）。该过程区别于被普遍接受的多磁重联线的形成机制，反映了不同行星磁层空间尺度导致磁重联及磁通量绳的形成与演化过程的差异性。

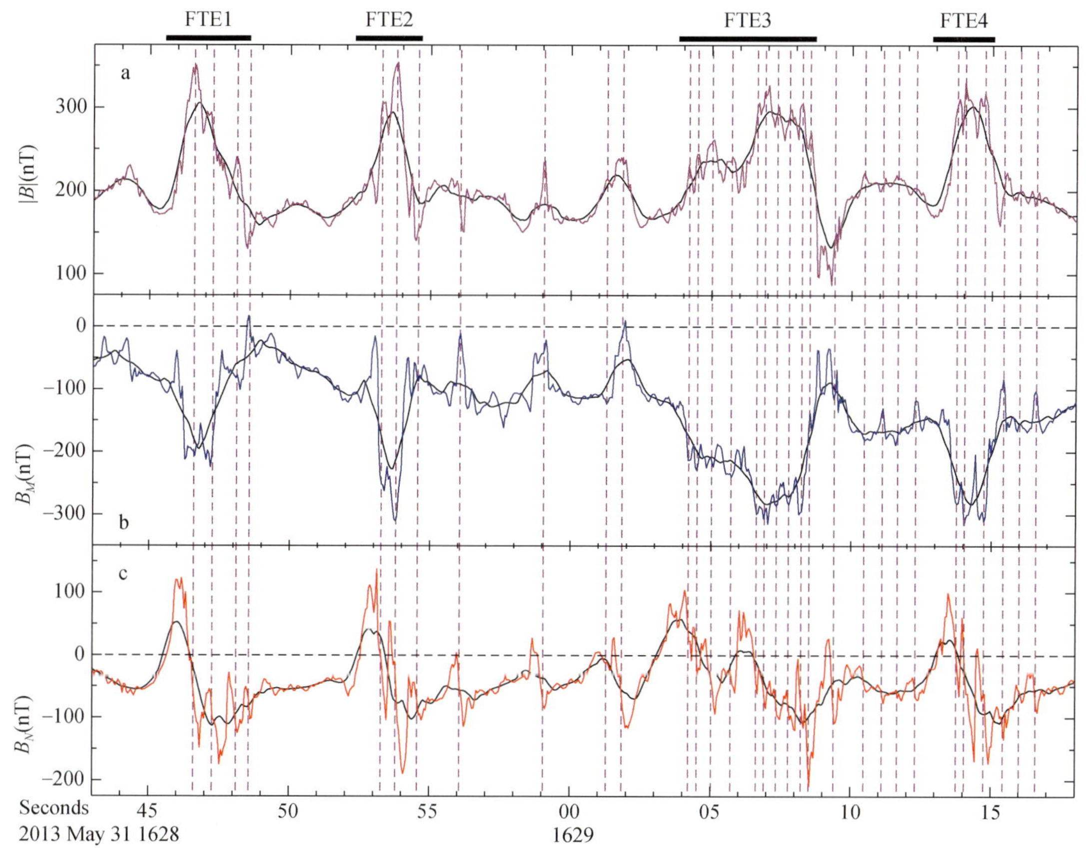

图 11　水星磁层顶 FTEs 观测事例

a–c 分别为磁场强度、磁场中磁层顶局地坐标系下 M 和 N 分量，其中黑色为 1 s 窗口平滑数据。紫色虚线标识了小尺度 FTEs，图中条状灰色标识了宏观大尺度 FTE1–FTE4

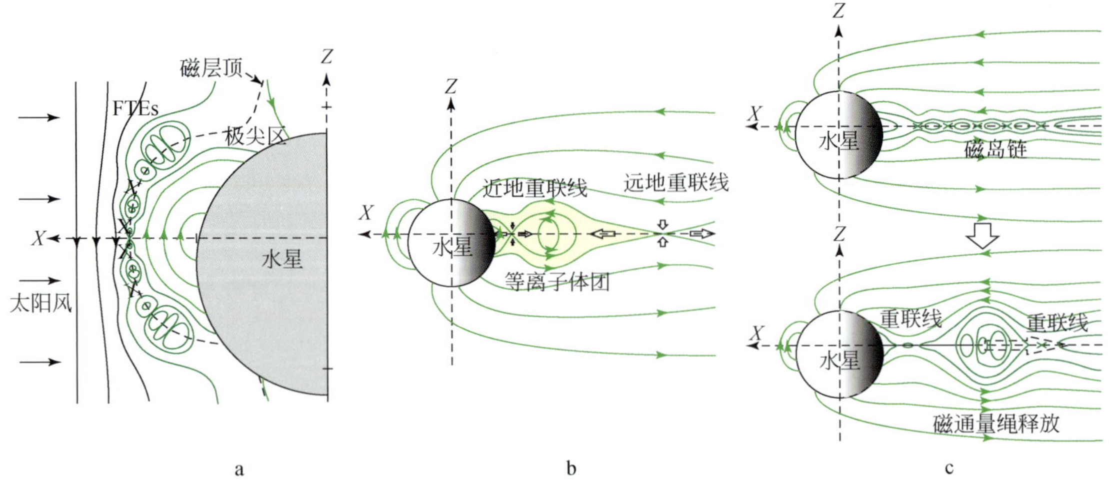

图 12 水星空间超大磁通量绳结构形成过程示意图

a. 众多离子尺度磁通量绳相互作用、多步骤合并形成 FTEs；b. 近磁尾和远磁尾重联形成磁岛；c. 极端太阳风条件下磁尾电流片撕裂模不稳定性形成多重联线及离子尺度磁岛链，众多磁岛合并形成大尺度磁通量绳，并周期性释放

通过观测数据搜集，发现在近磁尾同样可以形成超大磁通量绳或磁岛结构。然而不同太阳风条件下其形成机理也不同。在太阳风平静时期，可以形成南北尺度大于水星直径、观测持续时间甚至超过 Dungey 循环时间尺度的等离子体团（Plasmoid）结构（图 13，Zhong et al.，2019）。等离子体团一般被认为是一种特殊的大尺度磁岛结构。通过分析分别观测于南半球和北半球尾瓣区域的两个事例，推测这些等离子体团可能是由近磁尾和远磁尾重联产生，近磁尾高密度等离子体及大量重离子的存在对其形成起着重要的作用（图 12b）。该发现表明，水星磁尾除了以大量的、离子尺度的磁通量管的形式进行能量快速、间歇性的释放外，大尺度等离子体团的形成也是其能量释放的一种重要形式。

在极端太阳活动下，一般认为磁层动力学过程会更加剧烈，如发生强烈的地磁暴和亚暴等活动。然而，在 ICME 驱动水星磁层时，磁尾尾瓣区域磁场却反常呈现准稳态特征（Zhong et al.，2020c）。此时磁尾动力学过程由多 X 线重联主导（图 14），并发现了多磁岛合并形成超大磁通量绳结构的观测证据（图 15）。磁尾能量以超大磁通量绳结构的形式进行释放的周期与撕裂模不稳定性理论预测结果相吻合。该过程（图 12c）显著区别于当前的主流观点——类似地球亚暴相联系的“装-卸载”过程。

以上系列研究给出了水星磁层动力学过程的新物理图像，指明了水星磁层动力学过程及其对太阳风响应模式的多样性。由于水星没有电离层和明显的大气层，磁层动力学过程直接影响着太阳风向星体表面传递能量和动量，通过离子溅射、电荷交换等物理化学反应过程，从而改变风化层的物理化学特性、外逸层环境乃至整个行星空间环境的变化。欧洲航天局和日本联合的双星计划 BepiColombo 已于 2018 年发射，预计 2022 年开始飞越水星，2025 年入轨，将开启水星空间环境的高质量、多仪器、太阳风-磁层-外逸层多区域的联合探测。磁重联及磁通量绳动力学过程，以及如何影响着水星全球性空间环境等一系列科学问题将有待于进一步深入认识。

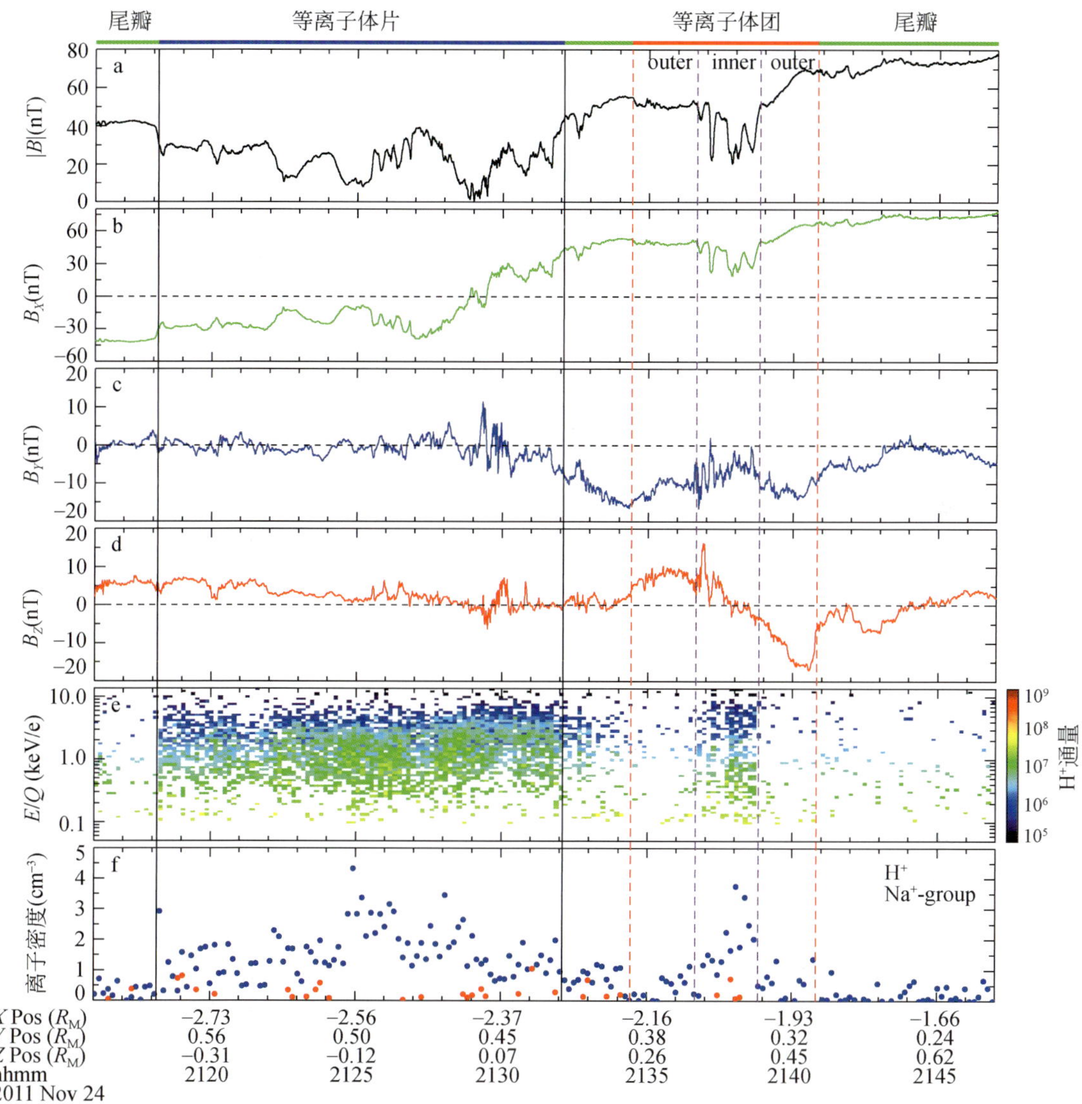

图 13　水星磁尾大尺度等离子体团观测事例

a-d 分别为磁场强度及在磁层坐标系下的三分量；e. FIPS 仪器探测的 H^+ 微分通量（$cm^{-2}\cdot sr^{-1}\cdot s^{-1}\cdot keV^{-1}$）；f. H^+ 和行星重离子 Na^+ 密度的观测值

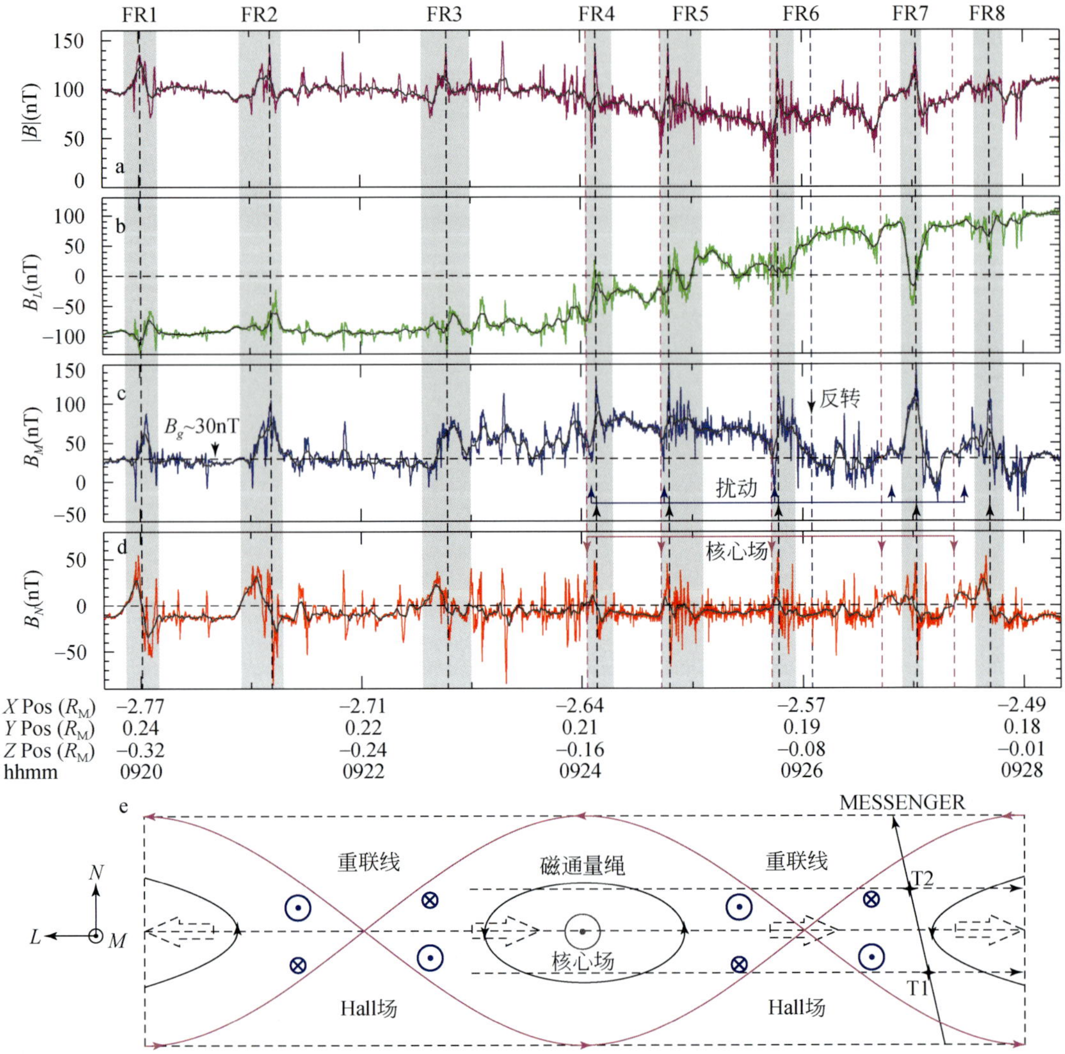

图 14　ICME 驱动水星磁尾观测事例

a–d 分别为磁场强度及在局地电流片坐标系下的三分量；e. 尾向运动的 *X* 线及磁通量绳结构示意图

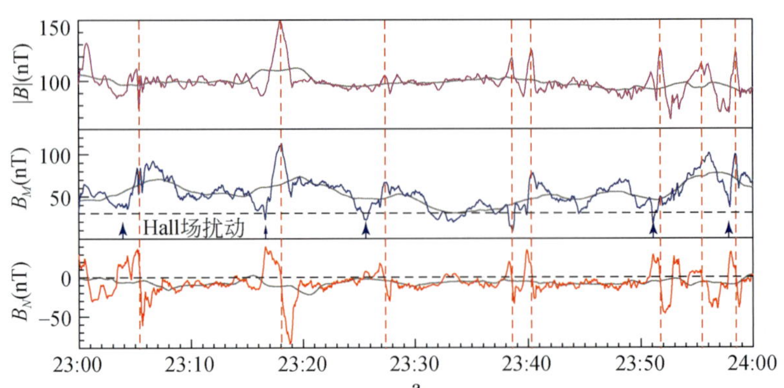

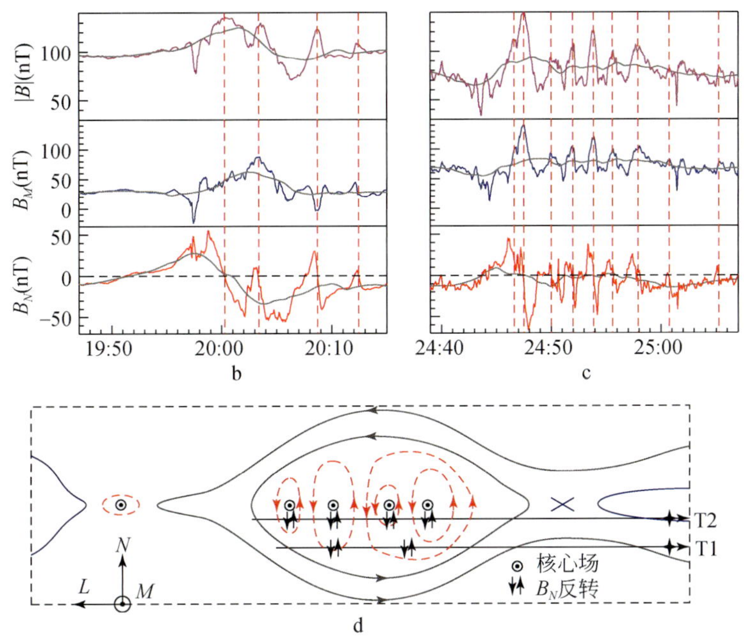

图 15 众多磁岛合并形成大尺度磁通量绳观测证据

a. 磁通量绳 FR3-FR4 时间段的磁场观测，从上往下分别为磁场强度、局地坐标系下磁场 M 和 N 分量；b 和 c 分别为大尺度磁通量绳 FR1 和 FR5 的磁场观测；d. 大尺度磁通量绳形成示意图

4 水星近磁尾磁场特征

MESSENGER 观测表明水星具有类似地球的磁尾结构及动力学过程。太阳风与水星磁场的相互作用会在地球夜侧形成大尺度拉伸的磁尾结构，太阳风输入能量大部分以磁能形式存储在磁尾，磁尾南北部分的磁场方向互为反向，而中间反向过渡的区域则形成磁尾电流片。磁重联、等离子体高速流、等离子体不稳定性等磁层动力学活动容易在该区域发生，所以磁尾电流片也通常被认为是磁层能量释放的关键区域。这些磁尾动力学活动的发生区域或触发条件，与背景磁尾电流片磁场的分布和结构密切相关。为了研究水星磁尾的动力学过程，了解水星近磁尾磁场特征是非常重要的。行星物理团队通过分析 MESSENGER 磁场数据，对水星近磁尾磁场结构、电流片磁场分布及磁尾磁场的振荡等方面进行了系统性观测研究，并获得相关研究进展。

4.1 水星磁尾磁场结构

Rong 等（2018）利用 MESSENGER 在 2011 至 2015 年探测水星磁尾的数据统计分析了水星夜侧 0 ~ 3 R_M 磁尾区域的磁场拓扑结构，估计出水星磁尾的磁场、电流结构。发现水星的磁尾具有非常类似于地球磁尾的特征。

4.1.1 磁尾磁场分布特征

类似于地球，在午夜区域附近，磁尾电流片位于赤道面处，且磁力线在电流片处存在明显拉伸，南北半球磁场方向相反，磁尾南北展宽为 5 R_M，晨昏展宽约 4 R_M，尾瓣区磁场强度约 50 nT（图 16），通过上述结果，我们可估计尾瓣的总磁通为 $\phi = SB_X = \pi \times 2R_M \times 2.5\ R_M \times B \approx 2.3\times10^6$ Wb。

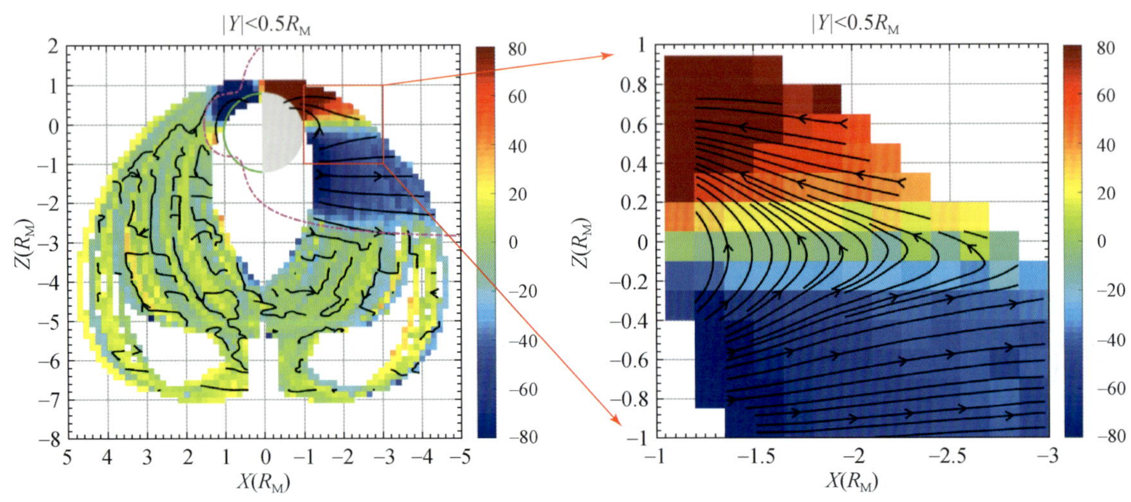

图 16　B_X 分量的统计分布图
黑线代表磁力线

4.1.2 磁尾电流片特征

磁尾电流片是磁层能量的重要储存区域，了解其结构对于我们理解磁尾动力学过程具有重要意义，由于 MESSENGER 为单点探测，不能区分其时空变化，我们希望通过统计电流片穿越事例来得到水星磁尾电流片具体特征。我们发现水星磁尾电流片的磁场变化特征与传统一维哈里斯电流片模型一致（图 17）。其中哈里斯电流片模型为 $B_L = B_0\tanh\left(\frac{Z-Z_0}{L_0}\right)$，$B_0$ 为尾瓣磁场强度，L_0 为电流片半厚度，Z_0 为电流片中心位置。我们可通过拟合哈里斯电流片模型，得到关于水星磁尾电流片的具体物理参数（图 18），结果为垂直于电流片平面的法向磁场 B_N 在 1.5 R_M以内约 15 nT，在 1.5 ~ 2.5 R_M范围内约 10 nT，说明水星磁尾的内边界约在 1.5 R_M处。而 B_M 分量一般非常小，反应磁力线几乎是垂直赤道面的，基本符合一维电流片结构。切向磁场 B_L 约 40 nT。电流片平均半厚度约 123 km，其中在午夜区域附近最小，约 100 km，在两侧能达到 600 km。电流密度在午夜区域达到 50 nA/m^2，向两侧递减到 20 nA/m^2，平均约为 76 nA/m^2。

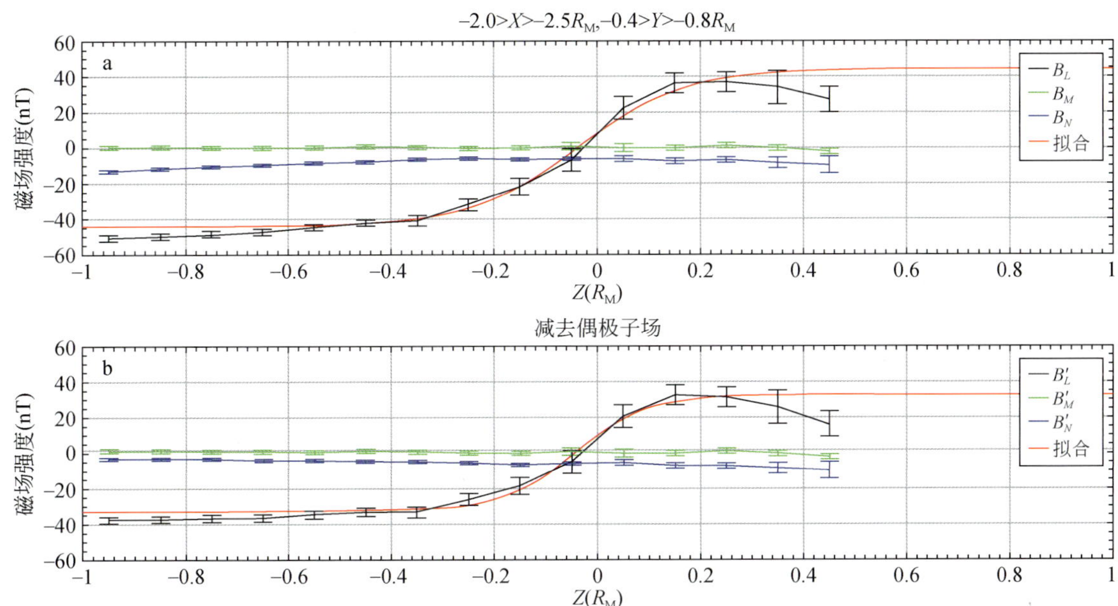

图 17　水星磁尾电流片平均磁场分布及其拟合结果

红线代表哈里斯模型拟合结果

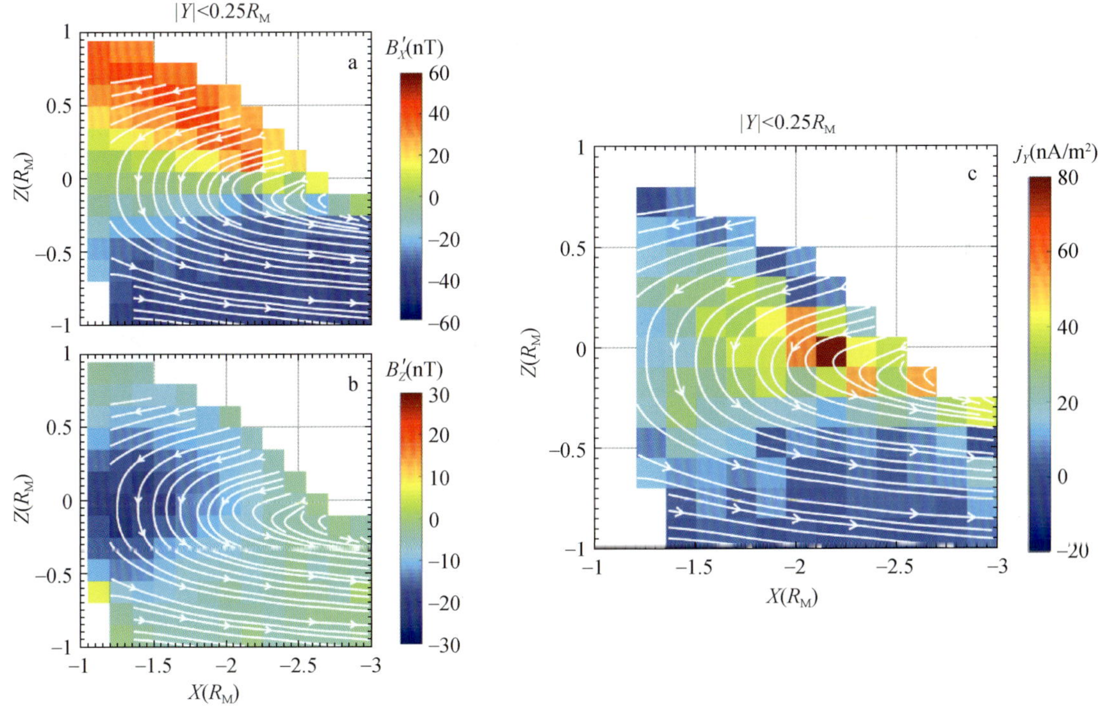

图 18　水星磁尾的磁场与电流分布

a. 消去偶极子场后拟合得到的 B_X 在 X-Z 平面的分布；b. 为消去偶极子场后拟合得到的 B_Z 在 X-Z 平面的分布；c. 电流密度 j_Y 的分布。其中白线为磁力线利用 MESSENGER 在 2011～2015 的磁场探测数据，Rong 等（2018）统计分析了水星磁尾在 0～3 R_M区域的平均磁场结构，获得以下结论：

（1）类似于地球磁尾，磁力线从水星的南半球发出，在夜侧被拉伸，形成在赤道面附近的越尾电流片，将南北尾瓣分开。水星磁尾在南北方向展宽约为 5 R_M，晨昏展宽约为 4 R_M。磁尾内边界约为 1.5 R_M。

（2）尾瓣磁场强度约 50 nT，磁尾总磁通约为 2.3×10^6 Wb。

（3）磁尾电流片能被哈里斯电流片模型很好的拟合。在午夜区域，曲率半径达到最小、电流密度达到最大，随着向两侧区域，曲率半径增大、电流密度减小。

4.2 磁尾电流片磁场分布

Ding 和 Rong（2018）利用 MESSENGER 2011～2015 年期间在轨磁场数据对水星磁尾电流片的磁场结构分布特征进行了统计分析，并与地球磁尾电流片进行比较研究，探讨了水星磁尾电流片 B_Z分量、强 B_Y分量的晨昏不对称起源机制。获得一系列研究进展。

为探究磁场结构分布随水星径向距离的变化，将电流片划分为近磁尾（$-1.5\ R_M>X>-2.0R_M$）和远磁尾（$-2.0\ R_M>X>-2.5\ R_M$）区域进行统计，一共挑选出 1218 次磁尾电流片穿越事件。为方便描述晨昏方向上的分布，我们还在 MSM 坐标系下定义了方位角：在 XY 投影平面中，位置矢量与$+X$ 轴之间的夹角。方位角 0°表示指向正午方向，90°表示指向昏侧方向，180°表示指向子夜方向，270°表示指向晨侧方向。统计分析结果如下。

4.2.1 电流片穿越点的分布特征

我们发现电流片穿越点的位置基本在磁层顶拟合模型内，只有极少数点在外面(图 19)。且磁尾电流片基本整体上是“平躺”在水星磁赤道面上（$Z=0$），在磁尾两侧翼没有明显的倾斜或弯曲。这与地球的磁尾电流片形态是有明显不同的。这是由于地球偶极倾角（磁轴与 Z 轴之间的夹角）较大，所以受偶极倾角的调制，地球磁尾电流片通常在磁尾侧翼处有明显的扭曲。而水星的偶极倾角<3°，所以不难理解水星磁尾电流片是基本在 $Z=0$ 平面上的。

4.2.2 磁场的分布特征

图 20 给出了这两个区域电流片中心处磁场 B_Y、B_Z分量及磁场强度 B_{min}的总体频次分布特征，其中 $B_{min}=(B_Y^2+B_Z^2)^{1/2}$。不难发现，对于 B 无论对于近磁尾（图 20a–c）和远磁尾（图 20d–f）而言，B_Y分量的出现频次最高都在 $B_Y\sim0$ 附近，且整体分布都呈现出类似高斯状的分布特征。在近磁尾，B_Z分量较强，主要分布在 4～30 nT 范围内，且在 4～8 nT 范围内出现频次最多。相比近磁尾，在远磁尾 B_Z分量虽然频次峰值也集中在 4～8 nT，但整体分布上 B_Z强度更弱，峰值分布更尖锐，且有部分 B_Z呈现出负值。磁场强度 B_{min}的频次分布特征基本类似 B_Z分量。在近磁尾 B_{min}主要分布在 4～30 nT，在远磁尾则主要分布在 4～20 nT 且峰值分布更尖锐。

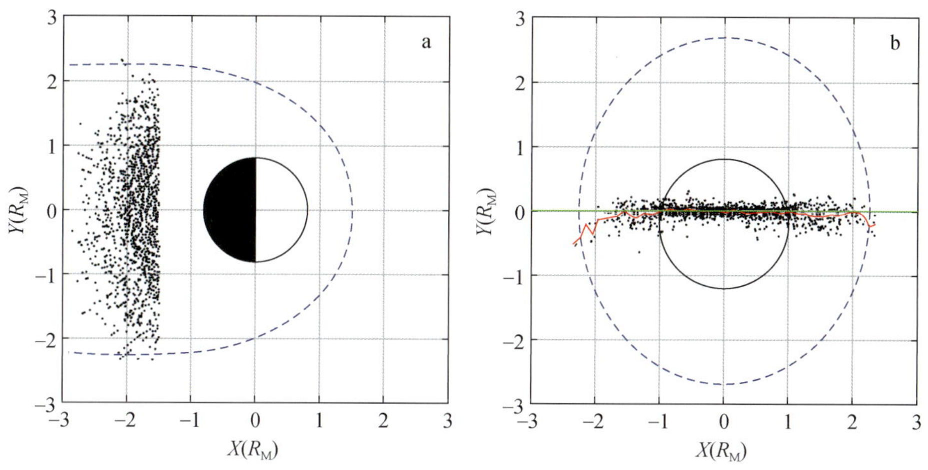

图 19 MESSENGER 穿越水星磁尾电流片数据点（黑点）的分布

a. 穿越点在 XY 平面内的投影，黑色圆圈表示水星星体，蓝色虚线代表磁层顶在磁赤道面上的位置；b. 穿越点在 YZ 平面内的投影（由水星磁尾方向看向太阳），中心圆圈表示水星星体，橘红色的线表示电流片穿越点的平均位置，绿色虚线表示水星磁赤道平面（$Z=0$），蓝色虚线表示磁层顶在 $X=-2.5\ R_M$ 平面上的截面。磁层顶模型采用 Zhong 等（2015a）人的模型

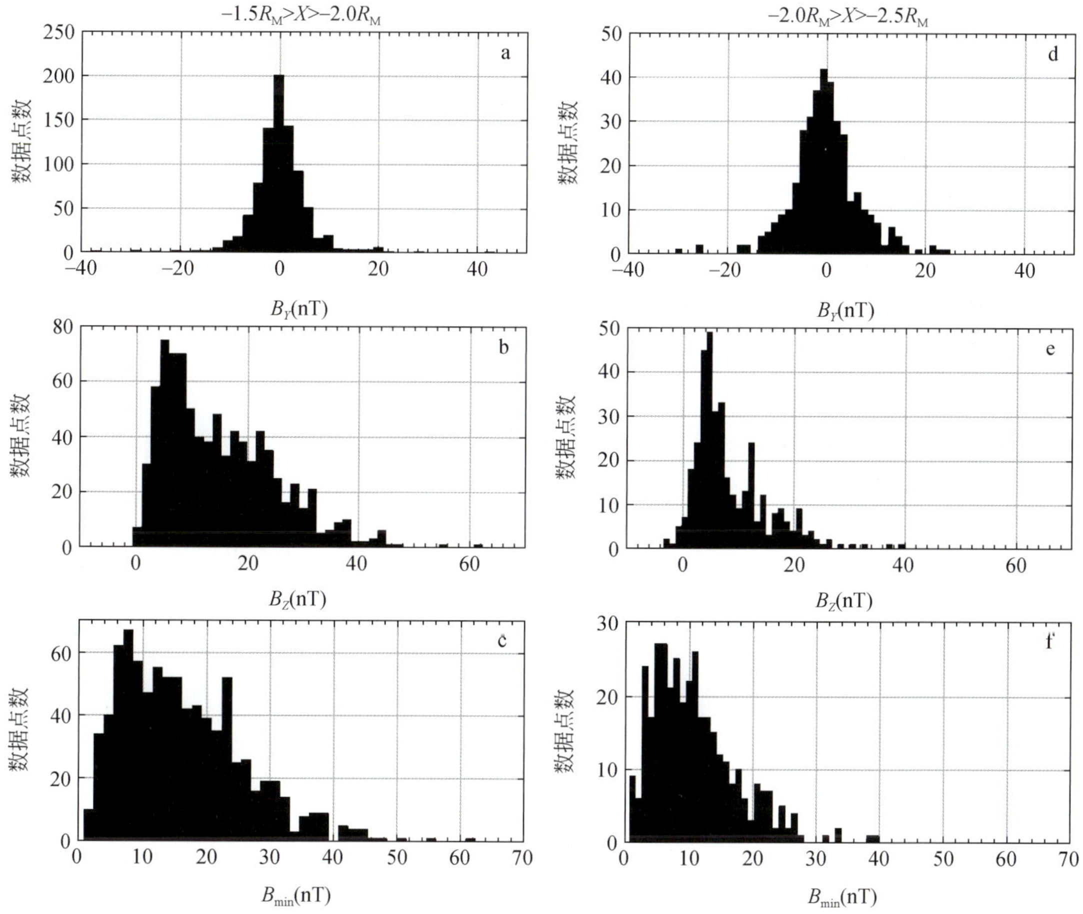

图 20 电流片中心处的 B_Y，B_Z 分量及磁场强度 B_{min} 的频次统计分布

图 21 分别给出了近磁尾、远磁尾电流片中心处磁场 B_Y、B_Z分量，以及磁场强度 $B_{\min}$在方位方向上的平均直方分布。不难发现，离水星越近，水星磁尾电流片中 B_Z分量则越强，在近磁尾区域内 B_Z为 15 ~ 20 nT，而在远磁尾区域内 B_Z为 5 ~ 10 nT，且 B_Z分量远大于 B_Y分量。这表明在所研究的区域范围内偶极磁场对磁尾电流片中的磁场是有显著贡献的。

对于标准偶极磁场而言，B_X反向的磁赤道面上 $B_Y = 0$。但由于某些磁尾动力学活动，譬如磁绳结构、等离子体高速流等，磁尾电流片中心处的 B_Y分量并不会严格为零。而对比图 21a 和图 21d 不难发现，在远磁尾区域 B_Y分量的强度相对较为明显。这说明，离水星较远的磁尾电流片区域，偶极磁场贡献变弱，其他磁尾动力学活动逐渐增强。

此外，如图 21b 所示，B_Z的分布在近磁尾区域内有较明显的晨昏不对称性：B_Z强度在方位角 140° ~ 160°范围内达到极小（B_Z约 13 nT），且在 120° ~ 190°范围内的强度（B_Z为 13 ~ 5 nT）要明显小于 190° ~ 240°范围内的（B_Z为 15 ~ 20 nT）。相比之下，在远磁尾区域，B_Z的晨昏不对称性则没那么明显。电流片中心磁场总强度 $B_{\min}$的分布特征与 B_Z的分布特征类似。

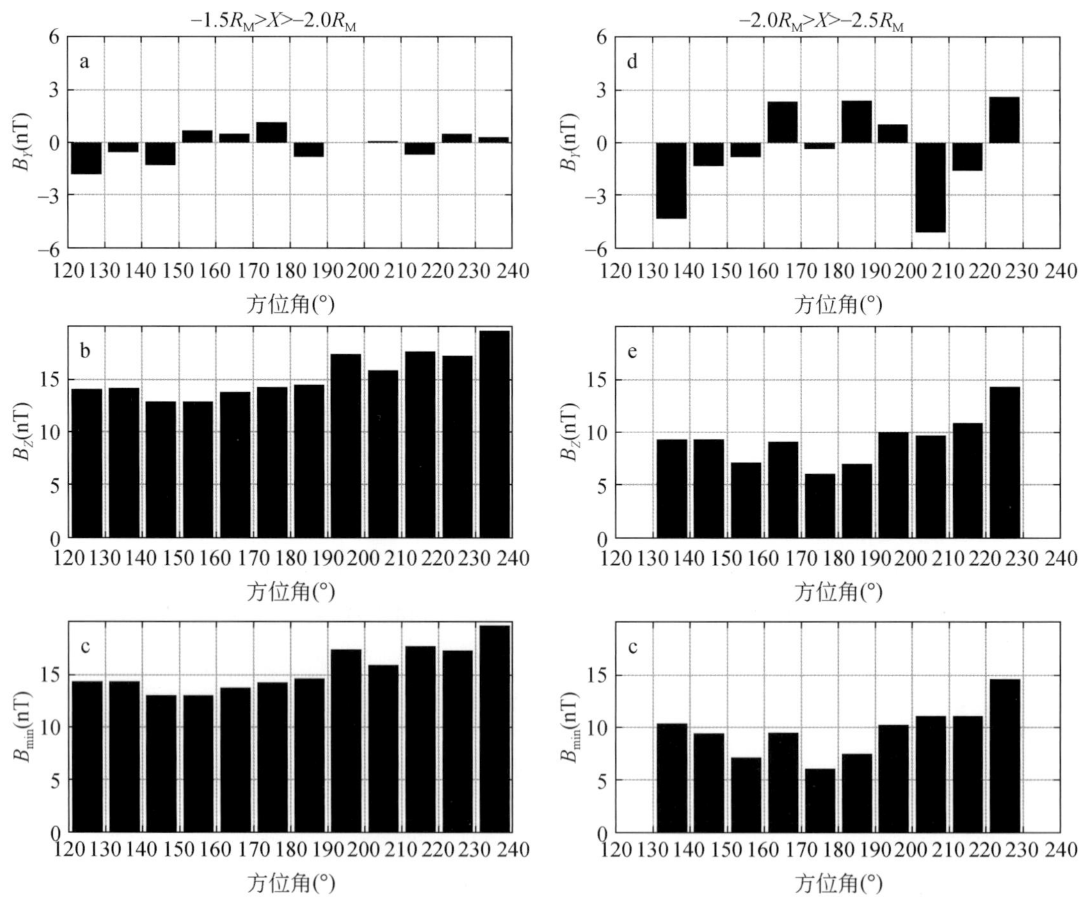

图 21 磁场 B_Y 分量、B_Z 分量及磁场强度 $B_{\min}$ 在方位方向上的直方分布

1. 特殊磁场结构的分布

对于未发生动力学过程的磁尾电流片而言，B_Z 分量始终为正值，但是在磁层亚暴过程中，电流片会出现变薄现象，使得 B_Z 减弱，当发生磁场重联或者电流中断时，B_Z 呈现出负值。对于 B_Y 分量则相反，强的 B_Y 分量被认为能剪切电流片结构，使得电流片变薄，形成灾变结构。所以就某种程度而言，弱 B_Z、强 B_Y 的分布不仅能代表薄电流片的分布，也能反映电流片活动区域的分布。弱 B_Z（B_Z< 5 nT）的分布见图 22a，其中 B_Z<0 的数据点用红色点表示。显然可知，弱 B_Z显示出明显的晨昏不对称，有约 2/3 的数据点分布在昏侧区域，约 1/3 的数据点分布在晨侧区域。图 22b 给出了强 B_Y（|B_Y|> 5 nT）数据点的分布，其中|B_Y|>10 nT 的数据点用红色点表示。由图 22b 发现，强 B_Y也显示出明显的晨昏不对称性分布，其中有约 1/3 的数据点分布在昏侧区域，约 2/3 的数据点分布在晨侧区域。

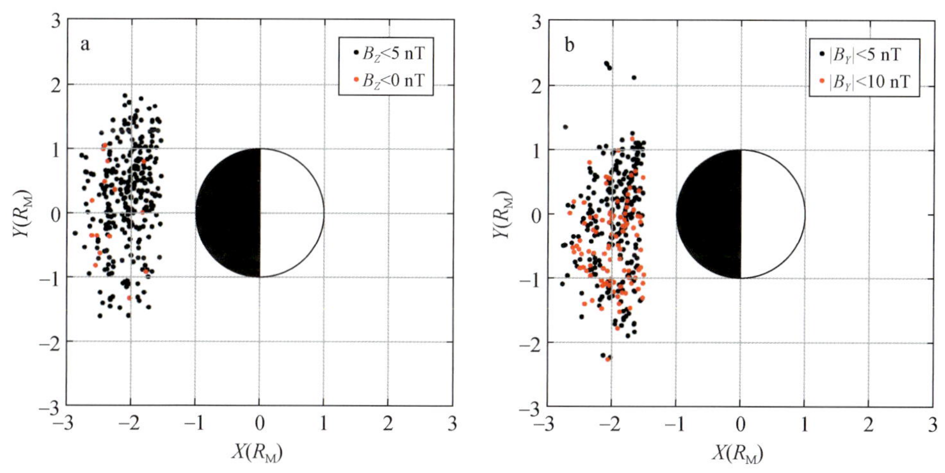

图 22　弱 B_Z 分量数据点的分布（a）以及强 B_Y 分量数据点的分布（b）

2. B_Y分量与 IMF B_Y分量的相关性

地球磁尾磁场会受到外部行星际磁场的控制，使得磁尾磁场中的 B_Y分量与 IMF 的 B_Y 分量有很好的相关性。目前还不清楚这一观测现象是否也适用于水星磁尾。由于单颗卫星的观测是没法同时对磁尾和外部行星际磁场作观测的，我们将每次穿越磁尾电流片的轨道挑选出，然后寻找该轨道上卫星探测弓激波外稳定的 IMF 数据。我们对每轨穿入弓激波前 30 min 的 IMF 作平均，得到平均 IMF 为 $\boldsymbol{B}_1$；对穿出弓激波后 30 min 的 IMF 作平均，得到平均 IMF 为 $\boldsymbol{B}_2$；$\boldsymbol{B}_1$ 和 $\boldsymbol{B}_2$ 之间的夹角为 α。稳定 IMF 时段不仅要求 IMF 大小变化不大 $\frac{2||\boldsymbol{B}_1|-|\boldsymbol{B}_2||}{|\boldsymbol{B}_1|+|\boldsymbol{B}_2|}<0.2$，而且方向基本也不改变 $\alpha<30°$，对应的平均 IMF 为（$\boldsymbol{B}_1+\boldsymbol{B}_2$）/2。通过对电流片中心处的 B_Y分量和对应的 IMF B_Y分量作相关分析，我们发现二者的相关系数仅有 0.3（图 23）。这说明 IMF 对水星磁尾的渗透是较弱的。

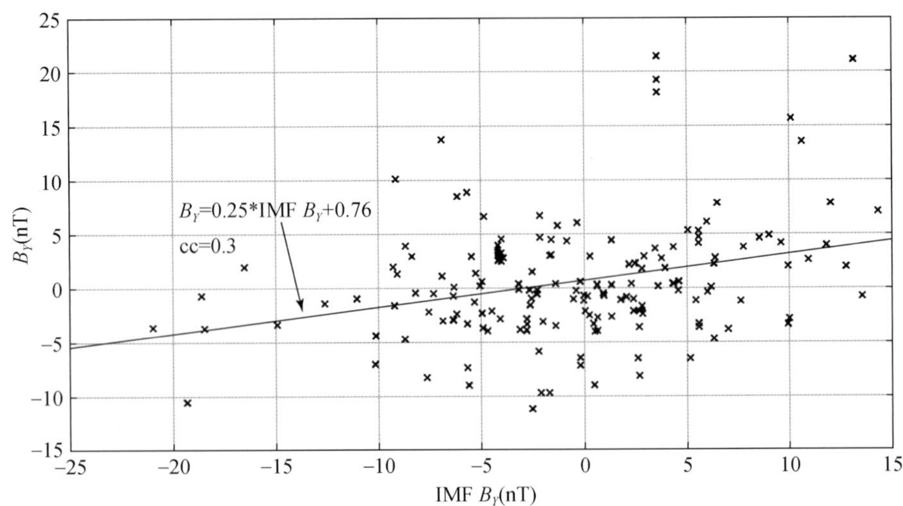

图 23　磁尾电流片中心处 B_Y 分量与 IMF B_Y 的相关性

3. 结论与讨论

利用 MESSENGER 4 年的磁场数据，我们统计分析了水星磁尾电流片中磁场的分布特征。所得结果表明：

（1）水星磁尾电流片基本位于赤道面处。

（2）无论是近磁尾还是远磁尾，磁场 B_Y分量的分布都呈类似高斯状的分布特征，B_Y分量最高频次在 $B_Y \approx 0$ 附近。相比近磁尾，远磁尾 B_Y分量总体相对较强。而对于 B_Z分量而言，其在近磁尾基本都是正的，且强度相对较强；而在远磁尾，B_Z相对较弱，有部分 B_Z呈现出负值，表明远磁尾相比近磁尾而言，磁活动发生更为频繁。无论是近磁尾还是远磁尾，B_Z分量都要远大于 B_Y分量。这说明电流片中磁场基本是垂直于电流片平面的。

（3）水星磁尾电流片存在晨昏不对称性，尤其对于近磁尾更显得明显——磁场强度 B_{min}和 B_Z分量在方位角 120°～190°（即偏昏侧）范围内相对较弱。对于弱 B_Z数据点（B_Z<5 nT）的统计也表明，弱 B_Z数据点也是在昏侧（Y>0）发生较为频繁，但是强 B_Y分量的数据点（$|B_Y|$>5 nT）却在晨侧（Y<0）发生较为频繁。

（4）电流片中磁场 B_Y分量与 IMF B_Y分量 并没有明显的相关性。

对于地球磁尾电流片而言，在昏侧 B_Z较弱，电流片普遍较薄，负 B_Z和强 B_Y信号出现概率较大，等离子体高速流、磁重联较容易发生，即薄电流片区域与磁活动频发有较好的对应关系。而水星磁尾电流片却与此不同，薄电流片区域倾向在昏侧出现，而磁活动却倾向于在晨侧出现。因此，水星磁尾电流片的晨昏不对称性的物理原因应该与地球磁尾是不一样的。

地球磁尾电流片中 B_Y分量与行星际磁场 B_Y分量一般是存在较好相关性的，并据此，人们通常也认为行星际 B_Y分量是地球电流片中 B_Y分量的一个重要来源。然而，这里我们对二者相关性的研究表明，水星磁尾电流片中的 B_Y分量与 IMF B_Y分量并不存在明显的相关性。考虑到电流片中强 B_Y 分量与电流片中的磁活动（如磁场偶极化锋面、磁绳）的分布特征一致，主要分布在晨侧，因此这说明水星磁尾电流片中的 B_Y 分量可能相当一部分是来源于磁尾电流片的内部活动过程，如磁绳或等离子体高速流等。

4.3 磁尾磁场的振荡

磁尾振荡，又称为磁尾电流片拍动，指的是电流片来回运动，使得卫星多次穿越电流片，从而释放能量的过程。在基于多点卫星探测下，人们对地球磁尾电流片拍动研究较多，发现是位于午夜区域的某个激发源，激发了向晨昏两侧传播的，速度约 10 ~ 20 km/s 的扭结拍动波。电流片拍动可以分为两种类型，一种是能够传播波动的扭结拍动，另外一种是电流片前后来回振荡形成不能产生波动的稳态拍动。目前已有多位学者提出了磁尾电流片拍动的触发机制，比如 IMF、太阳风动压的扰动、MHD 波、南北压力不对称等。最近研究发现水星磁尾电流片也存在拍动现象，但是拍动的具体物理特性尚不清楚。为对比探究行星磁尾磁场振荡的一般物理机制，非常有必要对水星磁尾磁场的振荡行为开展系统性分析研究。基于此，Zhang 等（2020）利用自主开发的单点卫星磁场分析方法，通过指数 k 来诊断电流片拍动类型及传播方向（Rong et al., 2015a），将 MESSENGER 在2011. 5 ~ 2015. 4 期间观测到的水星磁尾磁场振荡事件进行了详细的分析研究。

我们发现水星磁尾电流片拍动也存在稳态拍动和扭结拍动（图 24）。事例一（图 24 左侧）为 MESSENGER 在 2014 年 11 月 19 日 15:50:30 ~ 15:51:20 期间，位于（$X_{MSM}=-2.1$，$Y_{MSM}=1.07$，$Z_{MSM}=-0.05$）R_M 位置处探测到 B_X 经历了 8 次的信号反转，说明电流片处于拍动过程，且整个拍动周期约 12 s。经过我们自主研发的方法分析，得到的结果如表 2 所示。从表 2 可以看出 k 在+1，−1 之间来回交替，说明该拍动属于稳态拍动，电流片拍动造成的磁扰幅度 $\Delta B'_X$ 约 62 nT。事例二为 MESSENGER 观测到的一次扭结拍动事例。在 2011 年 8 月 23 日 20:17:20 ~ 20:18:00，MESSENGER 位于（$X_{MSM}=-2.67$，$Y_{MSM}=-0.66$，$Z_{MSM}=-0.11$）R_M，在此期间，MESSENGER 连续五次穿越电流片，意味着电流片处于拍动过程，拍动周期约为 15 s。在整个拍动期间，$k=-1$ 恒定，说明该拍动属于向 $+y'$ 传播的扭结拍动，且该拍动造成的磁扰幅度约 65 nT。

为了更清楚地了解水星磁尾电流片拍动分布特性，Zhang 等（2020）对其进行了统计分析（见图 25），可以发现平均电流片拍动周期为 13 s，远小于地球的 10 ~ 20 min。由拍动造成的磁场扰动幅度在电流片侧翼处（60 nT）要大于电流片中心处（约 30 nT），且在电流片拍动过程中，电流片能发生明显的倾斜过程，甚至能达到将近 90°。图 25d 为拍动类型分布图，黑色圆点代表稳态拍动，绿色箭头代表向晨侧传播的扭结拍动，红色箭头为向昏侧传播的扭结拍动，灰色代表未识别的拍动。我们可以发现每种拍动类型在磁尾电流片都广泛分布，且拍动波的传播方向与所处的位置无关，这说明水星电流片拍动可能更类似于金星/火星的电流片拍动，即激发拍动波的“源”位于电流片的两侧翼处。

通过统计分析，水星电流片拍动的具体物理特征总结如下：

（1）水星电流片存在拍动过程，振荡周期约为 8 ~ 20 s，远小于地球磁尾 10 ~ 20 min 的振荡周期，且拍动使得电流片发生倾斜。

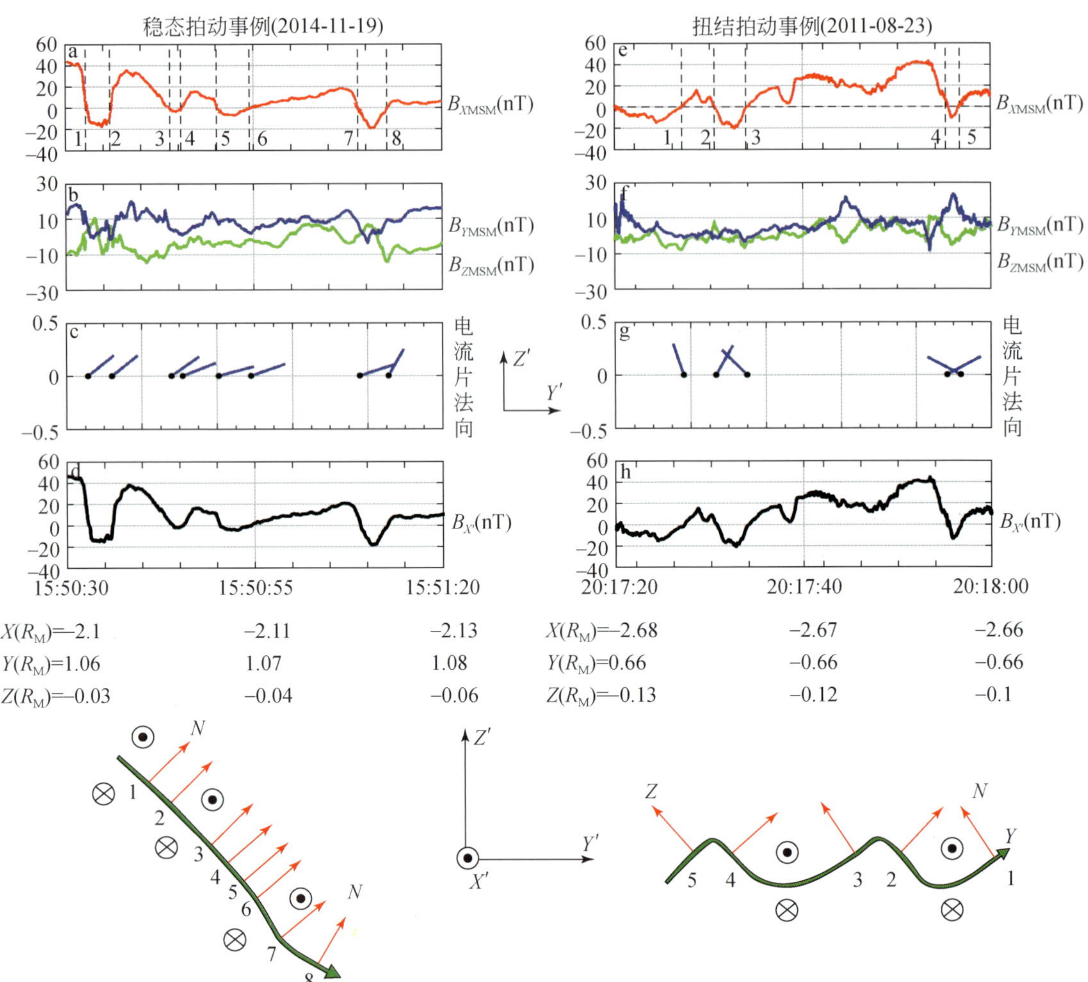

图 24　两个典型拍动事例，左侧为稳态拍动事件，右侧为扭结拍动事件

a、e. 磁场 B_X 分量；b、f. 磁场 B_Y、B_Z 分量；c、g. 电流片法向；d、h. 局地坐标系下 B'_X 分量

（2）无论是稳态拍动还是扭结拍动，在水星电流片内都分布广泛，且激发扭结拍动的“源”位于电流片两侧。

水星电流片拍动的短周期现象可以通过磁双梯度模型来解释（Erkaev et al.，2007），磁双梯度模型的解析公式为：$W_f=\sqrt{\frac{1}{\mu_0\rho}\left(\frac{\partial B_X}{\partial Z}\frac{\partial B_Z}{\partial X}\right)_{Z=0}}$，该模型预测水星磁尾电流片拍动周期约为 6.7 s，与我们观测得到的结果（13 s）基本一致。

对比水星、金星、地球以及火星的磁尾振荡分析研究，该项工作还提出了行星磁尾磁场振荡行为随发电机变化的演化图像：

（1）当行星具有较大磁矩时，行星磁场能有效保护行星大气（地球情形），行星极区电离层物质可通过开放磁力线上行到午夜附近的磁尾电流片中，由于电离层上行物质冲击电流片的压强存在南北不对称，进而在午夜附近形成上下振荡，并形成波动从午夜中心向两侧翼传播。

（2）当行星的磁矩减弱到很小时，行星磁场不能有效保护行星大气，行星大气基本缺失时（水星情形），外部太阳风可通过边界上的某种活动驱动磁尾磁场振荡，形成波动传输进入水星磁尾。

（3）当行星基本缺失磁场，但还存有行星大气时（金星与火星情形），太阳风直接与行星大气发生相互作用，太阳风能量容易通过边界层活动以磁场振荡形式传输进入。

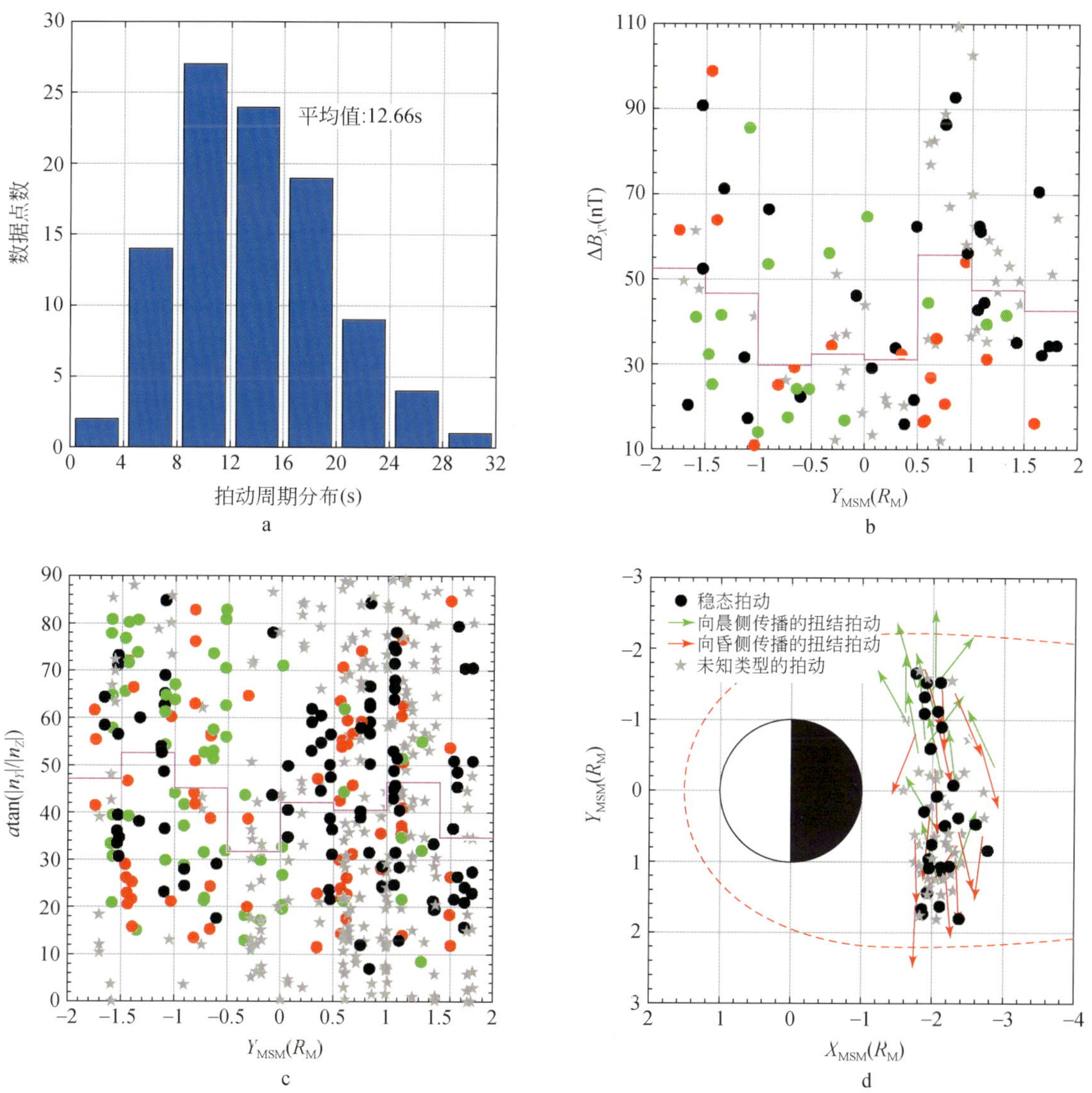

图 25　水星电流片拍动统计特征

表 2 两个拍动事例分析结果

时间		时间长度（s）	电流片法向	局地坐标系下电流片法向	λ_2/λ_3	k
2014-11-19	15:50:32.7	1.20	[−0.02,0.71,0.71]	[0.1,0.7,0.7]	39.62	−1
	15:50:35.9	1.20	[−0.01,0.7,0.71]	[0.12,0.7,0.7]	4.31	1
	15:50:43.9	0.60	[−0.06,0.76,0.65]	[0.04,0.75,0.64]	97.03	−1
	15:50:45.3	1.20	[−0.1,0.91,0.41]	[−0.06,0.9,0.44]	4.57	1
	15:50:50.2	0.60	[−0.02,0.95,0.3]	[−0.01,0.95,0.32]	11.66	−1
	15:50:54.5	1.40	[0.02,0.92,0.4]	[0.05,0.92,0.4]	20.96	1
	15:51:08.9	3.00	[0.08,0.92,0.39]	[0.11,0.92,0.37]	3.66	−1
	15:51:12.7	1.00	[−0.29,0.44,0.85]	[−0.11,0.42,0.9]	528.48	1
2011-08-23	20:17:27.2	3.00	[0.11,−0.25,0.96]	[−0.03,−0.26,0.96]	8.01	−1
	20:17:30.6	2.20	[0.02,0.42,0.91]	[−0.02,0.41,0.91]	15.40	−1
	20:17:33.9	2.20	[0.04,−0.62,0.78]	[−0.12,−0.62,0.77]	75.25	−1
	20:17:55.3	1.40	[−0.02,0.84,0.55]	[−0.03,0.83,0.55]	6.48	−1
	20:17:56.7	0.40	[−0.01,−0.83,0.55]	[−0.18,−0.82,0.54]	4.47	−1

5 水星近磁尾等离子体加速与加热

探索不同行星磁层中等离子体动力学过程的异同，是比较行星学研究的主要目标之一，它不仅可以帮助我们梳理行星磁层的变化规律，更对探索巨行星的卫星以及系外行星的空间环境提供指导性信息。粒子在磁层亚暴过程中的热力学特性一直是空间物理学研究中的重点和热点问题。地球磁层内大量卫星数据已经对地球亚暴过程中粒子的变化特征进行了广泛的研究。作为太阳系类地行星中另外一颗具有全球性内禀磁场的行星——水星，其磁层中粒子的特征仍缺乏系统的研究。水星磁层构造与地球磁层非常相似，尽管水星磁层在体积上远小于地球磁层，水星和地球所处的太阳风环境也有所不同，但其中仍发生着大量相似的物理学过程。如果考虑到水星缺少电离层这一独特性，对水星磁层动力学过程的研究就可以用来检验和深入理解地球磁层物理当中的一些概念和理论。行星物理学团队基于 MESSENGER 等离子体数据并结合磁场数据，在水星磁尾质子加速与加热，及其与地球空间比较等研究方向上开展了相关观测研究。

5.1 水星近磁尾质子加速和加热的观测

Sun 等（2017）对比分析了水星磁层活跃期和平静期等离子体片的特征，并使用 MESSENGER 测量得到的质子数据对偶极化前后的质子分布进行了分析研究。在个例研究的基础上，进一步对水星磁尾进行了统计分析，获得了磁尾质子加速和加热的一般性特征。与地球磁层相似物理过程地比较发现，相较于地球磁层亚暴偶极化过程，水星磁尾偶极化过程对质子的加热和加速更加有效，这一特征揭示水星偶极化过程及发生在此过程中的波粒相互作用要更加剧烈。与此同时，地球磁尾磁重联以及近磁尾偶极化过程较多地发生在昏侧区域，与水星磁尾较多地发生在晨侧显著不同。

5.1.1 磁尾活跃期和平静期等离子体片特征比较

图 26 对比显示了磁尾活跃期和平静期等离子体片的观测结果。当水星磁层处于活跃期（图 26 左侧），MESSENGER 观测到了明显的水星磁层亚暴增长相和膨胀相的特征（Sun et al.，2015a），同时观测到了两个显著的亚暴偶极化。图中第一条绿色竖线表示的是第一个亚暴偶极化开始的时刻，亚暴偶极化过程伴随着明显的磁场 Z 分量（B_Z）的增加、磁场 X 分量（B_X）的降低以及所有磁场分量的剧烈扰动。以上的磁场变化为典型的亚暴膨胀相开始时刻的特征，B_Z分量的增加标志着近磁尾磁场偶极化及越尾电流的减弱；B_X分量的降低标志着磁尾等离子体片或者电流片的变厚；磁场分量的剧烈扰动，尤其是磁场 Y 分量（B_Y），是由场向电流或者等离子体波动造成的（Sun et al.，2015b）。大约 3 min 之后，MESSENGER 观测到了第二个亚暴偶极化，如第二个红色箭头所指。第二个亚暴偶极化过程与第一个亚暴偶极化过程在磁场扰动方面有许多相似之处，包括：B_Z的明显增加、所有磁场分量的扰动等。但与第一个亚暴偶极化不同的是，第二个亚暴偶极化发生时，MESSENGER 更接近等离子体片的中心。

当水星磁层处于平静期（图 26 右侧），MESSENGER 在等离子体片内既没有观测到明显的磁场偶极化过程，也没有观测到明显的磁场扰动。需要指出的是，MESSENGER 在 2011 年 7 月 1 日和 2011 年 9 月 28 日穿越等离子体片的路径基本相同，因此这两个事件中等离子体片的不同特征为水星磁层活跃期和平静期的区别，而非空间分布的不均匀。

我们基于一维哈里斯电流片模型分别对活跃期和平静期的等离子体片进行了拟合研究。这里采用的哈里斯电流片模型是一个一维的静态电流片模型（Harris，1962），表达式为

$$B_{\mathrm{HCS}}=B_L\tanh\left(\frac{z-z_0}{L}\right)$$

以磁尾为例，在电流片局地坐标系下，B_{HCS}为电流片的磁场数值，B_{HCS}接近为 B_X；B_L 为磁场在磁尾尾瓣的数值；z 为电流片南北方向的位置坐标；z_0 为电流片中心的坐标；L 为电流片的半厚度。在衡量拟合的效果时，即为找到最佳的拟合结果，我们计算了一种最小数值差别（χ^2），表达式为

$$\chi^2=\frac{1}{N}\sum_{i=1}^{N}\left(|B_{\mathrm{HCS}}(i)-B(i)|/|B_{\mathrm{HCS}}(i)|\right)^2$$

式中，B 为卫星实地测量的磁场数值，N 为数据点个数。最佳拟合结果即为χ^2 最小对应的拟合。此一维静态哈里斯电流片模型已经在水星磁尾电流片成功应用过，如 Poh 等（2017a）。

图 26d 和 26k 中的红色虚线为一维哈里斯电流片分别对此活跃期和平静期水星磁尾电流片的最佳拟合，其得出的结果为：活跃期的电流片半厚度大约为 0.22 个水星半径（R_{M}，约为 2440 km）；平静期的电流片半厚度大约为 0.76 R_{M}。平静期电流片的厚度大约为活跃期电流片厚度的三倍，由此可见，磁层平静期的电流片厚度相较于磁层活跃期要更厚，这

与磁层动力学过程的一般认识是相符的。简要地说，磁尾电流片的厚度在磁层的活跃期要薄于平静期，这首先是太阳风和磁层的耦合造成的；其次磁层活跃期中的各种驱动源，即电流片中的不稳定性，通常需要电流片足够薄才能激发。

MESSENGER 在活跃期的磁尾等离子体片内观测到了大量的超热质子（图 26b），超热质子的通量数值高于 10^7 $cm^{-2}\cdot s^{-1}$。超热质子在本节定义为能量高于 5 keV 的质子，质子在水星磁尾等离子体片内的平均温度约为 3 keV（Gershman et al.，2014），5 keV 略高于这一数值。而如图 26h 所示，MESSENGER 在平静期的磁尾等离子体片内没有观测到如此大量的超热质子。在平静期，超热质子通量大约为 3×10^6 $cm^{-2}\cdot s^{-1}$，比活跃期的等离子体片低约一个数量级。需要指出的是，在活跃期的磁尾等离子体片内，第一个亚暴偶极化之前，超热质子通量数值也约为 3×10^6 $cm^{-2}\cdot s^{-1}$，而第一个亚暴偶极化过程有效地加速了质子，超热质子通量在 10 s 之内由 10^6 $cm^{-2}\cdot s^{-1}$增加到了 10^8 $cm^{-2}\cdot s^{-1}$，这一质子的加速可能与亚暴偶极化过程中的感应电场密切相关（Delcourt et al.，2007）。由法拉第电磁感应定律可知，偶极化过程中磁场 B_Z 在短时间内地大幅增加会感应出在赤道面地环形的电场。

在图 26c 中，质子的温度在偶极化过程中显著增加，即偶极化过程存在对质子的明显加热。第一个亚暴偶极化前质子的温度约为 10 MK，而偶极化之后，质子的温度约为 30 MK。平静期的等离子体片内质子的温度总是低于 10MK。需要指出的是，对于活跃期的等离子体片，第一个亚暴偶极化发生时，MESSENGER 位于高纬等离子体片内（Sun et al.，2015a），而偶极化之后 MESSENGER 更加接近赤道面的等离子体片。因此偶极化之后的质子温度增加可能与空间上中心等离子体片质子温度较高有关。这一影响在第二个亚暴偶极化过程中则可以忽略。正如前文提到的，第二个偶极化发生前后，MESSENGER 均位于等离子体片中心附近。第二个偶极化前后，质子温度由 18 MK 增加到了 25 MK，因此水星磁尾偶极化过程的确可以有效地加速和加热质子。

在地球磁尾等离子体片内，离子通常包括一个较冷的离子分布和一个较热的离子分布（如 Christon et al.，1988；Wing et al.，2005）。一般认为较冷的离子来源于磁鞘，这部分离子在等离子体片内普遍存在；较热的离子则为等离子体片的背景离子，符合 Kappa 分布。Kappa 分布是由一个相对较低能量的麦克斯韦分布和高能部分的幂律指数分布组成的（Vasyliunas，1968），Kappa 分布的表达形式为

$$f_i^{\kappa}=\frac{n_i}{2\pi\left(\kappa\omega_{\kappa i}^2\right)^{3/2}}\frac{\Gamma(\kappa+1)}{\Gamma(\kappa-1/2)\Gamma(3/2)}\left(1+\frac{v^2}{\kappa\omega_{\kappa i}^2}\right)^{-\kappa-1}$$

式中，f_i^{κ} 为相空间密度，n_i 为粒子数密度，$\omega_{\kappa i}$ 为等效热速度，$\omega_{\kappa i}^2=(2\kappa-3)k_BT_i/\kappa m_i$，$k_B$ 为玻尔兹曼常数，T_i 为等效温度，m_i 为粒子质量，Γ 为伽马函数，v 为粒子速度，κ 即为 Kappa 指数。Kappa 指数表示粒子分布中高能部分的斜率，通常从超热粒子部分开始，其分布区别于麦克斯韦分布。Kappa 指数降低表明粒子高能部分增加或者低能部分减少；Kappa 指数增加表明高能部分减少或者低能部分增加。粒子的加速通常会引起高能部分的增加，从而导致 Kappa 指数的降低。当 Kappa 指数趋近于无穷大时，Kappa 分布会转化为麦克斯韦分布；而在实际观测中，Kappa 数值大于 10 的时候，Kappa 分布就已经不能显著地区别于麦克斯韦分布。

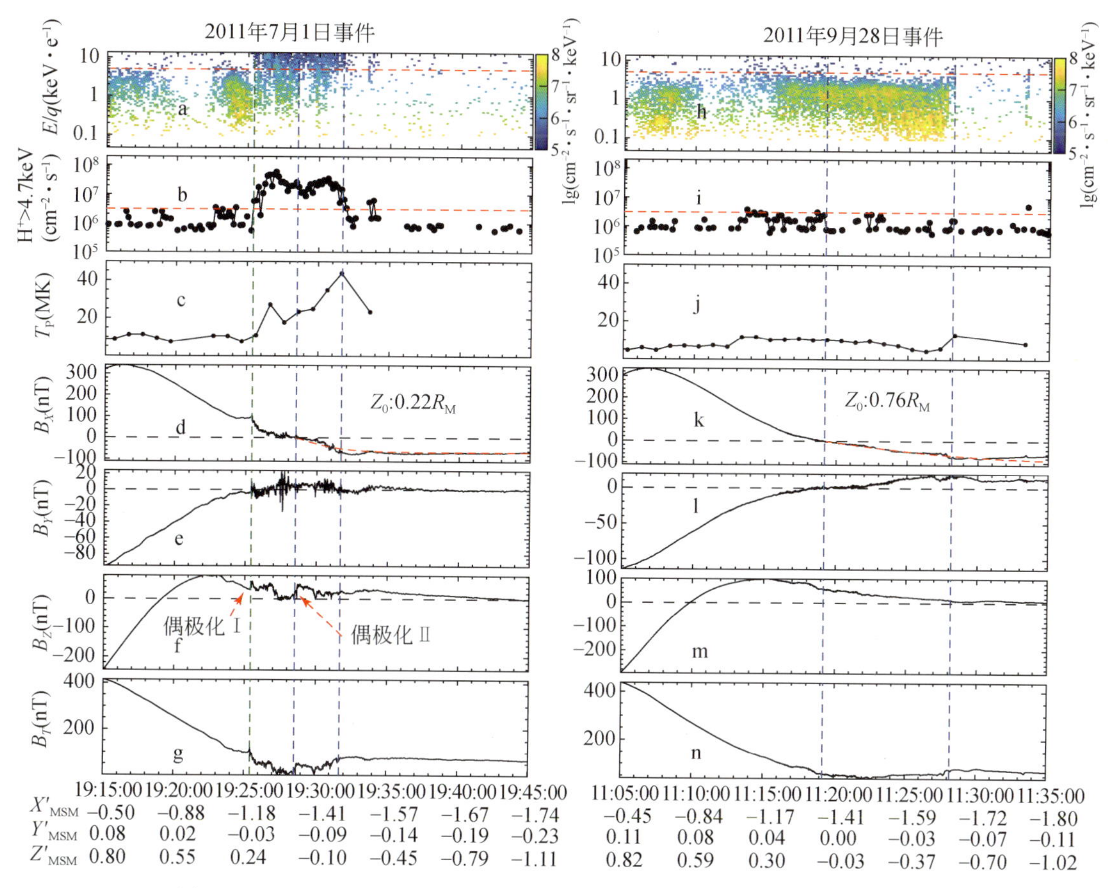

图 26 MESSENGER 在两个水星近磁尾等离子体片内质子和磁场的观测

左侧事件发生在 2011 年 7 月 1 日，右侧发生在 2011 年 9 月 28 日。a 和 h 质子能谱，单位是质子微分通量；b 和 i 超热质子部分的通量，积分能量范围从 4.68 keV 至 13.6 keV，单位是质子通量；c 和 j 质子温度；d 和 k 磁场 X 分量，B_X，红虚线为一维哈里斯电流片模型的拟合曲线，Z_0 为哈里斯电流片模型得到的电流片半厚度；e 和 l 磁场 Y 分量，B_Y；f 和m 磁场 Z 分量，B_Z；g 和 n 磁场强度，B_t。两栏中蓝色的竖线分别代表等离子体片的中心和南侧边界。右栏事件中第一条绿色竖线对应一个亚暴偶极化开始时刻。f 中的两个红色箭头分别指向第一个亚暴偶极化和第二个亚暴偶极化

图 27 显示了使用 Kappa 分布进一步地研究了活跃期个例中两个亚暴偶极化前后质子的分布。图 27a 中显示了质子在第一个亚暴偶极化之前（19：24：24 至 19：24：43 UT）的相空间密度随速度的一维分布，图 27b 中为相空间密度对应的仪器探测到的粒子数(counts)。在研究中我们忽略了只对应一个测量粒子数的相空间密度点，然后将观测点较冷的部分拟合成了一个一维高斯分布，较热的部分拟合成了一个 Kappa 分布。在第一个亚暴偶极化之前，较热的部分 Kappa 值约为 28. 17，温度约为 7. 8 MK，较冷的部分温度约为 3. 07 MK。第一个偶极化之后，质子的分布函数可以较好地用单一的 Kappa 分布拟合，拟合得出的 Kappa 数值约为 2. 65，温度约为 18. 1 MK。温度的增加及 Kappa 数值的降低证明了水星亚暴偶极化可以有效地加速和加热质子。偶极化之后，分布中较冷质子的消失可能说明这部分质子中大部分被加速成了超热质子从而使剩余的较冷质子过于稀疏，MESSENGER 等离子体探测仪器（FIPS）不能有效地测量到它们，也就是低于探测仪器所

能探测到的一个粒子数。与所有的等离子体探测仪器相似，在探测范围内，FIPS 探测离子的能力随着离子能量的增加而增加，因此 FIPS 对超热离子部分的探测能力要远高于低能和热离子。

图 27 中右侧两栏（e–h）为活跃期第二个亚暴偶极化前后质子分布函数的拟合结果。与第一个亚暴偶极化相似：在亚暴偶极化之前，较冷的质子部分符合一个一维的高斯分布，较热的质子部分符合 Kappa 分布；而亚暴偶极化之后，质子分布符合一个 Kappa 分布。亚暴偶极化之前 Kappa 数值为 2. 72，亚暴偶极化之后 Kappa 数值为 2. 47；同时，质子温度由 24. 9 MK 增加至 46. 2 MK。在第二个偶极化之中，Kappa 数值的降低没有第一个偶极化那样显著，这是由于在第二个偶极化之前，质子分布当中的 Kappa 数值已经很低，但是质子的加速和温度的增加是非常明显的。

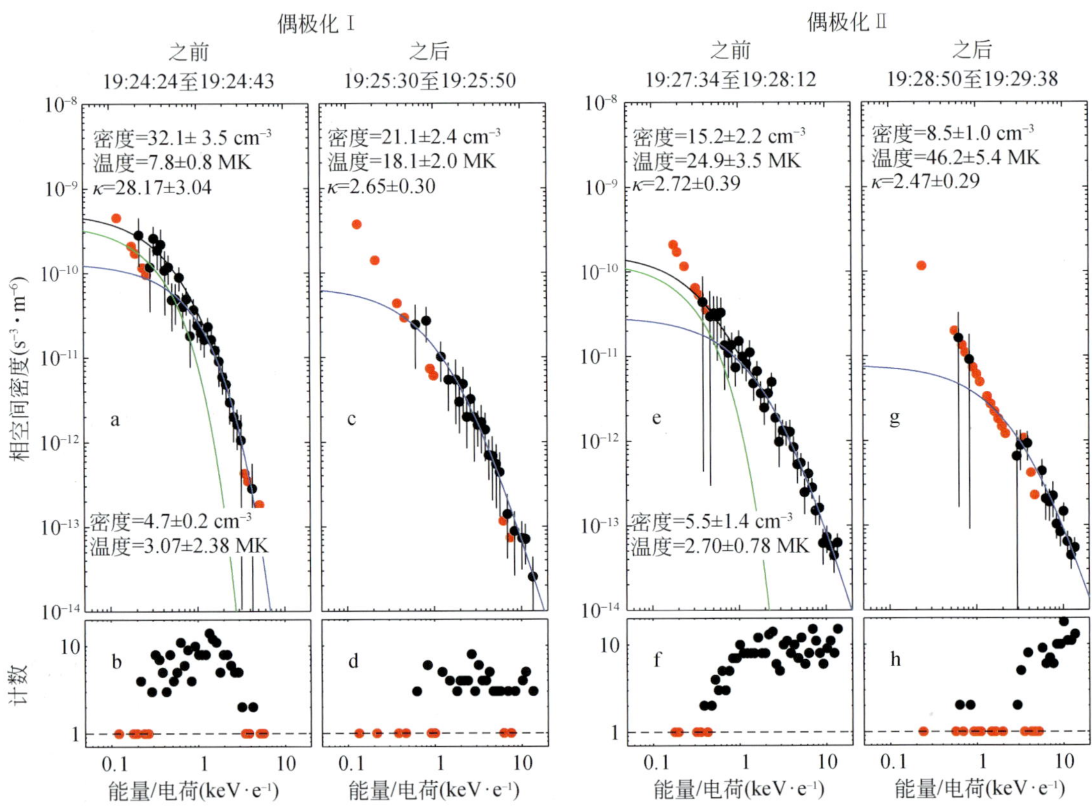

图 27 2011 年 7 月 1 日等离子体片中两个亚暴偶极化过程前后质子相空间密度的 Kappa 分布函数拟合

a 和 b 为第一个亚暴偶极化之前的质子相空间密度和仪器测量的粒子数；c 和 d 为第一个亚暴偶极化之后的质子相空间密度和仪器测量的粒子数；e 和 f 为第二个亚暴偶极化之前，g 和 h 为第二个亚暴偶极化之后。图中的红点表示仪器测量的粒子数为一，在拟合过程中被忽略。图中蓝色的线为 Kappa 分布函数拟合结果，绿色的线为高斯拟合结果。黑色的线为两个拟合的叠加

通过对磁尾活跃期和平静期两个典型的等离子体片特征的比较，证实了水星近磁尾亚暴偶极化过程可以有效地加速和加热质子。因此，从统计上对近磁尾超热质子通量和温度进行一个更为系统的研究是必要的也是重要的。这一统计研究可以使我们更好地认识水星

近磁尾的动力学过程，尤其是这些动力学过程的空间分布。

5.1.2 水星磁尾质子温度和超热质子的统计研究结果

通过典型个例分析研究得出，水星磁层的活跃期，等离子体片内超热质子通量和质子温度均较高。因此在统计研究中区分活跃期等离子体片和平静期等离子体片是必要的。但是水星目前没有测量水星磁场活跃程度的地面台站，因此水星磁层还没有类似于地球磁场的地磁活动指数。Sun 等（2017）采用了一种实时的观测参数——等离子体片厚度来衡量磁尾活跃期和平静期。在使用一维哈里斯电流片模型进行拟合时，我们对 MESSENGER 的磁场数据做了以下处理。首先，磁场的数据进行了 40 s 的滑动平均，以此来削弱小尺度磁结构对磁场扰动的影响，在水星磁尾等离子体片内，磁通量绳和偶极化锋面的时间尺度都在 3 ~ 5 s（如 Slavin et al.，2012；DiBraccio et al.，2015a；Sun et al.，2016）；其次，等离子体片中心的位置是基于 40 s 滑动平均的磁场 B_X 的反转点来确定的；再次，由于 MESSENGER 的轨道在等离子体片的北侧更为接近水星本体，因此水星的内禀偶极磁场的影响也更为显著。为了减弱偶极磁场对等离子体片磁场的影响，我们只拟合 MESSENGER 在等离子体片南侧的观测来获取等离子体片的各个参数。前人在研究中，如 Poh 等（2017a），采用了类似的方法。最后，我们需要哈里斯电流片拟合的 $\chi^2<0.05$。

本研究关注水星近磁尾区域的等离子体片穿越事件，坐标区域为 $-1.0\ R_M > X'_{MSM} > -1.8\ R_M$，$1.8\ R_M > Y'_{MSM} > -1.8\ R_M$。遵循以上的判据，此区域内总共得到了 1225 个磁尾等离子体片。我们进一步选取出这些等离子体片附近四分钟内的超热质子通量和质子温度，取它们的平均值作为这些等离子体片的参数。图 28a 和图 28d 中显示了这 1225 个磁尾等离子体片内超热质子通量和质子温度数值的空间分布。超热质子通量和质子温度在近磁尾区域明显增强（径向距离$< 1.5\ R_M$）。同时超热质子通量和质子温度表现出了晨昏不对称的特征，晨侧的数值要高于昏侧。

为了进一步研究超热质子通量和质子温度的分布，基于哈里斯电流片拟合的厚度，我们将 1225 个磁尾等离子体片事件分为两类，即薄电流片和厚电流片。在图 28a 和 28d 的每个空间小格内，我们首先平均所有电流片的厚度，得出一个平均值，然后将电流片厚度低于平均值的电流片定义为薄电流片，将高于平均值的电流片定义为厚电流片。薄电流片对应磁尾活动的活跃期，厚电流片对应磁尾活动的平静期。图 28b 和图 28e 显示了磁层活跃期的超热质子通量和质子温度的分布，这两个量的数值在晨侧显著高于昏侧。图 28c 和图 28f 显示的为磁层平静期的超热质子通量和质子温度的分布，与活跃期不同的是，平静期的等离子体片内超热质子通量和质子温度没有明显的晨昏不对称分布。图 28g 和图 28h 显示的为超热质子通量和质子温度随磁地方时的数值分布。在磁地方时子夜前区域（21:00 至 0:00 MLT），超热质子通量在薄电流片和厚电流片当中没有显著差别（$1.5\times10^7\ cm^{-2}\cdot s^{-1}$）；但在子夜后区域内（0:00 至 2:00 MLT），薄电流片内的超热质子通量（$2.0\times10^7\ cm^{-2}\cdot s^{-1}$）要显著高于厚的电流片（$1.5\times10^7\ cm^{-2}\cdot s^{-1}$）。质子的温度分布表现出了相似的特征：子夜前区域薄电流片和厚电流片内，质子温度没有明显的差别；而在子夜后区域，薄电流片的质子温度约比厚电流片高 10 MK。因此，我们可以得出结论，水星近磁尾质子的加速和加热多发生在磁层活跃期的磁尾晨侧区域。

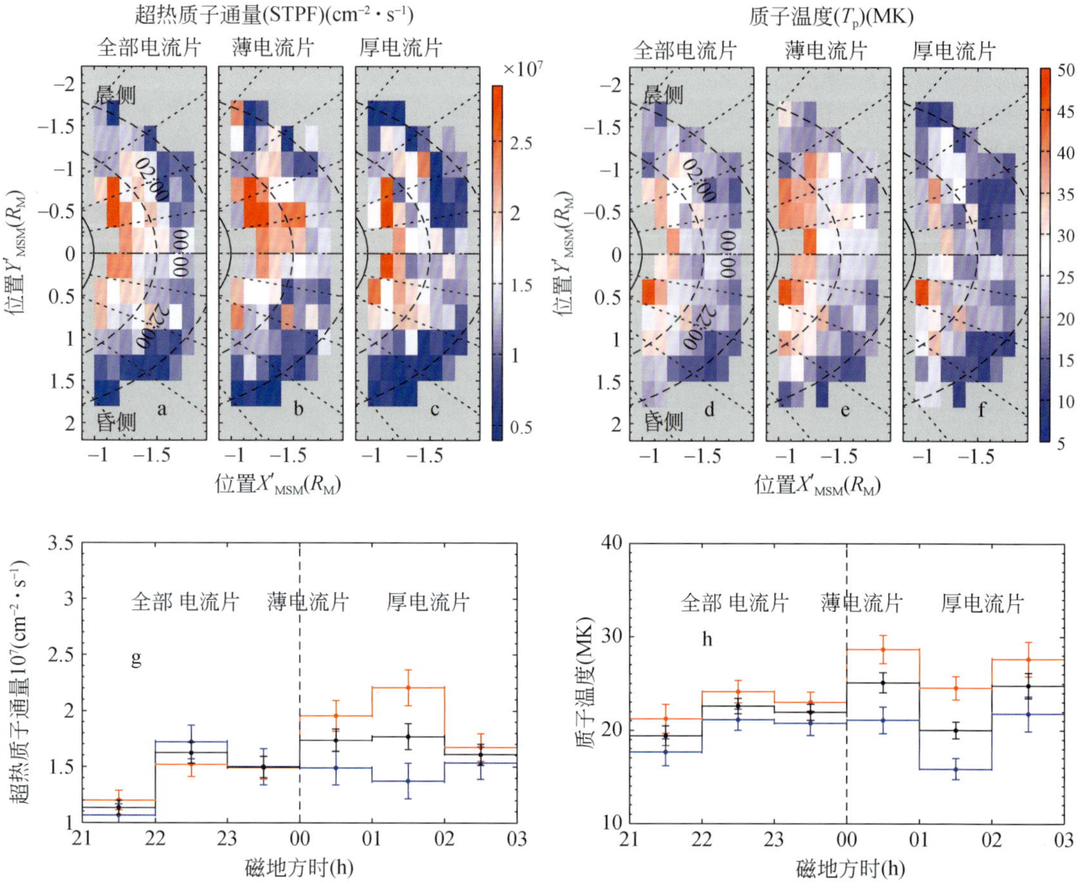

图 28 超热质子通量（a–c）和质子温度（d–f）在水星近磁尾赤道面的空间分布

a 和 d 包含了所有符合一维哈里斯电流片模型的电流片；b 和 e 为薄电流片期间的分布，对应水星磁层的活跃期；c 和 f 为厚电流片期间的分布，对应水星磁层的平静期；a 和 d 中，每个空间小格内至少包含 5 个等离子体片穿越事件；b、c、e 和 f 中，每个空间小格中至少包含 3 个等离子体片穿越事件；g 和 h 显示了超热质子通量和质子温度随磁地方时的分布。其中黑色的线为所有电流片在不同磁地方时的平均数值，蓝色的线平静期的平均数值，红色的线为活跃期的平均数值。每个平均值均对应一个误差范围

需要补充说明的是，当我们采用更低的能量作为超热质子的下限时，超热质子的分布不变；当我们使用更为严格的一维哈里斯电流片拟合判决时（$\chi^2<0.03$），以上的超热质子和质子温度空间分布同样没有明显的差别。

5.1.3 水星磁尾偶极化的晨昏分布以及季节效应

个例研究已经指出水星近磁尾的亚暴偶极化过程可以有效地加速和加热质子，又由于统计分析中发现超热质子通量和质子温度在晨侧的数值显著高于昏侧，因此对磁尾偶极化事件的空间分布做一个统计研究是有必要的。图 29a 至图 29c 当中显示的为水星近磁尾偶极化事件的晨昏分布。我们选取的参数为磁场 B_Z 分量在每次磁尾等离子体片穿越过程当中观测到的 5 s 内的最大增加值（δB_Z）。这里选取 5 s 作为选取时间段是由于水星磁尾亚

暴偶极化过程的持续时间往往是 5 s 左右（Sun et al.，2015a，2015b，2016）。图 29a 中 δB_Z的空间分布包含了所有的磁尾等离子体片穿越，可以明显地看出晨侧的 δB_Z数值高于昏侧；图 22b 中的 δB_Z只包含了薄的等离子体片事件，即为水星磁层活跃期，晨侧的 δB_Z数值更加显著地高于昏侧；图 29c 中的 δB_Z只包含了厚的等离子体片事件，即为水星磁层的平静期，其中 δB_Z的晨昏差异不显著。因此图 29a–c 中 δB_Z的空间分布表明，水星近磁尾亚暴偶极化过程多在晨侧等离子体片内发生，这一分布在磁层的活跃期尤其明显。

太阳系行星围绕太阳的公转轨道均为椭圆形的，而水星的公转椭圆轨道偏心率是八大行星当中最大的，也就是水星的近日点（0. 307 AU）和远日点（0. 467 AU）相对变化是最大的。由于太阳风特性的径向变化，如果 MESSENGER 轨道明显在近日点（或者其他距日距离）时只穿越水星磁尾的某个特定区域，那么 MESSENGER 的测量可能存在着严重的偏差，也就是存在季节效应。为了排除季节效应的影响，图 29d 和图 29e 分别显示了 2011 年至 2012 年及 2013 年至 2015 年 MESSENGER 穿越水星磁尾各个区域时的距日距离分布。可以看出，图 29d 和图 29e 中的距日距离空间分布是反相位的，因此总体上来看 MESSENGER 在 2011 年至 2015 年对磁尾各个区域的穿越不存在明显的磁地方时对距日距离的依赖。因此，水星近磁尾超热质子通量和质子温度的晨昏不对称分布与水星公转轨道的季节效应不存在密切的联系。

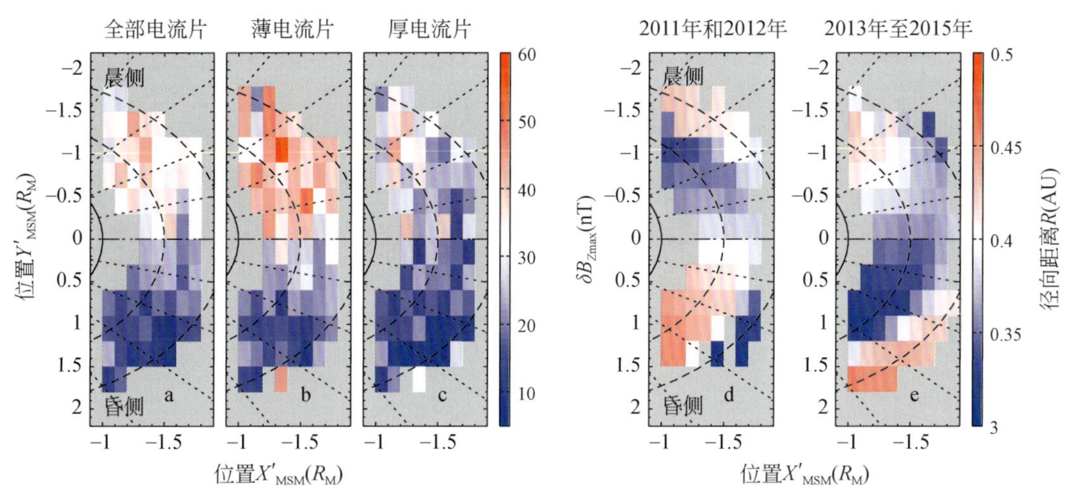

图 29 磁场 B_Z 分量的增加量 δB_Z 及水星距日距离在水星近磁尾的晨昏分布

a. 所有等离子体片内 δB_Z 的空间分布；b. 薄等离子体片，即磁层活跃期，内 δB_Z 的空间分布；c. 厚等离子体片，即磁层平静期，内 δB_Z 的空间分布。MESSENGER 穿越等离子体片时，水星的距日距离分布，d. 2011 年和 2012 年；e. 2013 年至 2015 年

5.1.4 主要结论及水星近磁尾动力学过程的探讨

MESSENGER 在水星近磁尾的观测揭示了水星亚暴偶极化可以有效地加速和加热质子。个例研究指出，水星等离子体片内质子分布包含一个较冷的高斯分布和一个较热的 Kappa 分布。在 2011 年 7 月 1 日中的磁层亚暴第一个亚暴偶极化之前，较热的成分对应的 Kappa 值约为 28，表明此分布非常接近麦克斯韦分布；而在第一个亚暴偶极化之后，

Kappa 值减小至小于 3。Kappa 数值的减小说明了质子在偶极化过程中得到显著的加速，同时也说明质子在偶极化过程中的加速机制是非绝热的，可能与波粒相互作用有关（如 Miller，1991；Shizgal，2007）。与此同时，质子的温度也有显著的增加。

超热质子通量和质子温度在水星近磁尾的分布具有明显的晨昏不对称性，它们在晨侧的数值要显著高于昏侧。这一晨昏不对称分布出现在水星磁层的活跃期，而在水星磁层的平静期则不明显。进一步的研究指出水星近磁尾磁场的偶极化过程表现出了类似的晨昏不对称分布，偶极化更多地在晨侧发生，因此偶极化过程在晨侧加速和加热质子造成晨侧的超热质子通量和质子温度显著地高于昏侧。在以往对于高能电子在水星磁层分布的研究中，高能电子同样更多地出现在水星磁层的晨侧（如 Baker et al.，2016；Ho et al.，2016；Lindsay et al.，2016），一些研究者认为高能电子在水星磁层中受到梯度和磁场曲率漂移的影响，它们会在这些漂移的作用下朝向晨侧漂移，从而导致分布的晨昏不对称性。本研究为这一分布提供了一个新思路，即亚暴偶极化过程可以有效地加速电子，由于亚暴偶极化更多地在晨侧发生，因此这些偶极化局地产生的高能电子就具有晨昏不对称性。这里需要指出的是，高能电子的梯度和磁场曲率漂移不能被忽略，它们会和局地加速机制同时影响高能电子的晨昏分布。

最后，该项研究中的质子特性和偶极化过程在晨侧更为显著的分布与水星近磁尾磁重联多在晨侧等离子体片内发生（Sun et al.，2016）是一致的。但是水星近磁尾动力学过程多集中在晨侧等离子体片内与地球磁尾的动力学过程多集中在昏侧等离子体片内是相反的（如 Nagai et al.，2013），同时在地球近磁尾，无色散的离子和电子注入更多地在子夜前也就是昏侧等离子体片内被观测到（如 Gabrielse et al.，2014）。导致水星和地球的磁尾动力学过程晨昏分布不一致的机制是一个值得进一步研究的课题，对该课题的研究应当考虑太阳风的驱动，水星磁层相对小的尺度，以及重离子在磁尾的分布等，同时应当借助数值模拟尤其是全球的磁层数值模拟。

5.2 水星和地球磁层亚暴期间近磁尾质子加速机制的比较研究

Sun 等（2018）通过观测比较研究了水星和地球磁层亚暴过程中近磁尾质子的变化特征，他们在研究中使用 Kappa 分布函数拟合了质子在等离子体片中的分布。研究的主要结论为：水星磁尾质子的密度约比地球磁尾的质子密度高一个数量级；质子温度约比地球磁尾质子低数倍；地球磁尾质子分布对应的 Kappa 数值变化范围相较于水星磁尾质子的 Kappa 数值要更窄。在亚暴增长相期间，水星和地球磁尾内质子会变得更加冷而稠密，在偶极化之后会变得更加热而稀疏。在地球磁层中，Kappa 数值在整个亚暴过程中的变化小于 10%；而在水星磁层中，Kappa 数值的变化要大于 60%。这一特征表明了质子在两颗行星磁尾显著不同的加速机制。

5.2.1 水星近磁尾磁层亚暴典型事件

Sun 等（2018）分析了 MESSENGER 在 2011 年 9 月 26 日穿越水星近磁尾等离子体片时观测到的一个磁层亚暴事件（图 30）。在该事件中，由大量的高于 1 keV 的质子可以判断出 MESSENGER 位于等离子体片内。图中第一条黑色的竖线标志着亚暴增长相的开始时刻（12:16:13 UT），此时磁场 B_Z 分量开始明显降低，磁场 B_Z 分量的降低是等离子体片变薄的一个标志。在增长相开始时刻，磁场 B_X 分量很小（0 nT），但其逐渐偏离了磁尾平静期的 B_X 的渐变线，而数值的绝对值在增加。与此同时，磁尾磁力线的俯仰角降低，表明了磁力线的拉伸。以上这些磁场的变化特征符合磁层亚暴增长相期间磁尾磁场的变化特征，因此这是一个典型的亚暴增长相期间的观测。磁场各个分量发生变化大约 1 min 40 s 之后，约在 12:17:50 UT，MESSENGER 观测到了一个大幅度的磁场 B_Z 分量的增加，伴随着磁场 B_X 分量的降低及磁场 B_Y 分量的扰动，即磁场偶极化。B_X 分量的降低是等离子体片膨胀的特征，B_Y 分量的扰动可能是场向电流的信号（Sun et al.，2015b）。

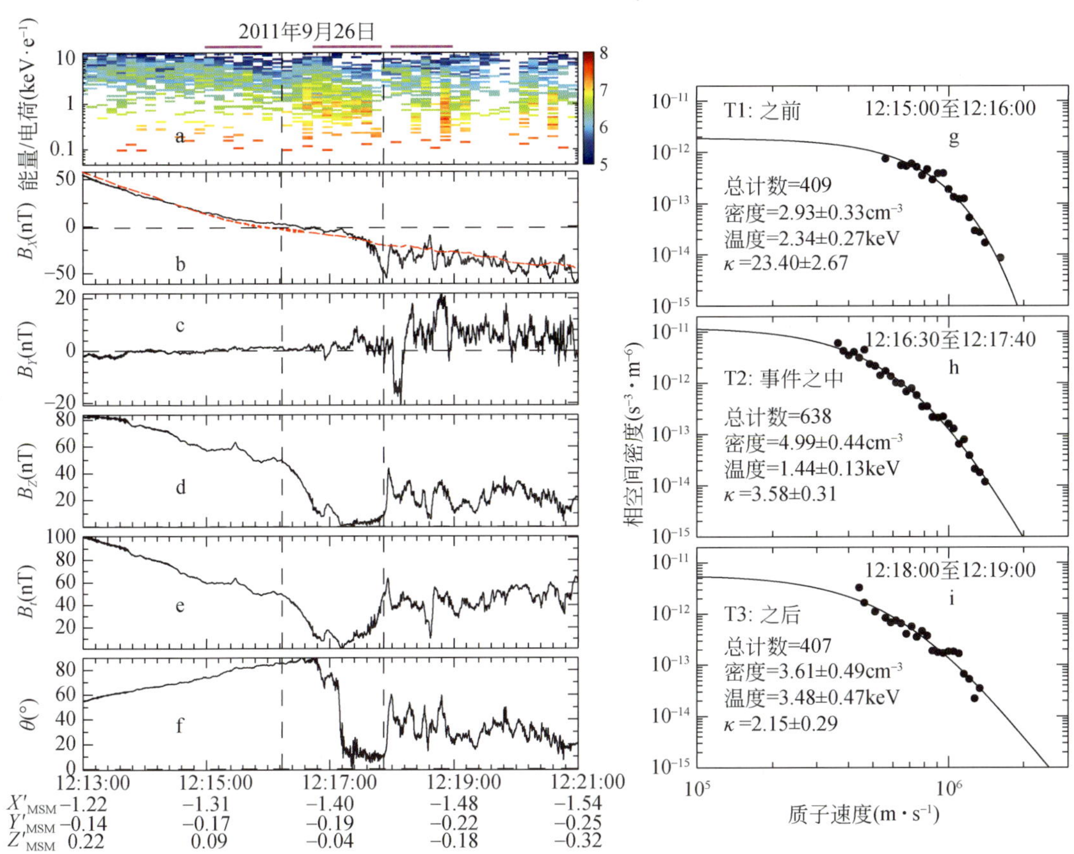

图 30 MESSENGER 2011 年 9 月 26 日对水星一个磁层亚暴事件的观测

a. 质子能谱图，单位是 lg（$keV^{-1} \cdot s^{-1} \cdot sr^{-1} \cdot cm^{-2}$）；b. 磁场 X 分量，$B_X$，红虚线为邻近 MESSENGER 穿越轨道穿越等离子体片时的观测；c. 磁场 Y 分量，B_Y；d. 磁场 Z 分量，B_Z；e. 磁场强度，Bt；f. 磁场俯仰角；g. 亚暴增长相之前（T1），12:15:00 至 12:16:00 期间，质子的平均相空间密度分布及 Kappa 分布函数拟合；h. 亚暴偶极化之前（T2），12:16:30 至 12:17:40 期间，质子的平均相空间密度分布及 Kappa 分布函数拟合；i. 亚暴偶极化之后（T3），12:18:00 至 12:19:00 期间，质子的平均相空间密度分布及 Kappa 分布函数拟合

这里对亚暴增长相之前（T1），偶极化之前（T2）和之后（T3）的质子的平均相空间密度进行了 Kappa 分布拟合（图 30g–i）。拟合的结果为：在亚暴增长相之前，质子密度

为2.93 cm^{-3}，质子温度为2.34 keV，Kappa数值为23.4；在亚暴偶极化之前，质子密度为4.99 cm^{-3}，温度为1.44 keV，Kappa数值为3.58；在亚暴偶极化之后，质子密度约为3.61 cm^{-3}，温度为3.48 keV，Kappa数值为2.15。比较亚暴增长相之前和亚暴偶极化之前的质子参数变化，发现在亚暴增长相期间，质子密度增加了约70%，质子温度降低了约-38%，Kappa数值降低了约-85%；比较亚暴偶极化前后的质子参数可以看到，质子密度降低了约-28%，温度增加了约142%，Kappa数值降低了约-40%。

5.2.2 地球近磁尾磁层亚暴典型事件

图31为忒弥斯D（THD）卫星在地球近磁尾区域观测到的一个典型磁层亚暴事件。第一条黑色竖线标志亚暴增长相的开始时间，大约在06:00 UT，此时行星际磁场由北向南偏转。第二条和第三条竖线对应着两个磁场偶极化过程，均伴随着地磁极光活动指数

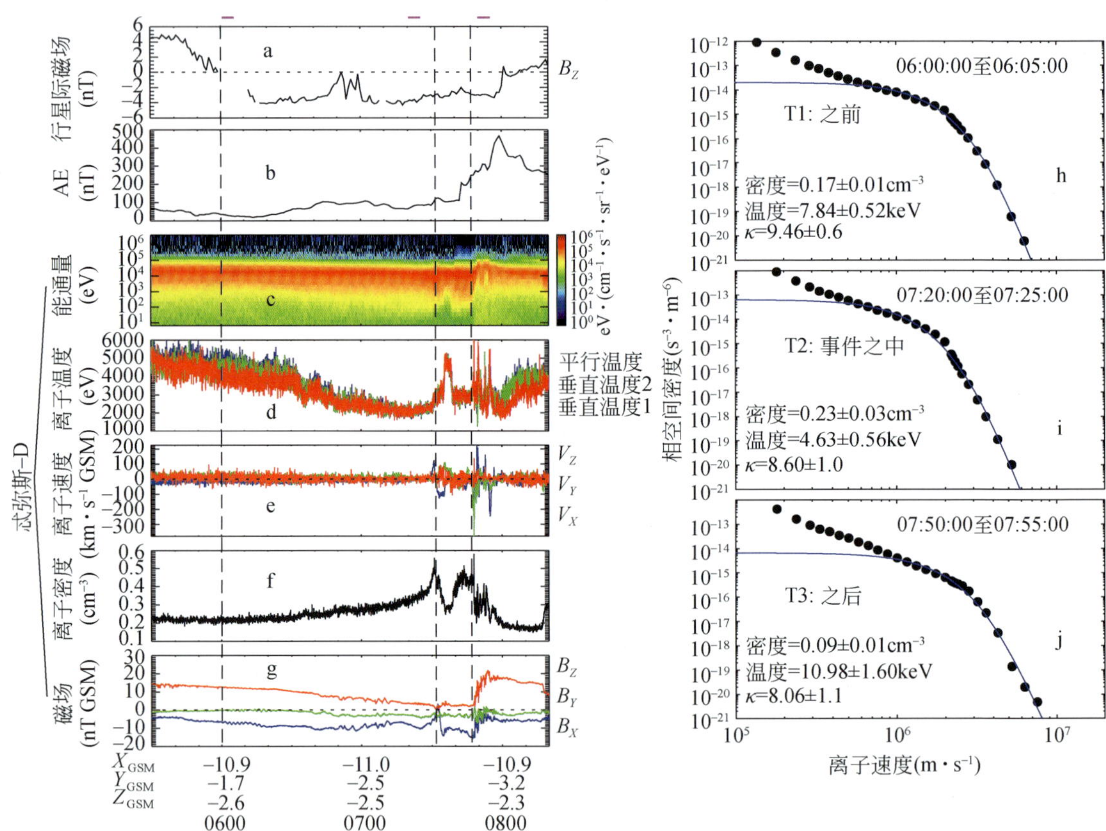

图31 忒弥斯D（THD）卫星2009年2月24日对地球一个磁层亚暴的观测

a. 行星际磁场（OMNI）数据的 B_Z 分量；b. 地磁极光强度活动指数AE；c. 离子能谱图；d. 离子温度；e. 离子速度；f. 离子密度；g. 蓝线为 B_X，绿线为 B_Y，红线为 B_Z；h. 亚暴增长相之前（T1），06:00:00至06:05:00期间，质子的平均相空间密度分布及Kappa分布函数拟合；i. 亚暴偶极化之前（T2），07:20:00至07:25:00期间，质子的平均相空间密度分布及Kappa分布函数拟合；j. 亚暴偶极化之后（T3），07:50:00至07:55:00期间，质子的平均相空间密度分布及Kappa分布函数拟合

（AE）的增加。在此事件中，取第三条竖线为亚暴膨胀相的开始时刻。THD 卫星在亚暴增长相期间观测到磁场 B_Z分量的缓慢降低，这是等离子体片变薄的一个特征；同时卫星星载积分给出的质子密度从 0.2 cm^{-3}增加到了约 0.55 cm^{-3}，质子温度由 4.5 keV 降低至 2 keV。在亚暴偶极化之后，THD 卫星观测到了质子密度由 0.55 cm^{-3}降低至 0.15 cm^{-3}，温度由 2 keV 增加至 6 keV。

地球磁尾等离子体片内的离子分布需要多个分布函数拟合，其通常包含一个较冷的分布和一个较热的分布，其中较热的部分贡献主要的等离子体压强。较热的分布符合 Kappa 分布函数（如 Christon et al.，1991；Haaland et al.，2010；Wing et al.，2005），且主要离子为质子（如 Kistler et al.，2006）。图 31h—j 显示的为地球亚暴增长相之前以及亚暴偶极化之前和之后的质子分布，我们分别只拟合了分布函数中较热的部分。地球亚暴增长相之前（T1），Kappa 分布给出的质子密度约为 0.17 cm^{-3}，温度约为 7.84 keV，Kappa 数值约为 9.46；在亚暴偶极化之前（T2），质子密度约为 0.23 cm^{-3}，温度约为 4.63 keV，Kappa 数值约为 8.6；而在亚暴偶极化之后（T3），质子的密度为 0.09 cm^{-3}，温度约为 10.98 keV，Kappa 数值约为 8.06。比较 T1 和 T2 的观测，在地球亚暴增长相期间，质子的密度增加了约 35%，温度降低了约−41%，Kappa 数值降低了约−9%；在亚暴偶极化过程中，质子的密度降低了约−61%，温度增加了约 137%，Kappa 数值降低了约−6%。

通过对水星和地球亚暴个例对比研究揭示，在亚暴增长相期间，水星和地球等离子体片内质子会变冷且同时更加稠密；在亚暴偶极化之后，等离子体片内的质子得到明显的加热，但同时更加稀疏；Kappa 数值在整个磁层亚暴过程中均减小，但在水星磁层内的相对变化（−85% 和−40%）大于地球磁层内的相对变化（−9% 和−6%）。

5.2.3 水星和地球磁层亚暴的统计结果和比较研究

在水星磁层，磁层亚暴事件的选取基于 Sun 等（2015a）的统计列表；这些磁层亚暴事件均伴随着明显的亚暴增长相和膨胀相的特征。图 30 所示为其中一个事例，在所有的磁层亚暴事件中，MESSENGER 在增长相期间需观测到明显的磁场 B_Z分量的降低伴随着磁场 B_X分量的增加，在增长相的末期需观测到一个明显的磁场 B_Z分量的快速增加并伴随磁场 B_X分量的快速降低，即亚暴偶极化和等离子体片膨胀的过程。此外，因为需要研究质子的变化特征，我们要求 MESSENGER 在整个磁层亚暴期间位于等离子体片内。我们总共得到了 31 个符合以上要求的水星磁层亚暴事件。在计算质子的相空间密度时，我们对增长相之前、偶极化之前和之后均作了一分钟左右的测量数据的平均，我们同时要求仪器每个能挡至少测量到 6 个粒子，而且至少有 10 个能挡满足以上的条件。这些步骤是为确保每个能挡包含足够的测量粒子数（counts），每个分布包含足够的能挡数。这些步骤是必要的，因为统计上来说，仪器测量粒子数的总数与等离子体参数的质量是相关的：测量粒子数的总数越多，等离子体的参数就越精确（Gershman et al.，2013）。在这 31 个水星磁层亚暴事件中，总共有 14 个亚暴增长相之前的事件、16 个亚暴偶极化之前的事件及 8 个亚暴偶极化之后的事件符合以上的要求。对于选取地球的磁层亚暴事件，我们基于 Sun 等（2017）的统计列表，选取的条件包括：磁层亚暴增长相伴随着行星际磁场由北向南的偏转；卫星需在地球近磁尾观测到显著的亚暴偶极化过程；在整个亚暴亚暴增长相和偶极化之后，卫星应该位于等离子体片内，即等离子体 β 值大于 0.5。等离子体 β 值是衡量等离子体中等离子体热压强和磁场压强的比值，它衡量热压和磁压的相对重要性，往往越靠近等离子体片中心，等离子体 β 值就越大。THD 卫星在 2008 年和 2009 年总共给出了 20 个符合要求的地球磁层亚暴事件。

图 32 显示的即为水星和地球亚暴过程中质子参数在不同亚暴相位的分布。图 32a 和

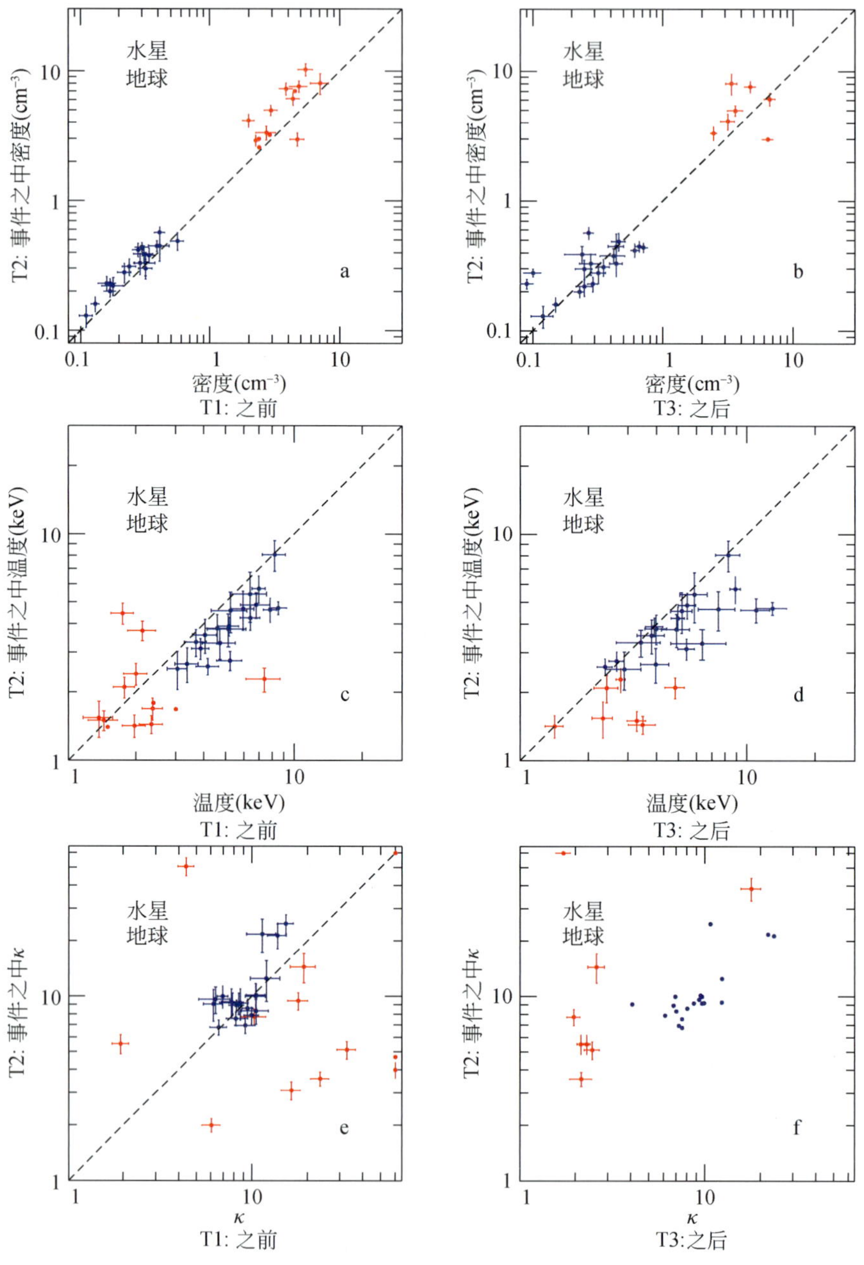

图 32　水星和地球磁层亚暴期间质子密度（上栏），质子温度（中栏）和 Kappa 数值（下栏）的比较分布

水星磁层的观测数据为红色，地球磁层的观测数据为蓝色。左竖栏为亚暴增长相之前（T1）和亚暴偶极化之前（T2）的比较分布；右竖栏为亚暴偶极化之前（T2）和之后（T3）的比较分布

图 32b 为质子密度的分布，可以看出水星磁尾等离子体片内质子的密度（3～10 cm^{-3}）约比地球磁尾等离子体片内质子密度高一个数量级（0.1～0.6 cm^{-3}）。图 32c 和图 32d 为质子温度的分布，水星磁尾等离子体片内质子的温度（1～5 keV）约比地球磁尾等离子体片内低数倍（3～10 keV）。图 32e 和图 32f 为质子 Kappa 数值的分布，水星磁尾等离子体片内质子的 Kappa 数值分布在 2～60，而地球磁尾等离子体片内 Kappa 数值分布在 5～20；两者相较，水星磁层等离子体片内 Kappa 数值分布更为离散，而地球 Kappa 数值分布更为集中。

这里进一步地分析质子参数在水星和地球磁层亚暴的变化特征。在绝大多数的地球磁层亚暴事件中，质子的密度在亚暴增长相期间是增加的（18/20）；而在亚暴偶极化之后，一半的磁层事件中质子密度增加，另一半事件中质子密度降低。在水星磁层亚暴事件中，质子密度在增长相期间同样绝大部分是增加的（13/14）；在亚暴偶极化之后质子密度大部分是降低的（6/8）。在水星磁层亚暴增长相期间，质子密度的增加比例约为 0.41，这一数值与地球亚暴增长相期间增加比例 0.22 是相当的。在地球磁层亚暴事件中，所有事件的质子温度在亚暴增长相期间都是降低的（20/20），亚暴偶极化之后，大部分事件中质子温度是增加的（18/20）。而在水星磁层亚暴事件中，亚暴增长相期间约一半的事件中质子温度是降低的（8/14），其余的事件质子温度是增加的；而在亚暴偶极化之后，所有事件中的质子温度是增加的（8/8）。质子温度在水星亚暴偶极化过程中的增加比例约为 0.36，而在地球亚暴偶极化过程中的增加比例约为 0.14。与密度和温度的变化相比，Kappa 数值的变化在两个磁层亚暴过程中非常的不规律，在地球磁层亚暴事件中，Kappa 数值在亚暴增长相期间变化不大，同样在亚暴偶极化前后变化也不大。在水星磁层亚暴事件中，Kappa 数值通常变化非常显著。在增长相期间，Kappa 数值在约一半的事件中是增加的，在另一半的事件中是降低的；在偶极化之后，Kappa 数值在所有的事件中明显地降低。

图 33 显示了 Kappa 数值分别在两颗行星磁层亚暴过程中的变化比例的分布，图 33a 为增长相期间的变化比例，图 33b 为偶极化前后的变化比例。在图 33a 中，地球磁层亚暴增长相期间等离子体片内质子的 Kappa 数值变化比例很小，约为 0.07±0.071；而水星磁层亚暴增长相期间的质子 Kappa 数值变化比例较大，在 Kappa 数值减少的事件中，平均值约为−0.67±0.102。在图 33b 中，地球磁层内偶极化前后 Kappa 数值的变化约为−0.04±0.048，而水星磁层内偶极化前后的变化约为−0.61±0.054。由此可以清晰地看出，在水星磁层亚暴过程中，质子分布的 Kappa 数值的相对变化要大于其在地球磁场亚暴过程中。

5.2.4 主要结论及水星和地球近磁尾离子动力学过程的讨论

比较研究发现，水星磁尾等离子体片内质子的密度约比地球磁尾等离了体片内质了的密度高一个数量级；质子温度约比地球磁尾等离子体片内低数倍；地球磁尾等离子体片内质子分布的 Kappa 数值变化范围相较于水星磁尾等离子体片内质子要更小一些。在亚暴增长相期间，水星和地球磁尾等离子体片内质子会变得更加冷而稠密，在偶极化之后会变得更加热而稀疏。在地球磁层中，Kappa 数值在整个亚暴过程中的变化小于 10%；而在水星磁层中，Kappa 数值的变化要大于 60%。

地球磁层等离子体片内 Kappa 数值变化较小说明那些可以使粒子分布能谱斜率守恒的

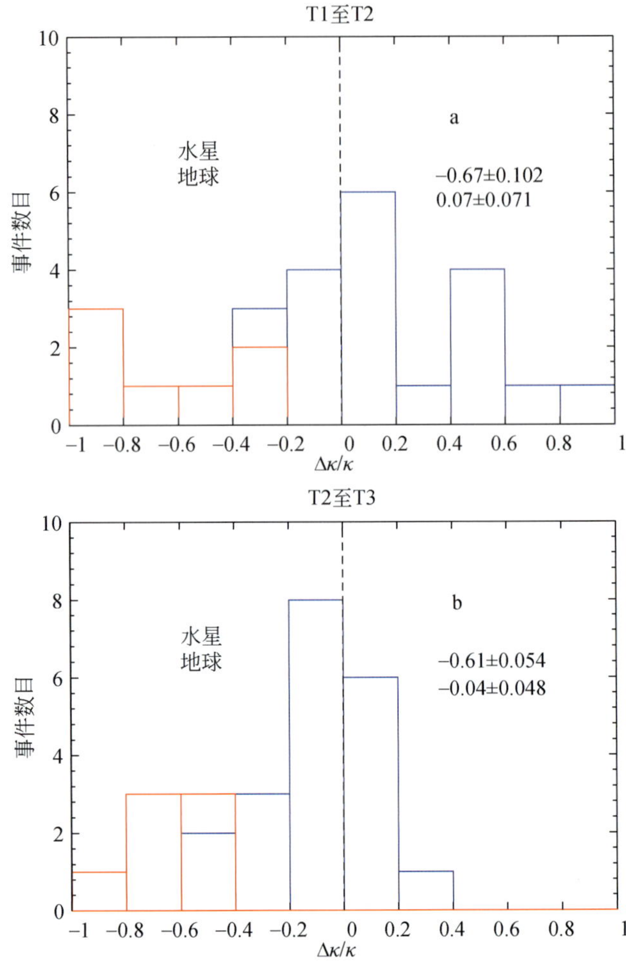

图 33 Kappa 数值分别在水星和地球磁层亚暴期间的变化比例的分布

红色直方图为水星磁层的观测，蓝色直方图为地球磁层的观测。a. Kappa 数值在亚暴增长相期间的变化比例，由亚暴增长相之前（T1）至偶极化之前（T2）；b. Kappa 数值在亚暴偶极化前后的变化比例，由亚暴偶极化之前（T2）至亚暴偶极化之后（T3）

粒子加速机制占主导地位，等离子体动力学过程中主要的可以使能谱斜率守恒的粒子加速机制是 Betatron 加速。Betatron 加速是粒子磁矩守恒的一种加速机制，表达式为 $\Delta W_{\perp}=W_{\perp}\Delta B/B$，其中 $\Delta W_{\perp}$ 为能量变化量，ΔB 为磁场变化量，$W_{\perp}/B$ 为磁矩。Betatron 加速中粒子能量的变化量与磁场变化量成正比，而与粒子能量无关。由于背景磁场的变化量对于所有粒子来讲是一样的，因此所有的粒子获得相同的能量，能谱的斜率就会守恒（如图 34a 所示，见 Christon et al.，1991）。

而在水星磁层亚暴过程中，等离子体片质子分布 Kappa 数值的大幅度变化揭示那些可以使能谱斜率变化的加速机制很重要，即与能量有关的加速机制（如图 34b 所示）。这里我们讨论两种可能的与水星磁层内与能量相关的加速机制。其一，质子在磁尾薄电流片内沿着晨昏电场方向的非绝热加速（如 Speiser，1965；Lyons and Speiser，1982；Ashour-

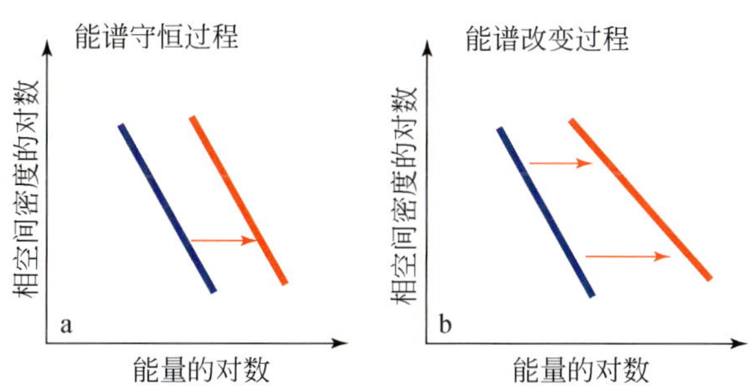

图 34　粒子加速过程导致的两种能谱斜率的变化示意图

a. 能谱斜率守恒的加速示意图；b. 能谱斜率变小的加速示意图

Abdalla et al.，1990）。在水星磁尾，磁力线在赤道面的曲率半径约为 200 km（Rong et al.，2018）。而对于一个能量为 0.1 keV 的质子，在背景为 10 nT 的磁场中，回旋半径约为 160 km 与磁力线的曲率半径相当。另一方面，能量为 1 keV 的质子的回旋半径就为 500 km，这一数值与水星等离子体片的平均半厚度 800 km 相当（Poh et al.，2017a）。因此，在水星磁尾质子的轨道主要是受晨昏方向电场影响的非绝热的轨道。Lyons 和 Speiser（1982）研究指出，这种晨昏方向的电场加速与晨昏方向电场和磁场 B_Z 分量的比值密切相关。水星磁尾较大的晨昏电势会造成较大的晨昏电场（Slavin et al.，2009，2010；DiBraccio et al.，2015b；Jasinski et al.，2017），从而导致很强的沿晨昏方向的电场加速。其二，波粒相互作用（Hasegawa et al.，1985；Shizgal，2007；Catapano et al.，2017）。对于图 30 所示的水星磁层亚暴事件中，尤其亚暴偶极化之后，观测了很强的位于质子回旋频率附近的波动。这些波动可能是电磁离子回旋波（Schriver et al.，2011），电磁离子回旋波是水星磁尾等离子体片内一种常见的电磁波。在水星磁层中，由于水星磁尾赤道面相对较强的磁场强度，质子经常会存在较显著的损失堆分布，即平行和反平行方向质子的相空间密度几乎为零。质子的这种损失堆分布可以激发电磁离子回旋波。因此波粒相互作用可能是可以改变水星磁尾质子能谱斜率的一种机制。需要指出的是，这里讨论的两种可以使能谱斜率变化的机制只是多种机制中的可能与水星磁层比较密切相关的两种机制，不能排除其他的机制也可能造成水星磁尾质子能谱斜率的变化。

最后，在地球的磁层亚暴的数个事件中，Kappa 数值的变化量是大于 0.4 的（见图 33），这一现象暗示着可以使质子能谱斜率变化的机制在某些地球磁层亚暴事件中也很重要（如 Christon et al.，1991；Huang et al.，1992），图 31 的地球磁层亚暴事件中也的确存在质子回旋频率附近的波动。但大部分地球磁层亚暴事件中质子分布的 Kappa 数值的变化量是小于 0.4 的，而大部分水星磁层亚暴事件中的变化量是大于 0.4 的，这一现象表明可以使能谱斜率变化的加速机制在水星磁层内的作用更为显著，而地球磁层亚暴过程中质子的加速机制可以很好地用绝热加速机制来描述。质子的变化特征在水星和地球磁层的差异可能与两颗行星磁层的本身差异密切相关，水星磁层的整体尺度要远远的小于地球磁层，从而导致水星磁尾的磁力线曲率半径很小，电流片很薄，这些与可以导致质子加速过程中能谱斜率变化的机制密切相关。

6 总结与展望

基于 MESSENGER 的大量磁场和等离子体数据，行星物理团队已在多方向上取得重要研究进展。更加深入的水星空间物理问题研究将有待于高质量、高精度、多卫星的联合探测。欧洲航天局和日本宇宙航空研究开发机构联合的 BepiColombo 双星将于 2021 年开始飞越水星，并计划于 2025 年年底开始环绕水星。BepiColombo 将开启水星空间环境的多仪器、多卫星的联合探测，提供更为全面和丰富的磁场、等离子体（包括行星重离子）、中性原子等多种空间探测数据（Benkhoff et al.，2010）。其中，水星行星轨道器（MPO）主要用于探测水星的表面和内部结构，水星磁层轨道器（Mio）主要用于探测水星磁场及其与太阳风的相互作用，其科学目标之一就是水星空间环境（Milillo et al.，2020）。基于行星物理团队的研究基础，期待在以下方向上获得重要的进展和突破：①水星磁层动力学特征及磁层-外逸层-风化层耦合；②磁层活动相关的电流体系的认知；③水星空间等离子体环境特征，尤其是磁层空间粒子的来源与加速机制；④行星重离子对水星磁层动力学过程的作用等。

参考文献

Ashour-Abdalla M，Berchem J，Büchner J，Zelenyi M. 1990. Chaotic scattering and acceleration of ions in the Earth's magnetotail. Geophysical Research Letters，17（13）：2317-2320.

Baker D N，et al. 2016. Intense energetic electron flux enhancements in Mercury's magnetosphere：An integrated view with higher solution observations from MESSENGER. J Geophys Res Space Phys，121：2171-2184.

Benkhoff J，et al. 2010. BepiColombo—Comprehensive exploration of Mercury：Mission overview and science goals. Planetary and Space Science，58：2-20.

Catapano F，Zimbardo G，Perri S，Greco A，Delcourt D，Retino A，Cohen I J. 2017. Charge proportional and weakly mass-dependent acceleration of different ion species in the Earth's magnetotail. Geophysical Research Letters，44：10108-10115.

Christon S P，Mitchell D G，WilliamsD J，Frank L A，Huang C Y，Eastman T E. 1988. Energy spectra of plasma sheet ions and electrons from ~50 eV/e to ~1 MeV during plasma temperature transitions. J Geophys Res，93（A4）：2562-2572.

Christon S P，Williams D J，Mitchell D G，Huang C Y，Frank L A. 1991. Spectral characteristics of plasma sheet ion and electron populations during disturbed geomagnetic conditions. Journal of Geophysical Research，96（A1）：1-22.

Delcourt D C，Leblanc F，Seki K，Terada N，Moore T E，Fok M C. 2007. Ion energization during substorms at Mercury. Planet Space Sci，55（11）：1502-1508.

DiBraccio G A，et al. 2015a. MESSENGER observations of flux ropes in Mercury's magnetotail. Planet Space Sci，115：77-89.

DiBraccio G A，Slavin J A，Raines J M，Gershman D J，Tracy P J，Boardsen S A，et al. 2015b. First observations of Mercury's plasma mantle by MESSENGER. Geophysical Research Letters，42：9666-9675.

Ding Y，Rong Z J. 2018. A statistical survey on the magnetic field distribution in Mercury's magnetotail current sheet based on MESSENGER observations. Chinese Journal of Geophysics, 61 (2): 411-422.

Erkaev N V, Semenov V S, Biernat H K. 2007. Magnetic double gradient instability and flapping waves in a current sheet. Physical Review Letters, 99 (23): 235003.

Gabrielse C, Angelopoulos V, Runov A, Turner D L. 2014, Statistical characteristics of particle injections throughout the equatorial magnetotail. J Geophys Res Space Physics, 119: 2512-2535.

Gershman D J, Slavin J A, Raines J M, Zurbuchen T H, Anderson B J, Korth H, Baker D N, Solomon S C. 2013. Magnetic flux pileup and plasma depletion in Mercury's subsolar magnetosheath. J Geophys Res Space Phys, 118: 7181-7199.

Gershman D J, Slavin J A, Raines J M, Zurbuchen T H, Anderson B J, Korth H, Baker D N, Solomon S C. 2014. Ion kinetic properties in Mercury's premidnight plasma sheet. Geophys Res Lett, 41: 5740-5747.

Haaland S, Kronberg E A, Daly P W, Fränz M, Degener L, Georgescu E, Dandouras I. 2010. Spectral characteristics of protons in the Earth's plasmasheet: Statistical results from cluster CIS and RAPID. Annales de Geophysique, 28 (8): 1483-1498.

Harris E G. 1962. On a plasma sheath separating regions of oppositely directed magnetic field. Nuovo Cimento, 23: 115-121.

Hasegawa A, Mima K, Duong-van M. 1985. Plasma distribution function in a superthermal radiation field. Physical Review Letters, 54 (24): 2608-2610.

Ho G C, et al. 2016. MESSENGER observations of suprathermal electrons in Mercury's magnetosphere, Geophys Res Lett, 43: 550-555.

Huang C Y, Frank L A, Rostoker G, Fennell J, Mitchell D G. 1992. Nonadiabatic heating of the central plasma sheet at substorm onset. Journal of Geophysical Research, 97 (A2): 1481-1495.

Jasinski J M, Slavin J A, Raines J M, DiBraccio G A. 2017. Mercury's solar wind interaction as characterized by magnetospheric plasma mantle observations with MESSENGER. Journal of Geophysical Research: Space Physics, 122: 12153-12169.

Kistler L M, Mouikis C G, Cao X, Frey H, Klecker B, Dandouras I, et al. 2006. Ion composition and pressure changes in storm time and nonstorm substorms in the vicinity of the near- earth neutral line. Journal of Geophysical Research, 111: A11222.

Lindsay S T, James M K, Bunce E J, Imber S M, Korth H, Martindale A, Yeoman T K. 2016. MESSENGER X-ray observations of magnetosphere-surface interaction on the nightside of Mercury, Planet Space Sci, 125: 72-79.

Lyons L R, Speiser T W. 1982. Evidence for current sheet acceleration in the geomagnetic tail. Journal of Geophysical Research, 87 (A4): 2276-2286.

Milillo A, et al. 2020. Investigating Mercury's Environment with the Two-Spacecraft BepiColombo Mission. Space Science Reviews, 216: 93.

Miller J A. 1991. Magnetohydrodynamic turbulence dissipation and stochastic proton acceleration in solar flares, Astrophys J, 376: 342-354.

Nagai T, Shinohara I, Zenitani S, Nakamura R, Nakamura T K M, Fujimoto M, Saito Y, Mukai T. 2013. Three-dimensional structure of magnetic reconnection in the magnetotail from Geotail observations. J Geophys Res Space Physics, 118: 1667-1678.

Poh G, Slavin J A, Jia X, Raines J M, Imber S M, Sun W J, Gershman D J, DiBraccio G A, Genestreti K J, Smith A W. 2017a. Coupling between mercury and its night-side magnetosphere: Cross-tail current sheet asymmetry and substorm current wedge formation. J Geophys Res Space Physics, 122.

Poh G, Slavin J A, Jia X, Raines J M, Imber S M, Sun W J, Gershman D J, DiBraccio G A, Genestreti K J, Smith A W. 2017b. Mercury's cross-tail current sheet: Structure, X-line location and stress balance. Geophys Res Lett, 44: 678-686.

Raines J M, Slavin J A, Zurbuchen T H, Gloeckler G, Anderson B J, Baker D N, Korth H, Krimigis S M, McNutt Jr R L. 2011. MESSENGER observations of the plasma environment near Mercury. Planet Space Sci, 59 (15): 2004-2015.

Rong Z J, Barabash S, Stenberg G, Futaana Y, Zhang T L, Wan W X, Wei Y, Wang X D. 2015. Technique for diagnosing the flapping motion of magnetotail current sheets based on single-point magnetic field analysis. J Geophys Res Space Physics, 120: 3462-3474.

Rong Z J, Ding Y, Slavin J A, Zhong J, Poh G, Sun W J, Shen C. 2018. The magnetic field structure of Mercury's magnetotail. Journal of Geophysical Research: Space Physics, 123: 548-566.

Schriver D, Trávníček P M, Anderson B J, Ashour-Abdalla M, Baker D N, Benna M, et al. 2011. Quasi-trapped ion and electron populations at mercury. Geophysical Research Letters, 38: L23103.

Sheeley N R, Asbridge J R, Bame S J, Harvey J W. 1977. A pictorial comparison of interplanetary magnetic field polarity, solar wind speed, and geomagnetic disturbance index during the sunspot cycle. Sol Phys, 52: 485-495.

Shizgal B D. 2007. Suprathermal particle distributions in space physics: Kappa distributions and entropy, Astrophys. Space Sci, 312 (3): 227-237.

Slavin J A, Acuña M H, Anderson B J, Baker D N, Benna M, Board S A, et al. 2009. MESSENGER observations of magnetic reconnection in Mercury's magnetosphere. Science, 324 (5927): 606-610.

Slavin J A, Anderson B J, Baker D N, Benna M, Boardsen S A, Gloeckler G, et al. 2010. MESSENGER observations of extreme loading and unloading of Mercury's magnetic tail. Science, 329 (5992): 665-668.

Slavin J A, et al. 2012. MESSENGER and Mariner 10 flyby observations of magnetotail structure and dynamics at Mercury. J Geophys Res, 117: A01215.

Speiser T W. 1965. Particle trajectories in model current sheets: 1. Analytical solutions. Journal of Geophysical Research, 70 (17): 4219-4226.

Sun W J, et al. 2015a. MESSENGER observations of magnetospheric substorm activity in Mercury's near magnetotail, Geophys. Res Lett, 42: 3692-3699.

Sun W J, et al. 2015b. MESSENGER observations of Alfvénic and compressional waves during Mercury's substorms. Geophys Res Lett, 42: 6189-6198.

Sun W J, Fu S Y, Slavin J A, Rainesv J M, Zong Q G, Poh G K, Zurbuchen T H. 2016. Spatial distribution of Mercury's flux ropes and reconnection fronts: MESSENGER observations. J Geophys Res Space Physics, 121: 7590-7607.

Sun W J, Raines J M, Fu S Y, Slavin J A, Wei Y, Poh G K, Pu Z Y, Yao Z H, Zong Q G, Wan W X. 2017. MESSENGER observations of the energization and heating of protons in the near - Mercury magnetotail. Geophys Res Lett, 44: 8149-8158.

Sun W J, Slavin J A, Dewey R M, Raines J M, Fu S Y, Wei Y, et al. 2018. A comparative study of the proton properties of magnetospheric substorms at Earth and Mercury in the near magnetotail. Geophys Res Lett, 45: 7933-7941.

Vasyliunas V M. 1968. A survey of low-energy electrons in the evening sector of the magnetosphere with OGO 1 and OGO 3. J Geophys Res, 73 (9): 2839-2884.

Wing S, Johnson J R, Newell P T, Meng C I. 2005. Dawn-dusk asymmetries, ion spectra, and sources in the northward interplanetary magnetic field plasma sheet. J Geophys Res, 110: A08205.

Zhang C, Rong Z J, Gao J W, Zhong J, Chai L H, Wei Y, et al. 2020. The flapping motion of Mercury's magnetotail current sheet: MESSENGER observations. Geophysical Research Letters, 47: e2019GL086011.

Zhong J, Wan W X, Wei Y, Fu S Y, Jiao W X, Rong Z J, Chai L H, Han X H. 2014. Increasing exposure of geosynchronous orbit in solar wind due to decay of Earth's dipole field. J Geophy Res Space Physics, 119: 9816-9822.

Zhong J, Wan W X, Slavin J A, Wei Y, Lin R L, Chai L H, Raines J M, Rong Z J, Han X H. 2015a. Mercury's three- dimensional asymmetric magnetopause. J Geophy Res Space Physics, 120: 7658-7671.

Zhong J, Wan W X, Wei Y, Slavin J A, Raines J M, Rong Z J, Chai L H, Han X H. 2015b. Compressibility of Mercury's dayside magnetosphere. GRL, 42: 10135-10139.

Zhong J, Wei Y, Pu Z Y, Wang X G, Wan W X, Slavin J A, Cao X, Raines J M, Zhang H, Xiao C J, Du A M, Wang R S, Dewey R M, Chai L H, Rong Z J, Li Y. 2018. MESSENGER Observations of Rapid and Impulsive Magnetic Reconnection in Mercury's Magnetotail. ApJL, 860: L20.

Zhong J, Zong Q G, Wei Y, Slavin J A, Cao X, Pu Z Y, Wang X G, Fu S Y, Raines J M, Wan W X. 2019. MESSENGER Observations of Giant Plasmoids in Mercury's Magnetotail. ApJL, 886: L32.

Zhong J, Shue J H, Wei Y, Slavin J A, Zhang H, Rong Z J, Chai L H, Wan W X. 2020a. Effects of Orbital Eccentricity and IMF Cone Angle on the Dimensions of Mercury's Magnetosphere. ApJL, 892: 2.

Zhong J, Wei Y, Lee L C, He J S, Slavin J A, Pu Z Y, Zhang H, Wang X G, Wan W X. 2020b. Formation of Macroscale Flux Transfer Events at Mercury. ApJL, 893: L18.

Zhong J, Lee L C, Wang X G, Pu Z Y, He J S, Wei Y, Wan W X. 2020c. Multiple X- line Reconnection Observed in Mercury's Magnetotail Driven by an Interplanetary Coronal Mass Ejection. ApJL, 893: L11.

金星空间物理研究进展

戎昭金[1,2]，柴立晖[1,2]，韩倩倩[1,2]，高佳维[1,2]，魏　勇[1,2]

1. 中国科学院地质与地球物理研究所，北京 100029

2. 中国科学院大学地球与行星科学学院，北京 100049

摘　要

金星是距地球最近的行星（距太阳为0.72 AU，约为日地距离的3/4）。金星在很多方面都与地球极其相似。金星的半径约为6052 km（仅比地球半径小300 km），体积是地球的0.88倍，平均密度约为5.25 g/cm^3（略小于地球的5.52 g/cm^3），质量为地球的4/5。在太阳系所有行星中，金星的这些参数与地球最为接近，因此有人也称金星为地球的“孪生姐妹”，并认为金星和地球二者可能来源于同样的宇宙起源过程。

金星有浓厚的大气，地表气压可达93个标准大气压。金星大气的主要成分是二氧化碳（CO_2，96.5%）和氮气（N_2，3.5%），还有其他酸性气体成分如SO_2、H_2S、HCl等和少量水蒸气（H_2O）。金星低层大气中的CO_2，SO_2，H_2O吸收了金星表面的红外辐射，产生了非常强的温室效应，使得金星表面温度能达482℃。但目前还不清楚金星上这么剧烈的温室效应到底是如何产生和形成的。虽然水蒸气在金星大气层中含量很少，但金星大气层中高的氘氢比（D/H）表明金星过去应该有丰富的“水”。

早期卫星探测表明，金星当前并没有类似地球地磁场那样的全球内禀偶极磁场，这说明金星内核没有发电机效应。发电机理论表明，金星可能在早期最初的10亿年具有同地球相当的磁矩。发电机理论认为，地球的内部实心核通过“搅动”其内部融化的核来维持发电机，所以金星要么由于其内核缺乏必要的内部因素（化学或物理过程）而无法形成实心核，要么在形成实心核后就停止了发电机过程。由于缺乏直接数据观测，当前对金星发电机是否曾启动过还一直是个谜。

与地球电离层产生机制类似，强烈的太阳远紫外辐射能够在金星高层大气中电离大气分子，在金星向阳面产生电离层。有研究表明，由于金星缺乏全球内禀磁场或者内部发电机过程，金星上的水离解后，容易被太阳风直接携带从感应磁层空间直接逃走。尽管当前人类对金星已经开展了几十次探测计划，主要有两次长时间探测金星空间环境的探测计划，PVO（1978～1992年）和金星快车

(2006～2014 年)。但是由于观测资料少，人们对金星感应磁层空间的结构和磁层物理行为当前还存在诸多未知。利用 PVO 和金星快车的数据，我们团队近些年来对金星感应磁层开展了较为系统的研究，取得了一些重要的原创发现。

1 金星磁尾

1.1 三维磁场结构特征

如图 1 所示，与地球不同，由于金星没有内禀磁场，太阳风携带行星际磁场与金星大气层和金星电离层发生直接相互作用。这种相互作用会在金星电离层感应形成空间感应电流，并形成感应磁层空腔结构，阻碍磁化太阳风等离子体直接进入金星磁层空间。

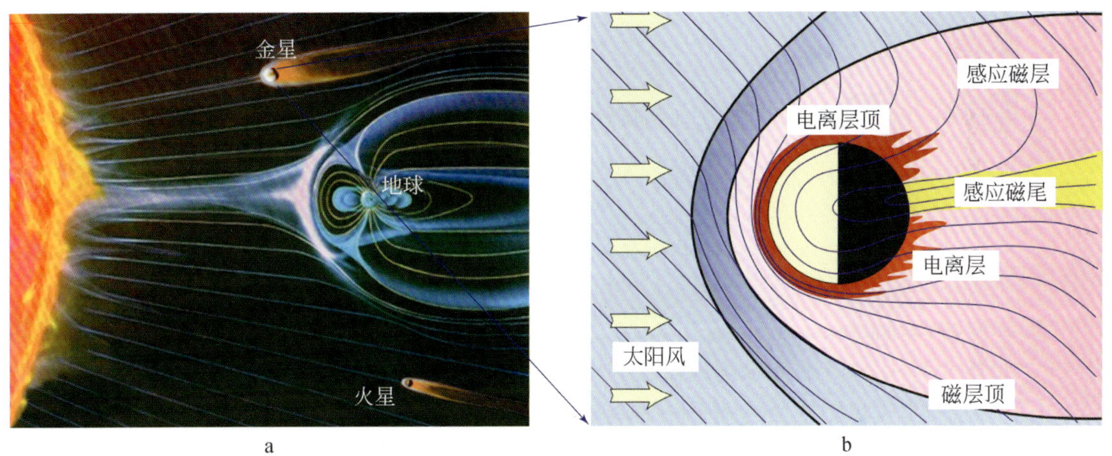

图 1 太阳风与行星相互作用示意图

a. 地球磁层结构示意图；b. 金星感应磁层结构示意图

经典感应磁尾磁场结构的图像表明：太阳风磁场随太阳风运动，并在金星电离层处堆积，垂挂，并滑移进入金星磁尾。早期 PVO 对金星远磁尾 8～12 个金星半径处的观测表明金星远磁尾的磁场结构是符合感应磁尾图像的。然而对于金星近磁尾而言，由于缺乏数据观测，人们对于金星近磁尾的磁场结构（距金星 1～3 R_V，R_V=6052 km，为金星半径）并不清楚。近年来金星快车的观测表明，金星近磁尾是金星粒子逃逸的关键区域，金星上的“水”主要是通过金星磁尾等离子体片逃逸掉的。所以，明确金星近磁尾磁场的三维结构有助于理解金星近磁尾的粒子运动及相关磁尾动力学过程。

自 2006 年 4 月入轨后，金星快车的轨道正好可以覆盖近磁尾 1～3 个金星半径内的观测。我们利用 2006～2012 年期间金星快车的磁场观测数据，重构了金星近磁尾的磁场三维结构分布（Rong et al.，2014）。

由于金星感应磁层受控于太阳风磁场（IMF）的大小和方向。所以，我们需要获得每轨道飞船穿入和穿出金星弓激波时所对应的 IMF 大小和方向。我们对这 2314 个轨道，挑

选出了4628个弓激波穿越事件。并令穿入金星弓激波对应的IMF（30 min平均）为B_1，穿出金星弓激波对应的IMF（30 min平均）为B_2。我们挑选出当B_1与B_2变化不大时的轨道为IMF稳定的轨道：$2|B_1-B_2|/(B_1+B_2)<0.2$，以及$\alpha<30°$，其中，B_1和B_2为IMF的磁场强度，α为B_1和B_2之间的夹角。满足该条件的轨道将被挑选出用于统计研究，该轨道对应的平均IMF为$B=(B_1+B_2)/2$。总共挑选出了398个平稳IMF条件的轨道。得到这些平稳IMF的轨道后，我们将飞船探测到的磁场数据转化到太阳风电场坐标系（VSE）下：X轴由金星指向上游太阳风方向，Y轴在X轴与IMF（B）构成的平面内，且大体指向B的方向；$Z=X\times Y$，指向上游太阳风电场方向。图2给出了这些轨道在VSE坐标下的分布。

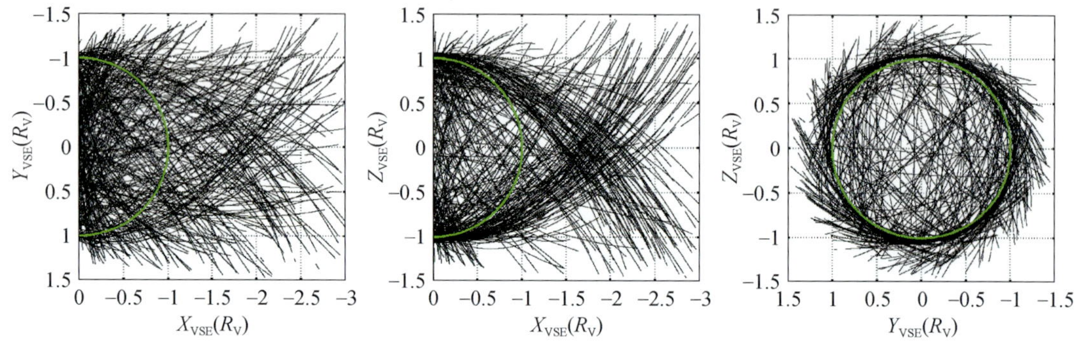

图2　金星快车在VSE坐标系下的轨道覆盖

根据所得磁场矢量在VSE坐标系下的平均分布，我们重构得到了磁场在XZ平面上的分布。如图3所示，金星近磁尾磁场在两极呈“沉降”形态，这表明垂挂在金星上层大气的IMF会滑移进入磁尾，并在等离子体流的带动下，从两极“沉降”进入磁尾。沉降结构在$X>-1.5\ R_V$区域比较明显，且呈现出在北半球相对更为显著。

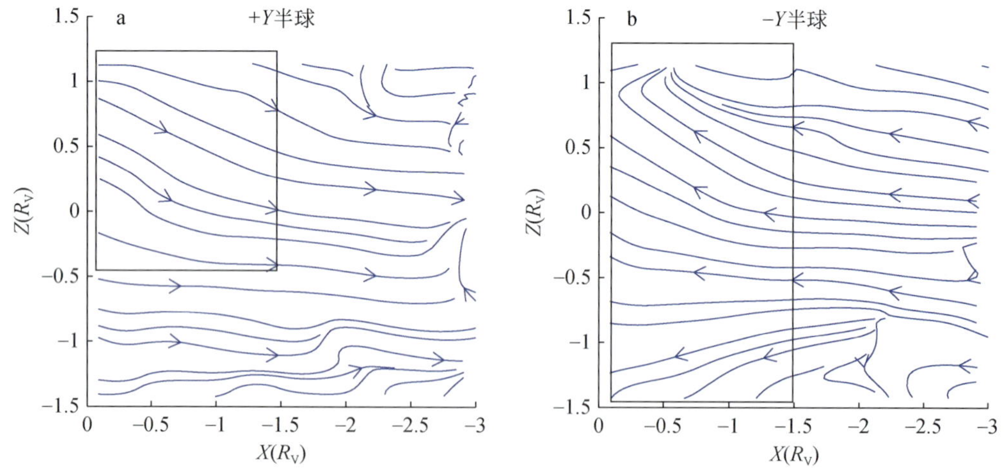

图3　金星近磁尾平均磁力线结构在VSE坐标中XZ平面上的分布

a. +Y半球的磁力线结构分布；b. −Y半球的磁力线结构分布。图中方框圈出磁力线结构出现显著“沉降”的区域

图 4 给出了平均磁力线结构在 XY 平面上的分布。可清楚看到金星近磁尾磁场呈垂挂分布特征。在 $+E$ 半球和磁赤道附近，垂挂特征较为明显，磁场结构比较规则。而在南半球，磁力线结构相对较为紊乱。

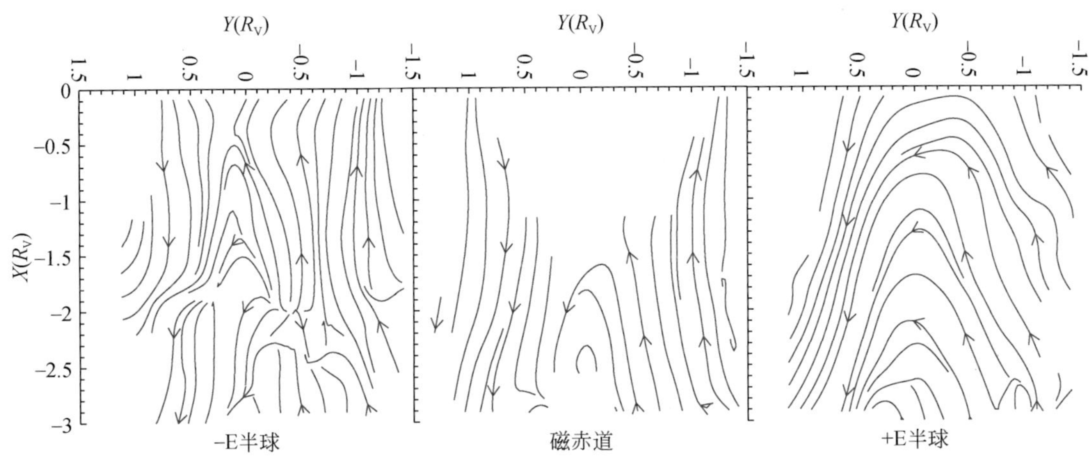

图 4　金星近磁尾磁场结构在北半球、磁赤道、南半球 XY 平面上的平均磁力线分布

进一步对图 4 中各个区域磁场分布做 Harris 拟合 $\left[B_X = B_0 \tanh\left(\frac{y-y_0}{L}\right)\right]$，我们得到了金星近磁尾的磁尾电流片参数。根据估算的参数，还可估算得到磁尾电流片中心处的曲率半径大小和电流密度大小。具体参数见表 1。

表 1　在 $-1.5\ R_v > X > -2.5\ R_v$ 内，磁尾电流片在不同区域的估计参数

	$\lvert B_Y \rvert$ (nT)[1)]	$\lvert B_Z \rvert$ (nT)[1)]	$y_0(R_v)$[2)]	B_0(nT)[2)]	$L(R_v)$[2)]	$R_{c,min}$(km)[3)]	J_0(nA/m^2)[3)]
+E 半球	3.73	0.08	0.14±0.14	−0.30±2.30	0.17±0.26	460	6.42
中间区域	1.56	−0.006	0.10±0.17	−7.41±2.28	0.16±0.27	206	6.09
−E 半球	0.77	−0.30	−0.29±0.43	−5.00±5.55	0.74±1.70		

1）$-1.5\ R_v < Y < -2.5\ R_v$ 范围内的平均值；

2）使用哈里斯电流片拟合的参数，在 95% 置信区间内的取值范围；

3）$R_{c,min}$ 为磁场曲率。J_0 为电流密度，均使用哈里斯电流片拟合。

图 4 和表 1 首次清楚揭示金星近磁尾磁场存在明显的半球不对称结构：在 $+E$ 半球，电流片曲率半径较厚，法向磁场较强；在磁赤道平面处，曲率半径较小，法向磁场较弱。在 $-E$ 半球，磁场结构较为紊乱，拟合效果差。

估算磁尾电流片中的安培力 $\boldsymbol{J}\times\boldsymbol{B}$，结果表明在 $+E$ 半球尾向 $\boldsymbol{J}\times\boldsymbol{B}$ 较大，能更有效地加速磁尾等离子体向尾向下游方向逃逸。这与前人的等离子体分布观测是相吻合的。

1.2　IMF 径向磁场分量对磁尾磁场结构的调控

早期 PVO 在远磁尾的观测表明，金星磁尾的磁场结构可能受径向 IMF 的调控。如图 5

所示，当 IMF 中含较强 $-B_X(+B_X)$ 分量时，磁尾磁场在 $-B_X(+B_X)$ 半球要相对大于 $+B_X(-B_X)$ 半球，磁尾电流片会整体偏向 $+B_X(-B_X)$ 半球。而当 IMF 的 B_X 分量很弱的时候，则不对称性会消失，两尾瓣的磁场结构和分布基本对称相等。

简而言之，前人的观点认为径向 IMF 能造成金星磁尾两个尾瓣的不对称性。然而早期 PVO 在远磁尾的观测并不能穿越上游太阳风区域，所以上游 IMF 径向分量是否能真正影响磁尾磁场的不对称性实际还并不清楚。

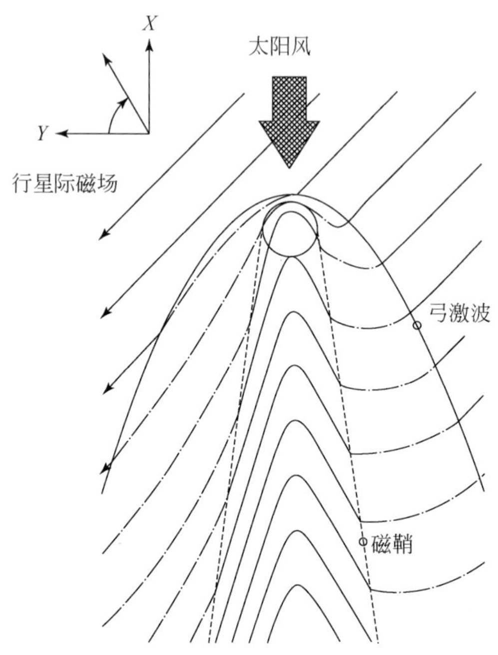

图 5　磁尾磁场结构示意图（据 McComas et al., 1986）

由于金星快车每个轨道都能测量到上游 IMF，所以为了检查前人的观点正确性，我们可利用金星快车的磁场数据，分别从事例和统计分析的角度，详细检查了上游 IMF B_X 分量对金星近磁尾磁场分布的影响（Rong et al., 2016）。

在严格挑选的事例方面，我们对若干 IMF 稳定的金星快车穿越金星磁层的事例做了仔细分析。如图 6 所示，我们展示了三个典型的 IMF 稳定事例，并在表 2 中列出了对这些事例的分析结果。

表 2　三个典型 IMF 稳定事例分析结果

事例	IMF B_X	磁尾磁场	电流片偏移	是否与 McComas 等（1986）一致
2009-05-16	<0	$-B_X$ 半球 $>+B_X$ 半球	偏向 $+B_X$ 半球	是
2009-05-30	>0	$-B_X$ 半球 $>+B_X$ 半球	可忽略	否
2013-10-06	~ 0	$-B_X$ 半球 $>+B_X$ 半球	偏向 $+B_X$ 半球	否

由表 2 可见，这些例子或多或少都展示出了磁尾不对称分布特征，但不对称的图像并不都是如 McComas 等人所预期的那样。

假若我们规定电流片从 $+B_X$ 半球向 $-B_X$ 半球的移动 $\Delta d>0$，反之若向 $+B_X$ 半球移动则有 $\Delta d<0$。所以，若前人关于图 1 的图像是正确的，那么 Δd 随 IMF 的圆锥角（cone angle，IMF 与 $+X$ 之间的夹角）必然有会有显著的反相关关系。我们对挑选出的 10 个 IMF 非常稳定的磁层穿越事件做了分析，并在表 3 中列出了对这些事例的分析结果，估算了电流片的偏移距离 Δd 并在图 7 中给出了 Δd 随 IMF cone angle 的散点分布。与图 5 的预期不同，我们并没有发现 Δd 随 IMF cone angle 有显著的反相关。

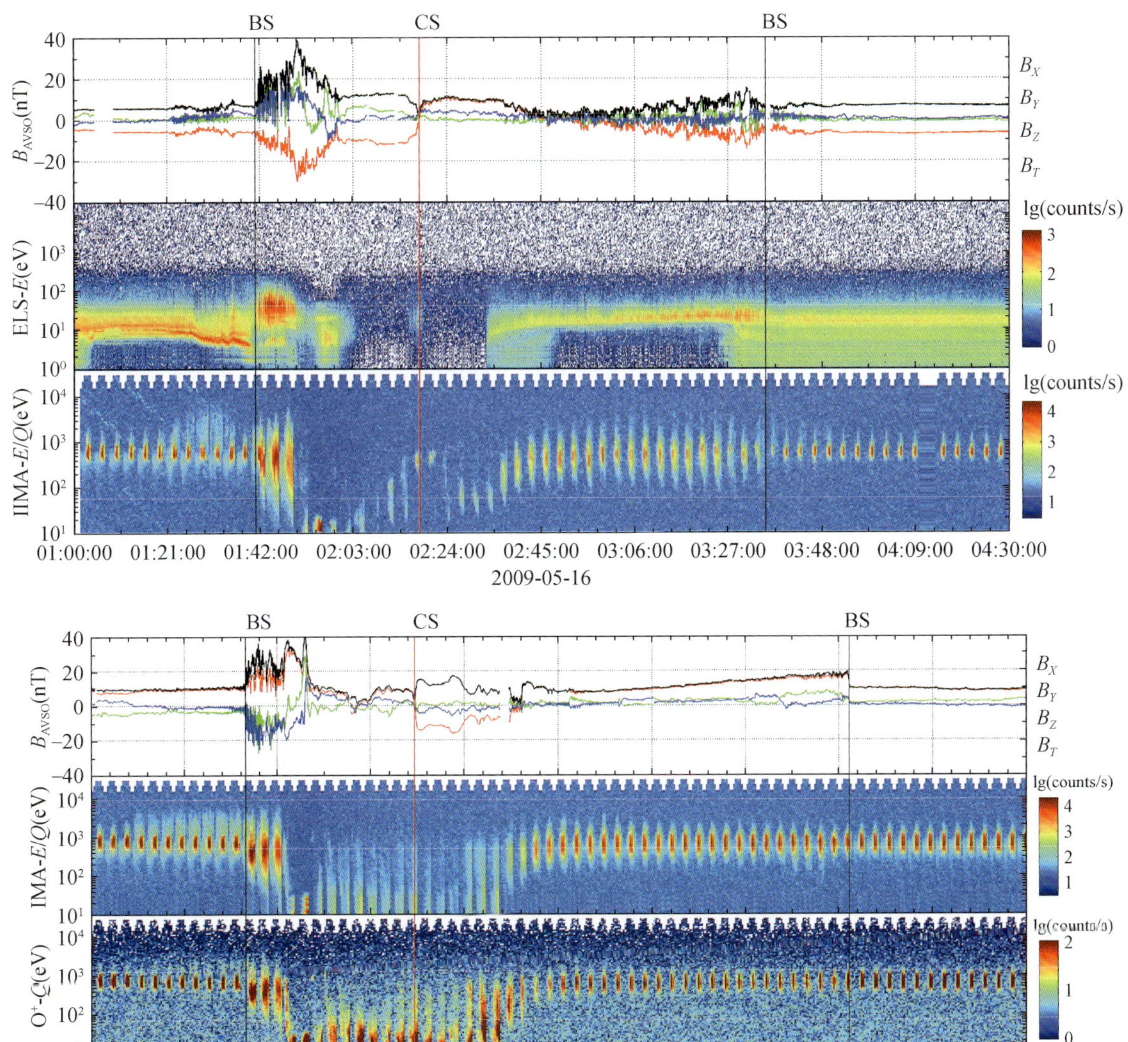

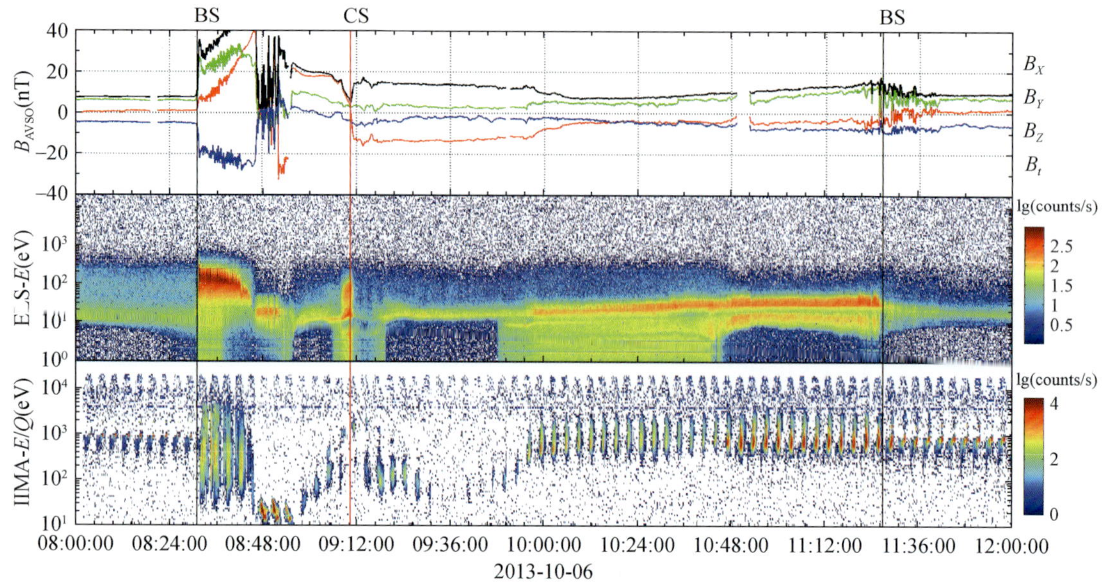

图 6 金星快车穿越金星磁层的三次事例观测

BS 代表穿越弓激波，CS 代表穿越磁尾电流

表 3 在稳定 IMF 条件下，金星快车穿越金星磁层的事例

日期	时间	$X(R_V)$	$Y(R_V)$ 1)	$Z(R_V)$ 1)	IMF(nT) 2)	cone angle 2)
2008-03-01	04:51:23	−1.57	−0.40	0.24	(−3.12, 3.95, 3.99)	119°
2009-05-16	02:17:50	−1.47	−0.76	0.29	(−5.96, −0.21, 1.28)	168°
2009-09-20	02:05:47	−2.06	−0.17	−0.28	(−3.58, 3.16, −1.9)	134°
2010-09-11	08:59:31	−1.63	0.82	0.24	(4.22, 5.66, −11.36)	72°
2011-04-22	03:27:45	−1.50	0.67	0.45	(−4.52, 9.41, −11.96)	107°
2011-11-19	08:23:45	−2.09	0.09	0.11	(15.25, −7.56, 14.73)	47°
2012-09-17	00:32:01	−0.96	−1.28	0.08	(4.30, 0.38, 9.48)	66°
2013-06-02	04:32:54	−1.68	0.04	−0.11	(−0.26, 6.08, 11.31)	91°
2013-09-25	09:05:57	−2.14	0.24	0.26	(−6.61, 3.32, −14.90)	113°
2013-10-06	09:10:32	−1.29	0.59	0.75	(0.38, 6.67, −5.36)	87°

1）VSO 坐标系下电流片穿越的位置；

2）平均 IMF 及其 cone angle。

所以，至少从我们挑选的稳定 IMF 事例而言，McComas 等人关于图 5 图像的真实性是非常值得怀疑的。对此，我们又进一步作了统计分析。

利用金星快车 2006 年 4 月至 2014 年 12 月期间金星快车在金星磁尾的观测，我们选择了满足稳定 IMF 条件的轨道，并考察了金星磁尾电流片在 IMF 显著指向太阳（cone angle < 60°），或指向磁尾方向（cone angle > 120°）下的分布。具体统计分布见图 8。

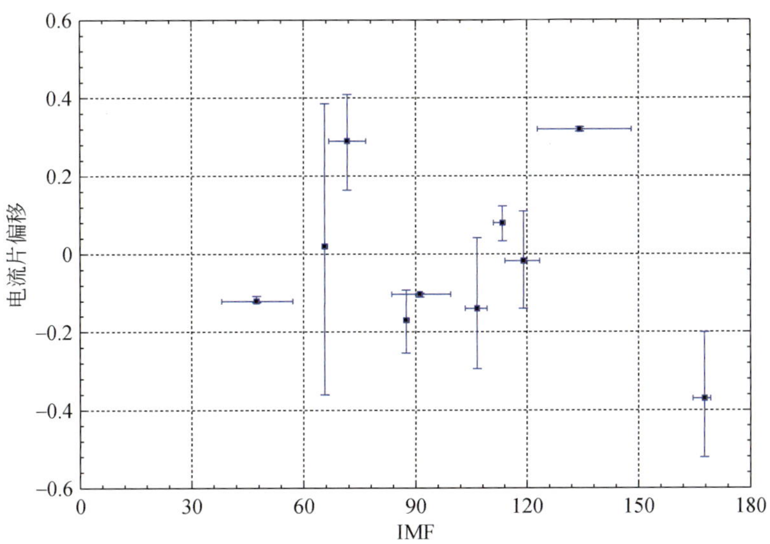

图 7　金星磁尾电流片的偏移与 IMF 圆锥角之间的散点图

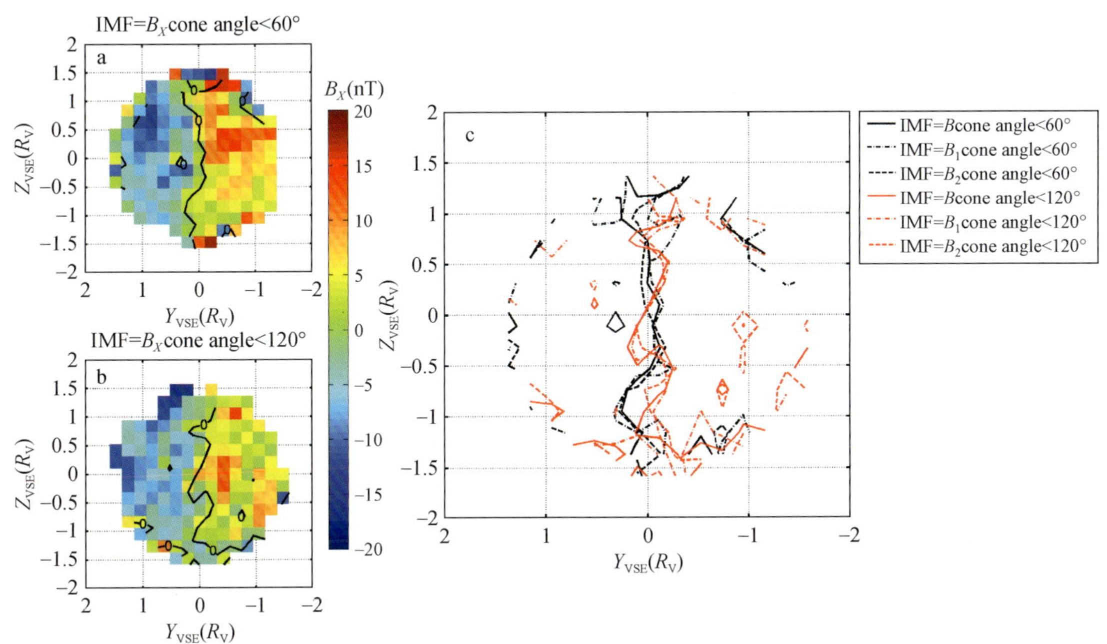

图 8　VSE 坐标下金星近磁尾磁场在日向（a）和尾向（b）IMF 条件下的统计分布，以及磁尾电流片的空间结构分布（c）

由图 8 显然可见，无论 IMF 显著指向日向还是指向尾向，金星近磁尾的磁尾电流片都不会出现显著的偏移。这表明金星近磁尾的磁场结构是基本不受 IMF B_X分量显著调控的，前人在图 5 中描绘金星磁尾磁场结构能显著受 IMF B_X分量调控的图像是不完全正确的。

根据我们的研究结果，我们在图 9 中勾勒了金星感应磁尾磁场结构随 IMF cone angle

变化的示意图。

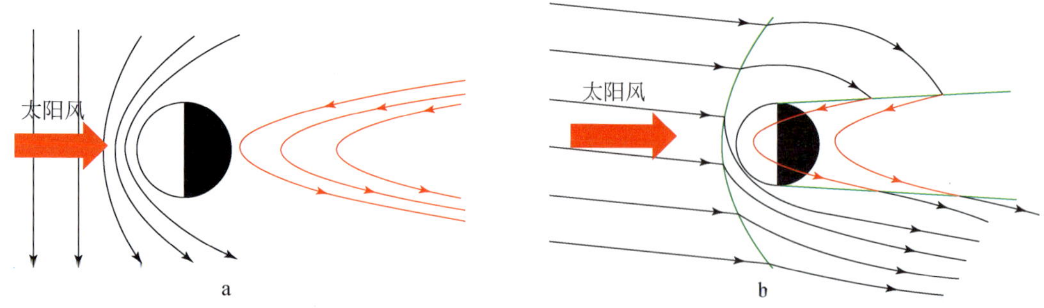

图 9 在 IMF B_X分量不显著（a）和显著（b）情形下，金星磁尾磁场结构的变化示意图

这个结论不仅澄清了多年来行星际磁场平行分量到底是否能有效调控金星感应磁尾这一重要科学问题，而且也能很好解释在明显行星际磁场垂直分量和平行分量两种情况下金星等离子体逃逸率基本相当的物理原因。这对于进一步研究火星和泰坦的磁尾形态学和动力学过程也具有重要的参考价值。

1.3 金星磁尾磁场拍动现象

虽然我们在前面 1.1 和 1.2 节给出了金星磁尾磁场的统计平均分布特征，但从较短时间尺度而言，金星磁尾磁场经常是处于动态变化的。其中一个主要动态特征，就是磁尾磁场会出现准周期性的扰动振荡，飞船能观测到磁尾电流片的多次穿越，即电流片的拍动（Rong et al., 2015a, 2015b）。

多年来对地球磁尾电流片的观测表明，电流片存在拍动现象，表现为卫星多次穿越电流片，并且拍动能形成波动从午夜向磁尾两侧传播。然而，当前对磁尾电流片拍动形成的物理机制尚不清楚。与地球不同，金星不存在全球内禀磁矩。但是太阳风与金星电离层的相互作用也能形成感应磁尾结构。

如图 10 所示，金星快车观测到金星磁尾电流片也存在着拍动现象。在此次事件中，飞船多次穿越电流片，记录到磁场 B_X 分量在短时间内出现多次反向。但是不清楚该拍动过程是否如地球磁尾那样能形成波动从午夜向两侧传播。所以一定程度上而言，比较研究金星电流片拍动对于比较探究地球电流片的动力学活动过程具有重要的物理意义。

然而，由于单点卫星无法直接计算电流片的运动方向，所以，对于金星电流片的拍动物理行为并不能给予直接分析。如图 11 所示，不同的拍动类型和传播，都有可能会形成同样的磁场振荡信号。

由于拍动会带来电流片法向的磁场偏转，因此从电流片的法向变化角度或许可判断拍动的类型和传播方向。利用单点磁场最小变量分析（MVA）分析，我们通过确定每次电流片的法向。通过 MVA 得到的电流片法向，以及磁场的极性变化，我们构造了 k 参数。

$$k=\sin(n_Y \times n_Z)\times \text{sig}(\Delta B_X)$$

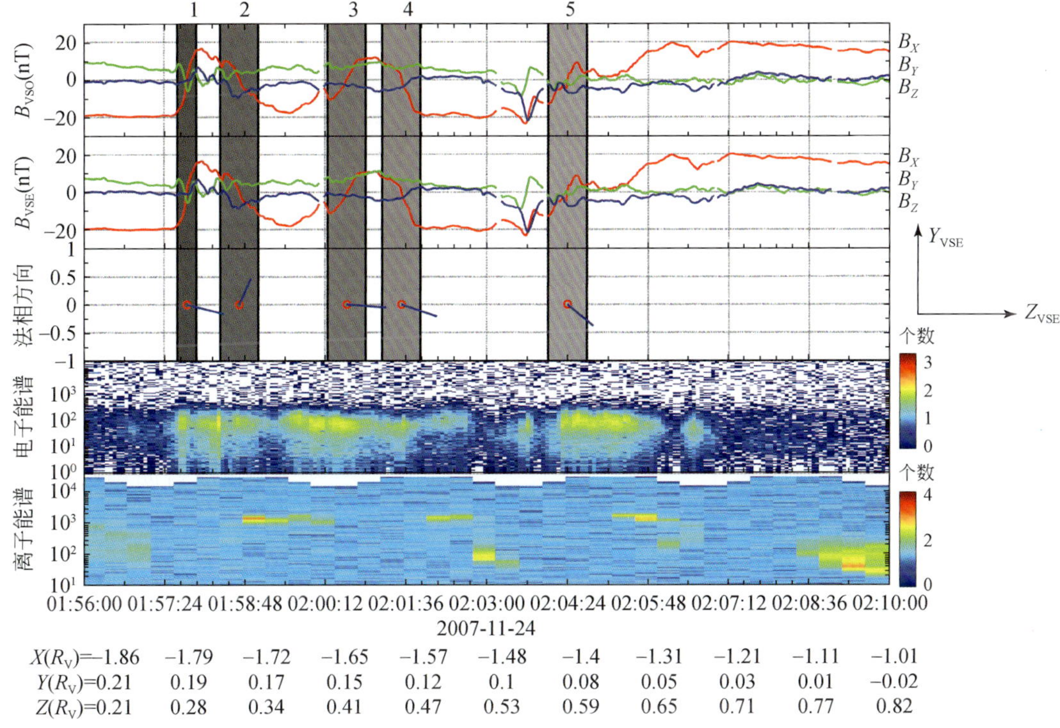

图 10 金星快车在金星近磁尾记录到的一次电流片拍动事件

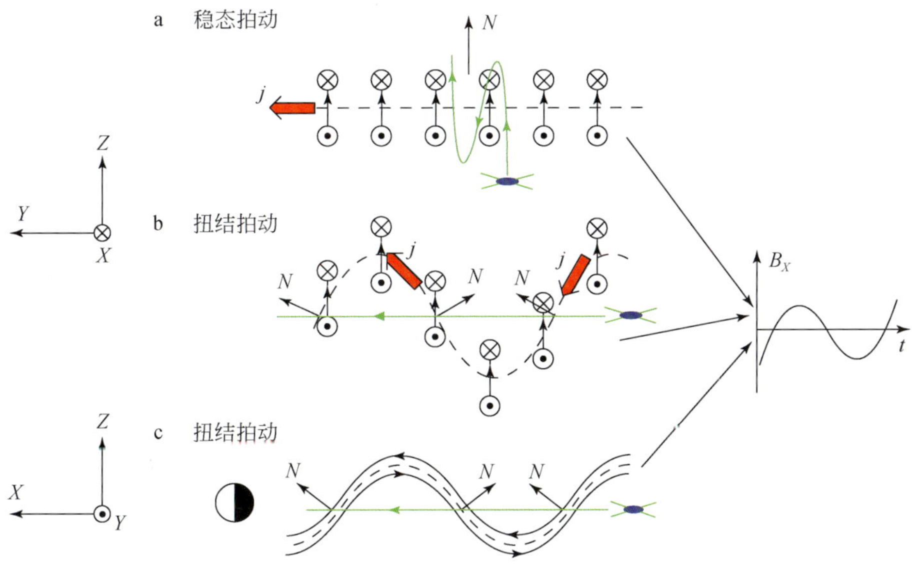

图 11 不同的电流片拍动类型

a 为 YZ 平面上得稳态拍动；b 为 YZ 平面上沿 Y 方向传播的扭结拍动；c 为沿 X 方向传播的扭结拍动

来判断拍动的类型和传播方向。其中 n_Y和 n_Z分别为法向沿 Y、Z 轴的分量。而 ΔB_X则为磁尾 B_X分量的极性变化。当磁场由$-B_X$变化到$+B_X$时，$\Delta B_X>0$，反之，$\Delta B_X<0$。以图 11a 和图 11b 为例，当 k 在每次电流片穿越时，由+1 到−1 交替变化，那么该拍动类型就为上下来回摆动的稳态拍动（steady flapping），拍动并不能形成波动传播。当电流片在整个拍动期间，对于每次电流片穿越计算得到的 k 始终为+1(−1)，那么拍动为扭结性的拍动(kink-like flapping)，向$-Y(+Y)$ 方向传播。

因此，可以依据 k 值在拍动过程中的序列变化来定性判断拍动的类型和传播方向。我们将 k 值方法应用到地球磁尾电流片中，并与 Cluster 多点分析比较，发现我们的单点 k 值方法，至少在 80% 的统计意义上是能较为正确地判断拍动类型的。

我们将 k 值方法应用到金星感应磁尾中，并将探测到的磁场转换到 VSE 坐标中，分析了图 10 事例中的每一次电流片穿越。所得 k 值列在表 4 中。

表 4 金星快车在 2007-11-24 穿越磁尾电流片时的分析结果

穿越	时间间隔	法向	λ_2/λ_3	k
1	01:57:38 ~ 01:57:58	−0.1585, −0.3168, 0.9352	64.4	−1
2	01:58:23 ~ 01:59:03	−0.0271, 0.9505, 0.3095	6.1	−1
3	02:00:15 ~ 02:00:55	0.0777, −0.0685, 0.9946	3.6	−1
4	02:01:12 ~ 02:01:52	0.2582, −0.4315, 0.8644	3.1	+1
5	02:04:04 ~ 02:04:44	0.2803, −0.7346, 0.6179	5.2	−1

根据所计算得到的 k 值，我们描绘了此次电流片空间拍动的两种可能图像（图 12）。经分析，第一种图像是合理的。所以可看到 1、2、3 次穿越属于扭结拍动，3、4、5 属于稳态拍动。我们进一步挑选了 24 个金星磁尾拍动事件，如表 5 所示，并在 VSE 坐标系下利用我们的 k 方法分析了这些拍动事件。根据表 5 的分析结果，我们依据不同类型的拍动事件及其传播方向，将其分布画在图 13 中，并与地球磁尾电流片的拍动图像作了对比。

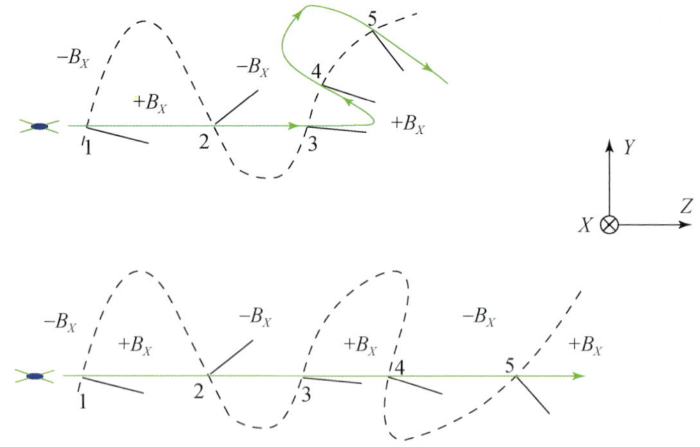

图 12 金星磁尾电流片拍动的可能物理图像

表 5　金星快车在 2006～2012 期间观测到的磁尾电流片拍动事件

日期	时间间隔	平均位置（R_V）[1)]	拍动类型	方向[2)]	等离子体[3)]
2006-07-29	01:50:00～01:55:00	-0.68, 0.25, -1.13	稳态拍动	—	N
2007-11-24	01:57:00～01:59:30	-1.74, 0.17, 0.33	扭结拍动	$-E$	Y
2007-11-24	02:00:00～02:06:00	-1.53, 0.12, 0.50	稳态拍动	—	Y
2008-02-29	05:01:00～05:03:00	-1.98, 0.66, 0.02	稳态拍动	—	N
2008-06-21	03:18:00～03:20:00	-2.46, 1.02, 0.07	扭结拍动	$-E$	N
2008-07-15	04:18:00～04:30:00	-1.39, 0.71, 0.17	稳态拍动	—	Y
2008-10-16	08:30:00～08:35:00	-1.50, 0.24, -0.34	扭结拍动	$-E$	N
2008-10-30	08:58:00～09:00:30	-1.31, 0.17, 0.60	扭结拍动	$+E$	Y
2008-10-30	09:00:30～09:03:00	-1.42, 0.22, 0.52	稳态拍动	—	Y
2009-02-09	07:08:00～07:15:00	-1.90, -0.04, 0.06	稳态拍动	—	Y
2010-08-24	08:32:00～08:36:00	-2.18, 0.07, 0.17	扭结拍动	$+E$	Y
2010-08-27	08:44:00～08:48:00	-2.47, -0.42, 0.36	扭结拍动	$-E$	Y
2010-12-22	01:54:00～01:59:00	-1.58, 0.12, -0.28	扭结拍动	$-E$	N
2011-03-23	03:56:00～04:00:00	-1.25, -0.11, 0.83	扭结拍动	$+E$	No data
2011-04-07	03:38:00～03:42:00	-1.02, -0.61, 0.56	扭结拍动	$+E$	No data
2011-04-07	03:51:00～04:04:00	-2.15, 0.03, -0.03	扭结拍动	$-E$	No data
2011-11-18	08:26:00～08:29:00	-2.37, 0.16, -0.09	扭结拍动	$+E$	Y
2011-11-18	08:31:00～08:35:00	-2.58, 0.37, -0.25	稳态拍动	—	Y
2011-11-18	08:35:00～08:38:00	-2.7, 0.49, -0.35	扭结拍动	$+E$	Y
2012-07-01	02:04:00～02:07:00	-1.29, 0.25, -0.72	扭结拍动	$-E$	N
2012-07-01	02:11:00～02:20:00	-1.82, 0.08, -0.41	稳态拍动	—	N
2012-07-01	02:21:00～02:32:00	-2.25, -0.09, -0.07	扭结拍动	$-E$	Y
2012-07-12	01:37:00～01:41:00	-2.08, 0.71, -0.3	稳态拍动	—	N
2012-07-12	01:47:00～01:55:00	-2.52, 0.61, -0.84	扭结拍动	$+E$	Y

1）在此时间间隔内，VEX 卫星在 VSE 坐标系下的平均位置；

2）扭结拍动的传播方向。由于稳态拍动不传播，稳态拍动的传播方向用“—”表示；

3）Y(Yes) 和 N(No) 表示等离子体仪器是否观测到了能量粒子束的增强。

我们发现金星磁尾电流片与地球磁尾一样，存在着两种拍动状态：①稳定拍动，仅电流片来回振荡，振荡不形成波动传播；②扭结拍动，拍动能形成波动传播。扭结拍动在 $+E$半球和$-E$ 半球都同样出现，因此金星磁尾拍动波的激发源应在电流片的两个侧翼处，很可能是外部磁鞘中的太阳风扰动激发了电流片的拍动，这表明金星磁尾电流片拍动波的传播方向与地球磁尾是大不相同的。我们据此提出猜想：对于含内禀磁矩的星体，其磁尾存在的拍动特征应该与地球磁尾类似，激发源在午夜，拍动向磁尾两侧翼传播；而对于无磁星体的感应磁尾而言，其拍动特性应该类似金星激发源在电流片两侧翼。

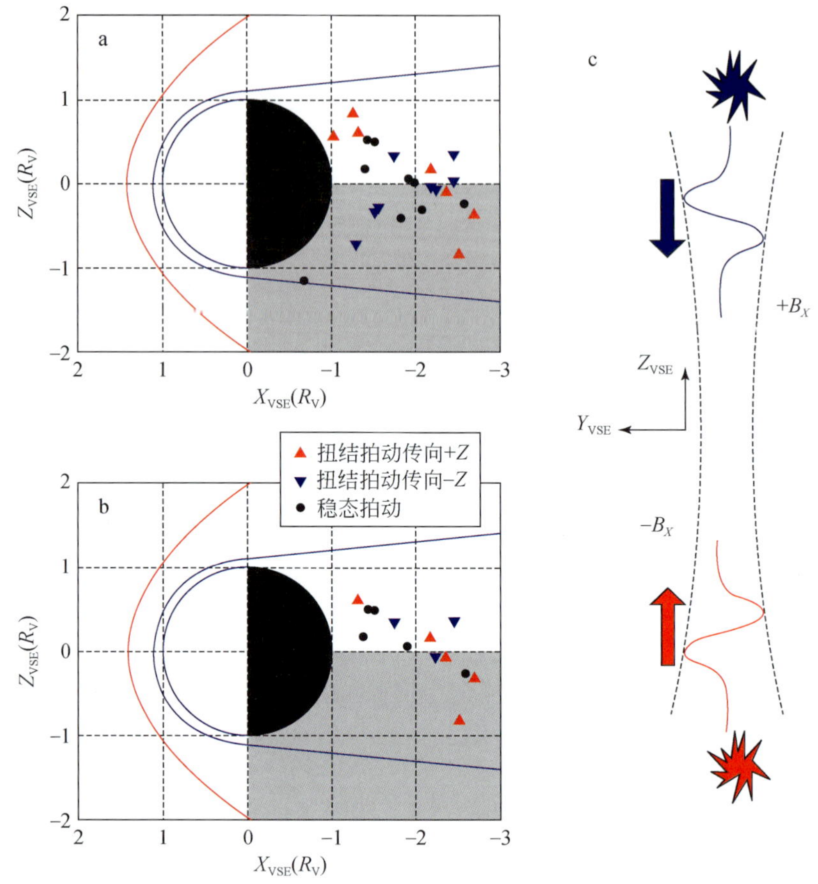

图 13 金星磁尾电流片拍动类型的分布图

实心黑点表示稳态拍动，红色三角表示由$-E$向$+E$半球传播的扭结拍动，蓝色倒三角表示由+E 向−E 半球传播的扭结拍动

1.4 金星磁尾重联耗散区

磁重联是地球磁层空间中常见的一种磁能释放动力学活动。当一对反平行的磁场在等离子体的带动下相互靠近，磁场拓扑结构将发生突变，磁力线将发生断开、重联，进而将磁能转化为动能、热能等，加速和加热等离子体。当前人们对地球空间磁重联过程、耗散区结构、对等离子体的加速等已做了大量研究，对磁重联过程还发射了专门的多点 MMS 星座探测计划进行研究。

相比地球磁层，人们对金星感应磁层空间中磁重联的研究相对较少。这是因为一方面观测资料少，另一方面金星缺乏内禀磁场，很难出现类似太阳风与地球磁场相互作用进而产生磁重联的情形。所以多年来，对于金星感应磁层中能否发生磁重联并不清楚。近年来，有学者利用金星快车的数据，发现金星感应磁尾有磁重联存在的证据，例如，观测到等离子体团结构，观测到日向等离子体流等。但是对于局地穿越磁重联耗散区的观测还未见有报道。对此，我们重新审查金星快车的数据，力图发现金星磁尾磁重联耗散区的距地观测证据，这对于认识空间磁重联的一般物理过程具有重要意义（Gao et al.，2020）。

由于磁重联 X 线会有移动，所以一般来说飞船穿越磁重联耗散区的相对路径一般来说是比较复杂的。为简化研究，如图 14 所示，我们仅考虑飞船沿电流片法向穿越磁重联耗散区的四种情形。

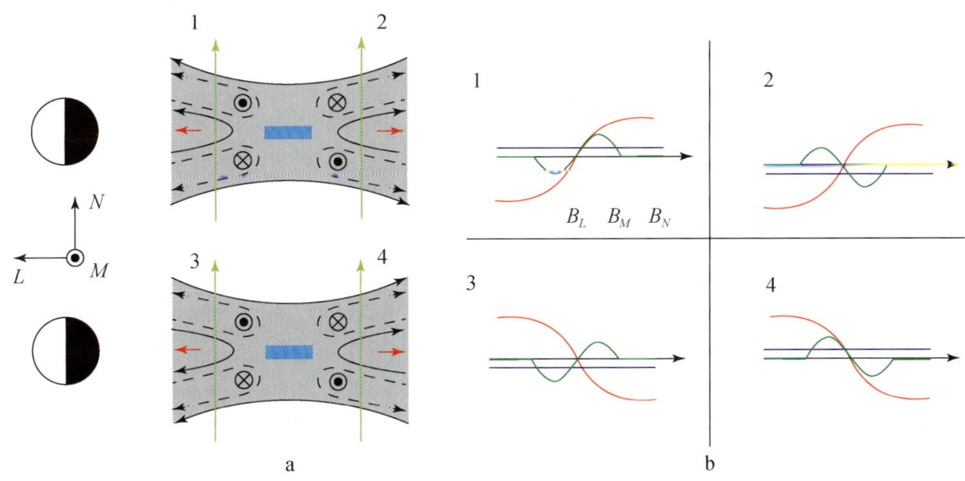

图 14 飞船穿越金星磁尾离子耗散区的四种情形（a）及在路径上观测到的各磁场分量的时间变化序列（b）

L、M、N 为距地电流片坐标，L 指向日向，M 沿晨昏方向，N 沿法向（取沿飞船运动方向为正）

利用金星快车的磁场和等离子体数据，我们找到了几个疑似如图 14 所示的穿越重联耗散区的事件。

如图 15 所示，金星快车在 2006-05-26 01:54:00～01:58:00 期间穿越磁尾电流片。利用 MVA 分析，我们可建立电流片 LMN 坐标系。在 LMN 坐标系下，B_L在 01:56:15 出现反转，表明飞船在此时穿越磁尾电流片。磁场导向分量 B_M在穿越期间平均约为 1.2 nT，这个值称为引导场，其在电流片穿越过程中，呈现出明显的双极变化。而法向分量 B_N为负值。显然，这期间磁场的变化信号是与图 14 中第三种穿越情形相符合的。

此外 IMA 的等离子体探测表明这期间等离子体有显著的日向流，日向流速度 V_L约为 30 km/s，经分析该速度大小与其局地阿尔芬速度相当。这些特征也是符合耗散区出流区的观测特征的。

由于金星快车的离子探测仪全视场扫描的时间分辨率为 192 s，电子探测仪的视场也仅为 10°×360°，因此我们还不能对类似 MMS 那样对金星磁尾重联区的等离子体特征给予高分辨率的精细分析。

图 16 展示了另一个金星快车穿越磁重联耗散区的可能事件。如图 16 所示，金星快车在 2009-02-18 06:24:00～06:27:00 期间穿越磁尾电流片。B_L在 06:26 出现反转，表明飞船在此时穿越磁尾电流片。磁场导向分量 B_M在穿越期间平均为-2.2 nT，其在电流片穿越过程中，呈现出明显的双极变化。而法向分量 B_N为负值。显然，这期间磁场的变化信号与图 14 中第二种穿越情形相符合。同时，等离子体流速呈现显著尾向，且电子能谱显示能量电子通量在 10～30 eV 能量范围内出现显著增强。

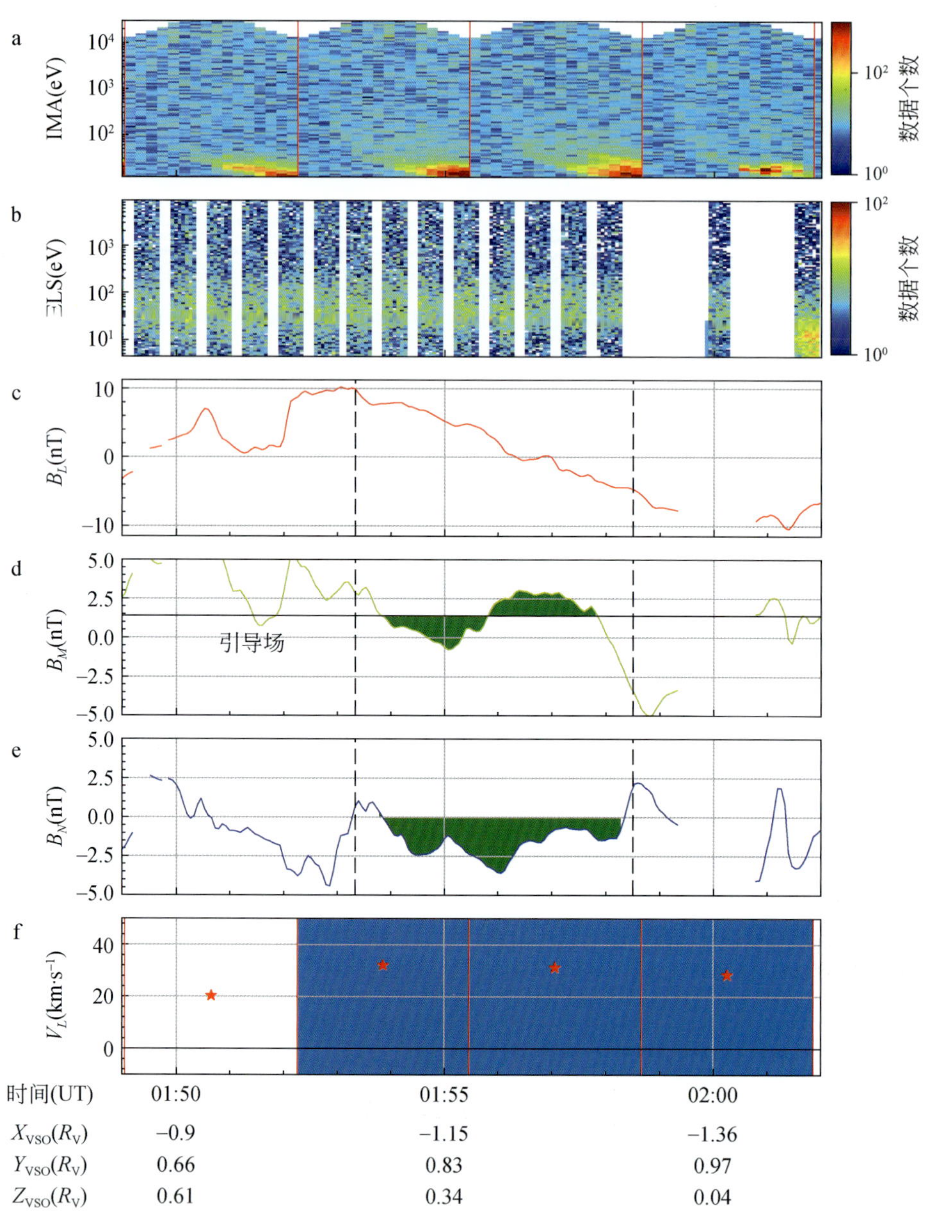

图 15　金星快车在 2006-05-26 于磁尾观测到穿越磁重联耗散区的事例
由上至下展示了离子能谱、电子能谱、磁场在 *LMN* 下的三分量及等离子体速度 V_L 分量

为进一步检查这两个事例所观测到的等离子体流与等离子体片中背景等离子体流的差异，根据我们前面 1.1 和 1.2 节对稳定 IMF 轨道的定义，我们统计检查了金星磁尾等离子体流在 VSE 坐标下的直方分布。显然，我们研究的这两个事例，对于质子而言，其日向速度远大于平均背景流，尾向速度接近背景流尾向速度。而对于氧离子而言，其日向速度和尾向速度都要远小于质子的速度。从质子速度看，观测到的质子日向流、尾向流都要大于或相当于背景质子流的速度，这表明观测到的两个事例应该是重联耗散

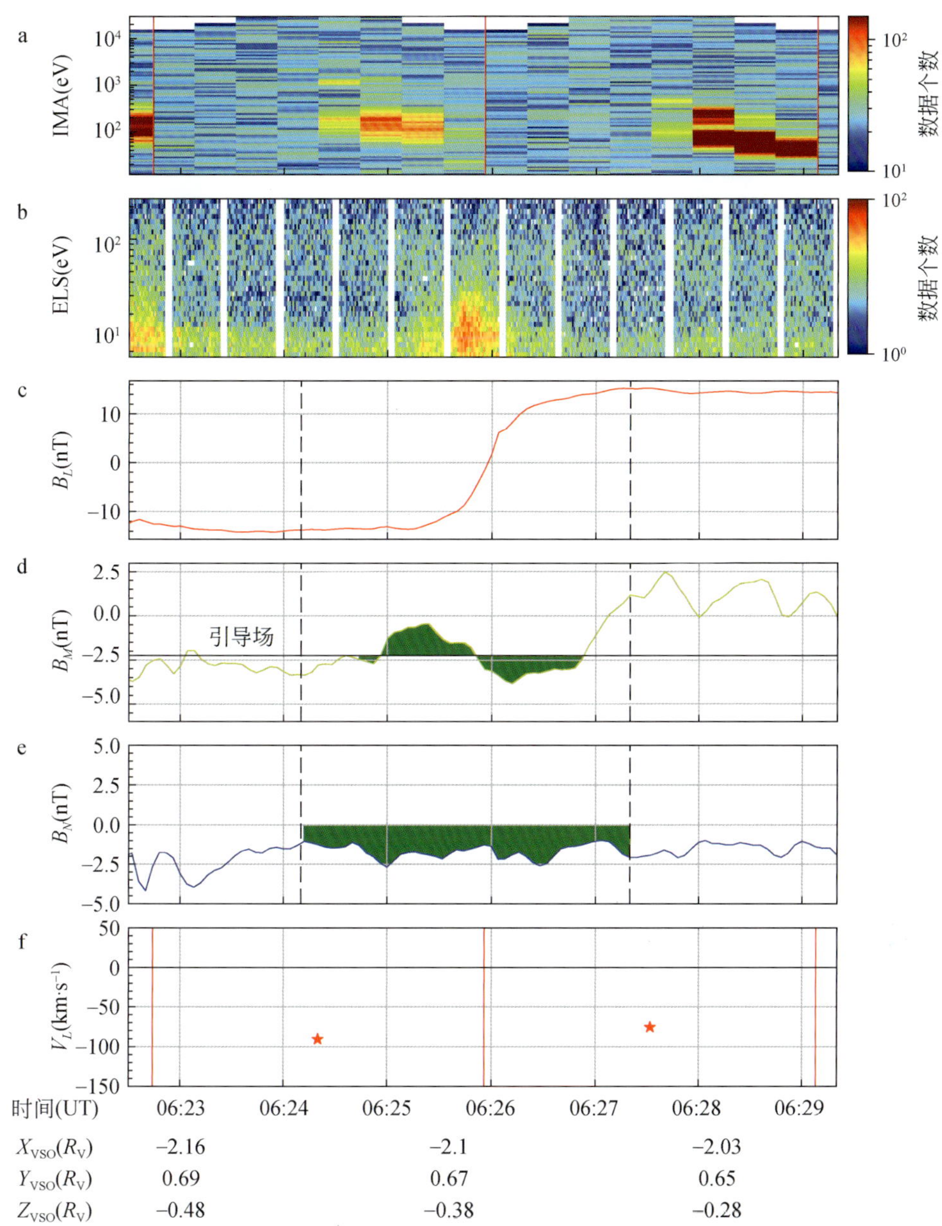

图 16 金星快车在 2006-05-26 于磁尾观测到穿越磁重联耗散区的事例

由上至下展示了离子能谱、电子能谱、磁场在 *LMN* 下的三分量及等离子体速度 V_L 分量

区。而重离子速度要远小于背景的速度，这可能表明观测到的重离子速度在耗散区还没有有效加速起来。

总之，我们在金星磁尾观测到了疑似重联耗散区的穿越事件，这对于进一步探究金星磁尾磁能释放过程，研究磁尾等离子体逃逸和加速提供了重要的物理线索和关键观测证据。

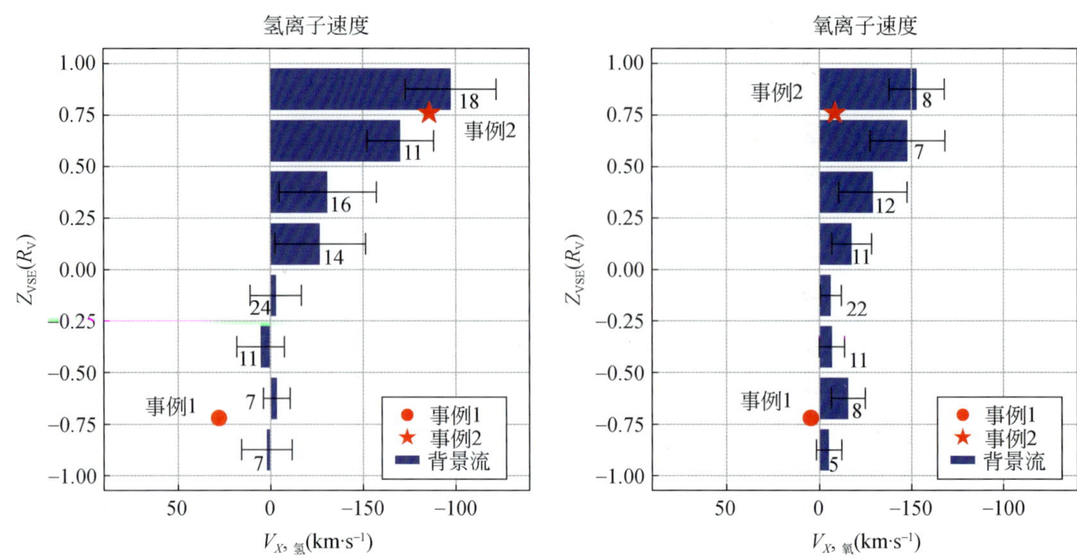

图 17　质子流 V_X 分量随 Z_{VSE} 的直方分布（a），氧离子（代表重离子）流 V_X 分量随 Z_{VSE} 的直方分布（b）

2　金星弓激波

金星弓激波是金星空间环境的最外层边界，它在太阳风向金星空间的能量传输、粒子的加热和加速、等离子体的异常传输过程等方面的研究中，都占有极其重要的地位。金星弓激波位形的研究，对了解整个金星空间环境与太阳风发生相互作用的方式和效率、金星空间环境内部磁层与电离层的结构和耦合等，都有非常重要的意义。相比地球弓激波，金星弓激波具有其独特的研究意义（Chai et al.，2015a，2015b）。

首先，相比于地球弓激波，金星弓激波更易提取外界太阳风对其的控制作用。这是因为地球磁层顶磁场与 IMF 发生重联会出现变化，进而影响地球弓激波位形，这使得很难从地球弓激波中直接提取 IMF 影响弓激波位形的成分。与地球磁层相比，金星电离层大小的变化幅度非常小，且观测发现金星弓激波不易受太阳风动压的影响，而且金星内禀磁场的缺失也排除了日侧磁场重联的干扰。因此，相比于地球弓激波，金星弓激波为研究 IMF 控制行星弓激波位形的物理机制提供了一个更理想的天然实验室。

其次，金星弓激波代表了弱磁行星与太阳风相互作用形成的弓激波类型，它与地球这种强磁行星的弓激波的尺寸和受重离子影响等方面都有很大不同。金星弓激波尺度远远小于地球，接近于金星本身尺度。特别是金星上氧离子的回旋半径与金星弓激波的尺度接近，并造成金星弓激波发生太阳风电场（E_{SW}）不对称性。通过研究金星弓激波与地球弓激波的不同，有助于增进我们对弱磁行星弓激波的物理理解。

尽管现有理论分析指出 IMF 对行星弓激波有非常重要的作用，但是人们对这种作用的具体效果和主要机制还缺乏系统化的认识。特别是现有的弓激波模型和理论，在描述和解释 IMF 控制弓激波位形的效应和物理机制等方面，遇到了越来越多的瓶颈。现有最常用的一些地球弓激波模型的主导思想都是类比气体动力学激波模型，将气体声波的马赫数替换为等离子体特征波模的马赫数得到的。但是磁场的存在给等离子体中引入了三种形式的特征波模：慢磁声波、Alfven 波和快磁声波。用其中哪一种波模的马赫数来替换声波马赫数，仍是一个存在争议的问题。一方面，从理论上来看用快磁声波马赫数替换声波马赫数似乎比较合理，而且利用快磁声波波速在垂直和平行于磁场方向的各向异性，可以解释观测到的弓激波垂直-平行不对称性，即当 IMF 垂直于激波法向时弓激波离行星比较远，当平行时弓激波离行星比较近。另一方面，越来越多的卫星观测显示，用 Alfven 马赫数（与 IMF 强度呈线性关系）才能更精确地拟合出弓激波的总体位置。但是若只用 Alfven 马赫数又很难解释弓激波位形的不对称性。有人利用 Pioneer Venus Orbiter（PVO）和 Phobos2 的观测数据，发现金星和火星弓激波位形也存在明显的垂直-平行不对称性。这种不对称性会由于 IMF 的帕克螺旋分布，使得弓激波位形在不同下游的横截面上表现出不同特征。比如在金星弓激波的昼夜分界面上存在“赤道两极”不对称性。总之，行星弓激波位形中普遍存在垂直-平行不对称性。但是，对这种观测现象的形成机制还没有形成统一定论。

考虑到由于金星弓激波位形没有受偶极磁层的干扰，更能体现行星际磁场的控制效应。因此，我们就 IMF 对金星弓激波位形的控制作用进行了研究。

2.1 数据和方法

太阳在第 23 ~ 24 太阳活动周之间的太阳低活动期（2006 ~ 2010 年），是近 100 年来太阳活动最弱、持续时间最长的。这期间太阳 EUV 通量较稳定，所以金星弓激波位形受 EUV 干扰很小，这为研究 IMF 调控金星弓激波的位形提供了一个绝佳机会。因此，我们采用 2006 ~ 2010 年期间金星快车对金星弓激波观测的数据。

首先，依据卫星从太阳风环境运行到金星磁鞘时，会观测到高能电子密度大幅增加、磁场强度变大、波动增加，来判定卫星穿越弓激波的准确时刻。通过分析 2006 年 5 月到 2010 年 12 月金星快车每个轨道的观测数据，我们共鉴别出 1680 个弓激波穿越事件。然后，我们选择弓激波之外 15 min 内的观测数据平均值，作为上游太阳风和行星际磁场条件。最后，我们通过分析上游条件和弓激波位置关系来解析上游太阳风和行星际磁场对金星弓激波的控制作用。

2.2 研究结果

我们通过深入研究行星际磁场对金星弓激波位形的影响，取得如下成果。

2.2.1 构建一个金星弓激波位形模型，研究行星际磁场对弓激波位形的影响

如图 18 所示，我们通过鉴别大量金星快车的弓激波穿越事件（蓝点），采用最小二乘法拟合这些观测点位置，构建出了一个金星弓激波模型（红线）。金星弓激波位置可以用

一条双曲线很好地描述：$r=L/(1+\varepsilon\cos\theta)$，其中极坐标 $r=\sqrt{(x-x_0)^2+y^2+z^2}$，$\theta=\arccos\left[(x-x_0)/r\right]$。拟合出的该双曲线焦点 $x_0=(0.691\pm0.032)R_v$，偏心率 $\varepsilon=1.028\pm0.010$，半正焦弦 $L=(1.499\pm0.041)R_v$。

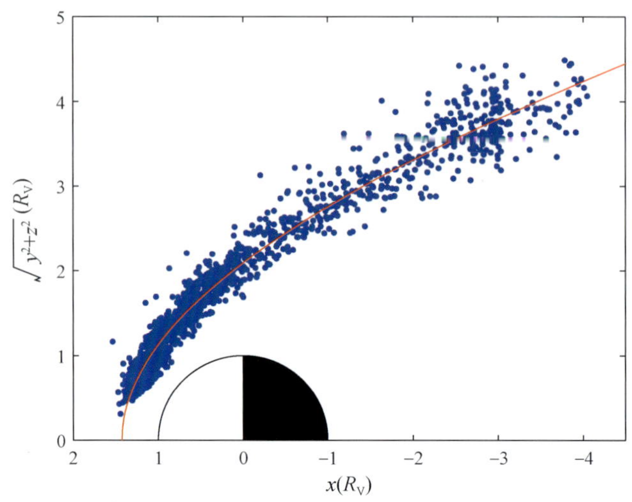

图 18 金星弓激波的位置和构建模型

我们利用拟合出的弓激波模型，假定弓激波模型曲线的焦点和偏心率不变，从而计算出卫星在不同太阳天顶角穿越的弓激波事件所对应的晨昏分界面处的弓激波高度。然后分析太阳极紫外辐射（EUV）、太阳风动压（P_{dyn}）、太阳风速度（V_{SW}）、行星际磁场强度（$|B|$）、行星际磁场平行和垂直于激波面分量大小（$|B_{tang}|$和$|B_{norm}|$），以及行星际磁场与激波法向夹角（θ_{BN}）对弓激波大小的影响。我们通过线性拟合，发现在太阳极小年期间太阳风动压、速度和极紫外辐射都对金星弓激波的位置影响不大（相关系数均 $r^2<0.5\%$），而行星际磁场的大小和方向都对金星弓激波有着非常明显的控制作用（相关系数 $r^2=10.22\%$，8.4%），行星际磁场强度越强，金星弓激波越大（表 6）。

表 6 金星弓激波拟合的线性回归统计分析

x	P	r^2	c	Δc	k	Δk
EUV(10^{10} photons · cm^{-2} · s^{-1})	0.007	0.45%	2.000	0.057	0.045	0.028
P_{dyn}(nPa)	0.339	0.07%	2.092	0.011	0.003	0.005
V_{sw}(km · s^{-1})	0.192	0.13%	2.073	0.031	0.000	0.000
$\|B\|$(nT)	0.000	10.22%	1.968	0.016	0.018	0.002
$\|B_{tang}\|$(nT)	0.000	20.89%	1.962	0.018	0.024	0.003
$\|B_{norm}\|$(nT)	0.646	0.02%	2.109	0.016	−0.001	0.004

续表

x	P	r^2	c	Δc	k	Δk
θ_{B_N}	0.000	8.40%	1.966	0.027	0.137	0.025
θ_{B_N}(with 0 nT<|B|<6 nT)	0.000	5.86%	1.959	0.034	0.086	0.032
θ_{B_N}(with 6 nT<|B|<9 nT)	0.000	10.14%	1.964	0.040	0.144	0.037
θ_{B_N}(with 9 nT<|B|<25 nT)	0.000	9.28%	2.006	0.075	0.178	0.068

P 可通过统计 F 检验计算得出。r^2 为间断面距离和变化量 x 之间的相关系数。当 P 值小于 0.01 时，间断面距离与变化量 x 之间有显著的相关性。

通过细致分析不同行星际磁场分量与弓激波大小的关系，我们发现弓激波大小与行星际磁场的激波面切向分量呈线性正比关系（相关系数 $r^2=20.89\%$），而与垂直分量无关（相关系数 $r^2=0.02\%$）（图 19a、b）。该关系很好地解释了激波形状中的平行–垂直不对称性（图 19c），这也是导致金星弓激波形状出现明显赤道–两极不对称性（图 20）和晨–昏不对称性（图 21）的原因。我们发现了对于金星弓激波，IMF 平行分量强度与金星弓激波大小存在线性关系，揭示了 IMF 影响行星弓激波位形的机制。

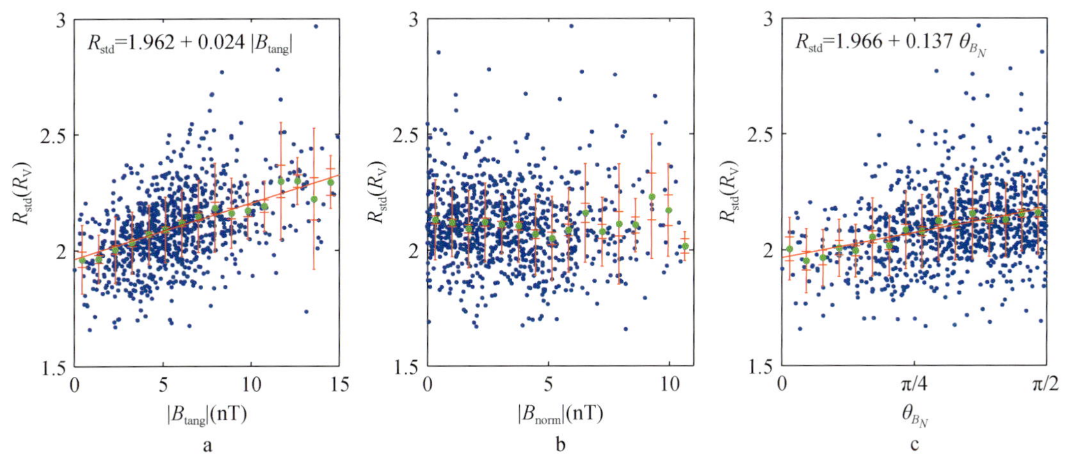

图 19　IMF 切向分量、垂直分量和方向与金星弓激波大小的关系

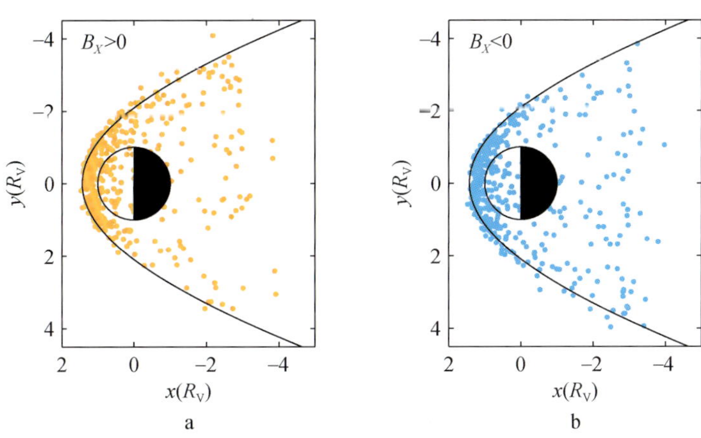

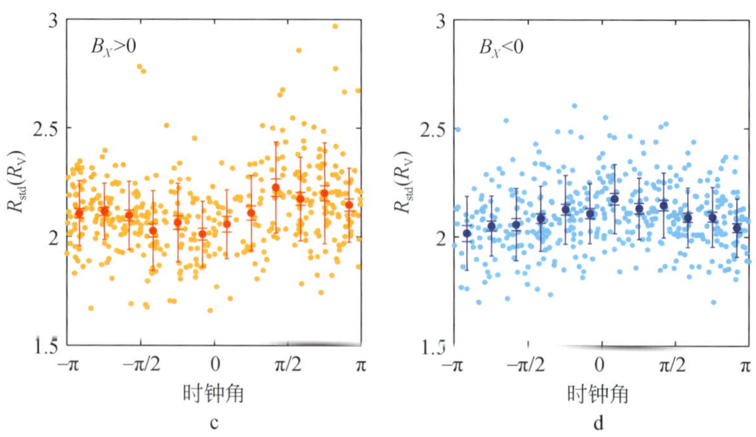

图 20　金星弓激波磁晨昏不对称性

a、b 为当 IMF 指向/背向太阳时（$B_X>0/B_X<0$）金星弓激波会在昏侧（$y<0$）比晨侧（$y>0$）更大/小。由归一化到晨昏分界面处弓激波离星球的距离 R_{std}（shock terminator distance）可以看出，c/d 为当 IMF 指向/背向太阳时（$B_X>0/B_X<0$），金星弓激波会在昏侧（时钟角 clock angle = π）比晨侧（时钟角 clock angle = 0）更大/小

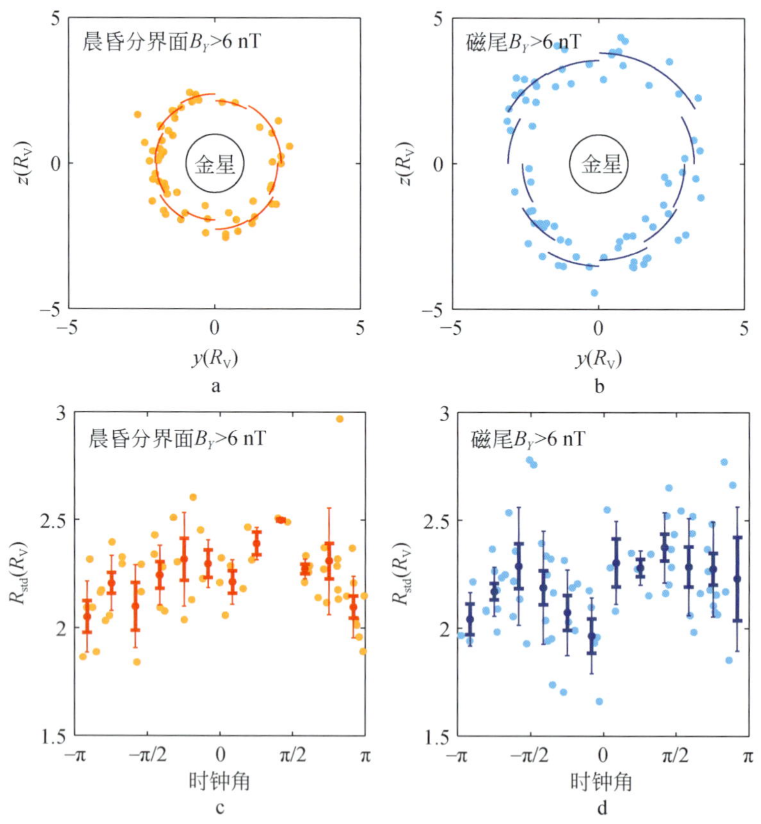

图 21　金星弓激波磁赤道-两极不对称性

金星弓激波会在+/-太阳风电场方向（$\boldsymbol{E}_{sw}=-\boldsymbol{V}_{sw}\times\boldsymbol{B}$，即±$Z$ 方向）比太阳风切向磁场方向（即±Y 方向）更大，且+E_{sw} 方向弓激波比-E_{sw} 方向弓激波大，该现象在磁尾（b）要比在晨昏分界面（a）要明显。由归一化到晨昏分界面处弓激波离星球的距离 R_{std} 可以看出，在晨昏分界面（c）和磁尾处（d）金星弓激波会在±E_{sw}（时钟角 clock angle = ±π/2）比太阳风切向磁场方向（时钟角 clock angle = 0，π）更大，且+E_{sw} 方向（时钟角 clock angle = +π/2）弓激波比-E_{sw} 方向（时钟角 clock angle = -π/2）弓激波大

2.2.2 研究不同太阳天顶角下金星弓激波的各种不对称性特征

早期 PVO 只对金星晨昏分界面附近的弓激波覆盖较好，而金星快车轨道对向阳面、晨昏分界面和磁尾的弓激波都有较好覆盖。我们利用这一优势，研究金星弓激波不对称性随太阳天顶角的变化特征。我们发现在日下点附近弓激波呈现磁南–北不对称性(图 22a)，而在远磁尾弓激波中，同时存在磁南–北不对称性和磁赤道–两极不对称性（图 22b、c）。该结果说明南–北不对称性是由太阳风“拾起”行星离子的效应引起的，而赤道–两极不对称性是由波动传播不对称性引起的。明显的磁南–北不对称性说明金星向阳面的离子逃逸即使在最弱的太阳极小年也很重要，这一结果更正了前人认为太阳极小年“拾起”离子逃逸不严重的观点。

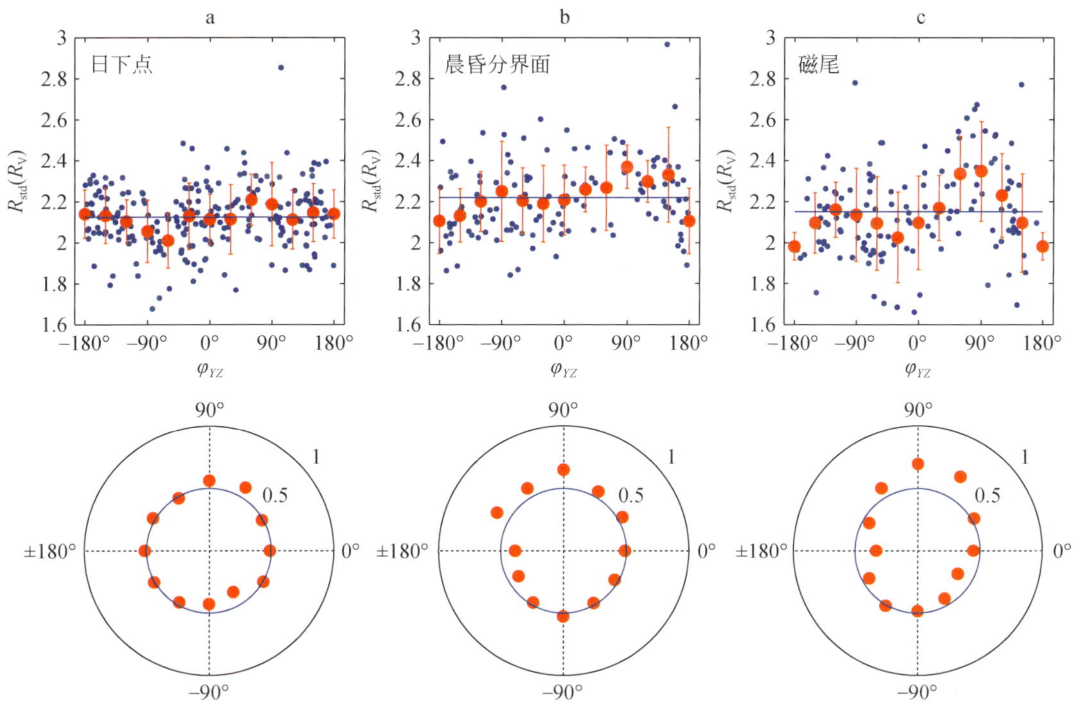

图 22 向阳面、晨昏分界面和尾侧附近的金星弓激波形状

2.3 小结

行星弓激波是行星空间环境与太阳风相互作用时形成的最外层边界，其位形结构影响行星空间系统与太阳风之间的物质、动量和能量传输。然而，现有的弓激波模型在描述和理解行星际磁场对行星弓激波位形的控制作用时遇到了瓶颈。金星弓激波位形由于没有偶极磁层的干扰，更能体现行星际磁场的控制效应。我们通过研究太阳风条件和行星际磁场对金星弓激波位形的影响，获得了如下成果：①基于对金星快车观测数据的统计分析，构建了一个金星弓激波模型；②发现在太阳极小年，与太阳风动压、速度和太阳极紫外辐射

相比，行星际磁场强度对金星弓激波位形的影响最明显；③发现行星际磁场平行分量强度与金星弓激波大小的线性关系，揭示了行星际磁场方向影响行星弓激波位形的机制；④研究行星际磁场方向引起的金星弓激波中的各种不对称性，并通过金星弓激波的磁南北不对称性，证明了即使在太阳极小年金星向阳面的粒子逃逸也很重要。我们的研究为构建和预测行星弓激波的位形结构提供了重要信息，也为深入理解行星际磁场控制行星弓激波位形的物理机制提供了重要发现。

3　金星弓激波外的氧离子

金星和火星是距离地球最近的两颗行星，在许多方面都与地球相似，但是其大气成分均以二氧化碳为主，并且都没有液态水的存在。过去几十年里，人们对行星液态水始终保持着持续的研究热情。一个原因是液态水是生命存在的必要条件之一，有无液态水的存在是搜寻太阳系外宜居星球的重要判据；另一个原因是行星演化过程中许多化学过程需要液态水的参与，液态水存在与否决定了演化的方向。当前流行的观点认为：在太阳系形成之初，金星、地球和火星应当具有相似的原始大气-海洋系统，但是其后的演化方向却各有不同。理论研究表明，金星最初可能具有约 200 m 深的全球性的海洋。最近，“好奇号”火星车在火星地表发现的鹅卵石被认为是古代火星存在河流的有力证据。学界和公众的持续关注，以及探测进展的不断推动，使得金星和火星失去液态水的原因一直是地球科学领域最受关注的问题之一。

离子逃逸是金星失去液态水的一个重要原因。金星更靠近太阳，液态水容易受到加热而产生水蒸气；水蒸气产生温室效应，升高温度以产生更多的水蒸气；最终，金星大气中充满了水蒸气，并维持着很高的温度。这就是所谓的“失控的温室效应（Runaway Greenhouse Effect）”。大气中的水分子被太阳辐射所离解，生成氢离子和氧离子，成为电离层的一部分。太阳风加速顶部电离层的离子致其逃逸到行星际空间，最终造成水的损失。金星大气的这种“脱水”过程可能持续了数十亿年，造成全球海洋的损失。

金星大气“水”逃逸的一个重要观测证据就是能观测到氧离子能逃逸到太阳风中。前人研究表明，在火星和近日彗星都发现有氧离子能逃逸到上游太阳风中。早期 PVO 和伽利略飞船在金星太阳风上游观测到的氧离子没有呈现逃逸氧离子的特征。另一方面模拟研究又表明上游太阳风确实能剥蚀金星氧离子逃逸。所以 PVO 没有观测到上游太阳风中被剥蚀逃逸的氧离子，很有可能与其等离子体探测仪的能量和时间分辨率不高有关。

相比 PVO 的等离子体探测仪，金星快车的 IMA 在能量和时间分辨率上都有较大提高。我们利用金星快车 IMA 仪器在 2006-6 ~ 2010-12 期间的观测数据，首次发现金星氧离子能确实出现在上游太阳风中，并被太阳风电场“拾取”而逃逸掉（Wei et al., 2017）。

3.1　事例观测

如图 23 所示，金星快车在 2009 年 11 月 14 日 03:10 ~ 04:40 自上游太阳风穿入金星磁层，在 04:14 穿越弓激波进入磁鞘。显然在穿越弓激波前，我们发现上游太阳风中有存在不少能量高于 2 keV 的能量离子。这些能量离子在弓激波穿越前后都存在。通过对其作质谱分析，发现这些离子属于氧离子 O^+。在上游时间 03:24～03:37，O^+的能量在3～13 keV 范围内变化，符合“拾取”离子的能量变化特征。

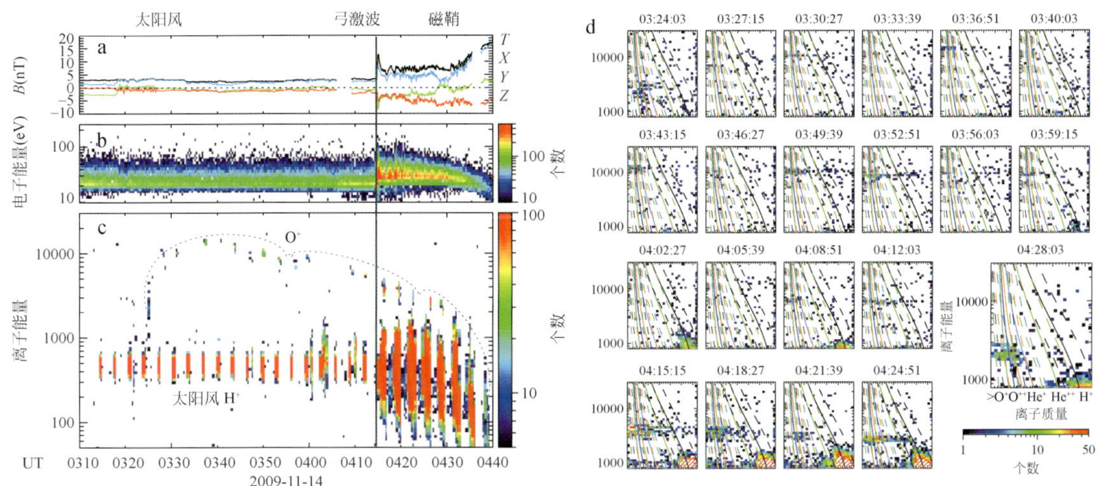

图 23 金星快车在 2009-11-14 观测到上游太阳风中氧离子 O^+的事件

a、b、c 分别为磁场在 VSO 下的三分量，电子能谱，以及离子能谱；d 为离子在不同时段的质谱分布

3.2 事例统计

我们进一步在 2006-6～2010-12 期间共找到了 286 个上游太阳风 O^+事件，并从中选择了 241 个有磁场数据的事件来做统计分析。将这些事件分布归一到 VSE 坐标系下，如图 24 所示，我们发现这些事件主要集中在+E 半球发生，这说明上游 O^+离子就是太阳风电场“拾取”所致。

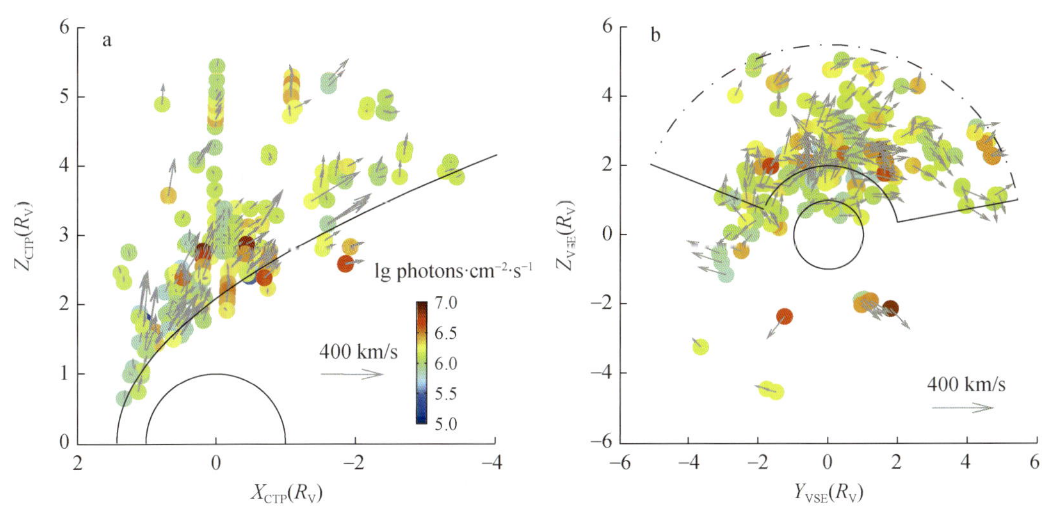

图 24 上游太阳风中观测到的 O^+离子的通量分布

a 为在 CTP（cylindrical-tangential-planetary）坐标系下的分布；b 为在 VSE 坐标下 YZ 平面内的分布

我们对图 24b 中所示的扇形区域做估算，发现这个区域的氧离子的逃逸量可达 2.1×10^{24}，这与传统区域磁鞘和磁尾区域的逃逸量之和 2.7×10^{24} 是非常接近的。这表明，金星弓激波外也是金星氧离子的一个重要逃逸区域，而这个区域之前的研究却被忽略了。这一逃逸率若持续 45 亿年，将造成 2 cm 深的全球等效海洋流失。这些氧离子的来源，可能是上游氧原子经电荷交换后形成，也有可能是太阳风电场贯穿进入金星电离层，通过“拾取”作用加速逃逸形成。

图 25 给出了金星氧离子在上游太阳风中被剥蚀逃逸的示意图。

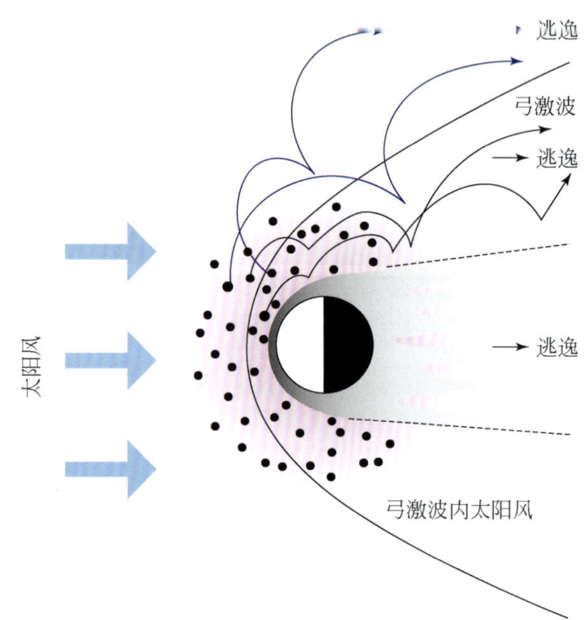

图 25　金星氧离子在弓激波上游金星氧离子被剥蚀逃逸的示意图

4　金星电离层边界层

因为缺乏全球性的偶极磁场，金星电离层直接与太阳风等离子体相互作用。从大尺度上来说与太阳风相互作用时电离层就像是一个导体球。电离层阻止太阳风，在外部压强近似平衡内部电离层压强的位置形成电离层顶。

理论上来说，电离层顶的高度与太阳极紫外辐射（EUV）水平密切相关。金星日侧电离层主要是由中性大气光致电离产生，受光化学过程控制，因此日侧电离层的主要层表现为一个简单的 Chapman 层。对于一个由单一离子构成的光化学平衡区域，离子密度和电子密度应该正比于$\sqrt{P/\alpha}$，α 是复合率的有效值，P 是总离子产生率。主要离子的密度剖面对太阳极紫外辐射通量的响应可以由 Chapman 理论预测。大气层外极紫外辐射通量增加离子产生率会增加。当 EUV 增加时，电离层热压 nkT 也会增加，在这种情况下，日侧电离层顶高度随着 EUV 增加而增高。

对于金星电离层顶的认识主要来自先锋金星轨道飞行器（PVO）的早期观测。如图

26a 所示，PVO 的运行覆盖了 21 太阳活动周的极大年到 22 太阳活动周的极大年（1978 ~ 1992 年）。从 1979 到 1980 年，PVO 在大多数轨道频繁穿越电离层并记录到电离层顶。但是在 1981 年夏天之后近地点开始缓慢提升（图 26b），PVO 只能在晨昏交界面和夜侧观测到电离层。直到 1992 年近地点重新下降到足够低的高度，日侧电离层才能再次被记录到。1981 ~ 1992 年是太阳活动低年，PVO 很少能穿越日侧电离层顶，除非太阳风极其稀薄时电离层极度膨胀。因此，只使用 PVO 的朗缪尔探针数据来分析整个太阳活动周 EUV 对日侧电离层顶的影响是不可能的。

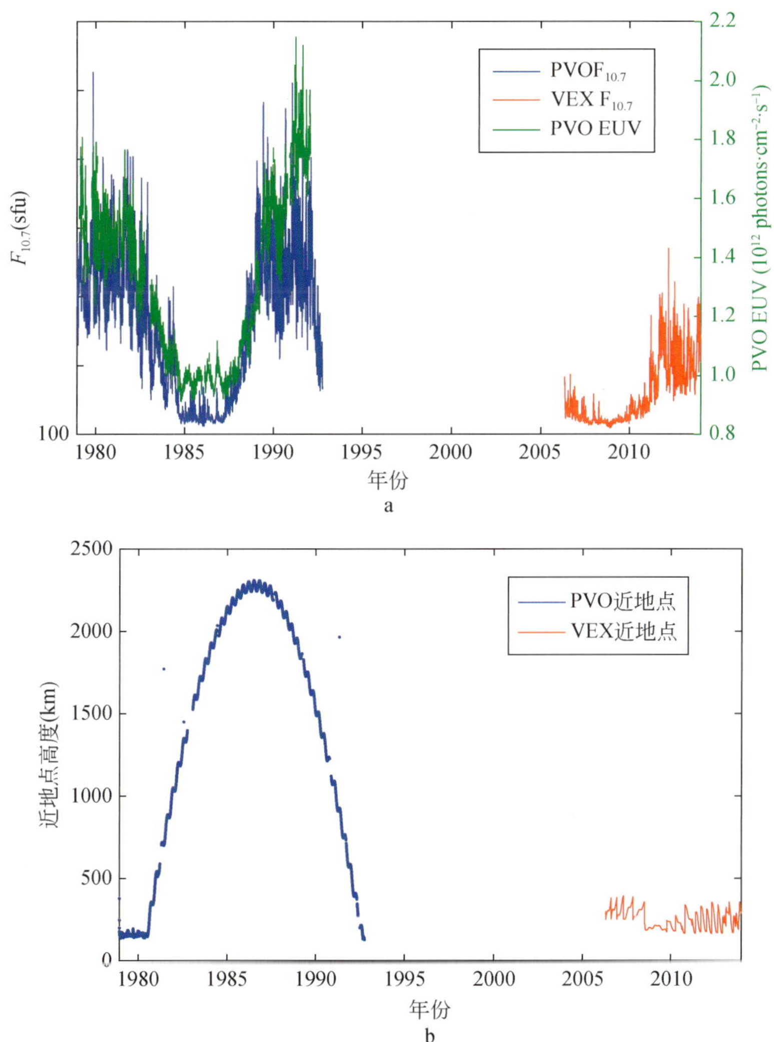

图 26　F10.7 和 PVO 与 VEX 的近地点高度变化

a. 从地球外推到金星的 F10.7，蓝线和红线分别是 PVO 和 VEX 运行期间的外推 F10.7，绿线是 PVO 测得的 EUV；b. 蓝线和红线分别是 PVO 和 VEX 的近地点高度

幸运的是，金星快车（VEX）在整个运行期间（2006 ~ 2014 年）都有比较低的近地点，并且包含一个非常长时间的太阳活动低年期。VEX 是极椭圆轨道，轨道周期与 PVO

一样都是 24 h，近地点总是在金星北极上方。近地点高度保持在 160 ~ 400 km（图 26b），因此 VEX 基本每轨都能穿越电离层顶。VEX 虽没有携带朗缪尔探针，但可通过其光电子的分布来识别电离层的外边界，因此光电子边界层也能作为电离层顶一个有效指标，这种方法在前人多个研究工作中都得到了应用。

因此，结合 PVO 朗缪尔探针数据及 VEX 的光电子数据，我们可研究一整个太阳活动周 EUV 变化对电离层顶高度的影响（Han et al.，2020）。

4.1 观测

电离层顶描述的是电离层等离子体出现陡然变化的高度区域，但是为了研究外部参数对这个高度区域的影响需要定义一个特定的高度作为电离层顶的高度。因为不同仪器的不同观测出现了电离层顶的几个不同的工作定义。但是早期的一些电离层顶的不同定义的数据显示出金星电离层相似的全球构型，因此认为任何一个定义的数据库都可以用来研究太阳风和 EUV 水平对金星电离层的影响。在这个工作中，来自 PVO 和 VEX 的电离层顶的数据库也来自不同的仪器观测。

PVO 日侧电离层顶数据（874 个数据点）来自卫星电子温度探针（OETP）。OETP 用两个柱状朗缪尔探针（轴向和径向）来测电离层电子密度（n_e），电子温度（T_e）和离子密度（n_i）。定义 n_e 陡变时穿过 100 cm^{-3} 的点为电离层顶，也就是 n_e 首先上升到仪器背景密度之上 100 cm^{-3} 的点为电离层顶。或者扰动或者波动使得有多次电离层顶穿越时，取最外面一次穿越。这个数据库是在 1993 年之前由 PVO/OETP 团队建立的，可由 PDS 网站直接获取。

与 PVO 不同，VEX 并没有携带能测电离层冷等离子体的朗缪尔探针。但其携带的电子分光仪（ELS）可以测电离层产生的光电子。ELS 可探测 1 eV ~ 20 keV 能量段的电子，时间分辨率 4 s，但是由于卫星电势的影响，实际上能量段的真实下限是 5 eV 左右，使得探测电离层冷等离子体成为可能。在电子能谱图上由 ELS 频繁探测到的 18 ~ 25 eV（考虑 −5V 的卫星电势实际上是 23 ~ 30 eV）的特征光电子线指示了由 O 或 CO_2 原子产生的光电子。考虑到这些光电子能够沿着磁力线传输，电离层顶的高度应该不会高于光电子通量陡降的位置。因此，光电子边界层（Photon Electron Boundary，PEB）可以用来作为电离层顶上限高度的一个有效指标。因此，可以通过识别 PEB 来建立 VEX 日侧电离层顶穿越的数据库。虽然朗缪尔探针和光电子都能够反映电离层顶的大体位置，然而总体来讲，PEB 平均高度还是稍高于朗缪尔探针确定的等离子体密度变化高度。

PVO 对太阳极紫外辐射（EUV）的测量是建立在朗缪尔探针光电子发射的基础上的。径向探针测得的光电发射电流 i_{pe} 给出日 EUV 值。它正比于太阳辐射的电离成分的强度。总的太阳 EUV（V_{EUV}）通量可以通过方程 $V_{EUV} = 1.53 \times 10^{11} i_{pe}$ 得到。i_{pe} 的单位是 10^{-9} A。但是，VEX 并没有携带 UV 仪器。因此，VEX 运行期间使用从地球外推到金星的 F10.7 指数。为了得到一致，对于 PVO 和 VEX 我们都是用外推的 F10.7 数据。我们将外推的数据与 PVO 探测的 EUV 通量的数据进行比较（图 26a）。很明显外推的 F10.7（蓝色曲线）跟 PVO 测的 EUV 通量（绿色曲线）符合的很好。VEX 有电离层顶穿越的时间期间几乎包含一整个太阳活动周。但是 VEX 运行期间的平均 F10.7 比 PVO 时期低（图 26a）。

图 27 给出了 PVO 和 VEX 在日侧电离层顶的数据分布。对于 PVO 的数据，SZA（solar zenith angle）太阳高度角越大高度越高。在 1982～1990 时间，由于轨道升高 PVO 数据存在很明显的数据缺口。另一方面，VEX 几乎在整个太阳活动周运行，可以弥补 PVO 在太阳活动低年的数据缺失。因此结合两个数据库可以研究一整个太阳活动周 EUV 对电离层顶高度的影响。VEX 的平均电离层顶高度是低于 PVO 的（图 27c），可能是因为 VEX 时期平均 EUV 比较低。

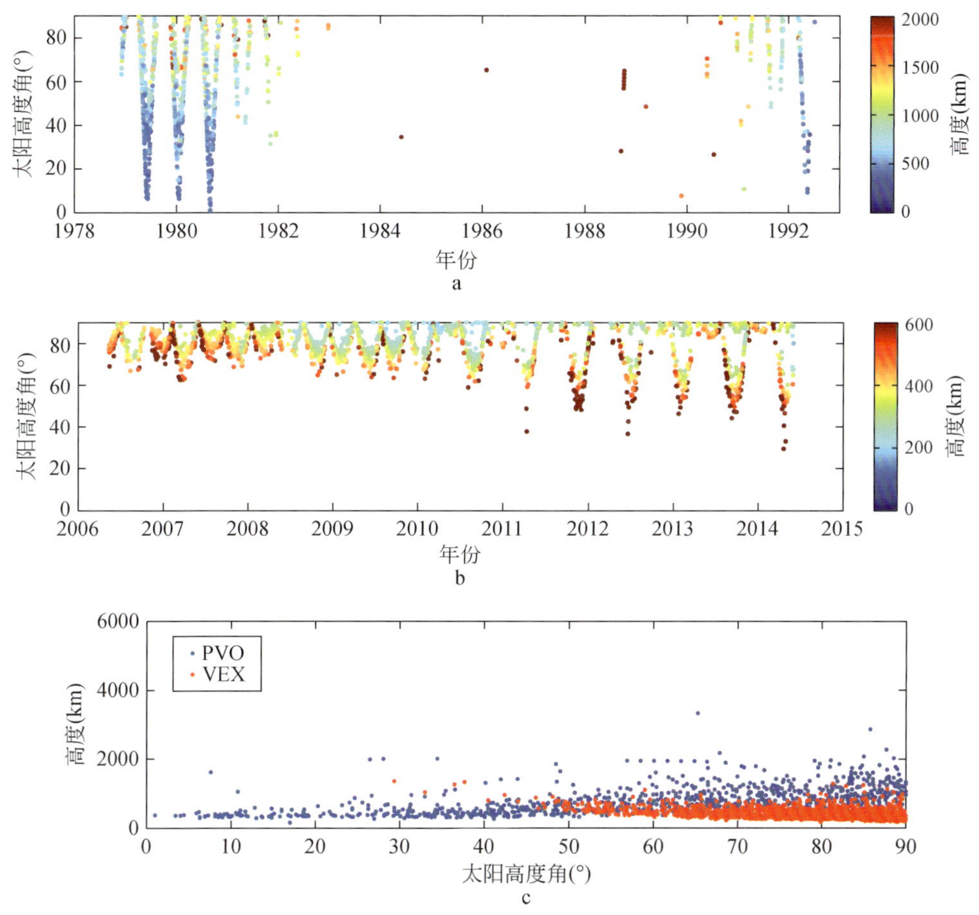

图 27　日侧电离层顶数据分布

a. PVO 日侧电离层顶分布，颜色代表电离层顶高度；b. VEX 穿越日侧电离层顶的分布，颜色代表电离层顶高度；c. 蓝色点和红色点分别是 PVO 和 VEX 电离层顶高度随 SZA 的变化

在评估两者的关系之前，我们先分析了 PVO 和 VEX 的轨道偏见，并尝试减小这种偏见，来尽可能精确地提取日侧电离层顶高度的表现。我们使用的数据在 VSO 坐标系下，X 轴由金星指向太阳，Y 轴与金星轨道运行反向，Z 轴指向黄道面北极。为简单起见，我们假设电离层关于 Z 轴对称，r 是到金星太阳连线的距离，$r=\sqrt{Y^2+Z^2}$。因为与金星到太阳的距离相比，X 和 r 都小得多，SZA≈acrcos（X/r）。

我们分析了 VEX 的数据库发现存在很明显的轨道偏见。图 28 给出了日侧电离层顶的数据点（红点）和 VEX 的近地点高度（蓝线）。可以看出大多数的数据点都分布在刚好近地点之上，尤其是在太阳活动低年（2006～2010 年），这说明 VEX 的轨道并不能包含电离层顶高度分布的整个区域。另一方面，数据点在低高度时更密集，可能是由不均匀采样引起的，也就是说 VEX 在低高度的时间更多，穿越电离层顶更频繁。如果我们直接简单地计算平均高度作为电离层顶的高度，可能会比实际值低。为了减小这种效应，我们引入了一个概率 P 值，在一个特定的区域，电离层顶穿越的数目 N 正比于卫星在这个区域的时间 T。P 由下列公式给出：

$$P_i(X_i \pm \Delta X,\ r_i \pm \Delta r) = \frac{N}{T}$$

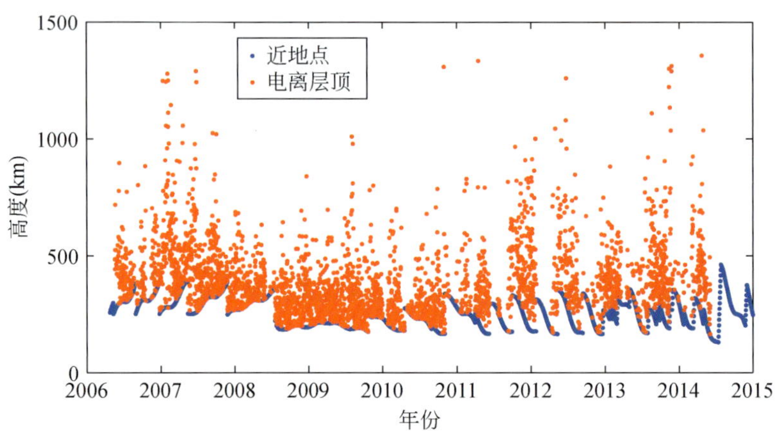

图 28　VEX 数据点分布于 VEX 轨道近地点高度

这里（X_i，r_i）是网格中心点的坐标，ΔX，Δr 是网格长度的一半。我们使用 P 值来分析物理因素对电离层顶高度的影响。根据物理条件，将数据点进行分组，分组内这些电离层顶的平均高度用下面的公式计算：

$$H = \frac{\sum_{i=1}^{n} P_i \times h_i}{\sum_{i=1}^{n} P_i}$$

式中，H 是分组内每个网格中心的高度，n 是数据点分布的网格的总数目。

用这种方法，我们分别计算了 PVO 和 VEX 的 T，N，P 的分布（图 29）。从图 29 VEX 的 P 分布图可以看出，电离层顶的最大概率高度（黄色曲线）处在 VEX 轨道覆盖的最低的网格，指示大多数时间电离层顶都处在 VEX 轨道近地点之下。另一方面，更多的数据点在低高度区域被观测到。这个不均匀采样会使直接计算的平均高度低于实际高度。使用 P 值计算的高度比较高，更接近实际高度。相比较而言，PVO 的最大概率（黄色曲线）位于中间位置，也就是说 PVO 的轨道覆盖率比较理想。但是 PVO 在高处的时间比较长，在高处观测到的数据点比较多，这种不均匀采样会使直接平均高度高于实际高度。用 P 值计算的高度比较低，更接近真实高度。

因为 VEX 的数据点主要集中在 SZA 60°～90°，并且高度随着天顶角的变化不是很大，我们取两颗卫星落在 SZA 60°～90°的数据点。我们在每一个 EUV 分组内计算 P 值高度。EUV 和日侧电离层顶高度的关系如图 30 所示。拟合得到日侧电离层顶高度和 EUV 的关系：

$$H_{ip}=0.0065\times F\,10.7^{1.9239}+301.2054$$

这种方法只能减轻因为不均匀采样造成的轨道偏差，但并不能解决轨道覆盖率不理想的问题。如果我们考虑 VEX 处于近地点之下的区域，曲线的曲率应该会更小。另一方面也要考虑 PEB 可能会比电子密度识别的电离层顶高度更高。因此这里得到的结果可能低估了 EUV 的影响。

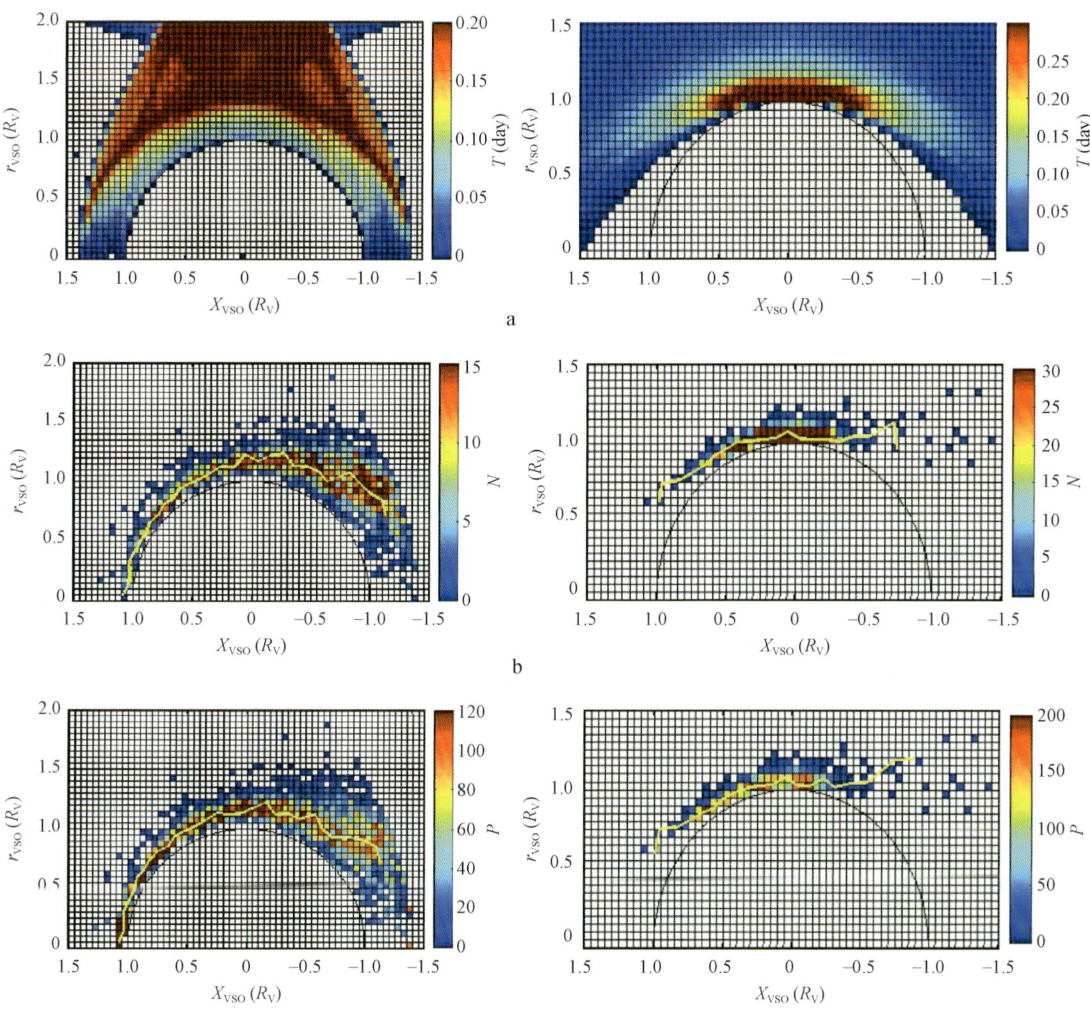

图 29　PVO（左侧）和 VEX（右侧）电离层顶观测的卫星时间（T），数据点（N）和概率（P）的分布

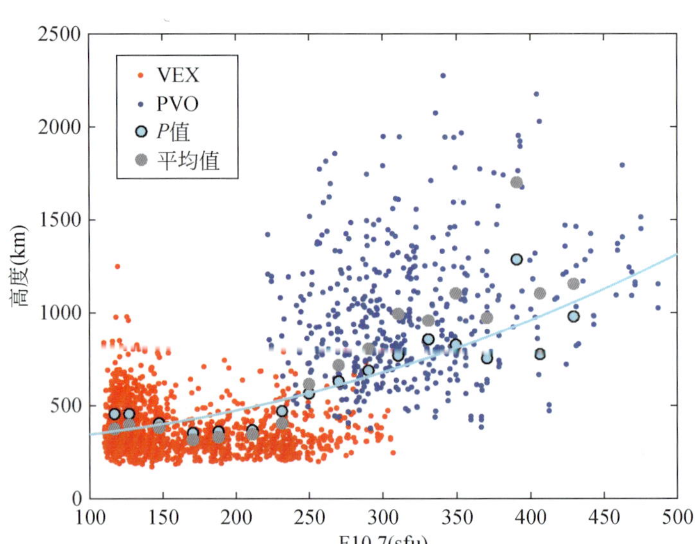

图 30　F10.7 与电离层顶高度的关系

红色点和蓝色点分别是 VEX 和 PVO 的数据点

4.2　结论与讨论

我们结合 PVO 和 VEX 的日侧电离层顶数据来分析 EUV 对其的影响变化，发现金星日侧电离层顶的高度随着 EUV 的增加而增加。然而，因为 PVO 和 VEX 携带的测量电离层参数的仪器不同，所以我们用的是不同识别方式的电离层顶数据来做研究。此处需要讨论一下电离层顶的不同识别方式对结果的影响。

有人曾研究过火星上电离层顶和光电子边界层的差异。他们定义电子密度首先下降到 1000 cm^{-3}以下的高度为电离层顶的高度，定义电子能谱图上特征 CO_2光电子峰消失的位置为光电子边界层。他们的结果显示 PEB 比电离层顶高 200 km，他们认为两者的差异可能是因为磁场扰动使得光电子能够向外跑。考虑到金星和火星有着相似的空间环境，我们有理由认为金星上电离层顶也比 PEB 低。这意味着图 30 中日侧电离层顶和 EUV 的曲线曲率应该比现在显示的要小。因此，日侧电离层顶高度随着 EUV 增加而增加这个定性的影响是不会被不同识别方式影响的。

如图 30 所示，与 VEX 相比，PVO 给出的日侧电离层顶的位置在高度上的分布更广。这可能与太阳风动压的变化有关。PVO 的数据基本集中在太阳活动高年，VEX 的观测几乎包括了整个太阳活动周，但还是 PVO 的太阳活动性高。太阳活动高年太阳风动压的变化性比太阳活动低年要大。而电离层顶的高度受控于太阳风动压和电离层压强。电离层顶受控于压强平衡，因此日侧电离层顶的高度对太阳风的变化比较敏感。当太阳风动压低时，电离层的纯热压可以平衡法向的太阳风动压，电离层顶形成在相对来说比较高的高度。VEX 的观测显示在太阳风动压极低事件中电离层可以明显膨胀。如果太阳风动压比较高，电离层热压本身不足以平衡太阳风动压。在这种情况下，IMF 可以穿透到电离层中，太阳风动压由电离层等离子体热压和磁压的和来平衡。电离层顶可以收缩达到一个比较低的高度。当外部动压超过 4×10^8 dyn/cm^2（1 dyn/cm^2 = 0.1 Pa）时，电离层顶的高度达到了一个下限，当外部压强再增加时，电离层顶高度只能稍微降低。所以，未来需要建立一个电离层顶随 EUV、太阳风动压及 IMF 变化的多参量物理模型。

5 金星剩余磁场的可能存在性

当前金星不存在全球性的偶极磁场，这说明金星内核当前不存在发电机过程。但金星历史上是否存在过发电机过程，或者发电机过程从未启动过还是悬而未决的重大科学问题。假若金星历史上曾存在过发电机过程，那么就有可能以剩磁的方式被岩石记录下来。因此寻找金星岩石剩余磁场就成为了解决这一重大科学问题的关键。

然而，由于金星表面温度高达 460℃，高于不少铁磁矿物的居里温度。因此，不少人也认为就算金星在初期曾有发电机运转过，在其消亡后，由于表面温度高于铁矿物的居里温度，剩磁也很难保留下来。

利用早期 PVO 的磁场观测，前人已有不少工作去力图寻找金星岩石剩余磁场证据，并估计金星磁偶极矩的大小。估算得到金星的磁偶极矩的上限是地球的 10^{-5}倍，就算存在发电机过程，其产生的磁场在金星表面不过几个纳特。总而言之，利用 PVO 的数据，人们并没有发现金星存在内禀磁场的显著证据。

PVO 的轨道最低点在金星的中低纬，所以尽管在中低纬人们并没有发现剩余磁场的证据，那有没有可能在别的区域能发现剩余磁场的存在证据呢？考虑到金星快车的近地点在高纬，所以我们有必要检查金星快车的磁场数据，来寻找剩余磁场的存在证据。

5.1 数据分析

我们需要采用地理坐标来展开分析，这是由于：①剩余磁场是固定在金星表面；②外部磁层、电离层电流体系受 IMF 控制，其外部磁场影响在地理坐标系下能在一定程度上被平均消除。

我们着重研究磁场的径向分量分布。这是由于显著的剩余磁场一般都会有明显的径向分量，且径向分量也不易受外部磁层、电离层电流体系磁场的干扰，因为其产生的磁场基本都是切向磁场。

图 31 给出了磁场径向分量（B_r分量）在不同高度上的分布。显然可见，随高度不断下降，尤其在高度小于 200 km 时，B_r的强度逐渐增强，在$-B_X$ 半球呈现出明显的$+B_r$信号，在$+B_X$ 半球呈现出$-B_r$信号。随高度降低而增强的磁场强度，以及 B_r出现双极信号，与剩余磁场的观测特征是符合的。

为进一步验证该分布与网格大小无关，我们检查了数据点的散点统计分布。如图 32 所示。我们发现基本上在$-B_X$半球分布有较多的$+B_r$数据点，在$+B_X$半球分布有较多的$-B_r$数据点。

而我们在 VSO 或 VSE 坐标系下并未看到显著的 B_r双极分布。因此，从这个意义上来说，B_r的双极分布是符合剩余磁场观测特征的。

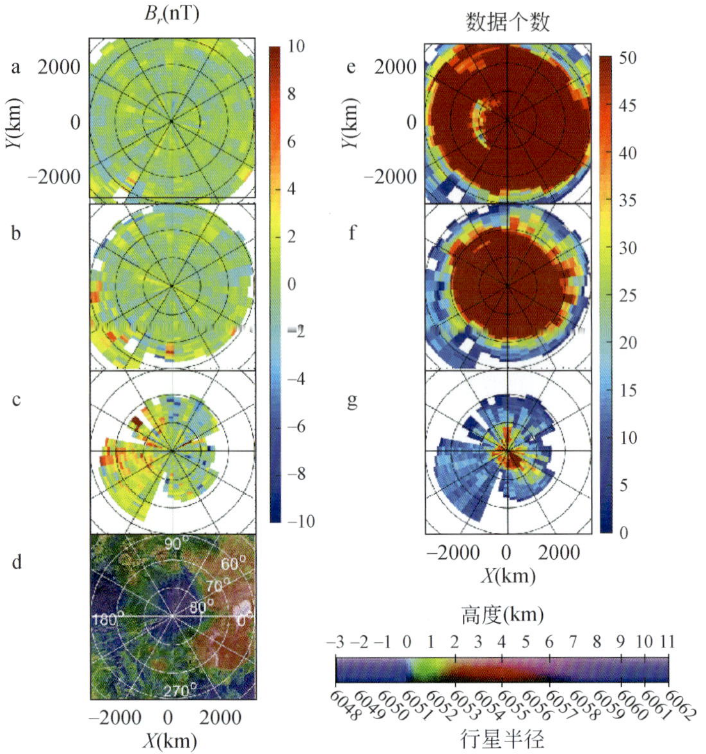

图 31　磁场径向分量在不同高度上的分布

a. 在地理坐标系下，磁场径向分量在高度 300～400 km 范围内的分布；b. 磁场径向分量在高度 200～300 km 范围内的分布；c. 磁场径向分量在高度 100～200 km 范围内的分布；d. 地理坐标系下的地图；e. 300～400 km 范围内的数据点个数的分布；f. 200～300 km 范围内的数据点个数的分布；g. 300～400 km 范围内的数据点个数的分布

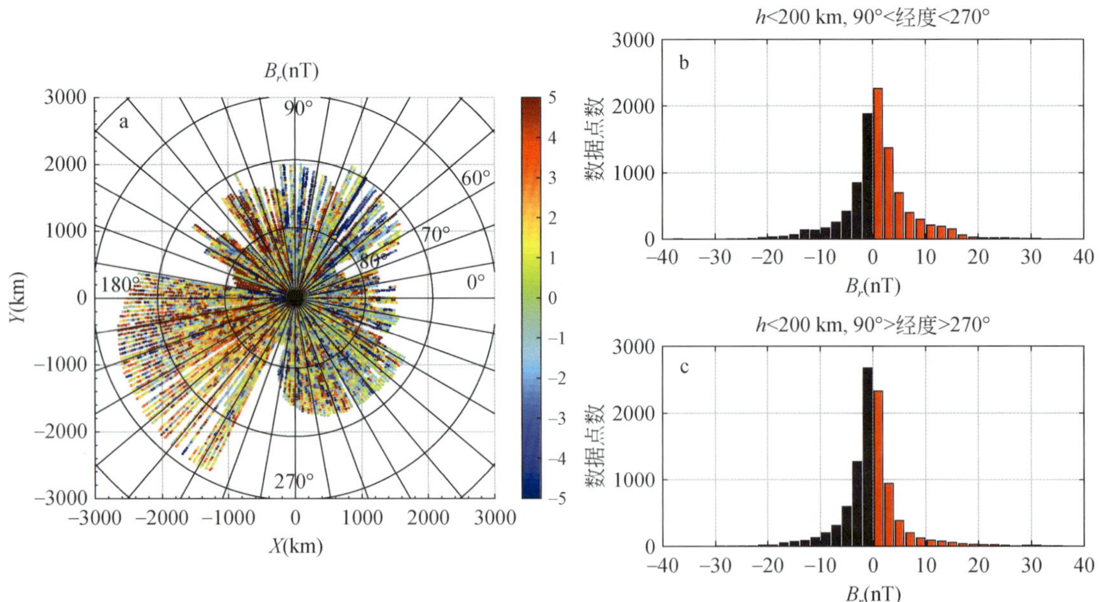

图 32　在高度 200 km 以下，B_r 分量的散点分布图（a），其在 $-B_X$ 半球的统计直方分布（b），以及其在 $+B_X$ 半球的统计直方分布（c）

为检验高度 200 km 以下的磁场数据是不是显著与剩余磁场相关，我们在 XZ 平面内（图 33）和高度–经度平面内（图 34）检查了磁场的平均磁力线结构。显然，磁力线从经度 180° ~ 240°范围内向上发出（空白区域是没有观测），然后在 170 km 高度指向东西方向。磁力线的几何结构特征也是符合剩余磁场的。

我们仔细检查了高度 200 km 以下的轨道数据。如图 35 所示，我们发现有 15 个轨道群的近地点高度是低于 200 km 的。对每个轨道群的数据散点图作分析，可知高度 200 km 以下的$+B_r$数据点主要来自于第 15 个轨道群。在这期间（2014 年 5 ~ 7 月），由于轨道制动，金星快车的近地点高度可降低到 130 km。

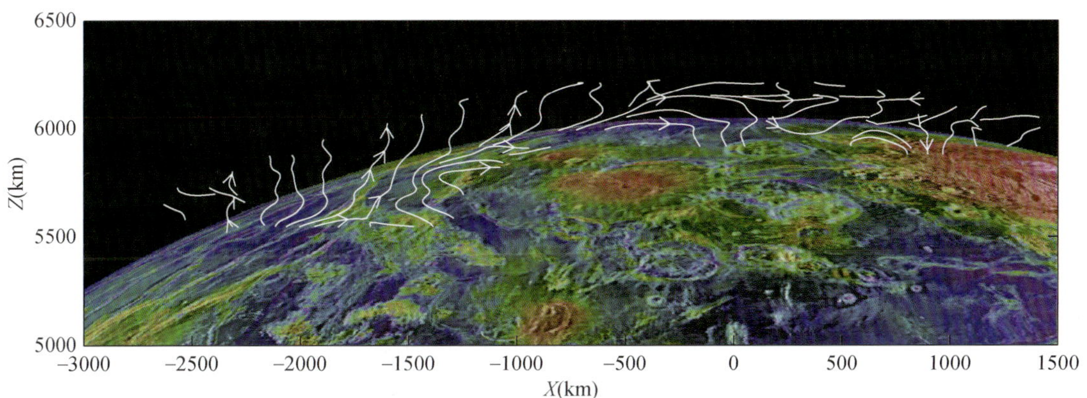

图 33 高度 200 km 以下投影在地理坐标系 XZ 平面内的平均磁力线结构

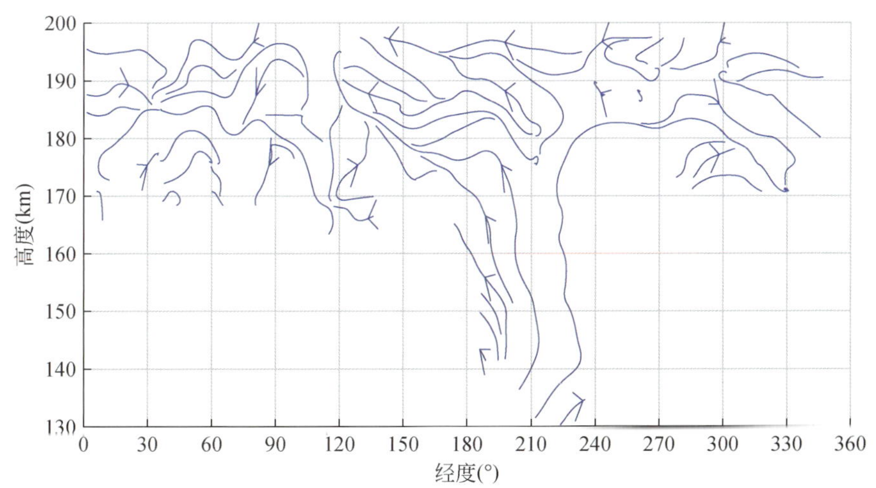

图 34 在高度和经度平面内高度 200 km 以下磁场的平均磁力线结构

我们对轨道制动期间每个轨道的磁场数据都做了细致检查。如图 36 所示，发现实际上在整个非磁化电离层穿越过程中都连续出现了显著的$+B_r$分量。这些连续显著的$+B_r$分量到底是由于某种过程或效应引起的系统偏差，还是真由岩石剩余磁场引起？

对此，我们检查了图 35 中，不同轨道群间相互交叠的数据。轨道群 15 中的$+B_r$真是

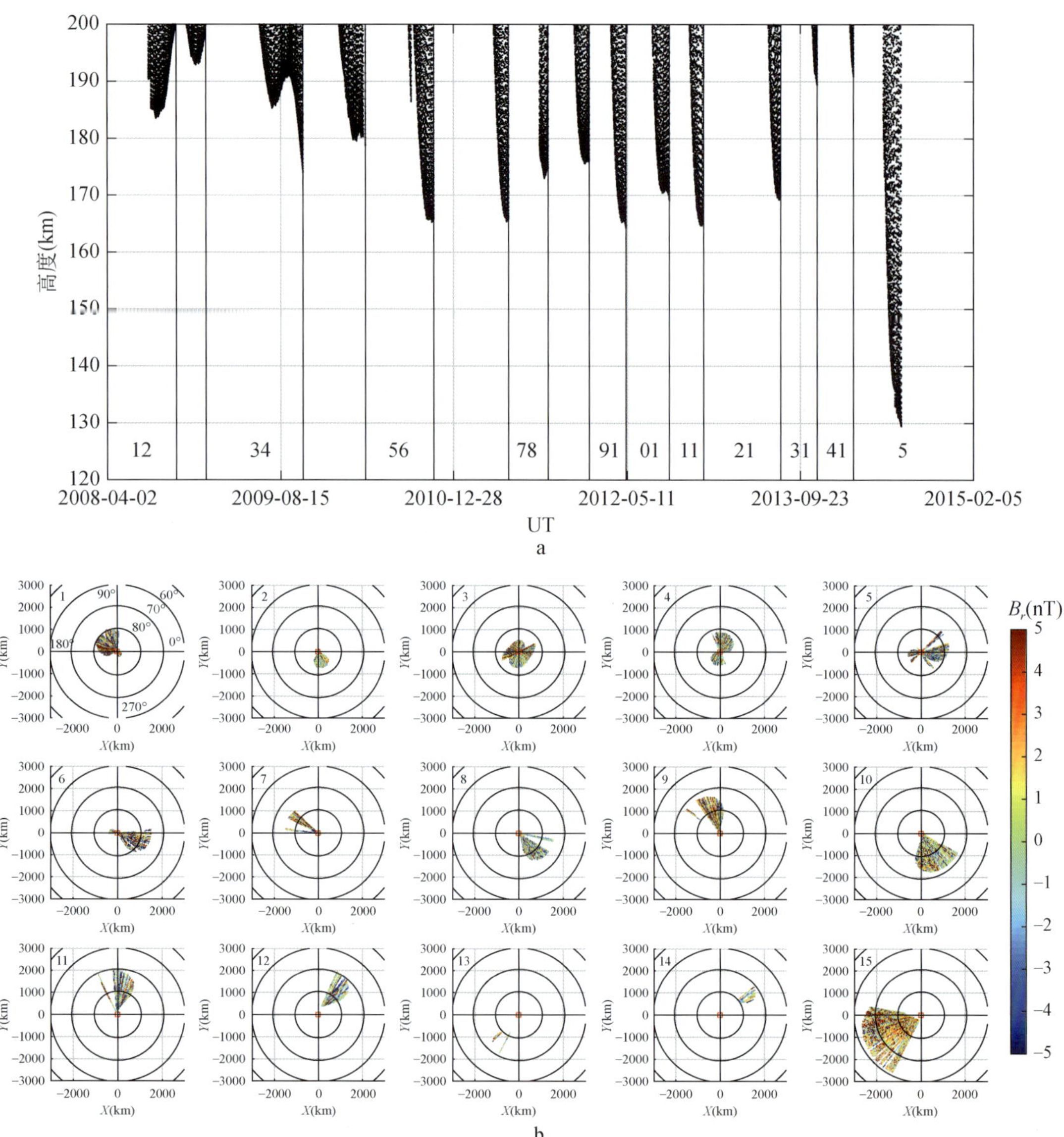

图 35 高度 200km 以下的轨道数据

a. 高度低于 200km 的数据点的高度时序图；b. 每个轨道群对应的 B_r 数据点的散点图

由剩余磁场引起，那么对于轨道群 4、5、15 的交叠部分而言，必然在较低高度会有较强或较明显的$+B_r$，而在较高高度 B_r较弱，或变号。然而，在有限交叠的数据中，我们发现高度较低的数据（轨道集 4 和5）中 B_r 为负值，而在较高高度的数据（轨道集 15）中 B_r 为正值。

因此，从这个意义上来说，金星快车观测到的 B_r分布很可能并不是剩余磁场引起的。轨道制动期间的多个轨道观测到的连续显著的$+B_r$分量，很可能是某种效应或物理过程所致。

然而，由于飞船在低于高度 200 km 的探测覆盖并不是很充分，不同轨道集合间的交叠数据也并不是很多，而且对于 160 km 以下的观测数据点也很稀少，所以对于金星北极上空是否确切存在岩石剩余磁场的证据，还有待进一步证实。

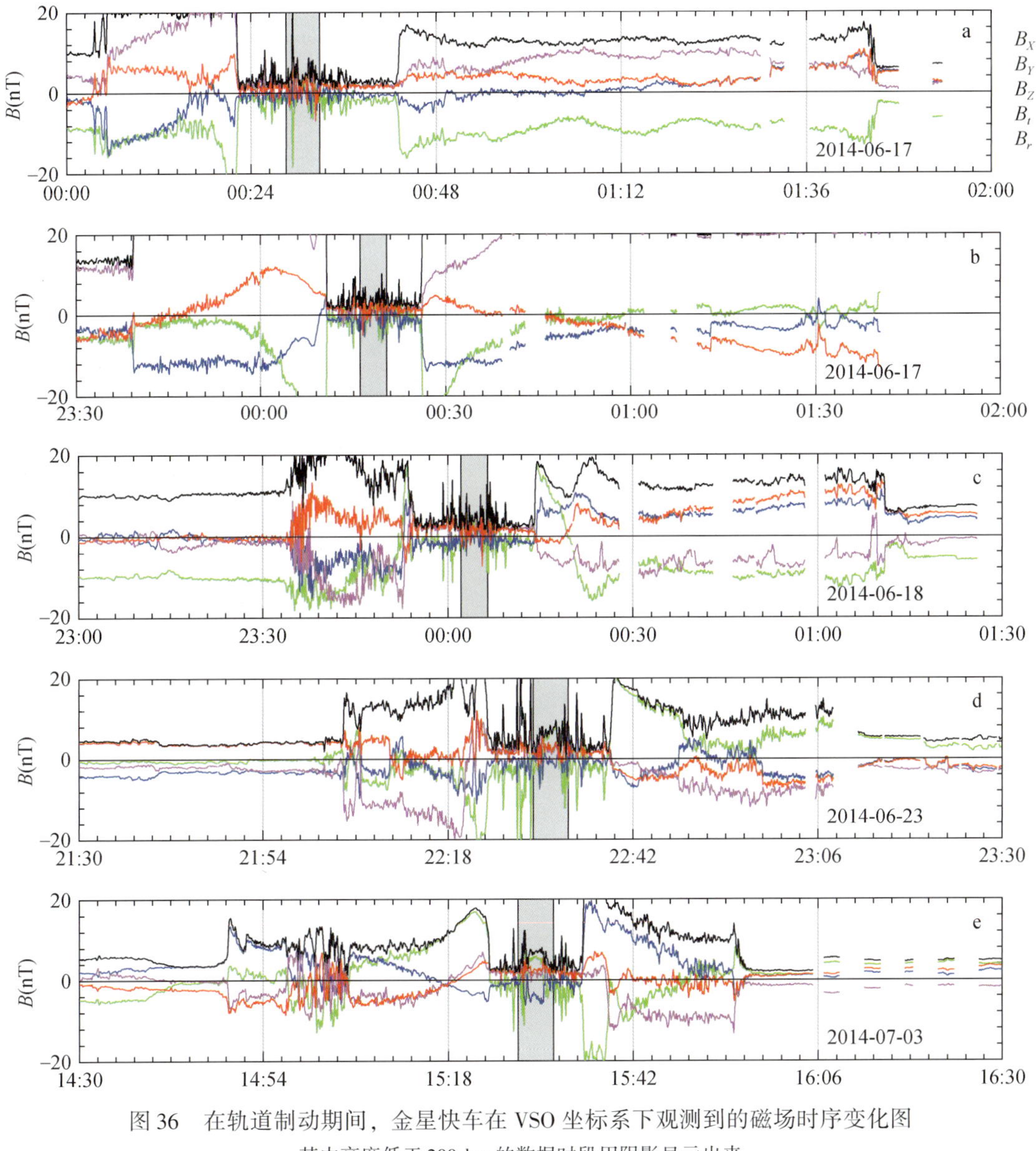

图 36　在轨道制动期间，金星快车在 VSO 坐标系下观测到的磁场时序变化图

其中高度低于 200 km 的数据时段用阴影显示出来

5.2　展望与讨论

假若金星快车在北极上空 200 km 高度以下确实观测到了岩石剩余磁场，那为什么前人利用 PVO 的数据在中低纬没有观测到呢？这对于理解金星的地质演化和发电机过程又

具有什么样的启示呢？

我们认为，这与金星表明的火山活动有关系。岩石剩余磁场的发现表明，至少5亿年前金星是具有内核发电机过程的。在大约5亿年前左右，金星发生了一次全球性的大规模表面重塑事件，在这期间全球发生了剧烈的火山喷发活动。重塑事件后，金星停止了板块运动，发电机也消亡了。矿物岩石记录到的剩磁信号被火山岩浆的高温灼蚀消磁。如图37所示，麦哲伦的雷达观测（SARS）表明，在金星中低纬分布有较多的火山结构。所以，PVO在中低纬很难观测到剩余磁场的存在证据。相比较而言，火山在高纬分布较少，岩石剩余磁场相对容易被岩石记录并被保留下来。尤其是对于磁铁矿、赤铁矿等居里温度高于460℃的矿物，更容易记录岩石剩磁。金星快车在高纬自然相对容易记录到岩石剩磁的证据。

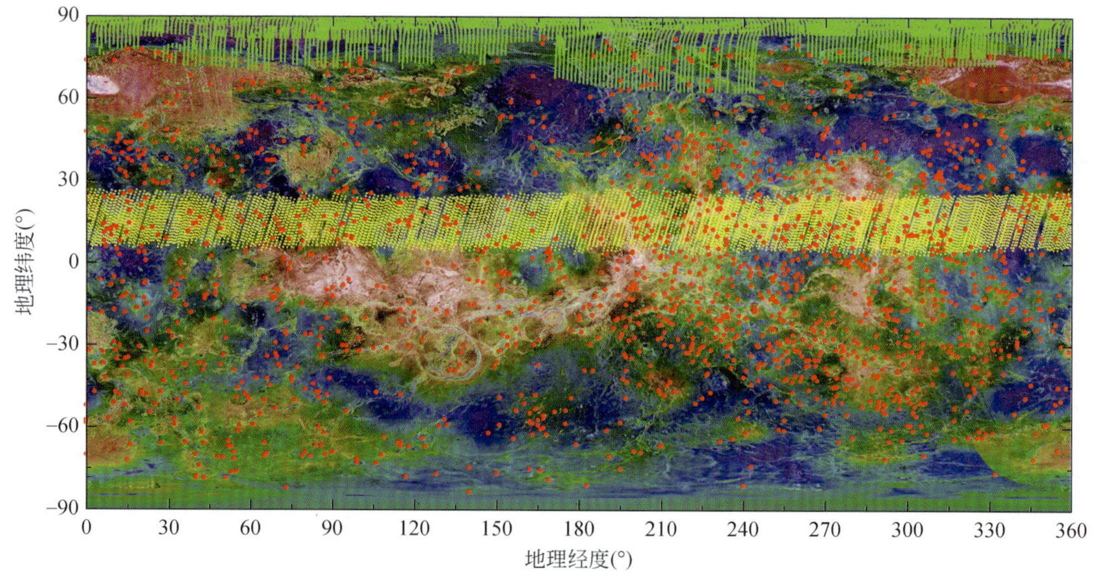

图37 飞船高度低于200 km时的数据点全球分布

金星快车的测量为绿点表示（分辨率为4s），PVO的为黄点表示（分辨率为12s）。红点为麦哲伦号飞船辨识出的金星表面火山结构

6 结束语

利用PVO和金星快车的科学数据，我们对金星感应磁层（包括弓激波、磁层边界层、磁尾磁场结构、粒子逃逸等）开展了较为系统的研究工作，并对寻找岩石剩磁等重大科学问题做了探索研究，获得许多重要的原创结论。

金星还有许多未解之谜，例如是否还存在发电机过程？有无岩石剩磁记录？有无地质或板块运动？是否存在火山喷发活动？有无地震活动？内部圈层结构如何？“水”或大气是如何丢失的？失控的温室效应是如何导致的？在高度60 km处的雾层是如何形成的？许多空间物理过程的观测都是基于单点卫星观测或推测，真实过程又为如何？

金星快车计划在2014年年底结束后，就没有专门探测金星空间环境的卫星计划了。日本的“拂晓号”飞船是当前唯一的一颗在轨对金星开展科学探测的卫星（探测金星大气）。可以预见，围绕这一系列重大科学问题，金星作为地球最近的邻居，在未来必将还是我们持续关注的研究对象，我们也还需要深入挖掘现有金星科学探测数据，并发展多种探测手段对金星形成多种联合观测，以期揭露更多金星神秘面纱。

参考文献

Chai L H, Fraenz M, Wan W X, et al. 2015a. IMF control of the location of Venusian bow shock: The effect of the magnitude of IMF component tangential to the bow shock surface. Journal of Geophysical Research: Space Physics, 119: 9464-9475.

Chai L H, Wan W X, Fraenz M, et al. 2015b. Solar zenith angle - dependent asymmetries in Venusian bow shock location revealed by Venus Express. Journal of Geophysical Research: Space Physics, 120: 4446-4451.

Gao J W, Rong Z J, Persson M, et al. 2020. In situ observations of the ion diffusion region in the Venusian magnetotail. Journal of Geophysical Research: Space Physics, 126, e2020JA028547.

Han Q Q, Fraenz M, Wei Y, et al. 2020. EUV-dependence of Venusian dayside ionopause altitude: VEX and PVO observations. Earth Planet Physics, 4 (1): 1-9.

McComas D J, Spence H E, Russell C T, et al. 1986. The average magnetic field draping and consistent plasma properties in the Venus magnetotail. Journal of Geophysical Research: Space Physics, 91: 7939-7953.

Rong Z J, Barabash S, Futaana Y, et al. 2014. Morphology of magnetic field in near-Venus magnetotail: Venus express observations. Journal of Geophysical Research: Space Physics, 119: 8838-8847.

Rong Z J, Barabash S, Stenberg G, et al. 2015a. The flapping motion of the Venusian magnetotail: Venus Express observations. Journal of Geophysical Research: Space Physics, 120: 5593-5602.

Rong Z J, Barabash S, Stenberg G, et al. 2015b. Technique for diagnosing the flapping motion of magnetotail current sheets based on single-point magnetic field analysis. Journal of Geophysical Research: Space Physics, 120: 3462-3474.

Rong Z J, Stenberg G, Wei Y, et al. 2016. Is the flow-aligned component of IMF really able to impact the magnetic field structure of Venusian magnetotail? Journal of Geophysical Research: Space Physics, 121: 10978-10993.

Wei Y, Fraenz M, Dubinin E, et al. 2017. Ablation of Venusian oxygen ions by unshocked solar wind. Science Bulletin, 62: 1669-1672.

月球空间物理研究进展

张 辉[1,2]，刘立波[1,2]，张天馨[1,2]

1. 中国科学院地质与地球物理研究所，北京 100029
2. 中国科学院大学地球与行星科学学院，北京 100049

摘 要

月球的空间物理学研究早已由美国的阿波罗计划以及苏联月球计划开启。随着探测技术的发展，科学家们在月球空间物理学领域的兴趣，逐渐从月球尾迹、月球电磁场等宏观的空间物理现象和空间物理结构，向迷你磁层、等离子体波动等微观过程转变。在此过程中，人类对月球空间物理过程的认知得以逐步的深入。2007 年以来，随着中国深空探测计划的有序展开，特别是“嫦娥工程”的顺利实施，在国际掀起月球空间科学研究的新高潮。在自主观测数据的支持下，结合国际观测资料，中国科学家对月球空间的兴趣与日俱增。借此热潮，中国科学院地质与地球物理研究所广泛开展了月球空间物理的研究工作，期待能为中国探月工程添砖加瓦。禀承万卫星院士提出的月球空间物理的研究工作宜“先从磁流体等宏观现象入手，逐步向动力学等微观物理过程拓展”的研究思路，这项工作得以顺利进行，并且取得了一些研究成果，在国内外学术界产生一定的影响。

1 月球空间的探测历程

月亮是悬于夜空中肉眼可见的最大、最醒目的天体。当我们抬头仰望，一定会被当空皓月所吸引。其明暗相间的表面，曾经让人们有着月宫嫦娥的浪漫遐想。而在 1609 年，伽利略则用他自制的望远镜第一次窥探了月亮的真面目，发现月亮上布满了四周高、中间低的环形山。

到了 20 世纪中叶，技术的发展允许人类对月球实现近距离的科学测量。1959 年 1 月 4 日，苏联的月球 1 号探测器（Luna-1）以相距月面 6000 km 的高度第一次近距离飞掠月球，开启了人类对月球的科学探索历史。它利用所携带的磁强计、等离子体探测器和微流星体探测器发现月球拥有很弱的磁场，同时也发现了太阳风。八个月后的 1959 年 9 月 12 日，苏联再次发射月球二号探测器（Luna-2），并以极其惨烈的硬着陆方式，冲向月面，成为第一个登陆月球的人类探测器。紧随其后的 1959 年 10 月 4 日，苏联的月球 3 号（Luna-3）再一次成功飞掠月球，并第一次获得月球背面的清晰影像。此后，美苏之间便开启了激烈的月球探测角逐，其中最关键的探测技术难题是：在不坠毁的前提下尽可能让探测器接近月球。1964 到 1965 年期间，美国徘徊者 7-9 号（Rangers 7-9）成功拍摄并传回大量月球表面的高清照片，为美国后续的探测器软着陆提供了基础信息。1966 年 2 月 3 日，苏联的月球 9 号（Luna-9）成功着陆于月球正面的风暴洋，成为人类历史上第一个成功软着陆于月球表面的探测器。这一“落”，也排除了“人们一度怀疑月球表面非常松软，任何物体落在表面都会陷进月壤”的顾虑。4 个月后，美国的勘测者 1 号也成功着陆于风暴洋。1966 年 4 月 3 日，苏联的月球 10 号（Luna-10）成为第一颗进入月球轨道的探测器，成功实现“绕”月飞行。同年 8 月 14 日，美国的月球轨道器 1 号（Lunar Orbiter-1）也入轨成功。轨道器技术的逐步成熟让人类长期连续获取月球图像和月球周边环境参数成为可能。此后，美苏之间的探月竞争围绕“载人登月”开展。1968 年 12 月 24 日，阿波罗 8 号（Apollo-8）轨道器成功进入月球轨道，实现人类历史上第一次载人“绕”月飞行。1969 年 7 月 20 日，阿波罗 11 号（Apollo-11）成功着陆于月球正面的静海，首次实现了载人登陆月球的壮举，并开启了人类对月球取样返回的时代。1970 年 9 月 20 日苏联的月球 16 号（Luna-16）着陆月球正面的丰富海，采集了 101 克月球土壤样本，并完成了人类第一次无人机采样返“回”。1970 年 11 月 17 日，苏联月球 17 号（Luna-17）着陆成功，并释放人类第一台月球车。随后的阿波罗 12、14、15、16、17 号均成功实现载人登月，并在月球表面完成了包括地震实验、热流探测、重力仪、磁场测量、粒子辐射测量和激光反射阵列安装、月球岩石采样和返回等诸多月球实地科学测量。虽然从 1966 ~ 1976 年人类第一次探索月球的高潮以美国成功实现载人登月而告终，但从这期间“绕”“落”“回”探测任务中所获取的丰富的数据资料，时至今日仍然是滋养着涉及地质、地球物理、地球化学、空间物理等多个科学领域的土壤。

1980 年到 2000 年，人类对月球的探测相对较少。1990 年 1 月 24 日，日本发射飞天号（Hiten-1）卫星，并于 1990 年 3 月 19 日成功撞击月球，该项目的主要任务是探测星际尘埃（包括月尘）。1994 年 1 月 25 日美国发射克莱门汀号（Clementine）月球轨道器，其上携带紫外、可见光、红外长波、高分等各类相机，以及激光测距、雷达探测和粒子成像系统，该任务的主要目标是对月球进行遥感探测。1998 年 1 月 7 日发射的轨道器月球勘探者号（Lunar Prospector）则注重月球空间环境探测，其携带月球电子反射探测器、磁场探测器、伽马射线谱仪、中性原子成像、阿尔法粒子谱仪以及多普勒重力探测器等多种设备，对月球周边 30 ~ 120 km 高度范围进行了为时两年的连续测量。

21 世纪以来，月球探测迎来了第二次高潮。中国、美国、欧洲、日本、印度、以色列等多个国家和地区，都发射了自己的月球探测器，月球探测呈现出遍地开花的势态。2003 年 9 月 27 日，欧洲发射了自己首枚月球环绕器智慧 1 号（SMART-1）。2007 年 9 月 14 日，日本发射了辉夜姬号（Kaguya）环绕器。2008 年 10 月 22 日，印度发射了月船 1 号（Chandrayaan-1）月球环绕器。美国于 2009 年 6 月 18 日，发射了月球侦查环绕器（Lunar Reconnaissance Orbiter）对月球宇宙射线的辐射效应、月球辐射环境、莱曼阿尔法射线（Lyman-Alpha）分布进行广泛的测量；并释放感知卫星探测器（LCROSS）撞击月球。2010 年美国西弥斯计划（THEMIS）中的两颗卫星，修改轨道成为月球轨道器，对 30 ~ 10000 km 高度内的月球空间环境（电场、磁场、多个能段带电粒子）连续进行了近

10 年的系统测量。2011 年 9 月 10 日，美国发射两颗“圣杯”探测器（Grail-A 和 Grail-B），绘制了迄今为止最精确的月球引力场地图，使科学家能够推断出月球的内部结构和构成。这两颗卫星分别用蒙大拿州的两个小学生的名字命名，并搭载加州大学圣地亚哥分校的大学生的观测设备，以鼓励年轻科学家对月球科学加以关注。2013 年 9 月 7 日，美国发射月球大气与粉尘环境探测器（LADEE）探测月球大气层的散逸层和周围的尘埃。

重返月球已成为世界航天活动的必然趋势和竞争热点。在这样的时代浪潮下，我国也在 2004 年正式开展月球探测工程，并以古代传说中的月亮仙子之名将其命名为“嫦娥工程”，这是我国迈出航天深空探测第一步的重大举措。嫦娥工程分为“无人月球探测”“载人登月”和“建立月球基地”三个阶段。2007 年 10 月 24 日，中国成功发射了第一颗月球环绕器“嫦娥一号”。其上携带立体相机、干涉成像仪、激光测高仪、微波辐射计、伽马和 X 射线光谱仪及空间环境监测系统，对月球地形、地貌以及空间环境进行了详细的测量。2010 年 10 月 1 日，中国发射“嫦娥二号”，并在完成基本的探测任务后，飞往日地系统的拉格朗日 L2 点。L2 点是地球阴影中太阳辐射较少的区域，该区域具有对宇宙深空进行探测的良好环境。2013 年 12 月 6 日，中国再次发射“嫦娥三号”探测器，并释放“玉兔号”月球车，首次实现了中国地外天体软着陆和巡视探测，完成从“绕”到“落”的阶段转换，对月面进行了成像、探地雷达、阿尔法和 X 射线辐射等综合测量。2018 年 12 月 7 日，中国发射“嫦娥四号”和玉兔二号月球车，首次实现在月球背面的登陆。除此以外，中国还有一系列的后续的月球环绕器、登陆器甚至返回舱的探测任务。中国也在“背景知识调研”和“技术试验”等多个方面，为进一步的月球探测甚至载人登月和返回做准备。中国月球探测活动也吸引着全世界的目光和兴趣，2019 年 2 月 22 日，以色列的非营利性航天组织 SpaceIL 在美国国家航空航天局的支持下，发射创世纪号（Beresheet）月球轨道器。“Beresheet”在希伯来语中是“刚刚起步”的意思，意在预示着第二次探月高潮的到来。2020 年 9 月，美国国家航空航天局发布了阿尔忒弥斯（ARTEMIS）人类重返月球计划，并计划于 2024 年载人登月，对月球表面和空间环境进行多学科的系统测量，为未来人类登陆火星做好技术准备。

2 月球空间物理的研究现状

人类探索月球探索的原动力来自于大国间的科技竞争，对未知自然的探索也是科学目标之一。目前，我们已经详细调查了月球表面特性、物质化学成分、光学特性，获得了月球重力、月震、磁场、辐射、等离子体等诸多关键环境参数。但从空间物理学的角度看，月球仍有诸多未解之谜，它们持续地吸引着空间物理学家的目光。

在星体与太阳风相互作用的过程中，最关键的控制因素是星体是否为导体系统。一个星球能否看成是一个导体系统，主要由三个方面决定，即星体磁场、星体大气和星体内部地质条件。星体磁场通常是指全球尺度的大磁场结构。太阳系中的大多数行星，一般都具有或强或弱的全球尺度磁场。在与太阳风相互作用过程中，这种全球尺度的磁场能够捕获进入磁场的带电粒子。这些带电粒子或来自于太阳风，或来自于电离的星体大气，但无论它们来自何方，都可以形成一个充溢着等离子体的闭合磁场结构。一般而言，这种全球的磁化等离子体结构被称为"磁层"。太阳风在与磁层相互作用时，可以用"运动的磁场与导体"相互作用来比拟，过程中可以形成很强的感应电流，从而改变星体原有磁场的形态，并且阻止太阳风对星体表面的直接入侵，从而起到保护星体的作用（如地球、水星、木星和土星）。另外，太阳系中的星体具有明显的大气时，即使没有全球尺度内禀磁场，也可以形成磁层。这是因为太阳的紫外辐射可以有效地电离大气，从而在星体周边形成导电的"电离层"。电离层在与太阳风相互作用过程中，依然可以用"运动的磁场与导体"相互作用来比拟，从而在电离层与太阳风的相互作用时产生感应磁层（如金星、火星）。可以想象，如果星体自身主要由导电金属构成，这种导体星球与太阳风相互作用时，也可以形成感应磁层。当然，金属表面不具有流动性，这是和导电电离层、磁层完全不同的情形，目前太阳系内还没有发现完全符合这种情况的星体（水星与太阳风相互作用，部分属于此种情形）。

月球既没有明显大气，也没有全球尺度的内禀磁场，同时月球表面的月壤也不具有极高的导电性，因此，与地球等太阳系内其他行星相比，月球周边的空间物理环境和空间物理过程相对简单。然而，这个"相对简单"的月球又具有其独特性：一方面，由于月球公转轨道频繁地穿越太阳风、地球弓激波、地球磁层顶和磁尾电流片等等离子体和电磁性质复杂的空间结构，月球的背景环境不断发生剧烈变化；另一方面，由于月球自身及其表面上的地壳剩磁的空间尺度较小，描述月球空间物理过程的理论体系通常不具有普适性，这些因素导致了月球空间物理环境和空间物理过程的独特性和复杂性。

总体来说，月球兼具磁化和非磁化天体的特征，从大尺度看月球是非磁化的，可以在下游尾迹中产生全球尺度磁场扰动；而从小尺度看，月面剩余磁场则可以抵挡太阳风轰击，形成迷你磁层。20 世纪中叶以来，月球空间物理学的研究一直吸引着大批科学家的关注。其中"月球尾迹"和"月球迷你磁层"是空间物理科学家最聚焦的两个研究主题，也是影响月球空间环境的最主要的两种空间物理结构。

2.1 月球尾迹

月球尾迹是月球与超声速太阳风相互作用所形成的最为典型的结构，这个结构在太阳系中目前所探测到的星体中是独一无二的。月球尾迹也是月球上尺度最大的，也是磁流体力学理论描述最为成功的空间物理结构。20 世纪 60 ~ 70 年代的探索者（Explorer）和阿波罗（Apollo）系列卫星的探测表明，月球没有明显的内部电导率（England et al., 1968）、大气（Hoffman et al., 1973）和全球磁场（Sonett et al., 1967），因此，在宏观的研究中，月球通常被当作巨大的绝缘体球来处理。超声速的太阳风轰击月球表面时，月球向阳面吸收大约 90% 的入射太阳风（Lyon et al., 1967; Halekas et al., 2011），行星际磁场则穿越月球（Ness et al., 1968），从而在月球背阳面形成一个仅具有磁场的等离子体空腔（Lyon et al., 1967）。文献中把这个等离子体结构称之为"月球尾迹"。一般而言，超声速的背景太阳风是尾迹形成的基本条件，但也有研究称，月球尾迹在亚声速的磁尾等离子体流中也会出现（Ma et al., 2015）。月球尾迹向后延展，最远在距离月球 25 个月球半径的下游区域被风卫星（Wind）观测到（Clack et al., 2004），其长度主要与太阳风的速度和太阳风等离子体的回填速度有关（Holmstrom et al., 2012）。月球尾迹同时也向外膨胀，这主要是由于太阳风回填过程中稀疏波向周边传播造成的（Samir et al., 1983）；太阳风等离子体回填的同时，压缩尾迹中心的磁场，并在尾迹边界处形成以磁场降低为特征的“膨胀区”（Whang et al., 1968a）。尾迹的边界区域存在快、慢和阿尔芬等三种基本模式的磁流体力学波动的锋面（Wiehle et al., 2011），由于等离子体和磁场压强同相位的降低，尾迹边界主要由快模波锋面决定（Michel et al, 1968；Johnson et al., 1968），这也得到了观测（Zhang et al., 2012）和数值模拟（Holmstrom et al., 2012；Xie et al., 2013）的支持。由于尾迹主要是等离子体吸收造成的，它表现出“抗磁”特性，磁场的扰动主要由等离子体压强梯度所形成的抗磁电流所产生：观测分析表明，尾迹中心区域和膨胀区磁场的增强和减弱程度，主要受太阳风等离子体 beta 值（动压力和磁压力的比率）和行星际磁场的方向所控制（Whang et al, 1968a, 1968b；Whang et al., 1970；Zhang et al., 2014；Poppe et al., 2014）；抗磁电流还会造成尾迹中磁力线向尾迹中心弯曲，这与周遭太阳风的压缩有关（Holmstrom et al., 2012）；磁力线也向月球方向弯曲，早先预测这与月球有限电导率有关（Vernisse et al., 2013；Wang et al., 2011），然而，等离子体减速及场向电流的同时存在表明，磁场月向弯曲是尾迹阿尔芬翅结构存在的证据（Zhang et al., 2016）。尾迹中的抗磁电流体系非常复杂（Owen et al., 1996；Fatemi et al., 2013），场向电流有存在的必要性。

事实上，月球尾迹结构中存在诸多磁流体理论不可描述的现象。在太阳风回填进入尾迹时，由于电子与离子的扩散率相差巨大（主要由于它们的能量相仿，但质量相差悬殊），在尾迹中沿磁力线的方向上存在双极扩散电场（Samir et al., 1983）。利用月球勘探者探测器（Lunar Prospector）的电子能谱的漂移数据，从尾迹边界到中心区域，估算电位降可达 300 V（Halekas et al., 2005）。该电场可以将太阳风离子加速进入尾迹中，如果行星际磁场与太阳风速度相互倾斜，在尾迹的半边可以观测到离子平行速度的增加，另一侧离子平行速度则降低（Ogilvie et al., 1996）；该电场对电子的注入起到阻碍作用，甚至可以将太阳风注入的电子反射回到周边的太阳风中（Futaana et al., 2001），并在尾迹以外的太阳风中产生离子声波或朗缪尔波（Bale et al., 1997）。由于电子的质量极小，热电子的动能足以克服双极电场而很快注入近月面的尾迹中，从而在近月尾迹中造成电子双流不稳定性的波动（Futaana et al., 2001），并且电子的温度会显著提高（Zhang et al., 2014；Halekas et al., 2005），这些电子甚至可以直接轰击在背面的月表上，使得月表带上负电（Farrel et al., 2008）；相比于电子，质子质量很大，即使从尾迹两侧由双极扩散电场加速进入，它们在下游大约 6 个月球半径的位置才能相遇（Ogilvie et al., 1996），这种对向运动的离子束会导致离子双流不稳定性，产生宽频的静电波动（Borisov et al., 2000；Farrell et al., 1997）。此外，离子由弱场区进入磁场较强的尾迹中心地带，由于第一绝热不变量守恒，离子温度可以表现出很强的各向异性（Fatemi et al., 2012）。离子这种由扩散和双极电场驱动进入尾迹的过程，通常称之为 I 型进入方式。显然，在近月表的尾迹中，理论上应该观测不到离子的存在，只有在离开月表一定距离之外，才可看到明显的离子通量。然而，事实并非如此，在距离月表非常近的尾迹中，观测到了大量的离子，而且这些离子的能量通常都比背景太阳风中的离子能量要高（Futaana et al., 2010；Nishino et al., 2009；Zhong et al., 2013；Dhanya et al., 2013）。观测研究表明，这些离子是太阳风离子在向阳面被反射后，被太阳风负载并且加速而做大回旋半径运动而从垂直磁力线方向进入尾迹的，这种进入方式称为Ⅱ型进入方式（Nishino et al.，2009；Zhong et al.，2013；Nishino et al.，2013；Wang et al.，2010）。也有研究表明，太阳风等离子体流中的高能成分，也可以通过大回旋半径的运动直接进入尾迹，并且在进入过程得到加速，这类进入方式称为Ⅲ型粒子进入方式（Futaana et al.，2010；Dhanya et al.，2013）。无论是Ⅱ型或者Ⅲ型的离子进入近月的尾迹当中，都会形成不稳定的离子分布函数，可能诱发波动（Dhanya et al.，2016）。

2.2 迷你磁层

“迷你磁层”是月球表面存在的、尺度比较小的、利用磁流体理论可以大致理解的空间物理结构。根据月球勘探者的观测，月球表面散落着许多空间尺度在数百千米的月壳剩磁（磁场异常）（Purucker et al.，2008），其月面的磁场强度最大甚至可以达到1000 nT。其中以南半球月球背面的艾特肯盆地周边的剩余磁场最强，分布范围最广。这些磁场异常与小行星撞击月球的热剩余过程有关（Wieczorek et al.，2012），或者磁场在撞击点背面的共轭点汇聚从而引起磁场增强（Hood et al.，1991）。磁场异常区与太阳风相互作用的最早观测证据源于晨昏线后方及尾迹边界之外的磁场异常增强，最初这种结构被认为是月面磁场异常与超声速太阳风相互作用的激波结构，被称为“侧翼激波”（limb shock）。然而，人们没有对这种间断面进行过雨果关系（Hugoniot Relations）验证，因此，在后续的文献中，这个相互作用结构被改称为“侧翼压缩”（limb compression）（Russell et al.，1975）。研究表明，这种磁场增强与上游的月面磁场异常具有对应关系（Russell et al.，1975；Halekas et al.，2006a）。在月球向阳面15~45 km高度上，也频繁观测到磁场增强的情形，磁场强度通常为20 nT以下。有研究指出，这种磁场增强事件实际上是卫星穿越了迷你磁层的弓激波结构，但在该研究中，也没有验证雨果关系，也就是说弓激波的结构并没有在理论上确认。月面磁场异常区普遍存在，但激波结构却很鲜见，这可能预示着当前对迷你磁层的研究尚不成熟，或者说利用磁流体理解迷你磁层现象不够全面（Halekas et al.，2008）。在与太阳风粒子运动尺度相仿的磁场异常（约为100 km）与太阳风相互作用时，磁流体理论在多大程度上适用，是一个亟待进一步探测和理解的问题。

事实上，“迷你磁层”存在诸多磁流体理论不可以完全描述的物理现象，主要原因是其尺度与太阳风粒子回旋尺度相当。有研究认为，利用电子和离子解耦的霍尔磁流体理论可以更好地描述磁场异常与太阳风的相互作用过程（Xie et al.，2015）。也有研究表明，磁场异常区的存在，特别是那些偶极了方向正对着太阳风入射方向的情形下，太阳风会被磁场异常区中的磁镜结构所反射，回到太阳风中（Poppe et al.，2012a；Lue et al.，2011；Yokota et al.，2014）。反射过程中，也存在电子与离子分离所形成的平行电场，会对等离子体的温度有一定的调制，引起电子的加速和离子的减速（Saito et al.，2012）。这些反射的粒子，还会在向阳月表附近产生宽频的哨声波（Nakagawa et al.，2011；Halekas et al.，2006b），甚至形成静电孤波（Hashimoto et al.，2010）。磁场异常区下的月面区域，反照率通常比较高，据信这是由于磁场结构反射太阳风粒子，保护月面免受太阳风轰击，月壤风化成熟度较低造成的（Garrick-Bethell et al.，2011；Bamford et al.，2012）。嫦娥二号的观测表明，迷你磁层中质子密度大幅降低，但质子的温度得到提高（Wang et al.，2012）。

月球迷你磁层，或者说月面的磁场异常区，是月面反射入射太阳风的主要源区。根据观测，月面大约有10%的入射太阳风粒子可以被月球磁场异常结构反射，进入到太阳风中，对周围太阳风产生扰动，并可能激发波动。月面磁场异常区的强度通常比较弱。利用球谐函数拟合月球勘探者的磁场观测数据，可以得到月面磁场的强度大约在数十个纳特。如此弱的磁场强度，通常不能抵御超声速太阳风的轰击（对抗一般的太阳风动压，即数个纳帕，一般需要50 nT的磁场强度）。因此，月面的磁场异常通常会被太阳风极大的压缩，其与太阳风相互作用的高度通常在30 km以下。然而，基于轨道安全的考虑，目前大多数绕月探测器的飞行高度一般在30 km以上。因此，迷你磁层与太阳风的相互作用区很少被卫星进行有效的实地探测，很多相互作用的过程和结构都是理论推测的结果。这一相互作用的情形究竟如何，激波是否能够普遍形成，入射太阳风粒子究竟如何被反射，只有进一步的距离月面30 km以下的观测资料才可能给出确切的答案。这些答案也必将给“小尺度（100 km）磁化天体与太阳风相互作用”创造一个范例，帮助我们认识小尺度磁化天体与太阳风相互作用中的等离子体动力学效应。

2.3 月球边界层物理与月尘

正如前文所述，月球表面以上30 km以内的范围，是目前月球空间物理探测的空白区。月面上山的最高海拔（月面平均高度之上）大约为10786m，比地球上的最高点海拔略高。基于轨道安全的考虑，一般的月球轨道器的高度通常设置在30 km以上，以防止细微的轨道偏离导致轨道器意外撞击月面。因此，月面以上30 km的这一区域缺少连续的测量（月球撞击器会经过这一区域，但由于经过的时间通常比较短暂，同时也为保障撞击器的主目标，一般没有空间物理探测）。

然而，月面30 km高度是一个极其重要的区域，是太阳风与固体月面的边界层，其间的边界物理过程既限制太阳风的物理参量，同时也约束着月面的物理参量。从背景太阳风等离子体到固体月球表面过渡，有两个过程起到主要作用，即等离子体鞘层和太阳辐射光电效应所形成的电子鞘层（Weiss et al.，1977）。这两个过程都决定着月球表面的空间物理参量，特别是月球表面电场的特征。月面电场的强弱，与太阳辐射强度、月面的太阳天顶角、太阳风等离子体密度、月面的地形地貌等有密切关系，因此，月面电场强度在月面的分布可能比较复杂，也同样具有一些局地的小结构（Anuar et al.，2017；Farrell et al.，2010；Poppe et al.，2012；Zimmerman et al.，2011）。除了磁场（Poppe et al.，2012b）和月壤（Saito et al.，2008）外，月面电场是另一个引起月面粒子反射的可能原因。这些粒子的反射机制，涉及等离子体的动力学过程，目前还是一个具有争议的问题，并且缺乏直接观测证据。月面电场也被认为与月面上空的扬尘有关（Stubbs et al.，2006；Orger et al.，2018）。由于月尘对人类的月球航天活动存在潜在的巨大危害，月尘的分布和机制吸引了大量的科学关注。现阶段，人们对月尘在月面的高度分布和水平分布的认识并不清楚。目前月尘的直接证据，是在月球向阳面观测月球晨昏线时所获得太阳散射光的照片。基于这个观测，一般认为月尘最大高度可以达到月面数百千米高度。有文献也强调，月尘一般聚集在晨昏线附近，并认为这与晨昏线附近由向阳面指向背阳面的水平电场的迁移有关（Farrell et al.，2007）。事实上，由于缺乏全月面的比较研究，月尘是否聚集在晨昏线并不能被确定。最新的观测表明，月尘与月面局地的地形和电场存在着密切的关系（Xie et al.，2020）。对于质量很大（相比于太阳风粒子）、动量很小的月尘粒子，如何由水平电场的作用而扬起，是一个值得探求的科学问题。月面电场在月面扬尘和月尘迁移过程中扮演着怎样的角色，也是各国科学家关注的重要科学问题和应用问题。

此外，也有一些工作研究月球与地球空间或者太阳风空间中各种结构的相互作用，例如地球弓激波穿越尾迹物理过程（Xu et al.，2017a；Xu et al.，2018；Nishino et al.，2017；Nishino et al.，2011）、行星际电流片穿越尾迹的磁场重联过程（Xu et al.，2015），月球位于地球磁尾中可以观测到窄频离子回旋波（Chi et al.，2013），磁层屏蔽月球免受太阳高能等离子体轰击（Xu et al.，2017b），磁尾磁通量绳与月球相互作用（Harnett et al.，2013）等等，都是近年来月球卫星数据质量提升后，出现的一些新的研究课题。

3 中国科学院地质与地球物理研究所月球空间物理研究的最新工作

2010 年前后，根据国内外的最新探测研究动向，特别是在美国、日本、印度等世界航天大国都在部署和启动新的月球探测计划的情形下，中国科学院万卫星院士建议中国科学院地质与地球物理研究所地磁与空间物理实验室全面开展月球空间物理方面的研究工作。当时，中国大规模月球探测计划——“嫦娥工程”正如火如荼地进行。开展这项工作，我们期待能为中国探月工程添砖加瓦，同时也能利用中国自主探测资料，推进我们对月球空间环境和空间物理的理解。秉承万院士提出的月球空间物理的研究工作宜“先从磁流体等宏观现象入手，逐步向动力学等微观物理过程拓展”的研究思路，这项工作得以顺利进行，并且取得了一些研究成果，在国内外学术界产生一定的影响。这些研究成果可以从以下的三个方面进行总结。

3.1 三维月球尾迹

虽然有证据表明月球可能存在稀薄的大气、稀薄的月球尘埃等离子体及局地性的磁场异常，但在与太阳风的相互作用过程中，月球依然被当作一个绝缘体球。如果没有其他物理过程存在，月球吸收入射的太阳风等离子体后，定会在其背面形成一个圆柱状的等离子体空腔。然而，尾迹周遭的太阳风等离子体会通过扩散的方式再次进入等离子体空腔，从而在月球背面形成复杂的等离子体结构。月球尾迹结构早在 20 世纪 60 年代，就被星际检测台 1 号（IMP 1），探险者 35 号（Explorer 35），阿波罗计划（Apollo）所发现，在后续的卫星计划也被详细探测过（比如 Lunar Prospector，Wind，Chandrayann-1，Kaguya，嫦娥及 ARTEMIS 等）。即使到现在，月球尾迹中的等离子体、电场与磁场，以及它们对上游太阳风条件的响应，比如对太阳风速度、太阳风等离子体 beta 值、行星际磁场强度和方向等，依然是研究的主要目标。然而，传统的尾迹研究中存在一个重大缺陷，即无法获取月球上游未受扰动的太阳风和行星际磁场的参量。这直接影响我们对于月球对太阳风扰动的准确判断，进而使得月球尾迹扰动参量存在不确定性。

另外一方面，太阳风等离子体再次进入月球尾迹，可以从多个理论背景去理解。早年对尾迹的研究强调其磁流体的方面，这些理论已经解释了尾迹的宏观结构：当背景太阳风被吸进尾迹中时，可以压缩尾迹中心的磁场，使得中心磁场增强，并且稀疏尾迹边缘的磁场，如图 1 所示。当然，在这个过程中磁场的方向也会出现弯曲。由于电子与离子的迁移率大不同，在太阳风等离子体向尾迹中注入时，电子和离子的分离，可以形成额外的电场，加速注入离子，却减速注入的电子。这个过程，是磁流体理论所不能理解的（Samir et al.，1983）。在太阳风的参照系中，尾迹中的等离子体形成稀疏波向尾迹外部传播，使得尾迹在月球下游不断膨胀。早期的磁流体理论预测尾迹可以延伸到月球下游 5、6 个月球半径的距离，而 Wind 卫星的观测则表明，尾迹可以到达月球下游 25 个月球半径处。这个矛盾可能预示着尾迹中的等离子体动力学效应不可忽视。另外，月球尾迹中等离子体的温度异常就显示出动力学的效应。Lunar Prospector 的观测表明，近月面尾迹中，电子的温度相比太阳风中可以提升 4 ~ 10 倍（Fatemi et al.，2013），且离子的各向异性极其明显。根据磁流体理论，当等离子体向真空中膨胀时，等离子体温度理应降低。虽然谢良海等（2013）认为尾迹中等离子体温度的提升与从尾迹两侧流入的对流性的等离子体有关，上述矛盾依然表明动力学理论的重要性。Kallio（2005）认为尾迹中沿着磁力线的双极电场是这种温度各向异性的来源，在沿着磁力线方向上，从相反方向注入的离子，会在尾迹中激发宽频的电磁扰动（Ogilvie et al.，1996），这些电磁波动可能是等离子体温度提升的能量源泉（Farrell et al.，1997；Nakagawa et al.，2011）。

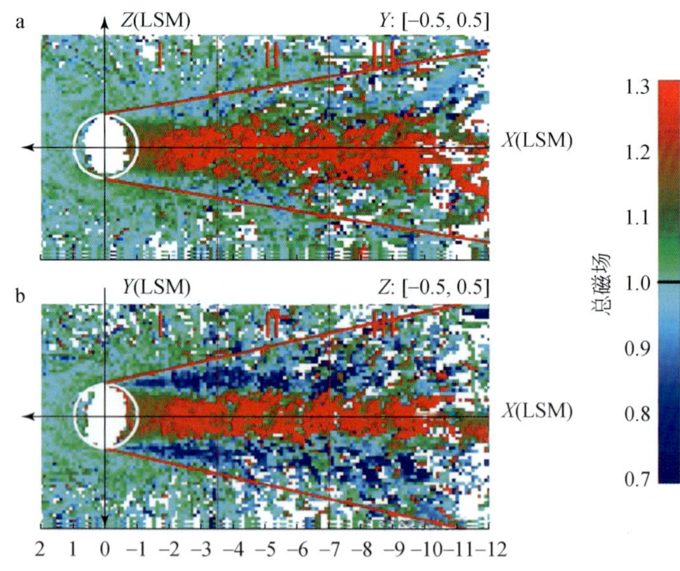

图 1　太阳风电场-磁场坐标系下的尾迹磁场分布情形

在与磁场平行（a）和与磁场垂直（b）的平面中，可以看到磁场的不同分布模式

以上述亟待解决问题为出发点，中国科学院地质与地球物理研究所研究团队以 ARTEMIS 的两颗大椭圆绕月轨道卫星观测资料为基础，详细调研了月球尾迹中等离子体

和电磁场各个参量的分布情形，促进了我们对月球的尾迹的新认识。由于 ARTEMIS 卫星由两颗卫星组成，按照其轨道设计特点，每当一颗卫星穿越尾迹时，另一颗卫星通常位于月球周边未受扰动的太阳风中。这样的轨道特点和大量的观测资料（数百万个数据点），让我们可以准确获取月球对太阳风各种扰动的具体量值，从而保证了研究结果的准确性。我们的研究表明：①月球尾迹在太阳风静止参考系中以磁流体的快磁声波的模式向外膨胀。由于等离子体的压强和磁场的强度呈现同相位的变化，这一结果验证了月球尾迹的磁流体特性。②在月球尾迹中，也存在向内传播的快磁声波锋面，主要以等离子体密度和磁场的同相位增加为主要特征。③从尾迹两侧进入的太阳风等离子体在月球下游大约 6.5 个月球半径处相遇。④在此之前，尾迹呈现出很好的结构，而在此位置之后，尾迹中无论等离子体还是磁场结构出现扰动，都可能是由等离子体的对流不稳定性造成的。⑤等离子体注入尾迹的方式有两种，压强梯度力和沿着磁力线的双极电场都起到作用。⑥等离子体注入尾迹时垂直于磁力线的分量，持续压缩磁场，使得磁场在尾迹中随着离开月球的距离增加而持续增强，磁场增强的程度受到上游等离子体 beta 值和行星际磁场方向的直接控制，这都表明月球尾迹中具有抗磁效应。⑦月球尾迹中电子和离子都呈现出明显的温度增强现象，而且温度的增强存在各向异性，平行方向的增强明显高于磁场的垂直方向，这一结果表明注入粒子的能量色散效应在增温过程中所起的作用。

3.2 月球尾迹阿尔芬翅

阿尔芬翅是等离子体流经导电星体或者磁化星体的一种常见现象，这种磁场结构主要是由等离子体流经星体的场向电流体系形成（Neubauer，1980）。当磁化等离子体流遇到导体星球时，不可压缩扰动以阿尔芬波的形式沿着磁力线向外部传播。在典型的太阳风特征等离子体中，该波动的传播速度通常为 50 km/s，而在磁层等离子体中，这个速度可以达到数百千米每秒。由于这些扰动同时镶嵌背景等离子体流中，因此，从实验室坐标系（观测卫星坐标系）中看来，这些波动并不是简单沿着磁力线传播，而是从相互作用的障碍导体开始，斜向后传播，形成一个如同张开的翅膀的结构。一般把这个结构称为“阿尔芬翅”（图 2）。

事实上，太空中阿尔芬翅是星体与等离子体流动相互作用的常见现象。比如，木卫一（Io），在木星磁层中运动做公转运动时，由于 Io 自身具有星体/电离层有限电导率，Io 可以在其运动方向上拉伸木星背景的磁场，从而形成阿尔芬翅的结构（图 3）。该情形下，星体系统的有限电导率，是产生阿尔芬翅的根源。

阿尔芬翅的形成还有其他机制。比如在土卫二（Enceladus）上，其南极存在活动的火山。火山喷发的尘埃物质在星际紫外线的作用下电离，形成尘埃等离子体云。土星磁层磁场与这些尘埃等离子体相遇，形成拾起效应。换而言之，尘埃等离子体局部阻碍磁层磁通量管的运动，从而降低局地等离子体运动速度、压缩局地磁场。同样地，这种扰动以阿尔芬波的形式沿着磁力线向外传播，从而形成阿尔芬翅（图 4）。

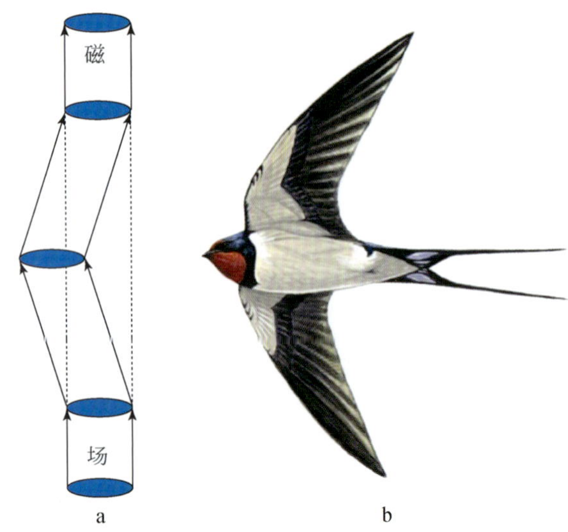

图 2　阿尔芬翅形态示意图

a 表示运动的磁通量管局部受到阻碍，速度降低，磁力线局部弯曲。同时，这个局部的扰动以阿尔芬波的形式沿着磁力线向上下两侧传播，形成一个张开翅膀的结构，如同 b 所示

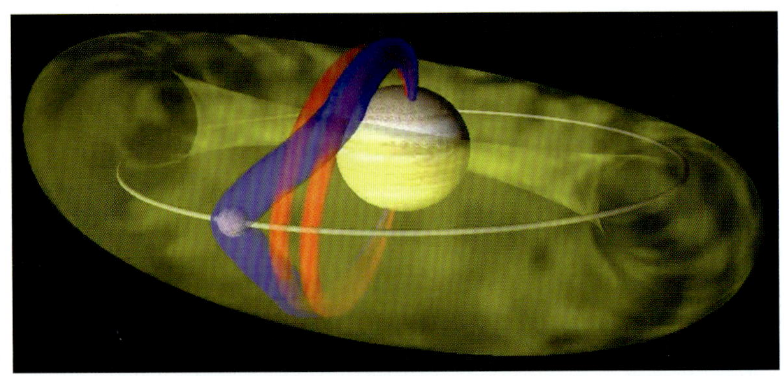

图 3　木卫一 Io 在木星磁层中运动，拉伸木星磁层磁力线，形成阿尔芬翅的结构

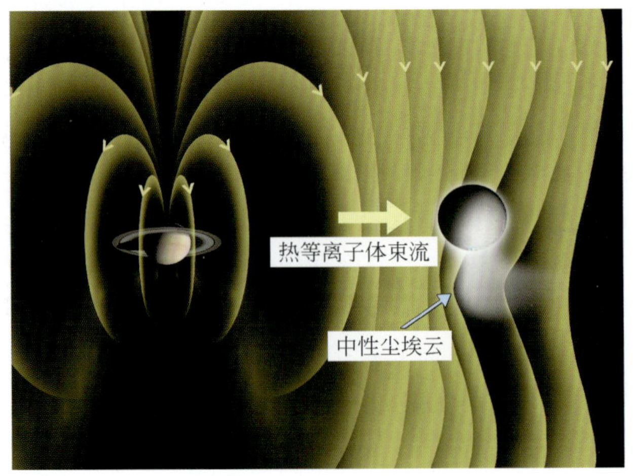

图 4　土卫二（Enceladus）与土星磁层相互作用，尘埃等离子体的拾起效应引起的阿尔芬翅

在太阳风等离子体中，形成可以观测的阿尔芬翅的情形较为鲜见，文献报道中，仅有磁流体数值模拟工作结果显示，太阳风与地球磁层相互作用时，在某些极端情况下可以产生阿尔芬翅。如图 5 的数值模拟结果，Ridley（2007）宣称在行星际磁场极强的情形下(阿尔芬速度极快)，地球磁层阻碍太阳风过程中，可以形成可观测的阿尔芬翅结构。阿尔芬翅的张角是由阿尔芬速度与背景等离子体的速度比决定的。在木星磁层或者土星磁层中，由于磁层磁场较强，阿尔芬速度较快，可以与背景磁层等离子体流速相比拟。因此阿尔芬翅呈现张开的形状。而在太阳风等离子体中，一般情形下，阿尔芬速度大约 50 km/s，而背景太阳风流速则在 400 km/s。此时，阿尔芬翅即使形成，其张角很小，是一对闭合的翅膀（图 5a)，这样的阿尔芬翅是很难被观测到的。因此，在与太阳风相互作用的天体上，阿尔芬翅并不是一个期待的结果。

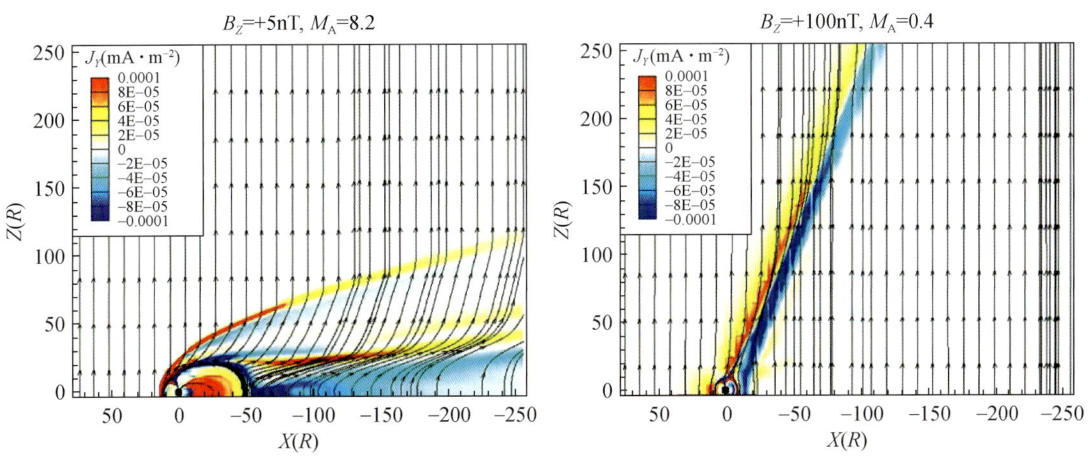

图 5　行星际磁场不同强度条件下，地球磁层的位形强行星际磁场是产生阿尔芬翅的条件（Ridley，2007）

得益于 ARTEMIS 的两颗卫星，中国科学院地质与地球物理研究团队通过比较两颗卫星的观测结果，准确提取出月球尾迹中磁场和等离子体流场的变化。研究结果表明，尾迹中心区域磁场增强，且磁力线系统性地向月球一侧弯曲，该磁场变化与垂直磁力线方向的等离子体流速降低密切相关（图 6)。这三个要素表明、月球尾迹中存在阿尔芬翅。通过双流体数值模拟工作，提出了阿尔芬产生的新机制，即月球尾迹中尾向的等离子体压强，充当太阳风等离子体的减速器。这一研究工作利用卫星的实地观测，确认了超声速太阳风中阿尔芬翅的存在，同时，提出压强梯度是除星体电导率和尘埃等离子体拾起效应之外的另一种阿尔芬翅的激发机制。研究表明，这一现象在非磁化绝缘星体与太阳风相互作用时可能是普遍存在的。

阿尔芬翅在科学上具有重要意义，它是通过磁场相连的不同等离子体区域质量、动量和能量交换的重要机制。阿尔芬翅的形成具有三大要素，即等离子体减速、磁场压缩、阿尔芬波（磁场弯曲)。当磁通量管的局部区域受到阻碍时，局地的等离子体被减速，局地的磁场受到压缩，这个过程通常是通过局地的垂直电流来实现的。这个过程中，阿尔芬波被激发并沿着磁力线传播，并伴随着场向电流，流向磁场相连的其他区域。当场向电流再次散开形成垂直电流时，将会产生垂直于磁场的力的作用，从而带动其他区域等离子体的

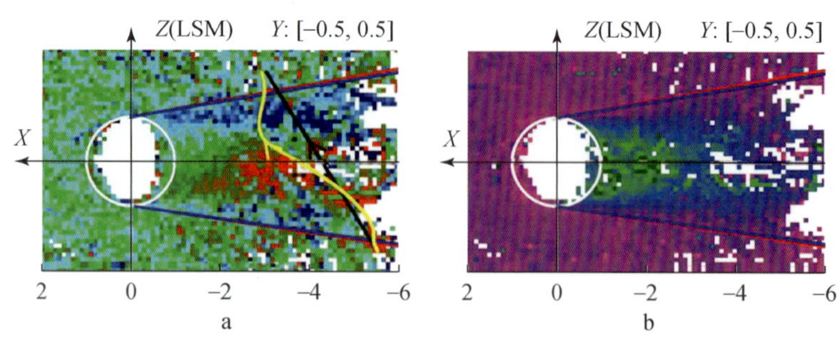

图6 月球尾迹中磁场的弯曲（a）与等离子体在磁场垂直方向的减速（b）

运动。可见，这个过程实际上是磁场连接的不同区域的动量传输的过程。比如木卫一（Io）在与木星磁层相互作用过程中，阿尔芬翅可以在木星表面的足点处产生非常局域的极光。这也是能量和质量在 Io 与木星之间传输的标志。对于月球尾迹阿尔芬翅而言，尾迹中空的等离子体腔所产生的压强梯度力，试图阻止磁场相连的背景太阳风的运动；而尾迹阿尔芬翅中的场向电流一方面在尾迹中加速等离子体，另一方面则造成外部太阳风等离子体的减速。可见，动量传输是阿尔芬翅的必然结果。阿尔芬翅的存在标志着月球尾迹中复杂的电流体系，对这个电流体系的探讨，也是当前月球空间物理学研究中的热点问题之一。

3.3 月球磁场扰动新特征与新机制

月球没有全球尺度的内禀磁场，而在表面分布着很多区域性剩磁结构，被称为磁场异常区（Purucker et al.，2008）。磁场异常区的空间尺度从数十千米里到数百千米不等（Hood et al.，1991），其月面磁场强度多为十几到几十纳特，最大可达上千纳特（Richmond et al.，2008）。太阳风轰击磁异常区域时，会在月球周边产生磁场扰动。前人的研究普遍认为，太阳风中的行星际磁场会在月面剩磁上游堆积挤压，形成类似于地球磁层的“迷你磁层”结构（Purucker，2008）。“迷你磁层”会阻碍太阳风，拖拽并压缩行星际磁场，可以在月球侧翼上方空间中形成拉伸的磁场增强区。这个区域可以向后延伸很远数万千米，直至尾迹外侧（Harnett et al.，2000）。人们认为这种磁场增强区的形成，可能与地球磁层弓激波压缩行星际磁场的行为类似，因此，在早期，这种磁场增强也被称为“侧翼激波”。然而，由于缺乏关键的激波诊断证据，后又被改称为“侧翼压缩”（Russell et al.，1975；Lin et al.，1998）。后续的研究又发现，“侧翼压缩”和月面剩余磁场并不存在一一对应的位置关系，月球周边这种区域性磁场增强的成因成为长期困扰该领域的一个难题。

太阳风入射月球时，除绝大部分入射粒子被月表吸收外（>90%），还有一小部分被月球反射（Saito et al.，2008；Wieser et al.，2010），在磁异常区上空尤为显著，粒子反射率最高可达 50%（Lue et al.，2014）。前人对月面反射粒子的探索大多集中于研究它们对近月空间等离子体环境的影响，包括加速过程、尾迹注入过程及波动激发过程（Fatemi et al.，2014；Burinskaya et al.，2015），而入射粒子如何反射，以及它们对太阳风的反作用经常被忽略。这主要是因为这些过程往往发生在离月面较低的高度上（<30 km），由于月球地形复杂，卫星很难接近月表，这导致等离子观测数据非常少；另外，也因为粒子探测器通常无法覆盖所有能量范围或所有方向，这导致粒子探测很难准确。而随着探测技术的进步，磁场探测技术已经完全成熟，其准确性也毫无争议，因此，磁场探测可能成为诊断这些物理过程的关键参量。

中国科学院地质与地球物理研究所月球研究团队利用 Lunar Prospector 卫星的磁场观测数据，对近月磁场扰动进行了深入研究。通过建立由实时变化的太阳风电磁场确定的动态坐标系，月表磁场扰动展示出了全新的空间分布特征：在月球的晨昏线附近，沿着电场方向存在磁场分布的不对称性；在晨昏线之前（向阳面），电场指向的一侧磁场增强更显著；在晨昏线之后的尾迹区域（背阳面），电场指向的一侧磁场减弱更显著，并且发现尾迹结构发生扭转（图 7 顶部）。尤为重要的是，通过对照月球磁场模型，发现上述分布特征与月表磁异常的空间分布没有直接关系（图 7）。这说明传统的相互作用图景并不准确。

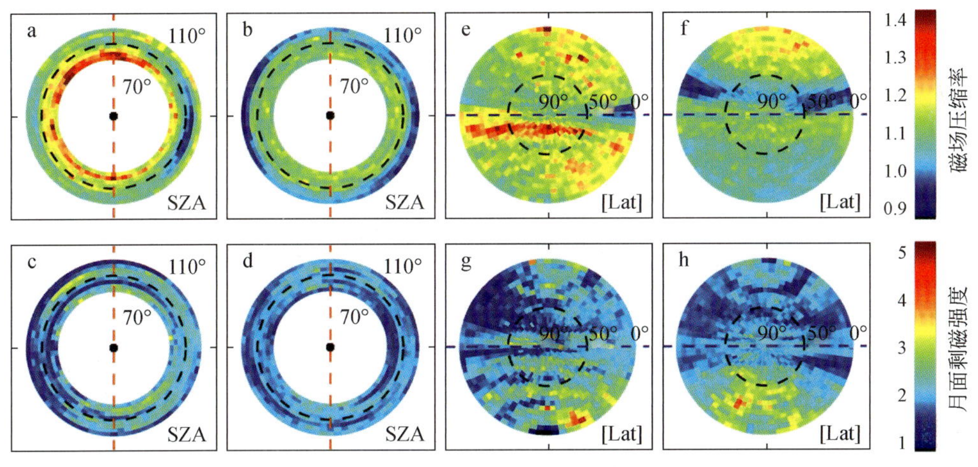

图 7　近月表磁场压缩率（上）和月壳磁场分布（下）

a-d 是沿着太阳天顶角展开图；e-h 是沿着月球-黄道面坐标系下的纬度的展开

近月空间磁场扰动强度由太阳风对流电场方向控制，这一观测特征暗示月面反射粒子的运动可能是磁场扰动的源。研究团队利用试验粒子模拟方法，定量的研究了反射粒子对磁场扰动，并得到了以下重要相互作用场景（图 8）：入射粒子一旦被反射，即刻感受到太阳风对流电场；反射粒子被背景太阳风加速并向电场方向偏转；太阳风丢失动能，减速进而导致背景磁场的堆积增强。由于反射粒子在电场的加速下聚集在电场指向的一侧，在月球晨昏线之前，电场指向的方向磁场增强更加明显。反射粒子的分布的不均匀性会造成月表等离子体密度的差异，在等离子体密度大的一侧，产生了更强的抗磁电流，从而导致在晨昏线之后（膨胀区），电场指向的方向磁场减弱更加明显，由此形成了不对称的尾迹结构。

该研究发现了近月表磁场分布的新特征（非对称磁场增强和非对称尾迹），同时也揭示出太阳风反射粒子的捕获效应是近月表磁场增强的新机制。月球磁场与太阳风相互作用是小尺度磁场与太阳风相互作用的一个典型，该成果对研究小尺度磁性天体（如小行星或彗星）与太阳风相互作用具有广泛的参考价值。

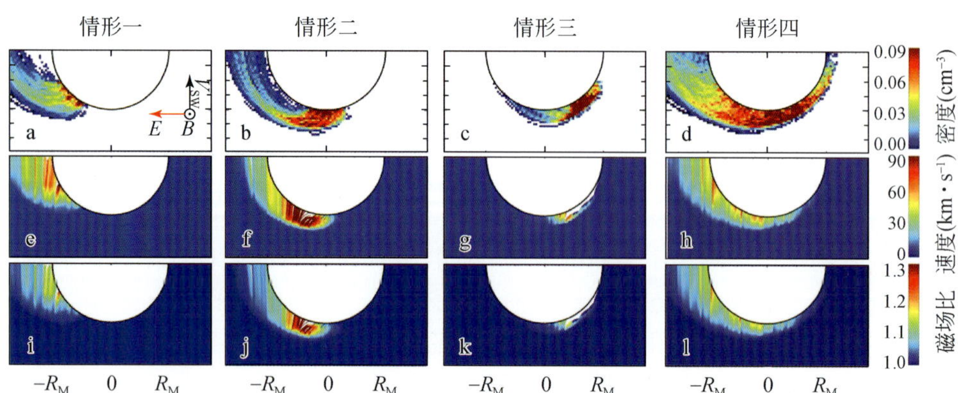

图 8 模拟结果：磁异常区处于不同位置时（情形一、二、三）及全月面平均（情形四）的粒子反射分布
a–d 为反射粒子数密度；e–h 为太阳风减速幅值；i–l 为磁场压缩率

4 小结

月球空间物理科学的发展强烈依赖于空间技术和探测技术的进步。虽然月球空间物理学的研究已经有了 60 多年的历史，我们对月球空间环境已经形成了较为全面的认识，但是这些认识依然不完整。由于月球环绕器的轨道安全限制，月面以上 30 km 的区域是目前的探测空白区，仅有少数着陆器或者撞击器在这个区域有少量的、短暂的空间物理探测资料。而这个区域正是太阳风与月面（包括月壤、撞击坑、环形山和磁场异常区）相互作用的边界区域，边界物理问题往往重要同时又难以测量。比如，这个 30 km 的边界区域，诸多物理参量会在很小的空间尺度内大幅变化，这就需要高精度的探测资料。同时，边界物理问题往往同时限制着两侧的物理特征，即太阳风的扰动受到月面过程的控制，而月面过程也同时受到太阳风条件的影响。要厘清这里的耦合物理过程，就需要这个区域大量的、系统性的观测资料。比如要回答月尘如何在月面电场的作用下扬起的问题，我们就需要对这个区域的电场及其变化特征进行系统的探测和分析研究；要回答太阳风与迷你磁层如何相互作用的问题，我们就需要对月面以上 30 km 范围内的磁场和等离子体进行系统的探测和研究等等。对这些问题的研究，一方面可以让我们理解极端情形下（无大气、无行星尺度磁场、小尺度磁场异常），星体与等离子体相互作用的物理过程和规律；另一方面，也有助于我们掌握月面的空间物理环境和空间天气过程，理解电、磁、等离子体和尘埃的分布和变化规律，为人类进一步探月及探索其他星体的航天活动提供依据。这也正是美国提出 2024 年重返月球，掀起第二次探月高潮的原因所在。

参考文献

Anuar A K. 2017. Surface charging of a crater near lunar terminator, in 2017 International Conference on Space Science and Communication. In：Suparta W，Ismail M，Abdullah M（eds）. Bristol：IOP Publishing Ltd.

Bale S D, et al. 1997. Evidence of currents and unstable particle distributions in an extended region around the lunar plasma wake. Geophysical Research Letters, 24 (11): 1427-1430.

Bamford R A, et al. 2012. Mini-magnetospheres above the Lunar surface and the formation of Lunar Swirls. Physical Review Letters, 109 (8): 081101.

Borisov N, Mall U. 2000. Plasma distribution and electric fields behind the Moon. Physics Letters A, 265 (5-6): 369-376.

Burinskaya T M. 2015. Non-monotonic potentials above the day-side lunar surface exposed to the solar radiation. Planet Space Sci, 115: 64-68.

Chi P J, et al. 2013. Observations of narrowband ion cyclotron waves on the surface of the Moon in the terrestrial magnetotail. Planetary and Space Science, 89: 21-28.

Clack D, et al. 2004. Wind observations of extreme ion temperature anisotropies in the lunar wake. Geophysical Research Letters, 31 (6), doi: 10. 1029/2003GL018298.

Dhanya M B, et al. 2013. Proton entry into the near-lunar plasma wake for magnetic field aligned flow. Geophysical Research Letters, 40 (12): 2913-2917.

Dhanya M B, et al. 2016. Characteristics of proton velocity distribution functions in the near- lunar wake from Chandrayaan-1/SWIM observations. Icarus, 271: 120-130.

England A W, Simmons G, Strangway D, Electrical conductivity of moon. Journal of Geophysical Research, 73 (10): 3219.

Farrell W M, Kaiser M L, Steinberg J T. 1997. Electrostatic instability in the central lunar wake: A process for replenishing the plasma void? Geophysical Research Letters, 24 (9): 1135-1138.

Farrell W M, et al. 2007. Complex electric fields near the lunar terminator: The near- surface wake and accelerated dust. Geophysical Research Letters, 34 (14), doi: 10. 1029/2007GL029312.

Farrell W M, et al. 2008. Loss of solar wind plasma neutrality and affect on surface potentials near the lunar terminator and shadowed polar regions. Geophysical Research Letters, 35 (5), doi: 10. 1029/2007GL032653.

Farrell W M, et al. 2010. Anticipated electrical environment within permanently shadowed lunar craters. Journal of Geophysical Research-Planets, doi: 10. 1029/2009JE003464.

Fatemi S, Holmstrom M, Futaana Y. 2012. The effects of lunar surface plasma absorption and solar wind temperature anisotropies on the solar wind proton velocity space distributions in the low- altitude lunar plasma wake. Journal of Geophysical Research-Space Physics, 117, doi: 10. 1029/2011JA017353.

Fatemi S, et al. 2013. The lunar wake current systems. Geophysical Research Letters, 40 (1): 17-21.

Fatemi S, et al. 2014. Effects of protons reflected by lunar crustal magnetic fields on the global lunar plasma environment. J. Geophys. Res-Space Phys. 119, doi: 10. 1002/2014ja019900.

Futaana Y, et al. 2010. Protons in the near- lunar wake observed by the Sub- keV Atom Reflection Analyzer on board Chandrayaan-1. Journal of Geophysical Research-Space Physics, 115, doi: 10. 1029/2010JA015264.

Futaana Y, et al. 2001. Counterstreaming electrons in the near vicinity of the Moon observed by plasma instruments on board NOZOMI. Journal of Geophysical Research-Space Physics, 106 (A9): 18729-18740.

Garrick-Bethell I, Head J W, Pieters C M. 2011. Spectral properties, magnetic fields, and dust transport at lunar swirls. Icarus, 212 (2): 480-492.

Halekas J S, et al. 2005. Electrons and magnetic fields in the lunar plasma wake. Journal of Geophysical Research-Space Physics, 110 (A7), doi: 10. 1029/2004JA010991.

Halekas J S, et al. 2006a. On the occurrence of magnetic enhancements caused by solar wind interaction with lunar crustal fields. Geophysical Research Letters, 33 (8), doi: 10. 1029/2006GL025931.

Halekas J S, et al. 2006b. Whistler waves observed near lunar crustal magnetic sources. Geophysical Research Letters, 33 (22), doi: 10. 1029/2006GL027684.

Halekas J S, et al. 2008. Density cavity observed over a strong lunar crustal magnetic anomaly in the solar wind: A mini-magneto sphere? Planetary and Space Science, 56 (7): 941-946.

Halekas J S, et al. 2011. New views of the lunar plasma environment. Planetary and Space Science, 59 (14): 1681-1694.

Harnett E M, Winglee R M. 2000. Two-dimensional MHD simulation of the solar wind interaction with magnetic field anomalies on the surface of the Moon. J Geophys Res-Space Phys, 105: 24997-25007.

Harnett E M, Winglee R M. 2013. Flux rope passage at the Moon while in the terrestrial magnetotail. Advances in Space Research, 52 (2): 243-250.

Hashimoto K, et al. 2010. Electrostatic solitary waves associated with magnetic anomalies and wake boundary of the Moon observed by KAGUYA. Geophysical Research Letters, 37, doi: 10. 1029/2010GL044529.

Hoffman J H H, Hodges, Johnson F S, Evans D E. 1973. Lunar atmospheric composition results from Apollo 17. Proceedings of the Lunar Science Conference, vol 4: 2865.

Holmstrom M, et al. 2012. The interaction between the Moon and the solar wind. Earth Planets and Space, 64 (2): 237-245.

Hood L L, Huang Z. 1991. Formation of magnetic- anomalies antipodal to lunar impact basins- 2- dimensional model-calculations. Journal of Geophysical Research-Solid Earth and Planets, 96 (B6): 9837-9846.

Johnson F S, Midgley J E. 1968. Notes on lunar magnetosphere. Journal of Geophysical Research, 73 (5): 1523.

Kallio E. 2005. Formation of the lunar wake in quasi- neutral hybrid model. Geophys Res Lett, 32, doi: 10. 1029/2004gl021989.

Lin R P, et al. 1998. Lunar surface magnetic fields and their interaction with the solar wind: Results from lunar prospector. Science, 281: 1480-1484.

Lue C, et al. 2011. Strong influence of lunar crustal fields on the solar wind flow. Geophysical Research Letters, 38, doi: 10. 1029/2010GL046215.

Lue C, et al. 2014. Chandrayaan- 1 observations of backscattered solar wind protons from the lunar regolith: Dependence on the solar wind speed. J Geophys Res-Planets, 119: 968-975.

Lyon E F, Bridge H S, Binsack J H. 1967. Explorer 35 plasma measurements in vicinity of moon. Journal of Geophysical Research, 72 (23): 6113.

Ma Y H, Wong W C, Xu X J. 2015. Subsonic and sunward-orientated lunar wake observed by ARTEMIS in the geomagnetotail. Astrophysics and Space Science, 358 (2): 12.

Michel F C. 1968. Magnetic field structure behind moon. Journal of Geophysical Research, 73 (5): 1533.

Nakagawa T, et al. 2011. Non- monochromatic whistler waves detected by Kaguya on the dayside surface of the Moon. Earth Planets and Space, 63 (1): 37-46.

Ness N F, et al. 1968. Perturbations of interplanetary magnetic field by lunar wake. Journal of Geophysical Research, 73 (11): 3421.

Neubauer F. 1980. Nonlinear standing Alfvén wave current system at Io: Theory. J Geophys Res, 85: 1171-1178.

Nishino M N, et al. 2009. Solar-wind proton access deep into the near-Moon wake. Geophysical Research Letters, 36, doi: 10. 1029/2009GL039444.

Nishino M N, et al. 2011. Anomalous deformation of the Earth's bow shock in the lunar wake: Joint measurement by Chang'E-1 and SELENE. Planetary and Space Science, 59 (5-6): 378-386.

Nishino M N, et al. 2013. Type-II entry of solar wind protons into the lunar wake: Effects of magnetic connection to the night-side surface. Planetary and Space Science, 87: 106-114.

Nishino M N, et al. 2017. Kaguya observations of the lunar wake in the terrestrial foreshock: Surface potential change by bow-shock reflected ions. Icarus, 293: 45-51.

Ogilvie K W, et al. 1996. Observations of the lunar plasma wake from the WIND spacecraft on December 27, 1994. Geophysical Research Letters, 23 (10): 1255-1258.

Orger N C, et al. 2018. Lunar dust lofting due to surface electric field and charging within Micro-cavities between dust grains above the terminator region. Advances in Space Research, 62 (4): 896-911.

Owen C J, et al. 1996. The lunar wake at 6. 8 R (L): WIND magnetic field observations. Geophysical Research Letters, 23 (10): 1263-1266.

Poppe A R, et al. 2012a. Particle- in- cell simulations of the solar wind interaction with lunar crustal magnetic anomalies: Magnetic cusp regions. Journal of Geophysical Research- Space Physics, 117, doi: 10. 1029/2012 JA017844.

Poppe A R, et al. 2012b. The effect of surface topography on the lunar photoelectron sheath and electrostatic dust transport. Icarus, 221 (1): 135-146.

Poppe A R, et al. 2014. ARTEMIS observations of extreme diamagnetic fields in the lunar wake. Geophysical Research Letters, 41 (11): 3766-3773.

Purucker M E. 2008. A global model of the internal magnetic field of the Moon based on Lunar Prospector magnetometer observations. Icarus, 197 (1): 19-23.

Richmond N C, Hood L L. 2008. A preliminary global map of the vector lunar crustal magnetic field based on Lunar Prospector magnetometer data. J Geophys Res-Planets, 113, doi: 10. 1029/2007je002933.

Ridley A J. 2007. Alfvén wings at Earth's magnetosphere under strong interplanetary magnetic fields. Ann Geophys, 25: 533-542.

Russell C T, Lichtenstein B R. 1975. Source of lunar limb compressions. Journal of Geophysical Research- Space Physics, 80 (34): 4700-4711.

Saito Y, et al. 2008. Solar wind proton reflection at the lunar surface: Low energy ion measurement by MAP-PACE onboard SELENE (KAGUYA). Geophysical Research Letters, 35 (24), doi: 10. 1029/2008GL036077.

Sonett C P, Colburn D S, Currie R G. 1967. Intrinsic magnetic field of moon. Journal of Geophysical Research, 72 (21): 5503.

Samir U, Wright K H, Stone N H. 1983. The expansion of a plasma into a vacuum - basic phenomena and processes and applications to space plasma physics. Reviews of Geophysics, 21 (7): 1631-1646.

Saito Y, et al. 2012. Simultaneous observation of the electron acceleration and ion deceleration over lunar magnetic anomalies. Earth Planets and Space, 64 (2): 83-92.

Stubbs T J, Vondrak R R, Farrell W M. 2006. A dynamic fountain model for lunar dust. In: Ehrenfreund P, Foing B, Cellino A (eds). Moon and near-Earth Objects. 59 66.

Vernisse Y, et al. 2013. Stellar winds and planetary bodies simulations: Lunar type interaction in super-Alfvenic and sub-Alfvenic flows. Planetary and Space Science, 84: 37-47.

Wang X D, et al. 2010. Acceleration of scattered solar wind protons at the polar terminator of the Moon: Results from Chang'E-1/SWIDs. Geophysical Research Letters, 37, doi: 10. 1029/2010GL042891.

Wang Y C, et al. 2011. A 3D hybrid simulation study of the electromagnetic field distributions in the lunar wake. Icarus, 216 (2): 415-425.

Wang X Q, et al. 2012. The Solar Wind interactions with Lunar Magnetic Anomalies: A case study of the Chang'E-2 plasma data near the Serenitatis antipode. Advances in Space Research, 50 (12): 1600-1606.

Weiss H, et al. 1977. Lunar magnetic debye sheath. Transactions-American Geophysical Union, 58 (12): 1222.

Whang Y C. 1968a. Interaction of magnetized solar wind with moon. Physics of Fluids, 11 (5): 969.

Whang Y C. 1968b. Theoretical study of magnetic field in lunar wake. Physics of Fluids, 11 (8): 1713.

Whang Y C. 1970. Source mechanism for field perturbations in lunar wake. Transactions- American Geophysical Union, 51 (4): 408.

Wieczorek M A, Weiss B P, Stewart S T. 2012. An Impactor Origin for Lunar Magnetic Anomalies. Science, 335 (6073): 1212-1215.

Wiehle S, et al. 2011. First lunar wake passage of ARTEMIS: Discrimination of wake effects and solar wind fluctuations by 3D hybrid simulations. Planetary and Space Science, 59 (8): 661-671.

Wieser M, et al. 2010. First observation of a mini-magnetosphere above a lunar magnetic anomaly using energetic neutral atoms. Geophys Res Lett, 37, doi: 10. 1029/2009gl041721.

Xie L H, et al. 2013. Three- dimensional MHD simulation of the lunar wake. Science China- Earth Sciences, 56 (2): 330-338.

Xie L H, et al. 2015. Three- dimensional Hall MHD simulation of lunar minimagnetosphere: General characteristics and comparison with Chang'E- 2 observations. Journal of Geophysical Research- Space Physics, 120 (8): 6559-6568.

Xie L, et al. 2020. Lunar dust fountain observed near twilight craters. Geophys Res Lett, doi: 10. 1029/2020GL089593.

Xu X J, et al. 2015. Observations of current sheets associated with solar wind reconnection exhausts passing through the near lunar wake. Journal of Geophysical Research-Space Physics, 120 (11): 9246-9255.

Xu X J, et al. 2017a. Anomalously high rate refilling in the near lunar wake caused by the Earth's bow shock. Journal of Geophysical Research-Space Physics, 122 (9): 9102-9114.

Xu X J, et al. 2017b. The energetic particle environment of the lunar nearside: SEP influence. Astrophysical Journal, 849 (2): 7.

Xu X J, et al. 2018. The energetic particle environment of the lunar nearside: Influence of the energetic ions from Earth's Bow Shock. Astrophysical Journal, 863 (1), doi: 10. 3847/1538-4357/aad282.

Yokota S, et al. 2014. Kaguya observation of the ion acceleration around a lunar crustal magnetic anomaly. Planetary and Space Science, 93-94: 87-95.

Zhang H, et al. 2012. Outward expansion of the lunar wake: ARTEMIS observations. Geophysical Research Letters, 39, doi: 10. 1029/2012GL052839.

Zhang H, et al. 2014. Three- dimensional lunar wake reconstructed from ARTEMIS data. Journal of Geophysical Research-Space Physics, 119 (7): 5220-5243.

Zhang H, et al. 2016. Alfven wings in the lunar wake: The role of pressure gradients. Journal of Geophysical Research-Space Physics, 121 (11): 10698-10711.

Zhong J, et al. 2013. Chang' E-1 observations of pickup ions near the Moon under different interplanetary magnetic field conditions. Planetary and Space Science, 79-80: 56-63.

Zimmerman M I, et al. 2011. Solar wind access to lunar polar craters: Feedback between surface charging and plasma expansion. Geophysical Research Letters, 38: 10. 1029/2011GL048880.

月球表面研究进展

林红磊

中国科学院地质与地球物理研究所，北京　100029

摘　要

中国探月工程任务分为“绕”、“落”、“回”三步。2007年和2009年分别实现了嫦娥一号和嫦娥二号的绕月飞行，获取了月球表面的三维影像、物质类型、元素含量等，完成了探月一期工程任务；2013年和2019年分别实现了嫦娥三号在月球正面和嫦娥四号在月球背面的软着陆，并进行了巡视探测，完成了探月二期工程任务。本文将详细介绍行星物理学团队基于嫦娥四号任务探测数据取得的研究进展。首先介绍嫦娥四号探测器着陆区的地质背景、载荷技术指标、数据处理过程；然后利用探测数据获得了月壤的光学物理特性，并构建了就位探测光谱的光度校正函数；基于辐射传输模型，反演着陆区的物质组成并结合地质背景分析了源区及成因；最后，根据嫦娥四号相机和成像光谱仪观测数据，分析月壤的物理和化学特性，揭示月壤形成机制的关键过程。

1　引言

2019年1月3日，嫦娥四号探测器实现了人类首次月球背面软着陆。嫦娥四号探测器着陆区位于南极-艾肯盆地的镁辉石环内（Moriarty and Pieters，2018），具体位置为冯·卡门撞击坑，着陆点经纬度为45.457°S，177.588°E（图1a）。着陆区的地质年龄约为36亿年（Huang et al.，2018）。冯·卡门撞击坑被玄武岩充填（图1b中黑色区域），但部分区域被邻近撞击坑的溅射物所覆盖，其中一条最明显的溅射纹与东北方向约135 km处的芬森撞击坑一致（Lin et al，2020a），而嫦娥四号着陆点就位于这条溅射纹上面（图1b）。通过对DEM数据的局部拉伸可以看出，来自芬森撞击坑的溅射物叠加在了一个东南-西北方向的穹顶状山脊上，这个穹顶状山脊指向阿尔德撞击坑（图2）。通过地形分析，发现着陆点与玄武岩平坦区域的高程差约70m，其中芬森溅射物高程约30m（Di et al.，2019；Zhang et al.，2020）。

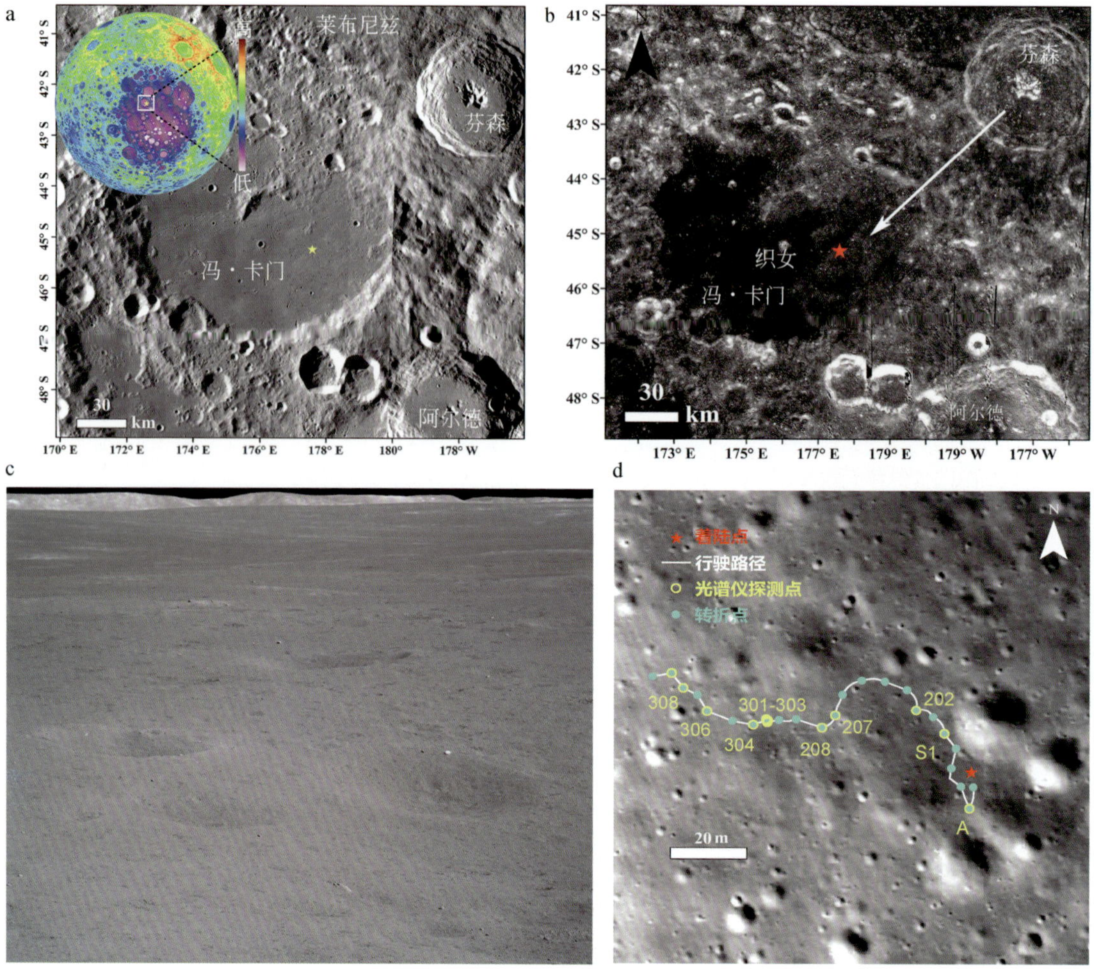

图 1 嫦娥四号着陆区

a. 冯・卡门撞击坑，彩图为 SLDEM（SELENE and LRO DEM 2015），拉伸范围为-8000m 到 10000m；b. 芬森撞击坑的溅射纹；c. 嫦娥四号着陆区的典型地貌，显示着陆区表面几乎没有岩石；d. 玉兔二号巡视器在前三月昼的运动轨迹

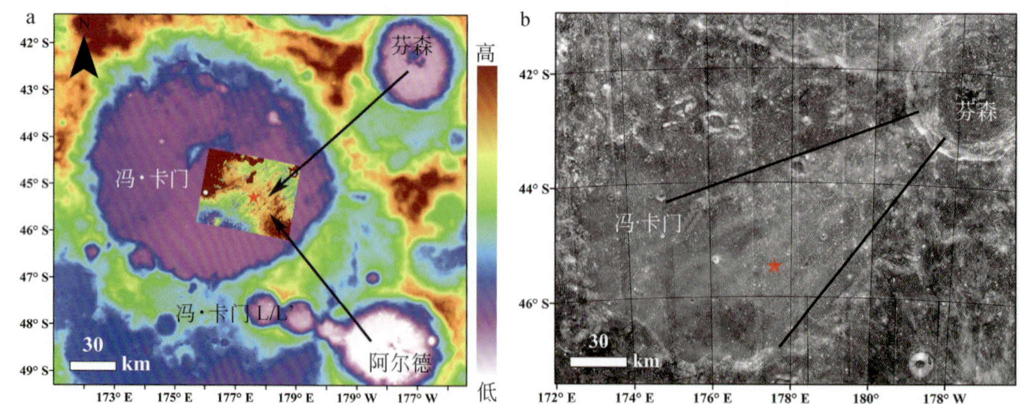

图 2 嫦娥四号着陆区高程图（a）与月亮女神多波段成像仪数据 415 和 750 nm 的比值图像（b）

拉伸范围为 0.53～0.55，红星为着陆点

玉兔二号巡视器（图3）携带了全景相机、探月雷达、可见光-近红外成像光谱仪和月球中子及辐射剂量探测仪四种科学载荷及导航相机和避障相机两种工程载荷，开展月球背面巡视区地形地貌、浅层结构、矿物组分、月壤特性探测研究，研究区域地质演化历史，揭示其物理与化学过程、相互作用及成因机理。

图3　玉兔二号巡视器

全景相机安装在巡视器桅杆上，分为左右两台相机，可以实现对不同区域的360°成像，具有全色和彩色两种成像模式，利用获取的立体像对可以得到三维立体图像。探月雷达用来探测巡视路径上月壤厚度及月壳浅层结构，采用了两个通道天线，第一通道天线的中心频率为40～80 MHz，可以探测地下几百米深度的结构特征，第二通道天线的中心频率为250～750 MHz，可以探测45 m深度的精细结构（Fang et al., 2014）。可见光-近红外成像光谱仪用来获取巡视区周围的可见光谱段图像以及红外光谱曲线，以探测月表矿物组成和分布，光谱仪从大约0.75 m的高度测量月球表面，它包括两个探测器，一个互补金属氧化物半导体（CMOS）成像仪和一个短波红外（SWIR）探测器（He et al., 2019）。本文的研究内容主要围绕可见光-近红外成像光谱仪展开。

CMOS成像仪覆盖450～945 nm谱段，光谱分辨率为2.4～6.5 nm，SWIR探测器覆盖900～2395 nm谱段，光谱分辨率为3.6～9.6 nm（Li et al., 2019），CMOS成像仪的光谱定标不确定度为±0.39 nm，SWIR探测器的光谱定标不确定度为±0.62 nm。在实验室辐射定标中，利用提供标准辐射源的积分球，建立了光谱辐亮度与DN值之间的关系，辐射定标的不确定度在可见光/近红外波段为4.97%，在短波红外波段为6.36%（Li et al., 2019）。CMOS的视场约为15 cm×21 cm，SWIR的视场在CMOS图像中为半径约3.5 cm的圆形区域，在实验室对CMOS与SWIR视场的空间标定表明SWIR在CMOS图像上的位置为（97.5，127.5），直径为107.6个像素。光谱仪获取的DN值通过暗电流去除、背景去除、仪器热校正和辐射定标等转换为辐亮度数据。本研究中使用的辐亮度首先利用参考板进行了在轨校正（Xu et al.，2014），所有数据可通过 http://moon.bao.ac.cn/searchOrder_dataSearchData.search 下载。测量的月表辐亮度除以太阳辐照度，可以获得反射率（辐亮度因子 radiance factor，RADF）：

$$\mathrm{RADF}=\frac{\pi L_{\mathrm{H}}D^{2}}{\int J(\lambda)S(\lambda)\mathrm{d}\lambda} \tag{1}$$

式中，$J(\lambda)$ 是在波长 λ 处的太阳辐照度（Gueymard，2004），L_{H} 是测量的月表辐亮度，D 是日月距离（AU），$S(\lambda)$ 是光谱仪的光谱响应函数。

2 月壤光度特性

月球表面矿物成分、空间风化程度等主要是根据轨道器、着陆器、巡视器等获得的可见光和近红外光谱来确定的，而光谱分析与月球最上层风化层的光度特性密切相关，包括孔隙度 K，单散射反照率 ω 和 Henyey-Greenstein 函数的两个参数（b，c）等（Hapke，2012a；Jin et al.，2015；Shkuratov et al.，2011）。月球表面的光度特性在光谱解译中起着关键作用，准确的光度参数对表征月球风化层的光谱性质和准确估算月球矿物丰度至关重要。在过去的几十年里，科学家通过对阿波罗月球样品和模拟样品的实验室测量、地基观测和轨道遥感观测研究了月球风化层的光度特性。例如，利用自然和人造颗粒样品以及阿波罗样品在实验室内进行光度测量实验（Johnson et al.，2013；Mcguire and Hapke，1995；Souchon et al.，2011），虽然这些测量为了解月球风化层的光度特性提供了重要线索，但在实验室内模拟月壤在月球表面的状态是非常困难的；利用月球勘测轨道飞行器（LRO）获取的反射率数据可以计算月球风化层的光度参数（Hapke et al.，2012；Sato et al.，2014），然而轨道观测通常很难对同一目标在不同的观测角度进行连续观测，而这是进行光度分析的关键步骤；嫦娥三号只获得了4条不同地点的光谱，不足以推导光度参数，利用其携带的全景照相机所拍摄图像提取了相位曲线并计算出了月球表面的光度参数（Jin et al.，2015），但缺乏长波段的测量很大程度上限制了其应用到其他的光谱观测。此外，微地形也可能会给光谱特性的分析带来很大不确定性，而这在以往的研究中大都被忽略了。

2.1 嫦娥四号光度测量实验

嫦娥四号着陆区可能被邻近芬森撞击坑的溅射物所覆盖（Huang et al.，2018），厚度约35m（Zhang et al.，2020）。玉兔二号巡视器上的探月雷达测量表明，在月表最上层有大约11～12m厚的风化层（Lai et al.，2019；Zhang et al.，2020）。着陆区非常古老，有约36亿年的历史，因此着陆区的风化层可能在纵向和横向上的成分混合都较为均匀，是进行光度分析的理想地点。

玉兔二号巡视器自着陆之后持续地在月球表面进行巡视探测，为了获取月球表面原位的光度特性，在着陆后的第 10 个月昼，利用巡视器上的可见光-近红外成像光谱仪进行了原位光度测量实验（图 4），即在不同的观测角度条件下对同一区域进行光谱测量（Lin et al., 2020d），这为我们提供了一个前所未有的数据集（图 5），也为我们了解月球表面的光度特性提供了独特的视角。在两个站点采集的光谱，相位角覆盖了 54.79° ~ 111.57°（图 5）。此外，在光谱测量期间避障相机还获得了高空间分辨率的立体像对，使我们能够研究地形对光谱观测的影响。

图 4　玉兔二号巡视器在月面进行光度测量实验（Lin et al., 2020d）

光谱仪在不同的太阳高度角对相同的位置收集光谱数据。分别在当地上午和下午对相邻两个站点进行了测量。红色矩形是 CMOS 探测器的观察区域，黄色圆圈是 SWIR 探测器的视场

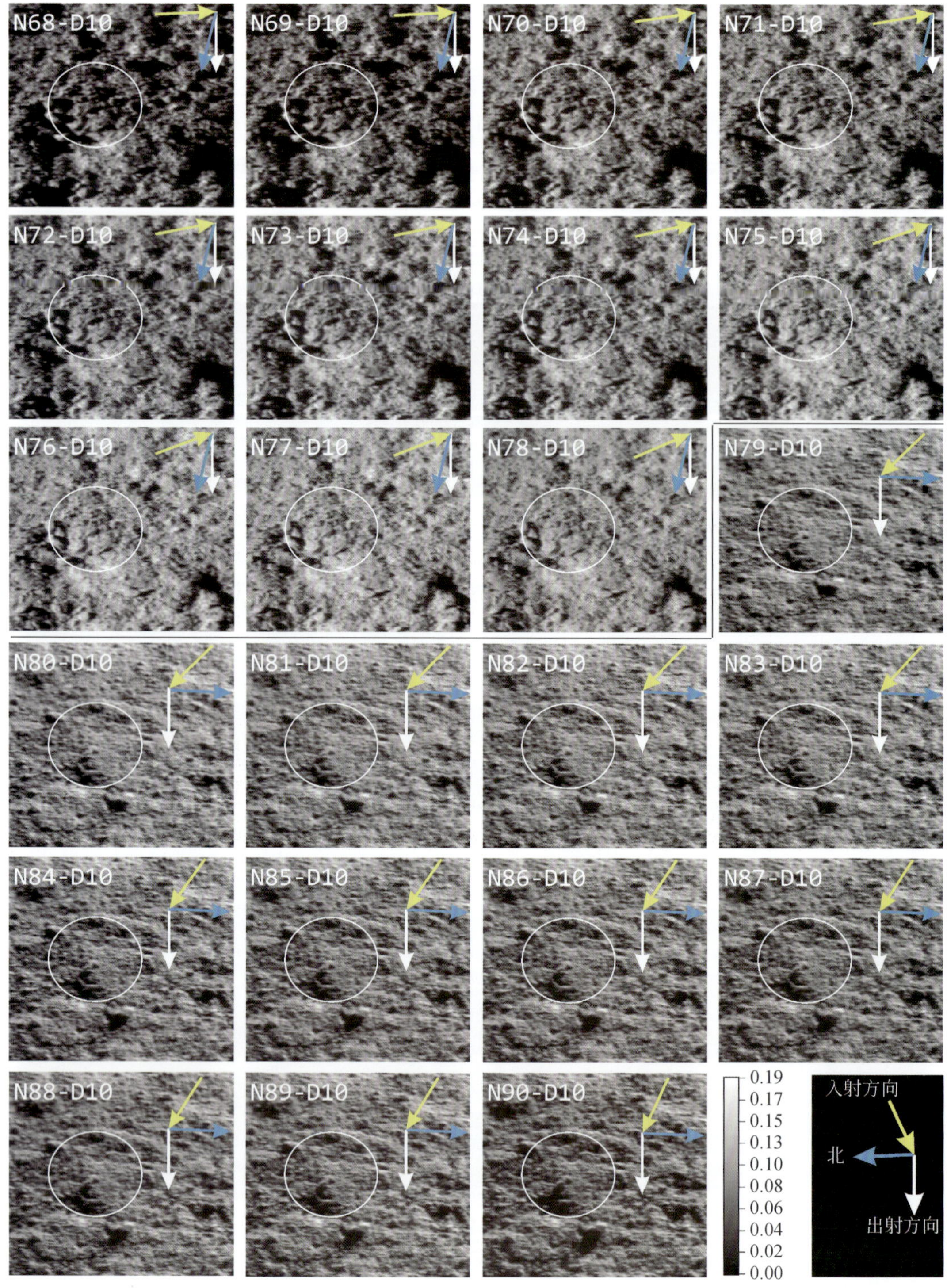

图 5　不同时刻月壤的高分辨率图像（560 nm）（Yang et al.，2020）

N68–N78 和 N79–N90 分别代表站点 1（左上）和站点 2（图 4 右下）在不同测量角度下的图像。黄色、蓝色和白色箭头分别表示入射光、北方向和反射光的相对方位角。所有图像的拉伸范围为 0～0.19。每个图像中的白色圆圈显示了短波红外探测器的观测区域。对应的入射角、观测角和相位角在每幅图像的底部给出

2.2 光谱地形校正

由于陨石撞击作用，月球表面有许多大小不一的撞击坑，月球表面也因此崎岖不平，而地形的起伏会极大地改变局地光照和仪器观测角度。为了更准确地从测量光谱中反演光度参数，需进行地形校正。首先定义坐标系：采用右手笛卡尔坐标系统（XYZ），巡视器位置的方位角定义为0°，指向巡视器的方向定义为 X 轴的正方向（图6）。在这个坐标系统中，入射光向量为［sin（φ）×cos（φ），−sin（i）×sin（φ），cos（i）］，出射光向量为［sin（e），0，cos（e）］，其中 i，e，φ 分别为太阳光入射角、出射角以及太阳和巡视器的相对方位角。将沿着巡视器方向的坡度角定义为 θ_1，垂直于巡视器方向的坡度定义为 θ_2，则法向量投影在 YOZ 平面上的长度为 $p_1=\sqrt{\cos(\theta_1)^2/(1-\sin(\theta_1)^2\sin(\theta_2)^2)}$，在 XOZ 平面的长度为 $p_2=\sqrt{1-p_1^2\sin(\theta_2)^2}$，在 Z 轴的长度为 $p_3=\sqrt{(1-p_2^2\sin(\theta_1)^2)-p_1^2\sin(\theta_2)^2}$，在这种情况下，解释局部地形的法向量可写为［$p_2\times\sin(\theta_1)$，$p_1\times\sin(\theta_2)$，$p_3$］。因此，校正后的入射角 i' 和出射角 e' 可以根据向量积原理计算得到。入射角和出射角向量之间的夹角为相位角 g，其不受地形的影响。坡度角可以从避障相机制作的高程数据中推导。

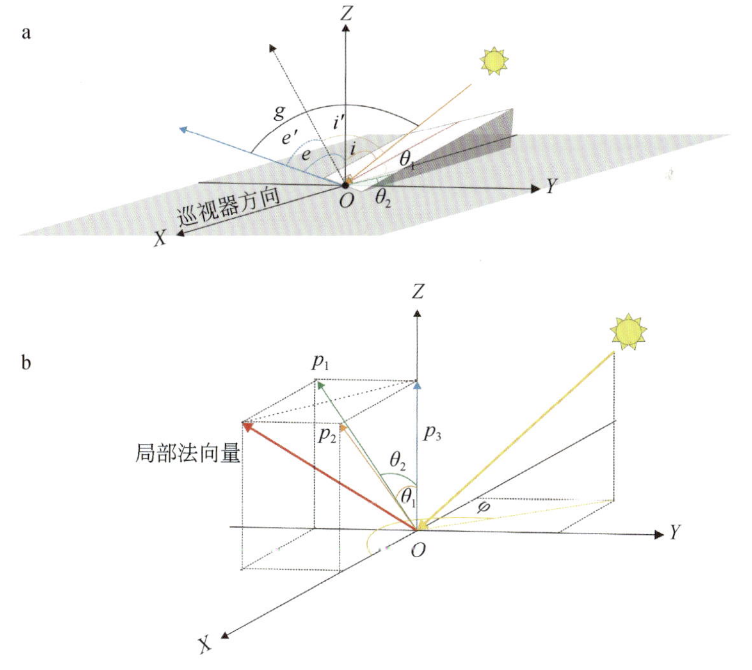

图6 地形对光照和观测角度影响示意图

a. 角度关系。i，e，g 分别为入射角，出射角和相位角，i' 和 e' 分别为地形校正后的入射角和出射角，θ_1 和 θ_2 分别为平行和垂直于巡视器观测方向的坡度；b. 校正后角度。φ 是巡视器和太阳的相对方位角，p_1 为法向量投影到 YOZ 平面的长度，p_2 为法向量投影到 XOZ 平面的长度，p_3 为法向量投影到 Z 轴的长度利用月球车携带的避障相机拍摄的立体像对生成了光谱测量区域的 DEM 数据，并计算出站点 1 的坡度为 7. 4°，站点 2 的坡度为-1. 5°（图 7）。利用图 6 推导出地形影响后的角度与原始角度之间的关系，对光谱进行地形校正。校正后的角度如表 1 所示。

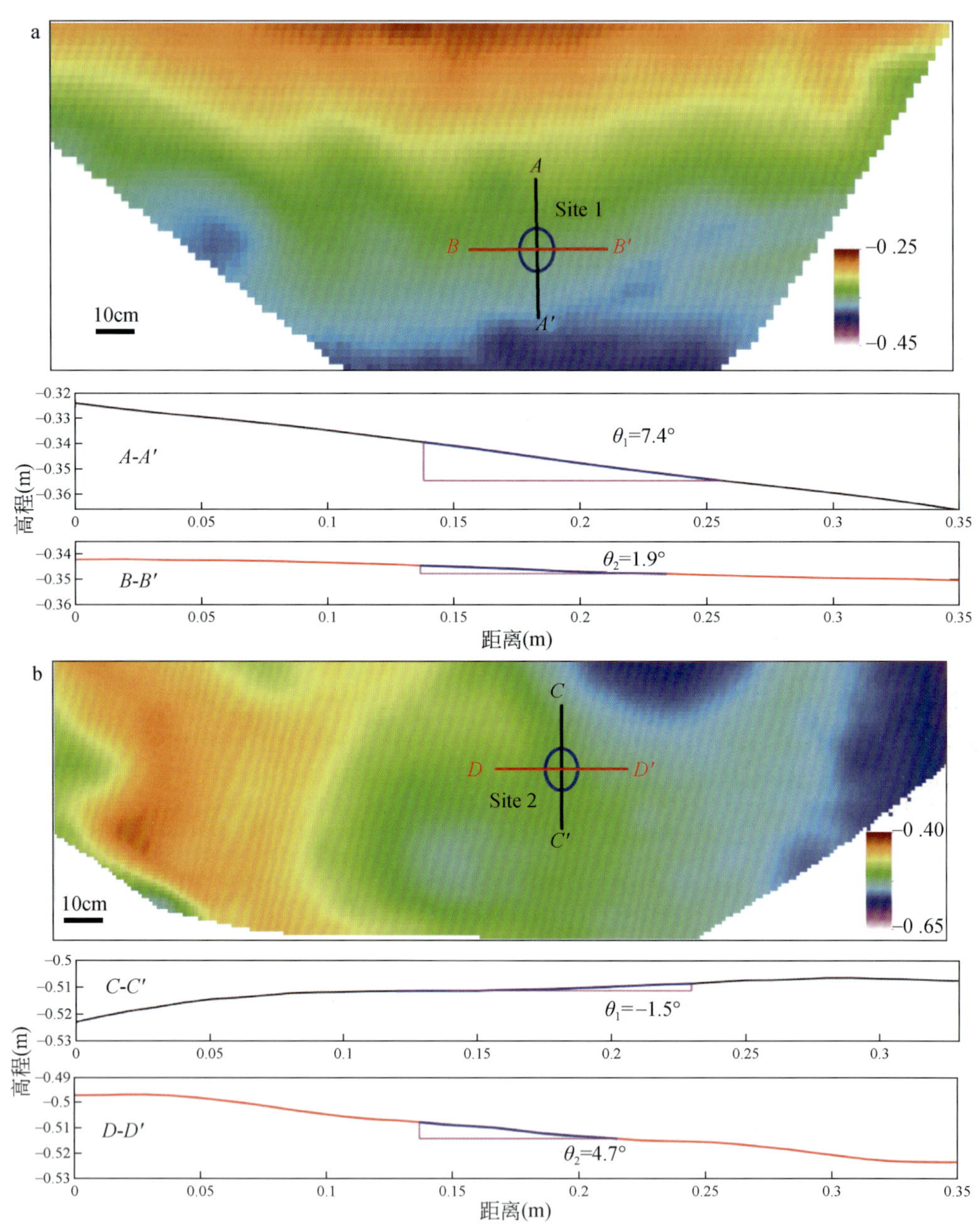

图 7　测量月壤区域的高程（DEM）及平行和垂直于月球车观测方向的坡度

表 1　所有光谱测量原始的入射角，出射角和相位角及地形校正后的角度

ID	入射角 i（°）	校正后入射角 i'（°）	出射角 e（°）	校正后出射角 e'（°）	g（°）	φ（°）
N68	76.58	74.51	48.27	40.91	79.38	272.36
N69	75.98	73.82	48.27	40.91	78.49	273.04
N70	71.36	68.55	48.27	40.91	71.49	278.52
N71	70.14	67.15	48.27	40.91	69.6	280.04
N72	69.61	66.54	48.27	40.91	68.78	280.72
N73	68.9	65.73	48.27	40.91	67.66	281.64
N74	68.33	65.07	48.27	40.91	66.76	282.39
N75	63.74	59.75	48.27	40.91	59.24	288.91
N76	62.86	58.72	48.27	40.91	57.73	290.29
N77	62.05	57.77	48.27	40.91	56.32	291.58
N78	61.18	56.74	48.27	40.91	54.79	293.02
N79	57.24	59.72	44.41	46.1	91.03	133.42
N80	57.85	60.24	44.41	46.1	92.07	134.62
N81	58.26	60.59	44.41	46.1	92.77	135.43
N82	58.71	60.97	44.41	46.1	93.52	136.3
N83	59.21	61.4	44.41	46.1	94.34	137.22
N84	63.47	65.08	44.41	46.1	100.94	144.37
N85	64.09	65.62	44.41	46.1	101.87	145.33
N86	64.61	66.08	44.41	46.1	102.62	146.09
N87	65.19	66.59	44.41	46.1	103.46	146.96
N88	65.78	67.1	44.41	46.1	104.3	147.8
N89	66.34	67.6	44.41	46.1	105.09	148.59
N90	71.08	71.79	44.41	46.1	111.57	154.84

2.3　光度模型的参数反演

我们利用 Hapke 模型推导月壤的光度特性（Hapke，2012b）。根据 Hapke 模型，反射率是孔隙度 K，单次散射反照率 ω，入射角、出射角和相位角的函数（Hapke，1981）：

$$r = K\frac{\mu_0 w}{4(\mu_0 + \mu_e)}\{p(g)[1 + B_{S0}B_S(g)] + H(\mu_0/K)H(\mu_e/K) - 1\}[1 + B_{C0}B_C(g)] \quad (2)$$

式中，μ_0 和 μ_e 分别为入射角 i 和出射角 e 的余弦值，$p(g)$ 为相函数，$B_S(g)$ 为 Shadow Hiding Opposition Effect（SHOE）函数，B_{S0} 为 SHOE 函数的振幅，$B_C(g)$ 为 Coherent Backscattering Opposition Effect（CBOE）函数，B_{C0} 为 CBOE 函数的振幅，$H(x)$ 为 Ambartsumian-Chandrasekhar 函数。本研究采用了两参数 Henyey-Greenstein 相函数：

$$p(g) = \frac{1+c}{2}\frac{1-b^2}{[1-2b\cos(g)+b^2]^{3/2}} + \frac{1-c}{2}\frac{1-b^2}{[1+2b\cos(g)+b^2]^{3/2}} \quad (3)$$

式中，$b \in (0,1)$ 为形态控制参数，c 是前向和后向散射的相对强度。

H 函数可近似为

$$H(x) = \left\{1 - wx\left[r_0 + \frac{1-2r_0x}{2}\ln\left(\frac{1+x}{x}\right)\right]\right\}^{-1} \quad (4)$$

式中，r_0为漫反射，表达式为

$$r_0 = \frac{1-\sqrt{1-w}}{1+\sqrt{1-w}} \quad (5)$$

由于月壤风化层填充因子未知，孔隙度因子 K 被设为1.0（Hapke et al., 2012；Sato et al., 2014）。SHOE 和 COBE 的值只有在相位角非常小时才显著，而本研究中所有的测量相位角都大于50°，因此可以忽略 SHOE 和 COBE 函数。那么式（2）将有三个自由参数（w，b，c）。另外，Henyey-Greenstein 相函数中的参数 c 和 b 可能是相互关联的，它们的经验关系可表示为

$$c = 3.29\exp(-17.4b^2) - 0.908 \quad (6)$$

采用非线性最小二乘方法求解式（2）。自由参数初值的确定对最终结果会有显著影响，因此，我们结合启发式分段方法和网格搜索方法（Hapke et al., 2012；Jin et al., 2015）拟合相曲线。为了避免随机初值对结果的影响，我们对自由参数在参数取值空间进行网格搜索，各参数的下限、步长和上限分别为 $\omega = (0.1, 0.1, 1)$，$b = (0.1, 0.1, 1)$，$c = (-1, 0.1, 2)$，获得最小拟合 RMSE 的结果作为第一个波段的参数值，并作为下一个波段的参数初始值。在利用非线性最小二乘算法求解时，我们将 ω 和 b 的值限制在 0 和 1 之间。

2.4 结果与讨论

经过地形校正后，同一波长的反射率发生了变化（图 8），表明地形影响了相位曲线（反射率随相位角的变化）的形状。总的来说，反射率随波长的增加而增加，与月球的“光谱红移”特征一致。这可能是由空间风化作用引起的，产生了大量的凝集物和亚微观金属铁（Pieters and Noble, 2016；Pieters et al., 2000）。反射率值随着相位角的增大而减小，在相位角大于80°时反射率值开始增大。图 8 中同一位置不同相位角的反射率变化主要受相函数控制。

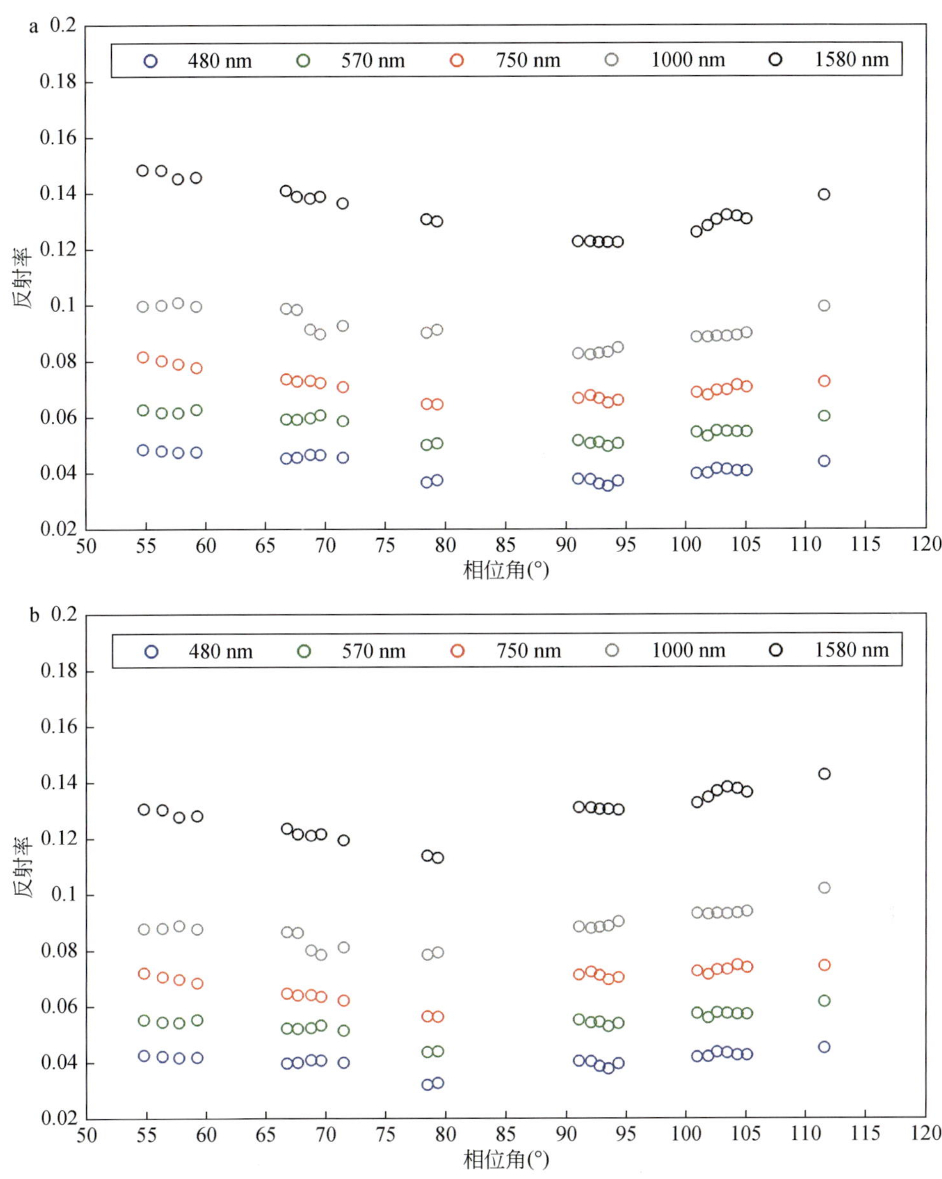

图 8　由原位光谱观测得到的不同波长的相位曲线

a. 从 54.79°到 111.57°的相位角范围反射率随相位角的变化；b. 经过地形校正后的相位曲线

利用三参数 Hapke 辐射传输模型拟合相位曲线的方法，获得了月壤包括单次散射反照率和相位函数两个参数在内的光度散射特性。图 9a 展示了代表性波长位置的相位曲线拟合情况，模型具有较高的拟合质量和较小的均方根误差（RMSE），大多数 RMSE 值都小于 0.01。然而，在较长的波长，相位曲线的拟合误差更大，可能是因为反射率增加、噪声水平更高及长波长的热发射等因素造成的。观测值与模拟值之间的最大偏差发生在相位角为 80°时，这可能是由于低太阳高度产生的阴影造成的。

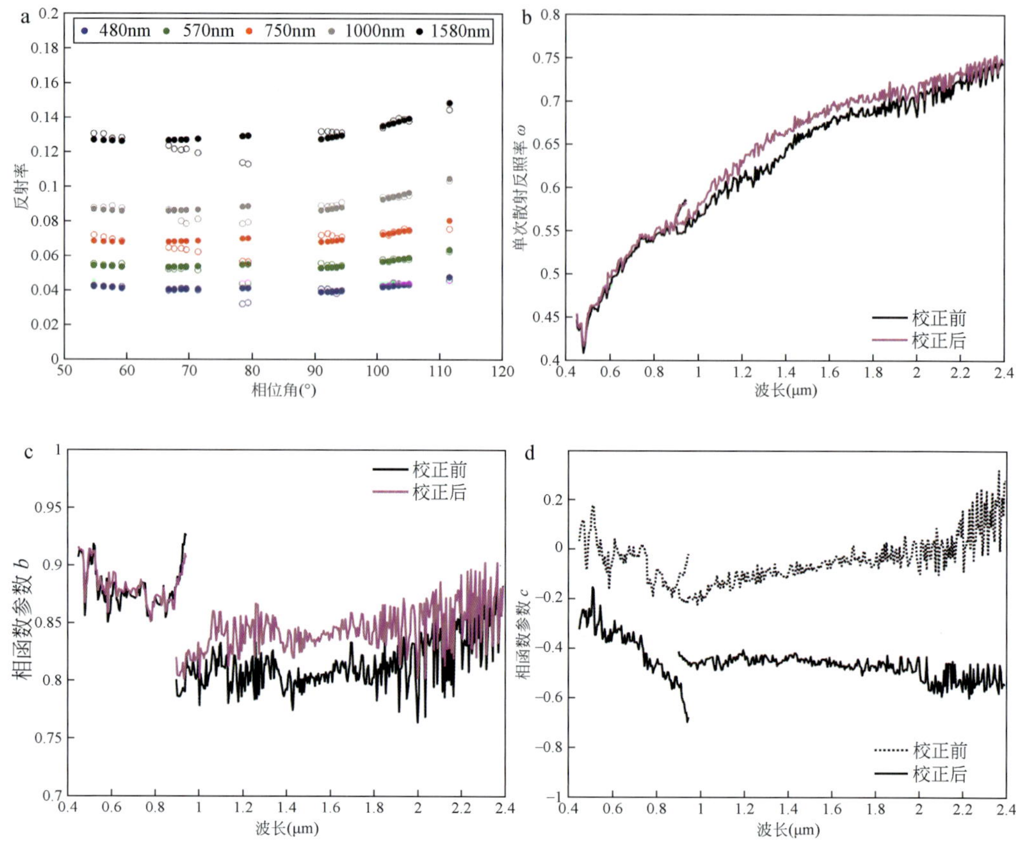

图 9　利用 Hapke 模型推导出的月球风化层光度参数

嫦娥四号光谱和反演得到的 Hapke 光度参数的不连续性是由 CMOS 和 SWIR 探测器光谱响应的差异造成的。因此，我们分别对 CMOS 和 SWIR 数据进行了光度建模。结果与阿波罗样品的实验室光度测量结果对比表明，二者均表现出前向散射特征，但未受扰动月壤的相位函数参数 b 和 c 的关系更偏离 Hockey-stick 函数（实验室经验关系），原位测量的 b 值要高得多，表明着陆区原始的月壤颗粒的散射波瓣要高且窄得多，表现出更强的前向散射特性（图 10）。从原位测量中获得的光度参数为了解月壤的散射特性提供了重要依据。

我们注意到嫦娥三号和嫦娥四号之间的不对称因子（$b \times c$）不同，尽管它们都是从未扰动风化层的测量中得出的。多种因素可能造成了这种差异：首先，嫦娥三号和嫦娥四号着陆点的物质组成不同，嫦娥三号着陆点的风化层为高钛玄武岩（Zhang et al.，2015），而嫦娥四号主要为苏长岩（Lin et al.，2020a）；其次，空间风化程度的差异也可能会造成光度特性的差异，嫦娥四号着陆区（约 36 亿年）比嫦娥三号（约 29.6 亿年）更古老，即嫦娥四号着陆区的风化层更成熟（Huang et al.，2018）；或者是由于光度测量方法的差异造成的，嫦娥三号的相位曲线是从全景图像中获取，图像覆盖了一个大的圆形区域（直径约 20 m）（Jin et al.，2015），而不是对同一区域重复测量，相比之下，玉兔二号是在不同

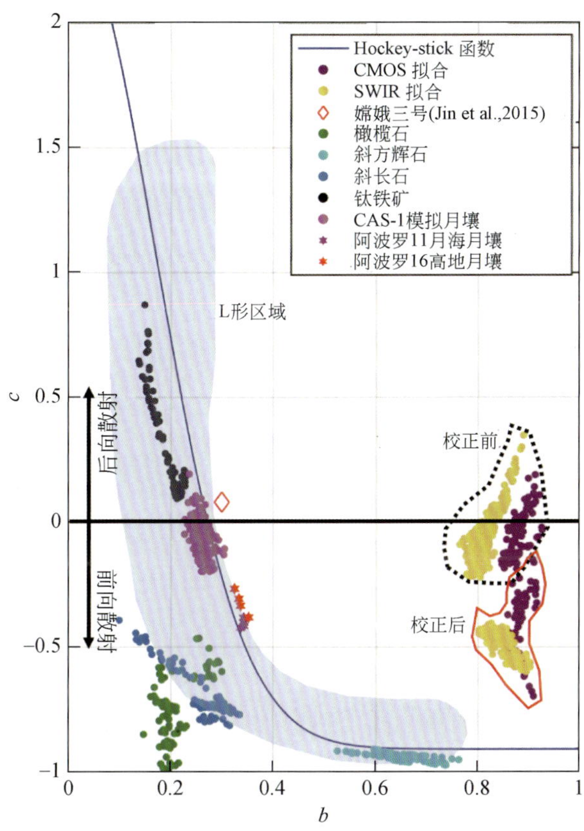

图 10 Henyey-Greenstein 相位函数参数 b 和 c 的关系，表征月表矿物颗粒的散射特性

图中 CMOS 和 SWIR 为嫦娥四号测量结果

的观测几何条件下精确地测量了同一区域，这基本上提供了更可靠的光度测量。此研究还表明，地形对从月壤原位光谱测量中得到的光度值有很强的影响，这些地形影响需要校正。进行地形校正后的光度参数对于获得着陆区更可靠的矿物丰度是至关重要的，同时，它们也为轨道数据的光度校正提供了关键的地面真值。

3 月壤光谱光度校正函数

反射光谱经常用于确定月球表面的矿物类型及其相对丰度，目前主要来自轨道器的探测。迄今只有中国的嫦娥三号和嫦娥四号任务通过可见光-近红外成像光谱仪对月表进行了就位测量。嫦娥三号于 2013 年 12 月 14 日降落在月球雨海北部，并于 2015 年 3 月停止了传输数据，玉兔号巡视器的光谱仪只获取了月球表面的四条光谱。嫦娥四号的玉兔二号巡视器在着陆之后前 5 个月昼就行驶了 190. 66 m，测量了大量的月表光谱。在嫦娥四号着陆后的第 4 个月昼，巡视器携带的光谱仪在同一站点进行了绕圈测量（图 11），为推导月面的就位光谱光度校正函数提供了数据集。

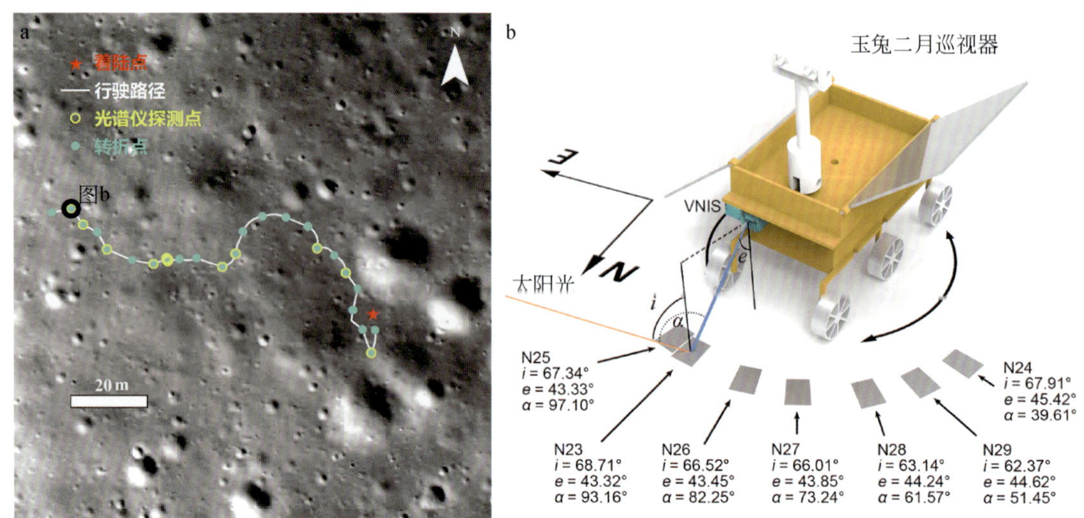

图 11 玉兔二号在第四月昼的光谱测量

a. 玉兔二号巡视器在前四个月昼的行驶路径，黑色圆圈是第四月昼光谱测量位置；b. 光谱测量示意图，光谱仪从距离月表约 0.75m 的高度测量，巡视器在半径为 2 ~ 3 m 的圆内旋转，灰色矩形为测量区域。从巡视器中心到每一个光谱测量区域的距离小于 5m

准确的光度函数对于修正观测几何（入射角、出射角和相位角）及相位函数对光谱的影响非常重要。理想情况下，准确的光度函数应该从一组在具有相同/相似成分区域的测量中得到，尽管可以根据一些阈值（例如 FeO 含量）划分不同区域，但从轨道上很难满足这一要求。为了研究相位角对光谱的影响，玉兔二号巡视器对月表风化层进行了一组光谱测量，选择了一个比较平坦且均质的区域，通过旋转巡视器，相位角可覆盖 39.6° ~ 97.1°（图 11）。

3.1 光度校正函数推导

为了推导光谱光度校正函数，玉兔二号巡视器进行了 8 次光谱测量（图 12），相位角包括 39.61°（CE4-N24）、40.42°（CE4-N30）、51.45°（CE4-N29）、61.57°（CE4-N28）、73.24°（CE4-N27）、82.25°（CE4-N26）、93.16°（CE4-N23）和 97.10°（CE4-N25）。这些测量的入射角和出射角是相似的（表 2）。由于缺乏可靠的 SWIR 光谱，我们只分析了 CMOS 谱段数据（450 ~ 945 nm）。将 750nm 波长反射率值小于 0.01 的像素判定为阴影，利用去除阴影后的像素平均反射率光谱计算光度校正函数。玉兔二号“午休”之前的最后一次测量（CE4-N30）被巡视器车体遮蔽，因此，本研究未考虑这次测量。如图 12 所示，470 nm 之前的光谱表现出不合理的隆起，也在本研究中被舍弃。

表 2　本研究中所使用光谱数据的观测几何条件

观测	入射角（°）	出射角（°）	相位角（°）
CE4-N23	68. 71	43. 32	93. 16
CE4-N24	67. 91	45. 42	39. 61
CE4-N25	67. 34	43. 33	97. 10
CE4-N26	66. 55	43. 45	82. 25
CE4-N27	66. 01	43. 85	73. 24
CE4-N28	63. 14	44. 24	61. 57
CE4-N29	62. 37	44. 62	51. 45
CE4-N30	61. 44	45. 23	40. 42
M^3-1	53. 00	5. 47	47. 60
M^3-2	52. 05	12. 97	57. 87
S1	72. 06	42. 89	89. 55
202	64. 51	46. 53	91. 88
207	64. 56	46. 30	90. 82
301	70. 86	43. 36	66. 89
304	61. 39	44. 37	73. 58

对于同一区域，反射率随观测角度和相位函数 $f(\alpha)$ 而变化，相位函数与波长相关。本研究采用了基于 Lommel-Seeliger 模型的光度函数（Besse et al.，2013；Hicks et al.，2011；Wu et al.，2013）：

$$\mathrm{RADF} = \frac{\cos(i)}{\cos(i) + \cos(e)} f(\alpha) \tag{7}$$

相位函数 $f(\alpha)$ 可以用多项式来近似，比如四阶多项式被应用于月球矿物制图仪（M^3）数据，一种指数函数和四阶多项式的组合（Wu et al.，2013）被用于拟合干涉成像光谱仪（IIM）数据。由于本研究只有 7 个样本数据，且相位角相对较大，四阶多项式拟合相位曲线不能很好地代表相位函数的趋势。因此，我们采用三阶多项式拟合玉兔二号数据。光度校正函数可以将观测数据校正到标准的观测几何条件（入射角 30°，出射角 0°，相位角 30°），以进行不同站点、不同探测器、不同测量条件下的光谱对比分析。

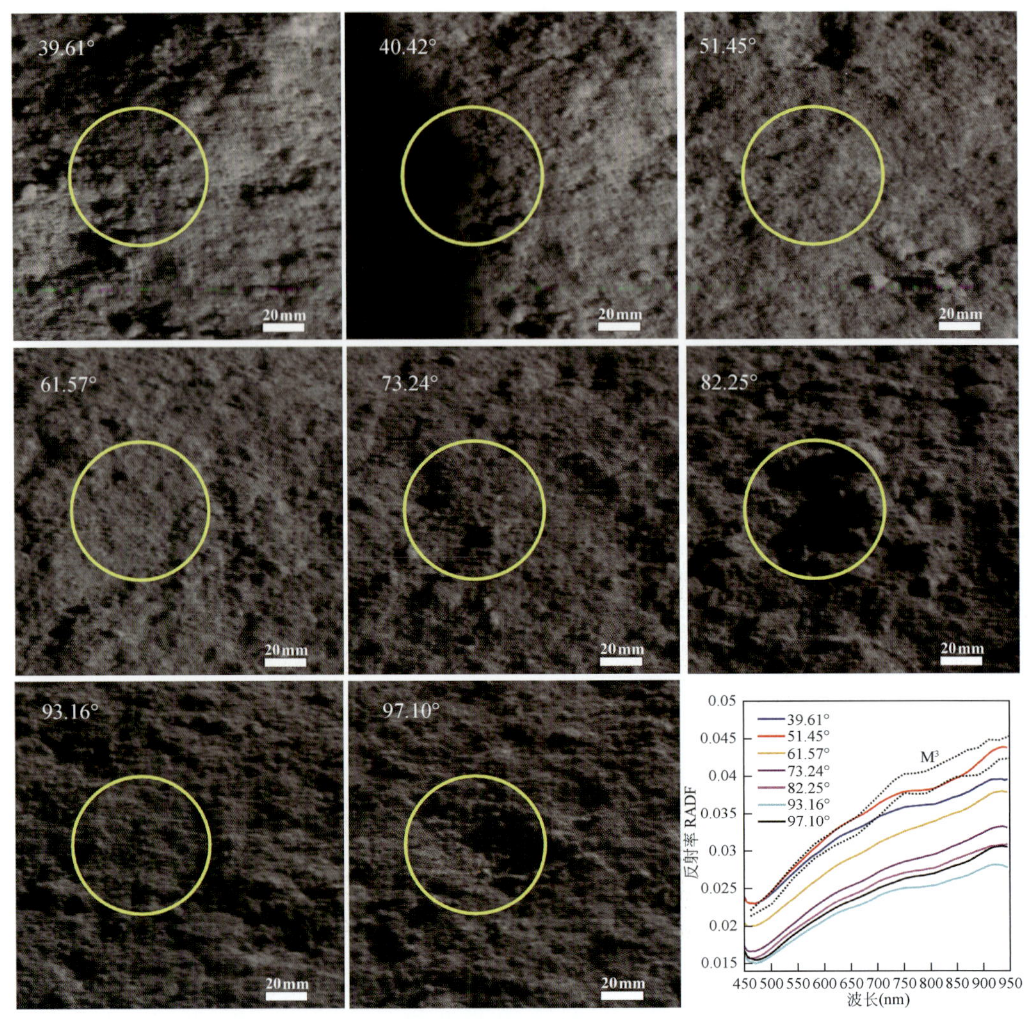

图 12 750 nm 处的图像和在不同相位角测量的平均反射光谱

黄色的圆圈是 SWIR 视场。嫦娥四号着陆点附近的 M^3 反射率光谱（虚线），从 M3G20090719T200620（X：64，Y：4935）和 M3G20090720T003411（X：254，Y：27699）中提取

3.2 结果与讨论

如图 13 所示，相位函数与相位角有很好的相关性，随波长的大小而变化，特定相位角到 30°相位角的校正系数随着波长的增加而减小。对于每个波长，相位角越大，校正到 30°相位角的校正系数越大。当相位角足够大时，相位函数的斜率变得很小。

利用推导出的光度校正函数［式（7）］将玉兔二号在第四月昼测量的 7 条光谱校正到标准角度即 $i=30°$，$e=0°$，$\alpha=30°$，如图 14 所示，嫦娥四号着陆区的月球矿物制图仪（M^3）光谱也被校正到标准角度。总的来说，玉兔二号巡视器获得的 CMOS 光谱与 M^3 光谱

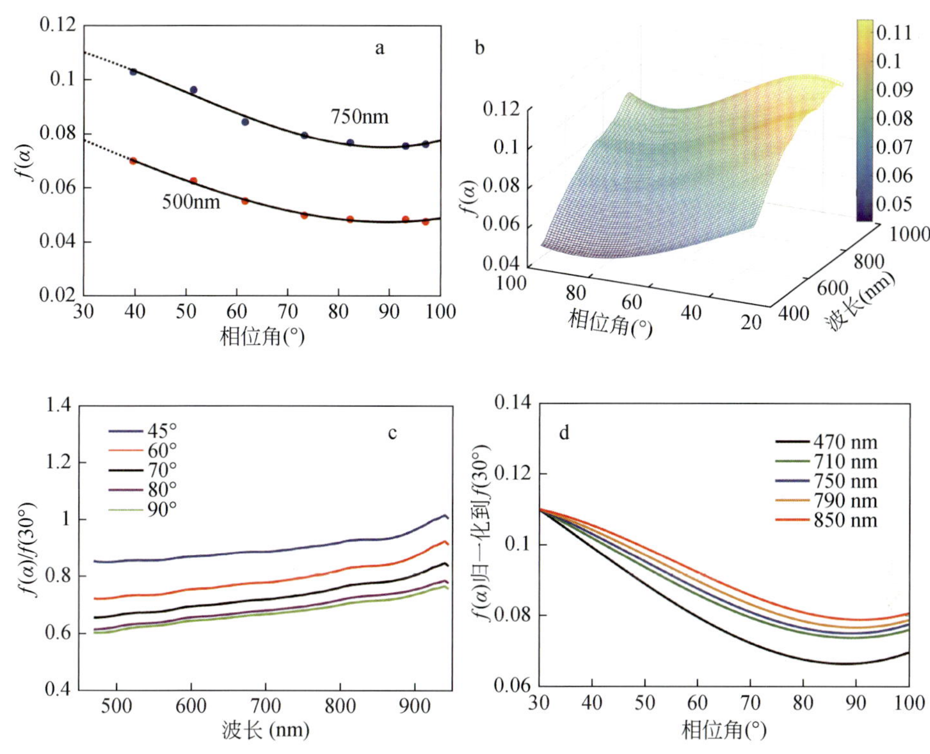

图 13 玉兔二号巡视区的可见光-近红外谱段相位函数

a. 相位函数在 500 nm 和 750 nm 处的拟合；b. 所有波长的三维相位函数；c. 不同相位角到 30°相位角的校正系数；d. 相位函数校正系数归一化到 750 nm

是可比较的，CMOS 光谱比 M^3 光谱稍微暗一些，可能是由于 CMOS 图像中暗像素的贡献，也可能是由原位测量和轨道测量之间的尺度差异造成的。825 nm 附近的吸收（图 14）可能是由 CMOS 测量噪声引起的，使用推导出的光度函数校正的 M^3 光谱也显示出类似的假信号，因此，我们建议使用相邻波段的相位函数来代替 780 ~ 850 nm 波段的相位函数。值得注意的是，30°相位角的相位函数是直接由 39.6°至 97.1°的测量的拟合曲线外延得到的，这也可能会给光度校正带来误差。

反射率光谱的光度校正对于月壤成分的反演非常重要，例如 FeO 含量（Lucey et al., 2000a）和光学成熟度参数（OMAT）（Lucey et al., 2000b），它们与可见光-近红外波长的光谱斜率相关，而观测角度可以显著地影响光谱斜率。利用未校正的反射率光谱数据，在直径小于 5m 的月球风化层表面估算出的 FeO 含量和 OMAT 值变化较大，其中 FeO 含量从 9.0% 到 10.89%，OMAT 值从 0.11 到 0.18（表 3），在混合相当均匀的如此小的风化层区域，不应该有如此大的非均质性。相比之下，利用校正后光谱得到的 FeO 含量和 OMAT 值相当均匀（表 3），7 个测量的标准偏差明显降低，分别从 13.5% 降到 0.7%（FeO 含量）和从 35.7% 降到 7.1%（OMAT），说明了光度校正对于反射光谱分析的重要性。在巡视路径的不同位置（约 178 m 处）上 FeO 含量偏差较小，但 OMAT 值存在一定的异质性，OMAT 的变化可能是由于小撞击坑挖掘出地下相对新鲜风化层引起的。光度校正的另一个

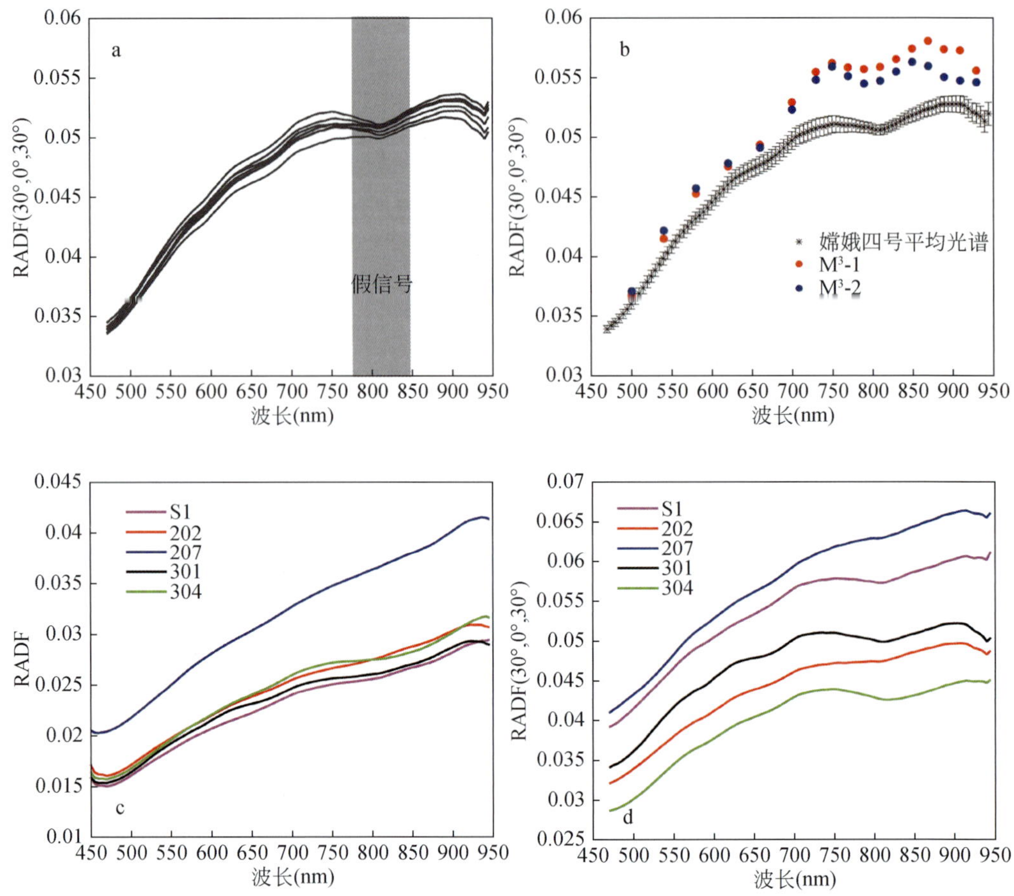

图 14 经过光度校正的光谱

a. 校正后的 CE-4 光谱，在 780 ~ 850 nm 之间的吸收可能是由仪器噪声引起的；b. 嫦娥四号校正后平均光谱和校正后的 M^3 轨道光谱；c. 前三月昼测量的光谱，这些测量值的相位角在 39.6° ~ 97.1°；d. 光度校正后的前三月昼测量光谱

影响是 FeO 含量的提高，从 9.87±1.33 wt% 提高到 12.21±0.08 wt%（表 3）。嫦娥四号着陆区风化层中的 FeO 含量越高，说明其物质可能来源于越深的地方。对着陆区物质来源的分析需要矿物类型和含量的约束，矿物吸收大部分位于短波红外（SWIR）谱段范围内，需要对 SWIR 传感器进行较好的控制性实验，为矿物识别和定量反演提供依据。

表 3 从原始和光度校正后的光谱中得到 FeO 含量及光学成熟度 OMAT

站点	相位角	原始 FeO（wt%）	校正后 FeO（wt%）	原始 OMAT	校正后 OMAT
N24	39.61	9.68	12.22	0.178	0.246
N29	51.45	9.00	12.17	0.128	0.250
N28	61.57	9.41	12.27	0.115	0.250

续表

站点	相位角	原始 FeO（wt%）	校正后 FeO（wt%）	原始 OMAT	校正后 OMAT
N27	73. 24	9. 68	12. 18	0. 116	0. 239
N26	82. 25	10. 62	12. 18	0. 136	0. 246
N23	93. 16	10. 89	12. 26	0. 152	0. 263
N25	97. 10	9. 80	12. 18	0. 113	0. 236
平均值		9. 87	12. 21	0. 13	0. 25
2 SD		1. 33	0. 08	0. 05	0. 02
2 SD%		13. 5	0. 7	35. 7	7. 1
S1	89. 55	7. 84	11. 77	0. 094	0. 220
LE00202	91. 87	10. 80	12. 32	0. 104	0. 228
LE00207	90. 82	6. 83	11. 42	0. 074	0. 202
LE00301	66. 89	10. 10	12. 27	0. 123	0. 268
LE00304	105. 39	11. 00	12. 50	0. 103	0. 239
平均值		9. 31	12. 06	0. 10	0. 23
2 SD		3. 74	0. 89	0. 04	0. 05
2 SD%		40. 2	7. 4	35. 7	21. 2

4 月球深部物质组成

根据月球岩浆洋假说，月球形成之后由约 800 km 厚的全球性硅酸盐岩浆所覆盖，然后通过分异结晶，形成了矿物组成分层的月幔和月壳，自下而上分别为富镁橄榄石、斜方辉石、含钙辉石和斜长石等（Elkins-Tanton et al.，2011；Rapp and Draper，2018；Warren，1985；Wood et al.，1970）。晚期结晶的物质位于上层，但由于富含铁、钛，密度较大，所以很可能因重力失衡而下沉，从而引发物质翻转，改变月幔的原始分层结构（Hess and Parmentier，1995）。因此，探测月球深部的组成对于限定月球的形成历史至关重要。

位于月球背面的南极-艾肯盆地深达 13 km，正是探测月球深部下月壳甚至上月幔的天然窗口（Garrick-Bethell and Zuber，2009；Melosh et al.，2017；Potter et al.，2012）。它又是月球上最古老的撞击盆地，对于认识月球-地球系统的早期撞击历史也具有重要意义。正因如此，嫦娥四号探测器选择在南极-艾肯盆地着陆并开展探测，这是人类对月球深部物质和南极-艾肯盆地构造的第一次就位探测（Wu et al.，2019）。本节基于在任务前三个月昼玉兔二号对石块和月壤的探测数据（图 15），分析着陆区矿物组成，并约束其来源和成因。

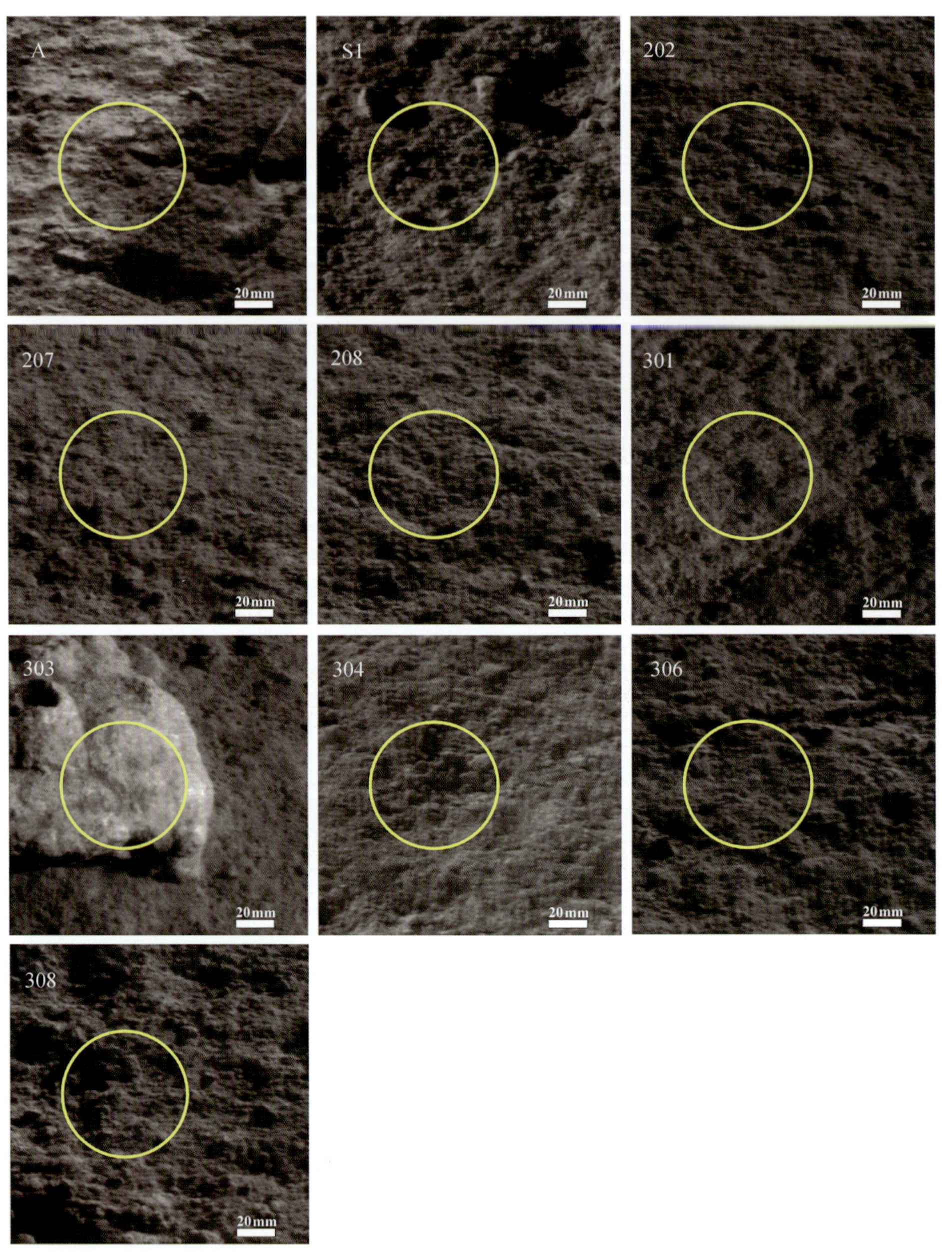

图 15　750nm 处的反射率图像

所有图像的拉伸范围是 0 ~ 0.25

4.1　数据预处理

由于探测器光谱响应的差异，光谱仪在可见光-近红外谱段和短波红外谱段存在间隙，但 CMOS 和 SWIR 两个探测器在 900 ~ 945 nm 有 10 个重叠波段，因此可以利用重叠区域将 CMOS 反射光谱校正到对应的 SWIR 谱段反射率，因为 SWIR 探测器能更好地抑制背景信号，具有更好的质量。相同/不同仪器的观测常常是在不同条件下（入射角、出射角和相位角）进行的，为了得到更可靠的矿物组成，需要利用光度校正函数将所测量光谱校正到标准角度（入射角 30°，出射角 0°，相位角 30°）。光度校正函数是与波长相关的，但利用就位数据只获得了可见光谱段的光度校正函数。因此，我们利用嫦娥四号光谱仪备份件在实验室对模拟月壤（表 4）进行了光度测量实验，以推导出光度校正函数，其中得到的相位函数如图 16 所示。

表 4　本研究中使用的模拟月壤成分

成分	比例
SiO_2	49. 5±0. 1%
Al_2O_3	15. 8±0. 1%
FeO	11. 9±0. 1%
MgO	8. 7±0. 1%
CaO	7. 5±0. 06%
Na_2O	3. 0±0. 02%
K_2O	1. 8±0. 01%
MnO	0. 15±0. 01%
P_2O_5	0. 5±0. 01%
TiO_2	2. 1±0. 01%
烧失量	0. 49±0. 01%
密度	2. 8±0. 01 g/cm^3
粒度>1 mm	0. 56±0. 03%
0. 1 mm<粒度<1 mm	48. 6±0. 09%
粒度<0. 1 mm	50. 8±0. 07%

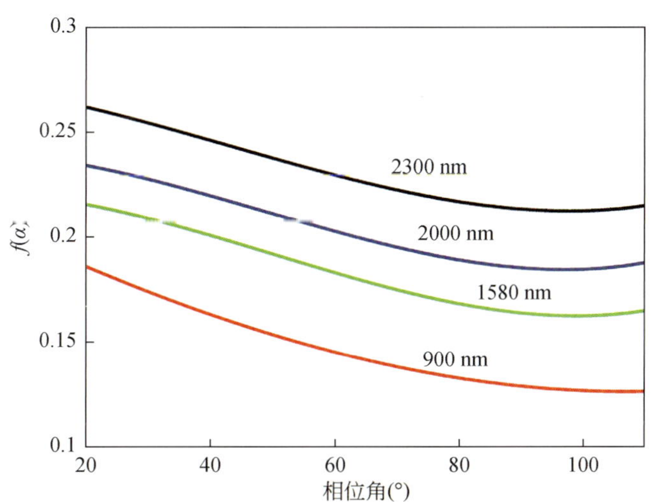

图 16　900 nm，1580 nm，2000 nm 和 2300 nm 相位函数

玉兔二号光谱仪测量的辐射亮度数据首先利用式（1）转换为反射率，然后使用经验光度函数（图 16）进行光度校正。为了去除光谱噪声且不影响光谱的吸收特征，利用移动平均法对光谱进行了两次平滑，第一次平滑为 17 个波段，第二次为 7 个波段（图 17）。

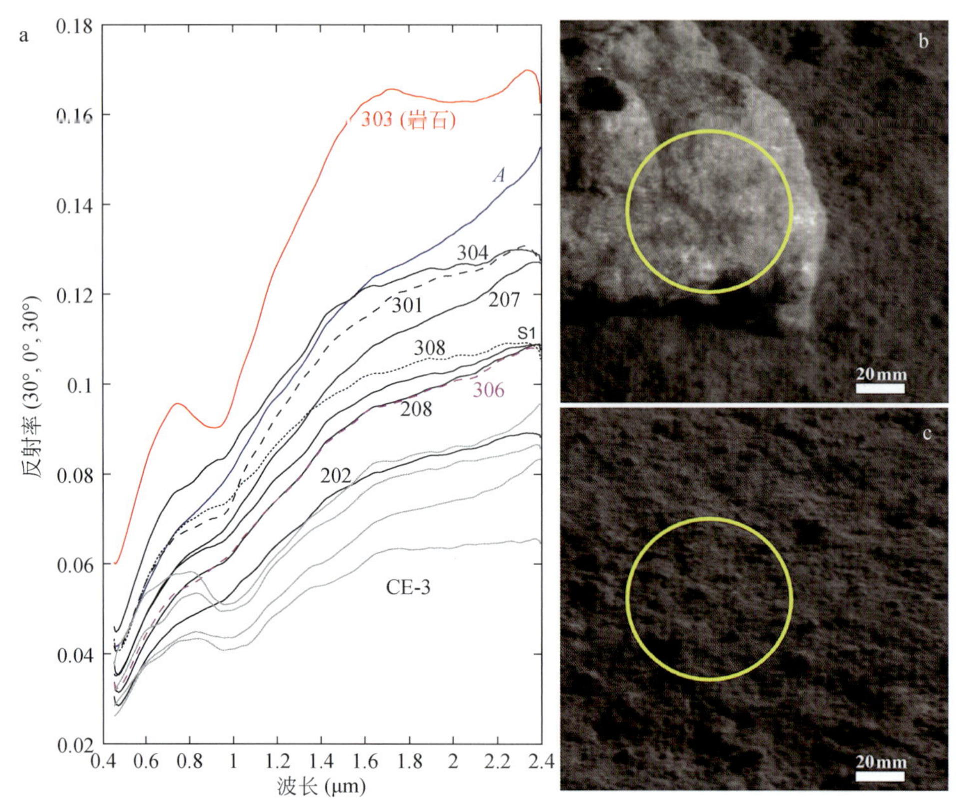

图 17　玉兔二号携带的可见光-近红外成像光谱仪在任务期间前三个月昼所测图像和光谱

a 为光度校正后光谱，灰色为嫦娥三号测量的玄武岩月球风化层光谱；b 和 c 分别为嫦娥四号光谱仪观测到的岩石（标记为 303）和月球土壤（标记为 207）在 750 nm 处的 CMOS 图像，黄色圆圈是 SWIR 视场

A 点的光谱特征与其他点不同，具有更大的光谱斜率（图 17）。通过对比月球侦察轨道器（LRO）窄角相机（NAC）在嫦娥四号探测器降落前后获取的图像，发现探测器降落时火箭引擎扰动的表面范围约为 1400 m^2（图 18），这与利用其他登月任务得到的着陆器质量与火箭影响面积的关系是一致的。*A* 点距离着陆器约 11.5m，应该是受火箭排气影响最严重的。另外，*A* 点的测量时间相对其他点更接近正午。因此，*A* 点光谱斜率大的原因可能为：一方面，火箭排气将着陆器下方最上层月壤吹起，更细小尘埃颗粒沉积在 *A* 点造成的月壤较高成熟度；另一方面，热辐射对长波段的影响。

我们采用了寻找凸包法（Clark and Roush，1984）来获得去除连续谱，以表征光谱吸收中心。通过寻找去除连续统后光谱吸收特征波段范围的最小反射率来确定吸收峰值位置（Horgan et al.，2014），如图 19 所示。

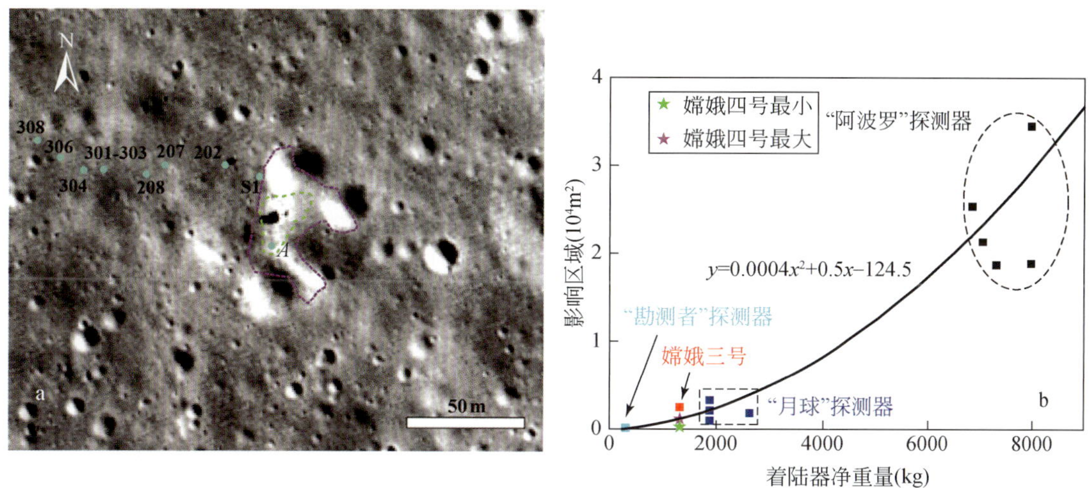

图 18　嫦娥四号探测器降落对月面的影响

a. 羽流影响区域，紫色和绿色区域为可能的影响区域，分别约为 360 m^2 和 1140 m^2，一些亮区可能是由 LRO 窄角相机的观测角度引起的；b. 着陆器质量与羽流影响面积之间的关系

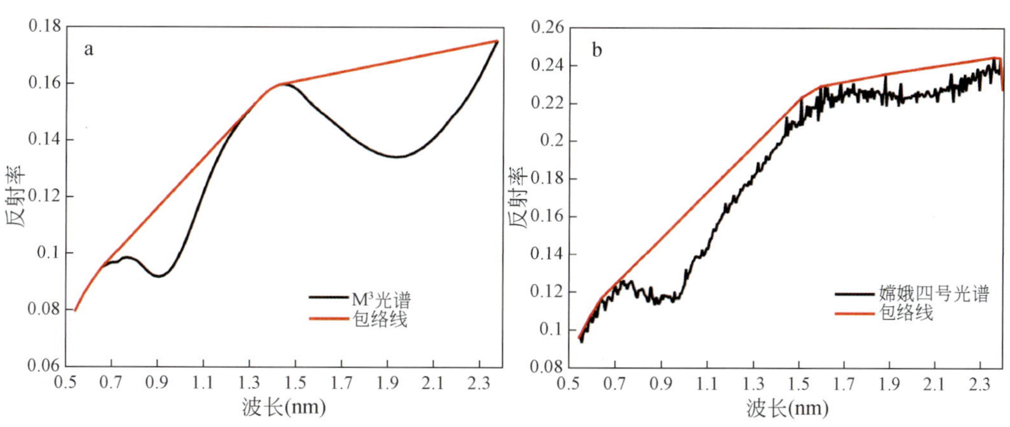

图 19　连续统去除月球矿物制图光谱仪光谱（a）与嫦娥四号光谱（b）

去除包络线后的嫦娥四号测量光谱吸收峰位置如图 20 所示。月球风化层和石块的光谱在 1 μm 和 2 μm 显示出明显的吸收特征，这些特征可以用来区分低钙辉石、高钙辉石和橄榄石等矿物。玉兔二号测得的月面物质辉石成分接近低钙辉石，与织女撞击坑挖掘出的玄武岩有明显差异（图 21）。图 21 还显示了着陆区邻近的芬森撞击坑和阿尔德撞击坑中央峰及溅射物的光谱吸收特征，发现嫦娥四号着陆区的光谱吸收峰位置与芬森撞击坑的坑壁最为接近。

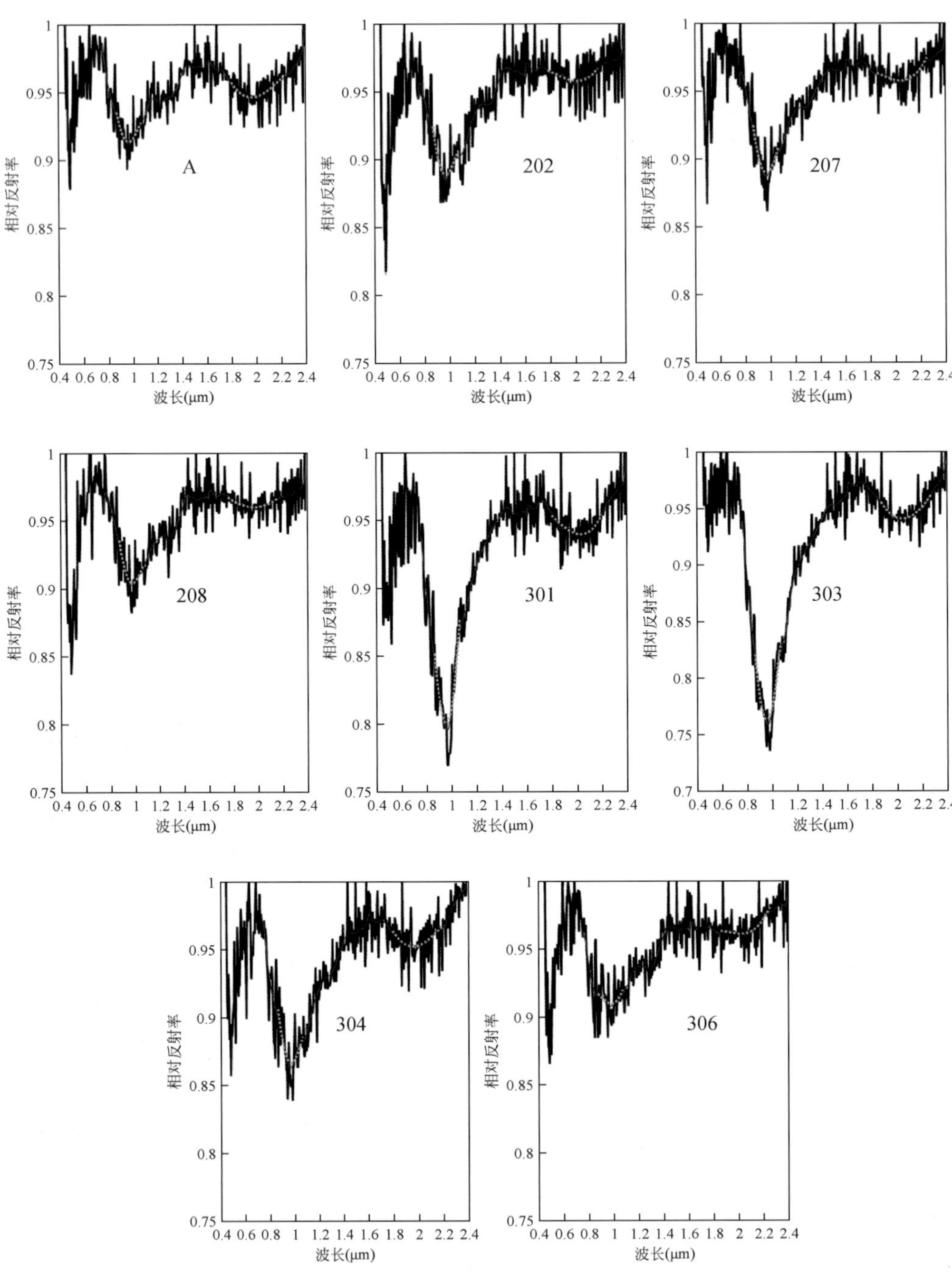

图 20　连续统去除后光谱

黑线为去除连续统后光谱，红线为平滑后光谱，绿色虚线为吸收中心附近的三次多项式拟合。由于较长波长的弱吸收和较强的噪声，没有计算 S1 、306 和 308 的吸收中心

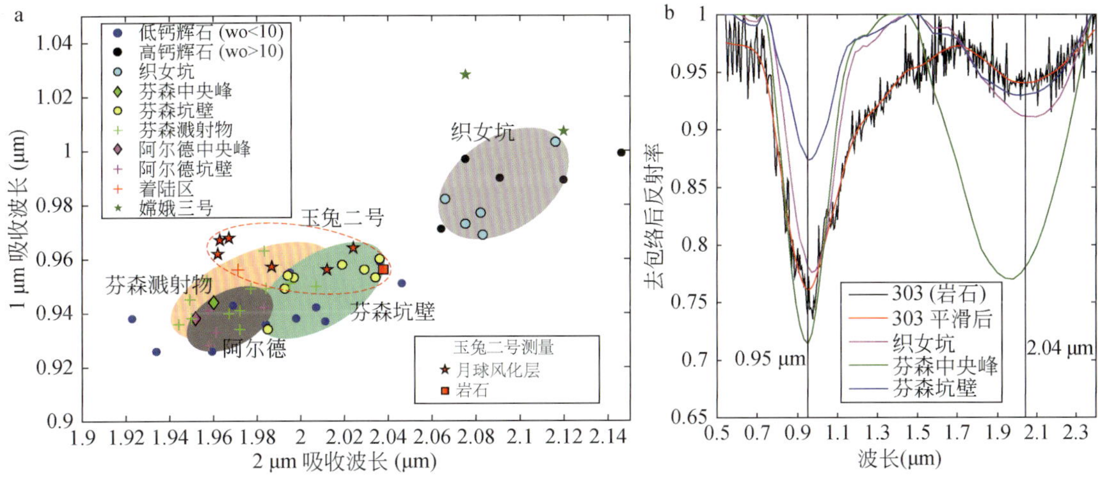

图 21　月球表面物质的光谱特征

a. 嫦娥四号着陆区 1 μm 和 2 μm 波段的吸收峰中心位置，与嫦娥三号和月球矿物制图光谱仪（M^3）测量的邻近撞击坑及溅射物的光谱相比较。纯低钙辉石和高钙辉石数据来自（Klima et al.，2007）。所有 M^3 光谱的位置标记在图 22；b. 与织女（Zhinyu）坑、芬森（Finsen）坑中央峰和芬森撞击坑坑壁的光谱比较

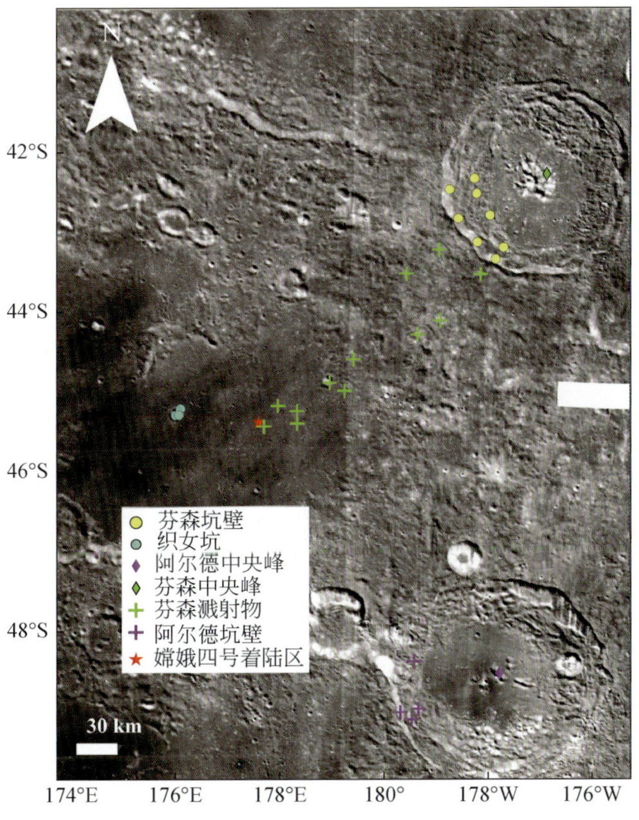

图 22　图 21a 中所有 M^3 光谱的位置

4.2 矿物丰度反演模型

4.2.1 月球风化层矿物丰度反演

空间风化作用削弱了月球风化层的光谱吸收特征，微陨石撞击产生的局部熔融产生了大量的玻璃凝集物（agglutinates），使从风化层光谱中直接定量反演矿物含量变得困难。然而，月球风化层成分（即玻璃凝集物、辉石、橄榄石和斜长石）的丰度与光谱参数（主要光谱波段反照率的经验组合）具有良好的数学关系。Pieters 等（2006）利用阿波罗返回月壤样品数据（http://www.planetary.brown.edu/relabdocs/LSCCsoil.html，LSCC）建立了描述矿物丰度和光谱波段之间关系的统计公式并成功应用于克莱门汀多光谱数据。嫦娥四号搭载的可见光-近红外成像光谱仪的光谱范围为 450 ~ 2395 nm，采样间隔为 5 nm，这与 LSCC 光谱测量的条件相似（300 ~ 2600 nm，采样间隔为 5 nm），嫦娥四号在距离月表约 0.75m 的高度获取了极高空间分辨率（几厘米）的光谱数据。因此，LSCC 和嫦娥四号之间的光谱具有可比性。LSCC 的数据集包含 9 个月海和 10 个高地样本，它们提供了唯一的月球风化层的“地面真值”，包括可见光-近红外光谱和已知的矿物丰度。我们使用高斯模型将 LSCC 光谱重新采样到玉兔二号光谱仪的中心波长和光谱分辨率，并将矿物丰度与光谱反照率的关系进行公式参数化，以估算嫦娥四号着陆区风化层的矿物学特性和月壤成熟度参数等。

辉石丰度估算公式为

$$\lg P = a_1 A_{500} + a_2 A_{750} + a_3 A_{900} + a_4 A_{1000} + a_5 \tag{8}$$

式中，P 为矿物丰度，A_λ 为各波长的光谱反射率（%），λ 是波长（nm），a 是拟合系数。该方程也用于估算玻璃凝集物丰度和 Is/FeO（月壤成熟度）。表 5 总结了使用 LSCC 数据集针对不同物质拟合的系数。

表 5 利用 LSCC 数据集确定的式（8）的系数，表中列出了均方根(σ)和相关系数(k)

	a_1	a_2	a_3	a_4	a_5	k	σ
辉石	-0.0501	0.1508	-0.0494	-0.1710	1.2766	0.89	3.1
高钙辉石	-0.0243	0.0715	0.3468	-0.4051	0.8940	0.90	1.3
玻璃凝集物	-0.0271	-0.0030	-0.0210	0.0388	1.7371	0.77	7.7
Is/FeO	0.0341	-0.2421	-0.0201	0.2074	1.9430	0.92	18.8

斜长石在约 1250 nm 附近具有宽吸收特征，但随着矿物中铁含量的降低而减弱。因此，将推导斜长石丰度的公式修改为

$$\lg P = a_1 A_{500} + a_2 A_{750} + a_3 A_{900} + a_4 A_{1000} + a_5 A_{1100} + a_6 A_{1250} + a_7 \tag{9}$$

利用 LSCC 数据集确定系数：$a_1 = 0.1540$，$a_2 = -0.1644$，$a_3 = -0.0534$，$a_4 = 0.1517$，$a_5 = -0.1580$，$a_6 = 0.1142$，$a_7 = 1.0598$。基于式（9）从 LSCC 月壤光谱获得的斜长石丰

度与实际丰度之间的相关系数为0.95，均方根误差为4.4。

橄榄石的吸收特征集中在约850 nm、约1050 nm和约1250 nm处，因此，将推导橄榄石丰度的公式修改为

$$\lg P = a_1A_{500} + a_2A_{750} + a_3A_{850} + a_4A_{900} + a_5A_{1000} + a_6A_{1050} + a_7A_{1100} + a_8A_{1250} + a_9 \quad (10)$$

式中，$a_1=0.2796$，$a_2=-0.5925$，$a_3=0.8411$，$a_4=-0.7483$，$a_5=0.7034$，$a_6=-1.2559$，$a_7=0.8111$，$a_8=-0.0216$，$a_9=0.5008$。基于式（10）从LSCC月壤光谱获得的橄榄石丰度与实际丰度之间的相关系数为0.74，均方根误差为0.8。

4.2.2 石块矿物丰度反演

玉兔二号巡视器测量的岩石由于受到的空间风化程度较低，在约1 μm和约2 μm处具有较深的吸收。我们使用Hapke辐射传输模型（Hapke，1981）进行矿物的丰度反演，因为它是一个解释行星表面散射特性更为严格的模型。Hapke模型广泛应用于行星遥感数据，如月球、水星和火星，该模型已经在月球样品和陨石上进行了测试和应用，矿物丰度反演误差一般在5%～10%（绝对误差）以内（Li and Milliken，2015；Li and Li，2011）。

1. 表面散射模型

假设矿物粒径远大于波长，则反射率可以写成（Hapke，1981）：

$$r(i,e,\alpha)=\frac{w_{\text{ave}}}{4(\mu_0+\mu)}\{[1+B(\alpha)]P(\alpha)+H(\mu_0,w_{\text{ave}})H(\mu,w_{\text{ave}})-1\} \quad (11)$$

式中，r为反射率，μ_0和μ分别为入射角和出射角的余弦，α为相位角。

$B(\alpha)$是后向散射函数：

$$B(\alpha)=\frac{1}{\left[1+\frac{\tan(\alpha/2)}{h}\right]},\quad h=-\frac{3}{8}\ln(1-\varphi) \quad (12)$$

式中，φ为填充因子，对于月球风化层可以设为0.41。

$P(\alpha)$为相位函数，可以用勒让德多项式表示

$$\begin{aligned}P(\alpha)&=1+bP_1(\alpha)+cP_2(\alpha)\\P_1(\alpha)&=\cos(\alpha)\\P_2(\alpha)&=\frac{3}{2}\cos^2(\alpha)-\frac{1}{2}\end{aligned} \quad (13)$$

式中，b和c分别为-0.4和0.25。

ω_{ave}为平均单次散射反照率：

$$w_{\text{ave}}=\sum_i \frac{M_i\omega_i}{\rho_iD_i}\Big/\frac{M_i}{\rho_iD_i} \quad (14)$$

式中，M_i，ρ_i，D_i和ω_i分别为第i个矿物成分的质量分数、密度、粒径和单散射反照率（表6）。石块中矿物的粒度假设为80μm。

H是多次散射函数：

$$H(x,w_{\mathrm{ave}})=\left\{1-(1-\gamma)x\left[r_0+\left(1-\frac{r_0}{2}-r_0x\right)\frac{\ln(1+x)}{x}\right]\right\}^{-1}$$
$$\gamma=\sqrt{1-w_{\mathrm{ave}}},r_0=\frac{1-\gamma}{1+\gamma} \tag{15}$$

表 6　本研究所使用矿物端元

矿物	光谱编号	n	粒径范围（μm）	有效粒径（μm）	密度（$g\cdot cm^{-3}$）
HCP	LR-CMP-208	1.73	0～45	22	3.4
LCP	LR-CMP-209	1.77	0～45	22	3.55
OL	DD-MDD-041	1.83	0～45	22	3.32
PLG	AG-TJM-011	1.56	0～45	22	2.68

2. 端元单次散射反照率

玻璃凝集物是非晶态的，所以很难确定其光谱，因此，本研究中使用的端元为月球主要的矿物：高钙辉石（HCP）、低钙辉石（LCP）、橄榄石（OL）和斜长石（PLG）（图23），本研究只关注这些矿物的相对丰度。实验室矿物端元的单次散射反照率可以利用矿物光学常数来推导，在给定光学常数和颗粒尺寸的情况下，利用 Hapke 模型可以计算各端元的单次散射反照率：

$$\omega=S_e+(1-S_e)\frac{(1-S_i)\theta}{1-S_i\theta} \tag{16}$$

$$S_e=\frac{(n-1)^2+k^2}{(n+1)^2+k^2}+0.05 \tag{17}$$

$$S_i=1-\frac{4}{n(n+1)^2} \tag{18}$$

$$\theta=e^{-\alpha\langle D\rangle} \tag{19}$$

式中，n、k 为矿物的光学常数。$\langle D\rangle$ 为光在矿物颗粒中一次穿越时所走过的平均距离，可表达为

$$\langle D\rangle=\frac{2}{3}\left[n^2-\frac{1}{n}(n^2-1)^{3/2}\right]D \tag{20}$$

式中，D 为矿物粒径。

$\alpha=4\pi nk/\lambda$ 为矿物的吸收系数，为了考虑空间风化作用对月球表面的影响，将亚微观金属 Fe（SMFe）引入到吸收系数：

$$\alpha=\frac{4\pi nk}{\lambda}+\frac{36\pi zM_{\mathrm{Fe}}\rho}{\lambda\rho_{\mathrm{Fe}}} \tag{21}$$

$$z=\frac{n^3n_{\mathrm{Fe}}k_{\mathrm{Fe}}}{(n_{\mathrm{Fe}}{}^2-k_{\mathrm{Fe}}{}^2+2n^2)^2+4n_{\mathrm{Fe}}{}^2k_{\mathrm{Fe}}{}^2} \tag{22}$$

式中，n_{Fe}、k_{Fe}、ρ_{Fe}为折射率实部、虚部和 SMFe 的密度。

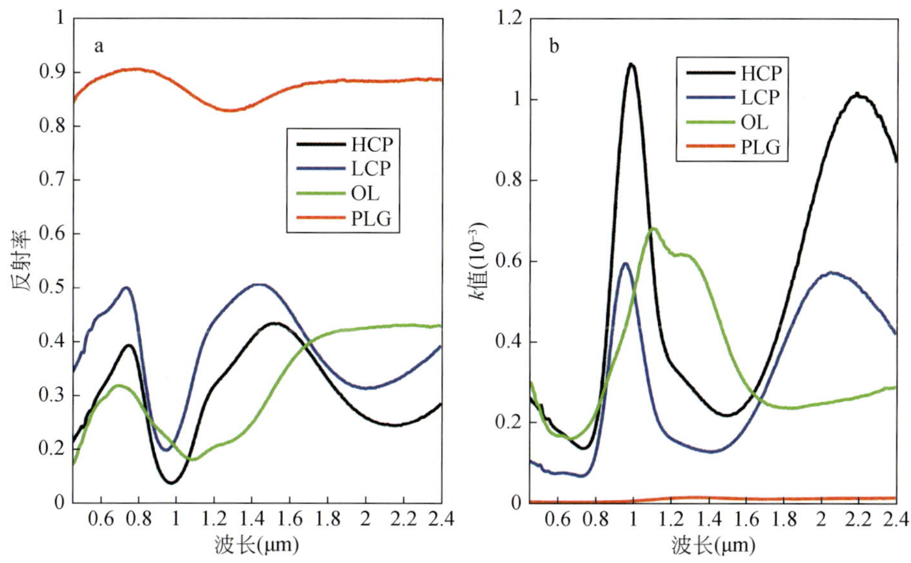

图 23　本研究中所使用的端元光谱

a. 主要端元的反射光谱；b. 所有端元的 k 值，用于推导 k 值的参数如表 6 所示

采用非线性最小二乘法求解 Hapke 辐射传输模型。本研究中使用的端元光谱如图 23 所示，端元矿物的基本信息如表 6 所示。对于已知的反射率和颗粒尺寸的端元，首先可以利用式（11～20）计算端元的光学常数 k，然后利用式（11～22）反演矿物丰度。由于热辐射效应和较长波长信噪比低的原因，只使用了 0.75～1.6 μm 的光谱，但可以表征月球上主要矿物的混合物。

4.3　嫦娥四号着陆区物质组成及来源

4.3.1　风化层矿物丰度

利用经验模型从月壤光谱中估算出的矿物丰度如表 7 所示，各点平均丰度为：55.9±0.7% 玻璃凝集物（AGG）、13.5±0.9% 辉石（PYX）（包括 4.9±0.5% HCP 和 8.6±0.4% LCP）、13.6±0.7% 斜长石（PLG）和 1.4±0.3% 橄榄石（OL）。

表 7　玉兔二号巡视器所测量月球风化层的矿物丰度和 Is/FeO 值

站点	AGG	PYX	HCP	PLG	OL	Is/FeO	*D*（m）
不确定度	±7.7%	±3.1%	±1.3%	±4.4%	±0.8%	±18.8	—
A	57.1	11.5	3.8	15.0	1.6	97.0	11.5
S1	55.6	14.2	5.2	13.0	1.5	78.7	20.1
202	55.6	14.4	5.3	13.6	1.7	85.1	29.4
207	56.7	12.9	4.4	14.1	1.7	89.2	51.3

续表

站点	AGG	PYX	HCP	PLG	OL	Is/FeO	*D*（m）
208	56.3	13.9	5.2	12.9	1.7	86.0	54.5
301	55.2	13.6	4.8	14.1	1.3	76.6	71.3
304	55.4	13.1	4.9	13.6	0.9	76.3	68.9
306	56.1	13.6	4.9	13.4	1.4	86.8	85.8
308	55.2	14.2	5.5	12.9	1.1	74.0	98.1

D 为光谱探测点与嫦娥四号着陆器之间的距离。

4.3.2 石块矿物丰度

由月壤光谱数据反演得到的组成很难对南极-艾肯盆地原始基底岩石的特征做更多限定。一方面，岩石粉碎成月壤后，原有岩石结构信息基本被破坏；另一方面，月壤形成过程中的强烈太空风化，产生了撞击熔融玻璃和纳米铁等，很大程度上抹除了矿物的光谱特征，给矿物组成估算带来显著的不确定性。除月壤之外，玉兔二号首次对月球表面的石块进行了原位光谱测定。石块的矿物吸收峰很明显，可给出比月壤更可靠的矿物组成，基于Hapke辐射传输模型，该石块包括38.1±5.4%低钙辉石（LCP），13.9±5.1%橄榄石（OL）和48.0±3.1%斜长石（PLG），并据此划分为橄榄石苏长岩（图24）。

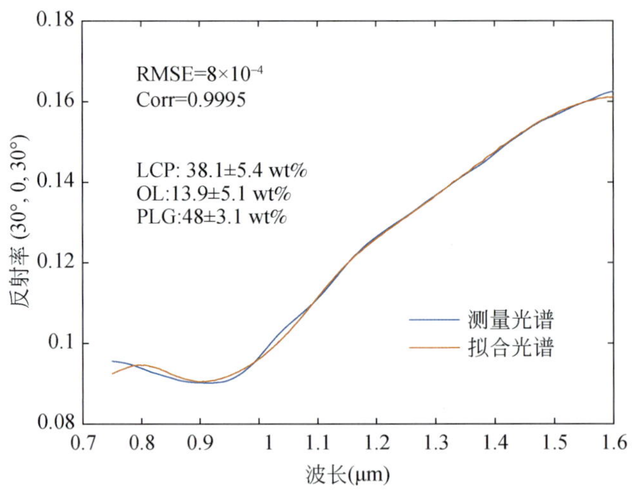

图24 基于Hapke辐射传输模型的光谱拟合

其中RMSE为均方根误差，Corr为相关系数

4.3.3 着陆区物质来源与成因

嫦娥四号着陆区的风化层以斜长石和辉石为主，低钙辉石多于高钙辉石（1.8∶1）。月球风化层的矿物组成与月海玄武岩不一致（月海玄武岩中通常辉石多于斜长石，高钙辉石高于低钙辉石）（Jolliff et al.，2018），应该主要来自于苏长岩（NASA，1997）。图21显示着陆区风化层光谱吸收位置与着陆点东北方向的芬森撞击坑物质类似，而不同于织女撞

击坑挖掘出的当地下伏的月海玄武岩及嫦娥三号分析的玄武岩。这与着陆区的地形特征一致。着陆点位于从芬森撞击坑（图 1）辐射出的东北-西南方向的溅射带上，此溅射带覆盖在与阿尔德撞击坑（图 2）方向一致的穹顶状山脊上。着陆点和穹顶状山脊边缘之间的高程差约为 70m（Di et al.，2019），表明非常厚的来自芬森和/或阿尔德撞击坑的溅射物沉积。

玉兔二号分析的石块是含橄榄石苏长岩，而不是玄武岩，其矿物组成与风化层的矿物组成相近，但有相对较高的橄榄石。石块和月壤母岩可能是同源的，即这块岩石也是从芬森撞击坑溅射到现在的位置的。另一种可能是，这个石块可能是从阿尔德撞击坑挖掘出来溅射到嫦娥四号着陆区的，被来自芬森撞击坑的溅射物覆盖，然后又被小天体撞击从深处挖掘出来。然而，这种不确定性对限制南极-艾肯盆地基地物质的矿物组成没有影响，因为芬森和阿尔德撞击坑都位于富镁辉石环内，距离南极-艾肯盆地中心的距离相似（图 25），约 350 km。因此，该石块可能代表了南极-艾肯盆地镁辉石环的原始基岩物质。

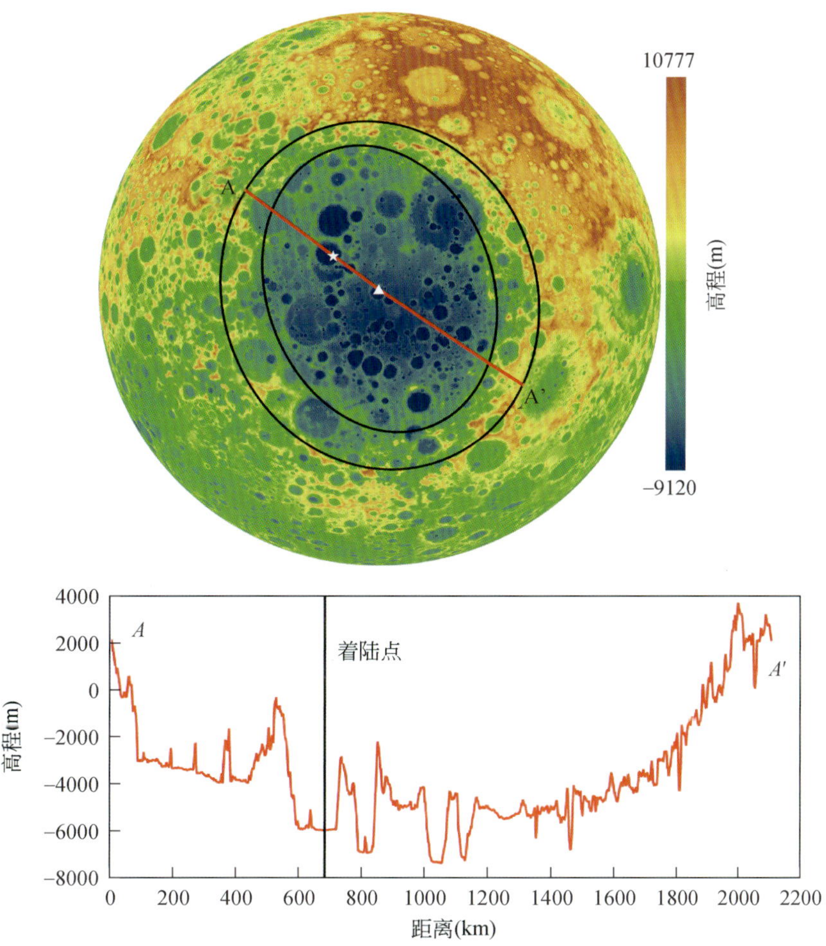

图 25 月球高程图和南极-艾肯盆地中心与嫦娥四号着陆点连线的高程剖面图

着陆地点 LOLA 高程约为-5955m，距离南极-艾肯盆地中心约 370 km。白色五角星是嫦娥四号探测器的着陆点，白色三角形是南极-艾肯盆地的中心南极-艾肯盆地撞击事件挖掘出了月球深部物质，暴露了下月壳和/或月幔物质。南极-艾肯盆地的基岩可能是月球岩浆洋直接结晶的原始深成岩，也可能是从撞击形成的熔池中结晶形成的。玉兔二号所测物质具有含量较高的斜长石和较低含量的橄榄石，与月幔的起源不一致。根据玉兔二号搭载的高分辨相机拍摄的图像（空间分辨率约为 0.6 mm/像素，图 17），该石块表面无法清楚地看出颗粒，表明石块的矿物颗粒较细，属于中等-细粒的岩石结构，可能是从较浅的岩浆中快速结晶形成的，因为典型的深成岩通常是粗粒结构（3 mm 或更大）（Bickel and Warner，1978；Warner and Bickel，1978）。石块细到中等粒度的结构表明一个快速冷却的热条件，这与南极-艾肯盆地撞击熔融池的结晶条件一致。在陨石撞击形成南极-艾肯盆地的过程中，巨大的撞击能量使下月壳与上月幔的物质发生混合熔融，在南极-艾肯盆地中形成了一个岩浆湖，而这块石头及与之同源的月壤母岩，很可能就是从这个岩浆湖中分异结晶而成（Uemoto et al.，2017）。

这一分析与南极-艾肯盆地的撞击模拟一致（图 26）。模拟表明，南极-艾肯盆地尺度的撞击事件将产生直径约 840 km 的瞬态空腔和深度约 50 km 的岩浆湖（Hurwitz and Kring，2014；Potter et al.，2012）。芬森撞击坑和嫦娥四号着陆区均位于该岩浆湖的边缘。这进一步说明，玉兔二号所分析的月壤和石块不太可能是下月壳或上月幔的原始岩石，而是从南极-艾肯盆地的岩浆湖中分异结晶而形成的。

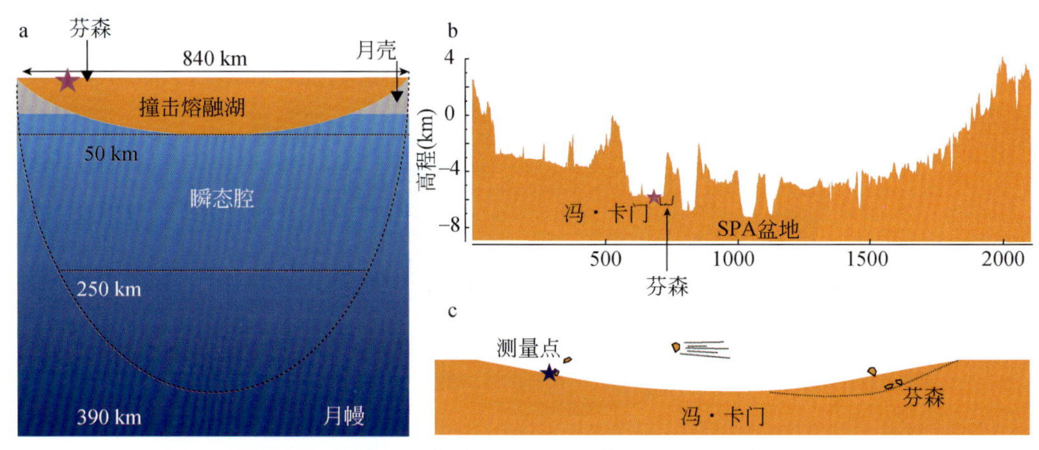

图 26　嫦娥四号着陆区岩石和风化层的起源示意图

a. 南极-艾肯盆地的撞击事件形成了一个瞬态坑，直径为 840 km，深度为 390 km。Hydrocode 模型表明，月球内部的上层（约 250 km）被熔融，熔融物聚集在盆地的底部，在撞击之后形成一个约 50 km 深的熔池；b. *AA′*的地形剖面；c. 岩石溅射过程示意图

总之，在嫦娥四号着陆点对岩石和风化层进行的原位光谱测量，得出了类似的矿物组成，岩石很可能是苏长岩。其主要来自邻近的芬森坑，也有可能来自阿尔德坑，但不是来自下伏的月海玄武岩。岩石细到中等粒度的结构表明快速结晶的状态，可能来自于南极-艾肯盆地形成时的撞击事件使月球下月壳和月幔物质融化而产生的岩浆湖。这种情况也与南极-艾肯撞击的撞击模拟一致。

5 月壤形成机制中的关键过程

月球形成初期被全球性的岩浆洋所覆盖，经过分异结晶形成了月核，月幔和月壳。月球基本没有大气和磁场，月壳表面直接暴露在空间中，受到小天体（小行星、陨石、彗星等）、微陨石群（直径不足1mm的星际尘埃）、太阳风和宇宙射线等的攻击（McKay et al., 1974；McKay et al., 1978）。小天体撞击会使月表物质散解、熔融和蒸发，一部分岩石碎块会被溅射、沉积到撞击坑外，并与落点物质发生混合。月球的昼夜温差可达300℃（Paige et al., 2010；Williams et al., 2017），如此大的温差变化也会使月表的岩石热胀冷缩而破碎。

微陨石群以大约10 km/s的速度撞击月表会引起岩石和矿物的粉碎和熔结。最开始，粉碎作用占据主导地位，岩石和矿物被撞击破碎成更小的碎屑，到月面物质变得更细粒时，熔结作用又会反过来将细粒物质变成较粗的物质，形成凝集物。粉碎作用和熔结作用交替主导，最终达到一种稳定状态（Jolliff et al., 2018）。微陨石撞击月面会以每百万年数厘米深度的速度使月壤颗粒发生混合，即“翻耕作用”，这样的话，在几十亿年的时间尺度上，会使月壤产生深达数米的混合。太阳风可以将离子注入月壤，这些高能量事件也可以熔融、蒸发物质或释放挥发物，挥发物凝结成其他粒子，单个事件可以在小于100 μm的尺度上发生，所有事件的合集共同影响整个月球表面。在整个过程当中，小天体的撞击作用也会将月壤混合，一些大的撞击会将地下相对新鲜的月壤与表面成熟的月壤混合。

在过去的四十几亿年里，小行星撞击产生的粉碎、熔融、黏合和混合等物理过程在很大程度上改变了月球表面。在太空风化的共同作用下，月球表面形成了一层广泛分布、厚约2～15 m的月壤（Shkuratov and Bondarenko, 2001）。所以理解月壤的形成机制具有十分重要的意义：一方面，月壤剖面记录了太阳风和宇宙射线的辐射历史，以及小行星对月面的撞击历史（Shuster et al., 2010）；另一方面，无论是环绕探测、软着陆巡视探测，还是采样返回，所获得的数据和样品几乎全部来自月球表面特别是月壤层。但无论是月球轨道器和月球车的遥感观测，还是阿波罗计划等采样返回，基本上都未能提供与月壤形成相关的直接证据。

5.1 “碎块”坑观测

2019年1月3日，我国嫦娥四号探测器在月球背面的冯·卡门撞击坑成功着陆。着陆后，玉兔二号月球车利用搭载的全景相机、探月雷达、导航相机、避障相机和可见-近红外成像光谱仪对着陆区进行了详细探测，发现月球表面有许多小陨石坑，多数被细粒月壤覆盖，石块很少（Wu et al., 2019）。不过，在任务的前12个月昼里，月球车在行驶路径上还观测到了45个以上随机分布的小坑（Lin et al., 2020b），它们直径达几米，覆盖有大量碎块（图27）。正常的陨石坑基本上没有石块分布，但这些“碎块”坑与普通陨石坑明显不同。玉兔二号的这些观测提供了一个独特的视角来观察记录了月壤演化过程的月表特征。为了观测“碎块”坑内的地貌特征并确定坑内碎片的组成，玉兔二号在第9月昼逼近其中一个坑（Pit-33）并进行了就位测量（图 28）。

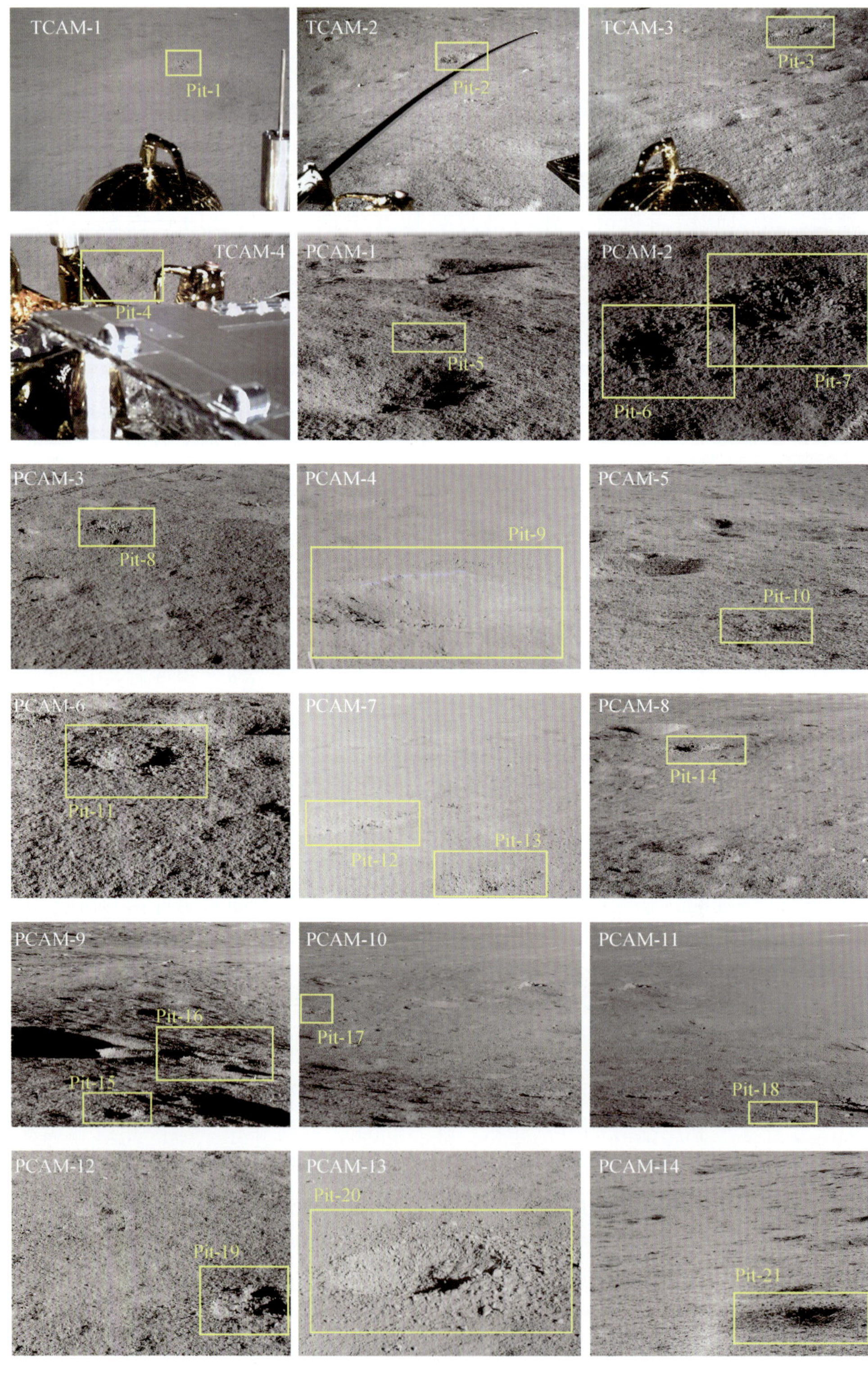

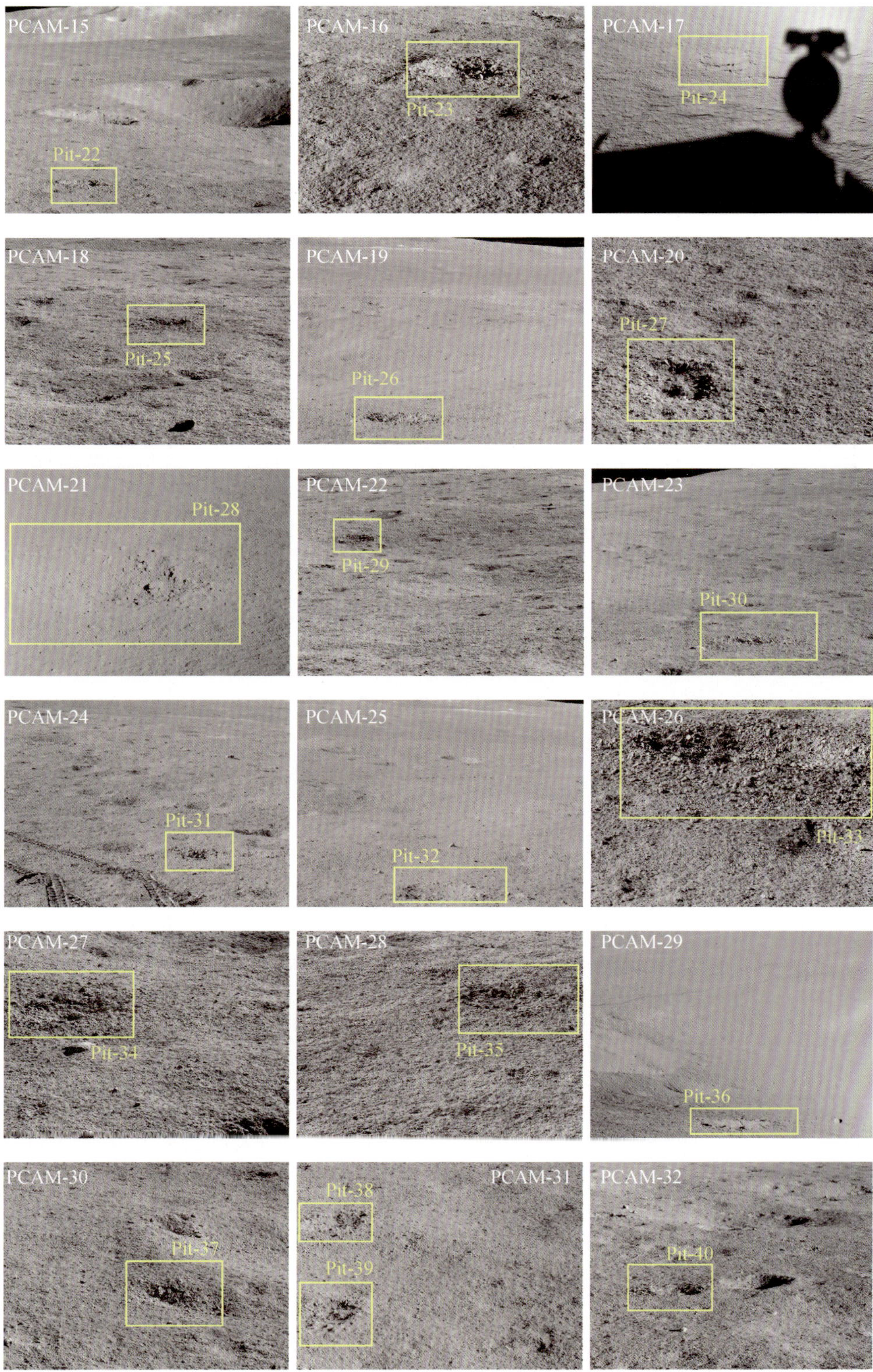
PCAM-15
Pit-22
PCAM-16
Pit-23
PCAM-17
Pit-24
PCAM-18
Pit-25
PCAM-19
Pit-26
PCAM-20
Pit-27
PCAM-21
Pit-28
PCAM-22
Pit-29
PCAM-23
Pit-30
PCAM-24
Pit-31
PCAM-25
Pit-32
PCAM-26
Pit-33
PCAM-27
Pit-34
PCAM-28
Pit-35
PCAM-29
Pit-36
PCAM-30
Pit-37
PCAM-31
Pit-38
Pit-39
PCAM-32
Pit-40

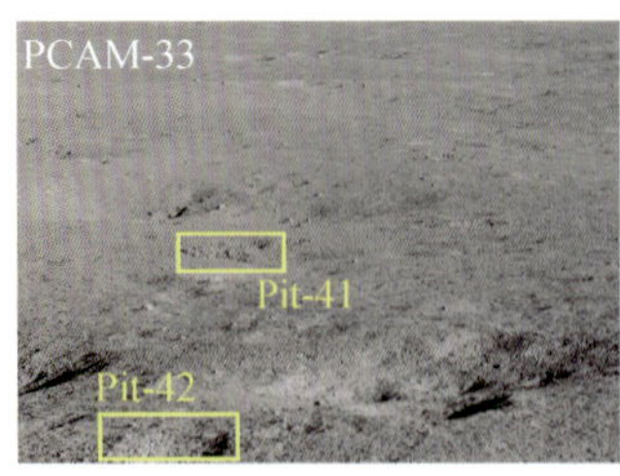

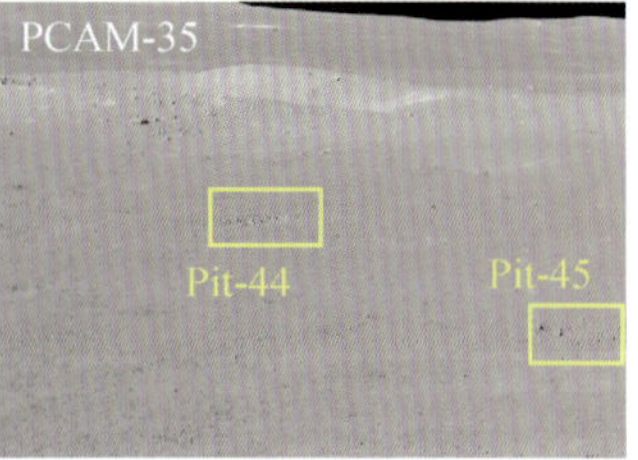

图 27 嫦娥四号着陆区的图像

每个图像中的黄色矩形表示碎片填充的小坑

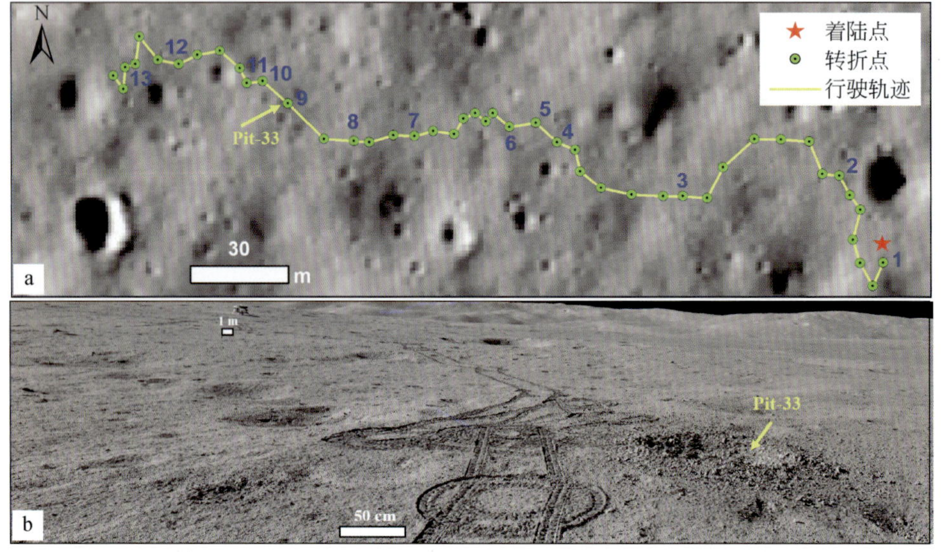

图 28 玉兔二号巡视器在着陆后 13 个月昼的探测

a. 行驶轨迹，蓝色数字的位置是每个月昼的起点；b. 镶嵌后的全景图像。正常的陨石坑表面很少有岩石碎屑覆盖，黄色箭头表示由玉兔二号详细探测的“碎块”坑

5.2 “碎块”坑形貌和光谱特征

根据避障相机数据生成的数字高程模型，其中一个“碎块”坑的直径约为 2 m，深约 30 cm，坑底部有中央凹陷（图 29）。探测数据表明，坑中的大部分碎块小于 5 cm，坑内碎块与坑外月壤的光谱特征很接近，但与新鲜石块明显不同（图 30）。此外，坑内月壤与碎块也有相似的光谱形状，表明它们具有类似的组成。在坑的中心，有一簇高反照率且呈现蓝绿色调（图 31）的碎块，可能是玻璃碎片。玻璃碎片与同一坑内的月壤、普通碎块及月表石块光谱明显不同（图 30）。玻璃碎片具有不寻常的高反照率，并在约 600 nm 处显示出明显的反射峰，与撞击熔融或火山作用产生的玻璃光谱特征一致（图 31），玉兔二号玻璃光谱中的 825 nm 吸收特征是由于月球车体保护层的散射造成（图 32）。根据阿波罗

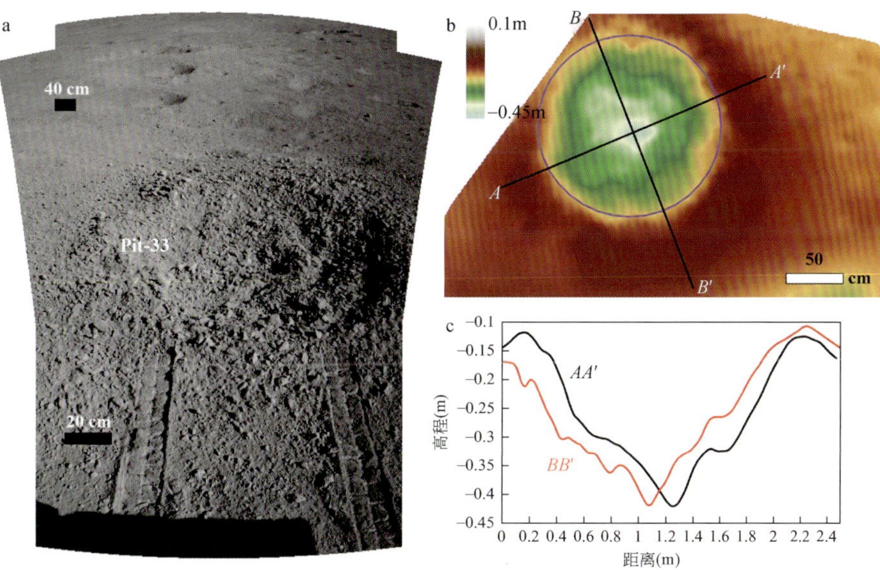

图 29 小碎片填充坑的形态（Pit-33）

a. 小"碎块"坑的避障相机图像，巡视器轨迹之间的距离是 0.85m（中心到中心），车体每个轮子的宽度为 0.15m；b. 利用避障相机图像生成的高程数据，粉红色的圆圈表示坑的边缘；c. b 中 AA' 和 BB' 的高程剖面

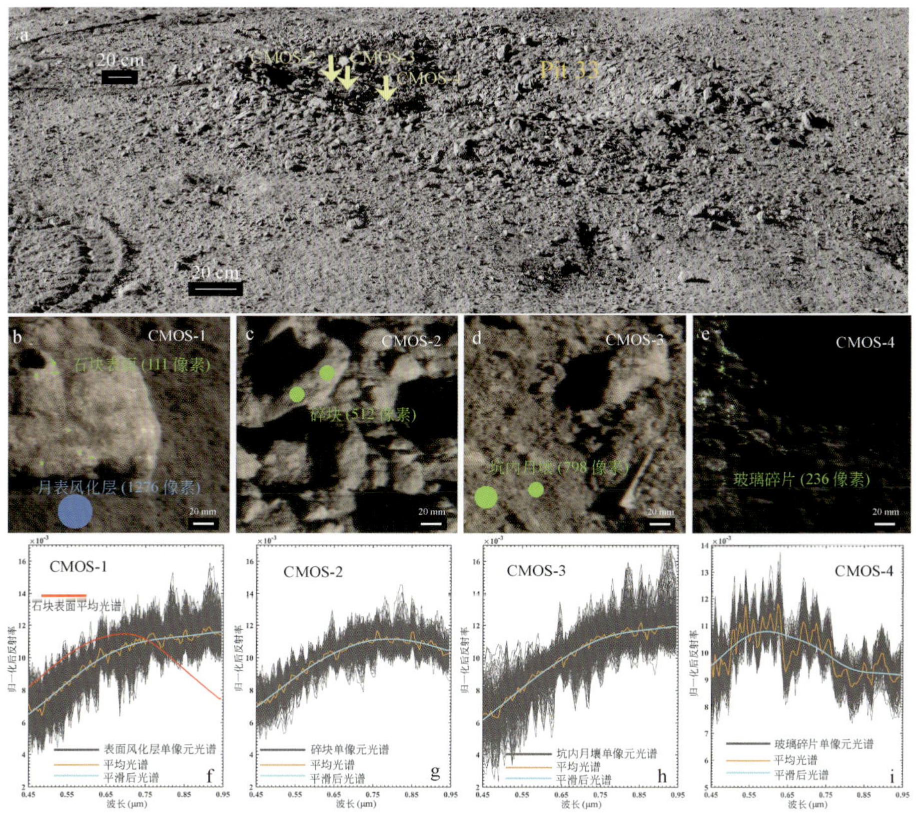

图 30 光谱探测位置

a. Pit-33 的全景相机图像，标注了 CMOS 探测的位置；b–e. 分别为表面石块和 Pit-33 坑内碎片、月壤和玻璃碎片的 CMOS 图像；b、c、d 和 e 中标记像元的平均光谱分别对应 f、g、h 和 i

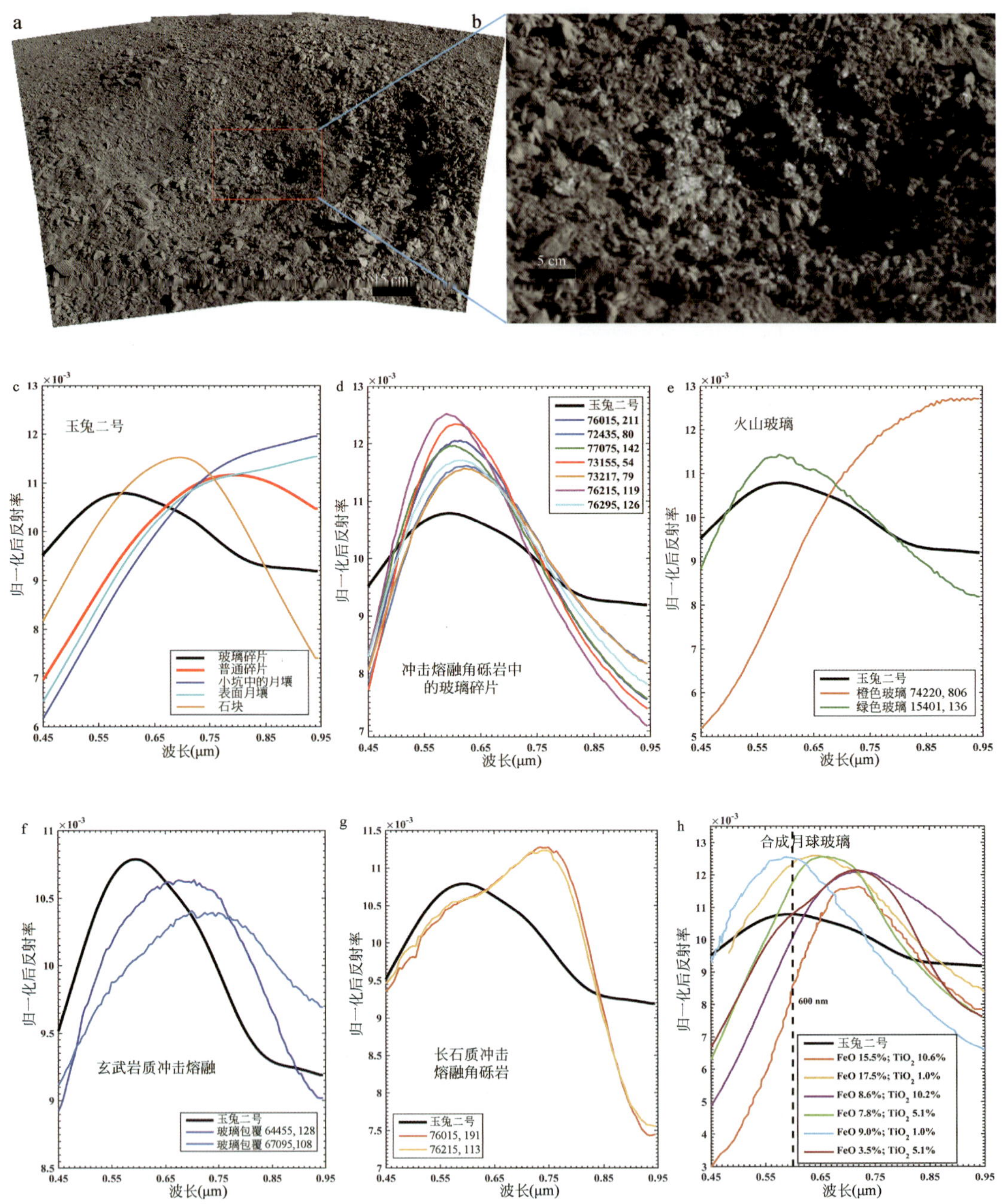

图 31 “碎块”坑内物质的光谱特征及与实验室样品的对比

a. Pit-33 的近景图；b. a 中矩形区域的放大图。图像被拉伸以突出玻璃碎片；c. 玉兔二号观测到的同一坑内月壤、碎块和表面石块、风化层的光谱对比。玻璃碎片在 825 nm 的吸收可能是由附着在探测器上的保护层反射光造成的；d. 阿波罗撞击熔融角砾岩中的玻璃碎片（Tompkins and Pieters，2010）；e. 阿波罗火山玻璃；f. 阿波罗玄武岩撞击熔融角砾岩；g. 阿波罗长石撞击熔融角砾岩；h. 从 Wells and Hapke（1977）收集的模拟月球玻璃光谱与玉兔二号玻璃碎片光谱的比较，为了光谱对比，对反射率进行了归一化处理

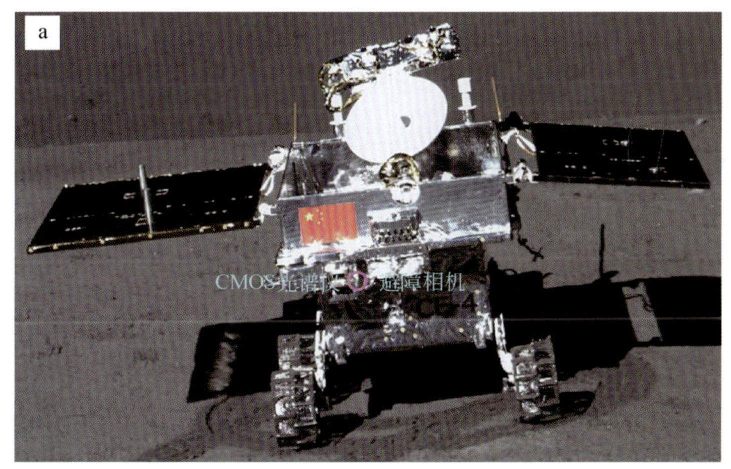

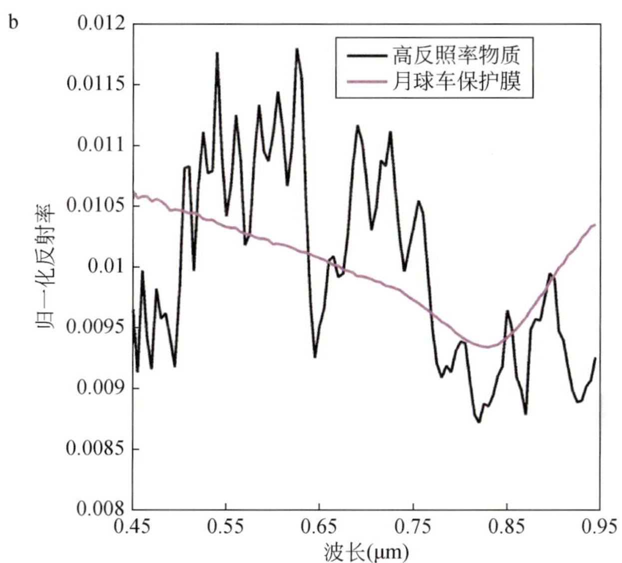

图 32 巡视器表面保护层对月壤光谱的影响

a. 在月球表面的玉兔二号巡视器。银色材料是保护层。它的反射（粉红色圆圈）会在一些观测角度进入 CMOS 探测器；b. 玉兔二号测量的玻璃光谱和实验室测得的保护层光谱

样品分析，只有当玻璃含量大于60%时，才能在玻璃/晶体混合物的光谱中观察到明显的玻璃特征。通过与阿波罗号样品比较（图 31），可认为玉兔二号观测到的高反照率碎片是相当纯净的玻璃。与不同铁钛含量的玻璃对比，发现含 9.0% FeO 和 1.0% TiO_2 的玻璃与月球车观测到的玻璃光谱反射峰位置最为接近，这与着陆区的低铁钛特征一致（约 12.6% FeO，约 1.4% TiO_2）。

5.3 “碎块”坑成因

玉兔二号观测到的大多数陨石坑表面几乎都没有岩石，这些无岩石的陨石坑很可能是由小天体的高速撞击形成，撞击体在撞击过程中被完全摧毁，它们的体积很小，不能穿透厚的风化层并挖掘出下伏的岩石层。这种小陨石坑很常见，也是月球的典型特征。而“碎块”坑很可能是由低速撞击形成的，因为抛射体撞击到月表碎成了小块。因此，这些碎片充填的小坑很可能是次级坑。

“碎块”坑内的碎片也有可能是撞击事件从基岩中挖掘出的大块岩石抛射体以低速（<2.38 km/s）撞击到地表，但这种成因与坑内大量小碎块（<5 cm）的分布不一致，说明抛射体并不是坚硬的火成岩，而是脆弱或松散的组合物。而且“碎块”坑内碎片的光谱与风化层的特征更为相似。尽管碎片和风化层光谱之间的相似性也可以通过岩石碎屑上覆盖了月壤来解释，但这种可能性与在碎片填充的小坑中观察到高反射率玻璃不一致。玉兔二号观测到的地形显示着陆区表面大部分都没有岩石覆盖，包括“碎块”坑周围的地形。着陆区的月表覆盖着约 12 m 厚的风化层，对月球风化层为目标的撞击模拟（https://www.lpi.usra.edu/lunar/tools/lunarcratercalc/）表明，需要一个直径超过 60 m 的陨石坑才能穿透如此厚的风化层。这将产生两个重要的限定：①抛射体主要来自风化层内的小撞击坑（直径小于 60 m），而不是来自穿透风化层并挖掘出下伏岩石的大撞击坑。②类风化层物质的抛射体主要从风化层中先前存在的小陨石坑内挖掘出来，而先前存在的陨石坑很可能没有穿透上覆的风化岩，也没有暴露出下面的岩石层。高速撞击月球风化层的小天体会将风化层黏合成角砾岩，并由于高温高压使陨石坑底部和壁产生部分熔融。

玉兔二号观测到的玻璃碎片光谱与撞击玻璃和一些阿波罗火山玻璃的光谱相似，比如绿色玻璃。然而，玻璃碎片的火山成因可以排除在外，因为嫦娥四号着陆点周围的玄武岩被一层约 70 m 厚来自邻近撞击坑的溅射物覆盖（Di et al.，2019）。此外，着陆区的玻璃集中在富含碎片的小坑内，而不是广泛分布在月球表面。撞击玻璃的存在与风化层角砾岩的起源一致，撞击玻璃起到黏合作用。

如上所述，形成“碎块”坑的抛射体很可能是撞击熔融、胶结并固化的风化层角砾岩，而不是大型小天体撞击事件从基岩中挖出的石块。

5.4 月球风化层的循环过程

上述观测结果揭示了月球风化层中循环的撞击和混合过程。月球风化层受到小天体的高速撞击，撞击模拟研究中获得的压力和温度分布数据（如 Pierazzo and Melosh，2000）表明，撞击事件不仅粉碎了表面和风化层中的岩石，而且使部分风化层发生了熔融，主要分布在陨石坑的底部和坑壁；随后的撞击事件将黏合在一起的风化层角砾岩从现有的陨石坑壁和底部挖掘出来，并将它们溅射到月球表面（图 33）。玉兔二号观测到的小坑及其大量碎片很可能是由玻璃胶结的风化岩角砾岩抛射体撞击月表产生的（图 33）。风化层角砾岩由于成岩时间较短而比较松散，因此撞击到月表时被分解成小碎片。这些观测也解释了阿波罗月球样品（如 Wolfe，1981）及月球陨石（如 Gnos et al.，2004；North- Valencia et al.，2014）中发现的月球风化层角砾岩的形成过程。玉兔月球车携带的全景相机在嫦娥三号着陆点附近也观察到几个碎块填充的小坑，坑内可能也存在玻璃（图 34），这为我们的模型提供了更广泛的证据。然而，由于表面岩石覆盖、风化层较浅及有限的探测（玉兔月球车只行驶了 114 m），我们无法像在嫦娥四号那样在嫦娥三号着陆区找到大量的“碎块”坑。

综上所述，“碎块”坑可能是被胶结的月壤团块砸出的小坑，而不是通常认为的陨石撞击坑。形成的具体过程为：先是小行星高速撞击在厚层月壤上，将月表的岩块砸碎同时也可将月壤压实，并通过部分熔融将其胶结起来，形成月壤层内小陨石坑的壁和底；小陨石坑的壁和底是玻璃胶结的月壤团块，随后团块被另一次小行星撞击并抛射出来，掉落到现在所处的位置，最后碎裂成“碎块”坑。这一过程，与阿波罗的月壤角砾岩、冲击熔融月壤角砾岩陨石的岩矿特征一致。月壤就是在这种反复撞击砸细又重新胶结成岩的过程中不断演化成熟。

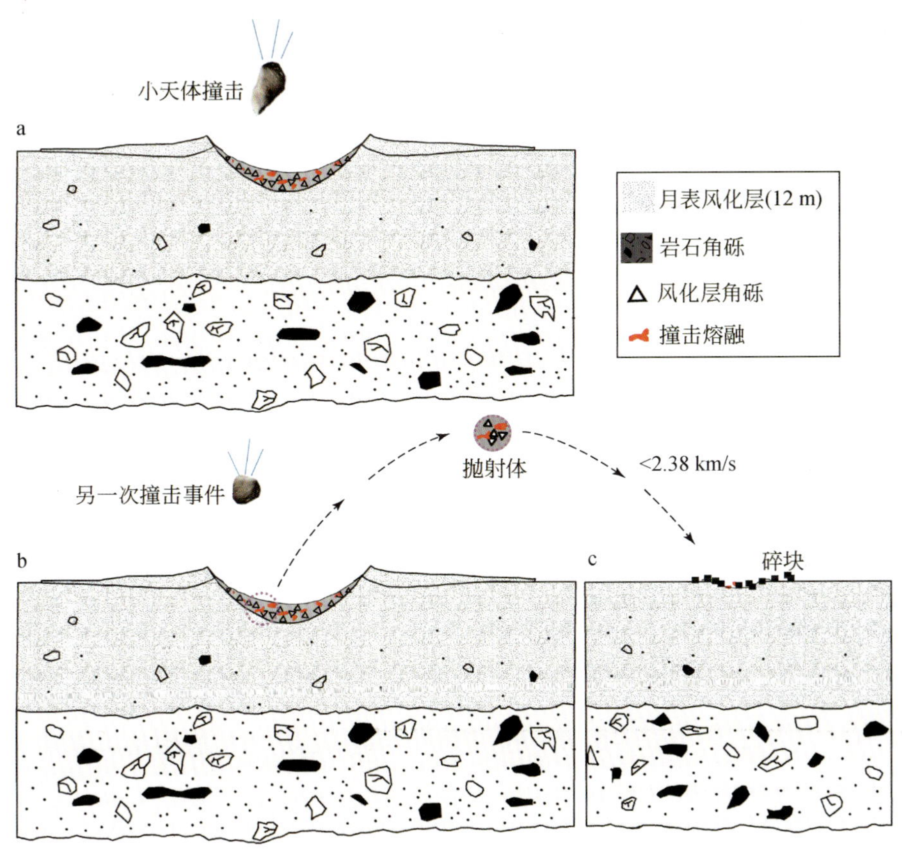

图 33 月球风化层演化过程

a. 初级陨石坑的形成；b. 另一次撞击击中了先前存在的陨石坑，挖出了固结和黏合的物质，并将它们抛射到远处；c. “碎块”坑的形成。玻璃黏合的风化层角砾岩撞击到月表破碎成碎片

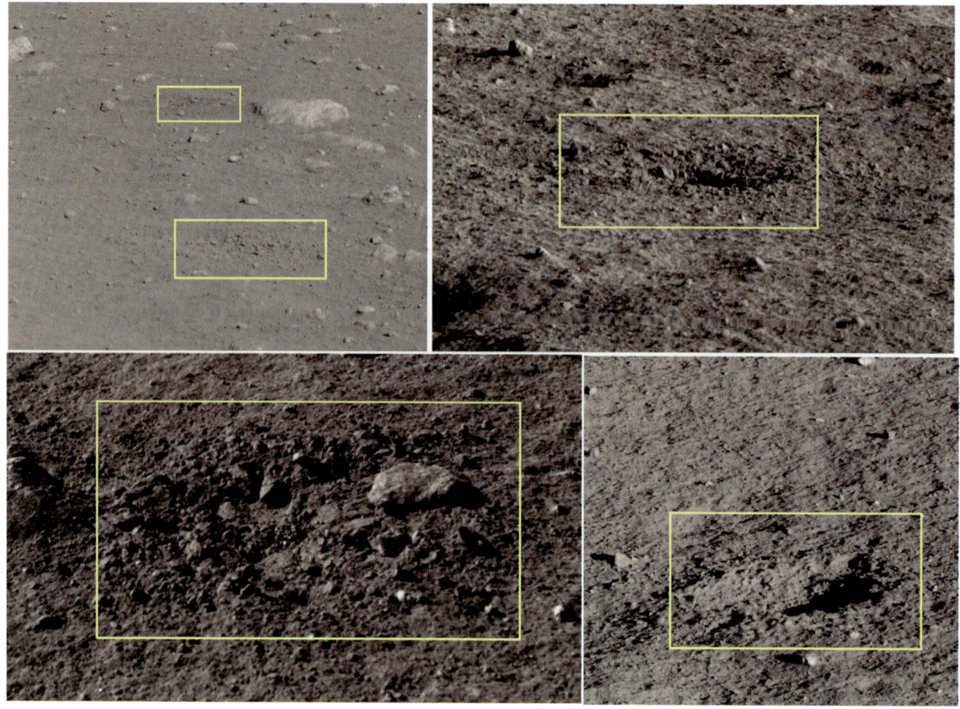

图 34　玉兔月球车在嫦娥三号着陆点观测到的可能被碎块填满的坑（黄色矩形）

参考文献

Besse S, Sunshine J, Staid M, Boardman J, Pieters C, Guasqui P, Malaret E, McLaughlin S, Yokota Y, Li J Y. 2013. A visible and near-infrared photometric correction for Moon Mineralogy Mapper（M-3）. Icarus, 222（1）: 229-242.

Bickel C E, Warner J. 1978. Survey of lunar plutonic and granulitic lithic fragments. paper presented at Lunar and Planetary Science Conference Proceedings.

Clark R N, Roush T L. 1984. Reflectance spectroscopy quantitative analysis techniques for remote sensing applications. Journal of Geophysical Research, 89（Nb7）: 6329-6340.

Di K, Zhu M H, Yue Z, Lin Y, Wan W, Liu Z, Gou S, Liu B, Peng M, Wang Y. 2019. Topographic evolution of Von Kármán crater revealed by the lunar rover Yutu-2. Geophys Res Lett, 46（22）: 12764-12770.

Elkins-Tanton L T, Burgess S, Yin Q Z. 2011. The lunar magma ocean: Reconciling the solidification process with lunar petrology and geochronology. Earth and Planetary Science Letters, 304（3-4）: 326-336.

Fang G Y, Zhou B, Ji Y, Zhang Q, Shen S, Li Y, Guan H, Tang C, Gao Y, Lu W. 2014. Lunar penetrating radar onboard the Chang'e-3 mission, Res Astron Astrophys, 14（12）: 1607-1622.

Garrick-Bethell I, Zuber M T. 2009. Elliptical structure of the lunar South Pole-Aitken basin. Icarus, 204（2）: 399-408.

Gnos E, Hofmann B, Al-Kathiri A, Lorenzetti S, Eugster O, Whitehouse M, Villa I, Jull A J T, Eikenberg

J, Spettel B, Krähenbühl U, Franchi I A, Greenwood R C. 2004. Pinpointing the source of a lunar meteorite: Implications for the evolution of the moon. Science, 305 (5684): 657-659.

Gueymard C A. 2004. The sun's total and spectral irradiance for solar energy applications and solar radiation models. Sol Energy, 76 (4): 423-453.

Hapke B. 1981. Bidirectional reflectance spectroscopy: 1. Theory. Journal of Geophysical Research: Solid Earth, 86 (B4): 3039-3054.

Hapke B. 2012a. Bidirectional reflectance spectroscopy: 7. The single particle phase function hockey stick relation. Icarus, 221 (2): 1079-1083.

Hapke B. 2012b. Theory of reflectance and emittance spectroscopy. Cambridge university press.

Hapke B, Denevi B, Sato H, Braden S, Robinson M. 2012. The wavelength dependence of the lunar phase curve as seen by the Lunar Reconnaissance Orbiter wide- angle camera. Journal of Geophysical Research: Planet, 117, doi: 10. 1029/2011JE003916.

He Z, Li C, Xu R, Lv G, Yuan L, Wang J. 2019. Spectrometers based on acousto- optic tunable filters for in-situ lunar surface measurement. Journal of Applied Remote Sensing, 13 (2): 027502.

Hess P C, Parmentier E. 1995. A model for the thermal and chemical evolution of the Moon's interior: Implications for the onset of mare volcanism. Earth and Planetary Science Letters, 134 (3-4): 501-514.

Hicks M D, Buratti B J, Nettles J, Staid M, Sunshine J, Pieters C M, Besse S, Boardman J. 2011. A photometric function for analysis of lunar images in the visual and infrared based on Moon Mineralogy Mapper observations. Journal of Geophysical Research: Planet, 116.

Horgan B H N, Cloutis E A, Mann P, Bell J F. 2014. Near- infrared spectra of ferrous mineral mixtures and methods for their identification in planetary surface spectra. Icarus, 234: 132-154.

Huang J, Xiao Z Y, Flahaut J, Martinot M, Head J, Xiao X, Xie M G, Xiao L. 2018. Geological characteristics of Von Karman crater, northwestern South Pole- Aitken Basin: Chang'E- 4 landing site region. Journal of Geophysical Research: Planet, 123 (7): 1684-1700.

Hurwitz D M, Kring D A. 2014. Differentiation of the South Pole-Aitken basin impact melt sheet: Implications for lunar exploration. Journal of Geophysical Research: Planet, 119 (6): 1110-1133.

Jin W, Zhang H, Yuan Y, Yang Y, Shkuratov Y G, Lucey P, Kaydash V, Zhu M, Xue B, Di K, Xu B, Wan W, Xiao L, Wang Z. 2015. In situ optical measurements of Chang'E- 3 landing site in Mare Imbrium: 2. Photometric properties of the regolith. Geophys Res Lett, 42 (20): 8312-8319.

Johnson J R, Shepard M K, Grundy W M, Paige D A, Foote E J. 2013. Spectrogoniometry and modeling of martian and lunar analog samples and Apollo soils. Icarus, 223 (1): 383-406.

Jolliff B L, Wieczorek M A, Shearer C K, Neal C R. 2018. New views of the Moon. Walter de Gruyter GmbH & Co KG.

Klima R L, Pieters C M, Dyar M D. 2007. Spectroscopy of synthetic Mg- Fe pyroxenes I: Spin allowed and spin-forbidden crystal field bands in the visible and near-infrared. Meteorit Planet Sci, 42 (2): 235-253.

Lai J, Xu Y, Zhang X, Xiao L, Yan Q, Meng X, Zhou B, Dong Z, Zhao D. 2019. Comparison of dielectric properties and structure of lunar regolith at Chang'e-3 and Chang'e-4 landing sites revealed by ground penetrating radar. Geophys Res Lett., 46 (12): 12783-12793.

Li C L, Wang Z D, Xu R, Lv G, Yuan L Y, He Z P, Wang J Y. 2019. The scientific information model of Chang'e-4 Visible and Near- IR Imaging Spectrometer (VNIS) and in- flight verification. Sensors- Basel, 19 (12), doi: 10. 20944/preprints201905. 0314. v1.

Li S, Li L. 2011. Radiative transfer modeling for quantifying lunar surface minerals, particle size, and submicroscopic metallic Fe. Journal of Geophysical Research：Planet，116，doi：10. 1029/2011je003837.

Li S，Milliken R E. 2015. Estimating the modal mineralogy of eucrite and diogenite meteorites using visible- near infrared reflectance spectroscopy. Meteorit Planet Sci，50（11）：1821-1850.

Lin H，He Z，Yang W，Lin Y，Xu R，Zhang C，Zhu M，Chang R，Zhang J，Li C，Lin H，Liu Y，Gou S，Wei Y，Hu S，Xue C，Yang J，Zhong J，Fu X，Wan W，Zou Y. 2020a. Olivine-norite rock detected by the lunar rover Yutu-2 likely crystallized from the SPA-impact melt pool. National Science Review，7（5）：913-920.

Lin H，Lin Y，Yang W，He Z，Hu S，Wei Y，Xu R，Zhang J，Liu X，Yang J，Xing Y，Tu C，Zou Y. 2020b. New Insight Into Lunar Regolith-Forming Processes by the Lunar Rover Yutu-2. Geophys Res Lett，47（14）：e2020GL087949.

Lin H，Xu R，Yang W，Lin Y，Wei Y，Hu S，He Z，Qiao L，Wan W. 2020c. In situ photometric experiment of lunar regolith with Visible and Near-Infrared Imaging Spectrometer on board the Yutu-2 Lunar Rover，J Geophys Res-Planet，125（2）：e2019JE006076.

Lin H，Yang Y，Lin Y，Liu Y，Wei Y，Li S，Hu S，Yang W，Wan W，Xu R，He Z，Liu X，Xing Y，Yu C，Zou Y. 2020d. Photometric properties of lunar regolith revealed by the Yutu-2 rover. Astron Astrophys，638：A35.

Lucey P G，Blewett D T，Jolliff B L. 2000a. Lunar iron and titanium abundance algorithms based on final processing of Clementine ultraviolet-visible images. J Geophys Res-Planet，105（E8）：20297-20305.

Lucey P G，Blewett D T，Taylor G J，Hawke B R. 2000b. Imaging of lunar surface maturity，J Geophys Res-Planet，105（E8）：20377-20386.

Mcguire A F，Hapke B W. 1995. An experimental-study of light-scattering by large，irregular particles. Icarus，113（1）：134-155.

McKay D，Fruland R，Heiken G. 1974. Grain size and the evolution of lunar soils，paper presented at Lunar and Planetary Science Conference Proceedings.

McKay D，Heiken G，Waits G. 1978. Core 74001/2-Grain size and petrology as a key to the rate of in-situ reworking and lateral transport on the lunar surface，paper presented at Lunar and Planetary Science Conference Proceedings.

Melosh H，Kendall J，Horgan B，Johnson B，Bowling T，Lucey P，Taylor G. 2017. South Pole-Aitken basin ejecta reveal the Moon's upper mantle. Geology，45（12）：1063-1066.

Moriarty D P，Pieters C M. 2018. The character of South Pole-Aitken basin：patterns of surface and subsurface composition，J Geophys Res-Planet，123（3）：729-747.

NASA. 1997. Exploring the Moon—A Teacher's Guide with Activities，in NASA EG-1997-10-116-Rock ABCs Fact Sheet，edited.

North-Valencia S，Carpenter P，Jolliff B，Korotev R. 2014. Using electron-probe microanalysis and quantitative compositional mapping to study lithic clasts in lunar meteorites NWA 2727 and NWA 3170. Microscopy and Microanalysis，20（S3）：714-715.

Paige D A，Siegler M A，Zhang J A，Hayne P O，Foote E J，Bennett K A，Vasavada A R，Greenhagen B T，Schofield J T，McCleese D J，Foote M C. 2010. Diviner lunar radiometer observations of cold traps in the Moon's south polar region. Science，330（6003）：479-482.

Pierazzo E，Melosh H. 2000. Melt production in oblique impacts. Icarus，145（1）：252-261.

Pieters C M，Noble S K. 2016. Space weathering on airless bodies. J Geophys Res-Planet，121（10）：1865-1884.

Pieters C M, Taylor L A, Noble S K, Keller L P, Hapke B, Morris R V, Allen C C, McKay D S, Wentworth S. 2000. Space weathering on airless bodies: Resolving a mystery with lunar samples. Meteorit Planet Sci, 35 (5): 1101-1107.

Pieters C M, Shkuratov Y, Kaydash V, Stankevich D, Taylor L. 2006. Lunar soil characterization consortium analyses: Pyroxene and maturity estimates derived from Clementine image data. Icarus, 184 (1): 83-101.

Potter R W, Collins G S, Kiefer W S, McGovern P J, Kring D A. 2012. Constraining the size of the South Pole-Aitken basin impact. Icarus, 220 (2): 730-743.

Rapp J, Draper D. 2018. Fractional crystallization of the lunar magma ocean: Updating the dominant paradigm. Meteorit Planet Sci, 53 (7): 1432-1455.

Sato H, Robinson M S, Hapke B, Denevi B W, Boyd A K. 2014. Resolved Hapke parameter maps of the Moon. J Geophys Res-Planet, 119 (8): 1775-1805.

Shkuratov Y, Bondarenko N V. 2001. Regolith layer thickness mapping of the Moon by radar and optical data. Icarus, 149 (2): 329-338.

Shkuratov Y, Kaydash V, Korokhin V, Velikodsky Y, Opanasenko N, Videen G. 2011. Optical measurements of the Moon as a tool to study its surface. Planet Space Sci, 59 (13): 1326-1371.

Shuster D L, Balco G, Cassata W S, Fernandes V A, Garrick-Bethell I, Weiss B P. 2010. A record of impacts preserved in the lunar regolith. Earth and Planetary Science Letters, 290 (1-2): 155-165.

Souchon A L, Pinet P C, Chevrel S D, Daydou Y H, Baratoux D, Kurita K, Shepard M K, Helfenstein P. 2011. An experimental study of Hapke's modeling of natural granular surface samples. Icarus, 215 (1): 313-331.

Tompkins S, Pieters C M. 2010. Spectral characteristics of lunar impact melts and inferred mineralogy. Meteoritics and Planetary Science, 45 (7): 1152-1169.

Uemoto K, Ohtake M, Haruyama J, Matsunaga T, Yamamoto S, Nakamura R, Yokota Y, Ishihara Y, Iwata T. 2017. Evidence of impact melt sheet differentiation of the lunar South Pole- Aitken basin. J Geophys Res-Planet, 122 (8): 1672-1686.

Warner J, Bickel C. 1978. Lunar plutonic rocks; a suite of materials depleted in trace siderophile elements. American Mineralogist, 63 (9-10): 1010-1015.

Warren P H. 1985. The Magma Ocean Concept and Lunar Evolution, Annu Rev Earth Pl Sc, 13, 201-240.

Wells E, Hapke B. 1977. Lunar soil: Iron and titanium bands in the glass fraction. Science, 195 (4282): 977-979.

Williams J P, Paige D A, Greenhagen B T, Sefton-Nash E. 2017. The global surface temperatures of the moon as measured by the diviner lunar radiometer experiment. Icarus, 283: 300-325.

Wolfe E W. 1981. The geologic investigation of the Taurus-Littrow valley, Apollo 17 landing site. Washington: US Govt Print Off.

Wood J A, Dickey- Jr J, Marvin U B, Powell B. 1970. Lunar anorthosites and a geophysical model of the moon. Geochimica et Cosmochimica Acta Supplement, 1: 965.

Wu W, Li C, Zuo W, Zhang H, Liu J, Wen W, Su Y, Ren X, Yan J, Yu D. 2019. Lunar farside to be explored by Chang'e-4. Nature Geoscience, 12 (4): 222.

Wu Y, Besse S, Li J, Combe J, Wang Z, Zhou X, Wang C. 2013. Photometric correction and in- flight calibration of Chang'E-1 Interference Imaging Spectrometer (IIM) data. Icarus, 222 (1): 283-295.

Xu R, Lv G, Ma Y, Wang J. 2014. Calibration of Visible and Near- infrared Imaging Spectrometer (VNIS) on lunar surface. Proceedings of SPIE- The International Society for Optical Engineering, doi:

10. 1117/12. 2068947.

Yang Y, Lin H, Liu Y, Lin Y, Wei Y, Hu S, Yang W, Xu R, He Z, Zou Y. 2020. The Effects of Viewing Geometry on the Spectral Analysis of Lunar Regolith as Inferred by in situ Spectrophotometric Measurements of Chang'E-4. Geophys Res Lett, 47 (8): e2020GL087080.

Zhang J, Yang W, Hu S, Lin Y, Fang G, Li C, Peng W, Zhu S, He Z, Zhou B, Lin H, Yang J, Liu E, Xu Y, Wang J, Yao Z, Zou Y, Yan J, Ouyang Z. 2015. Volcanic history of the Imbrium basin: A close-up view from the lunar rover Yutu. P Natl Acad Sci USA, 112 (17): 5342-5347.

Zhang J, Zhou B, Lin Y, Zhu M, Song H, Dong Z, Gao Y, Di K, Yang W, Lin H, Yang J, Liu E, Wang L, Lin Y, Li C, Yue Z, Yao Z, Ouyang Z. 2020. Lunar regolith and substructure at Chang'E-4 landing site in South Pole-Aitken basin. Nature Astronomy: 1-6.

火星磁层的观测与模拟

柴立晖[1,2]，戎昭金[1,2]，高佳维[1,2]，李欣舟[1,2]，韩倩倩[1,2]，魏勇[1,2]

1. 中国科学院地质与地球物理研究所，北京 100029

2. 中国科学院大学地球与行星科学学院，北京 100049

摘 要

火星没有明显的内禀偶极磁场，这导致与太阳风发生直接相互作用的是火星的电离层和高层大气。这种直接相互作用会在火星周围形成一个迷你的感应磁层。火星感应磁层的结构和大小都与地球偶极磁层完全不同，这可能是造成火星和地球具有不同气候和演化的原因之一。因此，研究火星磁层将对理解火星水逃逸、气候环境演化、未来地球的大气和环境演化有着重要意义。万卫星领导课题组自十多年前开始对火星空间环境进行探索和研究，在火星磁层的观测和模拟方面都取得了诸多成果：在火星和金星上发现了一种环绕磁尾的全球性环形磁场，证明了该环形磁场还广泛存在于近日彗星、土卫六等弱磁有气星体上，给出了该环形磁场的形成机制和对离子逃逸及火星夜侧电离层产生的影响；对火星磁层之下的电离层顶形状和位置进行了系统研究，揭示了电离层顶不同识别方法的异同和关系，研究了电离层顶位置随太阳天顶角的变化；联合 Mars Global Surveyor（MGS）和 Mars Atmosphere and Volatile Evolution（MAVEN）卫星磁场观测数据建立了一个火星全球壳磁场球谐模型，该模型与观测数据的残差在各个高度处都比前人模型小，能更好地还原壳磁场在火星空间中的拓扑结构；建立了中国“天问一号”火星车着陆点的局部壳磁场模型，该模型比当前常用的全球性壳磁场模型在目的区域拥有更高的精度。行星探测存在探测难度大、观测数据少及单点探测方式等的限制，全球性数值模拟是研究行星空间所必不可少的。我们现已成功建立成熟的火星、金星和水星的全球三维混杂模式，该模式能很好地模拟火星、金星和水星与太阳风的相互作用，为研究行星整体空间环境中的因果关系和多圈层耦合，提供必不可少的支持。

1 火星磁层特性

火星曾经是否有生命？火星的地表水为什么会消失？地球会不会有一天也像火星一样失去所有的液态水和生命？这是行星研究需要解答的重要问题。火星表面有大量河流、湖泊和海洋留下的地质痕迹，显示曾经的火星和地球一样，有大量的地表水和温湿的气候（Carr et al.，1987；Lasue et al.，2013）。然而，现在的火星气候干燥寒冷，失去了地表液态水。火星大气和陨石的同位素观测显示火星大气中的重水（氘）含量要比地球的高，即火星大气丢失了更多质量较轻的普通水（氕）。因为较轻的普通的水蒸气比重水水蒸气更容易到达高空，从太空逃逸。由此推测，火星上的水有一部分是从太空逃逸的（Owen et al.，1988；Jakosky et al.，2017）。到底逃逸了多少，能否达到一个海洋的水量？这需要精细的观测和细致的推算。庆幸的是火星的太空水逃逸过程现在仍在发生。火星大气中还有少量水蒸气，人造卫星也在火星后方观测到逃逸出去的水分解物氧离子（O^+）和氢离子（H^+）。因此，通过现有观测，来研究现在火星的空间磁层和等离子体分布，空间磁场与离子加速的关系，探讨离子逃逸的物理机制，从而估算过去几十亿年从火星逃逸的总水量；揭示不同空间环境对行星水逃逸和宜居性的影响。

火星和金星上都发生过大量的太空失水和离子逃逸，而地球上水冰和海洋还大量存在，这可能与地球具有巨大的偶极磁层有关（图 1）。地球巨大的偶极磁层会在较远磁层顶（约 10 个地球半径）位置阻挡高速的太阳风（带电的等离子体），防止其剥蚀地球大气和海洋（图 1a）。火星和金星由于没有明显的内禀偶极磁场，无法在其空间环境中形成像地球那样的偶极磁层，因此，高速的太阳风会直接与行星电离层和高层大气相互作用，并剥蚀带走部分大气和水（图 1b）。火星和金星与地球具有不同的磁层结构，这可能是造成它们具有不同宜居性和内部演化过程的原因之一。因此，研究火星和金星的空间磁场结构和离子逃逸，并进一步与地球做比较行星学研究，将有助于揭示行星空间环境对行星水逃逸、行星宜居性和内部演化的影响。

a　　　　　　b

图 1　太阳风与行星相互作用示意图

火星感应磁层（a）和地球磁层（b）

火星由于没有明显的全球性内禀磁场，这导致太阳风可以直接与其高层大气和电离层发生相互作用，并在其周围形成与地球完全不同的空间磁场结构（图 2）。当太阳风携带着行星际磁场吹过火星和金星时，行星际磁场会被行星的高层大气和电离层（黄色区域）

阻挡，并拖挂在电离层周围，这种拖拽磁场组成的磁场结构被称为感应磁层（induced magnetosphere）。感应磁层主要包括向阳面的磁场堆积区（magnetic pile-up region）和夜侧的磁尾（magnetotail）。感应磁层广泛存在于太阳系中，在彗星和土卫六等这类有大气无内禀磁场的星体周围都有观测到。火星地表由于存在较强的岩石剩磁，这些岩石剩磁会形成局部的迷你磁层（黑色曲线）。火星的岩石剩磁会与太阳风磁场和感应磁层发生重联，从而对火星整体磁层的磁力线连接产生较为明显的影响，当较强的岩石剩磁随着火星自转到不同地方时位置时，会形成不同的磁力线结构。

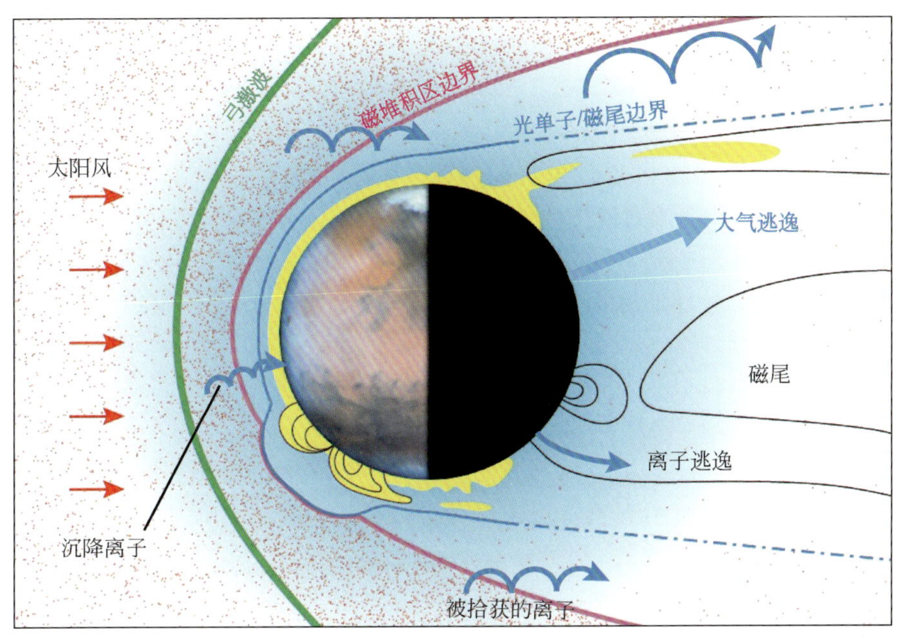

图 2　火星的空间环境

当超声速的太阳风（红色箭头）吹过火星时，被火星电离层（黄色区域）阻挡，在火星周围从外到内会依次形成弓激波（绿色曲线）、磁鞘（绿色和粉色曲线之间区域）、磁堆积区边界（粉色曲线）和其内的光电子边界（蓝色曲线）。火星岩石剩磁会形成局部的迷你磁层并影响磁尾结构（黑色曲线）。被太阳风拾获的离子会逃逸，也会有部分离子沉降到火星电离层。太阳风与火星高层大气和电离层的相互作用，会导致部分火星大气层和电离层物质从太空逃逸（Ma et al.，2017）

2　火星和金星的全球性环形感应磁层

在火星和金星上发现一种广泛存在的全球性环形磁场；证明这种环形磁场是金星、火星、土卫六、近日彗星等弱磁有气星体上的一种共同现象；构建了火星和金星的三维磁层空间结构；揭示了环形磁场的形成机制。该工作极大地提升了对火星和金星感应磁层的认识；为火星、金星、土卫六、彗星 67P/C-G 上观测到的众多异常磁场现象提供了统一合理的解释；为行星离子逃逸和夜侧电离层产生提供了新的研究思路（Chai et al.，2019；Chai et al.，2016）。

2.1 引言

太阳系八大行星中，只有金星和火星没有明显的全球性内禀磁场，这导致它们周围的空间磁场结构与地球等有偶极磁场的行星完全不同。当太阳风携带着行星际磁场吹过火星和金星时，行星际磁场会被行星的高层大气和电离层阻挡，并拖挂在行星周围，这种拖拽磁场组成的磁场结构被称为感应磁层。感应磁层的拖拽磁场结构已在火星、金星、土卫六和近日彗星等这类弱磁有气星体上都观测到了。然而，2006 年金星快车（Venus Express，VEX）发射后在其近地点北极上空频繁观测到晨向磁场，这些晨向磁场与外界行星际磁场形成的经典拖拽磁场方向经常不一致。这一反常现象引起了广泛关注、多种理论被相继提出。2007 年信使号水星探测器（Messenger）在飞掠金星昏侧时也观测到了反常磁场。我们通过研究金星先驱者号（Pioneer Venus Orbit，PVO）和金星快车近 20 年的统计数据，发现在金星上存在一种环绕整个磁尾的环形磁场。基于比较行星学研究方法，我们分析火星上也应该存在这种环形磁场。并利用美国 MAVEN 探测器的磁场和等离子体数据，对火星空间是否也存在全球性环形磁场进行探测，并进一步探讨环形磁场的形成机制。

2.2 数据

金星曾有两个长期观测金星空间环境的人造卫星。美国的金星先驱者号在 1978～1992 年间对金星的空间磁场进行了观测，积累了大量数据。PVO 的近地点在赤道附近，主要观测金星近磁尾区域（0～1.5R_V）和远磁尾区域（约 12R_V）。欧洲的金星快车在 2006～2015 年间对金星的磁场和等离子体环境进行了观测，轨道周期约 24h，积累了大量金星空间的磁场信息。VEX 的近地点在金星北极附近，主要观测金星中磁尾区域（0～3R_V），VEX 无法观测金星南极附近的磁场环境。由于不同卫星观测的区域不同，因此我们采用了 2 颗卫星所有 20 年的数据进行统计分析，来研究金星空间的磁场特征。

2013 年 11 月开始，美国“火星大气与挥发物演化任务”(Mars Atmosphere and Volatile Evolution，MAVEN）探测器发射，并于 2014 年 9 月到达火星，开始对火星大气、挥发物、等离子体和磁场环境进行探测。MAVEN 探测器共搭载 6 台等离子体测量仪和 2 台磁场测量仪，是目前已发射的火星探测器中对逃逸离子测量最为充分的单卫星探测计划。MAVEN 探测器的轨道周期约 4.5 h，至今还在对火星进行探测，积累了大量的磁场和等离子体观测数据。为了研究火星周围的磁场结构，我们分析了 MAVEN 从 2014 年 9 月到 2015 年 8 月共 3660 个轨道的数据。

卫星数据一般是在行星公转坐标系中给出，及 MSO/VSO（Mars/Venus-Solar-Oribtal）坐标系。该坐标系的 X 轴指向太阳，Y 轴指向行星公转轨道的反方向，Z 轴指向北极。为了更好地研究行星感应磁层结构对行星际磁场（Interplanetary Magnetic Field，IMF）的响应，需要转换坐标系到 IMF 坐标系下。为此，我们首先鉴别了每个轨道卫星穿入和穿出弓激波的时间，从而得到上游太阳风的条件和下游行星空间边界。根据上游的 IMF 条件，对行星周围磁场进行坐标系转换，使其 X 轴指向太阳风的反方向，Y 轴指向 IMF 切向分量的方向，Z 轴指向太阳风电场方向（$\boldsymbol{E}_{SW}=-\boldsymbol{V}_{SW}\times\boldsymbol{B}$），该坐标系在火星/金星上称为 MSE/VSE（Mars/Venus-Solar-Electrical）坐标系。

2.3 结果与讨论

我们通过分析金星和火星空间磁场和等离子体分布，研究了金星和火星周围的磁场结构，取得了如下成果。

2.3.1 在金星上发现了一种环绕整个磁尾的全球性环形磁场，并发现之前观测到的很多异常磁场都是这个环形磁场的一部分

2006 年金星快车发射后在其近地点北极上空频繁观测到晨向磁场，这些晨向磁场即使在行星际磁场为昏向时依旧存在，这与经典的拖拽场理论不符。金星没有明显的偶极磁场，也没有火星那样的岩石剩磁，干净的磁场环境突显了这些晨向磁场的反常性，多种理论被提出。2007 年信使号水星探测器在飞掠金星昏侧时也观测到了反常磁场。我们从反常磁场的频繁性和广泛性推测它们可能是同源的、全球性的。因此，我们利用 PVO 和 VEX 的近 20 年的磁场观测数据，对金星周围的平均磁场做了统计分析，结果见图 3。

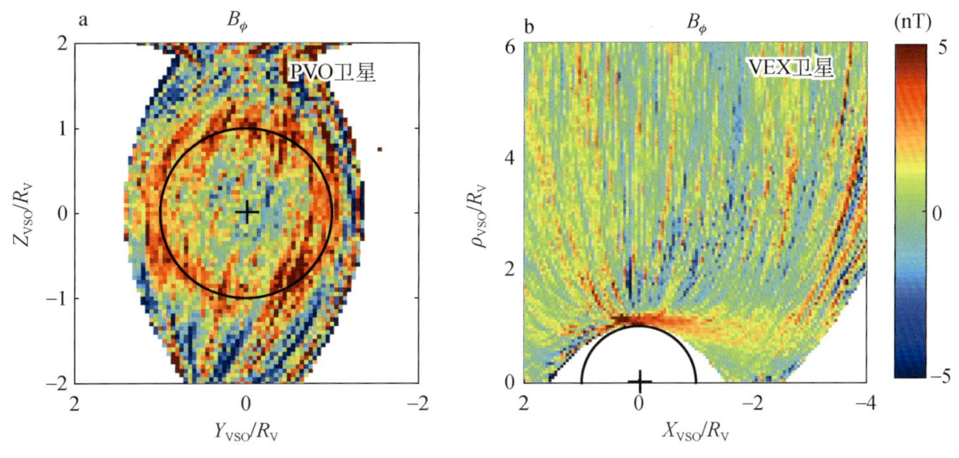

图 3 在 VSO 坐标系下金星周围的平均环形磁场分布

B_ϕ 是逆时针环绕 X 轴的磁场分量（从尾侧望向行星）。a 为 PVO 观测到的平均 B_ϕ 在晨昏分界面上的分布；b 为 VEX 观测到的平均 B_ϕ 在 X-ρ 平面的分布。这里 ρ 为距离 X 轴的径向距离

由图 3（a）可以看出在环绕金星一圈 B_ϕ 总为正（红色圆圈），即存在一个逆时针环绕金星磁尾的环形磁场。由图 3（b）可以看出这种环形磁场不仅存在于晨昏分界面附近，而且会一直沿着磁尾边界存在，直到 $3R_V$ 外。这种环形磁场的强度会随着离金星的距离增加而逐渐变小。综上，我们在金星发现了逆时针环绕金星磁尾的一种全球性环形磁场。

为了确认这种环形磁场在行星际磁场坐标系下依旧存在，我们计算了在 VSE 坐标系下的平均磁场。由图 4 可以看出，金星夜侧的磁场 B_X 足拖拽场结构，即在 $Y<0$ 的尾瓣 B_X 向太阳，在 $Y>0$ 的尾瓣 B_X 向尾侧（图 4a、e）；在磁北半球（$Z>0$）$B_Y>0$ 或 B_Y 向与行星际

磁场方向相同，在磁南半球（$Z<0$）靠近磁尾边界的位置 $B_Y<0$ 或 B_Y 方向与行星际磁场方向相反（图 4b、f）；在 $Y<0$ 的尾瓣 B_Z 指向 $+Z$ 或 $+E_{sw}$ 方向，在 $Y>0$ 的尾瓣 B_Z 指向 $-Z$ 或 $-E_{sw}$ 方向（图 4c、g）；在磁尾边界或金星影子周围（黑色圆圈附近）存在一个总是为正的 B_ϕ，即有一个逆时针环绕金星磁尾的环形磁场（图 4d、h），而之前提到的 B_Y 和 B_Z 实际是这个环形磁场在不同位置的组成部分。因此，有 VEX 在金星夜侧的观测数据分析可以看出，在 VSE 坐标系下的金星依旧存在一个逆时针环绕磁尾的全球性环形磁场。

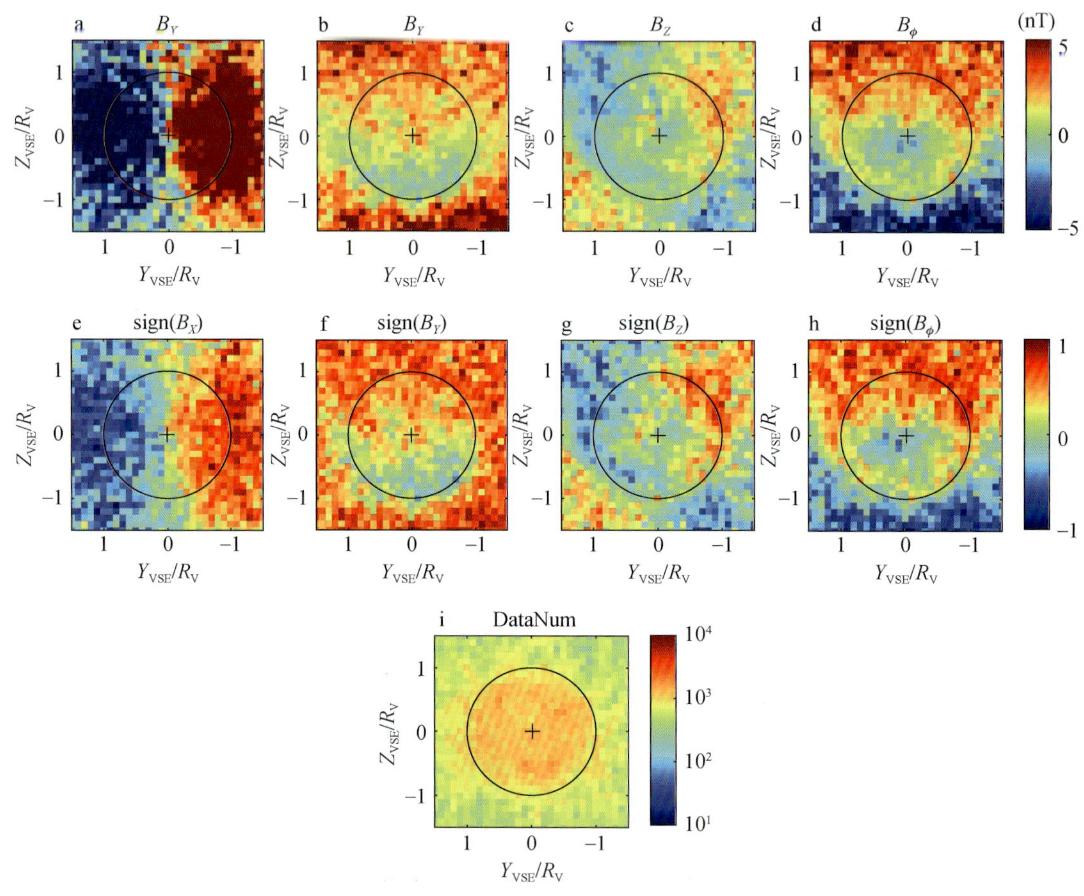

图 4 金星夜侧的平均磁场分布

在 VSE 坐标系下金星夜侧磁场（上）、磁场方向（中）和数据量（下）沿 X 轴计算平均，然后投影到了晨昏分界面。从左至右，分别是不同方向上的分量（X，Y，Z，ϕ）

2.3.2 在火星上也发现了这种环绕磁尾的全球性环形磁场，揭示了环形磁场的形成机制，并构建了火星三维的空间磁场结构和等离子体特征

图 5 显示了在 MSE 做坐标系下的火星夜侧的平均磁场和太阳风速度。由图 5 可以看出，火星夜侧的磁场 B_X 分量满足经典拖拽场结构，即在 $Y-/+$ 的尾瓣 B_X 为 $+/-$，即指向太阳/磁尾（图5a、e）；在磁北/南半球（$Z+/-$）$B_Y+/-$，即 B_Y 方向与行星际磁场方向相同/相反（图 5b、f）；在 $Y-/+$ 的尾瓣 B_Z 指向 $+/-Z$ 或 $+/-E_{sw}$ 方向（图 5c、g）；在火星磁尾的内

边界（外面黑色圆圈）附近存在一个总是为正的 B_ϕ，即也有一个逆时针环绕火星磁尾的环形磁场（图 5d、h）。这里也给出了火星夜侧太阳风的平均分量（图 5i–l），由图可以看出火星夜侧太阳风速度在 $Y-/+$的尾瓣 V_ϕ 为$-/+$，即在 $Y-/+$的尾瓣太阳风有一顺时针/逆时针的运动分量。太阳风的该运动会带着冻结在其内的磁力线一直旋转，并最终形成环形磁场，具体见后面对环形磁场形成机制的讨论。

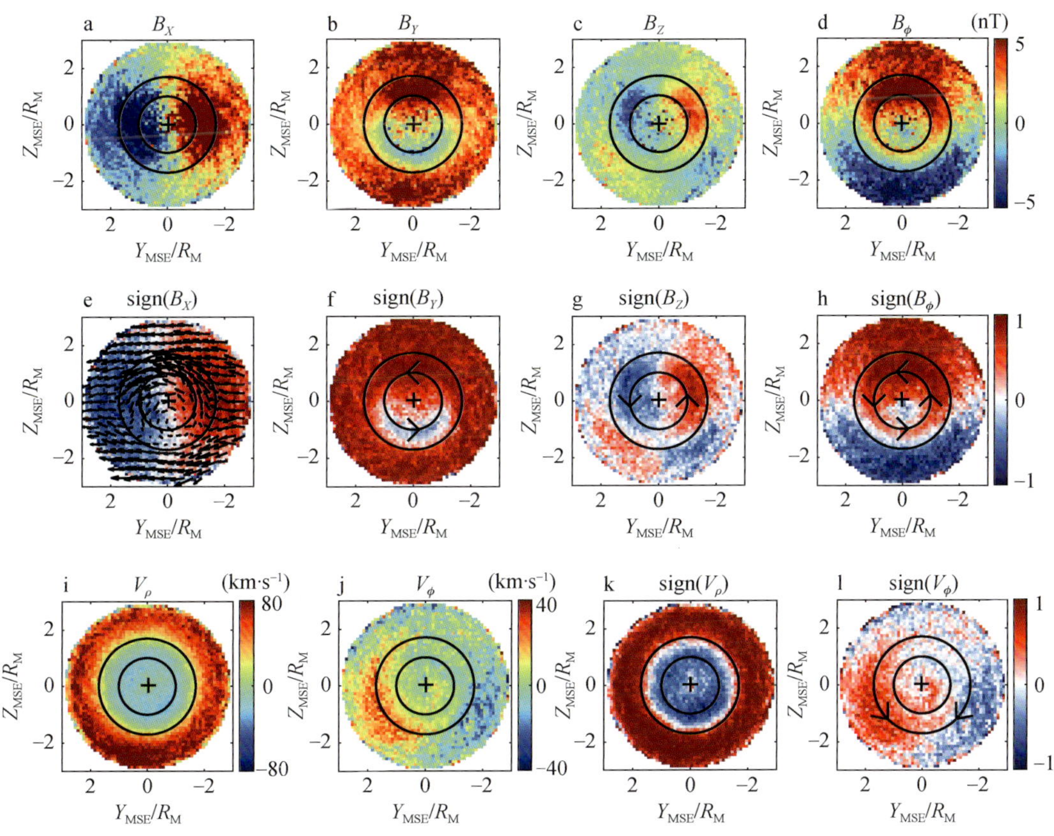

图 5　火星夜侧的平均磁场和速度分布

平均值是在 MSE 坐标系下火星夜侧（$X < 0$）的磁场（上）、磁场方向（中）和太阳风速度（下）沿着 X 轴计算，然后投影到了晨昏分界面。从左至右，分别是不同方向上的分量(X, Y, Z, ϕ)。里面的黑色圆圈代表了火星，外面的黑色圆圈代表了火星磁尾的外边界

对比火星和金星周围的磁场（图 6），我们发现火星由于大气和电离层都相对稀薄，且周围太阳风动压和磁场也都较小，使得火星的拖拽磁场比金星的弱很多（图 6a、e）。但是，火星的环形磁场却比金星强（图 6b 和 f、d 和 h）。通过分析火星 MAVEN 探测器观测到的等离子体数据，发现火星空间的太阳风氢离子会从$+E_{sw}$半球沿磁尾两侧向$-E_{sw}$半球运动（图 7 蓝色粗箭头）。基于以上发现，我们给出了环形磁场的形成机制。由于粒子有效回旋半径效应，当太阳风与行星等离子体相遇时，行星重离子向$+E_{sw}$方向运动（图 7 红色粗箭头），由于动量守恒太阳风氢离子会绕过磁尾向$-E_{sw}$方向运动（图 7 蓝色粗箭头）。磁力线因冻结于太阳风等离子体中而发生弯曲，并最终形成了全球性环形磁场（图 7）。

考虑到火星重力小，大气扩散远，火星重离子被太阳风拾起的效应远明显强于金星，所以火星周围$+E_{sw}$方向的氧离子动量和$-E_{sw}$方向的太阳风氢离子动量都较大，导致火星的环形磁场比金星的还要强。因此，该形成机制可以自洽地解释火星环形磁场比金星强的原因。

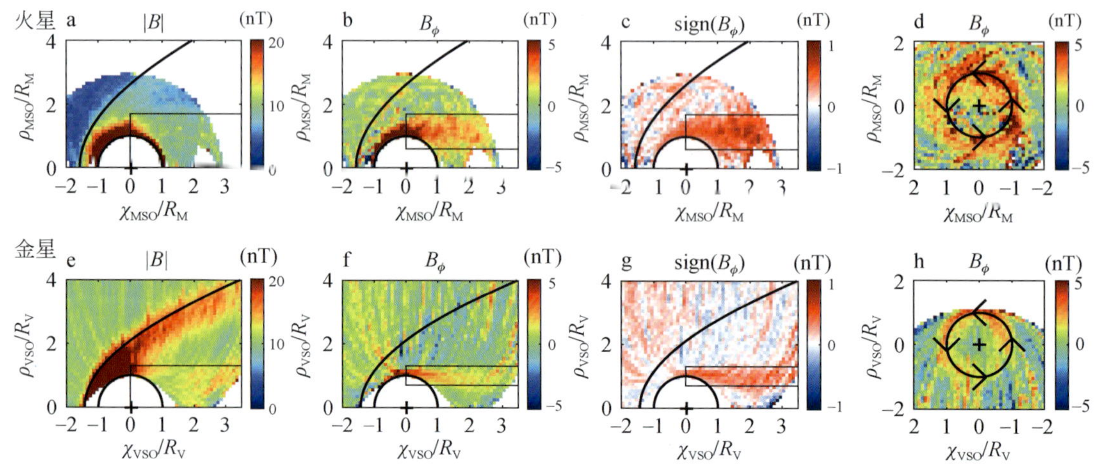

图 6　火星（上）和金星（下）全球性环形磁场的对比图

从左至右分别为火星和金星周围观测到的平均总磁场强度、环形磁场强度、环形磁场方向分布，最右侧为从星球夜侧望向星球时环形磁场的分布（箭头代表了环形磁场方向）

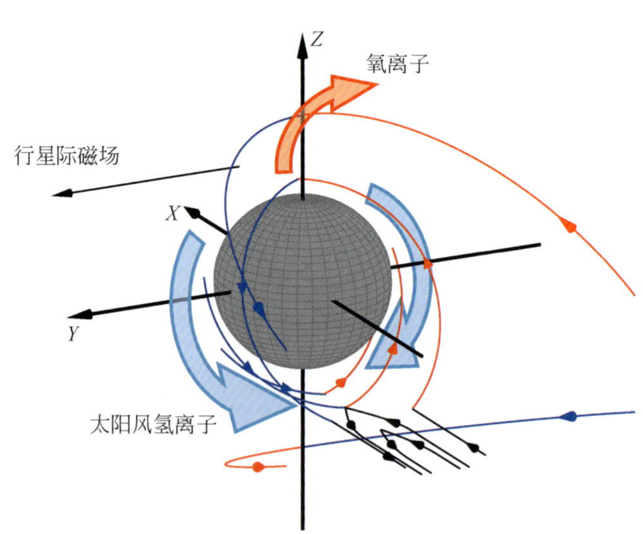

图 7　火星周围的空间磁场结构和等离子体运动分布

灰色圆球代表火星；彩色曲线代表火星周围的磁力线结构（颜色代表B_Z符号），红色粗箭头代表火星大气氧离子的运动方向，蓝色粗箭头代表火星周围太阳风氢离子的运动方向

火星和金星的感应磁层之前都是用二维拖拽磁力线表示的。图 7 将新发现的环形磁场与经典拖拽磁场分量相结合，构建了新的三维的火星和金星空间结构，该结构包含详细的三维磁场形态和不同成分等离子体的运动模式。MAVEN 团队的 Harada 等人认为我们构建的磁层结构可以很好地解释他们对火星磁尾重联事件的分布统计结果（Harada et al.,

2017）。他们的观测结果表明火星磁尾的重联并没有集中在通常认为的电流片附近，而是弥散在整个$-E_{sw}$（太阳风电场）半球，这与我们构建的三维磁层形态符合的很好，由下图可以看出在$-E_{sw}(-Z)$半球环形磁场的B_Z分量和拖拽磁场的B_Z分量方向均相反。

2.3.3 证明了这种环形磁场是无磁有气星体的一种共同现象

以上工作从统计上证明了环形磁场存在于金星和火星上，从比较行星学角度推测环形磁场可能也存在于其他弱磁有气星体上。图 8 证明了环形磁场的这种共同性。图 8a 显示了金星快车和信使号两颗卫星在同一天对金星周围磁场的观测，可以看出这两颗卫星在不同位置处观测的磁场方向都符合环形磁场的结构特征。图 8b 是美国火星探测器 MAVEN 的一个轨道的观测数据，可以看出火星上也存在这种全球性环形感应磁场。土卫六泰坦有浓厚的大气，没有明显内禀磁场。因此，土卫六与金星和火星有相近的空间感应磁层。土卫六大部分时间是处于土星磁层的南向磁场中，然而 1980 年旅行者一号（Voyager 1）飞掠土卫六时却在其周围观测到了反常的北向磁场，当时并未对该异常磁场给出明确的解释（Ness et al., 1982）。后来卡西尼号（Cassini）在多次飞掠时也常观测到反常磁场，Bertucci 等（2008）采用电离层可能储存前一时刻磁场（“fossil fields”）理论，解释了泰坦从土星磁层转到太阳风过程中 T32 飞掠观测到的反常磁场，该结果发表在 *Science* 杂志上。而我们发现土卫六上这些旅行者一号（图 8c）和卡西尼号观测到的反常磁场都可以用环形磁场来解释（Chai et al., 2016）。我们还发现近年的 Rosetta 卫星在彗星 67P/C-G 周围观测到的一些反常磁场也可以很好地用环形磁场来解释（图 8d）。由此可以看出，环形磁场是有气无磁星体上的一种共同现象。

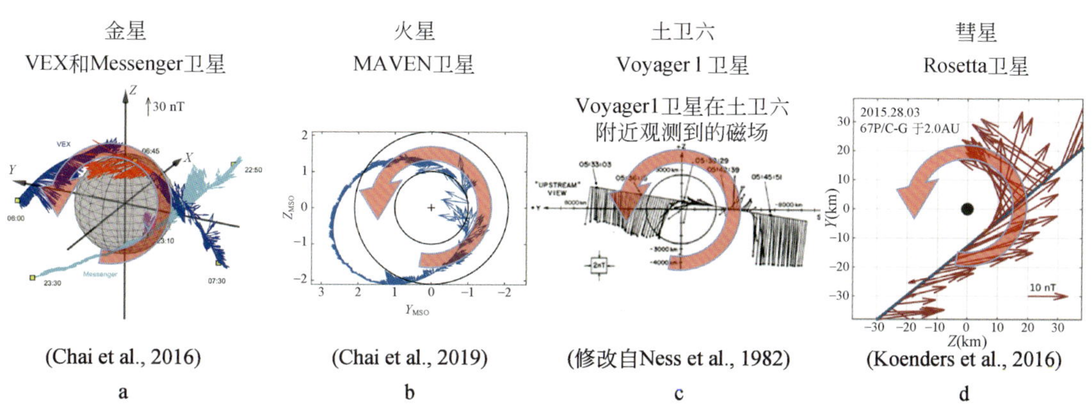

图 8 共同存在于金星、火星、土卫六和近日彗星等弱磁有气星体上的全球性环形磁场（粉红色宽箭头）
由图可以看出环形磁场的发现为这一类弱磁有气星体上观测到的众多异常磁场现象（细线箭头）提供了统一、合理的解释

2.3.4 构建了环形磁场的电流体系，为研究离子逃逸和火星夜侧电离层的产生提供了新思路

根据环形磁场的结构特征，我们构建了环形磁场对应的电流体系（图 9）。环形磁场呈圆环状（图 9 红色圆环），可推测圆环内外边界会有一对方向相反的电流。根据环形磁场的方向，可知在环形磁场圆环以内的电流方向是从夜侧电离层指向尾侧，而圆环以外的

电流方向是从磁尾指向行星。这两种电流应是在远磁尾和向阳面通过跨越磁力线闭合，从而构成以闭合电流圈（图9绿色箭头）。可以看出环形磁场对应的电流大部分是平行于背景拖拽磁场的。由于拖拽磁场 B_X 是磁尾的主要磁场分量，强度强于环形磁场，因此大部分环形磁场的电流体系可以看作是平行电流。这里从电离层指向磁尾的电流，有助于增加尾向离子逃逸和电子沉降通量，这为研究离子逃逸机制和夜侧电离层产生提供了新的研究思路。

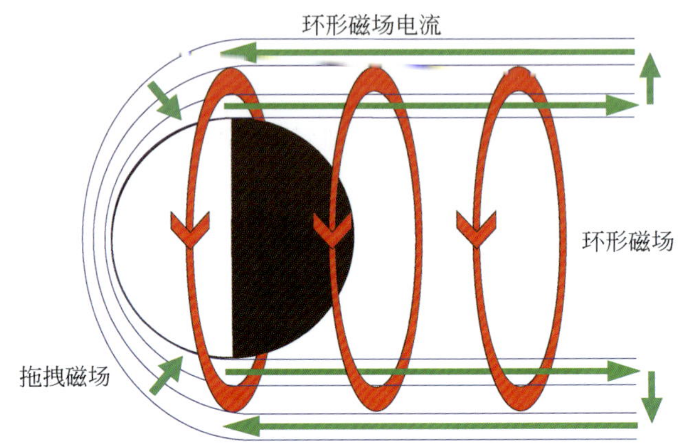

图9 金星和火星的环形磁场（红色）和其对应的电流体系（绿色）
蓝色的曲线显示了金星周围的拖拽磁场的结构

2.4 总结

火星和金星没有像地球那样的内禀偶极磁场，这导致它们周围的空间磁场结构与地球等有偶极磁场的行星完全不同。之前认为太阳风携带的行星际磁场会被行星电离层阻挡并拖挂在行星周围，这就是感应磁层的形成。这种拖拽形态的感应磁层也在土卫六和近日彗星等这一类弱磁有气星体上观测到了。因此拖拽感应磁层被认为是一种经典理论，它的整个过程完全可以用磁流体（MHD）理论来解释。但是2016年金星快车发射后经常在金星北极观测到与经典拖拽场不同的磁场。还有行驶号卫星在飞掠金星时也在赤道上空观测到了异常磁场。我们基于金星快车和水星信使号飞跃金星时的观测，推测金星上频繁广泛出现的反常磁场现象可能是同源的、全球性的，通过大量统计分析金星快车和金星先驱者号共20多年的观测数据，发现金星上有一种环绕整个磁尾的全球性感应磁场。并推测环形磁场可能也存在于其他弱磁有气星体上，通过分析最新发射的美国火星探测器MAVEN的观测数据，我们发现火星上也存在这种全球性环形感应磁场。考虑到金星和火星的共同点是有大气无明显内禀偶极磁场，推测环形磁场可能也存在于其他有气弱磁星体上，通过进一步寻找这类星体上的观测和研究发现土卫六和近日彗星67P/C-G上也有环形磁场结构。因此这种环形磁场是火星、金星、土卫六和近日彗星等弱磁有气星体上的共同现象。

全球性环形磁场的发现显示火星和金星等弱磁有气星体感应磁层的经典理论需要改进，也为火星、金星、土卫六、彗星67P/C-G上观测到的众多异常磁场提供了统一合理的解释。我们结合环形磁场和经典拖拽场，将原有二维的金星和火星空间环境更新为包含不同等离子体成分流动模式的三维空间结构，环形磁场对应的电流体系为火星和金星上的水逃逸和夜侧电离层产生提供了新的研究思路。

3 火星感应磁层下边界

火星感应磁层的下面是火星电离层，因此一般将火星电离层顶看作是火星感应磁层的下边界。火星电离层顶的形状和位置受到外部感应磁层的影响。电离层顶的识别和性质对研究火星感应磁层有着重要意义。火星电离层顶有两种识别方式：一种是识别陡峭电子密度梯度的位置；另一种是识别 27 eV 附近特征能量光电子峰的位置，也就是光电子边界层（Photo Electron Boundary，PEB）。但是目前通过这两种识别方式识别的边界是否为同一位置还未知。MAVEN 提供了一个很好的机会来比较这两种方式识别的边界层的位置。用了 2.7 年的数据，我们识别出了 1121 个陡峭电子密度梯度和 4275 个 PEB。结果显示，当两种边界层能够同时观测到时，两者的位置比较一致。但当所有的观测结果做平均时，PEB 的位置比陡峭电子密度梯度的位置高。这可能跟电离层顶跟磁场位形有比较大的关系。当磁场是比较好的堆积位形时，会在电子密度上形成比较好的陡峭电子密度梯度。同时，这种磁场位形会阻止光电子的垂直输运，使之不能跨越磁力线运动。这种情况下，PEB 会与陡峭电子密度梯度一致，电离层顶可以由这两种方式识别。但是火星电离层比较复杂，当存在扰动时，会引起电离层顶附近磁场的扰动并打破电离层顶的稳定条件，无法识别到陡峭电子密度梯度。而高能的光电子会输运到比较高的位置，因此 PEB 会在比较高的位置观测到（Han et al.，2019）。

3.1 引言

没有全球性内禀磁场的保护，太阳风直接冲击非磁行星的大气层（Luhmann et al.，2004），推动很强的电离层离子的逃逸（Lundin et al.，2004；Wei et al.，2012a，2017）。这样的直接相互作用会形成一个分开冷的、稠密的电离层等离子体与热的、稀薄的太阳风等离子体的边界。这个边界层是电离层的上边界，一些学者给它们命名为电离层顶（Schunk and Nagy，2009）。在火星的日侧，太阳极紫外辐射（EUV）和 X 射线电离产生特征能量小于 0.3 eV 的冷电子和光电子（Ergun et al.，2015），这些光电子是由于 HeII 30.4 nm 质子电离背景 CO^2/O 产生的，特征光电子峰在 21～24 eV 和 27 eV 附近（Frahm et al.，2006a）。通常火星电离层顶既可以由冷电子的分布识别，也可以由光电子的分布识别。我们从电子密度剖面中识别陡峭电子密度梯度，并命名为陡峭电子密度梯度（Schunk and Nagy，2009）。另一个命名为光电子边界层（PEB），从光电子能谱上光电子出现或消失的位置识别 PEB 的位置（Lundin et al.，2004；Dubinin et al.，2006）。

在 MAVEN（Jakosky et al.，2015）之前，火星电离层的冷电子密度的知识主要来自掩星观测或雷达观测，这些仪器搭载在一些卫星例如 MAG 和 MEX 上（Pätzold et al.，2005；Gurnett et al.，2005，2008）。除了少部分例子（18%），大多数观测到的电子密度剖面在电离层上部的分布比较宽，没有陡峭的电子密度梯度（Duru et al.，2009）。这与金星上的情况差距很大，意味着火星和金星电离层动力学是不同的（Kliore，1992；Shinagawa，2004）。这些火星上的结果也被实地观测证实，这些电离层电子密度的实地观测是由MARSIS局地等离子体振荡获得，这些观测揭示火星顶部电离层只有18%有陡峭电子密度梯度（Duru et al.，2009）。这些观测与MHD模拟结果不一致，模拟结果预测在火星表面之上200~700 km有清晰的陡峭电子密度梯度，位置取决于太阳风动压和太阳天顶角（SZA）（Tanaka，1998；Shinagawa and Bougher，1999；Liu et al.，1999）。从观测的角度看，火星上清晰的陡峭电子密度梯度的缺失可能是因为卫星观测范围的限制，很多例子中冷电子的分布在预期的陡峭电子密度梯度位置之下。尤其是在强壳磁场区域，在这些区域电离层顶高度会明显抬升（Tanaka，1998；Shinagawa and Bougher，1999；Liu et al.，1999）。也很可能是因为在电子密度剖面顶部经常有大的扰动（Duru et al.，2008；Gurnett et al.，2010）使得清晰的识别这么一个边界层变得很困难。

在火星附近光电子能谱由MGS，MEX和MAVEN观测（Acuna et al.，1998；Lundin et al.，2004，Garnier et al.，2017）。使用MGS ER的数据，Mitchell等（2001）识别的PEB的穿越高度范围从180 km到800 km，中值约380 km。对MEX ELS数据的分析也揭示了变化的稍高的PEB高度范围300~1000 km（Lundin et al.，2004），外边由磁堆积边界层（MPB）束缚（Frahm et al.，2006b）。对MAVEN SWEA数据的分析发现了更高高度的日侧PEB穿越，高度范围186~1931 km，中值528 km（Garnier et al.，2017）。基于MEX ELS和MARSIS的观测，一些事件显示PEB和陡峭电子密度梯度几乎重合（Dubinin et al.，2008a，2008b；Duru et al.，2009）。但是，使用相同的数据，Han等（2014）得到了一个不同的结论，两个边界层的高度差能达到200 km。我们必须注意到后一个作者定义电离层顶的位置为电离层电子密度首先上升到10^3 cm^{-3}处，而不是陡峭电子密度梯度。使用MAVEN的数据，Garnier等（2017）发现平均来说PEB与电离层顶不一样，这里电离层顶的定义为很低的密度损耗或者10^3 cm^{-3}水平。由冷电离层电子分布定义或者由光电子界限定义的电离层顶位置是否一致仍然需要进一步确定，这也是目前研究的主要动力。

MAVEN提供了一个极好的机会来研究上面的问题，他同时有LPW测得的电离层冷电子和SWEA测得的光电子。MAVEN从2014年11月入轨开始测量，椭圆轨道，轨道周期4.5 h（Jakosky et al.，2015）。这里使用了2014年11月25日到2017年8月31日的LPW和SWEA的数据。SWEA是静电分析仪，测量火星附近能量范围3 eV到4.6 keV的电子的能量和角度分布，数据分辨率4 s。LPW包括2个圆柱朗缪尔探针能通过测量附近的电流-电压扫描获得电离层冷电子密度，电子密度从10^2 cm^{-3}到10^6 cm^{-3}，电子温度从500 K到50000 K。这里我们用的是KP数据的8 s分辨率的电子数据。LPW能测的最低密度明显低于之前的遥测技术（Fowler et al.，2015），能够允许更严格的通过冷电子分布对电离层顶的识别。

3.2 观测

图10给出了MAVEN分别在2015年9月10日和2015年3月26日观测到的电离层顶

穿越的例子。在第一个事件中，在轨道 1843 卫星抵达近地点之前观测到 PEB 穿越。在图 10a 中，SWEA 首先观测到能量高达 1 keV 的热电子，是磁鞘区域的典型特征。在 04：08 UT 之后，热电子的通量减小，卫星进入感应磁层。在 04：14 UT 之后，当卫星到达 463 km 高度时，光电子出现，同时 LPW 观测到冷电子的陡增。在穿过这两个边界层之后，卫星进入电离层。由于 SWEA 能量分辨率的限制，光电子两个峰值（21 ~ 24 eV 和 27 eV）只显示一个峰值。在 20 ~ 30 eV 范围内光电子峰的出现处我们识别为 PEB 的位置（红色虚线）。同时 LPW 测的电子数密度显示一个陡峭的密度梯度，开始于 04：14：00 UT，结束于 04：14：48 UT。开始和结束的时间差是 48 s。PEB 出现在 04：14：12 UT，在 48 s 的时间间隔内。这个时间很清晰的显示 PEB 和陡峭密度梯度在同一个轨道中一致。48 s 内卫星高度变化 36 km，也就是说这两个边界在 36 km 的高度范围内一致。

当卫星在 04：27 UT 出了电离层并进入夜侧时（SZA = 106°），光电子可以输运到比较远的磁尾区域（Tsang et al.，2015；Frahm et al.，2006b），这时电离层的结构更有动力学特征。需要指出的是这里的结果忽略了所有 SZA 大于 90°的观测。图 10b 给出了电子密度剖面。红线指示了 PEB 的位置，也是观测到陡峭电子密度梯度的位置。相反的，第二个事例（图 10c、d）显示了有明显 PEB 特征但没有陡峭电子密度梯度的情况。这就意味着在轨道 940，MAVEN 在 00：46 UT 观测到了 PEB（红色虚线）。但是 LPW 测得的电子密度随着高度降低缓慢增加没有陡峭密度梯度的特征。

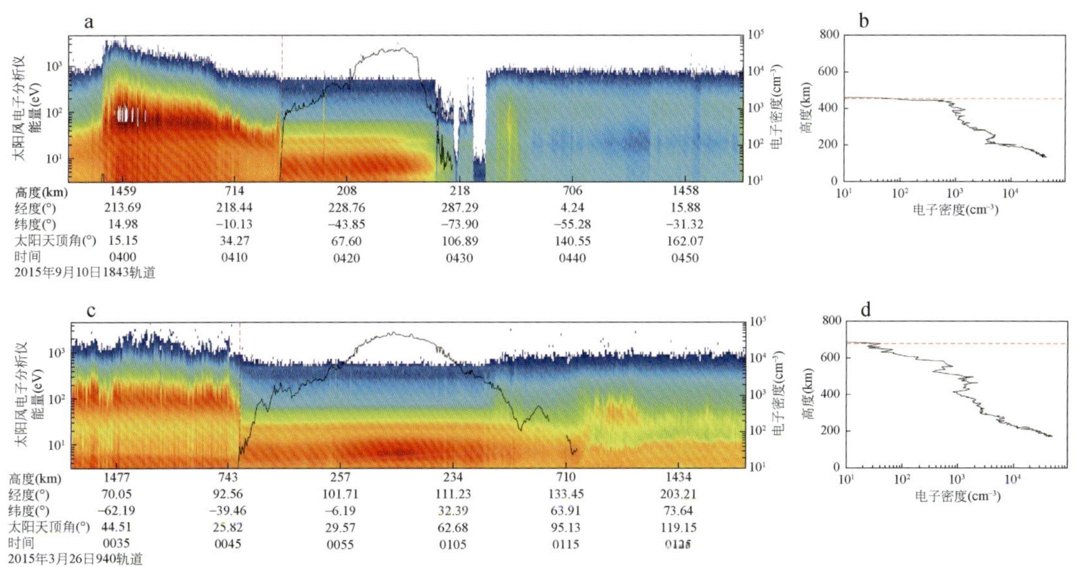

图 10　MAVEN 在 2015 年 9 月 10 日（a、b）和 3 月 26 日（c、d）的两个轨道观测

a、c 为 SWEA 观测的电子能谱和 LPW 观测的电子密度（黑线）；b、d 为 LPW 观测的电子密度剖面（黑线），红色虚线指示 PEB 的位置

为了在统计上研究火星日侧 PEB 和陡峭电子密度梯度的关系，我们使用了从 2014 年 11 月 25 日到 2017 年 8 月 31 日的 5664 个轨道的数据，分别用以下的标准识别两个边界层。PEB（图 10 中红色虚线）由 SWEA 电子能谱图上特征能量（20 ~ 30 eV）光电子通量的变化识别。所有的 PEB 穿越都是手动挑选并再次校对去掉错误情况。从 5664 个轨道中，

我们识别了 4275 个日侧 PEB 穿越。对于陡峭电子密度梯度的识别，基于 MEX MARSIS 数据，Duru 等（2009）给出了详细的描述。考虑到火星电离层顶的厚度从 5 km 到 100 km 变化，平均厚度 37.5 km，我们沿用了 Vogt 等（2015）的识别标准。对于每一个日侧电子密度剖面，对于一个单独的轨道我们从近地点高度向上以 30 km 高度滑动窗寻找。在这个滑动窗内，必须满足 3 个条件：①最小电子密度必须比最大电子密度至少小一个量级；②最小电子密度必须小于 300 cm^{-3}，最大电子密度必须大于 200 cm^{-3}；③在这个 30 km 滑动窗之上电子密度必须小于 500 cm^{-3}来排除多次穿越的情况。最后，手动去除不合理的情况。总共识别 1121 个日侧陡峭电子密度梯度。

图 11（a）给出了日侧 PEB 与陡峭电子密度梯度（粉色点）与 SZA 的关系。将 PEB 穿越点根据在同一轨道能否观测到陡峭电子密度梯度分成 2 组，能同时观测到陡峭电子密度梯度是灰点，不能同时观测是蓝绿色点。三个不同分组在每 10° SZA 范围内求中值高度（黑色，蓝色和红色大实点）。不能同时观测到陡峭电子密度梯度的 PEB 的中值高度比能同时观测到陡峭电子密度梯度的中值高度要高。

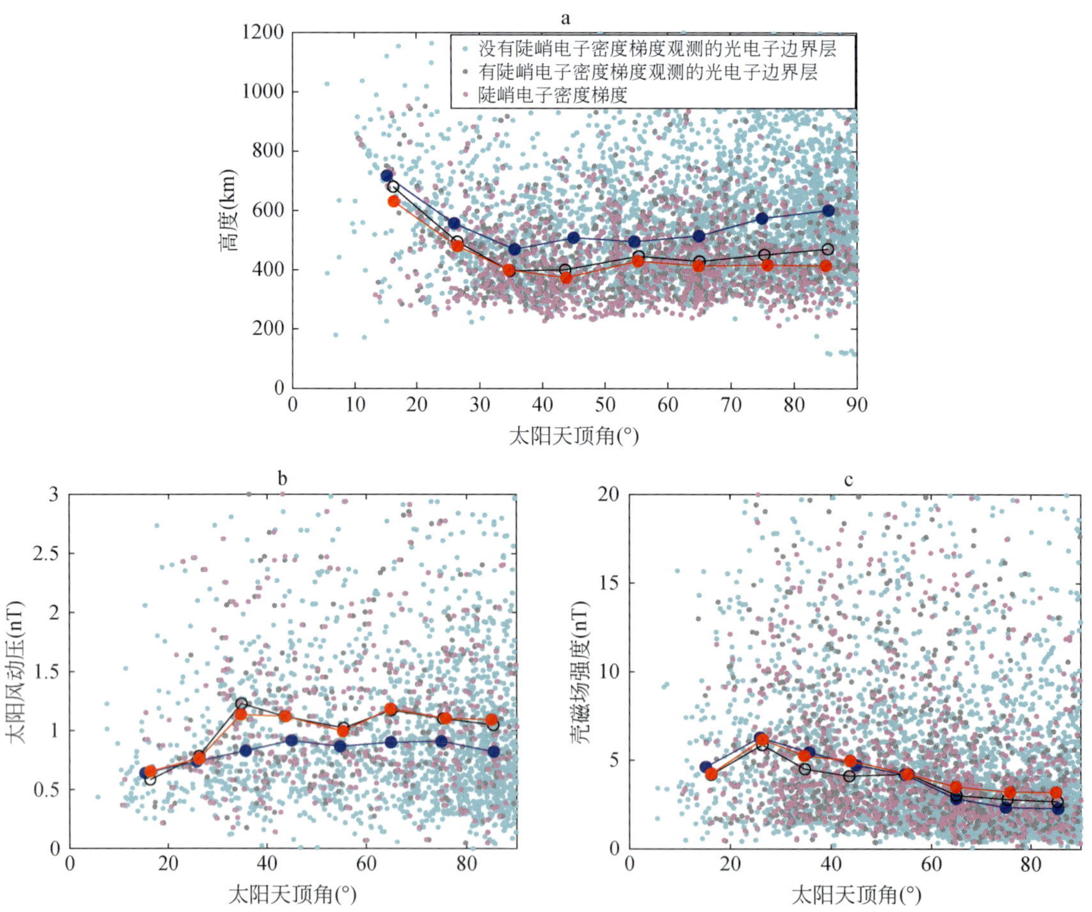

图 11 火星电离层顶高度随太阳天顶角的变化

a. 能同时观测到陡峭电子密度梯度的 PEB（灰色点）和没有陡峭电子密度观测的 PEB（蓝绿色点）和陡峭电子密度（粉色点）随着 SZA 的变化。黑色，蓝色和红色实点是每 10° SZA 的中值高度。b、c. 穿越点的太阳风动压和壳磁场的 SZA 变化当 PEB 和陡峭电子密度梯度能同时观测到时（黑色和红色点），两个边界层的高度差在统计误差高度范围内，暗示他们一致。拖拽的磁场线使 MPB 的高度随着 SZA 增加而增加，预测 PEB 和陡峭电子密度梯度的高度向着晨昏分界面高度增加（Garnier et al., 2017）。让人意想不到的结果是 PEB 和陡峭电子密度梯度从日下点到 SZA 40°高度下降。这个结果与 Garnier 等（2017）的结果一致。Garnier 等（2017）认为高的太阳风动压和低的壳磁场压强的结合使得高度从日下点到 SZA 40° 下降。我们也研究了穿越边界时太阳风动压和壳磁场（400 km；Cain et al., 2003）的 SZA 变化。太阳风动压是 MAVEN 处于太阳风中时 15 min 的 SWIA 数据的平均值。图 11b 显示太阳风动压从日下点到 SZA 40°是增加的，这可能会导致无磁行星电离层顶高度的下降（Garnier et al., 2017; Wei et al., 2012b）。图 11c 显示壳磁场在向着 SZA 40°下降，这可能会导致电离层顶高度的下降（Garnier et al., 2017）。

为了进一步研究 PEB 和陡峭电子密度梯度的关系，我们选出了 843 个能够同时观测到两个边界层的轨道。我们定义陡峭电子密度梯度的开始时间为 t1，结束时间为 t2，PEB 落在 t1−dT 和 t2+dT（dT=t2−t1）之间的数据占 843 轨道的 79%。图 12 中显示了两个边界层高度的关系。红色虚线是对角线，意味着 PEB 高度等于陡峭电子密度梯度的高度。大多数数据点都集中在对角线附近，标志着两个边界层是一致的。

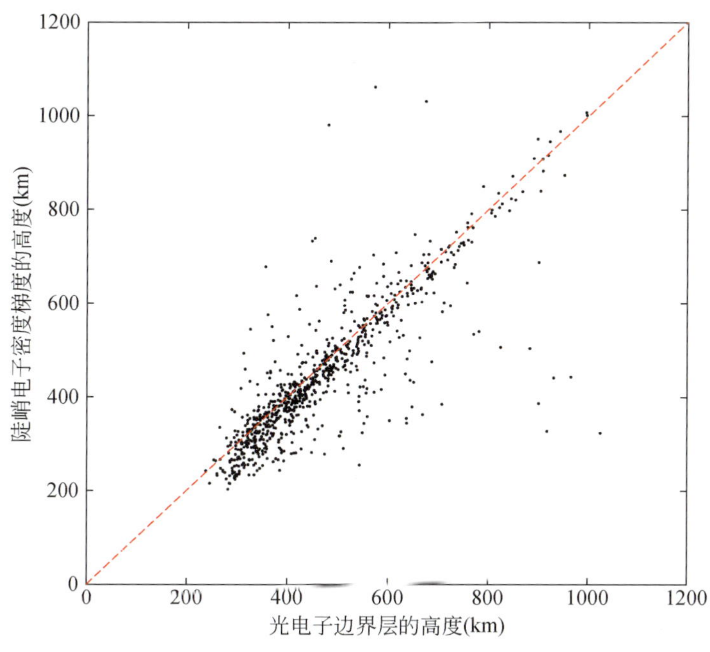

图 12　PEB 和陡峭电子密度梯度高度的关系

红色虚线是对角线

3.3　结果与讨论

从 2014 年 11 月 25 日到 2017 年 8 月 31 日，共识别 1121 个陡峭电子密度梯度穿越和

4275 个 PEB 穿越（SZA<90°）。分别占总轨道数的 20% 和 77%。当在同一个轨道能同时观测到两个边界层时（15% 的轨道）两者位置一致。但是当把所有的观测结果取平均时，PEB 要高于陡峭电子密度梯度。

火星电离层上边界或者电离层顶的定义依然存在争议。一些事件研究显示 PEB 和陡峭电子密度梯度重合（Dubinin et al.，2008a，2008b；Duru et al.，2009）。这给出了两种识别电离层顶的方法，但是目前两种识别方法识别的边界是否一致的统计研究还未知。基于统计研究，我们发现当能够同时观测到两个边界层时，两者位置一致（图 11 和图 12）。我们猜测这种观测对应相对稳定的电离层情况。一个很清晰的电离层结构应该对应于很好的磁场环境，就像图 13a 显示的那样。黑色曲线代表磁场线，绿色点代表光电子，品红色层代表电离层电子。因为磁场很好的堆积在电离层外侧，冷电子的运动被很强的磁压束缚，在电子密度剖面上形成陡峭电子密度梯度。这些磁场同时也会阻止光电子的垂直输运，使得它们不能穿越水平磁力线传输。在这种情况下，电离层顶既可由陡峭电子密度梯度识别也可以由 PEB 识别。

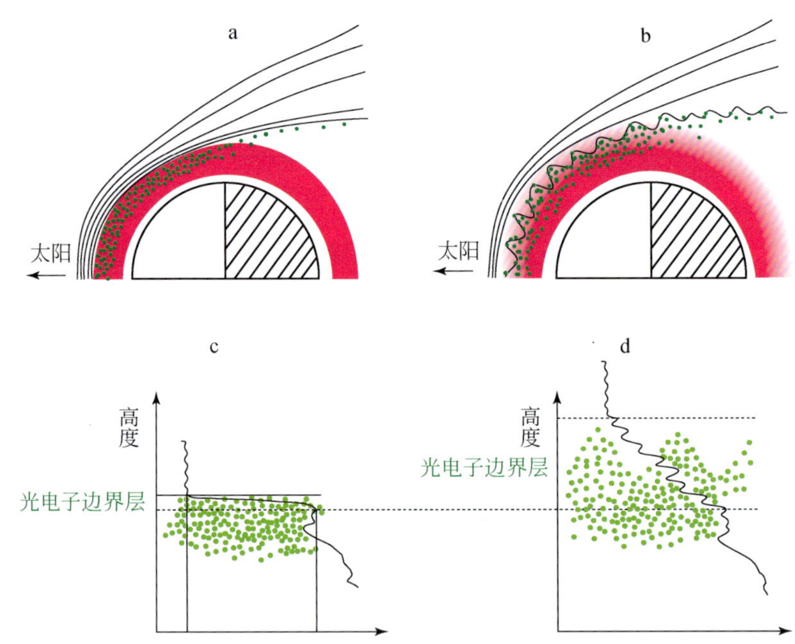

图 13　电离层和磁场结构描述 PEB 和陡峭电子密度梯度关系的示意图（不按比例）

绿色实点代表光电子，a、b 中黑色实线和品红色区域层分别代表磁力线和电离层；c、d 中黑色曲线代表电子密度剖面

此外，火星电离层很复杂。磁场位形的堆积并不是一直很好，也不总是能够同时观测到两个边界层。我们只观测到 20% 的陡峭电子密度梯度，与 Duru 等（2009）的结果一致。在另外的 80% 的观测中，火星电离层通常会显示很大的扰动，这个也由 MARSIS 观测到（如 Duru et al.，2008；Gurnett et al.，2010）。这些扰动的一个可能原因是 KH 不稳定性，可以在火星电离层顶引起磁场扰动（Penz et al.，2005）。这些扰动会打破电离层顶的稳态，无法识别到陡峭电子密度梯度，如图 10c、d 和图 13d。高能的光电子可以跨磁力线扰动传输，PEB 仍然能够观测到并处在比较高的位置。换言之，当所有的观测结果取平均

时，PEB 比较高，这与 Han 等（2014）的结果一致。他们发现 PEB 的平均高度比密度梯度边界高 200 km。

在磁场比较稳定时期，PEB 和陡峭电子密度梯度位置比较一致。但是一些过程会影响火星上层电离层，比如太阳风条件，火星壳场和波的活动。两个边界层之间的差异可能指示扰动比较大的情况，我们会在未来进行更详细的研究。

4 地壳磁场的全球球谐模型

4.1 引言

MGS 卫星提供了从 1997 年至 2006 年火星磁场首次的连续观测。其早期观测表明火星没有大尺度全球性由地核发电机产生的磁场，取而代之的是小尺度区域性的地壳剩余磁场（Acuña et al.，1999）。最强的剩余磁场观测于南半球的高地，如塞壬台地（Terra Sirenum）和辛梅里安高地（Terra Cimmeria）等区域。火星剩余磁场的强度比地球和月球的剩余磁场强度要高出一至两个数量级。火星地壳磁场与太阳风相互作用会在火星高层大气产生瞬变的磁场和电流。建立准确火星地壳磁场模型是火星科学中重要的基础工作。精确的地磁场模型可以为研究火星电离层电流，火星与太阳风相互作用，地壳磁场影响离子逃逸等科学问题打好基础。

自 2014 年 9 月开始，MAVEN 卫星提供了不同高度覆盖均匀的磁场观测数据，其磁场能增进人们对火星地壳磁场的理解。本节简述一个联合 MAVEN 与 MGS 卫星磁场数据建立的全球地磁场球谐模型（G90）。在不同高度，该模型与实际观测数据的残差都小于前人模型。这表明该模型在火星空间中能更好地还原地壳磁场的拓扑结构。下面将从数据选择、模型与反演、模型结果三部分对该模型进行介绍。最后进行总结。

4.2 数据选取

由于 MAVEN 与 MGS 卫星不同的空间分布，利用不同卫星的数据分布综合成一个磁场数据集是建立磁场模型所必需的。MGS 卫星轨道分为 AB/SPO（1997 年 9 月 ~ 1999 年 5 月）与 MO（1999 年 5 月 ~ 2006 年 11 月）两个阶段。在 AB/SPO 阶段 MGS 卫星轨道呈椭圆形，其低高度数据主要分布于日侧。MGS 卫星在 MO 阶段呈近圆形轨道，其距离地表高度约为 400 km，且几乎沿着同一地方时进行观测。MAVEN 卫星提供了自 2014 年 9 月至近的椭圆轨道观测。其轨道倾角为 74°，周期为 4.5 h，近地点约为 150 km。MAVEN 数据提供了不同地方时、不同高度、不同纬度、不同精度的全面数据覆盖。MAVEN 卫星使用的磁强计与 MGS 卫星使用的磁强计几乎相同，均可以获得精度高于 1 nT 的磁场三分量测量。本文选用的 MAVEN 数据时间分辨率为 1 s，MGS 数据时间分辨率为 1 min。两个卫星的数据分布如图 14 所示。

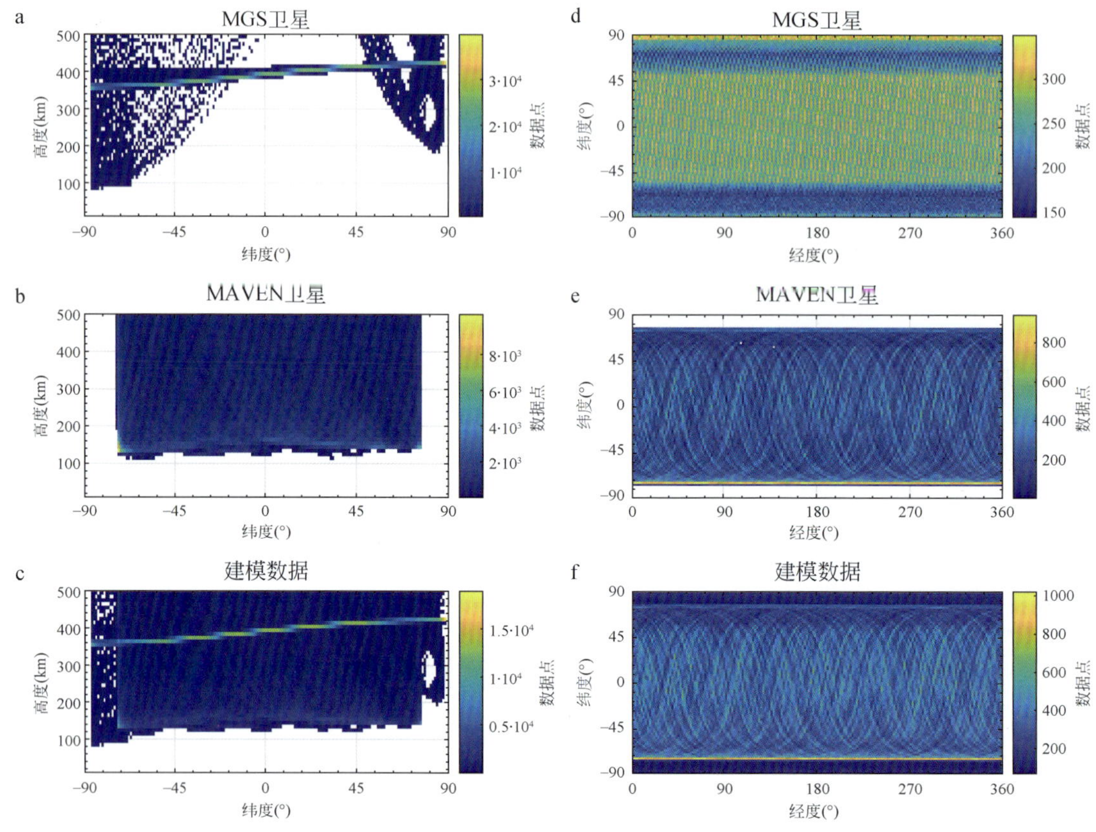

图 14 MAVEN 与 MGS 卫星数据的空间分布

当使用磁场数据建模时，区分内源场与外源场是至关重要的工作。内源场指的是由火星内部产生的磁场，外源场指场源在火星外部由太阳风等外部场源产生的磁场。统计表明尽管火星夜侧观测仍有一部分外源场，但相比日侧的外源场要弱得多。在地球磁场的研究中，经常采用磁静日来减少外源场的影响。MAVEN 数据可以用一种磁指数区分磁静日和磁扰日。前人工作（Mittelholz et al., 2018）指出行星际磁场（IMF）的强度可以当作一个指数来区分火星的磁静日与磁扰日。当 IMF 在弓激波外远地点 30 min 平均值大于 3. 8 nT 时，火星处于磁扰日其观测磁场与模型磁场差别较大，反之则为磁平静阶段。

综上所述，选取如下准则来选取建模数据点。①为了建立准确的磁场模型，本文使用尽可能多的低高度观测数据。因此在 MAVEN 卫星覆盖的 -75° 至 75° 纬度范围内使用 MAVEN 数据。②在两极 MAVEN 没有覆盖的区域，使用 MGS 数据进行填充。③MAVEN 与 MGS 卫星数据选择太阳高度角（SZA）大于 100° 且高度低于 500 km 的数据来最小化外源场的影响。④MAVEN 数据选择磁指数小于 2. 8 nT 的轨道。磁平静期间 MAVEN 卫星观测数据能更能好的反应地壳磁场。根据以上数据选择的方法，得到了 MAVEN 数据 196 万个数据点，MGS 数据 28 万个数据点。随机选取其中的 200 万个数据点作为本次建模的数据输入。

4.3 模型与反演

本文使用球谐展开的方法进行磁场建模。球谐展开是指将磁势用球谐函数进行表示从而计算出火星的地壳磁场。假设在卫星观测高度没有磁源，则磁势满足拉普拉斯方程：

$$\nabla^2 \boldsymbol{V} = 0 \tag{1}$$

磁势可以表示成球谐函数展开的形式：

$$\boldsymbol{V}(r,\theta,\phi) = a \sum_{n=1}^{k} \left(\frac{a}{r}\right)^{n+1} \sum_{m=0}^{n} (g_n^m \cos m\phi + h_n^m \sin m\phi) P_n^m(\theta) \tag{2}$$

则磁场 $\boldsymbol{B}$ 可以表示为

$$\boldsymbol{B} = -\nabla \boldsymbol{V} \tag{3}$$

在式（2）中，a 为火星半径取 3393.5 km。r，θ，ϕ 为地理球坐标系下的距火星中心的距离；余纬度及经度。$P_n^m(\theta)$ 是施密特半正则化的联合勒让德方程。g 和 h 为磁势的球谐系数。k 表示模型的最高阶数。模型的球谐系数由最小二乘拟合的方法拟合磁场三个分量的数据计算得到。

求解球谐系数的方法是最小化模型与观测的残差。残差可以表示成

$$r = \boldsymbol{d} - \boldsymbol{G}m \tag{4}$$

式中，$\boldsymbol{d}$ 是观测数据。因数据集共有 200 万个矢量磁场测量。$\boldsymbol{d}$ 为有 600 万个数据点的列向量。m 为球谐系数，包含了 $N*(N+2)$ 个球谐系数。$\boldsymbol{G}$ 为球谐模型的定义矩阵。式（4）的最小二乘解法是

$$m = (\boldsymbol{G}^{\mathrm{T}}\boldsymbol{W}^{\mathrm{T}}\boldsymbol{W}\boldsymbol{G})^{-1}\boldsymbol{G}^{\mathrm{T}}\boldsymbol{W}^{\mathrm{T}}\boldsymbol{W}\boldsymbol{d} \tag{5}$$

$\boldsymbol{W}$ 为数据权重，是对角矩阵，其中 $\boldsymbol{W}_i$ 为矩阵中的第 i 个元素。在磁场模型建模的研究中，数据权重有不同的表达形式。有采用所有数据权重相同的 $\boldsymbol{W}_i = 1$，也有采用权重如 $\boldsymbol{W}_i = \sqrt{\sin\theta_i}$，或 $\boldsymbol{W}_i = \sqrt{\left(\frac{1}{\sigma_i^2 \rho_i}\right)}$（$\sigma_i$ 为数据的标准差在第 i 个元素的取值，ρ_i 为数据密度在第 i 个元素的取值）。两种方法主要用于减少不均匀数据采样对模型结果的影响，见 Schmitz 和 Cain（1983）。由于本文建模采用的数据集在空间中分布均匀，因此模型采用是由数据点权重相同的 $\boldsymbol{W}_i = 1$。

离群值通常会对建模产生消极的影响。一种常用的减少模型误差的方法是将观测值的离群值从建模数据中删除。本文没有采用这一的处理，因为区分观测数据是离群值与否是非常困难的。本文也没有使用 M14 模型（Morschhauser et al.，2014）数据处理中的非规范概率密度函数。因为无法判断误差是否满足正态分布。

本球谐模型的球谐阶数为 90。在 150 km 高度 90 阶球谐模型的空间分辨率约为 250 km。虽然更高阶数的模型可以揭露出地壳磁场的细节信息，但前人文章也表明过高阶数的球谐模型会在数据稀疏区域得到错误的磁场。由于数据的有限，本研究选用 90 阶作为球谐模型的最高阶数，这个阶数的磁场在 150 km 高度可以有效地反映地壳磁场的信息。

4.4 模型结果

本文构建了一个火星地壳磁场的90阶球谐模型。模型主要使用MAVEN数据并且用磁指数筛选了磁平静期间的数据。模型使用传统的最小二乘拟合方法求解球谐系数。本节展示了G90模型的模型结果，包括在150 km高度的磁场图像；模型不同高度的残差以及模型功率谱。

图15展示了G90模型在150 km高度处的磁场分布。150 km高度是MAVEN卫星观测的最低高度。由于MAVEN卫星数据的覆盖，此高度的地壳磁场覆盖均匀，G90模型可以对该高度的地壳磁场进行较好的反演。150 km高度也是火星日侧电子密度峰值的高度，因此是火星日侧电离层电流的主要产生区域。此高度高精度的磁场模型有助于理解火星日侧电离层电流的机制。图15中的黑色等值线展示了火星高度数据（MOLA）中的大地水准面。图15中模型显示了所有已知的磁场特征。其中包括在南半球东经180°附近的强地壳场区域，在北半球地壳磁场强度较弱。

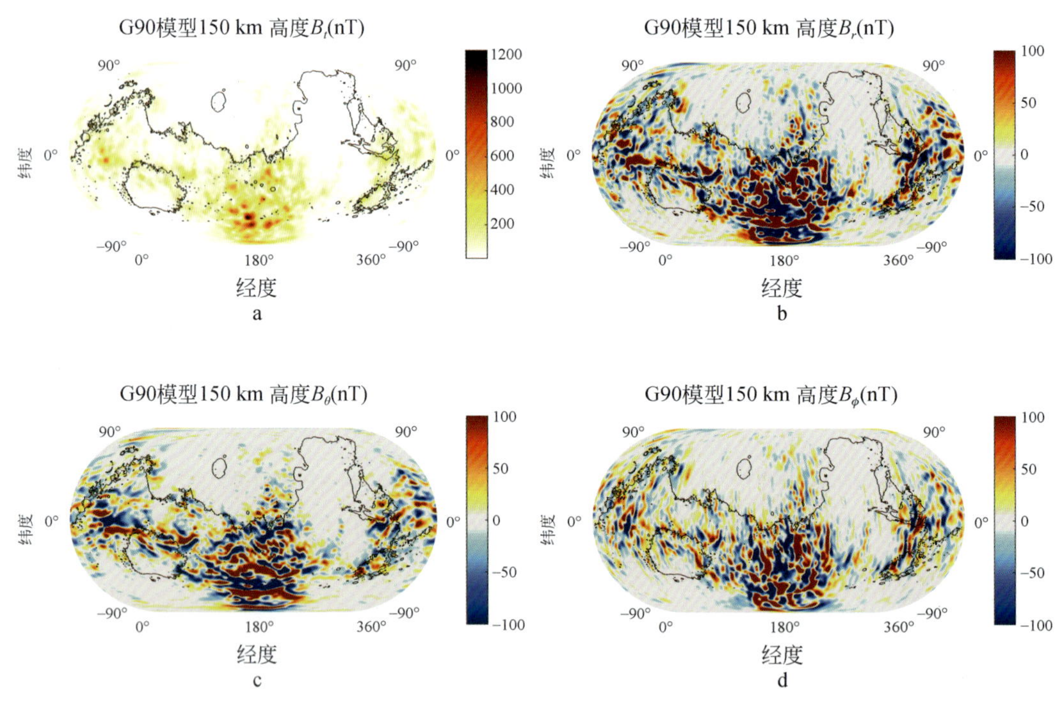

图15 G90球谐模型在150 km高度的图像

图中分别为磁场总强度及磁场的三个分量

模型的残差可以反映模型与观测数据的差别。MAVEN磁场平静期间的数据与模型的插值可以计算出模型在不同高度的残差。如图16中显示，与前人的球谐模型对比可以发现，G90模型的残差在不同的高度都显著小于前人模型。这说明G90模型与观测数据符合的最好，可以更好地反映空间中地壳磁场的分布。对 MAVEN 磁平静期间的数据计算模型误差，G90 模型误差磁场总强度残差为 6.1 nT。对比前人 M110 模型误差 8.1 nT；L134 模型为 7.53 nT 有了显著的提升。

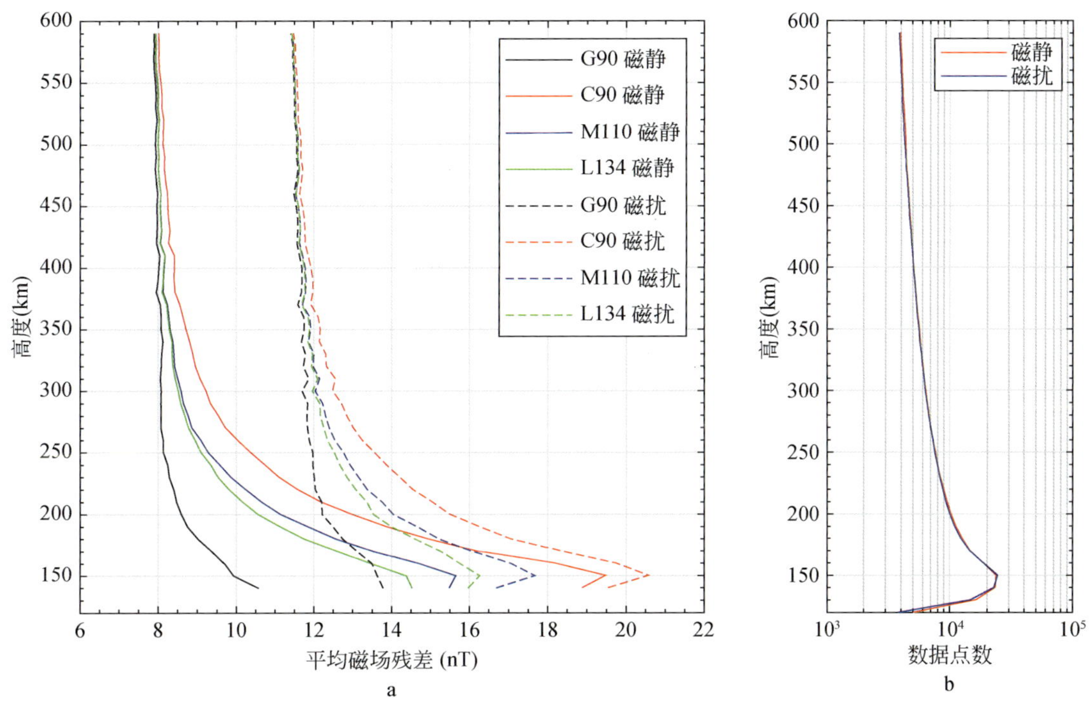

图 16　四种磁场模型误差比较

a. 不同模型残差随高度的变化曲线，实线表示 MAVEN 观测数据磁平静期间残差；虚线表示 MAVEN 观测数据磁扰动期间残差；b. 不同高度的观测点个数，以 10 km 一个网格

磁场 Mauersberger-Lowes 功率谱可以表示不同波长磁场的强度大小。通常由下式进行计算

$$R_n(r) = (n+1)\left(\frac{a}{r}\right)^{2n+4}\sum_{m=0}^{n}\left[\left(g_n^m\right)^2 + \left(h_n^m\right)^2\right] \tag{6}$$

图 17 展示了不同模型比较的功率谱，功率谱是在火星地表 3393.5 km 高度计算的。从图中可以看出在 60 阶前，四种模型趋势近乎一致。60 阶之后，C90 模型与 G90 模型呈上升趋势并且持续增加至 3000 nT^2。而 M110 与 L134 模型却呈现下降趋势。M110 模型由于使用了 L1 正则化的反演方法，其功率谱在 107 阶产生了明显的下降。L134 模型使用了 MAVEN 与 MGS 联合数据但其建模方法是等效偶极子（ESD）方法。L134 模型在 90 阶后产生了明显的下降趋势，这可能是由于其 ESD 方法的限制。由于 InSight 火星着陆器探测到的磁场要远大于模型的观测。有理由相信火星表面磁场的短波长分量磁场会更大，但在高空中由于随距离的衰减没有被观测到。因此需谨慎看待 M110 及 L134 模型中高阶功率谱的下降，地表磁场的小波长分量可能不会在地表减少得那么显著。

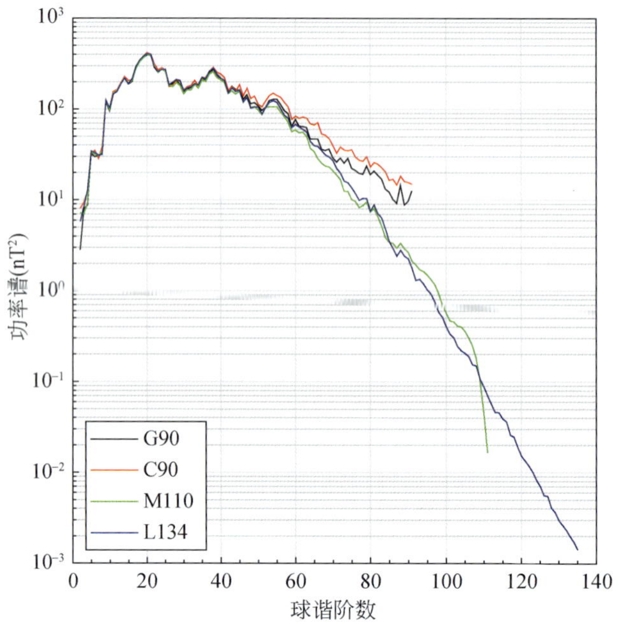

图 17 四种球谐模型的功率谱比较

4.5 总结

本节展示了一个火星地壳磁场的 90 阶球谐模型。该模型是首个结合 MAVEN 卫星以及 MGS 卫星数据进行反演的全球球谐模型。模型主要使用 MAVEN 数据，外源场由一种火星磁指数进行区分。使用火星磁指数选取上游太阳风磁场强度小于 2.8 nT 的轨道数据进行建模，从而更精确的描述地表磁场。该模型在空间不同高度的误差均显著小于前人模型。

在火星高度 150 km 处，地壳磁场的强度范围为 0 ~ 1200 nT。在 60 阶以后，G90 球谐模型的功率谱仍处于发散状态，预示着火星地表磁场可能比之前估计的更强。本模型可用于多个空间物理问题的研究，包括迷你磁场的结构、电离层电流的特性、离子逃逸与地壳磁场的关系、火星极光的发生等。

5 中国火星车巡游地区壳磁场模型

不同于地球，火星没有全球偶极场，但是拥有很强的壳磁场。2021 年，中国火星车将着陆火星表面（20° ~ 50°W，20° ~ 30°N），并沿探测路径探测火星磁场。其中一个目的即是通过监视地表磁场的变化反演火星电离层中的电流体系。因此我们需要一个精确的壳磁场模型作为参考。本节将根据 MGS 及 MAVEN 数据，在火星拟着陆地区建立一个局地壳磁场模型。该模型使用了共 1296 个分布在 3 层朝向不同的等效偶极子，通过反演设置的各等效偶极子的参数来反演目的区域壳磁场源。计算结果显示我们的模型对比当前常用的全球性壳磁场模型在目的区域拥有更高的精度。

5.1 引言

火星全球探测器（MGS）任务（1996～2006 年）重大发现（Acuña et al.，1998），使得火星壳磁场的研究就一直是一个热门的话题，这就使得关于火星地壳场模型相关的研究变得重要（Ma et al.，2014）。目前，现存大量关于火星磁场的建模（Arkani-Hamed，2007；Cain et al.，2003；Chiao et al.，2006；Langlais et al.，2004；Lillis et al.，2008；Morschhauser et al.，2014；Purucker et al.，2000；Whaler et al.，2005；Moore et al.，2017），大多数仅使用了 MGS 在 400 km 高度的数据；随后伴随着 MAVEN 计划（Jakosky et al.，2015）的成功，Langlais 等（2019）首次将火星全球测量（MGS）磁强计，MGS 电子反射计，MAVEN 磁强计数据集结合起来，对火星内部磁场模型进行了进一步的改进。

然而就如同图 18 所示，现存各全球模型（Arkani-Hamed，2007；Cain et al.，2003；Morschhauser et al.，2014；Langlais et al.，2019）在火星地表处的估计值存在差异。另一方面，之后的火星计划，尤其是登陆器，将携带磁强计以探测火星地表磁场。这将对火星内部，电离层研究及太阳活动对火星环境（Russell et al.，2019；Johnson et al.，2019），影响相关的研究有重大意义。因此，通过局地壳磁场模型对未来火星计划目的区域地表壳磁场的估计就十分重要。通过使用 MGS 数据，Plattner 和 Simons（2015）对火星南极区域建立了壳磁场模型。结合 MGS 与 MAVEN 数据，Mittelholz 等（2018a）在 INSIGHT 拟着陆区域建立了区域壳磁场模型。同时，Mittelholz 等（2018b）也为 Mars 2020 计划（Mustard et al.，2013）的拟着陆区域建立了壳磁场模型。

在 2011 年的萤火一号计划（Geng et al.，2018）失败后，2020 年，中国火星探测器发射成功，前往火星，本次探测的其中一个科学目标为研究火星地球物理场和内部结构，其中之一即通过配置在环绕器和火星车上的磁强计，对火星磁场进行立体动态观测（Li et al.，2018；Zhao et al.，2018），本计划的科学计划包含了探索火星电离层电流对火星地表磁场的影响（Wei et al.，2018）及壳磁场对火星离子逃逸的影响（Fan et al.，2019）。为了获得更精细的火表磁场分布，为中国火星车磁场探测工作提供参考，本节将结合 MGS 与 MAVEN 观测数据，提出一种改进的火星局部磁场模型，并用于预测目标区域的磁场。

本文将在 5.2 节介绍本次工作使用到的卫星数据。5.3 节中，本文将介绍建模方法。5.4 节中，我们针对研究区域比较本次研究与两个全球模型在火星地表的估计值。在 5.5 节给出总结与讨论。

5.2 数据选取

如图 18 所示，中国火星车拟着陆区域为（20°～50°W，20°～30°N），为了避免模型在区域边界处的截断，我们将建立模型的区域扩展为（17°～53°W，19°～31°N）。本节将综合分析 MGS 与 MAVEN 数据。MGS 绘图轨道几乎是圆形的，在接近南极 360 km 和接近北极 415 km 处有一个准恒定高度，近心点在纬度上保持不变。轨道是与地方时同步的，位于地方时凌晨 2 点到下午 2 点的平面上（Albee et al.，2001）。在初期的空气制动阶段轨

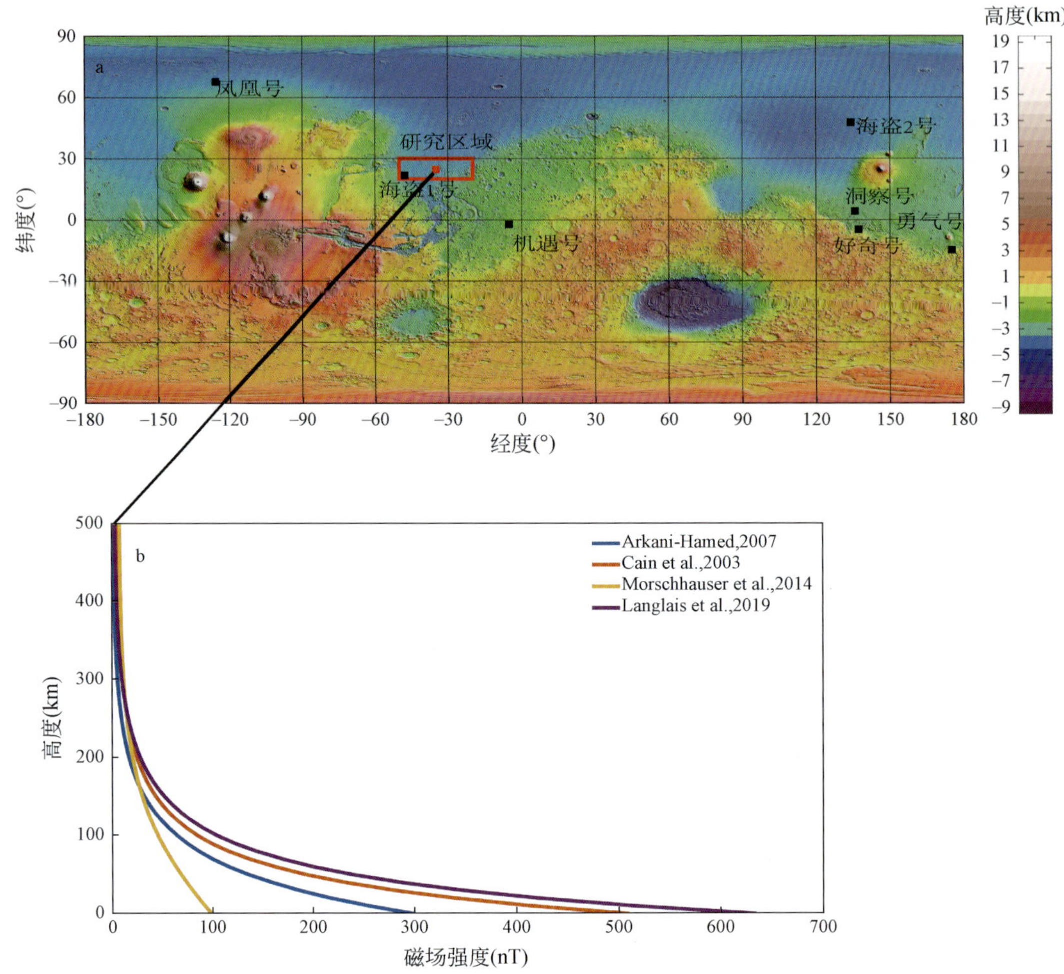

图 18 中国火星计划拟着陆点（35°W，25°N）处各模型计算出的地表磁场估值

a. 火星地形图和中国火星计划拟着陆区（红框）和具体着陆点（红点）；b. 着陆点处各模型计算出的地表磁场估值

道（AB/SPO）可到达距火星表面 100 km 甚至更深的地区（Albee et al.，2001）。这里使用的 MGS 磁强计数据为（1997. 09. 14 ~ 2006. 11. 2）。MAVEN 于 2013 年 11 月 18 日发射升空，并于 2014 年 9 月 21 日进入环绕火星轨道。MAVEN 航天器处于椭圆轨道上，周期为 4. 5h，近心点高度约为 150 km（多次飞行下降至约 125 km），远距约为 6200 km。因此，MAVEN 轨道比 MGS 轨道具有更广的高度覆盖范围（Connerney et al.，2015）。这里使用的 MAVEN 磁强计数据为（2014. 11. 02 ~ 2018. 01. 31）。

为了更好地研究火星壳磁场，我们将尽可能减小外源场（电离层及磁层电流）的影响。我们将根据以下标准筛选数据：

（1）本次模型的主要目的是预测地表高度磁场的数值，故为了加大低海拔数据对构建模型的权重。MGS 使用 1 min 1 个数据点的数据。MAVEN 磁强计数据本文使用 1 s 1 个的数据。

（2）与现存全球模型（如 Purucker et al.，2000；Langlais et al.，2004）类似，我们仅

使用夜测数据以减少太阳活动的影响，即航天器所处太阳天顶角大于 90°时。

（3）考虑到电离层顶高度约 500 km（Han et al.，2014；Han et al.，2019），我们仅使用 500 km 以下的数据以减小磁层电流的影响。

（4）Mittelholz 等（2018a，2018b）发现了一种通过火星上游行星际磁场大小代表火星磁层扰动情况的方法。该方法认为 MAVEN 在远日点附近 30 min 的磁场测量值的平均值小于 3.8 nT 即可认为该轨道处于磁静时期。

（5）为了进一步减小行星际磁场对数据的影响，本次工作中将整个研究空间分成 0.2°×0.2°×12.5 km 的多个区域，每个存在 3 个数据点及以上的区域中，选取磁场强度为中位数的点作为这个区域的代表。

最终，共使用 MGS 磁强计数据 10225 个。总共使用 MAVEN 12386 个数据点。我们使用的数据分布如图 19 所示。本次研究我们使用了行星中心坐标系（即以火星中心为原点，指向东经 0°为 X 轴，指向北极为 Z 轴），及其关联的球坐标系（B_r，B_θ，B_ϕ 分别为指向外侧，指向东向，指向南向为正）。

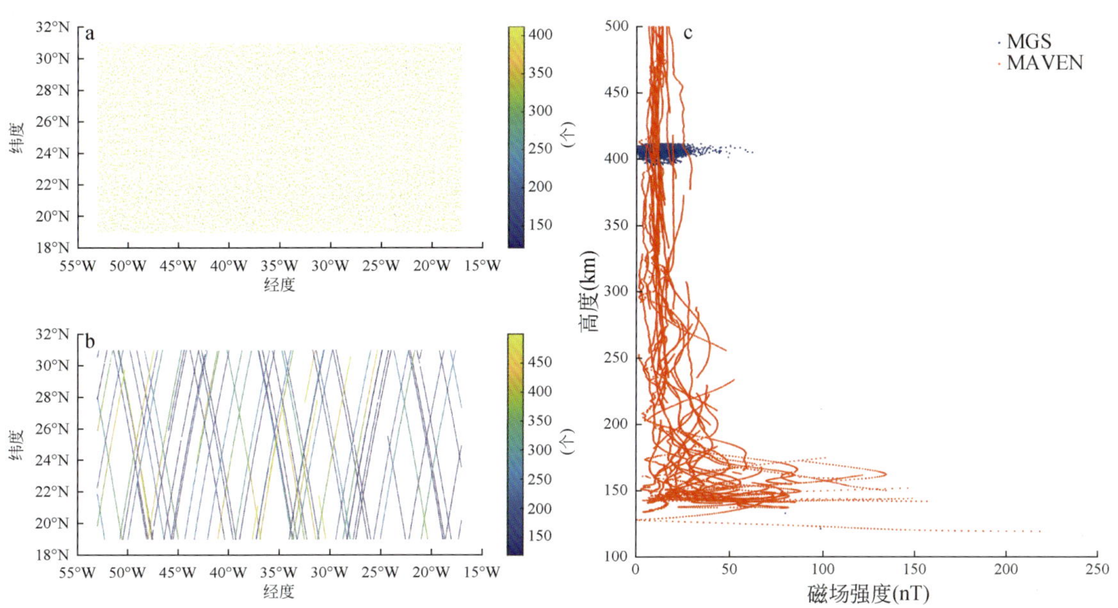

图 19 本文使用的数据空间分布

a. MGS 卫星数据空间分布；b. MAVEN 数据空间分布，数据距离地表的高度用不同颜色表示；c. 两颗卫星测量的磁场强度随高度的变化

5.3 建模方法

在火星壳磁场建模中，通常使用两种方法：等效偶极子方法（ESD）及球谐级数方法（Arkani-Hamed，2007；Cain et al.，2003；Morschhauser et al.，2014；Langlais et al.，2019）。球谐级数方法直接使用观测数据，通过反演球谐系数的方式反演势场。等效偶极

子方法则是预设一定数量等效偶极子反演磁源。该方法首先被用于地球壳磁场模型的建模工作（Mayhew，1979），随后在月球（Purucker，2008），水星（Oliveira et al.，2015），火星（Purucker et al.，2000；Langlais et al.，2004；Mittelholz et al.，2018a，2018b；Langlais et al.，2019）的壳磁场研究中都取得不错的成果。

根据火星地壳约 50 km 厚度的预测（Zuber，2001；Smith and Zuber，2002），先前的 ESD 模型将等效偶极子层定于 40 km 厚（Purucker et al.，2000；Langlais et al.，2004；Mittelholz et al.，2018a，2018b）。然而 Arkani-Hamed（2005）提出，如果赤铁矿，磁铁矿和磁黄铁矿是火星的主要磁性载体，在冲击退磁与热退磁的共同作用下，火星磁源可能位于火星地表下 55 ~ 45，90 ~ 80 和 100 ~ 90 km。

本次建模为局地模型，由于研究区域外的磁场源不可忽略，所以本次研究扩大了研究范围，将偶极子分布范围同样扩大了 20% 的经度和纬度范围（17° ~ 53° W；19° ~ 31° N）。本次实验中，将整个实验区域在水平上划分为 1°×1° 的区域，本文将依据 Arkani-Hamed（2005）的假设进行建模，即假定火星壳磁场源主要分布在 100 ~ 90 km，90 ~ 80 km 或 55 ~ 45 km。因此本文在每个区块正中心的经纬度下 50、85、95 km 处布设方向可变的偶极子 M，总共划分出 1296 个区域。

如图 20 所示，我们通过求解等效偶极子 M 的三分量求解等效偶极子的方向。当反演解出所有 3888 个已知方向的分量磁矩大小后，可以将处于同一坐标的三个偶极子矢量相加，得到 1296 个朝向和大小都趋于最优的等效偶极子。

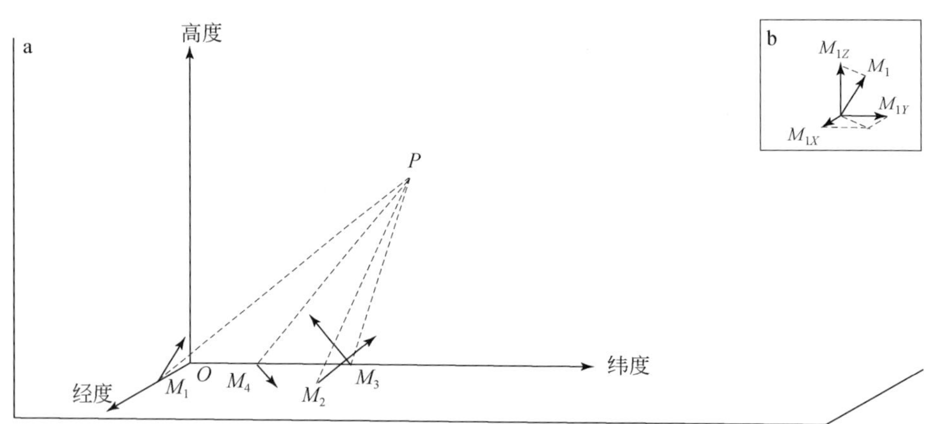

图 20 本文建模方法示意图

a. 偶极子组以随机偶极子方向放置在每层中。在 P 点观测到的磁场是所有偶极子贡献的总和；b. 每个偶极子可分别沿 X、Y 和 Z 方向分解为三个分量

众所周知，由第 i 个方向任意偶极子产生的磁场为

$$\boldsymbol{B}_j = -\frac{\mu_0 \boldsymbol{M}_i}{4\pi \boldsymbol{r}_{ji}^3} + \frac{3\mu_0(\boldsymbol{M}_i \cdot \boldsymbol{r}_{ji})\boldsymbol{r}_{ji}}{4\pi \boldsymbol{r}_{ji}^5} \tag{7}$$

这里，$\boldsymbol{B}_j$ 是第 j 个观测数据矢量，$\boldsymbol{M}_i$ 是磁矩向量，r_{ji} 是第 i 个偶极子到第 j 个观测点的距离，μ_0 为真空磁导率。$j = 1, 2, \cdots, N$ 是观测数据的数量，$i = 1, 2, \cdots, K$，K 是等效偶极子数量。

因此模型与观测数据的关系为

$$\begin{pmatrix} \boldsymbol{b}_X \\ \boldsymbol{b}_Y \\ \boldsymbol{b}_Z \end{pmatrix}_{3N\times 1} = \begin{pmatrix} G_{XX} & G_{XY} & G_{XZ} \\ G_{YX} & G_{YY} & G_{YZ} \\ G_{ZX} & G_{ZY} & G_{ZZ} \end{pmatrix}_{3N\times 3K} \begin{pmatrix} \boldsymbol{m}_X \\ \boldsymbol{m}_Y \\ \boldsymbol{m}_Z \end{pmatrix}_{3K\times 1} \tag{8}$$

这里，$\boldsymbol{b}_X = \begin{pmatrix} B_{1X} \\ B_{2X} \\ \cdots \\ B_{NX} \end{pmatrix}$，$\boldsymbol{m}_X = \begin{pmatrix} M_{1X} \\ M_{2X} \\ \cdots \\ M_{KX} \end{pmatrix}$，$\boldsymbol{b}_Y$，$\boldsymbol{b}_Z$，$\boldsymbol{m}_Y$，$\boldsymbol{m}_Z$ 亦然

$G_{XX} = \frac{\mu_0}{4\pi}\left(\frac{-1}{r_{NK}^3} + \frac{r_{NKX}^2}{r_{NK}^5}\right)$，$G_{XY} = \frac{3\mu_0}{4\pi}\frac{r_{NKY}r_{NKX}}{r_{NK}^5}$，$G_{XZ} = \frac{3\mu_0}{4\pi}\frac{r_{NKZ}r_{NKX}}{r_{NK}^5}$，$G_{YX} = \frac{3\mu_0}{4\pi}\frac{r_{NKX}r_{NKY}}{r_{NK}^5}$，
$G_{YY} = \frac{\mu_0}{4\pi}\left(\frac{-1}{r_{NK}^3} + \frac{r_{NKY}^2}{r_{NK}^5}\right)$，$G_{YZ} = \frac{3\mu_0}{4\pi}\frac{r_{NKZ}r_{NKY}}{r_{NK}^5}$，$G_{ZX} = \frac{3\mu_0}{4\pi}\frac{r_{NKX}r_{NKZ}}{r_{NK}^5}$，$G_{ZY} = \frac{3\mu_0}{4\pi}\frac{r_{NKY}r_{NKZ}}{r_{NK}^5}$，
$G_{ZZ} = \frac{\mu_0}{4\pi}\left(\frac{-1}{r_{NK}^3} + \frac{r_{NKZ}^2}{r_{NK}^5}\right)$.

因此，式（8）可以表示为

$$\boldsymbol{b} = \boldsymbol{Gm} + \boldsymbol{\nu} \tag{9}$$

$\boldsymbol{b} = \begin{pmatrix} \boldsymbol{b}_X \\ \boldsymbol{b}_Y \\ \boldsymbol{b}_Z \end{pmatrix}$，$\boldsymbol{m} = \begin{pmatrix} \boldsymbol{m}_X \\ \boldsymbol{m}_Y \\ \boldsymbol{m}_Z \end{pmatrix}$，$\boldsymbol{G}$ 是只和等效偶极子与观测点之间相对距离有关的关系矩阵，$\boldsymbol{\nu}$ 是误差向量.

式（9）的最小二乘法求解：

$$\boldsymbol{m} = (\boldsymbol{G}^{\mathrm{T}}\boldsymbol{G})^{-1}\boldsymbol{G}^{\mathrm{T}}\boldsymbol{b} \tag{10}$$

为了求解式（10），我们使用共轭梯度法（Hestenes and Stiefel，1952；Purucker et al.，1996）来计算 $\boldsymbol{m}$。

随着迭代次数增加，均方根误差（RMS）会逐渐减小并收敛。根据式（10），第 k 次迭代的均方根误差为

$$\sigma_k = \sqrt{\frac{(\boldsymbol{b} - \boldsymbol{Gm}_k)^{\mathrm{T}}(\boldsymbol{b} - \boldsymbol{Gm}_k)}{3N}} \tag{11}$$

注意，由于计算中涉及所有三个场分量，分母应该是 $3N$ 而不是 N。根据先前模型（Langlais et al.，2019）的经验，我们认为当 σ_k 满足式（12）时，即可结束。

$$\Delta\sigma_k = \frac{\sigma_k - \sigma_{k-1}}{\sigma_k} < 0.5\% \tag{12}$$

通过上述方法，也可以求得不同分量的均方根误差。这里 $\boldsymbol{G}_X = (\boldsymbol{G}_{XX}\ \boldsymbol{G}_{XY}\ \boldsymbol{G}_{XZ})$，$\boldsymbol{G}_Y = (\boldsymbol{G}_{YX}\ \boldsymbol{G}_{YY}\ \boldsymbol{G}_{YZ})$，$\boldsymbol{G}_Z = (\boldsymbol{G}_{ZX}\ \boldsymbol{G}_{ZY}\ \boldsymbol{G}_{ZZ})$，则迭代 k 次后，均方根误差分别为

$$\sigma_{KX}=\sqrt{\frac{(\boldsymbol{b}_X-\boldsymbol{G}_X\boldsymbol{m}_k)^{\mathrm{T}}(\boldsymbol{b}_X-\boldsymbol{G}_X\boldsymbol{m}_k)}{N}} \tag{13}$$

$$\sigma_{KY}=\sqrt{\frac{(\boldsymbol{b}_Y-\boldsymbol{G}_Y\boldsymbol{m}_k)^{\mathrm{T}}(\boldsymbol{b}_Y-\boldsymbol{G}_Y\boldsymbol{m}_k)}{N}} \tag{14}$$

$$\sigma_{KZ}=\sqrt{\frac{(\boldsymbol{b}_Z-\boldsymbol{G}_Z\boldsymbol{m}_k)^{\mathrm{T}}(\boldsymbol{b}_Z-\boldsymbol{G}_Z\boldsymbol{m}_k)}{N}} \tag{15}$$

磁场强度均方根误差为

$$\sigma_{kt}=\sqrt{\frac{(\boldsymbol{B}_{\mathrm{t}}-\boldsymbol{b}_{\mathrm{t}k})^{\mathrm{T}}(\boldsymbol{B}_{\mathrm{t}}-\boldsymbol{b}_{\mathrm{t}k})}{N}} \tag{16}$$

这里，$\boldsymbol{B}_{\mathrm{t}}=\sqrt{\boldsymbol{b}_X^2+\boldsymbol{b}_Y^2+\boldsymbol{b}_Z^2}$，$\boldsymbol{b}_{\mathrm{t}k}=\sqrt{(\boldsymbol{G}_X\boldsymbol{m}_k)^2+(\boldsymbol{G}_Y\boldsymbol{m}_k)^2+(\boldsymbol{G}_Z\boldsymbol{m}_k)^2}$。

在求解过程中，为了验证迭代初值会不会对结果产生影响，我们特地对初值进行了测试，令每个等效偶极子的三分量都按照$\pm10^{\alpha}$ A · m^{2}变化（α 从 0 增长到 16）。

图 21 为依据式（13 ~ 16）的不同初值的各分量均方根误差，可以看到，初值在$\pm10^{14}$ A · m^{2}之间时，对反演结果几乎无影响。因此，最后在进行建模时，我们对所有偶极子的三分量初值都设置为 1 A · m^2。

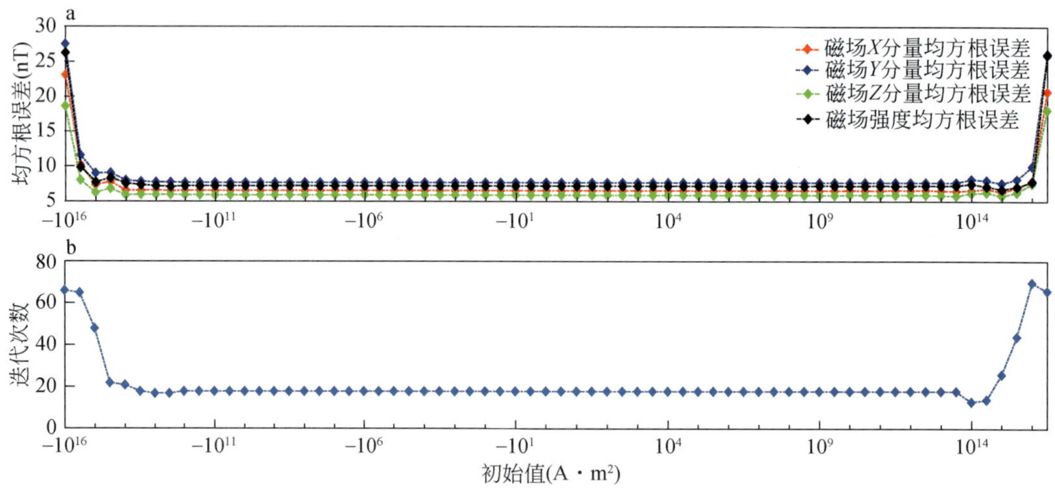

图 21 不同等效偶极子的初值对（a）均方根误差和（b）迭代次数的影响

5.4 结果与讨论

经过迭代计算，我们得到三层偶极子的火星磁场局部模型。表 1 展示了本次实验同 Morschhauser 等（2014）模型及 Langlais 等（2019）模型均方根误差 σ 的比较（之后简称为 M14 与 L19）。可以看到，本模型在目的区域优于全球模型。

表 1　三种模型计算磁场分量均方根误差对比

磁场分量	均方根误差 σ (nT)		
	本项研究	Morschhauser 等（2014）	Langlais 等（2019）
B_X	6.564	10.250	9.052
B_Y	7.702	10.026	9.886
B_Z	5.940	8.052	7.533
B_r	6.742	9.665	9.075
B_θ	6.397	8.216	7.784
B_φ	7.163	10.464	9.668
B	7.185	9.967	9.635

图 22 分别显示了我们的模型 M14 和 L19 在火星表面的径向场分量 B_r 和场强 B_t 的外推分布。我们发现，三种模型的 B_r 和 B_t 的总体分布模式基本相同。然而，主要区别在于部分强磁场区域磁场结构更为精细。

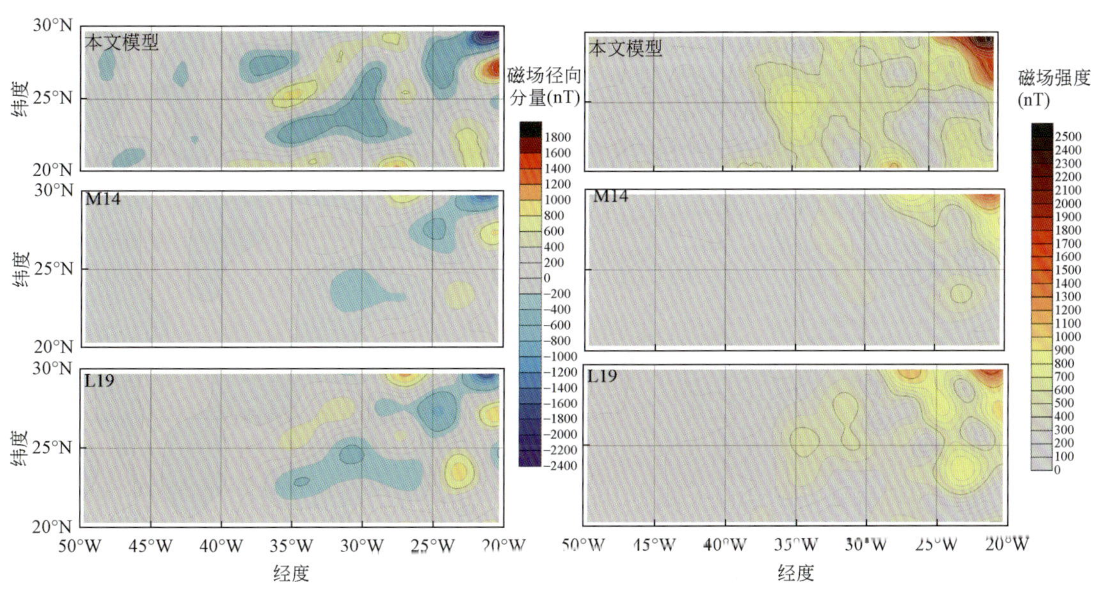

图 22　未来火星车着陆地区火表磁场径向分量及磁场强度分布

由上到下的图分别为使用本文模型，M14，L19 模型预测的目的区域火表壳磁场情况

根据求解出等效偶极子磁矩的三分量，我们可以绘制地下磁源分布，即图 23。图 23a 和图 23b 分别显示了各层偶极子强度和方向的分布。从图 23 中至少可以看出两个特点：①浅层偶极矩强度较强，可能是引起表面场的主要来源；②与图 22 一致，更强的表面场对应于每层中更强的偶极子。

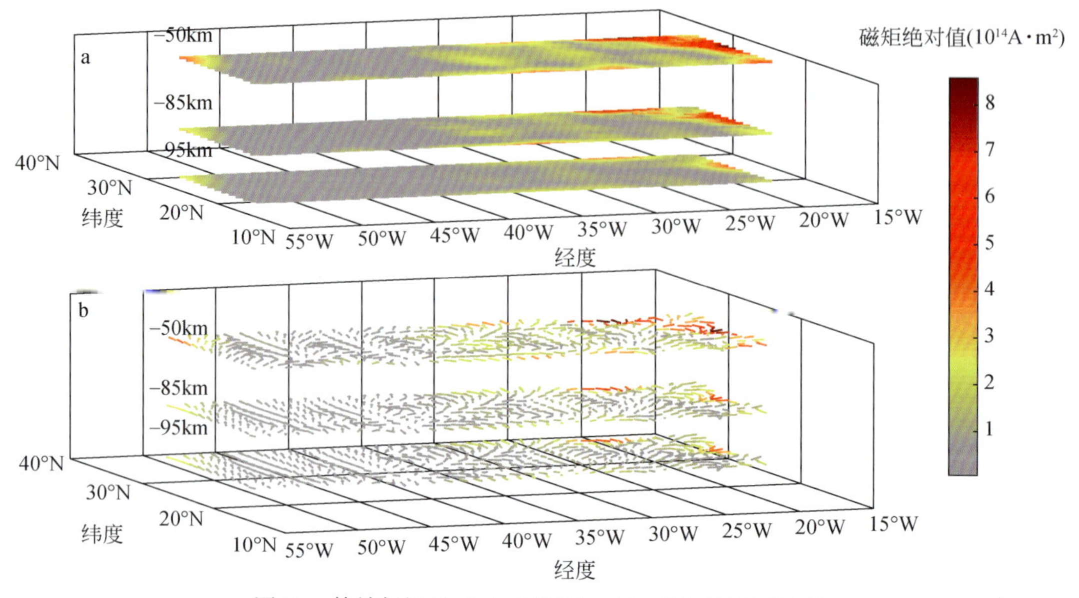

图 23　等效偶极子（a）强度和（b）方向的反演结果
用颜色代表等效偶极子强度

5.5　总结

本次研究综合利用 MGS 数据与 MAVEN 数据，使用等效偶极子法建立了一个新的局地壳磁场模型。本次模型设置三层方向可变的等效磁源。通过共轭梯度法求解。均方根误差测试显示我们的模型在局地区域具有更高的精度。因此本模型更适合估计未来中国火星车拟着陆地区火星地表磁场。

与全球模式的比较表明，由我们的模式估计的火星地表磁场可能更不均匀，而且某些位置的场强可能比全球模型预测的强得多。全球模型在建模过程中可能平滑掉部分局部特征。

关于本模型，仍有几点需要关注：

理论上，均方根误差随偶极子数的增加而减小。偶极子越多，模型的拟合效果越好，但偶极子越多，计算时间越长。此外，为了保持式（5）的可解性，模型中的偶极子数应小于数据点的数目。

初值选择可能会影响反演结果。简单的量级实验可能不能排除这个问题。因此我们将 L19 模型的估计值带入构造模型的过程，以此反演结果作为下一次建模过程的初值，详见图 24，可以看到，两次不同初值的实验只在细节上影响最终火表磁场估计结果。

高阶场分量（场分量随 r^n 变化，r 为距磁源的距离，$n < -3$）随高度迅速衰减。因此，在较高的高度上，探测器不能很好地记录这些场分量。因此目前还不清楚，我们的三层偶极子模型是否能够用航天器在高空的数据集精确地推断火星表面的这些场分量。

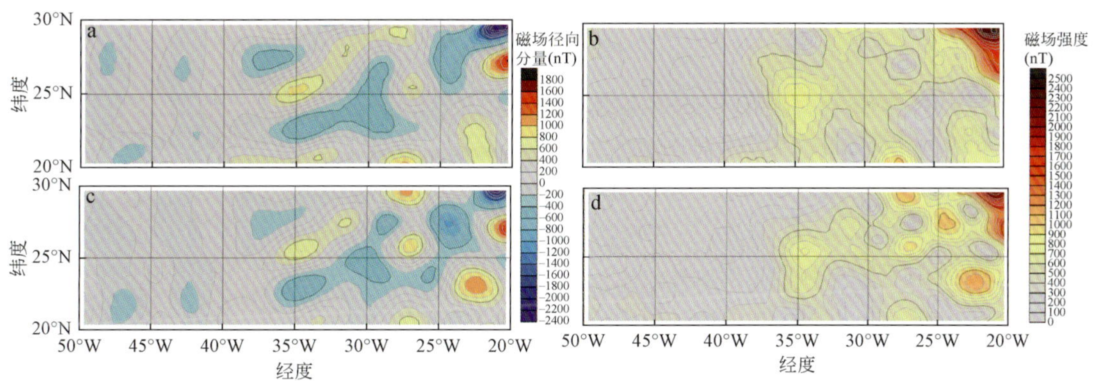

图 24 未来火星车着陆地区火表磁场径向分量及磁场温度分布

a、b 为当偶极子输入初始值为 1 A · m^{2}时，火星表面估计的径向磁场（a）和磁场强度（b），它与图 22 中所示的相同；c、d 为 L19 数据集估算初始值时，火表预测的径向磁场（c）和磁场强度（d）

考虑到“洞察”号上的磁强计任务提供了迄今火星表面唯一的磁场测量结果（Johnson et al.，2019），我们将在下一个研究中通过与 Insight 的磁强计数据进行比较来检验我们的模型。

由于反演的等效性，我们必须注意到，该模型中的三层偶极子可能不是真正的磁源。在今后的研究中，有必要结合其他地质和地球化学研究来确定真正的壳磁场源。

6 火星和金星空间环境的混杂数值模拟

6.1 引言

深空探测的难度大，观测数据稀少。因此对行星空间的研究，不能只依靠卫星观测，最好能结合数值模拟来研究。除了观测数据较难获得，卫星观测还受限于单点观测的方式和观测仪器的性能，很难对整个行星空间的前后因果关系进行全面细致的解析。行星空间环境受行星多个圈层的耦合，从外界太阳风到弓激波下游的磁鞘、感应磁层、电离层及高层大气，各圈层的各自特征和相互耦合作用都会影响行星的空间环境，而这种全球性多圈层的耦合作用很难用单点卫星去研究。另外，受空间中各种扰动的干扰，当各参量间的物理关系不明显时，观测分析往往只能给出定性的结果，无法定量分析，这对估算离子逃逸率等需要精确定量的分析研究会造成限制。利用数值模拟来研究行星空间环境，能够提供行星空间三维全空间各种物理参量的数值和演化过程，非常适合研究行星空间环境中的前后因果和内外耦合关系。在行星空间环境的研究方面，数值模拟相对于卫星探测在解析物理机制、可视化行星空间环境、计算不同条件下行星的空间环境方面等有着不可替代的优势。因此，在万卫星老师的指导安排下，我们开展了对三维全球性混杂模式的开发和研究工作。

6.2 三维全球性混杂模式

太阳系的星体按是否具有内禀磁场和大气层可分为四类（图 25），包括无气无磁星体（月球、无磁小行星等）、有气无磁星体（火星、金星、土卫六、近日彗星等）、无气有磁星体（水星）、有气有磁星体（地球、木星、土星等）。根据不同星体的电磁特性、大气特性、星体大小和质量，以及外界太阳风条件，可以设置模拟这些星体的空间环境特征，研究这些星体与太阳风的相互作用。

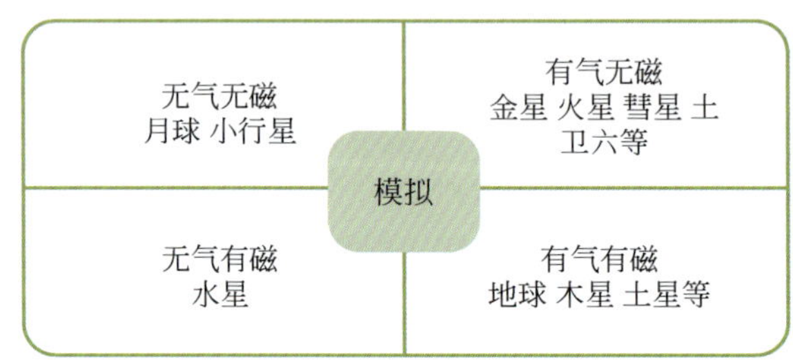

图 25 太阳风与星体相互作用的四种主要类型

研究行星空间环境最常用的数值模式有三种：磁流体模式（MHD）、粒子模式（PIC）和这两种相结合的混杂模式（Hybrid）。其中单流体 MHD 无法研究等离子体的离子动力学效应，PIC 模式由于运算量巨大而无法研究全球性大尺度空间的现象，Hybrid 混杂模式结合了这两种模式的优点。混杂模式将离子作为粒子对待，电子作为流体对待。在解析离子动力学效应的同时，保证了模拟全球尺度的能力，比较适合研究同时具有大尺度空间和离子动力学效应较明显的空间环境。在火星和金星上被太阳风拾起的离子（pickup ions）的回旋半径尺度与星球半径相接近，故火星和金星上的单粒子效应是不可忽略的。我们在火星和金星上发现的环形磁场就是一种由离子动力学效应引起的全球性现象（Chai et al., 2016，Chai et al., 2019）。因此，我们重点发展了 Hybrid 混杂模式来研究火星和金星的空间环境。

6.3 结果

我们的模式是在全球最先进的混杂模式之一的 A. I. K. E. F. 模式（Müller et al., 2011）的基础上开发的，现阶段已完成了金星、火星这类有气无磁星体的模式和水星这类无气有磁星体的模式。我们的模式是三维全球性模式，具有多级自适应网格技术（图 26），能够模拟多种离子成分的作用过程（图 27、图 28）。在太阳风-行星相互作用过程中，太阳风中的氢离子密度远远小于行星电离层中的氧离子密度。多级网格技术可以加密电离层的网格密度，这既保证了模拟结果的精确性，又节省了大量的运算时间。

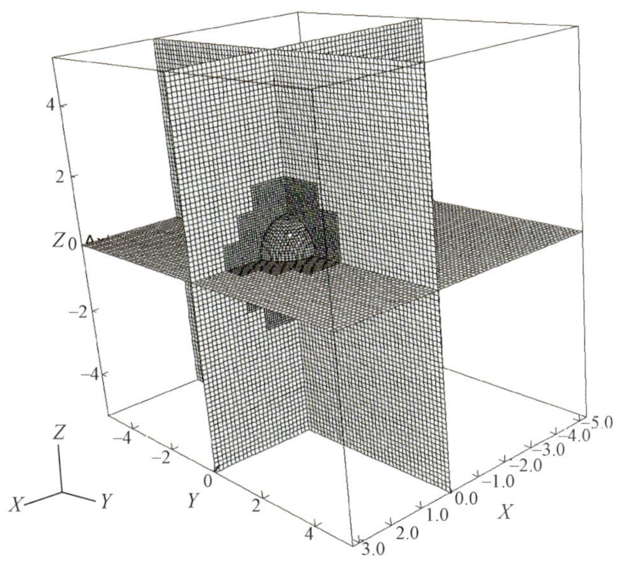

图 26　混杂模式的多级自适应网格

该混杂模式的网格密度可根据当地的离子密度手动或自适应加密，这为同时模拟较为稀疏的太阳风和稠密的行星电离层，节省了大量运算时间，同时也增加程序模拟精度

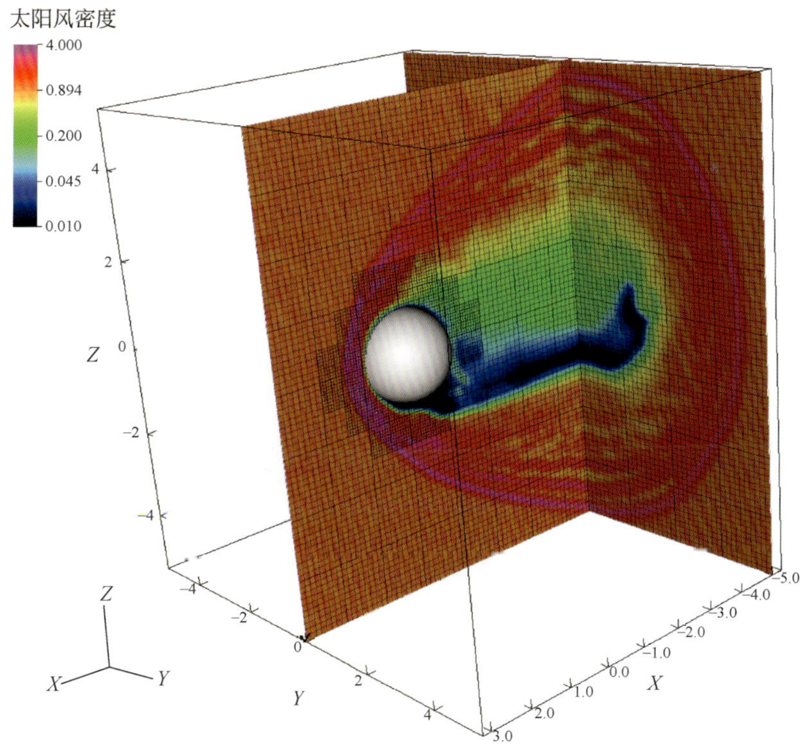

图 27　混杂模式模拟出的太阳风与火星的相互作用

颜色代表太阳风 H^+的密度分布。可以看到从太阳风离子的分布存在明显的太阳风电场不对称性（$E_{sw}// +Z$）

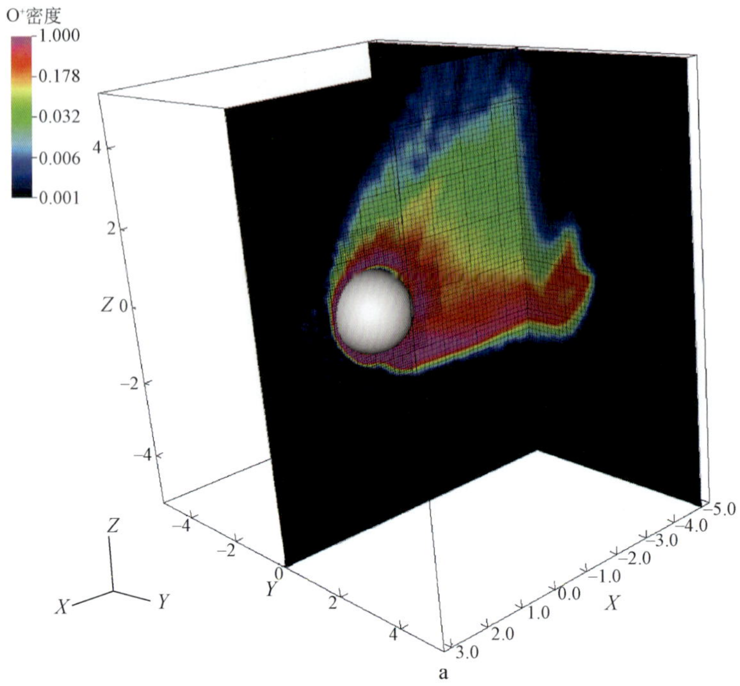

a

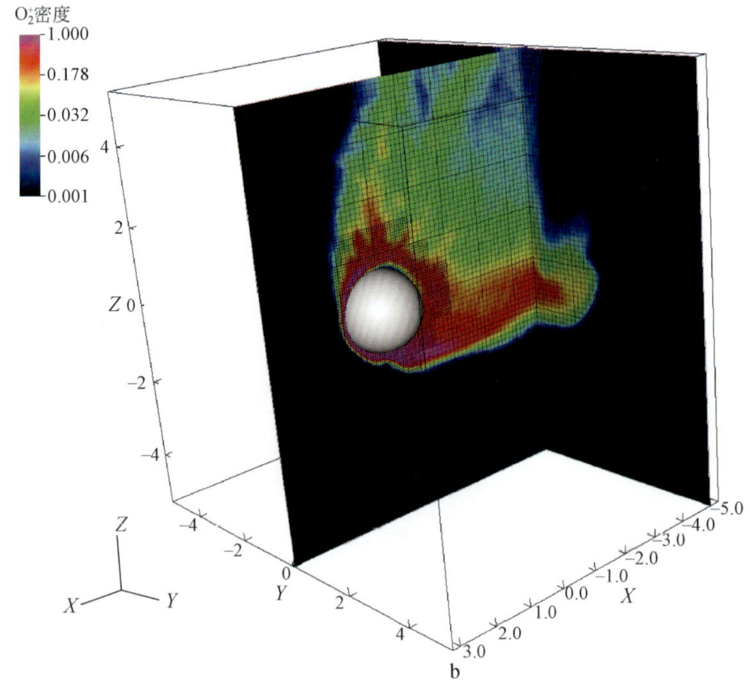

b

图 28 混杂模式模拟出的太阳风与火星的相互作用

颜色代表火星离子的密度分布（a 为 O^+，b 为 O_2^+），可以看到从火星逃逸的氧离子密度分布存在明显的太阳风电场不对称性（$E_{sw}// +Z$），且 O_2^+的有限离子回旋半径效应更明显，这些现象符合观测结果

1）火星空间环境模拟结果

图 27 是由该混杂模式模拟出的火星周围太阳风氢离子（H^+）密度，图 28 是火星氧离子（O^+、O_2^+）在三维空间的分布图。可以看出，该混杂模式能够很好地模拟氧离子的逃逸过程，其密度分布具有明显的对流电场不对称性，这与 MAVEN 观测到的拾起氧离子的羽毛状（Plume）分布现象符合的很好。

2）水星空间环境模拟结果

水星具有内禀偶极磁场，但偶极矩较小。因此，水星的偶极磁层尺度非常小，它只有地球磁层的二十分之一大，它的日下点磁层顶高度只有 0.4 个水星半径，约 1000 km，这远远小于地球的 10 个地球半径（Slavin et al.，2014）。小尺度的偶极磁层会使很多能量粒子由于回旋半径大而直接撞击到水星表面或从磁层顶穿出进入太阳风中（Walsh et al.，2013；Fujimoto et al.，2008）。特别是水星空间还存在大量行星重离子，如 Na^+，O^+，Mg^+ 等，它们的回旋半径更大，动力学效应更不可忽略（Delcourt et al.，2003）。考虑到水星磁层的小空间结构和大离子回旋半径，使离子动力学效应在水星磁层中扮演着至关重要的角色，在研究水星空间环境是采用 Hybrid 混杂模式就具有了一定优势。

图 29 显示了我们用混杂模式模拟的水星空间，可以看出模拟结果很好地描述了水星的偶极磁层（B_X分布）、电流片（赤道附近 B_X改变方向）及水星磁力线（绿色线条）与行星际磁场重联等现象。图 30 显示了水星周围太阳风离子的运动轨迹。通过标示特定的一部分离子（选模拟开始时在 $X=-2.8$ 平面上的太阳风离子），可以追踪这些离子的位置随时间的演化（不同颜色代表不同时刻），从而可以研究太阳风离子注入水星磁层的路径和之后的演化。同时也有助于研究太阳风离子轰击水星表面造成水星重离子（Na^+，Mg^+ 等）溅射到太空这一现象。

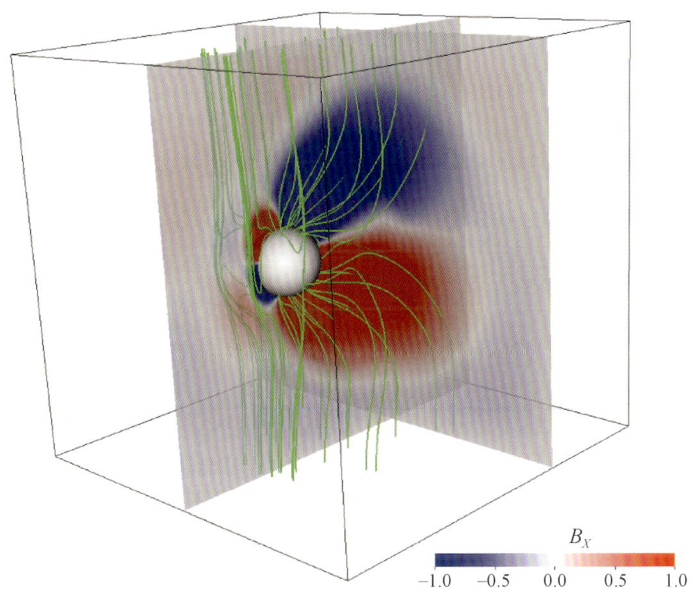

图 29 用混杂模式模拟的太阳风-有磁无气（水星）的相互作用

颜色代表 B_X的大小，绿色线条代表磁力线，白色球代表水星

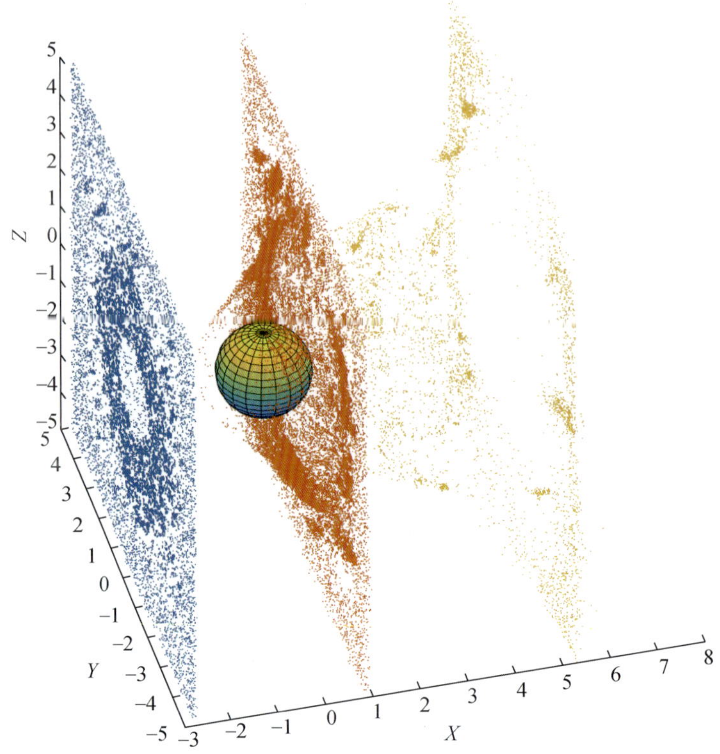

图 30　三维混杂模拟示踪太阳风离子在水星周围的轨迹分布（不同颜色代表不同时刻）

6.4　总结

深空探测的难度大，行星观测数据稀少，且有单点观测和仪器精度的限制。数值模拟相对于卫星探测在解析物理机制和不同圈层的耦合关系、可视化行星空间环境、计算不同条件下行星的空间环境方面等有着不可替代的优势。因此，在万卫星老师的指导安排下，我们开展了对三维全球性混杂模式的开发和研究工作。我们在全球最先进的混杂模式之一A. I. K. E. F. 模式（Müller et al.，2011）的基础上进一步开发，已调试成功了模拟金星、火星这类有气无磁星体与太阳风相互作用的模式和水星这类无气有磁星体与太阳风相互作用的模式。我们的模拟结果很好地描述了这两类星体的空间环境，特别是成功模拟出了火星上 MAVEN 观测到的拾起氧离子的羽毛状（Plume）分布现象，也能够很好的描述水星偶极磁场与行星际磁场的重联过程。我们开发的行星空间环境的三维混杂模式将有助于我国火星、金星和水星等星体的空间环境研究，也可以为设计卫星轨道和工作模式及行星空间环境的可视化提供服务。

参考文献

Acuña M H，et al. 1998. Magnetic field and plasma observations at Mars：preliminary results of the Mars Global Surveyor mission. Science，279：1676-1680.

Acuña M H, et al. 1999. Global distribution of crustal magnetization discovered by the Mars Global Surveyor MAG/ER Experiment. Science, 284 (5415): 790-793.

Albee A L, et al. 2001. Overview of the Mars Global Surveyor mission. J Geophys Res, 106, doi: 10.1029/2000JE001306.

Andersson L, et al. 2015. The Langmuir Probe and Waves instrument for MAVEN. Space Sci Rev, 195: 173-198.

Arkani-Hamed J. 2005. Magnetic crust of Mars. J Geophys Res, 110: E08005.

Arkani-Hamed J. 2007. Magnetization of Martian lower crust: Revisited. J Geophys Res, 112: E05008.

Bertucci C, Achilleos N, Dougherty M K, Modolo R, Coates A J, Szego K, Masters A, Ma Y, Neubauer F M, Garnier P, Wahlund J E, Young D T. 2008. The Magnetic Memory of Titan's Ionized Atmosphere. Sci, 321: 1475-1478.

Cain J C, Ferguson B B, Mozzoni D. 2003. An n = 90 internal potential function of the Martian crustal magnetic field. J Geophys Res, 108: 5008.

Carr M H. 1987. Water on Mars. Nature. 326 (6108): 30-35.

Chai L H, et al. 2016. An induced global magnetic field looping around the magnetotail of Venus. J Geophys Res, 121 (1): 688-698.

Chai L H, et al. 2019. The Induced Global Looping Magnetic Field on Mars. The Astrophysical Journal Letters, 871 (2): L27.

Chiao L Y, et al. 2006. Crustal magnetization equivalent source model of Mars constructed from a hierarchical multiresolution inversion of the Mars Global Surveyor data. J Geophys Res, 111, doi: 10.1029/2006JE002725.

Connerney J E P, et al. 2015. The MAVEN Magnetic Field Investigation. Space Sci Rev, 195: 257-291.

Delcourt D C, et al. 2003. A quantitative model of the planetary Na^+ contribution to Mercury's magnetosphere. Annales Geophysicae, 21: 1723-1736.

Dubinin E, et al. 2006. Plasma morphology at Mars, ASPERA-3 observations. Space Sci Rev, 126, 209-238.

Dubinin E, et al. 2008a. Structure and dynamics of the solar wind/ionosphere interface on Mars: MEX-ASPERA-3 and MEX-MARSIS observations. Geophys Res Lett, 113: L11103.

Dubinin E, et al. 2008b. Plasma environment of Mars as observed by simultaneous MEX-ASPERA-3 and MEX-MARSIS observations. J Geophys Res, 113: A10217.

Duru F, et al. 2008. Electron densities in the upper ionosphere of Mars of Mars from the excitation of the electron plasma oscillations. J Geophys Res, 113: A07302.

Duru F, Gurnett D A, Frahm R A, Winningham J D, Morgan D D, Howes G G. 2009. Steep, transient density gradients in the Martian ionosphere similar to the ionopause at Venus. J Geophys Res, 114: A12310.

Ergun R E. 2015. Dayside electron temperature and density profiles at Mars: First results from the MAVEN Langmuir probe and waves instrument. AGU publications, doi: 10.1002/2015GL065280.

Fan K, et al. 2019. Reduced atmospheric ion escape above Martian crustal magnetic fields. Geophysical Research Letters, 46, doi: 10.1029/2019GL084729.

Fowler C M, et al. 2015. The first in situ electron temperature and density measurements of the Martian nightside ionosphere. Geophysical Research Letters, 42 (21): 8854-8861.

Frahm R A, et al. 2006a. Carbon dioxide photoelectron energy peaks at Mars, Icarus, 182: 371-382.

Frahm R A, et al. 2006b. Locations of atmospheric photoelectron energy peaks within the Mars environment, Space Sci Rev, 126: 389-402.

Fujimoto M, et al. 2008. Hermean Magnetosphere-Solar Wind Interaction. Space Science Reviews, 132 (2): 347-368.

Garnier P, et al. 2017. The Martian photoelectron boundary as seen by MAVEN. Journal of Geophysical Research: Space Physics, 122: 10472-10485.

Geng Y, et al. 2018. Review of first Mars exploration mission in China. Journal of Deep Space Exploration, 5 (5): 399-405.

Gurnett D A, Morgan D D, Duru F, Akalin F, Winningham J D, Frahm R A, Dubinin E, Barabash S. 2010. Large density fluctuations in the Martian ionosphere as observed by the Mars Express radar sounder. Icarus, 206: 83-94.

Gurnett D A, et al. 2005. Radar soundings of the ionosphere of Mars. Science, 310: 1929-1933.

Gurnett D A, et al. 2008. An overview of radar soundings of the Martian ionosphere from the Mars Express spacecraft. Adv Space Res, 41: 1335-1346.

Han Q, et al. 2019. The relationship between photoelectron boundary and steep electron density gradient on Mars: MAVEN observations. Journal of Geophysical Research: Space Physics, 124, doi: 10. 1029/2019JA026739.

Han X, et al. 2014. Discrepancy between ionopause and photoelectron boundary determined from Mars Express measurements. Geophysical Research Letters, 41 (23): 8221-8227.

Harada Y, et al. 2017. Survey of magnetic reconnection signatures in the Martian magnetotail with MAVEN. Journal of Geophysical Research: Space Physics, 122: 5114-5131.

Hestenes M R, Stiefel E. 1952. Methods of conjugate gradients for solving linear systems. Journal of Research of the National Bureau of Standards (United States), 49, doi: 10. 6028/jres. 049. 044.

Jakosky B, et al. 2015. The Mars atmosphere and volatile evolution (MAVEN) mission, Space Sci Rev, doi: 10. 1007/s11214-015-0139-x.

Jakosky B, et al. 2017. Mars' Atmospheric History Derived from Upper-Atmosphere Measurements of Ar-38/Ar-36. Science, 355: 1408-1410.

Johnson C L, et al. 2019. First results from the insight fluxgate magnetometer: Constraints on Mars' crustal magnetic field at the INSIGHT landing site. 50th Lunar and Planetary Science Conference 2019, LPI Contrib No 2132.

Kliore A J. 1992. Radio occultation observations of the ionopheres of Mars and Venus, in Venus and Mars, Ionospheres, and Solar Wind Interactions, Geophys. In: Venus and Mars: Atmospheres, ionospheres, and solar wind interactions; Proceedings of the Chapman Conference, Balatonfured, Hungary, June 4-8, 1990 (A92-50426 21-91). Washington, DC, American Geophysical Union, 265-276.

Koenders C, et al. 2016. Magnetic Field Pile-up and Draping at Intermediately Active Comets: Results from Comet 67P/Churyumov-Gerasimenko at 2. 0 AU, Monthly Notices of the Royal Astronomical Society, 462: 235-241.

Langlais B, et al. 2004. Crustal magnetic field of Mars. J Geophys Res, 109, doi: 10. 1029/2003JE002048.

Langlais B, et al. 2019. A new model of the crustal magnetic field of Mars using MGS and MAVEN. Journal of Geophysical Research: Planets, doi: 10. 1029/2018JE005854.

Lasue J, Mangold N, Hauber E, et al. 2013. Quantitative Assessments of the Martian Hydrosphere. Space Sci Rev, 174 (1): 155-212.

Li C L, et al. 2018. Scientific objectives and payload configuration of China's first Mars exploration mission. Journal of Deep Space Exploration, 5 (5): 406-413.

Lillis R J, et al. 2008. An improved crustal magnetic field map of Mars from electron reflectometry: Highland volcano magmatic history and the end of the martian dynamo. Icarus, 194, doi: 10. 1016/j. icarus. 2007. 09. 032.

Liu Y, et al. 1999. 3D multi-fluid MHD studies of the solar wind interaction with Mars, Geophys Res Lett, 26:

2689-2692.

Luhmann J G, et al. 2004. Induced magnetospheres. Adv Space Res, 33: 1905-1912.

Lundin R, et al. 2004. Solar wind-induced atmospheric erosion at Mars: First results from ASPERA-3 on Mars Express. Science, 305: 1933-1936.

Ma Y, et al. 2002. Three-dimensional multispecies MHD studies of the solar wind interaction with Mars in the presence of crustal fields. Journal of Geophysical Research: Space Physics, 107 (A10): SMP-6.

Ma Y, et al. 2014. Effects of crustal field rotation on the solar wind plasma interaction with Mars. Geophys Res Lett, 41: 6563-6569.

Ma Y, et al. 2017. Understanding the Solar Wind-Mars Interaction with Global Magnetohydrodynamic Modeling. Computing in Science Engineering, 19: 6-17.

Mayhew M A. 1979. Inversion of satellite magnetic anomaly data. Journal of Geophysics Zeitschrift Geophysik, 45: 119-128.

Mitchell D L, et al. 2001. Probing Mars' crustal magnetic field and ionosphere with the MGS Electron Reflectometer. J Geophys Res, 106: 23419-23427.

Mitchell D L, et al. 2016. The MAVEN solar wind electron analyzer. Space Sci Rev, 200 (1): 495-528.

Mittelholz A, et al. 2018a. A new magnetic field activity proxy for Mars from MAVEN data. Geophysical Research Letters, 45: 5899-5907.

Mittelholz A, et al. 2018b. The Mars 2020 candidate landing sites: A magnetic field perspective. Earth and Space Science, 5: 410-424.

Moore K M, Bloxham J. 2017. The construction of sparse models of Mars's crustal magnetic field. Journal of Geophysical Research: Planets, 122: 1443-1457.

Morschhauser A, et al. 2014. A spherical harmonic model of the lithospheric magnetic field of Mars. Journal of Geophysical Research: Planets, 119: 1162-1188.

Mustard J, et al. 2013. Report of the Mars 2020 science definition team. Mars Exploration Program Analysis Group (MEPAG), Cl: 155-205.

Müller J, et al. 2011. AIKEF: Adaptive hybrid model for space plasma simulations. Computer Physics Communications, 182: 946-966.

Ness N F, Acuna M H, Behannon K W, Neubauer F M. 1982. The induced magnetosphere of Titan. JGRA 87, 1369-1381.

Oliveira J S, Langlais B, Pais M A, Amit H. 2015. A modified Equivalent Source Dipole method to model partially distributed magnetic field measurements, with application to Mercury. J Geophys Res: Planets, 120: 1075-1094.

Owen T, Maillard J P, de Bergh C, Lutz B L. 1988. Deuterium on Mars-The Abundance of HDO and the Value of D/H. Science, 240: 1767-1770.

Penz T, et al. 2005. A comparison of magnetohydrodynamic instabilities at the Martian ionopause. Adv Space Res, 36 (1): 2049-2056.

Plattner A, Simons F J. 2015. High-resolution local magnetic field models for the Martian South Pole from Mars Global Surveyor data. J Geophys Res, 120, doi: 10. 1002/2015JE004869.

Purucker M E. 2008. A global model of the internal magnetic field of the Moon based on Lunar Prospector magnetometer observations. Icarus, 197, doi: 10. 1016/j. icarus. 2008. 03. 016.

Purucker M E, et al. 1996. Conjugate gradient analysis: A new tool for studying satellite magnetic data sets. Geophysical Research Letters, 23 (5): 507-510.

Purucker M E, et al. 2000. An altitude-normalized magnetic map of Mars and its interpretation. Geophys Res Lett, 27, doi: 10. 1029/2000GL000072.

Pätzold M, et al. 2005. A sporadic third layer in the ionosphere of Mars. Science, 310 (5749): 837-839.

Russell C T, et al. 2019. The insight magnetic field measurements: preliminary results, 50th Lunar and Planetary Science Conference.

Schmitz D R, Cain J C. 1983. Geomagnetic spherical harmonic analyses: 1. Techniques. J Geophys Res, 88 (B2): 1222-1228.

Schunk R W, Nagy A F. 2009. Ionospheres: physics, Plasma Physics and Chemistry, 2nd ed. Cambridge Univ Press, New York.

Shinagawa H. 2004. The ionospheres of Venus and Mars. Advances in Space Research, 33 (11): 1924-1931.

Shinagawa H, Bougher S W. 1999. A two-dimensional MHD model of the solar wind interaction with Mars. Earth planets and space, 51 (1): 55-60.

Slavin J A, et al. 2014. MESSENGER observations of Mercury's dayside magnetosphere under extreme solar wind conditions. Journal of Geophysical Research, 119 (10): 8087-8116.

Smith D E, Zuber M T. 2002. The crustal thickness of Mars: Accuracy and resolution. Lunar Planet Sci, XXXIII, abstract 1893.

Tanaka T. 1998. Effects of decreasing ionospheric pressure on the solar wind interaction with non- magnetized planets. Earth, planets and space, 50 (3): 259-268.

Tsang S E, Coates A J, Jones G H, Frahm R A, Winningham J D, Barabash S. 2015. Ionospheric photoelectrons at Venus: Case studies and first observation in the tail. Planet Space Sci, 113: 385-394.

Vogt M F, et al. 2015. Ionopause- like density gradients in the Martian ionosphere: A first look with MAVEN. Geophys Res Lett, 42: 8885-8893.

Voorhies C V, et al. 2002. On magnetic spectra of Earth and Mars. J Geophys Res, 107 (E6), doi: 10. 1029/2001JE001534.

Walsh B M, et al. 2013. Energetic particle dynamics in Mercury's magnetosphere. Journal of Geophysical Research, 118 (5): 1992-1999.

Wei Y, et al. 2012a. Enhanced atmospheric oxygen outflow on Earth and Mars driven by a corotating interaction region. J Geophys Res, 117: A03208.

Wei Y, et al. 2012b. A teardrop- shaped ionosphere at Venus in tenuous solar wind. Planet Space Sci, 73: 254-261.

Wei Y, et al. 2017. Ablation of Venusian oxygen ions by unschocked solar wind. Sci Bull, 62: 1669-1672.

Wei Y, et al. 2018. China's roadmap for planetary exploration. Nat Astronomy, 2: 346-348.

Whaler K A, et al. 2005. A spatially continuous magnetization model for Mars. J Geophys Res, 110, doi: 10. 1029/2004JE002393.

Zhao L, et al. 2018. The ROVER fuxgate magnetometer. Journal of Deep Space Exploration, 5 (5): 472-477.

Zuber M T. 2001. The crust and mantle of Mars. Nature, 412: 220-227.

火星弓激波上游等离子体环境

郭建鹏[1]，刘迪[2,3]，黄辉[1]，林海博[1]，赵丹[1]，洪一纯[1]，魏勇[2,3]

1. 北京师范大学天文系行星与空间物理研究团组，北京　100875

2. 中国科学院地质与地球物理研究所，北京　100029

3. 中国科学院大学地球与行星科学学院，北京　100049

摘　要

火星弓激波上游区域中的磁场主要源于太阳，粒子则源于太阳和火星大气，磁化等离子体环境受到太阳活动和太阳风–火星相互作用过程的调制。认识火星弓激波上游区域等离子体的主要特性对于研究火星空间天气和大气逃逸有重要意义。本文主要利用火星大气与挥发物演化任务（MAVEN）在轨观测数据，研究了火星弓激波上游等离子体环境的剧烈扰动，主要包括日冕物质抛射、太阳风高速流–低速流相互作用区、行星际快激波，这些扰动结构是火星空间环境变化和火星大气逃逸的重要驱动源。此外，还研究了火星上游新生离子的产生与离子回旋波的激发，并统计分析了离子回旋波的强度和发生率对行星际磁场锥角的依赖性。

1　火星弓激波上游区域简介

太阳风是由高温日冕向外膨胀形成的充满行星际空间的等离子体流，它们携带着冻结在其中的太阳磁场。由于太阳自转，行星际磁场呈阿基米德螺线形状。因火星没有全球性内禀磁场，当超声速太阳风扫过火星时，会与火星电离层和大气层相互作用，形成磁层，并在向阳侧形成火星弓激波。

火星大气中稀薄的氧气、氢气和碳元素包围着火星。紫外光谱成像观测显示氢气正在成群结队地离开火星大气，到达 10 个火星半径的地方进入太阳风。氢原子由火星上层大气的水蒸气分解产生，由于氢气比氧气轻，逸入太阳风相对更容易。氧气和碳原子也聚集在离火星较近的地方，也在逃离火星。正在逃逸的火星大气中性粒子形成逃逸层。在向阳侧，中性粒子逃逸层覆盖范围包括激波的上游和下游。在火星弓激波附近，这些中性粒子受到太阳高能电子影响，或被太阳辐射光致电离，或与太阳风中的粒子发生电荷交换，产生新生离子。这些离子进入太阳风，被行星际磁场重新捡起，被形象地描述为拾起离子。拾起离子的速度分布呈现环–束流分布，而这种离子分布通常不稳定，可激发等离子体波动，比如离子回旋波。除了拾取离子，在火星弓激波上游（包括激波前兆区）还存在多种离子群，比如弓激波反射离子。当太阳风靠近火星弓激波时，太阳风会加载离子，质量增大，太阳风将略微减速。

可见，火星弓激波上游区域是一个有别于太阳风的等离子体环境，主要受到太阳日冕活动和太阳风-火星相互作用过程的调制。本文内容主要关注火星弓激波上游的太阳风剧烈扰动和离子回旋波活动。

2 火星上游太阳风扰动

2.1 火星上游日冕物质抛射观测研究

2.1.1 引言

日冕物质抛射（CME）是从日冕喷发出来的等离子体及其伴随的日冕磁场（Gopalswamy and Kundu，1992；Webb and Howard，2012；Kilpua et al.，2017）。行星际日冕物质抛射（ICME），即 CME 在行星际空间中的对应物，通常可根据磁场、等离子体、粒子的能量和成分等观测特征来证认（Richardson and Cane，2010；Zurbuchen and Richardson，2006）。主要特征包括增强的磁场强度、平滑旋转的磁场方向（Burlaga et al.，1981；Klein and Burlaga，1982）、下降的太阳风速度（Russell and Shinde，2003）、低等离子体 β 值、异常低质子温度（Richardson and Cane，1995）、低电子温度（Montgomery et al.，1974）、超热双向电子流（Zwickl et al.，1983；Gosling et al.，1987）、成分异常（Bame et al.，1979；Ipavich et al.，1986；Goldstein et al.，1998）、离子电荷态异常（Lepri et al.，2001）、高能粒子特征（Marsden et al.，1987）等。但这些特征都不是 ICME 独有的（Gosling，1997；Neugebauer et al.，1997），此前的研究表明大约 1/3 的 ICME 表现出类似磁绳（flux rope）的特征，其比较显著的特征是磁场矢量大角度平滑旋转。此类 ICME 被定义为磁云（MC）（Burlaga et al.，1981）。快速 ICME 能够驱动激波穿过日冕和行星际介质，激波和 ICME 之间的湍动区域为鞘区，其典型特征包括磁场增强且剧烈扰动、质子数密度增大和温度升高（Kilpua et al.，2017）。

ICME 是地球和行星空间天气扰动的最重要驱动源之一。火星没有全球性偶极场，因此它与太阳风以更直接的方式相互作用。许多观测和数值模拟研究都致力于研究火星对 ICME 的响应，特别是一些极强的 ICME，它们与最早期的太阳风更为相似。这些结果表明，ICME 可以显著改变火星系统的整体形态和动力学，最终导致大气逃逸（Morgan et al.，2014；Jakosky et al.，2015b；Dong et al.，2015；Curry et al.，2015；Luhmann et al.，2017；Thampi et al.，2018）。例如，Xu 等（2018）利用 MAVEN 探测器的观测数据，研究了 2017 年 9 月 ICME 事件的磁拓扑响应，发现行星际磁场（IMF）可以深入大气层，出现更多的磁力线连接火星与太阳风。Ma 等（2018）进一步通过数值模拟研究了等离子体环境对该 ICME 事件的响应，发现等离子体边界的位置变化剧烈，离子损失率提高了一个数量级以上。最近，Lee 等（2017）利用 2014 年 11 月至 2015 年 10 月的 MAVEN 观测数据，分析了火星空间天气事件，包括 ICME。但是，火星上游的 ICME 特性尚未得到充分的探索，主要是因为上游太阳风观测有限。

MAVEN 是为了研究火星上层大气系统的变化，对太阳风的响应，以及大气逃逸（Jakosky et al.，2015b）。它还对行星际介质进行了探测，特别是当它的最远点位于弓激波的上游时。MAVEN 于 2014 年 9 月抵达火星，绕火星的椭圆轨道一周为 4.5 h，近火点 150 km，远火点 6200 km，轨道倾角为 75°。原位探测可同时监测等离子体和磁场，为研究极端太阳风条件提供了一个很好的机会。在这项工作中，我们使用 MAVEN 数据证认了 2014 年 12 月 6 日至 2019 年 2 月 21 日期间的 ICME 事件（这个时段涵盖了第 24 个太阳活动周从太阳活动峰值到谷值的下降阶段），并分析了它们的统计特征。

2.1.2 数据

MAVEN 探测器携带 9 个传感器，测量太阳风和等离子体及火星的中性环境。这项工作使用的主要数据是太阳风离子分析仪（SWIA）观测到的太阳风离子（主要是质子）的通量（Halekas et al.，2015）。因为 SWIA 不具有质量分辨能力，所以假设所有离子都是质子，则太阳风离子密度、温度和速度矩（moments）都是由 SWIA Fine 3-D（P2）数据计算得到的，包括在探测器（onboard-computed）和在地面上的双重计算。太阳风通常含有大约 4% 的 α 粒子，这些粒子几乎不影响密度和速度，但确实一定程度上增大了温度。Halekas 等（2017）提议假设太阳风中只有质子和 α 粒子，可根据质子能谱（Fine 3-D 数据）将质子与 α 粒子区分开来。但是这种方法不适合 ICME 事件，因为在 ICME 扫过火星期间，SWIA 将会遇到急剧增加的太阳风重离子和行星离子，例如新生的拾取离子（Curry et al.，2015）。这意味着在现实中很难获得 ICME 中的准确温度。如 Halekas 等（2017）所述，尽管存在一些潜在的问题，但 onboard moments 数据仍可用于描述上游太阳风。本文中，我们利用太阳风数据（假设所有离子都是质子）和 4 s 时间分辨率的离子能谱来证认和分析 ICME 事件，当然，onboard 温度数据仅用于定性诊断。

我们用到的数据如下：磁强计（MAG）（Connerney et al.，2015b）测量磁场的三分量，频率为 32 Hz，从全分辨率测量中提取的 4 s 分辨率 MAG 数据，并提取出与 SWIA 分辨率对应的数据；太阳风电子分析仪（SWEA）（Mitchell et al.，2016）的能量范围在 3 ~ 4600 eV 的电子能量和角分布数据；太阳高能粒子分析仪（SEP）（Larson et al.，2015）测量 20 ~ 1000 keV 的电子和 20 ~ 6000 keV 的离子通量。MAVEN 数据分析采用火星太阳轨道坐标系（MSO），其中 X 轴从火星指向太阳，Y 轴指向垂直于 X 轴的火星轨道速度分量的相反方向，Z 轴则完成右手坐标系。

2.1.3 ICME 证认

我们使用了如下观测特征来证认 ICME：增强的磁场强度，平滑变化的磁场方向，下降的速度，低的太阳风温度，低的质子 β（质子热压与磁压之比），双向电子流，激波，以及离子高能事件和电子高能事件。值得注意的是，质子 β 是根据 onboard 太阳风温度计算的，仅用于 ICME 的定性诊断。激波根据对磁场和等离子体参数的观测确定（见 Huang et al.，2019）。部分激波事件到达火星时，MAVEN 的轨道不在太阳风中，需从离子高能事件和电子高能事件的通量峰值中来分辨。一般来说，满足上述其中三个及以上特征时，证认为 ICME 事件。当地球（或 STEREO-A）和火星大致位于相同的 Parker 螺旋场线时，在 1 AU 处探测到的 ICME 很可能也能到达火星。在此情况下，我们还分析了 WIND、ACE 和 STEREO-A 的观测数据，来准确证认火星上游的 ICME。对于一些观测特征比较模糊的事件，我们还查看了 SOHO CME 目录（Yashiro et al.，2004），并尝试将它们与 1 AU 附近观测特征联系起来，以确保我们证认 ICME 的准确性。基于这些标准，我们证认了 2014 年 12 月 6 日至 2019 年 2 月 21 日的 24 个 ICME 事件，可能其中有几个 ICME 与其他结构发生了相互作用但仍保持其特征（Guo et al.，2016a）。只有 9 个激波由 ICME 驱动。我们可能遗漏了一些 ICME 事件，这些 ICME 的特征可能因为与周围太阳风相互作用发生变化，或者由于探测器覆盖范围有限而未能捕捉到。

图 1 显示了 2014 年 12 月 16 日至 23 日 MAVEN 观测到的一例典型 ICME 事件。这里只显示了火星弓激波上游的等离子体和磁场数据点。对于每个弓激波，我们试图确定其

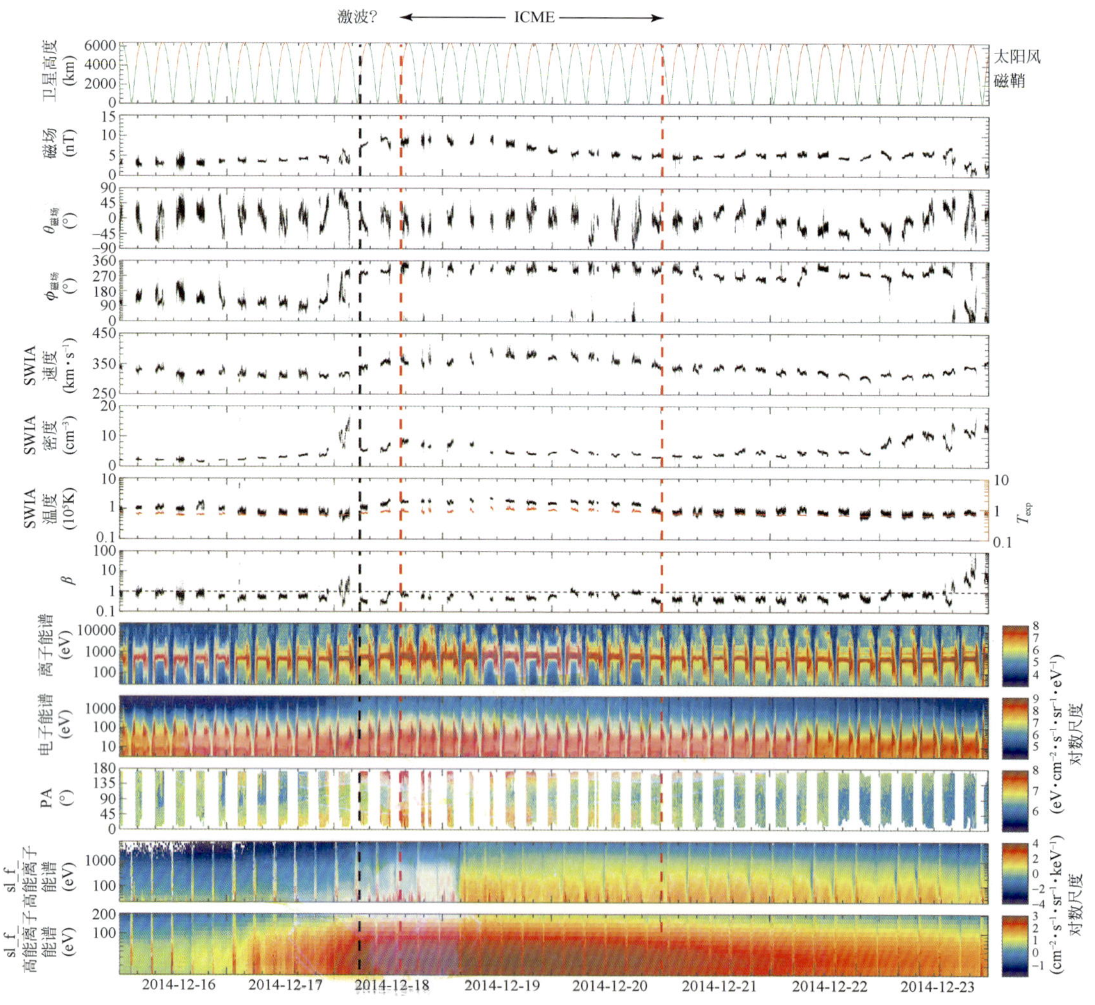

图 1　2014 年 12 月 16 ~ 23 日 MAVEN 观测到的一例 ICME 事件

上游边界，其主要特征包括离子能谱增加、太阳风方向和速度突变、离子密度急剧增加、磁场强度突然增加。图 1 中展示的这一例 ICME 的特征包括增强的磁场强度、磁场方向的平滑旋转、下降的质子速度、双向电子流、比 T_{exp} 更低的太阳风质子温度，以及离子高能事件和电子高能事件。ICME 出现一个以 SEP 电子通量突然增加为特征的激波，可能由 ICME 驱动。

2.1.4 ICME 的统计特性

我们选取了 ICME 中的太阳风参数数据点，统计了 ICME 的特征量的分布。这些参数包括磁场强度 B、太阳风密度 N、太阳风速度 V 和相应的动压 Pdy。前面提到，onboard-computed 的太阳风温度 T 不能用于定量研究，因此不包括在此处的统计分布研究中。结果如图 2 所示，除了速度 V，其他参数的分布近似对数正态分布，有一个长尾（Guo et al., 2010）。速度 V 的分布呈现出一个小的峰值，约 600 km/s，可能是由采样不足导致。为了与太阳风的长期行为进行比较，我们研究了从 2014 年 12 月 6 日到 2019 年 2 月 21 日期间

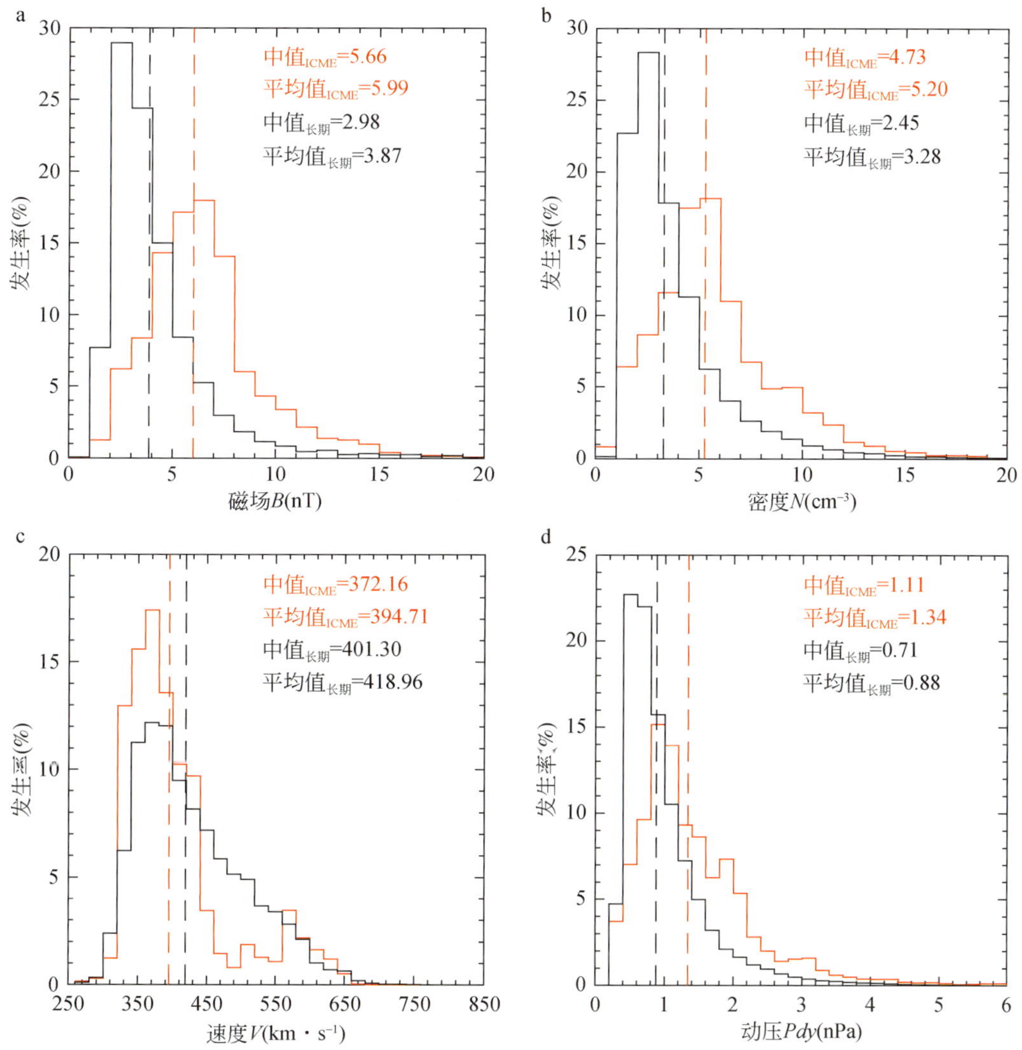

图 2 ICME 中各参数的分布：ICME 与太阳风长期变化行为对比

这些参量的分布，并计算了此期间的太阳风参数的平均值。太阳风的数据收集分两步进行。首先，我们根据遥测模式的改变（“太阳风”或“鞘层”）确定所有卫星位于上游太阳风中的时间，并丢弃距离模式变化15 min以内的数据，避免来自非太阳风源的污染，比如与激波相关的磁结构。然后使用Halekas等（2017）提出的算法排除非太阳风观测时间段。选择速度 $V>200$ km/s，磁场扰动 $\sigma B/B<0.15$（σB 代表4 s间隔内所有分辨率为32 Hz的三分量扰动的平方根值），卫星高度 $R>500$ km，温度-速度关系 $\sqrt{T}/V<0.012$。所选时间段的特征量分布如图2所示，ICME的磁场平均值约为5.99 nT，比数值约为3.87 nT的长期平均值强1.5倍。ICME的数密度 N 平均值约为5.20 cm^{-3}，而长期太阳风的平均值为3.28 cm^{-3}，V 的平均值约为394.71 km/s，略低于长期平均值的418.96 km/s，这表明在第24个太阳活动周下降阶段高速流在太阳风中占主导地位。Pdy 的平均值约为1.34 nPa，而长期平均值为0.88 nPa，这表明ICME代表了一类太阳风动压增强事件。

进一步我们分析了ICME与高速流、低速流、高速流-低速流相互作用区（SIR）的统计特征的差异。SIR样本选自Huang等（2019）编制的SIR列表，以及2014年12月至2019年2月期间的SIRs。图3给出了这四类太阳风等离子体的磁场强度 B、太阳风密度 N、太阳风速度 V 和动压 Pdy 的分布。平均上，ICME的磁场强度 B 最高，密度 N 的最大值发生在ICME中，但其平均值仅比SIR中的大0.10 cm^{-3}。如预期的那样，速度 V 在低速流中最低，在高速流中最高，同时，我们发现ICME的平均速度比SIR中的低，ICME对应的动压小于SIR中的。

为了进一步研究ICME从1 AU传播至1.52 AU期间的变化，我们参考了1 AU附近的ICME列表（Richardson and Cane，2010），选取了ACE在同一时间段（2014年12月至2019年2月）观测到的59个ICME事件。需要提到的是，这里并不要求同一个ICME在火星和在1 AU处均被观测到。我们比较了1.52 AU和1 AU处ICME的磁场强度 B、太阳风密度 N、太阳风速度 V 和动压 Pdy 的统计分布。结果表明，从1 AU到1.52 AU，B 的平均值从10.22 nT降到5.99 nT；N 的平均值从7.81 cm^{-3} 减少到5.27 cm^{-3}；速度 V 的平均值从436.60 km/s下降到394.71 km/s；Pdy 的平均值从2.34 nPa下降到1.34 nPa。这些结果将有助于理解ICME从1AU到1.52 AU的传播过程。

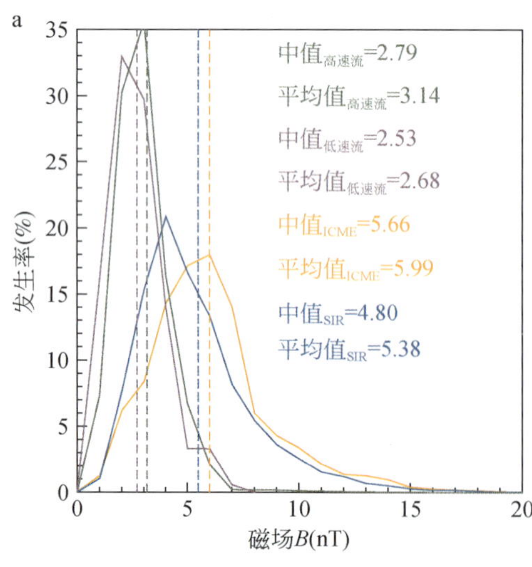

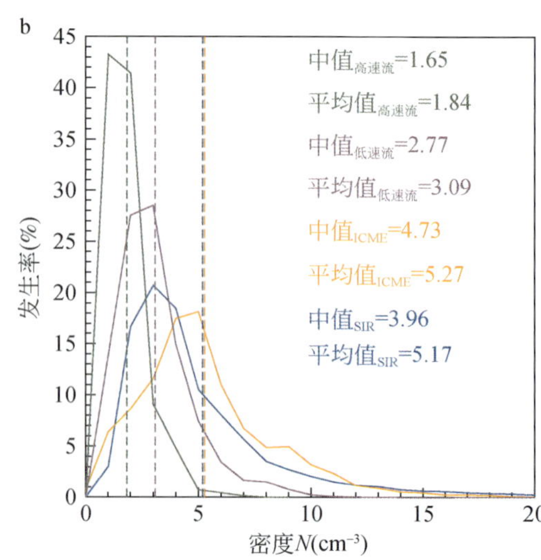

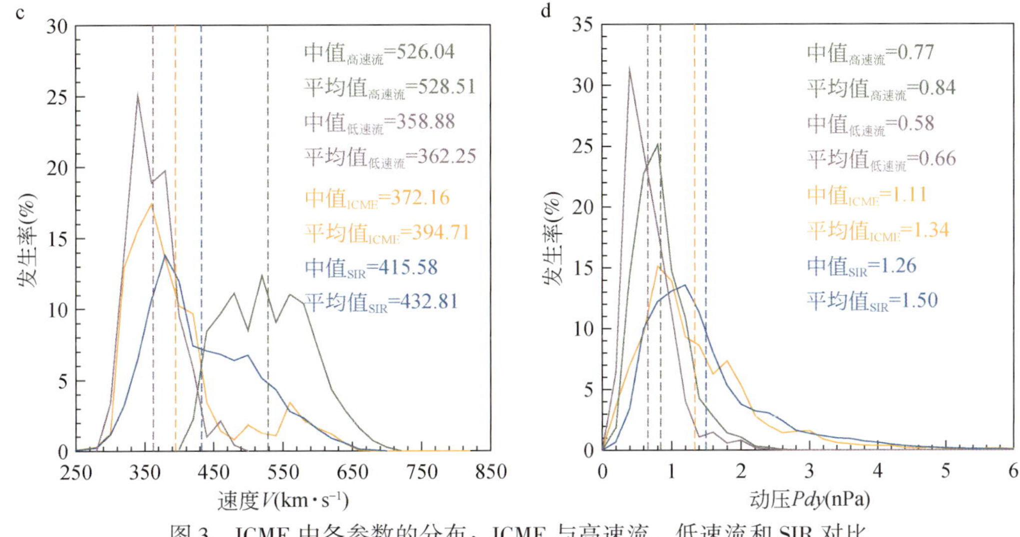

图 3 ICME 中各参数的分布：ICME 与高速流、低速流和 SIR 对比

2.1.5 小结

我们利用2014 年 12 月 6 日至2019 年 2 月 21 日期间 MAVEN 数据来认证 ICME 事件并给出列表，研究了 ICME 的统计特征及 ICME 从 1 AU 到 1.52 AU 的演化特征。研究结果表明：ICME 的磁场强度、密度和动压显著高于相应的长期平均值，而 ICME 的速度略低于长期平均值，这表明在第 24 个太阳活动周的下降阶段高速流占主导地位。将 ICME 的统计特性与高速流、低速流、高速流–低速流相互作用区（SIR）的特征进行比较。结果表明，ICME 中磁场强度最高；ICME 的密度与 SIR 的密度相当；ICME 的速度略低于 SIR；ICME 的动压 *Pdy* 小于 SIR。从 1 AU 到 1.52 AU，ICME 中磁场强度的平均值从 10.22 nT 下降到 5.99 nT；质子密度的平均值从 7.81 cm^{-3}下降到 5.27 cm^{-3}；质子速度的平均值从 436.60 km/s 降至 394.71 km/s；动压的平均值从 2.34 nPa 下降到 1.34 nPa。

2.2 火星上游太阳风高速流–低速流相互作用区观测研究

2.2.1 引言

随着太阳的自转，太阳风高速流追上前面的低速流并与之相互作用，从而形成相互作用区（SIR）。高速流与低速流的分界面称为流界面（SI；Burlaga，1974）。在 SI 处，质子密度急剧下降而质子温度迅速上升（Gosling et al.，1978）。SIR 的前后边界是一对前后压力波。前向的压力波向前面的低速流传播，而后向的压力波向尾部的高速流传播。他们在大的日球层距离处会陡化形成激波。

SIR 从太阳向外传播的过程中会不断演化。在 1 AU 处，SIR 的速度通常是逐渐上升的，而在大的日球层距离处，例如在 5.3 AU 附近，观测到一些 SIR 的速度是缓慢下降的（Jian et al.，2008a）。由于压缩区的持续膨胀，相邻的 SIR 最终会相互作用，甚至并合形成新的 SIR。如此，在太阳附近的太阳风流的速度和其他参数的变化特征会变得不再明显，甚至失去它们的特征。这个过程偶尔会出现在1 AU以内，尽管很少（Wang et al.，2018）。关于SIR随日心距的演化，请读者阅读最近的一篇综述文章（Richardson，2018）。

观测表明，在1 AU以内只有少数压力波陡化形成激波。Schwenn（1990）研究了Helios在1 AU以内观测到的270个SIR，发现前激波的发生率只有2%，后激波的发生率低于4%。Jian等（2006）研究了在1 AU处从1995年到2004年间的365个SIR，发现前激波的发生率为17%，后激波的发生率为6%。然而，在2 AU以外，大部分SIR都伴随有激波（Gosling et al.，1976；Hundhausen and Gosling，1976；Smith and Wolfe，1976）。Jian等（2008a）研究了Ulysses在5.3 AU附近观测到的54个SIR，发现91%的SIR伴随有激波，47%的SIR伴随有前后激波对。

自20世纪70年代以来，通过卫星观测数据，在了解内日球层中SIR的形成和初始动态演化方面取得了重大进展。然而，对SIR在1 AU以外的演化，我们知之甚少。许多重要的问题都还没有解决。例如，当太阳风传播到火星轨道时，SIR是否膨胀，膨胀到什么程度？SIR的激波伴随率从1 AU到2 AU会显著增加吗？此外，许多与SIR有关的重要现象，如高能粒子效应以及与行星的相互作用会随着日心距的增加或者激波的形成而变得更强，这些物理过程也值得进一步研究。MAVEN的观测为研究这些问题提供了很好的机会。本节主要关注1.52 AU附近的SIR基本特征，以及SIR在1 AU到1.52 AU之间的演化。

2.2.2 数据

MAVEN携带了9个仪器来测量太阳风及火星空间的等离子体和中性成分。在这个工作中，我们主要用到如下三个仪器的数据：太阳风离子分析仪（SWIA；Halekas et al.，2015），磁力计（MAG；Connerney et al.，2015b），和太阳风电子分析仪（SWEA；Mitchell et al.，2016）。SWIA是一个静电分析仪，测量能量在25 eV到25 keV之间的离子的3维分布。当MAVEN在太阳风中时，SWIA提供的太阳风等离子体数据的时间分辨率是4 s。MAG提供磁场的三分量数据，时间分辨率是32 Hz。SWEA提供了能量为3 eV到4600 eV的电子的能量和角分布数据，时间分辨率是2 s。我们用的是MSO坐标系下的数据。在MSO坐标系中，X轴从火星指向太阳，Y轴指向火星轨道速度的相反方向，并与X轴垂直，Z轴通过右手定则来确定。

2.2.3 SIR观测实例：2016年8月2日到3日事件

图4展示了MAVEN在2016年8月2日到3日观测到的一个SIR事件的等离子体和磁场参数。可以看出，在SIR期间，磁场B增强，质子速度V_p增加，质子密度N_p先增大后减小，质子温度T_p升高，总垂直压P_t增大（Guo et al.，2015，2016b；Wang et al.，2018）。P_t表示磁压与垂直于磁场方向的热压分量之和（Gosling et al.，1987）。注意，SWIA不具备分辨离子种类的能力，文中所用的等离子体参数都是通过假设SWIA搜集到的所有离子都是质子来计算得到的。SWEA并没有直接提供电子温度和密度的参数。我们在计算P_t时，并没有考虑电子的贡献，而且假设质子温度是各向同性的。图中红色虚线标识的位置是SI，在SI处，质子密度下降，温度同时上升。SIR的前后边界存在一对前后激波，如图中两条蓝色虚线所示。

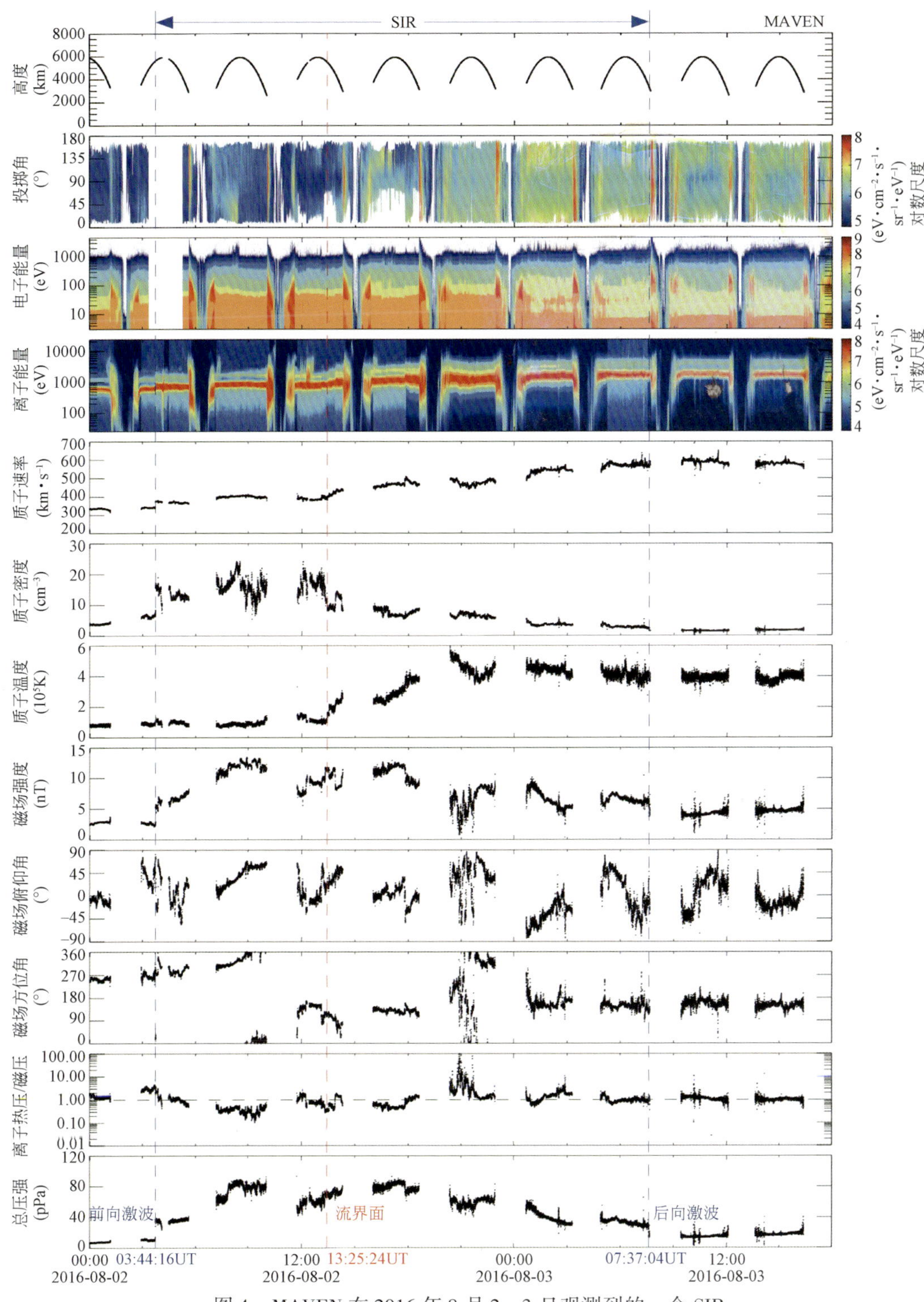

图 4　MAVEN 在 2016 年 8 月 2 ~ 3 日观测到的一个 SIR

在 8 月 2 日到 3 日之间，Parker 螺旋线几乎同时扫过火星和地球（也就是地球和火星都位于同一条 Parker 螺旋线上），这给我们研究 SIR 从 1 AU 到 1.52 AU 之间的演化提供了机会。WIND 在 8 月 2 日的 04：05 UT 到 8 月 3 日的 12：21UT 之间观测到了这个 SIR。这是一个混合事件，在这个 SIR 中嵌入了一个 ICME，且这个 ICME 似乎包含两个磁绳。在这个 SIR 的后边界形成了一个很强的后激波，前边界没有激波形成。如果从太阳上吹出的等离子体流相对稳定，我们可以推测在 1.52 AU 处观测到的这个前激波是在 1 AU 到 1.52 AU 之间形成的。这个后激波的传播速率 V_{sh} 是 361 km/s，比 1.52 AU 处的后激波传播速率慢。磁场压缩率是 2.09，比 1.52 AU 处的要高一些。

2.2.4 SIR 统计特征

基于 MAVEN 从 2014 年 10 月 10 日到 2018 年 11 月 14 日近 4.1 年的观测数据，我们一共证认了 149 个 SIR，包括共转相互作用区（CIR）和瞬间的 SIR，但是不包括 SIR 和 ICME 或者复杂抛射物的混合事件。需要指出的是，MAVEN 通常不能观测到整个 SIR 结构。当 SIR 的前后边界没有被 MAVEN 观测到时，我们选取 P_t 降到接近背景值附近的 MAVEN 穿越火星弓激波的时刻作为对应的边界位置。对于 SI 没有被观测到的事例，我们选取 P_t 最大的时刻作为 SI 穿越的时刻（Jian et al., 2006）。如果 P_t 最大时，卫星位于火星弓激波以内的区域，那么就选取卫星穿进和穿出弓激波的中间时刻作为 SI 穿越的时刻。SIR 事件列表及其相应的参数见 Huang 等（2019）。这些参数包括：SIR 的持续时间 Duration，SI 之前的持续时间与 SI 之后的持续时间之比 Db/Da，最大磁场强度 B_{max}，最大密度 N_{max}，最大温度 T_{max}，最大总垂直压强 P_{tmax}，最大速率 V_{max}，最小速率 V_{min}。在统计 SIR 的性质前，我们排除了太阳风数据扰动较大的 19 个 SIR。在这 19 个 SIR 中，有 11 个 SIR 的有效数据率低于 30%。有效数据率定义为在 SIR 持续时间内，卫星处在太阳风中的时长与 SIR 的持续时间之比。除此之外，另有 4 个 SIR 的有效数据率低于 30%，也被排除在分析事件之外。最后，有 126 个 SIR 用于我们的统计研究。图 5 给出了 SIR 参数的概率分布。平均来看，SIR 的持续时间为 37.0h，Db/Da 为 0.78，B_{max} 为 11 nT，P_{tmax} 为 73 Pa，平均速度为 430 km/s，速度差为 178 km/s。

我们希望进一步比较 SIR 在 1.52 AU 处和 1 AU 处的基本特征。在之前的研究中，Jian 等（2006）基于 1 AU 处 WIND 和 ACE 从 1995 年到 2004 年的观测数据，一共证认了 365 个 SIR，包含 41 个混合事件，并分析了 SIR 相应的参数（也可参考 Jian et al., 2008b）。我们对比分析了他们的结果与 1.52 AU 附近得到的结果。对比结果显示，在 1.52 AU 附近 SIR 的平均出现率是每年 36.3 个，与 1 AU 处的每年 32.4 个大致相当，表明大部分 SIR 在 1 AU 处已经形成。1.52 AU 附近的 SIR 平均持续时间是 37.0±1.5 h，1 AU 处的结果是 36.73±0.89 h，说明 SIR 传播到火星轨道之前没有加速膨胀。1.52 AU 附近的 Db/Da 的中值是 0.67，低于 1 AU 处的 0.8。注意 1 AU 处 Db/Da 的平均值和中值差别很大，这是由于存在部分较大的值。SIR 从 1 AU 演化到 1.52 AU，B_{max}、P_{tmax} 和速度差 ΔV 的平均值和中值都明显下降。

在这 126 个 SIR 中，有 42 个 SIR 的前边界或者后边界伴随有激波，也就是在 1.52 AU 附近，SIR 的激波发生率为 33.3%。其中有 27 个 SIR（21.4%）只有前激波，10 个 SIR（7.9%）只有后激波，有 5 个 SIR（4.0%）伴随前后激波对。值得注明的是，可能有些 SIR 伴随有激波，但是激波没有被 MAVEN 观测到。因此真实的 SIR 的激波发生率应该高于这些值。

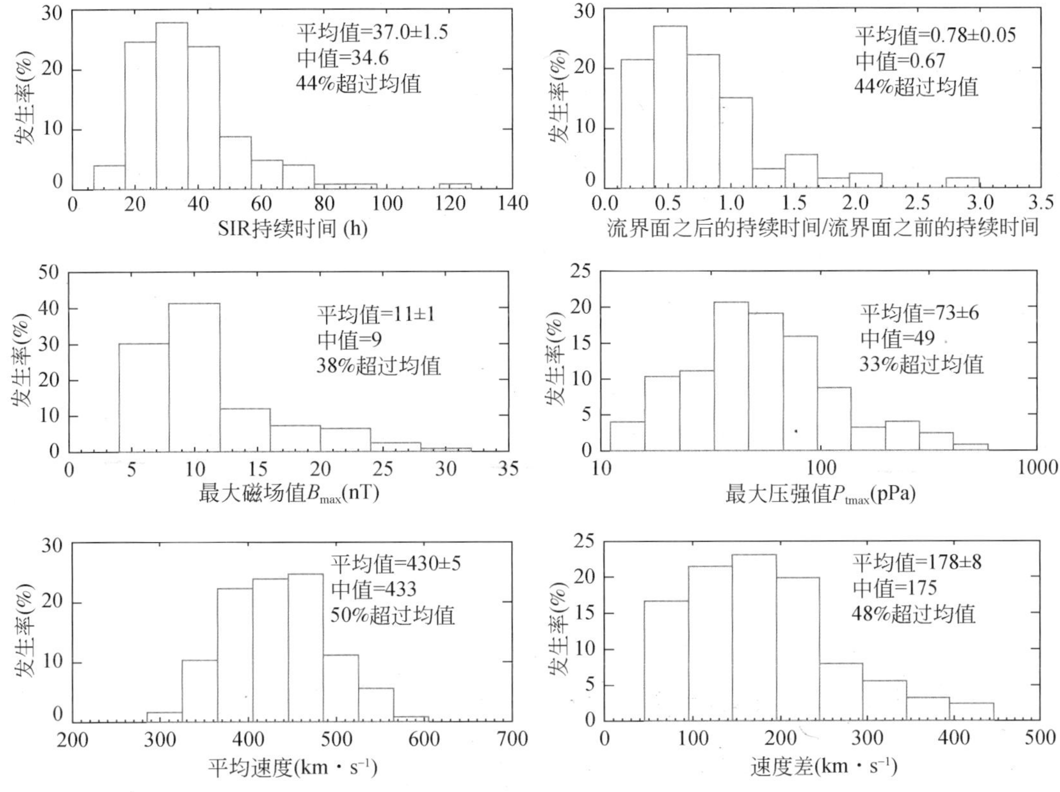

图 5 SIR 参数的分布图（2014-10-10 ~ 2018-11-14）

为了定量的比较 1.52 AU 与 1 AU 处的 SIR 的激波发生率及激波的性质，我们一共搜集了在 1 AU 处观测到的 734 个 SIR。在这 734 个 SIR 中，有 149 个 SIR 伴随有激波，即在 1 AU 处，SIR 的激波发生率为 20.3%。其中有 87 个 SIR（11.9%）只有前激波，46 个 SIR（6.3%）只有后激波，16 个 SIR（2.2%）伴随有前后激波对。结果表明，从 1 AU 到 1.52 AU，SIR 的激波发生率显著升高，说明有一些压力波陡化形成了激波。

2.2.5 小结

我们用 MAVEN 从 2014 年 10 月 10 日到 2018 年 11 月 14 日之间的观测数据，对 126 个 SIR 的基本特征及 SIR 从 1 AU 到 1.52 AU 之间的演化作了统计研究。研究结果表明：在 1.52 AU 附近的 SIR 发生率为每年 36.3 个，比 1 AU 处的每年 32.4 个相当，但略微高出一点，说明大部分 SIR 在 1 AU 处已经形成。1.52 AU 附近的 SIR 的平均持续时间是 37.0±1.5 h，与 1 AU 处的 36.73±0.89 h 几乎相等，表明 SIR 在传播向火星轨道的过程中没有加速膨胀。从 1 AU 到 1.52 AU，SIR 的磁场强度和压强都有明显下降。在 1.52 AU 附近，33.3% 的 SIR 边界处有激波。其中，21.4% 的 SIR 只有前激波，7.9% 的 SIR 只有后激波，4.0% 的 SIR 伴随有前后激波对。考虑到有部分 SIR 边界处的激波可能没有被 MAVEN 观测到，真实的 SIR 的激波发生率应该比这个结果高。从 1 AU 到 1.52 AU，SIR 的激波发生率明显上升，从 20.3% 上升到 33.3% 或更高。

2.3 火星上游太阳风动压增强事件观测研究

2.3.1 引言

太阳风大致沿径向向外流出，它与行星和太阳系其他天体相互作用，最终遇到星际介质。太阳风动压的变化可以调制相互作用的过程，以及障碍物（例如行星磁层或大气）的尺寸和形状。火星是一个有大气层，但没有全球性磁场的行星，它的电离层和感应磁层成为太阳风的障碍物。增强的太阳风动压会显著地压缩火星的感应磁层和电离层（Opgenoorth et al.，2013；Girazian et al.，2019）。几十年来，我们已经认识到太阳风动压增强会显著影响火星等离子体环境和大气（离子）逃逸（Zhang and Luhmann，1992；Crider et al.，2003；Kaneda et al.，2007；Wei et al.，2012；Ma et al.，2014；Jakosky et al.，2015a；Luhmann et al.，2017；Girazian et al.，2019）。研究发现，动力学响应与同时刻上游的太阳风动压没有很好的相关性（Halekas et al.，2017）。部分原因可能是地壳磁场（Acuña et al.，1999）使火星与太阳风相互作用变得复杂（Girazian et al.，2019）。更可能的原因是响应不仅取决于同时刻的太阳风压，还取决于这个时刻之前的太阳风动压（Ma et al.，2014）。此外，由于密度增加而导致太阳风动压增强的情况可能与速度增加导致的太阳风动压增强的情况大不相同。所有这些事实表明，有必要了解太阳风动压增强与太阳风等离子体类型或结构的关联，比如：行星际日冕物质抛射（ICME）(Zurbuchen and Richardson，2006)，高速度-低速流相互作用区（SIR）（Guo et al.，2015；Huang et al.，2019），日球层等离子体片（HPSs）等（Winterhalter et al.，1994；Crooker et al.，2004）。这种分析需要火星弓激波上游太阳风观测资料。

我们使用来自 MAVEN 卫星上四种仪器的数据研究了从 2014 年 12 月 6 日至 2019 年 2 月 21 日期间火星上游的太阳风动压增强事件和与太阳风磁结构的关联。这个时段涵盖了第 24 个太阳活动周的下降阶段，大致是从太阳活动极大年到太阳活动极小年。

2.3.2 数据

本项工作使用的主要数据来源是 MAVEN 上的太阳风离子分析仪（SWIA；Halekas et al.，2015）观测的太阳风离子通量（主要是质子）。当 MAVEN 处于太阳风中时，SWIA 提供了 4 s 分辨率的太阳风参数。太阳风动压（$Pdy = NmV^2$），其中 N 是离子数密度，m 是质子质量（1.67×10^{-27} kg），V 是太阳风质子速度。由于 SWIA 无法识别离子种类，计算假设所有离子都是质子。此外，还利用磁强计（MAG）对行星际磁场（IMF）的矢量测量、太阳高能粒子（SEP）仪器的高能粒子通量及太阳风电子分析仪（SWEA）的 3～4600 eV 电子的能量和角分布来确定与太阳风动压增强相关的等离子体结构。MAVEN 数据是在火星太阳轨道（MSO）坐标中使用的，其中 X 从火星指向太阳，Y 指向火星轨道速度的相反方向并与 X 轴垂直，Z 完成右手系统。

2.3.3 太阳风动压增强事件

在本节中，我们重点关注太阳风动压增强事件，定义为 Pdy 大于 2 nPa 且持续时间大于 10 min 的事件。在证认事件时，对于 Pdy 大于 2 nPa 的离散数据点，若它们的间隔不超过 1 min（15 个数据点），视为一个事件。另一方面，连续的两个或多个动压增强视为同一个事件。此外，也严格检查和排除了火星激波前兆区的影响。在 2014 年 12 月到 2019 年 2 月，我们一共发现 222 个太阳风动压增强事件。图 6 展示了一个太阳风动压增强实例，即 2018 年 7 月 25 日至 26 日一个 HPS 嵌入在 SIR 中导致的太阳风动压增强事件。在 SIR 前后边界观测到前向和后向激波（Huang et al.，2019）。HPS 可以通过质子密度 N 增强和磁场 B 降低来证认（Winterhalter et al.，1994）。尽管 HPS 内的质子速度相对较慢（约 430 km/s），但密度 N 大于 20 cm^{-3}，导致了极大的动压增强（Pdy 高达约 8 nPa）。密度升高了 10～15 倍，这是由于 HPS 内密度的升高（HPS 的本质特征），以及 SIR 流界面前面的密度增加（SIR 的压缩特征）的共同作用所致。这表明嵌入在 SIR 中的 HPS（HPS in SIR 事件）会引起极大的太阳风动压增强事件。

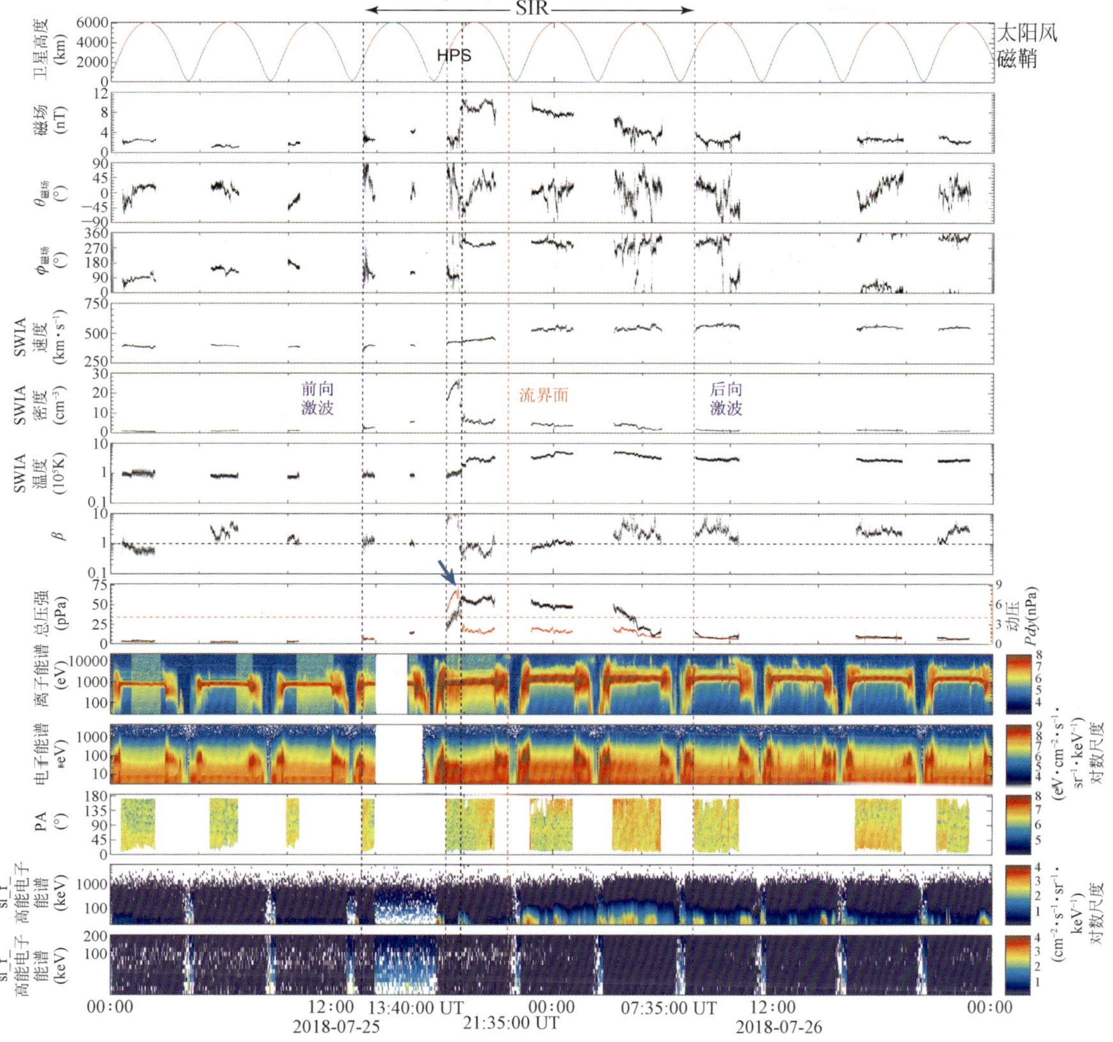

图 6　MAVEN 观测到的一个太阳风动压增强事件

我们研究了这 222 个太阳风动压增强事件与各种太阳风结构的相关性，并将它们细分为六种类型：SIR、HPS in SIR、慢速太阳风中的 HPS、ICME 和鞘区、太阳风高速流、其他事件，通常是太阳风瞬态结构。从统计的角度来看，各种类型事件的关联率如图 7a 所示。I—VI 类事件的关联率分别约为 38.2%、36.5%、13.5%、5.0%、4.5% 和 2.3%。很明显，在动压增强事件中，SIR 与 HPS in SIR 两种太阳风结构占了相当大的比例，约占 3/4。

我们进一步统计分析了极端太阳风动压增强事件（Pdy > 4 nPa），以下简称为极端 Pdy 事件。共识别出 57 个极端 Pdy 事件，它们与各种类型事件的关联率如图 7b 所示。事件类型 I—VI 的关联率分别约为 19.3%、56.1%、12.3%、12.3%、0% 和 0%。一半以上的极端 Pdy 事件是在 HPS in SIR 中发生的。此外，我们注意到 HPS 往往出现在 SI 界面前。这个结果将有助于我们理解火星空间环境和火星大气逃逸。

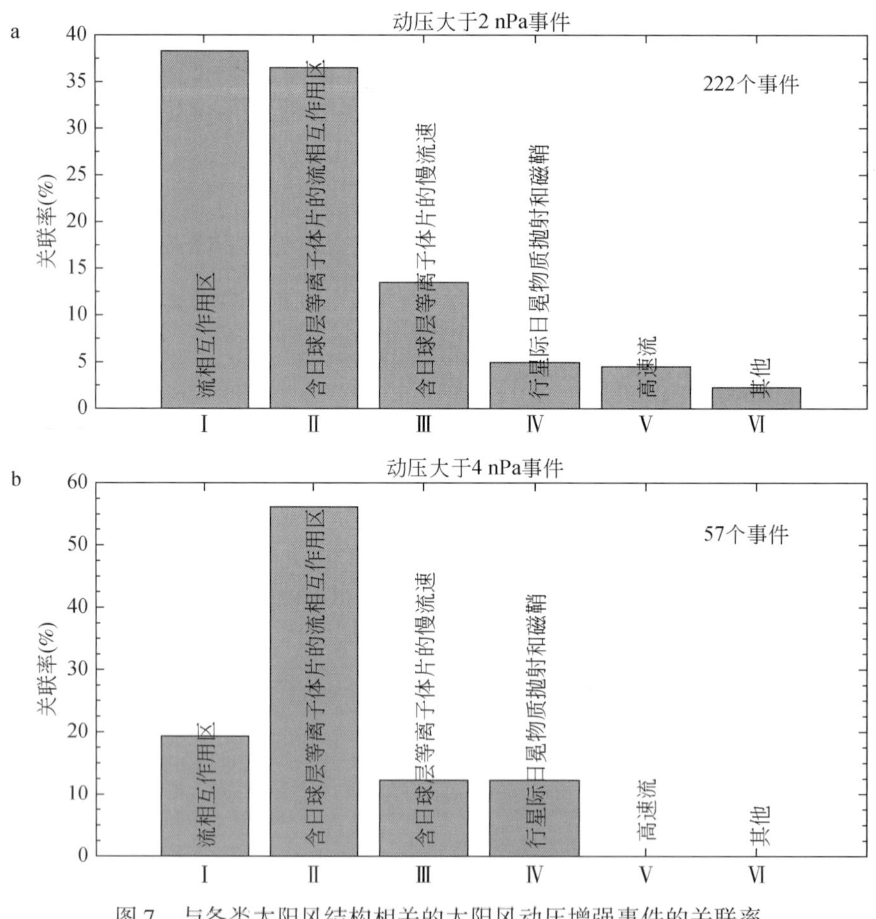

图 7 与各类太阳风结构相关的太阳风动压增强事件的关联率

2.3.4 小结

火星上游太阳风动压 Pdy 的分布呈近似对数正态分布。大于 2 nPa 和 4 nPa 的 Pdy 出现率分别为 1.77% 和 0.19%。太阳风动压增强事件（Pdy >2 nPa，持续时间>10 min）主要与各种太阳风结构有关，主要包括：SIR，HPS in SIR，慢速太阳风中的 HPS，行星际日冕物质抛射（ICME）和鞘区，高速流及其他（通常是太阳风瞬变结构）。SIR 和 HPS in SIR 导致的太阳风动压增强事件占约 3/4。对于极端太阳风动压增强事件（Pdy > 4 nPa），约 50% 的事件对应 HPS in SIR。

3 上游行星际快激波的基本特征

3.1 引言

当驱动源相对于上游介质的速度超过上游的磁声速时会形成激波。在激波参考系下，如果上游等离子体的速度超过了该等离子体的快磁声速时，形成的激波被称为快激波。在行星际空间中，观测到的比较多的激波是快激波。相对太阳风参考系，快激波通常被分为两类。一类是远离太阳传播的前激波，另一类是朝向太阳传播，但是被太阳风流推动着向外传播的后激波。行星际激波主要有两类驱动源，分别是行星际日冕物质抛射（ICME）（Gosling，1997；Kilpua et al.，2017）和高速流-低速流相互作用区（SIR）（Balogh et al.，1999；Richardson，2018）。当 ICME 相对前面太阳风的速度足够快时，会在 ICME 的前面形成一个前激波。SIR 的前后边界是一对前后压力波，当传播到大的日球层距离时，通常会陡化形成前激波和后激波。

过去几十年对行星际快激波的局地观测很大地提升了我们对它们的统计性质及其径向演化的理解。研究发现，大部分在太阳附近的激波是由 ICME 驱动的，SIR 驱动的激波在 0.4 AU 处开始形成，并随着日球层距离的增加会逐渐增多（Lai et al.，2012）。平均来看，激波从太阳传播到 1 AU 的过程中，强度会逐渐增加。在 1 AU 处，除了在太阳活动极小期，ICME 一直是前激波的主要驱动源（Hewish et al.，1985；Berdichevsky et al.，2000；Oh et al.，2007；Kilpua et al.，2015），而后激波几乎都是由 SIR 驱动的（Kilpua et al.，2015）。有时当 ICME 过度膨胀时，也会驱动后激波（Whang，1988；Gosling et al.，1995）。受 SIR 的倾斜方向的影响，SIR 驱动的前激波主要朝向黄道面传播，而 SIR 驱动的后激波主要朝向极区传播（Riley et al.，2012）。在超过 30°的纬度区域内，观测到的 SIR 驱动的激波几乎全部是后激波（Balogh et al.，1995），而在黄道面附近，SIR 驱动的前激波要明显多于 SIR 驱动的后激波（Jian et al.，2006，2008a，2008c；Huang et al.，2019）。在 5 AU 附近，激波几乎都是准垂直相对磁场方向传播的，平均来看，激波的强度相比在 1 AU 处观测到的强度要大一些（Echer，2019）。

之所以对快激波感兴趣，是因为它与日球层中一些基本的等离子体物理过程相关，例如等离子体加热和加速。快激波是地球和行星环境中空间天气扰动的重要驱动源。例如，Jakosky 等（2015b）报道了一例在 2015 年 3 月 8 日到达火星的快激波，该事件导致火星大气的离子逃逸率显著增大。虽然在描述行星轨道附近的行星际激波参数方面已经做了一些努力（Echer，2019；Huang et al.，2019）。然而，由于对行星上游太阳风的观测有限，尚不能充分了解出现在行星弓激波上游的行星际激波的性质。对于火星来说，它较弱的引力意味着它有一个扩展的外逸层，可以扩展到弓激波之外。太阳风直接与其外逸层相互作用，因此大气中的中性粒子在太阳风中被电离。新生的离子被电场加速，并在上游太阳风中绕着磁场旋转。除了拾取离子外，在上游区域（包括激波前兆区）还存在许多其他离子群，如弓激波反射的离子。由于在火星上游获得加载离子，太阳风的速度略微减慢。这意味着当行星际激波进入火星外逸层时，传播介质与正常的太阳风条件不同。传播介质的变化对激波性质的潜在影响在文献中很少受到关注。本节的目的是分析 MAVEN 观测到的行星际激波，为上述问题提供新的视角。

我们将 MAVEN 从 2014 年 10 月到 2018 年 11 月观测到的行星际激波汇总成一个列表，并分析了它们的参数及驱动源。此外，我们还研究了火星弓激波在统计意义上对行星际激波的潜在影响。

3.2 数据

本工作主要用到了 MAVEN 上三个仪器的数据：太阳风离子分析仪（SWIA；Halekas et al., 2015）、太阳风电子分析仪（SWEA；Mitchell et al., 2016）和磁力计（MAG；Connerney et al., 2015b）。利用 SWIA Fine Archive 的 3D 分布数据，通过假设 SWIA 收集到的所有离子都是质子，我们可以计算质子速度、密度和温度和离子能谱。利用 SWEA 的 3D 分布数据，我们可以计算得到电子速度、密度和温度，还有电子能谱。磁场数据是由 MAG 提供的。在这篇文章中，使用的等离子体和磁场数据都是在 MSO 坐标系中。在该坐标系下，X 轴从火星指向太阳，Y 轴指向火星轨道速度的相反方向，并与 X 轴垂直，Z 轴通过右手定则确定。

3.3 观测与分析

3.3.1 激波及其驱动源的证认

图 8 展示了由 MAVEN 观测到的一个前激波（图 8a）和一个后激波（图 8b）。当 MAVEN 穿过前激波时，质子速率、密度和温度及磁场强度明显增加；穿过后激波时，质子速率明显增加，但是其他参数明显减小。从激波上游穿越激波面到达激波下游，离子能谱和电子能谱明显增强和加宽。电子密度的变化特征与质子密度一致，穿越前激波时上升，穿越后激波时下降。但是电子速率和温度的变化没有明显的特征。通常在寻找激波候选者时，对电子参数的变化不作要求。

为了研究激波的性质，首先得确定合适的激波上下游分析时长。我们选用固定的上下游分析时长。对大多数激波，上游分析区间选为远离激波 1 ~ 9 min 的时间区间，下游选为远离激波 2 ~ 10 min 的时间区间。如果在激波附近存在着与激波无关的等离子体结构，或者激波距离火星弓激波特别近，那么分析区间将会绕过这些结构，分析时长会酌情考虑。

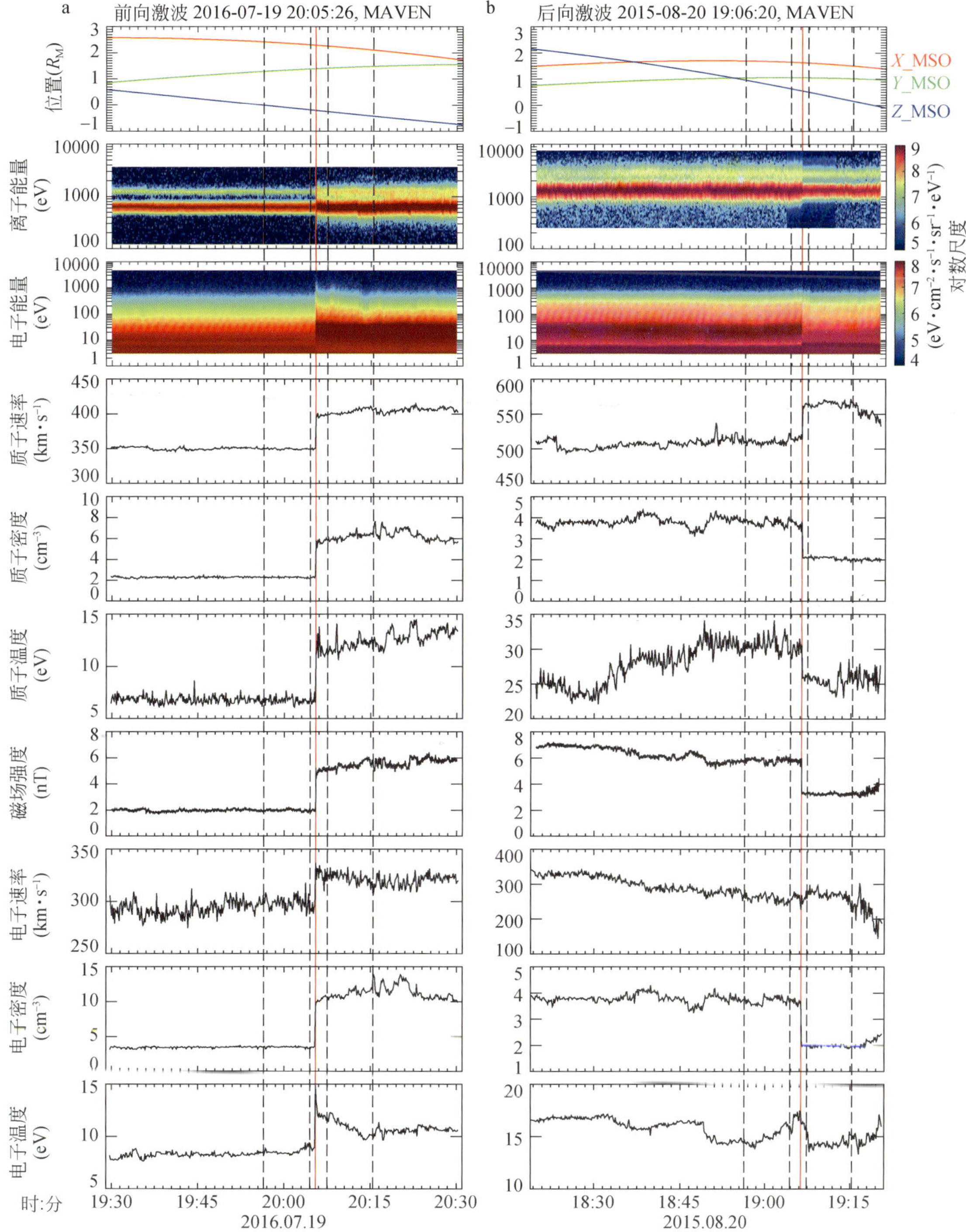

图 8　MAVEN 观测到的一个前激波（a）和一个后激波（b）

从上到下：MSO 坐标系下 MAVEN 所在的位置（以 R_M 为单位），离子能谱，电子能谱，质子速率 V_P，质子密度 N_p，质子温度 T_p，行星际磁场强度 B，电子速率 V_e，电子密度 N_e，电子温度 T_e。红色垂线标识的是激波。激波前后两条黑色垂直虚线之间的区域分别对应着激波上游（下游）和下游（上游）

根据磁流体力学激波的形成条件，激波的磁声速马赫数应该大于1。然而，我们使用的等离子体质子矩参数是通过假设SWIA搜集到的所有离子都是质子来计算得到的。太阳风中微量的α粒子对密度和速度参数几乎没有影响，但是会由于其较高的单位电荷所带能量，会导致温度参数的增高，温度的X方向的分量甚至达到正确值的两倍（Halekas et al., 2017）。偏高的温度会导致偏高的等离子体声速C_s，从而使得计算的磁声速V_{ms}偏高，进而使得计算出的磁声速马赫数M_{ms}偏低。如果将所有激波候选者的质子温度降为所用值的一半，那么M_{ms}会增加2%到16%。除此之外，我们选用的激波法向n的计算方法可能使计算出的n的值存在较大的误差（Schwartz, 1998），使得M_{ms}的计算并不准确。上下游分析时长的选择也有可能影响激波法向的计算。这些因素可能导致计算出的一些较弱的激波的M_{ms}低于1。因此，在这项工作中，$M_{ms}>1$并不是一个证认激波的必要条件。

我们一共证认了65个激波，包括50个前激波和15个后激波。通常行星际激波的大尺度太阳风驱动源有两种：ICME和SIR。我们的证认结果表明，41个前激波和15个后激波是由SIR驱动的，8个前激波是由ICME驱动的，还有1个前激波的驱动源没有被找到。

这些激波被分为ICME驱动的前激波、SIR驱动的前激波和SIR驱动的后激波来进行统计分析。推测那个没有找到驱动源的前激波是由ICME驱动的（Gopalswamy et al., 2010; Janvier et al., 2014）。在我们的统计中，这个前激波被归类到ICME驱动的前激波之中。图9展示了这三类激波的一些重要参数的出现率，以及他们的平均值和中值。这些参数包括$\frac{B_t^{down}}{B_t^{up}}$，$\frac{N_p^{down}}{N_p^{up}}$，$M_{ms}$，$|\Delta V_p|$，$V_{sh}$，$V_{ms}^{up}$，$\beta^{up}$，$U_n^{up}$，$\theta_{Bn}$。从图9a和图9b中，我们可以看出，对任何一组激波，$\frac{N_p^{down}}{N_p^{up}}$和$\frac{B_t^{down}}{B_t^{up}}$的平均值和中值都分别大致相等。这充分说明$\frac{N_p^{down}}{N_p^{up}}$是一个好的激波强度指示参数。

根据子图9b的三张子图，我们很容易知道，SIR驱动的前激波和后激波的强度几乎相等，而ICME驱动的前激波强度要弱于SIR驱动的激波。这与第23太阳活动周及第24太阳活动周上升阶段1 AU处的观测结果相反（Kilpua et al., 2015）。根据这篇文章的结果，ICME驱动的前激波的强度，用$\frac{N_p^{down}}{N_p^{up}}$的中值表示，为2.2，高于SIR驱动的前激波和后激波的1.9和1.7。ICME驱动的前激波强度从1 AU处到1.52 AU处明显下降，从2.2下降到1.51，然而SIR驱动的前激波和后激波强度几乎都没有改变。所有这些可能都归因于第24太阳活动周的太阳活动弱于第23太阳活动周（Lee et al., 2017）。当然，很难得出一个比较强的结论，因为ICME驱动的前激波数量只有9个，相对较少。

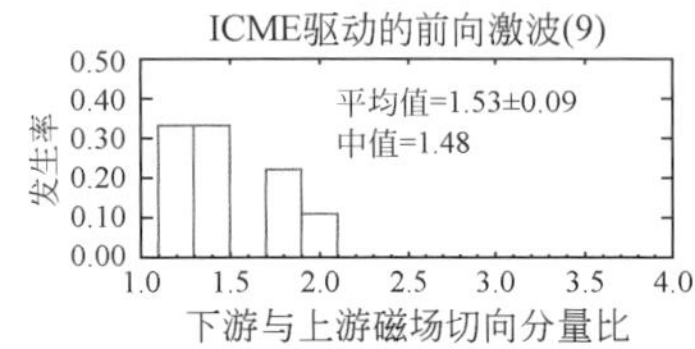

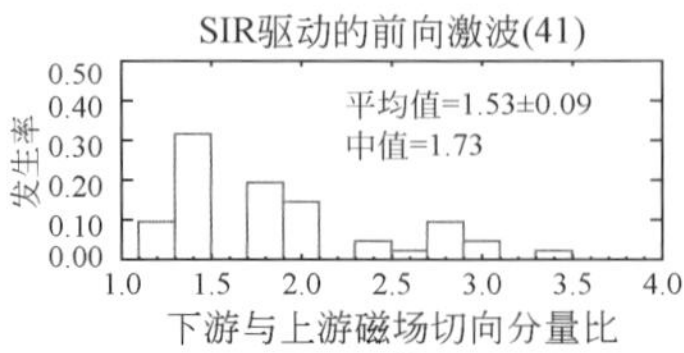

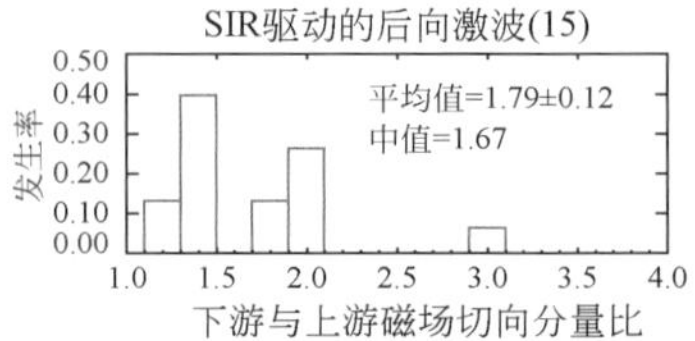

a

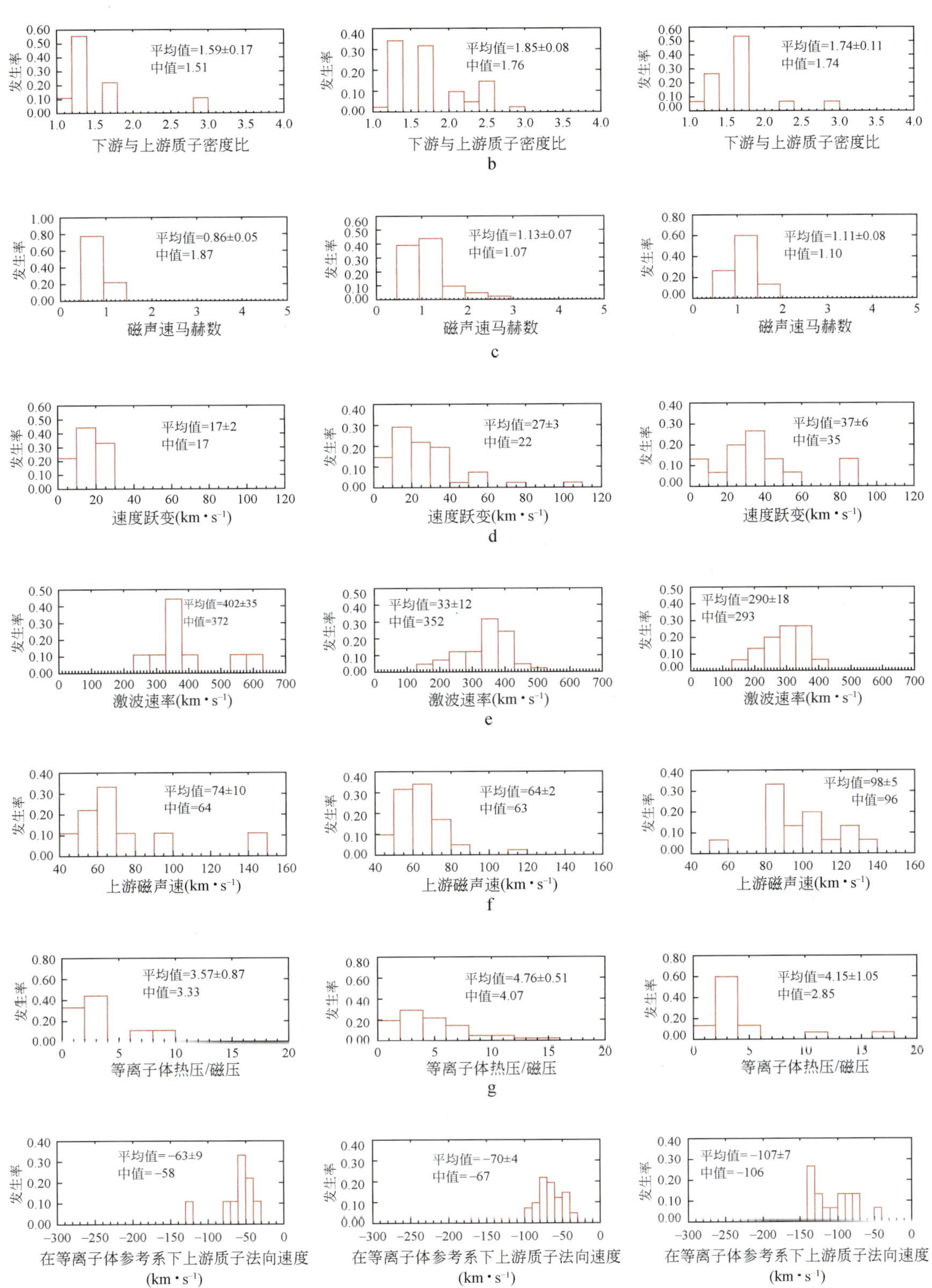

0.60 0.50 0.40 0.30 0.20 0.10 0.00
发生率
平均值=1.59±0.17
中值=1.51
1.0 1.5 2.0 2.5 3.0 3.5 4.0
下游与上游质子密度比
平均值=1.85±0.08
中值=1.76
下游与上游质子密度比
b
平均值=1.74±0.11
中值=1.74
下游与上游质子密度比
平均值=0.86±0.05
中值=1.87
磁声速马赫数
平均值=1.13±0.07
中值=1.07
磁声速马赫数
c
平均值=1.11±0.08
中值=1.10
磁声速马赫数
平均值=17±2
中值=17
速度跃变(km·s-1)
平均值=27±3
中值=22
速度跃变(km·s-1)
d
平均值=37±6
中值=35
速度跃变(km·s-1)
平均值=402±35
中值=372
激波速率(km·s-1)
平均值=33±12
中值=352
激波速率(km·s-1)
e
平均值=290±18
中值=293
激波速率(km·s-1)
平均值=74±10
中值=64
上游磁声速(km·s-1)
平均值=64±2
中值=63
上游磁声速(km·s-1)
f
平均值=98±5
中值=96
上游磁声速(km·s-1)
平均值=3.57±0.87
中值=3.33
等离子体热压/磁压
平均值=4.76±0.51
中值=4.07
等离子体热压/磁压
g
平均值=4.15±1.05
中值=2.85
等离子体热压/磁压
平均值=−63±9
中值=−58
在等离子体参考系下上游质子法向速度
(km·s-1)
平均值=−70±4
中值=−67
在等离子体参考系下上游质子法向速度
(km·s-1)
h
平均值=−107±7
中值=−106
在等离子体参考系下上游质子法向速度
(km·s-1)

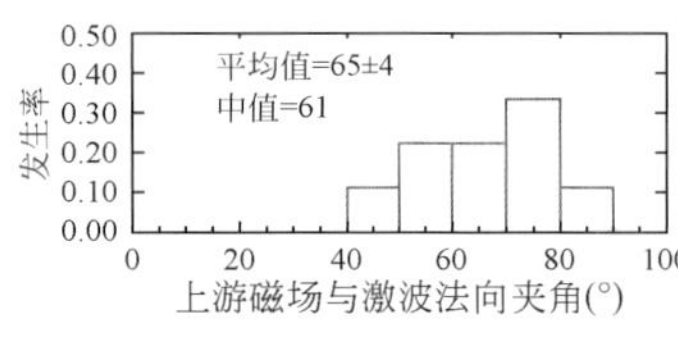

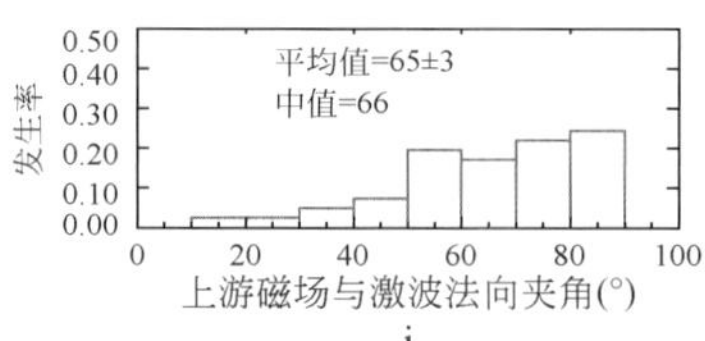

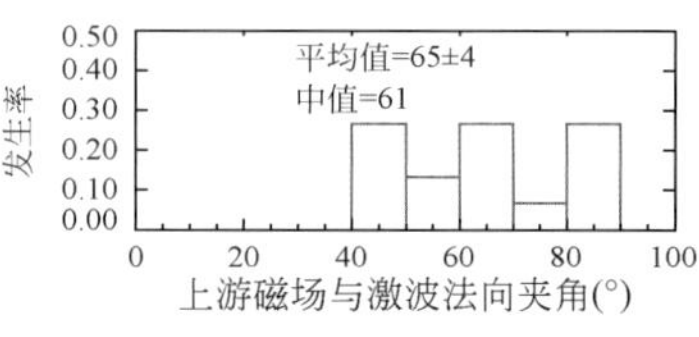

图 9 ICME 驱动的前激波（左）、SIR 驱动的前激波（中）、SIR 驱动的后激波（右）的激波参数分布图

a. 下游与上游的磁场切向分量比 $\frac{B_t^{down}}{B_t^{up}}$；b. 下游与上游的质子密度比 $\frac{N_p^{down}}{N_p^{up}}$；c. 磁声速马赫 M_{ms}；d. 激波的速度跃变 $|\Delta V_p|$；e. 激波传播速率 V_{sh}；f. 上游的磁声速 V_{ms}^{up}；g. 上游等离子体 beta 值 β^{up}；h. 激波参考系下太阳风质子速度的法向分量 U_n^{up}；i. 激波夹角 θ_{Bn}。在每张子图中，我们给出了平均值和中值

ICME 驱动的前激波最弱，也可以从质子速度跃变 $|\Delta V_p|$ 和激波参考系下上游的质子法向速度 U_n^{up} 看出来。U_n^{up} 为负值表明等离子体从激波上游流向激波下游。这是因为激波参考系的正方向与激波法向的正方向一致，从激波下游指向激波上游。ICME 驱动的前激波的速度跃变是 17 km/s，比 SIR 驱动的前激波的 22 km/s 低，几乎是 SIR 驱动的后激波的速度跃变 35 km/s 的一半。ICME 驱动的前激波的 $|U_n^{up}|$ 比 SIR 驱动的前激波的低，意味着 ICME 驱动的前激波与上游等离子体的速度差低于 SIR 驱动的前激波与其上游等离子体的速度差。尽管 ICME 驱动的前激波的速率比 SIR 驱动的前激波的速率高。ICME 驱动的上游磁声速 V_{ms}^{up} 比 SIR 驱动的激波的 V_{ms}^{up} 高，表明形成相同强度的激波，ICME 驱动的前激波需要更高的 $|U_n^{up}|$。从 1 AU 到 1.52 AU，这三组激波的 $|\Delta V_p|$ 和 $|U_n^{up}|$ 都有所下降，而且 ICME 驱动的前激波的这两个参数下降的最明显。同时，从 1 AU 到 1.52 AU，这三组激波的 V_{sh} 也有所下降。

SIR 驱动的后激波的 V_{ms}^{up} 高于 SIR 驱动的前激波的 V_{ms}^{up}，而且后激波的 $|U_n^{up}|$ 更大，然而 SIR 驱动的前激波和后激波的激波强度几乎相等。这表明较大的 V_{ms}^{up} 需要较大的 $|U_n^{up}|$ 来形成激波。这可以说明后激波的形成条件比前激波的形成条件更难以满足。这也许是后激波比前激波观测到的更少的一个重要原因。另一个重要原因是 SIR 驱动的后激波主要朝向极区传播，而 SIR 驱动的前激波主要朝向黄道面传播（Jian et al., 2006; Balogh et al., 1995）。

这三组行星际激波的 θ_{Bn} 的平均值和中值都非常接近，而且这些值与 1AU 处的结果也很接近（Kilpua et al., 2015）。对任一组激波，都有大部分激波的 β^{up} 大于 45°，这表明在火星弓激波上游，准垂直激波占主导。

3.3.2 行星际激波强度随火星弓激波上游位置的分布

图 10 展示了激波强度随观测点的变化。图 10a 展示了在柱坐标系下的火星弓激波和磁堆积边界模型（Trotignon et al., 2006）。坐标轴以 R_M 为单位。柱坐标所在平面可以被看作是包含 MSO 坐标系 x 轴的任意一个截面。假设弓激波和磁堆积边界都是规则的圆锥曲面，并且关于 MSO 坐标系的 x 轴对称。那么图中绿色曲线表示的弓激波模型就是柱坐标平面与三维弓激波曲面的截线，蓝色曲线表示的磁堆积边界模型就是柱坐标平面与三维磁

堆积边界曲面的截线。所以，在柱坐标系中，横轴等价于 MSO 坐标系中的 x 轴，纵轴 $YZ = \sqrt{Y^2 + Z^2}$ ，Y 和 Z 分别是 MSO 坐标系中的 y 轴和 z 轴。在柱坐标系中，行星际激波火星上游的位置可以由两个参数确定，分别是太阳天顶角（SZA）和到火星弓激波的距离。

图 10a1 展示了 SZA 的计算方法。图中的绿点表示一个激波的观测位置，该激波是 MAVEN 在 2018 年 1 月 1 日 12 点 29 分观测到的，彼时 MAVEN 在 MSO 坐标系中的位置是（1.099，0.783，2.143），转化到柱坐标系是在（1.009，2.282）。颜色表示的是用 $\frac{N_{\mathrm{p}}^{\mathrm{down}}}{N_{\mathrm{p}}^{\mathrm{up}}}$ 指示的激波强度。横轴的正方向与坐标原点（0，0）和激波观测位置（P_X，P_{YZ}）的连线所成的夹角就是 SZA。这个激波的观测位置的 SZA 是 64°。

图 10a2 展示了如何计算从行星际激波的观测位置到火星弓激波的距离。图 10a2 中的绿点表示的激波和子图 10a1 中的是同一个。基于二维模型，思考弓激波的三维结构。对于行星际激波的观测位置（P_x，P_y，P_z），在弓激波波面上必然存在一点距离该位置最近。假设弓激波上的这点为（BS_x，BS_y，BS_z）。那么点（BS_x，BS_y，BS_z）必然位于 x 轴和点（P_x，P_y，P_z）所在的平面上，也就是点（P_X，P_{YZ}）所在的柱坐标面上。点（P_x，P_y，P_z）和点（BS_x，BS_y，BS_z）的连线必然垂直于弓激波在点（BS_x，BS_y，BS_z）处的波面。所以该连线是弓激波在点（BS_x，BS_y，BS_z）处的法线，注意这里的法线不是单位矢量。这条法线的长度就是点（P_x，P_y，P_z）到弓激波的距离。

由于点（BS_x，BS_y，BS_z）位于弓激波波面与点（P_x，P_y，P_z）所在的柱坐标面的截线上。那么寻找三维弓激波波面的点（BS_x，BS_y，BS_z）可以简化为寻找二维弓激波模型上的对应点（BS_X，B_{YZ}）。点（P_x，P_y，P_z）到三维弓激波波面的距离可以简化为点（P_X，P_{YZ}）到二维弓激波模型的距离。基于这些简化，弓激波波面上的点（BS_x，BS_y，BS_z），点（P_x，P_y，P_z）到弓激波波面的距离，以及弓激波波面在点（BS_x，BS_y，BS_z）处的法向就很容易被确定。对于图 10a2 中的点（P_X，P_{YZ}），也就是在 MSO 坐标系中的（1.099，0.783，2.143），对应的（BS_x，BS_y，BS_z）为（0.729，0.667，1.826），如图 10a2 中所示，（BS_X，B_{YZ}）为（0.729，1.944）。点（P_x，P_y，P_z）到弓激波波面的距离为 $0.501R_{\mathrm{M}}$。弓激波在点（BS_x，BS_y，BS_z）处的法向是（0.370，0.116，0.317）。

图 10a3 展示了行星际激波的观测位置在火星弓激波上游的分布。由于在激波扫过的时候，火星弓激波可能被压缩，所以导致有几个行星际激波好像是在火星弓激波下游被观测到的。点的颜色表示激波的强度，用 $\frac{N_{\mathrm{p}}^{\mathrm{down}}}{N_{\mathrm{p}}^{\mathrm{up}}}$ 来表示。图 10a4 展示了这些激波的观测位置到火星弓激波的垂线。这些垂线的长度就是行星际激波的观测位置到火星弓激波的距离。

基于行星际激波的观测位置的 SZA 和到火星弓激波的距离。我们可以研究行星际激波强度与火星弓激波上游观测位置的关系。图 10b 的左侧四张子图分别展示了所有的行星际激波、ICME 驱动的前激波、SIR 驱动的前激波和 SIR 驱动的后激波的激波强度随其观测位置的 SZA 的分布。SZA 的范围为 0°到 100°。很容易发现激波强度随 SZA 均匀分布，这表明激波强度与 SZA 没有明显关系。图 10b 的右侧四张子图展示了这四组激波的强度与观测位置到火星弓激波距离的关系。和左侧四张子图一样，这些子图表明激波强度与距离没有相关性。

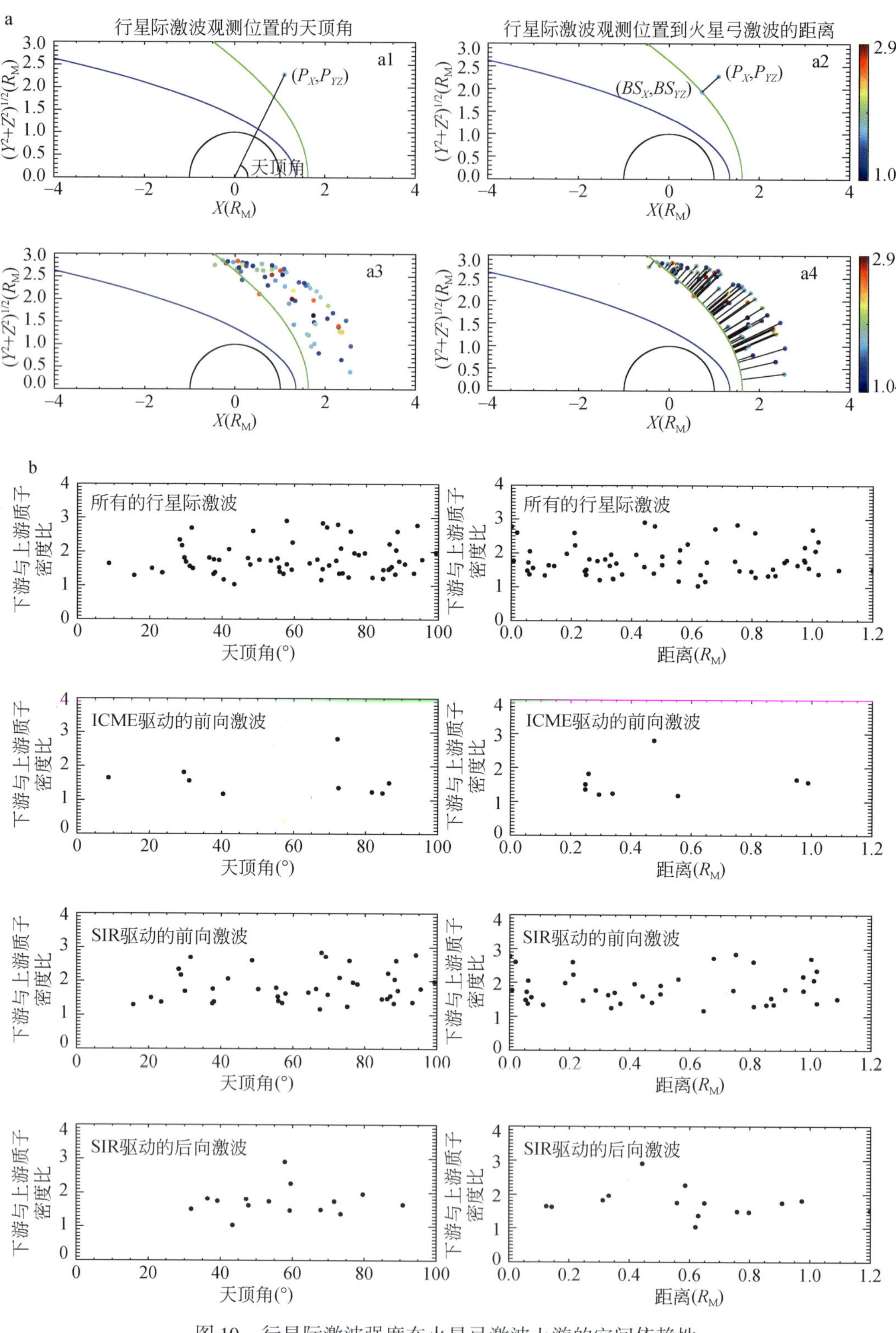

图 10　行星际激波强度在火星弓激波上游的空间依赖性

我们还分析了上游磁场强度和等离子体矩参数随 SZA 和到火星弓激波距离的分布。所用样本是 MAVEN 观测到的所有行星际激波。结果显示磁场强度和等离子体矩参数在 0°到 100°的 SZA 和 0 到 1.2R_M 的距离的区域内均匀分布。这可能是激波强度随 SZA 和到火星弓激波的距离均匀分布的原因。所以，传播到火星的行星际激波受到的影响大致相同。

3.4 小结

我们对 MAVEN 在第 24 太阳活动周下降阶段（从 2014 年 10 月到 2018 年 11 月）火星弓激波上游观测到的行星际快激波做了一个全面的搜寻和证认。共证认了 65 个激波，包括 9 个由 ICME 驱动的前激波、41 个由 SIR 驱动的前激波和 15 个由 SIR 驱动的后激波。大部分的激波（约 86%）是由 SIR 驱动的。82% 的前激波和所有的后激波都是由 SIR 驱动的。SIR 驱动的前激波的出现率几乎是后激波出现率的 3 倍。ICME 驱动的前激波强度弱于 SIR 驱动的前激波和后激波，SIR 驱动的前激波和后激波的强度大致相同。ICME 驱动的前激波的速率大于 SIR 驱动的前激波的速率，而 SIR 驱动的前激波的速率大于 SIR 驱动的后激波的速率。在天顶角 SZA 为 0°到 100°和到火星弓激波距离为 0 到 1.2 R_M 的区域内，磁场和等离子体环境大致相同。在这个区域内，MAVEN 观测到的行星际激波的强度均匀分布。总体来说，火星弓激波对传播到火星的行星际激波的构型和传播方向没有明显的影响。

4 火星上游新生离子与离子回旋波

4.1 耀斑期间火星上游新生离子的产生和离子回旋波的激发

4.1.1 引言

离子回旋波是一种低频等离子体波动。普遍认为源于行星或彗星的拾取离子是产生低频波的来源。行星空间中的原子经光致电离、电荷交换或与高能电子相互作用可以形成新生离子，它们若被太阳风重新“拾起”，可形象地称其为拾起离子。与太阳风中的源粒子不同，这类新生离子是非热粒子群，一般在速度分布函数中形成环状或部分环状分布，这种分布具有高度不稳定性（Wu and Davidson，1972；Wu and Hartle，1974；Tsurutani et al.，1989；Tsurutani，1991；Brinca，1991；Gary，1991；Mazelle and Neubauer，1993；Sauer et al.，2001；Sauer and Dubinin，2003；Cowee et al.，2012）。同时，不稳定性可以激发各类低频波。因此，太阳耀斑作为太阳爆发活动之一，其产生的太阳辐射更强，就更可能通过拾起离子产生离子回旋波。

然而，由于缺乏观测证据，伴随耀斑能否产生离子回旋波及其激发源仍有待商榷。因此亟须一个实例来佐证耀斑导致辐射增强，驱动拾起离子在速度分布函数图中分布不稳定性，从而激发离子回旋波。这可以更好地理解太阳风和火星空间相互作用的微观过程

(Romanelli et al., 2013)。由于缺乏一个内部发电机产生的全球性磁场（Acuña et al., 1999），火星的中性外逸层弥散到弓激波外（Chaufray et al., 2008；Chaffin et al., 2015），尤其是氢原子层。所以，这可以与太阳风直接进行相互作用，为等离子体波动的研究提供了一个自然的天体物理实验基地。借助于 PHOBOS、MGS、MAVEN 等观测数据，揭示了火星弓激波上游的离子回旋波事件（Russell et al., 1990；Brain et al., 2002；Mazelle et al., 2004；Wei and Russell, 2006；Bertucci et al., 2013；Wei et al., 2011, 2014；Connerney et al., 2015a；Ruhunusiri et al., 2015, 2016；Romanelli et al., 2013, 2016)。这些研究结果描绘的离子回旋波的特征与理论相一致。在卫星坐标系下，波频接近质子回旋频率且为左旋圆偏振波，波的传播方向近似平行于背景行星际磁场。

MAVEN 携带各种高分辨的仪器，在质子回旋波的数值研究或特殊事件分析中具有重要意义。2017 年 9 月 10 日，MAVEN 观测到了 X8.2 级的太阳耀斑，源自太阳活动区 AR 12673，在 16：15 附近达到峰值（Fang et al., 2019)。火星空间对此耀斑有着全球响应（Lee et al., 2018)，从热层（Jain et al., 2018)、电离层顶部（Thiemann et al., 2018)、中性高层（Elrod et al., 2018）到磁场的拓扑结构（Xu et al., 2018)。因此，这一个独特的耀斑事件为分析火星弓激波上游的质子回旋波提供了极好机遇，可以通过分析拾起离子的速度分布函数图，尝试在物理上解释其间的特定因果关系。

4.1.2 数据

基于 MAVEN 多仪器提供的数据，对此事件进行分析，包括：极紫外监测器（Extreme Ultraviolet Monitor, EUVM)、超热和热离子成分分析仪（Supra-Thermal and Thermal Ion Composition instrument, STATIC)、太阳风电子分析仪（Solar Wind Electron Analyzer, SWEA)、太阳风离子分析仪（Solar Wind Ion Analyzer, SWIA)、太阳高能粒子仪（Solar Energetic Particle instrument, SEP）和磁强计（Magnetometer, MAG)。

4.1.3 耀斑期间火星上游新生离子的产生和离子回旋波的激发

2017 年 9 月 10 日 16：00 附近，MAVEN/EUVM 观测到一个 X8.2 级的太阳耀斑事件。在 16：00～16：50 期间，与前一个轨道周期（也是在火星弓激波上游）相比，离子能谱和电子能谱均明显展宽。从 16：00 开始，耀斑引起的辐射急剧增加，不同的离子都呈现出明显的增长，比如 STATIC 观测到的氢离子和氧离子能谱，尤其是对比耀斑峰值前后的离子能谱，这意味着新生的氢离子和氧离子。

无论是 STATIC 或 SWIA，还是 SEP 提供的离子能谱，都只能提供离子的通量信息，但是 STATIC“d0”产品数据同时提供了离子的质量、能量、入射角列表。由此，但凡给定一种特定质量区间的离子，就可以借助此产品绘制在 SWB（Solar wind background magnetic field）坐标系（Coates, 1991）下，对应离子的速度分布函数图（Masunaga et al., 2016, 2017)。SWB 坐标系下，Z 轴是当地背景行星际磁场 $\boldsymbol{B}$ 方向，Y 轴指向对流电场 $\boldsymbol{E}=-\boldsymbol{V}_{sw}\times\boldsymbol{B}$（$\boldsymbol{V}_{sw}$ 表示 MSO 坐标系下的当地太阳风速度矢量），X 轴由右手定则确定，指向 $\boldsymbol{E}\times\boldsymbol{B}$ 的方向。

如图 11 所示，在这个事件中，选取了 6 个不同的时间段分别绘制了氢离子和氧离子的速度分布函数图。所有的子图横纵坐标速度范围均在−800～800 km/s，同时，速度分布函数区间均为 10^{-16}～10^{-9} s^3/m^6，同时，黑色背景区域表示卫星视野所及之处，为垂直于背景磁场的±45°范围。图 11a1−a6 和图 11b1−b6 分别展现了垂直于 ***B*** 和 ***E*** 的氢离子速度分布函数。类似地，图 11c1−c6 和图 11d1−d6 分别代表氧离子的速度分布函数在（***E***×***B***，***E***）和（***E***×***B***，***B***）的投影。

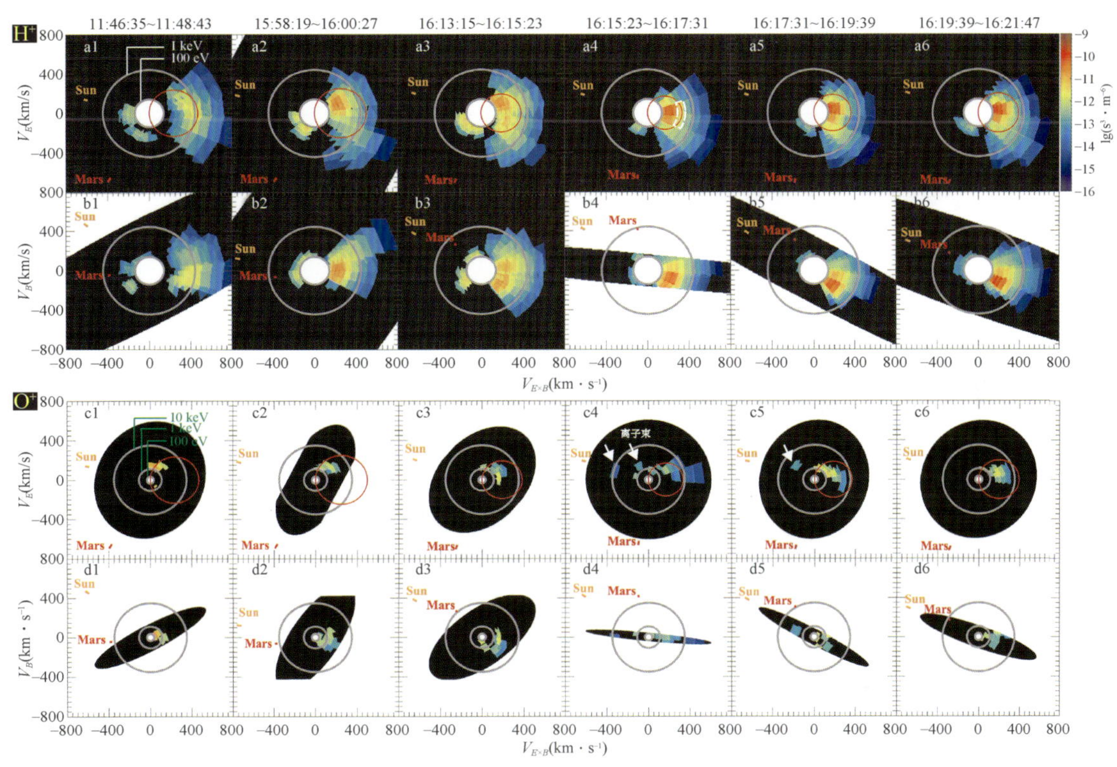

图 11　氢离子和氧离子速度函数分布函数图

将耀斑峰值之后不久（16：15：23～16：17：31）的氢离子（图 11a4）和氧离子（图 11c4）速度分布函数，与前一个轨道周期的时间段，即约 4.5 h 前（11：46：35～11：48：43）的氢离子（图 11a1）和氧离子（图 11c1）分别进行比较。新生氢离子在图 11a4 用白色虚线标记，而反射的氧离子束（约 10^{-14} s^3/m^6）已在图 11c4 中用白色箭头标记。图 11a4 中，白色虚线框中增强的新生氢离子，恰好位于红色环（中心和半径均是当地质子流速度垂直于磁场的分量）上。同时段，图 11b4 未见这部分质子明显平行于背景磁场 ***B***。因此，这表明伴随着这个 X8.2 级的耀斑事件，新生的氢离子被太阳风拾起形成了部分环状分布，并且其方向几乎都垂直于背景磁场 ***B***。图 11c4 中，高能氧离子束（约 10 kev）的方向是准朝向太阳的，这表明它是被火星弓激波或磁鞘内的强磁场和对流电场反射的（Masunaga et al.，2016；2017）。较弱的反射高能束（约 1 kev）可能被正向对流电场加速后消失。这些离子束逃离火星，在视野中接踵消失，如图 11c5、c6 所示。理论上，不仅是平行于背景磁场的新生氢离子通过回旋共振能产生质子回旋波，其垂直于背景磁场的环状分布或部分环状分布不稳定性也能激发（Russell and Blancocano，2007；Romanelli et al.，2013）。

为了探讨质子回旋波有无出现，可从 MAG 获得 MSO 坐标系下的 32 Hz 磁场分量数据。将其转换到 MFA（Magnetic Field Aligned）坐标系，其中 Z 轴平行于背景磁场 $\boldsymbol{B}_0$ 方向，为

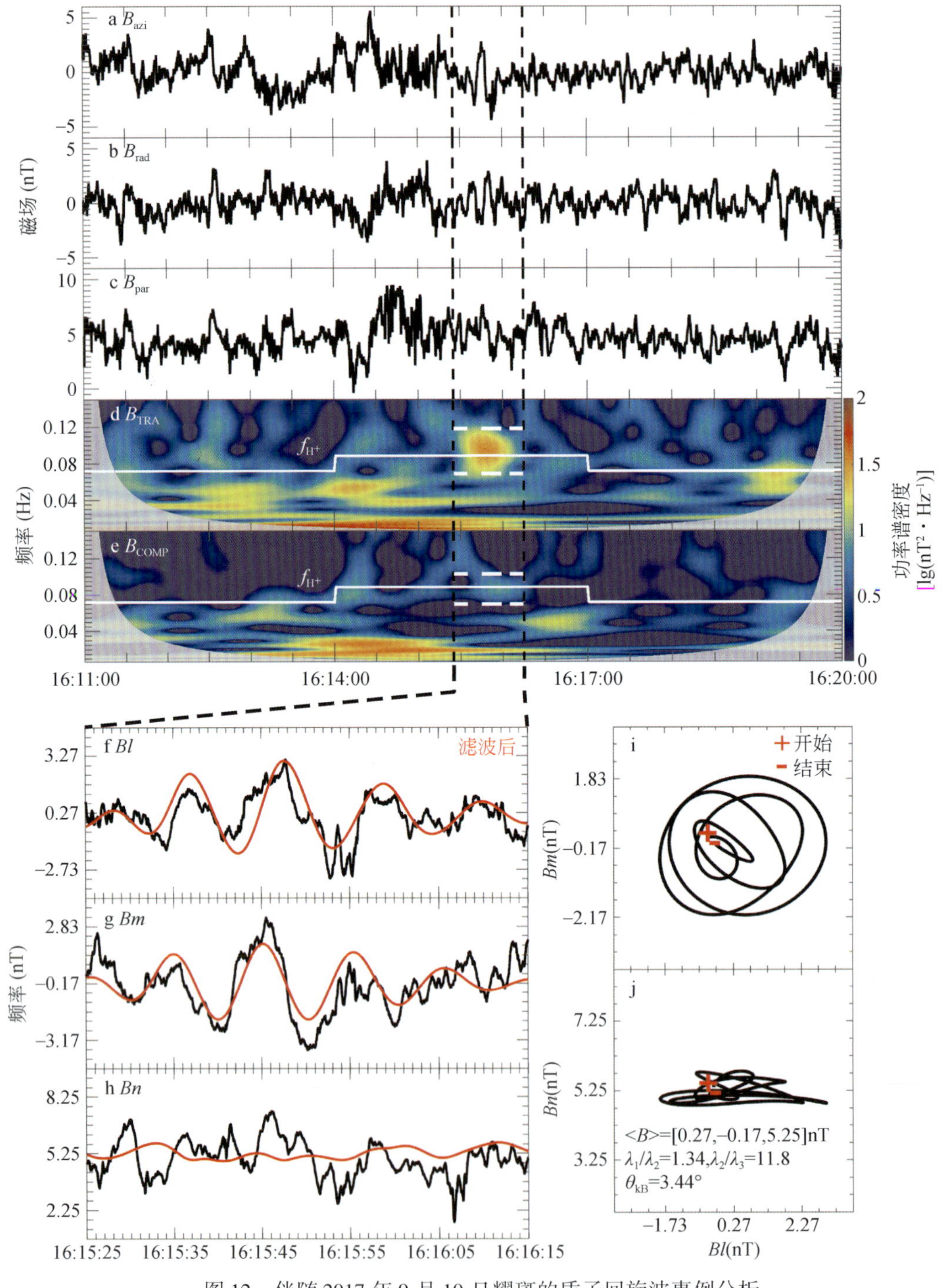

图 12　伴随 2017 年 9 月 10 日耀斑的质子回旋波事例分析

平行分量（parallel component，记作 $\boldsymbol{B}_{par}$），X 轴由 $\boldsymbol{SC}\times\boldsymbol{B}_0$ 确定为方位角分量（azimuthal component，记作 $\boldsymbol{B}_{azi}$），Y 轴满足右手定则，称作径向分量（radial component，记作 $\boldsymbol{B}_{rad}$）。其中，$\boldsymbol{SC}$ 为 MSO 坐标系下的 MAVEN 坐标。转化结果如图 12a−c 所示。随后，借助 Morse 小波分析磁场的横向（transverse component，记作 $\boldsymbol{B}_{TRA}$）和压缩（compressive component，记作 $\boldsymbol{B}_{COMP}$）分量，结果如图 12d、e，以此来确定是否有出现在氢离子回旋频率附近的波动。基于 Morse 小波的功率谱密度结果，显示在两根黑色虚线间（对应的时间段为 16：15：25～16：16：15），在氢离子回旋频率（$f_{H^+}=q|\boldsymbol{B}_0|/2\pi m\approx 0.0885$ Hz）附近，$\boldsymbol{B}_{TRA}$要明显强于 $\boldsymbol{B}_{COMP}$。为了降低磁场中极低频和高频信号的影响（Zhao et al.，2017），对这个时间段内的 $\boldsymbol{B}_{TRA}$和 $\boldsymbol{B}_{COMP}$选择不同的通带范围（在图 12 用白色虚线框出）进行滤波。具体来说，对 $\boldsymbol{B}_{azi}$和 $\boldsymbol{B}_{rad}$选取的带通范围为 0.076～0.116 Hz，而对于 $\boldsymbol{B}_{par}$为 0.076～0.100 Hz。接着，对滤波前和滤波后的数据均使用最小方差分析（minimum variance analysis，简称 MVA），在 MVA 坐标系下，有 $\boldsymbol{Bl}$、$\boldsymbol{Bm}$ 和 $\boldsymbol{Bn}$ 三个两两垂直的分量，分别代表最大方差方向、中等方差方向和最小方差方向。在图 12f−h 中，滤波前和滤波后的磁场 MVA 结果分别用黑色和红色实线表示。由于其他频段调制的影响，滤波前后的 MVA 结果总会有一些微小的差异。从图 12f−h 的红线绘制图 12i、j 两张矢端图，同时，给出了 MVA 得到的分析结果，在 MVA 坐标系下，背景磁场 $\boldsymbol{B}_0=[0.27,\ -0.17,\ 5.25]$ nT，扰动磁场回旋的感应方向与 $\boldsymbol{B}_0$相反，表示其在卫星坐标系下为左旋波。这段时间内的波动是近圆偏振（$\lambda_1/\lambda_2=1.34$）的平面波（$\lambda_2/\lambda_3=11.8$），并且波的传播方向与 $\boldsymbol{B}_0$夹角 $\theta_{kB}=3.34°$，表明其是近平行传播。因此，这表明了这个波是质子回旋波，伴随 2017 年 9 月 10 日的耀斑新生氢离子的部分环状分布激发。

4.1.4 小结

2017 年 9 月 10 日太阳耀斑期间，火星弓激波上游观测到软 X 射线波段（0～7 nm）有显著增强。随着辐射加强，在速度分布函数图中观测到新生氢离子被行星际磁场“拾起”，这部分拾起离子呈部分环状分布，这是一种不稳定的分布，进而激发了左旋圆偏振、近平行传播的质子回旋波。

4.2 火星上游离子回旋波的强度和发生率对行星际磁场锥角的依赖性

4.2.1 引言

火星的引力场较弱，且缺乏全球性内禀磁场的保护，其最外围的大气氢逃逸层能够延伸至弓激波上游（Yamauchi et al.，2015），因此，太阳风在到达火星弓激波之前就会与逃逸层中的氢原子发生直接相互作用。中性氢原子在太阳极紫外辐射，与太阳风粒子电荷交换，或电子撞击的作用下被电离形成新生离子（Zhang et al.，1993），新生离子进一步被太阳风对流电场加速，最终被完全吸收到太阳风中，这一过程被称之为“拾取”（pickup）（Yoon and Wu，1991）。

在拾取过程中，新生离子的非麦克斯韦分布会提供自由能来激发不稳定性（Wu and

Davidson，1972；Wu and Hartle，1974），而行星际磁场锥角决定了新生离子的速度分布及其激发不稳定性的类型（Tsurutani and Smith，1986；Tsurutani et al.，1987）。在太阳风坐标系下，当锥角为0°时，新生离子会形成束流状速度分布，激发电磁离子/离子右旋共振不稳定性（Gary et al.，1984）；当锥角为90°时，新生离子会形成环状速度分布，激发电磁离子/离子左旋不稳定性。右旋共振在锥角值中等偏小时占主导，左旋共振在锥角值大于75°时占主导，两种不稳定性的增长率都随锥角的增大而增大（Gary and Madland，1988）。在飞船坐标系下，由于多普勒效应的影响，无论是左旋共振还是右旋共振，卫星所观测到的波动都呈现为左旋偏振、频率接近当地质子回旋频率附近的特性，因此该波动亦称之为质子回旋波（Brinca，1991）。Russell 等（1990）基于 Phobos 卫星数据首次报道了质子回旋波的存在，并提出假设，该波动与太阳风拾取的火星逃逸层新生质子有关，随后，Barabash 等（1991）证实了这一猜想。MGS 卫星和 MAVEN 卫星对质子回旋波的观测均显示，该波动呈现出左旋椭圆极化、频率在当地质子回旋频率附近、沿背景磁场方向传播的特性（Brain et al.，2002；Mazelle et al.，2004；Wei and Russell，2006；Romanelli et al.，2013；Bertucci et al.，2013；Wei et al.，2011，2014；Connerney et al.，2015a；Romanelli et al.，2016）。金星的等离子体环境与火星类似，因此在金星弓激波上游也存在质子回旋波（Delva et al.，2008；2011）。此外，在土星、木星的磁层及彗星等离子环境中也存在类似的波动现象（Blanco-Cano et al.，2001；Leisner et al.，2006；Russell et al.，2016；Meek et al.，2016；Tsurutani，1991；Mazelle and Neubauer，1993）。

一般认为质子回旋波的强度与新生离子的产生率及新生离子损失给波动的能量的占比密切相关，因此质子回旋波可以用于推算当地的逃逸层中性原子的密度及离子产生率（Huddleston et al.，1998；Cowee et al.，2007）。波动增长的数值模拟结果显示，当锥角为0°时，波动的能量密度是局地等离子体参数主要是新生离子产生率的函数（Gary et al.，1988），当锥角非0°时，波动增长期间的峰值强度则正比于 $\cos^8(\alpha_{V,B})$（仅适用于 $0° < \alpha_{V,B} < 45°$），其中 $\alpha_{V,B}$ 为锥角（Gary et al.，1989）。Cowee 等（2012）模拟结果显示波动的强度和新生离子的产生率之间的关系会受到诸多因素的影响，如不稳定性增长的时间，非均一性的离子产生率及新生离子的入射角度。MAVEN 和 MGS 的观测结果均显示，质子回旋波的波幅随着距火星距离的增加而减小，意味着波动的源区来自火星（Wei and Russell，2006；Romanelli et al.，2013；Wei et al.，2014）。此外，Romanelli 等（2013）基于 MGS SPO 轨道的磁场数据，发现质子回旋波的波幅随着锥角的增大有减小的趋势。然而 Wei 等（2014）利用 MGS AB1 轨道的数据所挑选的质子回旋波事件并没有显示出类似的规律。线性理论预测，锥角除了能够影响波幅之外，还会影响波动的线性增长率（Gary，1993）。通过分析 MGS 的数据，Wei 等（2014）发现波动在锥角值为中等大小时发生率最大，且在45°时达到极值。Romanelli 等（2013）和 Bertucci 等（2013）利用 MGS 卫星数据报道了质子回旋波发生率的长周期季节变化，Romanelli 等（2016）利用 MAVEN 数据首次确认了这一现象，该研究揭示了质子回旋波的发生率的时间变化与火星日侧逃逸层氢原子的密度存在相关性。尽管锥角在波动的产生过程中起关键性的作用，但是它对波动特性造成的影响尚无定论，尤其是波幅这一用于估算离子产生率的关键参数，锥角是否对其产生调制作用需要进一步观测来验证。因此，本项工作旨在利用 MAVEN 高精度的磁

场数据详细分析行星际磁场锥角对火星上游质子回旋波的发生率和波幅造成的影响。

4.2.2 数据

所用数据主要来源于 MAVEN 卫星，其携带的磁强计可以测量磁场矢量，采样率为 32 Hz，精度为0.25 nT，本节所使用的磁场数据分辨率为 1 s，用于分析相对比较低频的质子回旋波（Connerney et al.，2015b）。MAVEN 卫星搭载的太阳风离子分析仪（SWIA）可以测量离子的通量和矩参数，本文利用 SWIA 仪器测得的分辨率4 s 的数据提取太阳风的参数，主要是太阳风的速度（Halekas et al.，2015）。

4.2.3 离子回旋波观测与分析

我们先展示火星上游质子回旋波的一个典型事件。图 13a 展示的 2017 年 1 月 7 日第 4415 轨道期间 MSO 坐标系下的磁场三分量，其中 MSO 坐标系定义为：X 轴由火星指向太阳，Z 轴垂直于火星绕太阳运行轨道平面指向北，Y 轴完成右手螺旋坐标系。在图中展示的时间段内，MAVEN 分别于 03：07：20 和 05：15：15 UT 时刻穿越弓激波，如图中黑色虚线所示，该段时间内平均的行星际磁场为［2.25，-2.22，0.66］nT。图 13b 展示的是对磁场数据做傅里叶变换得到的动态磁场功率谱，图中展示的功率谱的横向分量，即场向坐标系（Z 轴为背景磁场方向）下 B_X 和 B_Y 分量功率谱的总和。如图 13b，该轨道在太阳风中的整个观测期间均可观测到明显的位于局地质子回旋频率的磁场波动。

为了进一步调研波动的特性，我们利用 Means 方法对 03：30～03：50 UT 时间段内的磁场数据做进一步波动分析（Means，1972）。图 14a 和 14b 展示的分别是该时间段内的磁场三分量及其对应的磁场功率谱密度。如图 14b 所示，波动的横向分量占主导成分，且波频在当地的质子回旋频率（0.043 Hz）附近存在明显的峰值。对该段磁场数据做波动分析结果显示，椭圆率为-0.85，极化度高达97%，传播方向与背景磁场的夹角为 15°，这些特征都说明这是一段典型的质子回旋波。该波动事件的波幅为 0.36 nT，背景行星际磁场锥角为 41°，其中锥角的定义为 $\alpha_{V,B} = \cos^{-1}(|\boldsymbol{x} \cdot \boldsymbol{b}|)$，其中 $\boldsymbol{x}$ 为太阳风速度方向单位矢量，$\boldsymbol{b}$ 为行星际磁场方向单位矢量。为了进一步调研锥角对质子回旋波的特性的影响，我们做了进一步的统计分析。

接下来，我们用统计的方法搜寻了质子回旋波事件。基于前人的观测（Wei et al.，2014）及理论预测，我们采用以下的波动筛选标准：①在 0.8～1.2 倍的质子回旋频率范围内，磁场功率谱的横向分量有增强，即至少 2 倍高于附近磁场功率谱横向分量，且在该频率范围内功率谱的横向分量与纵向分量的比值超过 1.5；②波动为左旋椭圆极化，椭圆率小于-0.7；③极化度超过 70%；④传播方向与背景磁场方向的夹角小于 30°。首先我们挑选出 2014 年 10 月至 2018 年 11 月期间所有 MAVEN 穿越弓激波的时刻，进而确定 MAVEN 在太阳风中的采样时间段，然后根据以上的标准，对太阳风中的磁场数据做频谱分析筛选出所有上游质子回旋波事件，最终共获得 3307 个上游质子回旋波事件。图 15 展示的是质子回旋波持续时间的分布，从图中可以看出，波动的持续时间短则几个回旋周期，长则 500 个回旋周期，整体满足指数分布形式，其中有 52.9% 的事件持续时间短于 20 个回旋周期。

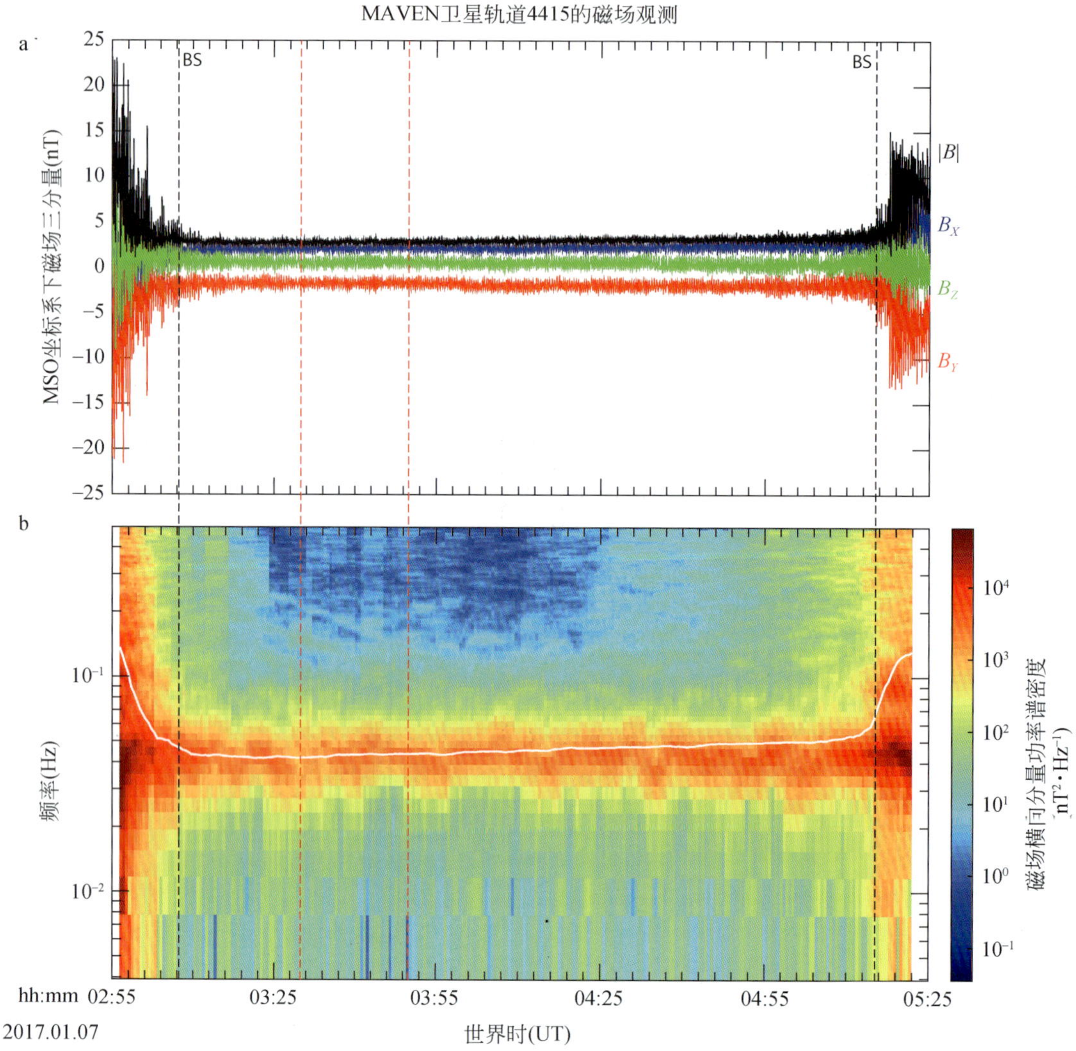

MAVEN卫星轨道4415的磁场观测

a

MSO坐标系下磁场三分量(nT)

25 20 15 10 5 0 −5 −10 −15 −20 −25

BS BS

|B| B_X B_Z B_Y

b

频率(Hz)

10^{-1} 10^{-2}

磁场横向分量功率谱密度($nT^2 \cdot Hz^{-1}$)

10^4 10^3 10^2 10^1 10^0 10^{-1}

hh:mm 02:55 03:25 03:55 04:25 04:55 05:25

2017.01.07

世界时(UT)

图 13 2017 年 1 月 7 日质子回旋波事件，黑色虚线表示弓激波的位置，红色虚线表示分析时间段

a. 磁场三分量；b. 磁场动态功率谱，白色实线标记的是局地质子回旋频率

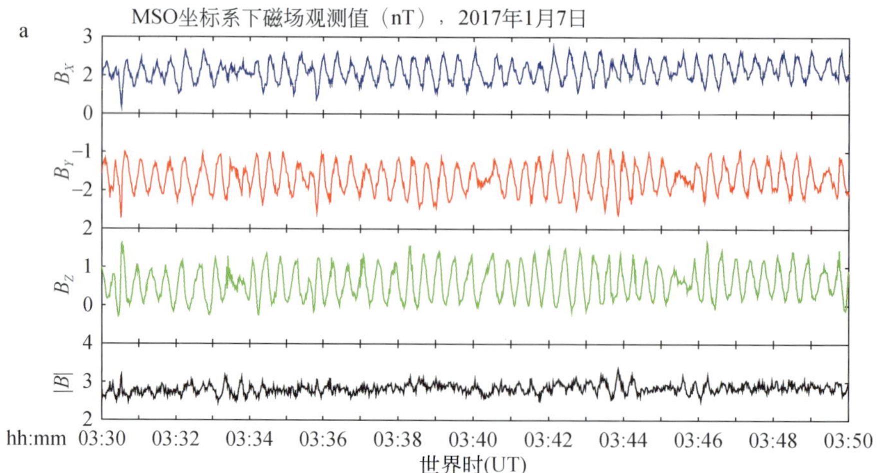

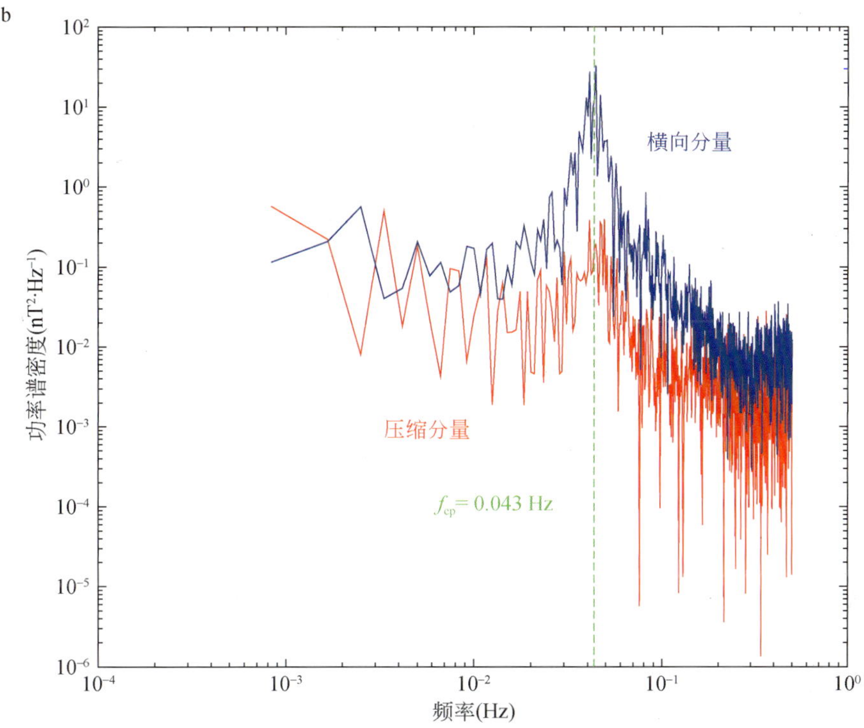

图 14　03：30～03：50 UT 时间段的磁场三分量（a）与磁场功率谱密度（b）

绿色虚线为局地质子回旋频率，蓝色实线为功率谱横向分量，红色实线为功率谱纵向分量

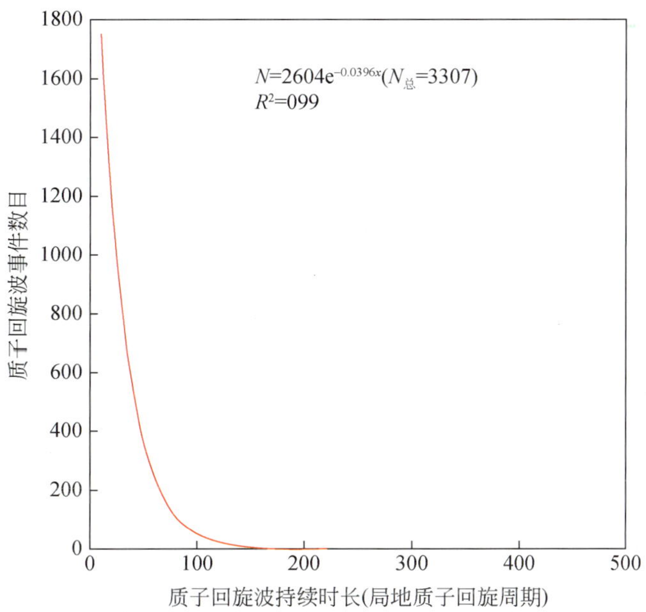

图 15　质子回旋波持续时间分布图

红色实线为拟合分布函数 $N = 2604 \cdot e^{-0.0396x}$，其中 x 为持续时间（以回旋周期为单位）

图16展示的是质子回旋波波幅在MSO坐标系下的空间分布。我们发现在MAVEN探测的空间区域内质子回旋波波幅变化非常小，几乎保持恒定，为了衡量距离对波幅造成的影响，我们将距离和锥角因素都考虑在内，对波幅做线性回归方法分析，发现距离引起的波幅变化几乎可以忽略不计。前人基于MGS数据的相关研究（Wei and Russell，2006；Romanelli et al.，2013；Wei et al.，2014）发现波幅随着距行星的距离有缓慢的减小趋势，因为火星逃逸层是质子回旋波的源区，然而我们的结果并不能很好地揭示这个规律，这是因为MAVEN卫星和MGS卫星的轨道覆盖范围不同导致的。MAVEN的轨道覆盖范围不超过2个火星半径，而MGS的AB1轨道最远可以探测到15个火星半径处，这意味着MAVEN的探测区域内，控制质子回旋波波幅的关键因素——新生离子的密度并不会如MGS探测区域有剧烈的变化。因此，我们假设在我们所研究的区域内高度并不是控制波幅的主导因素，那么，MAVEN的数据样本对于我们所研究的问题是非常适合的，即锥角对波幅的影响。

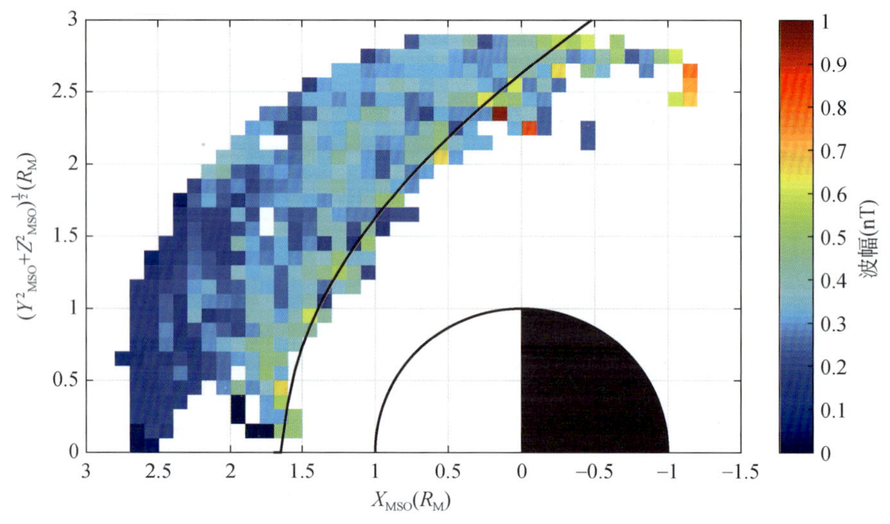

图16 质子回旋波波幅的空间分布（据Trotignon et al.，2006）
黑色实线表示弓激波位置

4.2.4 行星际磁场锥角对质子回旋波的影响

图17展示的质子回旋波波幅随锥角的变化。图中灰色散点对应每个事件的波幅和锥角值，红色折线为每个锥角区间内的波幅中值和四分点。从红线所代表的中值可以看出，随着锥角的增大，质子回旋波的波幅有减小的趋势，从锥角约为20°时的0.34 nT减小至锥角约为80°时的0.16 nT。但是由于数据点分布非常分散，我们做了一个统计分析来评估锥角对波幅影响的可靠性。统计结果显示，Spearman相关系数为-0.3，这意味锥角和波幅之间的相关性为弱相关。因此，根据以上分析，我们认为锥角对质子回旋波波幅有一个轻微的减小趋势，依赖性很弱。

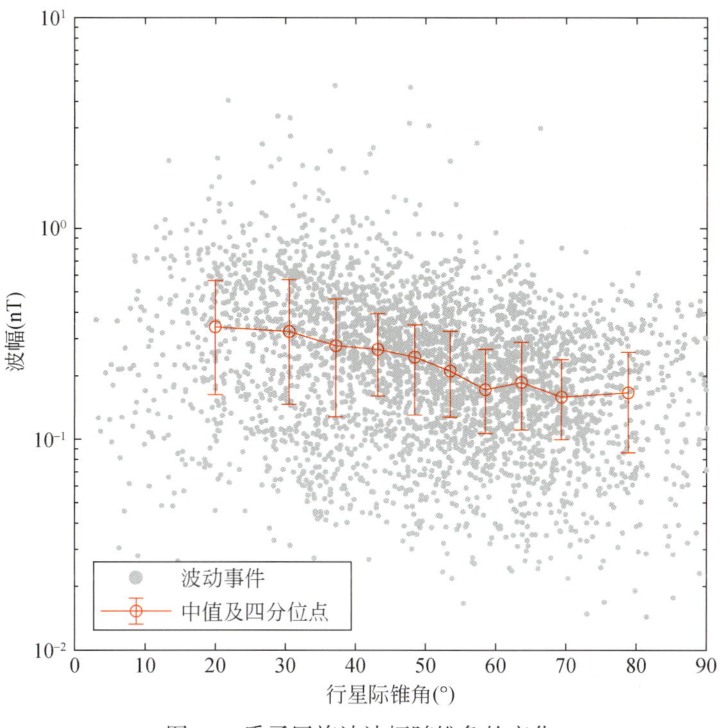

图 17　质子回旋波波幅随锥角的变化

行星际磁场锥角除了能影响波幅之外，也决定了新生离子的速度分布类型和激发不稳定性的类型。为了调研在何种锥角条件下更容易激发质子回旋波，我们计算了波动发生率随锥角的变化。图 18a–c 展示的分别是背景太阳风中的锥角分布，质子回旋波发生期间的锥角分布、质子回旋波的发生率（图 18b 除以图 18a 获得）。从图中可以看出，尽管火星上游太阳风中行星际磁场锥角分布相对比较倾斜，即锥角为 45°以上的情形占多数，但是质子回旋波更倾向于在中等锥角情况下发生，发生率在 18° ~42°范围内达到极值。

前人研究报道了火星上游质子回旋波的长周期时间变化，发现波动在近日点/夏至期间的发生率要高于春分和秋分点的发生率，这个趋势与火星日侧氢逃逸层的密度和太阳极紫外辐射密切相关（Bertucci et al.，2013；Romanelli et al.，2016）。因此，为了确定图 18 所示的质子回旋波发生率随锥角的变化是否是由长周期的季节变化引起的，我们检测了在不同锥角条件下 MAVEN 的采样是否存在时间上的偏见。根据太阳经度 Ls，我们将所有的时间段分为两组：具有高发生率的近日点时间段（perihelion，PH）和低发生率的远日点时间段（aphelion，APH）。我们将不同锥角条件下两组的相对采样分布绘制在图 19 中，从图中可以看出，不同的锥角的采样分布类似，不存在偏见或者不对称性，不同的锥角条件下，在近日点时间段的采样占比始终保持在 0.55 左右，略高于远日点的采样占比 0.45。因此，通过比较，我们得出结论，质子回旋波发生率的长周期季节变化并不是引起图 18 中锥角对发生率影响的原因。

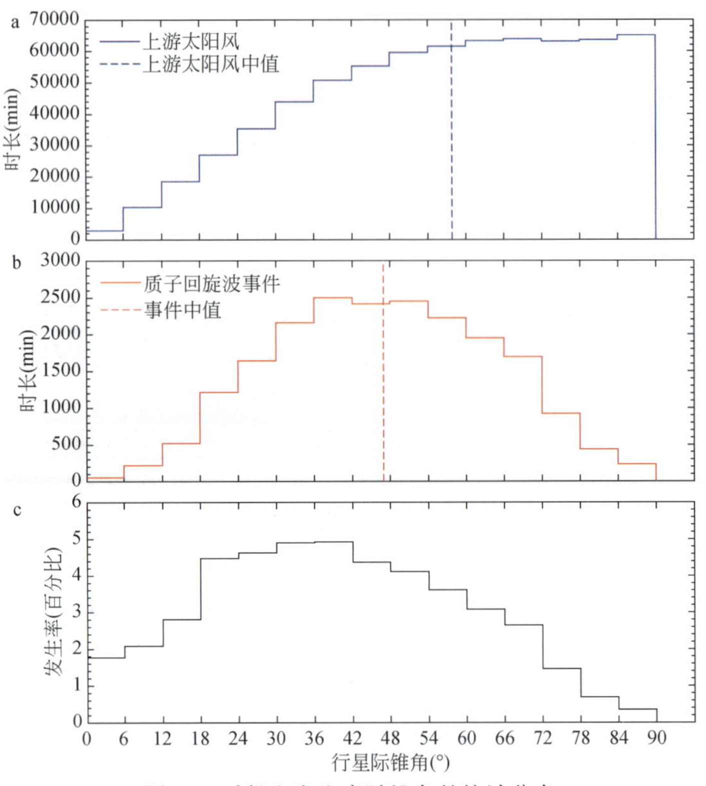

图 18 时长和发生率随锥角的统计分布

a. 背景太阳风中的锥角分布；b. 质子回旋波发生期间的锥角分布；c. 质子回旋波的发生率。a 和 b 中的虚线分别对应各分布的中值锥角

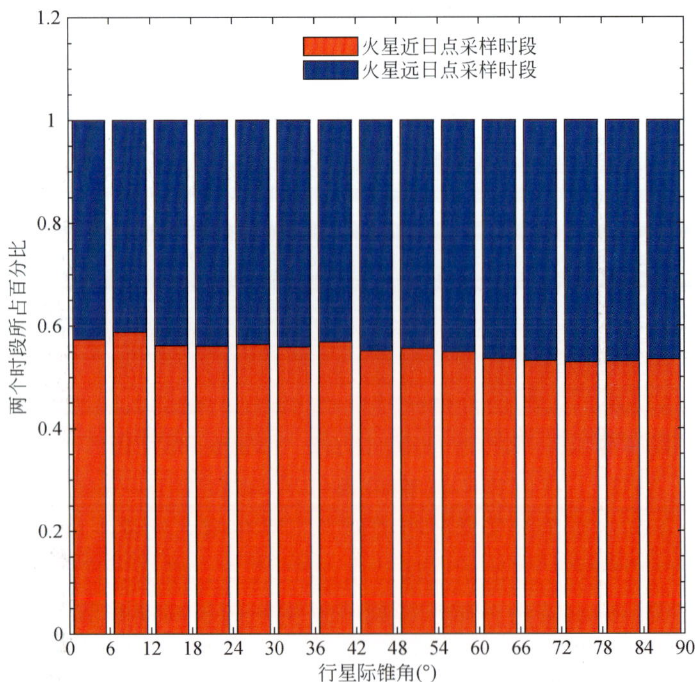

图 19 MAVEN 在近日点附近和在远日点附近相对采样占比随锥角的变化

4.2.5 讨论和小结

基于 MAVEN 卫星 2014 年 10 月至 2018 年 11 月期间共 2.15 个火星年的磁场数据，本项工作首次从观测上确定了行星际磁场锥角对质子回旋波波幅造成的影响，结果显示，质子回旋波的波幅随锥角增大有一个轻微的减小趋势，这与 Romanelli 等（2013）利用 MGS 的 SPO 轨道数据得到的结果基本保持一致。然而，Wei 等（2014）利用 MGS 的 AB1 轨道的磁场数据并未发现类似的变化，我们认为这与不同卫星不同轨道相位的探测区域不同有关。非线性理论预测，相较于环状分布所激发的左旋不稳定性，新生离子在束流状分布时激发右旋不稳定性能够损失更多的自由能来激发波动，因此对于锥角较小的条件下产生的新生离子漂移速度较大，所激发的波动能达到的饱和能量也就更高（Winske and Gary，1986；Gary et al.，1988）。此外，模拟结果也显示新生离子激发的波动的波幅与新生离子的密度并非单一的线性关系，波动的增长时间，传播路径中新生离子的产生率，新生离子的入射角度等都会影响波幅能达到的峰值（Gary et al.，1989；Cowee et al.，2012）。这项工作的结果还揭示了锥角对质子回旋波的发生率有较为明显的调制作用，发生率在锥角约为 18°～42°时达到极值，这可能与波动的增长率有关。无论是左旋共振不稳定性还是右旋共振不稳定性，波动的增长率都随锥角的增大而增大（Gary and Madland，1988）。对于小锥角条件，尽管如前文所述，波动能达到的峰值波幅更大，但是波动的增长率很低，因此需要更长的时间来增长波动。而对于大锥角条件，波动的增长率尽管更高，但是能达到的峰值波幅更小，这也就意味着需要足够多的新生离子来增长波动。因此，只有在中等锥角条件下，波动增长所需要的时间和所需要的新生离子数目都是相对来说容易满足的，在这种条件下也是更容易探测到质子回旋波的。

参考文献

Acuña M H，Connerney J E P，Ness N F，Lin P R，Mitchell D. 1999. Global distribution of crustal magnetization discovered by the Mars Global Surveyor MAG/ER Experiment. Science，284（5415）：790.

Balogh A，Gonzalez-Esparza J A，Forsyth R J，Neugebauer M，Smith E J，Phillips J L. 1995. Interplanetary shock waves：ULYSSES observations in and out of the ecliptic plane. Space Science Review，72（1-2）：171-180.

Balogh A，Gosling J T，Jokipii J R，Kallenbach R，Kunow H. 1999. Corotating interaction regions：Proceedings of an ISSI Workshop 6-13 June 1998，Bern，Switzerland. Space Science Review，（7）：89.

Bame S J，Asbridge J R，Feldman W C，Fenimore E E，Gosling J T. 1979. Solar wind heavy ions from flare-heated coronal plasma. Solar Physics，62（1）：179-201.

Barabash S，Dubinin E，Pissarenko N，Lundin R，Russell C T. 1991. Picked-up protons near Mars：PHOBOS observations. Geophysical Research Letters，18（10）：1805-1808.

Berdichevsky D B，Szabo A，Lepping R P，Adolfo F. 2000. Interplanetary fast shocks and associated drivers observed through the 23rd solar minimum by Wind over its first 2.5 years. Journal of Geophysical Research，105（A12）：27289-27314.

Bertucci C，Romanelli N，Chaufray J Y，Gomez Z，Mazelle C，Delva M，Modolo R，González-Galindo F，

Brain D A. 2013. Temporal variability of waves at the proton cyclotron frequency upstream from Mars: Implication for Mars distant hydrogen exosphere. Geophysical Research Letter, 40 (15): 3809-3813.

Blanco-Cano X, Russell C T, Huddleston D E, Strangeway R J. 2001. Ion cyclotron waves near Io. Planetary and Space Science, 49 (10 ~ 11): 1125-1136.

Brain A, Bagenal F, Acuña M H, Connerney J E P, Crider D H, Mazelle C, Mitchell D L, Ness N F. 2002. Observations of low-frequency electromagnetic plasma waves upstream from the Martian shock. Journal of Geophysical Research, 107 (A6): 1076.

Brinca A. 1991. Cometary linear instabilities: From profusion to perspective. In: Johnstone A D (ed) . Cometary Plasma Processes, Geophysical Monograph Series (61), Washington DC: AGU, 211-221.

Burlaga L F. 1974. Interplanetary stream interfaces. Journal of Geophysical Research, 79 (25): 3717.

Burlaga L F, Sittler E, Mariani F, Schwenn R. 1981. Magnetic loop behind an interplanetary shock: Voyager, Helios, and IMP 8 observations. Journal of Geophysical Research: Space Physics, 86 (A8): 6673-6684.

Chaffin M S, Chaufray J Y, Deighan J, Schneider N M, Mcclintock W E, Stewart A I F, Thiemann E, Clarke J T, Holsclaw G M, Jain S K. 2015. Three-dimensional structure in the Mars H corona revealed by IUVS on MAVEN. Geophysical Research Letter, 42 (21): 9001-9008.

Chaufray J Y, Bertaux J L, Leblanc F, Quémerais E. 2008. Observation of the hydrogen corona with SPICAM on Mars Express. Icarus, 195 (2): 598-613.

Coates A J. 1991. Observations of the velocity distribution of pickup ions. In: Johnstone A D (eds) . Cometary Plasma Processes, Geophysical Monograph Series (61) . Washington DC: AGU, 301-310.

Connerney J E P, Espley J, DiBraccio G A, Gruesbeck J R, Oliversen R J, Mitchell D L, Halekas J, Mazelle C, Brain D, Jakosky B M. 2015a. First results of the MAVEN magnetic field investigation. Geophysical Research Letters, 42 (21): 8819-8827.

Connerney J E P, Espley J, Lawton P, Murphy S, Odom J, Oliversen R, Sheppard D. 2015b. The MAVEN magnetic field investigation. Space Science Review, 195: 257-291.

Cowee M M, Winske D, Russell C T, Strangeway R J. 2007. 1D hybrid simulations of planetary ion-pickup: Energy partition. Geophysical Research Letters, 34 (2): 26-28.

Cowee M M, Gary S P, Wei H Y. 2012. Pickup ions and ion cyclotron wave amplitudes upstream of Mars: First results from the 1D hybrid simulation. Geophysical Research Letter, 39 (8): 8104.

Crider D H, Vignes D, Krymskii A M, Breus T K, Ness N F, Mitchell D L, Slavin J A, Acuña M. 2003. A proxy for determining solar wind dynamic pressure at Mars using Mars Global Surveyor data. Journal of Geophysical Research, 108 (A12): 1461.

Crooker N U, Huang C L, Lamassa S M, Larson D E, Kahler S W, Spence H. 2004. Heliospheric plasma sheets. Journal of Geophysical Research: Space Physics, 109 (A3): A03107.

Curry S M, Luhmann J G, Ma Y J, Dong C F, Jakosky B. 2015. Response of Mars O^+ pickup ions to the 8 March 2015 ICME: Inferences from MAVEN data-based models. Geophysical Research Letters, 42 (21): 9095-9102.

Delva M, Zhang T L, Volwerk M, Magnes W, Russell C T, Wei H Y. 2008. First upstream proton cyclotron wave observations at Venus. Journal of Geophysical Research, 35 (3): L03105.

Delva M, Mazelle C, Bertucci C, Volwerk M, And Z V, Zhang T L. 2011. Proton cyclotron wave generation mechanisms upstream of Venus. Journal of Geophysical Research, 116 (A2): A02318.

Dong C F, Ma Y, Bougher S W, Toth G, Nagy A F, Halekas J S, Dong Y, Curry S M, Luhmann J G, Brain D. 2015. Multifluid MHD study of the solar wind interaction with Mars' upper atmosphere during the 2015 March

8th ICME event. Geophysical Research Letters, 42 (21): 9103-9112.

Echer E. 2019. Interplanetary shock parameters near Jupiter's orbit. Geophysical Research Letters, 46 (11): 5681-5688.

Elrod M K, Curry S M, Thiemann E M B, Jain S K. 2018. September 2017 solar flare event: Rapid heating of the Martian neutral upper atmosphere from the X- class flare as observed by MAVEN. Geophysical Research Letters, 45 (17): 8803-8810.

Fang X, Pawlowski D, Ma Y, Bougher S W, Thiemann E, Eparvier F G, Wang W, Dong C, Lee C O, Dong Y, Benna M, Elord M, Chamberlin P C, Mahaffy P R, Jakosky B. 2019. Mars upper atmospheric responses to the 10 September 2017 solar flare: A global, time- dependent simulation. Geophysical Research Letters, 46 (16): 9334-9343.

Gary S P. 1991. Electromagnetic ion/ion instabilities and their consequences in space plasmas: A review. Space Science Review, 56: 373-415.

Gary S P. 1993. Theory of space plasma microinstabilities, Cambridge atmospheric and space series. Cambridge, UK: Cambridge University Press.

Gary S P, Madland C D. 1988. Electromagnetic ion instabilities in a cometary environment. Journal of Geophysical Research, 93 (A1): 235-241.

Gary S P, Forslund D, Smith C W, Lee M A, Goldstein M. 1984. Electromagnetic ion beam instabilities. Physics of Fluids, 27 (7): 1852.

Gary S P, Madland C D, Omidi N, Winske D. 1988. Computer simulations of two- pickup- ion instabilities in a cometary environment. Journal of Geophysical Research, 93 (A9): 9584-9596.

Gary S P, Akimoto K, Winske D. 1989. Computer simulations of cometary- ion/ion instabilities and wave growth. Journal of Geophysical Research, 94 (A4): 3513-3525.

Girazian Z, Halekas J, Morgan D D, Kopf A J, Chu F. 2019. The effects of solar wind dynamic pressure on the structure of the topside ionosphere of Mars. Geophysical Research Letters, 46 (15): 8652-8662.

Goldstein R, Neugebauer M, Clay D. 1998. A statistical study of coronal mass ejection plasma flows. Journal of Geophysical Research: Space Physics, 103 (A3): 4761-4766.

Gopalswamy N, Kundu M R. 1992. Estimation of the mass of a coronal mass ejection from radio observations. The Astrophysical Journal, 390 (1): L37-L39.

Gopalswamy N, Mäkelä P, Xie H, Akiyama S, Yashiro S. 2010. Solar sources of "Driverless" interplanetary shocks. AIPC, 1216: 452-458.

Gosling J T, Asbridge J R, Bame S J, Feldman W C. 1978. Solar wind stream interfaces. Journal of Geophysical Research, 83 (A4): 1401-1412.

Gosling J T, Baker D N, Bame S J, Feldman W C, Zwickl R D, Smith E J. 1987. Bidirectional solar wind electron heat flux events. Journal of Geophysical Research: Space Physics, 92 (A8): 8519-8535.

Gosling J T. 1997. Coronal mass ejections: An overview. In: Crooker N, Joselyn J A, Feynman J (eds). Geophysical Monograph Series (99), Washington DC: AGU, 9-16.

Gosling J T, Hundhausen A J, Bame S J. 1976. Solar wind stream evolution at large heliocentric distances: Experimental demonstration and the test of a model. Journal of Geophysical Research, 81 (13): 2111-2122.

Gosling J T, McComas D J, Phillips J L, Pizzo V J, Goldstein B E, Forsyth R J, Lepping R P. 1995. A CME-driven solar wind disturbance observed at both low and high heliographic latitudes. Geophysical Research Letters, 22 (13): 1753-1756.

Guo J, Feng X, Zhang J, Zuo P, Xiang C. 2010. Statistical properties and geoefficiency of interplanetary coronal mass ejections and their sheaths during intense geomagnetic storms. Journal of Geophysical Research, 115 (A9): A09107.

Guo J, Forbes J M, Wei F, Liu H, Wan W, Yang Z, Liu C, Emery B A, Deng Y. 2015. Observations of a large-scale gravity wave propagating over an extremely large horizontal distance in the thermosphere. Geophysical Research Letters, 42 (16): 6560-6565.

Guo J, Wei F, Feng X, Forbes J M, Wang Y, Liu H, Wan W, Yang Z, Liu C. 2016a. Prolonged multiple excitation of large-scale Traveling Atmospheric Disturbances (TADs) by successive and interacting coronal mass ejections. Journal of Geophysical Research: Space Physics, 121 (3): 2662-2668.

Guo J, Wei F, Feng X, Liu H, Wan W, Yang Z, Xu J, Liu C. 2016b. Alfvén waves as a solar-interplanetary driver of the thermospheric disturbances. NatSR, 6 (1): 18895.

Halekas J S, Taylor E R, Dalton G, Johnson G, Jakosky B M. 2015. The solar wind ion analyzer for MAVEN. Space Science Reviews, 195 (1-4): 125-151.

Halekas J S, Ruhunusiri S, Harada Y, Collinson G, Mitchell D L, Mazelle C, Mcfadden J P, Connerney J E P, Espley J R, Eparvier F. 2017. Structure, dynamics, and seasonal variability of the Mars-solar wind interaction: MAVEN Solar Wind Ion Analyzer in-flight performance and science results. Journal of Geophysical Research-Space Physics, 122 (1): 547-578.

Hewish A, Tappin S J, Gapper G R. 1985. Origin of strong interplanetary shocks. Nature, 314: 137-140.

Huang H, Guo J, Wang Z, Lin H, Wan W. 2019. Properties of stream interactions and their associated shocks near 1. 52 AU: MAVEN observations. The Astrophysical Journal, 879 (2): 118.

Huddleston D E, Strangeway R J, Warnecke J, Russell C T, Kivelson M G. 1998. Ion cyclotron waves in the Io torus: Wave dispersion, free energy analysis, and SO^{2+} source rate estimates. Journal of Geophysical Research, 103 (E9): 19887-19889.

Hundhausen A J, Gosling J T. 1976. Solar wind structure at large heliocentric distances: An interpretation of Pioneer 10 observations. Journal of Geophysical Research, 81 (7): 1436-1440.

Ipavich F M, Galvin A B, Gloeckler G, Hovestadt D, Bame S J, Klecker B, Scholer M, Fisk L A, Fan C Y. 1986. Solar wind Fe and CNO measurements in high-speed flows. Journal of Geophysical Research: Space Physics, 91 (A4): 4133-4141.

Jain S K, Deighan J, Schneider N M, Stewart A I F, Evans J S, Thiemann E M B, Chaffin M S, Crismani M, Stevens M H, Elrod M K. 2018. Martian thermospheric response to an X8. 2 solar flare on 10 September 2017 as seen by MAVEN/IUVS. Geophysical Research Letters, 45: 7312-7319.

Jakosky B M, Lin R P, Grebowsky J M, Luhmann J G, Mitchell D F, et al. 2015a. The Mars Atmosphere and Volatile Evolution (MAVEN) Mission. Space Science Reviews, 195 (1-4): 3-48.

Jakosky B M, Grebowsky J M, Luhmann J G, Connerney J, Eparvier F, et al. 2015b. MAVEN observations of the response of Mars to an interplanetary coronal mass ejection. Science, 350 (6261): 210.

Janvier M, Démoulin P, Dasso S. 2014. Mean shape of interplanetary shocks deduced from in situ observations and its relation with interplanetary CMEs. Astronomy & Astrophysics, 565: A99.

Jian L, Russell C T, Luhmann J G, Skoug R M. 2006. Properties of stream interactions at one AU during 1995-2004. Solar Physics, 239 (1-2): 337-392.

Jian L, Russell C T, Luhmann J G, Skoug R M, Steinberg J T. 2008a. Stream interactions and interplanetary coronal mass ejections at 5. 3 AU near the solar ecliptic plane. Solar Physics, 250: 375-402.

Jian L, Russell C T, Luhmann J G, Skoug R M. 2008b. Evolution of solar wind structures from 0. 72 to 1 AU. Advances in Space Research, 41 (2): 259-266.

Jian L, Russell C T, Luhmann J G, Skoug R M, Steinberg J T. 2008c. Stream interactions and interplanetary coronal mass ejections at 0. 72 AU. Solar Physics, 249: 85-101.

Kaneda K, Terada N, Machida S. 2007. Time variation of nonthermal escape of oxygen from Mars after solar wind dynamic pressure enhancement. Geophysical Research Letters, 34 (20): 102-120.

Kilpua E K J, Lumme E, Andreeova K, Isavnin A, Koskinen H E J. 2015. Properties and drivers of fast interplanetary shocks near the orbit of the Earth (1995 ~ 2013) . Journal of Geophysical Research: Space Physics, 120 (6): 4112-4125.

Kilpua E, Koskinen H E, Pulkkinen T I. 2017. Coronal mass ejections and their sheath regions in interplanetary space. Living Reviews in Solar Physics, 14 (1): 5.

Klein L W, Burlaga L F. 1982. Interplanetary magnetic clouds at 1 AU. Journal of Geophysical Research: Space Physics, 87 (A2): 613-624.

Lai H R, Russell C T, Jian L K, Blanco-Cano X, Anderson B J, Luhmann L J, Wennmacher A. 2012. The radialvariation of interplanetary shocks in the inner heliosphere: Observations by Helios, MESSENGER, and STEREO. Solar Physics, 2012, 278 (2): 421-433.

Larson D E, Lillis R J, Lee C O, Dunn P A, Hatch K, Robinson M, Glaser D, Chen J, Curtis D, Tiu C, Lin R P, Luhmann J G, Jakosky B M. 2015. The MAVEN solar energetic particle investigation. Space Science Reviews, 195 (1): 153-172.

Lee C O, Hara T, Halekas J S, Thiemann E, Chamberlin P, Eparvier F, Lillis R J, Larson D E, Dunn P A, Espley J R, Gruesbeck J, Curry S M, Luhmann J G, Jakosky B M. 2017. MAVEN observations of the solar cycle 24 space weather conditions at Mars. Journal of Geophysical Research- Space Physics, 122 (3): 2768-2794.

Lee C O, Luhmann J G, Ma Y, Larson D E, Fowler C M. 2018. Overview of the responses by the Mars upper atmosphere and space environment to the september 2017 solar flare and ICME events. 42nd COSPAR Scientific Assembly, 42: C3. 2-21-18.

Leisner J S, Russell C T, Dougherty M K, Blanco-Cano X, Bertucci C. 2006. Ion cyclotron waves in Saturn's E ring: Initial Cassini observations. Geophysical Research Letters, 33 (11): L11101.

Lepri S T, Zurbuchen T H, Fisk L A, Richardson I G, Cane H V, Gloeckler G. 2001. Iron charge distribution as an identifier of interplanetary coronal mass ejections. Journal of Geophysical Research- Space Physics, 106 (A12): 29231-29238.

Luhmann J G, Dong C F, Ma Y J, Curry S M, Xu S, Lee C O, Hara T, Halekas J, Li Y, Gruesbeck J R. 2017. Martian magnetic storms. Journal of Geophysical Research: Space Physics, 122 (6): 6185-6209.

Ma Y J, Fang X, Nagy A F, Russell C T, Toth G. 2014. Martian ionospheric responses to dynamic pressure enhancements in the solar wind. Journal of Geophysical Research: Space Physics, 119 (2): 1272-1286.

Ma Y, Fang X, Halekas J S, Xu S, Russell C T, Luhmann L G, Nagy A F, Toth G, Lee C O, Dong C. 2018. The impact and solar wind proxy of the 2017 september ICME event at Mars. Geophysical Review Letter, 45 (15): 7248-7256.

Marsden R G, Sanderson T R, Tranquille C, Wenzel K P, Smith E J. 1987. ISEE 3 observations of low-energy proton bidirectional events and their relation to isolated interplanetary magnetic structures. Journal of Geophysical Research-Space Physics, 92 (A10): 11009-11019.

Masunaga K, Seki K, Brain D A, Fang X, Connerney J E P. 2016. O^+ ion beams reflected below the Martian bow shock: MAVEN observations. Journal of Geophysical Research: Space Physics, 121 (4): 3093-3107.

Masunaga K, Seki K, Brain D A, Fang X, Dong Y. 2017. Statistical analysis of the reflection of incident O^+

pickup ions at Mars: MAVEN observations. Journal of Geophysical Research: Space Physics, 122 (4): 4089-4101.

Mazelle C, Neubauer F M. 1993. Discrete wave packets at the proton cyclotron frequency at Comet P/Halley. Geophysical Research Letter, 20 (2): 153-156.

Mazelle C, Winterhalter D, Sauer K, Trotignon J G, Slavin J. 2004. Bow shock and upstream phenomena at Mars. Space Science Review, 111 (1): 115-181.

Means J D. 1972. Use of the three dimensional covariance matrix in analyzing the polarization properties of plane waves. Journal of Geophysical Research, 77 (28): 5551-5559.

Meeks Z, Simon S, Kabanovic S. 2016. A comprehensive analysis of ion cyclotron waves in the equatorial magnetosphere of Saturn. Planetary and Space Science, 129: 47-60.

Mitchell D L, Mazelle, C, Sauvaud J A, Thocaven J J, Rouzaud J, Fedorov A, Rouger P, Toublanc D, Taylor E, Gordon D. 2016. The MAVEN solar wind electron analyzer. Space Science Reviews, 200 (1-4): 495-528.

Montgomery M D, Asbridge J R, Bame S J, Feldman W C. 1974. Solar wind electron temperature depressions following some interplanetary shock waves: Evidence for magnetic merging? Journal of Geophysical Research, 79 (22): 3103-3110.

Morgan D D, Dieval C, Gurnett D A, Duru F, Dubinin E M, Fränz M, Andrews D J, Opgenoorth H J, Uluşen D, Mitrofanov I, Plaut J J. 2014. Effects of a strong ICME on the Martian ionosphere as detected by Mars Express and Mars Odyssey. Journal of Geophysical Research-Space Physics, 119 (7): 5891-5908.

Neugebauer M, Goldstein R, Goldstein B E. 1997. Coronal mass ejections. Journal of Geophysical Research-Space Physics, 102 (A9): 19743-19751.

Oh S Y, Yi Y, Kim Y H. 2007. Solar cycle variation of the interplanetary forward shock drivers observed at 1 AU. Solar Physics, 245 (2): 391-410.

Opgenoorth H J, Andrews D J, Franz M, Lester M, Edberg N J T, Morgan D, Duru F, Witasse O, Williams A O. 2013. Mars ionospheric response to solar wind variability. Journal of Geophysical Research: Space Physics, 118 (10): 6558-6587.

Richardson I G. 2018. Solar wind stream interaction regions throughout the heliosphere. Living Reviews in Solar Physics, 15 (1): 1.

Richardson I G, Cane H V. 1995. Regions of abnormally low proton temperature in the solar wind (1965 ~ 1991) and their association with ejecta. Journal of Geophysical Research: Space Physics, 100 (A12): 23397-23412.

Richardson I G, Cane H V. 2010. Near-Earth interplanetary coronal mass ejections during solar cycle 23 (1996 ~ 2009): Catalog and summary of properties. Solar Physics, 264 (1): 189-237.

Riley P, Linker J A, Americo Gonzalez Esparza J, Jian L K, Russell C T, Luhmann J G. 2012. Interpreting some properties of CIRs and their associated shocks during the last two solar minima using global MHD simulations. Journal of Atmospheric and Solar-Terrestrial Physics, 83: 11-21.

Romanelli N, Bertucci C, Gomez D O, Mazelle C, Delva M. 2013. Proton cyclotron waves upstream from Mars: Observations from Mars Global Surveyor. Planetary and Space Science, 76 (1): 1-9.

Romanelli N, Mazelle C X, Chaufray J Y, Meziane K, Shan L, Ruhunusiri S, Connerney J E P, Espley J R, Eparvier F, Thiemann E. 2016. Proton cyclotron waves occurrence rate upstream from Mars observed by MAVEN: Associated variability of the Martian upper atmosphere. Journal of Geophysical Research: Space Physics, 121: 11113-11128.

Ruhunusiri S, Halekas J S, Espley J R, Mcfadden J P, Larson D E, Mitchell D L, Mazelle C, Jakosky B

M. 2015. Low-frequency waves in the Martian magnetosphere and their response to upstream solar wind driving conditions. Geophysical Research Letter, 42 (21): 8917-8924.

Ruhunusiri S, Halekas J S, Connerney J E P, Espley J R, McFadden J P, Mazelle C, Brain D, Collinson G, Harada Y, Larson D E, Mitchell D L, Livi R, Jakosky B M. 2016. MAVEN observation of an obliquely propagating low-frequency wave upstream of Mars. Journal of Geophysical Research: Space Physics, 121 (3): 2374-2389.

Russell C T, Shinde A A. 2003. ICME identification from solar wind ion measurements. Solar Physics, 216 (1-2): 285-294.

Russell C T, Blancocano X. 2007. Ion-cyclotron wave generation by planetary ion pickup. Journal of Atmospheric and Solar-Terrestrial Physics, 69 (14): 1723-1738.

Russell C T, Luhmann J G, Schwingenschuh K, Riedler W, Eroshenko E. 1990. Upstream waves at Mars-PHOBOS observations. Geophysical Research Letter, 17 (6): 897-900.

Russell C T, Wei H Y, Cowee M M, Neubauer F M, Dougherty M K. 2016. Ion cyclotron waves at Titan. Journal of Geophysical Research: Space Physics, 121 (3): 2095-2103.

Sauer K, Dubinin E. 2003. Oscillations and gyrating ions in a beam-plasma system. Geophysical Research Letter, 30 (23): 2192.

Sauer K, Dubinin E, McKenzie J F. 2001. Coherent waves in Multi-Ion Plasmas. Physica Scripta Volumn T, 98 (1): 52-57.

Schwartz S J. 1998. Shock and discontinuity normals, Mach numbers, and related parameters. ISSI Scientific Reports Series, 1: 249-270.

Schwenn R. 1990. Large-Scale structure of the interplanetary medium. In: Schwenn R, Marsch E (eds). Physics of the Inner Heliosphere I. Berlin Heidelberg: Springer Berlin Heidelberg, 99.

Smith E J, Wolfe J H. 1976. Observations of interaction regions and corotating shocks between one and five AU: Pioneers 10 and 11. Geophysical Research Letters, 3 (3): 137-140.

Thampi S V, Krishnaprasad C, Bhardwaj A, Yuni L, Choudhary R K, Pant T K. 2018. MAVEN observations of the response of Martian ionosphere to the interplanetary coronal mass ejections of March 2015. Journal of Geophysical Research-Space Physics, 123 (8): 6917-6929.

Thiemann E M B, Andersson L, Lillis R, Withers P, Xu S, Elrod M, Jain S, Pilinski M D, Pawlowski D, Chamberlin P C. 2018. The Mars topside ionosphere response to the X8.2 solar flare of 10 September 2017. Geophysical Research Letters, 45 (16): 8005-8013.

Trotignon J G, Mazelle C, Bertucci C, Acua M H. 2006. Martian shock and magnetic pile-up boundary positions and shapes determined from the Phobos 2 and Mars Global Surveyor data sets. Planetary and Space Science, 54 (4): 357-369.

Tsurutani B T. 1991. Comets: A laboratory for plasma waves and instabilities. In: Johnstone A D (eds). Cometary Plasma Processes, Geophysical Monograph Series (61). Washington DC: AGU, 189-209.

Tsurutani B T, Smith E J. 1986. Strong hydromagnetic turbulence associated with comet Giacobini-Zinner. Geophysical Research Letters, 13: 259-262.

Tsurutani B T, Thorne R M, Smith E J, Gosling J T, Matsumoto H. 1987. Steepened magnetosonic waves at comet Giacobini-Zinner. Journal of Geophysical Research, 92: 11074-11082.

Tsurutani B T, Brinca A L, Buti B, Smith E J, Thorne R M, Matsumoto H. 1989. Magnetic pulses with durations near the local proton cyclotron period: Comet Giacobini-Zinner. Journal of Geophysical Research, 94: 29-35.

Wang Z, Guo J, Feng X, Liu C, Huang H, Lin H, Tan C, Yan Y, Wan W. 2018. The merging of two stream interaction regions within 1 Au: The possible role of magnetic reconnection. The Astrophysical Journal Letters, 869 (1): 7.

Webb D F, Howard T A. 2012. Coronal mass ejections: Observations. Living Reviews in Solar Physics, 9 (1): 3.

Wei H Y, Russell C T, Zhang T L, Blanco-Cano X. 2011. Comparative study of ion cyclotron waves at Mars, Venus and Earth. Planetary Space Science, 59 (10): 1039-1047.

Wei H Y, Cowee M M, Russell C T, Leinweber H K. 2014. Ion cyclotron waves at Mars: Occurrence and wave properties. Journal of Geophysical Research: Space Physics, 119 (7): 5244-5258.

Wei H, Russell C T. 2006. Proton cyclotron waves at Mars: Exosphere structure and evidence for a fast neutral disk. Journal of Geophysical Research, 33 (23): L23103.

Wei Y, Fraenz M, Dubinin E, Woch J, Dandouras I. 2012. Enhanced atmospheric oxygen outflow on Earth and Mars driven by a corotating interaction region. Journal of Geophysical Research, 117 (A3): A03208.

Whang Y C. 1988. Foward- reverse shock pairs associated with coronal mass ejections. Journal of Geophysical Research, 93 (A6): 5897-5902.

Winske D, Gary S P. 1986. Electromagnetic instabilities driven by cool heavy ion beams. Journal of Geophysical Research, 91 (A6): 6825-6832.

Winterhalter D, Smith E J, Burton M E, Murphy N, McComas D J. 1994. The heliospheric plasma sheet. Journal of Geophysical Research, 99 (A4): 6667-6680.

Wu C S, Davidson R C. 1972. Electromagnetic instabilities produced by neutral-particle ionization in interplanetary space. Journal of Geophysical Research, 77 (28): 5399-5406.

Wu C S, Hartle R E. 1974. Further remarks on plasma instabilities produced by ions born in the solar wind. Journal of Geophysical Research, 79 (1): 283-285.

Xu S, Fang X, Mitchell D L, Ma Y, Luhmann L G, DiBraccio G A, Weber T, Brain D, Mazelle C, Curry S M. 2018. Investigation of Martian magnetic topology response to 2017 September ICME. Geophysical Review Letter, 45 (15): 7337-7346.

Yamauchi M, Hara T, Lundin R, Dubinin E, Fedorov A, Sauvaud J A, Frahm R A, Ramstad R, Futaana Y, Holmstrom M, Barabasha S. 2015. Seasonal variation of Martian pick- up ions: Evidence of breathing exosphere. Planetary and Space Science, 119: 54-61.

Yashiro S. 2004. A catalog of white light coronal mass ejections observed by the SOHO spacecraft. Journal of Geophysical Research-Space Physics, 109 (A7): A07105.

Yoon P H, Wu C S. 1991. Ion pickup by the solar wind via wave-particle interactions. In: Johnstone A D (ed). Cometary Plasma Processes, Geophysical Monograph Series (61) . Washington DC: AGU, 241-258.

Zhang M H G, Luhmann J G. 1992. Comparisons of peak ionosphere pressures at Mars and Venus with incident solar wind dynamic pressure. Journal of Geophysical Research, 97 (E1): 1017-1025.

Zhang M H G, Luhmann J G, Nagy A F, Spreiter J R, Stahara S S. 1993. Oxygen ionization rates at Mars and Venus: Relative contributions of impact ionization and charge exchange. Journal of Geophysical Research, 98 (E2): 3311-3318.

Zhao G Q, Chu Y H, Lin P H, Yang Y H, Feng H Q, Wu D J, Liu Q. 2017. Low-frequency electromagnetic cyclotron waves in and around magnetic clouds STEREO observations during 2007 ~ 2013. Journal of Geophysical Research, 122 (5): 4879-4894.

Zurbuchen T H, Richardson I G. 2006. In-situ solar wind and magnetic field signatures of interplanetary coronal mass ejections. Space Science Reviews, 123 (1-3): 31-43.

Zwickl R D, Asbridge J R, Bame S, Feldman W C, Gosling J T, Smith E J. 1983. Plasma properties of driver gas following interplanetary shocks observed by ISEE-3. NASA Conference Publication, 228: 711-717.

比较行星学视角下的火星离子逃逸

范开[1]，李坤[2]，魏勇[1]

1. 中国科学院地质与地球物理研究所，北京　100029

2. 中山大学大气科学学院，珠海　519082

摘　要

地球环境可以近似简化为一个从地核到邻近空间的多圈层耦合系统，其中，位于地球表面的水圈、大气圈、岩石圈的物质交换、循环与演化对人类社会以及整个生物圈层的维持和稳定息息相关。位于岩石圈和水圈的水（冰）、二氧化碳等成分通过蒸发、升华等过程进入大气圈层，进而被太阳辐射加热、电离，最终逃逸损失至行星际空间。这一过程被称为大气逃逸，是行星物质永久性损失的主要机制之一，对于研究行星表面环境的长期演化进程存在重要意义。观测资料显示，行星离子逃逸作为大气逃逸的重要机制，是行星物质逃逸损失的重要途径。

在太阳系形成早期，地球与金星、火星的大气成分类似。然而经过40余亿年的演化，金星和火星的表面环境均极度干燥，仅地球剩余全球性液态海洋。造成两颗行星水分丢失的原因可能为金星过剩的“温室效应”和火星的低重力弱磁场环境，二者均导致了离子逃逸过程加剧。其中，行星磁场的强弱是影响离子损失率的关键因素。因此，从行星类比的角度，分别对比三颗行星空间环境的异同，有助于进一步理解金星和火星的大气演化历史。本文内容通过对比不同行星的空间环境对太阳风响应的异同，探讨地球（全球内禀磁场）、金星（无磁场）和火星（半球剩余磁场）下的离子逃逸过程。其中，火星因其独特的半球磁场环境，是研究离子逃逸过程的天然实验室。2020年，我国“天问一号”火星探测任务成功发射，离子逃逸作为本次探测计划的主要科学目标之一，对于进一步揭示行星磁场与大气逃逸的关系、行星大气演化历史、多圈层物质交换过程等重大科学问题存在重要意义。

1　引言

地球与火星、金星等其他类地行星一样，是一个从内部（核-幔）到空间（电离层-磁层）多圈层耦合的复杂系统。这一系统的中间环节，如地球上与人类及其他生物紧密相关的大气、生物和水圈等圈层，不仅被内部的动力学过程控制，还受到空间中各种物理过程的影响。离子逃逸是导致行星物质从行星空间永久性损失的主要机制之一，其具体物理过程可归纳为大气离子成分在行星电离层、磁层中加热、加速后最终逃逸损失至行星际空间。离子逃逸问题对于研究火星、地球、金星等类地行星的大气演化历史存在重要意义，也是我国火星探测任务“天问一号”的主要科学目标之一（Wan et al., 2020）。

太阳系形成早期，金星、地球、火星的原始大气成分类似，是二氧化碳、水汽、氮气为主的大气圈层（Kulikov et al., 2007）。同位素研究结果显示，早期的金星、火星与地球类似，均可能存在全球性液态海洋（Gurwell, 1995；Dayhoff et al., 1967），但是经过40余亿年的演化，金星和火星的表面已不再能够观测到明显的液态水信号。当前学术界认为，造成这一现象的原因主要为以下两种：①通过小行星、彗星等高速运动的小天体撞击导致的碰撞损失；②大气逃逸过程引起的物质损失。

频繁的天体撞击事件主要发生在太阳系演化初期，之后陨石撞击为小概率偶发事件，因此大气逃逸过程可能是导致金星、火星表面液态水损失的主要原因。大气逃逸过程可以划分为热逃逸（Thermal Escape）和非热逃逸（Non-thermal Escape）。热逃逸过程主要研究逃逸层以上运动速度足以克服行星引力的中性大气逃逸，对于地球、火星和金星等类地行星而言，这一过程描述太阳辐射加热行星大气引起的轻质量气体（如氢气分子等）克服重力直接逃逸的金斯逃逸过程（Jeans Escape）及轻质量中性大气成分在逃逸过程中由于碰撞作用导致的重质量大气（如二氧化碳、惰性气体）逃逸的流体动力学逃逸过程（Hydrodynamic Escape）。当早期行星大气成分中的轻质量气体迅速逃逸损失后，非热逃逸过程成为大气逃逸的主要损失机制。非热逃逸的物理机制有很多，例如拾取逃逸（Pickup）、溅射逃逸（Sputtering）、极风（Polar Wind）等等，这些物理过程均涉及离子成分的直接逃逸或者离子–中性分子相互作用引起的中性成分逃逸，因此，本文内容将上述离子成分的直接性逃逸或离子–中性相互作用造成的大气逃逸过程均划入离子逃逸的研究内容。

驱动离子逃逸过程的主要能量来源是太阳辐射和太阳风。太阳辐射不仅加热行星大气使其径向膨胀，也电离大气分子形成行星电离层。太阳风运动电场与行星磁场或行星电离层相互作用，使大气离子加热、加速，最终逃逸损失至行星际空间。行星磁场的大小是控制上述离子逃逸过程的重要因素。对于地球而言，庞大的磁层阻碍了太阳风等离子体与电离层的直接相互作用，只有在磁层极隙区，太阳风才能直接接触到地球高纬电离层。因此，地球磁层间接地阻碍了逃逸离子的能量传递效率，可能对离子逃逸产生阻碍作用。另外，地球磁层的对流过程使90%以上的外流离子输运回地球大气，从而有效削弱了全球离子逃逸速率。金星、火星则缺乏与地球类似的内禀磁场，太阳风与上述两颗无磁行星的向阳面电离层直接接触，更直接地将能量和动量传递至行星电离层离子（图1）。因此，对比金星、地球、火星的行星磁场环境及离子逃逸过程，有助于我们进一步理解行星大气演化历史和行星水损失过程，也有助于我们理解地球大气的未来演变模式。

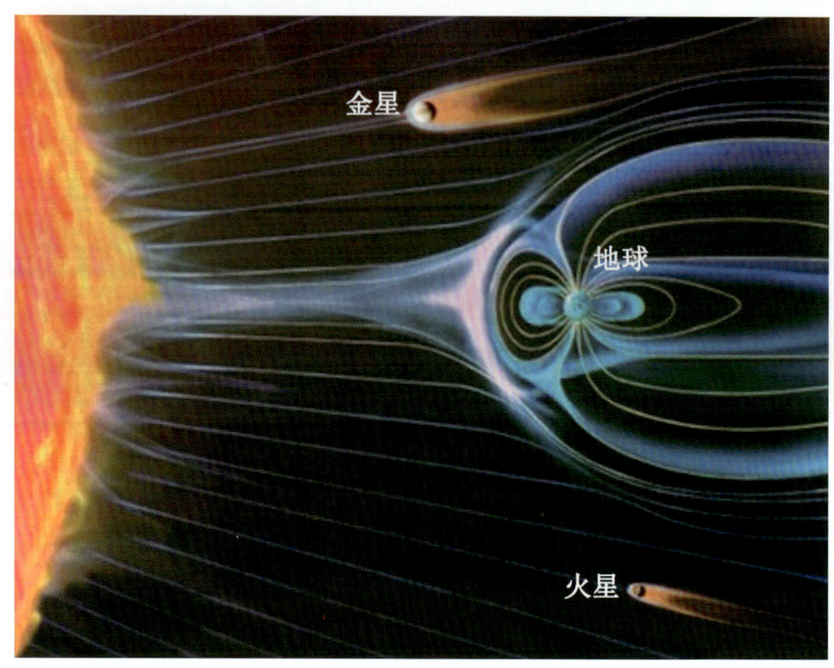

图1 太阳驱动金星、地球、火星离子逃逸（图片修改自欧洲航天局）

本文内容将回顾2010至2020年间，万卫星团队成员——魏勇研究员、李坤副教授和范开博士有关地球、金星、火星离子逃逸问题的相关研究工作，并对研究成果进行简要总结，审视行星磁场对离子逃逸的调节作用。在本文接下来的部分，将按照论文发表的时间顺序对研究成果逐一介绍，并在总结部分简要阐述火星离子逃逸对于揭示行星磁场、大气演化历史的重要意义。

2 太阳共转相互作用区引起地球、火星大气逃逸增强现象

对于类地行星而言，太阳是驱动离子逃逸过程的主要能量来源。当前研究结果显示，当太阳风动压增强时，地球与火星的氧离子出流通量均会产生一定程度的增强（Nilsson et al.，2010；Dubinin et al.，2011）。与缺乏内禀磁场的金星、火星不同，地球的全球内禀磁场虽然有效阻隔了太阳风能量向中、低纬电离层离子的直接性传输，但也在极隙区为离子外流提供了额外通道。另外，地球庞大的磁层可能储存了更多的“太阳风能量”，这些综合作用或许导致地球偶极磁场并不能有效阻碍电离层离子加速、逃逸。但是，由于缺乏相同太阳风条件的对比研究，地球的全球性磁场能否有效阻碍离子逃逸过程引起了学术界的长期争议。

2011年，在德国马克思·普朗克太阳系研究所从事博士后研究工作的魏勇研究员对2008年1月一次太阳共转作用区（Corotating Interaction Region，CIR）事件进行追踪研究。在此次事件中，太阳、地球、火星的空间位置位于同一径向方向上（图2）。因此，当此

次 CIR 主体部分依次扫过地球和火星时，位于地球极隙区的 Cluster 卫星和位于火星的火星快车（Mars Express）探测器均观测到了离子外流通量的显著增强，并根据观测结果得出以下两点主要结论：①当太阳风动压增强 2～3 nPa 时，火星氧离子外流通量的增加速率比地球快一个量级；②当相同的 CIR 主体扫过两颗行星时，火星和地球的氧离子出流通量相近。研究结果表明地球内禀磁场，相对于火星的无磁场环境而言有效阻碍了离子外流、行星大气的损失速率与其距离恒星的远近存在重要关系。

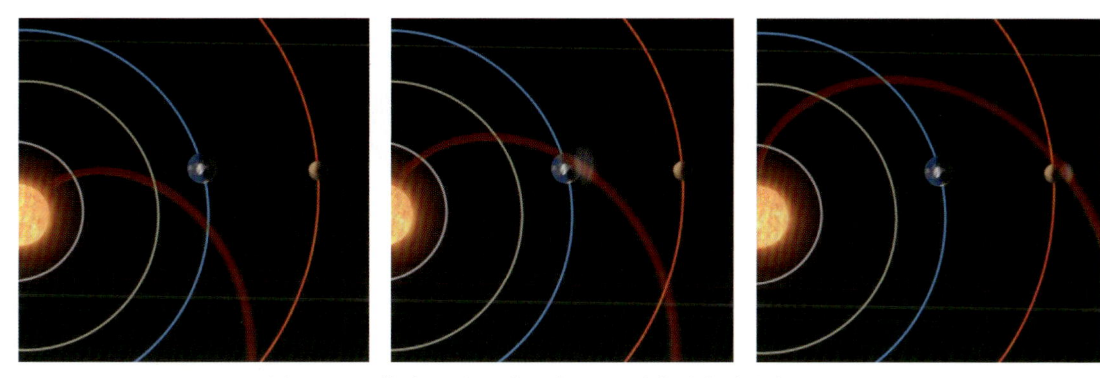

图 2　CIR 依次经过地球、火星（图片引自欧洲航天局）

地球和火星的磁层环境均受太阳风调控：日冕物质抛射事件携带的太阳风南向磁场会诱使地球磁层发生磁暴和亚暴，从而使太阳风-磁层能量传输通量增加并导致极隙区离子上行通量增强（Lu et al., 1998）。对于火星而言，行星际磁场的变化速率和方向也控制着火星感应磁层的大小和形态（Dubinin et al., 2006）。由于太阳自转及不同日面经度上日冕膨胀速度的差异，太阳风高速流超越低速流引发 CIR 事件。在一次 CIR 事件中，太阳风高速流伴随高太阳风动压条件及扰动的行星际磁场，而地球极隙区和火星的离子逃逸通量均随太阳风动压升高而增强。但是，由于火星和地球每 25 个月发生一次，因此从观测上追踪一次 CIR 在短时间内依次扫过地球、火星事件较为困难，文章选取 2008 年 1 月符合上述行星轨道条件的一个典型事例，对火星、地球离子逃逸速率进行了对比研究。

图 3a 展示了 2008 年 1 月 6 日太阳观测卫星 STEREO-A 和 STEREO-B、地球及地球观测卫星（Cluster）、火星快车距离太阳、地球、火星的相对位置；图 3b 展示了火星快车的一次飞行轨迹；图 3c、d 展示了 Cluster 卫星的部分轨道，可见 STEREO、火星快车和 Cluster 的轨道位置能够对行星的上游太阳风参数、火星离子逃逸通量及地球极隙区出流离子通量进行有效测量。其中，Cluster 粒子探测仪能够测量 30～40 keV 不同质量的地球磁层离子成分，火星快车与之类似，能够识别 30～50 keV 不同质量的火星重离子成分。

图 4 展示了 CIR 过境火星时火星快车连续 7 个轨道的观测结果，图 4a、b 分别为电子、离子能谱图，图中可见 CIR 扫过火星后，其空间中的等离子能流通量显著增强。排除观测结果中干扰因素的影响之后，计算结果显示当 CIR 依次经过地球和火星时、太阳风动压由约 1 nPa 增强至 2～4 nPa 时，地球极隙区氧离子逃逸通量从 $3\times10^{4}\,s^{-1}\cdot cm^{-2}$ 增

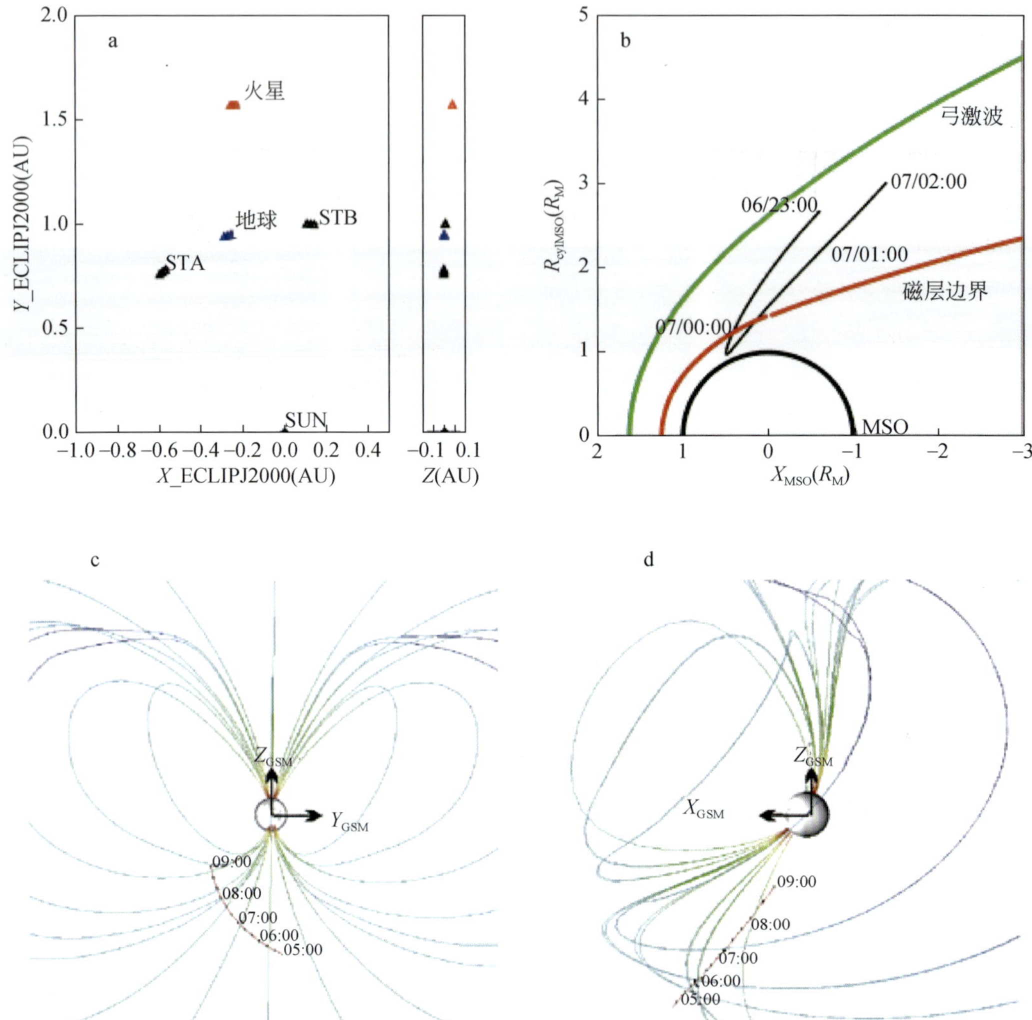

图 3 CIR 事件期间 Cluster、火星快车飞行轨迹

强至 2×10^5 s^{-1} · cm^{-2}，增幅约 7 倍；而火星拾取粒子（Pickup Ion）引起的氧逃逸通量由 1×10^6 s^{-1} · cm^{-2}增强至 6×10^7 s^{-1} · cm^{-2}，增幅约 60 倍。另外，当 CIR 主体部分依次经过地球和火星时，地球和火星的离子逃逸率分别增强了约 7 倍和 10 倍。

综上所述，火星离子逃逸通量不仅对太阳风动压的变化更加敏感，当遭遇类似 CIR 等太阳风动压增强的空间天气事件时，其逃逸通量增幅和损失总量也比地球更高。因此，研究结果表明行星大气的损失速率与其距离恒星的远近存在重要关系，地球内禀磁场效阻碍了离子逃逸。

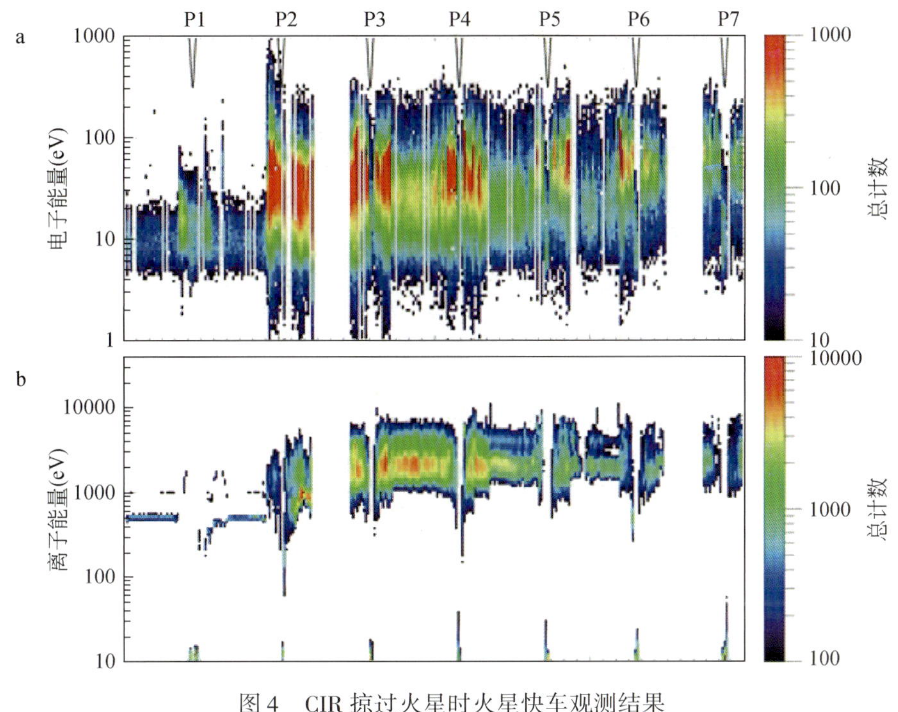

图 4 CIR 掠过火星时火星快车观测结果

3 大气氧逃逸是地磁倒转–生物大灭绝因果关系链的重要环节

地球是一个从内部（地核）到空间（磁层）多圈层耦合的复杂系统。该系统的中间环节，即与人类和其他生物生存紧密相关的大气圈、生物圈和水圈等圈层，不仅被内部的动力学过程控制，还受到空间的各种物理过程的影响。地质记录数据展示出的各种演化行为和重大事件的驱动因素，往往是起源于内部、耦合于空间、并牵涉到物质与能量的转换和转移的各种过程的叠加。

地球显生宙阶段的演化，有三个参数呈现出有趣的相关性：地磁倒转频率、大气氧含量和生物数量（图 5）。早在 1963 年就有人提出，地核变化所导致的磁场倒转可能是生物大灭绝的原因。人们曾认为地磁倒转期间地球失去磁场的保护，外来的高能粒子等“杀手”得以危害生物圈。后来随着数据的逐渐丰富，地磁倒转频率与生物数量的相关性逐步得到证实。但是，这些数据反而否决了人们最初的思路：显生宙有近千次地磁反转，却只有 5 次全球性的大灭绝；人类在数百万年的演化过程中曾经历过数十次地磁倒转，却并未灭绝。于是，地磁倒转与生物灭绝的因果关系受到广泛质疑。2005 年，人们又发现了大气氧含量与生物数量的相关性，于是开始致力于研究其间的因果关系。但是，这个因果关系链的上游环节——氧含量下降的成因，仍是一个无解的问题。

2014 年，中国科学院地质与地球物理研究所地磁与空间物理研究室魏勇研究员与北京大学、清华大学、德国马普太阳系研究所等单位的学者合作开展了针对性研究，并提出了全新的观点：首先，地磁倒转与生物大灭绝应该是“多对一”的对应关系，而非传统观点

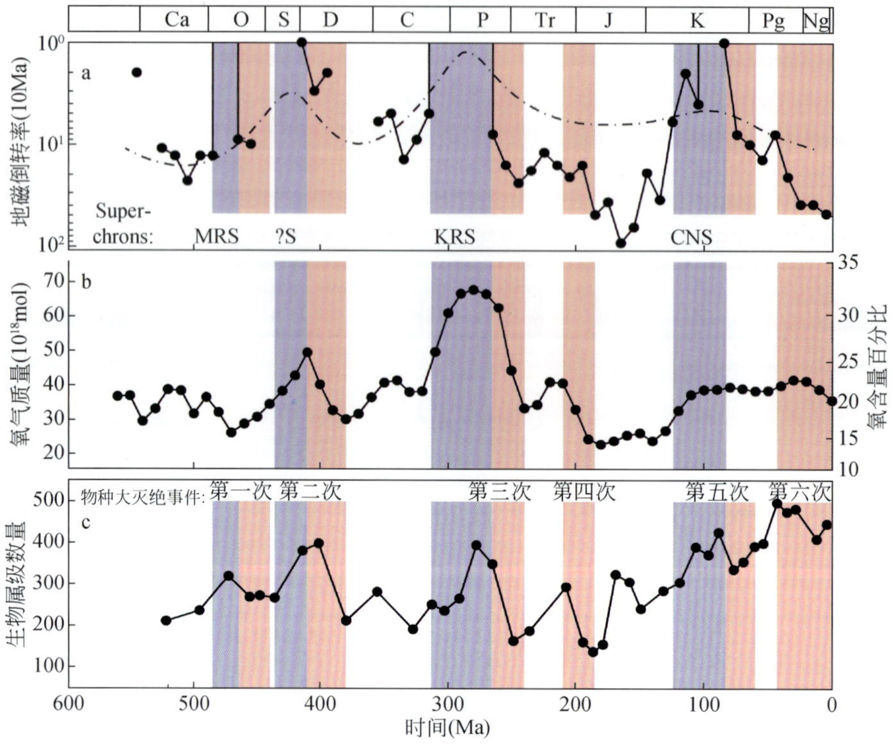

图 5　显生宙地磁倒转率（向下为增加）、大气氧含量、生物数量的对比

认为的“一对一”关系，即地磁倒转对生物生存环境造成的损害应该是长期的、可积累的；其次，地磁倒转造成磁层保护作用减弱既能造成高能粒子入侵，又使得氧离子逃逸加剧，但只有氧离子逃逸是可积累的；最后，相比当前的氧逃逸的情况，地磁倒转期间的氧逃逸机制更接近于当前的火星（图 6）。

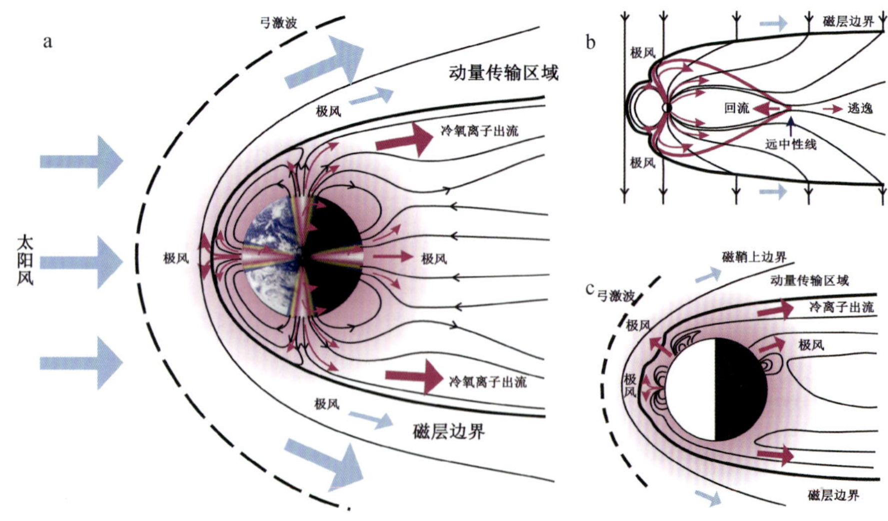

图 6　不同磁场位形下的离子逃逸过程示意图

a. 地磁倒转时期可能的四极子磁层位形；b. 当前的偶极子磁层位形；c. 地磁发电机停止后的感应磁层位形，类似于火星

在地球和行星的空间环境中，驱动粒子逃逸的主要因素是太阳风。该合作团队分别使用了恒星演化模型和位于天蝎座南部的一颗比太阳年轻3亿年以上的恒星18 scopii来近似求取显生宙太阳风的变化范围。削弱行星粒子逃逸的主要因素是内禀磁场。地核中存在活跃的发电机，其所产生的磁场延伸到空间形成磁层，阻止太阳风与空间粒子直接接触，从而削弱其剥蚀效应；而当前火星没有发电机，仅有微弱的岩石剩磁，据估计其发电机可能在几十亿年前已经停止。由于缺乏磁场的保护，火星上水几乎已逃逸殆尽。他们采用比较行星学的方法，改造火星氧逃逸的模型应用于磁场倒转时期的地球，对氧粒子逃逸率的变化情况进行了估算。结果发现，地磁倒转期间氧逃逸率可增加1000倍以上，量级上接近1986年哈雷彗星飞掠地球轨道时所测得的氧损失率，其累积结果可以解释大气氧含量的下降，从而证实了新观点的可能性。

这项研究对地磁倒转和生物大灭绝的因果关系提出了新的解释：在长达数百万年的时间里，地磁倒转频率升高，地磁场对氧粒子的保护作用频繁减弱，氧粒子逃逸率频繁增加，导致大气氧含量持续下降，并最终降至诱发生物大灭绝的阈值。该研究结果不仅为建立“地磁倒转-氧逃逸-生物灭绝”因果关系链提供了理论依据，还为地球与行星物理的综合研究提供了例证和思路。

4 金星弓激波外逃逸的氧离子

人类对金星空间环境的探索始于20世纪60年代。1978年之前，仅有4颗卫星对金星电离层成功测量，但是探测数据极少。20世纪80年代至今，美国的Pioneer Venus Orbiter（PVO）以及欧洲航空航天局的金星快车计划（Venus Express）分别对空间环境进行长期测量。其中，PVO于1978年抵达金星同步轨道，至1992年停止测量，共运行了近14年。金星快车的有效探测时间为2006~2014年，与PVO相比，金星快车携带的离子测量仪器能量范围更宽，更适合进行金星氧离子逃逸过程的研究。

金星几乎没有任何内禀磁场，也不像火星南半球存在极强的岩石剩磁。但是其浓厚的大气、与地球相当的电离层电子峰值密度表明：对金星的电离层-太阳风相互作用过程的深入研究有助于加深理解弱磁场环境下离子逃逸能量传输过程。由于金星距离太阳更近，太阳辐射加热可能导致早期金星表面无法长期存在液态海洋。而金星大气中的水蒸气和二氧化碳使温室效应加剧，从而与辐射加热形成正反馈，蒸发更多的液态水进入大气，这一过程被命名为“失控的温室效应”（Runaway Greenhouse Effect）。其中，金星大气中的水分子被太阳辐射电离，生成氢离子、氧离子、氢氧根离子等成分进入金星电离层。而金星的无磁场环境导致太阳风不断剥蚀顶部电离层离子。金星大气“脱水”过程可能持续了数十亿年，并最终引发全球海洋的消失（Lammer et al., 2008）。

上述假说的关键性证据之一是当前卫星探测任务对金星离子逃逸率的观测和估算。因此，金星氧离子全球逃逸率的具体数值对约束逃逸模型具有重要意义。但是，目前对氧离子逃逸通量并无统一的估算方法。由于逃逸氧离子的空间分布为全球尺度，而单颗卫星观测无法区分全球逃逸离子的空间和时间变化，因此必须采取一些特定的数据分析方法降低观测数据的时空变化性。

2017 年，中国科学院地质与地球物理研究所地球与行星物理院重点实验室魏勇研究员与北京大学、奥地利科学院、瑞典空间物理研究所、德国马普太阳系研究所等研究机构的学者合作开展了针对性研究，通过对 Venus Express 离子能谱数据上金星弓激波外 286 次拾取离子（Pickup Ion）事件进行挑选和分析，首次发现在太阳活动低年，弓激波外的电离层氧离子逃逸率高达 $2.1\times10^{24}\,s^{-1}$，这一逃逸率与金星弓激波内的氧离子逃逸速率大致相当，如图 7 所示。由于前人在计算金星逃逸率时仅考虑感应磁层内部的逃逸离子，因此对金星全球离子逃逸通量的估算存在严重低估。

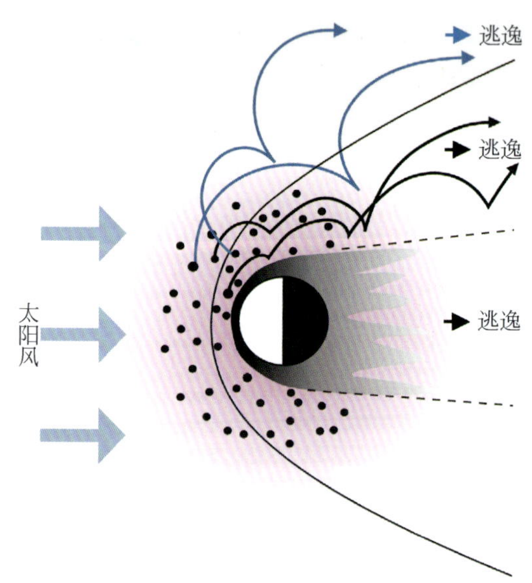

图 7　金星弓激波外逃逸的氧离子示意图

金星逃逸离子的主要成分包括氢离子、氦离子和氧离子；其对应的逃逸能量分别为 0.6 eV、2.2 eV 和 9.0 eV，当粒子的动能大于逃逸能量且运动路径不再经过金星，则可以计入粒子逃逸（Dubinin et al.，2011）。这些与太阳风相对静止的新生离子被 $-\boldsymbol{v}\times\boldsymbol{B}$ 电场加速并根据行星际磁场方向开始回旋运动，离子的运动轨迹为 $\boldsymbol{E}\times\boldsymbol{B}$ 漂移，最高可加速至 $2\,\boldsymbol{v}_{sw}\sin\alpha$。其中 α 是磁场和太阳风速度方向的夹角；引导中心的漂移速度可由 $\boldsymbol{E}\times\boldsymbol{B}/\boldsymbol{B}^2$ 给出。图 8 展示了 Venus Express 于 2009 年 11 月 14 日观测到的一次弓激波外被太阳风电场拾取的逃逸氧离子观测事件，能谱结果显示飞船在 03:10 位于太阳风中，并于 04:14 进入金星磁层。图 8c 中黑色虚线展示了弓激波外被太阳风电场拾取的氧离子运动轨迹，其具体能量和成分如图 8d 所示。

由于金星高层大气离子直接暴露在太阳风运动电场之中，因此相对太阳风流静止的电离层离子被 $-\boldsymbol{v}\times\boldsymbol{B}$ 电场加速。观测结果显示，离子会在太阳风电场正方向沿离子回旋拉莫半径（Larmor radius）轨迹分布，呈现“羽状通道”（plume）结构，如图 9 所示。通过对离子的运动轨迹进行追踪，发现这些 Pickup 离子的可能性来源是日下点附近的电离层或感应磁层。这一现象在 19 世纪 80 年代首次在金星上观测到离子逃逸过程，随后由计算机对观测结果进行模拟（Moore et al.，1991）。其中，不同质量的离子成分会根据其分子质量

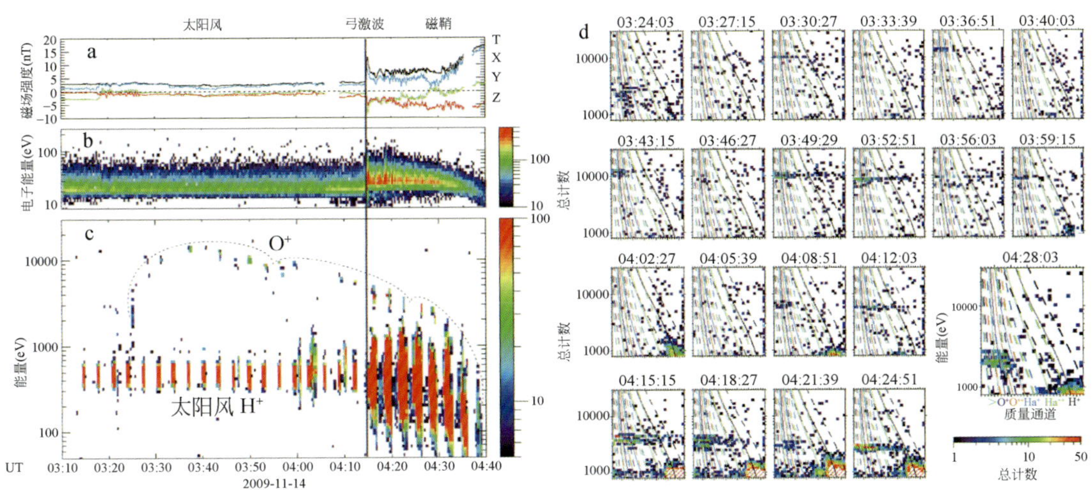

图 8 被太阳风电场拾取的氧离子示意图

的不同，在太阳风电场的加速过程中，逐渐分离，沿各自不同的回旋半径留下运动轨迹。模拟结果显示，离子在$-\boldsymbol{v}\times\boldsymbol{B}$ 正方向区域逐渐被太阳风加速，最终逃逸损失；而在负方向区域，离子会重新回到大气中与中性成分碰撞消耗（Jarvinen et al.，2016）。

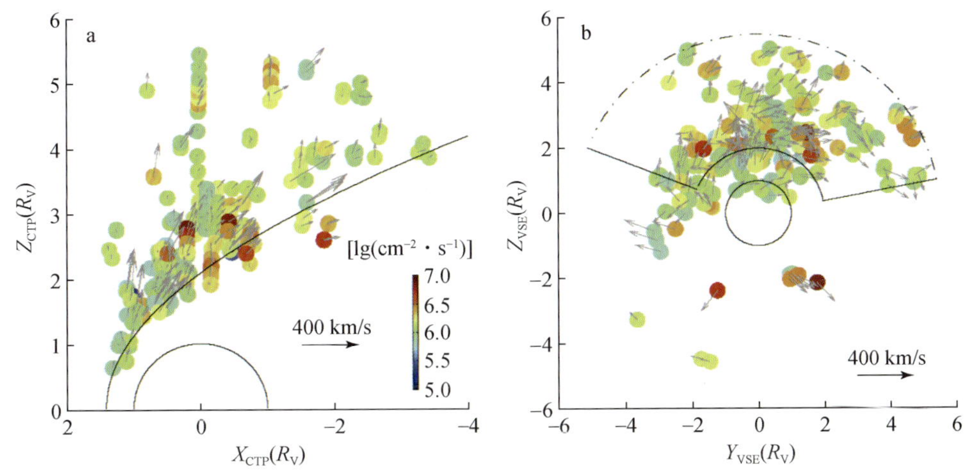

图 9 金星弓激波外氧离子的"羽状通道"

在本工作发表之前，学术界对金星氧离子逃逸的观测研究工作主要集中在弓激波内的磁层–电离层部分，忽视了弓激波外被太阳风电场拾取的氧离子逃逸途径。本文根据金星快车探测卫星 2006 年 6 月至 2010 年 12 月太阳活动低年的观测数据，首次发现弓激波外的离子逃逸通量占据总逃逸通量的一半，指出金星空间环境与火星、近日彗星的高度相似性。综上所述，金星由于缺乏全球性磁场、其与地球相似的引力束缚作用无法有效保护金星大气被太阳风剥蚀，预示了行星磁场对离子逃逸存在重要的阻碍作用。

5 太阳风、太阳辐射及地磁偶极偏转对地球冷离子逃逸的能量转化的影响

地球大气的低能离子损失在地球磁层动力学和大气层演化过程中起到了非常重要的作用。其中，太阳风和太阳辐射能量输入地球系统是地球大气损失到行星际空间的主要能量来源之一。在太阳系演化过程中，不但太阳条件（包括太阳风和太阳辐射）发生着变化，地球磁场的偏转方向也在剧烈地改变。这两方面的变化如何控制及在多大程度上影响地球电离层低能离子的逃逸目前没有明确的答案。此外，太阳风和太阳辐射对地球上低能离子逃逸的能量转化效率可以用来与其他行星（如金星和火星）上的能量转化效率相比较。这有助于使我们研究行星磁场是否是阻碍行星大气的重要因素，从而为我们理解行星磁场与行星大气演化之间的关系提供重要的线索。

2016 年至 2018 年，中山大学李坤副教授在中国科学院地质与地球物理研究所地球与行星物理院重点实验室从事博士后研究工作。期间通过分析 Cluster 飞船从 2001 年至 2010 年期间的数据，发现大约有 0.1% 的太阳风能量注入转化为电离层冷离子逃逸的动能。相比之下，太阳能量向冷离子逃逸动能的转化效率较低。同时，地球偶极磁场的偏角和大小也能严重影响电离层冷离子逃逸。

地球的大气层主要以极区电离层离子逃逸的形式损失到行星际空间中。在过去几十年间，电离层离子逃逸逐渐被认为是地球磁层等离子体的主要来源，这些等离子体在磁层动力学和磁层-电离层耦合过程中起到了很重要的作用。通过把地球与金星、火星对比，人们倾向于认为离子逃逸能够影响类地行星的大气演化。

然而，测量电离层离子逃逸存在技术上的困难。由于卫星在磁层稀薄等离子体环境中受光照作用，通常表面被充上正电荷。这种情况下卫星电势高达几十伏。逃逸的电离层离子能量一般不高于这个电势所对应的能量，电离层离子温度也很低，因此被称为冷离子。对于磁层中的卫星来说，这些从电离层逃逸的冷离子是不可见的。直到最近，一种通过分析 Cluster 飞船电场和磁场测量反演冷离子参数的方法出现。根据这个方法人们发现，地球电离层冷离子逃逸率约为 $10^{26}\ s^{-1}$，大大超出了之前对较高能量离子逃逸率的估算。

冷离子逃逸主要由沿地球极区开放性磁力线方向上的双极性电场导致。这个电场由电子通常有比离子更高的特征高度引起，而电场的大小与电离层中电子的温度有关。因此，一些电离层电子加热机制被认为能够控制冷离子逃逸，包括波粒相互作用、粒子沉降和太阳辐射加热等等。这些加热机制的能量最终来源是太阳风和太阳辐射。一部分太阳风输入到磁层的能量耗散在极区的电离层中。有研究表明在地球磁暴期间，总输入能量中约有 22% ~25% 能到达极区电离层，包括以焦耳加热和粒子沉降方式进入电离层的能量。而大量的研究工作表明离子逃逸通量在地磁活动期间增强，因此太阳风能量在地磁活动期间向极区电离层的耗散被认为是离子逃逸的重要驱动机制。

太阳辐射也对离子逃逸至关重要。太阳的极紫外辐射为电离层逃逸离子提供能量来源，因此太阳极紫外辐射为离子逃逸的多少设置了上限。同时，太阳的其他波段辐射（例

如红外辐射）改变电子和离子的特征高度差，导致双极性电场的变化进一步影响电离层离子逃逸速率。由于离子逃逸主要发生在极区电离层磁力线开放的区域（即极盖区域）而地球磁极与自转轴有一定的角度，这一角度随地球自转，因此极盖区域受太阳辐射面积有所不同，地球偶极轴的倾角对冷离子逃逸有调制作用。

本小节工作在已获得的冷离子参数和追踪粒子的基础上，计算了从一个半球上逃逸冷离子的总动能。不同的太阳风条件和随地球自转导致的磁倾角变化可以类比于不同地质历史时期中太阳–地球离子逃逸情况，为理解地球电离层离子逃逸和大气演化规律提供新的线索。

根据 Cluster-1 和 Cluster-3 号飞船从 2001 年到 2010 年共获得的 33 万个磁层冷离子数据，包含冷离子的数密度和群速度。其中 32 万个冷离子记录表明冷离子向磁尾方向运动。在此基础上通过粒子追踪的方法，输入磁层中冷离子的密度和速度，输出冷离子在电离层顶（即离地面 1000 km 高处）的密度和速度（具体计算方法见 Li et al., 2012）。电离层顶冷离子的密度和速度可以用来计算极盖区冷离子逃逸所携带的动能。这一过程计算了极盖区域的面积（与磁层顶和磁尾的磁重联率有关）。在计算太阳风的能量注入总量时，使用了修正的太阳风 ε 参数。它与太阳风磁场强度以及太阳风磁场方向在 Y-Z 平面的夹角、太阳风速、地球磁层的等效半径（受太阳风动压控制）有关。约有 23.7 万个冷离子的记录被发现来自于地球电离层，对应 263 小时的数据。它们对应的逃逸通总动能功率（F_E）、太阳风能量注入（ε）和地磁倾角（μ）之间的关系如图 10 所示。

图 10 表示在对应半球地磁偶极极轴由背离太阳（$\mu < 0$，上排）向偏向太阳（$\mu > 0$，下排）变化时，F_E 随太阳风能量注入（ε 参数）变化的趋势。大多数数据对应的太阳风能量注入为约 $10^9 \sim 10^{11}$ W，本项研究主要分析 ε 参数范围内的数据。图 10b、e 表示数据点个数随 F_E 和 ε 参数的分布，两条红色竖线之间的区域为对应 ε 参数范围（$10^{0.1}$ W）数据点个数超过 1000 的区域。为了减小数据点个数对分析带来的偏差，仅分析 ε 参数范围内的数据。其中图 10b、c 中白色圆圈表示对应 ε 参数 F_E 的中值，可见太阳风能量注入对冷离子逃逸的调制作用。图 10c 表示每一个 $10^{0.1}$ W 间隔内各个 F_E 的相对发生率。随着太阳风能量输入的增加，F_E 从不到 10^7 W 增加至约 2×10^7 W。而当偶极轴指向太阳时，图 10e 和 10f 表示 F_E 由约 2×10^7 W 增加至 10^8 W。

图 11a、b 分别表示极盖区域受到光照和不受光照时 F_E 随 ε 参数变化的趋势。从图 11a 可以看出，当太阳风能量注入率低于约 10^{10} W 时，F_E 中值基本为一个常数，ε 参数变化不影响 F_E 中值的大小。此时，F_E 的能量来源被认为是太阳风辐射。当极盖区域不受太阳光照时，如图 11b 所示，F_E 中值降低至约 10^6 W，此时的能量来源可能为由光照区域扩散至非光照区域等离子体携带的能量。

当太阳风能量注入率高于约 10^{10} W 时，F_E 中值随 ε 参数增大而增大。当极盖区域受到光照时，F_E 中值从 2×10^7 W 增加到 10^8 W；而当极盖区域不受光照时，F_E 中值从 10^6 W 增加到 2×10^7 W。因此，当 ε 参数大于 10^{10} W，太阳风能量注入是冷离子逃逸的能量来源。估算能量转化效率 $e_\varepsilon = F_E/\varepsilon$ 约为 0.01%。当太阳风能量注入率大于 10^{10} W 时，地球极区电离层冷离子逃逸的能量随太阳风能量注入率增加而增加，约有 0.1% 的太阳风能量能转化为地球极区电离层冷离子逃逸的能量。太阳风能量注入导致的冷离子逃逸总功率约为

10^7 W 至 10^8 W。当太阳风能量注入率小于 10^{10} W 时，地球极区电离层冷离子逃逸的能量不随太阳风能量注入率增加而变化，此时地球极区电离层冷离子逃逸的能量来源为太阳辐射。地球的磁极轴随着地球自转而发生变化，改变极盖区收到光照的强度。当太阳风能量注入较小时，极盖区由不受光照变化为受光照的情况会导致地球极区电离层冷离子逃逸的能量功率最小为 10^6 W，最大为 2×10^7 W。

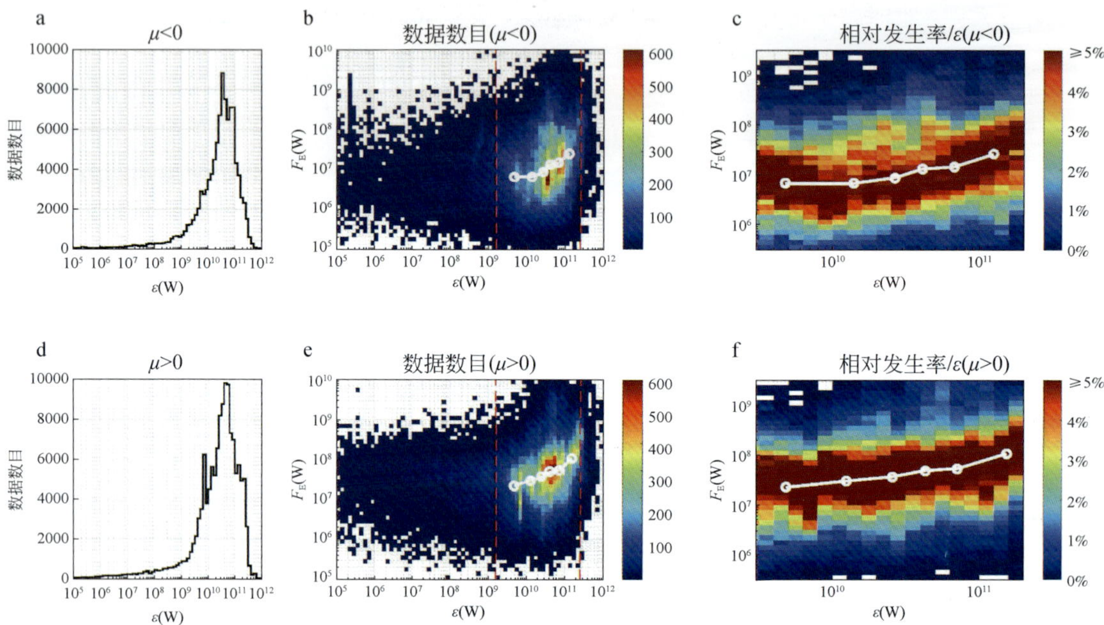

图 10　F_E 与太阳风能量注入（ε 参数）在地磁倾角（μ）大于 0（对应指向太阳）和小于 0（对应背离太阳）条件下的关系

a. 数据点的个数随 ε 参数的变化；b. 数据点的个数随 ε 参数和 F_E 的变化，红色竖线之间的范围表示数据点大于 1000 的对应 ε 参数范围，带颜色的小格表示数据点的个数；c. 颜色小格表示相对发生率。注意 ε 参数和 F_E 的范围较 b 小，b 和 c 中白色圆圈和线表示对应 ε 参数上 F_E 的中值。d–f 与 a–c 相同，但表示的是 $\mu>0$ 的情况

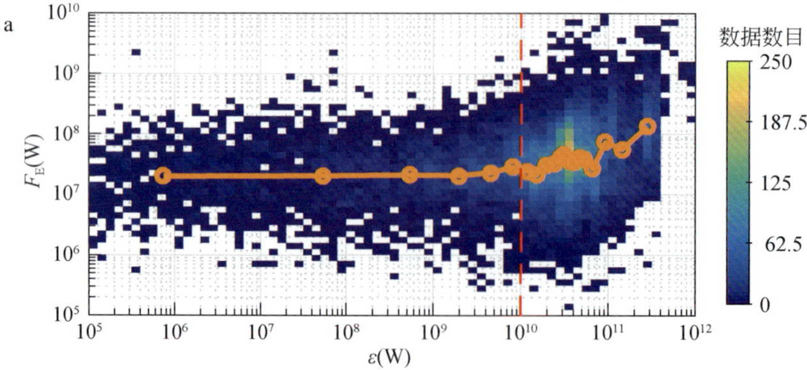

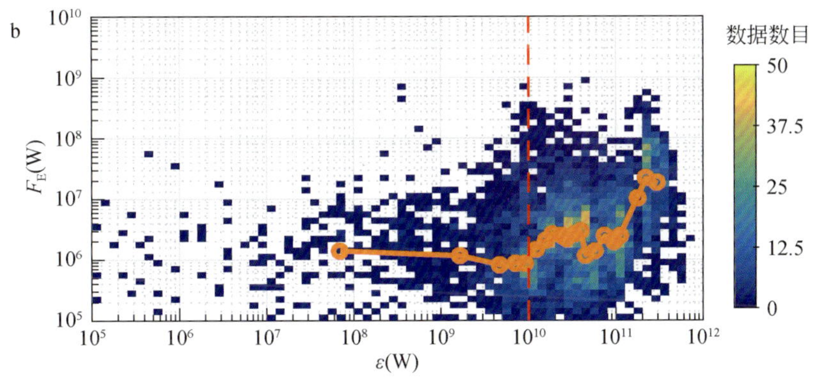

图 11 极盖区域在受到光照（a）和不受光照（b）F_E 随 ε 参数增加而变化的趋势

深黄色圆圈表示对应 ε 参数范围内的 F_E 中值。红色虚线表示 ε 参数约为 10^{10} W 位置，当 $\varepsilon<10^{10}$ W 时，太阳辐射是冷离子逃逸的主要能量来源，而当 $\varepsilon>10^{10}$ W 时，太阳风、太阳辐射是冷离子逃逸的主要能量来源

6 火星剩余磁场阻碍高能氧离子逃逸

行星磁场与离子逃逸之间的关系对研究行星大气环境演变过程具有重要意义。火星半径仅为地球一半，其引力约为地球引力的五分之二，目前观测到的火星大气较地球而言非常稀薄。由于火星缺少类似地球的全球性磁场，火星大气的离子逃逸过程经过几十亿年的积累，改变了火星表面气候，也可能是火星古海洋消失的主要原因之一（McElroy et al., 1977；Lundin et al., 2007）。20 世纪 90 年代，探测卫星首次发现火星南半球分布着区域性剩余磁场，其最强区域的磁场强度足以影响火星日侧磁层顶边界的高度。因此，研究剩余磁场对太阳风–火星磁层相互作用过程的影响，对于理解太阳风能量传输和火星离子逃逸存在非常重要的意义。同时，也为研究全球性偶极磁场与太阳风之间的相互作用提供新的思路。但是，这一局部磁场能否阻碍太阳风与火星离子之间的相互作用、能否有效保护火星大气引起了学术界的持续争论（Nilsson et al., 2006；Ramstad et al., 2016）。

20 世纪 90 年代以前美国和苏联的火星探测器，如“水手 4 号”，“火星”系列探测器均搭载了磁强计，在穿越火星弓激波时发现火星并不具有强内禀磁场。1998 年，“火星全球勘测者”（MGS）在火星北半球距离火星表面约 100 km 的高度处探测到局地强度约为 400 nT 且南北不对称的磁场，首次确认火星存在剩余磁场但不具有较强的全球性内禀磁场（Acuña et al., 1998）。1999 年，根据 MGS 观测数据结果显示，火星剩余磁场主要分布在火星地理南半球，其磁场强度最强的区域集中在西经 130°～230°，即萨瑞南高地（Sirenum Terra）区域（Acuña et al., 1998）。目前对火星剩余磁场的成因尚不清楚，一种可能性解释为火星地表岩石冷却后残余的地磁场热剩磁，可能记录了火星内禀磁场消失前的磁场信息（Arkani-Hamed, 2003），因此剩余磁场也被称为火星“壳磁场”（Crustal Magnetic field）。

1999 年，MGS 探测器轨道降低至 400 km 的高度，对剩余磁场进行了详细测量

(Connerney et al., 2005)。其分布结果如图 12 所示，图中不同的颜色表示单位经纬度范围内磁场径向分量扣除平均值后的残差大小。其中，在剩余磁场强度最高的东经 180°区域，磁场信号呈现正负相间的条带状分布，其东西延伸长度约为 2000 km，其磁场强度最高可达 12000 nT，是火星剩余磁场的主要特征。另外，火星古火山活动强烈的区域如南半球萨希思大火山省（Tharsis Montes）；巨型撞击盆地，如图中位于南半球的海拉斯盆地(Hellas)；或者大断层区域，如图中赤道附近的水手大峡谷（Valles Marineris）均未观测到强剩余磁场。因此，火星剩余磁场和火星内部发动机、火星地质构造活动、火星古气候演化之间的关系等一系列重要问题尚未解决，仍需人类不断开展火星计划对上述问题进行探索。

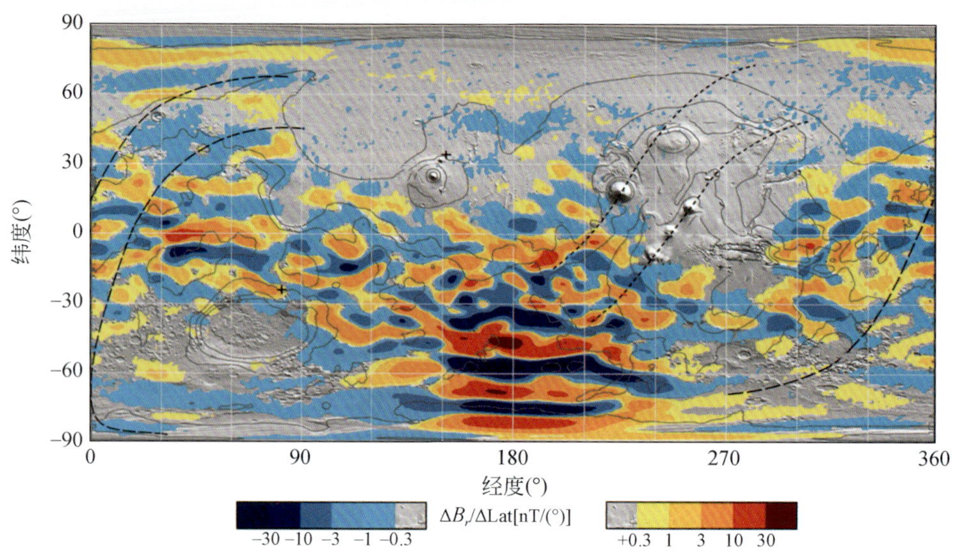

图 12 400 km 高度处火星剩余磁场分布图（Connerney et al., 2005）

20 世纪以来，对火星空间环境开展的探测任务仅有三次：MGS，火星快车和 MAVEN。但是 MGS 没有携带离子探测仪器、火星快车没有携带磁强计，因此，二者均无法对磁场和等离子体进行同时测量。而兼具磁场信息和离子探测仪器的探测任务仅有 MAVEN 计划；另外，火星快车 192s 的离子数据时间分辨率也无法对剩余磁场的覆盖区域进行详细研究。因此，在 MAVEN 探测器返回观测数据之前，学术界有关火星剩余磁场与重离子逃逸过程的认识非常有限。

2019 年，中国科学院地质与地球物理研究所地球与行星物理院重点实验室范开博士研究生与导师魏勇研究员和德国马克思·普朗克太阳系研究所 Markus Fraenz 教授、中山大学崔峻教授合作，根据 MAVEN 探测器 4 年的磁场和离子观测数据，对火星南半球的区域性剩余磁场进行研究。研究结果首次发现，当剩余磁场伴随火星自转至向阳面时，其上空会形成一个高能氧离子外流通量的低值区（如图 13），从而首次证明了行星磁场对行星大气存在非常重要的保护作用，表明行星磁场对行星大气成分存在不容忽视的控制作用。

图 13 展示了距离火星地表 250 ~ 600 km 高度区域内，每 50 km 区间内热氧离子出流通量的分布图，图中横纵坐标分别为火星地理经纬度，颜色代表出流通量平均值；黑色实线为模型计算给出的火星剩余磁场在 400 km 高度处磁场等值线图。结果显示，从 275 ~ 575 km，在火星地理北半球上空热氧离子出流通量约为 10^{10} s^{-1} · cm^{-2}量级。与之相反，南半球区域在 275 km 处的出流通量呈现明显低值，这一低值区的面积随卫星高度的升高不断缩小，逐渐向南侧偏移。

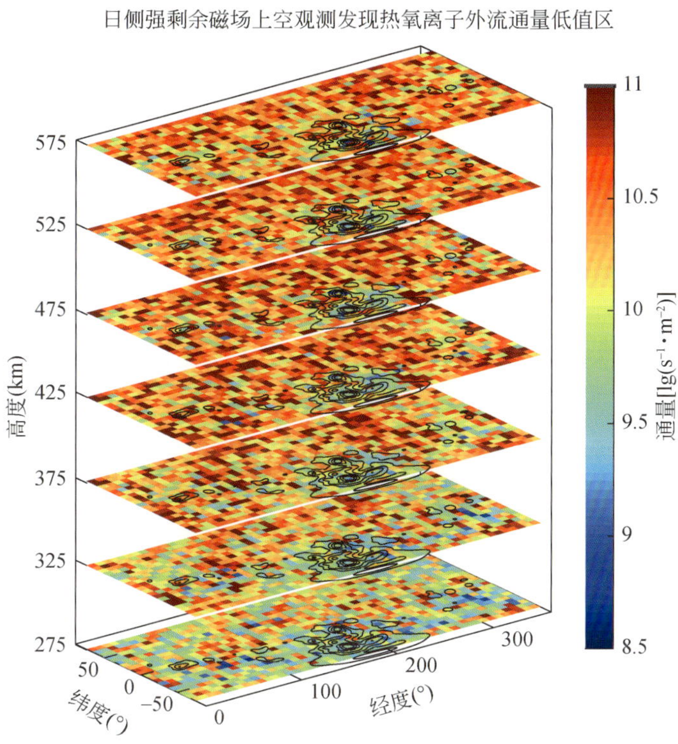

图 13 250 ~ 600 km MAVEN 观测热氧离子（>30 eV）外流通量分布图

总体而言，图 13 中显示的低值区域与火星剩余磁场的分布情况较为吻合，在 300 ~ 450 km，低值区边界与剩余磁场边界重合。分析结果显示（图 14），南半球剩余磁场强度较强导致其上空的氧离子回旋半径减小，加快了高能氧离子沉降至火星低层大气的沉降速率从而阻碍了低能氧离子的加速过程，因此观测到了一个高能氧离子密度的低值区，进而影响了整体的高能氧离子外流通量。

图 14a、b 为强磁场区域（红线）和弱磁场区域（蓝线）处的平均磁场强度及依据实测磁场强度计算得出的热氧离子回旋半径-高度趋势图。图 14c、d 分别为热氧离子和热氧分子离子径向外流通量与磁场强度、高度之间的关系，图中横坐标的磁场强度由模型给出，纵坐标为 MAVEN 探测器的实际飞行高度，颜色代表对应横纵坐标下离子出流通量的平均值。

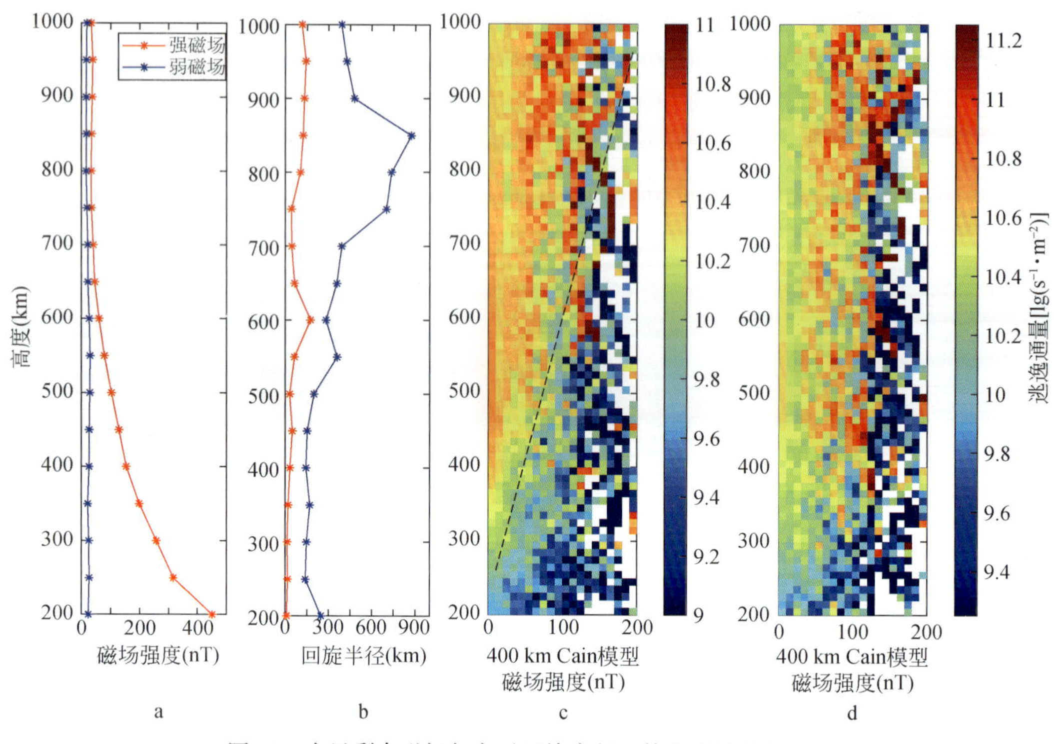

图 14　火星剩余磁场与离子回旋半径、外流通量的关系图

a. 磁场强度观测值；b. 氧离子回旋半径；c. 热氧离子外流通量；d. 热氧分子离子外流通量

图 15 展示了火星向阳面剩余磁场区域热氧离子出流通量与高度的关系，图中横坐标为 MAVEN 卫星距离火星表面的高度，红色和蓝色实线分别表示强磁场区域和弱磁场区域氧离子的出流通量。计算结果显示，氧离子出流通量在 400 km 附近达到峰值，可达 35%，随后逐渐下降，至约 900 km 处已不再显著。计算结果与 MHD 模型的模拟结果较为一致，Ma 等（2002）模拟结果显示剩余磁场在火星向阳面抬升电离层上边界的高度，并且可以形成微小的剩余磁场磁层（mini-magneto-cylinders），之后研究发现在太阳活动性较弱的时期，火星剩余磁场的自转可以使重离子的逃逸总量下降约一个量级（Ma et al., 2007）。Mars Express 早期离子探测数据显示，能量低于 200 eV 的氧离子通量在火星南、北半球呈现明显的不对称性分布，从火星南半球区域观测到的逃逸离子尾向流低于北半球，因此判断剩余磁场对重离子存在保护作用（Lundin et al., 2011）。这一结论得到了 Mars Express 后续观测的支持，Nilsson 等（2010）统计结果显示在低太阳活动性下，根据 2007 年 5 月至 2011 年 5 月共 4 年的观测数据，火星磁层中观测到的尾向离子逃逸通量在南半球以及火星晨侧达到最小，约为 $0.4\pm0.1\times10^{24}$ s^{-1}；在火星昏侧和北半球观测的逃逸通量为 $0.6\pm0.1\times10^{24}$ s^{-1}。Ramstad 等（2016）根据 8 年（2007～2015 年）Mars Express 观测追踪剩余磁场伴随火星自转时磁层中尾向离子流通量的变化。结果显示，当剩余磁场旋转至火星晨侧或昏侧时，离子逃逸速率最高，为 $4.2\pm1.2\times10^{24}$ s^{-1}；当剩余磁场旋转至火星正午时，离子逃逸速率最低，为 $1.7\pm0.6\times10^{24}$ s^{-1}。另外，Fang 等（2015）MHD 模拟结果显示，火星剩余磁场在其自转过程中，氧离子的逃逸率可减少约 20%，氧分子离子的逃逸率减少约

50%。Fang 等（2017）对上述过程进行进一步研究，并将模型模拟结果与 MAVEN 观测结果对比，结果显示剩余磁场在上述两个过程的控制下影响火星全球 56% ~67% 的离子逃逸通量。

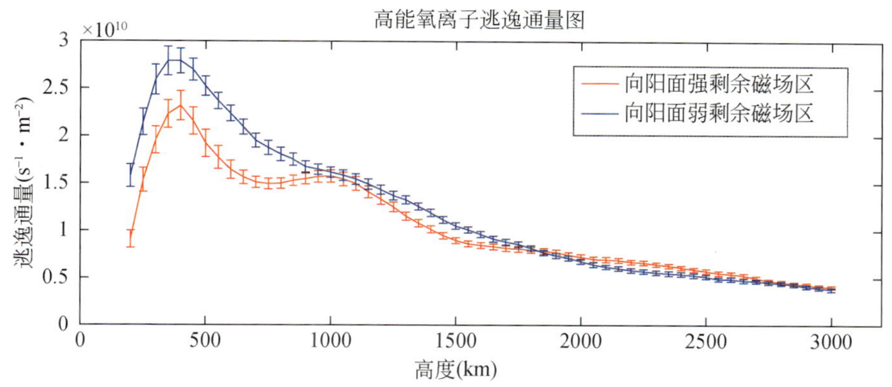

图 15 火星剩余磁场对热氧离子外流净通量的阻碍作用

综上所述，火星剩余磁场在向阳侧 250 ~900 km 观测到了热氧离子的低值区，暗示火星剩余磁场在其上空的有限区域内有效阻止了太阳风流与氧离子间的能量传递过程。但是，磁场强度随着高度升高递减，这一阻碍效果也逐渐衰减。研究结果首次直接证明行星磁场对行星大气的重要保护作用，间接显示类似地球的全球性磁场对维持行星环境稳定的重要作用。

7 火星局部磁场偏转太阳风流并阻碍大气离子逃逸

行星大气及液态水环境是衡量地外生命是否存在的重要因素，氧气成分在行星大气中所占据的比重，是维持生物生存的必要条件（Wei et al.，2014；Poulsen et al.，2015）。离子逃逸是行星大气的主要损失方式之一，能够改变逃逸成分在行星大气中占据的比例（Seki et al.，2001）。由于火星缺乏类似地球的全球性磁场环境，其高层大气中的 O^+、O_2^+ 直接暴露在太阳风的剥蚀之中。太阳风驱动的离子逃逸过程导致火星在三十余亿年里损失了 90% 以上的大气，也是造成火星地表液态水消失的主要原因之一。

2020 年，中国科学院地质与地球物理研究所地球与行星物理院重点实验室范开博士研究生与导师魏勇研究员和德国马克思·普朗克太阳系研究所 Markus Fraenz 教授、中山大学崔峻教授合作，根据美国 MAVEN 火星探测器 2014 ~2018 年高精度离子观测数据，首次发现火星剩余磁场在向阳面 500 ~ 1000 km 区域能够显著阻隔太阳风等离子体向南半球强磁场区域的注入。其中，太阳风源的 H^+ 分布在北半球弱磁场区；而在火星南半球强剩余磁场区域则分布着火星电离层源的 O^+ 和 O_2^+。两种不同来源的离子成分沿剩余磁场边界呈现典型的南–北不对称分布，且离子速度流线在强磁场区发生明显偏转。另外，火星南半球强剩余磁场区内 O^+ 和 O_2^+ 的离子回旋半径比北半球无磁场区减少近两个量级，表明剩余磁场有效束缚了火星大气离子使其更难发生直接性逃逸损失。

图 16 为火星向阳面 500 ~600 km 不同种类离子成分的平均通量分布图（左列）和速

度流线图（右列）。其中，图 16a－f 为 STATIC 仪器对热 H^+（>30 eV）、低能 O^+ 和 O_2^+（<30 eV）的观测结果；图 16g－h 为 SWIA 仪器的观测结果。图中横纵坐标为火星地理经纬度，剩余磁场强度在图 16（左列）中由黑色等值线表示、在图 16（右列）中由颜色强弱表示，其中颜色偏红表示剩余磁场强度较高。

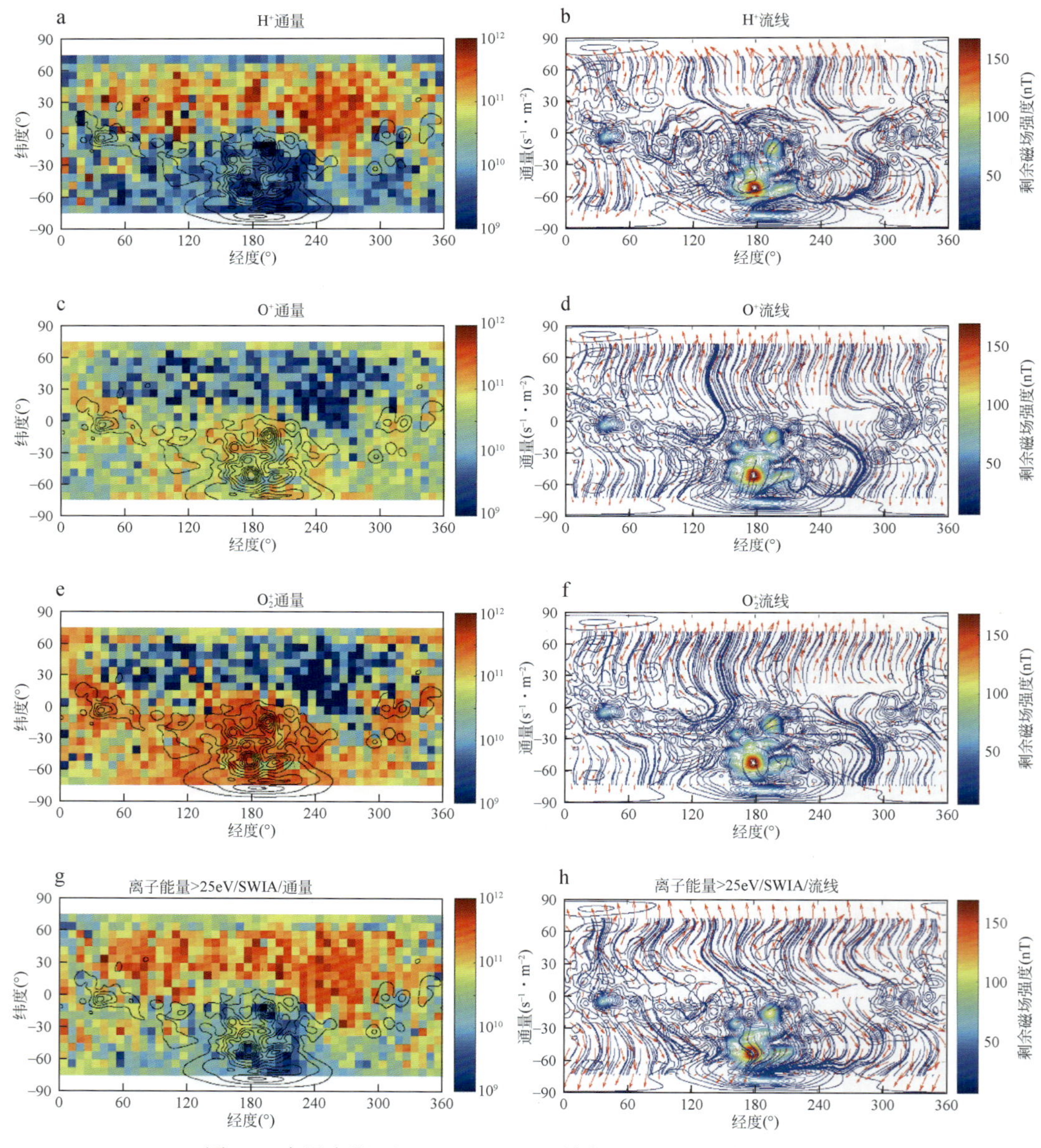

图 16　火星向阳面 500～600 km 区域离子通量、速度流线分布

SWIA 仪器在 MAVEN 探测器上搭载，其功能主要用于测量太阳风质子。由于其仪器设计原因，无法对离子种类进行分辨，因此在火星磁层内 SWIA 观测数据会因火星重离子成分的干扰导致数据失真。图 16g－h 中展示 SWIA 在 500～600 km 的离子通量分布，其结果仅供与左列 STATIC 对氢离子的观测数据进行定性上的交叉验证。

如图 16（左列）所示，在约 550 km 高度附近，离子平均通量约为 $10^{12}\ s^{-1}\cdot cm^{-2}$ 的太阳风质子与低能离子沿剩余磁场边界两侧形成了显著的南–北不对称性分布。统计结果显示剩余磁场造成了火星向阳面低高度邻近空间环境的不对称性。在火星北半球，电离层、感应磁层无法有效阻隔太阳风向低高度渗透，因此，北半球低能 O^+ 在约 550 km 处呈现显著的低值区域；而南半球则与此相反，如图 16（右列）所示，剩余磁场不仅有效阻隔了太阳风流的进入也对低能离子存在束缚作用。图 16c、d 和 f 显示，在南半球东经 180°～240°区域，由于 H^+、O^+ 和 O_2^+ 回旋半径的不同，离子流线的曲率半径也发生了明显改变。

图 17 展示了火星向阳面低能 O^+ 和 O_2^+（<30 eV）回旋半径在火星地理经纬度地图上的分布。图 17 中颜色代表离子的回旋半径，黑色实线为模型给出的 400 km 处的剩余磁场等值线。由图 17 所示，O^+ 和 O_2^+ 的回旋半径均与剩余磁场的分布一一对应，其中，南半球东经 120°～240°区域、剩余磁场最强地区离子的回旋半径比北半球相应位置处小 2 个量级。另外，在北半球东经 0°～60°和东经 300°～360°附近剩余磁场较强的区域内，离子回旋半径比弱磁场区域平均值小 1 个量级。此外，对比图 17a O^+ 和图 17b 氧分子离子可见，随着离子质量的增加，剩余磁场对离子的束缚作用迅速减弱。因此，剩余磁场对 O_2^+、CO_2^+ 等更重的电离层成分的影响会比 O^+ 更弱。

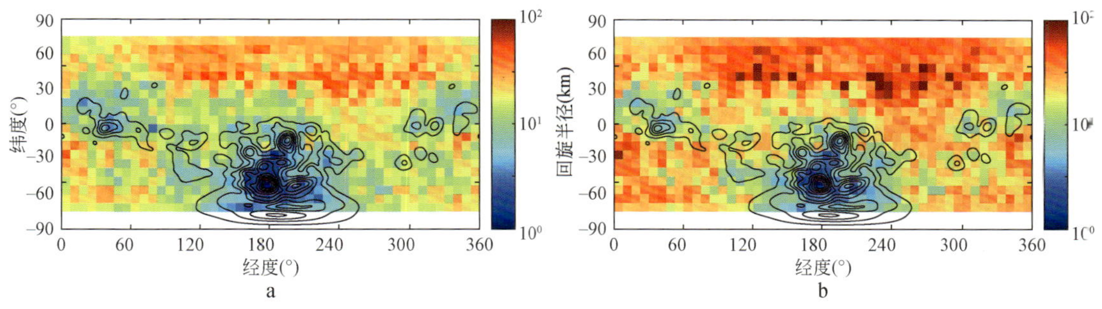

图 17　O^+（a）、O_2^+（b）回旋半径分布

另外，图 18 展示了火星向阳面 350～1000 km 范围内低能 O^+ 回旋半径、平均通量随高度的变化也进行了简要计算，统计结果显示剩余磁场对电离层离子的影响范围可达 1000 km。图 18a 展示了低能氧离子（<30 eV）回旋半径与高度的关系，对比可见，在高度为 500～700 km 区域，剩余磁场对低能离子的束缚作用最为显著，强磁场上空氧离子回旋半径比弱磁场区域小 2 个量级。对应图 18b 中的 O^+ 平均通量与高度的变化图中，低能 O^+ 在弱磁场区域约 600 km 附近迅速减少。而强剩余磁场上空 1000 km 高度，O^+ 的平均通量约为 $10^{10.5}\ s^{-1}\cdot cm^{-2}$ 量级，明显高于弱磁场区域。火星剩余磁场对重离子的控制作用如示意图 19 所示，火星北半球日下点附近 300～600 km 范围内的 O^+ 能够直接被太阳风电场加速并迅速进入磁尾发生逃逸；而南半球的剩余磁场有效束缚了能量小于 30 eV 的低能离子、阻碍了太阳风的能量传递，因此，剩余磁场强度较强的区域，低能 O^+ 在离子密度上呈现汇聚现象。这一结果与电离层电子的分布呈现很好的对应关系，表明剩余磁场在太阳风–电离层相互作用过程中占据重要作用。

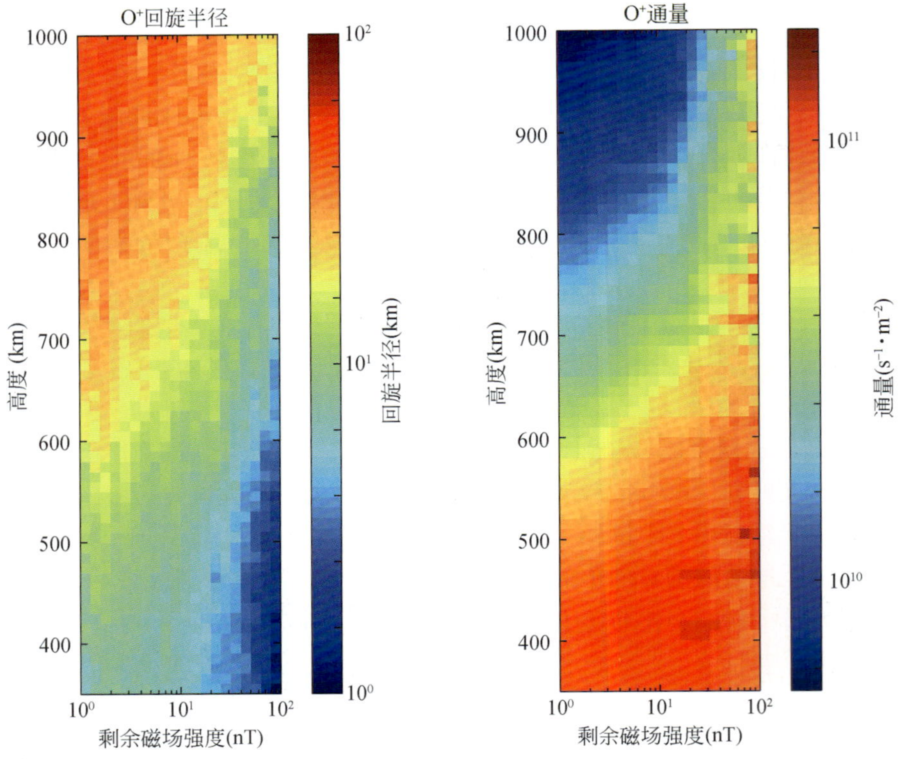

图 18 350～1000 km 低能 O^+ 回旋半径、平均通量与剩余磁场关系

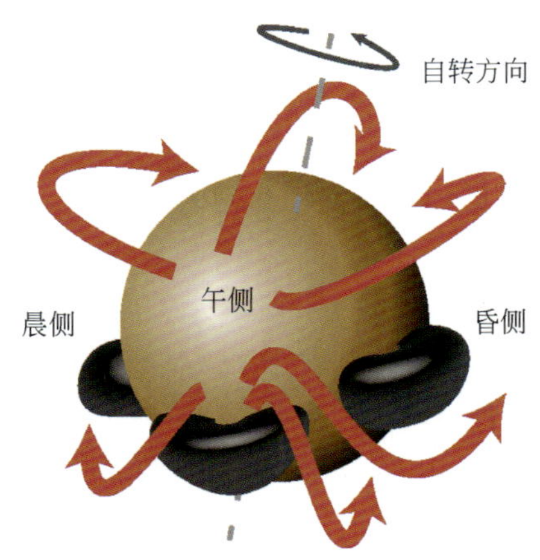

图 19 剩余磁场对离子流阻碍作用示意图

研究结果首次证实火星表面残存的局域性剩余磁场能够有效阻碍太阳风-火星大气相互作用并且在其上空束缚能量低于 30 eV 的重离子成分。在伴随火星自转的过程中，剩余磁场对背景离子流的晨-昏输运过程同样存在阻碍作用。这些新发现不仅证实局部磁场对大气成分的保护作用，对进一步认识行星磁场（全球内禀磁场或局部磁场）与行星大气演化历史之间的关系存在重要意义。

8 总结与展望

认识和探索行星大气起源与演化问题是一个艰难而又缓慢的过程，早期望远镜观测无法实现对行星大气的准确测量，百年一遇的凌日事件使得对金星大气的掩星研究极为困难。在20世纪70年代开展卫星就位探测之前，人类对类地行星大气成分的认识非常有限，仅进行了一些简单的模型假设。行星科学经过五十余年的发展，不仅就位测量了金星、火星的大气密度剖面，也从大气同位素比例、表面岩石和矿物成分、表面地质过程等信息对类地行星的大气演化历史进行推断，譬如金星失控的“温室效应”导致地表水无法存留（Lammer et al.，2008）、火星失去全球磁场导致逃逸加剧（Jakosky et al.，1997）等假说。这些研究不仅有助于揭示行星大气演化过程的一般性规律，也加深了人类对认识地球初始大气圈层、原始环境的认识。

譬如，在本文的第3部分，魏勇研究员的研究工作揭示了地磁倒转使氧逃逸加剧从而诱使生物物种大灭绝事件的发生。本文第5部分李坤副教授的工作则揭示了太阳驱动源与地球逃逸离子之间的能量传输效率，为进一步研究30亿年前的早期太阳及新生太阳系初始10亿年间地球大气逃逸速率提供了重要依据。本文第2和第6～7部分，魏勇研究员及范开博士火星离子逃逸与行星磁场关系的工作对于研究弱磁场环境下大气逃逸过程和行星生态环境的影响具有重要的指导作用。因此，从“行星地球”的观点，考虑行星内部、空间各圈层之间的协同演化过程，将行星各圈层多样性视为不同演化路径和演化阶段的产物进行类比，有助于我们进一步认识过去、预测未来。

综上所述，行星磁场是连接行星多圈层耦合过程和大气演化历史的关键线索。行星磁场诞生于核-幔，其演化历史记录于行星表面的剩余磁场之中、其强弱和形态对行星大气圈层及空间环境存在直接控制作用。因此，研究大气逃逸与行星磁场的关系是认识行星多圈层耦合过程、行星演化历史和核心。但是，由于观测数据的局限，当前对行星磁场与离子逃逸的研究在学术界仍然充满争议。

例如，Seki等（2001）的研究结果显示，地球氧离子的上行通量约为7.2×10^{25} s^{-1}，这一损失率在30亿年里会导致地球大气氧成分损失当前含量的18%。但是地球磁尾的磁层对流过程会使大部分离子回流，最终，在低太阳活动性的条件下测量估算的地球氧离子逃逸率约为5×10^{24} s^{-1}，即30亿年地球大气氧逃逸的损失不足2%。而地球的氧离子逃逸率与火星和金星观测到的离子逃逸率类似，均为约10^{24} s^{-1}量级。Wei等（2014）的研究结果表明，当地球磁场发生倒转时，地球的内禀偶极磁场消失，其全球磁场环境如图6a所示，此时由于缺少磁尾氧离子的回流通道，离子通过极隙区结构上行从而可能导致大气氧含量的损失，并引发物种大灭绝事件。

而Barabash（2010）和Strangeway等（2010）认为，地球10至100个地球半径的庞大磁层既为离子上行提供了通道也使太阳风能量的总注入量增加。例如，金星引力与地球类似，其表面大气压约9 MPa，大气厚度远高于地球且缺乏行星磁场，但是其逃逸率与地球在同一个量级。据此推断行星内禀磁场对离子逃逸的影响并不显著。因而，行星磁场对离子逃逸率的影响仍需进一步探讨。Egan等（2019）对类似火星大小天体的离子逃逸和内禀磁场强度之间的关系进行了模拟。其结果显示，在外界输入条件不变的情况下，当行星磁场从无到有逐渐增强时，逃逸通量先随磁场强度的增强而增加，当行星磁场强度和规模超过一定阈值之后离子逃逸率呈现线性下降。这一现象的可能性解释是当行星处于弱偶极子场时，极隙区的开放性磁力线为离子上行提供了额外逃逸通道；而随着磁层面积的增加，极隙区占比逐渐减少，行星重离子更容易被磁场束缚。

但是，上述观测和模拟结果对磁场与逃逸离子关系的认识仍然有限，其主要原因在于离子逃逸的能量来源（太阳风、太阳辐射）与物质来源（行星大气）的相互作用是一个复杂系统下的动态过程。模拟结果给出的太阳活动性、行星磁场强弱和大气膨胀程度均无法完全反映真实的自然环境。因此，火星的局部剩余磁场为研究上述问题提供了天然的实验室。位于火星南半球的强磁场区域和北半球的无磁场环境为提取逃逸能量传输效率提供唯一样本。因此，火星势必作为离子逃逸研究热点，激励人类进一步探索。

迄今为止，人类已向火星发射探测器开展就位探测 40 余次，但是成功抵达火星的卫星计划不足半数，完全达成预期科学目标的探测计划极为有限。20 世纪 90 年代以前，携带离子探测仪的火星探测任务仅为有限的几次飞略，对火星空间环境中的离子分布情况、离子基本物理参数的测量极为有限。我国“天问一号”探测任务搭载的离子探测仪和其他等离子体测量仪器为研究离子逃逸过程和认识火星空间环境提供重要研究工具，积累宝贵观测资料。

当前，对火星离子逃逸过程和剩余磁场关系的研究还停留在较为初步的阶段。1998 年，MGS 率先发现火星存在剩余磁场；2003 年火星快车首次对火星等离子体环境进行了较为详细的探测；2014 年，伴随 MAVEN 探测器观测数据的返回，学术界对剩余磁场影响下的离子逃逸过程的研究逐步开展。综上，对离子逃逸的认识仍未明确，可以从以下思路开展逃逸问题的研究：

首先，离子逃逸作为大气逃逸过程的一部分，其与中性大气逃逸之间的量化关系仍需要进一步探讨。如火星大气中由光化学反应产生的热氧原子在逃逸层底以上高度能够直接逃逸离开火星，形成氧冕（oxygen corona）。这些氧原子在火星空间中被太阳辐射电离，并被$-\boldsymbol{v}\times\boldsymbol{B}$ 电场加速至 keV/MeV 量级、再次回到火星大气与大气分子撞击，产生溅射（Sputtering）逃逸。但是，由于中性分子极难探测，溅射逃逸、逃逸层逃逸的具体大气损失速率目前尚未取得直接观测，其逃逸通量也很难进行有效的估算，有待未来探测对这些问题进行进一步研究。

其次，由于目前的探测手段主要采取单颗卫星、环绕探测的观测模式，导致卫星数据的空间覆盖率较低、无法对离子的全球逃逸过程进行及时有效的测量。因此，未来或可开展地基、天基望远镜与卫星探测相结合的方式，对火星全球离子逃逸过程及变化的太阳风、行星际磁场等因素的全球性响应进行有效观测。这些联合观测方法的实施有助于系统性认识火星离子、中性成分的全球逃逸图像，并对全球大气损失率进行重新评价和估计。

自 1960 年苏联第一次试探性发射火星探测器开始，火星便一直是行星科学研究的热点。2020 年 7 月 23 日长征五号搭载的中国行星探测系列“天问一号”火星探测器成功发射。同年 7 月 19 日，阿拉伯联合酋长国“希望号”探测器于日本种子岛成功发射；同年 7 月 30 日，美国国家航空航天局火星探测任务“火星 2020”携带“毅力号”火星车和

“机智号”直升机踏上飞向火星的漫漫旅途。仅在2020年7月的火星探测器发射窗口，便有三颗火星探测器同时赶往火星，对大气逃逸问题进行深入研究。2022～2024年，欧洲航空航天局“ExoMars 2022”、日本航天局“Tera-hertz”、印度“Mangalyaan-2”等火星探测计划也将陆续开展，可见火星仍然是未来行星探测的重点。与此同时，中国第二次火星计划也同样已在筹备之中。火星离子、大气成分及火星剩余磁场是能够反映火星地质历史、气候演变、内部结构等重要信息的关键参数，预计在很长的一段时间内持续作为空间探测任务的研究热点。这意味着未来在更多观测数据的积累下，研究火星离子和大气逃逸的长周期演化规律成为可能。

最后，火星是太阳系内三颗类地行星中与地球最为相似的天体。水星没有大气，表面常年暴露在太阳风和太阳辐射之中、金星过剩的温室效应导致其地表平均温度可达737K（464℃）；这两颗行星严酷的表面环境既不适宜人类居住，也不适合液态水的存在和生命的延续。而火星的北极冰盖、表面流水和冰川构造痕迹、南半球与地球海底磁场形态类似的剩余磁场等观测证据表明火星在地质历史中可能存在过液态海洋，并且拥有长达几亿年的温暖、湿润的气候。其与地球类似、可能诱发生命起源的环境，使火星成为研究地外生命、行星宜居性问题的首选目标。而离子逃逸和火星剩余磁场，则是揭开火星气候演变之谜的重要线索之一。因此，研究火星磁场、大气逃逸与气候变化的关系，是未来火星科学研究的主题。

倘若把目光投向更遥远的太阳系外，自1989年人类发现第一颗系外行星以来，随着掩星探测技术的进步，30年间观测到的系外行星已达4200余颗（图20）。特别是Kepler太空望远镜，其9年的探测时长内已确认了3800余颗系外行星。可以预见，在未来的20到30年间将有更多的系外行星得到观测和确认。随着行星样本数量的增加，行星磁场与离子逃逸、大气演化、太阳系和生命起源等一系列重要问题的研究将不再局限于太阳系内的小样本案例分析。最后，希望我们能够立足火星，放眼系外，人类的“天问”之旅，或许才刚刚开始。

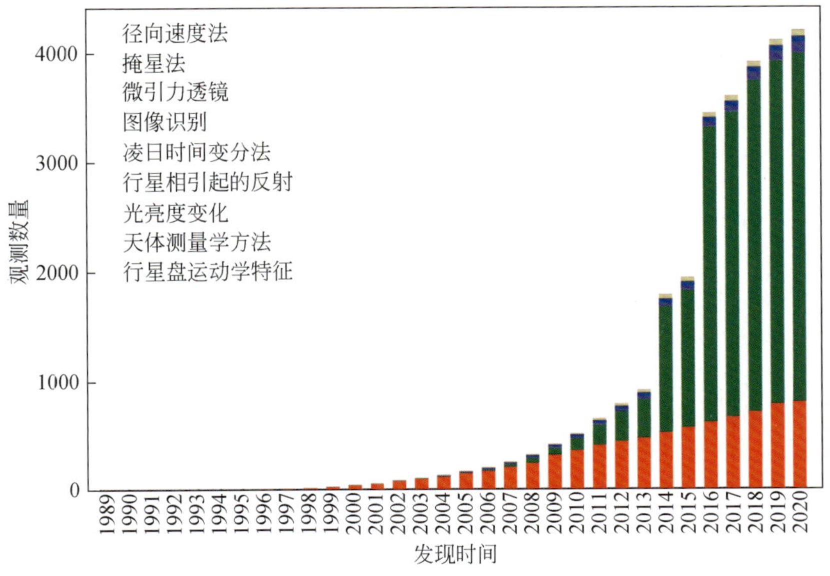

图20 系外行星数量-时间统计图（图片修改自NASA）

参考文献

Acuña M H, Connerney J E P, Wasilewski P, Lin R P, Anderson K A, Carlson C W, McFadden J, Curtis D W, Mitchell D, Reme H, Mazelle C, Sauvaud J A, Uston C, Cros A, Medale J L, Bauer S J, Cloutier P, Mayhew M, Winterhalter D, Ness N F. 1998. Magnetic field and plasma observations at Mars: initial results of the Mars global surveyor mission. Science, 279: 1676-1680.

Arkani-Hamed J. 2003. Thermoremanent magnetization of the Martian lithosphere. Journal of Geophysical Research, 108: 5114.

Barabash S. 2010. Venus Earth Mars: comparative ion escape rates. EGU General Assembly Conference Abstracts, 5308.

Connerney J E P, Acuña M H, Ness N F, Kletetschka G, Mitchell D L, Lin R P, Reme H. 2005. Tectonic implications of Mars crustal magnetism. Proceedings of the National Academy of Sciences of the United States of America, 102: 14970-14975.

Dayhoff M O, Eck R V, Lippincott E R, Sagan C. 1967. Venus: atmospheric evolution. Science, 155 (3762): 556-558.

Dubinin E, Fränz M, Woch J, Roussos E, Barabash S, Lundin R, Winningham J D, Frahm R A, Acuña M. 2006. Plasma morphology at Mars. Aspera-3 observations. Space Science Reviews, 126: 209-238.

Dubinin E, Fraenz M, Fedorov A, Lundin R, Edberg N, Duru F, Vaisberg O. 2011. Ion energization and escape on Mars and Venus. Space Science Reviews, 162: 173-211.

Egan H, Jarvinen R, Ma Y J, Brain D. 2019. Planetary magnetic field control of ion escape from weakly magnetized planets. Monthly Notices of the Royal Astronomical Society, 488: 2108-2120.

Fan K, Fraenz M, Wei Y, Cui J, Rong Z J, Chai L H, Dubinin E. 2020. Deflection of global ion flow by the Martian crustal magnetic fields. The Astrophysical Journal, 898: L54.

Fan K, Fraenz M, Wei Y, Han Q Q, Dubinin E, Cui J, Chai L H, Rong Z J, Zhong J, Wan W X, McFadden J, Connerney J E P. 2019. Reduced atmospheric ion escape above Martian crustal magnetic fields. Geophysical Research Letters, 46: 11764-11772.

Fang X H, Ma Y J, Brain D, Dong Y X, Lillis R. 2015. Control of Mars global atmospheric loss by the continuous rotation of the crustal magnetic field: A time- dependent MHD study. Journal of Geophysical Research: Space Physics, 120: 926-944.

Fang X H, Ma Y J, Masunaga K, Dong Y X, Brain D, Halekas J, Lillis R, Jakosky B, Connerney J, Grebowsky J, Dong C F. 2017. The Mars crustal magnetic field control of plasma boundary locations and atmospheric loss: MHD prediction and comparison with MAVEN. Journal of Geophysical Research: Space Physics, 122: 4117-4137.

Gurwell M A. 1995. Evolution of deuterium on Venus. Nature, 378: 22-23.

Jakosky B M, Jones J H. 1997. The history of Martian volatiles. Reviews of Geophysics. 35: 1-16.

Jarvinen R, Brain D A, Luhmann J G. 2016. Dynamics of planetary ions in the induced magnetospheres of Venus and Mars. Planetary and Space Science, 127: 1-14.

Kulikov Y N, Lammer H, Lichtenegger H I M, Penz T, Breuer D, Spohn T, Lundin R, Biernat H K. 2007. A Comparative study of the influence of the active young Sun on the early atmospheres of Earth Venus and Mars. Space Science Reviews, 129: 207-243.

Lammer H, Kasting J. F, Chassefière E, Johnson R E, Kulikov Y N, Tian F. 2008. Atmospheric escape and evolution of terrestrial planets and satellites. Space Science Reviews, 139: 399-436.

Li K, Haaland S, Eriksson A, André M, Engwall E, Wei Y, Kronberg E A, Fränz M, Daly P W, Zhao H, Ren Q Y. 2012. On the ionospheric source region of cold ion outflow. Geophysical Research Letters, 39.

Li K, Wei Y, André M, Eriksson A, Haaland S, Kronberg E A, Nilsson H, Maes L, Rong Z J, Wan W X. 2017. Cold ion outflow modulated by the solar wind energy input and tilt of the geomagnetic dipole. Journal of Geophysical Research: Space Physics, 122 (10): 658-668.

Li K, Wei Y, Haaland S, Kronberg E A, Rong Z J, Maes L, Maggiolo R, André M, Nilsson H, Grigorenko E. 2018. Estimating the kinetic energy budget of the polar wind outflow. Journal of Geophysical Research: Space Physics, 123: 7917-7929.

Lu G, Baker D N, McPherron R L, Farrugia C J, Lummerzheim D, Ruohoniemi J M, Rich F J, Evans D S, Lepping R P, Brittnacher M, Li X, Greenwald R, Sofko G, Villain J, Lester M, Thayer J, Moretto T, Milling D, Troshichev O, Zaitzev A, Odintzov V, Makarov G, Hayashi K. 1998. Global energy deposition during the January 1997 magnetic cloud event. Journal of Geophysical Research: Space Physics, 103: 11685-11694.

Lundin R, Lammer H, Ribas I. 2007. Planetary magnetic fields and solar forcing: implications for atmospheric evolution. Space Science Reviews, 129: 245-278.

Lundin R, Barabash S, Yamauchi M, Nilsson H, Brain D. 2011. On the relation between plasma escape and the Martian crustal magnetic field. Geophysical Research Letters, 38.

Ma Y J, Nagy A F. 2007. Ion escape fluxes from Mars. Geophysical Research Letters, 34.

Ma Y J, Nagy A F, Hansen K C, DeZeeuw D L, Gombosi T I, Powell K G. 2002. Three- dimensional multispecies MHD studies of the solar wind interaction with Mars in the presence of crustal fields. Journal of Geophysical Research: Space Physics, 107: SMP 6-1-SMP 6-7.

Mcelroy M B, Kong T Y, Yung Y L. 1977. Photochemistry and evolution of Mars' atmosphere: a Viking perspective. Journal of Geophysical Research, 82: 4379-4388.

Moore K R, Thomas V A, Mccomas D J. 1991. Global hybrid simulation of the solar wind interaction with the dayside of Venus. Journal of Geophysical Research, 96: 7779.

Nilsson H, Carlsson E, Gunell H, Futaana Y, Barabash S, Lundin R, Fedorov A, Soobiah Y, Coates A, Fränz M, Roussos E. 2006. Investigation of the influence of magnetic anomalies on ion distributions at Mars. Space Science Reviews, 126: 355-372.

Nilsson H, Carlsson E, Brain D A, Yamauchi M, Holmström M, Barabash S, Lundin R, Futaana Y. 2010. Ion escape from Mars as a function of solar wind conditions: A statistical study. Icarus, 206: 40-49.

Poulsen C J, Tabor C, White J D. 2015. Long-term climate forcing by atmospheric oxygen concentrations. Science, 348: 1238.

Ramstad R, Barabash S, Futaana Y, Nilsson H, Holmström M. 2016. Effects of the crustal magnetic fields on the Martian atmospheric ion escape rate. Geophysical Research Letters, 43: 574-579.

Seki K, Elphic R C, Hirahara M, Terasawa T, Mukai T. 2001. On atmospheric loss of oxygen ions from Earth through magnetospheric processes. Science, 291: 1939-1941.

Strangeway R J, Russell C T, Luhmann J G, Moore T E, Foster J C, Barabash S V, Nilsson H. 2010. Does a planetary-scale magnetic field enhance or inhibit ionospheric plasma outflows? AGU Fall Meeting Abstracts, SM33B-1893.

Wan W X, Chi W, Li C L, Wei Y, Liu J J. 2020. The payloads of planetary physics research onboard China's First Mars Mission (Tianwen-1) . Earth and Planetary Physics, 4: 331-332.

Wei Y, Fraenz M, Dubinin E, Woch J, Lühr H, Wan W X, Zong Q G, Zhang T L, Pu Z Y, Fu S Y, Barabash S, Lundin R, Dandouras I. 2012. Enhanced atmospheric oxygen outflow on Earth and Mars driven by a corotating interaction region. Journal of Geophysical Research: Space Physics, 117.

Wei Y, Pu Z Y, Zong Q G, Wan W X, Ren Z P, Fraenz M, Dubinin E, Tian F, Shi Q Q, Fu S Y, Hong M H. 2014. Oxygen escape from the Earth during geomagnetic reversals: implications to mass extinction. Earth and Planetary Science Letters, 394: 94-98.

Wei Y, Fraenz M, Dubinin E, Wan W X, Zhang T L, Rong Z J, Chai L H, Zhong J, Zhu R X, Futaana Y, Barabash S. 2017. Ablation of Venusian oxygen ions by unshocked solar wind. Science Bulletin, 62: 1669-1672.

行星高层大气-电离层环境建模

任志鹏[1,2]，余优[1,2]

1. 中国科学院地质与地球物理研究所，北京　100029
2. 中国科学院大学地球与行星科学学院，北京　100049

摘　要

地球和行星的高层大气作为大气圈与空间环境的过渡区，是大气科学和空间科学的交叉研究领域。高层大气理论模式及其数值模拟可以突破实验观测的限制，又能够比理论分析更为全面细致地重现高层大气的各种物理和化学过程，在高层大气的研究中表现出独特的优势，也一直是国际高层大气研究热点之一。虽然地球高层大气和其他行星高层大气存在差异，但它们之间有着密切的联系，因此大多数的行星高层大气理论模式都是以地球高层大气理论模式为基础开发的。万卫星领导课题组在电离层-高层大气理论模式领域进行了持续的探索，于20世纪末至21世纪初先后开发了系列的地球电离层和高层大气理论模式，近十年继续开发拓展地球电离层和中高层大气理论模式，并在此基础上开发了行星电离层和高层大气理论模式，取得了系列的研究成果。

1　高层大气-电离层特性

地球的高层大气-电离层系统一般是指从海拔85 km左右的中间层顶到约1000 km高度之间的高空大气区域。它不仅包含有中性大气成分，还包含一定量由中性大气电离而成的等离子体成分，传统习惯上学界把高层大气的中性部分称为热层，而把其中的电离成分称为电离层。在这个区域内，电离层与热层与相互作用相互耦合，形成一个复杂的耦合统一体，因此，也可以称它为电离层与热层耦合系统。作为中性成分与等离子体的复合体，高层大气-电离层系统也与其他大气圈层存在明显差异。

高层大气-电离层系统不但保护着地球不受太阳辐射和高能粒子的破坏，同时还是人类进行无线电通信和探索太空的重要区域。在航天时代，高层大气作为人类空间活动的主要环境更是有着特殊的重要性。电离层对无线通信和GNSS导航定位有显著影响；绝大部分的空间飞行器（低轨航天器），如空间站、资源遥感卫星、太阳同步气象卫星和航天飞机等，都运行在高层大气区域。因此，这些飞行器的寿命和轨道稳定性都依赖于热层中性大气密度及其变化。另外，太阳活动、地磁活动都能够引起高层大气的剧烈扰动（如电离层暴、热层暴等），将严重影响人类对空间环境的利用，对航天活动、地面技术系统产生巨大影响。因此我们需要对高层大气的变化特征进行研究。

探测是研究高层大气-电离层系统的重要手段。利用电离层垂直测高仪、流星雷达、相干散射雷达、非相干散射雷达、卫星和火箭等探测手段进行的地球和其他行星高层大气-电离层系统观测已取得了大量成果，极大地丰富了我们对高层大气的认识。然而，由于观测在参数覆盖性和时空覆盖性方面的限制，观测并不能完全解决高层大气-电离层系统（特别是其他行星的高层大气-电离层系统）研究中所遇到的各种问题。进一步深入研究高层大气-电离层系统中各种相互作用过程的特性，揭示该系统中各种现象的形成机理，是学科发展的需要，也是空间物理学和空间天气研究中一个极富挑战性的难题。解决这一难题，有赖于对高层大气-电离层系统的实验观测、理论分析和数值模拟等综合研究工作。其中，高层大气-电离层数值模拟及作为其基础的高层大气-电离层理论模式可以突破实验观测的限制，并比理论分析更为全面细致地重现高层大气-电离层系统的各种物理和化学过程，在研究中具有独特的优势，一直起着重要作用。目前，各种高层大气-电离层理论模式已成为定量分析研究高层大气-电离层系统结构和动力学过程不可缺少的重要手段。万卫星领导课题组也在电离层-高层大气理论模式领域进行了持续的探索，于 20 世纪末至 21 世纪初先后开发了系列的地球电离层和高层大气理论模式，近十年在继续开发地球电离层和中高层大气理论模式，并在此基础上更进一步的开发了行星电离层和高层大气理论模式，取得了系列的研究成果。

高层大气-电离层系统自身的物理和化学特性是高层大气-电离层建模的基础，也直接决定了高层大气模型与中低层大气模型间的异同。由于受到太阳紫外加热的影响，高层大气（热层）通常是大气层最热的区域（如地球的高层大气白天通常能达到 1000°C 以上），其中中性温度随高度增加而升高，在达到一定高度后（地球约为 300 km）基本不再随高度变化。高层大气的基本结构和变化特征受到一系列外部能量/动量源的控制，如太阳 EUV 和 UV 辐射、极区高能粒子沉降、磁层等离子体对流、由中低层大气上传到高层大气的各种大气波动等。这些外部能量/动量源会对高层大气进行加热，造成高层大气内各种成分的电离和分解，进而驱动高层大气的全球风场，改变高层大气的中性和等离子体成分。高层大气表现出很多与中低层大气类似的性质。例如，其密度在重力的作用下随着高度的增加而指数衰减，形成垂直分层结构。但也表现出很多与中低层大气迥异的性质，很多在中低层大气中成立的物理近似会在高层大气中失效。例如，热层的强烈的昼夜温度变化驱动了热层巨大的水平压力梯度，破坏了在中低层大气普遍适用的地转风近似，使得压力梯度力成为热层风场主要的驱动力，进而驱动了强烈的热层水平风场。

高层大气与中低层大气的一个重要差异是大气化学成分及其变化规律的差异。以地球为例，在湍流混合作用较强的地球中低层大气区域，大气处于均匀混合态，大气的主要化学成分为氮气分子和氧气分子，且其相对含量基本不随高度变化。而在地球热层高度，由于湍流混合作用随着高度的增加而持续削弱，地球热层大气的中性化学成分在重力和扩散作用下也形成了明显的垂直分层结构，会随着高度发生明显的变化。在地球湍流层顶（地球约为 110 km）以下湍流混合作用较强的热层底部，中性大气的主要成分与地球中低层大气相同，都是氮气分子和氧气分子，而氧气分子在太阳 UV 辐射的光化学作用下分解形成的氧原子的含量也随着高度增加而逐步升高。在 110 km 以上，湍流混合作用相对削弱，中性大气的各种不同成分在重力和扩散作用下根据各自的分子量开始逐步分离，氧原子逐步成为主要的地球热层大气成分，并在约 250 km 以上高度成为主导性的地球中性大气化学成分。而在更高的高度，氦原子和氢原子开始占据主导。图 1 是 MSIS 热层经验模型（Hedin，1991）给出的一个典型的地球赤道白天的不同中性化学成分大气密度的平均剖面。热层大气化学成分的高度变化引起了一系列与成分相关的物理量也表现出明显的高度变化，如在中低层大气中近似为常量的大气比热容，在热层高度不再是常量，而会随着大气化学成分的变化而变化。

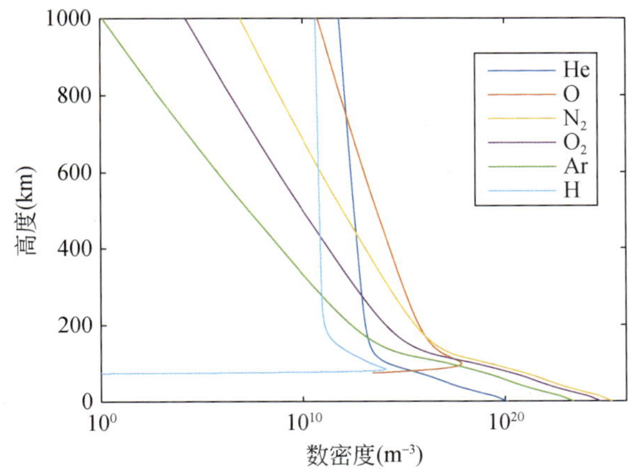

图 1　典型的地球赤道白天的不同中性化学成分大气密度的平均剖面

高层大气与中低层大气的另一个主要差异就是其中等离子体（电离层）的存在。由于太阳极紫外线和 X 射线及源于磁层的高能沉降粒子的作用，中高层大气会部分电离，形成由大量正离子、负离子和自由电子组成的电离层。与中层大气重叠的电离层部分通常密度很低，对中层大气过程几乎没有影响。但是，电离层和热层都是高层大气的主要部分，并通过高层大气系统内的化学过程、动力学过程、热力学过程和电动力学过程等紧密耦合在一起，例如下面四个方面。

（1）在化学过程方面：热层中性成分作为主要的电离源，受到太阳辐射和高能粒子的作用而被电离，进而形成电离层中的离子和电子，不但从源头决定了电离层等离子体的成分和产生率，同时中性成分还通过参与化学反应进一步调节电离层离子密度和离子成分；而电离成分通过化学反应与中性成分相互作用，也通过影响中性成分的化学循环过程，改变了热层中性大气的成分和密度。

（2）在热力学过程方面：离子和电子的大部分冷却机制都受到中性成分的调节，而它们的加热机制也受到中性背景的影响；离子化学反应放热和中性成分在与电子/离子碰撞过程中伴随的能量吸收也是热层中性大气极为重要的热源；特别是高层大气吸收外部（太阳、磁层等）能量的过程，通常都必须电离层和热层同时参与才能完成。

(3) 在动力学过程方面：中性成分和离子通过碰撞相互影响了对方的动力学特征；中性风的运动驱动了等离子体的场向运动，进而改变了等离子体动力学和密度分布；而离子通过在平行和垂直于磁场的方向上对中性成分施加离子曳力，影响中性动力学，并成为热层中性风场的主控因素之一。

(4) 在电动力学过程（如地球的电离层发电机过程）方面：地球的电离层发电机过程通过激发电离层电场，显著影响了地球电离层/热层系统的电动力学过程，地球中低纬电离层电场就直接受控于电离层发电机效应，而地球电离层发电机是地球高层大气中性风、中性成分、电离成分和地磁场通过相互作用共同驱动的；电离层电场直接驱动了等离子体漂移，影响了等离子体密度分布，并能够激发电离层不规则体；电离层电场也通过焦耳加热和离子曳力直接影响了热层中性成分的温度、密度、成分和风场；电离层发电机过程还通过沿磁力线的映射过程，把高层大气底部和上部联系起来，实现了高层大气内部能量和动量的垂直传输。

高层大气还同相邻的中间层大气和磁层相互作用相互影响，耦合在一起。中间层大气主要通过两条途径影响电离层/热层系统。一方面，通过发生在中间层–低热层区（mesosphere-lower thermosphere，MLT，地球的相应高度为60～150 km）的湍流扩散等扩散过程，中层大气的能量、动量和物质进入到高层大气内部。另一方面，从中层大气传导到高层大气的各种大气波动，如各种频率的大气潮汐和行星波等，也在中低层大气与高层大气的耦合过程中扮演了重要角色。首先，这些波动控制了低热层中性风场，进而通过影响地球电离层 E 区（与低热层区域基本重合）发电机过程调节了电离层电场，调节后的电场沿磁力线映射到电离层/热层的各个高度，进而显著影响了整个高层大气的动力学过程。其次，上传到低热层高度的这些大气波动通常会在低热层发生破碎和耗散。在这个过程中，它们会释放出自身携带的动量和能量，加速和加热低热层，并显著了影响该区域附近大气的混合与扩散。这些机制不但显著改变了低热层的温度、成分和风场，而且通过热层内部的各种扩散机制和黏滞作用进一步影响了整个高层大气系统，实现了中层大气与高层大气的耦合。通过场向电流、对流电场和粒子沉降等过程，高层大气也和相邻的磁层发生了密切地耦合。使磁层能量和动量以地磁高纬区为进入高层大气系统的主要通道，源于磁层的高纬电离层电场和极光高能粒子沉降在高层大气与磁层的耦合过程中扮演了重要角色。这一过程受到太阳风与行星际磁场的直接影响，是整个日地空间环境耦合链中的重要一环。

2 地球中高层大气–电离层建模研究

2.1 2010 年以前的国内外地球高层大气–电离层建模研究

高层大气的以上特性直接决定了高层大气不能简单视为中低层大气的延伸，高层大气–电离层系统模型也不能直接由中低层大气模型改进而来。高层大气理论模式在模型设计、坐标系选择和模型算法都必须考虑到高层大气–电离层系统特性带来的种种限制。因此，高层大气理论模式经历了长期发展才逐步完备起来。高层大气-电离层模式包括热层理论模式（如 Fuller-Rowell and Rees，1980；Dickinson et al.，1981，1984）和电离层理论模式（如 Yue et al.，2008），通常情况下这两类模式是相互独立，分开运行的。热层理论模式通常由电离层经验模型（Bilitza，2001）提供背景的电离层参量，而电离层理论模式通常由热层经验模型（如 Hedin，1991）提供背景的热层参量。为了更好地研究电离层/热层系统内部中性成分和等离子体之间的耦合过程，需要把电离层/热层作为一个整体进行模拟，这就需要建立高层大气-电离层系统的耦合模式。

早在 20 世纪 60 年代，科学家们就开始研究高层大气的理论建模问题。学界首先采用观测数据或经验模型描述热层三维压强场或温度场，进而推导其他物理量的变化趋势。例如，通过采用给定的压强分布作为动量源，Kohl 和 King（1967）建立了最早的全球热层模式，并证实了太阳 EUV 辐射驱动的热层风的存在。然而这类高层大气模式受到所使用的观测数据或经验模型的限制，无法完全做到内部的逻辑自洽，虽然在高层大气研究中起到了重要作用但是一直没能成为高层大气模式的主流。学界一直以发展更为自洽的高层大气理论模式为主流。但由于计算条件的限制，早期自洽的高层大气理论模式一般都是二维模式，然而由于无法有效估算高层大气的纬向动量源项等关键驱动项，二维模式无法很好的模拟高层大气的地方时变化、对外界能量注入的响应特征（如高层大气对磁暴的响应）等核心时空变化特征，只能模拟稳态的高层大气场（如风场和温度场）。自 20 世纪 70 年代开始，学界开始采用有限差分法来发展自洽的三维时变的高层大气理论模式。在 20 世纪 70 年代末 80 年代初，随着计算机技术的不断发展，开发真正的三维时变的高层大气理论模式（也称为热层大气环流模式）才成为可能，科学家们开始在原有二维模式的基础上，开始发展三维时变的高层大气理论模式。如 Fuller-Rowell 和 Rees（1980）和 Dickinson 等（1981）就分别独立地发展了三维时变的热层模式。后来，他们的模式被进一步发展为 CTIPe（Coupled Thermosphere Ionosphere Plasmasphere Electrodynamics Model）和 TIEGCM（Thermosphere-Ionosphere-Electrodynamics General Circulation Model）这两个目前国际上广泛认可的地球电离层/热层耦合模式理论模式。近 40 年来，这两个自适应的全球电离层/热层耦合模式获得了持续发展，研究者们利用这些电离层/热层耦合模式对热层和电离层中性成分和等离子体的结构和分布及它们之间的耦合过程进行了深入研究（如 Roble et al.，1987）。

在高层大气建模领域，国内也进行了大量研究，取得了一系列进展。王劲松和肖佐（1999）通过对电离层/热层的耦合特性进行了数值研究，建立了一个二维电离层/热层系统耦合模式，并利用该模式对电离层/热层耦合进行了研究。万卫星领导课题组也在电离层-高层大气理论模式领域进行了持续的探索，于 20 世纪末至 21 世纪初先后开发了系列的地球电离层和高层大气理论模式。例如，张顺荣开发了一个一维中纬电离层理论模式，在此基础上，Lei 等（2004a，2004b，2004c）和 Le 等（2007）进一步完善了该模式，并模拟了电离层低过渡高度、电离层暴和耀斑等问题。刘立波等（1999a，1999b）利用算子分裂算法发展了一个适用于赤道与低纬地区的二维电离层理论模式，并模拟了电离层的夜间增强现象间等物理问题。通过进一步发展磁通管跟踪与插值算法，Yue 等（2008）进一步发展了 TIME-IGGCAS 二维电离层理论模式，并利用该模式模拟了电离层峰高与电离层电场之间的关系及地磁场的变化引起的电离层长期变化。Yu 等（2006）在偶极场下建立了一个中低纬度电离层电场理论模式，并用来研究电离层半年变化。Ren 等（2008）将该模式推广到真实地磁场模型下。雷久侯等（2003）利用高层大气经验模型 MSIS00 和 IRI2000 作为输入通过求解中性大气的 Navier-Stokes 动量方程建立了一个三维的热层风场理论模式。在以上这些模型的基础上，Ren 等（2009）发展了一个自洽的三维时变的全球电离层/热层/电动力学耦合模式 GCITEM-IGGCAS（Global Coupled Ionosphere-Thermosphere-Electrodynamics Model，Institute of Geology and Geophysics，Chinese Academy of Sciences）。

GCITEM-IGGCAS 模式能够模拟 90～600 km 电离层/热层区域的大气物理和化学过程。该模式通过自洽求解电离层/热层的动量方程、能量方程、质量方程、流体静力学方程和状态方程，自洽计算 90～600 km 之间电离层/热层区域的主要中性成分 O、O_2和 N_2，次要中性成分 N（^{4}S）、N（^{2}D）、NO、Ar 和 He，电离成分 O^+、N_2^+、O_2^+、NO^+、N^+离子及电子的数密度，电子、离子和中性成分的温度及中性风场的时变三维结构。该模式还能够通过调用 TIDM-IGGCAS-II 模式（Theoretical Ionospheric Dynamo Model，Institute of Geology and Geophysics，Chinese Academy of Sciences，Version II，Ren et al.，2008b）自洽计算中低纬电离层电场（可直接换算为等离子体电动力学漂移速度）。GCITEM-IGGCAS 基于地理坐标系采用有限差分法求解，其经度-纬度的网格设为 7.5°×5°，时间步长为 2～5 min。GCITEM-IGGCAS 模式基于静力平衡假设构建，它在垂直方向上没有使用很多电离层/热层耦合模式所通常使用的压力坐标，而是使用了高度坐标。该模式在垂直方向上的空间步长会随着高度变化，低热层高度的空间步长约为 3 km，而高热层高度的空间步长可达到 30 km。该模式较好的再现了电离层/热层的基本形态和主要变化特征。图 2 给出了该模式的基本框架，图 3 给出了该模式模拟结果与经验模型对比的一个例子。

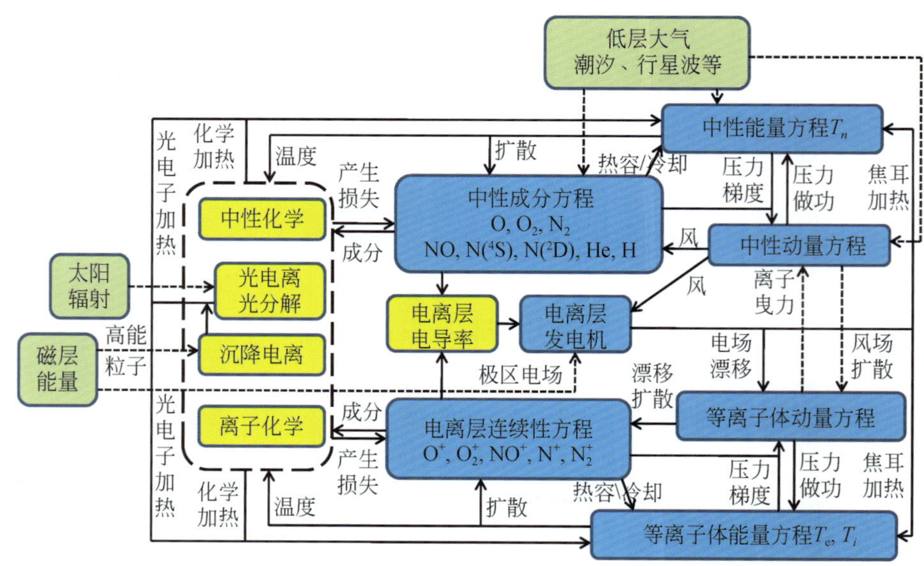

图 2 GCITEM-IGGCAS 模式框架

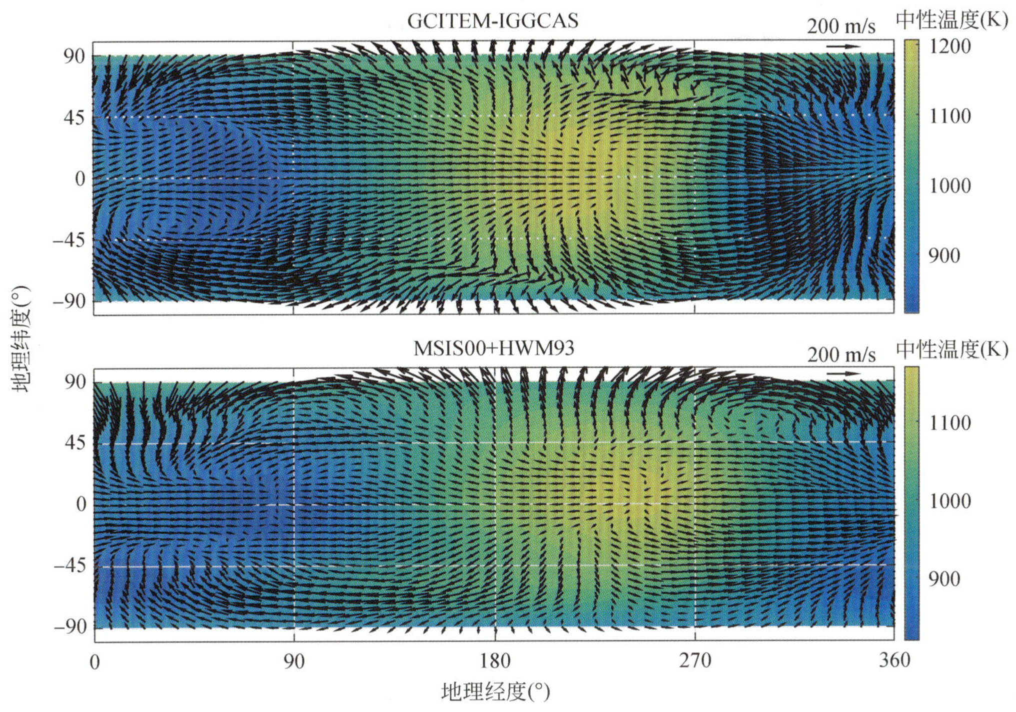

图 3 中等太阳活动下春分世界时 0 点时 405 km 处中性温度和中性风场随经度（地方时）和纬度的分布
图中的箭头表示中性风的强度和方向。上图为 GCITEM-IGGCAS 模式的模拟结果，下图为 MSIS00 和 HWM93 经验模型的结果

表 1 给出了一个目前主流的地球高层大气理论模式的对比表。由表 1 可见，目前国内外现有的高层大气理论模式普遍具有下列特点：①现有高层大气理论模式全部为全球三维模式，且部分能够使用真实的非偶极地磁场，能够系统模拟电离层/热层参数的高度、纬度和经度变化，并能够有效再现真实的地球高层大气时空变化特征，有利于同观测数据之间的对比研究以及高层大气区域特性的研究；②现有高层大气理论模式普遍是一个全自洽、全耦合的电离层/热层模式。能够自洽求解几乎全部的电离层/热层参数（包括中性大气、电子和离子的温度、密度、成分、速度、电场、产生/损失率和加热/冷却率等），并在每个时间步和每个空间格点都实现了这些参数之间的耦合；③模式适应性强，可以很方便地选择不同的上下边界条件、不同的地磁场模型和不同的极区能量注入（高纬电离层电场和极区高能粒子沉降），有利于具体物理问题的研究；④随着计算条件的进步，目前的高层大气模式普遍在普通的 PC 机就可以运行，极大地降低了科研成本提高了工作效率。国内外现有的高层大气理论模式基本上已经可以模拟出不同地球物理条件下的高层大气系统中等离子体和中性成分的温度、密度、风场和成分等参数的主要气候学分布特征，并与已有的电离层/热层探测结果及经验模型基本一致。

表 1　目前主流的地球高层大气理论模式

模式名称	坐标系	全球覆盖	包含发电机过程	地磁场	真实大气模拟能力	开发国家
TIEGCM	地理-压力	是	是	非偶极场	较强	美国
CTIPe	地理-压力	是	是	偶极场	较强	英国-美国
GSM TIP	地磁-高度	是	仅 E 区发电机	偶极场	较强	俄罗斯
GCITEM-IGGCAS	地理-高度	是	是	非偶极场	较强	中国
GITM	地理-高度	是	否	非偶极场	较强	美国

近年来对于高层大气理论模式的发展主要以对现有模式的改进为主，逐步提高模拟能力，具体包括：提高外界能量和动量输入的精度，主要包括发展合适用更精细的太阳辐射模型、给出更为精确的高纬能量和动量注入、给出更为准确的低热层大气波动注入等（如 Richmond and Kamide，1988）；进一步修正模式内部物理参数和过程参数化方案，引入一些新的物理化学机制（如 Lei et al.，2012；Maruyama et al.，2003）；尝试发展高分辨率的高层大气模式，模拟中小尺度的高层大气物理过程（如 Dang et al.，2018）；发展观测数据同化技术，为开发空间天气实时预报模式准备基础（如 Yue et al.，2016）。

2.2　近十年万卫星团队在地球高层大气-电离层建模方面的研究进展：地球电离层模式改进

近十年，万卫星领导课题组在已有理论模式的基础上继续开发地球电离层和中高层大气理论模式，取得了系列进展。国内外开发的电离层理论模型通常使用不同的坐标系。例如，许多中纬电离层理论模式和全球电离层理论模式或耦合的电离层-热层理论模式都是基于地理坐标系统（如 TIEGCM）。这种理论模式可以使用不同类型的地磁场结构，并且可以很容易地与热层理论模式进行耦合（热层理论模式通常也基于地理坐标系统）。然而，这种理论模式不能自洽地计算其上边界（通常位于 600～800 km 的高度），必须从其他模型获得顶部电离层密度值或通量。为了避免这个问题，许多模型使用了另一个坐标系。例如，大多数中低纬电离层理论模式是基于封闭的磁通管和（p，q）坐标（如 CTIP）。这种理论模式可以自洽计算平行与磁力线的电离层质量通量和热通量。或者说可以自洽地计算其的顶部边界。由于（p，q）坐标的电离层基本方程比地理-高度坐标系下的方程更简单，许多中、高纬度的电离层理论模式也基于封闭的磁通管和（p，q）坐标来构建。然而，（p，q）坐标通常只能使用偶极子磁场（包括中心和偏心偶极场）。偶极场是中低纬地磁场的一个很好的近似。但是以往的研究表明，地磁场的非偶极组成能够显著影响电离层等离子体密度、等离子体成分、电子和离子温度的分布（如 Ren et al.，2008a，2009a）。因此，一系列电离层理论模式尝试不使用简单的偶极场，并成功地模拟了真实地磁场中的电离层过程（如 Roble et al.，1987；Ridley et al.，2006；Ren et al.，2009）。但是这些模式大多基于地理-高度坐标系统，需要从经验模型中得到电离层顶部通量。如在万卫星团队早期开发的 TIME-IGGCAS 中，地磁场采用了偏心偶极子场。近年，我们扩展了 TIME-IGGCAS 模型，并开发了一个新的三维中低纬度理论电离层模型（TIME3D-IGGCAS），该模型基于地磁 APEX 坐标，在真实地磁场中实现了电离层模拟。

为了描述真实地磁场的影响，Richmond（1995）基于地磁 APEX 坐标系开发了基于真实地磁场的电离层发电机方程。采用相似的方法，可以基于封闭磁通管的一系列电离层理论模型实现基于非偶极地磁场的电离层模拟（如 Millward et al.，2007；Ren et al.，2008b）。Pavlov（2006）曾指出，纬向电离层电动力学漂移也可以影响电离层参数的分布，三维电离层模型可以更好地模拟全球电离层，并且可以很容易地与热层数值模型（通常也是三维模型）相结合。因此，我们利用改进的地磁 APEX 坐标，在真实地磁场中开发出一种新的三维电离层理论模式，命名为 TIME3D-IGGCAS 电离层理论模式。

由于可以很好地描述地磁场的结构，地磁 APEX 坐标在电离层研究中起着重要的作用（Van zandt et al.，1972）。地磁 APEX 坐标利用顶点来标记磁力线，这里的顶点被定义为磁力线在地球上的最高点。我们在 TIME3D 模式中使用一个改进的地磁 APEX 坐标。这个坐标系的三个坐标分别是顶点纬度 λ，APEX 经度 φ，和磁势 V。这里的 APEX 经度 φ 与地磁 APEX 坐标中的 APEX 经度相同，λ 定义为磁力线顶点的函数：

$$\lambda = \cos^{-1}\left[(R_E + h_R)/(R_E + h_A)\right]^{1/2} \tag{1}$$

式中，h_A为顶点半径，R_E为地球的平均半径，h_R为参考高度是一个常数（h_R在我们的模型中为 89 km）。对于某一根特定的磁力线，APEX 纬度 φ 和 APEX 经度 λ 是恒定的，磁势 V 沿磁力线变化。通过使用不同类型的地磁场模型，该坐标系可以很好地描述电离层高度的地磁场结构。图 4 显示了真实地磁场（IGRF2000 模型）海拔 300 km 高度上的 APEX 纬度和 APEX 经度。注意 300 km 高度的 APEX 纬度最小值在约为 10. 25°（参考高度 89 km）。因此，图中的磁赤道的 APEX 纬度 10. 25°。

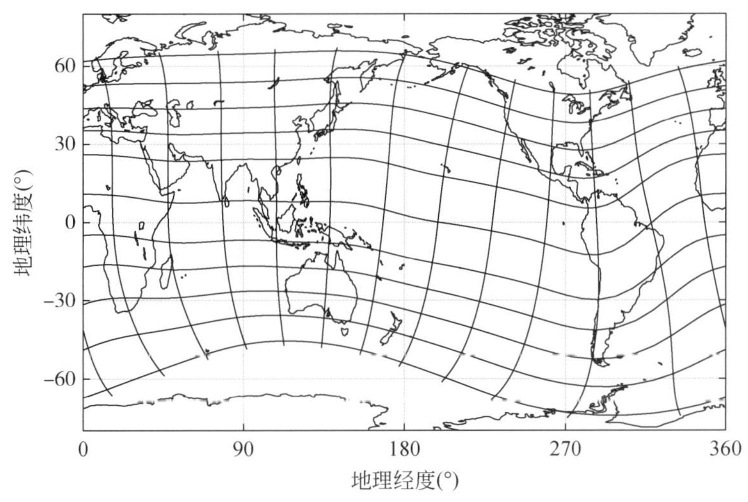

图 4　真实地磁场中海拔 300 km 高度的 APEX 纬度和经度

TIME3D 模式的基本方程包括电子和离子的质量连续性方程、运动方程和能量方程。它们通常可以描述如下：

$$\begin{cases}\dfrac{\partial N_i}{\partial t}+\nabla\cdot(N_i\boldsymbol{V}_i)=Q_i-L_i\\ 0=-\nabla p_i+N_im_i\boldsymbol{g}+N_i\mathrm{e}(\boldsymbol{E}+\boldsymbol{V}_i\times\boldsymbol{B})\\ -N_im_i\sum v_{in}(\boldsymbol{V}_i-\boldsymbol{V}_n)-N_im_i\sum v_{ij}(\boldsymbol{V}_i-\boldsymbol{V}_j)\\ \dfrac{3}{2}NK\dfrac{\mathrm{d}T}{\mathrm{d}t}+p\nabla\cdot\boldsymbol{V}_i-\nabla\cdot(k\nabla T)=Q_T-L_T\end{cases}\tag{2}$$

由于在某些区域内的 APEX 坐标不是正交的，我们在 TIME3D 模式中使用了 Richmond（1995）所使用的梯度和散度的表达式，并将其定义为

$$\begin{cases}\nabla\cdot\boldsymbol{x}=\dfrac{1}{W}\sum\limits_z\dfrac{\partial(\boldsymbol{a}_z\cdot\boldsymbol{x})}{\partial z},(z=\lambda,\phi,V)\\ \nabla\cdot\boldsymbol{y}=\dfrac{1}{W}\sum\limits_z\boldsymbol{a}_z\dfrac{\partial\boldsymbol{y}}{\partial z},(z=\lambda,\phi,V)\\ W=|\nabla\phi\times\nabla\lambda\cdot\nabla V|^{-1}\end{cases}\tag{3}$$

式中，W 为体积参数，B_s 为地磁场强度。然后，基本方程可以写成：

$$\begin{cases}\dfrac{\mathrm{d}N_i}{\mathrm{d}t}+\dfrac{\partial(WB_sN_iV_{i//})}{W\partial V}=Q_i-(L_i+\nabla\cdot\boldsymbol{V}_\perp)N_i\\ m_iN_i\left[\sum\limits_j\nu_{ij}(1-\Delta_{ij})(\boldsymbol{V}_{j//}-\boldsymbol{V}_{i//})+(\boldsymbol{V}_{n//}-\boldsymbol{V}_{i//})\sum\limits_n\nu_{in}(1-\Delta_{in})\right]=B_skT_i\dfrac{\partial N_i}{\partial V}+B_sk\dfrac{T_eN_i}{N_e}\dfrac{\partial N_e}{\partial V}\\ +\left[B_sk\left(\dfrac{\partial(T_e+T_i)}{\partial V}+\beta_i\dfrac{\partial T_i}{\partial V}-\sum\limits_{j\neq i}\beta_{ij}\dfrac{\partial T_j}{\partial V}\right)+m_i\boldsymbol{g}\cdot\boldsymbol{b}\right]N_i\\ \dfrac{3}{2}kN_e\left(\dfrac{\mathrm{d}T_e}{\mathrm{d}t}+\boldsymbol{V}_{//}\dfrac{B_s\partial T_e}{\partial V}\right)=\dfrac{\partial}{W\partial V}\left(WB_s^2K_e\dfrac{\partial T_e}{\partial V}\right)+Q_{T_e}-\left\{L_{T_e}+N_ek\left[\dfrac{\partial(WB_sV_{e//})}{W\partial V}+\nabla\cdot\boldsymbol{V}_\perp\right]\right\}T_e\\ \dfrac{3}{2}k\sum\limits_iN_i\left(\dfrac{\mathrm{d}T_i}{\mathrm{d}t}+\boldsymbol{V}_{//}\dfrac{B_s\partial T_i}{\partial V}\right)=\dfrac{\partial}{W\partial V}\left(WB_s^2K_i\dfrac{\partial T_i}{\partial V}\right)+Q_{T_i}-\left\{L_{T_i}+\sum\limits_iN_ik\left[\dfrac{\partial(WB_sV_{i//})}{W\partial V}+\nabla\cdot\boldsymbol{V}_\perp\right]\right\}T_i\end{cases}\tag{4}$$

N_e 和 N_i 分别是电子和离子的数密度；T_e 和 T_i 分别是电子和离子温度；$V_{i//}$是第 i 个离子反平行的地磁场的速度分量；$\boldsymbol{V}_\perp$ 是离子速度矢量垂直于地磁场的分量；$V_{n//}$是中性风速度平行于地磁场；ν_{ij} 和 ν_{in} 分别是离子 i 和 j 与 i 离子和中性成分 n 之间的碰撞频率；m_i 是第 i 个离子的分子质量；k 是玻尔兹曼常数；$\boldsymbol{g}$ 是重力；$\boldsymbol{b}$ 是沿着地磁场的单位向量；β_i 和 β_{ij} 是热扩散系数；由 Quegan 等（1981）的表达式计算获得的 $\Delta_{ij}\Delta_{in}$是第 i 个离子扩散系数的修正因素；K_e 和 K_i 分别是电子和离子热导系数；Q_i和 L_i是第 i 个离子的产生和损失率；Q_T和 L_T分别是加热和冷却率。

在 TIME3D 模式中，我们考虑了 6 种离子（O^+、H^+、He^+、NO^+、O_2^+和 N_2^+）。模式根据质量连续性方程计算出 O^+、H^+和 He^+的密度，而 NO^+、O_2^+和 N_2^+被假设为光化学平衡。然而，在底面边界的所有离子都被假定为光化学平衡。电子的密度是所有离子的总和。离子的产生率包括光致电离率和化学反应产率，离子的损失主要是由于化学反应。我们考虑的光电离主要包括是太阳 EUV 辐射，白天的二次光电离，以及在几个夜间电离源。太阳 EUV 辐射的光电离是主要的日间电离源，我们计算了 NO^+、O_2^+、N_2^+、He^+和 O^+（包括 4S、2D、2P 状态）等的太阳 EUV 辐射电离。太阳 EUV 初级电离的计算与 Lei 等（2004a）所

描述的类似。我们根据太阳通量 EUVAC 模型（Richards et al.，1994）定义了太阳能 EUV 通量，并从 Richards 等（1994）的工作中获得了吸收和电离截面。同时，从 Titheridge（1996）中提取了二次电离的计算方案。夜间 EUV 通量以 Strobel 等（1974）的工作为基础，从 Huba 等（2000）获得夜间的光电离截面。O_2、N_2、O、He 和 H 的中性数密度来自 NRLMSIS-00 经验模型（Hedin，1991），Titheridge（1997）经验模型提供了 NO 密度。在模型中考虑了 20 种化学反应。在 Lei 等（2004a）的论文中可以找到化学反应及其反应系数的详细描述。

电离层电场在电离层动力学中起着重要的作用，决定了垂直于地磁场的等离子体速度矢量。在模型中，电离层电场由经验模型决定，如 Richmond 经验模型（Richmond et al.，1980）。该模型考虑了纬向输运的影响，包括子午向和纬向电动力学漂移。根据运动方程计算获得与地磁场平行的离子速度，电子速度是离子速度的平均值。离子和离子中性碰撞频率是电离层系统中的重要参数。在模型中，这些碰撞频率的计算基于中性/离子数值密度和从 Schunk 和 Nagy（1980）中提取的参数。中性风由 HWM-93 模型（Hedin et al.，1996）决定。

在 TIME3D-IGGCAS 模式中，我们忽略了不同离子之间的温差，而只计算离子的平均温度。在底部边界处，电子和离子温度被认为等于中性温度。电子和离子导热系数是根据经验模型计算的（如 Schunk and Nagy，2000）。在这个模型中，电子的加热和冷却来源包括光电子加热、与中性粒子（N_2，O_2和 O）的弹性碰撞，N_2和 O_2的振动和转动激发，原子氧精细结构的激发平，和电子离子碰撞能量转移。在模型中，考虑离子与电子的碰撞、离子碰撞和弹性和非弹性碰撞，计算了离子的加热和冷却。关于加热和冷却速率的详细描述，请参见 Lei 等（2004）与 Schunk 和 Nagy（1978）。

TIME3D-IGGCAS 覆盖全部电离层和全部等离子体层，可提供从 130 km 到 22000 km 高度的等离子体信息。通常，模拟将在 24 个磁子午面进行，每个磁子午面将包含 35 条磁力线。低纬度地区的水平分辨率大约是 1°磁纬和 15°磁经。通常情况下，TIME3D-IGGCAS 需要运行 1 ~2 天结果才能到达稳定。

TIME3D-IGGCAS 模式将电子和离子的质量连续性、运动和能量方程的求解过程分为两步。首先，我们沿着磁力线求解基本方程，数值方法与 Millward（1993）一致。由于沿磁力线的快速扩散过程，模式必须采用隐格式的数值算法。其次，考虑了电动力学漂移对磁力线位置的影响。当我们在拉格朗日系统中求解时，可能需要在低海拔处增加新的磁力线。因此，我们在 TIME3D 模式中将欧拉和拉格朗日方法结合起来，这与 Pavlov（2006）相似。由于磁力线沿垂直丁地磁场的方向运动，通过电动力学漂移，我们首先计算出网格的新位置。然后，通过插值得到原始网格处的密度和温度信息。子午向和纬向电动力学漂移，垂直、纬度和纵向输运都包括在 TIME3D 模式考虑范围内。类似于 Pavlov（2006），磁力线插值也被划分为两个步骤：我们首先在磁子午面内插入密度和温度，然后在不同的磁子午面内插值。

前文提到的全球耦合电离层-热层-电动力学模式 GCITEM-IGGCAS 可以自洽地计算高度范围从 90 到 600 km 的主要热层和电离层参数的时变三维结构，包括中性数密度的主要成分 O_2、N_2和 O 及次要物种 N（^{2}d）、N（^{4}s）、NO、He 和 H 的数密度；离子和电子的数密度；中性、电子和离子温度；中性风矢量；中低纬度电离层电场（Ren et al.，2009b）。TIME3D-IGGCAS 模式也可以作为 GCITEM-IGGCAS 模式的电离层-等离子体层模块。在这种条件下，GCITEM-IGGCAS 将关闭它的电离层模块，TIME3D-IGGCAS 将获得 GCITEM-IGGCAS 模式自洽计算得到的中性成分、中性密度，中性风和中低纬度电离层电场，并提供自洽计算的电离层离子组成、离子和电子密度、离子和电子温度和离子速度矢量给 GCITEM-IGGCAS 模式。

TIME3D-IGGCAS 能够很好地再现主要的电离层特征。我们模拟了 3 月春分和 6 月至日的电离层。这些模拟分别用于低太阳活动水平（对应的太阳 10.7 cm 的通量指数 F107 和 F107A 为 70）。这些模拟都是在地磁平静条件下进行的，Ap 指数为 4。在这些模拟中，经验模型提供了中性温度、成分和风。这些模拟的电离层电场由 Richmond 经验模型（Richmond et al.，1980）和 IGRF 地磁场决定。电子温度、离子温度、离子数密度（O^+、O_2^+、NO^+、H^+、He^+和电子）的初始条件为 IRI2007 经验模型。这两个模拟是在 24 个磁子午面上进行的，每一个平面都包含 35 个磁力线。这些仿真的时间步长为 300 s，并进行 3 个模型日运行以获得所显示的结果。

图 5 显示了电子密度在 00：00UT 的纬度、季节和当地时间（经度）变化。图 5 的左右分别显示了春分和夏至的电子密度。图 5 上面的图显示了沿着 120°E 子午圈（0800 LT）的电子密度，中间的图显示了沿着 210°E 子午圈（1400LT）的电子密度，底部的图显示了沿着 315°E 子午圈（2100 LT）的电子密度。如图 5 所示，赤道电离异常（EIA）几乎

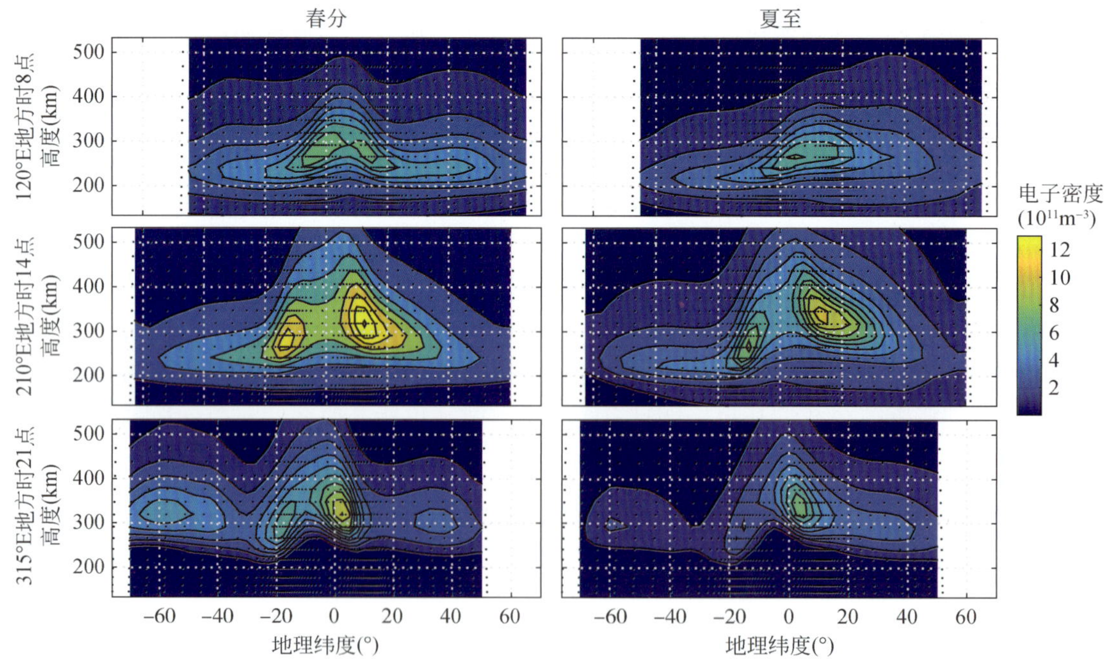

图 5 低太阳活动下电子密度沿子午圈的分布

春分（左列）和夏至（右列）世界时 0 点沿着 120°E 子午圈（0800 LT，上图）、沿着 210°E 子午圈（1400LT，中图）和沿着 315°E 子午圈（2100 LT，下图）的电子密度的纬度、季节和地方时变化。图中的黑点为网格位置

在所有地方时都出现，但夏至时，EIA 在 0800LT 消失。由于倾角赤道地理纬度的经度变化，在不同的子午圈中 EIA 的地理纬度表现出明显的差异。地方时的变化也可以在 EIA 中找到。由于白天 $\boldsymbol{E}\times\boldsymbol{B}$ 漂移，EIA 向上隆起，$\boldsymbol{E}\times\boldsymbol{B}$ 晚上下飘导致 EIA 的减少和下降。在这两个季节，EIA 在 1400LT 比 0800LT 和 2100LT 更强。春分赤道异常的峰值电子密度最大值总是大于夏至，这与电离层半年异常现象一致。在中纬度地区，冬季半球的值比夏季的半球值大，而在夜间则相反。这一特征符合“电离层冬季异常”现象。

F 区峰值电子密度（NmF2）和 F 区峰值高度（hmF2）是两个重要的电离层参数。我们在图 6 和图 7 分别展示了 NmF2 和 hmF2 在低太阳通量水平下的经度（或地方时）和纬度变化。图 6 与图 7 的顶部和底部分别显示了春分和夏至的 NmF2 和 hmF2。左侧显示了由 TIME3D-IGGCAS 计算得到的经度（或地方时）和纬度变化，右侧显示了 IRI 经验模型的相同结果。这些图中的虚线为倾角赤道。NmF2 的单位是 m^{-3}，hmF2 的单位是 km。如图 6 所示，NmF2 在两个季节都有明显的日变化，NmF2 的最大值主要在下午或日落附近。在“喷泉效应”的影响下，NmF2 的峰值都稍微偏离了赤道。由于电离层等离子体主要沿磁力线分布，模拟的 NmF2 和 IRI 模型相对于倾角赤道的对称性都好于相对于地理赤道的对称性。冬季半球-夏季半球的不对称性可以在夏至的模拟结果中发现，中性参数（温度、风、分量）的冬夏不对称是这种不对称的主要来源，而地磁场的不对称性也可能起着重要的作用。在春分，NmF2 也显示了北半球和南半球之间的一些不对称。这种不对称性也可

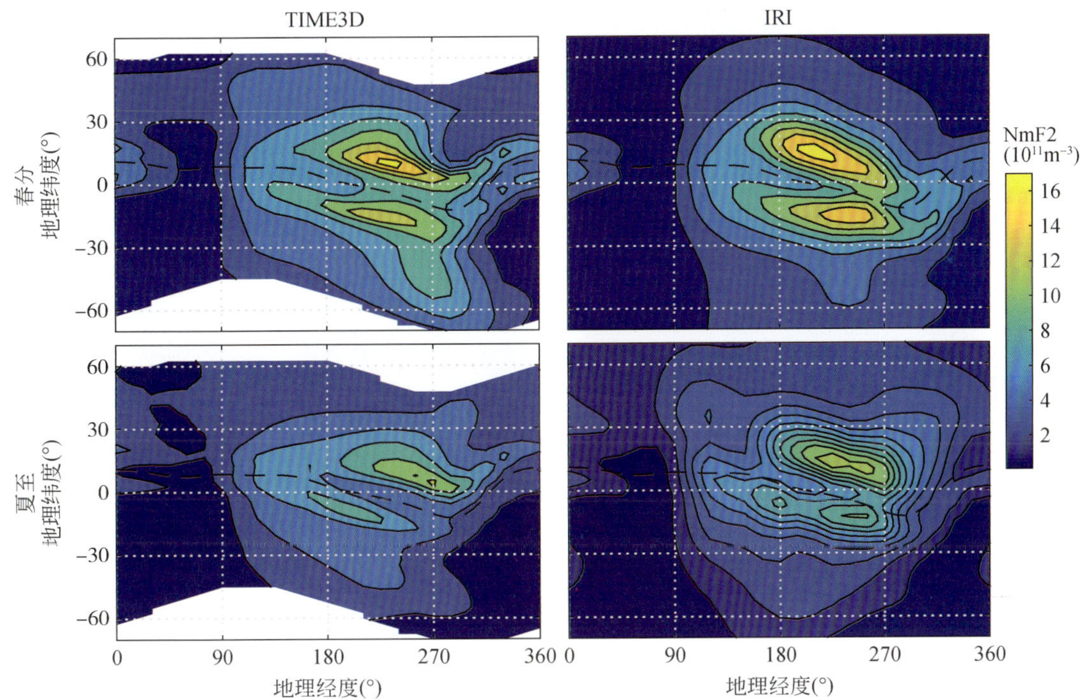

图 6　TIME3D-IGGCAS 模拟（左）和 IRI 经验模型（右）给出的低太阳活动下春分（上）和夏至（下）世界时 0 点 NmF2 的纬度和经度（地方时）变化

图中的虚线为倾角赤道，NmF2 的单位是 m^{-3}

能与地磁场的不对称性和中性参数（如中性温度、中性风和中性成分）的不对称性有关。NmF2 具有明显的季节变化。根据电离层半年度异常，春分白天 NmF2 总是大于夏至。在中纬度，冬季（南半球）中午 NmF2 主要大于夏季（北半球），这与电离层冬季异常一致。我们也注意到，夏季 NmF2 的最大值主要出现在 1800LT 之后。TIME3D-IGGCAS 模拟得到 NmF2 与 IRI2007 的结果基本类似，证明了模式的可靠性，TIME3D-IGGCAS 可以在两个季节中再现电离层 NmF2 的主要特征。

图 7 显示了 hmF2 在 0000UT 的经度（或地方时）和纬度变化。hmF2 在两个季节也表现出明显的日变化。由于喷泉效应，hmF2 的最大值主要出现在倾角赤道附近。在中纬度，白天的 hmF2 明显低于夜间。由于地磁场的不对称性和中性参数的不对称性，在两个季节中，hmF2 也表现出北半球和南半球之间的不对称。在 6 月至日，冬季（南半球）的中纬度 hmF2 明显低于夏季（北半球）。TIME3D-IGGCAS 模拟得到 hmF2 与 IRI2007 的结果基本类似，证明了模式的可靠性，TIME3D-IGGCAS 可以在两个季节中再现电离层 hmF2 的主要特征。

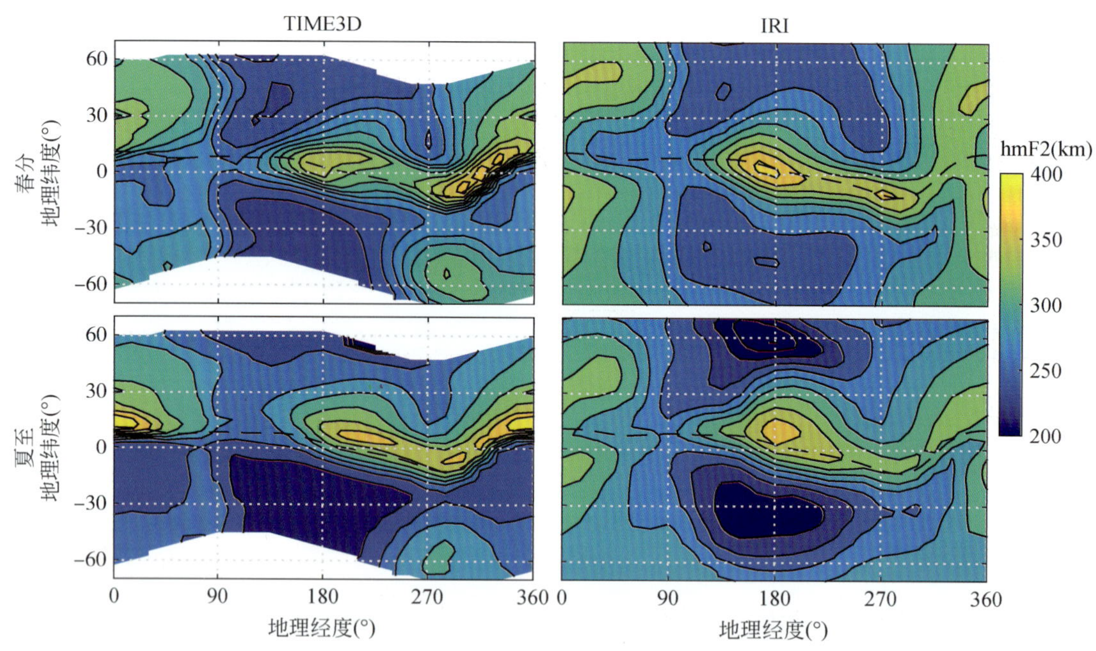

图 7　TIME3D-IGGCAS 模拟（左）和 IRI 经验模型（右）给出的低太阳活动下春分（上）和夏至（下）世界时 0 点 hmF2 的纬度和经度（地方时）变化

图中的虚线为倾角赤道，hmF2 的单位是 km

TIME3D 模式最重要的特点是可以在真实地磁场中模拟电离层。因此，我们分析了不同类型的地磁场对电离层参数的影响。我们模拟了在春分和夏至的低太阳通量水平下倾斜偶极子地磁场的电离层情况，并与真实地磁场的结果进行比较。我们使用 δNmF2 和 δhmF2 描述两种情况（真实地磁场和倾斜偶极子地磁场）之间的差异。δNmF2 和 δhmF2 计算如下：

$$\begin{cases}\delta NmF2 = \dfrac{NmF2_r - NmF2_d}{(NmF2_r + NmF2_d)/2} \times 100\% \\ \delta hmF2 = hmF2_r - hmF2_d\end{cases} \tag{5}$$

$NmF2_d$ 和 $hmF2_d$ 分别为在倾斜偶极子地磁场中计算出的 NmF2 和 hmF2，$NmF2_r$ 和 $hmF2_r$ 分别是在真实地磁场中计算的 NmF2 和 hmF2。图 8 显示了 δNmF2 和 δhmF2 在 1400LT 的经度和纬度的变化。左边和右边的图分别给出了春分和夏至的 δNmF2 和 δhmF2。图 8 的上图中 δNmF2 的单位为%，下图中 δhmF2 的单位为 km。这些图中的虚线显示了真实地磁场中的倾角赤道。如图 8 所示，δNmF2 在一些地区可以大于 40%，而 δhmF2 可以超过 40 km。NmF2 和 hmF2 的差异表现出明显的季节变化。它们在夏至都比春分时大。这一现象可能与夏至期间的强劲的夏季半球-冬季半球的子午风有关。NmF2 和 hmF2 的差异也表现出经度和纬度的变化。例如，δNmF2 和 δhmF2 的幅度在 300°～60°E 扇区的磁赤道附近出现最大值。我们注意到，在两种地磁场中，倾斜赤道的转移改变了赤道异常波峰的位置，引起了强烈的差异。

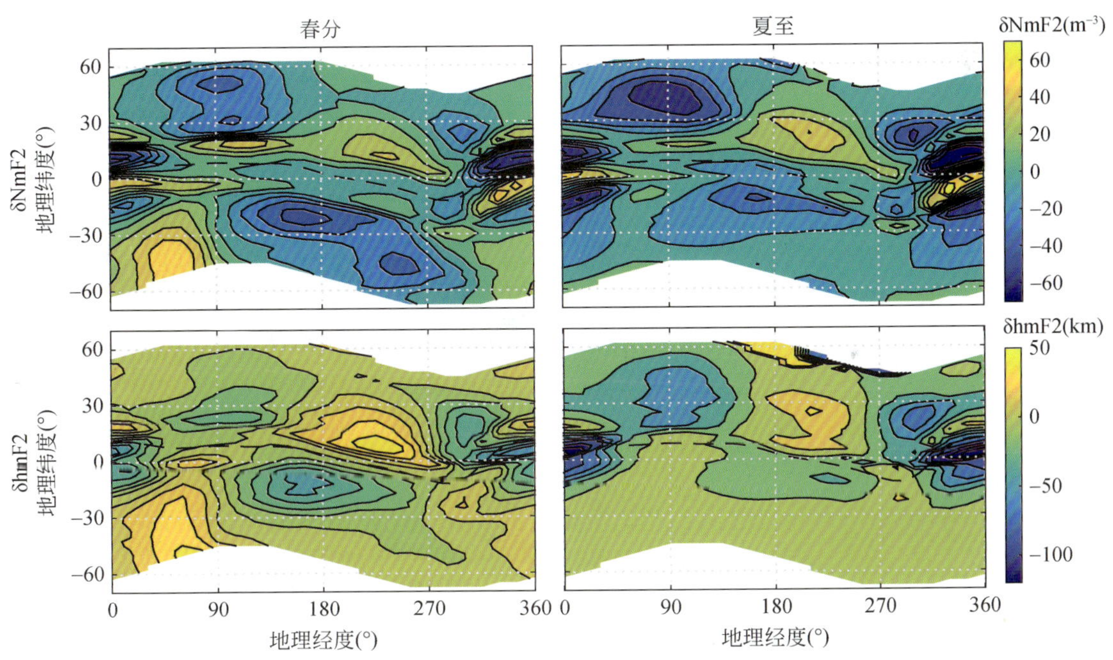

图 8　低太阳活动下春分（左）和夏至（右）地方时 1400LT 的 δNmF2（上）和 δhmF2（下）纬度和经度变化

图中的虚线为倾角赤道，δNmF2 的单位是 m^{-3}，δhmF2 的单位是 km

2.3　近十年万卫星团队在地球高层大气-电离层建模方面的研究进展：理论模式的临近空间扩展

2018 年 3 月 12 日，中国科学院新启动了一项 A 类战略性先导科技专项“临近空间科学实验系统”（简称“鸿鹄专项”），其科学目标是突破临近空间浮空器平台关键技术，开展临近空间科学研究。临近空间大气（高度范围约 20 ~ 100 km）与高层大气的相互耦合研究是“鸿鹄专项”的核心科学问题之一，由万卫星课题组牵头研究。为支持相关科学研究，在“鸿鹄专项”支持下，万卫星团队以 GCITEM-IGGCAS 模式为基础，通过把模式下边界从 90 km 向下延伸到 30 km，在模式内引入了地球平流层上部和中间层的相关物理、化学过程，从而新开发一个临近空间–高层大气耦合理论模式。该模式通过自洽求解电离层/中性大气的动量方程、能量方程、质量方程、流体静力学方程和状态方程，模拟 30 ~ 600 km 高度之间临近空间、热层、电离层区域的物理、化学过程，自洽计算该区域的中性和等离子体成分的密度、温度和速度的时变三维结构。

新开发的临近空间–电离层/热层理论模式采用了高度坐标系，纬度–经度分辨率为 5°×7.5°，在垂直方向上把 30 ~ 600 km 的火星高层大气均匀分为 48 个等高度面，模拟临近空间–电离层/热层的 4 种主要中性化学成分（O、O_2、O_3和 N_2）的数密度、15 种次要中性化学成分［N（^{4}S）、N（^{2}D）、NO、He、O（^{1}D）、NO_2、H_2、H_2O、HO_2、OH、H_2O_2、CH_4、CO、CO_2和 H］的数密度、主要离子（O^+、H^+、N^+、O_2^+、O^+、N_2^+和 NO^+）和电子的数密度、中性/电子/离子温度和中性风的三维时空分布，并自洽计算电离层电场。

为降低临近空间–电离层/热层系统耦合模式的开发难度和技术风险，新临近空间–电离层/热层耦合模式在原有 GCITEM-IGGCAS 模式的基础上进行开发。新模式将加入对中间层至关重要的多种化学成分（如 O_3）、相应的各种化学过程、中间层加热/冷却机制和重力波/行星波的影响。开发中解决的主要问题和解决方案如下：

（1）改进物质输运方程，增加一系列中性成分密度计算：O_3、O（^{1}D）、NO_2、H_2、H_2O、HO_2、OH、H_2O_2、CH_4、CO、CO_2和 Ar 等。

（2）改进化学过程模拟：增加中间层和电离层 D 区化学过程；考虑（1）中化学成分的影响，对电离层/热层化学模块进行必要的修订；改进加热/冷却模块，增加相应的化学反应加热。所添加的 D 区化学反应参考 Osepian 等（2008），中间层化学反应参考 Roble（1995）。

（3）改进加热/冷却模块和光化学模块：增加 O_3对太阳 Hartley 带（波长为 200 ~ 300 nm）、Huggins 带（300 ~ 335 nm）和 Chappuis 带（450 ~ 850 nm）UV 辐射的吸收和 O_2对太阳 Herzberg 连续谱（185 ~ 242 nm）UV 辐射的吸收，以及相应的光化学反应过程。计算方法参考 Brasseur 和 Solomon（2005）。

（4）改进加热/冷却模块：改进 CO_2红外辐射冷却过程，增加局地热平衡冷却过程；增加 O_3红外辐射冷却过程。CO_2和 O_3的冷却率计算分别参考 Fomichev 等（1998）和 Fomichev 和 Shved（1985）。

（5）在模式中引入热逃逸、电荷交换和极风导致的 H 逃逸对 H 族中性成分数密度的影响。H 逃逸计算计划参考 Visconti（1977）的工作。

（6）增添重力波参数化模块，在模式中引入重力波的垂直传播和耗散/破碎过程对大气能量/动量/物质垂直输运的影响、重力波的耗散/破碎对大气的加速和加热作用和瑞利（Rayleigh）摩擦的影响，并实现湍流扩散过程的自洽计算。参数化算法参考 Yiğit 等（2008）。

（7）增添行星波拖曳参数化模块，在模式中等效引入极区行星波拖曳对中间层的影响。行星波拖曳参数化算法计划参考 Yiğit 等（2008）。

（8）模式下边界由经验模型或 NCEP 大气再分析数据提供，解决它们在时空分辨率和参数种类方面与模式需求不匹配的问题。

新模式对 GCITEM-IGGCAS 模式的继承体现在模式架构、算法和坐标系上：

（1）新模式的架构将和 GCITEM-IGGCAS 模式基本一致，主要扩展原有的各热层模块（如化学模块等）为相应的中间层-热层模块，而电离层模块和发电机模块基本不变，但会进行必要的调整和改进。

（2）新模式的下边界从 GCITEM-IGGCAS 模式的 90 km 向下延拓到 30 km，仍采用基于高度网格的地理坐标系，水平分辨率基本不变。

（3）新模式的算法基本与 GCITEM-IGGCAS 模式保持一致，垂直方向使用隐格式，水平方向显格式，但会根据实际需要进行部分调整。

该模式的框架如图 9：

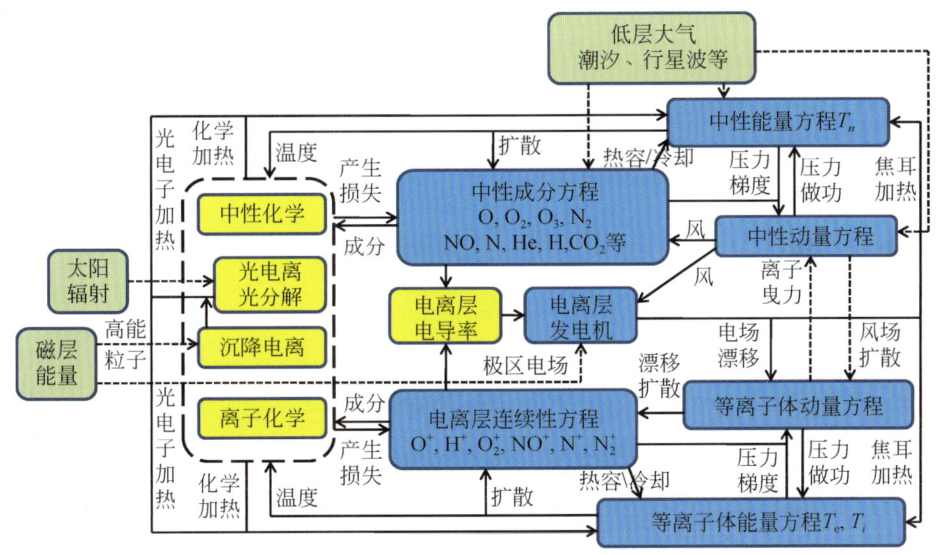

图 9　临近空间 电离层/热层理论模式框架

物理方程是理论模式的基础。通过借鉴国内外相关理论模式的经验，从基本的动力学方程出发构建了模式的基本方程。模式的热层模块主要采用了下列的一系列物理方程。我们计划在地理-高度坐标系下开发临近空间-电离层/热层耦合理论模式。在这些方程中 t 表示时间，r、θ 和 φ 分别表示地心距、地理余纬和地理经度，T 表示中性温度，V_r、V_θ、V_φ 分别表示垂直、南向和东向中性风场，ρ 表示中性大气质量密度，P 表示中性大气压力，ε_i（$\varepsilon_i = n_i m_i / \rho$）表示第 i 种成分的质量比含量（第 i 种成分的质量密度与大气总质量密度的比）。

能量方程如下式：

$$\rho c_v\left(\frac{\partial T}{\partial t}+V_r\frac{\partial T}{\partial r}+\frac{V_\theta}{r}\frac{\partial T}{\partial\theta}+\frac{V_\varphi}{r\sin\theta}\frac{\partial T}{\partial\varphi}\right)+P\left[\frac{\partial V_r}{\partial r}+\frac{1}{r\sin\theta}\left(\frac{\partial V_\theta\sin\theta}{\partial\theta}+\frac{\partial V_\varphi}{\partial\varphi}\right)\right]$$
$$=\frac{\partial}{\partial r}\left[(\lambda+\rho c_p K_E)\frac{\partial T}{\partial r}+\rho g K_E\right]+Q_T-L_T \tag{6}$$

式中，c_p和c_v分别表示单位质量大气的定压比热和定容比热。模式通过把各种主要中性成分的定压比热和定容比热按分子数密度加权平均计算得到相应的比热。λ为分子热导率，K_E表示湍流扩散系数，计划采用经验高度剖面。Q_T和L_T分别表示中性加热率和中性冷却率。

动量方程如下式：

$$\frac{\partial V_\theta}{\partial t}+V_r\frac{\partial V_\theta}{\partial r}+\frac{V_\theta}{r}\frac{\partial V_\theta}{\partial\theta}+\frac{V_\varphi}{r\sin\theta}\frac{\partial V_\theta}{\partial\varphi}-fV_\varphi-\frac{\mathrm{ctg}\theta}{r}V_\varphi^2=-\frac{1}{\rho r}\frac{\partial P}{\partial\theta}+\frac{1}{\rho}\frac{\partial}{\partial r}\left(\eta\frac{\partial V_\theta}{\partial r}\right)+v_{ni}(u_\theta-V_\theta),$$
$$\frac{\partial V_\varphi}{\partial t}+V_r\frac{\partial V_\varphi}{\partial r}+\frac{V_\theta}{r}\frac{\partial V_\varphi}{\partial\theta}+\frac{V_\varphi}{r\sin\theta}\frac{\partial V_\varphi}{\partial\varphi}+fV_\theta+\frac{\mathrm{ctg}\theta}{r}V_\theta V_\varphi=-\frac{1}{\rho r\sin\theta}\frac{\partial P}{\partial\varphi}+\frac{1}{\rho}\frac{\partial}{\partial r}\left(\eta\frac{\partial V_\varphi}{\partial r}\right)+v_{ni}(u_\varphi-V_\varphi), \tag{7}$$

式中，$f(f=2\Omega\cos\theta)$为科氏参数。$\eta(\eta=\eta_E+\eta_M)$为黏滞系数，其中η_E为湍流黏滞系数，η_M为分子黏滞系数，模式的中性垂直风场直接利用中性成分的质量守恒方程计算。

成分方程如下式：

$$\frac{\partial\varepsilon_i}{\partial t}+\left[V_r\frac{\partial\varepsilon_i}{\partial r}+\frac{V_\theta}{r}\frac{\partial\varepsilon_i}{\partial\theta}+\frac{V_\varphi}{r\sin\theta}\frac{\partial\varepsilon_i}{\partial\varphi}\right]+\frac{\partial}{\partial r}(\phi_{iM}+\phi_{iE})/\rho=(Q_i-L_i\varepsilon_i)/\rho \tag{8}$$

Q和L分别表示中性产生率和损失率。ϕ_E表示湍流扩散通量，其表达式为

$$\phi_E=-K_E\rho\left(\frac{\partial}{\partial r}+\frac{1}{\overline{m}}\frac{\partial\overline{m}}{\partial r}\right)\varepsilon \tag{9}$$

式中，$\overline{m}$是平均分子质量。ϕ_M表示分子扩散通量。不同的中性成分间性质的差异，导致它们的分子扩散通量表达式不同。对于4种主要中性成分（O、O_2、O_3和N_2），模式只考虑它们相互间的影响，而没有考虑次要中性成分对它们的影响。为简化计算，提高时间步长模式假设O和O_3处于光化学平衡态，并把它们合并为O_x来计算。计算表达式为

$$\phi_{iM}=\boldsymbol{\alpha}^{-1}\boldsymbol{L\varepsilon} \tag{10}$$

式中，$\boldsymbol{L}$、$\boldsymbol{\varepsilon}$和$\boldsymbol{\alpha}$都是矩阵。

$$L_{ij}=\delta_{ij}\left[\frac{\partial}{\partial r}-\left(\frac{1}{H}-\frac{1}{H_i}-\frac{1}{\overline{m}}\frac{\partial\overline{m}}{\partial r}\right)\right] \tag{11a}$$

$$\alpha_{ij}=\begin{cases}-\left[1/m_N D_{i3}+\sum\limits_{k\neq i}^{2}\varepsilon_k(1/m_k D_{ik}-1/m_N D_{i3})\right]/n & i=j\\ \varepsilon_i(1/m_j D_{ij}-1/m_N D_{i3})/n & i\neq j\end{cases} \tag{11b}$$

$$\boldsymbol{\varepsilon}=[\varepsilon_1,\varepsilon_2]^{\mathrm{T}}(\varepsilon_3=1-\varepsilon_1-\varepsilon_2) \tag{11c}$$

$$D_{ij}=d_{ij}(T/T_0)^{1.75}(P_0/P) \tag{11d}$$

对于15种次要中性化学成分［N（^{4}S）、N（^{2}D）、NO、He，O（^{1}D）、NO_2、H_2、H_2O、HO_2、OH、H_2O_2、CH_4、CO、CO_2和H］的计算，模式只考虑主成分对它们的影

响，而没有考虑它们相互间的影响。为简化计算，提高时间步长模式假设 HO_2、OH 和 H 及 NO 和 NO_2处于化学平衡态，并分别合并为 HO_x 和 NO_x 计算，几种次要成分次要中性成分的分子扩散通量利用下式计算：

$$\frac{1}{n}\left(\sum_{j=1}^{3}\frac{\phi_{jM}}{m_j D_{ij}}\varepsilon_i-\sum_{j=1}^{3}\frac{\varepsilon_j}{m_j D_{ij}}\phi_{iM}\right)=\left[\frac{\partial}{\partial r}-\left(\frac{1}{H}-\frac{1}{H_i}-\frac{1}{\overline{m}}\frac{\partial\overline{m}}{\partial r}-\frac{\alpha_i}{T}\frac{\partial T}{\partial r}\right)\right]\varepsilon_i \tag{12}$$

电离层分子离子（NO^+、N_2^+和 N^+等）的数密度与部分次要中性化学成分的数密度［N（^{2}D）、O（^{1}D）、NO、NO_2、H_2O_2、HO_2、OH 和 H］主要受化学产生率和损失率控制，动力学输运对其数密度的影响几乎可以忽略，因此将基于光化学平衡假设对电离层离子和部分次要成分的数密度求解。电离层电子数密度等于离子数密度的和。

对于高度 z_1处的大气总数密度，模式直接基于垂直方向的静力平衡假设计算得到

$$N(z_1)=N(z_0)\frac{T(z_0)}{T(z_1)}\exp\left\{-\int_{z_0}^{z_1}\frac{\overline{m}(z)g(z)}{kT(z)}\mathrm{d}z\right\} \tag{13}$$

式中，z_0为模式下边界。

模式的边界条件对于模式的稳定性和结果的准确性有很大影响。模式下边界直接由经验模型给定。对于模式的上边界，对中性数密度采用扩散平衡假设，对其他物理量假定满足如下边界条件：

$$\frac{\partial \boldsymbol{V}}{\partial r}=0$$

$$\frac{\partial T}{\partial r}=0 \tag{14}$$

因为等离子体的运动特性受到磁场的约束，所以大多数的电离层模式使用的坐标系都是基于地磁场的构型建立的。但是，为了简化程序，该模式的电离层模块使用了与其热层模块相同的地理坐标系。TIEGCM 和 GITM 等电离层/热层耦合模型也采用了类似的电离层坐标系。采用这种坐标系有利于简化模式的坐标系统，并能在一定程度上提高模式的运算精度，但是该坐标系对于描述电离层能量和质量沿磁力线的输运不利，使得模式中电离层程序的编写和运算变得很复杂。对于 N_2^+、O_2^+、NO^+及 N^+等离子的数密度，模式直接基于光化学平衡假设计算，不考虑输运过程的影响。但是对于 O^+必须考虑输运过程。

氧离子连续方程为

$$\frac{\partial n}{\partial t}+\nabla\cdot(n\boldsymbol{u})=Q-Ln, \tag{15}$$

式中，n 为 O^+数密度，Q 和 Ln 分别表示 O^+产生率和损失率，$\boldsymbol{u}$ 表示离子运动速度，其表达式如下：

$$\begin{gathered}\boldsymbol{u}=\boldsymbol{u}_{/\!/}+\boldsymbol{u}_{\perp},\\ \boldsymbol{u}_{/\!/}=\{\boldsymbol{b}\cdot[\boldsymbol{g}-\nabla(P_i+P_e)/\rho_i]/v+\boldsymbol{b}\cdot\boldsymbol{V}\}\boldsymbol{b},\\ \boldsymbol{u}_{\perp}=\boldsymbol{E}\times\boldsymbol{B}/|\boldsymbol{B}|^2,\end{gathered} \tag{16}$$

式中，$\boldsymbol{E}$ 和 $\boldsymbol{B}$ 分别表示电离层电场矢量和磁场矢量，$\boldsymbol{b}$ 为单位磁场矢量，v 为离子-中性碰撞频率，$\boldsymbol{u}_{/\!/}$ 和 $\boldsymbol{u}_{\perp}$ 分别为平行和垂直磁力线的离子运动速度，$\boldsymbol{g}$ 表示重力加速度，P_i和 P_e分别表示离子和电子压力，ρ_i是氧离子质量。

因为模式在垂直方向上和水平方向上的差分格式不同，所以必须把氧离子连续方程重新在水平和垂直方向上进行分解。最终得到的氧离子数密度的连续性方程如下：

$$\frac{\partial n}{\partial t}-Q+Ln-[(\boldsymbol{b}_{\mathrm{H}}\cdot\nabla_{\mathrm{H}})K\boldsymbol{b}_{\mathrm{r}}]\left[\frac{\partial}{\partial r}(nT_{\mathrm{p}})+\frac{m_{i}gn}{k}\right]-K\boldsymbol{b}_{\mathrm{r}}(\boldsymbol{b}_{\mathrm{H}}\cdot\nabla_{\mathrm{H}})\left[\frac{\partial}{\partial r}(nT_{\mathrm{p}})+\frac{m_{\mathrm{o}}gn}{k}\right]$$
$$-\left(\boldsymbol{b}_{\mathrm{r}}\frac{\partial}{\partial r}+\nabla\cdot\boldsymbol{b}\right)K\boldsymbol{b}_{\mathrm{r}}\left[\frac{\partial}{\partial r}(nT_{\mathrm{p}})+\frac{m_{i}gn}{k}\right]-\left(\boldsymbol{b}_{\mathrm{H}}\cdot\nabla_{\mathrm{H}}+\boldsymbol{b}_{\mathrm{r}}\frac{\partial}{\partial r}+\nabla\cdot\boldsymbol{b}\right)K(\boldsymbol{b}_{\mathrm{H}}\cdot\nabla_{\mathrm{H}})(nT_{\mathrm{p}})$$
$$+\left(\boldsymbol{b}_{\mathrm{H}}\cdot\nabla_{\mathrm{H}}+\boldsymbol{b}_{\mathrm{r}}\frac{\partial}{\partial r}+\nabla\cdot\boldsymbol{b}\right)(\boldsymbol{b}\cdot\boldsymbol{V}n)+|\boldsymbol{B}|^{2}\boldsymbol{u}_{\perp}\cdot\nabla(n/|\boldsymbol{B}|^{2})=0\,,\tag{17}$$

式中，$K=k/(m_{i}\boldsymbol{\upsilon})$，$T_{\mathrm{p}}=T_{\mathrm{e}}+T_{i}$，$\boldsymbol{b}_{\mathrm{H}}$ 和 $\boldsymbol{b}_{\mathrm{r}}$ 分别表示 $\boldsymbol{b}$ 的水平分量和垂直分量。

Schunk 和 Nagy（1978）给出的电子温度方程如下：

$$\frac{3}{2}n_{\mathrm{e}}k\left(\frac{\partial T_{\mathrm{e}}}{\partial t}+u_{r}\frac{\partial T_{\mathrm{e}}}{\partial r}+\frac{u_{\theta}}{r}\frac{\partial T_{\mathrm{e}}}{\partial\theta}+\frac{u_{\varphi}}{r\sin\theta}\frac{\partial T_{\mathrm{e}}}{\partial\varphi}\right)+Nk_{\mathrm{b}}T_{\mathrm{e}}\left[\frac{\partial u_{r}}{\partial r}+\frac{1}{r\sin\theta}\left(\frac{\partial u_{\theta}\sin\theta}{\partial\theta}+\frac{\partial u_{\varphi}}{\partial\varphi}\right)\right]$$
$$=\nabla\cdot(K_{\mathrm{e}}\nabla T)+\nabla\cdot(\beta\boldsymbol{J})+Q_{T_{\mathrm{e}}}-L_{T_{\mathrm{e}}}\tag{18}$$

模式主要处理高度较低的电离层，因此 $\boldsymbol{J}$ 的影响可以忽略。同时模式中假设 n_{e} 和 T_{e} 只沿着垂直方向变化，上式就可以简化为

$$\frac{3}{2}n_{\mathrm{e}}k\frac{\partial T_{\mathrm{e}}}{\partial t}=\sin^{2}I\frac{\partial}{\partial r}\left(K_{\mathrm{e}}\frac{\partial T_{\mathrm{e}}}{\partial r}\right)+Q_{T_{\mathrm{e}}}-L_{T_{\mathrm{e}}}\tag{19}$$

新模式采用类似 TIEGCM 模式的方法进一步简化式。Roble 和 Hastings（1977）对电离层的电子温度和离子温度进行了模拟，发现电离层电子温度和离子温度会很快达到热平衡。在 300 km 高度上电子温度和离子温度需 30s 左右达到热平衡；在 300 ~ 600 km 高度上电子温度和离子温度需要 200 ~ 1000s 达到热平衡。新模式主要模拟 600 km 以下的电离层电子温度和离子温度，因此可以采用稳态假设，上式中的时变项可以忽略。方程最终简化为

$$\sin^{2}I\frac{\partial}{\partial r}\left(K_{\mathrm{e}}\frac{\partial T_{\mathrm{e}}}{\partial r}\right)+Q_{T_{\mathrm{e}}}-L_{T_{\mathrm{e}}}=0\,,\tag{20}$$

式中，K_{e} 是电子导热率，采用 Schunk 和 Nagy（2000）的表达式计算。I 是地磁倾角，$Q_{T\mathrm{e}}$ 和 $L_{T\mathrm{e}}$ 分别表示电子加热率和冷却率。同样的方程也应用于 TIEGCM 模式，并且很好地模拟了电离层电子温度的高度变化，年变化和周日变化（Lei et al., 2007），证明了使用该方程模拟电离层电子温度的可行性。模式也采用和 TIEGCM 模式相同的办法，直接利用离子与电子和中性成分之间的局地热平衡来计算离子温度。电离层模块的边界处理和热层模块不同。对于电离层密度和温度的上边界，模式直接由经验模型给定通量。对于下边界，电离层密度采用化学平衡假设，电子温度和离子温度都直接等于中性温度，由经验模型给出。

图 10 和图 11 以氧原子 O 和臭氧分子 O_3 为代表，给出了临近空间高度范围内的全球平均含量随高度的变化，这些变化和已有的观测和模式结果有较好的一致性，表明了目前模式结果的可信性。目前模式还在进一步调试优化中。

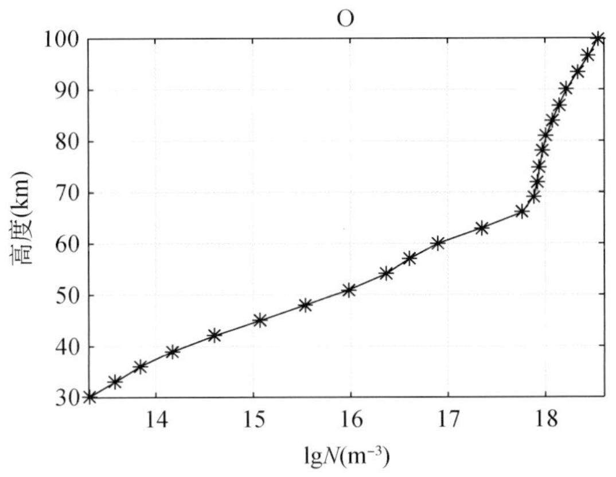

图 10　全球平均 O 数密度高度剖面

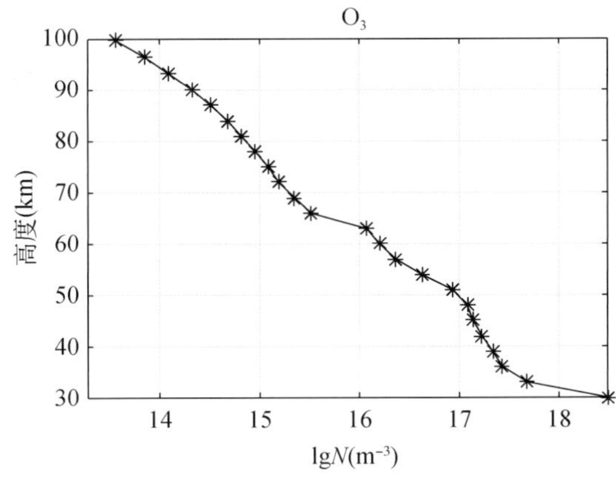

图 11　全球平均 O_3 数密度高度剖面

3　行星高层大气-电离层建模研究

高层大气理论模式在高层大气（包括电离层）研究中起到了重要作用，不仅帮助我们进一步认识了高层大气的时空变化和物理过程，而且在缺少观测的情况下在高层大气参数估计和参数反演中起到了重要作用。后一点不仅在地球的高层大气（包括电离层）研究中起到了重要作用，更在其他行星的高层大气研究中发挥了不可替代的作用。

自从 20 世纪 60 年代人类开始星际航行以来，人类对于太阳系其他行星的高层大气（含电离层）进行了大量观测，取得了丰硕的研究成果。然而，总体而言我们对于其他行星高层大气的观测仍然处于相对稀缺状态，对其他行星高层大气的认识仍然有很多缺陷，其他行星高层大气理论建模也更有挑战性，相应理论模式也需要使用更多的参数化过程。因而，与开发地球模式时类似，学界开发了一系列能够模拟全球平均场并测试相应参数化过程的行星的一维高层大气理论模式。总体而言，这些高层大气一维模型可以分为两类：

不考虑垂直输运过程的主要基于光化学平衡假设的高层大气模型、考虑了不同成分垂直输运过程的高层大气模型。光化学平衡模型没有考虑不同高度之间的耦合，只考虑了各种化学过程，在早期的行星高层大气和电离层研究中应用比较多，主要与其他行星的高层大气掩星观测数据相配合，在缺乏探测的情况下分析行星高层大气密度和化学成分的高度变化（如 McElroy，1967，1968，1969；Stewart，1968，1971）。由于缺少化学成分的输运过程，光化学平衡模型不能模拟绝大部分中性化学成分和长寿命离子的时间变化规律，在使用上受到了很多限制。因此，光化学平衡模型逐步被考虑了不同成分垂直输运过程的高层大气模型所代替（如 Fox，2001，2004，2006；Bell，2008，2010a，2010b，2011，2014）。近年来开发的其他星球一维高层大气模型都尽可能包括了与相应的更高维的模型类似的物理化学过程，在更高维模型的开发中扮演了探路者的角色，并在后续的行星高层大气物理研究和更高维行星大气模型改进中一直起着重要作用（如 Bell，2008，2010a，2010b，2011，2014）。

由于对其他行星高层大气的认识的相对匮乏，对于其他行星更高维高层大气理论建模通常需要借鉴地球高层大气理论建模的成果，如地球相应模型的结构框架、基本的物理假设等。因而，虽然大气化学成分等差异，导致其他行星高层大气理论模式与地球模式间有很大差异，但是目前国际上比较认可的行星高层大气理论模式大部分是以目前主流的地球高层大气理论模式为开发基础，某种意义上可以认为是这些模型在其他行星的衍生版本。表 2 总结了国际上比较认可的行星高层大气理论模式，可见其中的大部分都有相应的地球高层大气模型作为开发基础。由于以地球的模式作为开发基础，起点较高，所以行星高层大气理论模式的开发大都直接跳过了地球高层大气理论模式的二维开发阶段，直接开发三维模式。

表 2　目前主流的行星高层大气理论模式

模式名称	对应星球	是否有一维模式	对应的地球模式	开发国家
VTGCM	金星	是	TIEGCM	美国
MTGCM	火星	是	TIEGCM	美国
MGITM	火星	是	GITM	美国
JTGCM	木星	否	TIEGCM	美国
JIM	木星	否	CTIM	英国
STIM	土星	否	无	美国-英国
TTIM	土卫六	否	无	美国-英国
TGITM	土卫六	是	GITM	美国

虽然经过学界几十年来的努力，国际上在行星高层大气理论建模方面取得了长足的进步，并在行星高层大气研究及相关的行星空间环境和行星大气研究中做出了巨大的贡献（参见 Bougher et al.，2008）。然而，由于目前对于行星高层大气的认识仍然普遍不足，相对于地球高层大气理论模式而言，行星高层大气理论模式普遍存在物理过程相对简单、对真实行星大气再现能力差、模拟过程自洽性不足依赖经验模型或观测数据输入的情况。图 12 给出了火星高层大气理论模式的框架，相对于图 2 给出的作为该模式基础的 GCITEM

模式的框架明显更为简单，可见其在模式内部自洽性、包含物理过程的完备性等方面有着显著的不足，因而行星高层大气理论建模研究仍然有很长的路要走，是值得国内科研界大力推进的行星科学研究方向。

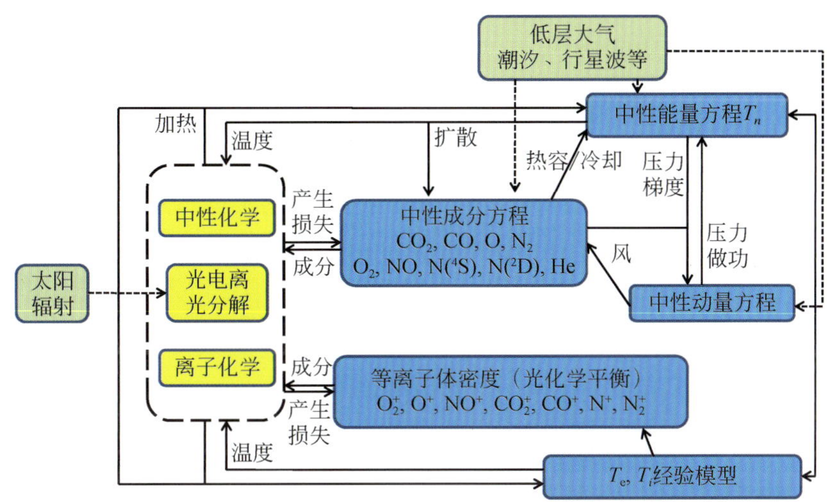

图 12　火星高层大气理论模式框架

为支撑国内的行星电离层高层大气研究。万卫星领导课题组选择火星为突破口，在已有的地球电离层-高层大气耦合模式 GCITEM-IGGCAS 基础上，新开发了一个火星高层大气-电离层耦合模式 MITM（Mars Ionosphere-Thermosphere Model）。采用了高度坐标系，纬度-经度分辨率为5°×7.5°，在垂直方向上把 70～300 km 的火星高层大气均匀分为 35 个等压面，模拟火星高层大气的 6 种主要中性化学成分（CO_2、CO、O 和 N_2）的数密度、6 种次要中性化学成分［Ar、He、O_2、NO、N（^{4}S）和 N（^{2}D）］的数密度、日侧主要离子（CO_2^+、CO^+、O_2^+、O^+、N_2^+和 NO^+）的数密度、中性温度和中性风的三维时空分布。图 12 就是 MITM 模式的框架，模式的基本方程如下：

能量方程如下式：

$$\rho c_v\left(\frac{\partial T}{\partial t}+V_r\frac{\partial T}{\partial r}+\frac{V_\theta}{r}\frac{\partial T}{\partial \theta}+\frac{V_\varphi}{r\sin\theta}\frac{\partial T}{\partial \varphi}\right)+P\left[\frac{\partial V_r}{\partial r}+\frac{1}{r\sin\theta}\left(\frac{\partial V_\theta \sin\theta}{\partial \theta}+\frac{\partial V_\varphi}{\partial \varphi}\right)\right]$$
$$=\frac{\partial}{\partial r}\left[(\lambda+\rho c_p K_E)\frac{\partial T}{\partial r}+\rho g K_E\right]+Q_T-L_T, \tag{21}$$

动量方程如下式：

$$\frac{\partial V_\theta}{\partial t}+V_r\frac{\partial V_\theta}{\partial r}+\frac{V_\theta}{r}\frac{\partial V_\theta}{\partial \theta}+\frac{V_\varphi}{r\sin\theta}\frac{\partial V_\theta}{\partial \varphi}-fV_\varphi-\frac{\mathrm{ctg}\theta}{r}V_\varphi^2=-\frac{1}{\rho r}\frac{\partial P}{\partial \theta}+\frac{1}{\rho}\frac{\partial}{\partial r}\left(\eta\frac{\partial V_\theta}{\partial r}\right)$$
$$\frac{\partial V_\varphi}{\partial t}+V_r\frac{\partial V_\varphi}{\partial r}+\frac{V_\theta}{r}\frac{\partial V_\varphi}{\partial \theta}+\frac{V_\varphi}{r\sin\theta}\frac{\partial V_\varphi}{\partial \varphi}+fV_\theta+\frac{\mathrm{ctg}\theta}{r}V_\theta V_\varphi=-\frac{1}{\rho r\sin\theta}\frac{\partial P}{\partial \varphi}+\frac{1}{\rho}\frac{\partial}{\partial r}\left(\eta\frac{\partial V_\varphi}{\partial r}\right)$$
$$\tag{22}$$

成分方程如下式：

$$\frac{\partial \varepsilon_i}{\partial t} + \left[V_r \frac{\partial \varepsilon_i}{\partial r} + \frac{V_\theta}{r} \frac{\partial \varepsilon_i}{\partial \theta} + \frac{V_\varphi}{r\sin\theta} \frac{\partial \varepsilon_i}{\partial \varphi} \right] + \frac{\partial}{\partial r}(\phi_{iM} + \phi_{iE})/\rho = (Q_i - L_i\varepsilon_i)/\rho \tag{23}$$

因为不同的中性成分间性质的差异，导致它们的分子扩散通量表达式不同。对于 4 种主要中性成分（CO_2、CO、O 和 N_2），模式只考虑它们相互间的影响，而没有考虑次要中性成分对它们的影响，计算表达式为

$$\phi_{iM} = \boldsymbol{\alpha}^{-1}\boldsymbol{L\varepsilon} \tag{24}$$

式中，$\boldsymbol{L}$、$\boldsymbol{\varepsilon}$ 和 $\boldsymbol{\alpha}$ 都是矩阵。

$$L_{ij} = \delta_{ij}\left[\frac{\partial}{\partial r} - \left(\frac{1}{H} - \frac{1}{H_i} - \frac{1}{\overline{m}}\frac{\partial \overline{m}}{\partial r}\right)\right] \tag{25a}$$

$$\alpha_{ij} = \begin{cases} -\left[1/m_4 D_{i4} + \sum\limits_{k\neq i}^{3} \varepsilon_k (1/m_k D_{ik} - 1/m_4 D_{i4})\right]/n & i = j \\ \varepsilon_i (1/m_j D_{ij} - 1/m_4 D_{i4})/n & i \neq j \end{cases} \tag{25b}$$

$$\boldsymbol{\varepsilon} = [\varepsilon_1, \varepsilon_2, \varepsilon_3]^{\mathrm{T}} (\varepsilon_4 = 1 - \varepsilon_1 - \varepsilon_2 - \varepsilon_3) \tag{25c}$$

$$D_{ij} = d_{ij}\,(T/T_0)^{1.75}(P_0/P) \tag{25d}$$

对于 O_2、NO 和 N（^4S）3 种次要成分，模式只考虑主成分对它们的影响，而没有考虑它们相互间的影响。火星电离层离子（CO_2^+、O_2^+、O^+、NO^+、N_2^+和 N^+ 6 种）的数密度与部分次要中性化学成分［如 N（^2D）］的数密度主要受化学产生率和损失率控制，动力学输运对其数密度的影响几乎可以忽略，因此将基于光化学平衡假设对电离层离子和部分次要成分的数密度求解。电离层电子数密度等于离子数密度的和。对于中性大气总数密度，模式直接基于垂直方向的静力平衡假设计算得到。模式的边界条件对于模式的稳定性和结果的准确性有很大影响。模式下边界直接由经验模型给定。对于模式的上边界，对中性数密度采用扩散平衡假设。

模式对火星热层共考虑 8 种中性化学成分 CO_2、CO、O、N_2、O_2、NO、N（^4S）和 N（^2D），其中前 4 种为主要的中性化学成分，后 4 种为次要化学成分。对火星电离层，考虑 8 种化学成分：CO^+、CO_2^+、O_2^+、O^+、NO^+、N_2^+、N^+和电子。模式考虑各种中性成分的光电离和光分解过程，并考虑 44 个化学反应方程，从而构建较为完善的、氧循环和氮循环框架。模式考虑的加热机制主要有太阳 EUV 辐射加热、太阳 UV 辐射加热和 CO_2的 IR 辐射红外加热，考虑的冷却机制主要为非局地热平衡的 CO_2红外辐射冷却。模式使用的热导率等参数将主要来源于已有的理论推导结果。

电离层/热层大气呈现出明显的高度分层结构，电离层/热层模式对全球电离层/热层平均结构（高度变化）模拟的好坏是衡量模式有效性的一个重要指标。我们利用 MITM 模式模拟了火星电离层/热层平均结构，图 13 给出了秋分时高太阳活动条件下各种电离层/热层参数的全球平均结构。图 13a 给出了计算出的中性温度，单位都为 K。模拟给出的全球平均中性温度的最大值约为 260 K，出现在逃逸层高度。模拟给出的全球平均中性温度的最小值为 120 K，出现在 110 km 高度以下。这个模拟结果与前人的模拟和观测都较为符合。图 13b 给出了计算出的热层主要中性成分 CO_2、CO、O 和 N_2数密度剖面。由图可见，各种成分的数密度都随着高度上升而下降，且轻成分的数密度下降较慢。O 的数密度都在

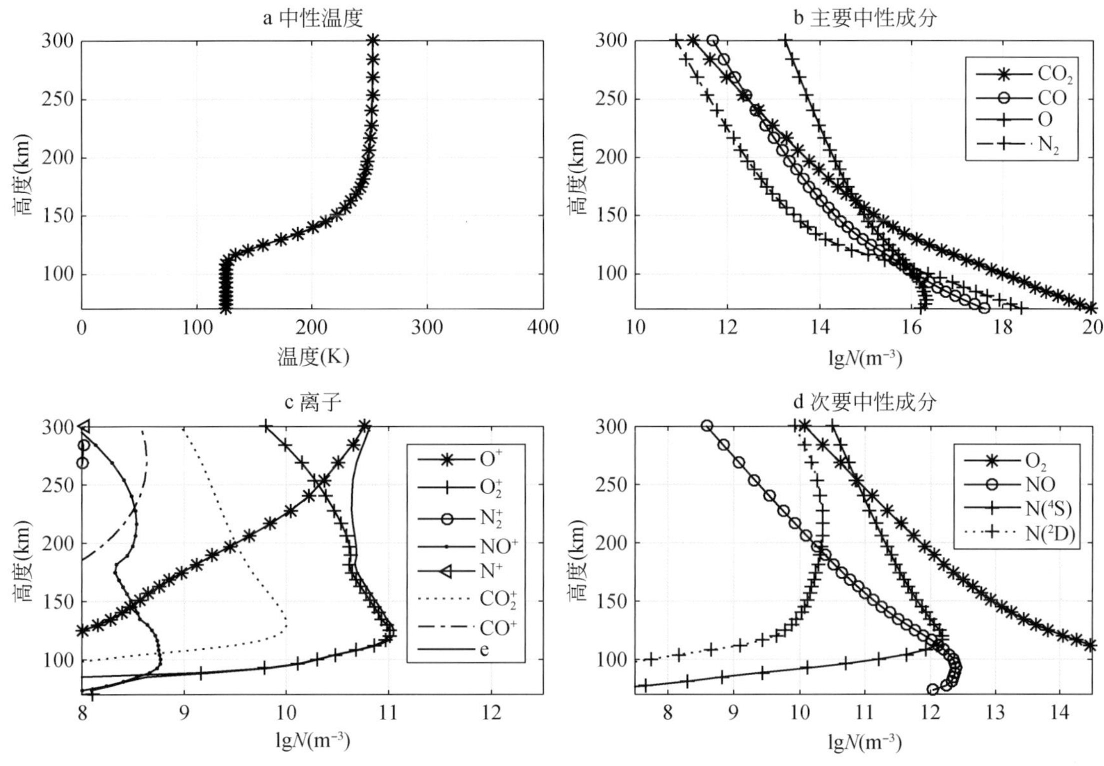

图 13　火星秋分时电离层/热层参数的全球平均剖面

a 给出了计算出的中性温度；b 给出了计算出的 CO_2、CO、O 和 N_2 数密度剖面；c 给出了计算出的电子、O^+、O_2^+、NO^+、N^+、N_2^+、CO_2^+ 和 CO^+ 的数密度剖面；d 给出了计算出的 O_2、NO、N（^4S）和 N（^2D）数密度剖面

85 km 附近达到极大值，且在 180 km 以上成为主要的中性化学成分。图 13c 给出了模拟得到的电离层主要成分电子、O^+、O_2^+、NO^+、N^+和 N_2^+、CO_2^+和 CO^+的数密度剖面。模拟给出的电子数密度在 130 km 高度上达到了约 $1.0\times10^{11}\,m^{-3}$的最大值。分子离子 O_2^+是 250 km 以下电离层的主要成分，O^+是 250 km 以上电离层的主要成分，而 NO^+、N^+、N_2^+、CO_2^+和 CO^+在整个电离层都是次要成分。由于 MITM 模式在处理电离层时使用了光化学平衡假设，而忽视了在较大高度上较为重要动力学效应，导致对大高度的模拟存在一定问题。图 13d 给出了模拟给出的热层次要中性成分 O_2、NO、N（^4S）和 N_2的全球平均数密度剖面。可见，O_2在绝大部分高度是最为重要的次要化学成分。基于光化学平衡假设计算出的 N（^2D）数密度较低，其剖面在 220 km 高度达到最大值。模拟给出的 N（^4S）数密度在 120 km 高度上达到最大值，而模拟给出的 NO 数密度在 90 km 高度附近达到最大值。

图 14 给出了 MITM 模拟得到的秋分 00：00 UT 时 206 km 高度处中性温度（单位为 K）和水平中性风场随经度（地方时）和纬度的分布。图中的箭头表示模拟得到的中性风的强度和方向。MITM 的模拟的中性温度在夜间由赤道向极区增加，而在白天由赤道向极区减少。它们的最大温度都出现在下午扇区的赤道附近，而在日出前的赤道附近出现最小值。高热层高度的中性风场主要由太阳加热驱动，因此模拟得到的热层中性风主要从日间的高

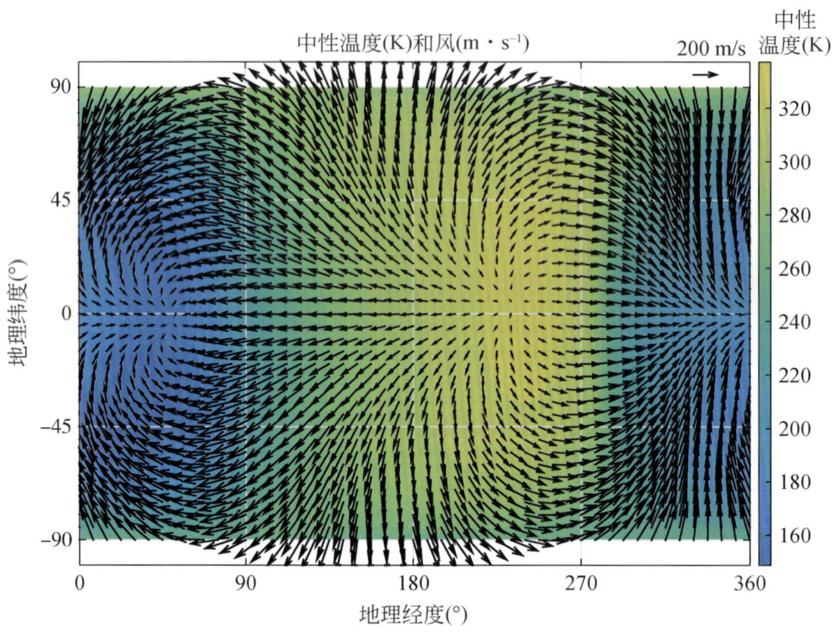

图 14　秋分 00：00 UT 时 206 km 处中性温度和中性风场随经度（地方时）和纬度的分布

图中的箭头表示中性风的强度和方向

压区流向夜间的低压区。还要注意到模拟得到的秋分时的中性温度场和中性风场关于地理赤道近似对称。与已有的模拟和观测结果相比，MITM 较好地模拟了热层中性温度和水平中性风场分布。

图 15 给出了 MITM 模拟得到的秋分 00：00 UT 时 175 km 处 O 和 CO_2的数密度之比随经度（地方时）和纬度的分布。对比图 14 可见，与地球类似，O 和 CO_2的数密度之比也受到中性大气温度的显著控制。在白天，由于太阳加热的影响，O 和 CO_2的数密度之比由极区向赤道减少，且在 1630 LT 的赤道附近出现最小值。在夜间，可能由于动力学因素的控制，中性大气温度对数密度比的影响削弱，O 和 CO_2的数密度之比在南北半球的 40°的 0430LT 附近达到最小值，然后向周围递减。

图 16 中给出了 MITM 模拟得到的秋分 00：00UT 时 125 km 处的电子密度随经度（地方时）和纬度的分布。可见电子数密度主要关于地理赤道对称。这个高度上的电子数密度主要受光化学平衡的控制，因此该高度的电子密度变化很规则，有着极为明显的日变化，一般都在中午达到最大，而全球的最大值出现在日下点附近。

图 17 给出了 MITM 模拟得到的夏至 00：00 UT 时 206 km 高度处中性温度（单位为 K）和水平中性风场随经度（地方时）和纬度的分布。图中的箭头表示模拟得到的中性风的强度和方向。MITM 的模拟的夏至中性温度与秋分的结果表现出明显差异，夏至的中性温度分布明显受到了太阳天顶角的影响。夏至的最大温度都出现在夏季半球（北半球）的白天，而最小值都出现在夜间冬季半球（南半球）的高纬。高热层高度的中性风场主要由太阳加热驱动，因此模拟得到的热层中性风主要从日间的高压区流向夜间的低压区。还要注意到模拟得到的秋分时的中性温度场和中性风场关于地理赤道近似对称。与已有的模拟和

观测结果相比，MITM 较好地模拟了热层中性温度和水平中性风场分布。

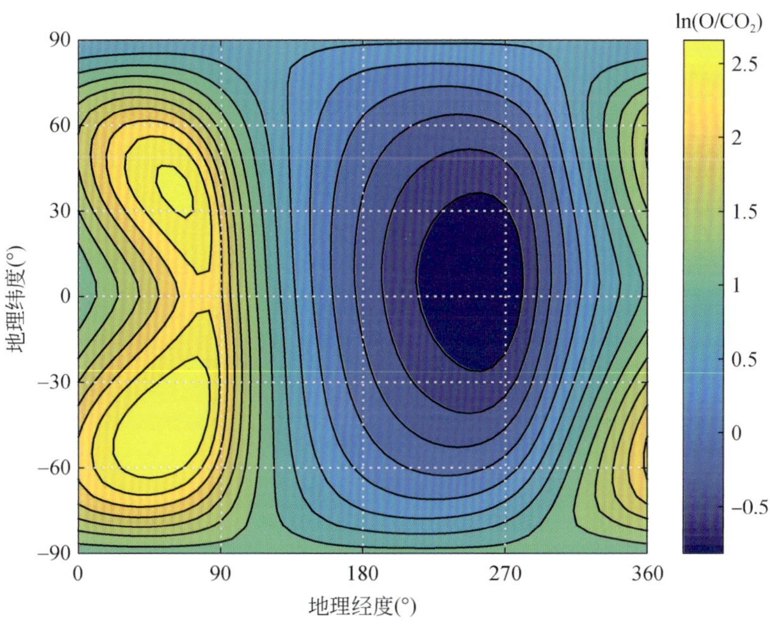

图 15　秋分 00：00 UT 时 125 km 处 O 和 CO_2 的数密度之比随经度（地方时）和纬度的分布

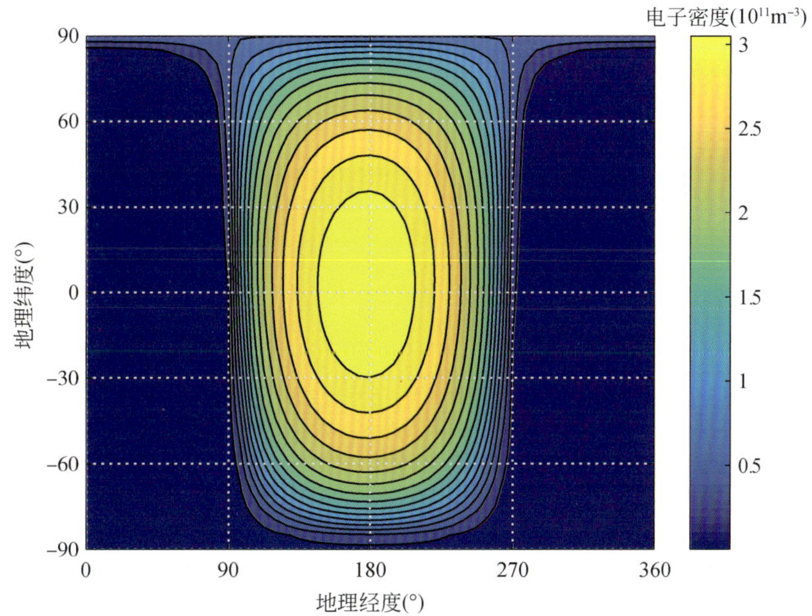

图 16　秋分 00：00 UT 时 125 km 处电子密度随经度（地方时）和纬度的分布

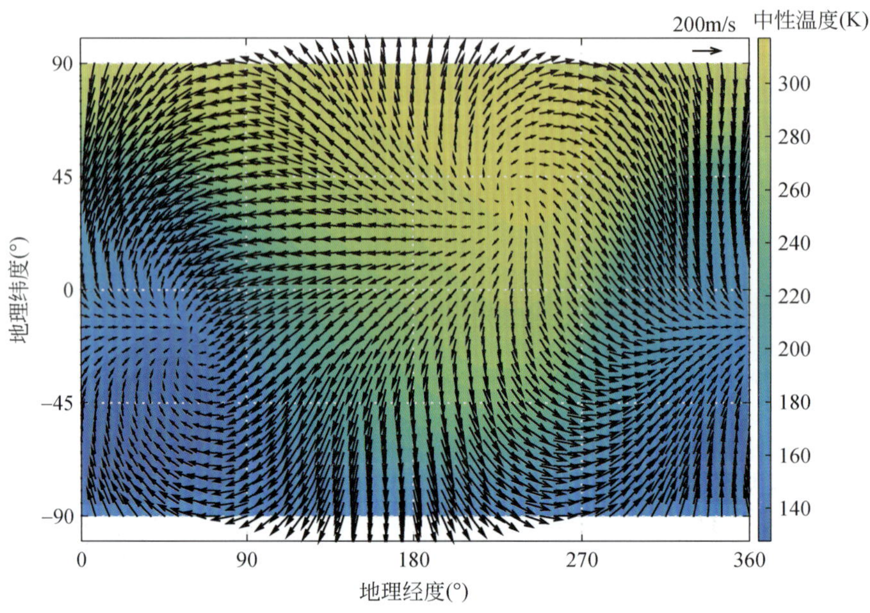

图 17　夏至 00：00 UT 时 206 km 处中性温度和中性风场随经度（地方时）和纬度的分布
图中的箭头表示中性风的强度和方向

图 18 给出了 MITM 模拟得到的夏至 00：00 UT 时 175 km 处 O 和 CO_2 的数密度之比随经度（地方时）和纬度的分布。对比图 17 可见，与地球类似，O 和 CO_2 的数密度之比也受到中性大气温度的显著控制。O 和 CO_2 的数密度之比的最小值都出现在夏季半球（北半球）的白天，而最大值都出现在夜间冬季半球（南半球）的高纬，以最大值和最小值位置为中心数值向周围递变。

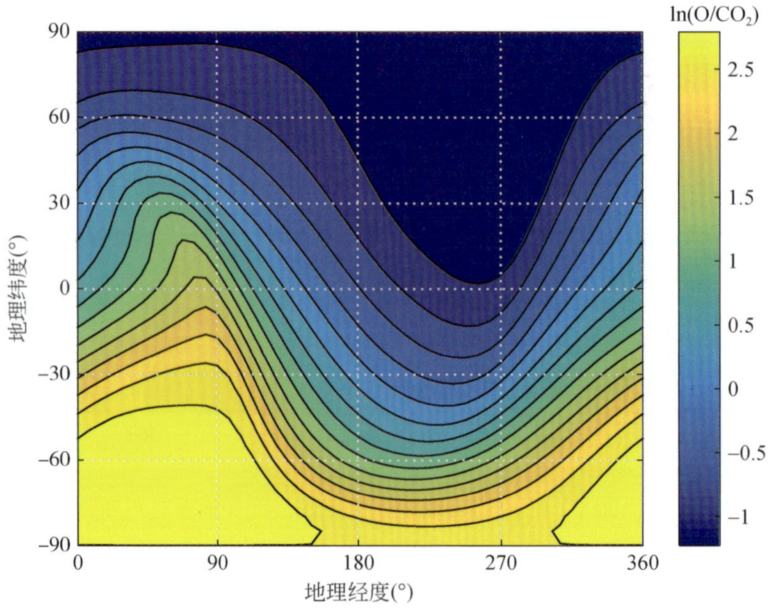

图 18　夏至 00：00 UT 时 175km 处 O 和 CO_2 的数密度之比随经度（地方时）和纬度的分布

图 19 中给出了 MITM 模拟得到的夏至 00：00 UT 时 125 km 处的电子密度随经度（地方时）和纬度的分布。可见，电子数密度不关于地理赤道对称。这个高度上的电子数密度主要受光化学平衡的控制，因此该高度的电子数密度变化很规则，有着极为明显的日变化，一般都在中午达到最大，而全球的最大值出现在日下点附近（位于夏季半球）。夏季半球（北半球）的电子数密度明显高于冬季半球（南半球）。

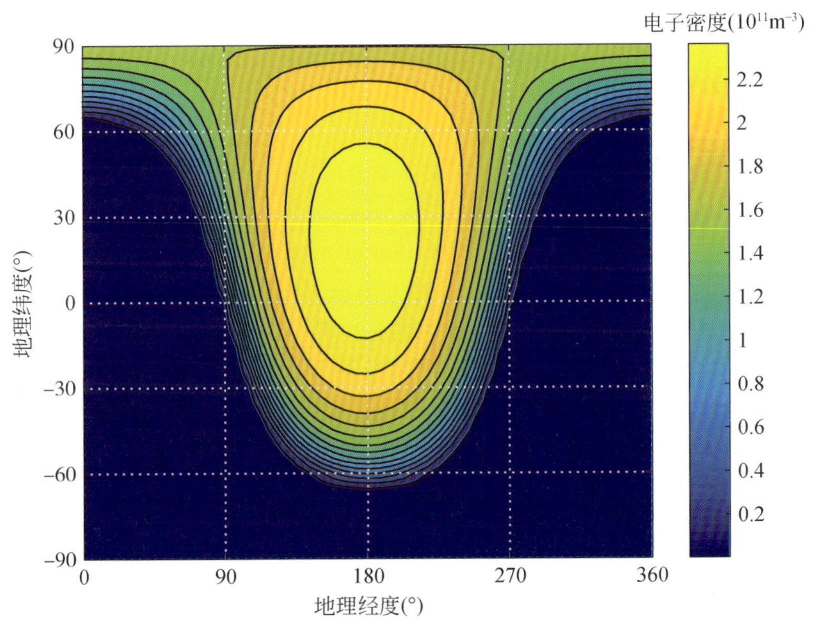

图 19　夏至 00：00 UT 时 125 km 处电子密度随经度（地方时）和纬度的分布

综合以上结果，可见 MITM 较为合理地模拟再现了不同季节火星电离层和热层主要参数的分布，表明了该模式的有效性，可以用于后续的行星高层大气研究工作。

4　小结

地球和行星的高层大气作为大气圈与空间环境的过渡区，是大气科学和空间科学的交叉研究领域。高层大气理论模式及其数值模拟可以突破实验观测的限制，又能够比理论分析更为全面细致地重现高层大气的各种物理和化学过程，在高层大气的研究中表现出独特的优势，也一直是国际高层大气研究热点之一。虽然地球高层大气和其他行星高层大气存在差异，但它们之间有着密切的联系，因此大多数的行星高层大气理论模式都是以地球高层大气理论模式为基础开发的。万卫星领导课题组在电离层-高层大气理论模式领域进行了持续的探索，于 20 世纪末至 21 世纪初先后开发了系列的地球电离层和高层大气理论模式，近十年课题组除继续开发地球电离层和中高层大气理论模式，还在此基础上更进一步的开发了行星电离层和高层大气理论模式，取得了系列的研究成果。

参考文献

乐新安，万卫星，刘立波，乐会军，陈一定，余涛. 2007. 中低纬电离层理论模式的构建和一个观测系统数据同化试验. 科学通报，52（18）：2180-2186.

雷久侯，刘立波，万卫星，栾晓莉. 2003. 热层风场的理论模拟与分析，地球物理学报，46（6）：736-742.

刘立波，万卫星，保宗悌. 1999a. 地磁坐标下的中低纬电离层模式化研究. 电波科学学报，增刊：91-94.

刘立波，万卫星，涂剑南，保宗悌，叶公节. 1999b. 一次日食电离层效应模拟研究，地球物理学报，42（3）：296-303.

王劲松，肖佐. 1999. 子午面内时变电离层模型及其边界条件，地球物理学报，42（1）：18-29.

Bell J M. 2008. The dynamics of the upper atmospheres of Mars and Titan. PHD Thesis，University of Michigan.

Bell J M，Waite Jr J H，Westlake J H，et al. 2014. Developing a self-consistent description of Titan's upper atmosphere without hydrodynamic escape. J Geophys Res Space Physics，119：4957-4972.

Bell J M，Bougher S W，Waite Jr J H，et al. 2010a. Simulating the one-dimensional structure of Titan's upper atmosphere：1. Formulation of the Titan Global Ionosphere-Thermosphere Model and benchmark simulations. J Geophys Res，115：E12002.

Bell J M，Bougher S W，Waite Jr J H，et al. 2010b. Simulating the one-dimensional structure of Titan's upper atmosphere：2. Alternative scenarios for methane escape，J Geophys Res，115：E12018.

Bell J M，Bougher S W，Waite Jr J H，et al. 2011. Simulating the one-dimensional structure of Titan's upper atmosphere：3. Mechanisms determining methane escape. J Geophys Res，116：E11002.

Bilitza D. 2001. International reference ionosphere 2000. Radio Sci，36（2）：261-272.

Bougher S W，Blelly P，Combi M，et al. 2008. Neutral Upper Atmosphere and Ionosphere Modeling. Space Sci Rew，139：107-141.

Brasseur G，Solomon S. 2005. Aeronomy of the Middle Atmosphere，3rd ed. New York：Springer.

Dang T. Lei J，Wang W，et al. 2018. Suppression of the polar tongue of ionization during the 21 August 2017solar eclipse. Geophys Res Lett，45：2918-2925.

Dickinson R E，Ridley E C，Roble R G. 1981. A three-dimensional time-dependent general circulation model of the thermosphere. J Geophys Res，86（A3）：1499-1512.

Dickinson R E，Ridley E C，Roble R G. 1984. Thermospheric general circulation with coupled dynamics and composition. J Atmos Sci，41（2）：205-219.

Fomichev V I，Shved G M. 1985. Parameterization of the radiative flux divergence in the 9. 6-μm O3 band，J Atmos Terr Phys，47（11）：1037-1049.

Fomichev V I，Blanchet J-P，Turner D S. 1998. Matrix parameterisation of the 15μm band cooling in the middle and upper atmosphere for variable CO_2 concentration，J Geophys Res，103（D10）：11505-11528.

Fox J L. 2004. Response of the Martian thermosphere/ionosphere to enhanced fluxes of solar soft X rays. J Geophys Res，109：A11310.

Fox J L，Sung K Y. 2001. Solar activity variations of the Venus thermosphere/ionosphere. J Geophys Res，106（A10）：21305-21336.

Fox J L，Yeager K E. 2006. Morphology of the near-terminator Martian ionosphere：A comparison of models and data. J Geophys Res，111，doi：10. 1029/2006JA011697.

Fuller-Rowell T J，Rees D. 1980. A three-dimensional，time-dependent，global model of the thermosphere. J

Atmos Sci, 37 (11): 2545-2567.

Hedin A E. 1991. Extension of the MSIS thermosphere model into the middle and lower atmosphere. J Geophys Res, 96 (A2): 1159-1172.

Hedin A E, Fleming E L, Manson A H, Schmidlin F J, Avery S K, Clark R R, Franke S J, Fraser G J, Tsuda T, Vial F, Vincent R A. 1996. Empirical wind model for the upper, middle and lower atmosphere. Journal of Atmospheric and Solar-Terrestrial Physics, 58 (13): 1421-1447.

Huba J D, Joyce G, Fedder J A. 2000. Sami2 is another model of the ionosphere (SAMI2): A new low latitude ionospheric model. Journal of Geophysical Research, 105 (A10): 23035-23053.

Kohl H, King J W. 1967. Atmospheric winds between 100 and 700 km and their effects on the ionosphere. J Atmos Terr Phys, 29 (9): 1045-1062.

Le H, Liu L, Chen B, Lei J, Yue X, Wan W. 2007. Modeling the responses of the middle latitude ionosphere to solar flares, Journal of Atmospheric and Solar-Terrestrial Physics, 69 (13): 1587-1598.

Lei J, Liu L, Wan W, Zhang S-R. 2004a. Model results for the ionospheric lower transition height over mid-latitude. Ann Geophys, 22 (6): 2037-2045.

Lei J, Liu L, Wan W, Zhang S-R. 2004b. Modeling investigation of ionospheric storm effects over Millstone Hill during August 4-5, 1992. Earth Planets Space, 56: 903-908.

Lei J, Liu L, Wan W, Zhang S-R. 2004c. Modeling the behavior of ionosphere above Millstone Hill during the September 21-27, 1998 storm. J Atmos Solar Terr Phys, 66 (12): 1093-1103.

Lei J, Roble R G, Wang W, Emery B A, Zhang S-R. 2007. Electron temperature climatology at Millstone Hill and Arecibo. J Geophys Res, 112: A02302.

Lei J, Thayer J P, Wang W, et al. 2012. Simulations of the equatorial thermosphere anomaly: Field-aligned ion drag effect. J Geophys Res, 117: A01304.

Liu H, Luhr H, Watanabe S. 2007. Climatology of the equatorial thermospheric mass density anomaly, J Geophys Res, 112: A05305.

Maruyama N, Watanabe S, Fuller-Rowell T J. 2003. Dynamic and energetic coupling in the equatorial ionosphere and thermosphere. J Geophys Res, 108 (A11): 1396.

McElroy M B. 1967. The Upper Atmosphere of Mars. Astrophys J, 150: 1125-1138.

McElroy M B. 1968. The upper atmosphere of Venus. J Geophys Res, 73: 1513-1521.

McElroy M B. 1969. Structure of the Venus and Mars atmospheres. J Geophys Res, 74: 29-42.

Millward G H, Richmond AD, Fuller-Rowell T J, Aylward A D. 2007. Modeling the effect of changes in the terrestrial magnetic field on the climatology of the mid-and low-latitude ionosphere. Eos Transactions, American Geophysical Union, 88 (52), doi: 10. 1109/IEMDC. 2007. 383547.

Millward G H. 1993. A global model of the earth's thermosphere, ionosphere and plasmasphere: theoretical studies of the response to enhanced high-latitude convection. Dissertation for the Doctoral Degree. University of Sheffield.

Osepian A, Tereschenko V, Dalin P, Kirkwood S. 2008. The role of atomic oxygen concentration in the ionization balance of the lower ionosphere during solar proton events. Ann Geophys, 26: 131-143.

Pavlov A V. 2006. The role of the zonal E×B plasma drift in the low-latitude ionosphere at high solar activity near equinox from a new three-dimensional theoretical model. Annales Geophysicae, 24: 2553-2572.

Quegan S, Bailey G J, Moffett R J. 1981. Diffusion coefficients for three major ions in the topside ionosphere. Planetary and Space Science, 29 (8): 851-867.

Ren Z, Wan W, Liu L, Zhao B, Wei Y, Yue X, Heelis R A. 2008a. Longitudinal variations of electron temperature and total ion density in the sunset equatorial topside ionosphere. Geophysical Research Letters,

35: L05108.

Ren Z, Wan W, Wei Y, Liu L, L. Liu, Yu T. 2008b. A theoretical model for mid-and low-latitude ionospheric electric fields in realistic geomagnetic fields, Chin Sci Bull, 53 (12): 3883-3890.

Ren Z, Wan W, Liu L, Heelis R A, Zhao B, Wei Y, Yue X. 2009a. Influences of geomagnetic fields on longitudinal variations of vertical plasma drifts in the presunset equatorial topside ionosphere. Journal of Geophysical Research, 114: A03305.

Ren Z, Wan W, Liu L. 2009b. GCITEM- IGGCAS: A new global coupled ionosphere- thermosphere-electrodynamics model. J Atmos Sol Terr Phys, 71 (17&18): 2064-2076.

Richards P G, Fennelly J A, Torr D G. 1994. EUVAC: A solar EUV flux model for aeronomic calculations. Journal of Geophysical Research, 99 (A5): 8981-8992.

Richmond A D. 1995. Ionospheric electrodynamics using magnetic apex coordinates. Journal of Geomagnetism and Geoelectricity, 47: 191-212.

Richmond A D, Kamide Y. 1988. Mapping electrodynamic features of the high-latitude ionosphere from localized observations: Technique. J Geophys Res, 93 (A6): 5741-5759.

Richmond A D, Blanc M, Emery B A, Wand R H, Fejer B G, Ganguly R F W S, Amayenc P, Behnke R A, Calderon C, Evans J V. 1980. An empirical model of quiet-day ionospheric electric fields at middle and low latitudes. Journal of Geophysical Research, 85: 4658-4664.

Ridley A J, Deng Y, Toth G. 2006. The global ionosphere-thermosphere model. Journal of Atmospheric and Solar-Terrestrial Physics 68 (8): 839-864.

Roble R G. 1995. Energetics of the mesosphere and thermosphere. In: Johnson R M, Killeen T L (eds) . The Upper Mesosphere and Lower Thermosphere: A Review of Experiment and Theory, Geophys Monogr Ser, vol 87, doi: 10. 1029/GM087p0001.

Roble R G, Hastings J T. 1977. Thermal response properties of the Earth's ionospheric plasma, Planet. Space Sci, 25 (3): 217-231.

Roble R G, Ridley E C, Dickinson R E. 1987. On the global mean structure of the thermosphere. J Geophys Res, 92 (A8): 8745-8758.

Schunk R W, Nagy A F. 1978. Electron temperatures in the F region of the ionosphere: Theory and observations. Reviews of Geophysics and Space Physics, 16 (3): 355-399.

Schunk R W, Nagy A F. 1980. Ionospheres of the Terrestrial Planets. Rev Geophys Space Phys, 18: 813-852.

Schunk R W, Nagy A F. 2000. Ionospheres. London: Cambridge Press.

Stewart R W. 1968. Interpretation of Mariner 5 and Venera 4 Data on the Upper Atmosphere of Venus. J Atmos Sci, 25: 578-582.

Stewart R W. 1971. The Electron Distributions in the Mars and Venus Upper Atmospheres. J Atmos Sci, 28: 1069-1073.

Strobel D F, Young T R, Meier R R, Coffey T P, Ali A W. 1974. The nighttime ionosphere: E-region and lower F-region. Journal of Geophysical Research, 79: 3171-3178.

Titheridge J E. 1996. Direct allowance for the effect of photoelectrons in ionospheric modeling. Journal of Geophysical Research, 101 (A1): 357-370.

Titheridge J E. 1997. Model results for the ionospheric E region: solar and seasonal changes. Ann Geophys, 15: 63-78.

Van zandt T E, Clark W L, Warnock J M. 1972. Magnetic apex coordinates: a magnetic coordinate system for the ionospheric F2 layer. Journal of Geophysical Research, 77: 2406-2411.

Visconti G. 1977. Hydrogen escape in the terrestrial atmosphere at low oxygen levels: a photochemical model, J. Atmo. Sci, 83 (34): 193-204.

Yiğit E, Aylward A D, Medvedev A S. 2008. Parameterization of the effects of vertically propagating gravity waves for thermosphere general circulation models: Sensitivity study. J Geophys Res, 113: D19106.

Yu T, Wan W, Liu L, Li X, Luan X, Tang W. 2006. A simulation study on the semiannual variation of the ionospheric F2 layer zonal electric fields at the magnetic equator, J Geophys Res, 111: A09310.

Yue X, Wan W, Liu L, et al. 2008. Development of a middle and low latitude theoretical ionospheric model and an observation system data assimilation experiment. Chin Sci Bull, 53 (1): 94-101.

Yue X, Wang W, Lei J, et al. 2016. Long-lasting negative ionospheric storm effects in low and middle latitudes during the recovery phase of the 17 March 2013 geomagnetic storm. J Geophys Res Space Physics, 121: 9234-9249.

巨行星空间物理研究进展

尧中华，袁憧憬，郭瑞龙，潘东晓

中国科学院地质与地球物理研究所，北京　100029

摘　要

巨行星空间环境中，由于其卫星地质活动丰富，空间物质分布复杂，粒子在高速旋转的行星磁场作用下被加速到高能量，充斥在巨大的行星磁层空间中。巨行星磁层空间中的高能带电粒子在太阳风和行星旋转的共同作用下产生持续的空间电磁扰动，并不时发生爆发性的能量释放。与地球类似，巨行星的内磁层区域也能约束高能量的带电粒子，从而形成行星辐射带。本文将系统介绍中国科学院地质与地球物理研究所巨行星研究团队过去十年取得的研究进展，分别从行星辐射带、磁重联、磁场偶极化、磁层波动和行星极光方面进行介绍。本文最后对巨行星领域未来的发展进行展望，并针对中国的实际情况展望我国将来在这一领域的特色发展。

1　巨行星空间物理研究回顾

太阳系中的巨行星有四颗，分别是木星、土星、天王星和海王星。不同于类地行星（往往没有或者只有很少的天然卫星），巨行星通常拥有多颗卫星，并且卫星的大小、轨道和物理特性都丰富多样。理解巨行星卫星系统中的物理过程对于我们理解行星的形成和星球环境的宜居性至关重要。此外，这四颗行星都有很强的磁场，因此在各自附近的空间环境中都形成磁层。其中，天王星和海王星是冰星球，其自转轴和磁轴之间夹角很大，使得整个磁层绕自转轴持续“翻转”，这提供给我们理解这类独特磁场位型下等离子体基本过程的重要平台。而土星和木星作为太阳系中最大的两颗行星，其磁层也较大，由于行星磁轴与自转轴夹角较小，因此形成了类似于地球磁层结构的相对稳定的空间磁层构型。同时，土星和木星都存在大气层和电离层，并且电离层与大气层通过磁力线与磁层空间连接，呈现出类似于地球的磁层-电离层-大气层相互耦合过程。这些圈层之间的耦合呈现出行星空间环境中丰富的物理过程，并产生了类似于地球空间天气现象的行星空间天气过程。不同于地球（空间物理过程主要由太阳风物质循环来驱动），土星和木星的空间物理过程的主要是由于其天然卫星（分别为土卫二和木卫一）的地质活动所驱动。

自20世纪60年代以来，人造飞船携带各类电磁场探测器和粒子探测器一步步走向深空，一次次突破人类对空间环境的认知。迄今为止，人造飞行器已经多次造访过太阳系的四大巨行星及其主要的天然卫星。并且针对土星和木星系统已经多次实施了探测任务，譬如卡西尼-惠更斯号土星探测飞船及着陆器、伽利略号木星探测飞船以及朱诺号木星探测飞船。目前人类还从未实施过针对天王星和海王星这两颗冰巨星系统的探测计划，欧美国家正在积极研讨和布局这类探测项目。在成功地实施了针对土星和木星系统的飞船探测项目之后，人类对于这两个行星系统的认知获得了空前的突破，譬如确认了多颗卫星存在液态水，可能存在宜居环境甚至地外生命等。因此，当前深空探测的科学问题进一步被聚焦在土星和木星的卫星系统上。在欧空局和美国宇航局未来十年的行星探测计划中，有三次探测任务被安排针对土星和木星的卫星系统（JUICE，Europa Clipper，Dragonfly）。土卫二的南极喷泉是卡西尼计划最重大的发现之一。卡西尼在喷泉物质中发现了有机化合物，这让人们认为土卫二冰层下面的全球海洋极有可能存在生命，未来可能的水下探测也正在积极讨论中。

国内在巨行星研究领域仍然处于起步阶段。近几年，我国学者利用国际卫星探测数据与自主数值模拟方法，在巨行星磁层粒子动力学、极光物理、辐射带物理和空间波粒相互作用等方向取得了一些重要的研究进展，在团队培养上也取得了阶段性的成果。与此同时，我国的科研人员也开始筹划巨行星的观测任务。目前正在积极部署地面望远镜观测设备，木星探测任务也在积极论证中。

在万卫星院士的带领下，中国科学院地质与地球物理研究所团队将巨行星研究作为行星研究布局中的一个重要方向。在过去的数年时间内，该团队已经在多个方面取得了重要进展，正在逐步从“多点开花”的阶段性进展迈向“综合发展”的全面布局。下面将从已经取得重要突破的几个方面来分别介绍。

1.1 研究进展一：巨行星辐射带研究

土星和木星具有强内禀磁场，磁层随行星高速自转而共转，其卫星和环则具有双重作用：既可以作为等离子体的内部源，也可以通过吸收带电粒子形成汇。这些迥异于地球磁场的特性从多个方面影响着土星和木星高能粒子辐射带的动力学过程。例如，土星和木星内禀磁场的磁矩是北向的，因此能量带电粒子的磁场漂移方向与地球相反。特别是能量在百万电子伏特量级的相对论电子，其磁场漂移方向与行星自转方向相反，因此与共转漂移相互抵消。这种漂移-共转抵消效应是巨行星辐射带的显著特征之一，但在地球辐射带则不存在这种效应。因此，土星和木星辐射带长久以来的关键问题之一是地球辐射带能否可以作为土星、木星辐射带的原型？土星、木星磁层的上述特征在辐射带的结构和演化方面起到何种作用？

早在1981年之前，土星辐射带的存在就被Voyager和Pioneer飞船经过土星时的短暂观测所证实（Sicard-Piet et al.，2011；Krupp et al.，2016）。随后，得益于Cassini飞船长达

13 年的就位观测，对土星辐射带的认识得以全面深化。土星辐射带主要由大于 1 MeV 的相对论电子构成，其内边界位于大约 L=2.27（同时也是土星主环的外边界），外边界大概处于 L=7。土星辐射带的种子电子来自于位于中磁层的环电流（L=8～12），这些种子电子被向内内输运至辐射带区域，并被绝热加速至相对论能量（Roussos et al.，2014）。有效的径向输运机制有可能是基于土星磁层大尺度对流（Roussos et al.，2016）；交换不稳定性引起的径向输运也有可能将能量在千伏特量级的电子快速输运至内磁层（Paranicas et al.，2010）。Thomsen 等（2016）指出，磁尾磁重联可以驱动重现的交换不稳定性电子输运，并在 10～20h 的时间尺度内将千伏特能量的电子输运至内磁层。而局地加速机制，例如哨声模合声波导致的电子回旋共振，被认为在土星辐射带没有显著影响（Shprits et al.，2012）。辐射带电子的损失机制主要是中性成分散射（Lorenzato et al.，2012）。土星的环和卫星对带电粒子的吸收也会造成相对论电子和离子的损失。这种吸收损失对于相对论离子非常显著，所以在土星内磁层各个卫星的轨道高度上，可以观测到相对论离子通量强度的槽区。然而电子辐射带则不存在这种卫星吸收损失形成的槽区，这是因为相对论电子吸收损失形成的尾迹很快就会被径向扩散所填充，其时间尺度远小于电子漂移运动与卫星相遇的时间尺度（Allen et al.，1980）。目前，土星和木星辐射带的主要加速和输运机制仍然是存在争论的关键科学问题。我们的研究工作通过深入分析 Cassini 飞船的就位观测数据，着重考虑土星磁层区别于地球磁层的特征，研究土星辐射带的结构和演化过程，以及对应的动力学机制。

1. 首次证实相对论电子动态延伸是土星辐射带的主要输运和加速过程之一

将 Cassini 飞船长达 13 年对大于 1 MeV 电子通量的观测数据求平均值，得到的径向分布呈现随 L 壳层升高电子通量单调下降的趋势，如图 1 中的黑色廓线所示。然而，观测数据表明土星辐射带是随时间高度动态变化的。这种变化性来自于辐射带种子电子的源区——位于中磁层的环电流（Roussos et al.，2014）。土星电子辐射带动态变化的其中一个显著特征为相对论电子动态延伸对长期平均呈现的单调递减分布造成显著扰动。相对论电子动态延伸是间歇性全球尺度相对论电子通量增强。图 1 中的红色廓线展示了相对论电子动态延伸的特征个例，具体表现为径向分布在 L≈6 处产生凸起状特征。Roussos 等（2018）对发生于 2016 年年末的一个动态延伸个例进行了追踪。他们进一步联合中磁层、外磁层的能量中性原子、能量电子等多项观测数据，指出这个事件中的相对论电子动态延伸可以上溯至磁尾电子加速，这些能量电子通过向内的径向输运，经由环电流至内磁层辐射带。整个演化过程的时间尺度在一个月以内，远远小于径向扩散的时间尺度。Roussos 等（2018）进一步提出，动态延伸结构中的相对论电子在经度方向上的漂移速度非常小，因此子午方向上的对流电场导致的径向输运可以对这部分电子造成显著影响。上述研究表明，相对论电子动态延伸可以起到示踪剂的作用，由此可以推测大尺度对流电场引起的径向输运和绝热加速对土星电子辐射带的影响。因此，有必要对动态延伸进行统计研究，并通过定量分析衡量其对土星电子辐射带的贡献。

我们在近期的工作中（Yuan et al.，2020），对 Cassini 飞船从 2004 至 2016 年的大于 1 MeV 电子通量进行了逐轨道分析。结果显示：在 Cassini 飞船的 363 个入轨或出轨穿越中，

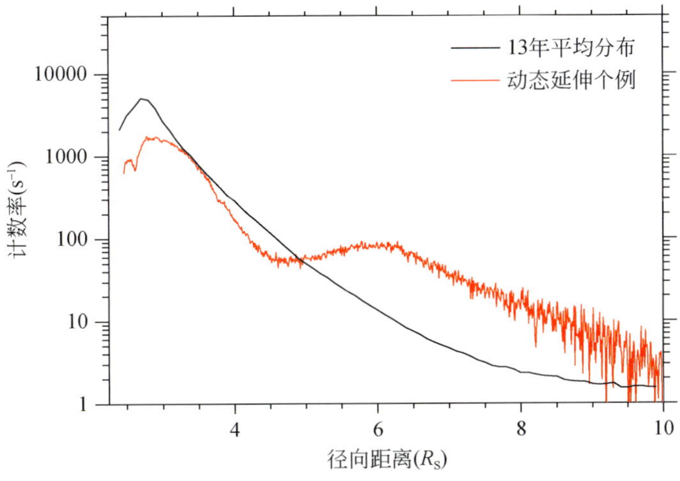

图 1　土星辐射带大于 1 MeV 电子径向分布

有大概 50% 的轨道穿越探测到了相对论电子动态延伸。由此估算出的动态延伸发生频率为每 2 ~ 3 周一个。这个发生频率排除了行星际日冕物质抛射成为动态延伸结构的驱动源的可能性，而与太阳风共转相互作用区的周期较为接近。图 2a 显示了动态延伸结构峰值的径向位置的统计结果，可以看到动态延伸发生的位置最低可以到达 L≈3.5，非常靠近土星的主环，最高可以在 L≈9。动态延伸发生最多的区域为 L=4 ~ 6。我们通过估算电子总含量来衡量动态延伸对土星电子辐射带的贡献。图 2b 通过蓝色廓线显示了相对电子总含量的累积概率，结果表明动态延伸对辐射带电子总含量的贡献超过 10% 的可能性高于 72%。考虑到动态延伸可以在辐射带中演化 2 ~ 3 周，我们在计算辐射带主体的电子总含量时，可能已经包含了大量从演化晚期的动态延伸中离散掉的电子。因此，动态延伸对辐射带的实际贡献可能远高于当前的估算值。

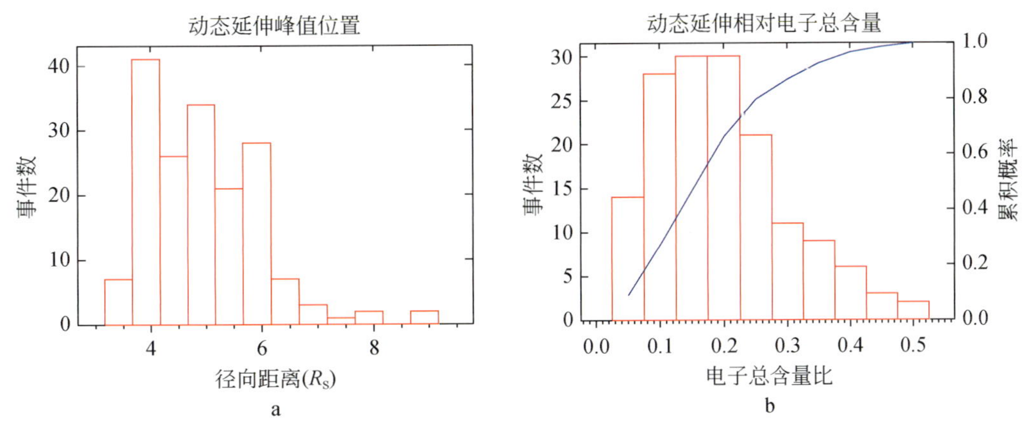

图 2　动态延伸统计直方图

a. 发生位置；b. 相对电子总含量

我们进一步统计了在 Cassini 飞船给定轨道的入轨和出轨穿越中，动态延伸在径向方向上发生的位移。图 3a 显示了一个典型的动态延伸“由外向内”的个例。统计结果显示：总共发现了 28 个动态延伸“由外向内”的事件，以及 7 个“由内向外”的事件。如果径向位移是由相对论电子分布在经度方向上的不对称性导致的，那么这两类事件各自的总数之差应远小于观测到的结果。我们查看了这两类事件关于地方时和 L 壳层的分布，如图 3b 所示。结果显示：在所有的“由内向外”事件中，动态延伸都是从夜侧向日侧位移。然而，“由外向内”事件则不具有地方时相关性。这个结果与径向输运的图像相吻合：如果动态延伸在被径向输运的过程中被先后观测到，那么其位置与地方时不具有必然联系。

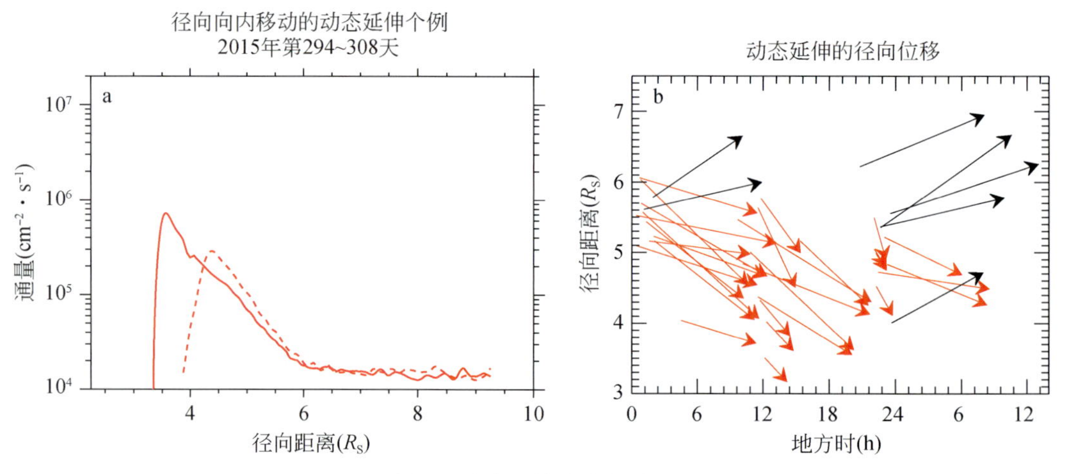

图 3 动态延伸径向位移

a. 典型个例；b. 关于 L 壳层和地方时的分布

我们的研究指出：相对论电子动态延伸发生频率的时间尺度在数星期的量级上，并且动态延伸对土星辐射带电子总含量的贡献超过 10% 的可能性高于 72%。我们的成果首次证实了动态延伸是土星辐射带的主要输运和加速过程之一。我们的成果为土星中磁层种子电子通过径向输运和绝热加速供给辐射带这一物理图像提供了观测数据的统计支持。我们排除了行星际日冕物质抛射作为动态延伸的驱动机制的可能性，并提出太阳风共转相互作用区作为磁层外部驱动源的可能性。

值得注意的是，我们通过分析 Galileo 飞船在木星辐射带的观测，发现了多个相对论电子动态延伸事件。这些动态延伸主要存在于大于 11 MeV 能档的观测中，显著高于土星辐射带动态延伸的电子能量范围。在木星电子辐射带中，这一能量段电子的经度方向漂移速度远小于其他能量段，因此可以受到木星在晨昏方向上的大尺度对流电场的显著调制。我们正在对木星辐射带动态延伸结构进行进一步的统计分析，并与土星辐射带展开比较研究。

2. 首次证实局地加速是土星辐射带核心区域的重要加速机制

多项研究指出，对流电场引发的径向输运和绝热加速是土星电子辐射带的重要加速机制。绝热加速在低至 4 个土星半径的径向距离上依然起到显著影响，能量高至约 1 MeV 电子在绝热加速的作用下维持着高通量强度（Roussos et al., 2018; Sun et al., 2019; Yuan et al., 2020）。与此同时，哨声模合声波回旋共振引起的局地加速被认为在土星辐射带没有显著影响（Shprits et al., 2012）。但在低于 4 个土星半径的高度上（即土星辐射带核心区域），目前仍没有充分的观测数据能够反映对流电场的分布情况。此外，Yuan 等（2020）的统计分析表明在辐射带核心区域，相对论电子动态延伸的数目显著降低。这种降低可能是由于人为原因，即 Cassini 飞船穿越至辐射带核心区域的轨道数相对较少；另外也可能是动态延伸结构在辐射带核心区域处于演化晚期，大量电子已经离散，与相对论电子主体分布融为一体，无法区分辨别。综合上述研究结果，目前对土星辐射带核心区域的电子加速机制仍存在争论。然而，在低于 4 个土星半径的高度上，等离子体密度低，磁场强度高，存在高强度的 Z 模波（Ye et al., 2010）。这些 Z 模波的传播方向可以非常靠近磁力线方向，波动功率在赤道面附近较小，随磁纬升高而增长，并在磁纬约 20°左右达到峰值（Menietti et al., 2015, 2016）。最近的研究通过数值模拟指出，这种沿磁力线方向传播的 Z 模波对电子的能量散射范围下至几百 keV，上至约 10 MeV；Z 模波加速可以使电子通量在一年内从 0 升高 4 个数量级，达到可以与观测数据比拟的强度（Woodfield et al., 2018）。

我们在最近的工作中分析了 Cassini 飞船从 2004 年至 2016 年的相对论电子观测数据，提取出了 800 keV ~ 10 MeV 的不同能挡电子的赤道面投掷角分布，统计结果如图 4 所示。在高于约 3.5 个土星半径的高度上，投掷角分布呈极大值在 90°投掷角附近的特征。然而，从 3.5 个土星半径向内，在土星辐射带核心区域，投掷角分布转变为蝴蝶状分布，并在约 55° ~ 60°投掷角处产生极大值。蝴蝶状投掷角分布在地球辐射带也可以被观测到，通常其成因为地磁场受到扰动偏离偶极场，在经度方向上产生不对称性，导致相对论电子漂移壳分裂，从而形成电子投掷角蝴蝶状分布。然而，在土星辐射带观测到的蝴蝶状分布发生在低于 3.5 个土星半径的高度上，在这个区域土星磁场基本可以用偶极场来描述。因此蝴蝶状分布不可能是由漂移壳分裂导致的。土星电子辐射带的蝴蝶状投掷角分布也有可能是因为在赤道面附近弹跳的电子被卫星吸收，形成投掷角在 90°附近的电子损失。但如果是卫星吸收造成的损失，则蝴蝶状分布应具有明显的能量相关性。能量在几 MeV 以上的电子会具有这种投掷角分布，因为对于这些电子，卫星吸收损失的影响非常显著。能量小于或等于 1 MeV 的电子几乎不受卫星吸收损失的影响，因此这部分能量较低的电子不应具有蝴蝶状投掷角分布。然而，我们发现土星辐射带的蝴蝶状投掷角分布与能量没有相关性。能量从 800 keV 至 10 MeV 的电子均呈现极大值在 55° ~ 60°的蝴蝶状投掷角分布。这个结果表明卫星吸收损失也不是蝴蝶状分布的产生机制。

考虑到 Z 模波加速可以有效地作用于百 keV 至 10 MeV 的电子，我们进一步提出，土星辐射带核心区域的相对论电子投掷角蝴蝶状分布是电子与 Z 模波的波粒相互作用导致的。我们结合 Menietti 等人的 Z 模波观测数据，查找出同时具有高能电子和等离子体波动观测的轨道。发现在这些轨道上，Z 模波在磁纬约为 13° ~ 17°的区域被探测到。这些轨道的电子赤道面投掷角呈现极大值在 55° ~ 60°的蝴蝶状分布。赤道面投掷角 55° ~ 60°的电子，其磁镜点约在纬度 15° ~ 17°。因此，极有可能在磁纬 13° ~ 17°的区域，弹跳运动至磁镜点的电子与 Z 模波相互作用，通过回旋共振产生局地加速。这种加速效应反映在赤道面投掷角分布上，即为蝴蝶状投掷角分布。我们的这项工作从观测角度佐证了 Z 模波在辐射带核心区域对相对论电子加速起到显著作用。

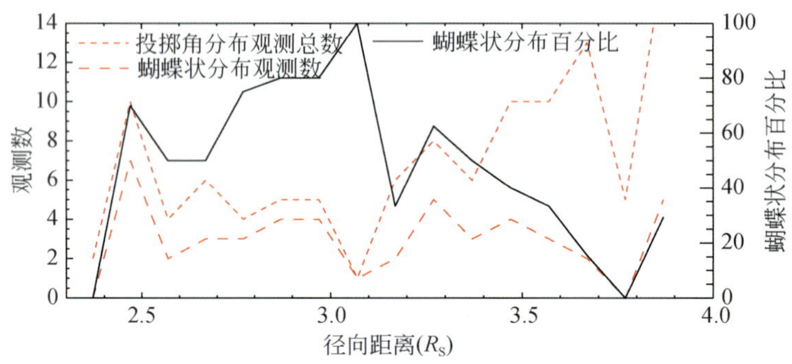

图 4　土星辐射带电子赤道面投掷角分布随 L 壳层变化的统计结果

1.2　研究进展二：巨行星磁重联研究

磁重联是等离子体环境中能够快速将磁能转化为等离子体内能及动能，并导致爆发性现象的重要物理机制。磁重联广泛存在于宇宙空间中，例如脉冲星乃至黑洞的磁场控制区域内的高能粒子加速都与磁重联相关。人类可以通过成像观测的方式研究发生在太阳外层大气上的耀斑爆发区域的磁重联，而能够通过卫星就位探测的方式研究行星磁层内的磁重联。磁重联过程可以改变磁场的拓扑形态，释放磁场能量，使得等离子体能量急剧升高，并产生高速的粒子喷流，从而使行星磁层变得不稳定，触发磁层亚暴及磁暴，导致极光等现象的爆发。相对于地球磁层，巨行星磁层的等离子体环境更加复杂。地球上的磁重联主要由太阳风驱动，磁层内主要为氢离子，而巨行星（如木星和土星）的磁层内部的磁重联受自身快速自转的驱动，它们的磁层巨大且转动很快，自转频率是地球的两倍多，且磁层内都有天然卫星，会喷发二氧化硫或水，为磁层源源不断地提供硫、氧等重离子。巨行星磁层磁重联的触发与演化更加多变，也对巨行星磁层内物质能量输运过程有重要影响。

磁重联过程发生在电流片中。太阳风与行星磁层碰撞形成磁层顶电流片，此外，背向太阳一侧的磁层被拉伸并形成磁尾电流片。在面向太阳的一侧，太阳风使得磁层内磁力线被压缩。对于地球环境，日侧磁层内无法形成电流片。但是，木星、土星等巨行星磁层内存在能够喷发物质的天然卫星，可源源不断地提供重离子。巨行星的快速自转效应通过共转电场对重离子提供强大的离心力，使得重离子被束缚在磁赤道面附近，形成唱片状环电流片，相应的磁场结构被称为磁盘。日侧磁盘的大小同时受到重离子源的强度及太阳风强度的影响。当太阳风相对较弱时，日侧磁层内能够形成较宽的磁盘电流片。巨行星重离子内源的存在，使其磁层构型与地球磁层存在很大的差异，磁重联过程也更加复杂多样。利用卡西尼号飞船在赤道面附近环绕土星进行的局地探测，以及朱诺号飞船与哈勃望远镜的联合观测，本团队针对巨行星磁重联的研究取得了一系列突破，以下分三个部分进行介绍。

1. 首次发现共转磁重联及日侧磁盘磁重联

磁重联是太阳风和行星磁层顶磁场相联并交换物质的关键过程，同时也是磁层内部磁能释放的重要机制。在面向太阳一侧（日侧），磁层受到太阳风的冲击，粒子和能量主要通过磁层顶磁重联进入磁层，但磁层顶以外的区域磁场形态无法满足磁重联的触发条件。在磁层内，磁重联只能够发生在背向太阳一侧（夜侧）的磁尾，磁尾是地球磁层剧烈活动的始发地。一直以来，科学家们认为其他具有内禀磁场的行星的磁层动力学过程与地球的很相近，因此在研究巨行星磁层内的磁重联过程时，只着重于磁层夜侧区域。但是，在这种认知框架下，许多日侧磁层内的加速现象及日侧旋转极光现象无法得到自洽的揭示。

我们在研究卡西尼号飞船针对土星的探测数据时，发现太阳风对磁层的压缩效应经常不能抑制巨行星磁层的快速转动效应。我们对连续几个旋转周期的观测数据进行分析，发现磁重联信号经过一个共转周期后在夜侧重复被卡西尼号记录（Yao et al., 2017a）。磁重联过程最主要的观测信号是垂直于电流片方向的磁场分量强烈变化及带电粒子的加速加热。我们研究的事件的磁场垂直分量 B_θ 显示出由正变负的经典磁重联信号，且这一信号在一个共转周期后再次重现（见图5）。同时，电子在磁重联区被加速，并表现出费米加速特征。这一观测表明磁重联过程随着磁层围绕土星一起旋转并演化。这一图像不同于传统的巨行星磁重联体系，表明了巨行星快速自转驱动的过程比其在前人认知中的作用更加重要，也预示了磁重联不只存在于夜侧，还可以存在于日侧磁层内。

针对卡西尼号飞船在土星日侧磁层的探测，本团队主导的国际科研小组首次发现磁重联可以发生在日侧土星磁层内且远离磁层顶的区域（Guo et al., 2018a）。卡西尼号飞船在距离土星中心约 17.5R_s（土星半径 R_s = 60268 km）接近正午（地方时为 11.2）的磁层区域（见图6），观测到了剧烈的磁场扰动及带电粒子加速（见图7）。图 7c 中红色曲线是垂直电流片的磁场分量，在竖虚线前后表现出了由正变负的特征。同时图 7b 中绿色曲线也表现出了相应的由正变负的霍尔磁场特性。这两个磁场分量相对应的变化表明了卡西尼号飞船穿越了磁重联的离子扩散区。图 7d-g 中的离子及电子能谱表明带电粒子在重联区内被加速到了上百 keV。图 8 的示意图中红色覆盖区域代表离子扩散区，蓝色虚线标出了卡西尼号飞船在磁重联区域中的轨迹。对比卡西尼号飞船进入离子扩散区之前观测到的背景电子分布（图 8b），在离子扩散区内的电子分布图（图 8c、d）都表现出了明显的加速特征，并且被加速的电子沿着磁力线远离磁重联中心区域。这种低能进高能出的电子分布也明确表示卡西尼号飞船在土星日侧磁层内穿越了磁重联离子扩散区。

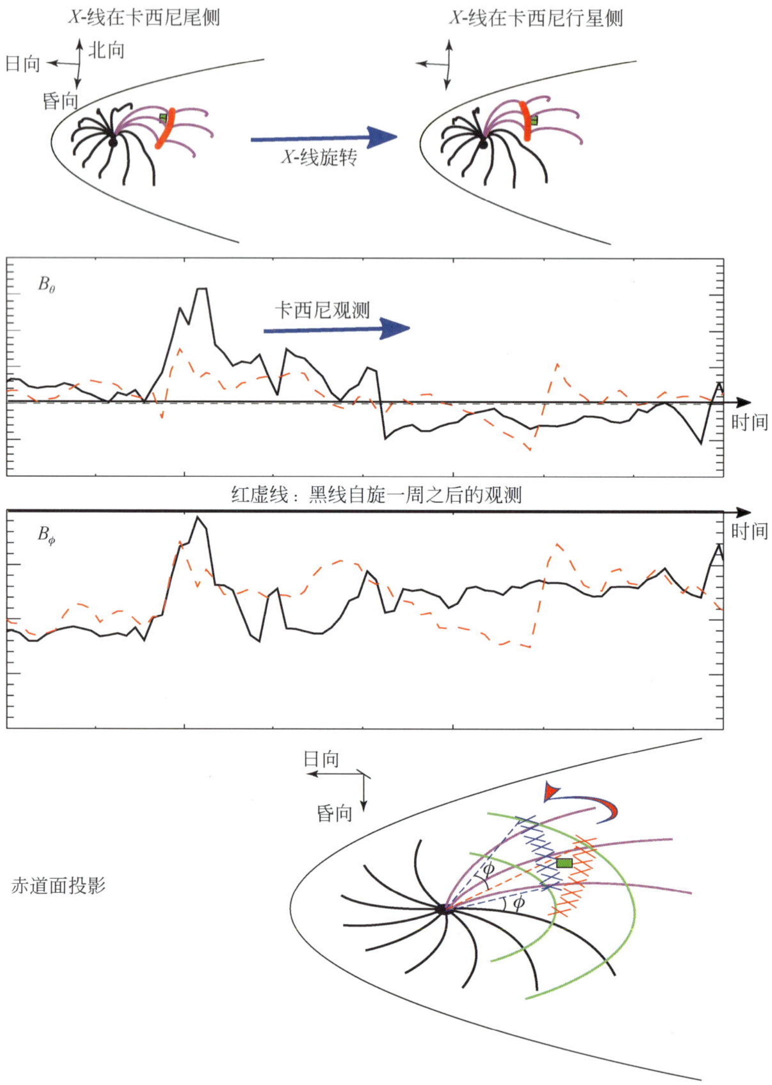

X-线在卡西尼尾侧
X-线在卡西尼行星侧
日向
北向
昏向
X-线旋转
2.0
1.5
1.0
0.5
0.0
−0.5
−1.0
B_θ
卡西尼观测
时间
红虚线：黑线自旋一周之后的观测
B_ϕ
−0.5
−1.0
−1.5
时间
日向
昏向
赤道面投影
ϕ
ϕ

图5 共转重联的观测及示意图

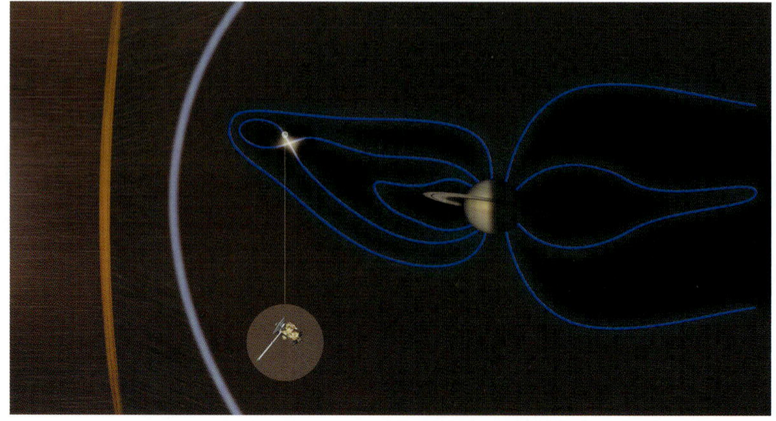

图6 卡西尼号卫星在土星日侧磁层内观测到磁重联示意图

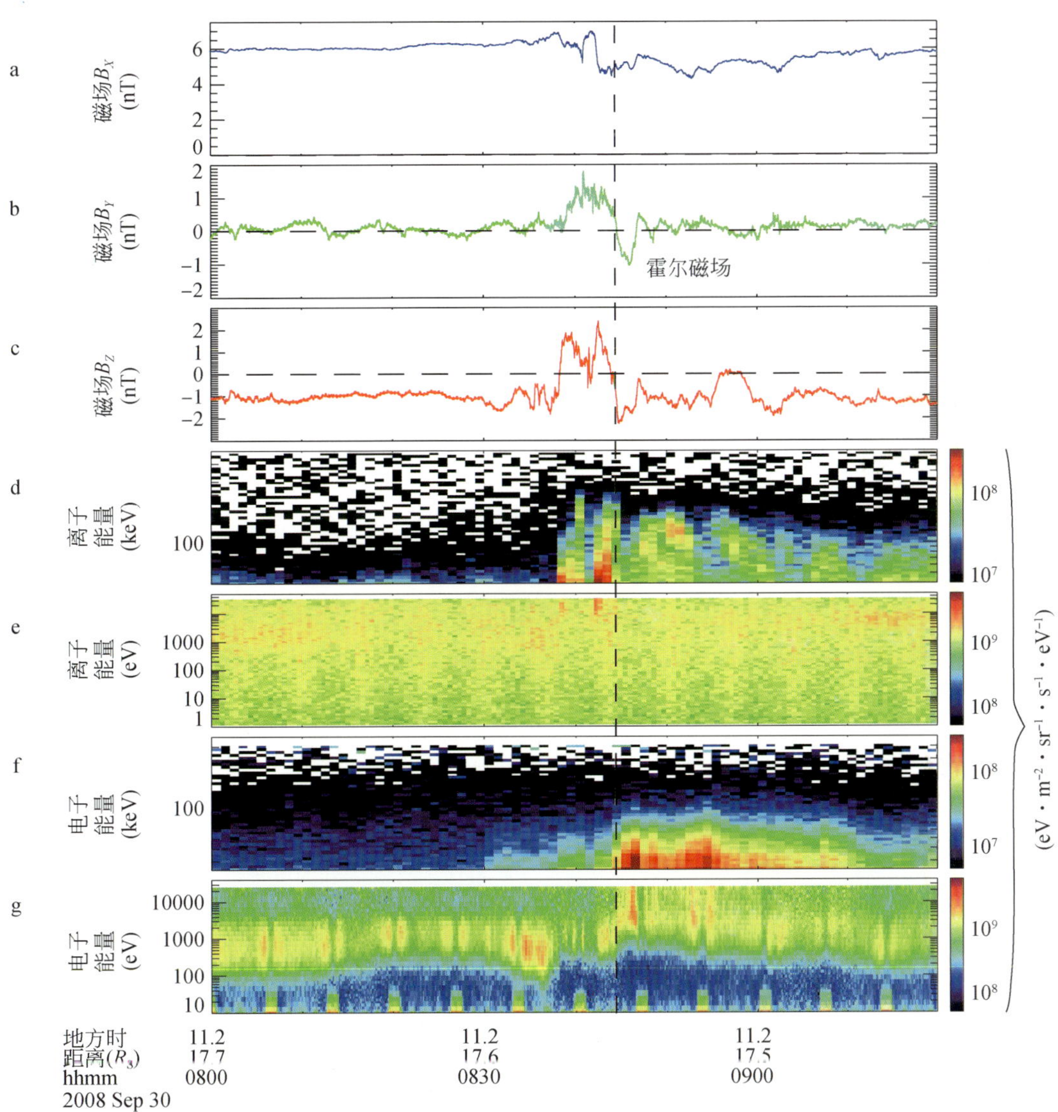

图 7　日侧磁盘磁重联事件

a–c. 磁场在球坐标系下的三分量；d–e. 离子的能谱；f–g. 电子能谱

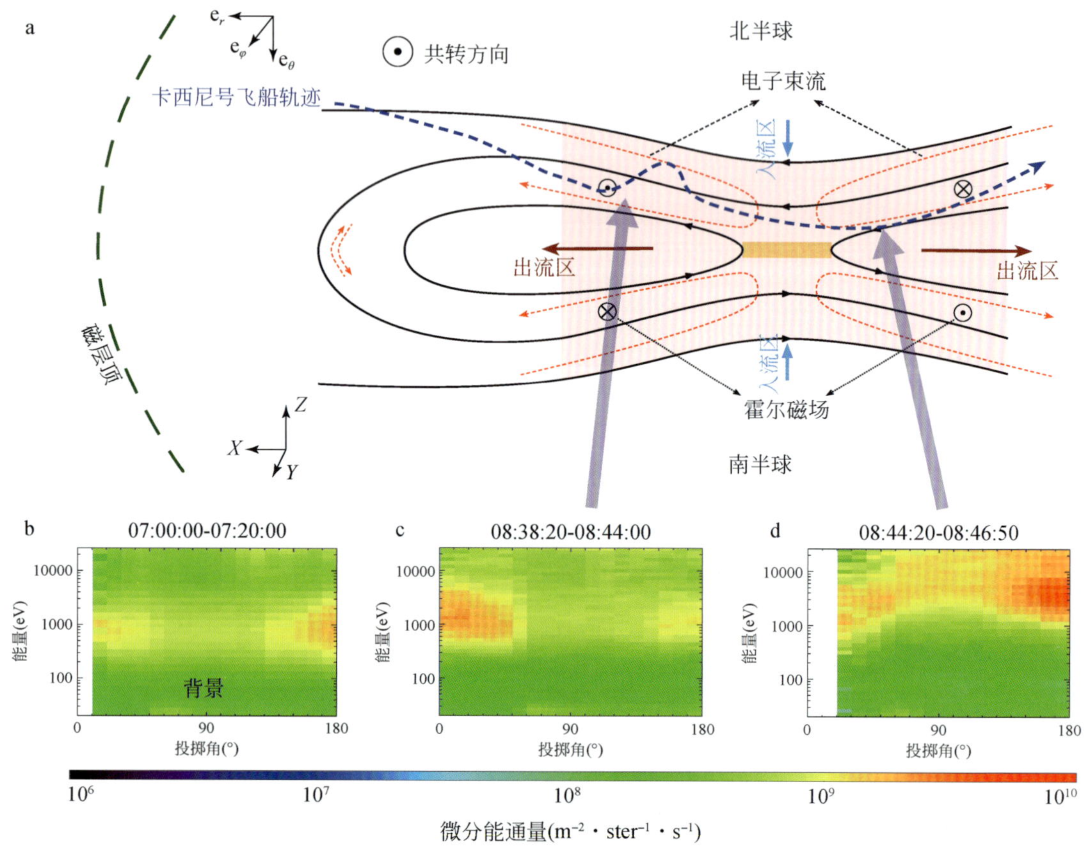

图 8 卡西尼号飞船在磁重联离子扩散区内外观测到的电子谱图

当太阳风相对较弱时，高速旋转产生的唱片状磁盘电流片结构在巨行星日侧能充分发展。最终，离心力不稳定性等非线性过程会在磁盘内触发磁重联。该研究工作发现了日侧磁盘内的磁重联事件，为理解巨行星日侧的能量爆发事件提供了新的窗口。同时，日侧磁重联还为土星磁层内水与氧离子的逃逸及行星际内物质交换提供了新的途径。

以往科学家一直认为巨行星的磁重联也只能发生在磁层夜侧的磁尾，在日侧因为会受到太阳风的抑制而很难发生，而此次观测到发生在日侧磁层内的磁重联，直接证实了巨行星的快速自转能够抵抗来自太阳风的抑制效应，这颠覆了此前对巨行星磁层的认知。图 9 展示了根据我们的发现修正后的巨行星磁重联区域示意图。紫色区域代表磁层顶磁重联，绿色区域代表磁尾磁重联，橙色区域代表夜侧磁盘磁重联，红色区域则代表新观测到的日侧磁盘磁重联。据此推测，日侧磁重联现象也可能发生在天王星、海王星，以及快速自转的系外行星上。

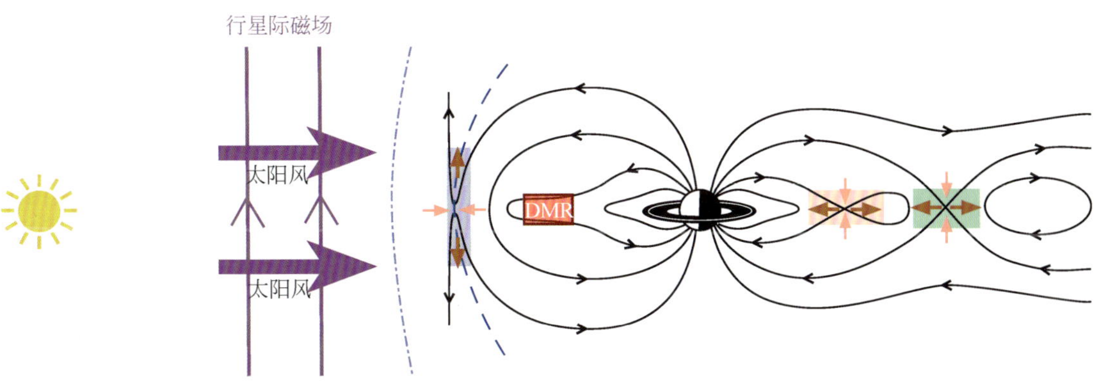

图 9　土星磁重联区示意图

黑色曲线为磁层磁力线，箭头表示磁场方向。中间球体代表土星。土星左侧为日侧，右侧为夜侧。蓝色虚线为磁层顶，点虚线为弓激波。磁层顶上的紫色透明区域及夜侧的粉色和绿色透明区域为已被深入研究的磁重联易发区。磁层顶右侧红色方框标记区域为本工作研究的日侧磁盘磁重联（Dayside Magnetodisc Reconnection，DMR）区域

2. 提出小尺度旋转磁重联图像

土星磁盘动力学过程是土星磁层活动的重要参与者，这也是区别于地球的重要过程。土卫二作为内源能够在不同时空尺度上引发土星磁层活动。因此，研究磁重联在磁盘内粒子及能量循环过程的作用对于理解土星的磁层环境至关重要。以前观点认为土星磁盘上的磁重联区域是大尺度的，能够横跨整个磁尾；源自土卫二的重离子基本上因为这一大尺度磁重联过程从夜侧逃逸出土星磁层。但是单独的夜侧大尺度磁重联模型主导的逃逸率要小于源自土卫二的离子释放率，无法平衡内部物质输运过程。而我们上述发现的磁盘磁重联可以出现在日侧，并且尺度较小。日侧磁重联的存在提高了土星磁盘物质的逃逸率，但仍需要更具体的模型来理解土星磁层内的物质输运过程。此外，一直以来，地球及土星上的磁重联都被认为只在一个特定的区域内发展与演化。重复出现的磁重联信号对应的是磁层随时间演化导致的不同的磁重联事件。但是在土星磁层内，磁盘在共转电场的作用下会以一定速率绕土星旋转。考虑了旋转效应，才能更深入地理解土星磁重联活动。

图 10 展示了一个短时间内观测到多个磁重联区域的典型事件（Guo et al.，2019）。图 10a 的箭头标记出磁重联发生的时刻，这些时刻都对应了电子的加速加热现象，说明磁重联正在进行。相邻的磁重联之间的时间间隔可以小于一个土星自转周期（约 10.5h），但是这些磁重联事件总共持续的时间要长于一个土星自转周期。对这类磁重联簇现象的统计研究发现，各个磁重联是独立的，而不是同一个磁重联被重复观测到。由于随土星磁层旋转，这些磁重联不可能是单个非稳态磁重联过程的不同演化阶段，因为它无法在同一个地方时连续被观测到。最终，通过谨慎地分析，该研究表明：土星磁重联是小尺度的，且可以同时出现在各个地方时，并且随着土星磁层一起旋转（如图 11）。这种小尺度磁重联同时发生在土星不同经度的现象能够持续很长时间。

该研究结果揭示的新图像是巨行星独有的，不会出现在地球磁层。这一动力学过程将改变人们对土星磁层物质损失过程的认识，它通过磁重联在所有地方时都可以抛出粒子从

而增大物质损失率。该机制也可能解释土星和木星磁层中其他旋转现象，例如旋转极光及旋转的高能粒子团。

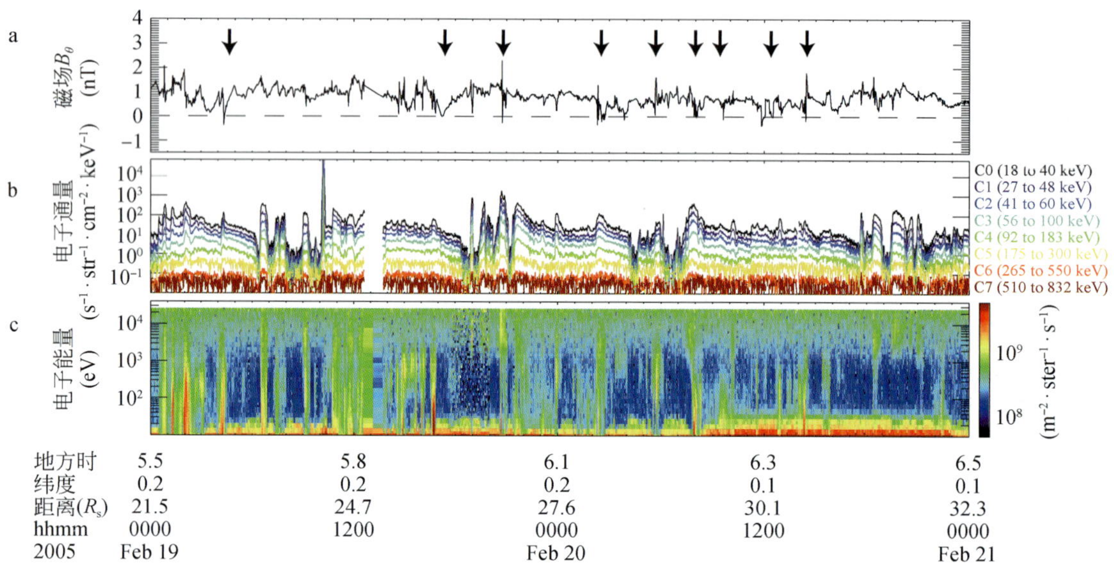

图 10 小尺度磁重联事件

a. 磁场的纬向分量 B_θ ; b. 高能电子通量; c. 热电子能谱

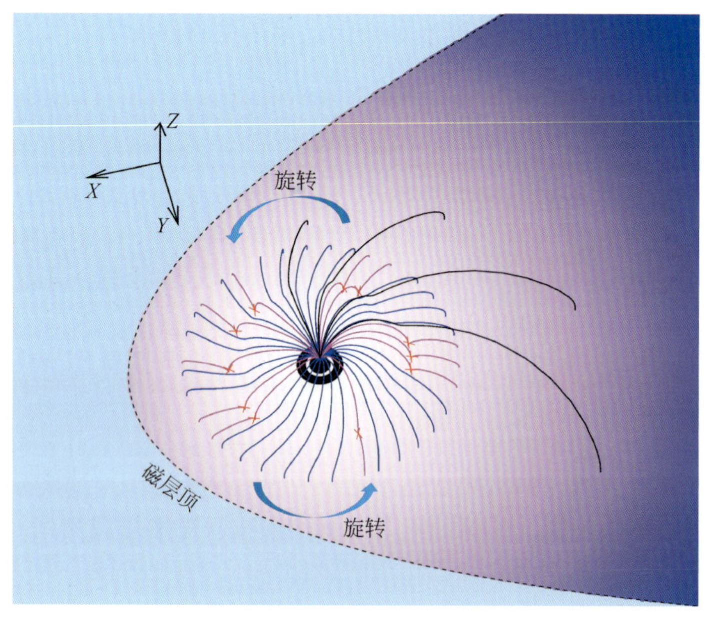

图 11 土星小尺度磁重联分布示意图

图中紫红色、蓝色及黑色曲线代表磁力线。所有磁力线连接到中间的土星上。左侧淡蓝色区域代表太阳风主导的区域，浅紫色及深紫色区域为土星磁层内。紫红色磁力线上的红色×形代表磁重联。磁重联尺度较小，环向离散地分布在土星磁层内，并且随着土星一起旋转

3. 证实磁重联对极光粒子源的加速作用

高能粒子是太空中多种爆发现象的重要参与者，例如高能质子和电子能够在地球极区电离层激发极光。与地球相比，巨行星的磁层内存在丰富的重离子（例如氧、硫）。被加热的重离子进入电离层后，可以产生 X 射线波段的极光，能量远高于地球极光。在粒子加速加热机制中，磁重联是重要机制之一。在行星磁层内，磁重联区的分布能够影响磁层动力学过程。日侧磁层顶磁重联将太阳风的能量和物质输入行星磁层，夜侧磁尾的磁重联过程将堆积在行星磁层内的能量释放。这一太阳风驱动的循环过程是地球磁层活动的主要过程。不同于地球，木星和土星两颗巨行星磁层内的天然卫星喷发物质向磁层源源不断地提供重离子，并形成磁盘电流片。而磁盘演化过程中的非线性过程触发的磁重联过程会将重离子团加速并抛出磁盘。我们上述成果表明这一快速自转驱动的循环过程既能发生在夜侧又能发生在日侧。

我们对土星磁盘磁重联的存在所造成的影响进行了研究，发现其可以非常有效地加速氧离子，为土星磁层提供高能重离子源。我们对卡西尼号飞船的土星探测数据进行调研，找出了 33 个 DMR 事件，并对其中 3 个典型事例进行了深入分析（Guo et al., 2018b）。研究结果显示：①日侧磁重联机制能够非常有效加速电子和重离子（氧离子），其加速产生的重离子为日侧极区辐射提供了重要的源；②在短时间内，可以观测到多个磁重联区，说明日侧磁重联过程是小尺度的，且可以密集地存在于日侧磁盘内；③研究还发现了“次级磁岛”的存在（图 12），展示了日侧磁盘磁重联区的复杂性。

我们的研究表明磁重联事件能够向巨行星的极区电离层释放大量能量，足够点亮极光（Guo et al., 2018a）。在磁层内产生的高能氧离子能够高于 500 keV，这一系列物理过程是巨行星的极光亮斑及 X 射线辐射重要的潜在产生机制（图 13）。同时，该工作阐明了日侧磁盘重联机制的重要性，其加速产生的重离子为日侧极区辐射提供了重要的来源。

利用卡西尼号飞船的中性原子成像仪及远紫外成像仪对磁层及电离层极区的同时成像遥测能够验证我们的理论。图 14a 是中性原子成像仪拍摄到的磁层内被磁重联加速产生的三个等离子体团。它们的位置在子夜至晨侧。由于视角问题，没有拍摄到午侧的图像。同一时间，远紫外成像仪在极区拍摄到的极光在相应的区域存在三个分离的极光斑（图 14b）。该联合观测证实了磁层磁重联加速的高能粒子是极光的粒子源。

这一过程在木星上也得到了证实。利用哈勃望远镜与朱诺号飞船的联合观测，我们对木星磁层活动及极光演化进行了分析（Yao et al., 2020a）。图 15a 给出了哈勃望远镜连续 5 天对北极光区域的拍摄。在 2017 年 5 月 16 日同时出现了晨侧极光暴（dawn storm）和午后一侧的极光向低维度的注入（injection）现象。图 15b 给出了这几天内朱诺号飞船在磁层内晨侧区域的观测，垂直电流片的 B_θ 分量在 5 月 16 日这一天较早时间显示出一次非常明显的穿越磁重联区的信号，同时观测到了被加速到百万电子伏特的相对论电子和重离子（Yao et al., 2020a）。这一联合观测进一步证明了巨行星磁重联对粒子的加速效应及其对极光产生的作用。

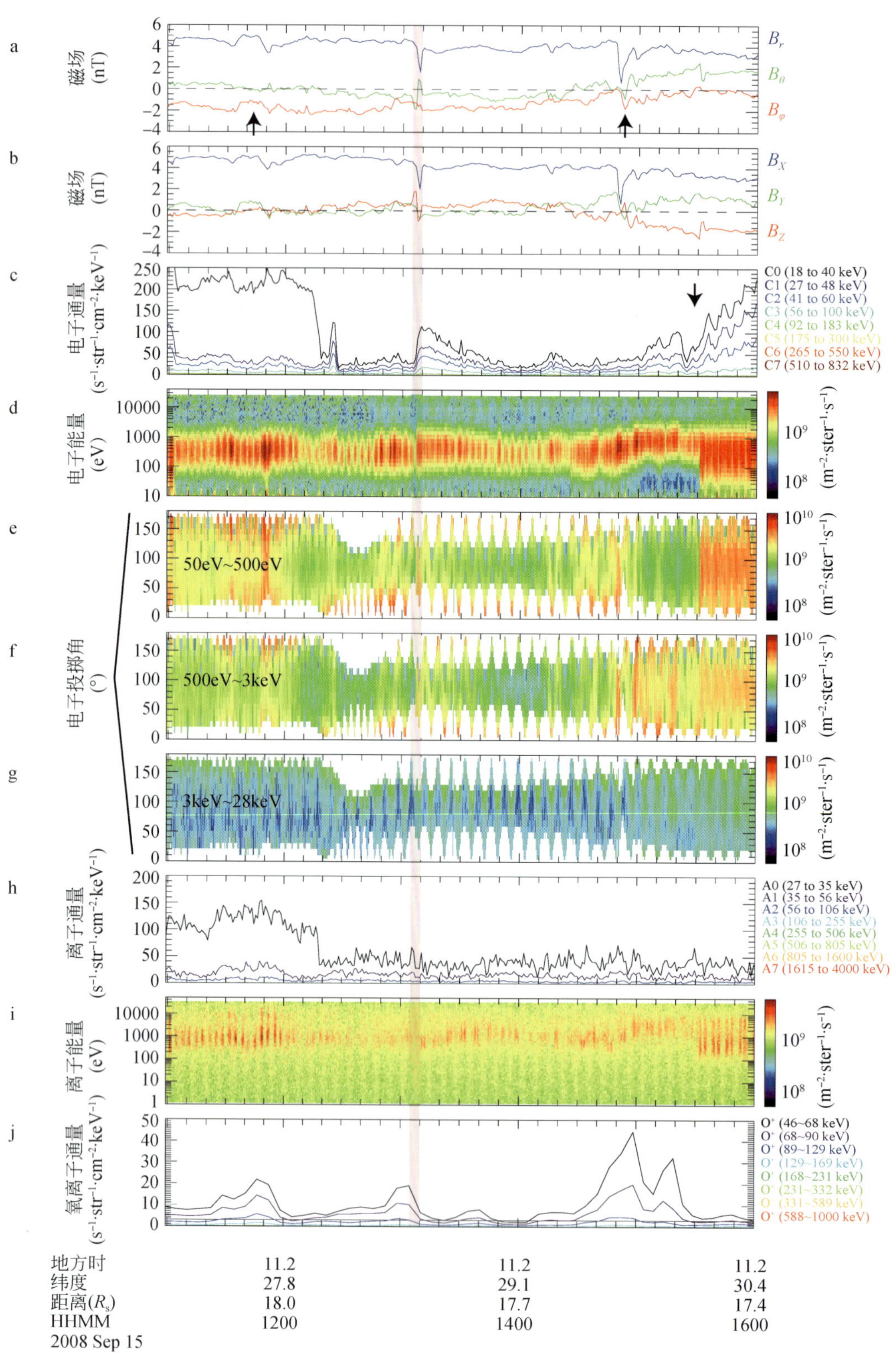

图 12 日侧磁盘磁重联观测事例

浅红色覆盖区域为次级磁岛（secondary island）

图 13　磁盘磁重联加速的粒子沿磁力线进入土星电离层产生极光的示意图

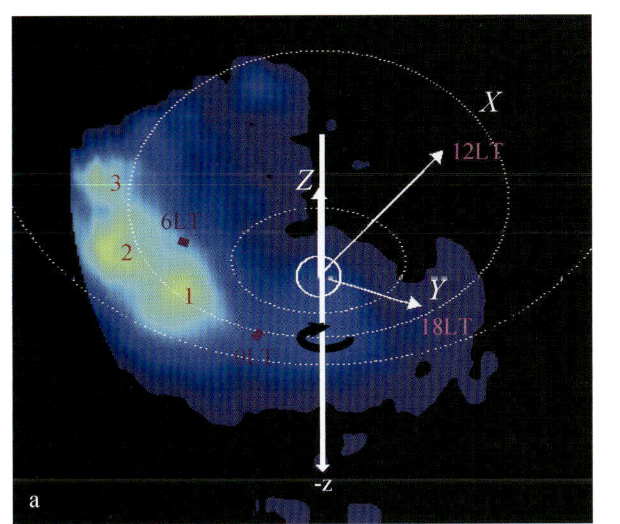

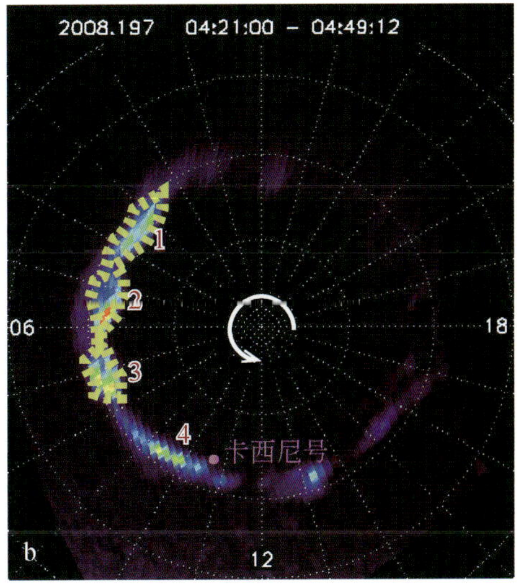

图 14　a. 卡西尼号飞船中性原子成像仪对土星磁层高能粒子成像；b. 土星南极区的极光观测

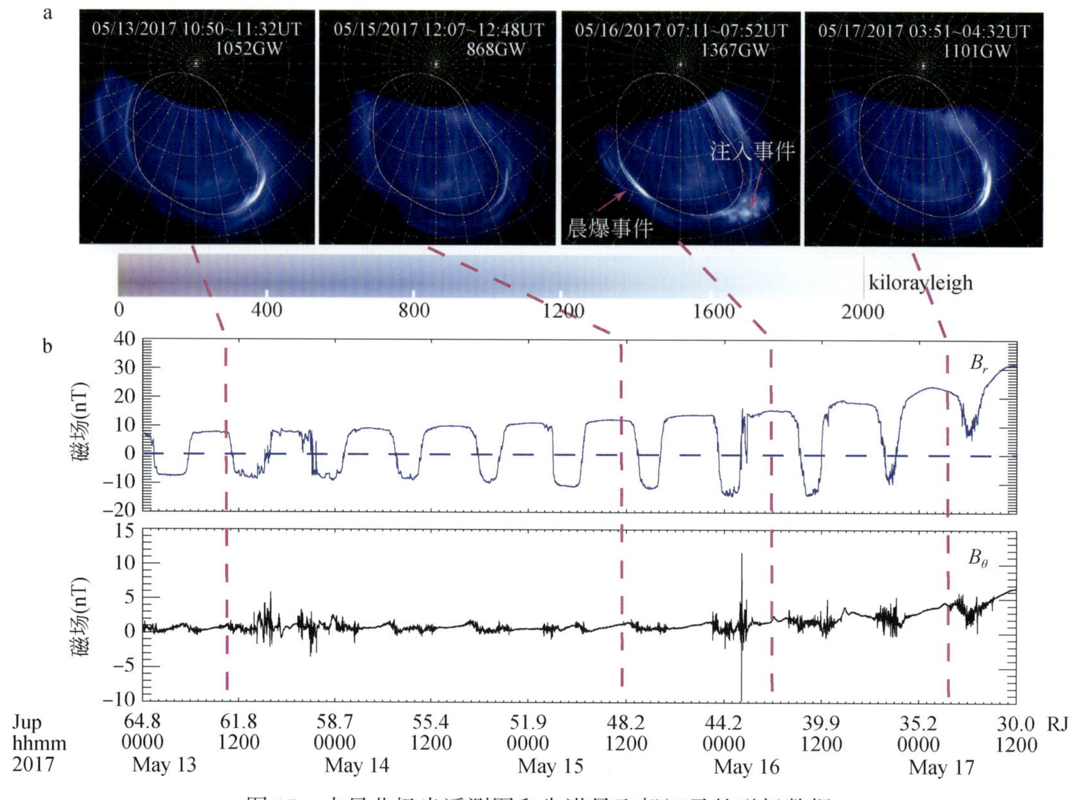

图 15　木星北极光遥测图和朱诺号飞船记录的磁场数据

a. 哈勃望远镜从 2017 年 5 月 13 日至 17 日对木星北极光的遥测图；b. 2017 年 5 月 13 日至 17 日时间段内朱诺号飞船在木星磁层内记录到的磁场 B_r（上）及 B_θ（下）分量

1.3　研究进展三：巨行星磁场偶极化研究

行星磁层是一个巨大的能量“蓄水池”。不论是太阳风还是内部物质源都可以通过磁能的方式储存在行星的磁层中，并且不时地释放在行星空间环境中，产生剧烈的空间电磁扰动和高能粒子扰动。磁能储存的过程对应的是磁力线的向外拉伸，而磁能释放的过程则对应磁力线向行星的偶极形态磁场恢复的过程。这个磁力线的恢复过程被称作磁场偶极化，因此磁场偶极化现象是空间能量释放的关键指示。

在地球磁层空间中，磁能储存的主要区域为夜侧磁尾，在磁尾中形成细长的电流片结构。因此磁能释放过程中产生的磁场偶极化区域也在磁尾，对应的极光爆发增强也在夜侧。而土星和木星的能量储存于拉伸的磁盘结构中，因此可以预期能量释放所产生的偶极化现象也应该存在于所有的地方时。然而此前的巨行星偶极化研究都是参考地球偶极化现象来分析，因此只集中在土星和木星夜侧区域。这一局限也极大地限制了对土星和木星空间高能粒子扰动和极光现象的理解。本团队以下三个工作通过分析卡西尼飞船和朱诺号飞船相关数据，将土星和木星的偶极化过程统一起来理解，突破了偶极化存在于夜侧的认知，为理解土星和木星磁层能量释放提供关键的补充。

1. 揭示土星两类磁场偶极化过程

在地球磁层研究中，随着多点观测的机会越来越多，人们注意到通常用于判断磁场偶极化的信号实际上有两种不同的产生机制。除了传统上认为的磁能释放导致磁力线向偶极磁场恢复的过程，磁层高速等离子体流挤压前端背景等离子体也可能产生类似的信号，通常被称为偶极化锋面结构。两类偶极化信号对应的物理机制、粒子加速特征和持续时间尺度都存在显著区别。

不同于地球空间中可实现多点联合观测，行星探测的机会则要少很多，目前还无法实现针对土星磁层空间的多点探测。因此，比较行星学手段在理解土星探测结果方面显得尤其重要。考虑到地球磁层两类偶极化在各个方面存在的显著差异，我们在分析卡西尼飞船在土星磁层中的观测资料分别从磁场变化特征，粒子加速特征和结构被观测到的时间尺度等方面来考虑。Yao 等（2017b）发现土星的磁场偶极化也存在类似于地球的两类偶极化过程，根据其物理成因分别命名为电流重构偶极化和瞬态偶极化通量管（图 16）。基于对地球两类偶极化的认知，Yao 等（2017b）提出仅有电流重构偶极化过程才能导致土星的空间天气扰动和极光爆发过程。

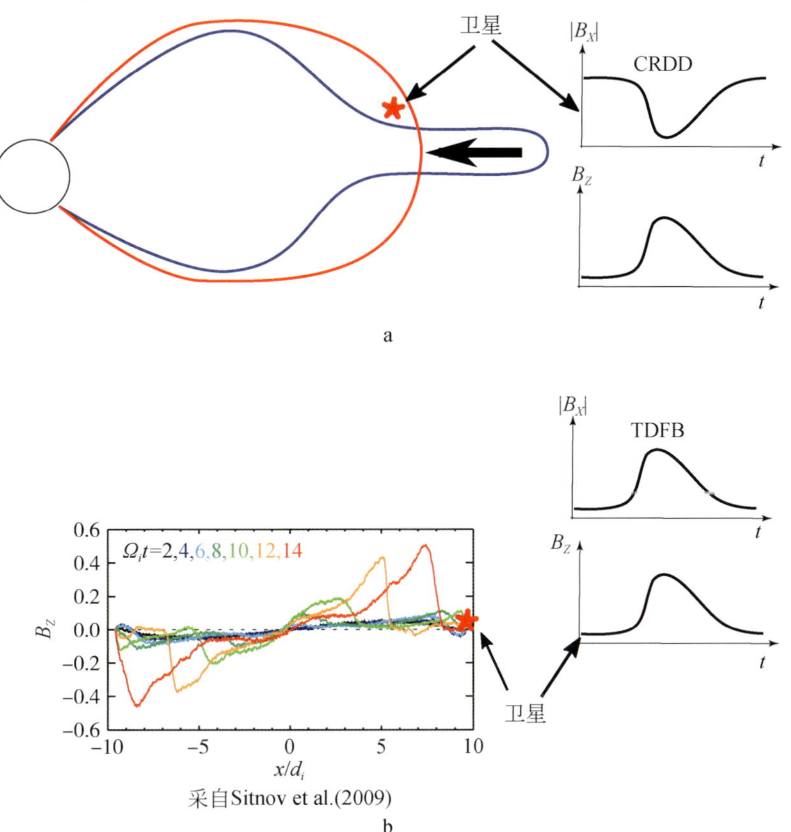

图 16 两类偶极化过程示意图（Yao et al.，2017b）

a. 磁层电流重构偶极化，对应 $|B_X|$ 与 B_Z 呈现反相关；b. 磁重联产生的瞬态偶极化通量管，对应 $|B_X|$ 与 B_Z 呈现正相关

本研究结果表明，虽然土星和木星磁层的能量物质来源不同，受太阳风的影响不同，行星自旋对磁层的影响也不同，但是其中有关能量释放的等离子体过程却可能有本质的相似。两类偶极化的产生分别对应磁层电流重构和磁层重联加速，但是在两颗行星上这些过程的时间尺度和能量加速尺度可以存在显著差异。

2. 揭示土星日侧磁场偶极化过程

基于越来越多的卫星观测数据和极光拍摄图片，我们对于地球偶极化过程与相关的夜侧极光爆发过程理解越来越清楚。在其他行星研究中，通常把在地球上存在的物理过程用于解释其他行星上类似的现象。由于太阳风的作用，地球日侧磁层能量很难以磁能的形式大量积累，因此磁能释放的偶极化过程不能在日侧发生。然而，在土星和木星极光观测中，我们发现类似于地球夜侧极光爆发的过程可以存在于土星和木星磁层的日侧。因此本团队对卡西尼飞船数据重新检视，尤其聚焦在其对土星日侧磁层的观测，寻找日侧的偶极化过程。

Yao 等（2018）通过分析卡西尼飞船的极光拍摄资料、磁场测量数据和等离子体数据发现磁场偶极化过程和极光爆发过程都能存在日侧，并且对应高能粒子的爆发。这些观测事件直接证明了土星日侧存在类似于地球夜侧的磁场偶极化过程。土星和地球的这一差异说明了土星和地球的能量储存区域在空间中存在显著差异。

值得一提的是，虽然土星日侧偶极化已经被确认，并且推测木星也应该存在类似的过程。但是，当前依然没有被报道过直接的木星日侧偶极化观测。对伽利略号飞船在木星日侧磁层的探测数据重新检视是直接验证这一猜想的最佳方式，也是本团队接下来的研究计划之一。

3. 土星和木星的旋转偶极化

地球磁层分为热等离子体区域和冷等离子体区域。靠近地球的为冷等离子体区域，通常被称为等离子体层，其最外边界为等离子体层顶。在等离子体层顶外面则是热等离子体，是地球空间天气的主要驱动物质源。等离子体层内的粒子随着地球共转，而等离子体层顶之外的粒子则不随行星旋转。与地球磁层存在显著差异的是，土星和木星的磁层整体随着行星旋转，因此驱动其磁层动力学过程的主要磁层区域随行星共转。

传统的磁层动力学过程研究将这些过程与旋转的磁层过程分开来研究，因此相关的磁层过程都不考虑旋转因素，这与旋转的极光爆发事实不相符合。反过来，偶极化过程在巨行星的极光过程中的作用被严重低估了。Yao 等（2018）通过分析卡西尼飞船的磁场和等离子体数据，通过比较磁场和粒子扰动的周期性变化规律，首次揭示出磁场偶极化的共转特性。通过进一步的物理分析，他们的研究指出，极光结构在爆发过程中的旋转角速度要低于磁层旋转的角速度，即极光是以亚共转速度旋转爆发的（图 17），这与通常观测到的极光旋转爆发速度为共转速度的 50% ~60% 是完全一致的。并且他们文章预测木星极光爆发过程的旋转速度也应该是亚共转角速度。之后的朱诺号卫星观测资料（Bonfond et al., 2020）进一步证实了 Yao 等（2018）的预测。

在土星旋转偶极化过程被揭示之后，很自然地会联想到类似的过程是不是也存在于木

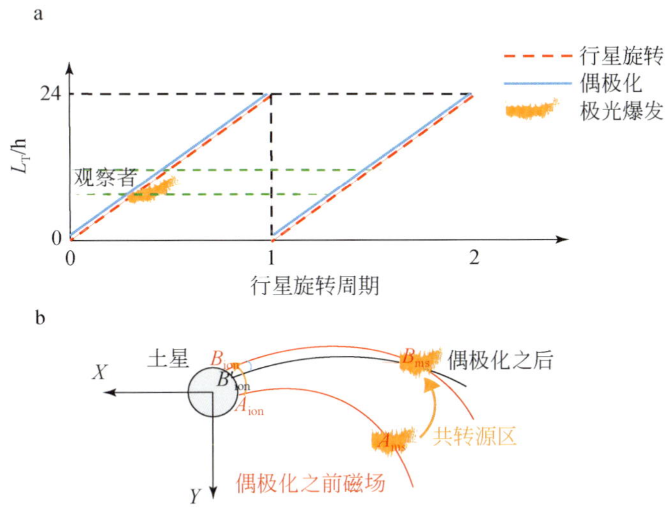

图 17 旋转磁层状态下的极光爆发与磁层过程示意图

a. 显示极光爆发和磁场偶极化与行星旋转的关系，在固定观察点（绿箭头）看到的偶极化旋转速度共转，二极光爆发则是亚共转；b. 解释极光爆发亚共转是由于爆发过程中电流体系的改变所造成的

星磁层。相比于土星的磁轴与自转轴夹角几乎为零，木星的磁轴与自转轴存在大约 10°夹角，因此在行星快速旋转的过程中磁赤道平面是迅速的上下摆动的，从而导致木星磁盘相对卫星呈现持续的大幅度摇摆。因此卫星与木星磁盘会持续存在快速的相对运动，而且卫星在磁盘中心测量的时间在总的测量时间中所占比例很低，以至于在分析卫星数据时很难区分时间变化与空间变化。

自 2016 年以来，朱诺号飞船开始对木星晨侧磁层进行系统的探测，并且保持在低纬度大轨道上，因此提供了研究磁盘中心区域的良好机会。通过对朱诺号飞船的磁场和粒子探测数据的分析，Yao 等（2020a）发现典型的木星磁场偶极化现象在行星自转一周之后再次被观测到（图 18），并且他们首次给出来磁场偶极化与木星极光直接关联的证据。值得一提的是，Yao 等（2020a）选择将磁场的径向分量减弱作为事件选择的主要标准，而并没有选择传统的偶极化判据（即通过分析磁场南北分量的增强）。这种分析方法能最大程度将时空变化进行区分，从而提取出相距一个行星自转周期的两次信号。

1.4 研究进展四：巨行星波动研究

一般认为，地球磁层中的物质来自于其外部。太阳风中的物质可通过“Dungey”循环过程进入地球磁层，是地球磁层等离子体的主要来源。与地球磁层不同，土星磁层中的物质主要来自于其卫星土卫二 Enceladus 喷射的水族粒子（木星磁层中物质主要来源于木卫一），行星自转驱动的“Vasyliunas”循环和“Dungey”循环共同完成巨行星磁层物质和能量输运、循环过程。尽管能量和物质来源不同，行星磁层中也存在着相似的基本物理过程，如磁重联（Delamere et al.，2015；Guo et al.，2018a；Guo et al.，2019）、偶极化（Yao et al.，2017b）、极光（Yao et al.，2017c）及等离子体波动等现象（Glassmeier et al.，

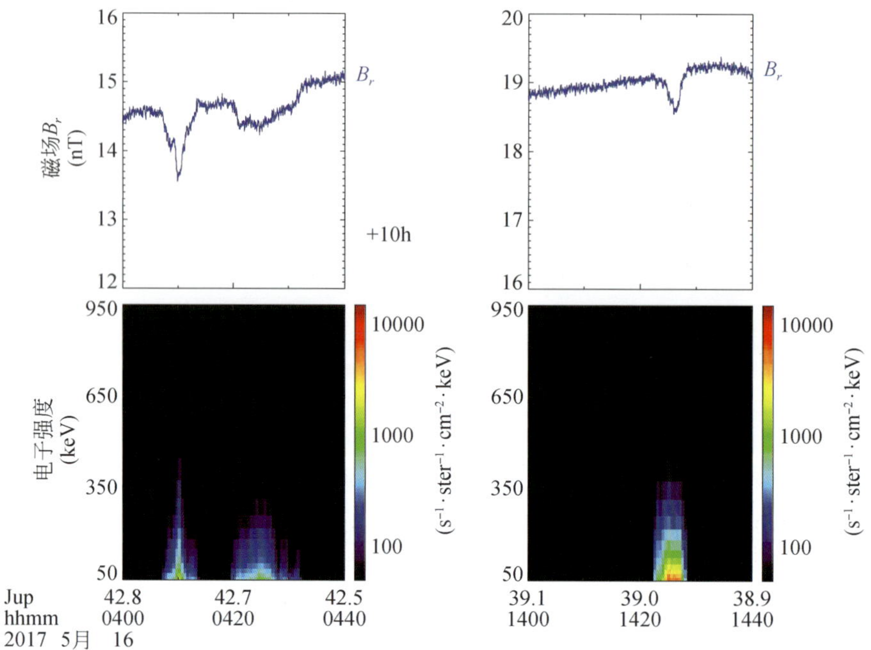

图 18　2017 年 5 月 16 日朱诺号飞船的磁场（上）和高能电子通量（下）测量

两个绿色区域为两次间隔大约木星自转周期的磁场偶极化观测

2004；Murphy et al.，2011）。

波动广泛存在于空间等离子体环境中，是能量传输，场和粒子间能量转化的重要物理机制之一。在地球上，人们将 1 mHz～1 Hz 的波动统称为超低频波，这一频率范围与地球磁场磁力线本征振荡频率相关。然而，由于行星磁层的大小各异，这类波动的频率范围在不同行星磁层中的表现不同，在水星磁层中波动周期更小（约几秒），在巨行星磁层中波动周期更大（通常为几十分钟）。尽管波动的时间尺度差异较大，这些波动的基本物理性质仍然非常相似。

在巨行星上，如土星，低频波动的产生机制有多种。Kelvin-Helmholtz 不稳定性是太阳风和磁层共同作用的结果，常存在于土星晨侧磁层顶附近，是产生低频波动的来源之一；"Vasyliunas" 循环相关的磁重联也可能触发磁力线共振，从而激发低频波；太阳风压缩磁层能直接激发压缩波，其在向磁层内传播的过程中可逐渐转化成阿尔芬波。低频振荡不仅仅在磁场测量中被观测到，在极光和能量粒子观测中也有所体现。人们曾发现土星极尖区极光的 1-h 准周期振荡（Palmaerts et al.，2016）。这种极光特征可能和磁层中观测到的粒子谱周期振荡有关（Roussos et al.，2016）。最近的研究表明，旋转重联可能也对此有贡献（Guo et al.，2018a，2018b），然而，更加细致的分析还需要进一步的研究。鉴于低频波动在行星磁层中的重要意义，本团队通过分析卡西尼飞船观测数据和朱诺号飞船观测数据，初步分析了土星和木星上低频波动现象，为理解巨行星低频波动提供了重要补充。

1. 土星磁层中低频波动的统计研究

直至卡西尼任务结束，人们已经获得了超过一个完整太阳活动周期的土星磁层探测数据。这些数据将支持我们对土星磁层中的低频波动进行系统的分析。Pan 等（2021a）统计分析了 2005～2014 年间土星磁层中的低频磁波动，包括它们的当地时间分布，对太阳活动的依赖性等。本工作中定义土星低频波动振动周期为（10～60 min），磁场数据来自于卡西尼飞船磁强计（MAG）（Dougherty et al.，2004）。

基于从 OMNI 数据集（图 19a）中获得的 27 天平均太阳黑子数，我们从卡西尼观测数据中选择四个时期进行统计研究，分别为：太阳活动下降相（2005～2006 年）、极小期（2008～2009 年）、增长相（2010～2011 年）和极大期（2013～2014 年）。图 19b-i 显示了卡西尼在 KSM（Kronocentric Solar Magnetospheric）坐标系下的轨迹。值得注意的是，卡西尼在不同太阳活动相时期的轨迹很不相同，这可能会混合太阳活动和空间变化的影响。

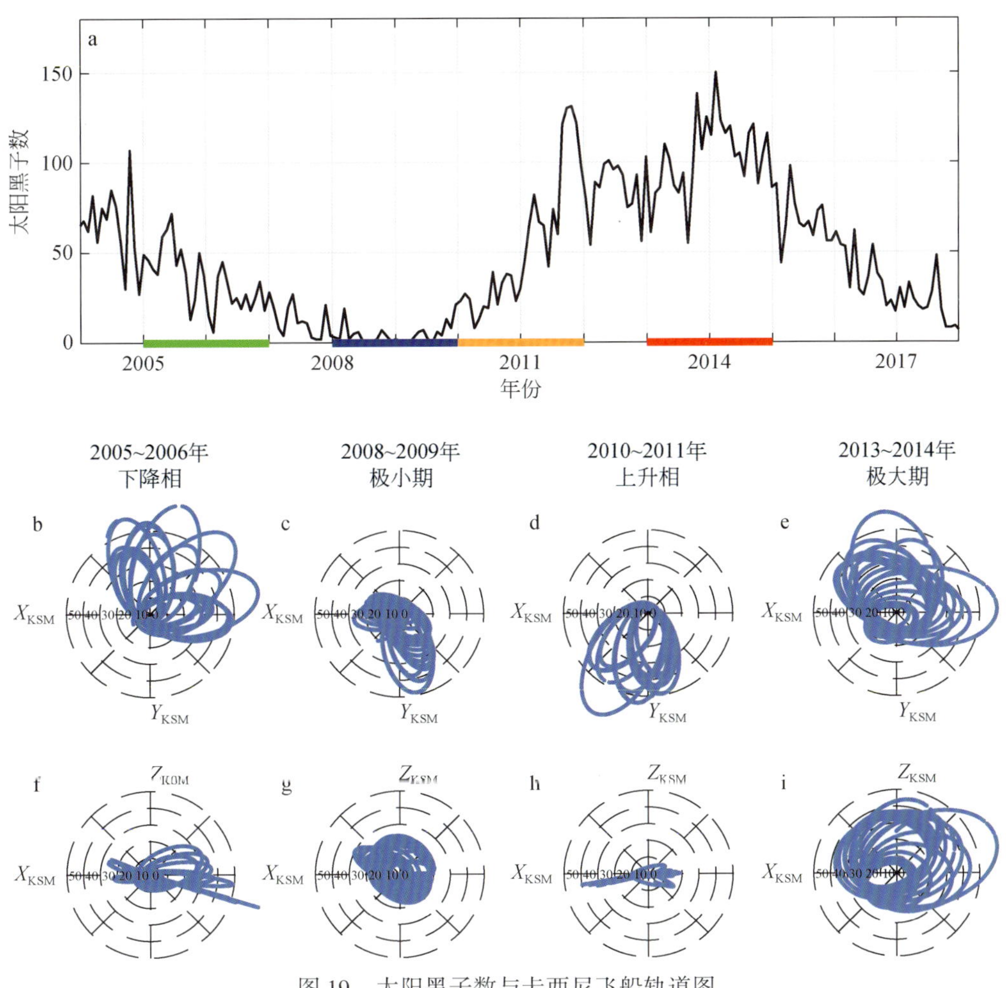

图 19　太阳黑子数与卡西尼飞船轨道图

a. 27 天平均太阳黑子数（源自 omni 数据集 http://omniweb.gsfc.nasa.gov/）；

b-i. 太阳活动下降相、极小期、增长相和极大期期间卡西尼飞船在 KSM 坐标系下的轨迹

由于每个太阳活动时期相对应的当地时间覆盖范围有限，我们不能就波动和太阳活动的相关性得出确切的结论。然而，结合不同太阳活动时期的数据，总体而言，在夜侧扇区，波的强度随距离增加呈单调递减趋势，这表明低频波起源于磁层相对靠里区域。在日

侧，强波主要位于约 25R_S 处或以内，磁层顶附近/内部有较强的波活动；而在约 25R_S 之外，波的活动迅速减弱，这意味着低频波是发生在磁层内的物理过程。进一步地，图 20c 显示了波动功率谱密度随地方时的变化，为了避免免结果受到距离因素的影响，此处，我们仅统计位于 20 R_S 到 30 R_S 的范围内的事件。图中显示了波动在接近正午的区域达到峰值，这说明太阳风与土星磁层顶的相互作用是驱动磁层低频波的重要机制。太阳风和土星磁层顶相互作用引起的磁层顶表面波或 Kelvin-Helmholtz 波可能是激出波动的主要贡献。Delamere 等（2015）曾发现微尺度（drizzle-like）重联出现率在正午附近出现峰值。由此我们推测，低频波动的分布特征可能与之也有一定关联。这项研究展示了土星磁层低频波的全球图景，为磁层能量如何耗散至土星的极地电离层-大气提供了重要的启示。

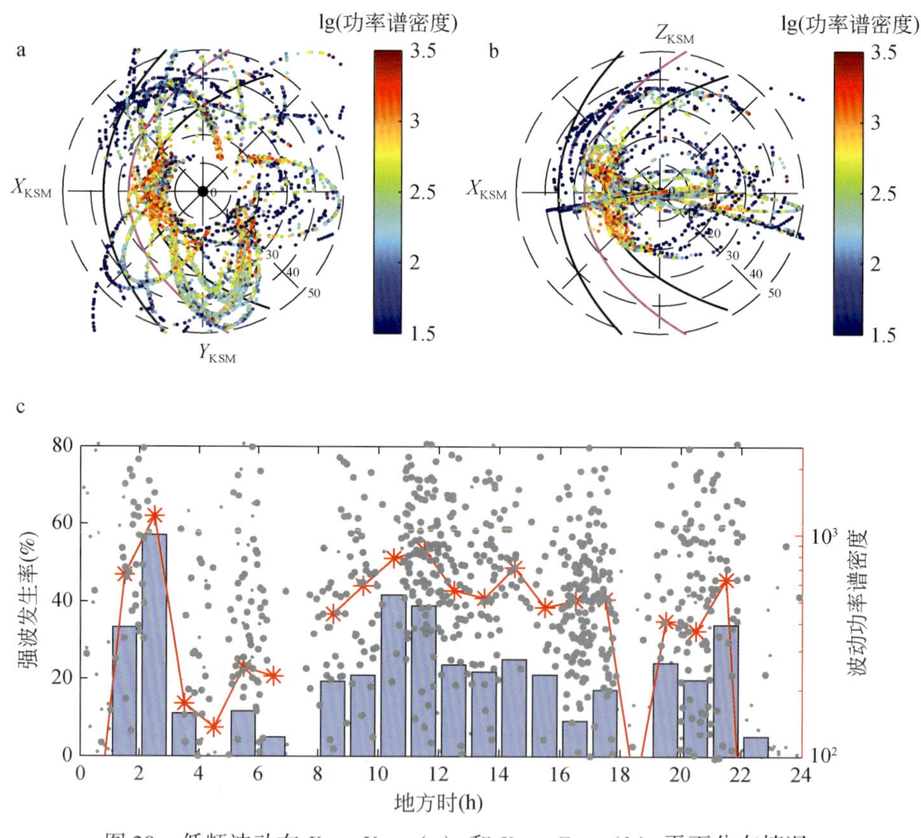

图 20　低频波动在 X_{KSM}-Y_{KSM}（a）和 X_{KSM}-Z_{KSM}（b）平面分布情况，以及（c）低频波动功率谱密度随地方时的分布

其中，紫红色曲线为 A06 模型给出的可能的磁层顶位置（假设太阳风动压为 0.00906 nPa），两条黑色曲线给出了磁层顶位置误差范围

2. 低频波动驱动木星极光——哈勃太空望远镜与朱诺号飞船联合观测研究

木星上拥有太阳系中最强极光现象，木星极光形态和变化多样，反映了木星上复杂的磁层动力学过程。研究极光过程有助于对于理解磁层物质能量循环有重要意义。

木星紫外极光主要分为以下几个部分：主极光带、极区极光和注入极光。主极光带贡献了绝大部分木星极光亮度，其宽度约几百千米（Grodent，2014）。许多人认为主极光带的产生与磁层–电离层电流体系“共转破坏”机制有关，依据这一理论，木星极光增强应与太阳风压缩呈现反相关性（Hill，1979）。然而，有一些研究却有不同看法，Bonfond 等（2020）给出了与传统“共转破坏”理论不符的六项证据。比如，朱诺号飞船和哈勃太空望远镜的联合观测显示，主极光带极光由磁层“装载–卸载”过程相关，而不是由“共转破坏”机制驱动（Yao et al.，2019），极光与太阳风压缩条件呈现正相关关系（Yao et al.，2020b）等。相比于主极光带，人们对极区极光的认知较少，其成因还没有被完全研究清楚。而注入极光通常被认为是磁层内过程的体现，可能与偶极化和晨暴相关（Yao et al.，2020a）。

在地球上，由于空间和地面观测手段众多，人们对于极光过程已有较多的理解，电流体系和阿尔芬波（低频波垂直于背景磁场扰动）对与极光动力学过程都有重要的贡献。在木星上，“共转破坏”是驱动木星极光（尤其是主极光带）的重要理论基础，也已经得到了广泛的研究。Saur 等（2018）从理论上提出了阿尔芬波对木星极光对形成也有贡献，却始终缺乏观测证据的支撑。过去由于观测条件的限制，关于木星极光和阿尔芬波之间的关系一直没有被研究清楚。在本工作中，我们使用哈勃太空望远镜极光数据和朱诺号飞船局地磁场观测数据来研究阿尔芬波动（1 ~ 60 min）在驱动木星极光方面的重要作用。

Pan 等（2021b）使用到的极光观测来自哈勃太空望远镜任务 GO-14634，其中的极光照片来自紫外相机（Space Telescope Imaging Spectrograph，STIS）的拍摄。GO-14634 任务包含 118 次极光观测事件，其时间对应了朱诺号第 3 至 7 个轨道的观测，这为我们联合观测的需求提供了绝佳的机会。

图 21 给出了哈勃太空望远镜连续 3 天对木星北极光的观测，展示了木星极光丰富的形态和亮暗变化。在此期间，朱诺号观测到了丰富的波动现象。由于木星南北半球极光形态和强度均差别很大，且北半球观测事件较多，因此我们仅选用北半球极光事件进行统计研究。图 22 显示了 16 个事件极光功率和垂直波动强度之间的统计图。可以看出，极光功率越强的事件对应的波动强度越强，我们的结果为阿尔芬波驱动木星极光这一理论提供了重要证据。

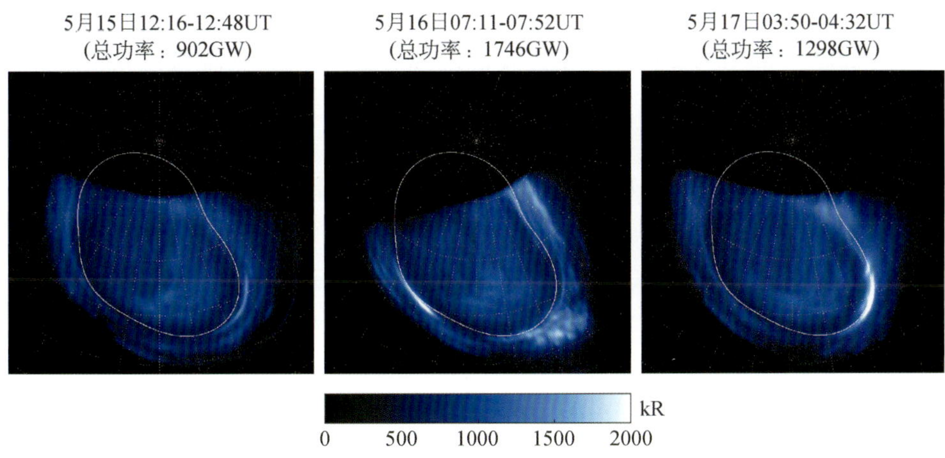

图 21 分别拍摄于 2017 年 5 月 15 日、16 日和 17 日的木星北极光

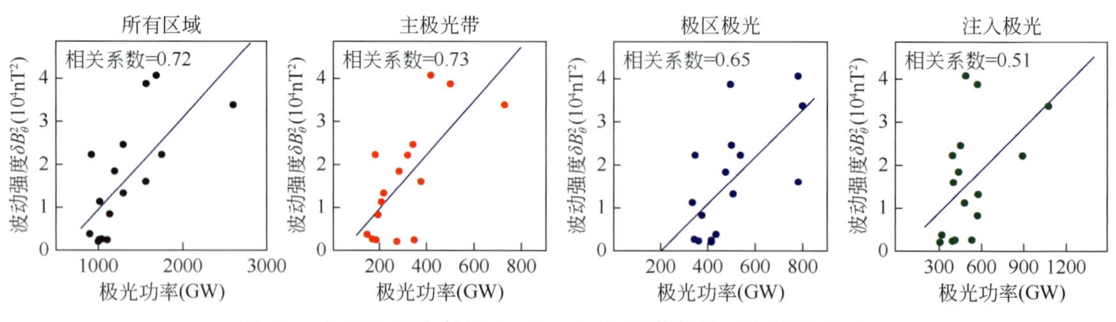

图 22　木星极光功率与 1 ~ 60 min 阿尔芬低波动强度的关系

1.5　研究进展五：巨行星的极光过程

在太阳系行星中，极光是一种普遍存在的现象，存在于除水星之外的其他所有行星上，并且通常也被认为可能存在于太阳系外行星。极光是行星空间高能粒子过程在行星大气层中产生的绚丽发光现象，其形态演化所反映了行星的磁层、电离层和大气层相互耦合的能量传输和释放过程。通过分析极光现象，可以有助于我们理解行星高能粒子和电磁辐射相关的诸多关键空间天气过程。

当前，地球之外的行星极光研究主要是针对土星和木星的极光现象。由于其极光强度高且空间区域大，我们可以通过地球轨道上的光学望远镜（譬如哈勃太空望远镜）实现高分辨的观测，从而揭示这些极光的时间、空间变化过程。通常认为土星的极光过程与地球有较多的类似之处，其极光驱动过程也通常与地球极光驱动过程进行比较研究。譬如地球上驱动极光过程的磁重联和偶极化过程通常也被认为是木星极光的重要驱动过程。对于木星的主要极光驱动过程，当前主流观点认为是磁层“共转破坏”过程所造成的。值得注意的是，越来越多的观测证据显示，木星的极光驱动过程与地球和土星极光过程的相似之处远超过我们此前的认知。对木星极光驱动过程的研究是当前行星极光的焦点，朱诺号卫星探测器与哈勃太空望远镜的配合观测为突破当前理论框架提供了核心观测资料。基于卡西尼飞船、朱诺号飞船、哈勃太空望远镜和 XMM-牛顿太空望远镜的观测，本研究团队在土星和木星极光研究上做出一系列的原创性成果，对理解土星和木星的极光驱动理论有显著突破。相关成果分为以下四个方面来介绍。

1.5.1　土星磁层等离子体波动驱动“正午”附近极光增强

土星磁层通常被认为是从地球到木星的过渡状态，既类似于地球受到太阳风活动的影响，又类似于木星，由其天然卫星提供空间等离子体来源并且在行星自旋的驱动下发生各种等离子体过程。因此，土星磁层独特的环境为理解行星空间等离子体行为一般规律提供了机会。

通过对卡西尼飞船的紫外极光数据分析，Yao 等（2017c）发现土星极光在“正午”附近存在常规性的增强行为，通过对磁场和等离子体数据综合分析，他们揭示出土星“正午”附近极光增强是由低频磁流体波动（即阿尔芬波）所驱动。针对“正午”附近阿尔芬波动的产生机制，他们的研究指出两种可能性：①土星磁尾的高速等离子体流在Vasyliunas对流过程中遇到日侧被压缩的磁层会减速，而这些减速后的高速流会压缩局地磁力线，从而在磁力线上产生阿尔芬波动；②太阳风压缩土星日侧磁层，从而在“正午”附近的磁层顶上产生压缩波，压缩波可能在磁层顶附近或者向磁层内部传播的过程中驱动局地剪切阿尔芬波，从而将能量沿磁力线传播到电离层和大气层产生极光现象。

1.5.2 木星磁层磁能“装卸载”驱动木星主极光

在地球上，太阳风通过磁层顶的等离子体物理过程将能量和物质输入进地球磁层，储存为磁能，当地球磁层释放能量时，极区出现绚丽的极光过程。在土星和木星上，极光过程则显著不同。土卫二的羽状水喷泉和木卫一的火山活动产生的等离子体被认为是土星和木星磁层空间等离子体的主要来源。传统的观点认为，由于角动量守恒的约束，土星二和木卫一产生的带电离子在向中远磁层扩散的过程中其角速度会降低，从而在磁层中形成等离子体的剪切流（即等离子体流有相对运动）。在木星上，该剪切流通常被认为存在于20～30个木星半径，因此驱动一个环状的粒子沉降以及形成行星极区表面环状极光（如图23）。这个驱动也俗称“共转破坏”诱发驱动机制。

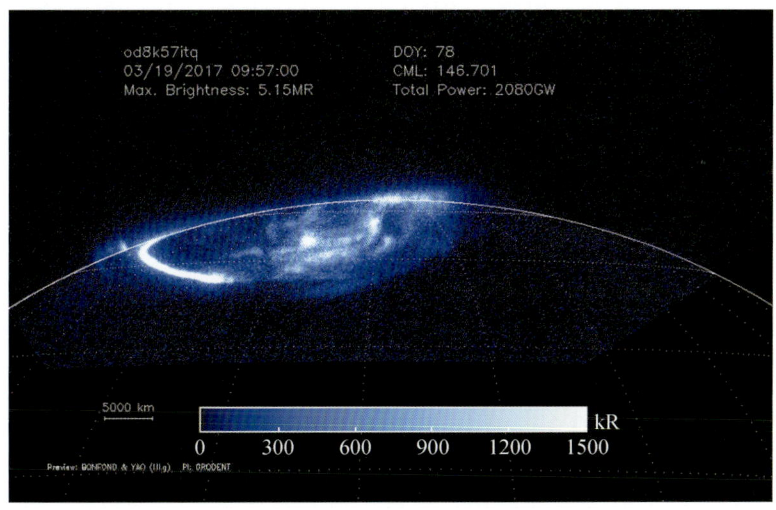

图23 地球视角下的木星北极光

本极光图为拍摄于2017年3月19号的一次显著的主极光带增强事件

“共转破坏”诱发驱动机制自1979年被提出来之后就迅速被学界接受，并一直是公认的巨行星极光驱动过程。这里需要提到，“共转破坏”诱发驱动机制给出的预测是太阳风动压增强极光活动会减弱，这与地球上的极光特征是相反的。自哈勃太空望远镜在20世纪90年代上天之后，我们对木星极光的直接观测就逐渐变得常规化了，可以清晰地看到极光的各种特征，然而由于缺少直接的卫星就位观测，我们看到极光的变化并不能直接确认是否符合“共转破坏”诱发驱动机制。在卡西尼卫星2007年飞掠木星的过程中，人们将哈勃太空望远镜的极光观测和卡西尼卫星在木星附近的空间环境测量结合起来，很意外地揭示出在太阳风动压增强的时候，极光并没有如“共转破坏”诱发驱动机制所预期的减弱。恰恰相反，极光显著增强。为了解决这一明显的矛盾之处，改进的“共转破坏”诱发驱动机制认为极光增强可能是瞬态过程而非平衡态，“共转破坏”诱发驱动机制所预期的平衡态的极光减弱应该有一定的滞后性。

直到朱诺号卫星于2016年进入木星轨道之后，才真正实现了常规的联合卫星就位观测和极光遥感观测。在2016年到2019年期间，本所的研究团队与国际团队主导了这一系列的联合观测研究，他们的研究发现“共转破坏”诱发驱动机制所预期的极光过程并未出现，且滞后的平衡态极光减弱也未出现，因此说明此前的木星极光理论可能都不能很好地解释真实的木星极光过程。

他们通过对比2017年3月和7月的两个时间段同时的朱诺号卫星和哈勃太空望远镜观测资料，揭示出磁能转换在驱动木星极光过程中的关键作用。2017年3月17日至22日，哈勃太空望远镜观测到持续增强的极光环，并且极光的强度还有1~2天时间尺度上的显著变化。而2017年7月1日至6日，哈勃太空望远镜持续观测到非常弱的木星极光，说明整个时间段极光驱动过程都相对很弱。因此通过对比这两个时间段朱诺号飞船观测到的差异，就可以确定极光驱动的主要机制。值得一提的是，这两个时间段卫星的轨迹几乎相同，因此可以消除空间效应，从而可以确定观测差异对应的是真实的物理过程。他们的结果清晰地显示了，在极光相对更强的2017年3月17日至22日，磁层的磁能显著强于极光较弱的2017年7月1日至6日。并且，他们发现在3月17日至22日期间，增强的极光亮度变化与磁能变化是反相位的，而与粒子能量变化是同相位的，因此他们提出，磁能的释放导致粒子的加速以及极光增强现象。这一机制与“共转破坏”诱发驱动机制是相互独立的过程，而观测资料与磁能堆积/释放机制显然更相符。

1.5.3 木星晨爆极光和低纬注入极光的物理关联

作为太阳系最强的极光，木星的紫外极光图片提供了诸多丰富的特征。实际上在哈勃太空望远镜对木星的首批极光观测就发现了巨大的极光增强区域。由于不确定其物理机制，因此按照其形态和发生位置的特征被命名为木星极光晨爆（Auroral Dawn Storm）。虽然木星晨爆事件被发现已有20多年，其物理机制依然不清楚。其中一个主要的原因就是因为木星晨爆事件没有对应的磁层观测，因此很难判断是何种磁层过程驱动的木星晨爆事件。通常认为，木星磁层的磁重联过程与晨爆事件有密切关系，并且哈勃太空望远镜对木星极光的越来越多观测显示出木星的晨爆事件与木星极光向低纬度扩散有关联。木星极光向低纬度扩散通常也被称之为极光注入事件，其对应的是磁层内的热等离子体从远处向靠近木星的区域注入，最近可达到木卫一的轨道附近（约6个木星半径处）。

通过分析大量哈勃太空望远镜拍摄的极光图片，Yao等（2020a）揭示出极光晨爆和极光注入的“共生”关系，并且通过配合同时由朱诺号飞船所探测的磁场和等离子体数据分析，直接从观测上推测出木星晨爆极光事件与磁重联对应，而木星极光注入事件则与磁场偶极化对应。由于磁层中磁重联和偶极化是强耦合的关系，因此映射到极光上就是晨爆事件和极光注入事件。Yao等（2020a）还提出磁重联区可以在一段时间内持续产生偶极化注入事件，由于偶极化过程是随行星共转的，因此这些先后产生的偶极化注入事件会在经度上有所区分，从而形成极光图片上沿不同经度排列的多个极光注入事件，这也解释了极光晨爆是与多个极光注入结构共同出现的极光现象（图 24）。

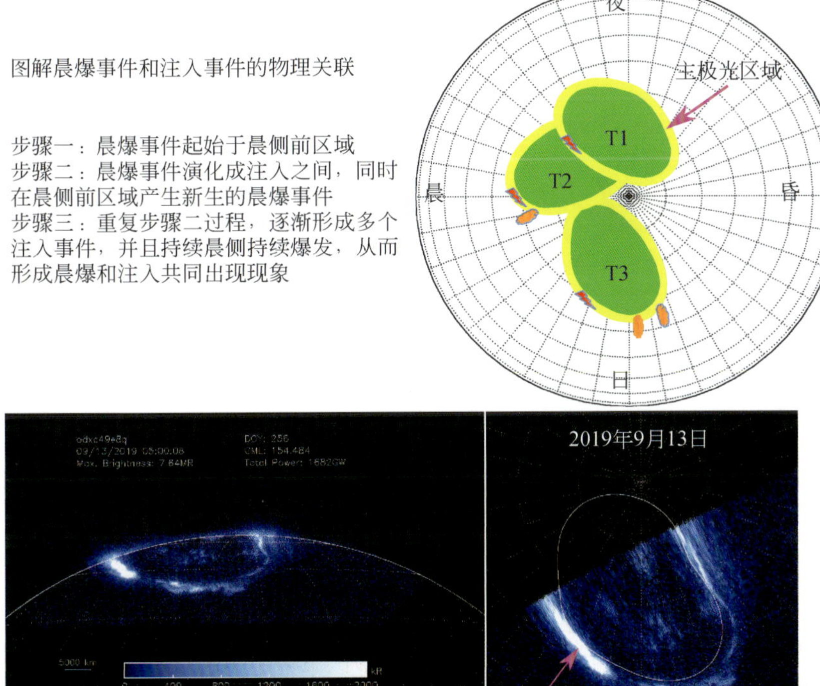

图 24 极光晨爆事件触发多次极光注入

1.5.4 利用木星极光变化诊断太阳风活动

恒星风对行星空间环境的影响是行星空间天气最核心的课题之一。在太阳系行星中，通常认为类地行星的空间物理过程主要是由太阳风主导。而巨行星由于距离太阳较远且自身磁场强，可以预期太阳风对其的影响可能会降低。在太阳系的四颗巨行星里面，木星的磁场强度最强，且木星磁层内的主要物质来源于木卫一剧烈的火山活动，每秒钟向木星空间内注入约 1000 kg 的物质，因此通常认为太阳风对木星空间物理过程的影响较小。然而近年来随着飞往木星的探测飞船的增多，我们对木星如何响应太阳风变化有了越来越多的观测资料。这些观测资料显示太阳风对木星极光存在显著的影响，因此表面太阳风能够显著改变木星磁层空间内的等离子体过程。一些孤立事件研究表明太阳风压缩过程中，木星的紫外极光、红外极光、X 射线极光和射电辐射都会显著增强。目前还不清楚这些增强是系统性的还是个例。此外极光增强的形态也不清楚，而不同的极光增强对应的磁层空间能量释放区域和释放形式都是有显著差异的，因此通过更多事件的分析，研究不同太阳风条件下极光的变化方式对于理解行星磁层对太阳风响应模式是非常重要的。

Yao 等（2020b）通过分析朱诺号飞船穿越磁层顶附近区域与同时的哈勃太空望远镜极光观测资料，发现当磁层顶被显著压缩（即太阳风动压增大）时，主极光带呈现系统性地增强（图 25）。反之，当磁层顶处于相对膨胀的状态（太阳风动压较弱）时，极光既可能处于非常平静的状态，又可能出现局部的爆发状态（即极光晨爆事件），然而却没有出现主极光带的整体增强。基于本研究结果，我们认为可以将太阳风压缩与主极光带增强的直接关联，并且可以确定极光晨爆事件与太阳风变化无直接关联。

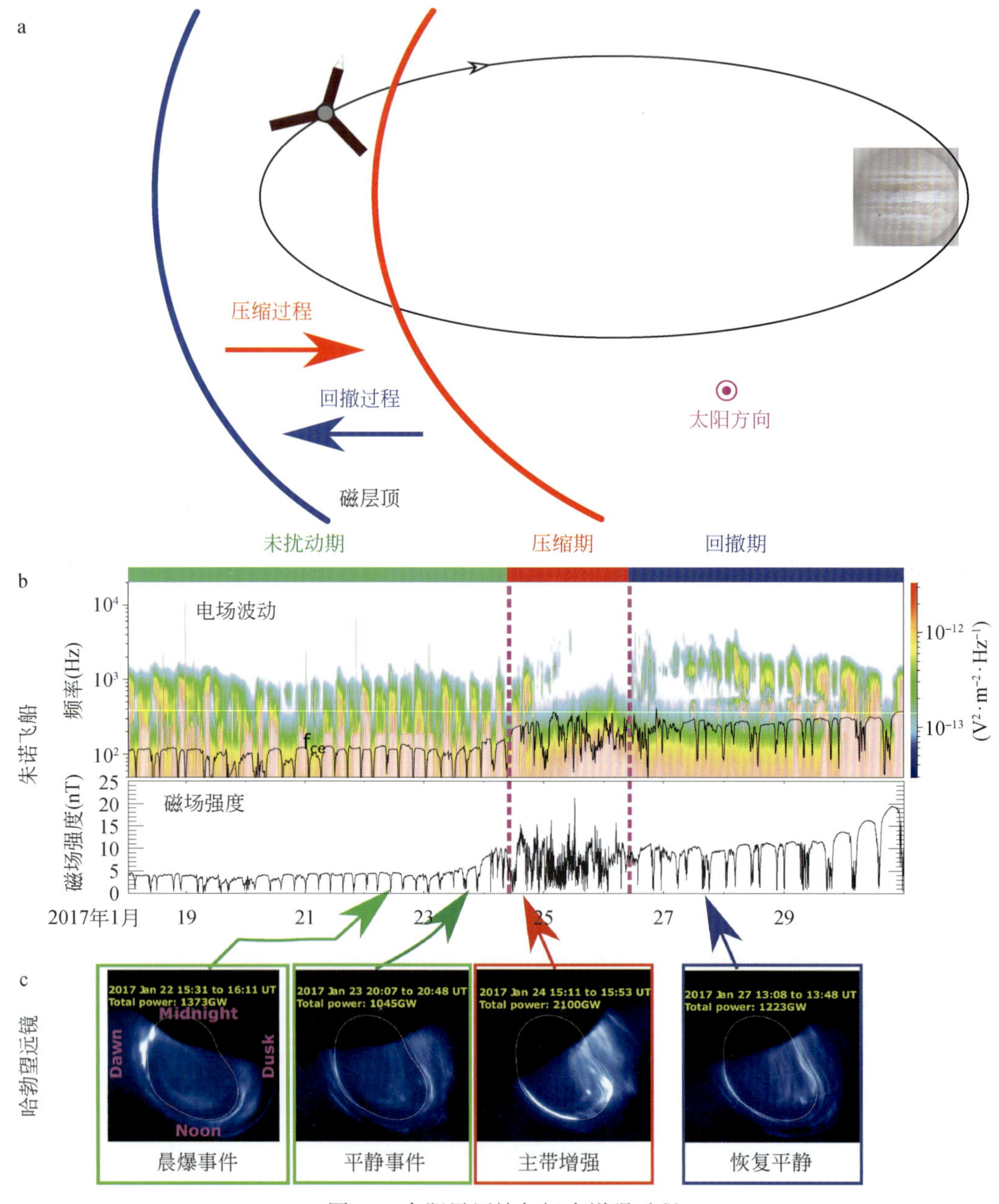

图 25　太阳风压缩与极光增强过程

a. 卫星的轨迹和磁层顶的相对位置，红色的磁层顶对应着被太阳风压缩的状态，蓝色对应的是太阳风动压减弱的恢复状态，绿色对应的是弱太阳风状态；b. 朱诺号飞船的波动测量和磁场测量；c. 哈勃太空望远镜在不同时刻的极光拍摄

2 未来展望

巨行星探测是一项高度复杂且耗费资金极其高昂，通常需要多国合作才能完成的任务。相应地，巨行星探测也是工程技术发展的关键推进剂，也因此产生了诸多重大科学发现。这些发现所揭示出的太阳系星体的丰富多彩也让人惊叹，是理解星球演化和生命起源的重要资讯。当前对巨行星的探测主要集中在土星和木星上，其丰富的卫星系统也一次次吸引着全世界探测团队的关注，探测手段也覆盖广泛，包括从电磁场，重力场，粒子和光学/电磁辐射多个方面。天王星和海王星这两颗冰巨星是未来巨行星探测团队重点目标，预计未来5~10年是国际团队的关键预研阶段和准备期。“天问一号”火星探测任务揭开我国行星探测的序幕，未来的木星探测也在论证阶段。在不久的将来，随着论证的深入展开，我国对巨行星探测的科学人才需求也将逐步上升。

考虑到国际社会已经在木星探测积累了数十年的观测，我们当前的研究可以考虑以观测数据为基础，大型数值模拟为手段来建立系统的巨行星空间环境扰动模式。在完成建立被充分验证过的巨行星空间扰动模式之后，我们可以在对扰动模式的输入位置上进行监测，来提供长期的巨行星空间环境扰动模拟，从而给未来的巨行星探测任务提供关键的安全保障。

在过去的20多年间，哈勃太空望远镜在行星极光的理解上做出了开创性的贡献，是我们对土星和木星极光认知的关键观测来源。然而随着哈勃太空望远镜服役即将到期，类似的观测将不复存在。哈勃太空望远镜提供了土星和木星高空间分辨的极光拍摄，然后在观测时间上却大大受限，尤其对于极光长时间演化过程（例如大于1 h）目前依然不清楚。未来的太空望远镜可以聚焦在长时间连续观测，从而揭示木星极光演化从小时尺度到太阳活动周期尺度的变化规律。此外，行星极光提供的全局图像是卫星原位探测关键的配合信息，因此空基望远镜观测站（譬如空间站）对于我国未来实施木星探测计划也非常重要。

参考文献

Bonfond B，Yao Z H，Gladstone G R，Grodent D，Gérard J-C，Matar J，et al. 2021. Are dawn storms Jupiter's auroral substorms? AGU Advances，2：e2020AV000275.

Delamere P A，Otto A，Ma X，et al. 2015. Magnetic flux circulation in the rotationally driven giant magnetospheres. Journal of Geophysical Research：Space Physics，120（6）：4229-4245.

Dougherty M K，Kellock S，Southwood D J，et al. 2004. The Cassini magnetic field investigation. Space Science Reviews，114（1-4）：331-383.

Glassmeier K-H，Klimushkin D，Othmer C，et al. 2004. ULF waves at Mercury：Earth，the giants，and their little brother compared. Advances in Space Research，33（11）：1875-1883.

Grodent D. 2014. A brief review of ultraviolet auroral emissions on giant planets. Space Science Reviews，187（1-4）：23-50.

Guo R L，Zhong H Y，Yong W，et al. 2018a. Rotationally driven magnetic reconnection in Saturn's dayside. Nature Astronomy，2：640-645.

Guo R L, Yao Z H, Sergis N, et al. 2018b. Reconnection acceleration in Saturn's dayside magnetodisk: a multicase study with cassini. The Astrophysical Journal Letters, 868: L23.

Guo R L, Yao Z H, Sergis N, et al. 2019. Long-standing small-scale reconnection processes at saturn revealed by cassini. The Astrophysical Journal Letters, 884: L14.

Hill T. 1979. Inertial limit on corotation. Journal of Geophysical Research, 84 (A11): 6554-6558.

Krupp N, Roussos E, Paranicas C, et al. 2016. Energetic Particles and Waves in the Outer Planet Radiation Belts. Oxford: Oxford University Press.

Lorenzato L, Sicard A, Bourdarie S. 2012. A physical model for electron radiation belts of Saturn. J Geophys Res (Space Physics), 117: A08214.

Menietti J D, Averkamp T F, Ye S-Y, et al. 2015. Survey of Saturn Z-mode emission. J Geophys Res Space Physics, 120: 6176-6187.

Menietti J D, Yoon P H, Písa D, et al. 2016. Source region and growth analysis of narrowband Z-mode emission at Saturn. J Geophys Res Space Physics, 121: 11929-11942.

Murphy K R, Mann I R, Jonathan Rae I, et al. 2011. Dependence of ground-based Pc5 ULF wave power on F10.7 solar radio flux and solar cycle phase. Journal of Atmospheric and Solar-Terrestrial Physics, 73 (11-12): 1500-1510.

Palmaerts B, Radioti A, Roussos E, et al. 2016. Pulsations of the polar cusp aurora at Saturn. Journal of Geophysical Research: Space Physics, 121 (12): 11952-11963.

Pan D X, Yao Z H, Guo R L, et al. 2021a. A statistical survey of low-frequency magnetic fluctuations at Saturn. Journal of Geophysical Research: Space Physics, 126: e2020JA028387.

Pan D X, Yao Z H, Manners H, et al. 2021b. Ultralow-frequency waves in driving Jovian aurorae revealed by observations from HST and Juno. Geophysical Research Letters, 48: e2020GL091579.

Paranicas C, Mitchell D G, Roussos E, et al. 2010. Transport of energetic electrons into Saturn's inner magnetosphere, J Geophys Res (Space Physics), 115: 9214.

Roussos E, Krupp N, Paranicas C, et al. 2014. The variable extension of Saturn's electron radiation belts. Planetary Space Sci, 104: 3-17.

Roussos E, Krupp N, Mitchell D G, et al. 2016. Quasi-periodic injections of relativistic electrons in Saturn's outer magnetosphere. Icarus, 263: 101-116.

Roussos E, Kollmann P, Krupp N, et al. 2018. Drift-resonant, relativistic electron acceleration at the outer planets: Insights from the response of Saturn's radiation belts to magnetospheric storms. Icarus, 305: 160-173.

Saur J, Janser S, Schreiner A, et al. 2018. Wave-particle interaction of Alfvén waves in Jupiter's magnetosphere: Auroral and magnetospheric particle acceleration. Journal of Geophysical Research: Space Physics, 123: 9560-9573.

Shprits Y Y, Menietti J D, Gu X, et al. 2012. Gyroresonant interactions between the radiation belt electrons and whistler mode chorus waves in the radiation environments of Earth, Jupiter, and Saturn: A comparative study. J Geophys Res (Space Physics), 117: A11216.

Sicard-Piet A, Bourdarie S, Krupp N. 2011. Jose: A new Jovian specification environment model. IEEE Transactions on Nuclear Science, 58 (3): 923-931.

Sitnov M I, Swisdak M, Divin A V, et al. 2009. Dipolarization fronts as a signature of transient reconnection in the magnetotail. J Geophys Res, 114: A04202.

Sun Y X, Roussos E, Krupp N, et al. 2019. Spectral signatures of adiabatic electron acceleration at Saturn through corotation drift cancelation. Geophysical Research Letters, 46: 10240-10249.

Thomsen M F, Coates A J, Roussos E, et al. 2016. Suprathermal electron penetration into the inner magnetosphere of Saturn. J Geophys Res (Space Physics), 121 (6): 5436-5448.

Van Allen J A, Thomsen M F, et al. 1980. The energetic charged particle absorption signature of Mimas, Journal Geophys Res, 85: 5709-5718.

Woodfield E E, Horne R B, Glauert S A, et al. 2018. Formation of electron radiation belts at Saturn by Z-mode wave acceleration. Nature Communications, 9: 1723-2041.

Yao Z, Coates A, Ray L, et al. 2017a. Corotating magnetic reconnection site in Saturn's magnetosphere. The Astrophysical Journal Letters, 846 (2): L25.

Yao Z, Grodent D, Ray L, et al. 2017b. Two fundamentally different drivers of dipolarizations at Saturn. Journal of Geophysical Research: Space Physics, 122 (4): 4348-4356.

Yao Z, Radioti A, Rae I J, et al. 2017c. Mechanisms of Saturn's near-noon transient aurora: in situ evidence from Cassini measurements. Geophysical Research Letters, 44: 11217-11228.

Yao Z, Radioti A, Grodent D, et al. 2018. Recurrent magnetic dipolarization at Saturn: revealed by Cassini. Journal of Geophysical Research: Space Physics, 123: 8502-8517.

Yao Z H, Grodent D, Kurth W S, et al. 2019. On the relation between Jovian aurorae and the loading/unloading of the magnetic flux: Simultaneous measurements from Juno, Hubble Space Telescope, and Hisaki. Geophysical Research Letters, 46: 11632-11641.

Yao Z H, Bonfond B, Clark G, et al. 2020a. Reconnection-and dipolarization-driven auroral dawn storms and injections. Journal of Geophysical Research: Space Physics, 125: e2019JA027663.

Yao Z H, Bonfond B, Grodent D, et al. 2020b. Auroral diagnosis of solar wind interaction with Jupiter's magnetosphere. arXiv: 2004. 10140 [physics] . http://arxiv. org/abs/2004. 10140.

Ye S-Y, Menietti J D, Fischer G, et al. 2010. Z mode waves as the source of Saturn narrowband radio emissions. J Geophys Res, 115: A08228.

行星冰物理研究进展

蓁　超

中国科学院地质与地球物理研究所，北京　100029

摘　要

水（H_2O）是宇宙中最常见的化合物之一。在太阳系内行星地球和火星的两极，以及外行星和它们的卫星上，水的主要存在形式是它的固体形态——冰。行星条件下对冰的流动的研究对我们理解太阳系内其他天体的构造和演化具有重要意义，而这些研究也可以通过对比增进我们对地球的认识，因此冰物理的研究是行星科学研究的一个重点。本章首先以月球、火星、谷神星和木卫二为例，介绍了过去几十年学界对行星冰体的发现和储量的研究。之后着重阐述木星的冰卫星木卫二上冰层的特点、结构，并讨论了其下表面海洋的存在可能。最后，介绍了万卫星院士团队中行星冰物理实验室近年来的研究进展，并展望了冰物理这一领域未来重要的研究方向。

1　引言

在宇宙中，含量最多的三种元素分别是：氢（约占 71%）、氦（约占 27%）和氧（约占 1%）。而氢和氧所形成的化合物——水（H_2O）是宇宙中最为常见的化合物之一。在太阳系中，水广泛存在于行星、矮行星和冰卫星之上。在地球上，水主要以液体形态存在，仅在两极以固体形态存在。而在距离太阳较远——太阳系雪线之外的其他天体中，极低的温度使水的固体形态——冰，成为构成天体的主要成分（图 1）。因此，对冰的研究具有很强的普遍意义。

冰构成了地球表面的主要岩体之一的冰川和冰盖。随着全球气候的变化，这些巨大冰体的消融速率逐渐加快，造成了全球海平面上升，威胁到了全人类未来的生活和发展。这些冰体的质量是由降雪这一积累过程和融化为淡水、破裂为海中冰山等损失过程所平衡的（Petrenko and Whitworth，1999）。而能够发生融水和破裂的冰量取决于冰从冰原的内部向边缘的流动。更好的研究冰的流动过程将有助于人类准确预测未来冰的消融速率和海平面上升速率，并寻找减缓的方法。

在地球之外，冰也是太阳系内一些天体表层和次表层岩体的主要组成成分。结合冰的流变方程（冰的流动的本构关系）的不同模型被用于推测火星冰盖的含冰量（Qi et al.,

图 1　太阳系主要天体，以及水的雪线边界位置（图片修改自 NASA）

2018)，研究谷神星上冰火山和陨石坑的黏性松弛过程（Sori et al.，2017)，探知木星冰卫星（木卫二和木卫三）冰地壳中的对流过程（Ruiz，2010)，解释冥王星表面“山脉”的形成（Moore et al.，2016）等等。因此行星条件下冰的流动的研究对我们理解太阳系内其他天体的构造和演化有着重要的意义，而这些研究也可以通过对比增进我们对地球的认识。

在这一章节，我们将为大家介绍太阳系中一些广受关注的含冰天体，以及近些年在冰流动的实验研究上的进展。

2　月球

作为距离地球最近的天体，月球是人类探索宇宙最理想的地外基地。如果月球上有水存在，将会更加方便宇航员或空间站的补给，因此，在月球中寻找水成为探索月球最主要的研究课题。Watson 等（1961）就提出了在月球存在水冰的假设：月球极区附近的永久阴影区可以作为冷阱将月球上的挥发分，尤其是水冰聚集到一起；这些永久阴影区域温度将常年维持在 40K 左右，可以在地质时间内维持冰的稳定。然而，在月球存在水冰的假设提出后的三十多年间，无论是数次阿波罗登月计划，还是月球样品和月球陨石的研究，都没有找到月球上存在水的证据。于是有人提出了月球上不可能存在水的证据：①月球岩石类型主要有斜长岩、玄武岩和角砾岩，而没有发现地球存在的水成岩石；②月球主要矿物是辉石、斜长石、橄榄石、钛铁矿等，没有发现任何原生和次生的含水矿物；③月球上没有发现大气、水体和生物等外应力作用留下的痕迹，而火星则有此类现象发现；④月壤是在 46 亿年来由大大小小的太阳系小天体撞击月球表面形成的，撞击过程中产生的高温，加上没有大气层、低重力因素，使得月球表面很难保存水（欧阳自远，2005）。因而，当时大多数科学家认为月球表面不存在水冰。

然而1991年，阿雷西博天文台的雷达探测到水星上的永久阴影区可能存在水冰（Harmon and Slade，1992；Slade et al.，1992），使同样拥有永久阴影区的月球是否存在冰的问题再次引起了科学家们的兴趣。1994年发射的轨道卫星克莱门汀（Clementine）探测器第一次获得了直接证据来证明月球南极可能存在水冰（Nozette et al.，1996），探测器检测到的雷达回波与月球表面的岩石碎屑的回波特征不太一致，却符合挥发性冰的回波特征。但是，后来的研究对这种解释提出了质疑，月球表面的阳光存在散射现象，因此月球极区至少不存在大面积的冰。然而，也有人认为在阳光下表面散射的存在并不能排除在永久阴影区中大量散布冰的可能性（Nozette et al.，2001）。1998年发射的月球勘探者号（Lunar Prospector）探测器对月球上氢的丰度进行了测量，极点附近的近地表氢量较高（Feldman et al.，2001），结合对永久阴影区的研究，Lawrence等（2006）认为月球极地环形山中存在冰。

2008年发射的“月船一号”探测器也在月球北极的一些撞击坑获得了异常的雷达回波特征，几乎所有这些特征都处于永久阴影区中，并且与月球勘探者中子数据模型所表示的极地冰的位置相符合（Spudis et al.，2010）。2009年发射的月球勘测轨道器（Lunar Reconnaissance Orbiter）通过轨道雷达对月球南极附近的沙克尔顿陨石坑（永久阴影区半径超过10 km）进行了观测（图2）。观测结果与陨石坑壁斜坡上存在的不太成熟的风化层造成的粗糙表面最为一致（Thomson et al.，2012）。当然，也不能排除冰的贡献，含约20%冰的1 mm厚的表层（Zuber et al.，2012）或含5～10 wt%冰的1 m厚风化层所产生的信号也将与观测结果一致（Thomson et al.，2012）。同年发射的月球陨坑观测与遥感卫星（Lunar CRater Observation and Sensing Satellite，LCROSS）使用动力学探测器与月球南极附近的永久阴影区发生碰撞，通过尾随的航天器来测量溅射物的成分。Gladstone等（2010）通过对溅射物光谱的分析与对比，除了许多挥发性化合物的光谱带之外，一部分溅射物的分析光谱只有月壤与冰的混合物的光谱能与其近似匹配，并估算出撞击区域中冰的含量约为5.6%±2.9%。除了雷达和卫星探测的手段之外，还通过对月球陨石的研究证明了月球

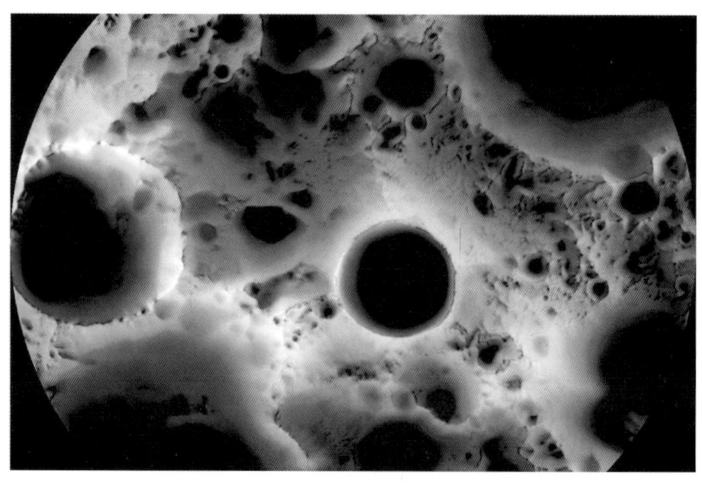

图2　月球南极的光照图（图片来自NASA/GSFC/Arizona State University）
最暗色区域为永久阴影区，最明亮区域为光照区。沙克尔顿陨石坑在最中间

上存在冰。Kayama 等（2018）通过对 17000 年前的月球陨石的研究，发现了必须有水参与才能形成的矿物——斜硅石，这揭示了月球上曾经有水存在，并判断含水量约为 0.6%。

总的来说，从过去的探测结果来看，月球上存在冰的概率比较大，并且很可能是以冰-月壤混合物的形式存在的，但是由于雷达分辨率的限制，还有许多问题尚未解决，比如月球上冰总量，冰以何种形式存在，冰在全月的分布情况等等（丁春雨等，2015）。可能这些问题只有等到雷达分辨率达到足够高的要求或者进一步的探测及再次登月才能解决。

3 火星

火星是太阳系中的第四颗行星，为太阳系内 4 颗类地行星之一。火星在太阳系探索中具有独特的地位：它掌握了许多引人注目的行星科学问题的关键，并且登陆火星的可行性允许人们通过快速、系统的探索来解决和回答这些科学问题。火星的科学目标集中于了解行星作为一个系统的演化，重点是构造与气候循环之间的相互作用以及对宜居性和生命的影响。火星提供了一个极好的机会来研究太阳系的宜居性和生命的主要问题。火星上的条件，特别是在其早期历史上，被认为有利于生物前化合物的形成，并有可能实现生命的起源和继续进化。生命起源前和生命演化过程的证据包括火星的热演化和轨道演化，以及太阳光、温室气体和至关重要的水，所以人类很早就开展了对火星上水的探索。

过去的火星上可能有液态水存在。在 1972 年，水手 9 号轨道飞行器在火星的大气中观测到的光谱特征被认为是水冰的光谱特征（Curran et al.，1973）。水手 9 号还拍摄到了河流通道和树枝状支流（Baker and Milton，1974），表明过去的某个时间在火星地表中可能稳定地存在液态水，并且通道的随机性分布及侵蚀表明，水是从岩石圈渗出到表面而非大气供给的（Sharp and Malin，1975）。“维京号”轨道飞行器在火星地表观测到的滑坡、碎屑扇和碎屑锥（Baker and Kochel，1979）等地貌也在一定程度上验证了这个观点。然而今天的火星上的大气压只有 600 Pa，平均温度只有 210 K，在表面很难维持液态水存在（Malin and Edgett，2000a）。另外，火星的微弱的引力无法保持丰厚的大气，导致许多水都逃逸并消散到太空中。那么现在的火星上有没有水或水冰的存在呢？

现在的干冷的火星上，水资源主要以冰的形式赋存。1966 年，Leighton 和 Murray（1966）预测，在如今火星的高纬度地区仍然存在稳定的冰。此外，一系列理论分析对于该预测的各个方面进行了研究，根据冰的稳定性的季节变化（Paige，1992），到冰对长期气候变化的动态响应（Mellon and Jakosky，1995），以及冰分布的地理变化建立了一些冰的稳定性模型。这些模型的一些关键发现是：①火星大气中的水蒸气很容易扩散到土壤中，并在孔隙中以冰的形式凝结；②火星土壤存在一个突变层，在这个边界下，富含冰的物质将以冻土的形式持续稳定存在，在这个边界之上，为干燥、无冰的土壤；③在永久冻土之上 1 m 范围内，冰是动态存在的，并由南半球向北半球迁移。不过这些都是基于水的热物理性质和稳定性的理论预测。直到 2000 年，火星全球勘探者（Mars Global Surveyor，MGS）上搭载的火星轨道相机揭示了几百米深处的浅次表层结构中可能存在源自被火山蚀变产物覆盖的地下冰层中的水（Malin and Edgett，2000b）。2002 年，NASA 的奥赛德号（Odyssey）探测器在火星轨道上进行观测，发现火星风化层中存在丰富的地下氢，这表明火星南部中高纬度地区浅表层可能存在地下冰（Boynton et al., 2002；Feldman et al., 2002）。2003 年发射的火星快车轨道器上搭载的高分辨率立体相机（HRSC）获取了火星水冰的直接影像（Jaumann et al., 2015）。在轨道器拍摄的火星地面照片中，北极附近一撞击坑底部可见圆形状的水冰。2008 年，NASA 的凤凰号（Phoenix）探测器在火星北极附近登陆，直接挖掘出了水冰，获取了火星上存在水冰的直接证据（Mellon et al., 2009）。此外，凤凰号发现地下水冰主要以冻土的形式存在于疏松的土壤中，纯净的水冰只占不到 10%。除了冻土中的冰，火星上还有大量的冰存在于两极的冰盖中。Pathare 等（2005）通过对火星南极冰盖上的陨石坑的松弛过程进行模拟，推测出了冰盖的黏滞系数。而后 Qi 等（2018）在实验室中利用含固体颗粒物的冰模拟了火星冰，发现要达到之前认为的黏滞系数，冰盖中的固体颗粒物体积比不能超过 6%，即冰盖中可能 94% 都是水冰（图 3）。

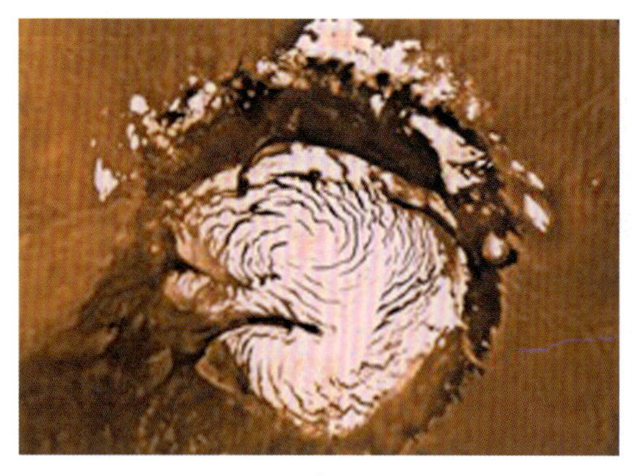

a

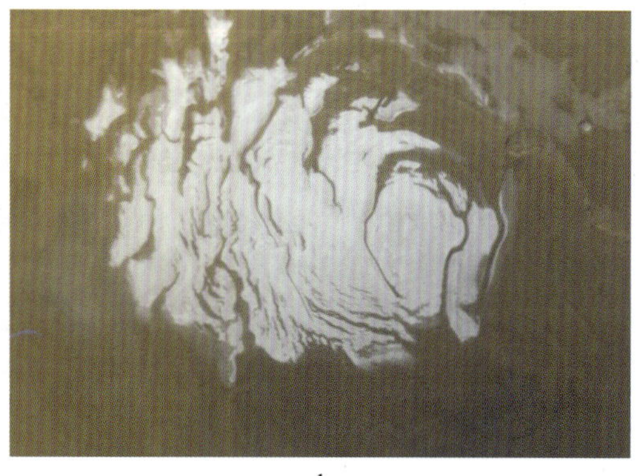

b

图 3　火星极地冰盖（图片来自 NASA）
a 为北极；b 为南极

相比高纬地区，科学家希望在更低纬度的中纬度地区也能够发现冰，以满足宇航员的中纬度登陆。2008 年，火星勘测轨道飞行器上的浅层雷达对中纬度地区的碎屑沉积物进行了探测，结果表明沉积物下方的雷达特性与冰完全一致，（Holt et al., 2008）认为是由表面碎屑所覆盖的冰川。2009 年，Byrne 等（2009）通过对火星中纬度的五个新鲜撞击坑的背景相机图像的分析，在北纬 40°～55°区域的撞击坑周围，发现了含有冰的溅射物。2014 年，科学家根据高分辨率成像科学实验相机（HiRISE），在火星北半球中低纬度的陨石坑中发现纯净的冰，而不是冰与土壤的胶结物。不过这种冰的来源尚不确定，有可能是退化冰盖的残余部分（Dundas et al., 2014）。但是这些中纬度冰层的埋藏过深，基本在地下 10 m 左右，挖掘利用的成本太高。2018 年，科学家在火星上探测到遭受侵蚀而形成的陡坎并在其中发现了厚达数百米的地下冰川，并认为这些冰层的沉积可能起源于火星高倾角时期的降雪（Dundas et al., 2018）。但是由于陡坎的侵蚀使得水冰长期暴露在大气中，因此正在慢慢升华导致地下冰川不断收缩。

在几乎确定了火星上存在水冰之后，科学家们希望在火星进一步找到液态水存在的证据，确定火星表面是否存在液态水是理解火星水循环和确定现存生命潜力的关键。但是，目前的液态水在如今的火星条件下在地表上可能并不能稳定存在（Haberle et al., 2001）。

Möhlmann（2011）提出火星上可能存在液态水，并且可能以过冷的界面水（由于范德华力和“预融”导致冰点降低），盐水（由于溶液的凝固点降低），以及冰盖下融水（由于固态温室效应驱动加热）这三种形式存在。2010 年，根据凤凰号的光谱数据发现登陆点附近的高氯酸盐发生了局部集中，类似于在地球上盐的水溶解和重新分布导致的盐斑块。科学家认为是由小冰盖季节性融化产生的液态水薄层将高氯酸盐从表面转移到地下，并汇聚形成了盐斑（Cull et al.，2010）。2013 年，科学家根据火星勘测轨道飞行器发现，在中低纬度的某些斜坡反复出现低反射率的条纹，温度上升时，条纹沿着下坡方向逐渐出现和增长；温度下降时，条纹逐渐缩小并消失，这一现象与挥发性物质的季节性融化流动的规律基本一致（Ojha et al.，2015）。Abotalib 和 Heggy（2019）根据条纹与裂缝在空间上的相关性提出是由于冰层融化导致的地下水喷涌而成。并且根据不同斜坡处条纹的光谱数据分析推测是高氯酸盐沉积，这些盐类可将水的冰点降低约 80 K，将水的蒸发速率降低一个数量级，并且能够很容易地吸收大气中的水分，因此增加了在当今火星表面形成和维持液态水的可能性（Martín-Torres et al.，2015）。直到 2018 年 7 月 25 日，Orose 等（2018）根据火星综合雷达卫星 MARSIS 上获得的原始数据，宣布在火星南极（193°E，81°S）的 1.5 km 厚的冰层下方存在一个约 20 km 宽的液态水湖，Sori 和 Bramson（2019）根据热模型估算该液态水湖并非仅由高盐度来维持，而是需要一定的热流，并预测火星南极下方的岩浆活动非常活跃，从而维持液态水的存在。这一发现对于研究火星水循环和环境变化，以及未来建立火星基地，都具有非常重要的参考意义。

火星作为人类除了地球之外最了解的行星，也是人类未来移民的最具可能的目的地。人类移居火星必然选择可以采掘利用的水源地进行登陆，所以进一步了解火星上的水冰分布及总量成为火星探索最重要的课题之一。2020 年也是人类探索火星的重要节点，我国成功发射了第一个火星探测器——天问一号。人类探索火星的每一步，都可能是成为延续人类而做出的努力。

4 矮行星：谷神星

介绍完火星，我们继续将视线外移，来看看冰冻圈分布更广泛的太阳系雪线外侧的天体。在太阳系雪线外围，包括四颗气态行星，他们都是由固态内核及半径远大于内核的高压大气层组成。除四颗气态行星之外，还拥有大量的矮行星、小行星和固态卫星，而它们中的部分天体都包含大量的水冰。实际上，一些卫星的壳层主要是由水冰组成的，通常被称为冰卫星。观测表明，许多冰卫星还拥有丰富的地质活动，如冰壳裂解、冰火山等。

在雪线附近，由于受到木星和太阳引力的双重影响，在火星和木星之间（2.2～3.6 AU）存在数十万颗矮行星和小行星组成的小行星带。在太阳系形成初期，由于木星对于小行星带的吸积，小行星带的质量大大减少；并且由于木星的快速形成，它们互相吸积成长为完全尺寸的类地行星的过程戛然结束。在小天体中，特别重要的是那些接近雪线的天体，水处于临界稳定状态，并开始凝结成液体或固体（Watson et al.，1963），也就是最内层的冰天体形成的地方。目前的观测证据表明，岩质天体和冰质天体之间的边界可能在小行星带的某个地方。目前有较多的证据表明小行星带中存在水冰。Bunch 和 Chang（1980）讨论了小行星带中冰存在的可能性，但没有给出明确的来源。Lebofsky 等（1981）提出在木星的形成过程中，有一些物质从木星外侧向内侧的太阳系内运移。如果吸积速度快，且物质充分结冰，那么大量的冰就可以被并入早期的小行星中，从而避免升华。在小行星带的小行星上发现的柯伊相带所缺乏的水合作用的特征（Jones et al.，1990）和以彗尾的形式观察到的逸散气体（Hsieh and Jewitt，2006）是小行星带中目前存在冰的证据之一。Schorghofer（2008）进一步提出在整个太阳系中，所有主要的小行星带都有适合冰存在的区域，但冰优先存在于距离太阳较远和表面由小颗粒尘埃组成的缓慢旋转的天体。并且根据热模型计算对于一个布满尘埃的表层来说，如果表层平均温度低于 145 K，那么冰可以在表层几米可以持续存在几十亿年。

“C 型”小行星与碳质球粒陨石的联系也是小行星带中存在水冰的另外一个证据。在 20 世纪 70 年代初期，当偏光和放射线观测技术开始对小行星带的天体进行反照率测定时，人们发现许多小行星的反照率都非常低（Matson，1971），因此定义了一个小行星分类系统，其中低反照率和平坦，无特征的可见光谱的小行星被称为“ C 型”小行星，即碳质类型的行星（Chapman et al.，1975）。有清晰的光谱证据表明，“C 型”小行星与碳质球粒陨石之间存在紧密的联系（Johnson and Fanale，1973），但是并不完全相同的原因可能在于小行星暴露于太阳紫外线辐射下以及表面存在吸附水（Feierberg et al.，1981）。前者（碳质球粒陨石）不仅含有大量结合水，而且还含有其他盐类的矿脉和包裹体，这可能起源于永久冻土覆盖下的水蚀变，这些陨石基质中大部分硅酸盐可能具有类似的起源（McSween，1987），而参与蚀变过程的水可能是通过小行星内部加热而释放出来的。有人进一步提出“C 型”小行星可能是由无水高温矿物、有机物质和水冰的不平衡混合物吸积而成（Jones et al.，1988）。而谷神星就是“C 型”小行星其中的一员，但是值得注意的是谷神星的反照率略高于一般的“C 型”小行星，可能是由于水蚀变产生的水合盐导致的（Feierberg et al.，1981）。我们就以谷神星为例进一步探索小行星带中的冰冻圈。

谷神星，小行星带中最大的天体，一颗与太阳的平均距离为 2.77 个天文单位的矮行星（Hayne and Aharonson，2015）。谷神星吸引的科学家的主要原因在于，它提供了一个绝佳的实验室，让人们了解小行星在太阳系早期是如何聚集的，以及挥发物在行星形成和演化中的作用（Carry et al.，2007）。

目前，有相当多的间接证据表明谷神星的内部可能曾经含有大量的自由水。Jones 等（1990）通过对谷神星的红外光谱的观测研究，谷神星具有明显的水改变其表面的迹象，间接证实了谷神星上存在水冰。1980 年和 1981 年两年，对谷神星进行了高分辨率傅里叶光谱（1.7～3.5 μm）和中分辨率光谱（2.7～4.2 μm）的探测。通过对光谱数据分析，证实了谷神星表面的主要矿物是水蚀黏土矿物，在结构上与地球上的蒙脱石相似（Lebofsky et al.，1981）。另外谷神星在 3.1 μm 的光谱条带处还有一个吸收特征，这与硫化物上沉积水层的光谱特征非常吻合。但是在理论基础上理解这个特征是困难的，因为谷神星表面的霜是不稳定的，进而提出这个特征也可能是由黏土中的结合水暂时“凝结”成霜产生的。

根据对于地表冰的观察结果，Fanale 和 Salvail（1989）提出了内部水蒸发后通过谷神星风化层向外流动的模型。他们认为，在纬度大于 80°的地方，可以通过内部排气长期保持稳定的薄霜层，在对反照率做出有利条件的假设的条件下，这一区域可能会扩展到60°附近。同时他们也认为，即使这样也不足以解释Lebofsky等（1981）的光谱数据。Fanale和Salvail又为模型补充了条件——谷神星的总排气（水蒸气）速率低至30～300g/s，相应的水蒸气产生量比活动彗星的产生量小5～6个数量级，这样即使谷神星内部没有异常丰富的水，也足够维持补充表面冰霜的速率。这也为地表以下存在冰提供了证据，A'Hearn and Feldman（1992）根据谷神星附近的长时间曝光的光谱印证了上述观点。他们在谷神星北极附近发现由水蒸气光解产生的逃逸OH^-，并认为谷神星在冬季通过地下渗流补充极地冰帽，并在夏季消散。

除了光谱技术之外，对于谷神星的地表的光学观测也发现了水冰存在的踪迹。1995年6月25日哈勃太空望远镜在近、中和远波长紫外对谷神星进行了观测，第一次获得了谷神星的高分辨率（50 km）图片，并从中观察到一直径250 km的暗斑，将其命名为“Piazzi”（Parker et al.，2002）。然而，当时并不能确定这一特征是由陨石坑、反照率变化还是其他影响造成的。直到中、大尺寸望远镜上灵敏的光谱成像仪器和数据处理技术的出现，使人们能够对谷神星的表面特征和物理性质进行更详细的研究。2002年9月在凯克二号（Keck II）天文台基于高角度分辨率（等效空间分辨率约为50 km）的近红外观测资料研究了谷神星的物理特征，同时将谷神星上主要地质特征的光谱行为与实验室样品进行了比较。Keck II天文台对直径在50～180 km范围内，反照率比谷神星平均反照率低6%的地表特征进行成像，发现谷神星上较暗的地区可能与霜的存在有关（Carry et al.，2007）。值得注意的是这些深色区域的中心大多数位于纬度30°～40°以上。如果在谷神星的中纬度表层或亚表层存在冰或霜（McCord and Sotin，2005），那么在较高的纬度和较低的地表温度下，冰会更稳定。

2003年，Li等（2006）通过哈勃太空望远镜的高级巡天相机的高分辨率通道观测了当时关于谷神星的最高分辨率（像素尺度30 km）的可见光图像，并且覆盖了谷神星的至少一个旋转周期。利用哈勃望远镜观测和相应的彩色图，确定了11个地表反照率特征，其中两个圆形的黑暗特征被认为是坑穴，其中一个就对应于“Piazzi”。观测结果表明谷神星的反照率变化十分微小。11个地表反照率特征相比平均值仅高出2%或低于6%。因此，谷神星的表面可能是目前太阳系小型天体中最均匀的表面之一（Li et al.，2006），这表明谷神星与其他岩石小行星不同的演化路径，可能已经形成了分层结构，而水在其演化过程中起到了重要作用（McCord and Sotin，2005）。而因为谷神星的容重很低，只有2162±3 kg·m^{-3}，所以它的成分中包含大约25%的水，并且可能以冰的形式存在其地幔中。后来黎明号最新观测结果证实了这些猜测，并揭示了谷神星被部分分化为内核和壳层，壳层是由硅酸盐及不超过30%～40%的冰的混合物组成（De Sanctis et al.，2015，2016）

2014年，Küppers等（2014）使用赫歇尔空间望远镜在远红外波段对谷神星进行观察，最终在光谱信号中识别出清晰的水蒸气信号。在其开展的对谷神星的4次观测中，仅有一次观测没有发现水汽信号。并且由于谷神星是一个椭圆轨道，当其运行至距离近日点时，由于温度上升，其地表冰层的一部分发生受热蒸发，水汽向空间散逸的速率大约是每秒6 kg。而当谷神星抵达其轨道上远日点时，便不再出现水汽蒸发散逸的现象。另外，观测光谱中的信号还存在小时尺度，星期乃至月份尺度上的变化，这是因为谷神星自身存在自转，因此发生水汽散逸的地点会周期性的转入或转出赫歇尔望远镜的观测视野。这一特点让研究组得以将发生水汽散逸的地点确定在谷神星表面的两块暗色区域（包括 Piazzi），此前美国宇航局的哈勃空间望远镜以及地面上的大型望远镜都曾经观测到过这两块颜色较深的区域。之所以水汽蒸发会发生在这样的位置上，可能是因为暗色区域更容易受热升温。在谷神星发现水蒸气（Küppers et al.，2014）及先前在谷神星检测到结合水和发现 OH^-（Fanale and Salvail，1989；Lebofsky et al.，1981）为谷神星存在地表冰提供了间接的证据，并且通过黎明号探测器的一系列研究得到了验证（图 4）。

图 4　黎明号的中子仪探测到的氢含量（图片来自 NASA）
蓝色代表氢含量高，红色代表氢含量低

2015 进入谷神星轨道的黎明号深空探测器通过地貌形态和光谱及中子仪等数据获取了谷神星水冰的证据，开启了对谷神星研究的新篇章。黎明号已经确认在谷神星表面的 9 个地方存在水冰（Combe et al.，2019）。2015 年，黎明号通过可见和红外光谱仪（Visible and InfraRed mapping spectrometer，VIR）在 Oxo 陨石坑内发现了谷神星上存在冰的第一个直接证据（Combe et al.，2016），新鲜的陨石坑中具有富含水的表面物质，其光谱与冰的光谱最相似。Oxo 陨石坑似乎在地质上非常年轻（约 1 ~ 10 Ma），可能是通过最近撞击或主动滑坡导致的近地表富水物质暴露。此外，谷神星的自转倾角为 4.028°，因此位于极地纬度的部分陨石坑（包括 Oxo 在内）大部分表面区域不受太阳直射，形成永久阴影区，为冰的稳定存在提供了有利条件。Platz 等（2016）通过测量轨道和高空测绘轨道成像运动的图像数据估计谷神星北半球的永久阴影区面积占到谷神星北半球的 0.15%。这与水星南半球永久阴影区域的 0.12%、月球北部（0.14%）和南半球（0.16%）相当。

黎明号在谷神星的表面也观测到了穹顶、凹坑和叶状流等地貌，被认为是由冰或富挥发物质引起的地表特征（Krohn et al.，2016；Ruesch et al.，2016）。黎明号搭载的分幅相机观察到谷神星地表的叶状流被认为是地表水流的结果。Schmid 等（2017）确定了三种不同的叶状形态，判断其与贫水的地表形态具有明显区别，因而将其解释为地表水流的结果，并推测谷神星浅层地表可能存在冰。冰的分布深度与纬度相关，冰在高纬度或许更接近地表，同时冰的质量也在纬度50°以上急剧增加（Hayne and Aharonson，2015）。

另外黎明号对谷神星上的“光斑”进行了观测，其中最亮的“光斑”（“5号斑”）位于直径80 km的Occator撞击坑的中央（图5）。Occator内的光斑被认为是由液体盐水的高速挤压形成的。整个喷出过程先是盐水被挤压升空，然后是碳酸盐和冰颗粒的快速冷冻，最后碳酸盐颗粒的回落、冰颗粒升华。冰颗粒的升华导致亮斑，碳酸盐颗粒的回落也导致盐水黏度随后增加最终导致隆起（Cerealia，Occator内穹顶构造）或形成凹陷（Vinalia，Occator内部凹陷）（Ruesch et al.，2019）。

图5　黎明号拍摄的Occator撞击坑中央亮斑（图片来自NASA）

黎明号的另一个重要发现是谷神星表面的“冰火山”——阿胡纳山（Ahuna Monz）。它是一个4 km高，17 km宽的地形起伏（图6）。Ruesch等（2016）根据其地貌特征推测其为冰火山，并认为其可能与类似底劈构造的高黏度物质上涌相关，并推测该物质为低共

图6　黎明号拍摄的谷神星上的阿胡纳山（图片来自NASA/JPL/Dawn mission）

晶温度和低热导率的水合盐。在阿胡纳山之后，谷神星上再未发现过类似构造的物体，因此该冰火山也被称作孤山。阿胡纳山的“孤独”必然是由谷神星上的地质运动造成的。此后多个研究小组对阿胡纳火山的生命周期进行了研究（Ruesch et al.，2016）。他们普遍猜测冰火山比谷神星上的含冰地壳要软，在重力作用下，黏性松弛会使冰火山逐渐变得扁平，并最终于与周围地形融为一体而难以分辨（Sori et al.，2017）。基于这种猜测，Sori等（2018）分析了大量由黎明号拍摄的谷神星的地表图片，找到了除阿胡纳山之外可能曾是冰火山的21个圆拱，并分析了这些圆拱的高宽比，并利用冰的流变方程进行模拟，估算出了所有圆拱的年龄。他们发现在过去的约10亿年里，谷神星大约每50 Ma就有新的冰火山出现，“冰岩浆”的平均上涌速率约为$1\times10^4\ m^3/a$，说明始终活跃的火山作用对谷神星的演化历史有着重要作用。

总的来说，作为小行星带最大的天体，谷神星内部具有大量的冰，形成了含冰的地壳和由大量冰形成的“地幔”。它的形成和演化历史对我们理解太阳系的历史有重要作用，同时其水冰的来源也能够帮助我们了解地球水的来源。

5 冰卫星：木卫二

冰是外太阳系天体的主要组成部分。大量的冰使质量数倍于地球的巨行星胚胎得以迅速形成，然后这些巨行星胚胎保持对氢气和氦气的吸积，这是巨行星的主要组成部分。巨行星的形成还伴随着在其亚星云内形成不同大小和质量的冰卫星（Mosqueira and Estrada，2003）。多年来，人们一直认为，在冰卫星，特别是木卫二与土卫六内的液态水海洋可能支持生命存在（Chyba and McDonald，1995；Reynolds and Cassen，1979）。在检验我们所知道和理解的生命起源和进化的标准时，至少要满足三个条件：有机化合物的存在、有足够的热量、液态水。因此对地外生命的探索任务就变成了寻找这三个条件。虽然目前还不清楚冰卫星是否经历了足够产生生物的内部加热（Jakosky and Shock，1998），但是地下海洋存在的可能性使木卫二和土卫六等冰卫星成为外空生物学探索的优先级。从20世纪70年代末到80年代末，旅行者号对巨行星的探索揭示了围绕这些巨行星运转的不同冰卫星的多样性和复杂性。大部分的冰天体，直径从几百千米到五千千米，在表面显示出一些构造活动的特征，表明过去和现在的地表活动。其中最引人注目的发现是冰天体木卫二表面复杂的结构（Squyres et al.，1983）。此外，在土卫二这样的小型冰卫星，也发现了了构造作用的迹象（Kargel and Pozio，1996）。NASA的“伽利略任务”（Galileo mission，1996～2003年）对木星的卫星进行了第一次详细的研究，明确地证明了这些冰冻的天体是一个复杂的世界。根据表面图像和磁场数据表明，在木卫二、木卫三和木卫四内部甚至仍然存在液态海洋。“卡西尼-惠更斯”航天器（Cassini-Huygens，2004～2017年）提供了有关土星冰卫星的新数据，发现土卫二的南极地区冰壳裂谷不停地向太空喷射着富水物质，证明其下表面海洋的存在（图7）。接下来我们就介绍一下对木卫二上的冰的研究进展。

木卫二是伽利略于1610年发现的4颗伽利略卫星之一。木卫二（半径1565 km）比月球要小一些，旅行者号测量其密度为3 g/cm^3。木卫二主要由硅酸盐岩石组成，并掺杂了

图 7　木卫二内部结构假想（图片来自 NASA）

少量较轻的物质。在旅行者号探测器的探测之前，人们就通过地面雷达对木卫二等冰天体进行了观测，并初步推断木卫二上可能存在水冰。1979 年，旅行者一号、二号相继抵达木星，对木星的伽利略卫星进行了更详细的观察。根据旅行者的数据，木卫二的大部分表面被归类为斑驳的地形或平原。木卫二大部分表面较为明亮并且被数十千米宽的巨大暗色条纹交叉分割。这些条纹可能是由外因（如潮汐耗散）或内因（如冰的固态对流）引起的构造过程（Smith et al., 1979a）。结合旅行者二号对木卫二的观测，Smith 等（1979b）将这些条纹重新归结于早期海洋冻结导致的冰壳膨胀而形成的裂缝，并且由于内部的排气作用不断加宽。

通过旅行者计划的观测，基本确认了木卫二表面存在一定厚度的冰这一事实，只是尚不清楚冰层下方的结构。关于其内部结构，存在两个相互竞争的模型（Schubert et al., 1986）。Kuiper（1961）根据地面观测建立了木卫二的最初的内部结构模型，即内部为水合铁硅酸盐的内核，而外部覆盖着薄薄的一层冰壳（30 km）。然而，Thomas and Schubert（1986）基于对木卫二表面撞击坑弛豫时间的研究及 Anderson 等（1998）根据伽利略对木卫二的重力测量结果和转动惯量的计算都发现木卫二的水层厚度大于 100 km，这远大于该模型预测的冰壳厚度。另外放射性热源足够大，可以在木卫二演化的早期使内部脱水（Khurana et al., 1998），因此硅酸盐地幔中可能没有水存在。因此水化硅酸盐内核上方具有薄冰壳的模型就逐渐被学界放弃。

而另外一种模型为脱水的硅酸盐内核外覆盖着厚达 100 km 的水层（水的相态尚不清楚）。Lewis（1971）构建了冰卫星的热稳态模型。假设卫星内部的放射性衰变释放的能量与卫星表面的净辐射损耗完全平衡，冰卫星很可能存在内部融化。因此冰卫星可能由含水硅酸盐内核，液态水地幔及相对薄的冰壳组成。但是该模型只考虑了水的外层随时间的传导冷却和冻结，并没由考虑传热效率更快的对流机制。Reynolds 和 Cassen（1979）认为冰卫星中的冰壳中的固态对流是一种重要的热传递机制，并且随着冰的加厚，冰的外层热对流变得不稳定，促进了通过冰的热量传递和底层水的凝固，木卫二等冰卫星的液态水会在短时间（小于10^9年）内冻结，在这种情况下，就建立了新的木卫二结构模型，即一个相对较硬的冷冰壳，覆盖在较软的对流冰层上，内部包裹着完全脱水的岩石内核。但是 Cassen 等（1979）认为木卫二、木卫三、木卫四之间的拉普拉斯共振足够久远，因此木卫二的潮汐耗散提供的热源足以抵消冰的对流冷却，可以防止冰下海洋完全冻结。Cassen 等（1980）重新修正了他们原来的工作，并得出结论，地下液态水层能否存在取决于木卫二固体部分的潮汐耗散参数。耗散参数越大，则形成地下液态水层的可能性就越低。Ross 和 Schubert（1987）进一步提出表层冰壳的隔热将能量汇聚在冰壳内部，这有助于液态海洋的稳定。总的来说这些研究分析了维持液态水海洋的潮汐加热和冻结海洋的固体对流之间的竞争，但是值得注意的是这些建模的主要不确定性是冰的流变学对固体对流和固体耗散的控制（Durham et al.，1997）。耗散加热和对流冷却现象涉及流变性对温度的依赖和温度对加热和冷却机制的依赖的非线性反馈机制，因此一直很难得出一个令人信服的结论。并且由于旅行者号图像的分辨率较低，因此直到伽利略号进入木星轨道之前都很难提供木卫二存在地下海洋的有力观测证据。

1995 年，伽利略号航天器进入木星轨道。在围绕木星系统的轨道运行期间，伽利略号拍摄的木卫二的高分辨率图像提供了多种地质证据用来支持木卫二海洋的存在。

在旅行者号拍摄到的照片中，木卫二表面几乎没有明显的撞击坑，Squyres 等（1983）认为这可能是由于保持在液体层上方的低黏度冰层中松弛所致。而伽利略号观测的结果否定了冰层松弛的结论，因为并没有观察到冰层松弛的证据——既没有观察到被破坏的脊状平原上的近圆形斑状（这些斑状可能表明以前的大型陨石坑已经完全消失），也没有观察到很多的小型次级陨石坑。相反，抹去木卫二的大陨石坑的主要过程似乎是通过大量的条带、山脊和混沌区域对表面的重新分布来完成的（Pappalardo et al.，1999）。旅行者号还观测到一系列多环结构（Lucchitta and Soderblom，1982），但是由于清晰度较低无法判断其中的细节。而从伽利略的成像中，可以推断出木卫二的多环结构是波及下部的低黏度层中的巨大撞击形成的（Moore，1998）。Turtle 等（1998）通过对覆盖在“流体”物质上的冰层来进行建模，结果表明，覆盖在“流体”上 6 ~ 15 km 厚的冰壳受到撞击的结果与木卫二上所观测到的多环形态是一致的。因此推测木卫二的冰壳厚度应当为 6 ~ 15 km，冰壳下面包裹着厚厚的流体圈层。

伽利略号还在木卫二表面观测到广泛分布的近圆形的坑、穹顶和斑点，统称为“暗斑”（lenticulae）（Carr et al.，1998；Pappalardo et al.，1998a）。坑、穹顶、斑点在大小、间距上的相似性和形态上的层次性表明它们可能是具有一定的继承关系，可能是由于相对较薄的刚性表层下的流体物质，即暖冰羽的底辟侵入而隆起导致的（Head et al.，1998；Pappalardo et al.，1998a）。底辟作用可由冰壳层理密度反转导致的重力不稳定触发（Schenk and Jackson，1993）。而潮汐加热可以显著降低木卫二冰的黏度，并通过热对流作用反转冰壳密度，加速底辟作用。如果存在足够的热梯度，特别是当冰层底部温度接近固相线时，任何冰体都可能发生底辟作用（Schubert et al.，1986）。如果底辟作用发生在液态水层之上，则暖冰羽到达表面的温度预计为 260 K（McKinnon，1999）。Rathbun 等（1998）模拟了初始温度在 273 K 的暖冰羽（其初始尺寸可以满足木卫二“暗斑”的大小）穿过木卫二冰壳的底辟上升，在冷却至 260 K 左右时暖冰羽上升了约 40 km，从而推测木卫二的冰壳厚度约为 40 km。

旅行者号的图像显示，几乎没有证据表明木卫二表面有大面积的冰火山，而伽利略高分辨率图像发现冰火山曾经活动的迹象。占据地形低处的较暗、光滑的斑点可能代表着低黏度流体从内部渗出到木卫二表面，这暗示木卫二内部可能存在液态水。某些具有明显边缘的穹顶状斑点显示出与周围不同的表面纹理，表明有更黏稠的物质渗出，这可能是含有化合物的氨水（Kargel，1991）或者冰水混合物（Fagents et al.，2000）的渗出并凝结形成的。然而纯水比纯冰的密度大，这就排除了液态水通过纯水与冰壳之间的浮力上升。Crawford 和 Stevenson（1988）曾认为是由于溶解在液态水中的挥发性化合物（如 CO_2，CO，CH_4，SO_2）在水中释压形成气泡降低流体的体积密度并产生正浮力，通过薄冰壳中的裂缝从海洋向上传播后，形成以气体为主的爆发羽流。伽利略号通过高分辨率图像发现在数百米的尺度上，地表反照率呈现出强烈的双峰分布，暗物质通常占据地形低处，而反射率特别均匀的明亮物质则优先位于地形高点和上坡。其中暗物质代表非冰物质的沉积，而明亮物质则是相对纯净的冰或霜的沉积物（Pappalardo et al.，1998b），这种现象可能是由内部液态水通过裂缝排出的水蒸气羽流凝结而成，但是当时并没有明确观察到羽流的存在。Wilson 等（1997）认为冰壳可能含有一定体积（约占 4%~9%）的硅酸盐颗粒，因此比液态水重，从而液态水在重力作用下能够喷出。Squyres 等（1983）提出，渗透到液层的裂缝如果打开得足够快，在全球应力的作用下，可能有助于将液体输送到地表。Wilson 等（1997）认为很难或不可能实现对全球水层的局部加压，进而提出冰火山可能是由潮汐应力等驱动孤立的液体储层中的低温液体上升。这些低温液体储层可能代表了正在凝固的原始全球海洋的残余或冰壳内的局部熔体。因此低温火山可能无法证明木卫二的一个全球海洋，但是至少证明木卫二地表下可能存在一定程度的加热和部分融化。

木卫二上的灰色条带也为下表面海洋的存在提供了证据。对伽利略号图像的分析表明，覆于低黏度的冰下物质上的脆性冰壳会彼此分离并产生位移，分离区域被内部流体物质填充，形成了相对较暗的条带（Pappalardo and Sullivan，1996），这种条带称为“拉分带”（图 8）；之后还可以闭合，从而恢复沿断层张开之前的结构（Sullivan et al.，1998）。在地球板块构造中也会发生这种“扩张”，当岩石圈板块被拉开时，软流圈物质也会沿着扩张中心（洋脊或大陆裂谷）上升。伽利略号图像显示“拉分带”区域具有脊和槽的内部结构，这些脊和槽与“拉分带”的边界近似平行，这种双边对称性表明“拉分带”类似于地球上的板块扩张中心（Prockter et al.，1999），而可能存在的液态海洋或暖冰扮演着软流圈的角色。

伽利略号首次揭示了木卫二上相对黑暗、斑驳的区域是由混乱的地形组成（Carr et al.，1998），这一区域被称之为“混沌”（Chaos）区域。相对于周围的平原，混沌区域可以是地势较低的盆地，也可以是地势较高的山脊（Collins et al.，1999）。伽利略号对康纳马拉（Conamara）混沌区域进行 10 m/像素的高分辨率图像显示，混沌区域地表具有粗糙的纹理，这可能是由于液态水在真空中产生紊流，并且迅速形成冰壳导致的。另外还在

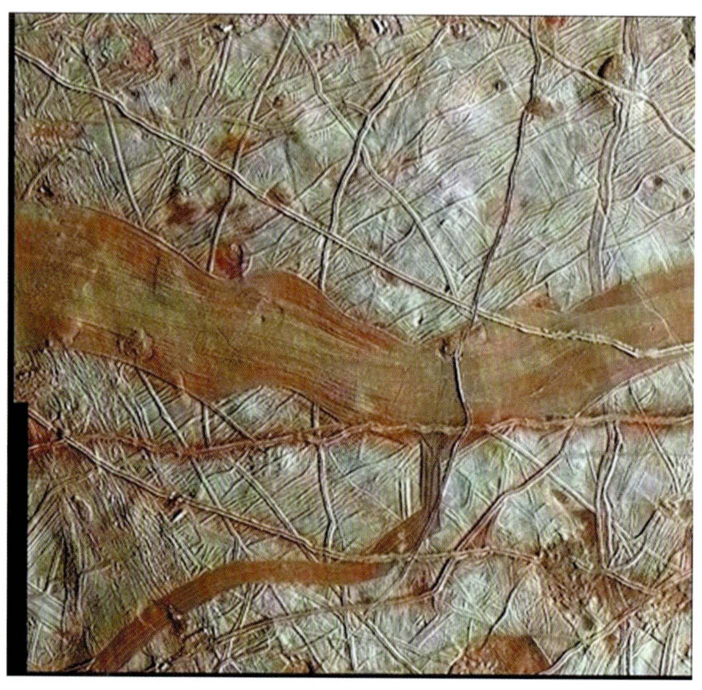

图 8　伽利略号拍摄的暗色条带（图片来自 NASA，颜色为处理后添加）

混沌区域中观察到小规模的块体，这意味着混沌区域由破裂的原有冰壳块体组成（Pappalardo et al.，1999）。混沌区域被认为可能是由于木卫二表面的局部熔融形成的（Carr et al.，1998；Greenberg et al.，1998）。在该模型中，薄冰壳形成的冰块类似于冰山漂浮在水中。在康纳马拉混沌区域中，根据冰块高于地表高度推导其厚度为 0.2 ~ 3 km（Carr et al.，1998）。但是局部融化模型需要的热量比潮汐和放射加热模型所预测的更大，这给局部融化模型的解释造成了困难。另外一种模型类似于之前的“暗斑”模型，许多“暗斑”中也包含混沌状物质或“微混沌”区域（Head et al.，1999；Spaun et al.，1999），因此较小“暗斑”和更大的混沌区域的起源可能是相关的（McKinnon，1999），即底部的流体物质上升穿透相对寒冷和坚硬的上层冰壳从而导致地形起伏，形成混沌区域。混沌表明在地表深处存在着温暖的冰物质，可能处于熔融或部分熔融状态。但是并不能作为地下海洋存在的直接证据，也可能是固态底辟作用触发的局部熔融的结果。

伽利略号关于木卫二全球构造的观测也为地下海洋提供了间接证据。Pappalardo 等（1999）认为集中分布的斑状地形是双轴水平压缩的表现，这可能是木卫二冰壳与内部金属核非同步自转一致的结果，并且目前木卫二可能仍存在非同步的自转。而在没有地下海洋的情况下，仅靠暖冰层很难实现冰壳与岩石地幔的解耦从而实现非同步自转，但是如果上层冰壳被液态水层与岩石地幔解耦，就很容易实现非同步旋转。虽然伽利略号对木卫二进行的地质观测没有给出地下海洋存在的直接证据，但是地下海洋的存在是对上述观测结果最合理，也是最容易理解的解释。

伽利略号除了通过高分辨相机给出木卫二地下海洋的观测证据之外，还给出重力，磁场以及光谱等一系列具有说服力的证据。Anderson 等（1998）通过伽利略号所获得的开普勒重力数据来完善木卫二内部模型。通过研究木卫二平均密度和惯性矩对内部结构的影响，认为木卫二具有三层结构。即金属核位于其中心，无水岩石地幔包裹金属核，并在岩石周围形成液体水-冰外壳，其厚度大概为 80 ~ 170 km。McCord 等（1998）通过伽利略的近红外光谱仪获得的木卫二表面 1 ~ 2.5 μm 波长范围内的反射光谱显示出吸收带，与水合盐矿物（例如硫酸镁和碳酸钠）混合物的实验室光谱非常匹配。而冰和液态中微量成分的出现，也会影响冰的流变学和水的冻结温度，为冰下海洋的存在提供了间接证据。此外，伽利略所搭载的磁力计的初步观测结果表明，与木卫一和木卫三相比，木卫二与木卫四都没有明显的内部磁场。Khurana 等（1998）对磁场数据进行研究发现木卫二附近的外部磁场（与木星的内部磁层有关）存在扰动。他们认为这些扰动是由感应磁场引起，这些磁场是木卫二响应于周期性变化的等离子体环境而产生的。然而电磁感应需要涡流在卫星内部流动，通过计算表明，最可能的解释是木卫二的表面下方具有明显的导电层，这些导电层可能是含盐的液态水。Kivelson 等（2000）发现木卫二的磁场在时间上有所变化，强化了冰壳下存在液态海洋的观点。伽利略磁力计所获取的木卫二磁场数据测量的结果也许是目前存在地下海洋的最有说服力的证据。

结合上述伽利略号的观测，有充分的证据表明，木卫二目前拥有一个含盐的冰下液态海洋。然而在伽利略号结束了使命之后，科学家并没有结束对木卫二生命的探索。木卫二表面的海洋化学检测对评估其天文生物学潜能具有深远的意义（Zolotov and Kargel，2009）。Chyba 和 Hand（2001）提出由于受到木星辐射的严重影响，所以木卫二的海洋里可能存在生命所需的大量能量和成分。但是液态海洋表面覆盖着厚厚的冰壳，对液态海洋进行物质成分的检测增加了困难，来自深海的潜在生物特征的表面探测依赖于穿过冰壳的物质运输（Billings and Kattenhorn，2005）。有大量证据表明，在地质学上短时间尺度上，海洋和地表之间通过各种机制发生交换，低温火山作用被认为是一种运输机制，它将导致最近从下面的液体储层沉积到地表（Fagents et al.，2000）。因此对于木卫二得到生命探索之路来说，冰火山的探测就是其中一个重要的突破口，但伽利略号并没有发现明确表明木卫二上的冰火山作用依然活跃的证据（Fagents，2003）。

Cassidy 等（2007）通过哈勃太空望远镜的紫外观测发现木卫二大气中的氧气在空间中不均匀分布。Saur 等（2011）通过哈勃望远镜的高级勘测相机检测到，当木卫二靠近远木点时，氧气排放增强的区域与观测到的高剪切应力区域重合，即羽流可能与潮汐加热有关。Roth 等（2014）报告了在哈勃太空望远镜发现木卫二南部高纬度地区水解离产物氢和氧排放在统计上同时盈余，这些排放在 7 h 内持续在同一地区发现，这是水羽流喷发的证据，并且喷发高度可能高达 200 km。但是水羽流并非总是在喷发，这可能取决于随着木卫二轨道变化的潮汐应力，当木卫二出现在椭圆轨道的近木点附近时，就会出现羽流。利用哈勃太空望远镜对木卫二进行的远紫外线的成像，Sparks 等（2016）发现了木卫二边缘以外的气体或气溶胶对远紫外线的吸收，这也可能是羽流活动的结果。其中两次观测与 Roth 等（2014）的观测在纬度上重合，还有一次观测结果在更接近赤道的位置。Sparks 等（2017）在同一位置再次发现了羽流喷发的迹象。虽然太空望远镜的观测为羽流的存在提供了支持，然而，所有望远镜探测都是在极限数据灵敏度的条件下进行的，因此还需要在现场测量中寻找羽流的特征。Jia 等（2018）分析了伽利略最接近木卫二观测（与木卫二地表距离小于 400 km）时获得的等离子体波和磁场数据，发现探测器下降过程中伴随着磁场旋转和磁场强度下降，等离子体密度实质性的增加。这一系列结果为木卫二上存在冰火山提供了强有力的独立证据。

目前木卫二内部结构模型的方法多种多样，各有优缺点，由于没有足够的约束条件，任何一种方法都不可能得到唯一的模型。但是可以预见在不久的将来，随着空间探测的发展可以更深入地了解木卫二的内部结构。

6 冰流动的实验研究进展

在太阳系中，除了木卫三深层可能存在高压相的冰，所有其他天体的冰都是冰 Ih，即六方晶系的冰 I 相。通过之前的介绍，我们知道这些含冰天体上的构造活动都是通过冰的流动来进行的，理解了冰的流动，才能进一步探索这些行星、小行星和冰卫星的成分、结构和演化历史。

科学家对多晶冰 Ih 的流动的实验研究始于 20 世纪 50 年代。John W. Glen 在 20 世纪 50 年代的一系列突破性的实验研究揭示了冰的流动和许多金属、陶瓷和矿物类似，都可以用一个幂律公式来描述（Glen，1952，1955）

$$\dot{\varepsilon} = B\sigma^n, \tag{1}$$

式中，$\dot{\varepsilon}$ 是应变率，B 是一个随温度变化的材料常数，σ 是应力，n 是应力指数。尽管 Glen（1975）指出 n 的值约为 3.5，但在随后的半个世纪里，大量的模拟研究都采用 $n=3$（Paterson，1994；Schulson and Duval，2009）。

尽管 Glen 的流动公式被广泛使用，但是大量的证据，包括实验室研究和地球冰体的观测，表明 Glen 公式无法准确描述冰的流动行为（Azuma and Higashi，1984；Durham et al.，1983；Goldsby and Kohlstedt，1997；Kirby et al.，1987；Marshall et al.，2002；Mellor and Testa，1969；Pettit and Waddington，2003；Thorsteinsson et al.，1999）。综合实验室的数据，人们发现在较高应力下，$n \approx 4$；而在较低应力下，$n \leq 2$。在较高应力下的差异曾被认为由以下原因造成：①如果实验在大气压下进行，那么较高的应力可能在样品内导致微裂隙的产生；②幂律公式在较高应力下失效（Weertman and Weertman，1975）；③高应力下的变形机制是 $n=4$ 的位错蠕变（Goldsby and Kohlstedt，2001）。在较低应力下的差异曾被认为由以下原因造成：①在极低应力和应变率下采集的数据可能来自初始瞬时蠕变而非稳定的塑形蠕变；②发生了一种“晶界迁移”变形机制（Montagnat and Duval，2000；Pimienta and Duval，1987）；③发生了晶界滑移（GBS）变形机制（Goldsby and Kohlstedt，1997，2001）。

为解决这一系列的分歧，实验科学家对细晶粒的多晶冰样品做了大量变形实验，提出了一个复合机制的流动公式（Goldsby and Kohlstedt，1997，2001）。对于一个变形机制，物质的流动行为可以用以下关系来描述：

$$\dot{\varepsilon} \propto \frac{\sigma^n}{d^p}, \tag{2}$$

式中，d 是晶粒大小，p 是晶粒尺寸系数。而复合机制的流动公式则是

$$\dot{\varepsilon} = \dot{\varepsilon}_{\text{diff}} + \left(\frac{1}{\dot{\varepsilon}_{\text{basal}}} + \frac{1}{\dot{\varepsilon}_{\text{GBS}}}\right)^{-1} + \dot{\varepsilon}_{\text{disl}} \tag{3}$$

以上公式中每一个应变率都是如式（2）的单一机制流动公式。下标“diff”指扩散蠕变（diffusion creep），根据扩散蠕变理论，$n=1$，$p=2$ 或 3。下标“basal”指底面滑移控制的蠕变，实验测得 $n=2.4$，$p=0$。下标“GBS”指 GBS 蠕变机制，实验测得 $n=1.8$，$p=1.4$。下标“disl”指位错蠕变（dislocation creep），实验测得 $n=4$，$p=0$。所有机制共同贡献变形，但在一定的应力、晶粒大小范围内，单一的机制占主导。这一复合流动公式可以解释 Glen 公式和后来研究的差异：Glen 公式是位错蠕变和 GBS 蠕变机制的平均值，在主导范围的交界处 Glen 公式可以描述冰的流动，但在高应力和低应力下则是单一机制主导，因此产生了差异。这一复合流动公式可以较准确的描述冰在不同条件下的流动行为，也被大量行星冰物理的模拟研究所广泛采纳。

尽管学界对于纯冰的流动行为已经有了较为深入的研究和显著的成果，而行星冰往往不纯。在火星的冻土层和极地冰盖中，在谷神星的冰地壳中，在冰卫星的冰壳内部，冰都是和砂石类的固体颗粒杂质混合在一起的。因此，想要了解这些冰体的运动、黏性松弛、内部结构等科学问题，就需要知道固体颗粒杂质对冰的流动的影响。过去许多实验研究发现，低于 15% 固体颗粒的情况下，含固体颗粒的冰与纯冰的流动表现类似；而大于这一比例，混合了固体颗粒的冰的强度则随固体颗粒比例增加而增强（Durham et al.，1992；Hooke et al.，1972；Middleton et al.，2017；Yasui and Arakawa，2008）。这些研究中被广为接受的一个结论是，含颗粒冰的流变率可以用如下公式描述：

$$\dot{\varepsilon}_{\text{ice-particle}} = \exp(-b\phi)\,\dot{\varepsilon}_{\text{ice}}, \tag{4}$$

式中，b 是一个无量纲系数，ϕ 是固体颗粒体积含量，$\dot{\varepsilon}_{\text{ice-particle}}$ 是纯冰的流变率。然而仅仅将固体颗粒杂质的影响用含量一个参数来表达，过于简化。除了颗粒的含量，颗粒的分布方式、颗粒大小、颗粒自身强度都有可能对含颗粒冰的流动造成影响。

为深入研究这一问题，Qi 等（2018）通过实验研究了分布在冰晶粒边界的颗粒对冰的流动的影响。他们发现了一个临界颗粒含量，小于这一临界值时，含颗粒冰与纯冰的表现相似；大于这一临界值时，GBS 机制被抑制，位错蠕变机制将其取代。在他们的实验条件下，这一临界颗粒含量为 6%。更进一步的，他们提出，如果火星极地冰盖的砂石颗粒在冰中的分布方式和实验中类似，那么根据观测到的松弛过程对冰盖黏滞系数的制约，可以估计冰盖中砂石颗粒不到临界含量 6%。

7 未来研究方向

通过过去几十年的研究，尽管我们对冰的流动行为进行了广泛而深入的研究，但是距离准确的描述行星冰体的流动还有一定距离。在未来有以下几个亟须解决的问题。

第一，由于冰是一种有着很强各向异性的物质，由变形导致的晶格优选定向（CPO）

对冰在不同方向上的强度有着不同的影响，需要通过实验来研究。这一研究可以分为两个阶段，先厘清冰在不同变形下会产生什么样的 CPO，而后研究每种 CPO 产生的各向异性。目前我们研究组和合作者已经通过实验探索了不同应力、温度、应变、变形方式对 CPO 形成和演化的影响（Qi et al., 2017, 2019），而未来我们将继续对这些实验条件所产生的影响进行研究，并扩大实验中所能达到的范围。其中正在进行的一项研究就是希望通过一种新的变形加载方法来达到更大的应变，更进一步接近天然冰的应变。我们采用了等通道转角挤压（Equal-channel angular pressing，ECAP）方法。ECAP 在金属科学领域已被使用超过 30 年，经常被用于对样品进行剧烈变形。如图 9 所示，样品在被挤压通过通道后被剪切变形。样品通过一次通道所产生的应变受通道的内角和外角影响。我们采用的内角为 120°，通过一次通道产生的剪应变约为 0.61 ~ 0.65。由于挤压通过通道后，样品的横截面积没有变化，因此一个样品可以反复挤压通过通道，从而达到非常大的应变。同时，样品在通过一次通道后，可以进行 90°或 180°的旋转再通过通道。这样的旋转就可以改变样品被施加的剪切力的方向，相当于调整了变形的方式。变形后的样品将在低温电子显微镜下分析其显微结构和 CPO。我们希望能够通过这样的实验揭示更贴近天然冰的 CPO 演化过程。

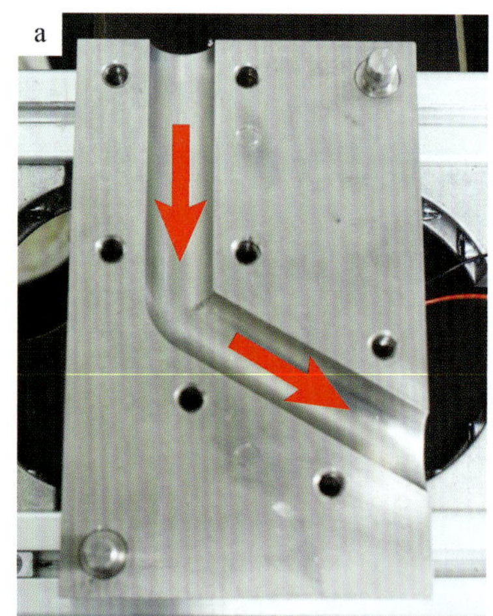

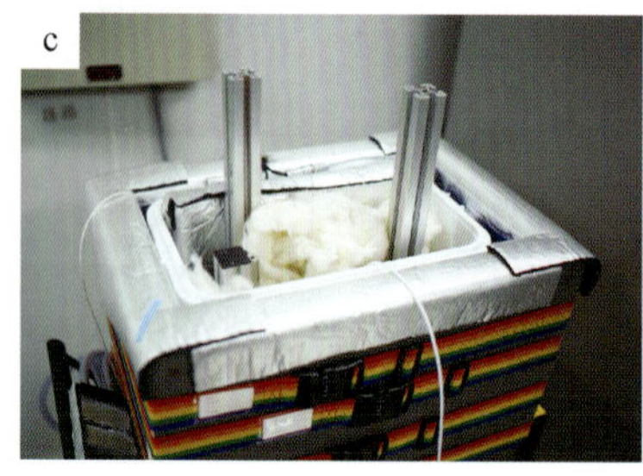

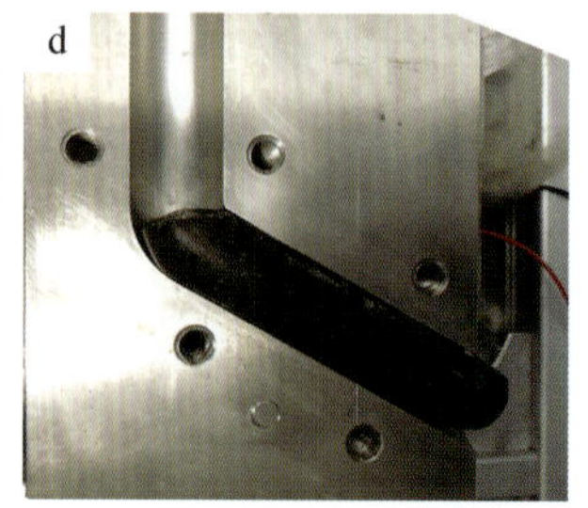

图 9 ECAP 变形实验设计

a. ECAP 模具内部；b. ECAP 模具与加载支架；c. 加载支架在低温箱中的状态；d. 一个完成一次挤压通过的冰样品。此样品含石墨粉末，所以为黑色第二个亟须解决的问题是在预熔温度下，温度对冰的流动行为的影响。尽管冰是一种晶体，但在接近其熔点的温度下，冰的晶体表面会存在一个类液体层，厚度从十个到几百纳米不等，这种现象被称作表面预熔。在冰中，预熔发生的温度尚有待进一步研究，但广泛认为在-10℃以上时，预熔已经发生。当预熔发生时，冰的力学强度会大幅下降。而对于木卫二这般拥有冰下海洋的冰卫星来说，冰与液态海洋交界处产生的暖冰羽流是大量构造过程的参与者，而通常认为这种暖冰羽流的温度已经在预熔温度范围内。因此，未来需要对预熔温度范围内的冰进行实验，分析温度对其流变行为的影响，才能更好地理解冰卫星的构造活动。

第三，如前所述，行星冰往往不纯，需要研究含固体颗粒杂质冰的流动行为。尽管在这一问题上已经进行了不少实验研究，但并未能完善的分析出颗粒的含量、分布方式、大小、强度等多个维度对冰的流动的影响。我们目前已经在实验室中制备了掺杂微米级石墨颗粒的冰样品（如图 10），来模拟行星冰。未来我们将通过更深入的实验研究，来制约含固体颗粒杂质冰的流动行为，从而更好地模拟行星冰流动。

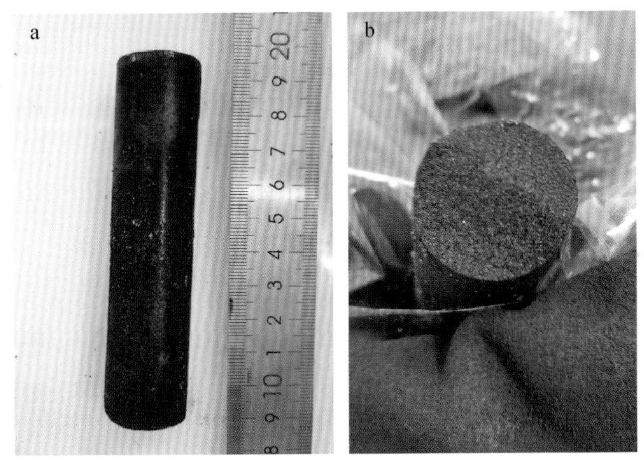

图 10　掺杂了 5 μm 石墨颗粒的冰样品

a. 样品整体形态；b. 样品破裂面

最后，一个亟须解决的问题是含化学杂质的冰的流动行为。如前所述，冰卫星的液态海洋有着很高的含盐量，其冰层也会含有一定的盐类化学杂质。这些化学杂质如何影响冰的流动，过去仅有少量的实验研究，尚未有深入的认识。因此，未来的实验研究也应当在这一方向上发力，完善对行星冰物理的认识。

参考文献

丁春雨，封剑青，邢树果，郑磊. 2015. 雷达探测技术在探月中的应用. 天文研究与技术，12：228-242.

欧阳自远. 2005. 月球科学概论. 北京：中国宇航出版社.

Abotalib A Z，Heggy E. 2019. A deep groundwater origin for recurring slope lineae on Mars. Nature Geoscience，12：235-241.

Anderson J D, Schubert G, Jacobson R A, Lau E L, Moore W B, Sjogren W L. 1998. Europa's differentiated internal structure: inferences from four galileo encounters. Science, 281: 2019-2022.

Azuma N, Higashi A. 1984. Mechanical properties of dye 3 greenland deep ice cores. Annals of glaciology, 5: 1-8.

A'Hearn M F, Feldman P D. 1992. Water vaporization on Ceres. Icarus, 98: 54-60.

Baker V R, Milton D J. 1974. Erosion by catastrophic floods on Mars and Earth. Icarus, 23: 27-41.

Baker V R, Kochel R C. 1979. Martian channel morphology: Maja and Kasei Valles. Journal of Geophysical Research, 84.

Billings S E, Kattenhorn S A. 2005. The great thickness debate: Ice shell thickness models for Europa and comparisons with estimates based on flexure at ridges. Icarus, 177: 397-412.

Boynton W V, Feldman W C, Squyres S W, Prettyman T H. 2002. Distribution of hydrogen in the near surface of Mars: evidence for subsurface ice deposits. Science, 297: 81-85.

Bunch T E, Chang S. 1980. Carbonaceous chondrites II: Carbonaceous chondrite phyllosilicates and light element geochemistry as indicators of parent body processes and surface conditions. Geochim Cosmochim Acta, 44: 1543-1577.

Byrne S, Dundas C M, Kennedy M R, Mellon M T, McEwen A S, Cull S C, Daubar I J, Shean D E, Seelos K D, Murchie S L, Cantor B A, Arvidson R E, Edgett K S, Reufer A, Thomas N, Harrison T N, Posiolova L V, Seelos F P. 2009. Distribution of mid-latitude ground ice on Mars from new impact Craters. Science, 325: 1674-1676.

Carr M H, Belton M J S, Chapman C R, Davies M E, Geisslerk P, Greenberg R. 1998. Evidence for a subsurface ocean on Europa. Nature, 391: 363-365.

Carry B, Dumas C, Fulchignoni M, Merline W J, Berthier J, Hestroffer D, Fusco T, Tamblyn P. 2007. Near-infrared mapping and physical properties of the dwarf-planet Ceres. Astronomy & Astrophysics, 478: 235-244.

Cassen P, Reynolds R T, Peale S J. 1979. Is there liquid water on Europa? Geophysical Research Letters, 6: 731-736.

Cassen P, Peale S J, Reynold R T. 1980. Tidal dissipation in Europa: a correction. Geophysical Research Letters, 7: 987-988.

Cassidy T A, Johnson R E, McGrath M A, Wong M C, Cooper J F. 2007. The spatial morphology of Europa's near-surface O_2 atmosphere. Icarus, 191: 755-764.

Chapman C R, Morrison D, Zellner B. 1975. Surface properties of asteroids: a synthesis of polarimetry radiometry and spectrophotometry. Icarus, 25: 104-130.

Chyba C F, McDonald G D. 1995. The origin of life in the solar system: current issues. Annual Reviews, 23: 215-249.

Chyba C F, Hand K P. 2001. Life without photosynthesis. Science, 292: 2026-2027.

Collins G C, Head J W, Pappalardo R T, Spaun N A. 1999. Evaluating models for the formation of chaotic terrain on Europa. Journal of Geophysical Research, 105 (E1): 1709-1716.

Combe J-P, McCord T B, Tosi F, Ammannito E, Carrozzo F G, De Sanctis M C, Raponi A, Byrne S, Landis M E, Hughson K H G, Raymond C A, Russell C T. 2016. Detection of local H_2O exposed at the surface of Ceres. Science, 353 (6303): aaf3010.

Combe J-P, Raponi A, Tosi F, De Sanctis M C, Carrozzo F G, Zambon F, Ammannito E, Hughson K H G, Nathues A, Hoffmann M, Platz T, Thangjam G, Schorghofer N, Schröder S, Byrne S, Landis M E, Ruesch O, McCord T B, Johnson K E, Singh S M, Raymond C A, Russell C T. 2019. Exposed H_2O-rich areas detected on Ceres with the dawn visible and infrared mapping spectrometer. Icarus, 318: 22-41.

Crawford G D, Stevenson D J. 1988. Gas- driven water volcanism and the resurfacing of Europa. Icarus, 73: 66-79.

Cull S C, Arvidson R E, Catalano J G, Ming D W, Morris R V, Mellon M T, Lemmon M. 2010. Concentrated perchlorate at the Mars Phoenix landing site: Evidence for thin film liquid water on Mars. Geophysical Research Letters, 37.

Curran R J, Conrath B J, Hanel R A, Kunde V G, Pearl J C. 1973. Mars: Mariner 9 spectroscopic evidence for h_2o ice clouds. Science, 182: 381-383.

De Sanctis M C, Ammannito E, Raponi A, Marchi S, McCord T B, McSween H Y, Capaccioni F, Capria M T, Carrozzo F G, Ciarniello M, Longobardo A, Tosi F, Fonte S, Formisano M, Frigeri A, Giardino M, Magni G, Palomba E, Turrini D, Zambon F, Combe J P, Feldman W, Jaumann R, McFadden L A, Pieters C M, Prettyman T, Toplis M, Raymond C A, Russell C T. 2015. Ammoniated phyllosilicates with a likely outer Solar System origin on (1) Ceres. Nature, 528: 241-244.

De Sanctis M C, Raponi A, Ammannito E, Ciarniello M, Toplis M J, McSween H Y, Castillo- Rogez J C, Ehlmann B L, Carrozzo F G, Marchi S, Tosi F, Zambon F, Capaccioni F, Capria M T, Fonte S, Formisano M, Frigeri A, Giardino M, Longobardo A, Magni G, Palomba E, McFadden L A, Pieters C M, Jaumann R, Schenk P, Mugnuolo R, Raymond C A, Russell C T. 2016. Bright carbonate deposits as evidence of aqueous alteration on (1) Ceres. Nature, 536: 54-57.

Dundas C M, Byrne S, McEwen A S, Mellon M T, Kennedy M R, Daubar I J, Saper L. 2014. HiRISE observations of new impact craters exposing Martian ground ice. Journal of Geophysical Research: Planets, 119: 109-127.

Dundas C M, Bramson A M, Ojha L, Wray J J, Mellon M T. 2018. Exposed subsurface ice sheets in the Martian mid-latitudes. Science, 359: 199-201.

Durham W B, Heard H C, Kirby S H. 1983. Experimental deformation of polycrystalline H_2O ice at high pressure and low temperature: Preliminary results. Journal of Geophysical Research: Solid Earth, 88 (S01): B377-B392.

Durham W B, Kirby S H, Stern L A. 1992. Effects of dispersed particulates on the rheology of water ice at planetary conditions. Journal of Geophysical Research-Planets, 97: 20883-20897.

Durham W B, Kirby S H, Stern L A. 1997. Creep of water ices at planetary conditions: A compilation. Journal of Geophysical Research: Planets, 102: 16293-16302.

Fagents S A, Greeley R, Sullivan R J, Pappalardo R T, Prockter L M, Team T G S. 2000. Cryomagmatic mechanisms for the formation of rhadamanthys linea, triple band margins, and other low- albedo features on Europa. Icarus, 144: 54-88.

Fanale F P, Salvail J R. 1989. The water regime of asteroid (1) Ceres. Icarus, 82: 97-110.

Feierberg M A, Lebofsky L A, Larson H P. 1981. Spectroscopic evidence for aqueous alteration products on the surfaces of low-albedo asteroids. Geochimica et Cosmochimica Acta 45: 971-981.

Feldman W C, Maurice S, Lawrence D J, Little R C, Lawson S L, Gasnault O, Wiens R C, Barraclough B L, Elphic R C, Prettyman T H, Steinberg J T, Binder A B. 2001. Evidence for water ice near the lunar poles. Journal of Geophysical Research: Planets, 106: 23231-23251.

Feldman W C, Boynton W V, Tokar R L, Prettyman T H. 2002. Global distribution of neutrons from Mars: results from Mars odyssey. Science, 297: 75-78.

Gladstone G R, Hurley D M, Retherford K D, Feldman P D, Pryor W R, Chaufray J- Y, Versteeg M,

Greathouse T K, Steffl A J, Throop H, Parker J W, Kaufmann D E, Egan A F, Davis M W, Slater D C, Mukherjee J, Miles P F, Hendrix A R, Colaprete A, Stern S A. 2010. LRO- LAMP observations of the LCROSS impact plume. Science, 330: 472-476.

Glen J W. 1952. Experiments on the deformation of ice. Journal of Glaciology, 2 (12): 111-114.

Glen J W. 1955. The creep of polycrystalline ice. In Proceedings of the royal society of London A: Mathematical, physical and engineering sciences, 228: 519-538.

Glen J W. 1975. The mechanics of ice. Corps of Engineers, US Army Cold Regions Research and Engineering Laboratory.

Goldsby D L, Kohlstedt D L. 1997. Grain Boundary Sliding in fine- grain Ice I. Scripta Materialia, 37 (9): 1399-1406.

Goldsby D L, Kohlstedt D L. 2001. Superplastic deformation of ice: experimental observations. Journal of Geophysical Research: Solid Earth, 106: 11017-11030.

Greenberg R, Hoppa G, Tufts R, Geissler P. 1998. Chaos regions: wide spread melt- through to the surface of Europa? Bulletin of the American Astronomical Society, 30: 1086.

Haberle R M, McKay C P, Schaeffer J, Cabrol N A, Grin E A, Zent A P, Quinn R. 2001. On the possibility of liquid water on present- day Mars. Journal of Geophysical Research: Planets, 106: 23317-23326.

Harmon J K, Slade M A. 1992. Radar mapping of mercury: full- disk lmages and polar anomalies. Science, 258: 640-643.

Hayne P O, Aharonson O. 2015. Thermal stability of ice on Ceres with rough topography. Journal of Geophysical Research: Planets, 120: 1567-1584.

Head J W, Pappalardo R T, Greeley R, Sullivan R, Team G I. 1998. Origin of ridges and bands on Europa: Morphologic characteristics and evidence for linear diapirism from Galileo data. Lunar Planet Science Conference.

Head J W, Pappalardo R T, Sullivan R. 1999. Europa: Morphological characteristics of ridges and triple bands from Galileo data (E4 and E6) and assessment of a linear diapirism model. Journal of Geophysical Research: Planets.

Holt J W, Safaeinili A, Plaut J J, Head J W. 2008. Radar sounding evidence for buried glaciers in the southern mid- latitudes of Mars. Science, 322: 4.

Hooke R L, Dahlin B B, Kauper M T. 1972. Creep of ice containing dispersed fine sand. Journal of Glaciology, 11: 327-336.

Hsieh H H, Jewitt D. 2006. Main belt comets: ice in the inner Solar System. Bulletin of the American Astronomical Society, 38: 492.

Jakosky B M, Shock E L. 1998. The biological potential of Mars, the early Earth, and Europa. Journal of Geophysical Research: Planets, 103: 19359-19364.

Jaumann R, Tirsch D, Hauber E, Ansan V, Achille G D. 2015. Quantifying geological processes on Mars-results of the high resolution stereo camera (HRSC) on Mars express. Planetary and Space Science, 112: 53-97.

Jia X, Kivelson M G, Khurana K K, Kurth W S. 2018. Evidence of a plume on Europa from Galileo magnetic and plasma wave signatures. Nature Astronomy, 2 (6), doi: 10. 1038/s41550-018-0450-z.

Johnson T V, Fanale P. 1973. Optical properties of carbonaceous chondrites and their relationship to asteroids. Journal of Geophysical Research, 78: 8507-8518.

Jones T D, Lebofsky L A, Lewis J S. 1988. The 3- μm hydrated silicate signature on c class asteroids: implications for origins of outer belt objects. Lunar and Planetary Science Conference.

Jones T D, Lebofsky L A, Lewis J S. 1990. The composition tracer of thermal evolution and origin of the c, p, and d asteroids: water as a in the outer belt. Icarus, 88: 172-192.

Kargel J S. 1991. Brine volcanism and the interior structures of asteroids and icy satellites. Icarus, 94: 368-390.

Kargel J S, Pozio S. 1996. The volcanic and tectonic history of Enceladus. Icarus, 119: 385-404.

Kayama M, Tomioka N, Ohtani E, Seto Y, Nagaoka H, Götze J, Miyake A, Ozawa S, Sekine T, Miyahara M, Tomeoka K, Matsumoto M, Shoda N, Hirao N, Kobayashi T. 2018. Discovery of moganite in a lunar meteorite as a trace of H_2O ice in the Moon's regolith. Science Advance, 4 (5), doi: 10.1126/sciadv.aar4378.

Khurana K K, Kivelson M G, Stevenson D J, Schubert G, Russell C T, Walker R J, Polanskey C. 1998. Induced magnetic fields as evidence for subsurface oceans in Europa and Callisto. Nature, 395: 777-780.

Kirby S H, Durham W B, Beeman M L, Heard H C, Daley M A. 1987. Inelastic properties of ice Ih at low temperatures and high pressures. Le Journal de Physique Colloques, 48 (C1): C1-227.

Kivelson G, Khurana K K, Russell C T, Volwerk M, Walker R J, Zimmer C. 2000. Galileo magnetometer measurements: a stronger case for a subsurface ocean at Europa margaret. Science, 289: 1340-1343.

Krohn K, Jaumann R, Stephan K, Otto K A. 2016. Cryogenic flow features on Ceres: Implications for crater-related cryovolcanism. Geophysical Research Letters, 43: 11994-12003.

Kuiper G P. 1961. Planets and Satellites. Chicago: Univ of Chicago Press.

Küppers M, O'Rourke L, Bockelée-Morvan D, Zakharov V, Lee S, von Allmen P, Carry B, Teyssier D, Marston A, Müller T, Crovisier J, Barucci M A, Moreno R. 2014. Localized sources of water vapour on the dwarf planet (1) Ceres. Nature, 505: 525-527.

Lawrence D J, Feldman W C, Elphic R C, Hagerty J J, Maurice S, McKinney G W, Prettyman T H. 2006. Improved modeling of Lunar Prospector neutron spectrometer data: Implications for hydrogen deposits at the lunar poles. Journal of Geophysical Research, 111.

Lebofsky L A, Feierberg M A, Tokunaga A T, Larson H P. 1981. The 1.7 to 4.2 μm Spectrum of Asteroid 1 Ceres: Evidence for Structural Water in Clay Minerals. Icarus, 48: 453-459.

Leighton R B, Murray B C. 1966. Behavior of carbon dioxide and other volatiles on Mars: A thermal model of the Martian surface suggests that Mars's polar caps are solid carbon dioxide. Science, 153: 136-144.

Lewis J S. 1971. Satellites of the outer planets: their physical and chemical nature. Icarus, 15: 174-185.

Li J-Y, McFadden L A, Parker J W, Young E F, Stern S A, Thomas P C, Russell C T, Sykes M V. 2006. Photometric analysis of 1 Ceres and surface mapping from HST observations. Icarus, 182: 143-160.

Lucchitta B K, Soderblom L A. 1982. Geology of Europa in Satellites of Jupiter. Tucson: Univ of Ariz Press.

Malin M C, Edgett K S. 2000a. Evidence for recent groundwater seepage and surface runoff on Mars. Science, 288: 2330-2335.

Malin M C, Edgett K S. 2000b. Sedimentary rocks of early Mars. Science, 290: 1927-1937.

Marshall H P, Harper J T, Pfeffer W T, Humphrey N F. 2002. Depth-varying constitutive properties observed in an isothermal glacier. Geophysical research letters, 29 (23), doi: 10.1029/2002GL015412.

Martín-Torres F J, Zorzano M-P, Valentín-Serrano P, Harri A-M, Genzer M, Kemppinen O, Rivera-Valentin E G, Jun I, Wray J, Bo Madsen M, Goetz W, McEwen A S, Hardgrove C, Renno N, Chevrier V F, Mischna M, Navarro-González R, Martínez-Frías J, Conrad P, McConnochie T, Cockell C, Berger G, R. Vasavada A, Sumner D, Vaniman D. 2015. Transient liquid water and water activity at Gale crater on Mars. Nature Geoscience, 8: 357-361.

Matson D L. 1971. Infrared observations of asteroids in Physical Studies of Minor Planets. NASA, 45-50.

McCord T B, Sotin C. 2005. Ceres: Evolution and current state. Journal of Geophysical Research, 110, doi: 10. 1029/2004JE002244.

McCord T B, Hansen G B, Fanale F P, Carlson R W, Matson D L, Johnson T V. 1998. Salts on Europa's surface detected by Galileo's near Infrared mapping spectrometer. Science, 280: 1242-1245.

McKinnon W B. 1999. Convective instability in Europa's floating ice shell. Geophysical Research Letters, 26: 951-954.

McSween H Y. 1987. Aqueous alteration in carbonaceous chondrites: mass balance constraints on matrix mineralogy. Geochimica et Cosmochimica Acta, 51: 2469-2477.

Mellon M T, Jakosky B M. 1995. The distribution and behavior of Martian ground ice during past and present epochs. Journal of Geophysical Research, 100: 11781-11799.

Mellon M T, Arvidson R E, Sizemore H G, Searls M L, Blaney D L, Cull S, Hecht M H, Heet T L, Keller H U, Lemmon M T, Markiewicz W J, Ming D W, Morris R V, Pike W T, Zent A P. 2009. Ground ice at the Phoenix Landing Site: Stability state and origin. Journal of Geophysical Research, 114, doi: 10. 1029/2009JE003417.

Mellor M, Testa R. 1969. Creep of ice under low stress. Journal of Glaciology, 8 (52): 147-152.

Middleton C A, Grindrod P M, Sammonds P R. 2017. The effect of rock particles and D_2O replacement on the flow behaviour of ice. Philos Trans A Math Phys Eng Sci, 375, doi: 10. 1098/rsta. 2015. 0349.

Montagnat M, Duval P. 2000. Rate controlling processes in the creep of polar ice, influence of grain boundary migration associated with recrystallization. Earth and Planetary Science Letters, 183 (1): 179-186.

Moore J M. 1998. Large impact features on Europa: results of the Galileo nominal mission. Icarus, 135: 127-145.

Moore J M, McKinnon W B, Spencer J R, Howard A D, Schenk P M, Beyer R A, Nimmo F, Singer K N, Umurhan O M, White O L. 2016. The geology of Pluto and Charon through the eyes of New Horizons. Science, 351: 1284-1293.

Mosqueira I, Estrada P R. 2003. Formation of the regular satellites of giant planets in an extended gaseous nebula I: subnebula model and accretion of satellites. Icarus, 163: 198-231.

Möhlmann D. 2011. Three types of liquid water in icy surfaces of celestial bodies. Planetary and Space Science, 59: 1082-1086.

Nozette S, Lichtenberg C L, Spudis P, Bonner R, Ort W, Malaret E, Robinson M, Shoemaker E M. 1996. The clementine bistatic radar experiment. Science, 274: 1495-1498.

Nozette S, Spudis P D, Robinson M S, Bussey D B J, Bonner R. 2001. Integration of lunar polar remote-sensing data sets: evidence for ice at the lunar south pole. Science, 106: 23253-23266.

Ojha L, Wilhelm M B, Murchie S L, McEwen A S, Wray J J, Hanley J, Massé M, Chojnacki M. 2015. Spectral evidence for hydrated salts in recurring slope lineae on Mars. Nature Geoscience, 8: 829-832.

Orosei R, Lauro S E, Pettinelli E, Cicchetti A, Coradini M. 2018. Radar evidence of subglacial liquid water on Mars. Science, 361 (6401), doi: 10. 1126/science. aar7268.

Paige D A. 1992. The thermal stability of nearsurface ground ice on Mars. Nature, 356: 3.

Pappalardo R T, Sullivan R J. 1996. Evidence for separation across a gray band on Europa. Icarus, 123: 557-567.

Pappalardo R T, Head J W, Greeley R, Sullivan R J. 1998a. Geological evidence for solid- stateconvection in Europa's ice shell. Nature, 391: 365-368.

Pappalardo R T, Head J W, Sherman N D, Greeley R, Sullivan R J, 1998b. Classification of Europan ridges and troughs and a possible genetic sequence. Lunar Planet Science Conference.

Pappalardo R T, Belton M J S, Breneman H H, Carr M H, Chapman C R. 1999. Does Europa have a subsurface ocean? Evaluation of the geological evidence. Journal of Geophysical Research: Planets, 104: 24015-24055.

Parker J W, Stern S A, Thomas P C, Festou M C, Merline W J, Young E F. 2002. Analysis of the first disk-resolved images of ceres from ultraviolet observations with the Hubble space telescope. The Astronomical Journal, 123: 549-557.

Paterson W S B. 1994. The physics of glaciers. Physics Today, doi: 10. 1063/1. 2915138.

Pathare A V, Paige D A, Turtle E. 2005. Viscous relaxation of craters within the martian south polar layered deposits. Icarus, 174: 396-418.

Petrenko V F, Whitworth R W. 1999. Physics of ice. Oxford: OUP.

Pettit E C, Waddington E D. 2003. Ice flow at low deviatoric stress. Journal of Glaciology, 49 (166): 359-369.

Pimienta P, Duval P. 1987. Rate controlling processes in the creep of polar glacier ice. Le Journal de Physique Colloques, 48 (C1): C1-243.

Platz T, Nathues A, Schorghofer N, Preusker F, Mazarico E, Schröder S E, Byrne S, Kneissl T, Schmedemann N, Combe J P, Schäfer M, Thangjam G S, Hoffmann M, Gutierrez-Marques P, Landis M E, Dietrich W, Ripken J, Matz K D, Russell C T. 2016. Surface water- ice deposits in the northern shadowed regions of Ceres. Nature Astronomy, 1, doi: 10. 1038/s41550-016-0007.

Prockter L M, Pappalardo R T, R S, Head J W, Patel J G, Giese B. 1999. Morphology and evolution of Europan bands: Investigation of a seafloors preading analog. Lunar Planet Science Conference.

Qi C, Goldsby D L, Prior D J. 2017. The down- stress transition from cluster to cone fabrics in experimentally deformed ice. Earth and Planetary Science Letters, doi: 10. 1016/j. epsl. 2017. 05. 008.

Qi C, Stern L A, Pathare A, Durham W B, Goldsby D L. 2018. Inhibition of grain boundary sliding in fine-grained ice by intergranular particles: implications for planetary ice masses. Geophysical Research Letters, 45: 12, 712-757, 765.

Qi C, Prior D J, Craw L, Fan S, Llorens M- G, Griera A, Negrini M, Bons P D, Goldsby D L. 2019. Crystallographic preferred orientations of ice deformed in direct- shear experiments at low temperatures. The Cryosphere, 13: 351-371.

Rathbun J A, Jr G S M, Squyres S W. 1998. Ice diapirs on Europa: implications for liquid water. Geophysical Research Letters, 25 4157-4160.

Reynolds R T, Cassen P M. 1979. On the internal sructure of the major satellites of the outer planets. Geophysical Research Letters, 6: 121-124.

Ross M N, Schubert G. 1987. Tidal heating in an internal ocean model of Europa. Nature, 325: 133-134.

Roth L, Retherford K, Saur J. 2014. Europa's water vapor plumes: a powerful search technique using HST UV Aurora Observations. Science, doi: 2014LPICo1774. 4068R.

Ruesch O, Platz T, Schenk P, McFadden L A, Castillo- Rogez J C. 2016. Cryovolcanism on Ceres. Science, 353.

Ruesch O, Quick L C, Landis M E, Sori M M, Čadek O, Brož P, Otto K A, Bland M T, Byrne S, Castillo-Rogez J C, Hiesinger H, Jaumann R, Krohn K, McFadden L A, Nathues A, Neesemann A, Preusker F, Roatsch T, Schenk P M, Scully J E C, Sykes M V, Williams D A, Raymond C A, Russell C T. 2019. Bright carbonate surfaces on Ceres as remnants of salt-rich water fountains. Icarus, 320: 39-48.

Ruiz J. 2010. Equilibrium convection on a tidally heated and stressed icy shell of Europa for a composite water ice rheology. Earth, Moon, and Planets, 107: 157-167.

Saur J, Feldman P D, Roth L, Nimmo F, Strobel D F, Retherford K D, McGrath M A, Schilling N, Gérard J-C, Grodent D. 2011. Hubble space telescope/advanced camera for surveys observations of europa's atmospheric ultraviolet emission at eastern Elongation. The Astrophysical Journal, 738.

Schenk P, Jackson M P A. 1993. Diapirism on Triton: A record of crustal layering and instability. Geology, 2: 1, 299-302.

Schmidt B, Hughson K, Chilton H T, Scully J E. 2017. Geomorphological evidence for ground ice on dwarf planet Ceres. Nature Geoscience, 10: 338-343.

Schorghofer N. 2008. The lifetime of ice on main belt asteroids. The Astrophysical Journal, 682: 697-705.

Schubert G, Spohn T, Reynolds R T. 1986. Thermal histories, compositions, and internal structures of the moons of the Solar System, in Satellites. Tucson: Univ of Ariz Press, 224-292.

Schulson E M, Duval P. 2009. Creep and fracture of ice (Vol 1). Cambridge: Cambridge University Press.

Sharp R P, Malin M C. 1975. Channels on Mars. Geological Society of America Bulletin, 86: 593-609.

Slade M A, Butler B J, Muhleman D O. 1992. Mercury radar imaging: Evidence for polar ice. Science, 258: 635-639.

Smith B A, Soderblom L A, Johnson T V, Ingersoll A. 1979a. The jupiter system through the eyes of Voyager 1. Science, 204: 951-970.

Smith B A, Soderblom L A, R B, J B. 1979b. The galilean satellites and jupiter: Voyager 2 imaging science results. Science, 206: 927-950.

Sori M M, Bramson A M. 2019. Water on Mars, with a grain of salt: local heat anomalies are required for basal melting of ice at the south pole today. Geophysical Research Letters, 46: 1222-1231.

Sori M M, Byrne S, Bland M T, Bramson A M, Ermakov A I, Hamilton C W, Otto K A, Ruesch O, Russell C T. 2017. The vanishing cryovolcanoes of Ceres. Geophysical Research Letters, 44: 1243-1250.

Sori M M, Sizemore H G, Byrne S, Bramson A M, Bland M T, Stein N T, Russell C T. 2018. Cryovolcanic rates on Ceres revealed by topography. Nature Astronomy, 2: 946-950.

Sparks W B, Hand K P, McGrath M A, Bergeron E, Cracraft M, Deustua S E. 2016. Probing for evidence of plumes on Europa with Hst/Stis. The Astrophysical Journal, 829, doi: 10. 3847/0004-637X/829/2/121.

Sparks W B, Schmidt B E, McGrath M A, Hand K P, Spencer J R, Cracraft M, Deustua S E. 2017. Active cryovolcanism on Europa? The Astrophysical Journal, 839, doi: 10. 3847/2041-8213/aa67f8.

Spaun N A, Prockte L M, Pappalardo R T, Collins G C, Antman A, Greeley R, Team t G S. 1999. Spatiald is-tribution of lenticulae and chaos on Europa. Lunar Planet Science Conference.

Spudis P D, Bussey D B J, Baloga S M, Butler B J, Carl D, Carter L M, Chakraborty M, Elphic R C, Gillis-Davis J J. 2010. Initial results for the north pole of the Moon from Mini- SAR, Chandrayaan- 1 mission. Geophysical Research Letters, 37, doi: 10. 1029/2009gl042259.

Squyres S W, Reynolds R T, Cassen P M. 1983. Liquid water and active resurfacing on Europa. Nature, 301: 225-226.

Sullivan R, Greeley R, Homan K, Klemaszewsk J. 1998. Episodic plate separation and fracture infill on the surface of Europa. Nature, 391: 371-372.

Thomas P J, Schubert G. 1986. Crater relaxation as a probe of Europa's interior. Journal of Geophysical Research: Solid Earth, 91: 453-459.

Thomson B J, Bussey D B J, Neish C D, Cahill J T S, Heggy E, Kirk R L, Patterson G W, Raney R K, Spudis P D, Thompson T W, Ustinov E A. 2012. An upper limit for ice in Shackleton crater as revealed by LRO Mini-RF orbital radar. Geophysical Research Letters, 39, doi: 10. 1029/2012GL052119.

Thorsteinsson T, Waddington E D, Taylor K C, Alley R B, Blankenship D D. 1999. Strain-rate enhancement at dye 3, greenland. Journal of Glaciology, 45 (150): 338-345.

Turtle E P, Phillips C B, McEwen A S, Moore J M, Greeley R, the Galileo SSI Team. 1998. Numerical modeling of multi-ring impact craters on Europa: implications for subsurface structure. Lunar Planet Science Conference.

Watson K, Murry B C, Brown H. 1961. The behavior of volatiles on the lunar surface. Journal of Geophysical Research: Planets, 66: 3033-3045.

Watson K, Murray B C, Brown H. 1963. The stability of volatiles in the solar system. Icarus, 1 (1-6): 317-327.

Weertman J, Weertman J R. 1975. High temperature creep of rock and mantle viscosity. Annual Review of Earth and Planetary Sciences, 3 (1): 293-315.

Wilson L, Head J W, Pappalardo R T. 1997. Eruption of lava flows on Europa: theory and application to Thrace Macula. Journal of Geophysical Research: Planets, 102: 9263-9272.

Yasui M, Arakawa M. 2008. Experimental study on the rate dependent strength of ice-silica mixture with silica volume fractions up to 0.63. Geophysical Research Letters, 35, doi: 10.1029/2008gl033787.

Zolotov M Y, Kargel J S. 2009. On the chemical composition of Europa's icy shell, ocean, and underlying rocks, in Europa. Tucson: Univ Arizona Press, 431-451.

Zuber M T, Head J W, Smith D E, Neumann G A, Mazarico E, Torrence M H, Aharonson O, Tye A R, Fassett C I, Rosenburg M A, Melosh H J. 2012. Constraints on the volatile distribution within Shackleton crater at the lunar south pole. Nature, 486: 378-381.

行星际物理研究进展

何宏青，闫丽梅

中国科学院地质与地球物理研究所，北京　100029

摘　　要

行星际空间是指各行星之间广袤的物理空间，其间充斥着高能粒子、等离子体、磁场、电场、湍流、波等基本物理现象，从而成为探索许多重要基础性物理问题的绝佳天然实验室。日球层大部分物质传输和能量交换过程在行星际空间中进行，太阳的剧烈爆发活动和长周期调制作用通过行星际空间对太阳系各成员（行星及其卫星、彗星、小行星等）局地环境产生重要影响。近年来，我们在行星际物理研究领域中取得了重要进展和系列成果，改变了相关领域中若干传统物理观念。本文从行星际空间高能粒子、太阳风湍流、行星际日冕物质抛射等三个方面对我们的研究进展进行了简要梳理和总结。

1　研究背景

随着“嫦娥计划”系列任务顺利实施与首次自主火星探测计划“天问一号”顺利升空，我国在深空探测方面既呈现出广阔的发展前景，又对行星际空间环境物理特性、变化性及其影响方面（包括对月球和行星的影响）的前沿研究提出了迫切需求。行星际空间环境各种因素相互交织、耦合，在短期、中期和长期等时间尺度上对月球和行星空间环境产生十分重要的影响，在日地空间中传播的剧烈活动对人类深空探测活动及地球上的高技术设备具有潜在的严重威胁。太阳作为日球层的主宰，其剧烈爆发活动和长周期调制作用通过广袤的行星际空间对太阳系的各个成员施加重要影响。除太阳本身之外，日球层绝大部分物质传输和能量交换过程在行星际空间中进行，并通过行星际空间的物理特性对行星及其卫星、彗星、小行星等天体的局地空间环境产生重要影响。行星际空间充斥着各种粒子、等离子体、磁场、电场、湍流、波动等物理现象，是一个天然的、绝佳的物理实验室，许多重要的基础物理问题有待深入研究。最近十余年，借助于国内外卫星探测数据，学术界在行星际空间环境研究方面已取得很大进步，但仍有重要的基础前沿问题亟待深入研究。

行星际物理研究的主要内容是弥漫于行星际空间中的各种物质、能量及其相互作用，主要包括高能粒子、等离子体、湍动磁场、电磁波、电场、波。这些物质（能量）成分的传播、状态及其作用构成了行星际物理极其宏大的研究背景和极其丰富的研究内容。譬如，行星际空间的高能带电粒子就包括太阳高能粒子（SEPs）、银河宇宙射线（GCRs）、异常宇宙射线（ACRs）、木星电子等。这些高能带电粒子能量最高可达几十、上百 GeV 量级，对在太空中作业的宇航员和卫星上的电子元器件均构成严重危害，成为影响行星空间环境和空间天气的重要因素。高能带电粒子可穿透表面进入物质内部传输，造成辐射损伤、单粒子翻转、单粒子锁定和内部充电效应。从而引起飞行器故障，甚至失效；对通信、测控、定位和导航产生严重干扰；令人体感觉不适，发生疾患，甚至死亡。为规避或减轻高能带电粒子对人类空间探测活动和生产生活的影响，深入了解高能粒子在行星际空间的传播、加速过程及其空间环境效应十分重要。行星际空间高能粒子传播、加速及其效应已成为国际行星物理、空间物理和空间天气研究的重要战略科学领域。高能粒子传播及加速机制的研究成为美国国家科学基金会（NSF）Space Weather 计划和美国国家航空航天局（NASA）“Sun-Earth Connection” 计划的热点问题。美国 NASA “Living With a Star”（与星同在）计划 2013 年 11 月公布的 6 个重点推荐战略科学领域中，至少有 2 个与行星际空间高能粒子直接相关。为规避或减轻高能粒子对人类空间探测活动和生产生活的影响，深入了解高能粒子在日地空间中的传播过程及其效应十分重要。此外，日地空间高能带电粒子研究对于深入理解湍动电磁场中的波粒相互作用、各种宇宙射线的起源、加速、传播、调制和地球物理效应等基础物理过程具有十分重要的科学意义。由于理论的深刻性和应用的广泛性，空间高能粒子研究日益受到国际空间物理、空间天气学界和航空航天工业界的重视，成为日地空间物理领域中一个非常重要的研究方向和学科增长点。

磁湍流作为一种非线性现象，普遍存在于行星际空间环境中，是空间等离子体物理研究中的热点问题。磁湍流使等离子体流形成涡旋，并将大尺度涡旋分解为更小尺度涡旋。在湍流的作用下，涡流在较大尺度上将能量注入系统，在惯性区进行能量串级，将大尺度涡流分解为小尺度涡旋，这些小尺度涡旋在耗散尺度发生能量耗散，加热等离子体。太阳风磁湍流的作用主要有：①磁湍流是太阳风加热的重要能量来源；②磁湍流是影响高能粒子传播和加速的重要因素；③磁湍流对空间等离子体中的物质传播和能量耗散过程有重要影响；④湍流与磁重联有密切的联系。因此，研究太阳风湍流有助于理解空间等离子体的基本物理过程，揭示相关观测现象的物理机制。

行星际空间的物理特性及其对月球和行星局地空间环境的影响，随着国际深空探测活动日益密集而越来越受到科学界重视。在当前国际上登月、探“火”、太空旅行、太空移民等科学概念甚至商业概念纷纷登场的时代背景下，对行星际空间环境及其物理基础开展系统深入研究显得尤为重要。行星际空间研究的主要目的有两个：第一个是理解行星际空间各种自然现象背后的物理机制，满足科学家甚至普通公众对大自然和宇宙空间的好奇心，拓展人类知识边界；第二个是构建基于物理的行星际空间环境预测预报模式，为人类太空探测活动和可能的太空旅行活动服务。行星际空间的物理特性及其空间环境效应研究具有十分重要的科学意义。例如，行星际磁场与（某些）行星局地磁场的重联过程对行星空间环境产生重要影响。通过磁重联过程，行星际空间的大量带电粒子注入行星局地空间甚至行星表面，影响行星局地空间粒子辐射环境。注入的行星际空间带电粒子将与（某些）行星大气层相互作用从而影响后者的成分和状态。行星际磁场的南北向及强度等级对行星局地空间环境将产生不同的影响和效应，这方面也有待从观测统计和模型构建上开展系统、深入的研究。行星际太阳风与存在磁层的行星相互作用，在行星的向阳面一侧形成弓激波。在太阳活动周期的不同阶段，太阳风粒子的速度、密度和成分具有显著的差异，势必影响行星弓激波的径向位置、形状和物理特性，在太阳活动剧烈时期的表现尤甚。行星弓激波将加速附近的带电粒子，关于扩散激波加速的观测分析和数值模拟研究亟须开展。此外，行星际太阳风对行星大气层的长期剥蚀作用也是一项重要的研究课题。太阳剧烈爆发活动［例如日冕物质抛射（CME）］及其直接或间接效应在行星际空间中传播，这些爆发活动所裹挟及导致的等离子体、磁场及高能粒子对行星（际）空间环境产生十分重要的影响。这些都成为行星际物理领域的重要研究课题。所有行星及其卫星、彗星、小行星等天体的局地环境都浸润在广袤的行星际空间中，无时无刻不受行星际物理条件及空间环境的影响，因此，脱离行星际空间的行星研究必然是孤岛式研究，难以行远。

2 研究进展

2.1 行星际空间高能粒子

太阳高能粒子从太阳日冕释放出来以后，将在带有湍动的行星际磁场中传播。早期，国际学术界采用理论分析方法进行研究，后来随着空间时代的到来，开始结合卫星观测数据分析进行研究。近几十年来，已有许多研究工作用聚焦传播方程描述 SEPs 在传播中强度的变化，取得了一些进展。但是，前人大多数工作从一维、二维空间传播方程出发，得到的只能是 SEPs 在行星际空间中的一维、二维传播过程，显然在解释卫星观测数据和高能粒子现象方面过于简单。近十年来，随着国际上三维空间传播数值模拟方法的发展和逐步推广，太阳高能粒子传播研究领域焕然一新，基本上实现了从定性估计到定量计算的重大转变。此外，随着国际上一系列探测卫星计划得以实现，空间高能粒子领域也进入了多卫星协同观测研究的时代。三维传播数值模拟和多卫星协同观测相辅相成，无疑是开展行星际空间高能粒子研究的最佳手段和途径。我们在这一领域开拓创新，结合卫星观测、数值模拟和理论分析，通过长期努力，取得了一系列重要进展。

2.1.1 证实垂直扩散机制在行星际空间高能粒子三维传播过程中的重要作用

通过对完备的五维 Fokker-Planck 聚焦传播方程开展大规模数值模拟研究，系统揭示了太阳源区物理特征对太阳高能粒子在三维行星际空间中传播过程的影响。对高能粒子源区日面位置、经纬度范围和空间演化等物理特征的作用进行建模研究并发现：垂直扩散机制对太阳高能粒子在三维行星际空间中的传播过程有非常重要的作用，对于解释飞船观测到的各种高能粒子现象具有重要意义，是空间高能粒子研究领域中必须考虑和引入的重要物理机制。此外，粒子源区位置对于太阳高能粒子在三维行星际空间中的传播过程及高能粒子通量和各向异性剖面具有重要影响，当连接飞船的行星际磁力线足点（footpoint）与粒子源区具有很远的经度距离时，第一批到达飞船的太阳高能粒子可朝向太阳传播（sunwards）。另外，粒子源区经度、纬度范围对于太阳高能粒子通量和各向异性剖面亦具有较大影响。这项研究及后续工作确立了垂直扩散机制在太阳高能粒子三维传播过程中的重要作用。

国际深空探测活动正蓬勃开展，探测范围从内日球层经行星际空间延伸至外日球层乃至日球层边界和星际空间。近年来，我国也相应制定了一系列科学探测卫星和深空探测计划，深空探测、空间科学、空间技术和空间应用已经作为重要议题和前沿项目列入国家中长期科学规划之中。所有这些空间探测任务、设备和电子元器件在设计时都必须对相应空间区域的高能粒子辐射剂量和辐射环境进行理论分析和实际评估，以免严重影响星载仪器设备的工作性能或大幅增加探测任务的成本。欧美学者在这方面开展了长期研究，建立了一些较实用的粒子通量、辐射剂量经验公式，但是不同课题组得到的经验函数往往差别较大，且很难在定量的基础上合理解释这些差异。例如，早期利用内日球层飞船 Helios 1、Helios 2 及近地飞船 IMP-7、IMP-8、ISEE-3、GOES 观测数据得到的经验函数就与近期利用绕水星飞船 MESSENGER 及近 1 AU 飞船 STEREO-A、STEREO-B、ACE、SOHO 观测数据得到的经验函数不同。因此，为解释和预报行星际空间辐射环境与效应，建立一套基于物理的行星际空间辐射环境定量预测模型显得尤为重要。其中，确立太阳高能粒子事件中的粒子峰值强度与积分通量的径向变化是其核心问题，也是国际上空间粒子辐射研究领域中最主要的研究内容。

近期，我们通过对太阳高能粒子三维传播开展大规模数值模拟工作，系统研究了太阳高能粒子在内、外日球层的径向演化过程，揭示了行星际空间中高能粒子通量的径向变化规律。通过大规模数值求解五维 Fokker-Planck 聚焦传播方程，厘清与弥合了国际上在粒子通量径向变化函数关系上的各种分歧，解释了产生分歧的重要原因，得到了粒子通量径向变化经验建模的下限，发现了粒子通量径向依赖性的“两阶段”现象，并指出该现象的“断点”位置取决于各飞船的磁连接状态。这些研究结果可用于预测后续一系列飞船的高能粒子观测数据，见图 1。

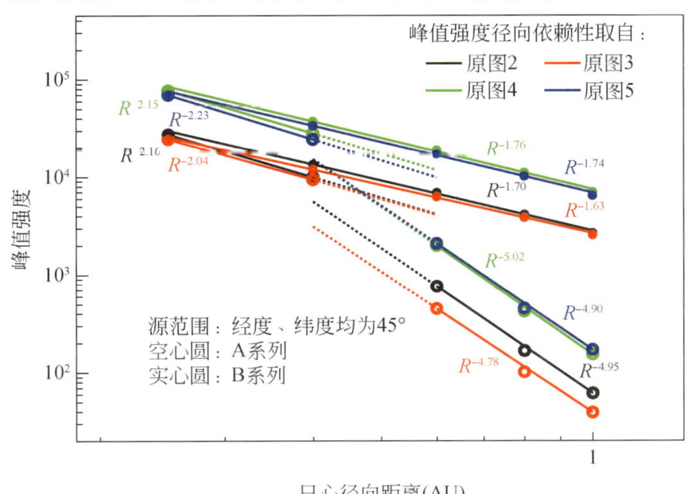

图 1　高能粒子通量强度的日心径向距离依赖性（据 He et al.，2017）

呈现“两阶段”现象，其“断点”位置取决于各飞船的磁连接状态行星际辐射是行星物理的重要研究内容。行星际辐射主要由太阳高能粒子和银河宇宙射线组成，其对深空探测活动产生重要影响，成为行星科学及其工程技术方面的重要研究课题。例如，嫦娥四号、天问一号及国际上正开展的 Parker Solar Probe、Solar Orbiter、IMAP 等深空探测计划几乎无一例外地载有高能粒子设备，通过获取数据对相关科学问题进行研究。高能粒子在行星际空间中的传播过程是一个基础性科学问题，涉及若干基本物理过程。在行星际空间中，湍动磁场将使高能粒子进行扩散运动，与此同时，空间变化的行星际磁场对高能粒子产生绝热聚焦作用。这两种作用相互影响，共同施加于高能粒子传播过程，在实际场景中很难将其区分开来。前人往往对空间变化的行星际磁场中的高能粒子扩散系数进行理论计算，而很难将高能粒子扩散与绝热聚焦作用及其传播效应进行具体呈现。最近，我们通过数值求解五维 Fokker-Planck 传播方程，揭示了高能粒子扩散作用与绝热聚焦作用对高能粒子传播过程、空间分布及径向演化的重要影响，并重点研究了高能粒子事件在外日球层的传播特征，发现了若干奇特高能粒子现象（沿径向传播，沿磁力线传播，“洪水”现象等）并予以理论解释。研究进一步厘清了扩散机制与绝热聚焦机制的主要作用区域及协同演化情形。研究结果重现了目前已有卫星观测现象，并将用于预测后续深空探测计划的观测结果，见图 2、图 3。

2.1.2 发现太阳高能粒子事件的相对经度东–西非对称分布现象，为垂直扩散机制的重要作用提供了一个十分独特的观测证据；在理论与观测基础上重新定义了高能粒子领域中盛行 25 年之久的“蓄水池（水库）”现象

太阳高能粒子由太阳剧烈爆发活动产生并在行星际空间中传播，因其观测便利性而成为研究宇宙线起源、加速和传播问题的范本粒子。高能带电粒子在湍动行星际磁场中经历沿磁场流动、与太阳风对流、绝热磁聚焦、绝热冷却、扩散运动等基础物理机制。传统的准线性理论认为高能粒子横越磁力线的垂直扩散作用极小，可以忽略不计，因此，研究领域中若干基本概念都是建立在只考虑平行扩散作用的基础之上。近年来，随着多飞船协同观测和非线性理论及数值模拟研究的发展，垂直扩散机制的重要作用日益受到学界重视，并被用来定量解释或重现相关观测现象，从而促进高能粒子传播研究从定性分析到定量解释的实质性飞跃。然而，几乎所有的已有观测现象都能同时被假想的物理机制（比如磁场结构）定性地解释，虽然大部分情况下这些解释只是一种粗浅的猜测，但却在高能粒子研究领域中长期占据中心位置。因此，寻找一种独特、精细和突显垂直扩散机制的观测现象，成为高能粒子研究领域中一项十分重要的新课题。

通过太阳高能粒子事件的数值模拟研究，发现太阳高能粒子事件相对经度东–西非对称分布现象，即观测者磁力线足点与粒子源区之间的日面经度距离相同时，源自东边源区的太阳高能粒子强度大于源自西边源区的太阳高能粒子强度。多个典型粒子能量研究均证实该发现。该研究结果喻示：源自磁足点东边源区的太阳高能粒子事件辐射剂量更高，更易于到达地球附近并影响近地空间环境和空间天气。通过对 GOES 卫星在 1996～2011 年间共 16 年的太阳质子事件（SPE）观测数据进行系统性的分析，首次发现太阳质子事件东–西经度非对称分布的观测现象，即当飞船的磁力线足点与太阳源区之间的经度距离相同时，来自东边源区 SPE 数多于来自西边源区 SPE 数，且该现象和规律具有普适性——对于不同能量和不同种类的高能粒子均成立，从而在长期观测基础上系统性地证实了数值模

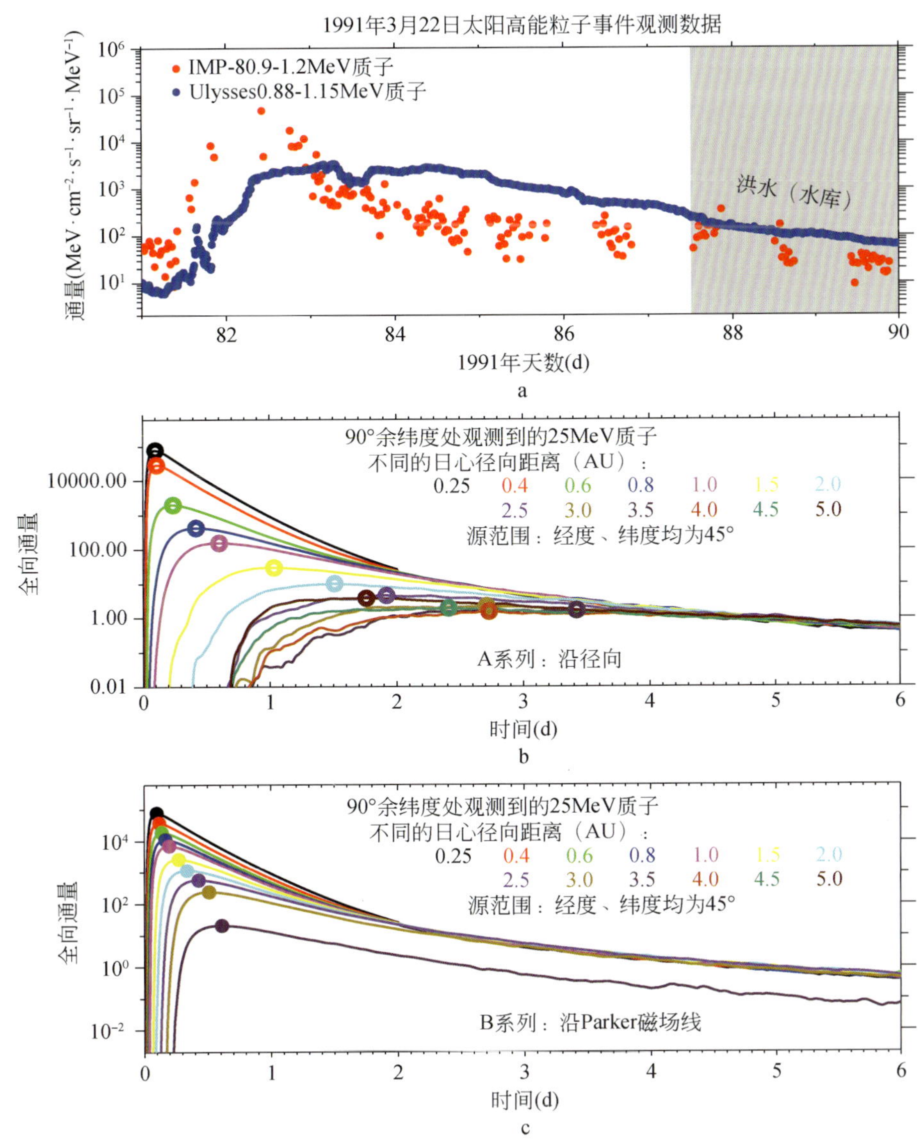

图 2 太阳高能粒子事件在内、外日球层的径向演化过程（据 He and Wan，2019）

a 为多卫星观测数据，b、c 分别为沿径向与沿磁力线的数值模拟结果。高能粒子“洪水”现象（前称“水库”现象）在数值模拟中得以定量重现。沿磁力线的高能粒子通量随日心距离增大而减小（在较大日心距离处，粒子通量剧烈减小），而沿径向的高能粒子通量在较远外日球层随日心距离增大而增大。这一反直觉现象可用扩散机制与绝热聚焦机制的相互作用解释

拟结果，并与之相互印证。结合数值模拟和理论分析工作，进一步揭示太阳高能粒子事件相对经度非对称分布现象归因于行星际磁场东–西非对称结构及垂直扩散机制对高能粒子传播过程的重要作用，也就是说，形成该现象的本质原因是高能粒子的垂直扩散机制。该项研究为垂直扩散机制的重要作用提供了一个十分独特的观测证据，其独特性表现在该现象很难用其他任何传统研究中的物理机制体面地解释，见图 4、图 5。

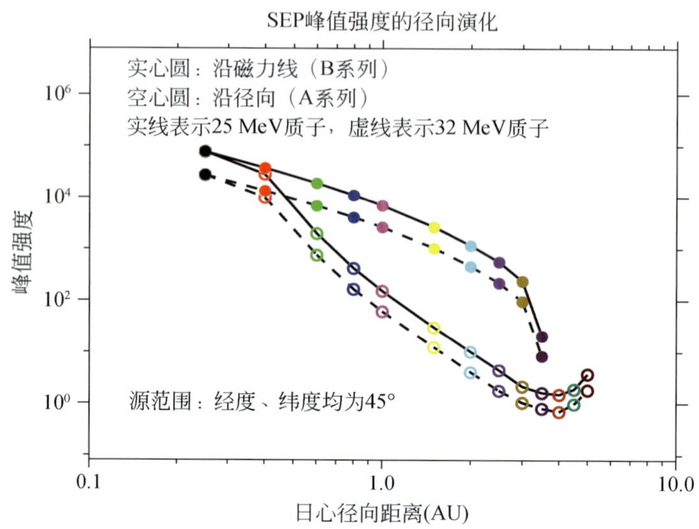

图 3 高能粒子事件峰值通量在内、外日球层的径向演化（据 He and Wan，2019）
扩散机制与绝热聚焦机制的相互作用使高能粒子在外日球层的演化呈现奇特性与复杂性

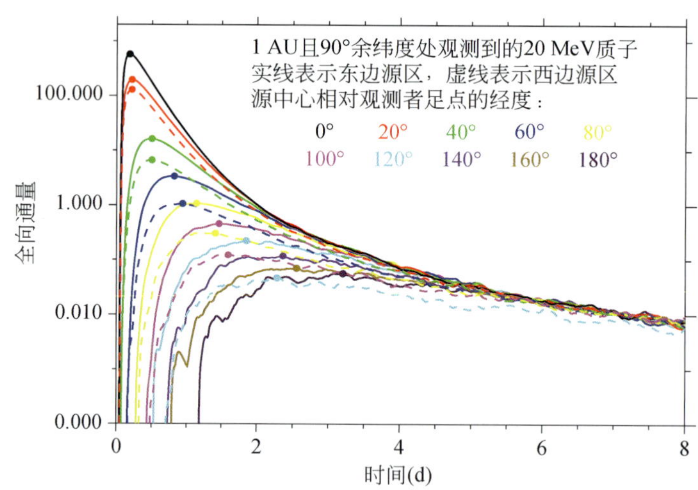

图 4 数值模拟发现太阳高能粒子事件相对经度东−西非对称分布现象（据 He and Wan，2015）
观测者磁力线足点与粒子源区之间的日面经度距离相同时，源自东边源区的
太阳高能粒子强度大于源自西边源区的太阳高能粒子强度

此外，在垂直扩散机制的物理背景下，纠正了高能粒子学科领域中盛行 25 年之久的“水库（reservoir）”现象或模型，并在坚实的理论和观测基础上将其重新命名为“洪水（flood）”现象，建立了基于垂直扩散机制、可定量描述的“洪水”模型。太阳高能粒子“水库（蓄水池）”现象是指在 SEP 事件后期，处于行星际空间不同位置的各个飞船观测到近乎相同的粒子强度（通量）及衰减率。重新定义“蓄水池（水库）”现象的根据和原因是：在高能粒子三维传播数值模拟研究中，只需引入一个合理取值的垂直扩散系数就可以重现各种“蓄水池（水库）”效应，而无须借助任何假想的粒子反射边界或扩散壁垒。垂直扩散机制可使高能粒子横越磁力线扩散到很远的经度、纬度距离处，因此可自然而成

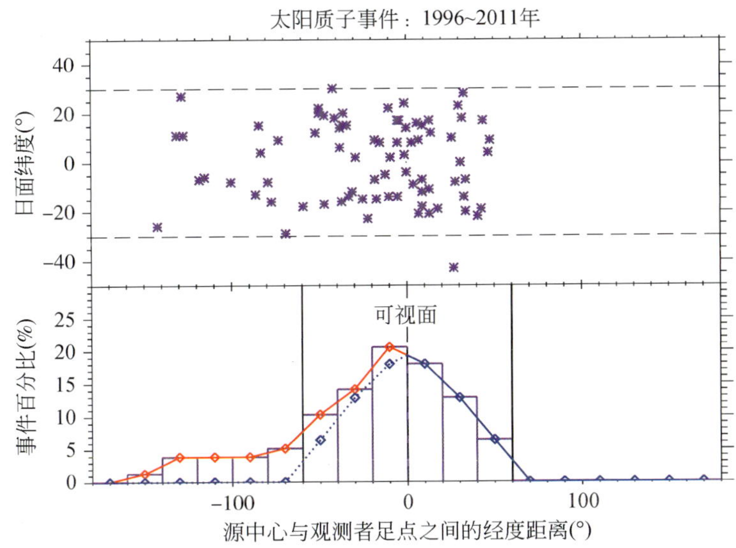

图 5　1996～2011 年间观测到的太阳质子事件数量随源区与飞船磁足点之间的经度距离的分布（据 He and Wan，2017）

呈现相对经度东-西非对称分布现象

功地解释领域中的所谓“蓄水池（水库）”现象。近年来，随着飞船观测分辨率的提高及仪器精度的极大提升（即观测临界阈值降低），在脉冲型或^{3}He 占丰的太阳高能粒子事件中也发现了粒子宽范围传播的现象，这就挑战了关于太阳高能粒子分类法的传统认识。也就是说，无须 ICME 和强激波，高能粒子也可传播到很远的经度、纬度位置。由此可见，是垂直扩散作用形成了大范围粒子分布的所谓“蓄水池（水库）”现象，而不是假想的反射边界或扩散壁垒束缚住大量粒子形成这种现象的。实际上，迄今也没有发现能够证明这种反射边界或扩散壁垒切实存在的可靠证据。大量高能粒子在垂直扩散机制的作用之下，纷纷横越磁力线传播到远处，就如同漫溢堤岸的洪水泛滥流向了两侧乃至远处。因此，将“蓄水池（水库）”现象重新定义为“洪水”更为恰当，也能够更准确地描述高能粒子在行星际空间中的实际三维传播过程。目前，我们所提科学概念“洪水”效应已被多个国际知名团队独立采用。该项研究对深入理解日地联系和空间辐射环境具有重要意义，见图 6。

2.1.3　引入垂直扩散机制对一例反向流动粒子束事件及此类现象给出新的定量解释，纠正了本领域长期以来假想的反射边界或磁镜机制

反向流动粒子束现象是指在太阳高能粒子事件初始阶段于 90°投掷角处呈现通量“低谷”的观测特征。通过对 2001 年 9 月 24 日太阳高能粒子事件进行数值模拟研究，发现太阳高能粒子事件初始阶段的反向流动粒子束现象可在未与日面主要粒子源直接相连的 Parker 型行星际磁力线上形成，其过程为：邻近磁力线上的大量粒子首先通过平行扩散传播到较远径向距离处，与此同时通过垂直扩散跨越磁力线传播，之后受到散射返回到约 1AU 径向距离处，在那里与直接来自太阳的高能粒子结合在一起，最终形成反向流动粒子束现象。该工作为深入理解太阳高能粒子在扰动磁场中的三维传播过程提供了重要启示，为解释相关观测现象提供了新思路，见图 7、图 8。

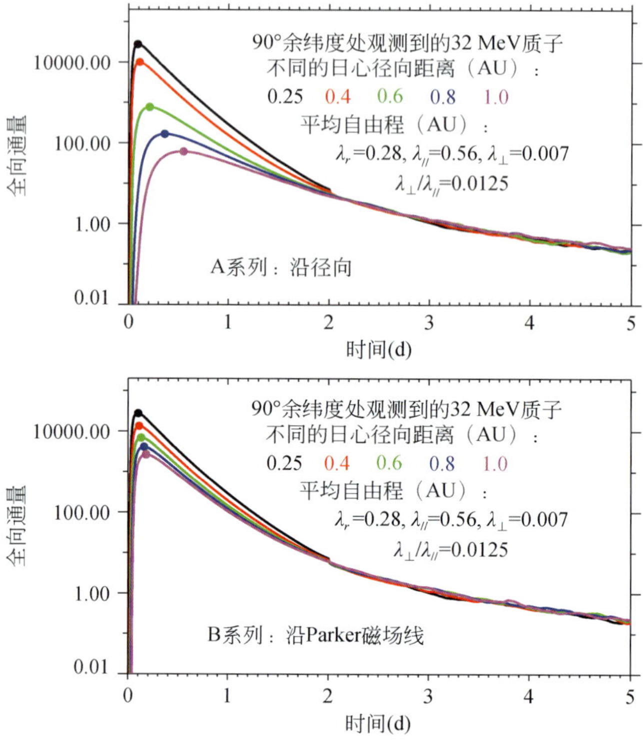

图 6　数值模拟重现高能粒子“水库”现象（据 He et al.，2017）

这种现象是指在 SEP 事件后期，处于行星际空间不同位置的各个飞船观测到近乎相同的粒子强度（通量）及衰减率。引入垂直扩散机制的多维 Fokker-Planck 传播方程数值模拟很好地重现了 SEP“水库”现象。基于垂直扩散机制，“水库”现象应重新定义为“洪水”现象

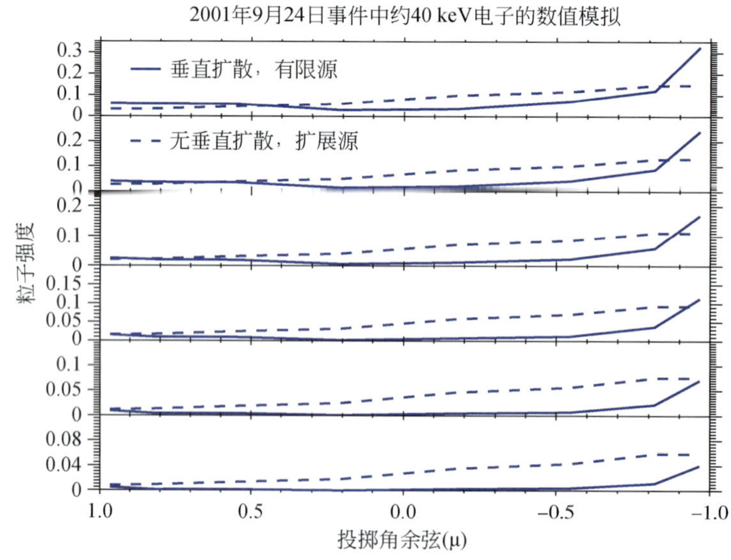

图 7　数值模拟重现太阳高能粒子事件反向流动粒子束现象（据 He，2015）

这种现象是指在太阳高能粒子事件初始阶段于 90°投掷角处呈现通量“低谷”的观测特征。引入垂直扩散机制的多维 Fokker-Planck 传播方程数值模拟很好地重现了反向流动粒子束现象，而无须假借所谓的高能粒子反射边界或扩散壁垒的存在

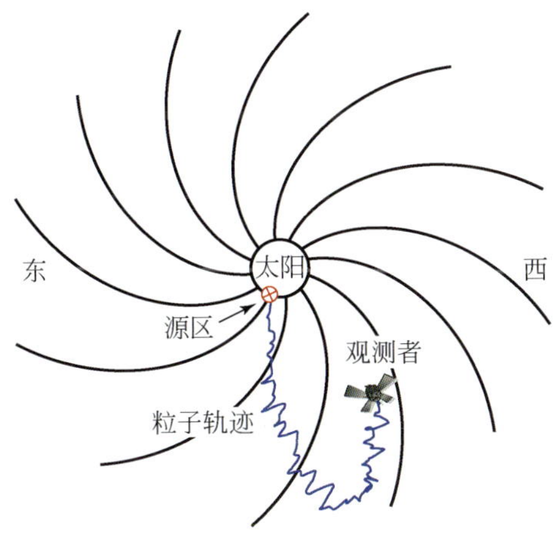

图 8 行星际空间中太阳高能粒子事件的反向流动粒子束现象形成机制示意图（据 He，2015）

2.1.4 发展了改进型摄动方法用于宇宙线扩散过程研究，构建了一系列基于物理的确定高能粒子扩散系数的方法

在高能粒子传播基础理论研究方面，我们与合作者发展了改进型摄动方法用于高能粒子（宇宙线）扩散过程研究，并深入探讨了一般宇宙线在绝热聚焦条件下的平行平均自由程，从 Fokker-Planck 传播方程推导得到基于物理的平行平均自由程解析表达式。改进型摄动方法受到国内外研究团队系统性采用，成为该领域普适性方法。此外，我们建立了一系列确定太阳高能粒子带绝热聚焦作用平行、垂直平均自由程的直接方法，并运用该方法对经典的"Palmer Consensus Band"现象进行了深入研究，探讨了行星际磁场绝热聚焦作用对太阳高能粒子扩散过程的重要影响。该直接方法能快速确定脉冲型和缓变型事件中太阳高能粒子的平行、径向、垂直平均自由程，所需各个物理参量均可由卫星在太阳高能粒子到达前直接测量获得，从而为预测和预报太阳高能粒子在行星际空间中的传播过程提供了一种新的思路，在空间天气预报实践中具有重要的应用价值。我们在该直接方法的基础上，系统阐明了太阳高能粒子平行、垂直平均自由程与行星际条件各相关物理参量的内在联系，揭示了行星际磁场绝热聚焦作用对太阳高能粒子平行、垂直扩散的影响，并确定了高能粒子垂直扩散超过平行扩散的磁湍流强度临界值为 2.34，见图 9 ~ 图 11。

2.2 太阳风湍流

行星际空间是研究等离子体物理的天然实验室。太阳风及其湍流结构是行星际物理研究领域中的一项重要课题。过去十几年，对于太阳风湍流基本物理的理解有了很大进步。由于卫星观测数据积累得越来越丰富，对太阳风湍流特性进行统计研究已成为该领域的一种标准方法。在 1 AU 附近的太阳风湍流状态已成为检验湍流理论正确与否的试金石。相关函数及与之相关的能量、交叉螺度、磁螺度和阿尔芬比率的谱分布是湍流状态的常用描

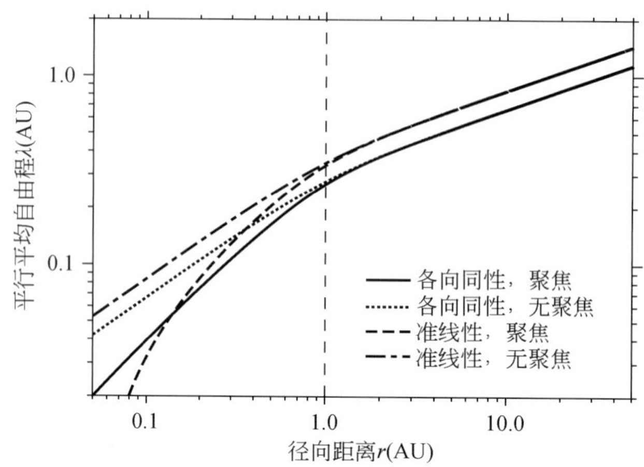

图 9 太阳高能粒子平行平均自由程随日心径向距离的变化（据 He and Wan，2012a）

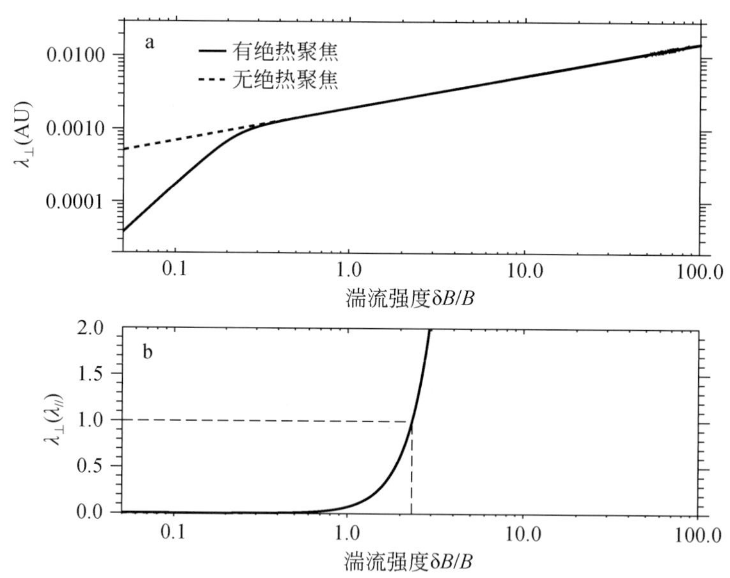

图 10 高能粒子垂直平均自由程（a）及其与平行平均自由程的比值（b）随磁场湍流强度的变化（据 He and Wan，2012b）

垂直扩散超过平行扩散的磁湍流强度临界值为 2. 34

述量，这些物理量对于等离子体加热和高能粒子扩散与传播过程具有重要的影响。太阳风湍流的许多物理性质与湍流理论和数值模拟的预测情形相符，但是也有一些观测统计性质与经典湍流理论预期并不一致。这些研究丰富了我们对行星际湍流状态的理解，与此同时帮助我们厘清了湍流理论的适用范围。通过对 ACE、Wind、Cluster 等多颗卫星的太阳风观测数据进行分析，我们对行星际湍流结构的关键尺度及其太阳活动依赖性开展了深入研究，获得了一些重要的规律性认识。

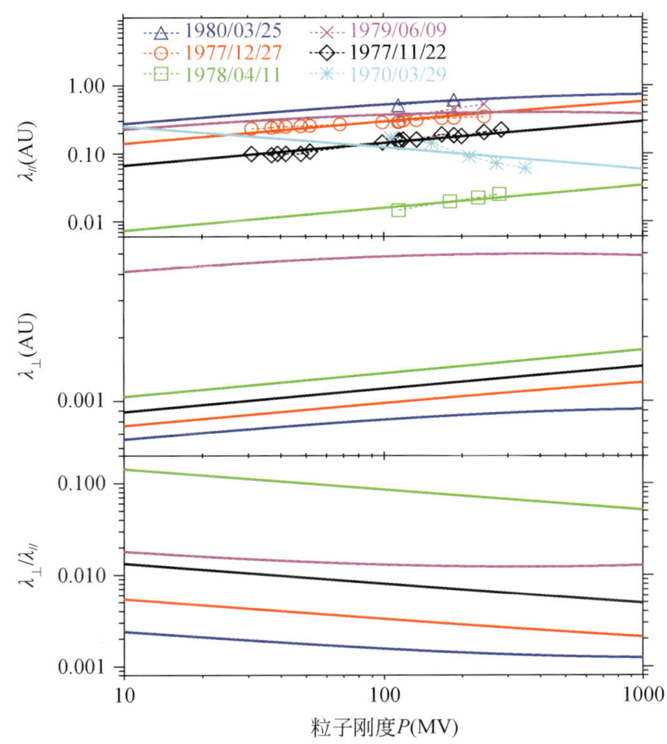

图 11　典型太阳高能粒子事件中的粒子平均自由程：理论模型预测值与卫星观测数据确定值之间的比较（据 He and Wan，2013）

实线均表示相应 SEP 事件的理论模型预测

2.2.1　系统研究了太阳活动对太阳风磁起伏中泰勒尺度和相关尺度的作用，发现太阳活动与太阳风湍流结构之间具有紧密的联系，在统计意义上揭示太阳风湍流特征尺度具有 11 年周期的变化性

利用两点单时相关函数对 2001～2017 年间（覆盖超过 1 个太阳活动周期）ACE、Wind 和 Cluster 飞船数据进行处理，估算了行星际磁场起伏的相关尺度和泰勒尺度。通过将相关尺度和泰勒尺度分别与太阳黑子数进行比较，研究了太阳活动对等离子体湍流结构的作用。我们的研究揭示泰勒尺度随着太阳黑子数增加而增大，且太阳黑子数与泰勒尺度之间的相关系数达 0.92。该结果表明泰勒尺度与能量串级率之间存在强的正相关关系。进一步计算发现太阳黑子数与有效磁雷诺数之间相关系数为-0.82，表明有效磁雷诺数与能量串级率之间存在较强的负相关关系。但是，这些结果与传统的流体耗散理论并不一致。一个可能的解释是：在太阳风湍流中，流体近似假设在耗散区附近的空间尺度上并不成立。因此，尤其在动理学耗散尺度附近的空间尺度上，传统的流体湍流理论在描述太阳风湍流的物理本质时并不完备，见图 12、图 13、图 14。

2.2.2　太阳风湍流特征尺度各向异性的太阳周期变化

各向异性是太阳风湍流研究的一项重要内容。太阳风湍流的场向各向异性由平行与垂直相关尺度（及泰勒尺度）之间的比值量化确定。通过 2001 ~ 2017 年间的同时两点相关测量数据，我们得到了该时间段的太阳风湍流场向各向异性。我们的结果揭示不论在太阳极大期还是太阳极小期，沿磁场方向的相关尺度最大，而在垂直磁场的方向上相关尺度最小。但是，对于不同的太阳周期，泰勒尺度展示不一致的结果。在 2001 ~ 2004 年间，泰勒尺度在平行于平均磁场的方向上稍大，而在 2004 ~ 2017 年间，泰勒尺度在垂直于平均磁场的方向上更大。我们使用太阳黑子数和各向异性比值之间的相关系数来描述太阳活动

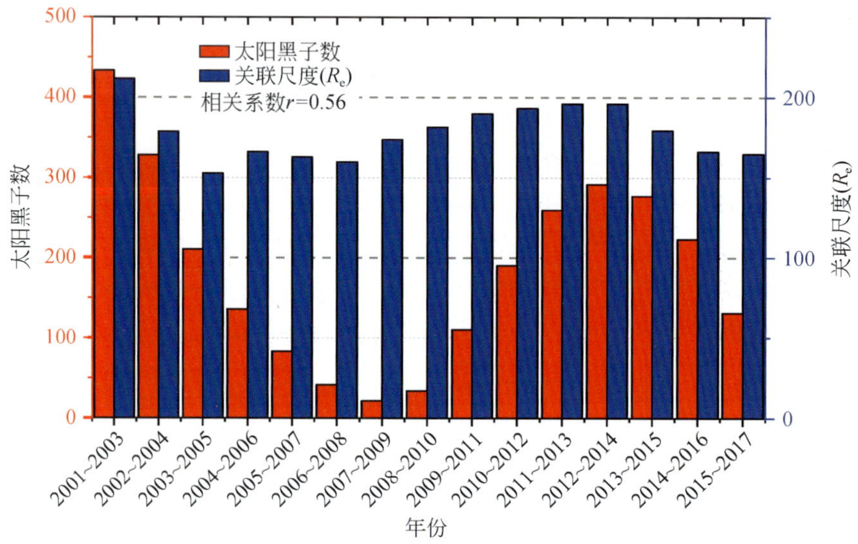

图 12　太阳黑子数（红）和相关尺度（蓝）在 2001 ~ 2017 年间的演化（据 Zhou et al.，2020）
太阳黑子数与相关尺度之间的相关系数为 0. 56

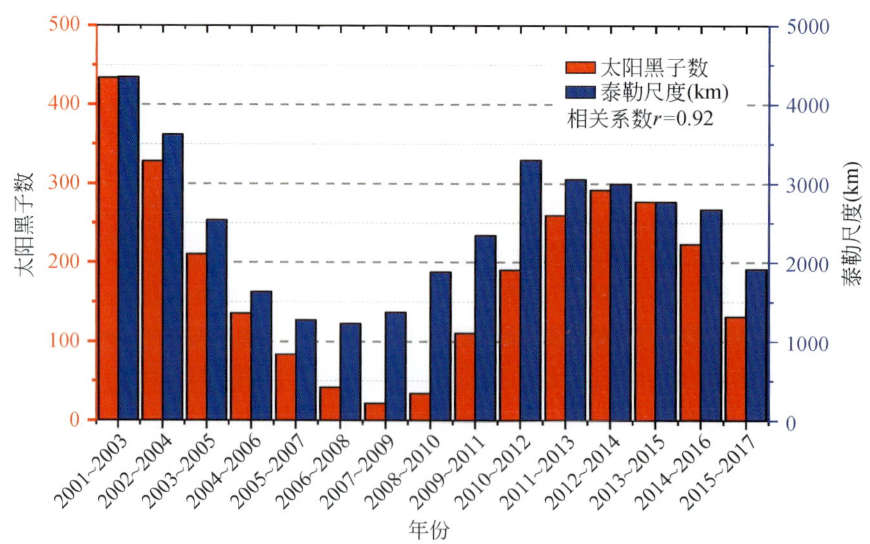

图 13　太阳黑子数（红）和泰勒尺度（蓝）在 2001 ~ 2017 年间的演化（据 Zhou et al.，2020）
太阳黑子数与泰勒尺度之间的相关系数达 0. 92

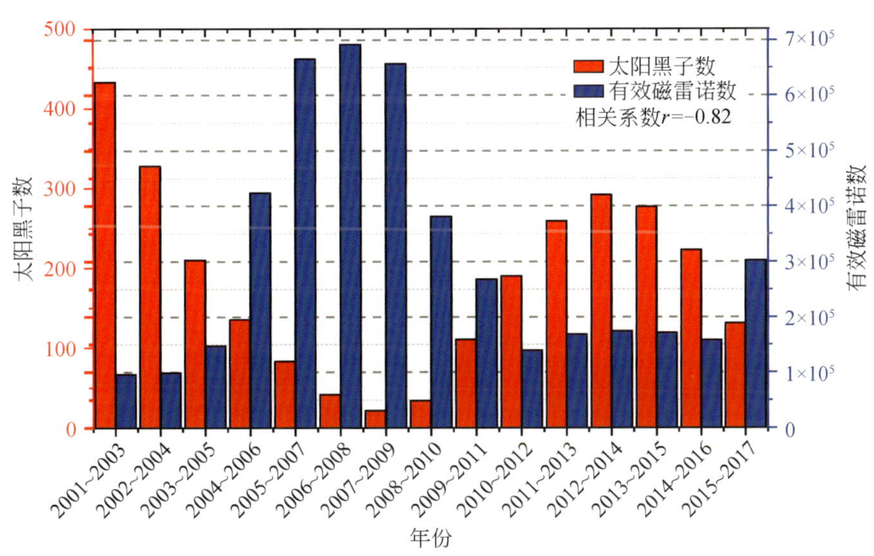

图 14　太阳黑子数（红）和有效磁雷诺数（蓝）在 2001 ~ 2017 年间的演化（据 Zhou et al., 2020）
太阳黑子数与有效磁雷诺数之间的相关系数为-0. 82

对太阳风湍流各向异性的作用。研究结果显示泰勒尺度各向异性的相关系数（0. 69）大于相关尺度各向异性的相关系数（0. 46），该结果表明泰勒尺度各向异性受太阳活动影响更明显。有效磁雷诺数可由泰勒尺度和相关尺度计算得到。研究结果显示平行于磁场的方向上磁雷诺数系统性地大于垂直于磁场的方向上的磁雷诺数，且太阳黑子数与各向异性比值之间的相关系数是-0. 68。我们的结果对于理解太阳风湍流各向异性及其随太阳活动的长期变化具有重要意义，见图 15、图 16。

2. 3　行星际日冕物质抛射

用太阳活动对行星空间的效应表征行星际太阳活动——厘定有史以来火星最强 X 射线晕辐射的驱动源。

行星际太阳风是影响行星空间环境的外源，决定了行星空间环境的演化。研究太阳风对行星空间环境的影响一直是行星物理学中的重要前沿课题。通常的研究思路是首先需要获得行星际太阳风和行星空间的磁场和等离子体信息，进而研究变化的行星际太阳风对行星空间环境的影响。基于这一思路，目前科学家已经获得了很多关于行星空间对行星际太阳风条件变化响应的知识。反之，基于这些已知知识，在没有行星际太阳风实测数据的情况下，我们就可以通过行星空间对太阳活动的响应来推断行星际空间环境，从而解决具体的科学问题。Yan 等（2019）就是基于从火星磁场响应看行星际太阳活动的思路，厘定了火星最强 X 射线晕辐射的驱动源是日冕物质抛射（CME）而非平静太阳风，解决了 XMM-Newton 观测遗留 10 多年的科学问题。

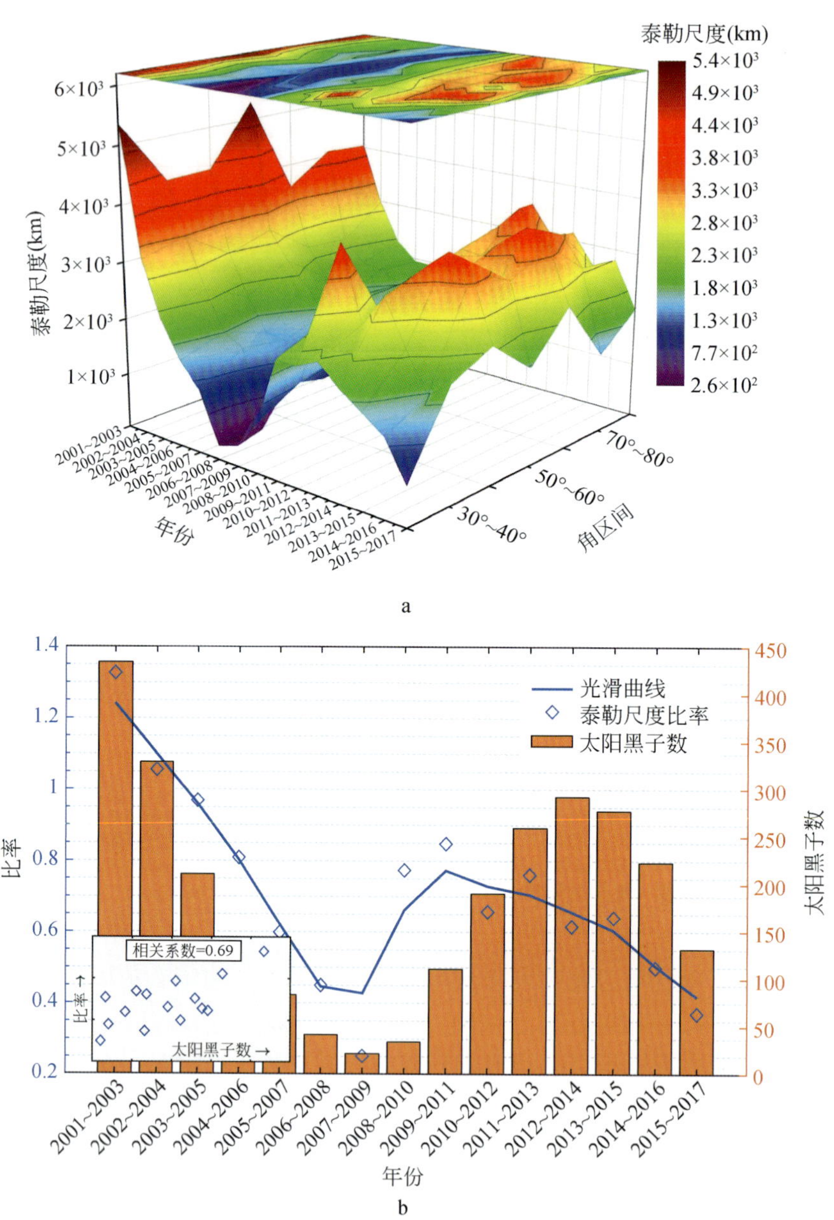

图 15　泰勒尺度及其各向异性比值在 2001 ~ 2017 年间的演化（据 Zhou et al., 2020）

a. 2001 ~ 2017 年间泰勒尺度在不同角区间的分布；b. 2001 ~ 2017 年间太阳黑子数、平行与垂直泰勒尺度的比值的演化。菱形表示泰勒尺度的比值，蓝色曲线表示比值的平滑化结果。橙色直方图表示剖分时间区间上的太阳黑子数。小图表示泰勒尺度比值随太阳黑子数增加的变化。太阳黑子数和泰勒尺度各向异性比值之间的相关系数为 0. 65

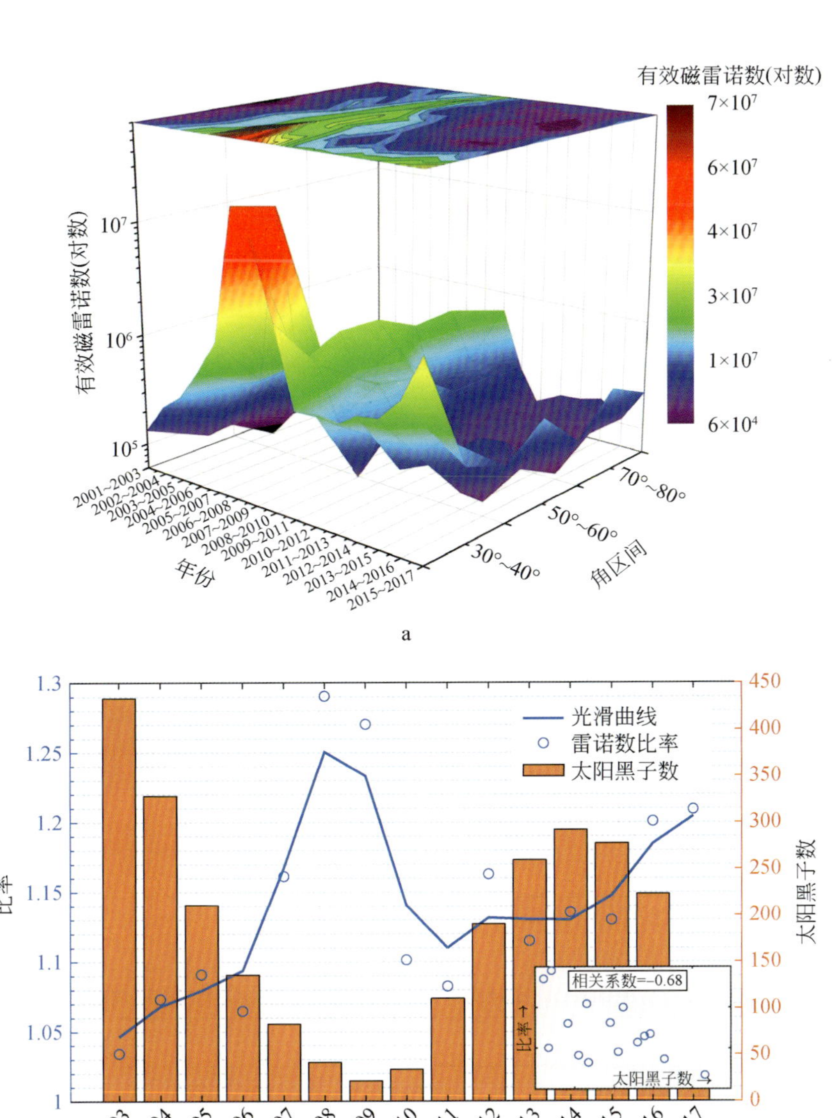

图 16 有效磁雷诺数及其各向异性比值在 2001 ~ 2017 年间的演化（据 Zhou et al.，2020）

a. 2001 ~ 2017 年间有效磁雷诺数（对数单位）在不同角区间的分布；b. 2001 ~ 2017 年间太阳黑子数、平行与垂直有效磁雷诺数（对数单位）的比值的演化。圆圈表示有效磁雷诺数的比值，蓝色曲线表示比值的平滑化结果。橙色直方图表示剖分时间区间上的太阳黑子数。小图表示有效磁雷诺数比值随太阳黑子数增加的变化。太阳黑子数和有效磁雷诺数各向异性比值之间的相关系数为-0. 75

火星是继地球、木星和金星之后发现的第四颗发射 X 射线的太阳系内行星。火星 X 射线辐射的来源有两个（Dennerl，2002），一是火星大气对太阳 X 射线辐射的荧光散射；二是太阳风中的重离子与火星外逸层中性成分的电荷交换过程中发出的 X 射线辐射。通过对电荷交换过程产生的 X 射线辐射的观测可以让我们对太阳风与火星空间相互作用有一个全球性的认识。电荷交换过程产生的 X 射线辐射通常会在火星周围形成一个晕状，称之为 X 射线晕（X-ray halo；Dennerl et al.，2006）。2003 年 11 月 20 ~ 21 日 XMM-Newton 观测到了有史以来最强的火星 X 射线晕辐射（Dennerl，2006；Ishikawa et al.，2011）。辐射模拟显示平静太阳风不足以产生如此强的火星 X 射线晕辐射（Koutroumpa et al.，2012）。在 XMM-Newton 观测前后，太阳上爆发了多个 CME（Grechnev et al.，2014）。并且在 XMM-Newton 观测期间，有个很强的 CME 到达地球产生了第 23 太阳活动周最强烈的地磁暴，引发了前所未有的磁层–电离层耦合现象（Wei et al.，2012）。研究者认为 CME 很可能是有史以来最强火星 X 射线晕辐射的驱动源。但火星处没有太阳风观测，不能直接判断 CME 是否到达火星。各种 CME 传播模型和数值模拟结果显示没有 CME 在 XMM-Newton 观测期间到达火星，以至于有史以来最强的火星 X 射线晕辐射的成因问题一直未被解决。

Yan 等（2019）通过用火星磁场响应表征行星际太阳活动的思路，基于 MGS 对火星的磁场观测发现 XMM-Newton 观测期间火星磁场高度压缩（如图 17b–d），首次给出 XMM-Newton 观测期间 CME 到达火星的直接观测证据。XMM-Newton 观测期间地球和火星的夹

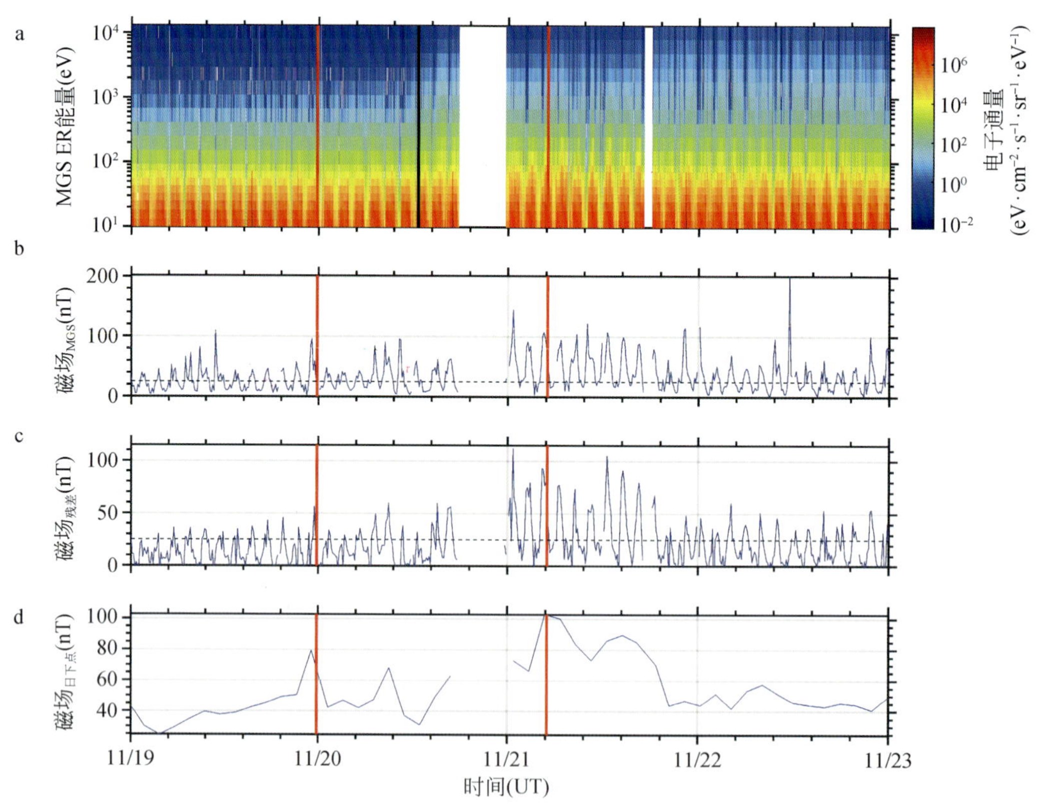

图 17　MGS 电子能谱和磁场观测结果（据 Yan et al.，2019）

a. MGS 测量的电子能谱图；b. MGS 直接测量的磁场；c. MGS 测量的磁场减去火星壳磁场之后的剩余磁场，代表由太阳风与火星相互作用引起的诱导磁场；d. 火星 400 km 处的日下点磁场强度，可以表征行星际太阳风动压变化。红色竖线标示了 XMM-Newton 观测的起止时间；黑色竖线标示了太阳高能粒子事件到达火星的时刻

角约30°，基于地球处太阳风观测数据，用太阳风传播模型可以估算火星处的太阳风参数。太阳风传播模型获得的火星处太阳风动压和基于 MGS 磁场推算出的火星处太阳风动压的对比结果显示，XMM-Newton 观测期间到达火星的太阳风确实不是平静太阳风（图 18a）。通过对比从 MGS 磁场观测估算的火星处太阳风动压变化和估算的地球处观测到的 CME 传播到火星轨道处的太阳风动压变化，发现二者变化性很一致（图 18b），这说明 XMM-Newton 观测期间引起火星磁场高度压缩的太阳风扰动可能对应地球处观测到的 CME。此外，XMM-Newton 观测期间一个太阳高能粒子事件到达了火星（图 17a），这对火星 X 射线晕辐射是否有贡献，值得未来进一步探讨。

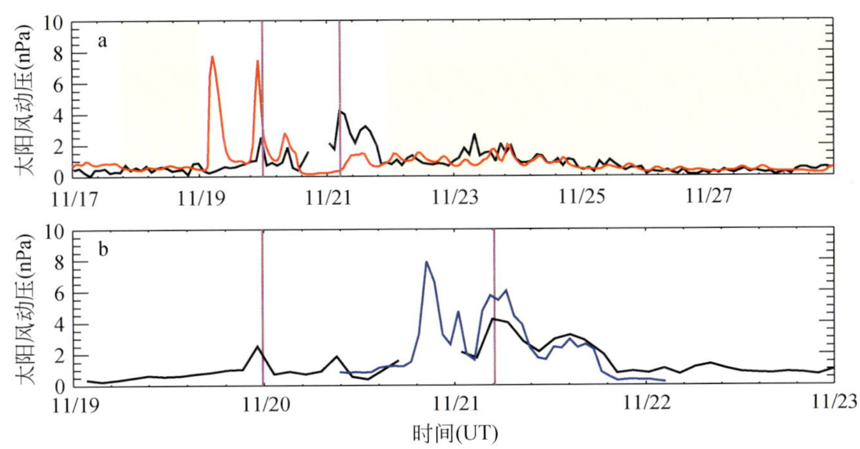

图 18　火星处太阳风动压在该事件期间的变化（据 Yan et al.，2019）

a. 太阳风传播模型获得的火星处太阳风动压（红色）和基于 MGS 磁场估算的火星处太阳风动压（黑色）；b. 基于 MGS 磁场估算的火星处太阳风动压变化（黑色）和估算的地球处 CME 传播到火星轨道的动压变化（蓝色）的比较。紫色竖线标示了 XMM-Newton 观测的起止时间

参考文献

Dennerl K. 2002. Discovery of X-rays from Mars with Chandra. Astronomy & Astrophysics，394：1119-1128.

Dennerl K. 2006. X-rays from Mars. Space Science Reviews，126：403-433.

Dennerl K，Lisse C M，Bhardwaj A，et al. 2006. First observation of Mars with XMM-Newton，Astronomy & Astrophysics，451：709-722.

Grechnev V V，Uralov A M，Chertok I M，et al. 2014. A challenging solar eruptive event of 18 November 2003 and the causes of the 20 November geomagnetic superstorm. IV. Unusual magnetic cloud and overall scenario. Solar Physics，289：4653-4673.

He H-Q. 2015. Perpendicular diffusion in the transport of solar energetic particles from unconnected sources：the counter-streaming particle beams revisited. Astrophysical Journal，814：157.

He H-Q，Wan W. 2012a. A direct method to determine the parallel mean free path of solar energetic particles with adiabatic focusing. Astrophysical Journal，747：38.

He H-Q，Wan W. 2012b. A direct approach for determining the perpendicular mean free path of solar energetic particles in a turbulent and spatially varying magnetic field. Astrophysical Journal Supplement Series, 203: 19.

He H-Q, Wan W. 2013. The dependence of the parallel and perpendicular mean free paths on the rigidity of the solar energetic particles: theoretical model versus observations. Astronomy & Astrophysics, 557: A57.

He H-Q, Schlickeiser R. 2014. Modification of the parallel scattering mean free path of cosmic rays in the presence of adiabatic focusing. Astrophysical Journal, 792: 85.

He H-Q, Wan W. 2015. Numerical study of the longitudinally asymmetric distribution of solar energetic particles in the heliosphere. Astrophysical Journal Supplement Series, 218: 17.

He H-Q, Wan W. 2017. On the east-west longitudinally asymmetric distribution of solar proton events. Monthly Notices of the Royal Astronomical Society, 464: 85-93.

He H-Q, Wan W. 2019. Propagation of solar energetic particles in the outer heliosphere: interplay between scattering and adiabatic focusing. Astrophysical Journal Letters, 885: L28.

He H-Q, Zhou G, Wan W. 2017. Propagation of solar energetic particles in three-dimensional interplanetary magnetic fields: radial dependence of peak intensities. Astrophysical Journal, 842: 71.

Ishikawa K, Ezoe Y, Ohashi T, Terada N, Futaana Y. 2011. X-ray observation of Mars at solar minimum with Suzaku. Publications of the Astronomical Society of Japan, 63: S705.

Koutroumpa D, Modolo R, Chanteur G, et al. 2012. Solar wind charge exchange X-ray emission from Mars. Astronomy & Astrophysics, 545: A153.

Wei Y, Wan W, Zhao B, et al. 2012. Solar wind density controlling penetration electric field at the equatorial ionosphere during a saturation of cross polar cap potential. Journal of Geophysical Research (Space Physics), 117: A09308.

Yan L, Gao J, Chai L, Zhao L, Rong Z, Wei Y. 2019. Revisiting the strongest Martian X-ray halo observed by XMM-Newton on 2003 November 19-21. Astrophysical Journal Letters, 883: L38.

Zhou G, He H-Q, Wan W. 2020. Effects of solar activity on Taylor scale and correlation scale in solar wind magnetic fluctuations. Astrophysical Journal Letters, 899: L32.

第三部分

继往开来：行星物理学团队的未来发展

临近空间中的行星科学研究

何　飞[1]，袁　洪[2]，魏　勇[1]

[1]中国科学院地质与地球物理研究所，北京　100029

[2]中国科学院空天信息创新研究院，北京　100094

摘　要

临近空间通常是指 20～100 km 范围内的地球空间。临近空间非常稀薄干燥的大气，使得其在大部分电磁波段的观测效率远高于地面，并接近太空。同时，临近空间是一个极端环境，低温、干燥、缺氧、低重力、高紫外辐射、强宇宙射线等等，既可类比早期地球，也可类比当今的火星地表环境，因而也是独一无二的比较行星学研究的天然实验室。利用浮空器将行星观测设备带到临近空间，可实现太阳系大部分天体及其空间环境的高精度观测和研究，也可从临近空间采样或将生物样品带到临近空间，开展太空生物学研究。临近空间有望成为未来行星科学研究的热土。2017 年开始，在中国科学院 A 类战略性先导科技专项“临近空间科学实验系统”立项论证过程中，万老师敏锐地看到了临近空间开展行星科学研究的前景，提出了利用浮空器平台开展行星科学研究探索，并最终在专项任务布局中设置了行星光学遥感和临近空间生物学探索研究，以此作为我国临近空间中的行星科学研究的重要起步。

1　临近空间简介

临近空间通常指 20～100 km 左右的地球空间，飞机和卫星难以长时间驻留。临近空间自下而上包括平流层、中间层、低热层和部分电离层（如图 1 所示），相较于相邻的低层大气圈层和空间等离子体圈层，其物质构成、能量输运及相互作用非常复杂，科学认知待深入，主权定义欠明晰，开发利用缺手段，成为世界强国高技术竞技场，甚至军事竞赛场。临近空间是生物圈–大气圈–电离层的多圈层耦合区，包含种类多样的生物类群，蕴藏着丰富的生物资源，具有潜在的开发和利用价值。临近空间是生物传输和扩散的重要通道，可以影响全球和区域尺度的生物地理分布格局（林巍，2020；林巍等，2020）。

图 1 中的中性大气成分和温度使用 NRLMSIS-00 模型计算得到，电子密度使用国际参考电离层（IRI2016）计算得到，臭氧密度来自 Krueger 和 Minzner（1976）。临近空间的大气和等离子体环境具有如下典型特征：

（1）随着高度增加大气密度和大气压快速下降。根据气压定律，大气压以指数方式衰减，$P(H)=P_0\exp(-H/H_s)$，其中 $H_s=7.5$ km 为平均温度 250 K 下的大气标高。在 20 km 高度降低至约 70 hPa，约为地面标准大气压的 7%，在 40 km 高度则降低至约 5 hPa，约为地面标准大气压的 0.5%，而在 100 km 高度已接近粗真空状态。在 0～40 km 范围内集中了 99.9% 的大气，使得在这一高度以上，大气对绝大部分电磁波的吸收变得可以忽略。在临近空间区域内，主要大气成分（N_2、O_2、Ar、He）的密度下降约 5 个数量级。在临近空间上部，光化学反应产生 H 原子和 O 原子，两者的密度分别在约 80 km 和约 100 km 高度达到峰值，这也是 OH 气辉辐射和 O 原子绿色气辉辐射峰值位于这些高度的原因。

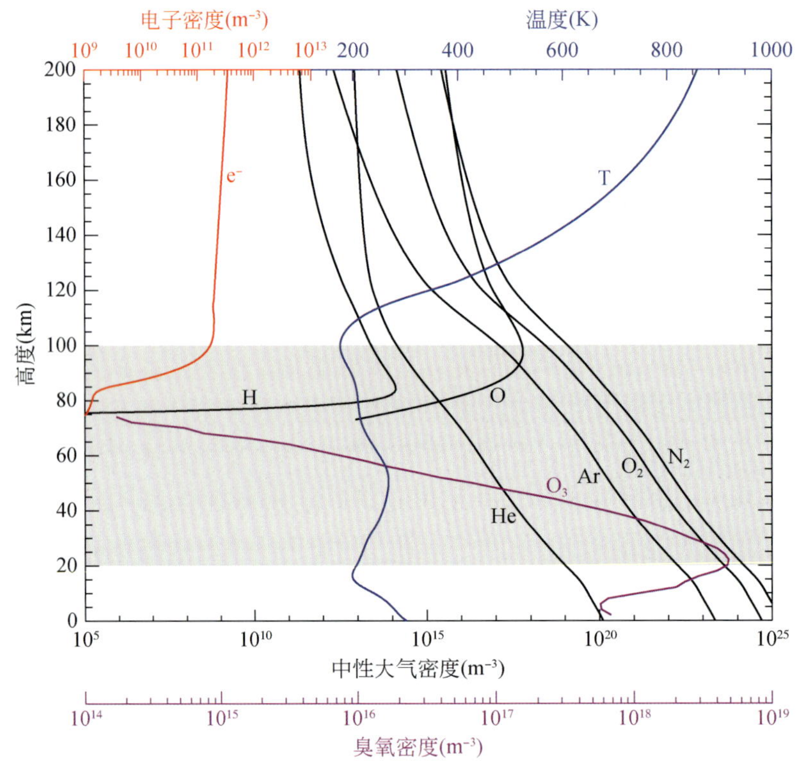

图 1　赤道附近临近空间典型的大气和等离子体参数高度剖面

（2）大气温度呈现“一波三折”的变化。从地面开始，随着高度升高，气温快速下降，并在约 15 km 处达到极值，约-70℃。进入对流层以后，温度开始缓慢上升，并在约 50 km 高度附近的平流层顶达到约 0℃。进入中间层后，温度又开始下降，并在约 100 km 高度处达到最低温度约-100℃。之后温度开始快速上升，进入热层。

（3）在约 20 km 高度处出现臭氧高峰。在 20 km 以下，由于臭氧对紫外线的强烈吸收，避免了地面生物遭受伤害。而在 20 km 以上，臭氧浓度快速衰减，紫外辐射快速增强。在 50 km 高度，对生物体伤害最大，中心波长在 250 nm 处的 UVB 辐射透过率接近 60%。一方面是环境变得非常恶劣，另一方面也使得利用这些波段的行星探测变得可能。

（4）由于紫外辐射的快速增强，在约 80 km 高度以上，大气分子被分解和电离，进入电离层。随着高度升高紫外辐射增强，电离率或电子/离子密度开始快速上升，并在约 300 km 高度达到峰值（电离层 F 层），逐渐从部分电离大气过渡到完全电离的空间等离子体状态。在这一区域，中性大气与等离子体密切耦合，影响能量输运，使得电磁扰动变得剧烈和频繁，对通信、导航、定位等应用造成重要威胁。

总的来说，临近空间各环境要素迥异于地表环境。但这种缺氧、干燥、高 UV 辐射、强宇宙射线的恶劣环境，与太古宙地球（38～25 亿年前）生命起源起的环境类似，也与当前火星环境可比拟，甚至可比拟金星大气 47～75 km 高度环境，因而也是独一无二的比较行星学研究的天然实验室。此外，平流层相对稳定的气流环境成为浮空飞行器（包括高空气球、平流层飞艇和高空太阳能长航时无人机等）的理想驻留场所，提供了开展科学观测的稳定平台，特别是为开展低成本行星科学探测研究提供了重要依托。

2 临近空间行星科学观测优势

近年来，浮空飞行器技术的不断发展，特别是高空气球技术的发展，为临近空间行星科学研究奠定了重要基础。临近空间特殊的环境为行星科学观测提供了优势，特别是光学遥感和无线电遥感。

2.1 观测波段优势

根据上一节描述，进入临近空间后，35 km 以上高度，大气密度已经变得非常稀薄，大气散射、大气湍流都大大降低，大气视宁度极大改善，对于米级望远镜来说，可以实现衍射极限成像观测，大大提高分辨率。

图 2 显示了采用标准大气模型计算得到的不同高度处的紫外–可见光波段（200～1000 nm）大气透过率。在 4 km 高度，即目前大部分天文望远镜台址所处的高度，由于臭氧层的剧

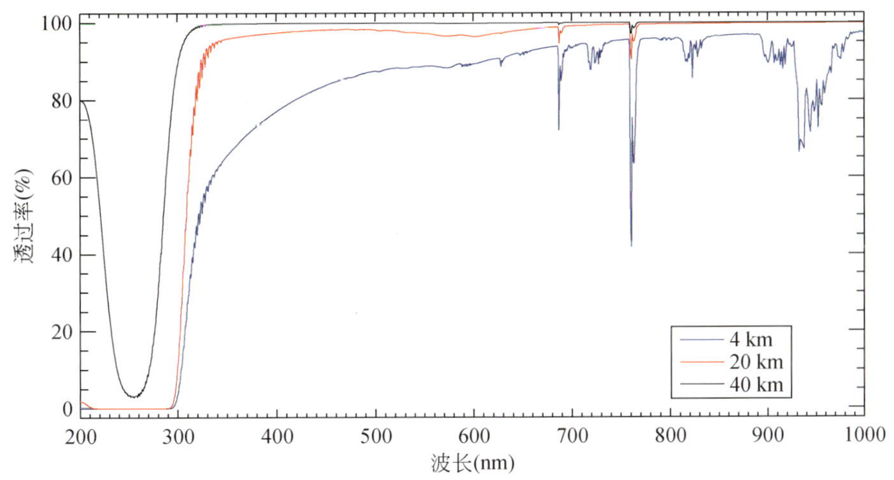

图 2 不同高度紫外–可见光波段大气透过率

烈吸收，近紫外波段大气透过率截止在300 nm，在可见近红外波段，则存在较多水气吸收带。当高度达到20 km，也就是目前航空器能达到的最高高度，由于水气含量以趋于零，近红外端的吸收几乎消失，而在近紫外波段，由于仍处于臭氧层峰值附近，吸收依然很严重，导致透过率仍趋于零。当高度进一步升高到40 km处，大气对300 nm波长以上的辐射几乎透明，而且随着臭氧含量的快速减少，紫外吸收减弱，200～300 nm波段的透过率上升，近紫外波段辐射目标变得可观测。

图3显示了采用标准大气模型计算得到的不同高度处的近红外波段（2.0～5.0 μm）大气透过率。在地面，由于大气中H_2O、CH_4、CO_2等成分的剧烈吸收，这些波段对其他行星目标的观测无法开展。而在40 km以上高度，H_2O和CH_4的吸收几乎全部消失，2.0～3.5 μm波段内的大气透过率达到95%以上，即使在4.0～4.5 μm的CO_2吸收带内，大气透过率也达到了80%。因此，在浮空器飞行高度，整个近红外波段辐射目标变得可观测，而且由于天空背景强度低，可以观测更暗弱的目标。

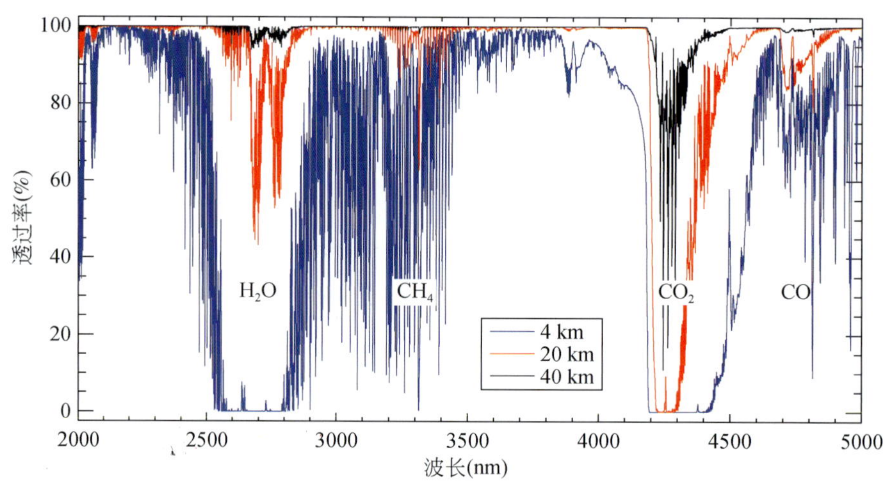

图3　不同高度近红外波段大气透过率

图4显示了采用标准大气模型计算得到的不同高度处的热红外波段大气透过率。在该波段范围内，辐射受到大气中H_2O、CH_4、CO_2等成分的剧烈吸收。当高度达到40 km时，大气接近透明，可以开展相应波段的观测。

2.2　观测时间优势

对于地面望远镜来说，白天大气散射背景太强，观测时段几乎限制在夜间。位于地球轨道附近的大型空间光学望远镜大多都只能观测地球轨道以外的天体目标。由于望远镜安全原因，主要是热辐射强太阳光对仪器的损害，哈勃太空望远镜（Hubble Space Telescope，HST）视场允许靠近太阳的最大角度是50°，斯皮策太空望远镜（Spitzer Space Telescope，SST）的限制为82.5°，而位于地球拉格朗日L2点的詹姆斯韦伯太空望远镜（James Webb Space Telescope，JWST）的限制达到85°，使得这些望远镜均无法观测1 AU

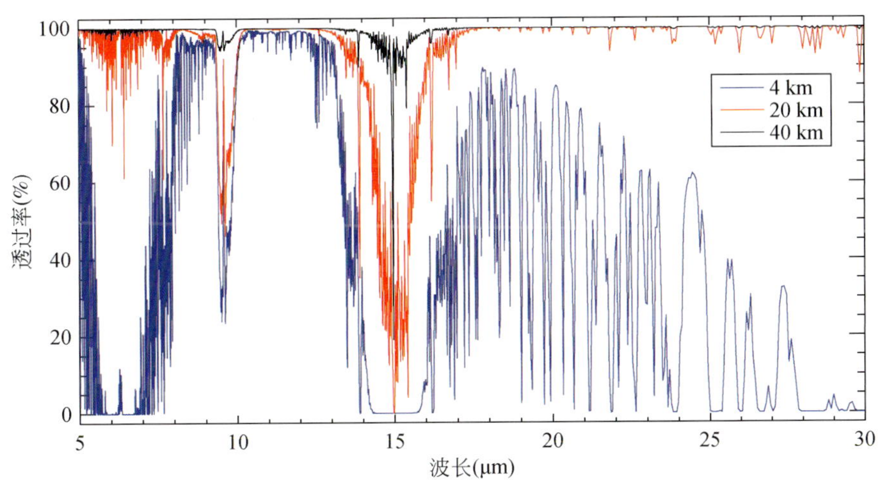

图 4　不同高度热红外波段大气透过率

范围内的目标。而在 40 km 高度，白天大气背景降低至少 2 个数量级，大气散射也减弱，可以在任何太阳地方时获取数据，也可以开展内行星观测。

对于空间望远镜来说，特别是近地轨道上的望远镜（如 HST 和 SST），由于其轨道周期较短，轨道运动速度较快，每一轨均只有有限时间观测。对于暗弱的观测目标，一般还需要多轨道重复曝光，这就需要高性能的指向和跟踪机构，确保成像观测质量。即使如此，还需要一套复杂的数据处理程序将多轨道数据融合。这对观测和科学应用造成了很大困难。例如，HST 每年大约只有几十小时用于木星极光观测，而且数据处理程序异常复杂，资源只掌握在少数人手中。

浮空器漂浮于平流层中，移动速度缓慢、位置相对固定，虽然浮空器本身无动力悬浮飞行状态下的姿态和指向控制并不容易，但相对于卫星来说，这大大降低了指向和跟踪的难度，可以实现对目标长时间的凝视观测，至少可以达到一整夜时间量级，如果在极地飞行，还能实现更长的连续观测时间，观测效率也大大提高。

2.3　观测成本优势

行星探测代价都比较昂贵。特别是行星抵近探测任务，动辄几十亿甚至几百亿美元花费，比如卡西尼（Cassini）探测任务总共花费了约 380 亿美元。即使是近地轨道上的望远镜，一般也在 10 亿美元量级，即将发射的 JSWT 甚至达到 100 亿美元。如此巨大的花费对于任何一个国家来说都是巨大的负担和压力，导致探测目标有限、探测周期有限。行星探测任务时间跨度也很长。一项行星探测计划从任务规划、论证、立项到正式实施的周期大致为 10 年，从发射到入轨观测一般也要很长时间，比如入轨火星需要约 7 个月，金星需要约 7 个月，木星需要至少 5 年，土星需要至少 7 年，因此一个行星探测计划的持续时间大约 20 年，但真正开始产出观测和科学研究成果却是在最后的几年。

对于行星科学的科教融合发展来说，特别需要相对低成本的探测手段进行补充，满足日益增长的人才培养和科学研究需求。基于临近空间浮空器的行星科学探测研究就是高效费比的探测方式，主要优势有三方面：①平台成本低，以吨级载荷能力、带姿控和稳定系统、飞行高度35 km以上的高空气球为例，其花费约为2000万人民币以内，而且除球体外绝大多数设备可回收重复利用。②科学设备可回收重复利用，大大节约了仪器研发时间，避免了重复研发消耗。临近空间中的科学仪器一般不需要按照宇航级标准进行复杂的环境适应性设计，这也大大降低了仪器研发成本。③根据观测目标需要灵活发放和配置。浮空器发放时间相对灵活，可根据科学需求安排，非常适合进行突发事件的观测及和其他行星探测任务的协同观测。

总的来说，临近空间相对于地面和空间具有其独特的优势，越来越受到行星科学界的重视，近年来各主要国家都在开展基于临近空间高空气球的行星科学研究工作，详细情况在下一节介绍。

3 临近空间行星科学研究潜力和现状

3.1 临近空间行星科学研究潜力

本节主要从不同波段出发，讨论临近空间可以开展的行星探测和科学研究。

3.1.1 近紫外波段

如前文所述，在40 km高度近紫外波段的280 nm以上波长都变得可探测，这为探测行星大气打开了一扇重要的窗口（Hibbitts et al.，2013）。在临近空间飞行的紫外望远镜可以实现以下观测和科学研究：

（1）行星和彗星大气。对于太阳系内的主要行星（火星、金星等）和彗星，其大气中的重要辐射谱线包括：O原子297 nm、CO_2^+紫外双线288.3 nm和289.6 nm、CO_2^+FDB带300~340 nm、CO Cameron带190~230 nm、OH 308.5 nm、NO和N谱线190~300 nm、SO_2谱带280~300 nm、H2谱带280~320 nm等。这些谱线的成像和光谱测量可以对金星大气环流、火星极光、木星极光等开展有价值的观测和研究。

（2）小天体。由于40 km高度极低的大气背景，在气球平台上可以开展观测的小天体包括彗星、小行星，也可以对离太阳较近的目标开展观测，如水星、掠日彗星等，这一点是目前地面望远镜和空间望远镜均无法做到的，将为这些天体目标的研究提供独一无二的数据。

3.1.2 可见光波段

在可见光波段，大气透过率趋于100%，大气背景强度比地面低至少两个量级，而且大气抖动可以忽略，在临近空间可以实现衍射极限高分辨率高精度成像观测，主要可以开展如下观测和研究：

（1）木星空间环境观测。利用S^+ 673.1 nm谱线、O原子557.7 nm和630.0 nm谱线、Na原子589.3 nm双线等可以对木卫一Io等离子体环和木星星云进行高分辨率全景成像，结合近紫外波段木星极光的成像，可以研究 Io 火山地质活动如何驱动木星空间环境物质和能量循环。值得一提的是，由于木星本体亮度非常高，为了看清空间环境，需要采用特殊的装置——星冕仪遮挡木星本体辐射。

（2）火星空间环境观测。利用 O 原子 557.7 nm 谱线可以对火星高层大气和电离层辐射进行全景成像，结合近紫外波段成像，研究太阳风和其他物理过程作用下火星高层大气和电离层动力学特征，研究火星大气逃逸的全球图景。

（3）金星大气环境观测。利用 O 原子 557.7 nm 和 777.3 nm 谱线对夜间金星大气进行成像，可以发现和识别金星高层大气中的闪电，通过夜气辉研究夜间大气动力学特征。结合紫外波段的观测，揭示金星大气不同高度间的耦合。

（4）水星中性尾观测。利用 Na 原子 589.3 nm 双线、Mg 原子 285.0 nm、Fe 原子 297.0 nm 谱线对水星中性尾进行大尺度成像观测，研究太阳风在水星表面的溅射以及中性尾与太阳风的相互作用。值得注意的是，由于水星离太阳很近，需要很高的视场外杂光抑制性能。

（5）其他天体目标观测。在可见光波段还可以开展太阳系小天体的观测，如彗星、小行星等，可用于发现和识别近地有威胁小天体。

3.1.3 近红外–热红外波段

在近红外波段，非常适合开展系外行星观测。在 40 km 高度，大气几乎透明，利用 H_2O、CH_4、NH_3等分子光谱作为探针，有助于识别系外宜居行星。利用红外波段的吸收带，还可以识别系外行星挥发分与有机物。在热红外波段多光谱和高光谱测量则有助于揭示天体的表面物质特性和热效应。

3.2 临近空间行星科学研究现状

在行星探索中，临近空间科学气球是一种重要的、不可忽视的手段。1964 年，Bottema 等（1964）就利用 26.5 km 高度的气球观测，确认了金星大气中气态 H_2O 的含量。1985 年，苏联、法国和美国合作的“维伽号”哈雷彗星探测器在金星大气层释放的气球，在揭示金星大气成分、大气分层结构、温度结构、地表特征等方面做出了巨大贡献（Reese and Swan，1968；Keldysh，1977；Sagdeev et al.，1986）。美国国家航空航天局、法国国家太空研究中心、俄罗斯科学院、日本宇宙航空研究开发机构、瑞典空间局、印度航天研究组织、巴西国家太空研究院、加拿大国家航天局等多国空间机构都有科学气球系统。尽管当今空间技术十分发达，科学气球活动仍持续不断，取得显著成绩。美国在临空领域发展最为突出，其浮空器平台同时具备重载（几吨量级）、长航时（白天）、高精度指向和稳定性（亚角秒）。美国国家航空航天局的气球项目办公室负责美国所有的气球飞行与研究项目，其从 20 世纪 70 年代建立以来，开展了大量的气球飞行试验，研究目标涵盖宇宙微波背景辐射、高能宇宙射线、太阳观测等诸多方面。中国科学院自 1977 年开始发展高空气球平台技术和气球科学探测，已建成了包括气球、测控跟踪、气象保障、吊舱姿态控制、回收系统等在内的气球技术系统，载荷能力达到 1.5 t，已开展 200 余次气球探测和技术试验，目前还未开展过行星科学相关探测。

2012 年，为了观测一颗来自奥尔特云的掠日彗星 ISON，美国部署了“气球快速响应 ISON”计划（Balloon Rapid Response for ISON，BRRISON），该计划也是首次基于高空气球平台搭大口径载望远镜开展行星探测。BRRISON 主要搭载一台口径 0.8 m 的紫外-可见-近红外望远镜，配置紫外-可见光相机和红外相机。BRRISON 于 2013 年 9 ~ 10 月在美国国家航空航天局位于新墨西哥州的萨姆特堡高空气球基地实施了飞行任务。遗憾的是平台升空后，由于姿态控制机构强度不足发生断裂，并且卡住，使得望远镜无法指向和跟踪 ISON 彗星，任务以失败告终。但此次任务在工程上取得了巨大收获，验证了在临近空间自由漂浮状态下望远镜的姿态控制与稳定能力和载荷的安全回收能力，证明了临近空间开展行星科学研究的可行性。BRRISON 任务之后，美国虽然也实施了一些高空气球天文探测任务，但行星探测任务目前还未见报道。

2002 年，日本多所大学共同启动了一项命名为“风神（FUJIN）”的临近空间行星探测任务。任务规划搭载一台口径 0.5 m 的紫外-可见-近红外望远镜，用于观测水星、金星和木星空间环境。2009 年第一次试验飞行由于控制计算机失灵而以失败告终。之后对系统进行了升级和改进，但在 2011 ~ 2013 年间，多次由于天气原因取消飞行，并于 2014 年最终取消了 FUJIN 计划，但替代为升级版的 FUJIN-2（Shoji et al.，2016），科学目标扩展到观测水星、金星、火星、木星和土星大气，望远镜参数与 FUJIN 类似，但指向精度和分辨率提高了。FUJIN-2 原计划于 2016 年在北极开展飞行实验，但目前还未见 FUJIN-2 飞行实施的报道。

欧盟“地平线 2020”计划部署了一项科学基础设施建设项目“欧洲平流层气球观测台”（European Stratospheric Balloon Observatory，ESBO）。ESBO 于 2018 年启动，计划搭载 0.5 m 口径的紫外-可见光望远镜进行技术验证飞行，开展热致密恒星搜寻、冷白矮星耀斑观测和太阳系小天体物理研究。ESBO 计划于 2020 年底完成演示验证飞行，目前还未见相关飞行实验报道。

4 目前行动和未来计划

4.1 鸿鹄专项行星光学遥感

鸿鹄专项是中国科学院于 2018 年 3 月 12 日启动的一项 A 类战略性先导科技专项。鸿鹄专项聚焦临近空间环境，依托多类平台开展国际上迄今覆盖参量种类最全的临近空间全域综合探测，并结合多源数据，深度刻画临近空间大气环境、电磁环境和辐射环境，大幅度提高我国临近空间的认知和预报水平；同时开展临近空间生物群落探查、行星空间环境遥感探测等探索研究，旨在引领国际临近空间相关科学研究，提升临近空间开发利用能力（魏勇，2020）。相比依赖单次飞船发射的国家深空探测任务，鸿鹄专项使用的浮空器平台具有种类齐全、发放次数多、实验费用低等优势，涉及的学科也较为广泛。以科学目标带动平台技术、以平台技术促进科研产出、科学目标保持迭代等成为鸿鹄专项的特色。鸿鹄专项负责人、中国科学院空天信息创新研究院蔡榕研究员带领专项全体人员形成了“科学引领、技术先行、前沿探索、学科交叉”的共识。

鸿鹄专项的特色和研究思路决定了专项适合探索行星科学一级学科建设之路。鸿鹄专项专家咨询组成员、中国首次火星探测首席科学家万卫星院士率先提出探索思想，经过多方论证，专项科学组副组长袁洪研究员、浮空器总师姜鲁华研究员、专项总体技术负责人黄旻研究员等规划了行星科学相关研究内容和实验技术方案。根据两年多来的十数次飞行实验以及行星科学研究进展，蔡榕研究员提出将探索行星科学学科建设和支撑国家战略作为专项实施的重要目标之一。

鸿鹄专项布局的行星光学遥感研究课题全称为“行星大气等离子体耦合及比较研究”（何飞，2020），由中国科学院地质与地球物理研究所牵头，负责科学目标论证、总体方案设计论证和科学成果产出，高飞行高度、长航时、高稳定性浮空器平台由专项依托单位中国科学院空天信息研究院研发，并负责飞行实验的组织和实施，核心载荷行星大气光谱望远镜（Planetary Atmospheric Spectroscopic Telescope，PAST）、科学相机和木星星冕仪则由中国科学院长春光学精密机械与物理研究所负责研制。

2018 年该课题已完成系统总体设计，通过系统分析太阳系木星轨道以内主要行星的轨道运动特性、大气和等离子体分布特性、光谱辐射特性（表 1），并综合考虑飞行可行性，确定了系统的关键参数，包括：①飞行高度，不低于 35 km；②望远镜口径，0.8 m；③望远镜工作波段，280 ~ 680 nm（7 个紫外谱段和 4 个可见谱段）；④视场角，15′；⑤角分辨率，0.5″；⑥平台指向稳定性，优于 0.5″/10 min；⑦同时配备一台星冕仪，可避开行星本体强辐射，观测行星周围微弱的大气和等离子体辐射。

表 1　PAST 望远镜工作波段

目标	观测距离（AU）	行星半径（km）	观测范围	观测波段/带宽（nm）
木星系统	3.9 ~ 5.0	$R_J = 70000$	20 R_J	S^+ 673.1/1.0 OI 630.0/1.0 Na 589.0/1.5 OI 557.7/1.0
金星大气	0.5 ~ 1.5	$R_V = 6050$	5 R_V	CO_2^+ 289.9/3.0 CO_2^+ 320.0/40.0 N_2^+ 391.4/3.0 SO_2 290.0/20.0
水星逃逸尾	0.8 ~ 1.1	$R_{Me} = 2440$	300 R_{Me}	Na 589.0/1.5 OI 557.7/1.0 MgNa 285.0/2.0 Al/OH 308.5/5.0 Fe/OI 297.0/4.0
火星大气	0.5 ~ 1.0	$R_{Ma} = 3396$	5 R_{Ma}	OH 308.5/5.0 OI 297.0/4.0 CO_2^+ 289.9/3.0 CO_2^+ 320.0/40.0 N_2^+ 391.4/3.0

2020 年 PAST 进入工程实施阶段。气球飞行平台、望远镜和星冕仪等的研制全面展开。按计划于 2021 年开展工程验证飞行实验，2021 年下半年开始至 2022 年年底，择机在国内西北地区实施多次长航时飞行实验，并计划条件具备时开展北极环极区长航时飞行，观测目标涵盖木星、火星（与我国首次火星探测任务“天问 1 号”协同）、金星和水星，有望在国际上首次基于浮空器平台实现行星空间环境紫外-可见波段的高分辨率成像观测。

基于 PAST 望远镜观测图像、地基望远镜配套观测图像，研究太阳系内类地行星大气演化的特性，比较不同行星之间演化的差异性，研究太阳能量对行星大气环境的调控特征。主要内容包括：

（1）水星逃逸尾的形成与演化特征。由于水星最靠近太阳，太阳风等离子体直接轰击水星表面，溅射出钠原子，并在水星背离太阳一侧形成极长的逃逸尾。Na 原子散射的太阳 589. 0 nm 和 589. 6 nm 辐射成为诊断钠原子的绝佳工具。采用望远镜在该通道观测的图像，可以研究不同太阳风条件下水星空间 Na 原子的演化特征。

（2）金星大气环流特征。金星大气富含 CO_2、SO_2，通过对这两种成分辐射光谱的探测，可以研究金星大气环流的演化特征及太阳注入的能量如何调控这种演化。

（3）火星大气逃逸与火星极光。由于火星没有内部发电机磁场，太阳风等离子体会直接与火星大气相互作用，一方面造成火星大气的逃逸，目前的研究手段无法给出逃逸的总态势；另一方面，太阳风高能粒子与火星大气成分相互作用产生极光现象，这种极光现象的全球分布反映了太阳风等离子体与火星大气相互作用的地域特征。借助全局光学遥感图像，并结合我国天问 1 号火星探测器的就位探测，我们将深入研究这些重要科学问题。

（4）木星大气等离子体相互作用。木星的卫星 Io 频繁的火山喷发活动为木星磁层注入了大量等离子体。通过全局光学遥感描述木星磁层系统从能量起源到能量耗散的全过程。利用地基望远镜监测木卫一的大尺度大气逃逸之后在木星磁层环境下的完整演化。

（5）比较研究。对比这些行星大气环境演化的差异，与地球中性大气等离子体耦合特征的比较，揭示行星磁场、太阳能量注入、大气成分等因素对行星大气环境演化多样性的贡献。

PAST 望远镜飞行任务之余，将安装于青海省冷湖镇赛什腾山海拔 4200 m 高度的天文观测基地（中国科学院地质与地球物理研究所冷湖行星地质观测中心），持续开展对木星系统的长期连续观测。鸿鹄专项行星空间环境光学遥感的实施，不仅将提高我国行星科学研究的国际知名度，也将探索出一条中国特色的行星科学科教融合发展之路，为行星科学一级学科培养一批行星空间环境探测和研究方面的人才，为我国后续深空探测任务规划和实施奠定重要基础。

4. 2 未来计划

鸿鹄专项球载行星光学遥感研究将为我国未来基于浮空平台的行星探测奠定重要的技术基础，但这只是走出了第一步，未来还需要在以下三方面做出努力。

4. 2. 1 临近空间平台建设

目前鸿鹄专项行星光学遥感飞行实验主要在国内进行，其主要限制是空域和国界，很难实现周以上时间量级的长航时飞行。为了更大地提升浮空平台行星观测到科学产出，需要更长航时的飞行，这对平台提出了挑战。未来高空气球平台需要提升四方面的能力。

一是载重能力。目前 PAST 望远镜的总重量约为 0.8 t，对于未来更大口径望远镜飞行，需要将 35 km 以上飞行高度的载荷能力提高到 1 ~2 t 级水平，这就需要体积更大的气球，至少 50 万 m^3以上，这对球体设计、材料、可靠性都提出了更高的要求。

二是长航时飞行能力。目前鸿鹄专项 PAST 望远镜飞行时间基本在天量级，首先解决大型高空气球跨昼夜飞行能力。未来要实现周以上量级的飞行时间，需要气球本身具有更好的调节能力，同时需要配套的测控和数传能力提升。

三是高精度指向和稳定能力。要实现行星目标的高精度、高分辨率成像观测，除了望远镜本身光学性能保证外，平台的指向精度和稳定度是最基本的保障。目前鸿鹄专项预计实现气球平台 20′量级的指向精度，通过望远镜自带的两级控制实现亚角秒级的指向稳定性，这对望远镜本身调节性能和望远镜与平台的配合提出了很大挑战。未来应着力提升平台的一级指向和稳定性能，达到亚角分级指向精度和稳定性，并通过与望远镜协同实现 0.1″量级的指向稳定性，满足高分辨率成像的需求。

四是发放保障能力。为了实现更长时间的飞行，最佳的飞行区域就是南极。2019 年 10 月，第 666 次香山会议主题确定为“基于浮空平台的南极科学实验”，会议提出在南极建立我国自主的气球科研站，支撑我国在南极的气球科学实验，开展行星科学、天文学、地球物理学、空间科学等研究。

4.2.2 载荷能力建设

如前文所述，在临近空间高度，大气对大部分电磁波谱变得透明，紫外、可见光、近红外、红外、热红外、无线电波段观测都变得可行。行星科学界和工程科学界应紧密联合，在科学目标牵引下，提出和研制更多种类载荷，服务行星科学研究。

一是临近空间光学望远镜口径。在可见光波段，米级望远镜的衍射极限分辨率达到 0.1″，接近浮空器平台的稳定性极限，进一步提高望远镜口径对分辨率贡献不大。但是，随着望远镜口径的增大，望远镜的光子收集能力呈平方关系增长，即望远镜口径从 1 m 增加到 2 m，望远镜的响应灵敏度将提高 4 倍，能够看清更远更弱的目标，数据信噪比也将明显提升。

二是扩展望远镜观测波段。除了目前鸿鹄专项将实施的近紫外-可见光波段观测外，应进一步将观测波段扩展到近红外、红外、热红外、无线电波段，利用不同波段独特的辐射特征，及其对于辐射源的指纹表征特性，获得更丰富的行星地质环境与空间环境信息，支撑对行星宜居环境演化的研究。

三是丰富科学观测仪器。望远镜提供了基本的时空分辨与能量收集能力，目标信息的细化识别更多依赖于后端科学仪器，如高性能的科学相机、高分辨率的光谱仪/光谱成像仪、高抑制比星冕仪等。

4.2.3 科教融合与人才培养

行星科学作为一个新生学科研究方向，目前正处于起步和快速发展的阶段。怎样探索有中国特色的行星科学一级学科建设之路？行星科学研究与深空探测任务密不可分，脱离探测任务的学科建设是无源之水，无法与国家深空探测战略的精准对接，也很难实现快速迭代和可持续发展。以任务带动科研，在科研中推动教育和人才培养，这正符合中国科学院大学倡导的“科教融合”办学思路（吴福元等，2019）。

临近空间行星科学研究相比于大型的深空探测任务，投资少，周期短，特别适合带动学科发展和人才培养。未来应吸纳更多的行星科学研究人员和工程技术人员共同参与到临近空间行星科学研究中。这不仅能通过任务带动青年人的行星科学研究积极性，提升工程技术的整体水平。临近空间行星科学研究任务本身就是我国深空探测战略的有机组成部分，既可以为深空探测任务提供高质量的科学与技术预研，产出高质量的行星科学研究成果，同时也可以为深空探测任务提供关键的协同观测。

5 总结

探索浩瀚宇宙，是全人类的共同梦想。作为正在崛起的深空探测大国，我国应立足国情，走出一条有中国特色的行星科学强国之路（万卫星等，2019；吴福元等，2019；魏勇和朱日祥，2019）。我国临近空间行星科学研究目前处于国际跟跑水平，我们应该沿着万老师提出的探索思想，坚定前进的步伐，不断深化和发展我国临近空间行星科学研究，使我国在这一领域早日实现弯道超车，跨入行星科学强国之列。

参考文献

何飞 . 2020. 行星空间环境光学遥感 . 科学通报，65：1305-1319.

林巍，等 . 2020. 天体生物学研究进展和发展趋势 . 科学通报，65：380-391.

林巍 . 2020. 临近空间生物研究及其天体生物学意义 . 科学通报，65：1297-1304.

万卫星，等 . 2019. 从深空探测大国迈向行星科学强国 . 中国科学院院刊，34：748-755.

魏勇，朱日祥 . 2019. 行星科学：科学前沿与国家战略 . 中国科学院院刊，34：756-759.

吴福元，等 . 2019. 从科教融合到科学引领——中国特色的行星科学建设思路 . 中国科学院院刊，34：741-747.

Bottema M，et al. 1964. Water vapor in the atmosphere of Venus. The Astrophysical Journal，139：1021-1022.

Hibbitts C A，et al. 2013. Science measurements and instruments for a planetary science stratospheric balloon platform. 2013 IEEE Aerospace Conference，1-9.

Keldysh M V. 1977. Venus exploration with the Venera 9 and Venera 10 spacecraft. Icarus，30：605-625.

Krueger A J，Minzner R A. 1976. A mid-latitude ozone model for the 1976 US Standard Atmosphere. Journal of Geophysical Research，81：4477-4481.

Reese D E，Swan P R. 1968. Venera 4 probes atmosphere of Venus. Science，159：1228-1230.

Sagdeev R Z，et al. 1986. Overview of VEGA Venus balloon in situ meteorological measurements. Science，231：1411-1414.

Shoji Y，et al. 2016. FUJIN-2：Balloon borne telescope for optical observation of planets. Trans JSASS Aerospace Tech Japan，14：95-102.

三亚非相干散射雷达与行星探测

乐新安[1,2]，赵必强[1,2]，丁　锋[1,2]，宁百齐[1]，曾令旗[1]，李鸣远[1,2]

1. 中国科学院地质与地球物理研究所，北京　100029

2. 中国科学院大学地球与行星科学学院，北京　100049

摘　要

非相干散射雷达是最强大的地基电离层探测设备，由于技术复杂、成本昂贵，建设非相干散射雷达一直是一个国家综合国力的象征，目前世界上日常运行的该类雷达仅寥寥数部。三亚非相干散射雷达是在国家自然科学基金委和国家发展和改革委员会联合资助下，将在海南岛建立一套三站式相控阵体制、全固态发射、全数字接收的非相干散射雷达系统，旨在解决低纬大气层/电离层/磁层耦合及电离层动力学、赤道电离层不规则体及电离层闪烁、东亚电离层地区特性等关键科学问题，并服务于我国南海地区的卫星导航通信保障等实际应用需求。整个雷达系统分为三步进行建设，即小面阵实验系统、三亚单站系统和三站系统。目前小面阵已经工作了两年多，在卫星穿屏进行波束指向确认、对流层风场探测和流星探测等方面开展了系统实验，充分释放了大阵建设的技术风险；三亚单站系统建设基本完成，正在开展联调联试；三站系统正在开展详细设计论证。此外，在非相干散射理论谱研究、雷达编码及信号处理、数据反演、三站雷达仿真、月球成像实验等方面亦开展了详细的研究。

1　引言

整个日地空间中，电离层位于磁层和大气层的中间，是承上启下的重要环节和关键层次。电离层通过化学、动力学和电动力学过程与上下各圈层和背景大气紧密的耦合在一起，是一个天然的等离子体实验室。带电粒子的存在显著的改变了大气的电性质和运动行为，对穿越其间的无线电波产生显著影响，因此电离层研究具有重要的学术意义和应用价值。电离层是一门以观测为基础的实验科学，观测技术的进步和观测设备的发展始终是推动电离层物理进步的重要因素。在众多电离层探测设备中，非相干散射雷达（ISR）是最强大的地基电离层探测手段之一。

1958 年，美国康奈尔大学 W. E. Gordon 教授首次提出可以通过地基高功率雷达接收电子的汤姆森散射来探测电离层（Gordon，1958），他认为不同电子的汤姆森散射是不相干的，因此命名这种手段为非相干散射雷达。这之后不久，美国标准局的 K. L. Bowles 博士利用一个已有的雷达经过很短时间的准备后就进行了电离层的首次非相干探测（Bowles, 1958），不过他探测的谱宽和多普勒频移比电子非相干散射理论预测的要小得多，这说明观测的信号并非完全是电子的非相干散射。之后系列理论研究和观测实验证实，由于电子和离子的库伦碰撞作用，探测的散射信号是部分相干信号，但是非相干散射这个术语被沿用至今（Dougherty and Farley，1960；Hagfors，1961；Kudeki and Milla，2011）。

从 Bowles 的首次电离层非相干散射实验之后，美国在 20 世纪 60 年代迅速建立了 4 台非相干散射雷达，包括 Jicamarca，Arecibo，Millstone Hill 和 Søndre Strømfjord 雷达，这些雷达多数都还在正常运行（Cohen，2009）。随后，其他国家和地区纷纷建立了自己的非相干散射雷达，包括苏联的 Kharkov 雷达、日本的 MU 雷达（Fukao et al.，1985）、欧洲的 EISCAT 雷达系统（Röttger et al.，1995）。这些雷达在工作频率、峰值功率、天线种类和构型、脉冲宽度、编码方式及主要科学目标等都不同。但总体来说，这些非相干散射雷达都采用了集中收发体制的天线和发射机，散热及维护等因素导致这些雷达不能长时间连续运行，且信号捷变能力不高。关于早期非相干散射雷达的建造历史可以参见 *Hist. Geo Space. Sci.* 杂志上的专辑文章（Pellinen and Brekke，2011）。随着雷达技术的发展，从 21 世纪初开始，美国率先提出建设新一代模块化相控阵体制的电离层非相干散射雷达，命名为 Advanced Modular Incoherent Scatter Radar（AMISR；Valentic et al.，2013）。这种雷达具备信号捷变能力高、散热快、可维护性好、可远程操控等系列优点。截至目前，美国共在高纬地区建立了两套 AMISR，分别是 Poker Flat ISR（PFISR）和 Resolute Bay ISR（RISR），其中 PFISR 几乎实现了全天候运行，积累了大量的电离层非相干散射数据。此外，欧洲正在对他们目前的多站式 EISCAT 雷达进行升级，也计划采用相控阵雷达体制，专注于高纬相关的科学研究，命名为 EISCAT-3D（McCrea et al.，2015）。由于技术复杂、成本昂贵，建设非相干散射雷达一直是一个国家综合国力的象征，目前只有美欧日俄等国具备建造和运行的实力，且全世界日常运行的该类雷达仅寥寥数部。

非相干散射雷达能高精度地直接探测几乎整个电离层高度上的等离子体密度、成分、温度、漂移速度（电场）。基于上述非相干散射雷达的观测，科学界在电离层物理、大气物理和电离层磁层耦合等领域取得了大量的原创成果。EISCAT、PFISR 等非相干散射雷达由于地处高纬的特殊地理优势，其观测被广泛应用于极光、磁层电离层耦合等研究：如 Virtanen 等（2018）利用高纬 ISR 观测的电子密度剖面估算高能沉降电子的通量并用于计算极光的能量；Vierinen 等（2016）利用超热电子的朗缪尔波增强来反演极光发生时电子密度的高精度剖面；Hosokawa 和 Ogawa（2015）利用非相干散射观测来研究极光发生时电离层 E 层峰值密度和高度的变化特征。基于一定的假设条件，非相干散射雷达观测还能间接用来推算背景中性大气的温度、风场等参量。例如，Heinselman 和 Nicolls（2008）利用 PFISR 多波束观测，基于风场水平均匀假设的条件，反演了电离层电场和 E 层的中性风场剖面；Nicolls 等（2014）利用 EISCAT 多频段非相干散射探测，直接估算低热层大气的密度。非相干散射雷达传统主要探测离子谱线，但在某些情况下还可以探测到微弱的等离子线，可以用来进行电离层等离子体微物理过程研究，这方面近几年进展比较多，Akbari 等（2017）对这方面的研究进行了系统的综述。并且，非相干散射雷达还经常被用来进行电离层加热实验时的高精度诊断工具（Kosch et al.，2014；Wu et al.，2017）。全世界非相干散射雷达已经有了几十年的累积观测，科学家们利用这个丰富的数据库，进行了一些富有特色的研究，如 Zhang 等（2005）利用 Madrigal 数据库的所有观测资料，对每个台站的每个参量，都构建了相应的经验模式，满足相关气候学研究和工程应用；Ogawa 等（2014）和 Holt 和 Zhang（2008）等则基于非相干散射雷达的长期资料，通过去除太阳、地磁活动的影响等，研究温室气体增加对高层大气温度和密度造成的长期变化趋势，印证了此前的模拟和测高仪观测资料，但 ISR 可以提供高度变化信息，加深了对机制的进一步理解。此外，很多雷达工程师参与了非相干散射雷达的建设和发展，这也同时促进了雷达技术、信号编码、弱信号处理等相关技术的进步，如长脉冲、交替码、巴克码等编码技术被应用于非相干雷达信号编码中（Sulzer et al.，1993）；Vierinen（2011）为了利用非相干散射雷达探测流星，发明了分数阶编码技术，可以显著降低估算误差。

我国科学家较早就开始了非相干散射技术及相关的科学研究，但直到 2014 年，中国电波传播研究所才在子午工程的资助下对一个已有雷达进行了改造，使其具备电离层非相干散射探测的能力（Ding et al.，2018）。2013 年，万卫星院士根据电离层科学研究需要和国际上电离层非相干散射雷达发展趋势，提出了在我国低纬地区研制和建设新一代相控阵体制非相干散射雷达，解决低纬电离层的关键科学问题，推动我国电离层探测能力的跨越性发展。2015 年，在国家重大科研仪器研制项目资助下，万卫星院士负责开始了三亚非相干散射雷达（SYISR）的研制和建设。

三亚非相干散射雷达采用全固态相控阵雷达体制，发射功率采用多级放大、空间合成方式，雷达接收采用子阵数字化，数字多波束工作方式。雷达由天线阵面和设备机房两部分组成，它包括天线分系统、T/R 组件分系统、发射分系统、接收分系统、综合网络分系统、光纤传输与阵面控制（波控）分系统、信号处理分系统、频率综合分系统、主控分系统、显控分系统和阵面监测分系统等，如图 1 所示。

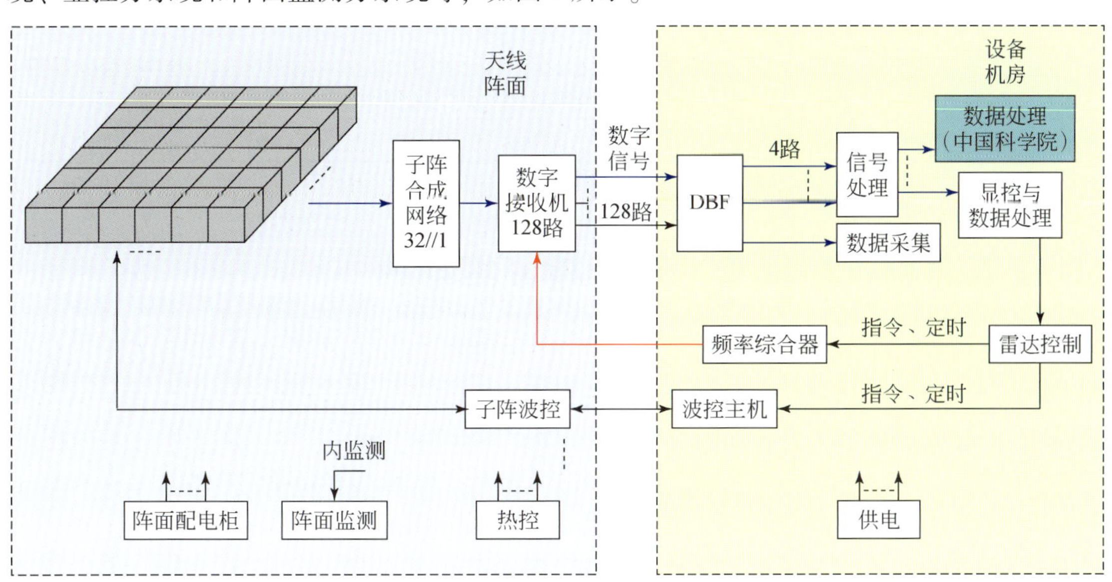

图 1　三亚非相干散射雷达系统组成

为了尽可能提高三亚非相干散射雷达的探测能力和工作效率，雷达在设计中有如下几个特色：

1）开放式雷达架构，提高系统可扩展性

雷达采用子阵模块化设计，天线阵面可拼装，易扩展。系统设计为后期扩展留有扩展功能和接口。

2）低损耗单通道组件、低系统噪声系数设计，提高系统灵敏度

针对电离层非相干散射信号特点，采用全新设计单通道 TR 组件，减小组件与天线单元间的电缆损耗，同时降低系统噪声温度，提高系统探测电离层弱信号能力。

3）开放式雷达信号产生和处理，提高系统实用性

雷达激励信号产生留有外部接口，方便后续雷达发射信号形式扩充，提高系统开发探测模式的灵活性，提升观测研究电离层的能力。

4）自然冷却方式，降低系统运行维护成本

单通道组件设计降低了热流密度，同时天线阵面采用开放式结构设计，雷达系统可自然冷却，无须液冷，提高了系统可靠性，降低了系统运行维护成本。

三亚非相干散射雷达的主要技术指标如表 1。建成后将服务于我国南海地区的卫星通信保障等实际应用需求，并将重点研究和解决以下三方面的科学问题：低纬大气层/电离层/磁层耦合及电离层动力学；赤道电离层不规则体及电离层闪烁；东亚电离层地区特性。

表 1　三亚非相干散射雷达主要技术指标

项目	指标
工作频率	440±10 MHz
发射峰值功率	2 MW
法向天线增益	43 dB
扫描范围	方位角：0°～360°；天顶角：南北最大 48°，东西最大 25°
波束宽度	1.1°
分辨率	距离：0.15～72 km；角度：一个波束宽度
系统噪声温度	120 K

2　三亚非相干散射雷达硬件建设三部曲

2.1　小面阵测试系统

为了验证相控阵非相干散射雷达技术设计、硬件、软件和系统集成方案，充分释放直接建造雷达大阵面临的技术风险，项目组先采用相同的体制建造一个小雷达进行试观测，对所有的技术细节进行测试，确认没有问题后再进行大阵的建设。随后于 2017 年在南京建成了 256 个单元（8 个子阵，简称 SYISR-8）的小面阵（图 2），并运行至 2020 年，基

于该小面阵进行了系列观测实验，包括波束指向确认、空间站穿屏实验、对流层风场探测、流星探测等，这些实验既发现了一些硬件设计问题并进行了修改和优化，又增强了我们对大阵建设的自信心。基于小面阵的观测结果，2018 年 9 月，雷达顺利通过基金委组织的中期评估。

图 2　三亚非相干雷达小面阵外观

2.2　三亚主站建设

三亚非相干散射雷达 8 子阵的小面阵测试系统经过两年的运行调试，充分证明了硬件和系统设计的稳定性和可靠性，于 2019 年开始整个 128 子阵的生产和安装，并于 2020 年 6 月基本完成整个大阵面的吊装。图 3 所示是利用无人机从高空航拍的雷达阵面图，阵面上的“SYISR”标志是三亚非相干散射雷达的英文全称（Sanya Incoherent Scatter Radar）首字母的缩写，是利用天线罩通过喷不同颜色的漆所致。接下来将进行雷达通电测试、各雷达参数测定、电离层探测实验等，同时台站还将进行防辐射网建设、植树绿化、道路硬化、园区美化等建设。

图 3　2020 年 6 月三亚非相干散射雷达阵面俯瞰图

2.3 三站式非相干散射雷达建设

在子午工程二期论证阶段，万卫星院士就提出对三亚非相干散射雷达的升级计划，即把三亚主阵面扩大一倍，同时在海口和儋州新建两个接收站（图4）。二期建设项目已于2019年下半年启动，宁百齐研究员担任主任设计师，乐新安研究员担任首席科学家和建设负责人，目前正处于详细设计阶段。该雷达建成后，可以极大地提高雷达的探测高度，同时还可以开展等离子体漂移的矢量探测，更好地服务于低纬电离层动力学研究。将实现三亚雷达从国内首次（我国首台相控阵非相干散射雷达）到国际首次（国际首台低纬多站式相控阵非相干散射雷达）的跨越。

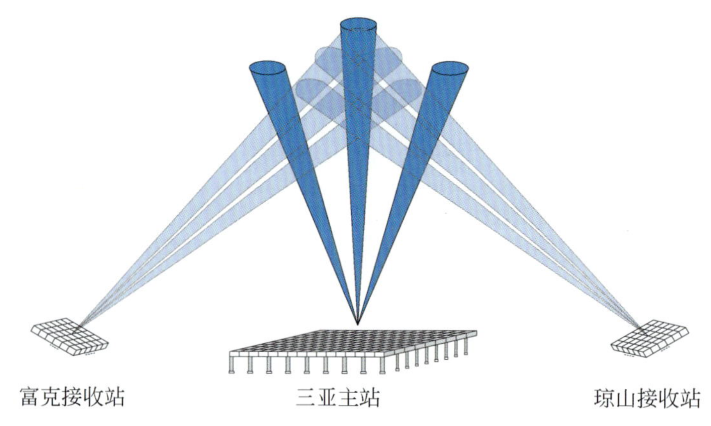

图4 三站式非相干散射雷达系统示意图

3 取得的初步成果

3.1 非相干散射理论谱研究

对非相干散射理论谱的研究是非相干散射雷达建设的理论基础，有助于我们理解非相干散射雷达反演各种参量的基本原理，对非相干散射雷达未来的进一步发展有着指导意义。国际上从20世纪60年代起就已经有大量学者对非相干散射雷达进行了详尽的研究，但国内这方面的研究人员仍很匮乏。为了保证对理论谱有较深的理解，我们从等离子体单粒子理论和动理论出发，推导了单离子成分、无碰撞、无磁场条件下的非相干散射谱，这种研究理论谱的方法为微观法；此外，我们还使用Nyquist定理和动理论对宏观法的研究过程进行了重复。通过对两种方法公式的对比，给出了谱密度函数与微分散射截面、极化率与广义导纳张量之间的数学关系，从数学上得到了两者之间的联系（梁宇等，2020a）。根据Kudeki和Milla的非相干散射理论，我们编写了适用多种离子成分、带碰撞和带磁场的理论谱计算程序，可用于研究各种条件对理论谱的影响。使用动理论分析磁化等离子体下理论谱中的各种共振谱线，得到了等离子体线分裂现象的色散关系，并通过理论谱程序进行了仿真验证。除了常规的离子线谱观测外，我们从理论上分析了 SYISR 对回旋线、低频振荡谱线、高频 Bernstein 共振尖峰的观测能力，分析结果表明 SYISR 具有观测夜间 200 km 以下和 400 km 以上回旋线的可能性；在白天仅存在观测到 H^+ 振荡谱线的可能性（图 5）；高频 Bernstein 共振尖峰几乎不受库仑碰撞频率的影响，观测仅受限于信号强度（梁宇等，2020b）。根据磁化等离子体非相干散射理论，预测等离子体线在三次回旋谐频也会发生一次分裂，SYISR 分裂角度发生在雷达波束散射差矢与磁场夹角 75°～85°之间（图 6）。SYISR 所处地理位置的磁场构型及其扫描波束的空域范围有利于研究非相干散射近垂直磁场散射谱问题，有望首次观测到此现象。对等离子体线分裂现象的研究，有助于研究磁化等离子体中朗缪尔波波模与其他波模发生相互作用的行为，加深我们对基础等离子体物理波动过程的理解。理论谱未来研究将更着重于磁化等离子体中各种波模相互作用后体现在谱上的共振峰，以及利用 SYISR 实际观测数据对各种现象的观测验证和发展新的电离层参量提取方法；对磁化等离子体的非麦氏分布理论谱的研究，也会是一种较为有趣的方向，可以结合人工化学物质改变电离层，对电离层的一些响应特征进行分析，揭示其中的物理过程。

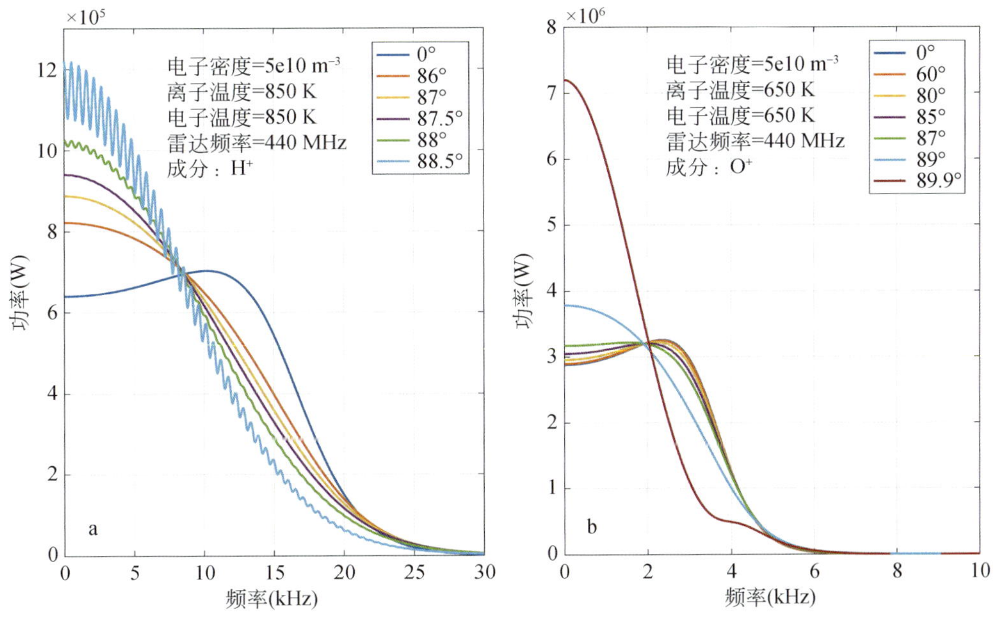

图 5　440 MHz 雷达离子线谱随散射差矢与磁场夹角的变化关系图

a. 随着接近垂直于磁场，离子线谱逐渐出现振荡，该低频振荡现象对应于离子 Bernstein 波模，受离子与中性成分的碰撞频率及离子-离子之间的库仑碰撞频率影响较大。历史上仅有 Farley 和 Rodrigues 使用 Jicamarca 成功观测到 H^+ 的振荡谱线，对于 SYISR 在白天仅存在观测到 H^+ 振荡谱线的理论可能性；b. O^+ 受碰撞频率的影响不会出现振荡的谱线，随着夹角接近垂直于磁场，谱线呈单峰结构，可用于反演等离子体的体速度

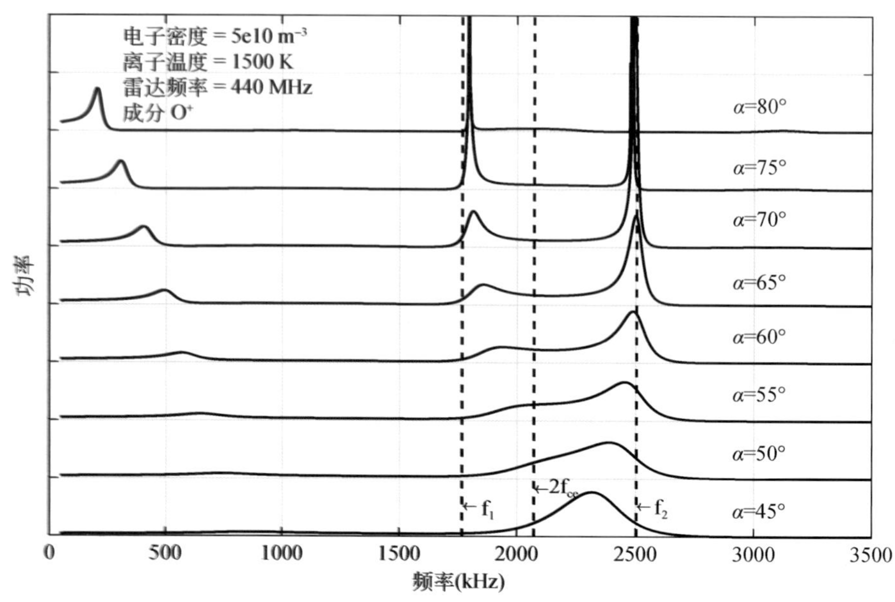

图6　发生在二次回旋谐频处的等离子体线分裂现象

$\omega_{1,2}$为使用动理论计算得出的色散关系对应的频率 200～500MHz 附近的尖峰为回旋线，$2\omega_{ce}$为两倍的电子回旋频率，角度 α 表示后向散射差矢与地磁场的夹角。横轴表示多普勒频率，纵轴为散射谱

3.2　非相干散射雷达编码及信号处理、数据反演

非相干散射雷达信号处理是整个非相干散射雷达探测成功与否的关键一环，电离层的非相干散射雷达探测属于软目标探测，其散射的回波信号幅值接近于背景噪声，是服从均值为零的高斯分布的随机信号，只有研究其自相关函数或功率谱才有意义。非相干散射信号功率谱通常由具有双峰结构的窄带离子谱线和较弱更窄的上移、下移等离子体谱线组成，分别与离子声波和朗缪尔波的色散关系有关。离子谱线中包含有等离子体漂移速度、电子密度、电子/离子温度和离子成分等电离层参数信息。因此要从探测系统内外的背景噪声中提取精确的电离层参数，需要采用复杂的信号编码方式和信号处理方法。同时，不同的编码方式决定了探测目标的距离分辨率和时延分辨率，也直接影响电离层参量反演的精度。针对这一特点，我们采用国际上非相干散射雷达测量传统采用的长脉冲、巴克码和交替码三种编码方式进行编码设计。通过分析不同编码信号的模糊函数评估雷达的探测性能，引入时延剖面矩阵算法对实测信号的自相关函数进行解码计算，并利用模糊函数对自相关函数进行解模糊处理，从而获得较高的距离分辨率和时延分辨率。基于时域的时延剖面解码计算量大，我们开发了基于频域 FFT 的时延剖面矩阵算法，再根据发射编码信号的特性选取合适的求和法则计算得到自相关，大大简化了数值计算过程，并利用国内外实测数据对其算法和结果进行了分析验证（图 7）。基于非相干信号处理方法开发了适应于 SYISR 相控阵体制的非相干散射雷达数据处理软件（郝红连等，2020a），通过该软件可以反演得到等离子体漂移速度、电子密度、电子/离子温度和离子成分等电离层参量，满足

相控阵非相干系统快速扫描并进行近实时处理的需求。并发展了基于遗传算法的电离层参量反演新方法（王俊逸等，2020）。此外基于 CLEAN 算法对实测等离子体谱线进行解卷积处理，准确提取其每个高度的频偏，并利用朗缪尔色散关系反演得到高精度的电子密度剖面（郝红连等，2020b；Yu et al.，2020），该测量方法也对后期离子线的数据标校工作起着关键作用，对探测电离层等离子体其他共振峰，特别是近垂直磁力线探测下的波模研究具有重要意义。

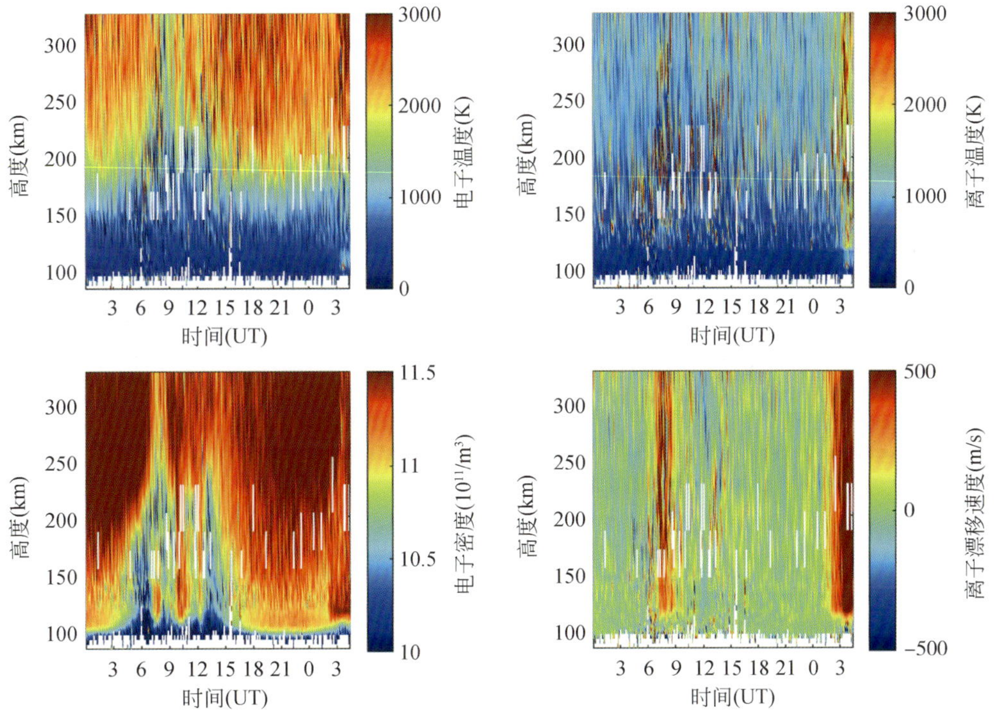

图 7　AMISR 雷达 2013-4-23. 0. 025UT ~ 2013-4-24. 4. 497UT 时间段交替码实验的电离层参量（电子温度、离子温度、电子密度、离子漂移速度）反演结果

积累时间为 5 min，28 h 实测自相关数据全部解算并反演完毕用时约 1 h

3.3　小面阵初步探测结果

基于建造的 8 子阵（SYISR-8）小面阵测试系统，进行了系列技术测试和科学观测，对整个小面阵测试系统进行了相控阵非相干散射雷达软、硬件技术评估，并充分释放了大阵建造的技术风险，下面分别叙述（Guo et al.，2018；Yue et al.，2020；Zeng et al.，2020；Zhao et al.，2018）。

3.3.1　卫星穿屏验证波束指向

为了能够进行空间对象有效跟踪，雷达角误差极性非常重要，一旦标定反了，势必造成无法跟踪，因为三亚非相干散射雷达天线阵面法线朝天，无法利用塔和外界固定的信号验证波束指向和角敏函数，因此给波束指向验证工作带来了困难。在这种情况下，首次采取了波束凝视，卫星穿屏的方式进行数据录取，进而事后分析角敏函数。为此选择了国际空间站作为穿屏对象。之所以选择国际空间站作为对象，主要因为它反射面积大，对于本雷达来说可以获得较强的信噪比，从而能够很好地分析回波，获得较好的和差波束。通过雷达波束固定，国际空间站以穿雷达波束的方式获取的雷达回波数据分析，获得雷达方位、俯仰面的和差极性曲线。结果如图 8 所示，国际空间站已经在俯仰面和方位面上形成了较好的和差曲线（幅度、相位）。通过空间目标穿屏波束获得的回波分析，获得了雷达的极性曲线和幅度曲线。此项结果表明雷达是应该可以实现目标跟踪的。结合极性曲线，通过调整跟踪程序，雷达实现了对空间目标的自闭环跟踪。自闭环跟踪功能的实现，验证了雷达波束调度、波束指向的正确性、验证了雷达数据处理跟踪方法的正确性。这一功能的实现，为在本雷达上开展其他相关试验提供了重要保障。对于天线法线朝天的雷达来说，这是雷达调试过程中的一个重要的进步。

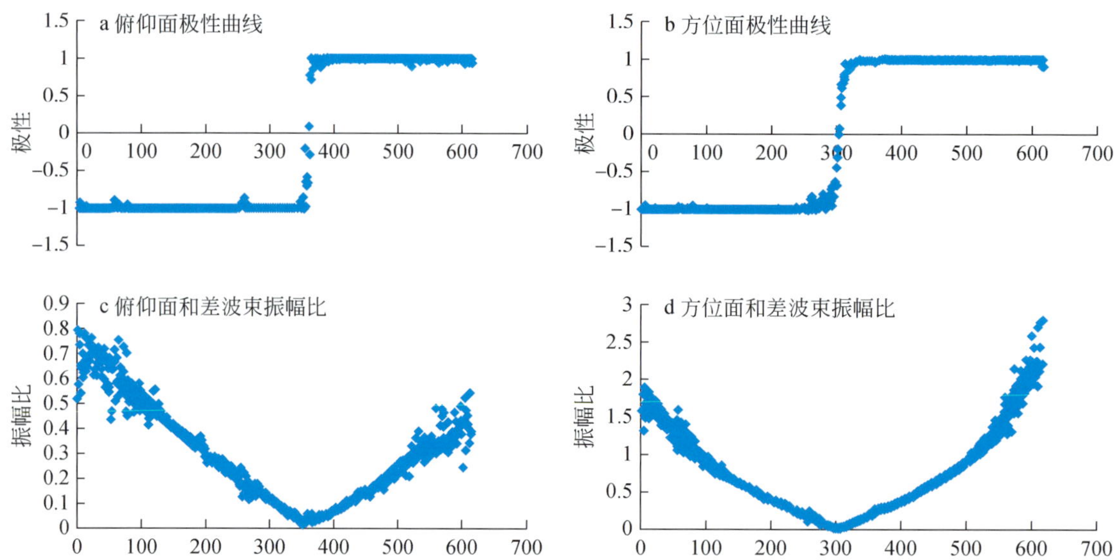

图 8　国际空间站穿屏期间俯仰面（左）和方位面（右）和差波束的极性曲线（上）和振幅比曲线（下）
横轴上的数字表示采样点，注意仰角面和方位面的计算结果来自不同的时刻

3.3.2　对流层风场探测

根据晴空湍流的信号回波特点及对流层风廓线雷达的探测模式的设置原理，结合 SYISR-8 系统本身的特性，设置出了适用于 SYIRS-8 的探测模式，包括脉冲宽度，脉冲重复频率等；采用五波束快速扫描的探测方式，对测得的数据应用 FFT 谱变换法和谱矩法得到五个方向的多普勒速度信息，得到风廓线，并且分析评估了雷达的测风精度，最后和探空仪测风数据进行对比分析，得到较好的结果。研究结果表明：

（1）SYISR-8 小面阵雷达，在本文给出的探测模式和处理方法，以 2019 年 7 月 30 号，当地时 10：00 ~ 15：00 五个小时的测量数据为例进行分析，得出较好的风场数据，垂直风速标准差小于0.5占95%，水平风速标准差不大于1.0 m/s占样本总数85%；水平风向标准差不大于10°占样本总数83.8%，说明水平风一致性较好，此次测量风场精度符合标准，SYISR-8小面阵雷达已具备良好的测风能力。

（2）SYISR-8小面阵雷达，在夏季测风，有效风获取率较高的高度达9 km，在冬季只到6 km（图9），夏季因为有较高的温度以及剧烈的湍流运动，雷达能有效地捕捉到湍流脉动。冬季空气相对干燥、大气状态相对稳定、湍流不强，使雷达回波信号较弱，从而导致雷达探测性能下降，SYISR-8小面阵雷达测风结果与这个一般性的原因正好符合。

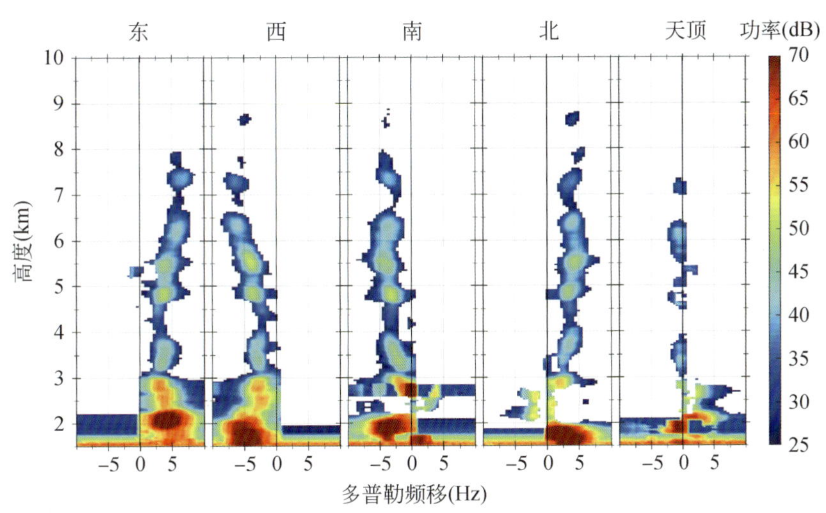

图9 SYISR-8小面阵雷达利用五波束法观测的对流层风场谱示意图
这里是2019年7月某天上午时刻的个例

（3）将7月份和11月份的测风数据与同时间段的探空数据进行对比，水平风速相关系数是0.93746，数值减去拟合值的差值的标准差是1.2203 m/s；水平风向的相关系数是0.9826，测量值与拟合值差值的标准差是12.0339°，均在误差范围内。和探空资料对比结果可以得出SYISR-8小面阵雷达测风结果和探空结果一致性较好。

3.3.3 流星探测

人眼可见流星现象偶尔可见，但质量在微克到毫克区间的微流星体几乎每时每刻都在注入地球大气层。流星物质以11～72 km/s的高速进入地球大气层，与大气高速碰撞产生高温并产生等离子体。流星为研究这种强烈的物理现象提供了一个自然实验室。流星通过烧蚀留下的物质和能量可以显著影响高层大气。流星是电离层不规则体形成的原因之一；有观点认为，Es层和偶发金属层的形成与流星的注入直接相关。此外，流星体也对人类的太空活动构成生存威胁。因此，观测流星对科学研究和空间安全具有重要意义。高功率大孔径雷达（High Power Large Aperture Radar，HPLR）可以高分辨率地探测微流星的烧蚀过程。相控阵雷达由于其波束扫描灵活，在流星观测方面具有明显的优势。为了提高SYISR-8小面阵雷达探测流星的能力，我们设计了一种特殊的工作模式。雷达波束在

100 km 高度垂直于磁场线。采用脉冲工作方式，发射信号带宽为 4 MHz，脉冲宽度为 200 μs，重复周期为 6.6 ms 的线性调频信号。记录每个脉冲的 I/Q 回波信号。为提取流星信息，开发了一种自动识别和提取流星参数的算法。图 10 给出了 SYISR-8 小面阵雷达观测到一个典型流星头回波及其生成的非镜面回波的 RTI 图。

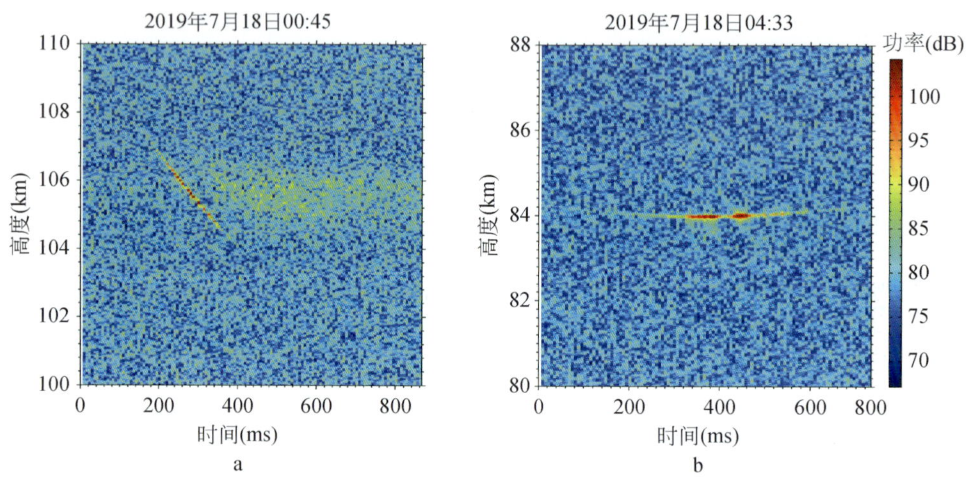

图 10　SYISR-8 小面阵雷达观测到的流星回波（a）流星头回波及其产生的非镜面流星回波（b）镜面流星回波

3.4　三站式非相干散射雷达模拟研究

3.4.1　三站系统接收阵面最优倾斜角度的选择分析

在 SYISR 三站雷达系统中发射站（三亚站）与接收站（富克站和琼山站）均使用有源相控阵天线，而相控阵天线的增益会随波束指向偏离阵面法线的角度增大而衰减，所以为了使发射站上空的电离层探测达到最佳信噪比，需要将接收站阵面朝向三亚发射站倾斜一定角度。我们对如何选择最优的倾斜角度做了分析，主要考虑以下三点因素：

（1）令远程站接收到的三亚站上空的信噪比达到最优或较优。

（2）令双站可探测范围内有足够空间可以进行垂直磁力线探测（双站波束指向夹角的角平分线与磁力线垂直）。

（3）工程上的实现难度也是影响选择的因素之一。

由于三亚站扫描范围内可进行双站垂直磁力线探测的位置在靠北的区域，而接收站需要朝南倾斜，所以若倾斜角度过大则可能导致双站可探测范围内没有足够的空间进行垂直磁力线探测。另外若倾斜过小则不能使得三亚上空信号回波达到较好的信噪比，所以这是一个折中的问题。经过模拟发现，在同一高度下，随着倾斜角度增大信噪比会逐渐增大达到峰值随后衰减，而不同高度出现峰值时的倾斜角度不同，高度越低则需要更大的倾斜角度。富克接收与琼山接收的不同在于，同一高度下琼山接收信噪比达到峰值需要倾斜的角度比富克大，这是因为三亚-琼山基线比三亚-富克基线更长。垂直磁力线探测方面如图 11 所示，展示的是富克站接收情况下，在接收站扫描范围边界上最大的角平分线与磁力线夹角随高度及倾斜角度变化的情况。这可以理解为当该最大夹角没有达到 90°时（即蓝色或黄色区域），说明三亚发射站扫描范围内垂直磁力线区域都可以被接收站接收到；而当该最大夹角达到 90°时（即红色区域），则说明已有部分垂直磁力线区域不能被接收站接收到。结合图中所展示的颜色来讲，若想要有足够的垂直磁力线探测空间，应结合重点关注的高度层，选择蓝色或黄色区域对应的倾斜角度。不过刚进入红色的区域也是可以选择的，越深入红色区域越不利于垂直磁力线探测。综合以上所有因素，我们发现没有能够使所有因素都达到最佳的倾斜角度，所以最终我们结合工程上的实现难度，初步选择了富克站和琼山站均倾斜 20°的折中方案。

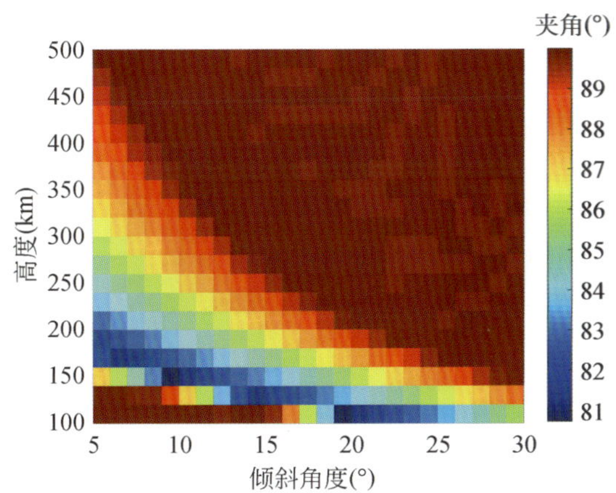

图 11　富克接收站扫描范围边界上最大双站波束角平分线与磁力线夹角

小于 90°区域代表所有在三亚发射站扫描范围内的垂直磁力线区域都可以被富克站探测到，等于 90°区域代表已有部分三亚发射站扫描范围内的垂直磁力线区域不能被富克站探测，越深入红色区域越多的垂直磁力线区域不能被探测

3.4.2　三站观测电离层信噪比仿真研究

信噪比是描述雷达探测性能的一个重要参数。关于 SYISR 三站系统探测电离层信噪比的仿真研究有利于三站观测的实验参数设计，包括累积时间等，另外还有利于后续误差分析工作的开展。国际上关于多站雷达观测电离层的研究主要来源于欧洲非相干散射协会 EISCAT，而国内关于三站式非相干散射雷达的研究仍很匮乏。我们基于 SYISR 三站系统参数，结合多站雷达方程对电离层回波信号的信噪比进行了仿真，并分析了回波信噪比在水平（图 12）和垂直（图 13）空间的分布特征。此外，我们通过拆解雷达方程分析了其中各项，尝试探讨了各个因素是如何影响信噪比空间分布的，同时还对比了使用相控阵天线与等效抛物面天线的三站系统接收到信噪比的差异，并分析了产生差异的原因（Li et al.，2020）。分析结果表明，雷达系统常数、有效散射体积和空间变量项是影响信噪比的三个主要因素。另外，相控阵天线与等效抛物面天线接收到的信噪比在数值和空间分布

形态上都有很大差异，数值上相控阵天线信噪比总是低于等效抛物面天线，在空间分布形态上相控阵天线信噪比为单峰值结构，而等效抛物面天线信噪比为双峰值结构（图 12）。这些差异的根本原因是相控阵的波束宽度会随着波束指向的改变而变化，而等效抛物面的波束宽度是固定的，这就意味着相控阵天线增益会随偏离阵面法线方向的角度增大而衰减，而等效抛物面则不会，从而使得信噪比受到相应影响产生这样的差异。目前国际上关于双站雷达方程的探讨主要是基于抛物面天线，而该工作的主要创新点在于将适用于相控阵天线的增益表达式代入到双站雷达方程中，并将相控阵天线方向图函数应用于有效散射体积的计算，从而得到适用于相控阵雷达的双站雷达方程。该工作的意义在于提出了一种可行的相控阵多站雷达观测电离层信噪比仿真方法，基于该方法可以根据需求对信噪比进行仿真分析，有利于后续实验设计以及误差分析等工作的开展。但目前该方法仍有局限性，比如有效散射体积的算法计算量较大，后续可以考虑简化算法。另外还有一些影响信噪比的因素没有进行分析，比如脉冲宽度等。

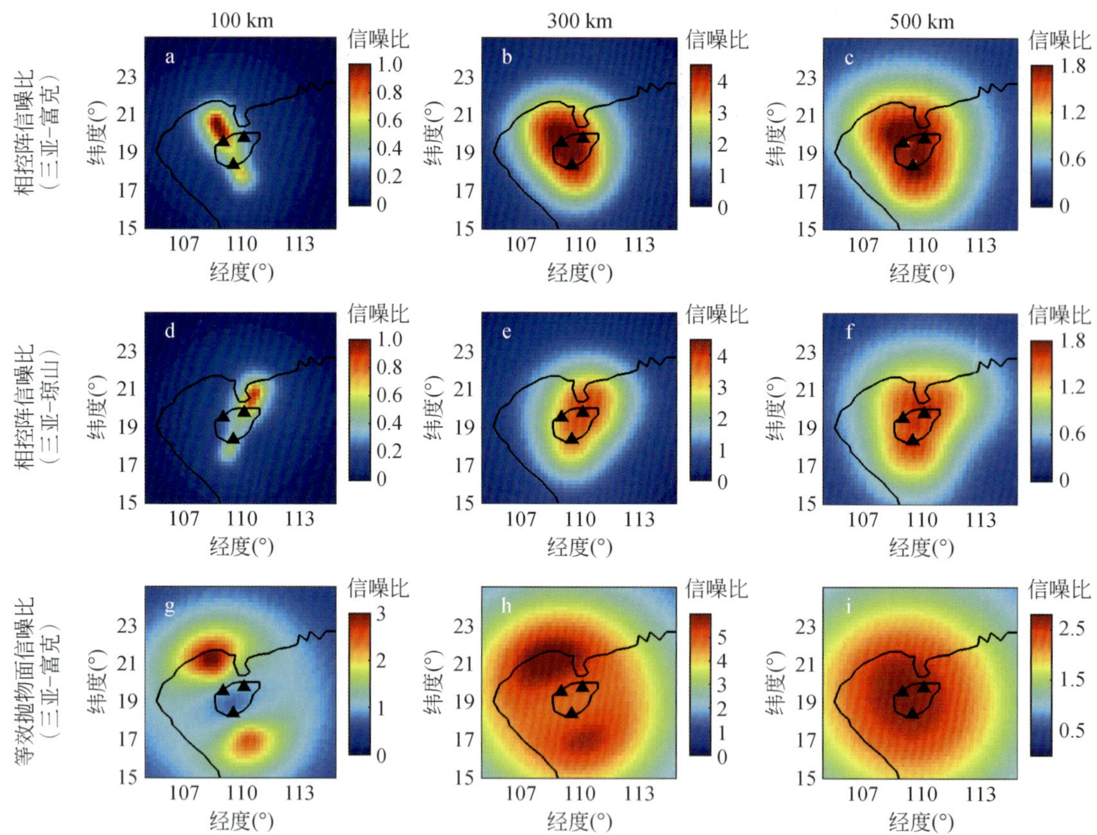

图 12　经纬度网格下的信噪比仿真。不同列代表不同的高度

从左到右分别为 100、300 和 500 km。a–c 在相控阵天线情况下富克站接收的信噪比；d–f 相控阵天线情况下琼山站接收的信噪比；g–i 在等效抛物面天线情况下富克站接收到的信噪比。三个黑色三角形表示三个站点的位置。坐标：三亚站是 109.6°E 和 18.3°N，富克站是 109.1°E 和 19.0°N，琼山站是 110.2°E 和 19.7°N。黑线代表海岸线

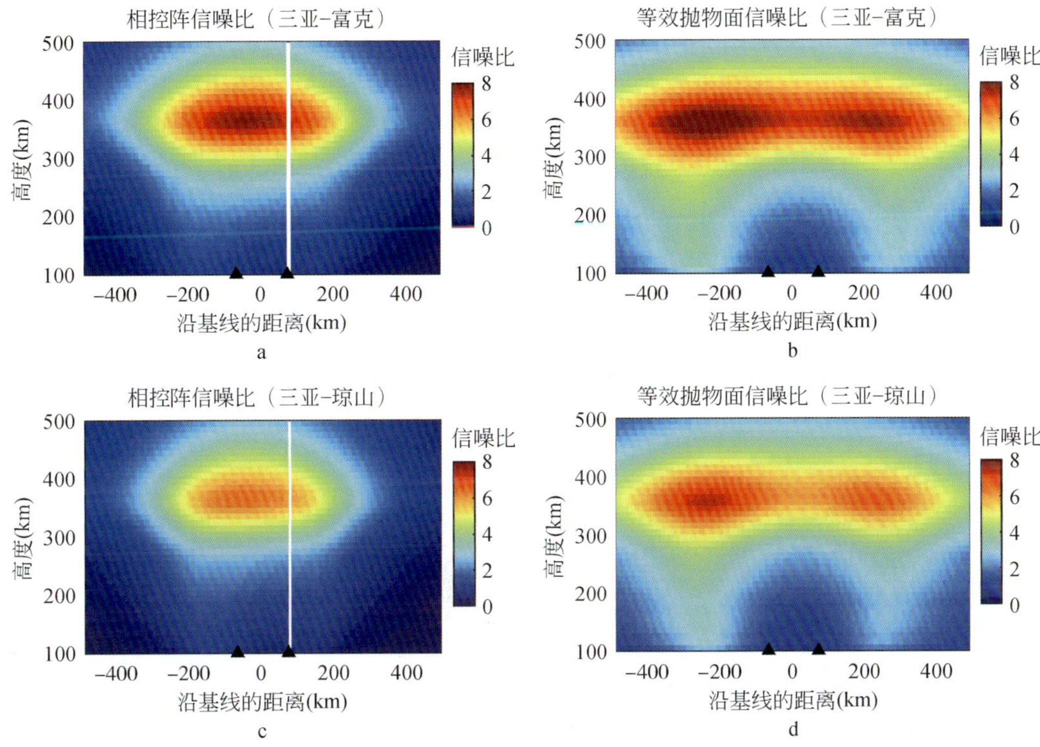

图 13　二维高度剖面网格下的信噪比仿真

a. 在相控阵天线情况下富克站接收的信噪比；b. 在等效抛物面天线情况下富克站接收到的信噪比；c. 在相控阵天线情况下琼山站接收到的信噪比；d. 在等效抛物面天线情况下琼山站接收到的信噪比。横轴沿着基线，原点是基线的中点。站点的位置用黑色三角形表示（只表示水平位置，不表示高度位置）。三亚-富克时，三亚的横坐标为 70. 05 km，富克为-70. 05 km。三亚-琼山时，三亚的横坐标为 83. 59 km，琼山为-83. 59 km。a 和 c 中缺少的值是由于三亚站天顶方向的有效散射体积积分失效导致的

4　未来展望

4.1　月球成像探测

早在 20 世纪 60 年代，美国的麻省理工学院就利用 Arecibo 雷达及 Haystack 雷达对月球进行了大量的成像探测研究工作（Thompson et al.，1970）。成像算法借鉴的是经典的合成孔径成像中使用的时延多普勒算法，该算法的核心主要有两步：①将目标的回波分割至延迟多普勒空间中不同的单元；②将回波从延迟多普勒空间映射到目标的真实坐标系下（经纬度坐标或直角坐标）。直至今日，该算法仍被广泛用于地基雷达对太阳系内天体的成像研究，且已经针对太阳系内不同的目标开发出不同的方法变种。对于月球成像来讲，标准的时延多普勒成像算法已足够得到很好的结果。目前国际上已经发表了大量关于地基雷

达对月成像的结果（Campbell et al.，2007；Stacy et al.，1997；Zisk et al.，1974），而我国在该领域仍属空白。不过SYISR的建设给月球成像带来了可能，通过我们的预研究，SYISR的探测能力足以探测到月球，结合一定的编码技术可获取足够高的信噪比及距离分辨率，若时钟精度能够满足一定时长的信号相干积累，则能够对月球进行成像研究。面临的技术难点主要是“南北模糊”问题，如果不能使用干涉技术来区分南北共轭点，则只能通过只照射北半球或南半球来避免该问题。而SYISR的波束宽度约为1.1°，相对于月球直径的视场角0.5°较宽，这就导致只能用波束的边缘来照射北半球或南半球，这样信噪比会有所降低，需要一定的信号处理技术来提高信噪比。

基于标准的时延多普勒算法，我们开发了一套月球成像的Matlab程序，并做了初步的仿真模拟实验，结果如图14所示。

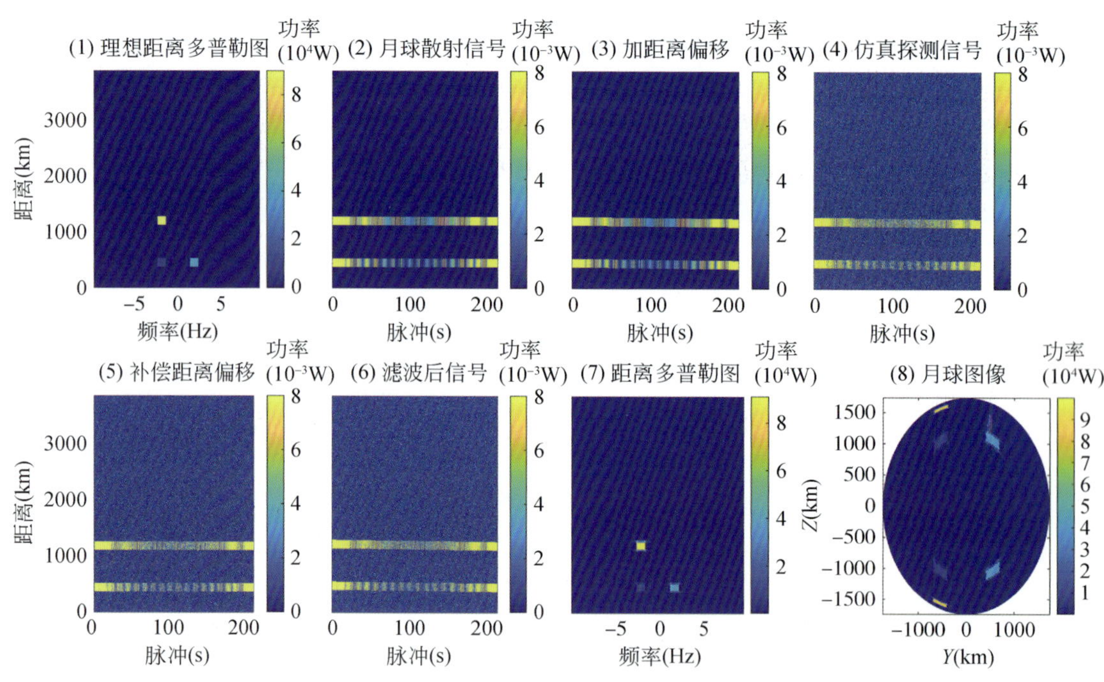

图14 月球成像算法初步仿真模拟结果

正演部分（步骤序号对应图14中的子图序号）：

（1）人为设置一个理想的距离多普勒图作为输入。

（2）每个距离门做反傅里叶变换，将频域信号转为时域信号得到月球散射信号。

（3）考虑观测时间内月球相对于雷达的运动，根据月球星历加入距离偏移。

（4）将加入了月球质心多普勒频移的发射脉冲包络与散射信号卷积，再加入噪声得到仿真的探测信号。

反演部分（步骤序号对应图14中的子图序号）：

（5）将距离偏移补偿。

（6）对回波信号进行解码滤波处理，同时补偿月球质心多普勒频移。

（7）对同一时延的连续脉冲信号做快速傅里叶变换得到距离-多普勒图像，并去除噪声。

（8）将距离-多普勒图像通过坐标变换重新投影到月球坐标系下，从而得到月球图像。

从结果来看，图14中（7）与（1）基本吻合初步验证了算法的可行性，待SYISR建成后便可以将该程序应用于月球成像。对月球成像的研究有利于开发SYISR除了电离层探测之外的相干目标探测能力，还可以通过探测月球对雷达的波束指向进行标校，此外对月球成像技术的开发能够为日后地基雷达对其他太阳系内天体（例如近地小行星、火星、金星等）成像技术的研究奠定基础。

4.2 与其他雷达的收发实验

SYISR将来多数实验都是自发自收完成，未来可与国家天文台建立的坐落于贵州的500 m口径球面射电望远镜（FAST）进行异地收发实验（Jiang et al.，2020）。由于FAST的口径和灵敏度显著高于SYISR，这种收发实验将可进行如下研究：大高度电离层的高精度观测；高分辨率月球成像及月球次表层成像；近地小天体成像探测。

4.3 矢量探测及垂直于磁力线探测

整个SYISR建造完成后，将成为国际低纬首台多站式非相干散射雷达，预期可以开展的创新型研究包括：等离子体漂移速度的矢量探测，传统单站式雷达只能得到等离子体的视线漂移速度，当有三个站的独立的视线速度，则可解算出等离子体漂移速度的三分量，获得矢量探测，进而反演电场矢量；垂直磁力线探测，当电波垂直于磁力线发射时，非相干散射谱会呈现一些特殊的波模和谱分裂现象，进而进行等离子体微物理过程研究。此外，海南岛的特殊位置，还可以进行发射和接收波束垂直的特殊构型探测。

参考文献

郝红连，等.2020a. 基于相控阵非相干散射雷达的信号处理方法、系统、装置. 中国专利：202010102475.7. 2020. 6. 12.

郝红连，等.2020b. 基于CLEAN算法的电离层电子密度反演方法. 中国专利：202010430957.5，2020. 08. 25.

梁宇，赵必强，乐新安，等.2020a. 碰撞非相干散射理论谱宏观法和微观法的比较研究. 地球物理学报，63（2）：387-393.

梁宇，赵必强，郝红连，等.2020b. 磁化等离子体非相干散射理论谱中的共振线研究. 地球物理学报，63（12）：4291-4299.

王俊逸，等.2020. 一种基于遗传算法的非相干散射雷达数据反演方法. 中国专利：202010375758.9，2020. 08. 14.

张宁，等.2020. 多站非相干散射雷达信号提取方法、系统、装置. 中国专利：202010498008.0，

2020. 12. 15.

Akbari H, Bhatt A, La Hoz C, and Semeter J. 2017. Incoherent Scatter Plasma Lines: Observations and Applications. Space Sci Rev, doi: 10. 1007/s11214-017-0355-7.

Bowles K L. 1958. Observations of vertical incidence scatter from the ionosphere at 41 Mc/s. Phys Rev Lett, 1 (12): 454-455.

Campbell B A, Campbell D B, Margot J L, Ghent R R, Nolan M, Chandler J, Carter L M, Stacy N J S. 2007. Focused 70-cm radar mapping of the Moon. IEEE Trans Geosci Remote Sens, 45 (12): 4032-4042.

Cohen M H. 2009. Genesis of the 1000-foot Arecibo dish. J Astron Hist Heritage, 12 (2): 141-152.

Ding Z H, Wu J, Xu Z, Xu B, Dai L. 2018. The Qujing incoherent scatter radar: system description and preliminary measurements. Earth Planets Space, 70, 87.

Dougherty J P, Farley D T. 1960. A theory of incoherent scattering of radio waves by a plasma. Proc Roy Soc, A259 (1296): 79-99.

Fukao S, Sato T, Tsuda T, Kato S, Wakasugi K, Makihira T. 1985. The MU radar with an active phased array system: 1. Antenna and power amplifiers. Radio Sci, 20 (6): 1155-1168.

Gordon W E. 1958. Incoherent scattering of radio waves by free electrons with applications to space exploration by radar. Proc IRE, 46 (11): 1824-1829.

Guo Y, et al. 2018. Simulation and performance evaluation of three types of ISR coding systems. IEEE Geosci & Remote Sens Lett, 15 (7): 1016-1019.

Hagfors T. 1961. Density fluctuations in a plasma in a magnetic field, with applications to the ionosphere. J Geophys Res, 66 (6): 1699-1712.

Heinselman C J, Nicolls M J. 2008. A Bayesian approach to electric field and E-region neutral wind estimation with the Poker Flat Advanced Modular Incoherent Scatter Radar. Radio Sci, 43, RS5013, doi: 10. 1029/2007RS003805.

Holt J M, Zhang S R. 2008. Long- term temperature trends in the ionosphere above Millstone Hill. Geophys Res Lett, 35, L05813, doi: 10. 1029/2007GL031148.

Hosokawa K, Ogawa Y. 2015. Ionospheric variation during pulsating aurora. J Geophys Res Space Physics, 120: 5943-5957.

Jiang P, et al. 2020. The fundamental performance of FAST with 19- beam receiver at L band. Research in Astronomy and Astrophysics, 20 (5): 64.

Kosch M J, Vickers H, Ogawa Y, Senior A, Blagoveshchenskaya H. 2014. First observation of the anomalous electric field in the topside ionosphere by ionospheric modification over EISCAT. Geophys Res Lett, 41, 7427-7435.

Kudeki E, Milla M A. 2011. Incoherent scatter spectral theories—Part I: A general framework and results for small magnetic aspect angles. IEEE Trans Geosci Remote Sens, 49 (1): 315-328.

Li M, et al. 2020. Simulation of the signal- to- noise ratio of sanya incoherent scatter radar tristatic system. IEEE Trans Geosci Remote Sens, doi: 10. 1109/TGRS. 2020. 3008427.

McCrea I, Aikio A, AlfonsiL, Belova E, Buchert S, Clilverd M, Engler N, Gustavsson B, Heinselman C, Vierinen J, et al. 2015. The science case for the EISCAT_ 3D radar. Prog Earth Planet Sci, 2: 21.

Nicolls M J, Bahcivan H, Häggström I, Rietveld M. 2014. Direct measurement of lower thermospheric neutral density using multifrequency incoherent scattering. Geophys Res Lett, 41: 8147-8154.

Ogawa Y, Motoba T, Buchert S C, Häggström I, Nozawa S. 2014. Upper atmosphere cooling over the past 33 years. Geophys Res Lett, 41: 5629-5635.

Pellinen R, Brekke A. 2011. Introduction "The history of ionospheric radars", Hist Geo Space Sci, 2: 113-114.

Röttger J, Wannberg U G, van Eyken A P. 1995. The EISCAT Scientific Association and the EISCAT Svalbard Radar Project. J Geomag Geoelectr, 47: 669-679.

Stacy N J S, Campbell D B, Ford P G. 1997. Arecibo radar mapping of the lunar poles: A search for ice deposits. Science, 276 (5318): 1527-1530.

Sulzer M P. 1993. A new type of alternating code for incoherent scatter measurements. Radio Sci, 28 (6): 995-1001.

Thompson T W, Pollack J B, Campbell M J, O'Leary B T. 1970. Radar maps of the Moon at 70-cm wavelength and their interpretation. Radio Sci, 5 (2): 253-262.

Valentic T, Buonocore J M, Cousins M, Heinselman C, Jorgensen J, Kelly J. 2013. AMISR the advanced modular incoherent scatter radar. IEEE Int Symp Phased Array Syst Technol, Waltham MA USA, 659-663.

Vierinen J, Bhatt A, Hirsch M A, Strømme A, Semeter J L, Zhang S R, Erickson P J. 2016. High temporal resolution observations of auroral electron density using superthermal electron enhancement of Langmuir waves. Geophys Res Lett, 43: 5979-5987.

Vierinen J. 2011. Fractional baud-length coding. Ann Geophys, 29: 1189-1196.

Virtanen I, Gustavsson B, Aikio A, Kero A, Asamura K, Ogawa Y. 2018. Electron energy spectrum and auroral power estimation from incoherent scatter radar measurements. J Geophys Res Space Physics, 123 (8): 865-6887.

Wu J, Wu J, Rietveld M T, Haggstrom I, Zhao H, Xu Z. 2017. The behavior of electron density and temperature during ionospheric heating near the fifth electron gyrofrequency. J Geophys Res Space Physics, 122, doi: 10.1002/2016JA023121.

Yu D, et al. 2020. An incoherent scatter radar simulation system based on MATLAB. IEEE Geosci & Remote Sens Lett, 17 (9): 1513-1517.

Yue X, et al. 2020. Preliminary experimental results by the prototype of Sanya Incoherent Scatter Radar. Earth Planet Phys, 4 (6): 1-9.

Zeng L, et al. 2020. Radar transmitting power and channel performance monitoring apparatus. US Patent: US 10, 819, 446, 2020. 10. 27.

Zhang S R, Holt J M, van Eyken A P, McCready M, Amory- Mazaudier C, Fukao S, Sulzer M. 2005. Ionospheric local model and climatology from long- term databases of multiple incoherent scatter radars. Geophys Res Lett, 32, L20102, doi: 10.1029/2005GL023603.

Zhao H, et al. 2018. Antenna array simulation and detection performance analysis of Sanya Prototype Incoherent Scatter Radar. Radio Sci, 53 (6), doi: 10.1029/2017RS006529.

Zisk S H, Pettengill G H, Catuna G W. 1974. High-resolution radar maps of the lunar surface at 3.8-cm wavelength. Earth Moon, Planets, 10 (1): 17-50.

冷湖行星地质活动观测平台

尧中华，何　飞

中国科学院地质与地球物理研究所，北京　100029

摘　要

自20世纪20年代和50年代火箭技术和卫星技术出现以来，人类对于太空的认识进入迅速增长的过程。短短数年间，人类飞行器离开地球，到达月球，进而飞至金星和火星，使我们从直接测量数据中观察到行星的多样性。在我们探索行星的过程中，通常有三种核心的探测手段：①地质学和地球科学研究手段，譬如采样分析，重磁电震等。其代表性的项目有阿波罗登月计划的采样分析；②空间电磁场测量和粒子测量，通过人造卫星的粒子探测器发现地球辐射带就是典型代表之一；③遥感成像和谱线分析，其中光学遥感作为核心的研究手段在行星探测中做出了巨大的贡献，譬如太阳系水环境的探测就依赖于光学遥感。一个行星探测任务从开始计划到实施，再到最后获得观测数据是非常耗费人力财力的过程，通常倾国家之力或者需多国合作，且这个过程要长达十多年甚至数十年之久。

在这三类探测手段中，遥感探测可以通过将卫星送入行星轨道来实施，也可通过地面望远镜或者地球轨道上的卫星来完成，譬如我国建造在贵州省的FAST射电望远镜和美国的哈勃太空望远镜。相比于将卫星送入行星轨道，在地球轨道或者地面建造遥感观测台站的实施周期和资金消耗要小很多，是迅速培养一个新领域科学团队的理想方式，能给未来的行星探测项目论证提供重要的支持。在万卫星院士的支持下，中国科学院地质与地球物理研究所成立了冷湖行星地质观测中心，聚焦于使用光学遥感的手段研究行星科学，同时与国际行星团队合作，迅速培养专业相关人才，服务未来的深空探测国家战略。

1　光学遥感概述

光学遥感是以光学辐射为媒介对物质状态进行感知的一种远距离探测手段。光学遥感主要分为成像观测、光谱观测和光谱成像观测三种，如图 1 所示。成像观测就像人的眼睛，直接将空间辐射投影到二维探测器阵面上，利用滤光片来控制光谱波段，可以是单一谱线，也可以是连续谱段，其优点是可在一定时间尺度内分离时间和空间变化，同时获取大范围空间内单一物质成分的分布状态，是进行全局时空演化研究的首选手段。光谱观测利用色散元件或干涉仪将入射光色散分光，测量入射光强度与波长的函数关系，这种观测方式没有空间分辨能力，只能实现单点测量，但其优势是能区分不同物质成分，或表征同一种物质成分的不同状态（如温度、速度等），是空间物质成分精细探测的主要手段。光谱成像观测则结合了前两种观测方式，既有一定的空间分辨率能力（一般只能实现线视场），也具有光谱分辨能力，通过扫描运动等方式实现空间覆盖虽然牺牲了一定的时间分辨率能力，但对于全局大尺度问题研究来说，越来越受到科学家的青睐。

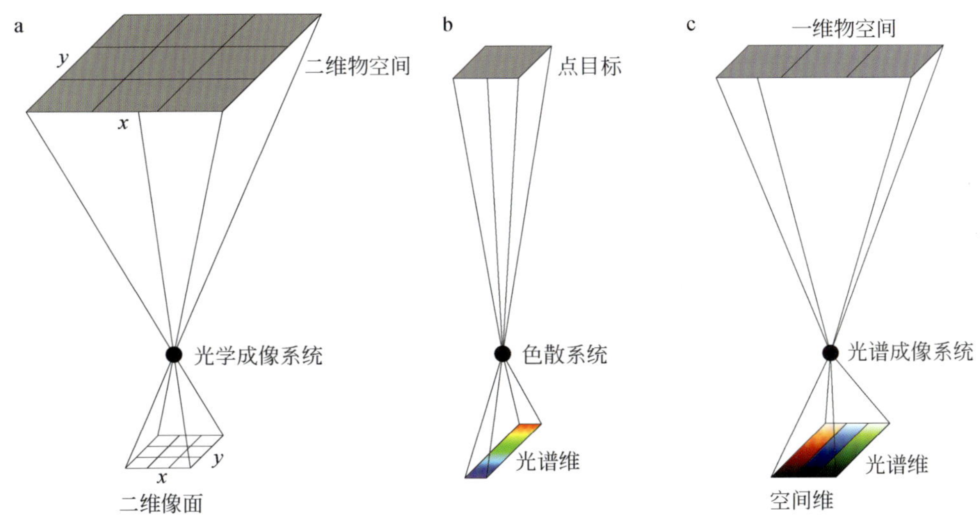

图 1　三种典型的光学遥感方法

a. 成像观测；b. 光谱观测；c. 光谱成像观测

光学遥感的主要衡量指标包括：

（1）视场角：表征光学仪器的视野范围，视场角越大，视野就越大。根据目标距离和视场角即可计算出光学仪器的空间覆盖范围。

（2）焦距：指平行于光学系统光轴的平行光束经过光学系统后的汇聚点（焦点）到光学系统像方主点到距离。

（3）角分辨率：表征光学仪器分辨物体细节的能力，是指遥感器分辨开相邻两个物点的像的弥散斑的能力。光学仪器的极限角分辨率一般由瑞利判据给出，是波长 λ 和入瞳口径 D 的函数，根据衍射理论可以得到 $\Delta\theta=1.22\lambda/D$。

（4）像元分辨率：指探测器单个像元对应的角度，其与焦距 f 和探测器像元尺寸 d 的关系为：$2\tan\left(\frac{d}{2f}\right)$。一般容易将角分辨率和像元分辨率混淆，角分辨率是表征光学仪器分辨率能力的，而像元分辨率只是针对探测器物理像元尺寸而言的，光学设计中需要根据信号强度、信噪比要求等匹配这两项参数。根据 Nyquist 判据，一般需要两个物理像元采样一个光学分辨率单元。

（5）入瞳面积：入瞳是限制入射光束的有效孔径，是孔径光阑对前方光学系统所成的像。入瞳面积决定了光学系统的成像范围和入射能量，是衡量仪器灵敏度的一项重要指标。

（6）工作波段：表征光学仪器能响应的波长范围，由光学系统的反射镜、滤光片、探测器的光谱响应曲线决定，对于光谱类仪器，还取决于色散元件特性（如光栅和棱镜）。

（7）光谱分辨率：表征光学仪器分辨不同波长辐射的能力，其需求一般根据观测目标的光谱特性提出。

（8）像面照度分布：表征均匀入射光经过光学系统后，在像面响应的非均匀性。由于大视场和光学系统像差等原因，像面响应一般是非均匀的，需要通过仪器定标过程测量出来，在后期数据处理中去除其影响。

（9）像元灵敏度：表征光学仪器响应入射光强的能力。灵敏度越高，能探测的强度就越微弱。其定义为充满入瞳面积的单位强度入射光（$1\ \text{Rayleigh}=10^6/4\pi\ \text{photon}\cdot\text{cm}^{-2}\cdot\text{s}^{-1}\cdot\text{sr}^{-1}$）在单位时间内在探测器一个分辨率单元产生的计数个数或信号强度。空间环境光学遥感中灵敏度（S，$\text{count s}^{-1}\ \text{Rayleigh}^{-1}\ \text{pixel}^{-1}$）的计算公式一般定义为

$$S(\lambda)=A\Omega\eta(\lambda)\times10^6/4\pi \tag{1}$$

式中，A 为入瞳面积，cm^2；Ω 为一个分辨率单元（像元分辨率或角分辨率）对应的空间立体角，sr；$\eta(\lambda)$ 为系统的透过率函数，一般由系统光学元件的反射率、透过率、探测器量子效率等卷积得到。

（10）曝光时间：获取一幅光学图像的积分时间。积分时间除受科学目标所需的时间分辨率限制外，一般还要考虑信号强度和信噪比要求，同时还要兼顾仪器稳定性对分辨率的影响。

（11）定标精度：定标精度是决定仪器测量数据精度的核心指标，又可分为几何定标精度和辐射定标精度。光学图像的几何误差主要来源于光学系统本身的畸变和装调误差，几何定标的目的就是精确测量这些误差，建立像元和几何空间的准确对应关系，用于反演观测目标位置。一般通过实验室对标准网格图像测试，建立图像和物空间的投影矩阵，目前常用的有多项式校正法和查表法。辐射定标包括绝对辐射定标和相对辐射定标。绝对辐射定标实际上就是精确测量灵敏度值，而相对辐射定标则是测量灵敏度值在仪器视场范围内的分布不均匀性，这两项指标是准确反演空间目标强度分布的关键。

以上指标是行星光学遥感任务设计中需要考虑的，但针对特殊任务，也不限于上述指标，特别是针对不同的运行环境，还需要考虑一系列环境适应性指标。

研究行星空间的大气和等离子体光学辐射是开展行星光学遥感的前提。行星空间环境的光学辐射涵盖了从 X 射线到红外线的较宽波段，不同的波长具有不同的产生机制，并对应不同的物质成分或物质状态。在地球空间，从磁鞘至电离层的绝大部分磁层空间内，不同特性的等离子体都有其特征的光学辐射，如地球磁鞘和极尖区 He^{2+} 电荷碰撞交换产生的 30.4 nm 辐射、O^{7+} 和 C^{6+} 等太阳风重离子电荷碰撞交换产生的软 X 射线辐射；等离子体层 He^{+} 共振散射太阳的 30.4 nm 辐射；磁层和电离层 O^{+} 共振散射太阳的 83.4 nm 辐射；热层 N_2 的 LBH 波段（140～180 nm）气辉；X 射线、121.6 nm、135.6 nm 和 LBH 波段极光等。在行星空间的中性成分和离子也存在可用的光学辐射，如水星钠原子尾 589.3 nm 辐射（D_1+D_2）；金星大气极紫外气辉；火星中性 H 原子的 121.6 nm 辐射、电离层 O^{+} 的 135.6 nm 辐射、CO_2^{+} 的紫外辐射等；木星等离子体环中 S^{2+} 673.1 nm 辐射、木星钠原子尘

埃 589.3 nm 辐射（D_1+D_2）、木星极光的 X 射线-极紫外-远紫外辐射等。

不同行星磁层参数具有巨大差异，如表 1 所示，采用不同波段进行不同方式的光学成像可用于解决不同的科学问题。在 30.4 nm 或 X 射线波段对地球磁鞘进行全景成像（简称磁鞘全景成像），可以可视化弓激波和磁层顶的三维形态结构，揭示太阳风与地球磁层相互作用过程中太阳风物质和能量进入地球磁层空间的动态过程，为近地空间天气效应研究提供准确的输入。在 30.4 nm 波段对地球等离子体层进行全景成像（简称等离子体层全景成像），可以观测地球磁层大尺度对流特征，揭示地球物质分布的动态变化规律。地球两极的圆环状极光区是太阳风高能粒子沿磁力线进入地球空间的投影，在 X 射线-极紫外-远紫外波段对极光全景成像（简称极光全景成像），通过将极光活动与空间物质能量输运建立对应关系，就可以直接可视化磁层物质能量输运过程，这将突破卫星就位观测的局限性。将磁鞘全景成像、等离子体层全景成像、极光全景成像结合起来，就可以得到地球磁层空间物质与能量传输的全景图像。

表 1　行星磁层参数

参数	水星	金星	地球	火星	木星	土星	天王星	海王星
日心距离（AU[1]）	0.31 ~ 0.47	0.723	1	1.524	5.2	9.5	19	30
半径，R_P(km)	2439	6051	6373	3390	71398	60330	25559	24764
表面气压（atm[2]）	$<10^{-14}$	90	1	0.006	>>1000	>>1000	>>1000	>>1000
磁矩（M_{Earth}[3]）	4×10^{-4}	—	1	—	20 000	600	50	25
表面磁场，B_0(nT)	3×10^2	<2	3.1×10^4	<10	4.28×10^5	0.22×10^5	0.23×10^5	0.14×10^5
太阳风密度，ρ(cm^{-3})	35 ~ 80	16	8	3.5	0.3	0.1	0.02	0.008
磁层顶鼻点距离（R_{MP}[4]）	1.4 ~ 1.6	—	10	—	42	19	25	24
等离子体密度（cm^{-3}）	~ 1	—	1 ~ 4000	—	>3000	~ 100	3	2
主要成分	H^+	—	O^+/H^+	—	O^{n+}/S^{n+}	$O^+/H_2O^+/H^+$	H^+	N^+/H^+
主要来源	太阳风	—	电离层[5]	—	木卫一 Io	环/卫星[6]	大气	卫星[7]
时间尺度	分钟	—	天/小时[5]	—	10 ~ 100 天	30 天 ~ 1 年	1 ~ 30 天	天
等离子体运动	太阳风驱动	—	转动/对流[5]	—	转动	转动	对流/转动	转动/对流

1）1 AU = 1.5×10^8 km；

2）参考美国宇航局行星情况说明书：https：//nssdc.gsfc.nasa.gov/planetary/planetfact.html；

3）以地球磁矩归一化，$M_{Earth}=7.906\times10^{15}$ T · m^3；

4）磁层顶鼻点距离 $R_{MP}=(B_0^2/2\mu_0\rho u^2)^{1/6}/R_P$，采用表中典型太阳风密度和太阳风速度 $u\approx400$ km · s^{-1} 计算，对于外行星，该计算值偏低；

5）等离子体层顶内主要来自电离层，主要受地球共转电场控制，时间尺度为天量级，等离子体顶外主要来自太阳风，主要受太阳风对流电场控制，时间尺度为小时量级；

6）土卫二——Enceladus，土卫三——Tethys，土卫四——Dione；

7）海卫一——Triton。

其他行星的空间环境的全球图景同样依赖于光学遥感。例如，水星钠原子尾在太阳风作用下拉伸至约 1400 个水星半径，只有大视场成像仪才能捕捉其全貌，并研究太阳风溅射过程（简称水星钠尾全景成像）；木卫一 Io 火山活动释放的物质在木星磁层中形成等离子体环，环半径约 7 个木星半径，控制了木星磁层动力学过程，只有光学成像才能获取等离子体环的全局演化图像（简称 Io 等离子体环全景成像），同时配合 X 射线和远紫外波段木星极光成像（简称木星极光成像），可以研究 Io 活动如何影响磁层等离子体的产生，以及此后如何在木星磁层内演化。

总之，光学遥感对于研究行星空间环境的全局演化具有不可替代的作用。世界各国都在大力发展光学遥感技术，建立了地基、空基和天基的空间环境光学遥感平台。下一节我们将梳理国内外空间环境光学遥感的发展历史与现状。

2 地基行星光学遥感历史和现状简述

1609 年伽利略（G. Galilei）制成人类历史上第一台天文望远镜，观测了月亮、恒星、银河，发现了木星的卫星、太阳黑子、金星相位变化等，开启了人类天文和行星科学新时代。1668 年牛顿（I. Newton）发明第一台反射式望远镜，为研制更大口径的望远镜奠定了基础。1789 年，英国科学家威廉・赫瑟尔（F. W. Herschel）研制成功首台口径超过 1 m 的大型反射望远镜，并用它发现了天王星及其两颗卫星。随着科学家对更远更弱目标观测需求的日益增长，望远镜的口径和光学性能成为限制其发展的主要因素。直到 19 世纪中叶，高面型精度大口径反射镜加工技术的突破、光学系统像差校正技术的成熟、主动光学和自适应光学的应用，使得地基大口径望远镜呈现出井喷式发展，并产生了大量观测成果。

在“水手 10 号”飞越水星前，科学家就推测水星存在极其稀薄的大气，并且通过地基红外光谱仪证实存在微量 CO_2 和 CO 等成分。Potter 和 Mogan 使用得克萨斯大学麦克唐纳天文台 2.7 m 望远镜配合高精度的阶梯光栅光谱仪相继发现了水星大气中的 Na 和 K。之后，Bida 等使用位于夏威夷的口径更大的 10.5 m Keck I 望远镜观测到了水星大气中的 Ca。通过这些光谱观测，借助谱线的精细结构，还推测出 Na 原子温度比水星表面温度高 700 K 以上。大量的地基光谱遥感观测发现 H 和 He 的主要来源是太阳风，而 Na、K 和 Ca 的主要来源可能是水星表面金属矿物在高温下蒸发、太阳风粒子溅射或光溅射。不同的机制会产生不同的 Na 蒸气分布，而观测和模拟显示出的极区增强和晨昏不对称性无法用以上机制解释。随着二维成像的出现，才发现水星磁层对于 Na 蒸气的非对称分布具有重要影响，而且还发现 Na 原子尾在太阳风和光辐射压力的作用下，延伸至背阳面约 1400 个水星半径处。

除太阳外，金星是第一个被证明有可探测大气的地外天体。俄罗斯博学家米哈伊尔・罗蒙洛索夫（Mikhail Lomonosov）在 1761 年 6 月 6 日金星凌日期间，在圣彼得堡用一台 1.4 m 长的望远镜观测到环绕金星的亮环，并推测是由金星大气折射产生。与水星的极稀薄大气形成鲜明的对比，金星则具有稠密的大气，表面大气压约为 90 atm（地球为 1 atm），表面温度高达 470℃，导致在可见光波段金星表面完全不可见，大气成分也一直是个谜。

在可见光波段，金星大气看上去一片明亮，并无明显结构特征，直到 1911 年出现近紫外观测后，金星大气的神秘面纱才被逐渐揭开。1927 年，Frank E. Ross 在威尔逊山天文台利用一架 60 in（约 1.5 m）望远镜首次拍摄了金星大气在紫外波段的图像，并推测金星外层大气存在薄层卷云，而内层大气极厚且为淡黄色。这段时间内也出现了一些低光谱分辨率观测，试图解析金星大气成分，但都没有明确定论。直到 1932 年，高分辨率红外光谱仪问世后，才发现金星大气含有大量 CO_2。后来利用气球平台和飞机平台避开地球大气中水汽影响而开展的高分辨率光谱观测均发现金星大气中水的存在。借助更高精度的迈克尔逊干涉仪，Connes 等发现了金星大气中 HCl 和 HF 等物质的存在，使得金星大气成分表现得更复杂。在同一时期，二维成像也做出了重大发现，比如地基紫外波段成像首次揭示了金星云层最著名的运动和形态学特征——“水平 Y 形结构”。

火星位于地球外侧，是离太阳最远的一颗类地行星，由于其在视觉上莹莹如火，中国古代称之为“荧惑”。天文学家早在 18 世纪就通过观测火星上的云推测火星大气的存在。借助利克天文台（位于美国加利福尼亚州汉密尔顿山）的测量，1926 年首次发现了火星存在大气的定量证据。直到 1947 年，Kuiper 利用地基近红外光谱观测，才首次发现了火星大气中存在 CO_2。地基观测的另一大重要贡献就是利用近红外光谱观测发现了火星大气中的水和甲烷（CH_4），欧洲“火星快车”上的傅里叶光谱仪也近乎同时探测到了火星大气中的甲烷（CH_4）。这些重大发现，包括火星接近 24 h 的自转周期，使得早期科学家们认为火星环境与地球相似，甚至认为火星上存在生命，这也使火星成为人类探索次数最多的类地行星。

在火星轨道之外，巨行星由于离地球更远，使得地基观测巨行星空间环境变得更困难，一般需要口径更大的望远镜。例如对于木星来说，由于木星本体亮度非常高，相对于其周围的大气和等离子体辐射高 4 ~ 5 个数量级，一般要采用特殊仪器才能清楚地观测其周边空间环境。因此，直到 20 世纪 70 年代才发现了木星周围的中性星云及木卫一（Io）产生的等离子体环。随着望远镜性能的发展，特别是星冕仪技术的成熟，地基望远镜对 Io 火山喷发和等离子体环演化等开展了大量的观测，促进了对木星系统物质和能量循环的认识。

总之，即使在空间技术飞速发展的今天，地基光学遥感由于其成本相对低廉、观测可持续性好、观测质量越来越高，使其始终是行星探测和研究中不可忽视的部分。但是，放眼今天国内国际的大量不同口径望远镜，几乎全部由天文学界主导建设和运行，行星科学界很难申请到长时间观测的时机。因此，建立行星科学专用地基望远镜刻不容缓，特别是在我国行星科学科教融合发展的起步阶段，建设成本相对低廉的地基光学遥感设施，对于科学研究和人才培养都具有重要意义。

3 冷湖行星地质观测中心简介

行星探测能力是关乎国家尊严和民族自豪的事情，为了支撑我国行星科学科教融合战略，在中国科学院 A 类战略性先导科技专项“临近空间科学实验系统”支持下，建造了一台口径 0.8 m 的行星大气光谱望远镜，预计 2021 年建成。另外，中国科学院地质与地球物理研究所行星物理学科组还申请修购专项资金，计划采购一台口径 1.8 m 的光学望远镜，开展行星地质活动观测。以这两台望远镜项目为契机，研究所成立了冷湖行星地质观测中心，用于支持两台望远镜的运行和后续升级。以下是两台望远镜及望远镜台址的基本情况介绍。

两台望远镜选址在青海省赛什腾山一处位于4200 m处的平台（图2）。近三年的环境监测数据显示该平台具有极佳的大气视宁度及良好的夜间观测天气。平均视宁度接近0.7″，是全世界为数不多能够满足我们对木星系统光学成像科学研究的台址。该台址也是青海省倾力打造的天文观测园区，天文学和行星科学将成为该园区最核心的两张名片。冷湖行星地质观测中心也将为青海省发展文旅业提供重要助力。

图2　青海省赛什腾山冷湖行星地质观测中心所处台址（建设中）

当前规划的两台望远镜分别是行星大气光谱望远镜（PAST）（图3）和木卫一地质观测望远镜（TINTIN）（图4）。其中PAST望远镜由中国科学院长春光学精密机械与物理研

图3　PAST望远镜

图 4 TINTIN 望远镜

究所负责研制。该望远镜的主要科学目标是研究太阳系木星轨道以内主要行星的轨道运动特性、大气和等离子体分布特性、光谱辐射特性。该望远镜由中国科学院 A 类战略性先导科技专项“临近空间科学实验系统”支持建造，考虑在气球平台和地面台站两用。通过综合考虑，确定了系统的关键参数，该望远镜口径为 0.8 m，工作波段为 280 ~ 680 nm（7 个紫外谱段和 4 个可见谱段），其视场角为 15′，角分辨率为 0.5″，平台指向稳定性优于 0.5″/12 min。同时该望远镜还将配备一台星冕仪，可避开行星本体强辐射，观测行星周围微弱的大气和等离子体辐射。

另一台望远镜 TINTIN 则计划通过申请中国科学院修购专项资金，从国外直接购买。经过多方调研，拟通过德国 ASTELCO 公司研制一台口径 1.8 m 的高分辨光谱成像望远镜，光谱区间为 392 ~ 760 nm。该台望远镜的核心目标是监测木卫一的火山活动导致的大气逃逸以及木卫一等离子体环的演化。该望远镜也将配备一台星冕仪，像元分辨率达 0.25″。该望远镜将首次完成从木卫一地质活动到木卫一等离子体环在木星空间中的多尺度监测，是理解行星系统地质活动和空间环境耦合的重要手段，同时望远镜观测可以与国际的木星探测计划或者我国未来的木星探测计划进行合作，实现“天地一体”的观测研究。

望远镜建成之后，将主要通过远程控制来实现日常观测。同时，考虑到望远镜的日常运行维护的需求，冷湖行星地质观测中心将在冷湖镇通过与地方政府合作的形式设置办公室，并定期和不定期的安排科研人员和工程师在当地开展科研任务和望远镜运行任务。为了存储和共享望远镜的大量数据，将在研究所和冷湖镇分别设置数据中心，望远镜观测数据将通过光纤实时发送到两个数据中心，以确保观测数据能够及时有效地传递到科学家团队，实现及时的科学影响。

4 未来发展构想

众所周知，具有前瞻性和可行性的科学目标是保证一个科研项目能够获得高科学产出的核心因素。目前，冷湖行星地质观测中心正在筹建一个科学团队，用于制定观测所对应的科学目标，从而指导未来的观测策略。为了确保科学团队的前沿性与经验丰富，该科学团队将由国内和国际知名行星科学家组成，研究领域覆盖天文观测、行星地质、行星空间物理及光学遥感技术等方面。通过定期举行科学团队会议，及时调整望远镜观测目标，尤其关注具有科学时效性和社会影响力的观测对象。此外，该国际科学团队还将在学界主流的国际大会（譬如美国地球物理学会年会，欧洲地球科学联盟会年会等）组织相关的专题会场，扩大冷湖行星地质观测中心的国际影响力。

PAST望远镜预计自2021年5月开始实施常规观测，获得的数据直接通过光纤传输至数据中心。望远镜的工程控制将主要通过远程的方式由地质与地球物理研究所实施完成。考虑到望远镜运行过程中可能出现的各种难以预料的状况，冷湖行星地质观测中心还将外派专职工程师常驻冷湖镇。在研究所和冷湖镇分别设立望远镜观测的数据中心。冷湖镇数据中心主要承担原始数据的处理和数据备份功能，而设立在研究所的数据中心将主要承担数据的国际与国内同行共享的职责。数据共享政策将参照研究所的相关规定和科学团队成员的建议来制定。

冷湖行星地质观测中心除了提供第一手的自主行星观测数据用于相关的科学研究，还将成为重要的科教实习基地。考虑到冷湖附近的柴达木盆地是全球最大的类火星地貌环境，冷湖行星地质观测中心及周围的地理环境将成为行星地质与行星空间科学的综合实习场地。2020年7月份，中国科学院大学地球与行星科学学院与青海省海西州政府还签订了行星科学实习基地的相关协议。待望远镜台站建成之后，冷湖行星地质观测中心将承担重要的科学实习任务。此外，冷湖行星地质观测中心还考虑与其他国内大学共建行星实习基地，目前正在协商相关的协议。

从长远来看，我国广袤的西部地区目前还缺乏综合性的地球和行星空间环境观测站。在冷湖行星地质观测中心的基础上，未来计划进一步部署大气、电离层、地磁等观测设备。冷湖地区优良的大气光学条件，极低的光污染，非常适合开展中纬度地区高层大气气辉监测，用以研究中高层大气动力学。同时再配合电离层垂直探测手段（测高仪、雷达等）、地磁场探测器等，可以综合研究大气-电离层垂直耦合动力学，并与位于我国东部的系列台站协同构成更完整的覆盖。

5 总结

木星具有太阳系中最大的磁层空间，其高能量与高密度的空间环境不但使木星成为行星探测的焦点，同时也让我们能够利用地基望远镜直接观测其辐射光谱。目前世界上大型的光学望远镜几乎都是由天文学家主导建立的，还未有专门用于行星科学研究的主流地基望远镜。为了支撑我国正在论证的木星探测计划，中国科学院地质与地球物理研究所将率先建立地基行星光学遥感平台。该望远镜计划2022年左右建成，口径1.8 m，将聚焦于木卫一Io与木星空间环境的相互作用过程，研究Io（拥有太阳系地质活动最剧烈火山活动）如何影响木星空间环境中的物质和能量传输。该望远镜的建设、运行和使用过程将充分开展国际、国内合作，和兄弟单位如：国家天文台、紫金山天文台和比利时列日大学等密切沟通，力争在科学目标、望远镜指标和观测运行等方面达到最优化，保证科学产出，支撑我国和国际木星探测计划［如NASA的木卫二探测计划“欧罗巴快帆”（Europa Clipper）和ESA的“木星冰卫星探测者”（JUICE）］，让我国的木星科学研究队伍与国际前沿研究小组接轨。此外，中国科学院A类战略性先导科技专项“临近空间科学实验系统”支持建造了一台口径0.8 m的光学望远镜，针对行星系统进行光学遥感观测。基于这两台望远镜，中国科学院地质与地球研究所成立了冷湖行星地质观测中心，用于保障这两台望远镜在行星探测中发挥重要作用，以及在这两台望远镜的基础上通过逐步改进提升我国的行星探测能力，服务国家深空探测战略。

在2020年7月23日，中国的首次火星探测飞船“天问一号”成功发射，标志着我国深空探测能力从地球系统迈向其他行星。当“天问一号”飞船在火星系统翱翔的时候，冷湖行星地质观测中心将配合“天问一号”从地面实施光学遥感观测，实现“天地一体”联合探测，力争实现我国火星探测方面更大的原创性的突破。此外，当前我国还在论证木星探测项目，而木星探测的难度更高，需要准备的时间也更长。我们需要培养高水平的科学团队，确保将来我们的木星探测项目能够获得大的科学成果产出。短时间内培养高水平的行星科学团队必须依赖自主的数据观测，冷湖行星地质观测中心无疑是木星自主观测的最佳途径和最快方式。

行星电离层磁层研究的拓展

——从中国科学院 B 类战略性先导科技专项出发

刘立波[1,2]，张　辉[1,2]，雷久侯[3]，陈一定[1,2]，乐会军[1,2]，刘　宇[3]

1. 中国科学院地质与地球物理研究所，北京 100029

2. 中国科学院大学地球与行星科学学院，北京 100049

3. 中国科学技术大学，合肥 230026

摘　要

依托中国科学院 B 类战略性先导科技专项“类地行星的形成演化及其宜居性”，项目三“类地行星的空间环境和大气逃逸”设置四个课题，通过学科交叉，采用探测数据分析、数值模拟和实验室模拟等手段，研究类地行星空间环境特性及其相互作用过程。中国科学院地质与地球物理研究所的空间物理研究团队承担“类地行星磁层及其物理过程”和“类地行星电离层及其物理过程”两个课题，参与研究团队来自国内多家高校和科学院研究所。将研究领域从目前以地球电离层、磁层空间环境为主要研究对象，拓展到其他行星空间环境，理解类地行星大气逃逸过程以及空间环境变化对其调控作用；凝练行星空间物理探测科学目标，服务国家深空探测战略发展需求，为行星空间物理学培养后备人才。

行星星体及伴生的大气、水和磁场是行星宜居性的核心要素。大气逃逸过程会导致行星大气的不断损失，进而改变行星大气和水的总量以及大气成分和分布，从而成为长期破坏和影响行星宜居性的最主要过程。

宜居带类地行星的空间环境是由行星际、类地行星磁层和电离层构成。这些区域从外向内包裹着行星大气，控制着太阳能量向行星大气的输入，和行星大气物质向行星际空间的损失过程，是能量和物质传输的必经通道，从而成为影响大气逃逸、控制行星宜居性的重要区域。

在 2020 年，中国科学院启动了 B 类战略性先导科技专项 B 类“类地行星的形成演化及其宜居性”研究。在比较行星学的框架下，专项以行星宜居性为切入点，通过多学科交叉、多方法并用，采用探测数据分析、数值模拟和实验室模拟等技术手段，研究类地行星的起源、形成环境和地质演化，类地行星内部圈层与大气、空间环境的相互作用和协同演化，结合不同类型恒星及其行星的综合比较，来揭示行星宜居环境形成的机制和演化过程。

专项集中了院内优势力量组建相关核心团队，设置了“类地行星的形成环境和早期过程”“类地行星的地质演化”和“类地行星的空间环境和大气逃逸”三个研究方向。中国科学院地质与地球物理研究所牵头负责项目“类地行星的空间环境和大气逃逸”，建立宜居带行星大气与空间环境模型，获得木星轨道内背景太阳风的状态和传播过程，揭示类地行星太阳风环境的演化规律；搭建类地行星大气与空间环境中若干关键过程的实验室模拟装置，具备相应的模拟能力，获得类地行星磁层和电离层环境中磁场重联及等离子体与中性大气相互作用的新认识；研究类地行星大气环境的特性和演变，深入认识类地行星各圈层间的相互耦合过程、大气逃逸规律和主导机制以及恒星演化对类地行星大气的影响。

项目“类地行星的空间环境和大气逃逸”结合我国近期深空探测任务，通过比较行星学的方法，结合就位观测与遥感、实验室科学实验及数值理论建模等研究手段，从空间物理学和大气物理学的角度，研究类地行星空间环境与大气的逃逸过程。项目以宜居带空间中物质和能量传输为主线，剖析各圈层的耦合过程，揭示大气环境中重要挥发物的逃逸和演化进程，攻克太阳风扰动在行星际空间的传播规律、高能粒子辐射剂量的时变特征、磁层内物质能量输运的物理机制和影响、电离层与外部各圈层之间的耦合与相互作用、类地行星大气成分的逃逸率和逃逸机理、类地行星大气各圈层之间及与固体表面之间的耦合机制等核心科学问题，最终实现理清从太阳到各类地行星空间物理圈层之间的物理过程，理解大气逃逸在行星宜居性演化进程中作用的科学目标。

该项目设置了“宜居带的行星际空间环境”，“类地行星磁层及其物理过程”，“类地行星电离层及其物理过程”和“类地行星大气演化过程及其对宜居性的影响”四个课题。参与项目的研究团队来自国内多家高校和科学院主要研究所。项目中“类地行星磁层及其物理过程”和“类地行星电离层及其物理过程”两个课题由中国科学院地质与地球物理研究所的空间物理研究团队承担，该研究团队目前以地球电离层、磁层空间环境为主要研究对象。通过本项目的研究，期望将该团队的研究领域拓展到行星电离层、磁层环境，为我国行星科学的发展储备研究队伍做贡献。

1 类地行星磁层及其物理过程

类地行星磁层是行星内禀磁场或者感生磁场控制的区域，是电离层和大气层带电粒子逃逸的必经通道，也是逃逸粒子加速的主要区域。类地行星磁层的内部结构及其内部能量和物质传输的物理过程是带电粒子逃逸的主要相关研究。

磁层的内部结构存在长期变化的特征，这些特征决定着带电粒子的逃逸效率。然而，由于磁层并不能记录其自身长期变化的信息，因此磁层长期变化对带电粒子逃逸的影响，只能通过对类地行星的比较研究来获取。行星的磁矩特征是影响磁层物质和能量输运的关键要素。地球具有较强的磁矩，其强度达到104 nT，其磁层内边界是浓密的电离层，在太阳风的驱动之下，地球磁层可以形成全球尺度的对流运动。水星具有非常弱的内禀磁场，其磁矩大约为地球的百分之一，因此其磁层尺度仅为地球的约5%；水星偶极中心向北偏离约0.2水星半径导致水星磁层的不对称性；如同地球磁层一样，水星磁层边界或者内部的磁场重联过程控制着物质和能量在磁层系统中循环的物理过程、路径和效率；在地球磁层中，物质循环的时间尺度大约为小时量级，而在水星中，这种循环可能是分钟量级；水星磁层与能量粒子回旋半径相当，或者小于诸多重离子，如 Na^+，O^+，Mg^+等的回旋半径，导致诸多与地球磁层完全不同的动力学现象。金星和火星，其内禀磁场更弱，约为地球磁场的千分之一，其电离层可直接与太阳风相互作用，形成明显的感应磁层，行星物质可以在太阳风的直接驱动下或磁场重联的作用下逃逸。月球既无大气（电离层）也无内禀磁场，月面物质没有收到磁层的任何保护，被太阳风直接携带逃逸；但月面的剩余磁场充当了保护月面的角色，在与太阳风相互作用过程中，通常被称为微磁层，通过反射、偏转、重联等方式调节太阳风与月面物质的相互作用。由于距离主宿恒星太阳的距离不同，类地行星的外部太阳风和行星际条件差别巨大，这造成各个类地行星磁场重联或者太阳风负载的效率差异。例如水星轨道处（0.31～0.47 AU）平均太阳风动压（或密度）约是地球轨道的5～10倍；行星际磁场强度（或太阳风驱动电场）是地球轨道的3～8倍。这两个关键因素决定了水星的磁层动力学特征显著区别于地球。水星上磁通量管的时间和空间尺度为地球上的1/20，反映磁场重联的效率大不相同；从日球层中远离太阳时，太阳风等离子体和行星际磁场不断变化，磁层中的重联效率逐步降低，到木星轨道时，木星磁层顶的重联现象竟然消失。针对磁层中物质和能量的输运这一关键科学问题，在类地行星上开展比较研究，利于理解各个星体上磁层的现状环境、内部结构，是剖析类地行星宜居性长期变化的主要方法。

磁层的内部结构还具有对外界变化或者逃逸粒子过程短期响应的变化特征，这些特征同样也决定着带电粒子的逃逸效率。例如，水星磁层的晨昏不对称性是热点研究议题，然而，晨昏不对称性的起源依旧存在争议。火星和金星没有像地球一样的偶极磁场，它们的感应磁层也具有短时间的变化特征：在太阳活动极大年或太阳风动压较弱时金星电离层内无磁场，即电离层处于“非磁化”状态；而在太阳极小年或太阳风动压较强时，由于电离层电子密度偏低、电导率低，电离层电流无法完全屏蔽外界的行星际磁场，此时，部分行星际磁场会穿透进入金星电离层内部，即电离层处于“磁化”状态，该电离层磁场的方向完全由外界行星际磁场方向确定。这些理论框架是建立在美国金星先驱者号（Pioneer Venus Orbit，PVO，1978～1992年）的大量观测之上，并被学术界普遍接受。火星表面存在一些小尺度的岩石磁场结构，能形成磁层内的微型磁层结构，并存在与地球电离层Sq类似的电流体系，对电离层或者感应磁层起到一些局地的调制作用，但当前对微磁层空间电流体系的成因、形态等还知之甚少。火星的岩石剩余磁场不仅能显著影响火星感应磁层的结构，也可能在火星的磁尾中产生一些小的磁场结构。近些年来，欧洲金星快车（Venus Express，VEX，2006～2014年）和美国火星探测器（MAVEN，2014年至今）的观测发现，火星和金星上存在大量无法用以往拖拽形感应磁层解释的反常磁场。这些磁场认为是由向阳面延伸过来的磁场带（Magnetic Belt）形成的。最近，柴立晖等人通过统计分析多颗卫星几十年的观测数据，发现火星和金星上存在全球性的环形磁场，该环形磁场逆时针环绕磁尾（从行星夜侧望）。然而，环形磁场的形态控制因素和形成机制问题等都尚未彻底解决。前期研究表明，环形磁场的形成机制不能用简单的磁流体理论解释，而应该考虑离子动力学效应。用环形磁场电流估算出的离子逃逸率与用直接离子观测得到的结果一致，这一结果表明，环形磁场的形成与离子在磁层内输运和逃逸过程有关。

电离层物质上行和逃逸，其能量主要由太阳风经由磁层注入，磁层顶磁场重联是能量注入的开关。磁层顶磁场重联究竟在何处、何种条件下、由何种物理过程触发，这些问题都没有确切答案。目前主要通过模型来描述磁场重联的发生地点和发生条件。一般认为，磁场重联可发生在磁层顶磁场反平行区域、磁层顶电流最强区域、磁层顶磁剪切角最大区域或重联分量最强区域等。2015 年发射的 MMS 卫星，为探索地球磁场重联的触发条件，提供了时间空间分辨率远高于以往的探测数据，获得了诸多研究成果。在磁重联结构内部，观测到了破坏冻结条件的诸多因素，例如，等离子体波动和湍流、霍尔效应以及电子动力学效应。然而，这些观测现象到底是重联的后果，还是触发原因，没有定论。磁场重联发生效率到底有多快也是一个悬而未决的问题。磁场重联的效率，决定着能量在磁层中的注入、输运和耗散，是一个重要的基础物理问题，其动态变化可以在磁层内部诱发亚暴和磁暴等激烈的能量事件。观测表明，在水星的磁尾中，磁场重联可以快速地开始和发展，并可能导致水星的亚暴现象。磁场重联的效率通常根据重联电场来描述的。但重联电场具有极大的缺陷，它是一个局地的物理参量，很难描述太阳风向整个磁层输入的能量效率。前人研究中也建立了全局的变量来描述重联效率，然而模型参数化时还是存在诸多问题。

磁层内部波动的分布及其与粒子的相互作用，是带电粒子逃逸的主要能量源泉。近年来的磁层卫星项目，如 Cluster、THEMIS、Van Allen Probes 和 MMS 在这些领域取得了很好的成果。THEMIS 和 Van Allen Probes 通过对地球辐射带中大量等离子体波动事例的研究，揭示了等离子体波动的激发和非线性演化机制，并且这些波动通过波粒相互作用导致地球辐射带中高能电子的加速和沉降。这些工作对认知地球磁层中等离子体物理过程，及其对地球磁磁层中物质和能量输运的性质起了重要作用。行星宜居环境还受粒子辐射环境调制，太阳高能粒子是其中一种主要辐射源，由短期的、突发的、高强度的且极难预测的质子和其他离子构成。行星磁场对这些高能带电粒子辐射起到屏蔽作用，为生命的存在和演化提供了一个重要的保护机制，从而对行星的宜居性产生重要影响。因此，研究太阳高能粒子进入地球磁层后的空间分布与时间演化，对于理解行星磁场及其与太阳风相互作用形成的磁层系统如何调制行星空间辐射环境起到重要作用。类地行星磁层这种粒子辐射环境的复杂时空动态变化，迫切需要我们定量化分析，深入认知类地行星磁层能量粒子加速与损失过程中的波粒相互作用机制与效应。然而，目前对行星空间环境中等离子体物理过程，特别是波动和离子加速机制的研究还比较少。就等离子体波动而言，研究表明木星和地球一样，也有辐射带的存在，哨声波与电子的相互作用也被认为是产生木星电子辐射带的关键物理过程。在类地行星（如火星、金星和水星）中都发现了磁场重联的证据，并指出可能对大气逃逸有影响；通过分析火星的波动观测数据，有人提出火星上所观测到的等离子体波动可能被火星电离层中的氧离子通过回旋共振衰减，同时这一过程会导致氧离子的加热并逃逸。月球附近，也存在大量的种类繁多的波动，覆盖频率范围很宽，这些波动的起源及其与粒子的相互作用的研究，还处于起步阶段，缺乏深入系统的研究。

2 类地行星电离层及其物理过程

电离层是行星空间环境的重要组成部分，在整个行星空间环境的物质、能量耦合中扮演了非常重要的角色，影响整个行星空间环境的变化；行星电离层也是空间等离子体产生的源区，影响行星大气逃逸的物理过程（注：也可以影响中性逃逸，例如电离层 O_2^+的复合分解是引起火星氧原子逃逸的主要机制之一）。“类地行星电离层及其物理过程”聚焦行星电离层的变化受太阳辐射、行星际环境、行星大气和磁层（场）调制的物理过程与机理及其对行星大气逃逸的影响这一重大科学问题开展研究，既是理解行星空间环境变化性的关键环节，也是认识大气逃逸的重要基础。

太阳系中各类地行星电离层的环境要素具有共性也有独特性。就行星磁场而言，地球有很强的全球性偶极磁场，水星也有偶极场但强度比较弱，而金星和火星没有偶极场（火星在部分区域有岩石剩磁）；就行星大气而言，金星和地球一样，有稠密大气，而火星和水星大气比较稀薄；就太阳辐射与太阳风条件而言，由于各行星轨道不同，到达各行星的太阳风及太阳辐射均不同。这些外部及内部条件的差异导致类地行星空间环境呈现出显著的差异性。其中的一个重要科学问题就是行星电离层对于空间环境这种差异的影响和作用是什么。此外，行星电离层中的基本物理学、化学和动力学过程可以对整个行星系统的演化产生关键性的影响，如电离层中发生的重要化学反应和复合过程既可以驱动大气逃逸，也可以改造大气成分，从而改变行星的宜居性条件。在中国科学院 B 类战略性先导科技专项“类地行星的形成演化及其宜居性”中，行星电离层研究的目标就是认识行星电离层空间环境在不同太阳风、太阳辐射、行星大气及行星磁场条件下的变化特征，理解行星电离层在不同类地行星空间环境的差异性中所起的作用，并揭示行星电离层环境的变化在行星大气变化中的作用和影响。

在类地行星中，火星的探测和研究是开展得最多的，是太阳系行星探索的焦点。行星电离层受到行星大气成分的控制和影响。早期的探测如海盗 1 号和 2 号着陆器（Viking lander 1 and 2）发现火星大气稀薄，并且主要由 CO_2组成。对火星电离层环境的认识最早来自 1965 年 7 月 15 日水星 2 号的无线电掩星探测。通过对掩星数据的分析发现火星日侧电离层具有与地球电离层类似的分层结构，电子密度在 125 km 附近有一个主峰值。随后，火星全球探勘者号（Mars Global Surveyor）和火星快车（Mars Express）的探测数据大大推进了对日侧火星电离层的研究和理解，通过这些观测揭示了日侧电离层较全面的变化特征，并发现了不同于地球的电离层特征产生机制，例如由于没有全球性磁场的屏蔽作用，高能质子沉降在火星向日面引起电离使得电离层增强。已经认识到白天火星电离层电子密度垂直剖面包括主峰（称为 M2 层）和次峰（称为 M1 层）；在 M2 层以上的顶部区域，电子密度随高度增加呈指数减小，且顶部电离层标高受磁场形态和冷等离子体外流影响显著。M2 层峰值电子密度和高度取决于太阳天顶角和太阳辐射的变化，与查普曼理论预测的基本一致。M1 层的电子密度与太阳天顶角和太阳辐射有类似的关系，峰值电子密度显著受到太阳自转和耀斑引起的太阳辐射短时变化的控制。在比较了火星电离层与电离层峰值密度的变化，发现两者的逐日变化一致，主要受到太阳活动变化的影响，而且这些峰值所在的高度也处在相似的大气压力高度。

为了理解依然在持续发生的火星大气向行星际空间的逃逸过程，MAVEN 探测器携带一系列载荷实现对火星空间环境全面而综合的探测。这些新的探测进一步推动了火星电离层的研究和认识，如太阳风以及行星际磁场对火星电离层的影响等。基于 8 个月的

MAVEN 数据研究，获得了火星电离层中 22 种离子的时空分布结构，表明所有成分均表现出晨昏和日夜不对称性。进一步研究发现 350 ~ 400 km 且太阳天顶角大于 40°的顶部电离层沿着运动电场的方向是不对称的，显示了太阳风与火星电离层的相互作用过程对电离层的影响。电离层变化对太阳风动压、太阳风离子通量非常敏感；观测和模拟均表明，在太阳爆发事件期间，电离层离子逃逸率均有显著的上升。火星电离层日侧的电子温度高度剖面（130 ~ 500 km）也被 MAVEN 的朗缪尔探针观测，并得到了温度拟合函数，发现离子温度在 130 ~ 300 km 快速增加。

行星电离层与高层大气之间发生相互作用，高层大气的波动能引起电离层的扰动，这在地球空间环境中已经被深入地研究。火星电离层的掩星观测发现电子密度沿纬圈存在波数 3 的扰动，这个扰动认为与大气半日潮 SE1 有关。利用 MAVEN 的观测数据讨论火星大气潮汐时，发现大气中还存在着较强的周日潮汐 DE2，这个非迁移的周日潮汐也能驱动电离层波数 3 的扰动。目前，还未能辨识 DE2 和 SE1 对电离层沿纬圈的波数 3 扰动的贡献。火星大气的重力波对火星高层大气动力学和能量收支有重要的影响，重力波的饱和破碎是重要的加热冷却源，引起大气密度的剧烈变化。在火星大气发电机区离子与中性大气的碰撞使得电离层的等离子体密度、速度和磁场也出现周期性的波动。与地球大气相似，火星大气中重力波也会激发电离层的行进式扰动。类似于地球电离层，火星电离层中也存在金属层。地球内禀磁场对金属层的形成有重要贡献，但火星并没有内禀磁场，多数区域剩余磁场也很弱，因此火星电离层的金属层主要是中性大气运动形成的，在金属层中明显可以观测到重力波信号。这些火星电离层扰动与高层大气相互作用的结果说明，火星电离层与中性大气相互作用的特征有时与地球有明显的差异，因而进一步深入开展火星电离层与高层大气的相互作用研究是非常必要的。

金星是有着稠密大气的类地行星，加上离太阳的距离较近，因而金星有比火星更强的电离层。1967 年水手 5 号就观测到了金星电离层的电子密度剖面，随后的很多观测表明金星电离层强烈受到太阳活动的影响，但是很少见到金星电离层中的各种尺度扰动的研究。由于金星自转较慢，金星大气的超旋运动格外引人注目。经典的超旋 GRW 机制认为，云层高度超旋运动的角动量来自低层大气，而重力波、行星波和潮汐等大气波动在其中扮演着重要角色。最近金星大气中的条纹状结构就被证实与大气波动有关。来自较低层的大气重力波能够影响热层的环流，环流的改变势必影响中性大气密度及带电粒子的分布，因此有必要研究金星电离层各种尺度的扰动及其与金星大气波动的关系。

重力波作为电离层和高层大气相互作用中最活跃的扰动，可以在传播过程中将能量和动量上传到电离层高度，从而控制电离层的物理过程，影响电离层的状态。传统上常利用三种方法来研究重力波的传播特性：射线跟踪方法、全波解法、传输函数方法。传输函数法可以解决前两种方法在求解时的不严格和与真实大气传播误差大等缺陷，建立真实大气中联系低层大气和电离层之间相互关系的传输函数理论模型，系统描述低层大气重力波的传播特性和电离层对低层大气各种激发源的响应特征。此类方法已成功运用在地球大气层-电离层的耦合当中，如采用传输函数的方法着重研究了位于地球极区热层下部激发源激发的大尺度重力波扰动的导制传播机制，求解了地球真实大气中内重力波的传输函数特性。目前针对类地行星大气重力波传输特性的定性描述和其对不同圈层尤其是电离层的影响的定量描述十分匮乏，相关问题亟待研究，有望通过将地球空间环境中的相关研究方法拓展运用到其他类地行星来解决。

在观测资料比较缺乏的情况下，理论模型是研究行星电离层空间环境的有力手段。目前，对于类地行星的电离层-高层大气理论建模工作以金星和火星为主。火星与金星高层大气虽然都以CO_2为主，但是由于重力、自转、星日距离等的差别，两者的高层大气有显著的不同，因而国际上分别对金星、火星开发了一系列电离层-高层大气理论模型。国际上比较知名的金星高层大气理论模型是美国的 VTGCM 模型（Venus Thermosphere General Circulation Model）。该模型是以美国 NCAR 的 TGCM 模型为基础开发的一套金星电离层-高层大气三维有限差分流体动力学模型，自 1988 年建立以来不断被改进。该模型采用压力坐标系，模型的纬度-经度分辨率为5°×5°，在垂直方向上把 80～200 km 的金星高层大气均匀分为 46 个等压面，能够模拟金星高层大气的 4 种主要中性化学成分（CO_2、CO、O 和N_2）的数密度、4 种次要中性化学成分［O_2、NO、N（^4S）和 N（^2D）］的数密度、日侧主要离子成分［CO_2^+、O_2^+、O^+和NO^+］的数密度、中性温度和中性风的三维时空分布。该模型目前已经包含了相对较为完备的化学反应框架，能够较为合理的模拟金星高层大气化学成分的演化特征；但它对于电离层的模拟主要基于光化学平衡假设，没有考虑等离子体的输运过程，对于长寿命离子（如O^+）的模拟能力有限，并且电子和离子温度由经验模型提供，没能实现自洽计算。比较知名的火星电离层-高层大气理论模型之一是美国的 MTGCM 模型（Mars Thermosphere General Circulation Model）。与 VTGCM 模型类似，MTGCM 模型也是以美国 NCAR 的 TGCM 模型为基础开发的一套火星高层大气三维有限差分流体动力学模型。该模型自 1999 年建立以来经历了不断的改进。与其他基于 TGCM 的模型类似，该模型也采用了压力坐标系，模型的纬度-经度分辨率为5°×5°，在垂直方向上把 70～300 km 的火星高层大气均匀分为 33 个等压面。该模型能够模拟金星高层大气的 4 种主要中性化学成分（CO_2、CO、O 和N_2）的数密度、4 种次要中性化学成分［Ar、He、O_2、NO 和 N（^4S）］的数密度、日侧主要离子（CO_2^+、CO^+、O_2^+、O^+、N_2^+和NO^+）的数密度、中性温度和中性风的三维时空分布。与 VTGCM 类似，目前该模型也已经包含了相对较为完备的化学反应框架，能够较为合理的模拟火星高层大气化学成分的演化特征；同样，对于电离层的模拟主要基于光化学平衡假设，没有考虑等离子体的输运过程，对于长寿命离子（如O^+）的模拟能力有限，电子和离子温度主要由经验模型提供，没能实现自洽计算。另一种国际上比较知名的火星高层大气理论模型是美国的 MGITM 模型（Mars Global Ionosphere Thermosphere Model）。该模型是以美国密歇根大学的 GITM 模型为基础，通过引入火星的基本参数、各种常数和关键的辐射过程而开发的一个火星全大气三维流体动力学模型。该模型采用了高度坐标系，模型的纬度-经度分辨率为5°×5°，在垂直方向上把 0～250 km 的火星高层大气均匀分为约 100 个等高面，能够模拟金星高层大气的 6 种主要中性化学成分（CO_2、CO、O_2、O、N_2和 Ar）的数密度、日侧主要离子（CO_2^+、O_2^+、O^+、N_2^+和NO^+）的数密度、中性温度和中性风的三维时空分布，并计划在改进版中实现对 N（^4S）、N（^2D）、NO、He、H_2和 H 等次要中性化学成分的模拟。与 MTGCM 类似，该模型也包含了相对较为完备的化学反应框架，并主要基于光化学平衡假设模拟电离层。

实验室模拟是近年来国际上新兴的研究方法，采用关键参数无量纲化的方法，在实验室等离子体中开展空间物理的研究。实验室研究相对于航天器探测具有以下优势：多点测量、可重复再现性、等离子体参数条件可控及低得多的成本。目前，国内外多数实验装置集中在对磁层、太阳风无碰撞等离子体物理过程的研究，对于地球及行星的电离层这类特殊的等离子体及磁场环境尚缺少专业的实验模拟装置。同时，电离层部分电离等离子体物理中存在着不同于磁层的诸多自身特色的问题，比如电离层不同空间尺度不均匀体的形成机制，电离层电动力学及主动实验扰动电离层过程等。因此，亟待加强行星电离层部分电离等离子体的实验室模拟研究。

3 已开展部分工作

我国的行星科学研究起步比较晚；受限于研究队伍和观测数据等因素，过往我国对地球以外行星电离层的研究并不多。中国科学院地质与地球物理研究所的地磁与空间物理研究团队长期从事电离层理论与观测研究，有丰富的研究积累。在国家需要发展行星科学的需求推动之下，自2012年开始，万卫星院士带领实验室也开始在火星电离层方面开展一些工作，万卫星院士指导学生建立了火星电离层一维模式。火星电离层在低高度主要受到光化学平衡的控制，更大高度可存在垂直和水平输运的影响。该一维模式主要基于光化学平衡假设，考虑了二次或多次电离对于电子密度分布的影响。模型中考虑的火星电离层光化学反应过程体现了火星大气成分主要以 CO_2 为主的大气成分特点。基于光化学平衡可以计算得到不同季节不同太阳辐射条件下的火星电离层不同离子成分和电子密度的高度分布。模式结果基本符合观测到的火星电离层较低高度的电子密度剖面形态。

火星背景大气等观测数据，尤其是建立模式所需的电离层初始条件是影响理论模式准确性的关键因素。在建立了模式框架的基础上，根据射电掩星观测数据对火星电离层的初始场信息进行数据同化，对模式的改进与发展很有必要。本工作还基于数据同化方法校正了火星太阳辐射参量，通过数据同化得到与观测更为接近的电离层密度分布。

国际上对火星与金星电离层环境已经开展过一些探测。这些探测器的轨道高度相对于电离层通常都比较高，位于电离层电子密度剖面的主峰高度以上。这些探测器除了进行原位探测，还对顶部电离层开展顶部垂测。我国的火星探测任务即将开展。为了为我国未来的深空探测任务中的行星电离层探测作技术储备，中国科学院地质与地球物理研究所的研究团队对行星电离层顶部垂测的探测数据反演开展了研究。我们发展了新的处理火星电离图的分析方法，该方法的基本思想是首先使用火星全球勘探者（Mars Global Surveyor，MGS）存档的无线电掩星数据构建出经验正交基函数，利用该经验正交基函数代替了Titheridge多项式方法中的Taylor多项式，用该EOFs的线性多项式拟合MARSIS频高图电回波描迹，算出电离层参数。反演结果表明，相比于已有的几种方法，新方法具备收敛更快，稳定性更好等优势，是处理大量MARSIS频高图的一个较好的工具。基于此方法，通过对MARSIS所测量到的三百多万张频高图来反演火星顶部电离层电子浓度剖面，可以为火星电离层研究提供了一个有效工具。

以往对行星电离层环境的认识主要来自观测数据分析和理论研究（包括理论模式模

拟），在实验室开展行星等离子体环境模拟是认识行星电离层物理过程的又一重要手段。中国科学技术大学雷久侯教授团队在实验室模拟电离层空间环境方面开展了一些工作，初步建立了行星磁场及等离子体环境模拟实验平台，具备开展火星等类地行星电离层的模拟研究能力。该实验设备包含电子/离子源区、参数调控区和实验区三个区域。该设备具有以下优势：设计气压差分结构，不同区域等离子体气压和工作物质可以调节；在源区利用考夫曼离子源（电子加速器）产生高能离（电）子束，具备模拟太阳风高能粒子能力；实验区则可以电离 CO_2 等混合气体，产生类火星电离层环境；同时，设计多种磁场位形，具备模拟行星际磁场和火星剩余磁场位形能力。实验区设置光谱、质谱、高速成像和探针等多种工具，探测实验区内电子、离子和中性成分的参数及分布。在此基础上开展行星磁场位形、强度对电离层与太阳风相互作用影响的实验室模拟研究。通过不断改进和发展，该实验装置有望在我国的行星电离层研究方面发挥重要作用。

4 行星空间环境尚未解决的突出科学问题

在“宜居带的行星际空间环境”研究方向上，尚未解决的突出科学问题主要有：太阳风结构如何传播演化；从太阳表面到木星轨道以内的行星际空间环境如何演化；类地行星磁层如何对太阳活动以及行星际空间环境变化进行全球响应；行星际空间高能粒子的种类、能量、传播及其与行星空间环境的作用过程。

在“类地行星磁层及其物理过程”研究方向上，尚未解决的突出科学问题主要有：在不同的类地行星条件下，等离子体物理过程在等离子体条件下的表现形式，以及其对类地行星磁层中等离子体质量和能量传输的作用，对带电粒子加热、加速，进而确定对大气逃逸的可能影响；磁层内部结构（磁场结构和辐射带）及其对外部太阳风和内部电离层变化的响应；磁场重联和波动对粒子的加速效应。

在“类地行星电离层及其物理过程”研究方向上，尚未解决的突出科学问题主要有：类地行星电离层与高层大气对行星低层大气及行星际环境变化的响应特征与物理机制；类地行星电离层受磁层（场）的调制过程以及电离层与磁层（场）相互作用对行星大气逃逸的贡献；类地行星大气中性粒子和带电粒子相互作用的机理。

在“类地行星大气演化过程及其对宜居性的影响”研究方向上，尚未解决的突出科学问题主要有：类地行星大气挥发物（如水、甲烷等）的全球分布及其在整个太阳系历史中的变化规律。

未来将以火星宜居性为切入点，采用比较行星学的研究方法，结合遥感和就位探测、理论建模、数值模拟以及实验室模拟等多种研究手段，确定类地行星空间环境与大气相互作用过程中的基本物理、化学过程，揭示行星空间环境中太阳风、磁层、电离层与中高层大气之间的相互作用和耦合规律，理解类地行星系统中，特别是火星系统中，大气逃逸过程以及空间环境变化对其调控作用；凝练出若干行星空间物理探测科学目标，引导未来行星科学探测计划，服务国家深空探测战略发展需求，为行星空间物理学培养后备人才。

地球空间流星观测研究

李国主[1,2]，王　野[1,2]，宁百齐[1]，杨思朋[1]，李　怡[1]，胡连欢[1]，
孙文杰[1]，解海永[1]，赵秀宽[1]，余　优[1,2]

1. 中国科学院地质与地球物理研究所，北京 100029
2. 中国科学院大学地球与行星科学学院，北京 100049

摘　要

每天数以亿计的流星体进入地球空间。受稠密大气层保护，流星体多数在高空中蒸发殆尽，只有极少数大质量流星体能坠落地表形成陨石。流星体在坠入地球大气的过程中，经历表面物质溅射、高温蒸发、电离背景大气，并产生发光和等离子体尾迹等现象。流星体通过溅射和高温蒸发给地球高空带来大量物质，如形成金属原子和离子层；蒸发产生的微粒可凝结形成尘埃/烟雾粒子并产生夜光云现象，这些粒子缓慢沉降会影响平流层气溶胶和臭氧化学过程。综合光学和无线电手段开展流星示踪观测，可为研究背景大气动力学过程及地外物质如何影响地球空间环境提供风场、流星体物质成分和流星等离子体特征等多种信息。

1　流星体与流星

根据 Hunten 等（1980）定义，流星（meteor）指的是太阳系内固体颗粒进入地球大气层并与大气分子发生相互作用产生的可见光和/或无线电现象。这些进入地球空间的固体颗粒称为流星体（meteoroid），而穿越大气层并在与地面撞击之后未被完全气化的流星体残余部分称为陨石（meteorite）。

几乎所有的流星体都源于彗星和小行星。彗星主要由冰和尘埃组成，在靠近太阳的过程中，大量的冰受太阳辐射而升华，并将尘埃成分拖离彗星表面，进而形成一团环绕彗星的“云层”，即（彗星的）彗发大气层。受太阳风辐射压影响，彗发脱离彗星形成彗尾并成为部分流星体的来源。彗星源流星体一般具有较大的离心力，有时也有很大的倾角；小行星碰撞产生的流星体有着较小的偏心率和倾角（Ceplecha et al.，1998）。普遍认为，小行星是年轻太阳星云的残余物质且没有成长到形成行星大小的天体。已知的小行星大多数在火星和木星之间的小行星主带中运行，其余的运行于其他的小行星群，如木星特洛依小行星群和近地小行星群。

太阳系内固体颗粒的形态和体积千差万别，其尺度小至沙尘，大至巨砾。根据国际天

文学联合会定义，流星体是指运行在行星际空间的固体颗粒或碎片，其体积比小行星小但比原子或分子大。Beech 和 Steel（1995）给出明确定义：流星体是直径介于 100 um 到 10 m 之间的固态星体。最近 Rubin 和 Grossman（2010）重新定义流星体为尺寸在 10 um 到 10 m 之间在星际空间中运动的固体物质，并强调其主要来源于较大的天体碎片，而不仅仅局限于小行星。流星体大体上可以根据其质量分为三类：微流星体（micro-meteoroids）、亚微流星体（sub-micrometeoroids）和超火流星（super bolide）。微流星体是目前进入地球大气最常见的星体，其质量分布峰值在 10 ug 左右。亚微流星体是由那些无法升华或融化的小结构组成，它们的沉积在很大程度上不受较低海拔的影响并最终会沉落到地表。超火流星的数量非常少，但通常都很壮观。例如，2013 年的 Chelvabinsk 火流星事件，其在对流层高度产生了一个巨大的火球。

流星体以相对地心约 11.2 ~ 72.8 km/s 的速度坠入地球大气层并与地球大气相互作用，其在大气中飞行大致分为以下几个阶段。在约 300 km 到 100 km 高度处流星体与大气分子剧烈摩擦，使其表面温度急剧升高的同时流星体速度降低，这一过程称为流星体预加热。预加热后流星体经历烧蚀过程，较低温度时流星体开始破碎，随着温度升高逐渐熔融，在受到粒子撞击时可能同时伴随溅射现象。当流星体温度接近于 2500 K 时发生蒸发（不同成分流星体蒸发温度不同）。流星体主要由于产生蒸气而失去质量，与温度密切相关的流星体质量损失过程一般称为热烧蚀，其他过程通常不考虑。当烧蚀之后仍有部分流星体保留下来，流星体进入无光飞行阶段，此时流星体速度较低，与大气分子碰撞产生的能量无法维持流星体继续烧蚀。随着时间的推移，流星体表面逐渐冷却，其表面形成一层坚硬的外壳，最后流星体坠落到地球表面，碰撞速度在数十到数百米每秒之间，通常会留下一个大于流星体本身的陨石坑（Ceplecha et al.，1998）。

流星体在地球大气烧蚀蒸发过程中释放 Fe、Si、Mg、H、Na、Ca 等，并在中间层-低热层发生金属原子沉积形成金属原子层，可以被激光雷达和流星光谱定量测量（Dou et al.，2010；Dou et al.，2013；Jenniskens et al.，2007；Yi et al.，2013）。此外，流星烧蚀过程有时被认为是沉积到大气中的有机物质的来源。烧蚀过程极为复杂，受到流星体的大小和质量、进入速度、飞行高度和流星体的性质等很多因素控制。在不同的飞行高度，流星体中的不同组成会发生差分烧蚀，目前仍没有建立很好的模型来复现整个烧蚀过程。烧蚀过程不仅决定了质量的沉积，还影响到大气中动量和能量的释放。

在烧蚀过程中，流星体和背景大气原子/分子被电离，在流星体运动路径上产生高密度等离子体柱，即流星等离子体尾迹。在等离子体不稳定性作用下，流星等离子体尾迹中会产生流星不均匀体。烧蚀过程中电子从高能级跃迁到低能级从而辐射出光子，上述电离及发光现象就是我们通常所说的流星现象，也是我们采用无线电雷达和光学设备进行流星探测的物理基础。

2 流星光学观测

光学观测能获取流星轨迹、亮度和光谱信息用于流星体物理和化学属性等研究。相较于无线电雷达探测，光学观测能够得到更多关于流星体本身属性信息，但其对环境和天气的依赖性较高，敏感度也要低于雷达（李傲，2018）。

流星光学观测最早开始于19世纪末，Ladislaus Weinek于1885年11月27日仙女座流星雨期间在布拉格利用照相机捕获到流星照片，这几乎是目前已知的第一张流星相片，由此也拉开了利用感光底片进行流星科学研究的序幕。早期拍照观测使用胶片相机和相应的镜头作为基本器件，也有部分学者在镜头前加装机械式旋转快门，实现了流星体飞行速度的测定（需要多站协同观测）。随着数字集成电路的发展，CCD和CMOS取代了感光胶片成为照相机的成像器件，这极大方便了数据提取和计算机图像处理技术的运用。20世纪后期，随着摄像机和视频技术的发展，拍照和视频手段同时被应用于流星光学观测。两者的区别在于：拍照观测具有较高的像素分辨率，获取的数据精度相对较高；视频观测能记录流星随时间演变的过程。目前，用于流星成像观测的设备涵盖了从科学级的CCD/CMOS到消费级数码相机（Madiedo，2017；Oberst et al.，2011）。在流星光谱探测方面，由于流星出现的不可预测性、瞬时性和位置的随机性，常见的天文光谱仪无法用来探测流星光谱。目前主要使用棱镜或者透射光栅组成无缝光谱仪，通过对观测天区进行视频监测或连续曝光成像从而获得流星光谱。大多数流星光谱仪观测结果分辨率为1～2 nm/pixel，可观测-3等流星的光谱。

通常，在相隔一定距离的多个地点开展流星光学组网观测，可以获得流星体的轨迹、速度和日心轨道等信息（李傲等，2018）。目前，国际上建立了大量流星双站或多站观测网，比如The Spanish Meteor Network（Trigo-Rodríguez et al.，2005），Fireball Recovery and InterPlanetary Observation（Colas et al.，2014），The Desert Fireball Network（Bland，2004）和NASA All Sky Fireball Network（USA）（Ehlert and Erskine，2020）等。流星光学组网观测可以定位坠落地表的陨石，并提供陨石的来源母体信息；流星光谱可以用于太阳系早期演化时大尺度物质混合等研究（Vojáček et al.，2019）。

2.1 光学数据处理

近年来，中国科学院地质与地球物理研究所在海南三亚和乐东建立了双站流星光学观测系统（流星不均匀体多波段探测系统MIOS的光学子系统），并据此发展了双站流星轨迹定位与流星体参数（如流星谱线）反演分析方法。

（1）流星轨迹：首先对视频帧进行图像预处理，包括减暗场、背景场处理。由于透镜固有特性导致观测图像存在畸变（如枕形畸变或者桶形畸变），使得焦平面上像素坐标与观测天区天球坐标呈非线性对应关系，需要开展图像变换。通常可以通过仿射变换、三次多项式等拟合来建立相应的扭曲模型，将成像焦平面上的各像素点转换为天球坐标系下的坐标点。然后开展光度测定，通过线性拟合恒星的视星等与其呈现在视频中的像素亮度，获得两者的对应关系，从而可以用于确定成像画面上该亮度流星所对应的视星等。对流星轨迹的检测，目前采用的算法主要有两大类：斑点检测和线检测。斑点检测主要用于全天空或中等视场的观测图像，线检测一般是以经典霍夫变换为基础，存在多种形式。在检测确定流星在各视频帧中的轨迹后，可由像素投影变换关系，计算得到流星轨迹的方位和仰角信息。基于多站点观测，可以定位流星轨迹空间位置及反推流星轨道要素。图1为Li等

（2018）利用三亚流星光学系统观测到的流星事件图像及对应的空间位置，经光度校正后得到的光变曲线。

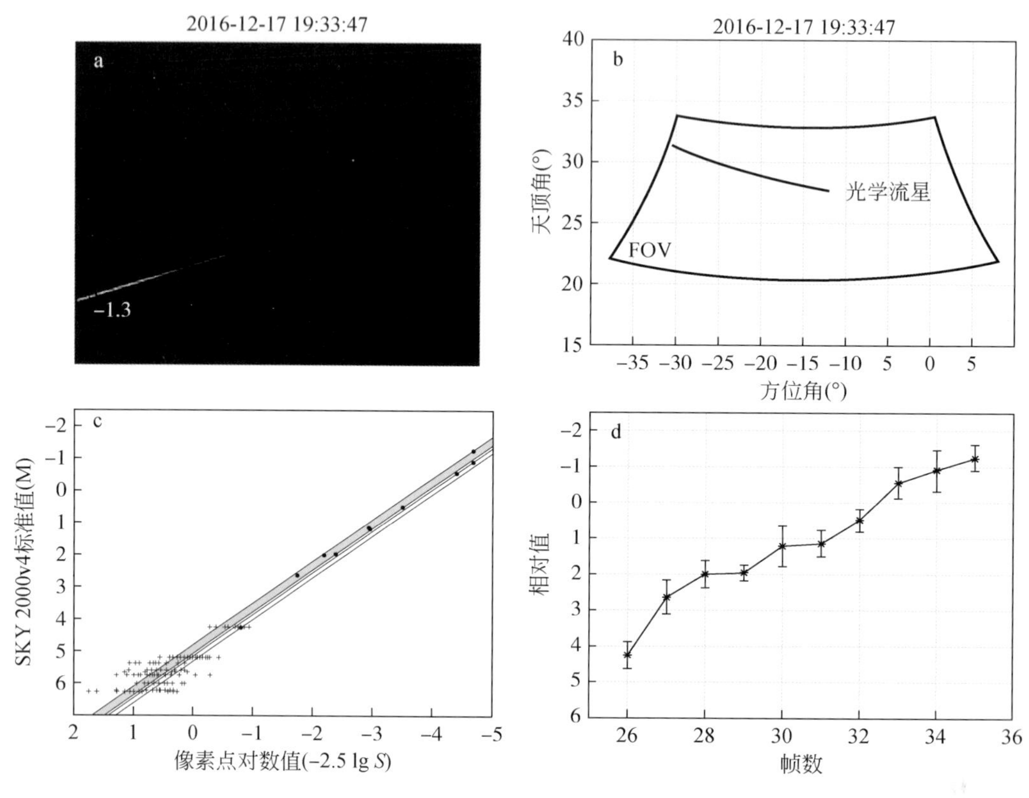

图 1 三亚流星光学系统观测的流星事件示例（Li et al.，2018）

（2）流星谱线：从图像数据中提取流星谱线，关键在于获取像素与波长的对应关系，即波长定标。由于镜头畸变效应，两者之间呈一定的非线性关系。目前一般采用两种方法进行。一种是利用已知谱线波长值及其所在的像素位置，进行 2 次或 3 次多项式拟合，从而得到像素与波长的对应关系。第二种方法是对视频帧进行图像变换，消除镜头畸变效应，使得像素与波长之间呈线性关系（Dubs and Schlatter，2015）。为了实现定标，需要借助卤素光源灯或者已知的恒星光谱。图 2 展示了利用 Hg-Ar 光源灯进行波长定标的结果。图 2a 是对 Hg-Ar 灯多次拍摄叠加合成的图像（图像经过反色处理）；黑点表示光源点和光谱点（分光后特定波长的光），每行黑点是一次拍摄成像过程；由黑点像素位置和对应的波长值，通过拟合计算可得到用于图像变换（消除畸变）的一系列参数。图 2b 是对图 2a 进行图像变换，消除畸变后的效果。为了进一步验证其效果，可对恒星进行光谱成像。图 2c 是对天狼星进行光谱成像，经过图像变换提取到的谱线（未进行系统响应校正）与标准恒星谱的对比。三条吸收线吻合较好验证了此种方法的可靠性。经过定标后，即可从观测视频中沿流星的飞行路径积分提取到谱线强度曲线。图 3 展示了 MIOS 光学子系统观测的流星光谱图像及从中提取的谱线。

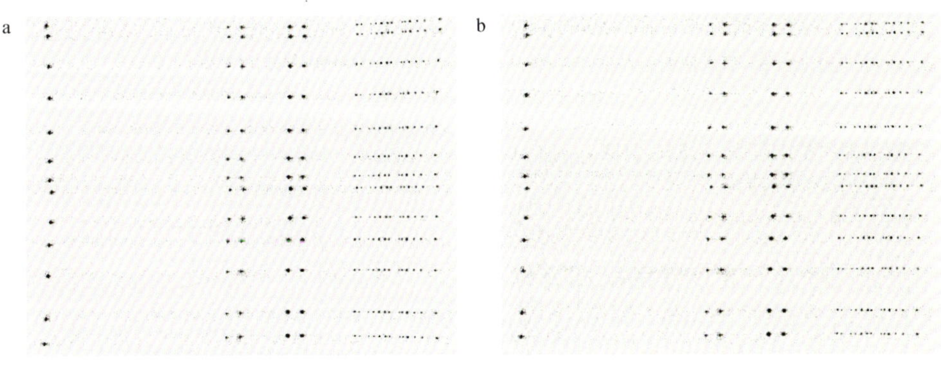

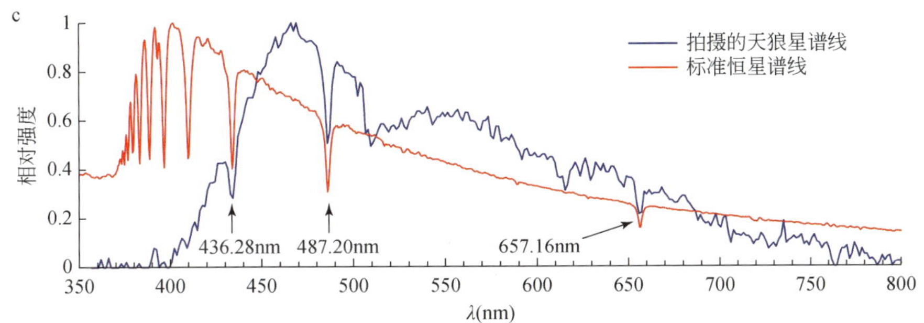

图 2　波长定标

a. Hg- Ar 光源灯多次拍摄；b. 对 a 畸变校正；c. 利用恒星光谱验证波长定标

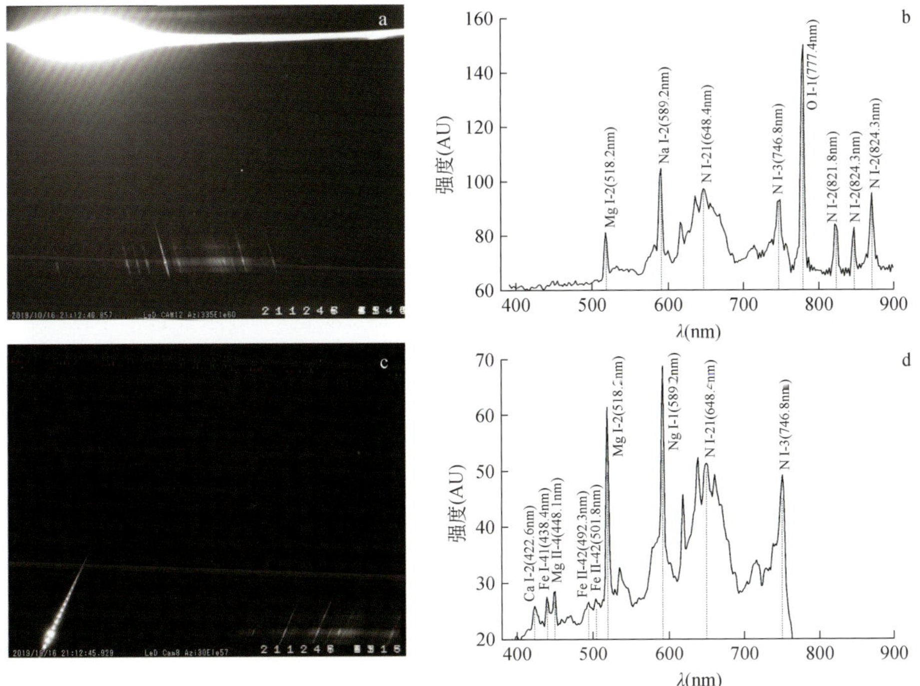

图 3　流星视频光谱和谱线强度曲线

a、c 为两台流星光谱仪拍摄的同一颗流星光谱，其中 a 为–1 级；c 为+1 级（闪耀角在+1 级）；b、d 分别为从 a 和 c 中提取的谱线强度曲线

2.2 光学流星研究

利用光学探测开展流星体结构、成分和其进入大气的物理过程是流星研究的热点。光学系统可以对单个流星体碎片或碎片簇成像，从而直接地观测流星体的烧蚀过程。但是，对微弱流星碎片的直接探测比较困难，经常通过间接证据推断微弱流星体特性，如流星光曲线、流星体烧蚀开始高度和随时间变化的光谱（Campbell-Brown，2019）。流星光曲线是研究流星体物理特性主要的一种方式，它可以用于计算流星体的光度值、光学质量和堆积密度。流星光曲线的形状表明碎片化是流星体的主要烧蚀过程。流星体烧蚀开始高度可以用于推断流星体开始强烈烧蚀所需的能量。随时间变化的流星光谱可以推断流星体的结构（Murray et al.，2000），不同的光谱变化规律表明不同的流星体组分烧蚀方式不同，即在不同的高度发生烧蚀。

流星光谱主要由原子发射线组成，并伴有一些分子带和连续辐射，包含了流星体自身及烧蚀过程中的化学成分信息，可以用来联系流星体与其母体。拍摄的光谱主要来源于流星体最亮的区域——流星头。在大多数视频光谱中只能测量到四种陨石元素（Na、Mg、Ca 和 Fe）。根据 Borovička 等（2005）提出的基于 Na、Mg 和 Fe 低温发射线强度的分类方法，通过探测的流星光谱可以对流星体进行分类，主要包括 Fe 流星体、无 Na 流星体、富含 Na 流星体和主流流星体。主流流星体属于球粒陨石，可以细分为普通流星体、贫 Na 流星体、增强型 Na 流星体和贫 Fe 流星体（Vojáček et al.，2015）。

3 无线电雷达流星探测

20 世纪 30 年代，Skellet 等（1931）首次利用无线电手段观测到流星电离的尾迹。随着无线电雷达技术的快速发展，雷达逐渐成为探测流星的重要手段。相较流星光学探测，无线电雷达探测可以不受云层覆盖和昼间亮度的限制影响而全天候自动工作，同时还能探测到质量非常小的流星体，而光学探测则需借助大型望远镜在极理想天空条件下才能探测到这样的微弱的流星事件。

用于流星研究的雷达工作频率从 MHz 到 GHz 不等，发射功率从 kW 到 MW 不等，侧重探测的雷达回波也有所不同。雷达回波是流星体与大气碰撞产生的等离子体散射返回的无线电波，大体上可以分为三类：头回波、镜面流星尾迹回波和非镜面尾迹回波。其中，头回波来自流星体头部附近的等离子体区域，镜面和非镜面尾迹回波则来自流星体后面烧蚀电离留下的等离子体尾迹。当满足雷达波束方向垂直于流星尾迹方向时接收到的回波称为镜面回波，而当这个几何关系被打破时，即雷达波束方向不再垂直于流星尾迹，接收到的回波称为非镜面回波。依据流星尾迹的等离子体密度，镜面流星回波能被进一步分成两类：低密度和高密度流星尾迹回波。头回波和尾迹回波的特征非常不同，常采用两种不同的雷达对头回波和尾迹回波进行探测。

头回波的探测主要依靠高功率大孔径（HPLA）雷达。高功率大孔径雷达系统的工作频率范围从 50 MHz 到 1 GHz，发射功率为 MW 量级，天线孔径对应波束主瓣宽度为几度或更窄。高功率窄波束雷达的功率密度比常规的宽波束全天空雷达高几个数量级，对主波束内任何移动方向的头回波都很敏感。尽管空间探测范围相对较小，但流星头回波探测率非常高。尾迹回波的探测主要依靠全天空流星雷达和相对低功率的电离层相干散射雷达（Li et al.，2012）。流星雷达最常用的频率范围是 15～40 MHz，并以较低功率（kW 量级）向全天空发射宽波束信号，同时接收流星尾迹回波。

国内可用于探测流星头回波的雷达相对较少，如曲靖非相干散射雷达（丁宗华等，2014）和在建的三亚非相干散射雷达将可以用于探测流星头回波。大部分雷达侧重探测流星尾迹回波，如全天空流星雷达、MST 雷达和电离层相干散射雷达（Li et al.，2012）。中国科学院地质与地球物理研究所建有流星雷达观测子午链，该链位于北半球东经 120°附近，从北到南依次包含漠河（MH，53.5°N，122.3°E）、北京（BJ，40.3°N，116.2°E）、武汉（WH，30.5°N，114.6°E）和乐东（LD，18.4°N，109°E）4 个观测站，每站配备一台全天空流星雷达进行常规观测；同时在乐东建设有流星不均匀体多波段探测系统 MIOS，其无线电子系统可以获取流星头与尾迹回波信息。

3.1 全天空流星雷达

20 世纪 90 年代前，无线电流星雷达观测一般采用高功率窄波束雷达，此类雷达通过发射特定方向窄波束，结合接收到回波的时间得到流星尾迹的空间位置。由于窄波束雷达只能在特定方向波束内探测流星尾迹，因此得到的流星回波数目较少。Hocking（1997）及 Jones 等（1998）提出了一种全新的适用于宽带波束的收发天线结构，其由 1 副正交两单元八木天线作为发射天线（Tx）及 5 副交叉圆极化两单元八木天线作接收天线组成（Rx1—Rx5），如图 4 所示。该天线阵列模式借助这五个接收天线组成一个干涉阵，能够得到全天空范围内精确的流星回波到达角，同时能够避免多接收天线相互耦合造成的影响。

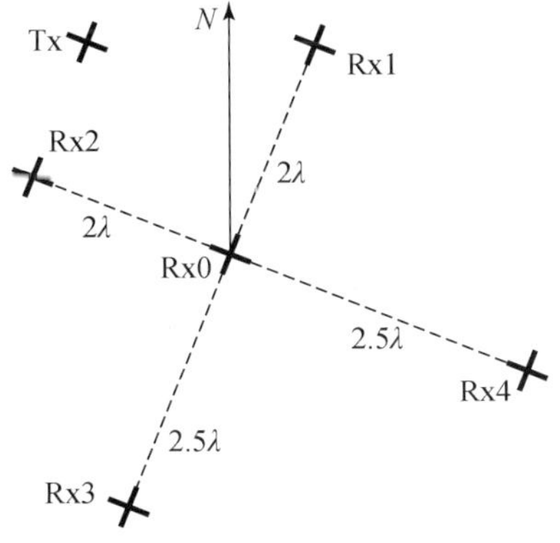

图 4　流星雷达典型天线阵（Jones et al.，1998）

目前广泛应用的全天空流星雷达系统主要有 MEDAC（Meteor Detection and Collection System），SkiYMet（All-sky Interferometric Meteor Radar）和 MDR（Meteor Detection Radar）等。目前国内的流星雷达大都采用澳大利亚 ATRAD（Atmospheric Radar Systems）公司的

MDR 雷达系统，其结构和配置同 Buckland Park 全天空流星雷达（Holdsworth et al., 2004a）类似，用于探测距离雷达天线阵 300 km 视线距离内约 70～110 km 高度的流星尾迹回波。全天空流星雷达发射的宽波束脉冲信号，经约 100 km 高度处的流星尾迹反射，被接收天线阵接收。接收到的回波信号经多路接收机接收放大，形成各路正交基带信号，再由 A/D 模块采样，转换为数字信号并记录在 RAW 文件中。RAW 文件中包含众多散射体回波信息，如飞行物、雷电产生的等离子体、E 区不均匀体及流星尾迹（Xie et al., 2019；Wang et al., 2019）。如图 5 所示，Wang 等（2019）首先利用全天空流星雷达，通过干涉定位得到 E 区不均匀体在东西方向近 400 km 范围内的漂移运动情况。全天空流星雷达通常只识别并提取出低密度流星尾迹回波，利用互相关分析方法计算雷达天线之间的相位差的变化率，估算出流星尾迹回波的多普勒频移和径向速度（Hocking, 1997；Valentic et al., 1996），得到中高层大气背景风场的速度；利用天线间相位差可以得到流星尾迹回波的到达角信息，进而确定流星尾迹运动方向矢量。

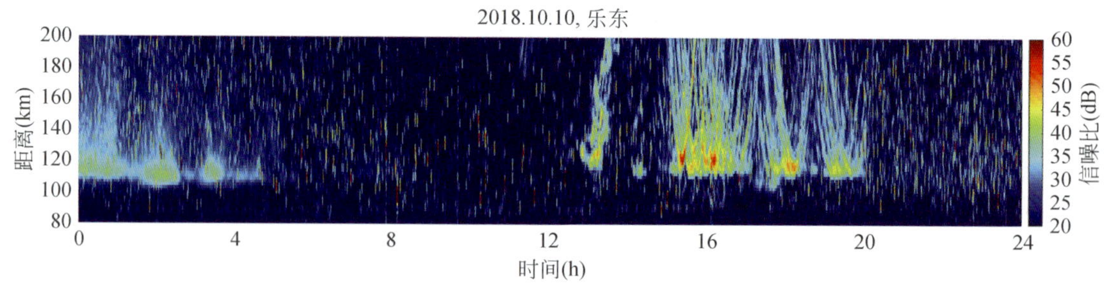

图 5　全天空流星雷达观测流星尾迹与 E 区不均匀体回波 RTI 图

值得注意的是，由于雷达系统接收通道的相位延迟不平衡，天线、前放和馈电线路变化、环境温度影响等人为或自然因素影响，都会使流星雷达各通道相位差发生变化，这将严重影响全天空流星雷达对流星定位测量的精度和能力。因此，流星雷达系统的各通道相位差估计和校正对于提高流星雷达的观测和数据处理精确度和可靠性至关重要。围绕类似多通道干涉式雷达系统的相位估计和校正，国内外已经相应发展出多种方法和技术（陈晓博等，2007；沈金成等，2012；Holdsworth et al., 2004b）。Wang 等（2019）通过选取双站光学观测系统和雷达系统同时观测到的流星事件，利用光学观测系统得到流星事件准确的位置信息，校正雷达系统的相位偏差。

3.2　镜面流星尾迹回波

流星尾迹对电波的散射系数取决于流星尾迹的等离子体密度。当流星尾迹的等离子体频率低于雷达探测频率时，无线电波可以穿透尾迹，后向散射回波强度是单个电子散射回波的相干叠加，随着尾迹发生双极扩散，回波强度呈指数衰减。低密度尾迹的电子线密度通常小于 10^{13} 电子数每米，此时二次散射过程可以忽略。高密度尾迹的等离子体频率超过雷达的探测频率，这种高密度尾迹电子线密度通常大于 2×10^{14} 电子数每米，电子之间的二次散射很重要。高密尾迹通常建模为电子密度呈高斯分布的金属圆柱体，并随着尾迹扩散而逐渐膨胀。在高密尾迹初始形成时，无线电波无法穿透尾迹的中心部分，只能在圆柱体表面发生散射，回波能量正比于高密尾迹柱体半径，并不依赖于尾迹的电子密度。随着高密尾迹逐渐扩散转变为低密尾迹后，回波信号强度呈指数衰减。Jones（1995）分析散射截面发现尾迹的密度分布不是高斯分布，而是一个具有致密核心而外部更分散的分布。

流星尾迹形成后，由于双极扩散尾迹迅速扩张，引起回波幅度和功率的指数衰减。对于无限长的低密流星尾迹，假设尾迹没有受到风剪切的扭曲，回波幅度的衰减满足以下规律：

$$A(t)=A_0\exp\left(-16\pi^2 D_a t/\lambda^2\right)$$

式中，A_0、λ、t 分别表示初始回波功率、雷达波长和时间，D_a是双极扩散系数。定义回波幅度从最大值降低到最大值的 1/e 倍的时间为流星尾迹的衰减时间，由上式可得衰减时间 τ 为

$$\tau=\frac{\lambda^2}{16\pi^2 D_a}$$

为避免 Fresnel 散射区内噪声和流星体破碎对流星回波的影响，通常选取流星回波功率到达峰值后 15 ms 直到功率下降到噪声水平的时间段，通过指数拟合流星尾迹功率序列即可得到流星尾迹回波的衰减时间，进而可以得到双极扩散系数参量。双极扩散系数D_a主要依赖于大气温度和压强（Kaiser，1953），关系如下式所示：

$$D_a=6.39\times10^{-2}\frac{K_0 T^2}{P}$$

这里 T 和 P 分别为大气的温度和压强，K_0 为离子迁移率，它与流星尾迹等离子体特性有关（Thomas et al.，1988）。通过流星尾迹反演得到的双极扩散系数，可以估算温度、压强（中性密度）及它们的波动现象（Liu et al.，2017；Yi et al.，2016）。

高密度尾迹回波中含有丰富的信息，但由于处理起来相对复杂而很少得到利用。典型的高密回波延续时间大约为 1 s 以内，但有观测发现部分回波可以延续达到几秒甚至几十秒。McKinley 等（1961）给出高密尾迹延续时间为

$$\mathrm{T}_{\mathrm{over}}=7\times10^{-17}\lambda^2 q D_a^{-1}-r_0(4D_a)^{-1}$$

式中，q 为电子线密度，r_0 为尾迹柱体原始半径。在忽略第二项情况下，延续时间正比于电子线密度 q。Baggaley 和 Fisher（1980）对流星电离损失的各种过程进行全面的分析，并指出在 93 km 以上损失方式主要为双极扩散，而在 93 km 以下由化学损失过程控制，且主要的化学过程是流星尾迹离子与臭氧反应生成氧化离子而后迅速与自由电子离解结合。Jones 等（1990）表明，在每个给定高度上高密度回波的持续时间分布都有一个特征时间，对应于从大高度的扩散过程变化到小高度的化学过程。从已知的氧化离子生成速率常数，将特征时间值转换为臭氧浓度，由此通过观察在若干高度上的持续时间分布，就可以确定 80～100 km 之间的臭氧浓度剖面。

3.3 非镜面流星尾迹回波

非镜面流星尾迹回波，也称为距离扩展流星尾迹回波（range spread meteor trail echo，

RSTE)，部分文献称为长延续时间尾迹回波（long duration meteor echo）。在雷达 Range-Time-Intensity 图（RTI 图）中，镜面尾迹回波一般表现为延续时间较短，通常为零点几秒到数秒钟，并只出现在一个或两个距离门；而非镜面回波可以占据数个距离门且延续时间在数秒到几十秒，有时甚至达数分钟（Kero et al., 2019）。如图 6，在雷达 RTI 图上典型的非镜面尾迹回波形态呈三角形。

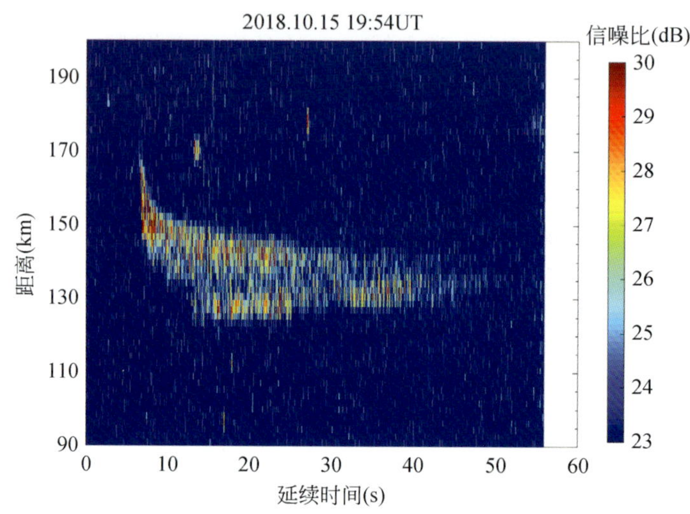

图 6　乐东全天空流星雷达观测到的非镜面尾迹回波 RTI 图

当雷达波束垂直于流星尾迹时，只需要小功率雷达，如全天空雷达系统就能探测到镜面尾迹回波。早期的非镜面尾迹回波探测主要来自于较大功率雷达观测，但实际上部分小功率雷达同样具备探测非镜面尾迹回波的能力（Li et al., 2012, 2018）。当雷达波束不再与流星尾迹垂直时，雷达系统接收到流星尾迹中不均匀体散射的无线电波，但其具体的散射机制目前尚不清楚。

早在 20 世纪 40 年代就有关于非镜面尾迹回波的观测和记录（Lovell et al., 1948），但直到 Chapin 等（1994）利用 Jicamarca 非相干散射雷达进行流星尾迹观测试验，才开始真正被认识和研究。Zhou 等（2001）通过 HPLA 雷达干涉定位技术探测发现非镜面回波主要来自雷达波束与地磁场垂直的区域，Close 等（2008）通过 ALTAIR 雷达探测到大量非镜面回波事件，发现回波事件只发生在波束方向与磁力线垂直方向夹角为 12°之内的区域，且随着雷达波束偏离垂直磁力线方向，回波事件发生率逐渐变小。另一方面，通过对回波延续时间与偏离磁力线夹角相关性的统计分析表明，长延续时间非镜面回波大部分来自雷达波束方向与磁力线垂直的区域。此外，在其他中低纬度地区也相继观测到不同延续时间的回波，从数秒到数十秒，甚至长达 30 分钟（Li et al., 2014）。

针对非镜面尾迹回波发生区域与地磁场方向相关，一种解释认为在流星尾迹内部形成沿地磁场方向展布的场向不均匀体结构 FAI（field-aligned irregularities），当雷达波束垂直于磁力线方向时被流星尾迹 FAI 散射得到非镜面回波，而雷达波束偏离垂直磁力线范围时则很少探测到回波。Oppenheim 等（2003）理论模拟表明，由于流星尾迹中等离子体存在密度梯度差异以双极电场，背景电场/风场驱动流星尾迹发生梯度漂移不稳定性或双流不稳定性，从而形成场向不均匀体结构。但是，上述产生机制不能很好地解释非镜面回波较长的延续时间。根据非镜面回波在不同距离门上多普勒速度的变化，Bourdillon 等（2005）提出非镜面回波持续时间较长的原因是存在一个很大的风场切变。但考虑到探测到长持续时间和短持续时间非镜面回波的时间间隔很短，而有限区域附近的背景中性风场在很短时间间隔没有多大变化，风场切变似乎不太可能是控制回波持续时间的唯一因素。Malhotra 等（2007）提出雷达波束方向与垂直磁力线方向的角度也会影响非镜面回波的持续时间。Dyrud 等（2007）利用数值模拟得出结论，在雷达距离–时间–强度图中显示为三角形剖面的长持续时间流星尾迹回波是大流星体烧蚀和强风场或电场作用下等离子体不稳定性的自然结果。Li 等（2014）利用三亚 VHF 相干散射雷达垂直磁力线探测非镜面尾迹回波时，发现对应的流星不均匀体空间结构从条带状逐渐演化为层状（如图 7），并认为背景风场驱动了不均匀体的空间结构演变。但同时发现不均匀体部分结构在演化过程中漂移远离垂直磁力线的区域，而场向不均匀体理论似乎解释不了这个现象。

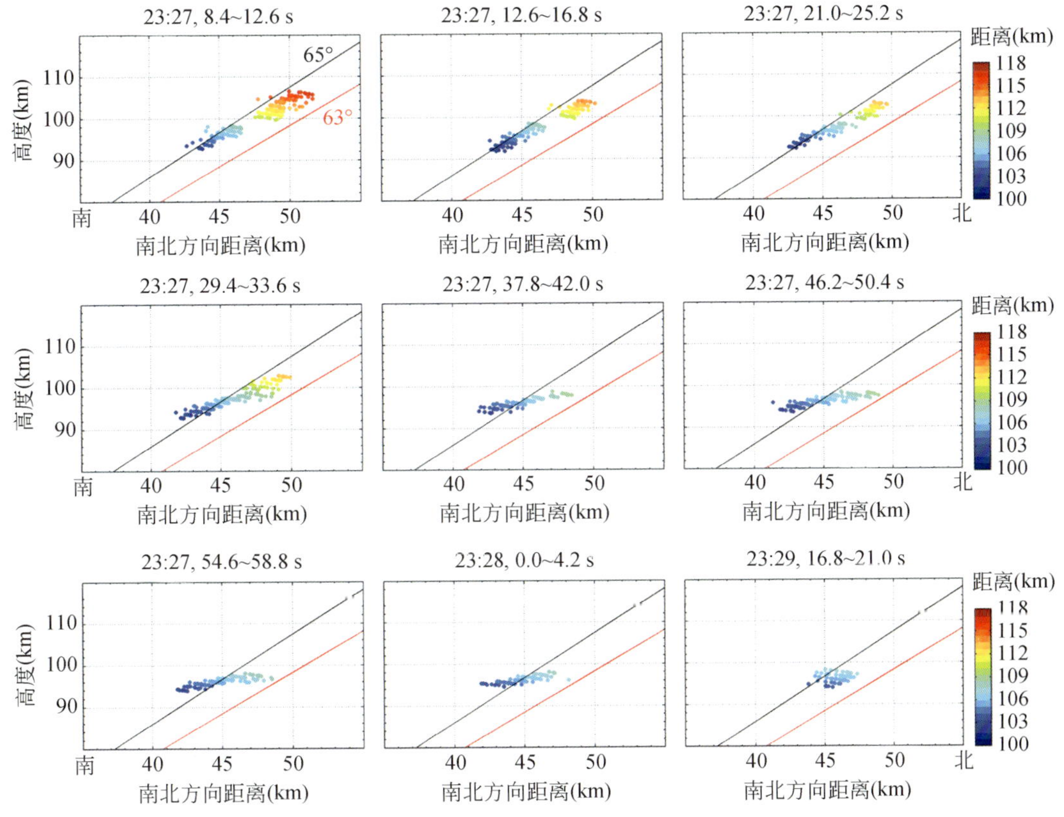

图 7　三亚 VHF 电离层相干散射雷达观测的流星不均匀体空间演化过程（Li et al.，2014）

另一种解释认为非镜面流星尾迹回波由流星尾迹中非场向不均匀体引起。Kelley 等（1998）利用波束指向并不垂直于磁力线的 Poker Flat 雷达观测到一个持续时间超过 10 min 的非镜面流星尾迹回波事件，并认为非镜面回波是流星带电尘埃中存在的湍流散射的结果。Chau 等（2014）在极区利用 MAARSY 雷达系统探测到一些明显来自非场向不均匀体的长持续时间尾迹回波，因为雷达波束几乎与当地磁场方向平行。Kelley（2004）、Kelley 等（2013）指出高 Schmidt 数的带电尘埃引起的非镜面散射机理与极地中间层夏季回波产生机理类似，同时带电流星尘埃会减缓不均匀体的扩散，从而使流星尾迹维持数分钟或更长时间。另有研究表明，形成尾迹不均匀体的流星体的质量和成分也是控制非镜面回波持续时间的重要因素（Chau et al.，2014；Dyrud et al.，2007）。

国内外对非镜面流星尾迹回波的相关观测和研究主要针对由场向不均匀体引起的散射回波，而能够支持带电流星尘埃引起散射回波的观测相对较少。非镜面流星尾迹回波中含有丰富的流星体本体和背景大气信息，除了回波散射机理及可能对应的湍流结构和流星尘埃研究外，长延续时间的非镜面回波也成为反演 MLT 区域背景风场的重要媒介（Li et al.，2012；Oppenheim et al.，2009），得到的高精度瞬时风场剖面可以进一步深入研究大气动力学过程。

4 流星示踪反演风场

流星体进入地球高层大气，在 70 ~ 110 km 高度范围会与大气剧烈摩擦使中性大气电离，烧蚀产生流星尾迹。流星尾迹形成后，受到双极扩散、大气湍流及离子复合等因素影响而迅速消逝。流星尾迹形成后，背景大气风场会使整个流星尾迹发生扭曲，并驱使流星尾迹发生一定距离的漂移。利用雷达探测得到的流星尾迹回波信号的多普勒频移信息，可以反演出流星发生区域的背景风场大小，进而研究该区域的大气动力学过程（如潮汐、行星波、大气环流等）等。

4.1 平均风场反演

低热层 80 ~ 120 km 高度区域是研究低层大气和高层大气耦合的重要圈层，但对此区域的探测相对较难。除了火箭原位探测能够得到精度很高的背景风场瞬时剖面外，工作频率在 MF、VHF 波段的地基雷达同样具备反演该区域风场的能力，其中 VHF 全天空流星雷达探测反演背景风场方法已经成型并不断发展，成为现阶段能够连续观测得到低热层较高精度风场信息最为有效的手段之一。

全天空流星雷达系统首先通过回波信号特征识别出低密度流星尾迹，然后通过测量回波信号的多普勒频移，获得流星尾迹的多普勒频移及相对应的沿径向方向漂移速度；通过测量信号回波时延，获得流星尾迹到观测点的距离；通过测量天线阵各天线间的相位差，计算获得流星尾迹的到达角。由于流星尾迹等离子体与中性大气成分碰撞并随着背景大气发生移动/漂移，因此流星尾迹的漂移速度一定程度上是观测高度上中性风场在雷达视线方向上的分量，即

$$V_{\mathrm{R}}(z,t)=u(z,t)\sin(\chi)\sin(\alpha)+v(z,t)\sin(\chi)\cos(\alpha)+w(z,t)\cos(\chi)$$

式中，$V_{\mathrm{R}}(z,t)$ 为在 t 时刻观测到的高度为 z 的流星尾迹径向速度，χ 为天顶角，α 为方位角；u 为纬向风，以向东为正；v 为经向风，以向北为正；w 为垂直风场，以向上为正。

在假设水平风场均匀的条件下，划定时间–高度窗口并在每个窗口内选定观测到的流星尾迹，通常采用的时间、高度窗口分别为 1 h 和 2 km。在每个窗口内，利用到达角的方向余弦以最小方差分析的方式拟合径向速度，即可得到三维风场 $\boldsymbol{u}=(u,v,w)$ 的信息。

$$\sum_i [\{\boldsymbol{u}\cdot r^i\} - V_R^i]^2$$

式中，i 表征某个特定时间–高度窗口的观测事件序号，r^i 为该窗口内到达角的方向余弦。根据上式，3 个方程即可得到最小二乘解，但如果观测的流星数目太少，则最小二乘的解很可能与真实值偏差很大，因此一般要求窗口内流星尾迹回波的数目大于 6，否则计算出来的风场视为无效。此外，流星尾迹主要出现在 70 ~ 110 km 高度之间，所探测的流星尾迹的峰值高度在 90 km 高度附近。因为流星在进入大气层后，在较大高度开始烧蚀并在 90 km 高度附近完全烧蚀离化，流星在 80 ~ 100 km 范围内数量较多，相应地观测得到的事件也更多，因此在此高度范围内推算得到的大气风场较为可靠。同时，虽然垂直风场信息在研究大气输运过程中意义重大，但考虑到直径可达 400 km 的巨大观测平面内其垂直风场的幅度远小于水平风场的幅度，所以在拟合过程中通常忽略垂直风场。图 8 示例给出 2012 年 11 月 21 日至 2012 年 11 月 28 日的流星观测区域（70 ~ 110 km）内纬向风分布。

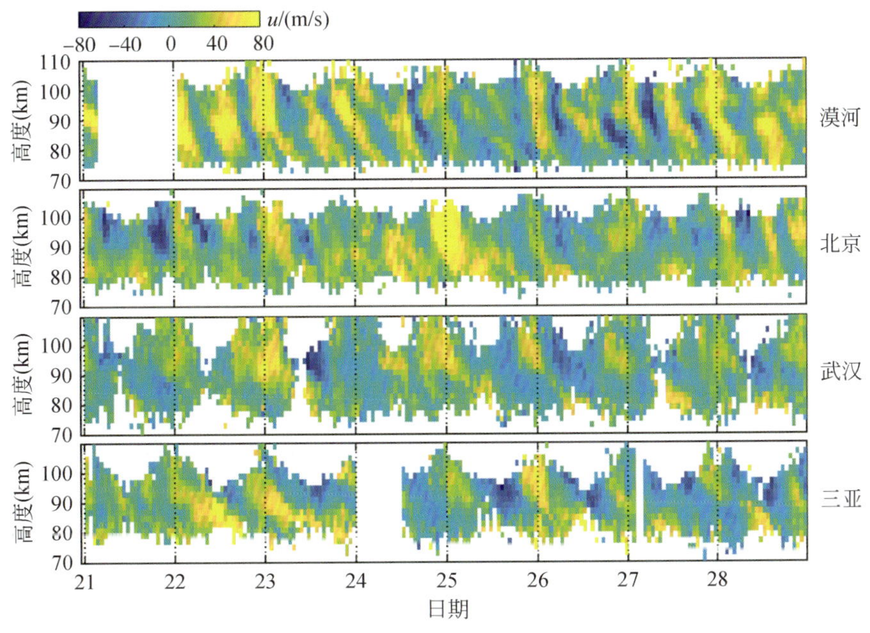

图 8　IGGCAS 流星雷达链纬向风观测（余优，2013）

上述方法称为非高度耦合平均风场反演方法，能够得到 70 ~ 110 km 高度范围内时间分辨率为 1 h、高度分辨率为 2 km 的风场信息，但在部分窗口内由于探测到的尾迹数目过少导致计算误差较大或者出现空值。为了能够稳定计算出观测数据较少窗口内的水平风场值及更好地体现出风场的时间变化规律，基于上述方法发展出高度耦合的平均风场反演方法。该方法的主要思路为：假设每个窗口内观测所得的径向速度在此高度区间内是线性变化的，同时根据大气风场特性将 $u(z,t)$ 和 $v(z,t)$ 按傅里叶级数展开，即

$$
\begin{aligned}
V_R(z_j^i,\ t_j) = &\left(\frac{-z_j^i + z^{i+1}}{z^{i+1} - z^i}\right)\sum_{k=0}^{K}\left[A_k^u(z^{i+1})\cos\left(\frac{2\pi k t_j}{24}\right) + B_k^u(z^{i+1})\sin\left(\frac{2\pi k t_j}{24}\right)\right]\sin(\chi)\sin(\alpha) \\
&+ \left(\frac{-z_j^i + z^{i+1}}{z^{i+1} - z^i}\right)\sum_{k=0}^{K}\left[A_k^v(z^{i+1})\cos\left(\frac{2\pi k t_j}{24}\right) + B_k^v(z^{i+1})\sin\left(\frac{2\pi k t_j}{24}\right)\right]\sin(\chi)\cos(\alpha) \\
&+ \left(\frac{z_j^i - z^i}{z^{i+1} - z^i}\right)\sum_{k=0}^{K}\left[A_k^u(z^i)\cos\left(\frac{2\pi k t_j}{24}\right) + B_k^u(z^i)\sin\left(\frac{2\pi k t_j}{24}\right)\right]\sin(\chi)\sin(\alpha) \\
&+ \left(\frac{z_j^i - z^i}{z^{i+1} - z^i}\right)\sum_{k=0}^{K}\left[A_k^v(z^i)\cos\left(\frac{2\pi k t_j}{24}\right) + B_k^v(z^i)\sin\left(\frac{2\pi k t_j}{24}\right)\right]\sin(\chi)\cos(\alpha)
\end{aligned}
$$

式中，K 为傅里叶展开的最大级数，z^i 为第 i 个高度窗口（$i=1, 2, \cdots, M-1$），j 表示所考虑窗口内的第 j 次观测（$j=1, 2, \cdots, N_i$），N_i 表示第 i 个高度区间的观测次数。上式中第 i 个高度区间有 N_i 个观测方程，区间内包含 $K+1$ 阶系数，每阶中平均包含 $A_k^u(z^i)$，$A_k^v(z^i)$，$B_k^u(z^i)$，$B_k^v(z^i)$ 这 4 个系数。利用最小二乘法拟合出这些系数即可算出平均风场。

流星雷达系统通过拟合高度窗平面内的径向风方程，可以得到 MLT 区域的平均水平风场值。在过去的数十年间，许多科学家通过对流星雷达风场的测量进行了各种尺度的波动研究（例如 Gong et al.，2018；He et al.，2020；Li et al.，2020；Ma et al.，2020；Yu et al.，2013）。对理解 MLT 动力学过程和垂直耦合过程及大气潮汐研究，流星雷达平均风场观测都是重要的数据来源。伴随着雷达技术的发展，流星雷达的探测性能有极大提升，探测发现流星的数目大大增多，所推算出的 MLT 各参数数据也更加精确，并能够推算重力波动量通量等参数（Hocking，2005）。

4.2 瞬时风场反演

传统的流星雷达主要用于探测镜面流星尾迹回波，得到探测区域上空高度分辨率为 2 km、时间分辨率为 1 h 的大范围平均水平风场。这样分辨率的风场数据可以研究周期较长的大气变化，但很难应用于短周期波动研究（如重力波）及不稳定性过程驱动研究（如不均匀体的形成）。

除了无线电遥感技术，火箭原位测量技术也用于测量中间层和低热层风场，其中以化学示踪方法运用尤为广泛（Larsen et al.，2002；Lloyd et al.，1972），通常能得到时间分辨率为 10 min 甚至更高的瞬时风场信息。此外，气辉成像仪能观测特定高度的风场大小，激光雷达通过发射激光波束探测电离层 E 区金属层也可以得到 MLT 区域的风场信息。以中国科学技术大学宽波束激光雷达为例，能够得到 80 ~ 100 km 左右钠层高度范围内时间分辨率为 15 min 的大气风场数据。

非镜面流星尾迹回波对应的流星不均匀体在空间上可以延展很远距离，且可以持续很长时间，从几秒钟到几分钟不等。Oppenheim 等（2009）利用 Jicamarca 雷达观测到的较长延续时间的尾迹回波反演得到瞬时风场剖面，与短时间内利用不同的非镜面尾迹反演的瞬时风场剖面类似。Li 等（2012）利用工作频率为 47.5 Hz 的三亚 VHF 双模雷达，其既可以在全天空流星雷达模式工作，也可以在电离层相干散射模式工作，开展双模交替探测实验，分别获取镜面和非镜面流星尾迹回波并反演背景平均风场和瞬时风场，实现了利用非镜面尾迹反演瞬时风场的低功率雷达探测。

如图 9 所示，绿线和红线分别代表 30 min 和 1 h 时间分辨率的平均风场，高度分辨率为 2 km；圈连线表示不同流星事件反演的瞬时风场，高度分辨率约 0.9 km。可以看出，所选的流星事件延展距离部分与平均风场常规反演高度重叠，且两种风场剖面在大部分高度吻合较好，但在个别高度相差较大。瞬时风场剖面的获取完全依赖于长持续时间尾迹回波的探测数目，如能通过升级设备探测到更多的非镜面流星事件，完全有可能拓宽大气风场反演高度。另一方面，通过非镜面流星尾迹回波反演的瞬时风场，可以更深刻地了解不稳定性驱动等过程，如瞬时风场的变化可能驱使流星不均匀体空间结构演化并维持流星不均匀体存在更长时间（Li et al.，2014）。

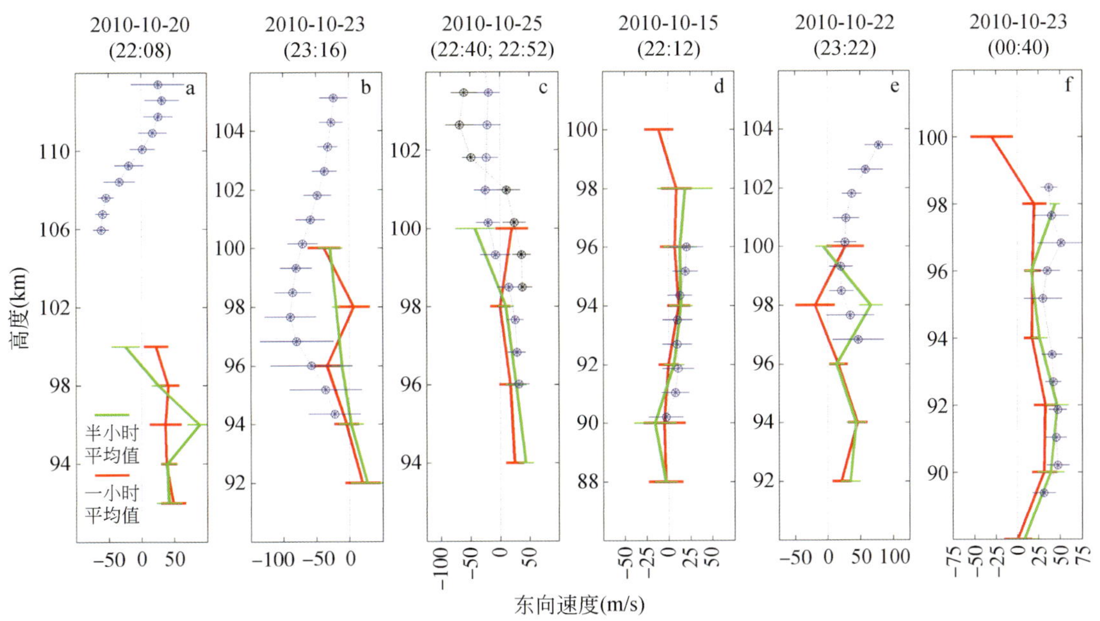

图 9 非镜面回波反演的瞬时风场与镜面回波反演的平均风场比较（Li et al.，2012）

4.3 局域三维风场反演

单站全天空流星雷达虽然能够实现观测站上空 MLT 区域平均风场的日常观测，但其风场剖面的时空分辨率无法满足重力波和不稳定性过程研究的需要。此外，虽然通过探测非镜面尾迹回波可以反演得到精度很高的瞬时风场剖面，但其取决于尾迹回波的探测数目和出现高度，难以连续获取瞬时风场。

近年来，Stober 和 Chau（2015）建立了多站多频流星雷达观测系统（MMARIA），能够得到高精度的局域风场信息并用于大气动力学等研究中。该雷达系统在单站流星雷达现有发射机和接收机基础上，在离发射机一定距离处分置多套接收天线。在单一发射频率情况下，这种一发多收式雷达系统较传统自发自收式流星雷达探测到更多数目的流星事件，尤其是在接收天线观测重叠的区域，在此区域可以反演出具有很高水平分辨率的局域风场信息。

不同于单站流星雷达只有在雷达波束垂直于流星尾迹时接收到雷达回波，收发分置的双站雷达系统在发射波束与流星尾迹呈一定夹角时经流星尾迹镜面反射后，回波被接收机接收到，传播距离对应于总距离$R_n = |\boldsymbol{R}_s| + |\boldsymbol{R}_i|$。双站间的距离$|\boldsymbol{d}|$可通过 GPS 坐标得到，到达角 α 可以通过接收天线各通道间相位差得到。根据三角关系，可得

$$|\boldsymbol{R}_s| = \frac{R_n^2 - |\boldsymbol{d}|^2}{2\times[R_n - |\boldsymbol{d}|\cos(\alpha)]}$$

另外，回波测得的多普勒频移 f_d 和径向速度 V_R 之间关系变化为

$$V_R = f_d \frac{\lambda}{2\cos(\beta/2)}$$

若将流星尾迹、发射机和接收机的几何关系表示成椭圆上的点和两个焦点，当背景风场方向沿着椭圆上点的切线方向时，即很短时间内尾迹漂移后仍在椭圆上，此时虽然能接收到前向散射回波，但回波没有多普勒频移。

为得到更多的背景风场不均匀性的参数，Chau 等（2017）将体积速度近似（VVP 方法）应用于风场反演过程，将风场三分量表示为

$$u(x,y) = u_0 + \frac{\partial u}{\partial x}(x - x_0) + \frac{\partial u}{\partial y}(y - y_0)$$

$$v(x,y) = v_0 + \frac{\partial v}{\partial x}(x - x_0) + \frac{\partial v}{\partial y}(y - y_0)$$

$$w(x,y) = w_0$$

最终拟合得到水平风场平均值、垂直风场平均值、水平散度和涡度等物理量。尽管探测到的流星数目较单站观测有所增加，但仍需合理设置水平分辨率和时间窗口大小来得到风场的水平结构。图 10 表示一个时间–高度窗口内接收到的后向散射回波和前向散射回波对应的空间散射点位置及反演出的局域风场。

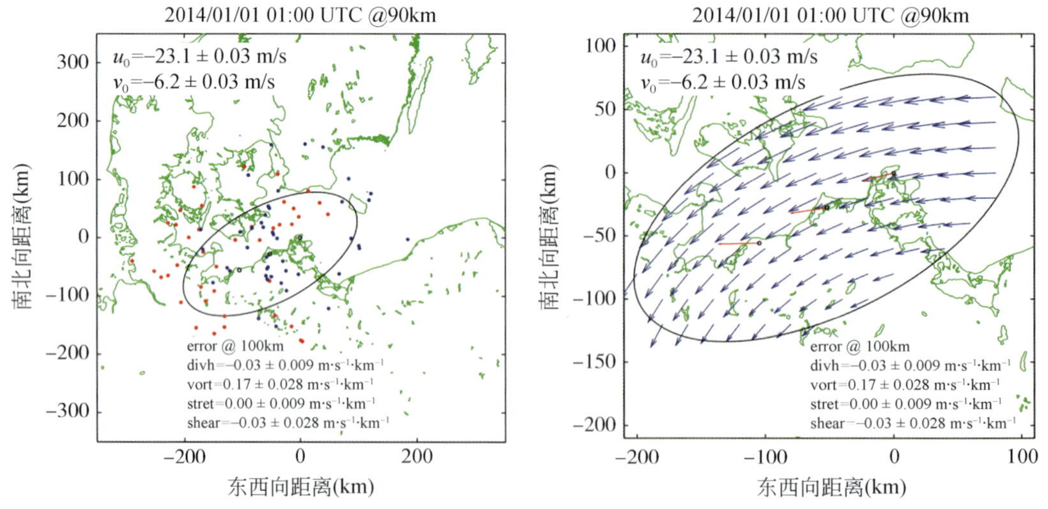

图 10　散射点空间位置及风场反演剖面（Stober and Chau，2015）

传统流星雷达假设平面结构情况下可以不考虑垂直风场，因为相对于雷达探测体积内400 km水平范围，垂直风速可以忽略不计。即使计算天顶角时误差很小，拟合过程中垂直风场的估算也极易受到水平分量的干扰。Egito等（2016）用标准反演方法尝试推算垂直平均风场，得到的平均速度偏高，达到数米每秒。但在局域风场反演中，为得到高阶的风场分量信息，就必须放弃垂直风场为零的假设。因此Stober等（2017）根据需要开发出一套更复杂的风场反演算法，该算法利用全非线性误差传递和正则化来解决时空采样的不规则性。这套算法在求解径向风场方程时考虑了径向速度、纬向风、经向风和垂直风的统计误差及方位角和天顶角的误差，利用标准最小二乘法反复迭代，直到误差在理想范围内。同时，将空间和时间正则化处理能够计算得到各网格点风场分量的空间和时间导数。最终，反演得到很平滑的风场矢量，且误差估计也很合理。

获取背景风场的另一个关键是流星高度的测定精度和同一高度层的划分。传统算法中沿用Hocking等（2001）提出的利用平均地球半径来计算每颗流星的高度，即局域球面近似，这在相对较小的观测体积是有效的。为进一步提高高度估计和风场推导，结合每颗流星在全球地理坐标系中的地理经纬度，将观测到的方位角、天顶角转化到局地直角坐标系中，这样能够显著减少每颗流星的高度误差，并能提高垂直速度的估计质量。另外，常规的基于水平分层假设得到的风场剖面适用于在中低纬地区的观测，但在高纬地区这个假设就完全失效。

Stober和Chau研究团队建立的多站多频流星雷达观测系统现已取得很好的观测结果，其获取高精度局域风场的关键在于，在某一区域内探测得到更多的镜面散射回波。利用现有分布在一定距离内的自发自收式的标准全天空流星雷达，如乐东和富克的全天空流星雷达提取不同雷达视场重叠区域的回波事件，也能够得到空间重叠区域的三维风场信息。

5 尘埃/流星烟雾颗粒

流星体在坠入大气层过程中，在中间层和低热层高度发生烧蚀电离，金属原子汇聚形成金属层并被激光雷达所探测。同时，烧蚀使流星体表面微粒蒸发并凝结汇聚成烟雾颗粒。流星烟雾颗粒主要来源于较大的流星体，因为质量和尺寸较小的流星体与大气摩擦产生的热量不足以使流星体蒸发生成流星尘埃。经过一系列的输运和沉降过程，在不同纬度和高度烟雾颗粒的浓度都有所不同，并对背景大气产生不同类型的影响。

Hunten等（1980）定义流星尘埃/烟雾颗粒（meteoric smoke particles）是流星体在与大气分子碰撞摩擦过程中蒸发出的微粒立即凝结的产物及后续沉积形成的次生产物。Kalashnikova等（2000）通过对流星烟雾产生的模型研究发现大约75%的流星体能够完全烧蚀，流星体蒸发的金属氢氧化物、氢氧化物、碳酸盐成分和二氧化硅颗粒聚合形成流星烟雾颗粒（Plane et al., 2003）。流星烟雾颗粒一旦形成，就不容易从中间层顶区域消失，这些粒子需要大约10天的时间才能聚集到直径1 nm左右。

流星烟雾粒子主要分为两种类型：含硅的（金属硅酸盐颗粒）和不含硅的（金属氢氧化物）。对于直径小于1 nm的颗粒，66%是金属氢氧化物，即为不含硅的。Rapp等（2012）根据流星烟雾粒子功函数测量排除了含硅颗粒作为其探测到的流星烟雾粒子的组成成分，并认为可能是金属氢氧化物（MgOH 和 FeOH）。然而，硅可能仍然是流星烟雾颗粒的一个重要组成成分。Plane（2016）模拟硅化学过程，发现硅沉积物可能是 $Si(OH)_4$，它可以与金属氢氧化物反应形成流星烟雾颗粒。通常，在实验和模型研究中假设流星烟雾粒子的质量密度为 $\rho=2\times10^3\ kg\cdot m^{-3}$（Robertson et al.，2014；Saunders et al.，2006）。

Megner 等（2006）模拟流星烟雾粒子数密度的垂直剖面和不同流星烟雾粒子大小的浓度分布如图 11 所示。Megner 等（2006）进行的模拟类似 Hunten 等（1980），并使用相同的输入参数：初始流星烟雾粒子半径 $r_0=0.2$ nm（约一个硅分子大小），没有垂直风场，布朗运动驱动凝结过程，同样的流星烧蚀剖面。模拟结果表明流星烟雾粒子浓度随粒子半径的增加而迅速下降，绝大多数为半径小于 1 nm 的微小粒子。此外，在 70～110 km 存在自由电子，可能导致一些流星烟雾颗粒携带电荷。

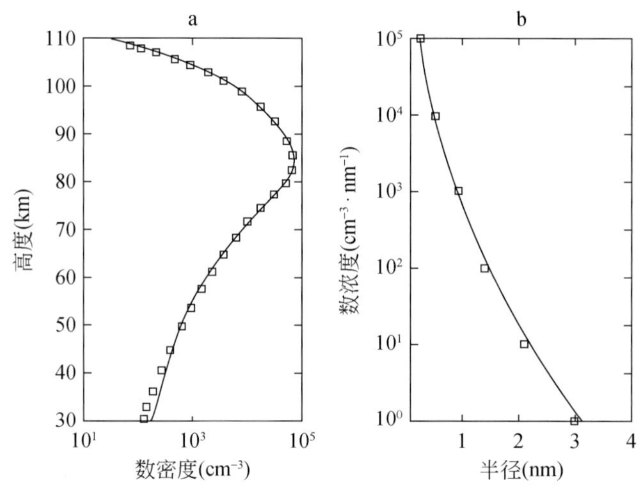

图 11　流星烟雾粒子数密度垂直剖面和不同半径流星烟雾粒子的浓度分布（Megner et al.，2006）

带负电荷的流星烟雾粒子的充电过程主要是电子附着。在电离层 D 区，自由电子的热速度比重离子或流星烟雾粒子的热速度大得多，粒子越大充电速率越高。因此，大的流星烟雾颗粒应该带负电荷。Rapp 等（2009）表明，对于小的流星烟雾粒子，除非电子数密度非常大，否则其光致分解和光电离的速率远高于电子捕获速率。因此，在阳光照射的条件下，小的流星烟雾颗粒应该是带正电荷或呈电中性，这很好地解释了夜光云中同时带正电荷和负电荷的流星烟雾颗粒的共存，因为较小的流星烟雾颗粒只能带正电荷或中性，而较大的烟雾粒子和冰晶粒子带负电荷，对它们而言，光致分解和光电离是可以忽略不计的。

5.1　流星烟雾粒子对大气层区域的影响

虽然在任何季节和纬度地区的流星烟雾颗粒浓度都很低，但是其对大气层各圈层都具有很重要的影响。在中间层高度，流星烟雾颗粒主要影响电荷平衡过程和冰核的产生过程。Pedersen 等（1970）在探空火箭实验中观测到电离层 D 区存在一个比上下区域电子密度要少得多的 bite-out 层，并观测到在极地夏季夜光云高度（约 80 ~ 85 km）自由电子数密度减少。Friedrich 等（2012）认为出现这种低电子密度层的一种可能机制是流星烟雾粒子将电子吸附着。在另一次探测火箭试验中通过测量自由电子、正离子和带电的流星烟雾粒子产生的电流，Rapp 等（2005）提出自由电子的数密度没有完全被正离子数密度平衡，并认为带正电荷的流星烟雾粒子参与到电荷平衡过程。

极地夏季中间层顶温度最低可达 140 K，可以在一定条件下形成夜光云（noctilucent clouds，NLC），也称为极地中间层云（polar mesospheric clouds）。探空火箭温度测量仪器表明，此区域温度确实会降至冰点以下。因为所需的能量太大，水蒸气无法立即沉积形成冰晶，但是如果存在冰核的话，冰晶粒子可能会形成。能够成为冰核的粒子需要具备两个基本特征：粒子半径大于临界半径且具有较大的偶极矩，部分流星烟雾粒子具有上述两种特征，特别是带负电荷的流星烟雾粒子。Gumbel 等（2009）提出部分中性的流星烟雾颗粒（$FeSiO_3$和 $MgSiO_3$）可以作为冰核。Megner 等（2008）发现夏季时极地的流星烟雾粒子数密度远低于观测到的夜光云粒子数密度，表明中性流星烟雾粒子的成核作用不是最有可能的情况，而带电的流星烟雾粒子在凝结成核过程中发挥了主要作用。

Murphy 等（1998）与 Curtius 等（2005）观测到 50% 的平流层气溶胶样品中含有流星烟雾颗粒成分，而且在极地涡旋内部成分含量明显高于涡旋外部。通过流星烟雾颗粒中金属成分的三维模拟和化学示踪研究（Fischer et al.，1993；Prather et al.，1988），表明流星烟雾颗粒经由中间层经向环流从夏季极水平输送到冬季极，并在冬季极地涡旋内发生向下输送过程，最终沉降到平流层甚至更低高度。夏季极区上空的流星烟雾颗粒浓度比冬季极区颗粒浓度要小很多，Bardeen 等（2008）通过数值模拟流星烟雾颗粒三维分布，发现夏季极区沉降后的流星烟雾颗粒浓度已经不足以提供形成极地中间层云的尘埃凝结核，并认为更小的流星烟雾颗粒可能参与到冰核的形成。流星烟雾颗粒输送到冬季极区中间层后沉降到平流层，促进了极地平流层凝结成核反应，进而影响极地平流层云的出现（Prather et al.，1988）。

流星烟雾颗粒可能与 H_2SO_4凝结成核，影响硫酸盐气溶胶的大小分布和组成，甚至导致 40 km 以上平流层的中性 H_2SO_4气溶胶消失（Saunders et al.，2012）。Plane（2003）提出流星烟雾粒子可能影响平流层的臭氧浓度，认为烟雾粒子与 HCl 的反应生成的氯自由基会破坏臭氧分子。另外，流星烟雾颗粒可能对硝酸三水合物的形成也很重要（Voigt et al.，2000）。Dhomse 等（2013）通过模型研究，认为流星烟雾颗粒在形成后 4 至 5 年后能沉积到地球表面，其中富含铁元素的粒子可以沉积到中纬度地区的海洋中。与风成粉尘相比，流星烟雾粒子相对可溶，这能很好地解释沉积在地表的流星烟雾颗粒质量通量相对较低。同时，溶解的铁元素可以刺激海洋里的浮游植物生长。

5.2 流星烟雾粒子与非场向流星不均匀体

雷达在波束不垂直于磁力线区域探测到的非镜面尾迹回波可能来源于非场向不均匀体散射。Kelley（2004）认为非镜面散射机理类似于极地中间层夏季回波的产生机理，同时大流星体蒸发凝结的高 Schmidt 数带电流星烟雾粒子会减缓不均匀体的扩散，从而使回波维持数分钟甚至更长时间。由于很少有雷达控制主波束指向偏离磁力线垂直方向很大角度且具有无模糊干涉探测能力，导致极少有非场向不均匀体和流星烟雾粒子的相关观测研究。

近期，中国科学院地质与地球物理研究所空间环境探测实验室利用乐东全天空流星雷达，开展低纬度地区非镜面尾迹回波的宽波束雷达观测，利用多接收通道干涉得到回波对应不均匀体的空间位置，统计发现流星不均匀体的空间分布几乎与磁力线方向无关，并提出低纬度的非镜面尾迹回波也可能来源于非场向不均匀体。通过采用机器学习方法识别剔除电离层 E 区不均匀体等信号干扰，在近 30 天的原始数据中提取出两千多个持续时间超过 5 s 的长延续时间尾迹回波事件。由于非镜面尾迹回波和高密度镜面回波都可以持续较长时间，而现在仍没有很好的区分方法（Zhao et al., 2011），所以只选取如图 6 具有典型三角形特征的非镜面回波。图 12 为非镜面回波平均散射点位置的方位分布和高度分布统计。

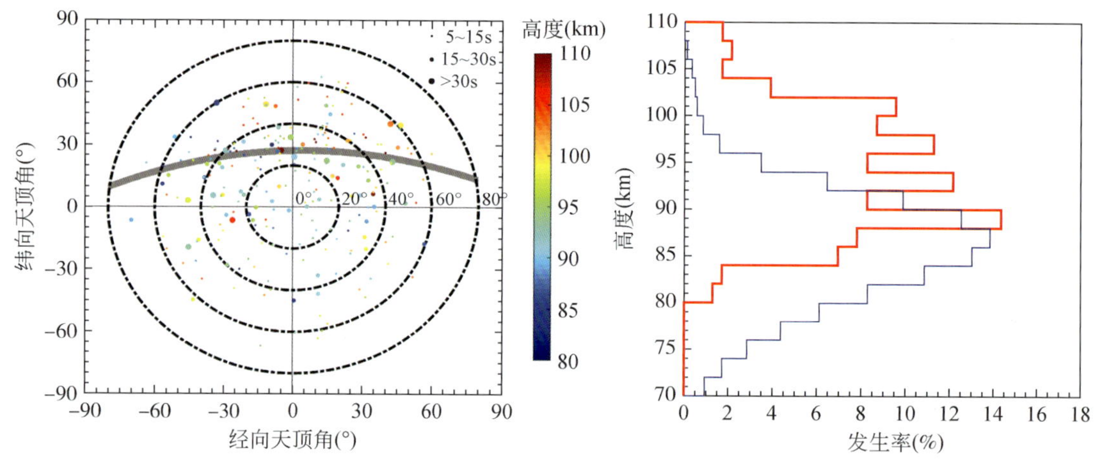

图 12　非镜面尾迹回波平均散射点位置的方位和高度分布统计

可以看出，观测到的非镜面回波不只是从垂直磁力线方向（左图阴影区）散射，而是呈全天空分散分布，这说明了回波可能来源于非场向不均匀体的散射。同时，非镜面尾迹回波（右图红线）的下截止高度为 80 km 左右，而镜面回波的下截止高度为 70 km 左右，两者差异说明非场向流星不均匀体可能只在 80 km 高度以上产生。Obenberger 等（2016）利用长波阵和全天空光学相机观测到了流星射电余辉存在类似的高度分布和几乎相同的截止高度。这可能是由于 80 km 以下流星烟雾粒子数密度迅速下降（如图 11），导致带电流星烟雾粒子的 Schmidt 数变小，进而无法形成流星不均匀体结构。乐东全天空流星雷达观测研究表明，出现如此数目众多的非场向不均匀体散射的非镜面回波，可能意味着高斯密特数带电流星烟雾粒子的形成条件更加宽松，而不仅局限于较大的流星体。

6 总结

流星体坠入地球空间产生一系列光、电和化学反应。通过流星示踪观测，不仅可以研究流星体成分性质和起源等，也可以得到表征背景大气的风场和扩散系数等信息，进而进行背景大气动力学过程等研究。此外，流星尘埃粒子对整个大气空间的成分组成乃至气候变化等都会产生重要影响。发展非镜面回波探测方法，开发非镜面回波的自动识别技术，实现镜面回波/E 区不均匀体和非镜面回波的常规观测，可以获取瞬时风场剖面的实时反演信息。发展多收发流星雷达组网观测，以期得到精度更高的三维区域风场。发展光学手段探测更小质量流星体引起的流星事件，提高流星体质量估算精度，建立更好的流星体分裂和烧蚀模型，获取更丰富的流星光谱信息进行流星成分等研究。综合发展无线电雷达和光学视频流星观测，将有利于对非镜面回波散射机理和流星烟雾粒子及湍流等相关研究的理解和认识。

参考文献

陈晓博，万卫星，宁百齐 . 2007. 流星雷达系统相位差和偏差的估计和校正 . 空间科学学报，27（5）：420-424.

丁宗华，代连东，董明玉，等 . 2014. 非相干散射雷达进展：从传统体制到 EISCAT 3D. 地球物理学进展，29（5）：2376-2381.

李傲 . 2018. 利用雷达和光学视频综合观测研究流星特性 . 中国科学院大学：硕士学位论文 .

李傲，李国主，宁百齐，杨思朋，万卫星 . 2018. 长时间流星不均匀体母体特征个例研究 . 空间科学学报，38（3）：342-350.

沈金成，宁百齐，万卫星，胡连欢 . 2012. 全天空流星雷达相位差监测分析方法研究 . 空间科学学报，32（1）：75-84.

余优 . 2013. 高层大气潮汐的流星雷达观测及子午剖面风场映射研究 . 中国科学院大学：博士学位论文 .

Baggaley W J，Fisher G W. 1980. Measurements of the Initial Radii of the Ionization Columns of Bright Meteors. Planetary Space Sci，28：575-580.

Ban C，Li T，Fang X，Dou X，Xiong J. 2015. Sodium lidar- observed gravity wave breaking followed by an upward propagation of sporadic sodium layer over Hefei，China. Journal of Geophysical Research-Space Physics，120：7958-7969.

Bardeen C G，Toon O B，Jensen E J，et al. 2008. Numerical simulations of the three-dimensional distribution of meteoric dust in the mesosphere and upper stratosphere. Journal of Geophysical Research：Atmospheres，113：D17202.

Beech M，Steel D. 1995. On the definition of the term ‘meteoroid'. Quarterly Journal of the Royal Astronomical Society，36（3）：281-284.

Bland P A. 2004. The desert fireball network. Astronomy & Geophysics，45（5）：20-23.

Bland P A，Spurný P，Towner M C，Bevan A W，Singleton A T，Bottke W F，Greenwood R C，Chesley S R，Shrbený L，Borovička J. 2009. An anomalous basaltic meteorite from the innermost main belt. Science，325（5947）：1525-1527.

Borovička J, Koten P, Spurný P, Boček J, Štork R. 2005. A survey of meteor spectra and orbits: evidence for three populations of Na-free meteoroids. Icarus, 174 (1): 15-30.

Bourdillon A, Haldoupis C, Hanuise C, Le Roux Y, Menard J. 2005. Long duration meteor echoes characterized by Doppler spectrum bifurcation. Geophys Res Lett, 32: L05805.

Campbell-Brown M D. 2019. Meteoroid structure and fragmentation. Planetary Space Sci, 169: 1-7.

Ceplecha Z, Borovicka J, Elford W G, et al. 1998. Meteor phenomena and bodies. Space Science Reviews, 84 (3-4): 327-471.

Chapin E, Kudeki E. 1994. Radar interferometric imaging studies of long-duration meteor echoes observed at Jicamarca. Journal of Geophysical Research-Space Physics, 99 (A5): 8937-8949.

Chau J L, Strelnikova I, Schult C, Oppenheim M M, Kelley M C, Stober G, Singer W. 2014. Nonspecular meteor trails from non-field-aligned irregularities: Can they be explained by presence of charged meteor dust? Geophys Res Lett, 41: 3336-3343.

Chau J L, Stober G, Hall C M, et al. 2017. Polar mesospheric horizontal divergence and relative vorticity measurements using multiple specular meteor radars. Radio Sci, 52 (7): 811-828.

Close S, Hamlin T, Oppenheim M, Cox L, Colestock P. 2008. Dependence of radar signal strength on frequency and aspect angle of nonspecular meteor trails. Journal of Geophysical Research-Space Physics, 113: A06203.

Colas F, Zanda B, Bouley S, Vernazza P, Gatacceca J, Vaubaillon J, Marmot C, Kwon M, Audureau Y, Rotaru M. 2014. FRIPON, a French fireball network for the recovery of both fresh and rare meteorite types. Asteroids, boi: 2014acm. . conf. . 110C.

Curtius J, et al. 2005. Observations of meteoric material and implications for aerosol nucleation in the winter Arctic lower stratosphere derived from in situ particle measurements. Atmos Chem Phys, 5: 3053-3069.

Dhomse S S, Saunders R W, Tian W, Chipperfield M P, Plane J M C. 2013. Plutonium-238 observations as a test of modeled transport and surface deposition of meteoric smoke particles. Geophys Res Lett, 40 (16): 4454-4458.

Dou X K, Xue X H, Li T, et al. 2010. Possible relations between meteors, enhanced electron density layers, and sporadic sodium layers. Journal of Geophysical Research-Space Physics, 115: A06311.

Dou X K, Qiu S C, Xue X H, et al. 2013. Sporadic and thermospheric enhanced sodium layers observed by a lidar chain over China. Journal of Geophysical Research-Space Physics, 118 (10): 6627-6643.

Dubs, M, Schlatter P. 2015. A practical method for the analysis of meteor spectra. WGN, the Journal of the IMO, 43 (4): 94-101.

Dyrud L P, Kudeki E, Oppenheim M M. 2007. Modeling long duration meteor trails. Journal of Geophysical Research-Space Physics, 112: A12307.

Egito F, Andrioli V F, Batista P P. 2016. Vertical winds and momentum fluxes due to equatorial planetary scale waves using all-sky meteor radar over Brazilian region. J Atmos Solar-Terr Phys, 149: 108-119.

Ehlert S, Erskine R B. 2020. Measuring fluxes of meteor showers with the NASA All- Sky Fireball Network. Planetary Space Sci, 188: 104938.

Fischer M, Neill A O, Sutton R. 1993. Rapid descent of mesospheric air into the stratospheric polar vortex. Geophys Res Lett, 20 (12): 1267-1270.

Friedrich M, Rapp M, Blix T, Hoppe U P, Torkar K, Robertson S, Dickson S, Lynch K. 2012. Electron loss and meteoric dust in the mesosphere. Ann Geophys, 30 (10): 1495-1501.

Gong Y, Li C, Ma Z, Zhang S, Zhou Q, Huang C, et al. 2018. Study of the quasi-5-day wave in the MLT region by a meteor radar chain. Journal of Geophysical Research: Atmospheres, 123: 9474-9487.

Gumbel J, Megner L. 2009. Charged meteoric particles as ice nuclei in the mesosphere: Part 1-a review of basic concepts. J Atmos Solar-Terr Phys, 71 (12): 1225-1235.

He M, Chau J L, Forbes J M, Thorsen D, Li G, Siddiqui T A, et al. 2020. Quasi- 10- day wave and semidiurnal tide nonlinear inter actions during the Southern Hemispheric SSW 2019 observed in the Northern Hemispheric mesosphere. Geophys Res Lett, 47: e2020GL091453.

Hocking W K. 1997. Recent advances in radar instrumentation and techniques for studies of the mesosphere, stratosphere, and troposphere. Radio Sci, 32 (6): 2241-2270.

Hocking W K. 2005. A new approach to momentum flux determinations using SKiYMET meteor radars. Ann Geophys, 23 (7): 2433-2439.

Hocking W K, Fuller B, Vandepeer B. 2001. Real- time determination of meteor- related parameters utilizing modern digital technology. J Atmos Solar-Terr Phys, 63: 155-169.

Holdsworth D A, Reid I M, Cervera M. 2004a. The Buckland Park all-sky interferometric meteor radar. Radio Sci, 39: RS5009.

Holdsworth D A, Tsutsumi M, Reid I M, Nakamura T. 2004b. Interferometric meteor radar phase calibration using meteor echoes. Radio Sci, 39: RS5012.

Hunten D M, Turco R P, Toon O B. 1980. Smoke and dust particles of meteoric origin in the mesosphere and stratosphere. J Atmos Sci, 37 (6): 1342.

Jenniskens P. 2007. Quantitative meteor spectroscopy: elemental abundances. Adv Space Res, 39 (4): 491-512.

Jones J, McIntosh B A, Šimek M. 1990. Ozone and the duration of overdense radio meteors. J Atmos Solar-Terr Phys, 52: 253-258.

Jones J, Webster A W, Hocking W K. 1998. An improved interferometer design for use with meteor radars, Radio Sci, 33 (1): 55-66.

Jones W. 1995. Theory of the initial radius of meteor trains. Monthly Notices Roy Astron Soc, 275: 812-818.

Kaiser T R. 1953. Radio echo studies of meteor ionization. Philos Mag, 2: 495-544.

Kalashnikova O, Horanyi M, Thomas G E, Toon O B. 2000. Meteoric smoke production in the atmosphere. Geophys Res Lett, 27 (20): 3293-3296.

Kelley M C. 2004. A new explanation for long-duration meteor radar echoes: Persistent charged dust trains. Radio Sci, 39 (Apr): 2015.

Kelley M C, Alcala C, Cho J Y N. 1998. Detection of a meteor contrail and meteoric dust in the Earth's upper mesosphere. J Atmos Solar-Terr Phys, 60 (Feb): 359-369.

Kelley M C, Williamson C H K, Vlasov M N. 2013. Double laminar and turbulent meteor trails observed in space and simulated in the laboratory. Journal of Geophysical Research-Space Physics, 118 (6): 3622-3625.

Kero J, Campbell- Brown M, Stober G, Chau J L, Mathews J D, Pellinen- Wannberg A. 2019. Radar Observations of Meteors. New York: Cambridge University Press.

Larsen M F. 2002. Winds and shears in the mesosphere and lower thermosphere: results from four decades of chemical release wind measurements. Journal of Geophysical Research-Space Physics, 107 (A8): 1215.

Li G Z, Ning B Q, Hu L H, Chu Y H, Reid I M, Dolman B K. 2012. A comparison of lower thermospheric winds derived from range spread and specular meteor trail echoes. Journal of Geophysical Research- Space Physics, 117: A03310.

Li G Z, Ning B Q, Chu Y H, Reid I M, Hu L, Dolman B K, Xiong J, Jiang G, Yang G, Yan C. 2014. Structural evolution of long- duration meteor trail irregularities driven by neutral wind. Journal of Geophysical Research-Space Physics, 119: 10348-10357.

Li G Z, Ning B Q, Li A, et al. 2018. First results of optical meteor and meteor trail irregularity from simultaneous Sanya radar and video observations. Earth Planet Phys, 2: 15-21.

Li N, Luan X, Lei J, Bolaji O S, Owolabi C, Chen J, et al. 2020. Variations of mesospheric neutral winds and tides observed by a meteor radar chain over China during the 2013 sudden stratospheric warming. Journal of Geophysical Research-Space Physics, 125: e2019JA027443.

Liu L, Liu H, Chen Y, Le H, Sun Y Y, Ning B, Hu L, Wan W. 2017. Variations of the meteor echo heights at Beijing and Mohe, China. Journal of Geophysical Research-Space Physics, 122: 1117-1127.

Lloyd K H, Low C H, McAvaney B J, Rees D, Roper R G. 1972. Thermospheric observations combining chemical seeding and ground-based techniques, part 1, Winds, turbulence and the parameters of the neutral atmosphere. Planetary Space Sci, 20: 761-789.

Lovell A C B, Clegg J A. 1948. Characteristics of radio echoes from meteor trails: I. the intensity of the radio reflections and electron density in the trails. Proc Phys Soc, 60: 491.

Ma Z, Gong Y, Zhang S, Zhou Q, Huang C, Huang K, et al. 2020. Study of a quasi 4-day oscillation during the 2018/2019 SSW over Mohe, China. Journal of Geophysical Research- Space Physics, 125: e2019JA027687.

Madiedo J M. 2017. Automated systems for the analysis of meteor spectra: The SMART Project. Planetary Space Sci, 143: 238-244.

Malhotra A, Mathews J D, Urbina J. 2007. A radio science perspective on long-duration meteor trails. Journal of Geophysical Research-Space Physics, 112: A12303.

McKinley D W R. 1961. Meteor Science and Engineering. New York: McGraw-Hill Book Company, Inc.

Megner L, Rapp M, Gumbel J. 2006. Distribution of meteoric smoke sensitivity to microphysical properties and atmospheric conditions. Atmos Chem Phys, 6 (12): 4415-4426.

Megner L, Gumbel J, Rapp M, Siskind D E. 2008. Reduced meteoric smoke particle density at the summer pole Implications for mesospheric ice particle nucleation. Adv Space Res, 41 (1): 41-49.

Murphy D M, Thomson D S, Mahoney T M J. 1998. In- situ measurements of organics, meteoritic material, mercury, and other elements in aerosols at 5 to 19 kilometers. Science, 282: 1664-1669.

Murray I S, Beech M, Taylor M J, Jenniskens P, Hawkes R L. 2000. Comparison of 1998 and 1999 Leonid light curve morphology and meteoroid structure. In: Leonid Storm Research. Springer, 351-367.

Obenberger K S, Holmes J M, Dowell J D, Schinzel F K, Stovall K, Sutton E K, Taylor G B. 2016. Altitudinal dependence of meteor radio afterglows measured via optical counterparts. Geophys Res Lett, 43: 8885-8892.

Oberst J, Flohrer J, Elgner S, Maue T, Margonis A, Schrödter R, Tost W, Buhl M, Ehrich J, Christou A, Koschny D. 2011. The smart panoramic optical sensor head (SPOSH) —a camera for observations of transient luminous events on planetary night sides. Planetary Space Sci, 59 (1): 1-9.

Oppenheim M M, Dyrud L P, Ray L. 2003. Plasma instabilities in meteor trails: Linear theory. Journal of Geophysical Research-Space Physics, 108 (A2): 1063.

Oppenheim M M, Sugar G, Slowey N O, et al. 2009. Remote sensing lower thermosphere wind profiles using non-specular meteor echoes. Geophys Res Lett, 36 (9): L09817.

Pedersen A, Trøim J, Kane J A. 1970. Rocket measurements showing removal of electrons above the mesopause in summer at high latitude. Planetary Space Sci, 18 (6): 945-947.

Plane J M C. 2003. Atmospheric Chemistry of Meteoric Metals. Chem Rev, 103 (12): 4963-4984.

Plane J M C, Gomez-Martın J C, Feng W, Janches D. 2016. Silicon chemistry in the mesosphere and lower thermosphere. Journal of Geophysical Research: Atmospheres, 121 (7): 3718-3728.

Prather M J, Rodriguez J M. 1988. Antarctic ozone-meteoric control of HNO_3. Geophys Res Lett, 15 (1): 1-4.

Rapp M. 2009. Charging of mesospheric aerosol particles: the role of photodetachment and photoionization from meteoric smoke and ice particles. Ann Geophys, 27 (6): 2417-2422.

Rapp M, Hedin J, Strelnikova I, Friedrich M, Gumbel J, Lubken F J. 2005. Observations of positively charged nanoparticles in the nighttime polar mesosphere. Geophy Res Lett, 32 (23): L23821.

Rapp M, Plane J M C, Strelnikov B, Stober G, Ernst S, Hedin J, Friedrich M, Hoppe U P. 2012. In situ observations of meteor smoke particles (MSP) during the Geminids 2010: constraints on MSP size, work function and composition. Ann Geophys, 30 (12): 1661-1673.

Robertson S, Dickson S, Horanyi M, Sternovsky Z, Friedrich M, Janches D, Megner L, Williams B. 2014. Detection of meteoric smoke particles in the mesosphere by a rocket-borne mass spectrometer. J Atmos Solar-Terr Phys, 118 (B): 161-179.

Rubin A E, Grossman J N. 2010. Meteorite and meteoroid: new comprehensive definitions. Meteoritics and Planetary Science, 45 (1): 114-122.

Saunders R W, Plane J M C. 2006. A laboratory study of meteor smoke analogues: composition, optical properties and growth kinetics. J Atmos Solar-Terr Phys, 68 (18): 2182-2202.

Saunders R W, Dhomse S, Tian W S, Chipperfield M P, Plane J M C. 2012. Interactions of meteoric smoke particles with sulphuric acid in the Earth's stratosphere. Atmos Chem Phys, 12 (10): 4387-4398.

Skellett A M. 1931. The effect of meteors on radio transmission through the Kennelly-Heaviside layer. Phys Rev, 37: 1668.

Stober G, Chau J L. 2015. A multistatic and multifrequency novel approach for specular meteor radars to improve wind measurements in the MLT region. Radio Sci, 50 (5): 431-442.

Stober G, Matthias V, Jacobi C, et al. 2017. Exceptionally strong summer-like zonal wind reversal in the upper mesosphere during winter 2015/16. Ann Geophys, 35 (3): 711-720.

Thomas R M, Whitham P S, Elford W G. 1988. Response of high frequency radar to meteor backscatter. J Atmos Solar-Terr Phys, 50: 703-724.

Trigo-Rodríguez J M, Castro-Tirado A J, Llorca J, Fabregat J, Martínez V J, Reglero V, Jelínek M, Kubánek P, Mateo T, Postigo A de U. 2005. The development of the spanish fireball network using a new all-sky CCD system. Earth Moon Planets, 95 (1-4): 553-567.

Valentic T A, Avery J P, Avery S K, et al. 1996. A comparison of meteor radar systems at Buckland Park. Radio Sci, 31 (6): 1313-1329.

Voigt C, Schreiner J, Kohlmann A, Zink P, Mauersberger K, Larsen N, Deshler T, Kroger C, Rosen J, Adriani A, Cairo F, Di Donfrancesco G, Viterbini M, Ovarlez J, Ovarlez H, David C, Dornbrack A. 2000. Nitric Acid Trihydrade (NAT) in Polar Stratospheric Clouds. Science, 290 (5497): 1756-1758.

Vojáček V, Borovička J, Koten P, Spurný P, Štork R. 2015. Catalogue of representative meteor spectra. Astronomy & Astrophysics, 580: A67.

Vojáček V, Borovička J, Koten P, Spurný P, Štork R. 2019. Properties of small meteoroids studied by meteor video observations. Astronomy & Astrophysics, 621: A68.

Wang Y, Li G, Ning B, et al. 2019. All-sky interferometric meteor radar observations of zonal structure and drifts of low latitude ionospheric E region irregularities. Earth and Space Science, 6: 2653-2662.

Xie, H, Li G, Ning B, et al. 2019. The possibility of using all-sky meteor radar to observe ionospheric E region field-aligned irregularities. Science China Technological Sciences, 62: 1431-1437.

Yi F, Zhang S, Yu C, et al. 2013. Simultaneous and common-volume three-lidar observations of sporadic metal layers in the mesopause region. J Atmos Solar-Terr Phys，102：172-184.

Yi W，Xue X，Chen J，Dou X，Chen T，Li N. 2016. Estimation of mesopause temperatures at low latitudes using the Kunming meteor radar. Radio Sci，51：130-141.

Yu Y，Wan W，Ning B，Liu L，Wang Z，Hu L，Ren Z. 2013. Tidal wind mapping from observations of a meteor radar chain in December 2011. Journal of Geophysical Research-Space Physics，118：2321-2332.

Zhao S，Urbina J，Dyrud L，Seal R. 2011. Multilayer detection and classification of specular and nonspecular meteor trails. Radio Sci，46：RS6009.

Zhou Q H，Mathews J D，Nakamura T. 2001. Implications of meteor observations by the MU radar. Geophys Res Lett，28（7）：1399-1402.

火星风场探测的现状与未来

余　涛，杨　娜

中国地质大学（武汉），武汉 430074

摘　要

火星作为开展深空探测的重要科学目标，已受到国内外的广泛关注。针对火星大气的探测，尤其是对其大气风场的测量，对火星大气物质循环及运输机理研究、探测器环绕和着陆等均有着重要作用。利用星载短波红外探测源开展火星大气风场被动光学探测，其所具有的高探测精度、全球尺度及全面的高度覆盖能力，也已受到国内外相关科学家的广泛关注。开展火星大气短波红外辐射大气风场探测正/反演算法设计及分析计算测试，是保证获取高精度风场数据的关键环节。对提高我国大气风场测量能力、完善测量全链路及获取高精度大气风场数据意义重大。本文提出了利用多普勒迈克尔逊干涉技术测量火星大气风场的概念模拟，基于火星大气动力学观测项目（DYNAMO）设计的卫星仪器，模拟了仪器探测火星大气中557 nm和1.27 μm气辉光谱的多普勒频移来观测火星大气风场。文中详细介绍了拟建的卫星轨道特点、仪器测量方式和仪器设计有关的参数，在模拟火星大气风场和温度场的基础上建立了仪器正演模型，结合简单的反演算法验证了正演模型的有效性。

1　意义

行星的大气环境是行星组成的重要部分，也是行星多圈层耦合与演化系统的主要环节。行星空间中的不同成分组成的行星大气，在行星能量传递、行星物质逃逸等过程中扮演重要角色。火星作为开展深空探测的重要科学目标，已受到国内外的广泛关注。针对火星大气的探测，尤其是对其大气风场的测量，对火星大气物质循环与运输机理研究及探测器环绕、着陆等均有着重要作用。利用星载短波红外探测源开展火星大气风场被动光学探测，由于具有的高探测精度、全球尺度探测及全面的高度覆盖能力，已受到国内外相关科学家的广泛关注（Fast et al.，2006）。

众所周知，大气风场是施加在大气上的力引起的效应，它传输能量、动量和各种大气成分。地球中高层（30～300 km）大气风场是理解大气动力学行为、热力学性质和成分结构的一个关键参数，也是理解近地面和对流层大气与中高层大气的物质和能量迁移交换过程的一个关键参数。通过中高层大气风场的探测，人们可以获知中高层大气的基本特征，如风速、风向、温度、湿度、大气辐射等；可以描绘出全球中高层大气的循环及其季节性和长期性的变化，以及中高层大气的气候及天气情况。因此，在地球上，中高层大气风场的探测已成为当今国际上的前沿科学和热门研究课题（Alexey et al.，2009）。

欧洲航天局（European Space Agency）的平流层动力学研究顾问组（Stratospheric Dynamics Mission Advisory Group）提出了地球平流层臭氧和风场测量精度的要求。假设风速和臭氧浓度在 2 km 的高度区间是分层均匀的，它们在 25 ~ 40 km 高度区域的随机误差为 5 m/s 和 10%，在其他高度区域有更大的误差。Lahoz 等在 2005 年进行的观察系统模拟试验表明，这样精度的风速和臭氧测量将改善气象预报系统的数据仿真模拟分析（Krasnopolsky，2007），增加对未来全球气候变化研究和预测的可信度。为全面、系统地研究近地环境、日地空间环境、全球大气与空间天气奠定基础和提供重要的指导，对地球的生态环境、人类的生存空间和太空环境、太空科学实验、空间飞行器的发射与运行、导弹预警、战略导弹环境保障服务、军事气象、中长期天气预报、空间探测都具有十分重大的科学意义和极其重要的应用价值（Hays，1993）。

2　火星风场观测现状

对火星上的风的直接测量相对较少，早期火星大气平均环流的推测依赖于来自地球的望远镜观测，通过观测火星高层大气中强的 CO_2 10 μm 发射谱线沿视线（LOS）的多普勒频移，获得火星中层大气风场信息（Johnson et al.，1976；Mumma et al.，1981；Deming and Mumma，1983）。在地球上使用外差光谱仪和干涉仪分别对火星大气 CO_2 红外谱线（Sonnabend et al.，2006；Sonnabend et al.，2012）及对火星大气 CO 红外谱线（Moreno et al.，2009）进行观察，利用它们的多普勒频移效应，可以进行风的反演。但它们的观察时间受到严格限制，反演结果只代表非常大区域的大气平均状态（Kuroda and Hartogh，2010）。

早期的火星大气风场观察仅限于表面风测量。火星表面风测量仅限于海盗号（Viking，包括 1 和 2 号）（Hess，1973）、探路者号（Pathfinder）（Schofield et al.，1997；Sullivan et al.，2000）、凤凰号（Phoenix）（Gunnlaugsson et al.，2008）和好奇号（Curiosity）（Gómez-Elvira et al.，2012）登陆任务。这 5 个着陆点的风场探测提供了准确和高分辨率现场测量结果。但是，由于局部地形控制近地表风，地面风的测量很难用火星平均环流来解释。然而，在某些情况下，地表风可能会反映出较大尺度的风系统。例如，Lewis 等用 GCM 成功地再现了在探路者号着陆点观测到的风向的昼夜变化（Lewis et al.，1999），这表明在那里观测到的风由循环系统控制，其尺度至少与其 GCM 网格一样大（在赤道处约为 225×225 km）。此外，凤凰号的风向传感器在任务结束时检测到向西风的转变，这可能表明极地涡旋正在加强（Holstein-Rathlou et al.，2014）。除了在特定位置和特定时间的少数情况外，从登陆器测得的地面风与全球平均环流的性质几乎不一致。

2.1 云和飞船轨道空气制动测量

火星大气风场的观测也通过间接测量实现，如利用风在火星表面产生的特征，云的运动，以及飞船轨道空气制动（Read et al.，2018）。一些研究者通过观察云的运动和方向（Kahn，1983；Zurek et al.，1992；McConnochie et al.，2010）、地表风积（地表条纹和沙丘方向，surface streaks and dune orientations）特征（Thomas et al.，1981；Greeley et al.，1993；Geissler，2005），以及航天器轨道空气制动（Baird et al.，2007；Crowley and Tolson，2007）间接推导风场信息。但是，云的不定时出现及其高度的不确定性，会限制从云观测得到的风的信息。在选定的季节中使用南北极区的 MGS 影像观测的云追踪数据，估计纬向风速（Wang and Ingersoll，2003），但高度不确定，覆盖偏差仍然存在，当地时间限制在下午 2 点左右。风与地表风积的特征形态之间的关系目前还不完全清楚，从地表风积的特征方向推导的风信息可能仅反映某些季节甚至过去气候的风。

航天器制动运行的主要目的是减少轨道周期和偏心率。为了成功进行航空制动，航天器被设计在俯仰和偏航方面稳定。对极轨航天器，偏航方向对风的纬向分量（从东到西或从西到东）引起的干扰很敏感。通过将作用在航天器上的气动力矩和惯性有关的转矩相等，可以计算出纬向风速。火星全球探测者（MGS）、奥赛德（Odyssey）和火星侦察轨道器（MRO）的制动数据提供了热层高度风场的季节变化信息，但是每天只覆盖了两个地方时（Baird et al.，2007；Crowley and Tolson，2007）。

2.2 火星大气温度时空分布特征

图 1 取自 Smith（2008）的图 2，显示了 TES 观察的火星四季（$Ls=0°$，$90°$，$180°$和 $270°$）白天（地方时约 2：00 pm）平均温度的纬度-高度截面。如图所示，温度通常明显偏离辐射平衡，表明热结构受到动力过程的强烈影响。在二至点（$Ls=90°$和 $270°$），太阳最大加热发生在夏季极区，近表面温度在那里达到最大值。在夏季半球，所有高度的温度都向极区上升。在冬季半球，在由向下运动引起的绝热加热的局部最高温度和非常冷的极夜温度之间，存在着非常强的温度纬度梯度。这个极锋（polar front）的纬度位置有一个特征性的倾斜，在表面以上的高度越高，锋面越偏向极点。当极地冷空气在表面附近向赤道流动时，这将导致中纬度 1 mbar（1 mbar = 0.0001MPa）以下区域的温度倒转。北半球近日点（$Ls=251°$）的时间接近北半球冬至日（$Ls=270°$），这会导致北半球冬季中纬度的温度纬度梯度显著大于南半球（$Ls=90°$），它还导致南半球夏季的整体温度比北半球夏季更高。

两个二分点（$Ls=0°$和 $180°$）期间的热结构彼此相似，并且几乎围绕赤道对称。最热的温度在赤道的表面附近。在每一个半球，当高度低于约 30 km（0.3 mbar）时，温度向两极下降。在此高度以上（至少达到 0.01 mbar 水平），在赤道有一个最低温度，而在中高纬度区域有一个最高温度。

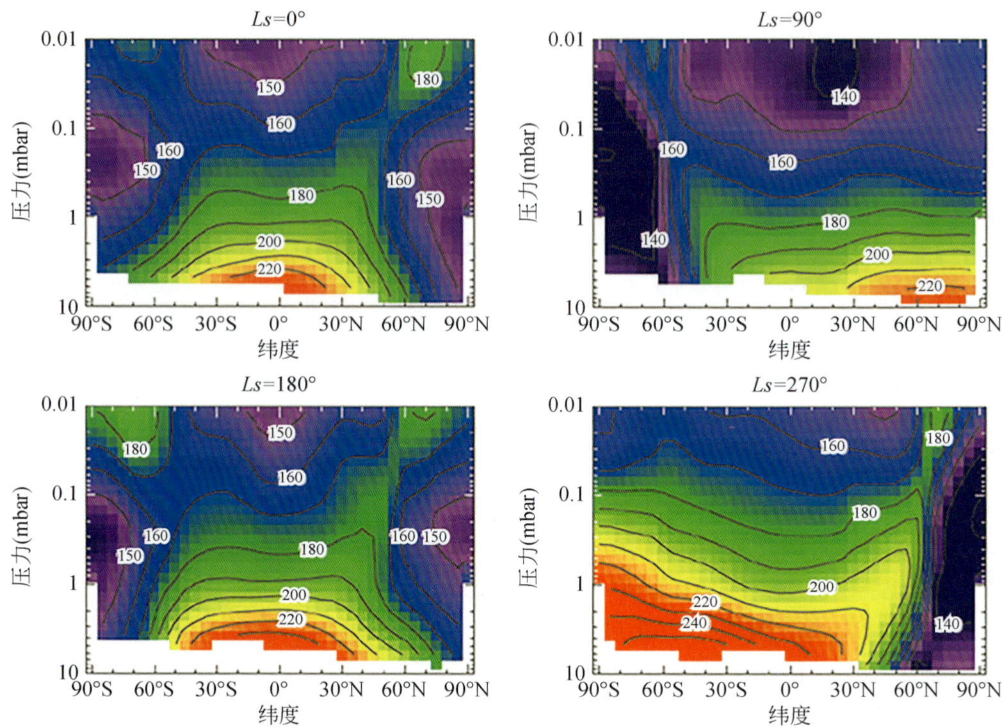

图 1　TES 观测的火星四季日间（地方时约 2:00 pm）平均温度（K）随纬度和压强（或者表面高度）的分布（Smith，2008）

0. 01 mbar 顶部边界大约为表面高度 65 km

TES 观测能够提供火星全球范围每天的大气温度监测数据。其结果显示出存在各种各样的波，包括行星波、太阳热力潮汐及大气与大尺度火星地形相互作用产生的重力波。这些波能够引起观测到的温度变化，在热、动量和大气成分（如气溶胶和水蒸气）的水平和垂直传输中起着重要作用（Banfield et al.，2003；Banfield et al.，2004）。

2. 3　准地转热风平衡计算

大尺度的火星大气风场也可以通过探测温度的垂直分布，利用准地转热风平衡关系，间接地推断出来（例如 Smith et al.，2001）。然而，这种近似计算存在显著的误差，因为火星强烈的非地转流和波动甚至可能导致风反转（Medvedev et al.，2011）。同时，热红外温度的测量也受到大量气溶胶和云的影响。

图 2 显示了根据图 1 所示的热结构计算的纬向梯度风。在二至日（$Ls=90°$ 和 $270°$）条件下，温暖的中纬度和寒冷的冬季极夜之间的急剧温度纬度梯度会产生一股强烈的向东急流或极涡，其速度可以远超 100 m/s。夏季半球的风一般比较弱且向西。在北半球冬季（$Ls=270°$）形成的极涡明显强于南半球冬季极涡。二至日的热结构表明一个单一的、强的跨赤道经向环流（哈德利环流）。它在夏季半球向上运动，在高空的经向风从

夏季半球向冬季半球跨越赤道，在冬季半球向下运动，正好沿极涡向赤道的方向在表面附近回流。在二分日条件下，每个半球在中纬度都会形成中等强度的东向急流，北半球的纬向风强度略大于南半球。一对哈德利环流控制着经向环流。它们在赤道附近向上运动，在高空向极地流动，在中纬度向下运动，在每个半球的表面附近有一股回归赤道的流动。

通过准地转热风平衡近似，利用探测的垂直温度可以推导大尺度风信息（例如 Smith et al., 2001）。但是，由于大量的非地转流、甚至可能导致风反转（Medvedev et al., 2011）的强波动，以及风速的边界条件要求（通常将地表边界的纬向风速设置为零），这种近似计算在火星上可能有明显的误差。此外，大量的气溶胶会影响热红外温度的推导，例如，在非常阴天的环境（Kass et al., 2017）。

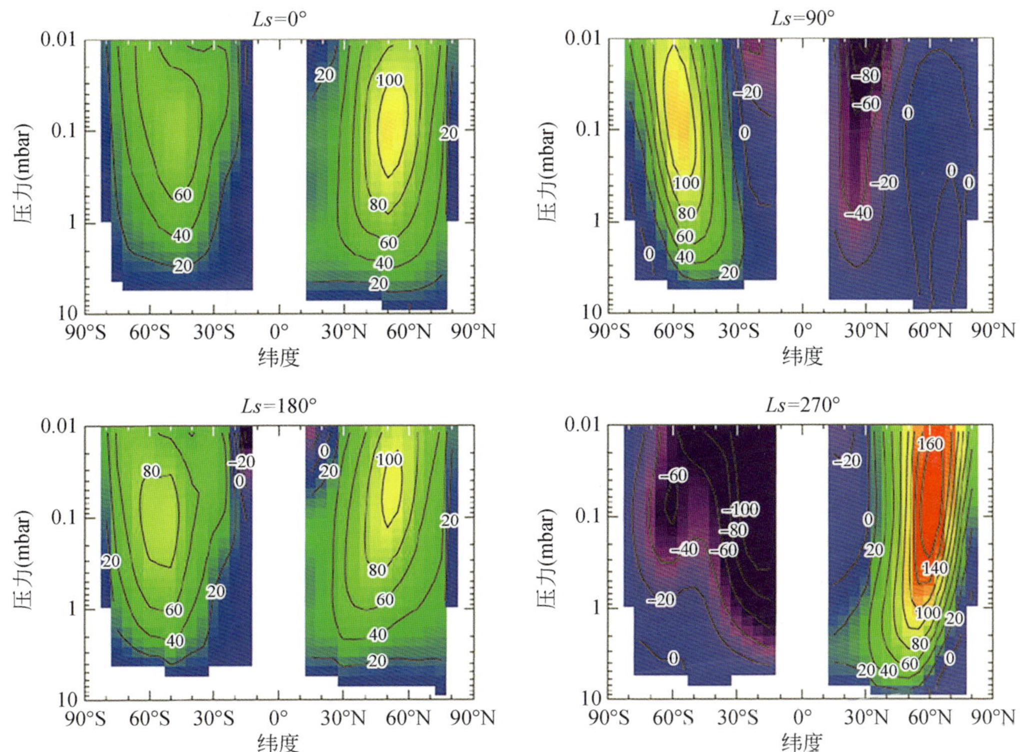

图 2 利用准地转风近似由 TES 观测温度推导的火星四季日间（地方时 2:00 pm）平均纬向风速（m/s）随纬度和压强（或者表面高度）的分布（Smith, 2008）
正值表示东向风，0.01 mbar 顶部边界大约为 65 km 高度

2.4 MAVEN 测量

使用一种新的观测技术，MAVEN（火星大气和挥发性演化）航天器上搭载的 NGIMS（中性气体和离子质谱仪，Neutral Gas and Ion Mass Spectrometer）仪器从 2016 年开始测量热层高度（大约 140 ~ 240 km 的高度范围内）的水平风场信息（Benna et al., 2015,

2019；Mahaffy et al.，2015）。观测的沿轨道的水平风速的随机不确定度是 20 m/s，跨轨道的水平风速的随机不确定度是6 m/s（Roeten et al.，2019）。这是火星上热层高度风场信息的第一个原位观测。

2.5 可见光557 nm和630 nm观察

2.5.1 临边观察

热辐射（从热红外到微波）或散射太阳光（从红外到紫外光）的被动临边探测是一种成熟的技术，用于测量地球（例如 Gille and Russell，1984；Barath et al.，1993；Aellig et al.，1996；Murtagh et al.，2002；Waters et al.，2006；Fischer et al.，2008）、火星（例如 McCleese et al.，2007）和其他行星的大气成分和其他参数。

仪器视场在垂直于大气临边方向扫描获得的信息，其垂直分辨率远高于天底探测通常可获得的垂直分辨率。同时，与天底探测相比，较长的大气临边路径长度将微弱痕量气体的信噪比提高了几个数量级。然而，同一长距离路径也使其测量的水平分辨率比天底探测要差，至少在视线方向上是这样的。如果仪器沿轨道平面观察，则应用层析反演技术（tomographic retrieval techniques）（例如 Livesey and Read，2000）可以在某种程度上提高分辨率。

火星上的极光是由火星快车（MEX）于2005年发现的。通过 SPICAM 仪器的紫外通道进行观察（Bertaux et al.，2005）。这些极光位于垂直排列的火星外壳（crustal）磁场附近，从那时起，人们对其进行了大量研究，试图确定其产生的确切过程及对火星高层大气的潜在影响（Leblanc et al.，2008；Brain and Halekas，2012）。然而，这些极光只在紫外波段进行研究，主要是由于缺乏能够在可见光谱范围内观测到对应极光的仪器（Lilenstena et al.，2015）。

有两个任务可能有助于观察这些极光：Exo-Mars/TGO（Exo-Mars/Trace Gas Orbiter mission）将携带一个可见光谱仪，可用于在可见光谱范围内探测这些事件。NOMAD（Nadir and Occultation for Mars Discovery）将携带一个200～650 nm范围的紫外-可见分光光度计，包括 $CO_2^+(B)$ 波段、紫外和绿色557.7 nm $O(^1S\text{-}^1D)$ 跃迁线、红色630 nm $O(^1D\text{-}^3P)$ 谱线和 CO_2^+（A）Fox-Duffendack-Barker bands（412～434 nm，FDB）（Lilenstena et al.，2015；Gérard et al.，2020）。

2.5.2 557 nm气辉观察

557 nm氧原子辐射是地球极光光谱中普遍存在的成分，也是其通常呈绿色的原因（Kramida et al.，2019）。它也在白天的地球大气中被观测到，在接近90 km的高度环绕着地球，形成一层薄薄的辉光层（Zhang and Shepherd，2005；Witasse et al.，1999）。欧洲航天局 ExoMars/TGO 的 NOMAD 紫外和可见分光光度计仪器观察首次提供了它在其他行星上存在的证据（Gérard et al.，2020）。

表 1 和表 2 分别列出火星和地球 557 nm 气辉谱线主要的激发机制、辐射强度的典型峰值和高度、主要的测量仪器和测量精度。由于火星和地球大气的主要成分不同，$O(^1S)$ 在两个行星上的激发机制不同，557 nm 辐射的典型强度和高度分布也有所不同，在地球上常常观察到的 557 nm 夜气辉，尚未在火星上观察到。

表 1　火星可见光气辉 557 nm 谱线

观察时间	主要激发机制	典型峰值高度/强度（参考文献）	主要测量参数	主要仪器/带宽（参考文献）
白天	$CO_2+h\nu\rightarrow CO+O(^1S)$ $O_2^++e\rightarrow O(^1S)+O(^1D)$ $O(^1S)\rightarrow O(^1D)+h\nu_{557.734\ nm}$	76 km/245 kR[1)] 120 km/120 kR (Gérard et al., 2020)	CO_2 浓度	NOMAD-UVIS (200～650 nm) (Gérard et al., 2020)
夜间	缺乏观测数据			

1) $1R=10^6$ phono · cm^{-3} · s^{-1}。

表 2　地球可见光气辉 557 nm 谱线

观察时间	主要激发机制	典型峰值高度/强度（参考文献）	主要测量参数	主要仪器/带宽（参考文献）
白天	$O+e\rightarrow e+O(^1S)$ $O_2^++e\rightarrow O(^1S)+O$ $N_2(^3\Sigma_u^+)+O\rightarrow N_2+O(^1S)$ (180 km 以下的主要反应) $O_2+h\nu\rightarrow O(^1S)+O$ $O_2^*+O\rightarrow O^2+O(^1S)$ $N+O_2^+\rightarrow NO^++O(^1S)$ $O(^1S)\rightarrow O(^1D)+h\nu_{557.734\ nm}$	100 km/90 kR (Gault et al., 1996) 97 km/500 photon · cm^{-3} · s^{-1} 200 km/500 photon · cm^{-3} · s^{-1} (Chattopadhyay and Midya 2006); (Ward et al., 2001)	O 原子密度 风速 温度	WINDII/1.6 nm (Gault et al., 1996); WAMI/2 nm (Ward et al., 2001)
夜间	F 层： $O_2+O^+\rightarrow O_2^++O$ $O_2^++e\rightarrow O(^1S)+O$ $O(^1S)\rightarrow O(^1D)+h\nu_{557.734\ nm}$ E 层： $O+O+M\rightarrow O_2^*+M$ $O_2^*+O\rightarrow O(^1S)+O_2$ $O(^1S)\rightarrow O(^1D)+h\nu_{557.734\ nm}$	95 km/6.5 kR (Gault et al., 1996) 97 km/170 photon · cm^{-3} · s^{-1} (Ward et al., 2001)	O 原子密度 风速 温度	全天空 FP 干涉仪 SCANDI/1 nm (Aruliah et al., 2010); 全天空气辉成像仪/1.8 nm (Parihar et al., 2012)

在 NOMAD 观察的火星紫外-可见光光谱中，清晰地显示出地外白天的绿线（图 3）。利用一种特殊的观测模式，对昼侧临边扫描，提供了 557.7 nm 线强度的高度分布（图 4）。在 80 km 和 120 km 高度附近观察到两个强度峰值，分别对应于太阳 Lyman α 和远紫外辐射对 CO_2 的光解（photodissociation）作用。

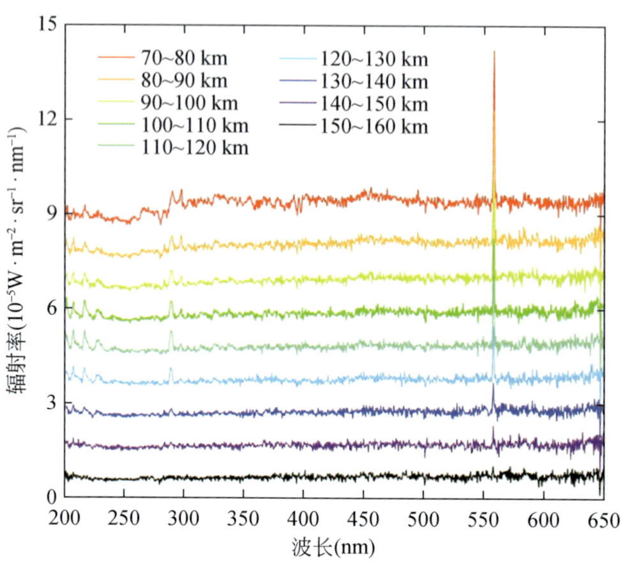

图 3 ESA ExoMars/TGO 的 NOMAD 临边观察的紫外-可见光光谱（Gérard et al.，2020）

O(^{1}S) 557.7 nm 辐射谱线

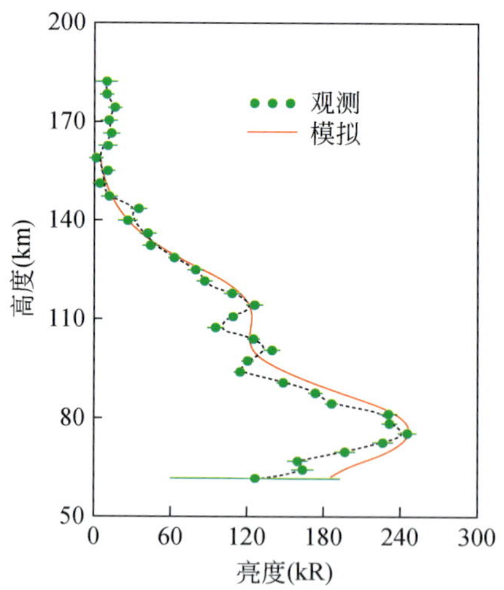

图 4 ESA ExoMars/TGO 的 NOMAD 光谱仪 UVIS 通道测量的火星 O(^{1}S) 557.7 nm 昼气辉廓线（绿点线）与模型模拟结果（红实线）（Gérard et al.，2020）

水平误差线表示测量的 1σ 不确定度

2.5.3 630 nm 气辉观察

表 3 和表 4 分别列出火星和地球 630 nm 气辉谱线主要的激发机制、辐射强度的典型峰值和高度、主要的测量仪器和测量精度。在地球上常常观察到的 630 nm 气辉，尚未在火星上观察到。在 UVIS 光谱（在 1σ 水平）中，O（^{1}D→^{3}P）630 ~ 636 nm 红色双重态

(red doublet)(地球气辉和极光的主要成分)的缺失也很明显(图3)。模型预测表明,O(^1D)原子的总产生率比O(^1S)原子的总产生率高出近一个数量级。然而,预测的强度比I(630 nm)/I(557.7 nm)低至0.01,这是O(^1D)长辐射寿命(110 s)及其更有效的碰撞失活(collisional deactivation)的结果。因此,630 nm辐射没有任何可检测的信号,这与观察的结果是一致的(Gérard et al., 2020)。

表3 火星可见光气辉630 nm谱线

观察时间	主要激发机制	典型峰值 高度/强度(参考文献)	主要测量 参数/精度	主要仪器/带宽 (参考文献)
白天/夜间	$O_2^+ + e \rightarrow O(^1S) + O(^1D)$ $O(^1D) \rightarrow O(^3P) + h\nu_{630\ nm}$	145 R 高度不明 (Fox and Dalgarno, 1979)	—	—

表4 地球可见光气辉630 nm谱线

观察时间	主要激发机制	典型峰值高度/强度 (参考文献)	主要测量参数	主要仪器/带宽(参考文献)
白天	$O + e \rightarrow O(^1D) + e$ $O_2^+ + e \rightarrow O + O(^1D)$ $O_2 + h\nu \rightarrow O(^1D) + O$ $N(^2D) + O_2 \rightarrow O(^1D) + NO$ $N^+ + O_2 \rightarrow NO^+ + O(^1D)$ $O(^1D) \rightarrow O(^3P) + h\nu_{630\ nm}$	30 kR 高度不明(模型) (Shepherd et al., 1993) 200 km/200 photon · cm^{-3} · s^{-1} (Culot et al., 2005)	温度 风速	WINDII/2.7 nm (Shepherd et al., 1993) HIRISE/100 Å (Pallamraju et al., 2002)
夜间	$CO_2 + O^+ \rightarrow O_2^+ + CO$ $O^+ + O_2 \rightarrow O_2^+ + e$ $O_2^+ + e \rightarrow O(^1D) + O$	5 kR 高度不明(模型) (Shepherd et al., 1993) 240 km/5 photon · cm^{-3} · s^{-1} (Adachi et al., 2010)	等离子体泡 风速 温度	全天空FP干涉仪(SCANDI)/1 nm (Aruliah et al., 2010) 全天空成像仪/2 nm (Parihar et al., 2012) ISUAL/628 ~ 635 nm (Adachi et al., 2010)

2.5.4 近红外1.27μm气辉观察

火星和地球的分子氧O_2($a^1\Delta_g$)1.27μm波段是用于它们的大气遥感探测的主要谱线,也是当前研究的热点。如表5和表6所示,在火星和地球上都能观察到1.27μm昼气辉和夜气辉。

表 5　火星近红外气辉 1.27 μm 谱线

观察时间	主要激发机制	典型峰值高度/强度（参考文献）	主要测量参数/精度	主要仪器/带宽（参考文献）
白天	$O_3+h\nu \rightarrow O(^1D)+O_2(a^1\Delta_g)$	20～30 km/30～150R（Clancy et al., 2017） 26 MR @70°～80°N（$Ls=10°～20°$）（Fedorova et al., 2006）	O_3 丰度	SPICAM/1～1.7 μm OMEGA/0.4～3.9 μm （Guslyakova et al., 2014） （Clancy et al., 2012） （Clancy et al., 2017）
夜间	$O+O+CO_2 \rightarrow O_2(a^1\Delta_g)+CO_2$	40～50 km/5～20 MR 49 km/17 MR @85°S 42 km/12 MR @76.5°S 43.5 km/9.3 MR @70°N （Bertaux et al., 2012）	O 原子密度	

表 6　地球近红外气辉 1.27 μm 谱线

观察时间	主要激发机制	典型峰值高度/强度（参考文献）	主要测量参数/精度	主要仪器/带宽（参考文献）
白天	$O_3+h\nu \rightarrow O(^1D)+O_2(a^1\Delta_g)$	三强线： 45 km/500 MR （Ward et al., 2001）	风速/±3～5 m/s 温度/±2 K O_3 密度	WAMI/0.1～0.13 nm 标准具/2 nm 滤光片 （Ward et al., 2001）
夜间	$O+O+M(N_2+O_2) \rightarrow O_2(a^1\Delta_g)+M$	三弱线： 85 km/80 KR 87 km/60 KR 96 km/60 KR （Ward et al., 2001）	风速/5 m/s 温度/±2 K O 密度	SABER/0.254～1.298 μm （Mlynczak et al., 2007）

2.5.5　火星 1.27 μm 昼气辉和夜气辉

火星高层大气中 1.27 μm 的 O_2 气辉辐射是由白天侧臭氧的光离解（photo-dissociation）和夜间侧原子氧的重联（recombination）产生的（Krasnopolsky，2013）。20 世纪 70 年代，Noxon 通过地面观测首次探测到了昼气辉（Noxon，1970），随后被 Krasnopolsky 等人证实。作为高空臭氧丰度的敏感示踪剂（Krasnopolsky，2003；Guslyakova et al.，2016），火星快车的 SPICAM 和 OMEGA 光谱仪及火星勘测轨道飞行器的 CRISM 对它在整个火星年中的空间和季节变化从轨道上进行了监测。

在臭氧光离解（photolysis）过程中，单重态 O_2（$a^1\Delta_g$）的昼气辉出现在火星上，而臭氧取决于水蒸气的垂直分布。火星快车上 SPICAM 的红外声光可调滤波器光谱仪定期测量 1.27 μm 波段的辉光强度（Fedorova et al.，2006；Korablev，2016）。对多年的临边观测资料进行了分析（图 5），并与火星大气环流模式进行了比较。

然而，火星夜气辉是最近才被探测到的，而且只在辐射明亮、条件极端的亚极地区域（López-Valverde et al.，2018）。第一次直接观测由 OMEGA/Mars Express 于 2010 年的极夜

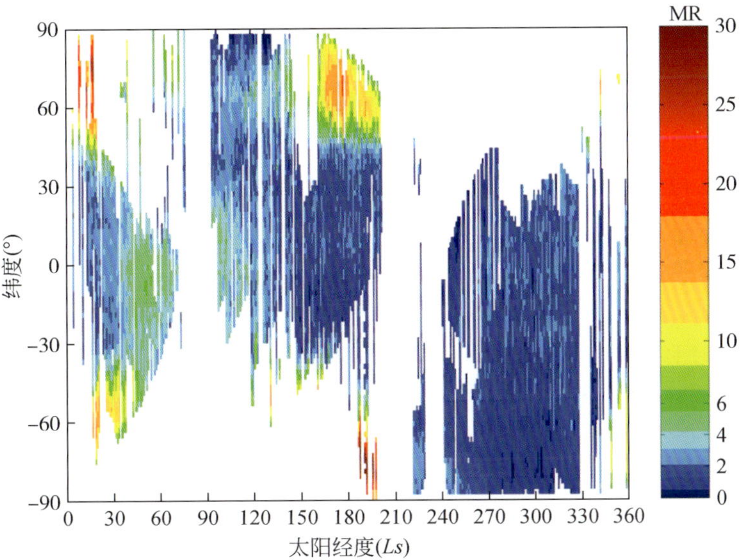

图 5 SPICAM IR 观测的 O_2（$a^1\Delta_g$）1.27 μm 昼气辉在不同纬度的季节变化（Fedorova et al.，2006）
时间从 *Ls*=330°（2004 年 1 月）到 *Ls*=327°（2005 年 11 月）

在靠近南北两极边缘发现（图 6）（Bertaux et al.，2012），并后来由 CRISM/MRO（Mars Reconnaissance Orbiter）（Clancy et al.，2012）和 SPICAM IR/ Mars Express（Fedorova et al.，2012）对其进行了进一步探测，并表征了它的季节变化特征。这些观察是在极夜期间在南极和北极附近进行的。2013 年，Krasnopolsky 利用美国航天局（NASA）地基红外望远镜设施（Infrared Telescope Facility，IRTF）进行了测量火星中低高度区域 1.27 μm O_2夜气辉的尝试（Krasnopolsky，2013）。

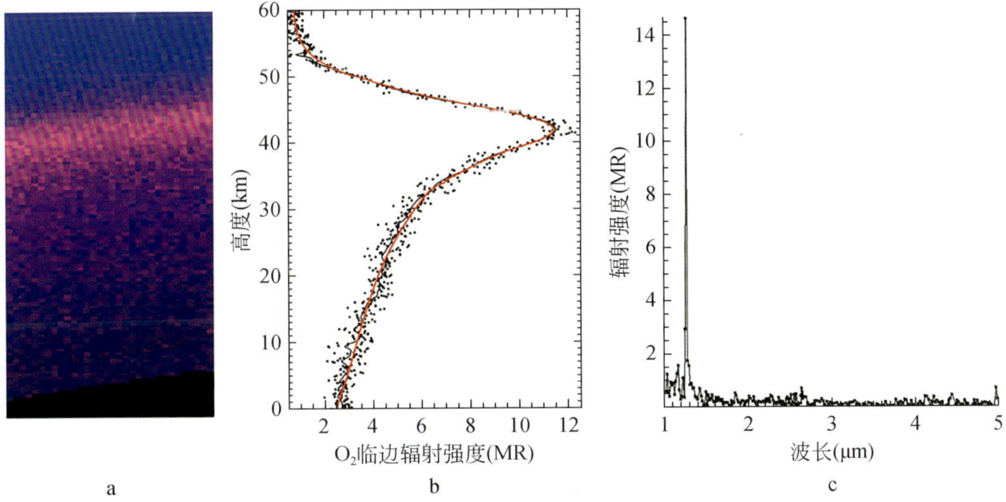

图 6 OMEGA 临边观测的火星 O_2（$a^1\Delta_g$）1.27 μm 夜气辉（Bertaux et al.，2012）

a. OMEGA 夜间临边观测的 2.2°宽刈幅，气辉辐射用粉红色表示；b. 观测辐射强度（沿视线积分，MR）的垂直分布，红线是垂直分布的平滑曲线；c. 观测积分强度的光谱，显示仅有 1.27μm 辐射

CRISM 观察到的临边强度达到 14 MR，这个亮度应该可以用 NIR/ACS 通道测量。与 GCM（global circulation model）预测比较（Gagné et al.，2013）表明，该模型在很大程度上低估了高纬度 O_2气辉亮度。虽然高纬度的测量将受到 TGO（Trace Gas Orbiter）轨道倾角的限制，但可以观测到春分点附近的中纬度亮度，并由此得到 O 密度。不幸的是，这种获得 O 密度的方法可能覆盖的高度范围并不包括中层上部区域和低热层区域。这是 15μm CO_2辐射最强的区域，并且最依赖于原子 O 和 CO_2分子之间的碰撞交换；这一碰撞交换过程及 EUV 加热过程控制着火星高层大气的能量平衡（López-Puertas et al.，2005）。

这个夜气辉层是由在 40～50 km 高度区域的氧原子三体复合（recombination）产生的，而这些氧原子是在白天侧由二氧化碳离解（dissociation）而产生，然后在哈德利（Hadley）循环中沿经向传输到夜侧，并在 50～60 km 高度重联（recombination）。在 SPICAM 实验中也观察到了这个夜气辉。2010 年，在火星南极地区获得了 7 条廓线图。最大辉光位于 42～50 km 的高度，其积分强度在 0.24～0.45 MR，这与 50～70km 高度上 1×10^{11}～2×10^{11} cm^{-3}的氧原子浓度一致。这种辉光是气流从二氧化碳光离解（photodissociation）高度（即 70 km 以上）下降的证据。辉光的时空变化反映了极地大气中尚未充分研究的子午线传输（Fedorova et al.，2012）。2010 年以来，积累了大量需要分析的观测数据。

2.5.6 火星 1.27 μm 气辉高度分布

图 7 是火星 $O_2(a^1\Delta_g)$ 1.27 μm 气辉纬度和高度分布示意图（Clancy et al.，2012），所示为法国的 Laboratoroire de Météorolooie Dynamique du CNRS（LMD）GCM 模拟结果，*Ls*＝95°～100°（北半球春季）。白色等高线是经向流。在太阳光照射的（60°S～90°N）纬度区域，高度 40 km 以下，O_3 的光离解产生了 $O_2(a^1\Delta_g)$ 1.27 μm 气辉。在太阳光未照射的秋季极区，高度 40 km 以上，O 原子的三体复合产生了 $O_2(a^1\Delta_g)$ 1.27 μm 气辉。

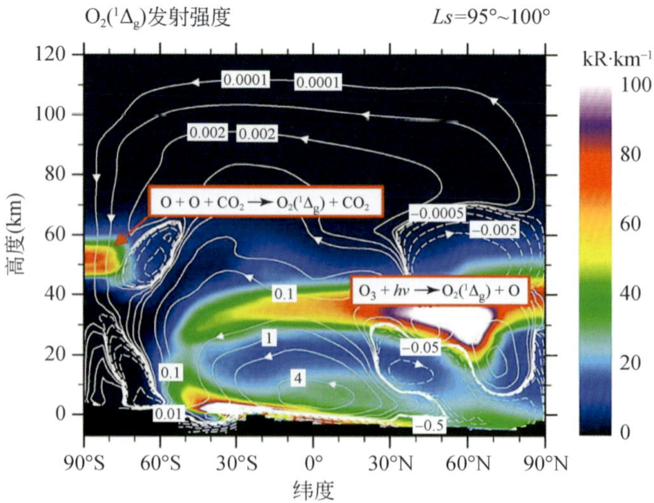

图 7 火星 O_2（$a^1\Delta_g$）1.27 μm 气辉纬度和高度分布示意图（Clancy et al.，2012）

Muñoz 的火星大气光化学模型（Muñoz et al.，2005）计算结果显示，O_2夜气辉分布在 40 km 到 80 km 的高度，峰值在 62 km。峰值谱带体辐射率（Band Volume Emission Rate，BVER）估计约为 20 ~ 120 kphoton · cm^{-3} · s^{-1}。40 km 以上和以下在给定地方时的 BVER 如图 8 所示。

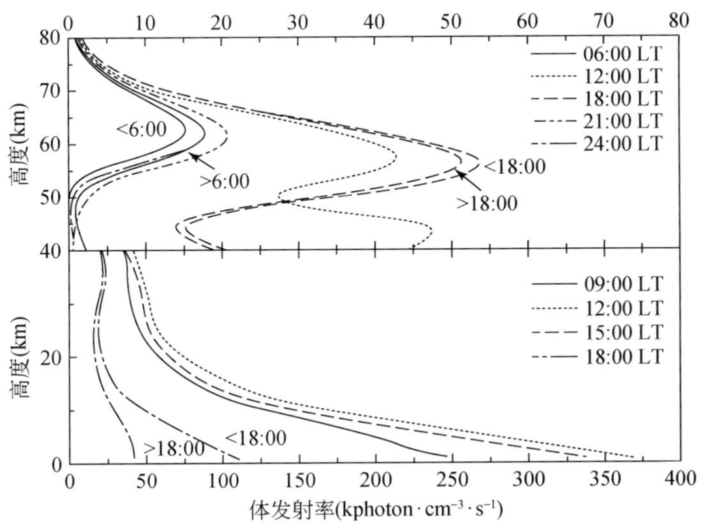

图 8 模拟的 $O_2(a^1\Delta_g)$ 1.27 μm 气辉谱带在不同地方时的体辐射率 BVER（kphoton · cm^{-3} · s^{-1}）（Muñoz et al.，2005）

CRISM 和 SPICAM IR 观察的火星 $O_2(a^1\Delta_g)$ 1.27 μm 昼气辉廓线（图 9）和夜气辉廓线分别如图 9 和图 10 所示。

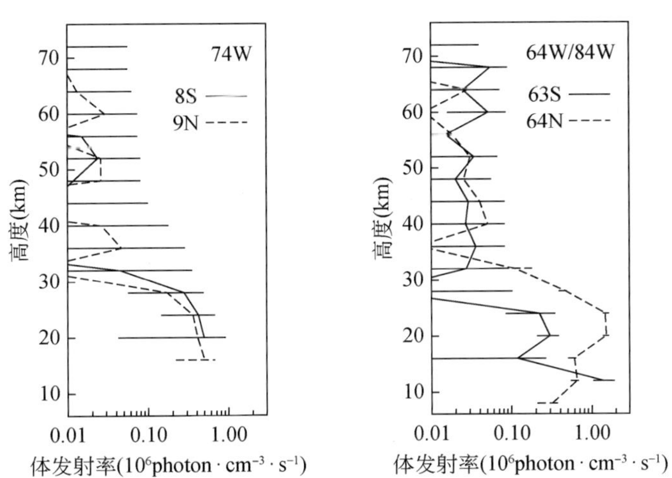

图 9 CRISM 观测的火星 O_2（$a^1\Delta_g$）1.27 μm 昼气辉廓线（Clancy et al.，2017）

Ls = 207°，1-σ 误差线代表测量误差

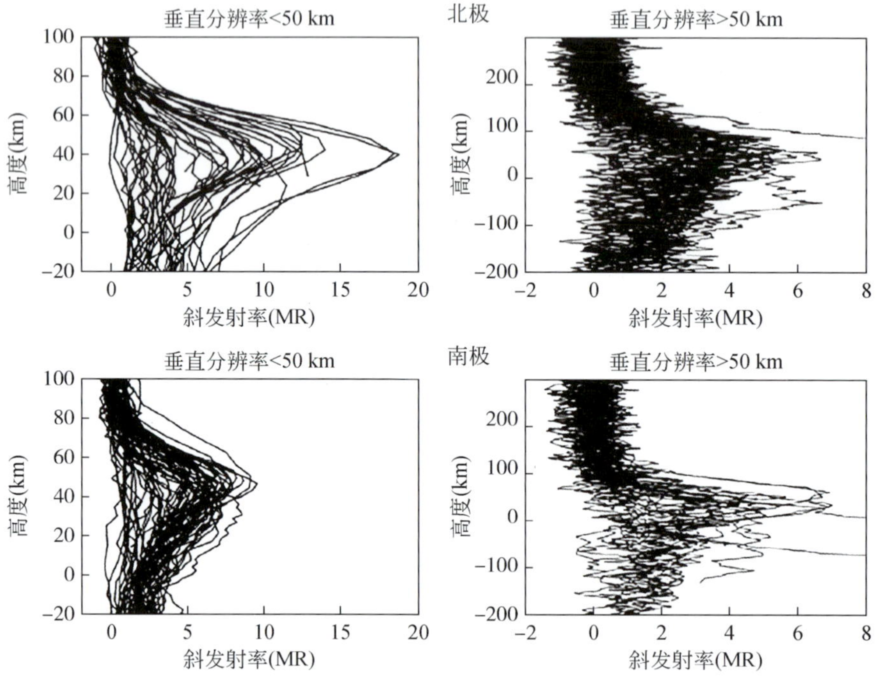

图 10　SPICAM IR 在北极和南极临边观测的火星 $O_2(a^1\Delta_g)$ 1.27 μm 夜气辉廓线（Montmessin et al.，2017）

左侧廓线的垂直分辨率小于 50 km；右侧廓线的垂直分辨率大于 50 km

2.5.7　火星 1.27 μm 气辉季节变化

图 11 显示了火星 $O_2(a^1\Delta_g)$ 1.27 μm 昼气辉随纬度和季节分布。在中低纬度，昼气辉强度的季节变化明显，从在远日点（$Ls=71°$）约 6 MR 变化到近日点（$Ls=251°$）约 1 MR。在秋分（$Ls=180°$），最亮昼气辉（约 10 MR）出现在南半球高纬度。在春分（$Ls=0°$），最亮昼气辉（约 10 MR）出现在南北半球 40°以上。

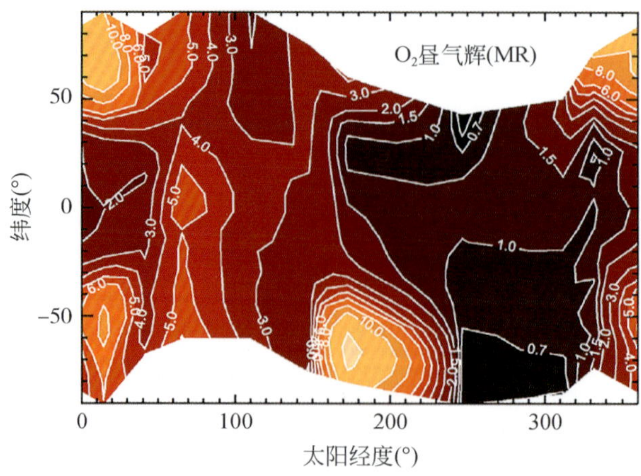

图 11　火星 $O_2(a^1\Delta_g)$ 1.27 μm 昼气辉纬度和季节分布（Krasnopolsky，2013）

3 仪器与手段

3.1 地球大气观测

空基光学干涉技术是获取大气风场信息的一种十分有效的测量手段。它可以同时探测大气风场、温度（和压强），以及大气成分等信息。在空基探测中，被动式光学干涉方法因其不需要人工光源，设备重量轻，运行成本低，而成为广泛采用的、有效的卫星遥感技术。自 1960 年美国发射第一颗 TIROS-1 试验气象卫星进行三维大气温度、湿度探测以来，经过近半个世纪的发展，以卫星为平台的空基遥感观测已经趋向深入和成熟。但在相当长的一段时间，尚无任何可以直接测量大气风场的卫星遥感仪器投入运行，大气风场的信息通常由温度测量间接计算得到。

国外对中高层大气风场被动式探测的基础性研究始于 20 世纪中期，到 20 世纪 90 年代初期取得了突破性的进展。法布里–珀罗干涉仪（Hays，1993）和迈克耳逊干涉仪（Shepherd et al.，1993）这两种主要的光学仪器被用于地基或空基对大气风速和温度的测量。采用星载超高光谱分辨率干涉仪的光学临边观测技术，通过观测随中性大气运动的发光粒子的可见光–近红外光谱的多普勒频移，实现中高层大气风场测量（唐远河等，2005）。1991 年 9 月 12 日，NASA 发射的高层大气研究卫星 UARS（Upper Atmosphere Research Satellite）搭载了高光谱多普勒成像干涉仪 HRDI（High Resolution Doppler Imager）和风成像干涉仪 WINDII（Wind Imaging Interferometer），分别对 15～105 km 和 80～300 km 高度范围内的大气风场（风速、温度、体发射率等）进行了探测（Shepherd，2002，2012）。基于法布里–珀罗干涉仪原理的星载仪器 HRDI 具有高的灵敏度，光程差对温度的依赖有限，结构较为简单。基于迈克耳逊干涉仪原理的星载仪器 WINDII 则具有较大视场和高信噪比的基本优点，更加适合于行星大气层扩展光源的研究。2001 年 12 月 7 日国际上结合 WINDII 和 HRDI 两种仪器的优点而设计的 TIDI（The Thermosphere-Ionosphere-Mesosphere Energetics and Dynamics Doppler Interferometer）发射升空，负责探测高度范围为 60～300 km 的水平风场等信息（Killeen，1999；Skinner et al.，2003）。

法布里–珀罗和迈克尔逊干涉技术要求探测源光谱的绝对单线性。一般采用极窄带滤光片滤出一条单线开展探测。例如，要提取波长为 1282.5 nm 的单线，要求滤光片带宽极窄（FWHM<0.5 nm）。由于单线间隔往往较小，极窄带滤光片制作已成为限制以上两类星载测风干涉仪研制的一项核心工艺（Sioris，2015）。

针对传统法布里–珀罗和迈克尔逊干涉探测技术的绝对单线性限制，近年来迅速发展了多普勒差分干涉技术（Englert et al.，2010）。这是一种基于空间外差光谱技术（Spatial Heterodyne Spectroscopy，SHS）的全新大气风场探测方案（Englert et al.，2006）。SHS 干涉仪是一种非对称结构的空间外差光谱仪（Doppler Asymmetric Spatial Heterodyne，DASH）（Englert et al.，2007），其基本结构与广角迈克尔逊干涉仪相似，但用两个固定光栅替代迈克尔逊干涉仪的平面反射镜，实现双光束等厚干涉。其干涉信号采样特性满足傅里叶变换关系，可以通过干涉图的傅里叶变换获取入瞳光谱信息（Harlander and Englert，2010）。SHS 同时测量每个光程差的相干结果，不需要任何运动部件，从而使仪器更加紧凑和稳定（Roesler，2007）。借助充分的光谱采样间隔，能够将谱带内各单线相互分离，而不需要通过极窄带滤波来保证输入信号的绝对单频性（Englert et al.，2012）。此特点对于探测具有多线精细结构的谱线，或者同时探测多条单色谱线，在仪器设计研制难度及经济成本方面均有较大的优势，提高了应用效能。

由于上述的优势，多普勒差分干涉技术在地基和天基观察中迅速得到运用。利用地基 DASH 干涉仪观察氧原子红线（630 nm）测量热层 F 区风，并与地面法布里-珀罗仪测量进行了直接比较（Englert et al.，2010，2012；Harlander and Englert，2010）。利用 STPSat-1 卫星（Space Test Program Satellite-1）上的 SHIMMER（Spatial Heterodyne Imager for Mesospheric Radicals）仪器演示了外差光谱技术的在轨运用（Harlander et al.，2002）。

基于上述这些成功的技术和测量方法，在 2018 年 11 月 NASA 发射的 ICON [Ionospheric Connection（ICON）Explorer missin] 卫星上搭载了全球高分辨率热层成像迈克尔逊干涉仪（Michelson Interferometer for Global High-Resolution Thermospheric Imaging，MIGHTI）（Englert et al.，2017）。它可以视为步进迈克尔逊干涉仪（WINDII）和非对称空间外差干涉仪（DASH）的结合。其显著优势在于：①没有运动部件；②具有宽场及大的光通量；③可以同时测量多条谱线和实现同步定标；④由于干涉条纹是线性的，可以不用扫描，而对要求的临边视线切点高度区域成像。

MIGHTI 是为测量白天和夜间热层（90 ~ 300 km）大气的水平风速和温度而设计的。它是一个具有宽场和温度补偿的多普勒非对称空间外差（DASH）干涉仪，使用两个相互垂直的视场对地临边观察，测量波长为 630. 0 nm 和 557. 7 nm 的气辉辐射谱线的多普勒频移。这两条谱线是随中性大气运动的激发态氧原子辐射的。由于多普勒频移测量仅对平行于观测方向（视线）的风速分量敏感，因此类似于 WINDII 观察，MIGHTI 使用两个相互垂直的视场，标称指向与航天器速度方向的方位角为 45°和 135°（MIGHTI A 和 MIGHTI B）。这样，两个 MIGHTI 视场在相隔大约 8min 的时间就可以观测到相同的大气区域，对观测切点处同一区域两次测量的组合允许确定水平风速和方向（Shepherd et al.，1993）。

综上所述，目前国际上在中高层大气风场被动遥感探测技术的研究工作重点以仪器装置的研制和工程应用为主。仪器研制以迈克耳逊干涉仪为基本原型。被探测光源集中在可见光波段的气辉辐射，主要是（O1S）557. 7 nm 和（O1D）630. 0 nm 的绿光与红光谱线，范围为 60 ~ 300 km。采用光学干涉技术，获得辐射谱线的干涉图及其在大气风场影响下产生的多普勒频移，从而反演出大气的温度、风速（沿视线方向上的分量）及辐射粒子（原子和分子）辐射率和浓度分布等信息。

未来发展趋势是探测光源从可见光波段向红外波段拓展，探测模式从动态扫描向静态成像发展，探测重点从中高层氧-风场探测向平流层臭氧-风场探测发展。这就要求提出具有前瞻性的技术方案，解决中高层大气静态实时探测还存在的一系列挑战性问题。与目前国际上以天基仪器研制和工程应用为主的迅速发展相比，国内在中高层大气风场被动遥感探测领域的工作重点在地面装置的研制应用和天基原理样机的开发实验。从 1997 年开始就对中高层大气风场探测进行了研究，在理论、技术、装置研制方面取得了多种重要成果。在2008年启动了“子午工程”，利用东经120°子午线及北纬30°纬度线附近现有的15个监测台站，建成了一个具备多种观测手段的中高层大气监测网络，配备了全天空成像仪或法布里-珀罗干涉仪，用来观测中高层大气的风速、温度和重力波等参数（徐治国和王志刚，2008；倪思洁，2019）。成功研制了基于法布里-玻罗干涉仪、广角迈克耳逊干涉仪（含有动镜）和多普勒差分干涉仪的测风实验装置（例如况银丽等，2018；Zhang et al.，2020）。在国际上首次提出了基于Savart（萨瓦）偏光镜横向剪切的偏振干涉成像光谱技术，自行设计并成功研制出具有自主知识产权的偏振干涉成像光谱仪星载、机载和地面实验样机（张淳民，2010；Gao et al.，2013；沈静等，2016；陈洁婧等，2017）。

配合多普勒差分干涉仪研制，开展了可见光辐射大气风场探测正/反演算法设计及分析计算测试，建立了国内首套多普勒差分测风干涉仪正演模型和反演算法全链路仿真模拟软件系统，对提高我国大气风场测量能力、完善测量全链路及获取高精度大气风场数据意义重大。正演模型通过计算机仿真产生观察的干涉图，而反演算法从仪器测量的干涉图提取大气风场的信息。高质量的正演模型和反演算法是测量全链路的核心环节之一，也是保证获取高精度风场数据的关键环节。多普勒差分测风干涉仪的正演模型和反演算法是目前研究的热点（Englert et al.，2017；Harding et al.，2017）。

3.2 正反演方法

正演模型获取探测源辐射光谱的干涉信息。在临边观测模式下，观测路径将穿过不同高度的大气，入瞳光谱实质为大气辐射特性与吸收特性沿观测路径的积分信号。高精度的数值积分计算可以提供一个高质量仿真模拟模型（Englert et al.，2017）。反演算法通过求解大气辐射干涉的积分信号，提取不同高度的大气风场信息。针对目标层多普勒差分干涉信号的求解，国外已经建立了以“洋葱剥皮”（Onion Peeling）算法为核心的反演方法（Harding et al.，2017）。

“洋葱剥皮”方法（Russell and Drayson，1972）利用各层大气信号的累加关系，逐层剥离上层大气信号，求解沿观测路径的积分方程。N个高度层的累加关系可表示为一个N元一次方程组，其系数构成一个下三角矩阵。首先求解顶层大气信号，然后消除上层大气影响，逐层向下求解，得到各高度层大气信号。步进迈克耳孙干涉仪WINDII的数据反演采用“洋葱剥皮”的思想，针对大气信号表观量，结合先验信息方程与约束条件方程实现目标层信号的分离（Rochon，2001）。多普勒差分干涉仪MIGHTI的数据反演基于干涉图累加关系模型及理论大气模型，利用逐层累加关系求解积分干涉信号，得到各高度层大气风场信息（Harding et al.，2017）。然而，“洋葱剥皮”方法处理多层信号解析存在着固有的不足：随着干涉信号的逐层剥离，上层大气信号中的噪声也会逐层向下层累加，低层信号信噪比将快速下降。这一问题在利用557 nm氧原子辐射探测中间层大气风场时更为显著，因为557 nm辐射强度在90 km左右有大的垂直梯度，在以下高度迅速减弱而趋于零。

4 基于迈克尔逊干涉技术的火星大气风场观测——概念设计

迈克尔逊干涉仪经常被称作傅里叶变换光谱仪（Fourier Transform Spectrometer，FTS），干涉仪产生的干涉条纹经过傅里叶转换，即可得到光源的光谱分布。迈克尔逊干涉仪已经被用于大气测量，决定大气的谱线宽度和谱线频移，进而获得大气的风场和温度信息。相应的探测仪器（包括 NASA 发射的高层大气研究卫星 UARS 上搭载的风成像干涉仪 WINDII、地基 E 区风成像干涉仪 ERWIN）已经成功用于地球风场观测。基于迈克尔逊干涉技术探测风场的方法，Ward 等（2003）提出了一种探测火星风场的概念仪器。这个仪器通过观测火星大气 1.27 μm $O_2(a^1\Delta_g)$ 气辉红外辐射来测量火星大气风场的垂直分布。Zhang 等（2017）在图 2 描述了火星大气 1.27 μm $O_2(a^1\Delta_g)$ 气辉红外辐射的结构。他们建议 RQ9、SR3 和 RR9 三条谱线用于观测，20 Å 带宽被选用于分离出这三条谱线。我们在本节模拟了基于火星大气 $O_2(a^1\Delta_g)$ SR3 气辉发射谱线的风场测量，气辉的中心波长是 1264.277 nm，带宽是 20 Å。其他发射线的模拟观测是相似的。本节首先介绍迈克尔逊干涉技术测量的基本原理，然后重点介绍正演模拟，4.3 部分介绍了探测器的正演模拟结果，最后利用正演模拟结果简单推导了大气参数，并与模式输入大气参数对比。

4.1 迈克尔逊干涉技术测量的基本原理

Michelson 干涉仪基于光学多普勒方法测量风场。这一方法的基本原理在物理教科书上有详尽的介绍（Born and Wolf，1975）。物体发出的光通常形成不同频率和波长的光谱。谱线的宽度与发光体的温度相联系。光源本身的运动会使谱线产生多普勒频移（Doppler Shift）。由观测到的谱线宽度和频移量可以推算出物体的温度和运动速度。但谱线宽度和频移量非常小，直接观测非常困难。如果在大光程差情况下观测谱线的干涉现象，其频移产生的相位变化就容易测量。

对于频率为 v_0 的单一谱线，迈克尔逊干涉仪探测的干涉条纹强度与光程差的关系为（Shepherd et al.，1984）：

$$I(\Delta)=TI_0[1+VU\cos(\varphi+\theta)] \tag{1}$$

式中，TI_0 是探测器探测的总信号；T 是系统的透过率因子；I_0 是气辉源的辐射强度；V 是与大气温度有关的条纹可见度（Shepherd ct al.，1993）；U 是仪器的分辨率；$\varphi=2\pi\Delta_0 v_0(v_{los}/c)$ 是与视线风速 v_{los} 有关的相位；c 是光速；Δ_0 是参考光程差，通过 $\cos 2\pi\Delta_0 v_0=1$ 来决定其值；$\theta=2\pi\Delta_1 v_0$ 是与小步进光程差 Δ_1 有关的步进相位。步进光程差 Δ_1 是由迈克尔逊干涉仪动镜运动产生的。

1.27 μm O_2（$a^1\Delta_g$）气辉红外辐射由三条谱线（RQ9、SR3 和 RR9）组成，迈克尔逊干涉仪实际观测的是三条谱线强度的总和，探测的干涉条纹强度与光程差的关系为

$$I_{\Omega I}=I_B+\sum_l F_I^l R_I^l \int_s E^l(s)T^l(s)[1+U_I^l V^l(s)\cos(\theta_I^l+\varphi(s))]\mathrm{d}s \tag{2}$$

探测的总强度是沿着通过大气的视线积分得到的。I_B 是连续背景光强度、暗电流和随机噪声三者之和。下标“I”标注的参数（包括：滤波函数 F_I^l，仪器响应 R_I^l，仪器分辨率 U_I^l 和仪器相位 U_I^l）是由仪器性质决定的。与火星大气有关的参数是 l 谱线的体发射率 $E^l(s)$、l 谱线的大气传输因子 $T^l(s)$、干涉条纹的能见度 $V^l(s)$，以及火星运动、卫星运动和发射源运动导致的相位移动 $\varphi(s)$。将与仪器有关的参数和与大气有关的参数分开，方

程（2）可以写成：

$$I_{\mathrm{I}} = \sum_{l} \left[F_{\mathrm{I}}^{l} R_{\mathrm{I}}^{l} (1 \quad U_{\mathrm{I}}^{l} \cos \theta_{\mathrm{I}}^{l} \ - U_{\mathrm{I}}^{l} \sin \theta_{\mathrm{I}}^{l}) \begin{pmatrix} J_1^l \\ J_2^l \\ J_3^l \end{pmatrix} \right] + I_{\mathrm{B}} \tag{3}$$

式中，

$$\boldsymbol{J}^{l} = \begin{pmatrix} J_1^l \\ J_2^l \\ J_3^l \end{pmatrix} = \int \begin{pmatrix} E^{l}(s)T^{l}(s) \\ E^{l}(s)T^{l}(s)V^{l}(s)\cos\varphi(s) \\ E^{l}(s)T^{l}(s)V^{l}(s)\sin\varphi(s) \end{pmatrix} \mathrm{d}s \tag{4}$$

滤波函数和仪器参数代表权重因子。J_1^l、J_2^l 和 J_3^l 是大气信号，能被用来反演出火星大气的风场。

4.2 正演模拟

基于迈克尔逊干涉技术的火星大气风场观测的正演模式由轨道模式、大气背景场（风、温度和气辉发射率）模式和仪器模式组成。

4.2.1 轨道模式

轨道模式计算了任意观测时间卫星和4个视场（FOV）切点的位置（包括纬度、经度和高度）。

我们建议的搭载仪器的卫星轨道是极轨道，倾角大约70°，高度约为350 km。通常卫星运行轨道信息可以用6个参数表示，他们分别是：与轨道半长轴有关的卫星高度、轨道偏心率、轨道倾角、升交点黄道经度、近日点幅角和平近点角。表7显示了我们设计的这6个参数值。根据这6个参数，以及卫星发射时间，我们可以计算出卫星发射以后在任意时刻卫星的位置和速度（Montenbruck and Gill，2002）。计算的卫星速度大约是3.4 km/s。

表7 卫星轨道和仪器视场有关的参数

变量	变量值
卫星高度	350 km
轨道偏心率	0.0072
轨道倾角	70°
升交点黄道经度	230°
近日点幅角	0°
平近点角	0°
4个视场方位角	视场1：45°，视场2：135°，视场3：225°，视场4：315°
倾角	23.25°
CCD水平/垂直覆盖范围	6.4°/6.4°
每个像素水平/垂直覆盖范围	0.05°/0.05°
每个视场水平/垂直像元数	128/128

仪器观测模式采用临边观测模式，临边观测覆盖的高度范围是 0 ~ 150 km。仪器同时观测 4 个视场方向的大气信息。4 个视场方向分别与卫星运动方向呈 45°、135°、225° 和 315°夹角。表 7 也显示了仪器 4 个视场信息。结合卫星位置和视场信息，可以计算出每个视场里每个像元观测的视场方向与大气层的切点位置及卫星与切点位置之间的距离。计算的每个视场里的中心像元观测的视场方向与大气层的切点高度大约是 76 km，切点与卫星之间的距离大约是 1467 km。图 12 显示了相对于卫星轨道路径的仪器观测路径。由于仪器同时观测卫星运行方向的两边，两条观测路径被同时观测到。图 13 和图 14 显示了设计的仪器观测几何。相同火星大气的气体团首先被仪器的前向视场观测到，大约 14 min 后会被仪器的后向视场观测到。14 min 间隔时间可以通过公式 $t=\frac{2\times D\times \tan 45°}{V_{sat}}$ 估算出，其中 D 是卫星与切点之间的距离，V_{sat} 是卫星的运动速度。位于卫星同一侧的视场 1 和视场 2（或者视场 3 和视场 4）被分离 90°，导致探测的相同大气气体团被仪器先后从两个正交的方向观测，观测的两个视场风速可以计算出水平风场矢量信息（包括经向风速和纬向风速）。这种设计的观测方式覆盖了行星全球，可以用于对地方时采样要求高的潮汐分析。

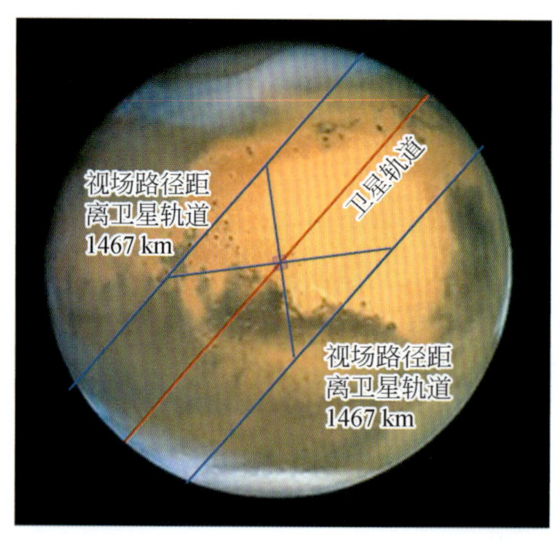

图 12　相对于卫星轨道路径（S/C track）的仪器观测路径

图 15 显示了轨道模式计算的卫星轨道信息（图 15a）及 4 个视场观测的地方时信息（图 15b）、全球分布信息（图 15c）和高度信息（图 15d）。图 15a 显示出卫星的轨道覆盖了−70° ~70°纬度范围，一天大概 12 条轨道。视场 1 和视场 2 位于卫星同一侧，图 15b 和图 15c 显示出他们观测覆盖了相同地方时（06 LT 和 18 LT）和相同的纬度范围（−86° ~ 54°）。视场 3 和视场 4 位于卫星另一侧，图 15b 和图 15c 也显示出他们观测覆盖了相同地方时（07 LT 和 17 LT）和相同的纬度范围（−54°到 86°）。因此，对于 70°倾角的卫星轨道，仪器临边观测能够观测极区大气信息。在纬度范围−50°到 50°，仪器一天观测 4 个地方时，这 4 个地方时的观测信息可以用来研究火星大气的潮汐。由于火星高的自转速度和低的大气密度，潮汐波是火星大气中重要的波动（Zurek，1976；Banfield et al.，2000；Withers and Catling，2010）。图 15d 显示出 4 个视场观测覆盖了相同的高度范围（从地面

到 150 km 高度)。由于火星是扁圆形的，4 个视场观测了行星的表面。实际观测中通过调节仪器的 4 个视场方向的仰角，视场观测的最低高度可以被改变。

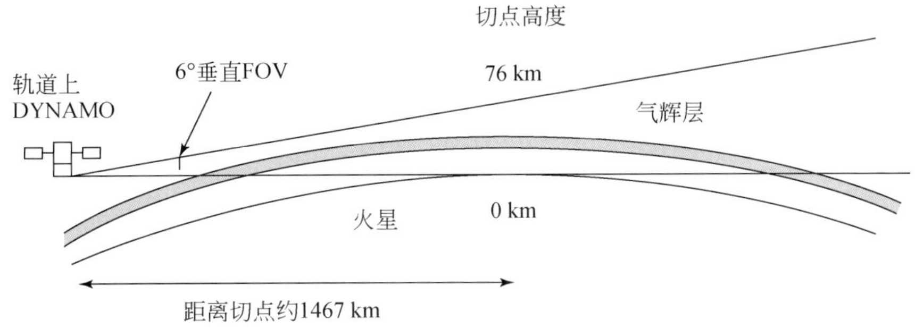

图 13　临边观测几何（侧面图）

4.2.2　大气背景场模式

大气背景场模式计算任意时刻（天、世界时）某一地理位置（包括高度、纬度和经度）坐标系下大气温度、经向风速和纬向风速信息。大气背景场模式是经验模式。利用全球火星多尺度理论模式（Global Mars Multiscale Model，GM3）（Moudden and McConnell，2005）计算的火星一年大气温度和风场数据，我们将每个季节的数据网格化，网格的分辨率是 5°×5°×10 km×2 h（经度×纬度×高度×世界时），然后将位于每个高度和每个纬度的数据进行傅里叶分解成平均场和各种波动成分，傅里叶分解的公式为

$$Y=\sum_{\sigma=-5}^{5}\sum_{f=0}^{3}a(\sigma,f)\cos[2\pi(\sigma\theta+ft)+\varphi(\sigma,f)] \tag{5}$$

式中，$a(\sigma,f)$是各种波动成分的振幅。$\varphi(\sigma,f)$是各种波动成分的相位。σ 是波数，其值从−5 到 5。f 是频率，其值从 0 到 3。θ 表示经度。t 表示世界时。经度变化表示成 5 阶三角函数，正的波数代表向东传播，负的波数代表向西传播。时间变化由周日变化、半日变化和 8 小时潮汐波组成。利用最小二乘拟合方法得到各种波动的振幅和相位。

图 16 显示了大气背景场模式计算的冬至（$Ls=270°$）火星大气温度、纬向风和经向风的高度−纬度分布。图 16a 显示了火星大气的温度分布，最大温度出现在夏季极区的地面附近，这主要与太阳加热有关。在南半球夏季，60 km 以下温度朝着极区逐渐增加，60 km 以上温度的纬度变化不明显。在北半球冬季，30 km 以下温度朝着极区逐渐减小，30 km 到 90 km 高度区间温度朝着极区逐渐增加，90 km 以上温度的纬度变化不明显。图 16b 显示了纬向风的分布，强的东向流出现在冬季半球极区，强的西向流出现在南半球以及北半球低纬 45 km 以下。图 16c 显示了经向风的分布，从夏季半球吹往冬季半球的跨赤道经向风在 30 km 以上非常明显。在南半球，中高纬经向风是南向的，朝着南极吹。在北半球，经向风主要是北向的，朝着北极吹。通过比较这些结果与之前发现的结果（Takahashi et al.，2003；Moudden and McConnell，2005；Smith and Michael，2008），我们发现构建的经验模式能够重新产生这些大气变化特征。

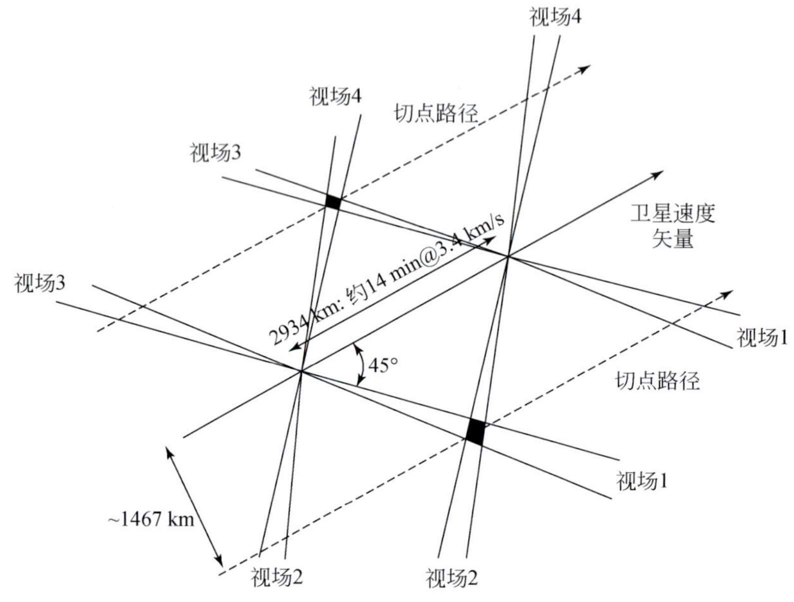

图 14 临边观测几何（从上面往下看）

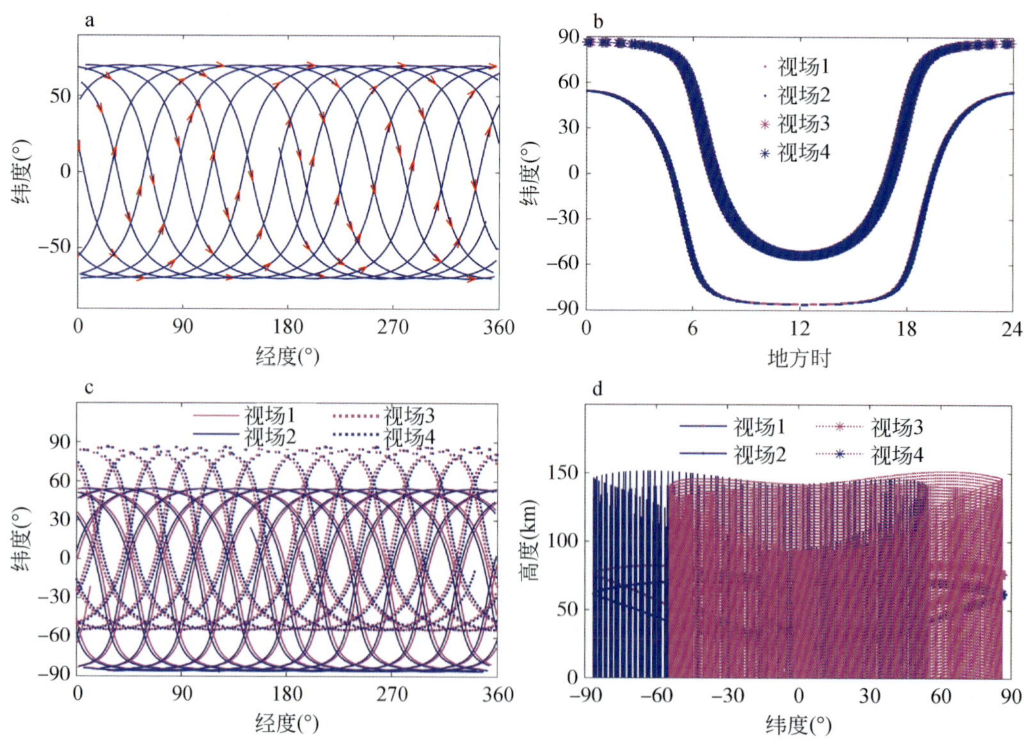

图 15 轨道模式计算的卫星轨道信息（a）及 4 个视场观测的地方时信息（b）、全球分布信息（c）和高度信息（d）

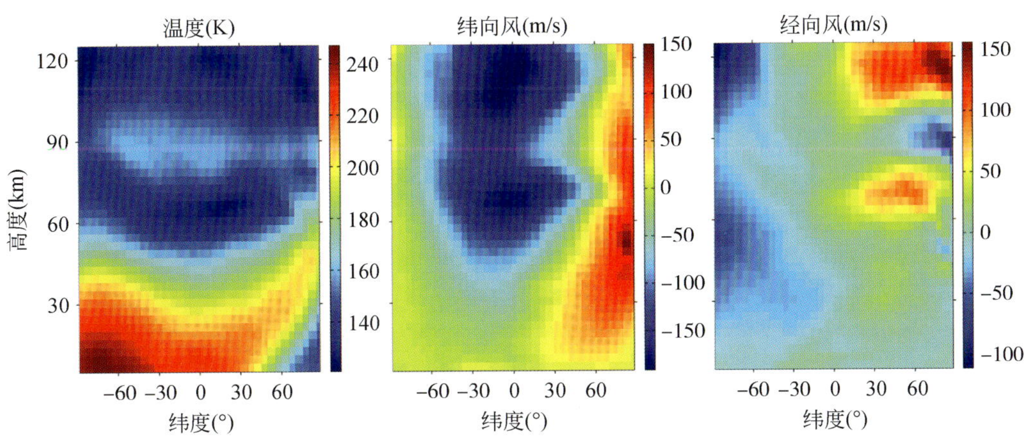

图 16 大气背景场模式计算的冬至（$Ls=270°$）火星大气温度、纬向风和经向风的高度–纬度分布

由于 GM3 模式不能计算 1.27 μm O_2（$a^1\Delta_g$）体发射率，我们从之前发表的文章（Krasnopolsky，1997；Bertaux et al.，2012）获得体发射率的垂直剖面。图 17 显示了远日点和近日点昼气辉体发射率的垂直剖面，以及夜气辉体发射率的垂直剖面。我们假设体发射率的垂直剖面没有空间变化，在任意纬度和经度都相同。假设近日点的昼气辉的垂直剖面代表冬至（$Ls=270°$）和秋分（$Ls=180°$）的昼气辉的垂直剖面，远日点的昼气辉的垂直剖面代表夏至（$Ls=90°$）和春分（$Ls=360°$）的。假设夜气辉的垂直剖面在四个季节是相同的。

昼气辉的体辐射率在 70 km 以上几乎为 0，不能被用来探测风场。另外，10 km 以下自吸收效应的存在可能会导致探测的气辉强度衰减，10 km 以下风场信息会受到干扰。因此，白天风场的探测高度为 10～70 km。夜气辉的体辐射率在 75 km 以上和 50 km 以下几乎为 0，在这些高度不能被用来探测风场，因此，夜间风场的探测高度为 50～75 km。

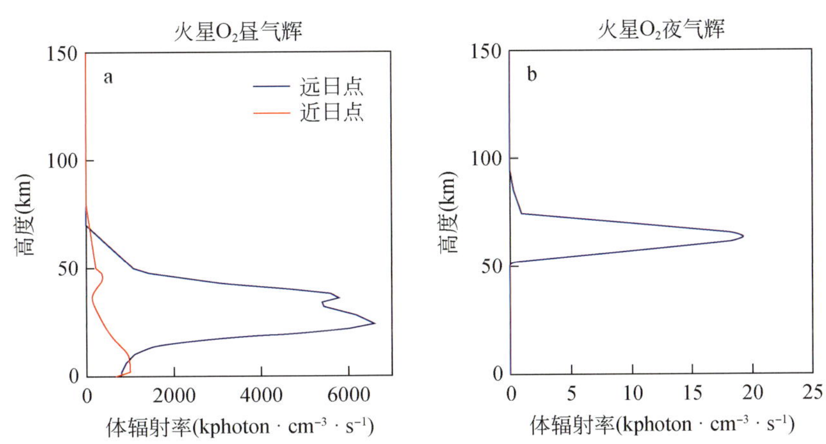

图 17 远日点和近日点昼气辉体发射率的垂直剖面（a）与夜气辉体发射率的垂直剖面（b）

4.2.3 仪器模式

仪器模式计算了与干涉仪、滤波系统、光学系统和探测器有关的参数。我们假设与干

涉仪、光学系统和探测器有关的参数是常数。表 8 列出了这些参数假定的值。

表 8　仪器参数（Shepherd et al.，1993）

变量	变量值
波数为 $O_2(a^1\Delta_g)$ SR3 线（Δ_0）的波垂直入射的光程差	10 cm
曝光时间 t	2.048 s
$O_2(a^1\Delta_g)$ SR3 线的中心波束 v_o	7909.650 cm^{-1}
仪器能见度 U_1^l	0.9
仪器响应 R_1^l	0.0272
量子效率	0.7
暗电流	1000 electrons/s
读出噪声	200 electrons

仪器的滤波系统由窄带滤波和法布罗-珀罗标准具组成。窄带滤波的作用是从复杂的背景谱线中分离出目标谱线。法布里-珀罗标准具是一个简单的可调谐的空间滤波器，用于选择特定传播方向的平面波（Indebetouw，1980）。窄带滤波器的滤波函数（Lissberger，1968）为

$$F_1=\frac{F_0}{1+\left(2\frac{\lambda-\lambda_0}{\Delta\lambda_{0.5}}+\frac{\lambda_0\theta^2}{\Delta\lambda_{0.5}\mu^2}\right)^2} \tag{6}$$

式中，F_0 是波长为 λ_0 的波垂直入射条件下的最大透过率。$\Delta\lambda_{0.5}$是半波宽度。μ 是滤波器的有效指数。θ 是入射角。表 9 列出了我们模式计算中这些参数的假定值。

表 9　仪器滤波参数（Zhang et al.，2017）

变量	变量值
最大透过率 F_0	1
参考波数 $v_0=1/\lambda_0$	7908.890 cm^{-1}
波数 $v=1/\lambda$	7909.650 cm^{-1}
半宽 $\Delta\lambda_{0.5}$	2 nm
滤波器的有效指数 μ	2.23167
标准具的精细度 F_e	15
标准具的折射指数 n	1.4473

法布罗-珀罗标准具的滤波函数（Rahnama et al.，2006；He et al.，2019）为

$$F_2=\frac{1}{1+\left(\frac{2F_e}{\pi}\right)^2\left(\sin\frac{2\pi nd\cos\theta_f}{\lambda}\right)^2} \tag{7}$$

式中，F_e 是标准具的精细度。n 是标准具的折射指数。$d=\dfrac{635\lambda_0}{2n}$是标准具两个镜子之间的间隙。$\theta_f$ 是波长为 λ_0 的折射角。表 9 也列出了我们模式计算中这些参数的假定值。

总的滤波函数是窄带滤波的滤波函数与法布罗-珀罗标准具的滤波函数的乘积，即

$$F = F_1 F_2 \tag{8}$$

图 18 显示了视场 1 的滤波函数分布。视场里中间像元的滤波透过率位于 0.3 到 1 之间，视场的 4 个角落分布的像元的滤波透过率大约为 0.01。

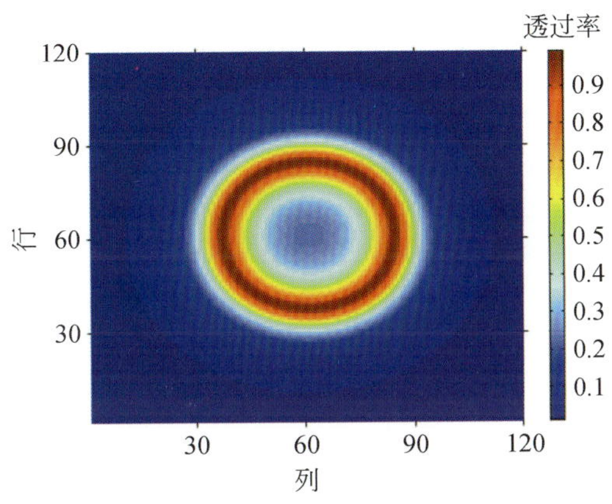

图 18 视场 1 的滤波函数分布

4.3 探测器的模拟结果

探测器上每个像元探测的强度可以用公式（3）表示。我们的正演模式计算了 4 个视场探测到的光强度，通过改变迈克尔逊干涉仪的步进光程差，我们获得了相应的每个视场里 4 次探测。图 19 和图 20 显示了视场 1 模拟探测的昼气辉和夜气辉的 4 次观测。其他三个视场的模拟结果与视场 1 相似，但是探测的是其他位置。图 19 和图 20 显示出 4 次模拟结果在探测器分布上是一致的，但是强度不同。图中每一次模拟强度的分布与每个视场里滤波器的透过率分布及气辉体发射率的垂直分布有关。4 次模拟的强度差异与迈克尔逊干涉仪的步进光程差有关。

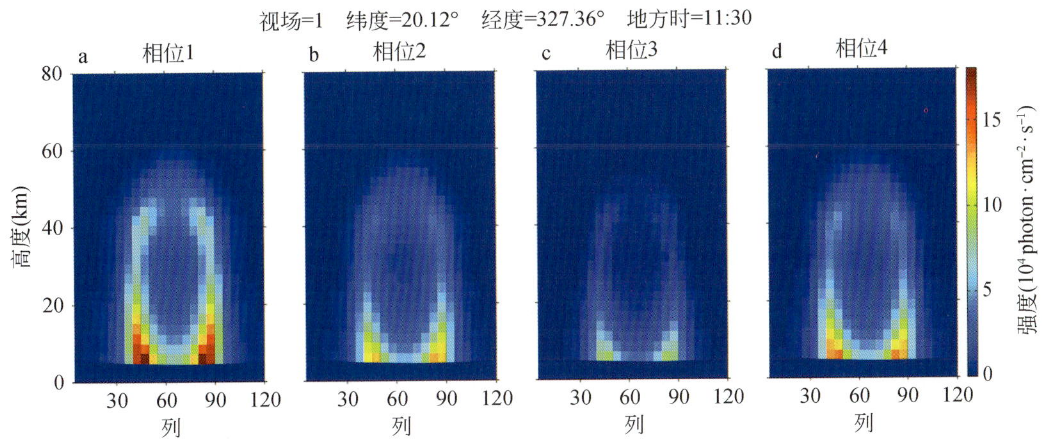

图 19 视场 1 模拟探测的昼气辉的 4 次观测，4 次观测对应不同的迈克尔逊干涉仪的步进光程差

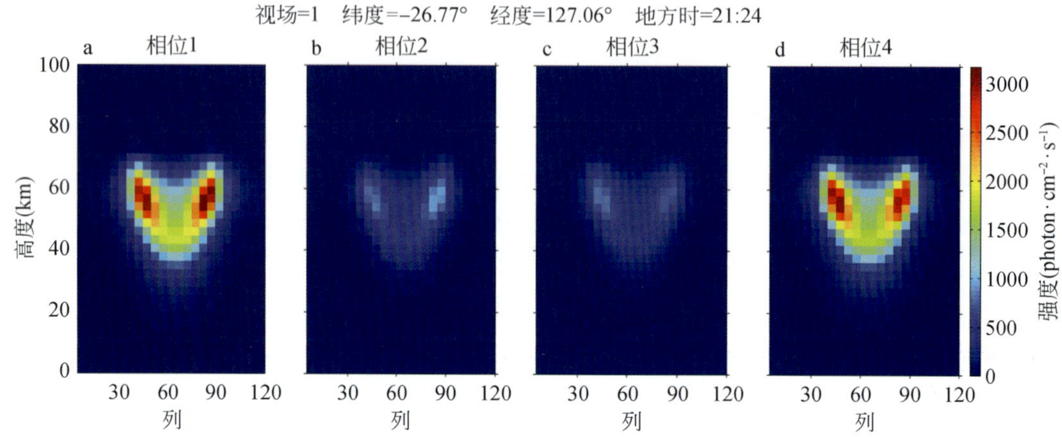

图 20 视场 1 模拟探测的夜气辉的 4 次观测，4 次观测对应不同的迈克尔逊干涉仪的步进光程差

4.4 推导的大气参数与正演模式输入的比较

利用正演模式，我们获得了探测器上每个像元的强度，大气信号参量 J_1、J_2 和 J_3 也能被获得。实际上，通过 4 次探测强度，利用最小二乘法计算可以获得这三个大气信号参量（Rochon et al., 2006; Rahnama et al., 2005）。这三个量包含了大气信息，能够反演获得气辉体发射率的垂直剖面 I(z)、视线风速的垂直剖面 W(z) 和温度的垂直剖面 T(z)。这一部分，我们近似简单地从这三个大气信号参量推导了气辉体发射率的垂直剖面 I(z)、视线风速的垂直剖面 W(z) 和温度的垂直剖面 T(z)。

我们假设探测器上每个像元探测的气辉强度是视线方向切点处气体团的气辉辐射强度，因此，大气信号参量 J_1、J_2 和 J_3 只与视线方向切点处气体团的大气参量有关。在这种假设条件下，大气信号参量 J_1、J_2 和 J_3 简化的表达式为

$$J_1 = I_0 \tag{9}$$

$$J_2 = VI_0\cos\varphi \tag{10}$$

$$J_3 = VI_0\sin\varphi \tag{11}$$

式中，I_0 是切点处气体团的气辉发射强度。V 是与切点处气体团大气温度有关的条纹可见度。φ 与切点处气体团大气风速有关的相位。I_0、V 和 φ 通过下面方程可计算出：

$$I_0 = J_1 \tag{12}$$

$$V = \frac{\sqrt{J_2^2 + J_3^2}}{J_1} \tag{13}$$

$$\varphi = \tan^{-1}\frac{J_3}{J_2} \tag{14}$$

对于搭载在卫星上的迈克尔逊干涉仪，推导的相位 φ 是总相位，包括火星自转有关的相位、卫星运动有关的相位、风引起的相位以及仪器引起的相位。为了简化计算，我们认为计算出的相位 φ 只由风引起的。沿着视线的风速计算公式为

$$W_d = \frac{\varphi}{2\pi\Delta_0 v_0 \frac{1}{c}} \tag{15}$$

温度推导的计算公式为

$$T_d = \frac{-\lg V}{Q_0 \Delta_0^2} \tag{16}$$

式中，$Q_0 = 1.82\times10^6/(M\lambda_0^2)$（Shepherd et al.，1993）。$M$ 是气辉发射源的相对原子质量。

图 21 显示了推导的昼气辉发射强度、推导的视线风速与模式输入的相应大气参数的比较。为了比较大气参数垂直剖面的相似性，相应的相关系数也被显示在图 21。图 22 显示了夜气辉的反演结果。推导的大气参数值不能与模式输入值比较，由于推导的气辉发射强度（I_0）和模式输入的体辐射率（E）单位不一致。推导的昼气辉发射强度和模式输入的体辐射率的相关系数是 0.94（图 21a），而相应的夜气辉的相关系数是 0.26（图 22a）。

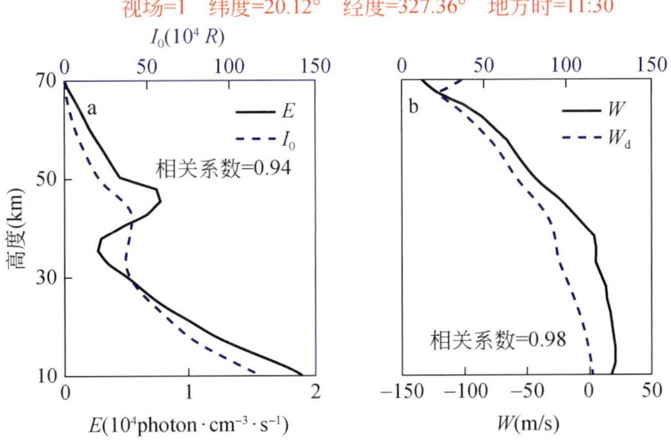

图 21　推导的昼气辉发射强度（a）、推导的视线风速（b）与模式输入的相应大气参数的比较

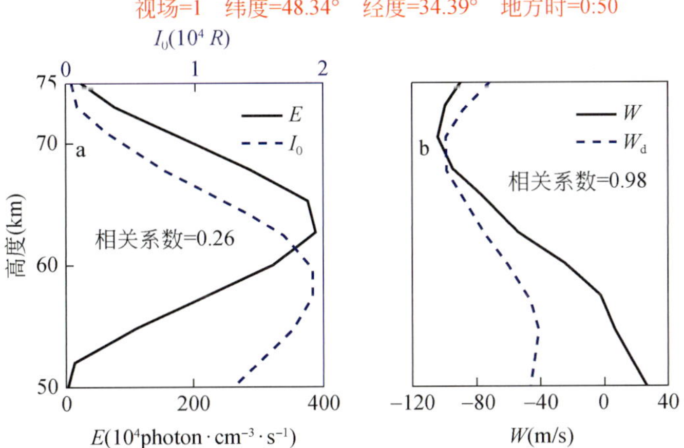

图 22　推导的夜气辉发射强度（a）、推导的视线风速（b）与模式输入的相应大气参数的比较

高的相关系数表明推导的气辉发射强度剖面和模式输入的体辐射率剖面高的一致性。他们都显示出白天 45 km 高度处一个峰值（图 21a），夜间 60 km 高度处一个峰值（图 22a）。推导的气辉发射强度剖面和模式输入的体辐射率剖面的主要差异位于白天 30～50 km 高度和夜间 60 km 高度以下。图 21b 和图 22b 描述了视线风速的对比。推导的视线风速与模式输入的视线风速高的相关性（白天 0.98，夜间 0.98）预示着他们剖面变化的一致性。剖面差异主要出现在白天 30～50 km 高度和夜间 60 km 以下，在这些高度，推导的视线风速垂直变化更陡。推导的大气参数与模式输入的大气参数高的一致性证明了正演模式的有效性和正确性。

5 总结与讨论

火星大气探测，尤其是火星大气风场测量，对认识火星大气物质循环及运输机理有着重要理论意义，对设计探测器环绕飞行和着陆火星有着广泛实用价值，已经成为国内外火星探测研究的热点之一。这就要求提出具有前瞻性的方案，解决火星大气探测的一系列挑战性问题。基于此，综合研究的现状和发展趋势，对我国的火星大气风场探测研究提出如下建议和展望。

以光学遥感技术为核心，启动火星风场探测。如前所述，目前国内外在地球中高层大气风场探测领域已经有相对成熟的技术和实践。以 WINDII、HRDI、TIDI、和 MIGHTI 为代表的探测地球大气风场的多普勒干涉技术可以相对容易地移植到火星大气风场探测。我国已经成功研制了空间外差干涉仪原理样机，可以迅速地转化为工程样机和发展为应用载荷。选择火星 1.27μm 红外气辉辐射为探测光源，采用空间外差干涉技术，可以获得辐射谱线的干涉图及其在大气风场影响下产生的多普勒频移，从而反演出大气的温度、风速（沿视线方向上的分量）及辐射粒子（原子和分子）辐射率和浓度分布等信息。采用这一技术方案将使我国可以作为领跑者，迅速启动和实施火星风场探测。实施这一方案，需要基于工程应用，拓展目前的仪器研制成果，在理论、技术、和样机方面进行针对火星探测的创新研究和实验。需要配合多普勒差分干涉仪研制，开展火星大气辐射和风场的研究，设计仪器的正/反演算法及分析计算测试，建立多普勒差分测风干涉仪正演模型和反演算法全链路仿真模拟软件系统。正演模型通过计算机仿真产生观察的干涉图，而反演算法从仪器测量的干涉图提取大气风场的信息。高质量的正演模型和反演算法是测量全链路的核心环节之一，也是保证获取高精度风场数据的关键环节。多普勒差分测风干涉仪的正演模型和反演算法是目前研究的热点（Englert et al., 2017；Harding et al., 2017）。目前多普勒差分干涉仪 MIGHTI 的数据反演基于“洋葱剥皮”方法（Russell and Drayson, 1972）。利用干涉图逐层累加关系求解积分干涉信号，得到各高度层大气风场信息（Harding et al., 2017）。然而，“洋葱剥皮”方法处理多层信号解析存在着固有的不足：随着干涉信号的逐层剥离，上层大气信号中的噪声也会逐层向下层累加，低层信号信噪比将快速下降。同时，预计在火星的中高层大气中，大气成分（如臭氧）的昼夜差异最大。在这些高度，跨越昼夜分界线进行观测时，臭氧浓度明显不均匀。经典的“洋葱剥皮”反演方法关于球对称大气的假设在这种情况下是失败的（López-Valverde et al., 2018）。需要开发廓线拟合算法（最优估计）。

以微波遥感技术为接续，深化火星大气探测。前人的工作（例如 Muhleman and Clancy, 1995；Hartogh, 1998；Forget et al., 2002；Urban et al., 2005；Kasai et al., 2012）表明了应用微波和亚毫米波探测火星大气的持续兴趣。星载微波和亚毫米波临边探测仪在地球大气成分观察中具有很强的传统。代表性的仪器包括 NASA 高层大气研究卫星（Upper Atmosphere Research Satellite, UARS）和 Aura 任务的微波临边探测仪（Microwave Limb Sounder, MLS）（Barath et al., 1993；Waters et al., 2006），以及 Odin 卫星搭载的亚毫米辐射计（Submillimeter Radiometer, SMR）仪器（Frisk et al., 2003）。MLS/Aura 虽然主要关注大气成分的测量，但也显示出提供中层大气视线风垂直廓线信息的能力（Limpasuvan et al., 2005；Wu and Eckermann, 2008）。亚毫米波临边观测仪能够每天接近全球覆盖进行连续观测，包括对严重的沙尘或气溶胶大气观察。因此，这种仪器非常适合填补这项显著的观测空白。地基（例如 Lellouch et al., 1991；Gurwell et al., 2000；Clancy et al., 2004；Hartogh et al., 2007）和地球卫星搭载（例如 Gurwell et al., 2000；Biver et al., 2005；Hartogh et al., 2010a, 2010b, 2010c；Swinyard and Cavalié, 2010；Swinyard et al., 2010）的亚毫米波传感器也一直用于火星大气测量。模拟计算表明，如果科学重点是测量 20 km 以上的风，则考虑的三个最高频率（900、1000 和 1130 GHz）将提供最佳性能，尤其是在垂直分辨率方面（通常为 6 km，对于较低的频率测量为 7 ~ 9 km），精度约为 10 ~ 15 m/s。在较低的大气层中，低至 5 km 的高度，精度会恶化到 20 ~ 40 m/s，在更低的高度则更差，450 GHz 的测量精度可与三种高频情况相媲美。然而，到目前为止，尽管进行了多项原理性的研究（例如 Urban et al., 2005；Kasai et al., 2012），但此类传感器尚未在火星轨道飞行器上运行。鉴于火星大气研究界对风和垂直水汽观测的需求持续受到重视，可以希望这样一种仪器最终得以实现。开展微波遥感技术研究将为我国火星大气探测提供新的技术手段。

以观察数据为依据，发展火星大气模型。探测火星大气风场，以及温度、压强和成分分布对了解火星的大气环流性质和成分传输规律至关重要。通过探测获得直接测量的火星大气风场数据，验证和发展火星大气环流模型。把火星大气风场、温度和成分的观测数据融合到火星大气理论模型中并对模型进行验证和优化，可以深入揭示火星大气动力学过程和热力学结构及其规律，探索火星大气环流和各种尺度波动（行星波，潮汐波，大气重力波等）的特性和机理，研究火星大气运动与地形地貌的相互作用，追溯火星特殊地貌的形成分布与大气运动的历史关系，研究火星异常气候现象的形成机理及其与火星大气大尺度波动的关系。同时，研究火星大气的光化学过程，包括 1.27 μm 气辉辐射的物理机理及全球时空分布特征，为大气风场、温度和成分测量奠定理论基础。模拟计算表明，在火星中高层大气中，空间外差干涉技术测量风速和辐射粒子浓度的随机误差为 5 m/s 和 10%。这样精度的测量将改善火星大气环流仿真模拟分析，增加对火星全球气候变化研究和预测的可信度。为全面、系统地研究火星环境、日地空间环境、火星大气与空间天气奠定基础和提供重要的指导，对火星的生态环境、人类的生存空间和太空空间、太空科学实验、空间飞行器的发射与运行提供环境保障服务。

参考文献

陈洁婧，冯玉涛，胡炳樑，李娟，孙剑，郝雄波，白清兰. 2017. 多普勒差分干涉光谱仪大气风速反演过程中窗函数优化. 光学学报，37（2）：92-98.

况银丽，方亮，彭翔，程欣，张辉，刘恩海. 2018. 基于多普勒非对称空间外差光谱技术的多普勒测速仿真. 物理学报，67（14）：111-118.

倪思洁. 2019. 空间环境地基综合监测网项目（子午工程二期）正式启动. 空间科学学报，39（5）：566-567.

沈静，等. 2016. 用于风场探测的非对称空间外差干涉数据处理方法研究. 光谱学与光谱分析，36（9）：3014-3019.

唐远河，等. 2005. 卫星遥感探测上层风场的关键技术研究进展. 物理学进展，25（2）：142-250.

徐治国，王志刚. 2008. 国家重大科技基础设施项目子午工程启动. 科学新闻：F0003.

张淳民. 2010. 干涉成像光谱技术. 北京：科学出版社.

Adachi T, Yamaoka M, Yamamoto M, Otsuka Y, Liu H, Hsiao C C, Chen A B, Hsu R R. 2010. Midnight latitude-altitude distribution of 630 nm airglow in the Asian sector measured with FORMOSAT-2/ISUAL. J Geophys Res, 115（A9）: 315.

Aellig C P, Kämpfer N, Rudin C, et al. 1996. Latitudinal distribution of upper stratospheric ClO as derived from space borne microwave spectroscopy. Geophysical Research Letters, 23（17）: 2321-2324.

Alexey P, Li, Z Q, Parsons D, et al. 2009. Stratospheric satellites for Earth observations. Bulletin of the American Meteorological Society, 90（8）: 1109-1119.

Aruliah A L, Griffin E M, Yiu H C I, McWhirter I, Charalambous A. 2010. SCANDI-An all-sky Doppler imager for studies of thermospheric spatial structure. Annales Geophysicae, 28（2）: 549-567.

Baird D T, et al. 2007. Zonal wind calculations from Mars global surveyor accelerometer and rate data. Journal of spacecraft and rockets, 44（6）: 1180-1187.

Banfield D, et al. 2000. Thermal tides and stationary waves on Mars as revealed by Mars Global Surveyor Thermal Emission Spectrometer. J Geophys Res, 105（E4）: 9521-9537.

Banfield D, et al. 2003. Forced waves in the Martian atmosphere from MGS TES nadir data. Icarus, 161: 319-345.

Banfield D, et al. 2004. Traveling waves in the Martian atmosphere from MGS TES nadir data. Icarus, 170: 365-403.

Barath F T, Chavez M C, Cofield R E, et al. 1993. The upper-atmosphere research satellite microwave limb sounder instrument. Journal of Geophysical Research-atmospheres, 98（D6）: 10751-10762.

Benna M, Mahaffy P R, Grebowsky J M, Fox J L, Yelle R V, Jakosky B M. 2015. First measurements of composition and dynamics of the Martian ionosphere by MAVEN's Neutral Gas and Ion Mass Spectrometer. Geophysical Research Letters, 42（21）: 8958-8965.

Benna M, Bougher S W, Lee Y, Roeten K J, Yiğit E, Mahaffy P R, Jakosky B M. 2019. Global circulation of Mars' upperatmosphere. Science, 366（6471）: 1363-1366.

Bertaux J L, Gondet B, Lefèvre F, Bibring J P, Montmessin F. 2012. First detection of O_2 1. 27 μm nightglow emission at Mars with OMEGA/MEX and comparison with general circulation model predictions. J Geophys Res, 117（E11）, doi: 10. 1029/2011JE003890.

Biver N, Lecacheux A, Encrenaz T, et al. 2005. Wide-band observations of the 557 GHz water line in mars with odin. Astron and Astrophys, 435 (2): 765-772.

Born M, Wolf E. 1975. In principles of optics. Mathematical Gazette, 1 (370), doi: 10. 2307/3612240.

Brain D, Halekas J S. 2012. Aurora in Martian mini magnetospheres. Geophys Monogr Ser, 197: 123-132.

Chattopadhyay R, Midya S K. 2006. Airglow emissions: fundamentals of theory and experiment. Indian Journal of Physics, 80 (2): 1106.

Clancy R T, et al. 2004. A measurement of the 362 ghz absorption line of mars atmospheric H_2O_2. Icarus, 168 (1): 116-121.

Clancy R T, Sandor B J, Wolff M J, et al. 2012. Extensive MRO CRISM observations of 1. 27 μm O_2 airglow in Mars polar night and their comparison to MRO MCS temperature profiles and LMD GCM simulations. J Geophys Res, 117 (8), doi: 10. 1029/2011je004018.

Clancy R T, et al. 2017. Vertical profiles of Mars 1. 27 μm O_2 dayglow from MRO CRISM limb spectra: Seasonal/global behaviors, comparisons to LMDGCM simulations, and a global definition for Mars water vapor profiles. Icarus, 293: 132-156.

Crowley G, Tolson H R. 2007. Mars thermospheric winds from Mars Global Surveyor and Mars Odyssey accelerometers. Journal of Spacecraft and Rockets, 44 (6): 1188-1194.

Culot F, Lathuillere C, Lilensten J. 2005. Influence of geomagnetic activity on the OI 630. 0 and 557. 7 nm dayglow. J Geophys Res, 110 (A1): 304.

Deming D, Mumma J M. 1983. Modeling of the 10-μm natural laser emission from the mesospheres of Mars and Venus. Icarus, 55 (3): 356-368.

Englert C R, Harlander J M. 2006. Flatfielding in spatial heterodyne spectroscopy. Appl Opt, 45 (19): 4583-4590.

Englert C R, Stevens M H, Siskind D E, Babcock D D, Harlander J M. 2006. Basic Principle of Doppler Asymmetric Spatial Heterodyne Spectroscopy (DASH): An innovative concept for measuring winds in planetary atmospheres. Proceedings of SPIE-The International Society for Optical Engineering, 6303.

Englert C R, Babcock D D, Harlander J M. 2007. Doppler asymmetric spatial heterodyne spectroscopy (DASH): concept and experimental demonstration. Applied Optics, 46 (29): 7297-7307.

Englert C R, Harlander J M, Emmert J T, Babcock D D, Roesler F L. 2010. Initial ground-based thermospheric wind measurements using Doppler asymmetric spatial heterodyne spectroscopy (DASH) . Optics Express, 18 (26): 27416-27430.

Englert C R, Harlander J M, Brown C M, et al. 2012. Coincident thermospheric wind measurements using ground-based doppler asymmetric spatial heterodyne (DASH) and Fabry-Perot Interferometer (FPI) instruments. Journal of Atmospheric and Solar-Terrestrial Physics, 86: 92-98.

Englert C R, Harlander J M, Brown C M, et al. 2017. Michelson interferometer for global high-resolution thermospheric imaging (MIGHTI): instrument design and calibration. Space Sci Rev, 212 (1): 553-584.

Fedorova A A, et al. 2006. Observation of O_2 1. 27 μm dayglow by SPICAM IR: Seasonal distribution for the first Martian year of Mars Express. J Geophys Res, 111 (E9): E09S07.

Fedorova A A, et al. 2012. The O_2 nightglow in the Martian atmosphere by SPICAM onboard of Mars-Express. Icarus, 219 (2): 596-608.

Fischer H, Birk M, Blom C, et al. 2008. MIPAS: an instrument for atmospheric and climate research. Atmos Chem Phys, 8 (8): 2151-2188.

Forget F, et al. 2002. Microwave sounding of the Martian atmosphere with Mambo. Volume 27 of EGS General Assembly Conference Abstracts, doi: 2002EGSGA. 27. 4727F.

Fox J L, Dalgarno A. 1979. Ionization, luminosity, and heating of the upper atmosphere of Mars. Journal of Geophysical Research Atmospheres, 86 (A2): 2156-2202.

Frisk U, Hagström M, Ala-Laurinaho J, et al. 2003. The Odin satellite. I radiometer design and test. Astron & Astrophys, 402 (3): L27-L34.

Gagné M E, Bertaux J L, Gonzúlez-Galindo F, et al. 2013. New nitric oxide (NO) nightglow measurements with SPICAM/MEX as a tracer of Mars upper atmosphere circulation and comparison with LMD- MGCM model prediction: evidence for asymmetric hemispheres. J Geophys Res, Planets, 118 (10): 2172-2179.

Gao H Y, Tang Y H, Hua D X, et al. 2013. Ground- based airglow imaging interferometer. Part 1: Instrument and observation. Applied Optics, 52 (36): 8650-8660.

Gault AW, Thuillier G, Shepherd G, et al. 1996. Validation of O (1S) wind measurements by WINDII: the WIND Imaging Interferometer on UARS. J Geophys Res, 101 (D6): 10405-10430.

Geissler P E. 2005. Three decades of Martian surface changes. J Geophys Res, 11 (E2): 2156-2202.

Gille C J, Russell J L. 1984. The limb infrared monitor of the stratosphere: experiment description, performance and results. J Geophys Res, 89 (D4): 5125-5140.

Greeley R, Skypeck A, Pollack J B. 1993. Martian aeolian features and deposits: comparisons with general circulation model results. J Geophys Res, 98 (E2): 3183.

Gunnlaugsson H P, Holstein-Rathlou C, Merrison J P, et al. 2008. Telltale wind indicator for the Mars Phoenix lander. J Geophys Res, 113 (E3): 2156-2202.

Gurwell M A, et al. 2000. Submillimeter wave astronomy satellite observations of the martian atmosphere: temperature and vertical distribution of water vapor. Astrophys J Lett, 539 (2), doi: 10. 1086/312857.

Guslyakova S, et al. 2014. O_2 ($a^1\Delta_g$) dayglow limb observations on Mars by SPICAM IR on Mars-Express and connection to water vapor distribution. Icarus, 239: 131-140.

Guslyakova S, et al. 2016. Long- term nadir observations of the O_2 dayglow by SPICAM IR. Planetary and Space Science, 122: 1-12.

Gérard J C, Aoki S, Willame Y, et al. 2020. Detection of green line emission in the dayside atmosphere of Mars from NOMAD-TGO observations. Nature Astronomy, 4 (11): 1-4.

Gómez-Elvira J, Armiens C, Castañer L, et al. 2012. REMS: The environmental sensor suite for the mars science laboratory rover. Space Science Reviews, 170 (E6): 583-640.

Harding J B, et al. 2017. The MIGHTI Wind Retrieval Algorithm: Description and Verification. Space SciRev, 212: 585-600.

Harlander J M, Englert R C. 2010. Doppler asymmetric spatial heterodyne spectroscopy. Optics express, 18 (26), US77783229.

Harlander J M, et al. 2002. SHIMMER: a spatial heterodyne spectrometer for remote sensing of earth's middle atmosphere. Appl Opt, 7 (41): 1343-1352.

Hartogh P. 1998. Solar system research with microwaves. In: Attema E, Schwehm G, Wilson A (eds) . Remote Sensing Methodology for Earth Observation and Planetary Exploration. Noordwijk: ESA Publ Div, 23-32.

Hartogh P, et al. 2007. Middle atmosphere polar warmings on mars: simulations and study on the validation with sub-millimeter observations. Planetary & Space Science, 55 (9): 1103-1112.

Hartogh P, et al. 2010a. Herschel/HIFI observations of Mars: First detection of O_2 at submillimetre wavelengths and upper limits on HCl and H_2O_2. Astron & Astrophys, 521: L49.

Hartogh P, et al. 2010b. First results on martian carbon monoxide from Herschel/HIFI observations. Astron & Astrophys, 521.

Hartogh P, et al. 2010c. Water vapor measurements at alomar over a solar cycle compared with model calculations by lima. J Geophys Res, 115 (D1), doi: 10. 1029/2009JD012364.

HaysB V J, Abreu M E, Dobbs D A, Gell H J, Grassl W R, Skinner P. 1993. The high- resolution doppler imager on the upper atmosphere research satellite. Geophys Res, 98 (D6): 10713-10723.

He W W, Wu K J, Feng Y T, et al. 2019. The near-space wind and temperature sensing interferometer: forward model and measurement simulation. REMOTE SENSING, 11 (8), doi: 10. 3390/rs11080914.

Hess S. 1973. Martian winds and dust clouds. Planetary and Space Science, 21 (9): 1549-1557.

Holstein-Rathlou C, et al. 2014. Mars wind as seen by the NASA Phoenix Lander telltale. Eighth Int Conf.

Indebetouw G. 1980. Tunable spatial filtering with a fabry-perot etalon. Applied Optics, 19 (5): 761-764.

Jai B, Wenkert D, Hammer B, Carlton M, Johnston D, Halbrook T. 2007. An overview of Mars reconnaissance orbiter mission, and operations challenges. A Collection of Technical Papers- AIAA Space 2007 Conference, 1: 804-814.

Jean-Loup B, François L, Séverine P, et al. 2005. Nightglow in the upper atmosphere of Mars and implications for atmospheric transport. Science, 307 (5709): 566-569.

Johnson A M, et al. 1976. Nonthermal 10 micron CO_2 mission lines in the atmospheres of Mars and Venus. Astrophysical Journal, 208: 145-148.

Kahn R. 1983. Some observational constraints on the global- scale wind systems of Mars. J Geophys Res, 88 (A12): 10189.

Kasai Y, et al. 2012. Overview of the Martian atmospheric submillimetre sounder FIRE. Planetary and Space Science, 63-64: 62-82.

Kass D M, Kleinbohl A, McCleese D J, Schofield J T, Smith M D. 2017. Interannual similarity in the Martian atmosphere during the dust storm season. Geophys Res Lett, 43 (12): 6111-6118.

Kelly F, Theodor K, Fred E, et al. 2006. Ozone abundance on Mars from infrared heterodyne spectra: I. Acquisition, retrieval, and anticorrelation with water vapor. Icarus, 181 (2): 419-431.

Korablev O I. 2016. Studies of Planetary Atmospheres in Russia (2011- 2014). Izvestiya, Atmospheric and Oceanic Physics, 52 (5), doi: 10. 1134/S0001433816050066.

Kramida A, et al. 2019. NIST Atomic Spectra Database version 5. 7. 1. NIST, doi: 10. 1238/Physica. Topical. 083a00158.

Krasnopolsky V A. 1997. Photochemical mapping of Mars. J Geophys Res, 102 (E6): 13313-13320.

Krasnopolsky V A. 2003. Mapping of Mars O_2 1. 27μm dayglow at four seasonal points. Icaru, 165: 315-325.

Krasnopolsky V A. 2007. Long- term spectroscopic observations of Mars using IRTF/CSHELL: Mapping of O_2 dayglow, CO, and search for CH_4. Icarus, 190: 93-102.

Krasnopolsky V A. 2013. Night and day airglow of oxygen at 1. 27μm on Mars. Planetary and Space Science, 85: 243-249.

Kuroda T, Hartogh P. 2010. Wind velocities of different seasons and dust opacities on Mars: comparison between microwave observations and simulations by general circulation models. Planetary Science, 19: 261-270.

Leblanc F, et al. 2008. Observations of aurorae by SPICAM ultraviolet spectrograph on board Mars Express: simultaneous ASPERA-3 and ARSIS measurements. J Geophys Res (SpacePhys), 113 (A3): 8311.

Lellouch E, et al. 1991. First absolute wind measurements in the middle atmosphere of Mars. Astrophys J, 383: 401.

Lewis R S, et al. 1999. A climate database for Mars. J Geophys Res, 104: 24177-24194.

Lilenstena J, et al. 2015. Prediction of blue, red and green aurorae at Mars. Planetary and Space Science, 115:

48-56.

Limpasuvan V, et al. 2005. The two-day wave in EOS MLS temperature and wind measurements during 2004-2005 winter. Geophys Res Lett, 32 (17), doi: 10.1029/2005GL023396.

Lissberger P H. 1968. Effective refractive index as a criterion of performance of interference filters. J Opt Soc Am, 58: 1586-1590.

Liu X, Baoyin H, Ma X. 2010. Five special types of orbits around Mars. Journal of Guidance, Control, Dynamics, 33 (4): 1294-1301.

Livesey J N, Read G W. 2000. Direct retrieval of line-of-sight atmospheric structure from limb sounding observations. Geophys Res Lett, 27 (6): 891-894.

Lyons D T, Beerer J G, Esposito P, Johnston M D, Willcockson W T. 1999. Mars global surveyor: aerobraking mission overview. Journal of Spacecraft and Rockets, 36 (3): 307-313.

López-Puertas M, et al. 2005. HNO_3, N_2O_5 and $ClONO_2$ enhancements after the October-November 2003 solar proton events. J Geophys Res, 110 (A9), doi: 10.1029/2005JA011051.

López-Valverde M A, et al. 2018. Investigations of the Mars upper atmosphere with exomars trace gas orbiter. Space Sci Rev, 214 (29), doi: 10.1007/s11214-017-0463-4.

Mahaffy R P, et al. 2015. Structure and composition of the neutral upper atmosphere of Mars from the MAVEN NGIMS investigation. Geophysical Research Letters, 42: 8951-8957.

McCleese J D, et al. 2007. Mars Climate Sounder: an investigation of the thermal and water vapor structure, dust and condensate distributions in the atmosphere, and energy balance of the polar regions. J Geophys Res, 112 (E05), doi: 10.1029/2006JE002790.

McConnochie T H, et al. 2010. THEMISVIS observations of clouds in the Martian mesosphere: altitudes, wind speeds, and decameter-scale morphology. Icarus, 210 (2): 545-565.

Medvedev A S, et al. 2011. Influence of gravity waves on the martian atmosphere: general circulation modeling. J Geophys Res, 116 (E10): E10004.

Mlynczak M G, et al. 2007. Sounding of the atmosphere using broadband emission radiometry observations of daytime mesospheric O_2 ($^1\Delta$) 1.27μm emission and derivation of ozone, atomic oxygen, and solar and chemical deposition rates. J GEOPHYS RES, 112: D15306.

Montenbruck O, Gill E. 2002. Satellite orbits-models, methods and applications. Applied Mechanics Reviews, 55 (2), doi: 10.1115/1.1451162.

Montmessin F, et al. 2017. SPICAM on Mars Express: a 10 year in-depth survey of the martian atmosphere. Icarus, 17: 195-216.

Moreno R, et al. 2009. Wind measurements in Mars' middle atmosphere: IRAM Plateau de Bure interferometric CO observations. Icarus, 201 (2): 549-563.

Moudden Y, McConnell J C. 2005. A new model for multiscale modeling of the Martian atmosphere, GM3. J Geophys Res, 110 (E04): 001.

Muhleman D O, Clancy T R. 1995. Microwave spectroscopy of the mars atmosphere. Applied Optics, 34 (27): 6067.

Mumma J M, et al. 1981. Discovery of natural gain amplification in the 10-micrometer carbon dioxide laser bands on Mars-A natural laser. Science, 212 (4490): 5.

Murtagh P D, et al. 2002. An overview of the ODIN atmospheric mission. Can J Phy, 80 (4): 309-319.

Muñoz G A, et al. 2005. Airglow on Mars: some model expectations for the OH Meinel bands and the O_2 IR atmospheric band. Icarus, 176 (1): 75-95.

Noxon F J. 1970. Auroral emission from O_2 ($^1\Delta_g$). Journal of Geophysical Research, 75 (10): 1879-1891.

Pallamraju D, Baumgardner J, Chakrabarti S. 2002. HIRISE: a ground- based high resolution imaging spectrograph using echelle grating for measuring daytime airglow/auroral emissions. J Atmos Sol Terr Phys, 64: 1581-1587.

Parihar N, Kakad B A, Mukherjee K G. 2012. Nightglow observations of oi 630 nm emission during the beginning of solar cycle 24 over 25°N, india. Indian Journal of Radio and Space Physics, 41 (2): 155-161.

Rahnama P, Rochon Y J, Mcdade I C, Shepherd G G, Gault W A, Scott A. 2005. Satellite measurement of stratospheric winds and ozone using doppler michelson interferometry. part i: instrument model and measurement simulation. J Atmos Ocean Technol, 23: 753-769.

Read W G, et al. 2018. Retrieval of wind, temperature, water vapor and other trace constituents in the Martian Atmosphere. Planetary and Space Science, 161 (26): 40.

Rochon Y J. 2001. The retrieval of winds, Doppler temperatures, and emission rates for the WINDII experiment. York University (Canada): Thesis (PhD).

Rochon Y J, Rahnama P, Mcdade I C. 2006. Satellite measurement of stratospheric winds and ozone using doppler michelson interferometry. part ii: retrieval method and expected performance. Journal of Atmospheric & Oceanic Technology, 23 (6): 770.

Roesler F L. 2007. An overview of the SHS technique and applications. Optical Society of America, doi: 10. 1364/FTS. 2007. FTuC1.

Roeten J K, et al. 2019. MAVEN/NGIMS thermospheric neutral wind observations: interpretation using the M-GITM general circulation model. Journal of Geophysical Research: Planets 124, 10. 1029/2019JE005957.

Russell M J, Drayson R S. 1972. The inference of atmospheric ozone using satellite horizon measurements in the 1042 cm-1 band. Atmospheric Sciences, 29 (2): 376-390.

Schofield T J, et al. 1997. The Mars Pathfinder atmospheric structure investigation/meteorology. Science, 278 (5344): 1752.

Shepherd G G. 2002. Spectral Imaging of the Atmosphere. Salt Lake City: Academic Press.

Shepherd G G, et al. 1984. Optical doppler imaging of the aurora borealis. Geophysical Research Letters, 11, doi: 10. 1029/GL011i010p01003.

Shepherd G G, et al. 1993. WINDII—The Wind Imaging Interferometer for the Upper Atmosphere Research Satellite. Geophys, 98 (10), doi: 10. 1029/93JD0027.

Shepherd G G, Thuillier G, ChoDuboin Y M, et al. 2012. The Wind Imaging Interferometer (WINDII) on the upper atmosphere research satellite: A 20 year perspective. Reviews of Geophysics, 50 (2), doi: 10. 1029/2012RG000390.

Sioris C. 2015. SWIFT-DASH: Spatial heterodyne spectroscopy approach to stratospheric wind and ozone measurement. Atmosphere-Ocean, 53 (1): 50-57.

Skinner W R, et al. 2003. Operational performance of the TIMED Doppler Interferometer (TIDI). SPIE, 5157: 47-57.

Smith D. 2008. Michael spacecraft observations of the martian atmosphere. Annual Review of Earth & Planetary ences, 36 (1): 191-219.

Smith M D, et al. 2001. Thermal emission spectrometer results: Mars atmospheric thermal structure and aerosol distribution. J Geophys Res, 106 (E10): 929-945.

Sonnabend G, et al. 2012. Mars mesospheric zonal wind around northern spring equinox from infrared heterodyne observations of CO_2. Icarus, 217 (1): 315-321.

Sullivan R, et al. 2000. Results of the imager for Mars Pathfinder windsock experiment. J Geophys Res, 105: 24547-24562.

Swinyard B M, Cavalié T. 2010. Herschel/HIFI observations of Mars: first detection of O_2 at submillimetre wavelengths and upper limits on HCl and H_2O_2. Astron & Astrophys, 521: L49.

Swinyard B M, et al. 2010. The Herschel- SPIRE submillimetre spectrum of Mars. Astron & Astrophys, 518: L151.

Takahashi Y O, et al. 2003. Topographically induced north- south asymmetry of the meridional circulation in the Martian atmosphere. J Geophys Res, 108: 5018.

Thomas P, et al. 1981. Classification of wind streaks on Mars. Icarus, 45 (1): 124-153.

Timothy L K, Wilbert R S, Roberta M J, et al. 1999. TIMED Doppler Interferometer (TIDI). Optics & Photonics, doi: 10. 1117/12. 366383.

Urban J, et al. 2005. Retrieval of vertical constituents and temperature profiles from passive submillimeter wave limb observations of the martian atmosphere: a feasibility study. Applied Optics, 44 (12): 2438.

Wang H, Ingersoll A P. 2003. Cloud-tracked winds for the first Mars global surveyor mapping year. J Geophys Res, 108 (E9): 5110.

Ward W E, et al. 2001. The waves Michelson interferometer: a visible near-IR interferometer for observing middle atmosphere dynamics and constituents. Proc. 4540: 100-111.

Ward W E, Gault W A, Rowlands N, et al. 2003. An imaging interferometer for satellite observations of wind and temperature on Mars, the Dynamic Atmosphere Mars Observer (DYNAMO). Applications of Photonic Technology 5. International Society for Optics and Photonics, 4833: 226-236.

Waters W J. et al. 2006. The Earth observing system microwave limb sounder (EOS MLS) on the Aura satellite. IEEE Trans Geosci Remote Sens, 44 (5): 1075-1092.

Witasse O, et al. 1999. Modeling the OI 630. 0 and 557. 7 nm thermospheric dayglow during EISCAT-WINDII co-ordinated measurements. J Geophys Res, 104 (24): 639-655.

Withers P, Catling D C. 2010. Observations of atmospheric tides on Mars at the season and latitude of the Phoenix atmospheric entry. Geophys Res, 37 (24), doi: 10. 1029/2010GL045382.

Wu D L, Eckermann D S. 2008. Global gravity wave variances from Aura MLS: Characteristics and interpretation. J Atmos Sci, 65 (12): 3695-3718.

Zhang P S, Shepherd G G. 2005. On the response of the O (1S) dayglow emission rate to the Sun's energy input: An empirical model deduced from WINDII/UARS global measurements. J Geophys Res, 110: 1029-1048.

Zhang R, et al. 2017. O_2 Nightglow snapshots of the 1. 27 um emission at low latitudes on Mars with a static field-widened Michelson interferometer. Journal of Quantitative Spectroscopy & Radiative Transfer, doi: 10. 1016/j. jqsrt. 2017. 08. 009.

Zhang Y, et al. 2020. The dependence of interferogram phase on incident wavenumber and phase stability of Doppler Asymmetric Spatial Heterodyne Spectroscopy. Chinese Physics B, 29 (10), doi: 10. 1088/1674-1056/ab9de8.

Zurek R W. 1976. Diurnal tide in the Martian atmosphere. J Atmos Sci, 33: 321-337.

Zurek R W, et al. 1992. Dynamics of the atmosphere of Mars. Arizona: University of Arizona Press.

地球赤道极光及其比较行星学意义

何　飞，乐新安，闫丽梅

中国科学院地质与地球物理研究所，北京 100029

摘　要

地球高层大气最绚丽多彩的发光现象是两极的极光，它是太阳活动、地磁活动、高层大气结构与动力学、磁层空间高能粒子动力学等的重要指示器。地磁场的对称偶极特性在南大西洋异常区呈现出明显的负偏离，磁场强度不足同纬度其他区域的一半，而且还在持续下降，导致更多的高能粒子在这里沉降到高层大气。高能粒子与大气碰撞产生的气辉辐射表现出与极光相似的动态特征，也被称为赤道极光。赤道极光既与空间天气变化密切相关，同时也与异常区磁场变化相关，进而联系到地球的内部。赤道极光的变化性对无磁或弱磁行星上的极光具有重要的启示和比较研究意义。

1　气辉与极光

磁场和大气共同造就并维系了地球宜居环境。地球大气中的分子、原子或离子吸收来自太阳辐射或高能离子流的能量后，就会产生光化学反应发光或受激发光现象。根据其产生机制不同，大气发光现象可大致分为两类：气辉（Airglow）和极光（Aurora）。气辉是高层大气（指 80 km 以上的大气层）和电离层中原子、分子和离子的化学反应发光，是一种全球性的发光现象，从空中俯瞰（如国际空间站）就像一个包裹地球的彩色光球（如图 1 所示）。在可见光波段，气辉呈现明显的高度分层结构，由低到高主要有黄光、绿光和红光。不同高度层的气辉辐射是高层大气和电离层密度/温度结构与动力学过程的重要指示器，是研究电离层和热层扰动的常用参数，如重力波和电离层行扰。但气辉辐射强度较弱，在地面上人眼一般无法感受到。

在地球南北两极的高纬地区，由于偶极子磁场位形特殊的漏斗状结构，来自太阳风和磁层空间的高能带电粒子会沿磁力线沉降到高层大气和电离层，与其中的原子和分子碰撞并激发绚丽的极光（如图 1 所示）。一般认为极光只发生在高纬环绕磁轴的椭圆环带中（又称为极光卵），偶尔在极端空间天气事件期间会扩展到中低纬度。极光辐射光谱范围非常宽，从波长极短的 X 射线到红外线，这取决于高层大气成分和沉降粒子能量。小小的极光卵是广阔磁层空间中复杂动力学过程的光学表象，为空间天气研究打开了一扇窗口。极

图 1 高层大气发光现象（图片修改自 NASA）
其中左下部分绿色区域为北极光，中部地球边缘的圆弧状黄色和红色区域为气辉

光是非常动态的，主要在磁暴和亚暴期间爆发，并表现出丰富多彩的结构，如光斑、光弧、串珠、流状、涡旋和锯齿等（He et al.，2020a）。除了这些被长期研究的传统极光外，一种由于低纬负地磁异常导致的赤道极光值得深入系统的研究（He et al.，2020b）。

2 南大西洋异常区

地球偶极子磁场强度分布并不是均匀的，最明显的负偏离出现在南大西洋异常区（South Atlantic Anomaly，SAA），这里的磁场强度比同纬度的其他地区至少低一半，而且还在持续减弱，范围也在不断移动和扩大（如图 2 所示）。SAA 区域弱磁场导致更多的内辐射带高能带电粒子进入高层大气，并通过碰撞激发类似极光的发光现象。20 世纪 60 ~ 70 年代，有少数空间物理研究先驱注意到这个现象，并命名为“赤道极光”，后因探测缺乏、研究困难等种种原因而渐渐不为人所知。SAA 区域由于大量高能带电粒子捕获和沉降产生的大气/电离层效应和气候效应也有待深入理解。

众所周知，地磁场中的带电粒子主要受三种运动支配：环绕磁力线的回旋运动、南北磁镜点之间的往复弹跳运动和跨磁力线的漂移运动。下面主要探讨弹跳运动。由于磁力线存在曲率，弹跳运动过程中，带电粒子在磁镜点被反射，并向磁场的另一极运动。此时，带电粒子与地表的距离达到最小值。假设一个带电粒子在磁赤道回旋运动的投掷角为 α_{eq}，磁赤道面上磁场强度为 B_{eq}，磁镜点的磁场强度为 B_m，则三者满足如下关系：

$$\sin^2\alpha_{eq}=\frac{B_{eq}}{B_m} \tag{1}$$

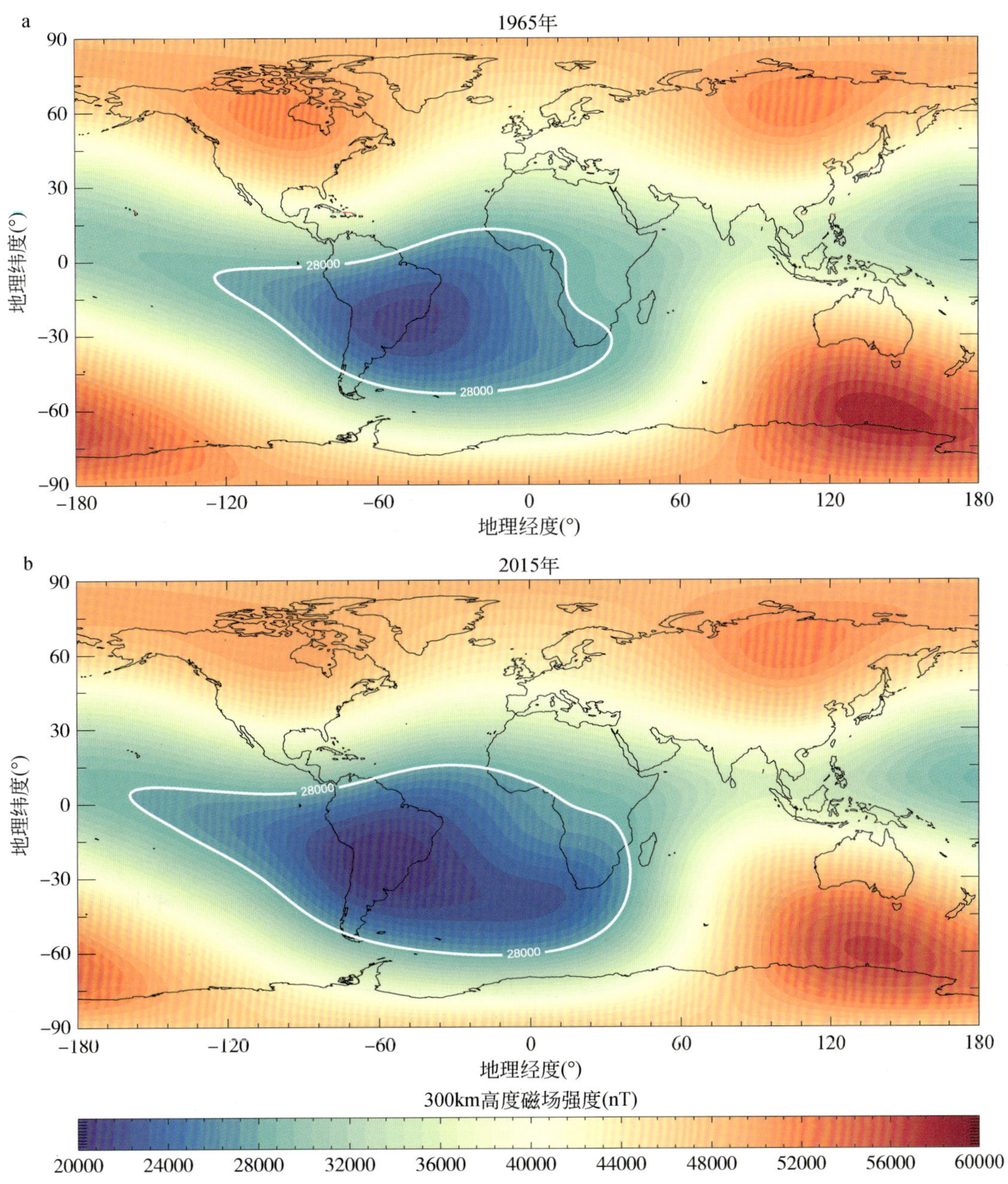

图 2 利用 IGFR 模型计算的地表以上 300 km 高度处全球磁场强度分布图
白色等值线代表磁场强度 28000 nT

磁镜点磁场强度越弱，磁镜点高度越低，如图 3 所示。以足点位于 SAA 内，南纬 40°、西经 60°的磁力线为例，磁赤道面投掷角为 45°的带电粒子，在北半球的磁镜点高度约为 900 km，而在南半球 SAA 内的磁镜点高度则显著下降到约 100 km 高度。对于更小的投掷角，磁镜点高度甚至会下降到地表以下，表明带电粒子将很容易穿透大气层。

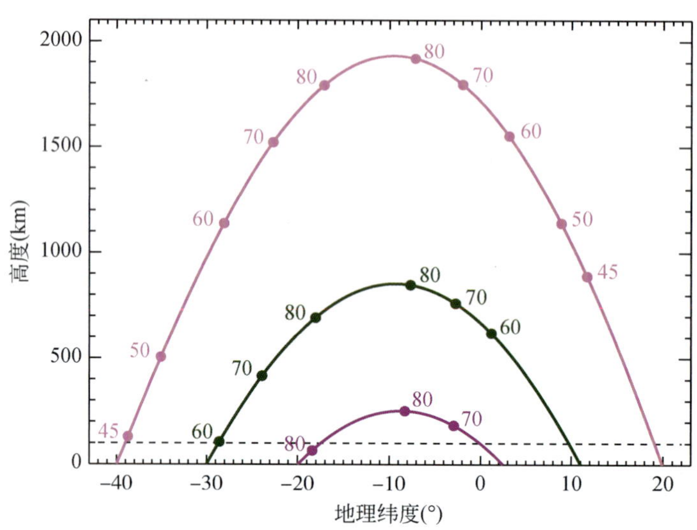

图 3　不同赤道投掷角带电粒子的磁镜点高度

计算采用 2015 年 IGRF 模型，位于西经 60°扇区。考察的三条磁力线在南半球的足点地理纬度分别为 40°S（洋红色），30°S（绿色），20°S（紫色）。每条磁力线上的远点代表相应投掷角带电粒子的磁镜点位置

在地磁平静期，高能粒子被准稳态地束缚在磁力线上，很少的粒子会被散射到损失锥并沉降到低层大气。而在地磁扰动期间（如磁暴和亚暴），当大量的粒子注入近地空间并被磁力线捕获后，会逐渐扩散至连接 SAA 区域的磁通量管。库伦散射和波粒相互作用会散射更多的粒子进入损失锥，使得更多的粒子深度穿透到大气层中。相比于地磁平静期，地磁扰动期间，SAA 区域的束缚电子通量会增加 1～2 个数量级，而沉降电子通量会增加至少 1 个数量级（Asikainen and Mersula，2008）。观测和模拟研究均表明束缚电子通量在 SAA 区域中心达到峰值，而沉降电子通量峰值则在 SAA 区域的东南角区域，对应于南纬 35°和东经 0°的舌状低磁场区域（Abel and Thorne，1999；Asikainen and Mersula，2008）。这导致该区域更多的高能粒子沉降到高层大气，激发更强的辐射。这种辐射增强不同于传统气辉因太阳辐射通量升高而增强。从这一角度来说，赤道极光或非极区极光常用于表征 SAA 的大气异常发光现象（Gledhill and van Rooyen，1962；Hicks and Chubb，1970；Levasseur and Blamont，1973；Tinsley，1977；Meier，1979；Paresce，1979；Stephan et al.，2001）。

3　赤道极光

3.1　基本性质

为了区别于白天的光化学辐射和昏光，我们的讨论将聚焦在夜间的辐射。类似两极的极光，SAA 区的赤道极光的辐射光谱范围涵盖了从低能粒子激发的红光辐射到高能粒子激发的 X 射线辐射的宽谱段。具体的光谱特征与高层大气–电离层成分和沉降高能粒子能谱

密切相关。

1958 年，SAA 首次被发现，1963 年高空气球搭载的 X 射线探测器首次在 SAA 区发现了 X 射线辐射，它是由上百千电子伏特的沉降电子在高层大气中减速刹车产生的韧致辐射。1979 年的卫星观测也进一步证实了 SAA 区 X 射线极光的存在。后续的一系列高空气球实验还发现了地磁扰动期间 SAA 区域 X 射线极光增强的事实，进一步证明了 X 射线极光的来源是高能电子沉降。

在极紫外–远紫外波段，由于稠密大气的强烈吸收，赤道极光只能在卫星高度才能观测到。地磁活动期间，除沉降带电粒子之外，环电流中被散射的能量中性原子（Energetic Neutral Atoms，ENA）也可以穿透到高层大气（Tinsley，1981；Stephan et al.，2000）。环电流中高能量的 H^+、He^+ 和 O^+ 与地冕中的中性热氢原子发生电荷交换碰撞，产生大量快速的 ENA，并射向大气层。ENA 与大气中性成分之间的碰撞产生极紫外–远紫外波段的赤道极光。

在可见–近红外波段，赤道极光的光谱主要集中在一些较强特征谱线和较弱的连续谱，这主要是由高层大气中主要的中性成分和等离子体成分决定的。在 100 km 高度以上，中性大气主要由 N_2 分子和 O 原子组成，最常见的辐射包括 OH Meinel 带，630.0 nm 的 O 原子红线，557.7 nm 的 O 原子绿线，以及 427.8 nm 的 N_2^+ 1NG 的蓝线。下面主要对在地面容易观测到，肉眼也容易观察的红线和绿线的辐射机制做一些深入讨论。

557.7 nm 绿线是由 O 原子 $^1S \to ^1D$ 能级跃迁产生的辐射。在夜间正常的化学反应条件下，557.7 nm 辐射强度极低。在没有太阳光辐射条件下，SAA 区域的绿色赤道极光的辐射机制主要有两种。产生 ^1S 态 O 原子的主要机制是沉降电子与 $N_2(X^1\Sigma_g^+)$ 分子碰撞产生激发态的 $N_2(A^3\Sigma)$ 分子，之后 $N_2(A^3\Sigma)$ 分子与基态的 O 原子发生转化反应，产生激发态 $O(^1S)$ 原子，即

$$N_2(X^1\Sigma_g^+)+e^* \to N_2(A^3\Sigma)+e^* \tag{2a}$$

$$N_2(A^3\Sigma)+O(^3P) \to N_2(X^1\Sigma)+O(^1S) \tag{2b}$$

式中，e^* 是直接沉降到高层大气的高能电子或沉降电子与中性大气碰撞产生的二次电子。第二种机制是 N_2 分子被沉降电子碰撞后发生分解电离反应，产生 N^+ 离子，N^+ 离子与 O_2 分子发生反应，产生激发态 $O(^1S)$ 原子，即

$$e^*+N_2 \to N^++N+e^*+e \tag{3a}$$

$$N^++O_2 \to NO^++O(^1S) \tag{3b}$$

绿色赤道极光辐射率的峰值高度约为 110 km，在 100 km 高度以下，由于 O 原子含量快速降低，导致低高度辐射展现出非常陡峭的下边缘。

630.0 nm 红光是由 O 原子 $^1D \to ^3P$ 能级跃迁产生的辐射。在沉降粒子作用下，亚稳态 $O(^1D)$ 原子的产生机制长期以来处于争论之中。目前广泛认可的产生机制包括以下两种碰撞反应

$$e^*+O(^3P) \to e^*+O(^1D) \tag{4a}$$

$$O_2^++e \to O+O(^1D) \tag{4b}$$

对于亚稳态的 $O(^1D)$ 原子，虽然其产生率的峰值高度在低层大气（约 120 km），由于 N_2 分子和其他中性成分的碰撞猝灭作用，夜间 630.0 nm 辐射主要在 150 km 以上高度，辐射率峰值一般位于 250 km 或更高的高度。由于辐射高度较高，红光一般能在地面上从

更远的距离被观测到。红光还有两个特殊的性质。一是 O(^{1}D) 原子所需要的激发能量非常低（1.95 eV），有利于在低能电子沉降情况下产生。二是 O(^{1}D) 原子属于亚稳态，在 F 区电离层中具有相对长的寿命（>100 s）。

3.2 赤道极光的地面可见性

本节我们评估赤道极光的可观测性，特别是从地面肉眼是否可见的角度分析赤道极光的辐射特性。评估夜间赤道极光是否能被肉眼所见是比较复杂的，这涉及两个主要因素，即人眼的光谱响应特征和赤道极光的辐射强度特征。

根据国际照明委员会颁布的明视觉条件下的标准视见函数（图 4），人眼最敏感的波长是 555 nm。在存在赤道极光的情况下，虽然是暗夜，适应暗夜后的人眼视觉函数也可适用明视觉条件。Rose（1948）曾经获得人眼的视觉敏感度为 100 photons · s^{-1}。将人眼进行简单的参数化，眼瞳直径 8 mm，等效视觉像素 2″，则该视觉敏感度对应的辐射强度为 200 Rayleigh（Shepherd and Cho，2017）。在同等照明条件下，其他波长的辐射强度只有高于 200 Rayleigh 时才能被人眼感受到。如图 4 下图所示，令人眼在 557.7 nm 处的视觉响应阈

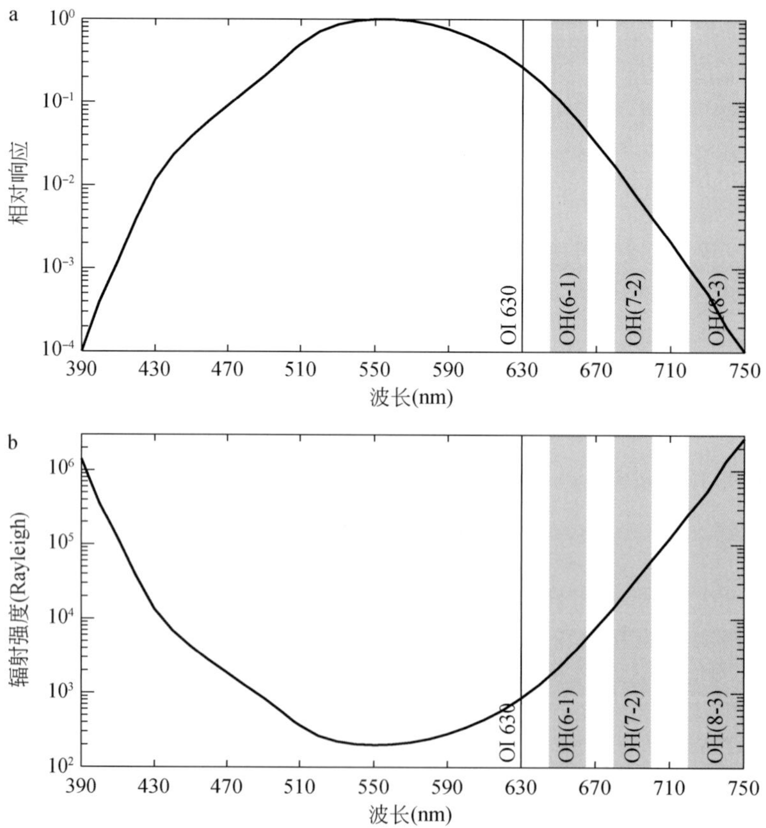

图 4 CIE 标准规定的明视觉条件下人眼响应函数

a. 归一化到 555 nm 的人眼响应函数；b. 典型谱段的人眼可响应强度阈值

值为 200 Rayleigh，则 630.0 nm 处的视觉响应阈值是 750 Rayleigh，约 650 nm 的 OH(6–1) Meinel 带阈值为 2000 Rayleigh，约 700 nm 的 OH(7–2) Meinel 带阈值为 50 kRayleigh，而约 740 nm 的 OH(8–3) Meinel 带阈值需要达到 800 kRayleigh。

为了便于比较传统夜气辉辐射特征和高能粒子沉降引起的赤道极光辐射特征，下面分两部分对辐射强度特征进行数值模拟。主要对 557.7 nm 绿线和 630.0 nm 红线进行模拟。

3.2.1 常规夜间气辉辐射特征

对于 557.7 nm 绿线，在没有太阳辐射和高能粒子影响下，夜间 O（^1S）态的产生与下列化学反应有关（Khomich et al.，2008）：

$$O+O+M\ (N_2,\ O_2,\ O) \rightarrow O_2^* + M \tag{5}$$

$$O_2^* + N_2 \rightarrow O_2 + N_2 \tag{6}$$

$$O_2^* + O_2 \rightarrow O_2 + O_2 \tag{7}$$

$$O_2^* + O \rightarrow O_2 + O \tag{8}$$

$$O_2^* + O \rightarrow O_2 + O(^1S) \tag{9}$$

$$O_2^* \rightarrow O_2 + hv \tag{10}$$

$$O(^1S) \rightarrow O(^1D) + hv(557.7\text{nm}) \tag{11}$$

$$O(^1S) \rightarrow O(^3P) + hv(297.2\text{nm}) \tag{12}$$

$$O(^1S) + O_2 \rightarrow O + O_2 \tag{13}$$

$$O(^1S) + O \rightarrow O + O \tag{14}$$

557.7 nm 辐射率 $v_{557.7}$（photon · cm^{-3} · s^{-1}）表示为

$$v_{557.7} = \frac{A_{557.7}\alpha_O\alpha_{O_2}[O]^3[M]}{\{A_{557.7}+A_{297.2}+\beta_{O_2}[O_2]+\beta_O[O]\}\{A^*+\beta_{O_2}^*[O_2]+\beta_{N_2}^*[N_2]+(\alpha_O+\beta_O^*)[O]\}}$$

$$\begin{aligned}
&A_{557.7}=1.215\text{s}^{-1}, A_{297.2}=0.076\text{s}^{-1}, A^*=3.0\text{s}^{-1}\\
&\alpha_O=10^{-1?}\text{cm}^3\text{s}^{-1}, \alpha_{O_2}=5.5\times10^{-33}\times2(200/T_n)\text{cm}^3\cdot\text{s}^{-1}\\
&\beta_O=5.0\times10^{-11}\exp(-305/T_n)\text{cm}^3\cdot\text{s}^{-1}\\
&\beta_{O_2}=4.3\times10^{-12}\exp(-865/T_n)\text{cm}^3\cdot\text{s}^{-1}\\
&\alpha_O+\beta_O^*=5.9\times10^{-12}\text{cm}^3\text{s}^{-1}, \beta_{O_2}^*=5.9\times10^{-12}\text{cm}^3\cdot\text{s}^{-1}\\
&\beta_{N_2}^*=4.7\times10^{-9}(200/T_n)^2\exp(-1506/T_n)\text{cm}^3\cdot\text{s}^{-1}
\end{aligned} \tag{15}$$

式中，[N_2] 是 N_2 分子数密度，[O_2] 是 O_2 分子数密度，[O] 是 O 原子数密度，T_n 是中性温度。

对于 630.0 nm 红线，没有太阳辐射和高能粒子影响的稳态情况下，在电离层 F 区，O^+ 和 O_2 的化学反应是产生夜间 O（^1D）态主要源，并伴随一系列碰撞淬灭反应，主要化学反应如下：

$$O^+ + O_2 \rightarrow O_2^+ + O \tag{16}$$

$$O_2^+ + e \rightarrow O + O(^1D) \tag{17}$$

$$O(^1D) + N_2 \rightarrow O(^3P) + N_2 \tag{18}$$

$$O(^1D) + O_2 \rightarrow O(^3P) + O_2 \tag{19}$$

$$O(^1D) + e \rightarrow O(^3P) + e \tag{20}$$

$$O(^1D) + O \rightarrow O(^3P) + O \tag{21}$$

$$O(^1D) \rightarrow O(^3P) + hv(630.0\text{nm}) \tag{22}$$

630. 0 nm 辐射率 $v_{630.0}$（photon · cm^{-3} · s^{-1}）表示为

$$\begin{gathered} v_{630} = \frac{0.756 f(^1D) k_3 [O_2][O^+]}{1 + (k_2[N_2] + k_5[O_2] + k_6[e^-] + k_7[O]) / A_{1D}} \text{photon} \cdot \text{cm}^{-3} \cdot \text{s}^{-1} \\ k_2 = 2.0 \times 10^{-11} e^{111.8/T_n} \text{cm}^3 \cdot \text{s}^{-1} \\ k_3 = 3.23 \times 10^{-12} e^{1118/T_i - 1.68 \times 10^5 / T_i^2} \text{cm}^3 \cdot \text{s}^{-1} \\ k_5 = 2.9 \times 10^{-11} e^{67.5/T_n} \text{cm}^3 \cdot \text{s}^{-1} \\ k_6 = 1.6 \times 10^{-12} T_e^{0.91} \text{cm}^3 \cdot \text{s}^{-1} \\ k_7 = 9.2 \times 10^{-13} \text{cm}^3 \cdot \text{s}^{-1} \end{gathered} \tag{23}$$

式中，$[O^+]$ 是 O^+离子数密度，$[e^-]$ 是电子数密度，T_i 是离子温度，T_e 是电子温度。对于夜间的中低纬地区，近似有 $T_i = T_e = T_n$。

以上辐射率计算公式中，中性大气密度和温度参数采用 NRLMSIS-00 经验大气模型计算得到，而等离子体参数则采用电离层气候学模式国际参考电离层（IRI2016）计算得到。从气候学角度，中性大气参数和电离层等离子体参数受太阳活动、季节和地方时影响较大，在两个模式中，均采用了 10. 7 cm 射电通量（$F_{10.7}$，单位 sfu，1 sfu = 10^{-22} W · m^{-2} · Hz^{-1}）作为太阳活动强度的表征。因此，在以下模拟中，设置了低太阳活动（$F_{10.7}$ = 70 sfu）和高太阳活动（$F_{10.7}$ = 130 sfu）两种情况。季节变化方面，设置了春分点、夏至点和冬至点三种情况。每一种情况均设置了三个地方时，LT = 22 h，0 h 和 2 h。选取了东亚扇区 127° E 子午面，对上述各种参数组合进行了详细的计算，并在北半球 37°N 处设置地面观察者，研究不同视角的强度变化特征。

图 5、图 6 展示了夜间 557. 7 nm 绿线在太阳活动低年和太阳活动高年，不同季节和不同地方时情况下的辐射率高度剖面。从图中可以看出，夜间 557. 7 nm 辐射主要集中在 100 km 附近的薄层中，厚度约为 10 km。北半球的冬季辐射率最高，夏季辐射率最低，均没有出现明显的纬度变化特征，只是夏季辐射峰值高度略有下降，下降幅度约为 5 km。所有季节，从子夜前至子夜后（LT = 02 h）辐射率会有明显的上升。总体来讲，不同太阳活动条件下，辐射峰值高度无明显变化，而太阳活动高年的峰值辐射率比太阳活动低年的峰值辐射率增长约 20%。

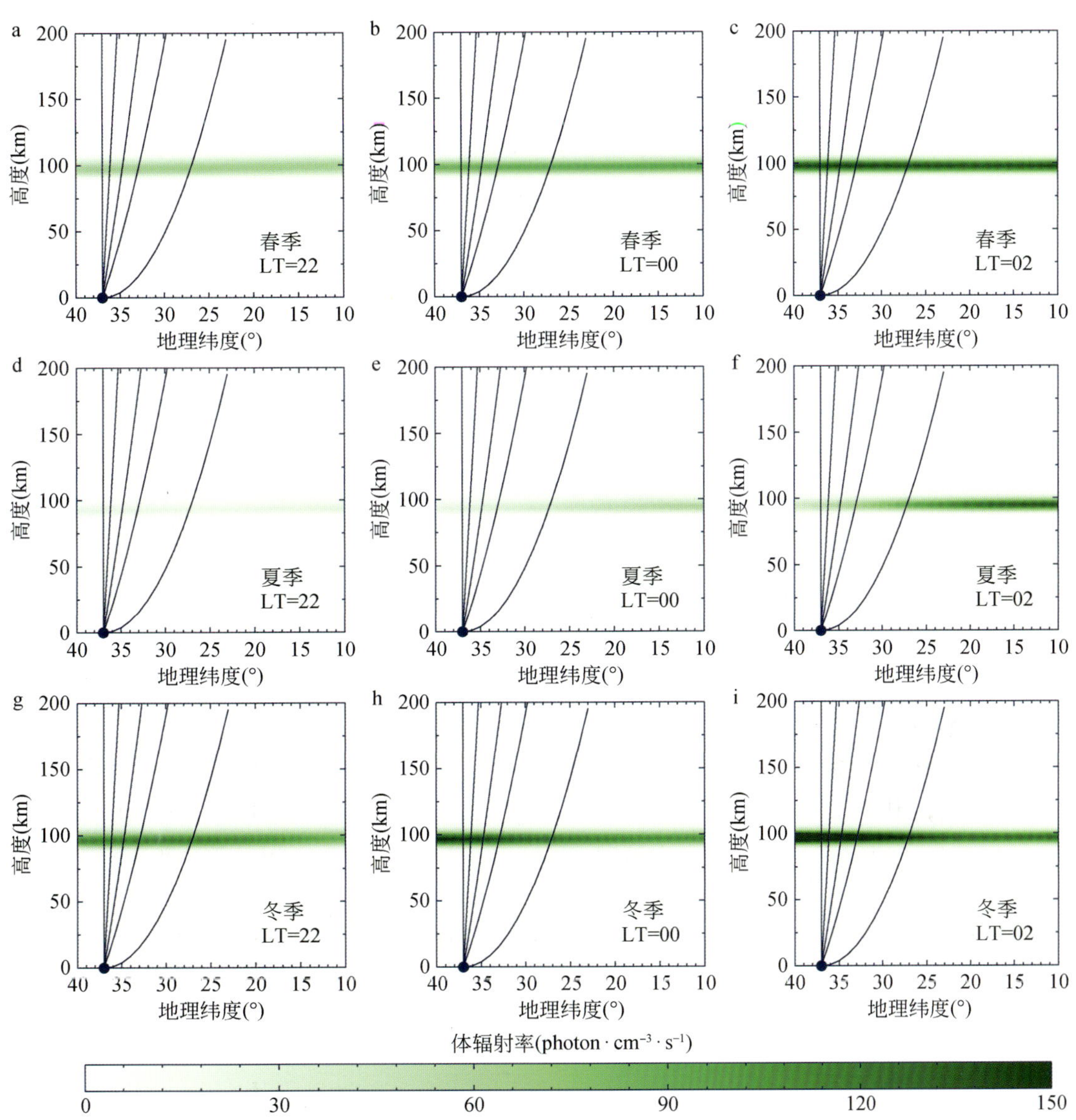

图 5 太阳活动低年夜间 557.7 nm 绿线辐射率

圆点代表地面观察者位置，曲线从左至右依次代表观察角 0°、45°、70°、80°和 90°，0°代表天顶方向，90°水平方向

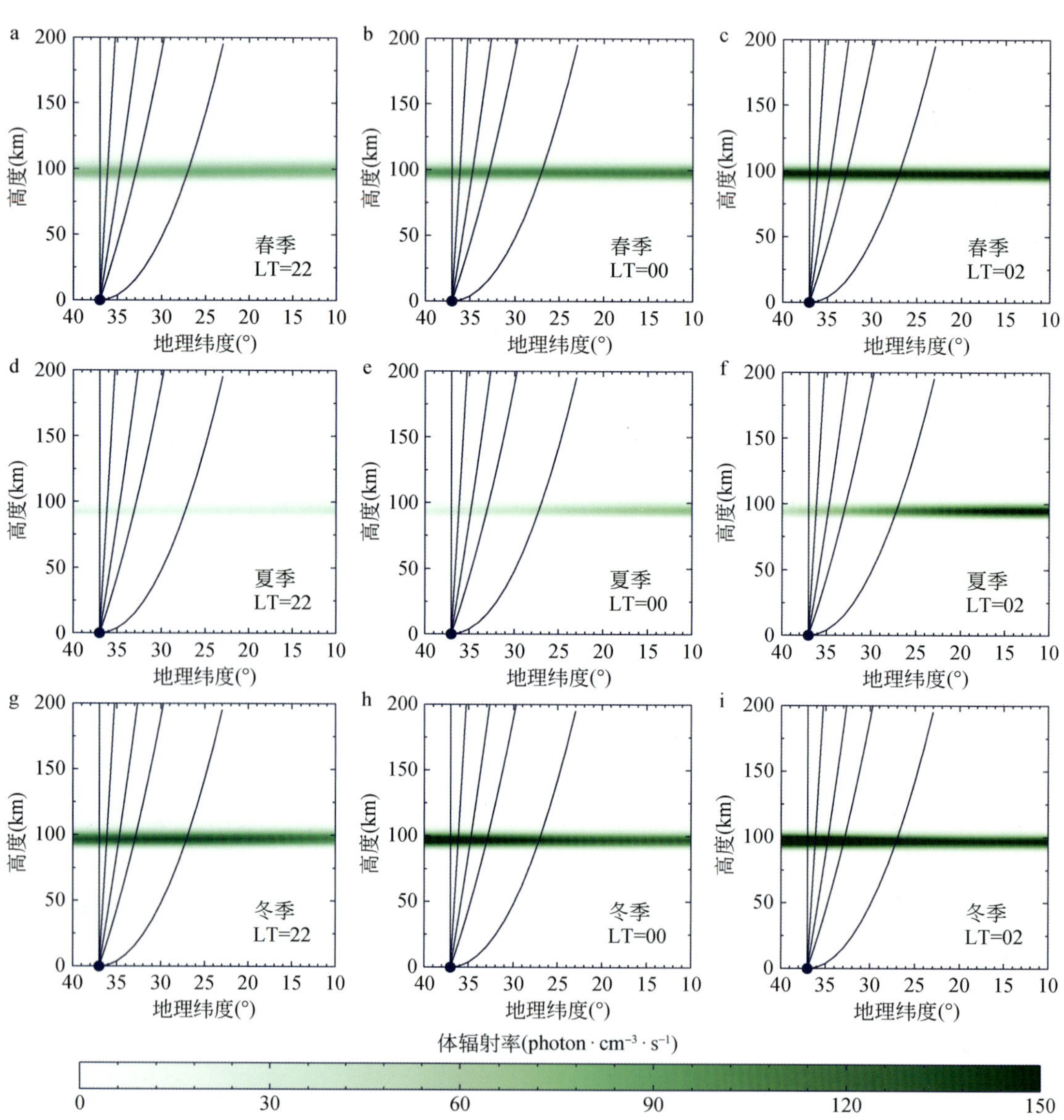

图6 太阳活动高年夜间 557.7 nm 绿线辐射率

圆点代表地面观察者位置，曲线从左至右依次代表观察角 0°、45°、70°、80°和 90°，0°代表天顶方向，90°水平方向

图 7 展示了从地面观察时，不同视角的光线积分强度。天顶方向由于积分路径最短，强度也最低。夏季辐射强度最低，均小于 50 Rayleigh，春秋季节和冬季的强度分别在约 100 ~ 150 Rayleigh 和约 150 ~ 200 Rayleigh 之间。随着观察角逐渐转向地平线，积分强度逐渐升高，变化幅度接近 5 倍。同时，不同太阳活动条件下，辐射强度增长幅度较小，均在 20% 附近。

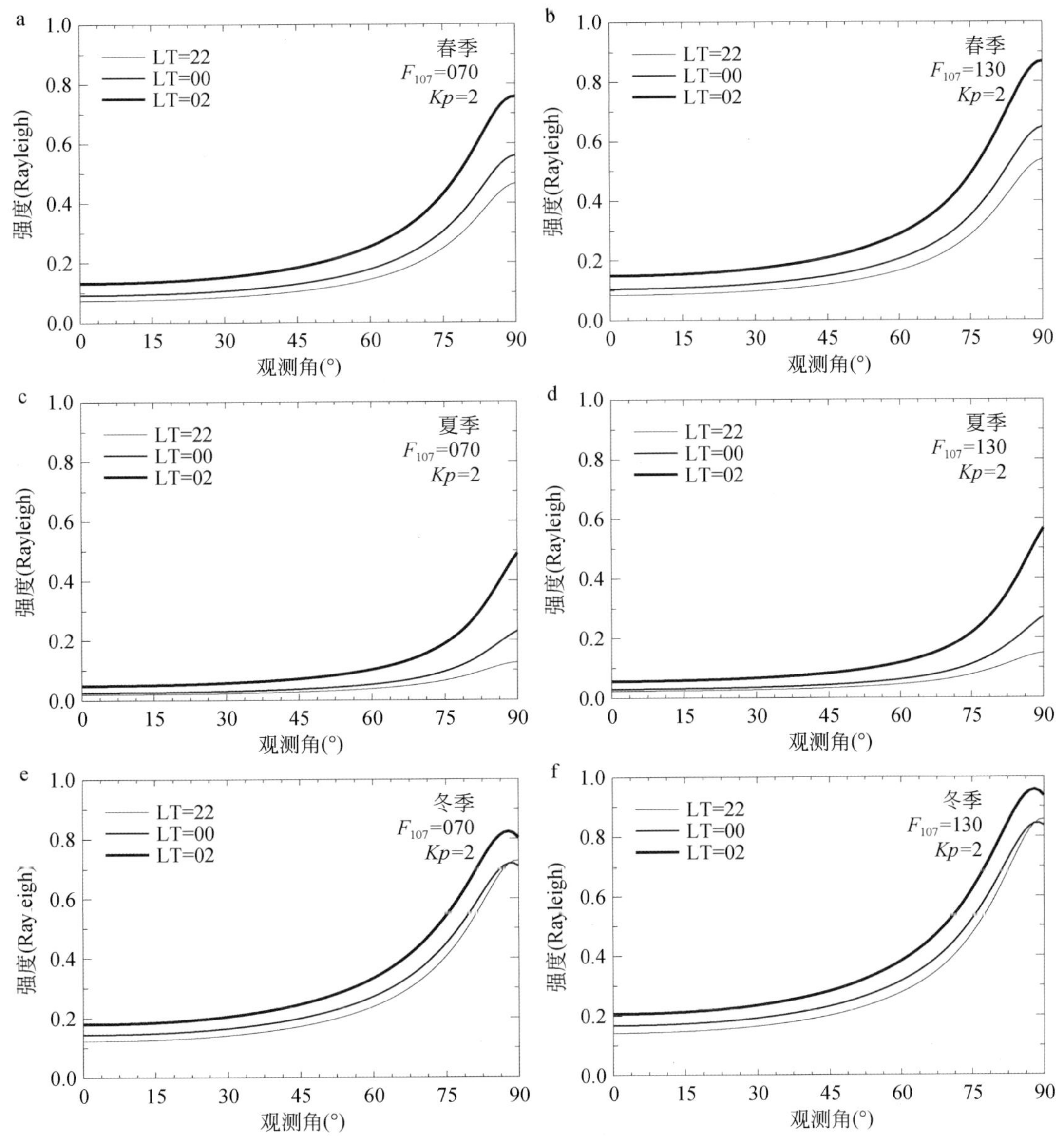

图 7　不同太阳活动、不同季节、不同地方时夜间 557.7 nm 绿线光线积分强度随观察视角变化

图8、图9展示了夜间630.0 nm红线在太阳活动低年和太阳活动高年，不同季节和不同地方时情况下的辐射率高度剖面。从图中可以看出，夜间630.0 nm辐射主要集中在200～300 km高度范围内，峰值高度约250 km。北半球的春/冬季节辐射率高于夏季辐射率，而且出现明显的纬度变化。春/冬季节由于电离层赤道异常区的存在，低纬度地区辐射率明显高于中纬度，春季子夜后辐射率高于子夜前，而冬季则是子夜前高于子夜后。夏季由于电离层赤道异常不显著，中纬度地区辐射率明显高于低纬度地区。由于太阳活动对电离层的调控作用，不同太阳活动条件下，辐射率变化明显，而太阳活动高年的峰值辐射率比太阳活动低年的峰值辐射率增长约1倍。

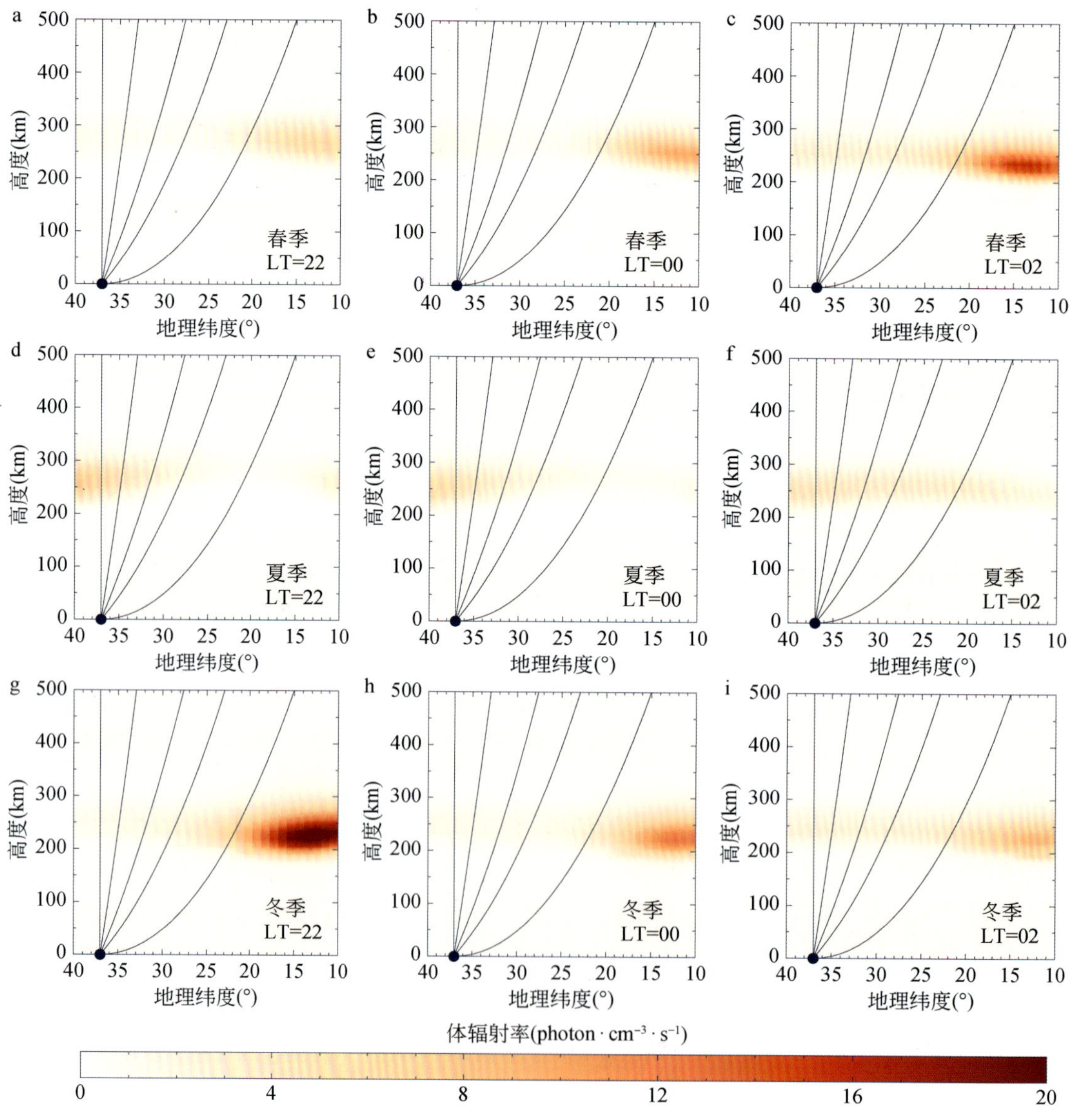

图8 太阳活动低年夜间630.0 nm红线辐射率

圆点代表地面观察者位置，曲线从左至右依次代表观察角0°、45°、70°、80°和90°，0°代表天顶方向，90°水平方向

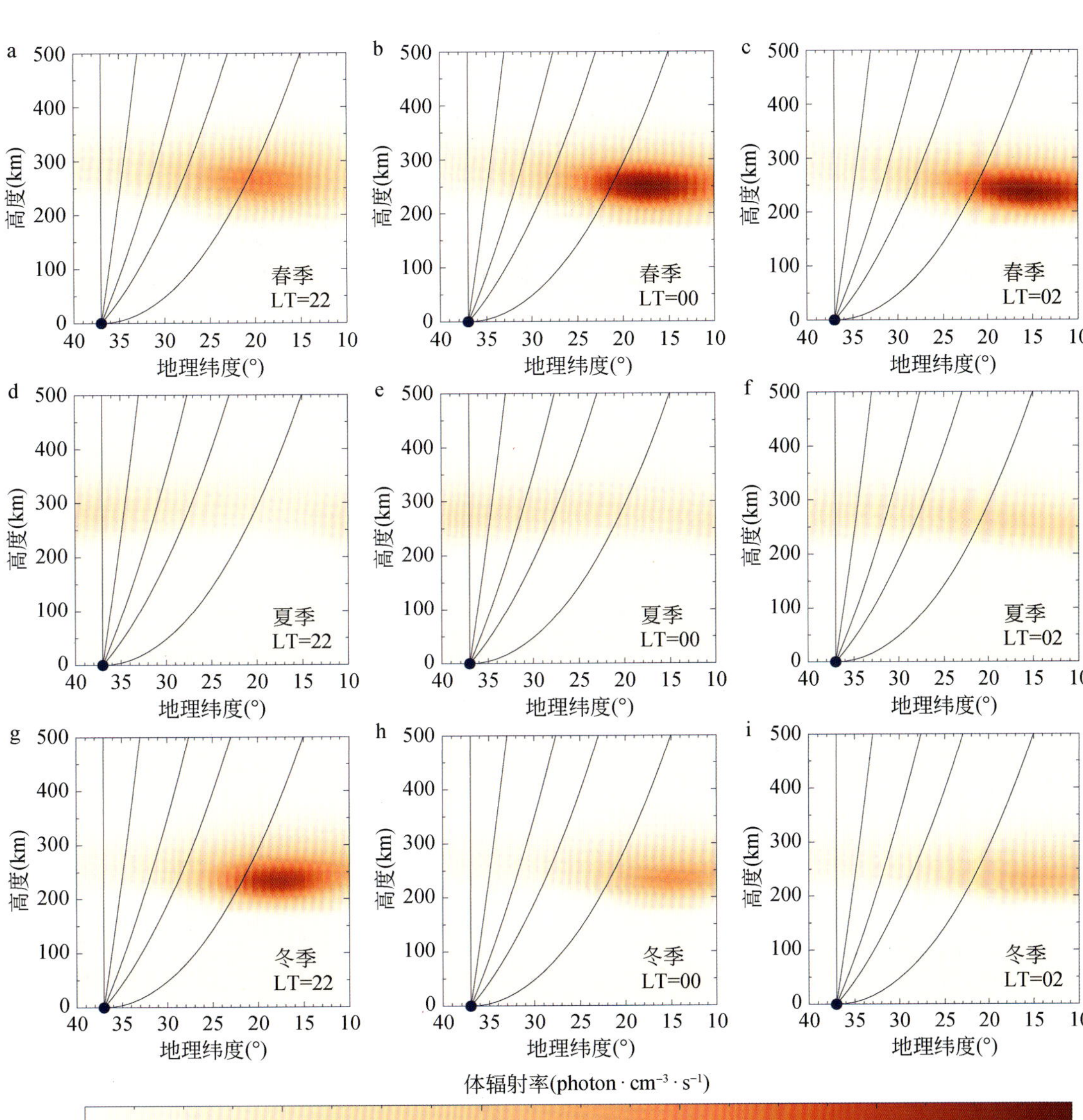

图 9　太阳活动高年夜间 630.0 nm 红线辐射率

圆点代表地面观察者位置，曲线从左至右依次代表观察角 0°、45°、70°、80°和 90°，0°代表天顶方向，90°水平方向

图 10 展示了从地面观察时，不同视角的光线积分强度。天顶方向由于积分路径最短，强度也最低。除了太阳活动高年的夏季，天顶辐射强度高于 50 Rayleigh，其他情况下天顶辐射强度均低于 50 Rayleigh。随着观察角逐渐转向地平线，积分强度逐渐升高，在视角 60°以下，光线积分强度变化比较平缓，之后强度快速升高，主要由于观察角接近水平时，光线路径穿过了电离层赤道异常区的高辐射区域。太阳活动高年，由于赤道异常区的辐射率增加，使得视角接近水平时辐射强度相对于太阳活动低年增加数倍。在所有情况下，观察角超过 60°时，光线积分一般会增强 5 倍以上。

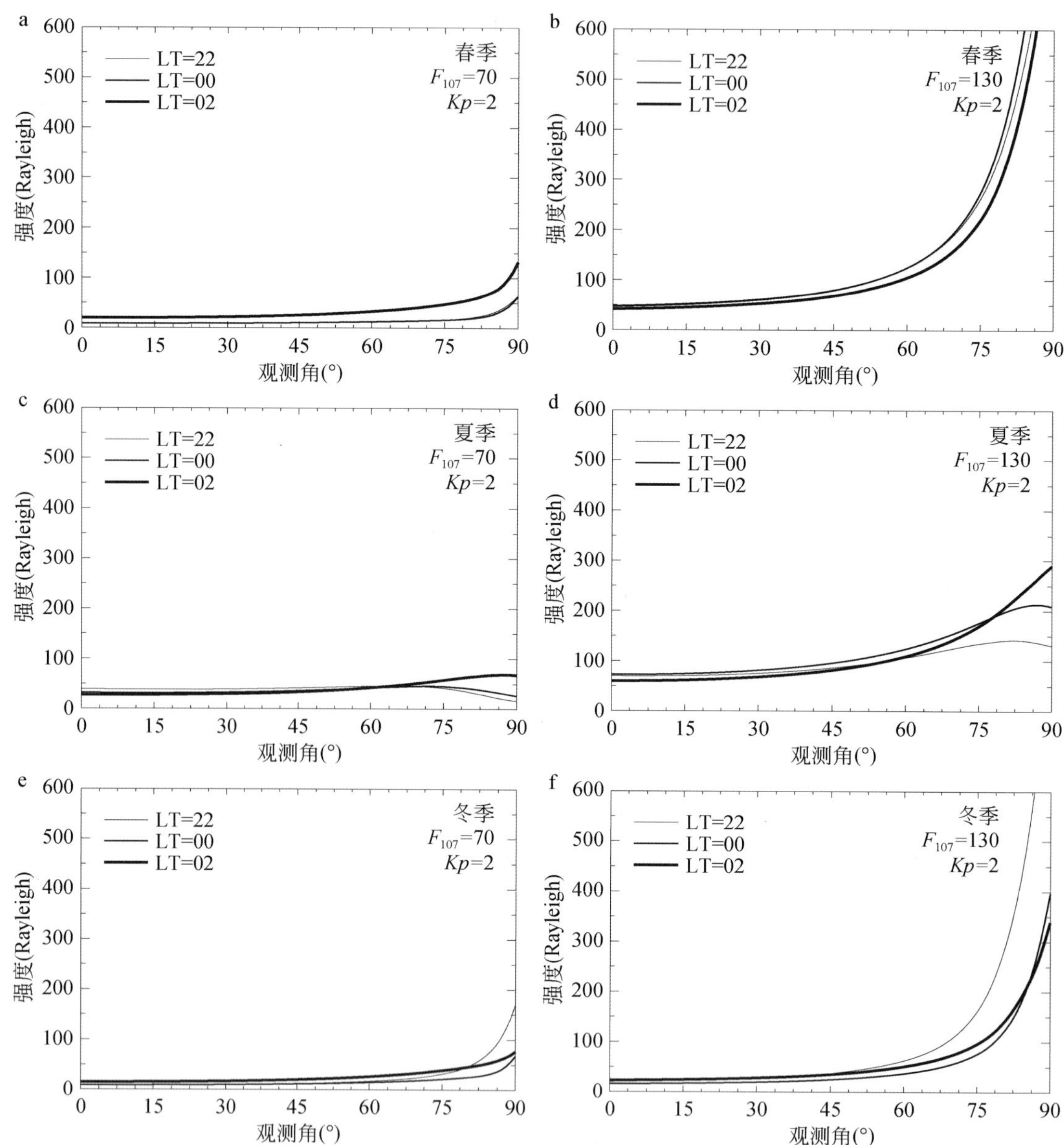

图 10 不同太阳活动、不同季节、不同地方时夜间 630.0 nm 红线光线积分强度随观察视角变化

以上研究表明，传统的夜间气辉辐射一般不为人眼所见，只有绿光在某些情况下辐射强度会达到人眼感受阈值，比如大气波动调制（Shepherd et al., 2017）。

3.2.2 赤道极光辐射特征

在 SAA 区域，地磁活动相对平静期间，较低能量的沉降电子通量（E<23.8 eV）约为 0.1 ~ 1.0 ergs · cm^{-2} · s^{-1}（Torr et al., 1975）。而在磁暴期间，沉降电子通量至少会上升 1

个数量级，达到 1.0 ~ 10.0 ergs · cm^{-2} · s^{-1}，赤道极光辐射率也将会显著上升。为了简化模拟过程，我们根据 SAA 中心区域（60°W）磁场强度的分布，假定沉降电子沿纬度服从高斯分布，如图 11 所示。由于绿光和红光均主要来自低能电子沉降，因此，统一将沉降电子平均能量设为 2 keV。将这些沉降电子通量输入到全球气辉模型（GLOW）（Solomon，2017），模拟赤道极光的辐射特性。GLOW 模型内同样采用了 NRLMSIS-00 和 IRI2016 作为中性大气和电离层等离子体参数模拟器。

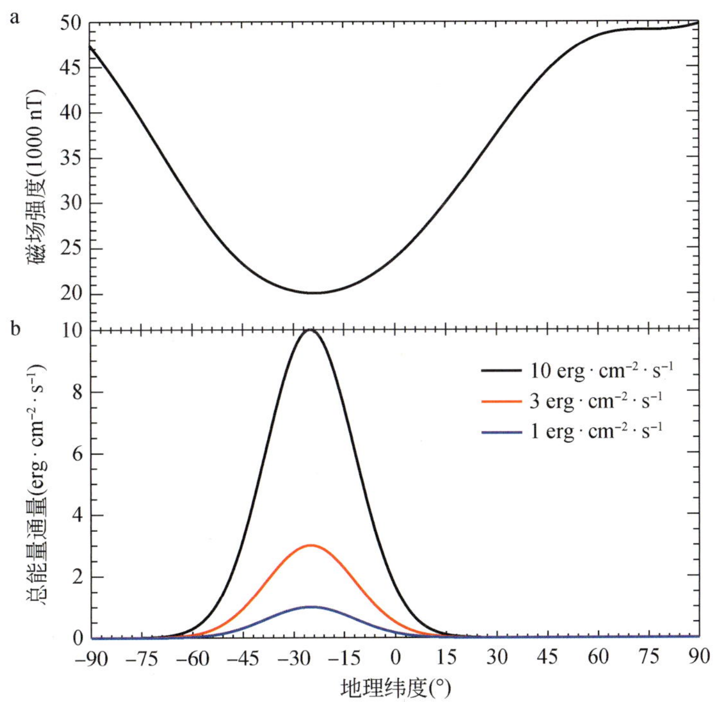

图 11　SAA 区域磁场强度和沉降电子通量的纬度分布

a. 西经 60°子午面 300 km 高度处磁场径向分量的纬度剖面；b. 同一子午面沉降电子总能量通量沿纬度的高斯型分布

所选子午面内，557.7 nm 和 630.0 nm 赤道极光辐射率高度剖面随纬度的变化如图 12 和图 13 所示。从图中可以看到在南纬 25°附近，由于沉降电子碰撞激发导致辐射率相比其他区域明显上升。沉降电子总能量通量越高，辐射率升高越显著，总能量通量为 10 erg · cm^{-2} · s^{-1}时，辐射率上升到正常水平的 10 倍。图 14 表明在沉降电子影响下，辐射强度相比传统夜间气辉辐射升高至少 1 个数量级，在 SAA 中心区，557.7 nm 辐射强度达到约 5000 Rayleigh，630.0 nm 辐射达到约 1200 Rayleigh，明显超过人眼感受阈值，变得人眼可见。

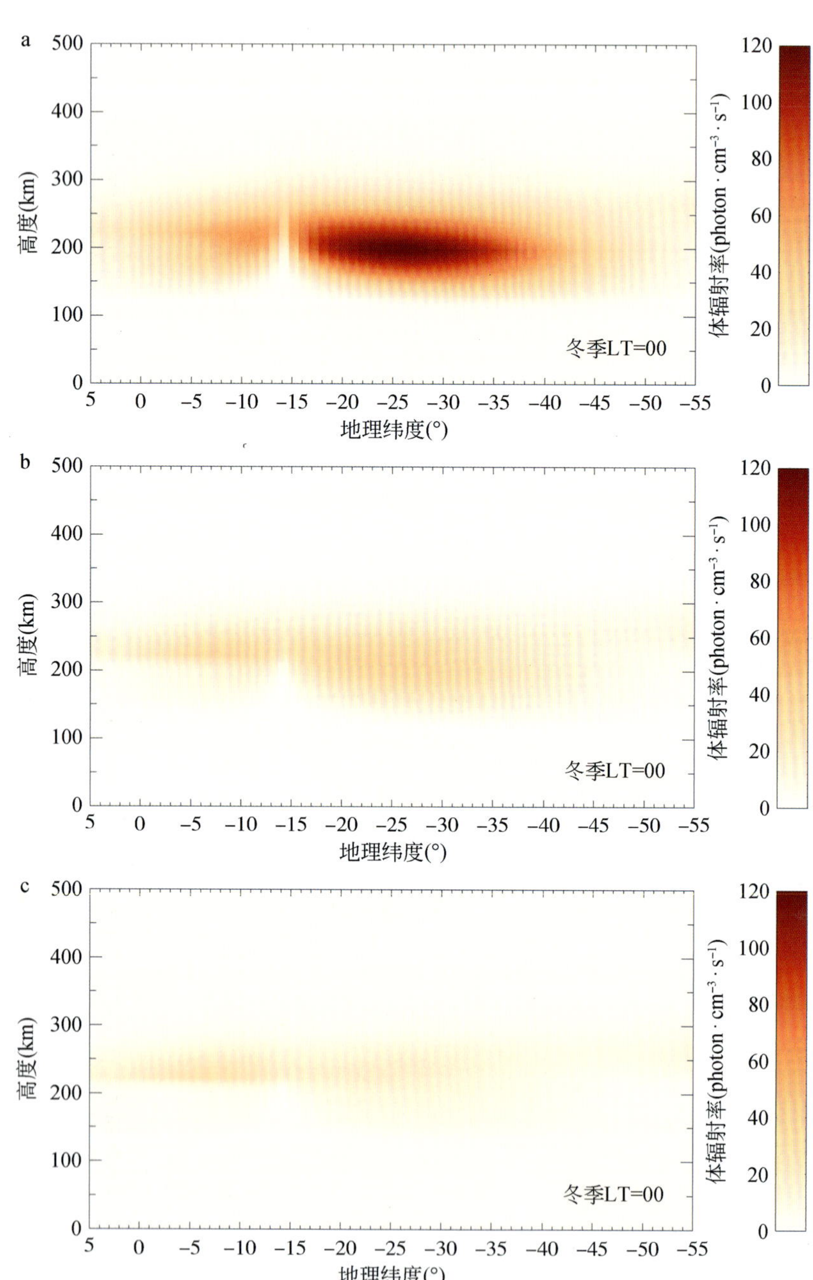

图 12 沉降电子总能量通量分别为 10 erg · cm^{-2} · s^{-1}（a），3 erg · cm^{-2} · s^{-1}（b）和 1 erg · cm^{-2} · s^{-1}（c）时，60° W 子午面 630.0 nm 红线辐射率分布

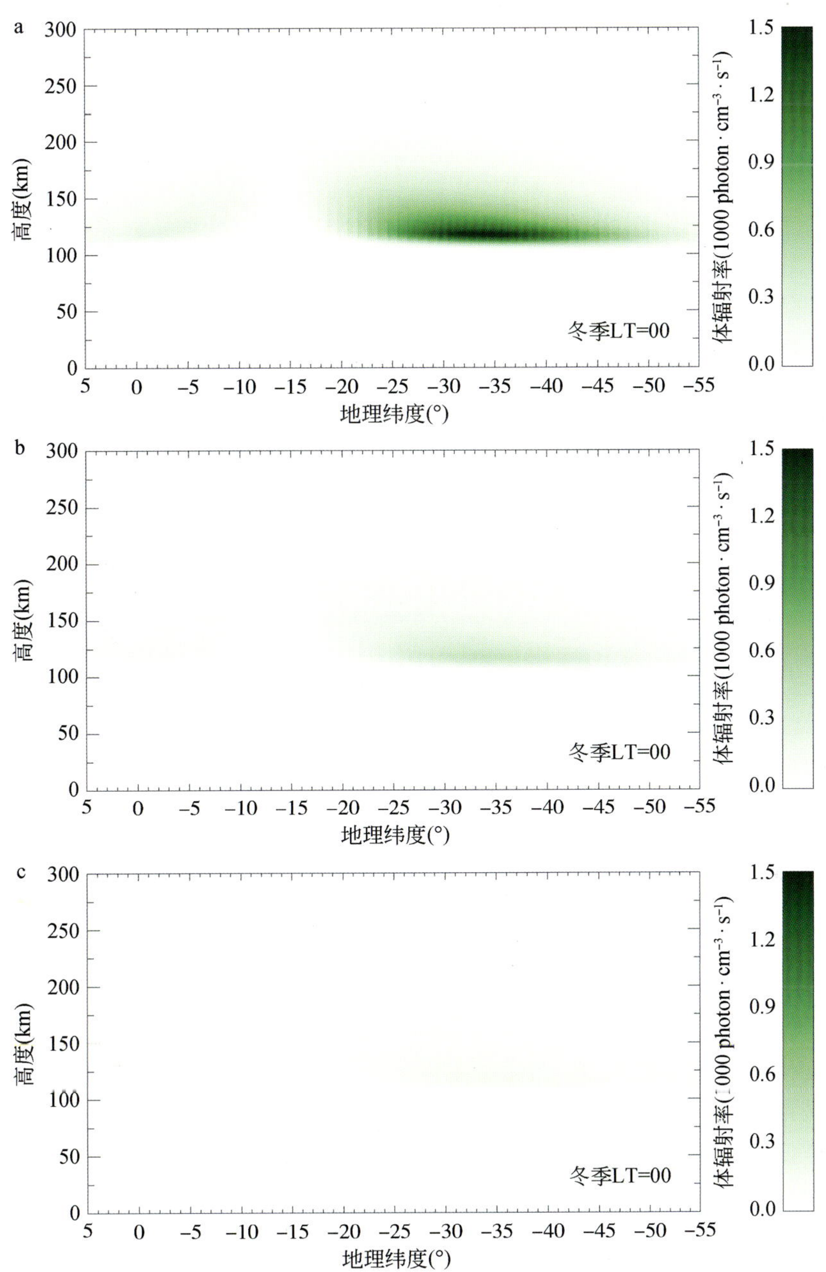

图 13 沉降电子总能量通量分别为 10 erg · cm^{-2} · s^{-1}（a），3 erg · cm^{-2} · s^{-1}（b）和 1 erg · cm^{-2} · s^{-1}（c）时，60°W 子午面 557.7 nm 绿线辐射率分布

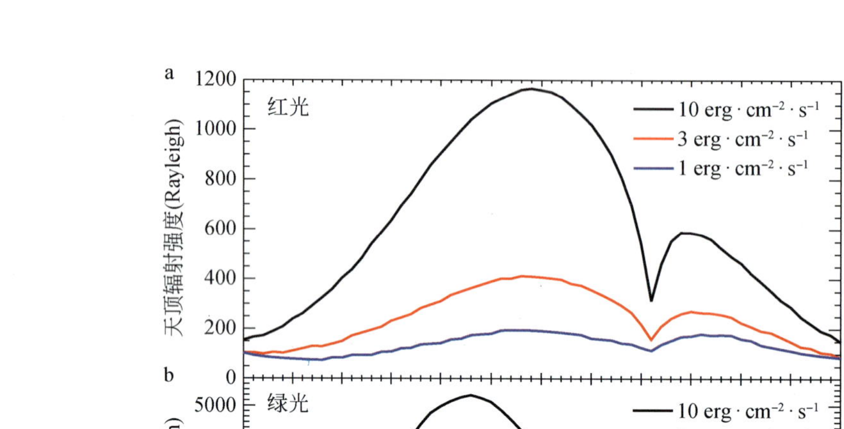

图 14　不同入射沉降电子总能量通量条件下 630.0 nm（a）和 557.7 nm（b）天顶积分辐射强度随纬度分布

3.3　SAA 区赤道极光的观测历史

上一节模拟工作展示了在高能粒子作用下，SAA 区域赤道极光的可见性。但历史上对 SAA 区域赤道极光的系统观测非常匮乏，主要原因在于：①空间观测受到严重高能粒子噪声干扰，很多卫星经过 SAA 区域都保护性关机；②SAA 区域大部分位于海洋上，地面观测很难进行，即使部分陆地上能开展观测，也容易受到大气光污染影响。但也能从文献中找到一些碎片化的观测证据。

SAA 区域被发现后不久，Cladis 和 Dessler（1961）就预言了在 SAA 区域存在 X 射线韧致辐射，类似南北极 X 射线极光的产生机理。之后，高空气球 X 射线观测实验证实了这一预测，在 SAA 区域及其磁共轭区域均观测到了 X 射线辐射增强（Ghielmetti et al., 1964；Luhmann et al., 1979；Pinto and Gonzalez, 1986；Jayanthi et al., 1997）。观测同时发现，X 射线辐射增强与地磁活动增强相关（Jayanthi et al., 1997）。在同一时期，轮船、高空气球和飞机上开展的气辉观测进一步证实了 SAA 区域的可见光气辉（主要是红光和绿光）明显强于其他区域，并且辐射强度在地磁扰动期间会明显增强（Gledhill, 1976）。例如，飞机上开展的绿光观测表明其强度峰值位于 38° S，0° E，强度比相邻区域高 1.6 ~ 2 倍。而在地磁平静期，SAA 区域的辐射强度与其他区域差异较小。

20 世纪 60 ~ 70 年代的观测技术并不是很成熟，SAA 区域赤道极光的观测结果也没有定论。高层大气研究卫星（UARS）上搭载的风成像干涉仪（WINDII）首次提供了确定性的证据表明 SAA 区域辐射强度确实在地磁扰动期间增强。在卫星上的天底视角，沉降引起的红光辐射增加了 20 Rayleigh，而绿光辐射只增加了 3 Rayleigh（Wiens et al.，1999）。绿光辐射的微小变化可能由于沉降电子通量不够强，无法穿透到 150 km 一下的低层大气。而最有趣的发现是红光辐射在纬度方向的峰值并不在 SAA 区域的中心，而位于 SAA 中心东南部的南大西洋中。这是由于捕获电子东向漂移过程中磁镜点高度的降低（Torr et al.，1975；Wiens et al.，1999）。这些观测中获得的天底辐射强度并不强，基本都在人眼感受的阈值以下，可能是由于这些观测并不是在磁暴主相期间，磁暴强度也不够强。

最近 FORMOSAT-2 卫星上搭载的红精灵与高层大气闪电成像仪（ISUAL）观测表明，在临边视角下，在 SAA 区域的东部边缘，地磁平静期的红光辐射强度达到 1000 Rayleigh（Lee et al.，2014）。考虑到卫星位于 900 km 高度，光程约为天底观测的 20 倍，由此估算得到该区域的天底辐射强度约为 50 Rayleigh，无法被人眼观测到。而在一次中等磁暴的主相期间，FORMOSAT-2 卫星观测到 SAA 区域的东部边缘的临边强度达到 5000 Rayleigh，对应的天底辐射强度约 250 Rayleigh，根据上一节模拟，地面观察者的观察角超过 60°时，强度会超过 1000 Rayleigh，高于人眼在红光的感受阈值，可被人眼观察到。

目前，陆地上大部分地方由于城市光污染，已经无法开展 SAA 区域赤道极光的地面观测。在一些偏远地区，如天文观测基地，天空还未受到光污染，还能开展赤道极光的观测，比如位于智利南部的欧洲南方天文台（ESO），正好处于 SAA 区域内。图 15 展示了位于智利 Atacama 沙漠深处的 ESO Paranal 天文台和 Alma 天文台拍摄的赤道极光照片。两幅照片分别拍摄与 2011 年 9 月 29 日夜间和 2014 年 10 月 14 日夜间。这两张照片清晰地记录了红色赤道极光的出现，并能为肉眼所见。两张照片拍摄期间，地球都正经历着小磁暴，对应的 Dst 指数最小值分别为 −56 nT 和 −49 nT。可以预见，在更强的磁暴期间，红色赤道极光将变得更强。在过去的几年，随着太阳活动的逐渐增强及由此引发的较频繁的地磁暴，越来越多的红色赤道极光在 ESO 天文台被拍摄和肉眼看到。有兴趣的读者可以访问 https://www.eso.org/public/images/查阅更多图像。

当我们仔细对比图 2 中的 50 年前的 SAA 区域形态和当今的 SAA 形态，可以发现，SAA 的区域大大扩张了，并且向太平洋延伸出一个舌状区域，28000 nT 磁场强度等值线延伸到了夏威夷南部。图 16 展示了 2014 年 2 月 28 日晚拍摄于夏威夷 Mauna Kea 峰的红色赤道极光图像，该图像拍摄时正好处于大磁暴期间，Dst 最小值达到 −97 nT。图片中的红色极光只出现在夏威夷南部，因此其最主要的成因就是夏威夷南部磁场强度减弱导致的磁暴期间高能粒子沉降。

图 15 SAA 区域内智利南部 Atacama 沙漠深处拍摄的红色赤道极光（图片源自 ESO 天文台，Y. Beletsky）
a. ESO Paranal 天文台拍摄于 2011 年 9 月 29 日夜；b. ESO Alma 天文台拍摄于 2014 年 10 月 14 日夜

图 16 2014 年 2 月 28 日晚拍摄于夏威夷 Mauna Kea 峰的红色赤道极光图像
（图片源自 Mauna Kea 天文台，A. Cooper）

3.4 小结

SAA 区域的演化对整个地磁场的演化具有重要指示作用。对 SAA 区域进行系统的研究有助于揭示地球内部的历史演化，并对地球宜居性演化研究提供重要信息。另外，高能粒子沉降引起的大气和电离层效应对理解空间环境扰动和气候变化也有重要意义。系统研究 SAA 区域赤道极光动态变化，对于揭示磁异常的时空演化和近地空间高能粒子动力学行为至关重要。在地球漫长的演化历史中，SAA 并不是唯一的。可以想象，如果历史上在其他地区还记录过赤道极光的信息，就可以推测该区域磁场演化历史，这将大大延伸地球内部和空间研究的时间尺度。

通过不同高度的小卫星星座配置光学、磁场和粒子探测器监测 SAA，并通过交叉定标去除噪声污染，可实现对 SAA 空间环境的全面研究，如我国澳门 1 号卫星就聚焦于此科学问题。此外，长航时平流层气球（如中国科学院 A 类战略性先导科技专项“临近空间科学实验系统”）也是监测 SAA 区域赤道极光的有效手段（何飞，2020），地基极光相机则是很好的补充，可对固定区域开展长期连续监测。这些全方位立体化观测手段相互配合，将大大促进 SAA 相关科学研究，促进地球系统科学研究。

4 比较行星极光

从广义来讲，所有来自空间的高能粒子与中性大气碰撞激发的光辐射都可称为极光，而光化学反应产生的光辐射则称为气辉，这是极光和气辉最本质的区别。地球赤道极光产生于负磁异常区，即由于磁场强度的减弱，导致高能粒子能够穿透到中性大气和电离层中，通过碰撞激发产生极光。极光可以发生在星球上任何有高能带电粒子入射的地方。在地球上，偶极磁场保护了中低纬度地区免受高能带电粒子的撞击，但当地磁场强度减弱时，这种保护作用就会减弱。放眼太阳系其他行星，有两个特殊的例子是火星和金星上发现的“异常”极光。

火星和金星都是类地行星，但都没有类似地球的全球性偶极磁场。目前还没有金星表面磁场探测证据，人们广泛认为金星不具有磁场。火星磁场与地球磁场形态也迥然不同。地球具有较强的偶极子磁场和较弱的岩石圈磁场，火星没有较强的全球性的偶极子磁场，却有很强的岩石圈磁场（欧阳自远和邹永廖，2015）。目前在这两颗行星上均发现了极光的证据。这两颗行星上观测到的极光都是由于高能粒子沉降激发，但都不同于传统的偶极子磁场位形下南北极的环状极光带，可比拟于地球上负磁异常引发的赤道极光。

首先来看金星。1979 ~ 1982 年期间，先驱者金星轨道器（PVO）在金星夜侧观测到了 130.4 nm 远紫外波段离散的辐射亮斑，其主要形成原因是超热电子沉降与金星热层大气中氧原子的碰撞激发，因此被称为极光（Phillips et al.，1986）。Fox 和 Taylor（1990）发现金星夜间质量数 28 的离子密度是高度变化的，这种变化性无法用化学平衡解释，而引入电子沉降以后，就能很好地解释这种变化。Fox 和 Stewart（1991）提供了观测证据表明夜侧远紫外极光辐射是由能量约为几个 eV 的软电子沉降引起。Gérard 等（2008）进一步采用新的电子传输模型对 PVO 观测的远紫外辐射强度廓线进行了观测和模拟的对比，发现 PVO 就位观测到的电子能谱能很好地解释远紫外极光的出现，进一步证明了电子沉降在金星大气产生极光。

这些零星的观测表明，虽然金星不具有磁场，但存在电子沉降和极光。由此引发的问题是电子如何沉降到金星热层大气的？如果是沿磁力线沉降，磁场是如何产生的？虽然有广泛的观测证据表明，在像金星这样的无磁行星上，行星际磁场会被高层大气和电离层阻挡，并拖挂在行星周围形成拖拽磁场结构（Zhang et al.，2010；Chai et al.，2016，2019），但这些磁场结构如何引起电子沉降，如何与极光发生位置对应，仍然是未解之谜。未来应在金星空间布局多层次、多手段探测器，对其开展系统研究。

再来看火星。从行星磁场特性来讲，火星是介于地球和金星之间的行星。火星的部分区域还保留着残余的磁性，即岩石圈磁场，主要集中在南半球部分区域，最大磁场强度达到 12000 nT，其他区域磁场可忽略。2005 年，欧空局火星快车搭载的火星大气特征探测光谱仪（SPICAM）在具有强岩石磁场的区域首次观测到了分立极光，呈现块状，是由 1 keV 量级的沉降电子所激发（Bertaux et al.，2005）。分立极光的发现提供了高能粒子沉降到火星夜侧局部区域大气的确凿证据。

2014 年，火星大气与挥发分演化（MAVEN）探测器入轨后，其搭载的紫外光谱成像仪则首次观测到了火星夜侧大气中大范围的弥散极光（Schneider et al.，2015），高度最低达到 60 km。火星周围的磁力线可能是开放的或者拖拽的，允许太阳风暴期间太阳高能粒子穿透到火星大气。这些高能粒子的能量是产生分立极光的粒子能量的成百上千倍，可以穿透到火星大气更低的高度。开放和拖拽磁力线往往会覆盖火星大部分区域，因此弥散极光可能在火星上任何区域发生。

最近，MAVEN 探测器还在火星日侧发现了质子极光（Deighan et al.，2018），其主要产生机制是太阳风质子直接与火星氢冕发生碰撞电荷交换，产生 ENA，ENA 与火星中性大气碰撞激发出质子极光。该机制与环电流 ENA 激发的地球赤道极光类似。

除了金星和火星，弥散极光在类木行星的一些无磁有大气卫星上也普遍存在，比如木星的卫星 Io 和 Europa，它们稠密的大气直接暴露在木星空间的高能粒子环境中，在卫星各个角落都可能产生弥散极光。

5 总结

地球赤道极光是联系地球内部和空间的重要纽带。系统研究赤道极光及其相关联的负地磁异常区有助于揭示地球系统演化，特别是可以借助古籍文献中的特殊极光记录，揭示上千年历史的地球磁场及地球内部演化信息和空间环境演化信息，并基于此预测未来千年的变化趋势。地磁场减弱甚至“地磁倒转”对地球宜居性具有重大影响，甚至引起生物大灭绝。当前地球磁场整体上在逐渐减弱，SAA 区域减弱速度更快，范围也在不断扩大，未来持续减弱是否会导致下一次“地磁倒转”值得深入系统研究。在研究地球赤道极光的同时，其他天体上的“异常”极光为我们提供了广泛的比较样本，对我们认识行星及行星系统演化具有重要意义。

参考文献

何飞 . 2020. 行星空间环境光学遥感 . 科学通报，65：1305-1319.

欧阳自远，邹永廖 . 2015. 火星科学概论 . 上海：上海科技教育出版社 .

Abel B，Thorne R M. 1999. Modeling energetic electron precipitation near the South Atlantic Anomaly. Journal of Geophysical Research，104：7037-7044.

Asikainen T，Mersula K. 2008. Energetic electron flux behavior at low L-shells and its relation to the South Atlantic Anomaly. Journal of Atmospheric and Solar-Terrestrial Physics，70：532-538.

Bertaux J-L，et al. 2005. Discovery of an aurora on Mars. Nature，435：790-794.

Chai L H，et al. 2016. An induced global magnetic field looping around the magnetotail of Venus. Journal of Geophysical Research：Space Physics，121：688-698.

Chai L H，et al. 2019. The induced global looping magnetic field on Mars. The Astrophysical Journal Letters，871：L27.

Cladis J B，Dessler A J. 1961. X rays from Van Allen belt electrons. Journal of Geophysical Research，66：343-350.

Deighan J，et al. 2018. Discovery of a proton aurora at Mars. Nature Astronomy，2：802-807.

Fox J L，Taylor J H A. 1990. A signature of auroral precipitation in the nightside ionosphere of Venus. Geophysical Research Letters，17：1625-1628.

Fox J L，Stewart A I F. 1991. The Venus ultraviolet aurora：A soft electron source. Journal of Geophysical Research，96：9821-9828.

Ghielmetti H S，et al. 1964. Enhancement of the X-ray intensity at balloon altitudes in the South Atlantic Anomaly. Physical Review Letters，12：388-390.

Gledhill J A. 1976. Aeronomic effects of the south atlantic anomaly. Reviews of Geophysics and Space Physics，14：173-187.

Gledhill J A，van Rooyen H O. 1962. Cape town anomaly and auroral image. Nature，196：973-975.

Gérard J-C，et al. 2008. The Venus ultraviolet oxygen dayglow and aurora：Model comparison with observations. Planetary and Space Science，56：542-552.

He F，et al. 2020a. Plasmapause surface wave oscillates the magnetosphere and diffuse aurora. Nature Communications，11：1668.

He F，et al. 2020b. Equatorial aurora，aurora like airglow in the negative magnetic anomaly National Science Review，2020，7：1606-1615.

Hicks G T，Chubb T A. 1970. Equatorial aurora/airglow in the far ultraviolet. Journal of Geophysical Research，75：6233-6248.

Jayanthi U B，et al. 1997. Electron precipitation associated with geomagnetic activity：Balloon observation of X ray flux in South Atlantic anomaly. Journal of Geophysical Research，102：24069-24073.

Khomich V Y，et al. 2008. Airglow as an Indicator of Upper Atmospheric Structure and Dynamics. Berlin：Springer.

Lee T P，et al. 2014. Abnormal signatures recorded by FORMOSAT-2 and FORMOSAT-3 over South Atlantic Anomaly and polar region. Terrestrial，Atmospheric and Oceanic Sciences，25：573-580.

Levasseur A C，Blamont J E. 1973. Satellite observations of strong Balmer alpha atmospheric emissions around the magnetic equator. Journal of Geophysical Research，78：3881-3893.

Luhmann J G，et al. 1979. Low latitude atmospheric X-rays observed by HEAO-1. Geophysical Research Letters，

6：25-28.

Meier R R. 1979. Low latitude airglow. Review of Geophysics and Space Physics，17：485-492.

Paresce F. 1979. EUV observations of the equatorial aurora. Journal of Geophysical Research，84：4409-4412.

Phillips J L，et al. 1986. The Venus ultraviolet aurora：observations at 130. 4 nm. Geophysical Research Letters，13：1047-1050.

Pinto J O，Gonzalez W D. 1986. X ray measurements at the South Atlantic Anomaly. Journal of Geophysical Research，91：7072-7078.

Rose A. 1948. The sensitivity performance of the human eye on an absolute scale. Journal of Optical Society of America，38：196-208.

Schneider N M，et al. 2015. Discovery of diffuse aurora on Mars. Science，350：aad0313.

Shepherd G G，Cho Y-M. 2017. WINDII airglow observations of wave superposition and the possible association with historical "bright nights" . Geophysical Research Letters，44：7036-7043.

Solomon S C. 2017. Global modeling of thermospheric airglow in the far ultraviolet. Journal of Geophysical Research：Space Physics，122：7834-7848.

Stephan A W，et al. 2000. Evidence of ENA precipitation in the EUV dayglow. Geophysical Research Letters，27：2865-2868.

Stephan A W，et al. 2001. Far ultraviolet equatorial aurora during geomagnetic storms as observed by the low-resolution airglow and aurora spectrograph. Journal of Geophysical Research，106：30323-30330.

Tinsley B A. 1977. Opportunities for analysis of ring current composition change through observation of the equatorial aurora. Journal of Atmospheric and Terrestrial Physics，39：1203-1205.

Tinsley B A. 1981. Neutral atom precipitation—a review. Journal of Atmospheric and Terrestrial Physics，43：617-632.

Torr D G，et al. 1975. Particle precipitation in the South Atlantic Magnetic Anomaly. Planetary and Space Science，23：15-26.

Wiens R H，et al. 1999. WINDII measurements of nightglow in the South Atlantic magnetic anomaly zone. Geophysical Research Letters，26：2355-2358.

Zhang T L，et al. 2010. Hemispheric asymmetry of the magnetic field wrapping pattern in the Venusian magnetotail. Geophysical Research Letters，37：L14202.